CAD/CAM을 활용한 모델링 따라하기

기계가공 기능장 실기

컴퓨터응용가공산업기사 | 컴퓨터응용밀링·선반기능사 실기

정연택·고강호 공저

 이 책의 특징

- 산업현장과 실기시험 작업에서 쉽게 적용하여 활용할 수 있는 S/W 구성
- NX10을 활용하여 누구나 쉽게 모델링을 따라 할 수 있도록 구성
- NX10CAM, hyperMILLCAM, MasterCAM. SolidCAM 등 가공을 위한 NC Data 생성 작업
- ★ 최신 국가기술자격 실기시험 공개도면과 해답 수록

PREFACE 머리말

    최근 기계 가공과 CAD/CAM 분야는 수요자의 다양한 요구에 따라 하루가 다르게 급속도로 변화하고 있습니다. 기계가공기능장 및 컴퓨터응용가공산업기사 실기시험도 현장 실무 위주로 변경되면서 자격증 취득 준비를 하는 수검자들이 혼란을 겪고 있는 시기에 이러한 어려움을 극복하는 데 조금이나마 도움을 주고자 본서를 집필하게 되었다.

    이 책의 구성과 특징은 아래와 같은 내용으로 집필하였다.

    제1장 제2장 기계가공기능장과 컴퓨터응용가공산업기사 모델링 작업에 중점을 두었다. 모델링은 어떤 S/W로 모델링을 해도 상관은 없지만, 산업현장에서 가장 많이 사용하는 서피스 모델링의 강점인 NX10을 누구나 쉽게 따라 할 수 있도록 구성하였다.

    제3장 자격증 취득에 가장 어려운 CAM 가공을 위해서 NC Data 생성하기 작업으로 산업현장에서 가장 많이 사용하는 핵심 CAM S/W로서 NX10 CAM, hyperMILL CAM, Master CAM, Solid CAM을 누구나 쉽게 이해하여 현장에서 즉시 활용할 수 있도록 하였다.

    제4장 머시닝센터의 프로그램 방법과 수동 프로그램 작성요령에 대하여 공개도면과 해답을 수록하여 프로그램작성 기술을 반복 학습함으로써 기술을 습득하도록 하였고, 각종 머시닝센터 장비 조작 및 셋업을 이해하도록 하여 현장에서도 쉽게 활용하도록 하였다.

    제5장 CNC 선반의 프로그램 방법과 수동 프로그램 작성요령에 대하여 공개도면과 해답을 수록하여 프로그램작성 기술을 반복 학습으로 기술을 습득하도록 하였고, 각종 CNC 선반 장비를 조작 및 셋업을 이해하도록 하여 현장에서도 쉽게 활용하도록 하였습니다.

    제6장 컴퓨터응용밀링기능사 CAM NC Data 생성하기 작업으로 공업계 고등학교와 산업현장에서 가장 많이 사용하는 핵심 CAM S/W로서 NX10 CAM, hyperMILL CAM, Master CAM, Solid CAM 작업과 카티아(CATIA V5)와 솔리드웍스(SolidWorks)에 의한 모델링 및 CAM 작업으로 누구나 쉽게 이해하도록 하여 현장에서도 쉽게 활용하도록 하였다.

제7장 범용선반 및 밀링 가공의 작업공정에 대하여 자세하게 설명하여 현장에서도 쉽게 활용하도록 하였다.

제8장 부록에는 최신 국가기술자격 실기시험의 공개 실기시험 문제를 수록하였다.

본서는 기계가공기능장 및 컴퓨터응용가공산업기사, 컴퓨터응용밀링·선반기능사 등의 컴퓨터 응용가공 작업의 실기시험을 준비하는 교재로서 수검자들에게 도움이 되었으면 하는 바람입니다. 또한, 이 교재를 학습함으로써 산업사회에서 요구하는 능력과 자질을 갖춘 유능한 설계 및 가공 엔지니어로 성장하기를 바랍니다.

짧은 기간 동안 집필하였기에 여러 가지 문제점이 있으리라 생각되지만, 미비한 점은 계속 보완할 수 있도록 하겠습니다.

저자 씀

CONTENTS 차례

 **Chapter 01　NX에 의한 모델링(기계가공기능장)**

제1절 메쉬 곡면 모델링 따라 하기 ·· 14
제2절 구배 곡선 돌출 모델링 따라 하기 ·· 22
제3절 라운드 곡선 돌출 모델링 따라 하기 ······································ 29
제4절 스웹 모델링 따라 하기 ·· 36
제5절 특징 형상 모델링 따라 하기 ··· 44
제6절 곡선 통과 모델링 따라 하기 ··· 50
제7절 스웹 모델링 따라 하기 ·· 57
제8절 스웹 모델링 따라 하기 ·· 65
제9절 구배 돌출 모델링 따라 하기 ··· 73
제10절 패턴 돌출 모델링 따라 하기 ·· 80
제11절 구배 돌출 모델링 따라 하기 ·· 89
제12절 구배 돌출 모델링 따라 하기 ·· 96

 **Chapter 02　NX에 의한 모델링(컴퓨터응용가공산업기사)**

제1절 메시 곡면 모델링 따라 하기 ··· 104
제2절 스웹 모델링 따라 하기 ·· 113
제3절 구배 돌출 모델링 따라 하기 ··· 123
제4절 특징 형상 모델링 따라 하기 ··· 129

C.O.N.T.E.N.T.S

제5절 곡선 통과 모델링 따라 하기 ………………………………… 135
제6절 회전 모델링 따라 하기 ……………………………………… 141
제7절 메시 곡면 모델링 따라 하기 ………………………………… 148
제8절 곡선 돌출 모델링 따라 하기 ………………………………… 154
제9절 곡선 돌출 모델링 따라 하기 ………………………………… 161
제10절 구배 돌출 모델링 따라 하기 ……………………………… 169
제11절 구배 돌출 모델링 따라 하기 ……………………………… 176
제12절 교차 돌출 모델링 따라 하기 ……………………………… 184
제13절 크로바 돌출 모델링 따라 하기 …………………………… 194
제14절 패턴 돌출 모델링 따라 하기 ……………………………… 199
제15절 패턴 돌출 모델링 따라 하기 ……………………………… 206
제16절 구배 돌출 모델링 따라 하기 ……………………………… 213
제17절 사각 돌출 모델링 따라 하기 ……………………………… 218
제18절 육각 돌출 모델링 따라 하기 ……………………………… 225
제19절 곡선 통과 모델링 따라 하기 ……………………………… 233
제20절 패턴 돌출 모델링 따라 하기 ……………………………… 242

Chapter 03 CAM NC Data 생성(기능장, 산업기사 공통)

제1절 NX CAM NC Data 생성 따라 하기 ………………………… 252
   1. Manufacturing 시작하기 ………………………………………… 252
   2. 공작물(가공물) 설정하기 ………………………………………… 253

CONTENTS 차례

  3. 가공 공구 생성하기 ·· 256
  4. 황삭 가공하기(Cavity Mill) ·· 259
  5. 정삭 가공하기(FIXED CONTOUR) ·· 264
  6. NC Data 산출하기 ·· 270

 제2절 hyperMILL CAM NC Data 생성 따라 하기 ························ 273
  1. Step 모델링 불러오기 ·· 273
  2. 공정리스트 설정하기 ·· 273
  3. 공구생성 및 절삭조건 설정하기 ·· 279
  4. 황삭 가공하기 ·· 282
  5. 정삭 가공하기 ·· 288
  6. NC DATA 추출하기 ·· 292

 제3절 MasterCAM NC Data 생성 따라 하기 ································ 298

 제4절 SolidCAM NC Data 생성하기 ··· 321

Chapter 04   머시닝센터 프로그래밍 및 가공

 제1절 머시닝센터 프로그래밍 ··· 340
  1. 머시닝센터 좌표어와 제어축 ·· 340
  2. 머시닝센터의 좌표계 ·· 341
  3. 좌표계의 종류 ·· 343
  4. 프로그램 작성 ·· 344
  5. 이송 기능(F) ·· 356
  6. 주축 기능(S) ·· 357
  7. 공구 기능(T 기능) ··· 358
  8. 보조 기능(M 기능) ·· 359

C.O.N.T.E.N.T.S

    9. 보정 기능 ········· 360
   10. 고정 사이클 ········· 363
   11. 보조 프로그램 ········· 375
   12. 응용 프로그램 ········· 375

제2절 머시닝센터 가공 수동 프로그래밍 작성 ········· 378

    1. 머시닝센터 프로그램 기본 패턴 및 작성요령 ········· 378
    2. 기계가공기능장 1번 공개도면 프로그램 작성 ········· 380
    3. 기계가공기능장 2번 공개도면 프로그램 작성 ········· 385
    4. 컴퓨터응용가공산업기사 1번 공개도면 프로그램 작성 ········· 390
    5. 컴퓨터응용가공산업기사 2번 공개도면 프로그램 작성 ········· 392
    6. 컴퓨터응용가공산업기사 3번 공개도면 프로그램 작성 ········· 394
    7. 컴퓨터응용가공산업기사 4번 공개도면 프로그램 작성 ········· 396
    8. 컴퓨터응용가공산업기사 5번 공개도면 프로그램 작성 ········· 398
    9. 컴퓨터응용가공산업기사 6번 공개도면 프로그램 작성 ········· 400
   10. 컴퓨터응용가공산업기사 7번 공개도면 프로그램 작성 ········· 402
   11. 컴퓨터응용가공산업기사 8번 공개도면 프로그램 작성 ········· 404
   12. 컴퓨터응용가공산업기사 9번 공개도면 프로그램 작성 ········· 406
   13. 컴퓨터응용가공산업기사 10번 공개도면 프로그램 작성 ········· 408
   14. 컴퓨터응용가공산업기사 13번 공개도면 프로그램 작성 ········· 410
   15. 컴퓨터응용가공산업기사 18번 공개도면 프로그램 작성 ········· 412
   16. 컴퓨터응용가공산업기사 19번 공개도면 프로그램 작성 ········· 414
   17. 컴퓨터응용가공산업기사 20번 공개도면 프로그램 작성 ········· 416

제3절 머시닝센터 조작법 ········· 418

    1. 화천 VESTA-660 MCT 공구 세팅하기 ········· 418
    2. TNV40A MCT 공구 세팅하기 ········· 422
    3. 두산 DNM400Ⅱ MCT 공구 세팅하기 ········· 425
    4. 현대위아 VX-500 공구 세팅하기 ········· 427

CONTENTS 차례

Chapter 05 CNC선반 프로그래밍 및 가공

제1절 CNC선반 프로그래밍 ········ 434
1. 프로그래밍(Programming) 기초 ········ 434
2. 프로그램의 구성 ········ 438
3. 준비기능(G 기능) ········ 440
4. 주축 기능(S) ········ 448
5. 좌표계 설정 ········ 449
6. 이송기능(F) ········ 450
7. 보조기능(M) ········ 452
8. 기계 원점(Reference Point) ········ 452
9. 단일형 고정 CYCLE(G90, G92, G94) ········ 454
10. 복합 고정 CYCLE(G71, G72, G73, G70, G74, G75, G76) ········ 459
11. 공구 보정기능 ········ 467

제2절 CNC선반 수동 프로그램 작성 ········ 473
1. CNC선반 프로그램 기본패턴 및 작성요령 ········ 473
2. 기계가공기능장 1번 공개도면 프로그램 작성 ········ 476
3. 기계가공기능장 2번 공개도면 프로그램 작성 ········ 481
4. 기계가공기능장 4번 공개도면 프로그램 작성 ········ 486
5. 컴퓨터응용가공산업기사 3번 공개도면 프로그램 작성 ········ 488
6. 컴퓨터응용가공산업기사 7번 공개도면 프로그램 작성 ········ 490
7. 컴퓨터응용가공산업기사 11번 공개도면 프로그램 작성 ········ 492
8. 컴퓨터응용가공산업기사 12번 공개도면 프로그램 작성 ········ 494
9. 컴퓨터응용가공산업기사 13번 공개도면 프로그램 작성 ········ 496
10. 컴퓨터응용가공산업기사 14번 공개도면 프로그램 작성 ········ 498
11. 컴퓨터응용가공산업기사 15번 공개도면 프로그램 작성 ········ 500
12. 컴퓨터응용가공산업기사 16번 공개도면 프로그램 작성 ········ 502

C.O.N.T.E.N.T.S

  13. 컴퓨터응용가공산업기사 17번 공개도면 프로그램 작성 ······················ 504
  14. 컴퓨터응용가공산업기사 18번 공개도면 프로그램 작성 ······················ 506
  15. 컴퓨터응용가공산업기사 19번 공개도면 프로그램 작성 ······················ 508
  16. 컴퓨터응용가공산업기사 20번 공개도면 프로그램 작성 ······················ 510
  17. 컴퓨터응용선반기능사 2번 공개도면 프로그램 작성 ··························· 512

제3절 CNC선반 조작 방법 ·· 514
  1. 기계 설정 및 가공준비(FANUC) ·· 514
  2. NC 데이터 입력 및 자동운전(FANUC) ·· 515
  3. 공구 보정방법(FANUC) ·· 516
  4. 통일 CNC선반 조작 방법(SENTOL) ··· 516
  5. CNC선반 조작 방법(두산-PUMA240) ··· 518
  6. CNC선반 조작(WIA-SKT160LC) ·· 521

Chapter 06 CAM NC Data 생성(컴퓨터응용밀링기능사)

제1절 NX CAM에 의한 NC Data 생성 따라 하기 ···················· 532
  1. Manufacturing(제조) 시작하기 ··· 533
  2. 공작물 원점 설정하기 ··· 534
  3. 공구 생성하기 ··· 537
  4. 센터드릴(SPOT_DRILLING) 작업하기 ·· 540
  5. 드릴링(Peck Drilling) 가공 ·· 546
  6. 엔드밀 가공(Cavity MiLL 선택) ··· 552
  7. 가공 시뮬레이션 검증하기 ·· 557
  8. NC Data 생성하기 ··· 559

제2절 hyperMILL에 의한 NC Data 생성 따라 하기 ················· 563
  1. Step 파일 모델링 불러오기 ··· 564
  2. 공정리스트 설정 ·· 566

CONTENTS 차례

　　3. 공구 설정 ··· 570
　　4. 센터드릴 가공 ··································· 574
　　5. 드릴링 가공 ····································· 577
　　6. 포켓 가공 ·· 580
　제3절 MasterCAM에 의한 NC Data 생성 따라 하기 ············ 588
　제4절 CATIA V5에 의한 모델링 및 NC Data 생성 따라 하기 ········ 612
　　1. 모델링 Sketch 시작하기 ······················· 613
　　2. 모델링 Pad 생성하기 ·························· 615
　　3. 모델링 외각 형상 만들기 ···················· 616
　　4. 모델링 포켓 형상 만들기 ···················· 623
　　5. CAM 가공 환경 설정하기 ···················· 628
　　6. CAM 가공 조건 설정하기 ···················· 633
　　7. CAM 소재 만들기(생략이 가능하다.) ········ 637
　　8. 센터드릴 가공 Operation 생성하기 ········ 639
　　9. 백드릴 가공 Operation 생성하기 ·········· 644
　　10. 포켓 가공 Operation 생성하기 ············ 648
　　11. NC Data 생성 가공 검증하기 ·············· 657
　　12. Post Process NC Data 생성하기 ·········· 658
　제5절 SolidWORKS CAM에 의한 NC Data 생성 따라 하기 ········ 660
　　1. 모델링 Sketch 시작하기 ······················· 661
　　2. 돌출 생성하기 ·································· 663
　　3. 외각 형상 만들기 ······························ 663
　　4. 포켓 형상 만들기 ······························ 667
　　5. CAM 가공 환경 설정하기 ···················· 670
　　6. CAM 가공 조건 설정하기 ···················· 675
　　7. CAM 오퍼레이션 파라미터 설정하기 ······ 677
　　8. Post Process NC Data 생성하기 ············ 687
　제6절 SolidCAM에 NC Data 생성 따라 하기 ············ 690

C.O.N.T.E.N.T.S

Chapter 07 **범용 선반 및 밀링 가공**

제1절 기계가공기능장 범용 밀링 가공 ·· 716
제2절 기계가공기능장 범용 선반 가공 ·· 718
제3절 컴퓨터응용밀링기능사 범용 밀링 가공 ································ 720
제4절 컴퓨터응용선반기능사 범용 선반 가공 ································ 722

Chapter 08 **부 록**

1. 기계가공기능장(시험 1: 밀링가공작업) ····································· 726
2. 기계가공기능장(시험 2: 선반가공작업) ····································· 731
3. 컴퓨터응용가공산업기사(시험 1: 머시닝센터가공작업) ············· 735
4. 컴퓨터응용가공산업기사(시험 2: CNC선반가공작업) ················ 739
5. 컴퓨터응용밀링기능사(밀링가공작업) ·· 743
6. 컴퓨터응용선반기능사(선반가공작업) ·· 747

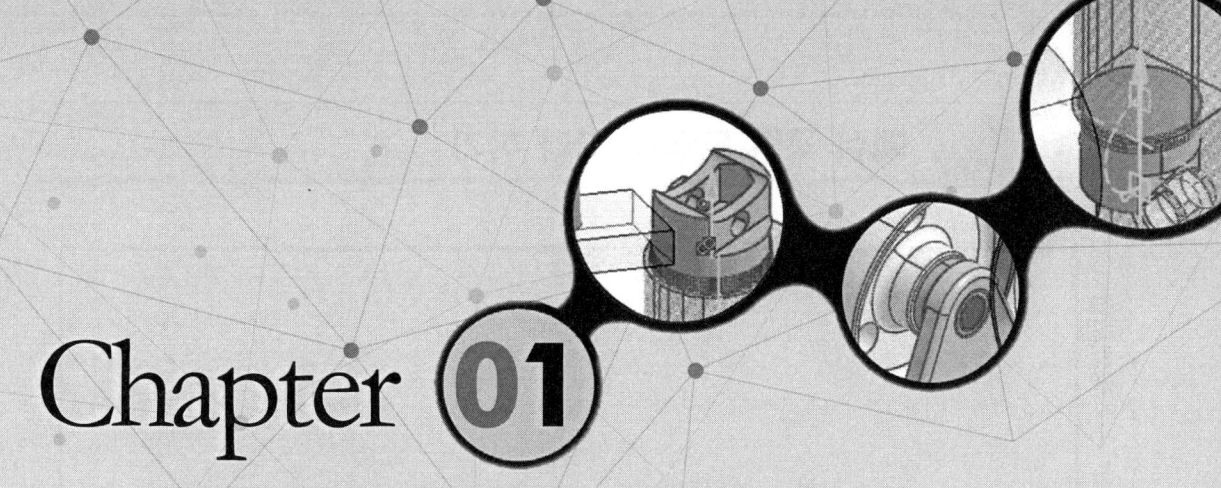

Chapter 01

NX에 의한 모델링
(기계가공기능장)

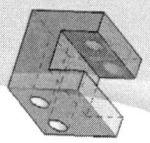

제1절 메쉬 곡면 모델링 따라 하기
제2절 구배 곡선 돌출 모델링 따라 하기
제3절 라운드 곡선 돌출 모델링 따라 하기
제4절 스웹 모델링 따라 하기
제5절 특징 형상 모델링 따라 하기
제6절 곡선 통과 모델링 따라 하기

제7절 스웹 모델링 따라 하기
제8절 스웹 모델링 따라 하기
제9절 구배 돌출 모델링 따라 하기
제10절 패턴 돌출 모델링 따라 하기
제11절 구배 돌출 모델링 따라 하기
제12절 구배 돌출 모델링 따라 하기

제1절 메쉬 곡면 모델링 따라 하기

공개도면 ①

A-A

1 새로 만들기 (Ctrl+N)을 실행하고 모델을 선택하고 파일이름과 저장할 폴더를 입력한 다음 확인을 클릭한다.

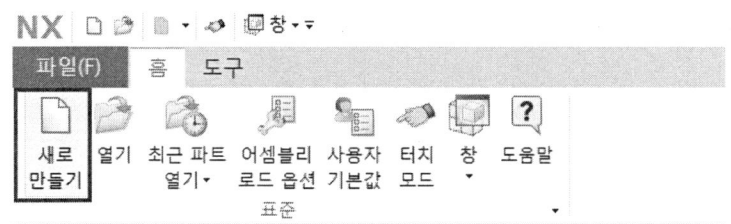

2 삽입에서 타스크 환경의 스케치... 를 선택하거나, 위에서 생성된 타스크 환경의 스케치 아이콘을 선택한다.

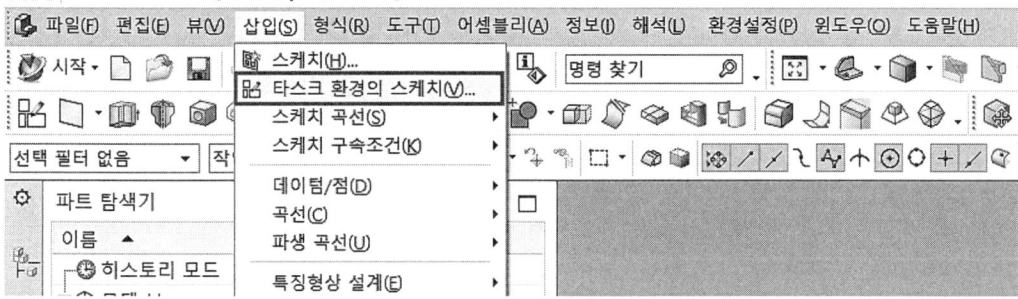

3 스케치 유형은 평면 상에서를 선택하고, 기존 평면에서 XY 평면을 선택 확인 후 스케치 모드로 들어간다.

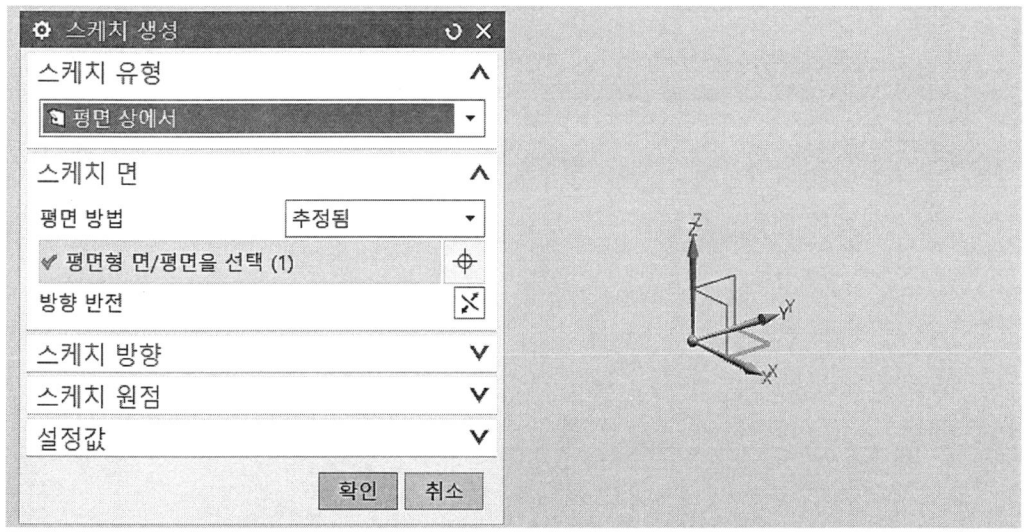

4 직사각형(Rectangle) 아이콘을 선택하고 2점을 원점으로 임의로 70mm×70mm의 사각형을 그린다.

5 중심선을 그린 후 참조선으로 변환한다.

6 급속치수로 그림과 같이 치수를 입력한다.

7 삽입에서 곡선 → 타원을 클릭하여 아래 그림처럼 중심점을 선택하고, 외반경 25/2mm 입력, 내반경 30/2mm 입력, 회전 각도는 180+45deg를 입력한 후 적용하고 확인한다.

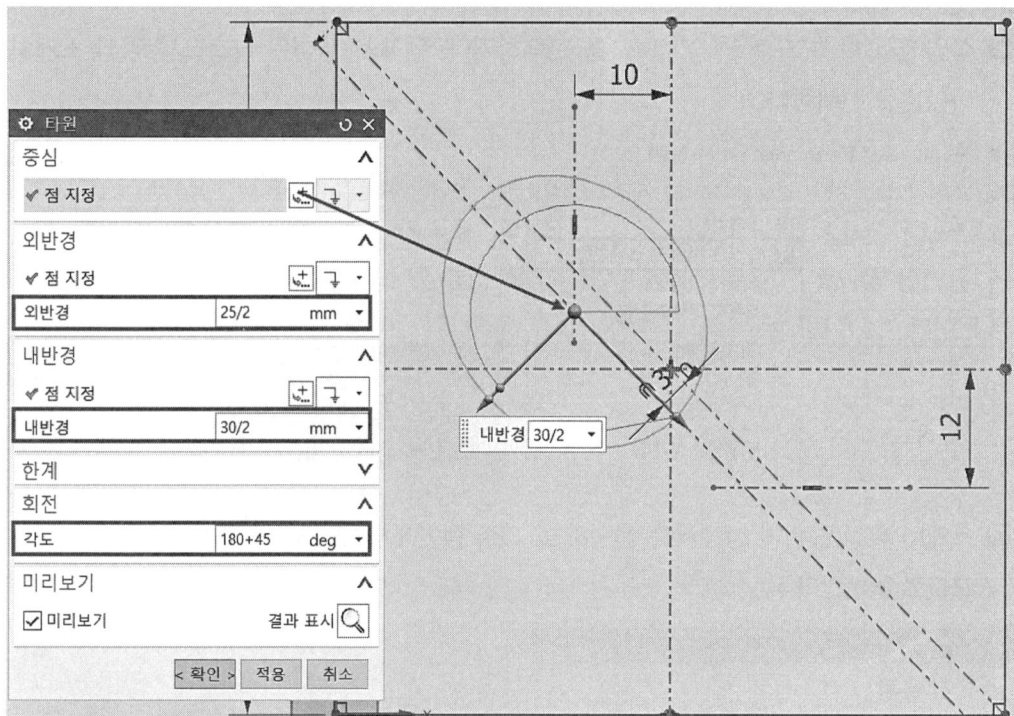

8 위와 같은 방법으로 아래 그림처럼 중심점을 선택하고 외반경 12.5mm 입력, 내반경 35/2mm 입력, 회전 각도는 225deg를 입력한 후 적용하고 확인한다.

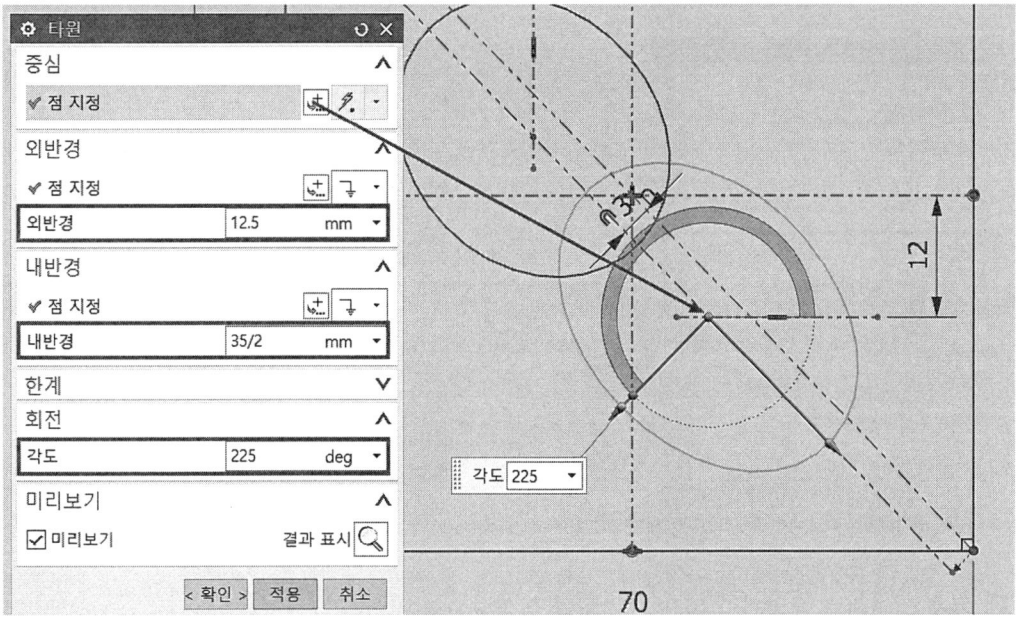

9 아래 그림처럼 스케치를 작성하고 치수를 기입하여 완성한다.

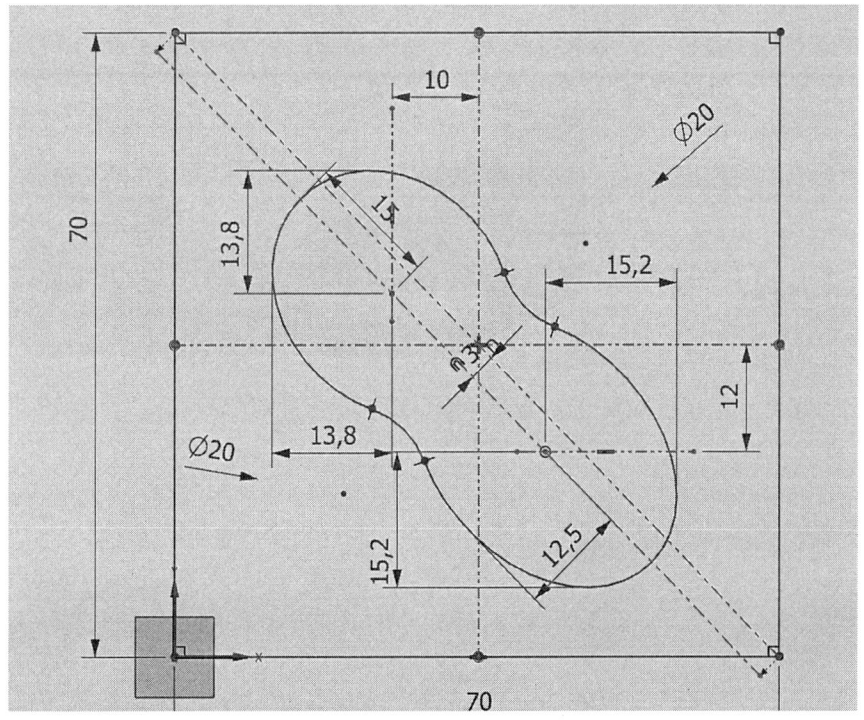

제1절 메쉬 곡면 모델링 따라 하기

10 옵셋 곡선( ) 아이콘을 이용하여 옵셋 거리 5mm, 방향 반전 → 치수 생성을 선택한 후 확인하고 종료한다.

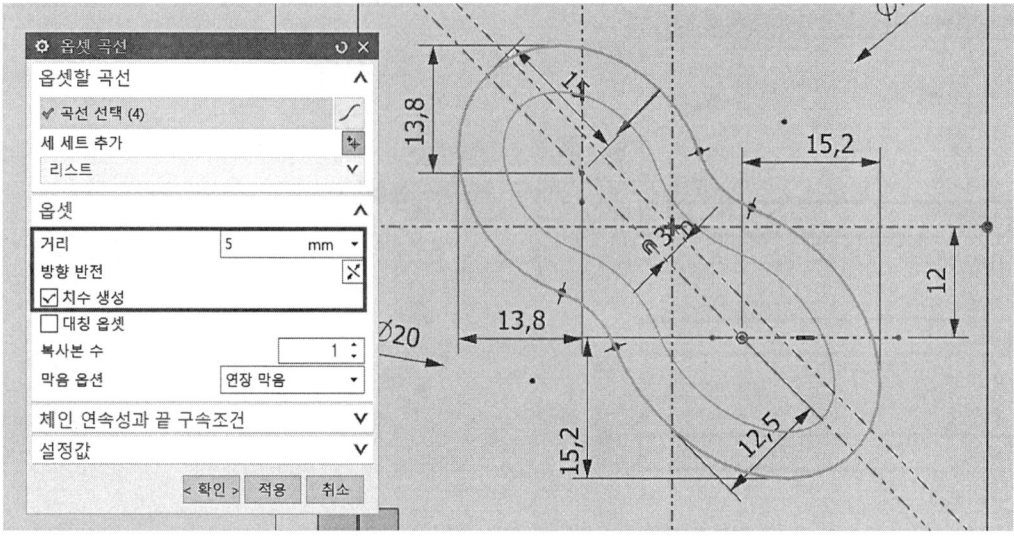

11 돌출 아이콘을 클릭하고 아래 그림처럼 설정하고 확인한다.

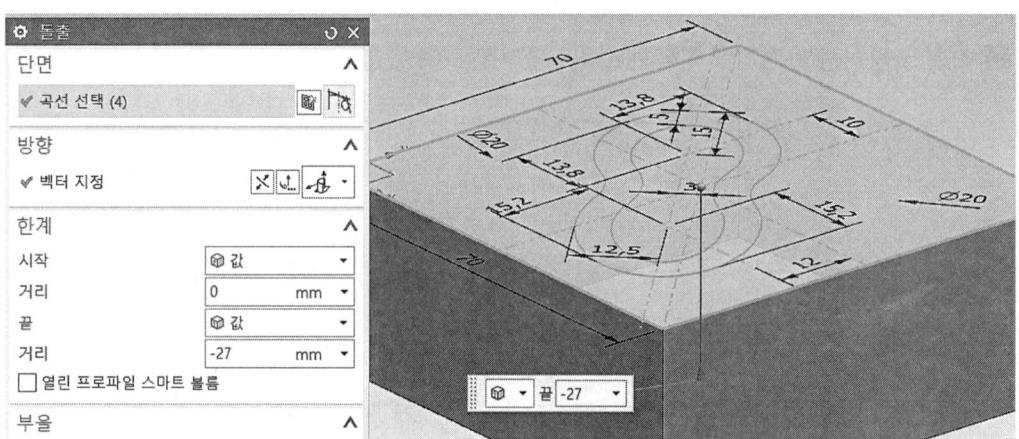

⓬ 데이텀 평면 아이콘을 이용하여 XY 평면을 클릭하고, 옵셋 거리는 -6mm를 입력하고 확인한다.

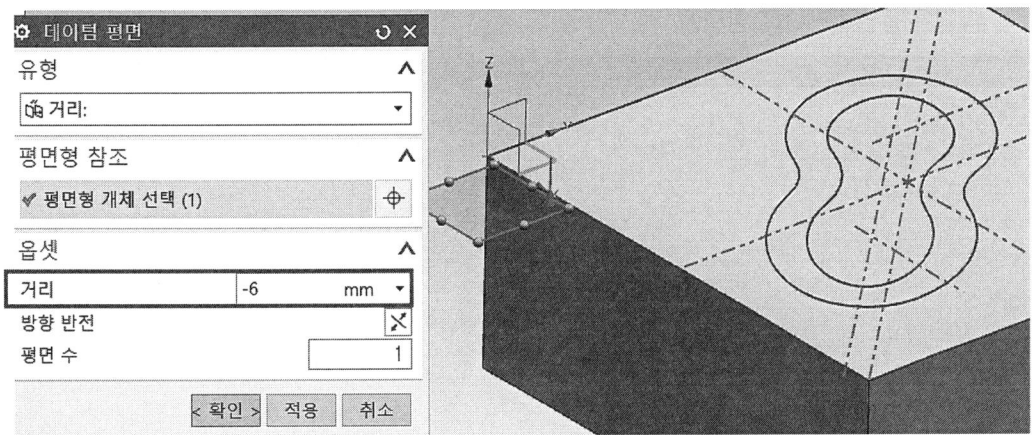

⓭ 스케치 생성 아이콘을 클릭한 후 데이텀 평면을 클릭하고 확인한다.

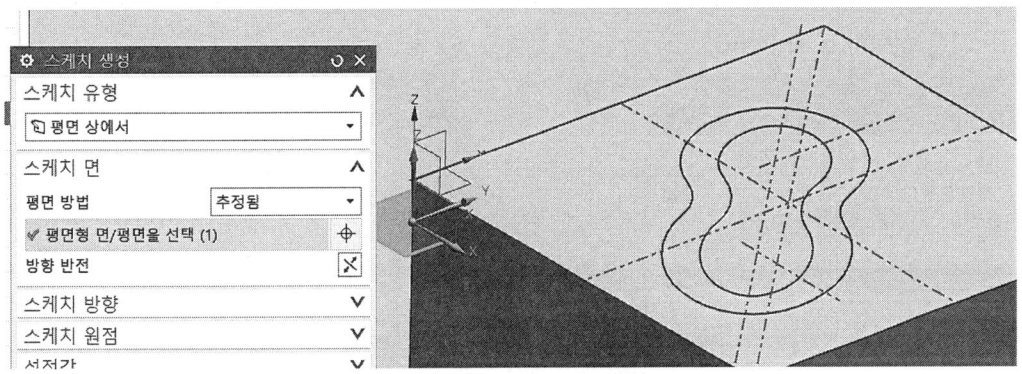

⓮ 곡선 투영( ) 아이콘을 이용하여 아래 그림처럼 투영하고 확인한다.

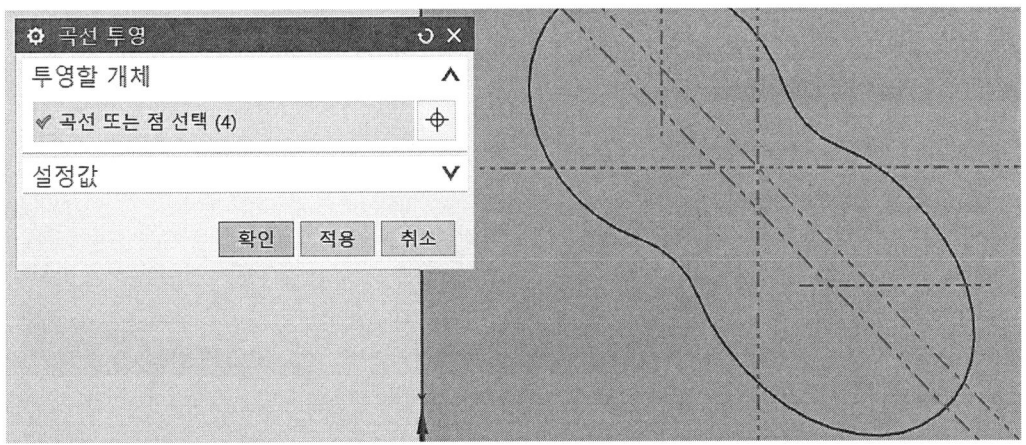

15 삽입에서 메시 곡면 → 곡선 통과를 선택하고 아래 그림처럼 위 곡선을 선택한 후 마우스 2번 버튼을 클릭하고(또는 세 세트 추가 클릭), 아래 곡선을 클릭한 후 확인한다. 화살표 방향은 동일하게 설정한다.

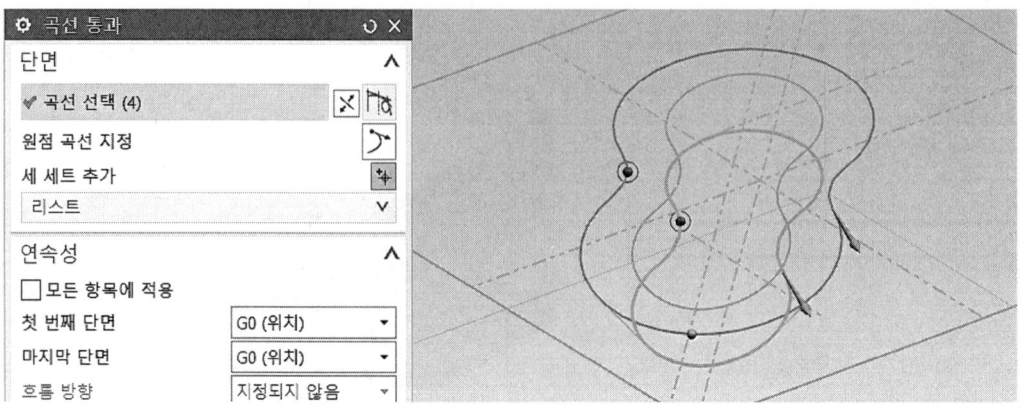

16 삽입에서 결합 → 빼기를 클릭하고, 아래 그림처럼 타겟 바디를 선택한 후 공구에서 바디를 선택하고 확인한다.

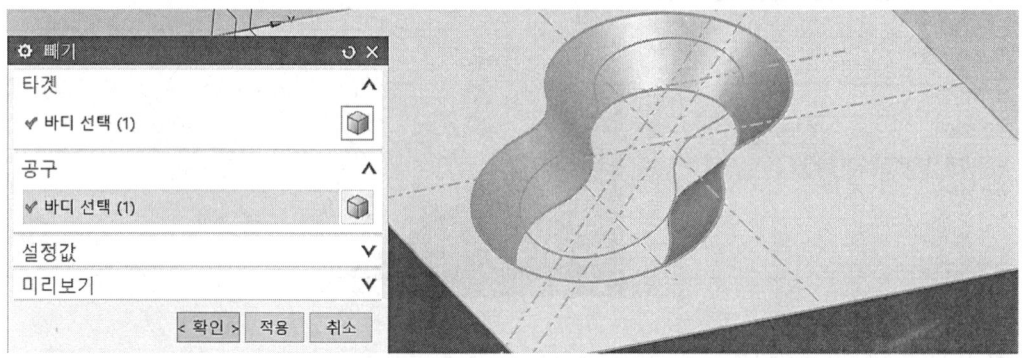

17 표시 및 숨기기( ) 아이콘을 선택하고 아래 그림처럼 설정한다.

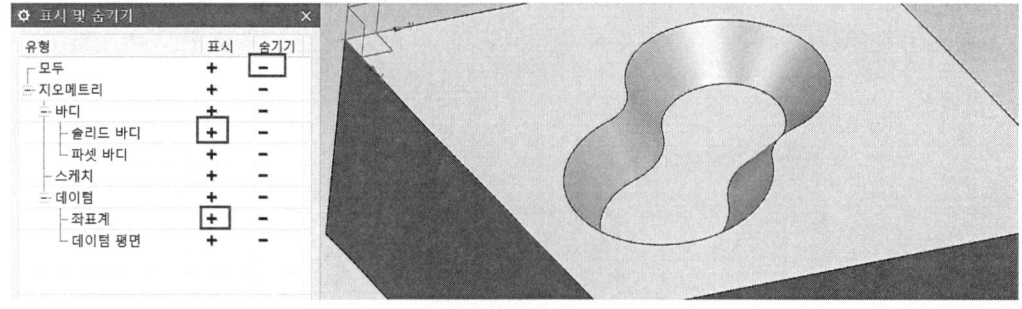

18 모서리 블렌드(🔲) 아이콘을 클릭하고 반경 1에서 5mm를 입력하고 확인한다.

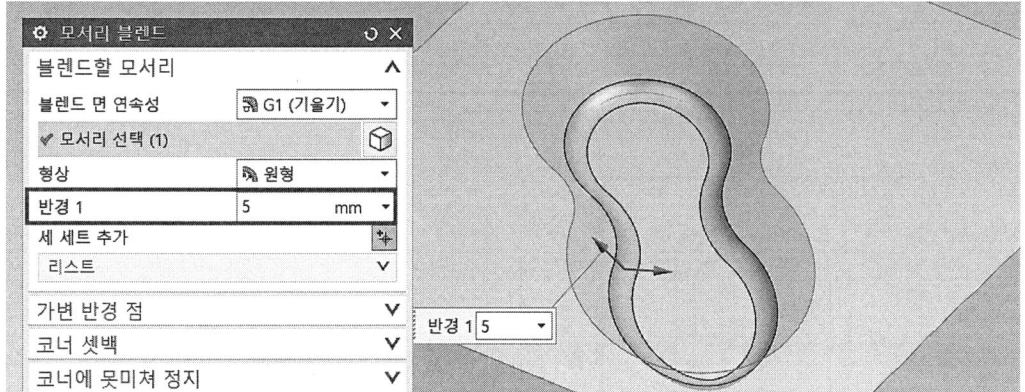

19 최종 완성된 모델링 형상을 도면과 비교하여 이상 유무를 확인한다.

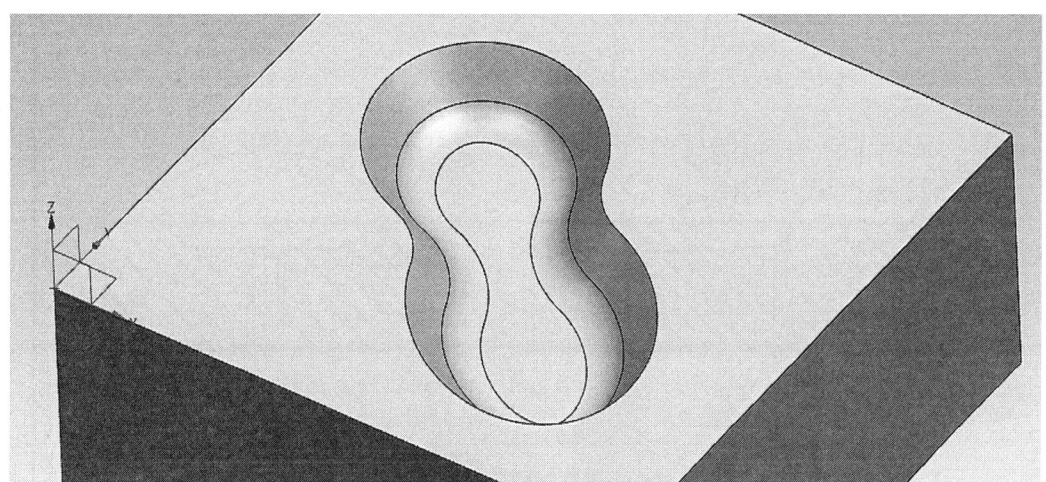

제2절 구배 곡선 돌출 모델링 따라 하기

❶ 새로 만들기 (Ctrl+N)을 실행하고 모델을 선택하고 파일이름과 저장할 폴더를 입력한 다음 확인을 클릭한다.

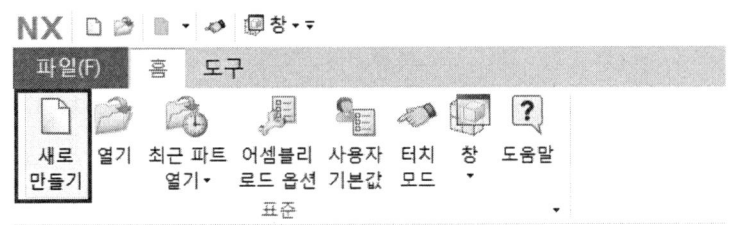

❷ 삽입에서 타스크 환경의 스케치(V)... 를 선택하거나, 위에서 생성된 타스크 환경의 스케치 아이콘을 선택한다.

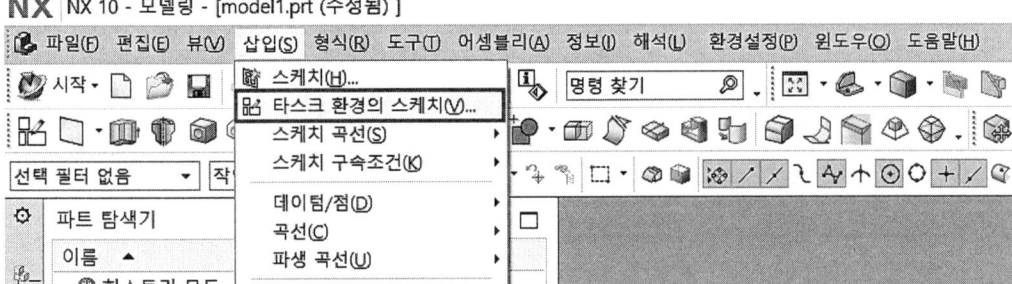

❸ 스케치 유형은 평면 상에서를 선택하고, 기존 평면에서 XY 평면을 선택 확인 후 스케치 모드로 들어간다.

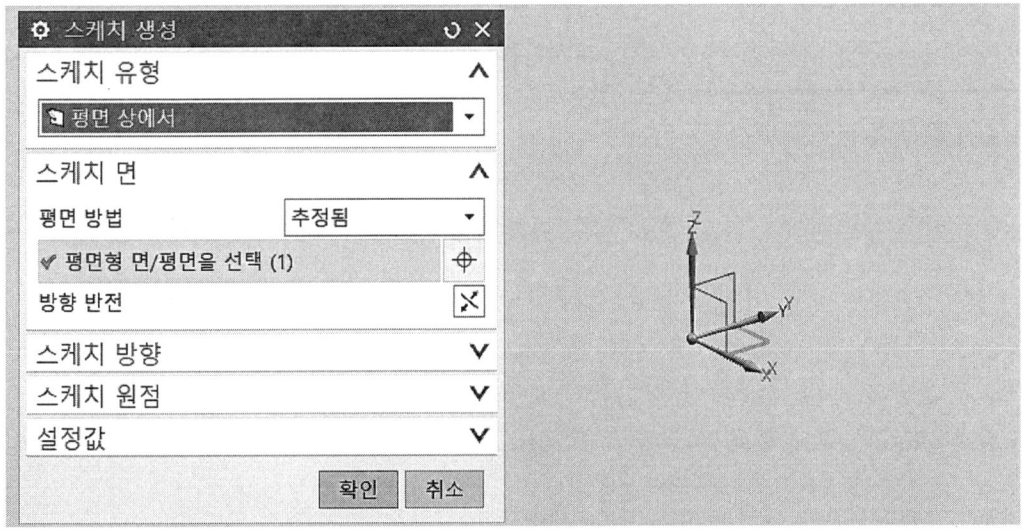

4 아래 그림처럼 스케치를 작성한 후 스케치를 종료한다.

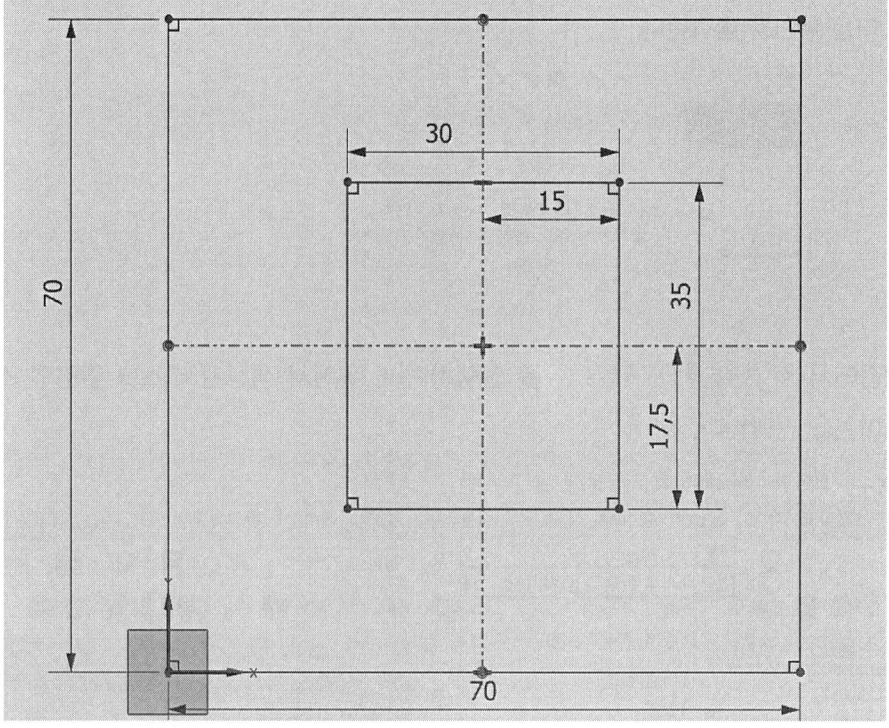

5 스케치 생성 아이콘을 클릭한 후 아래 그림처럼 평면 생성을 선택하고 35를 입력하고 확인한다.

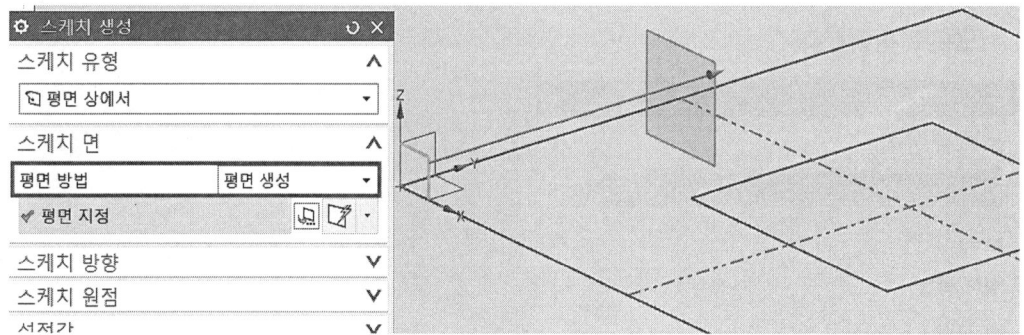

6 뷰 방향을 앞쪽(정면도)으로 설정한 후 아래 그림처럼 설정하고 스케치를 종료한다.

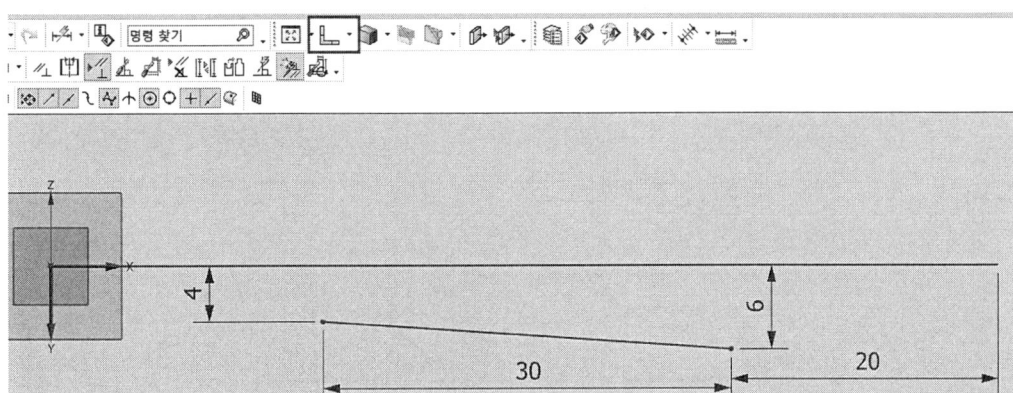

7 돌출 아이콘을 이용하여 아래 그림처럼 곡선 돌출하고 적용한다.

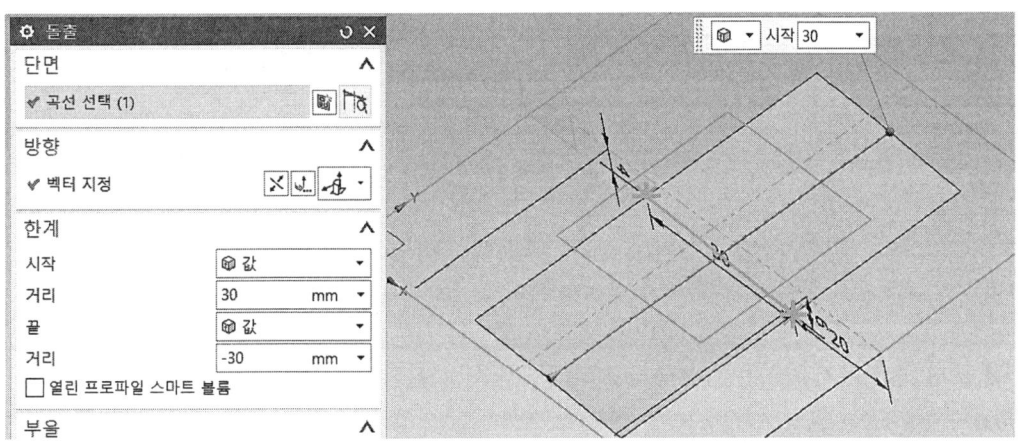

8 아래 그림처럼 사각형을 선택까지 적용하여 돌출하고 적용한다.

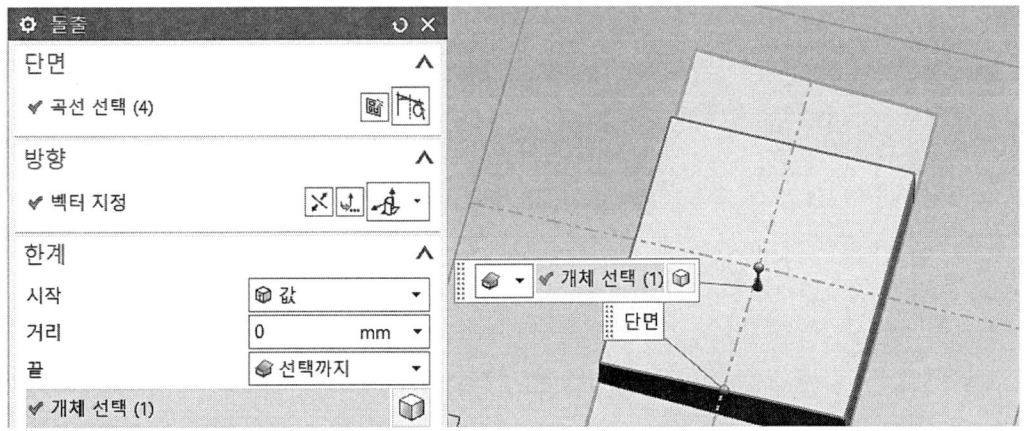

제2절 구배 곡선 돌출 모델링 따라 하기

9 외각 선을 선택하고 끝 거리 –27mm를 입력한 후 돌출하고 확인한다.

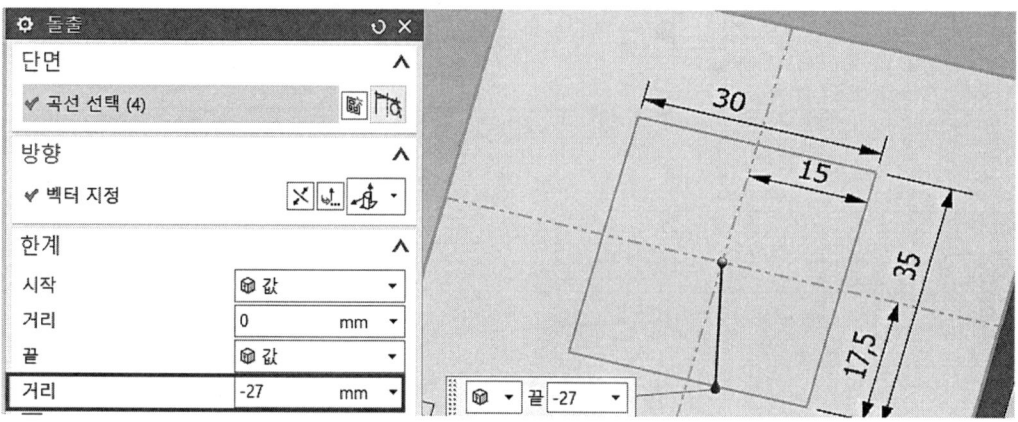

10 빼기 아이콘을 선택하고 아래 그림처럼 설정하고 확인한다.

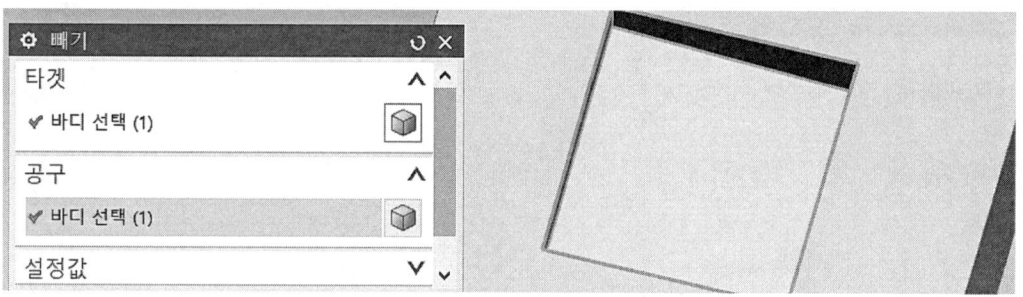

11 표시 및 숨기기 아이콘을 선택하고 아래 그림처럼 설정하고 확인한다.

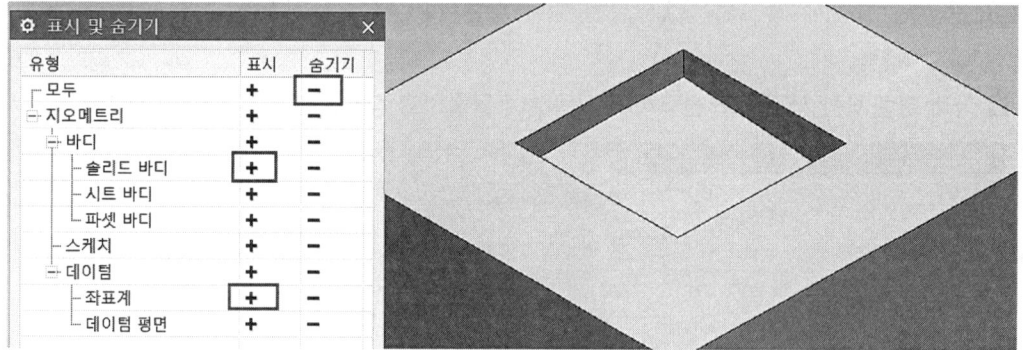

⓬ 구배 아이콘을 선택하고 아래 그림처럼 설정한 후 각도 1에서 30deg로 적용한다.

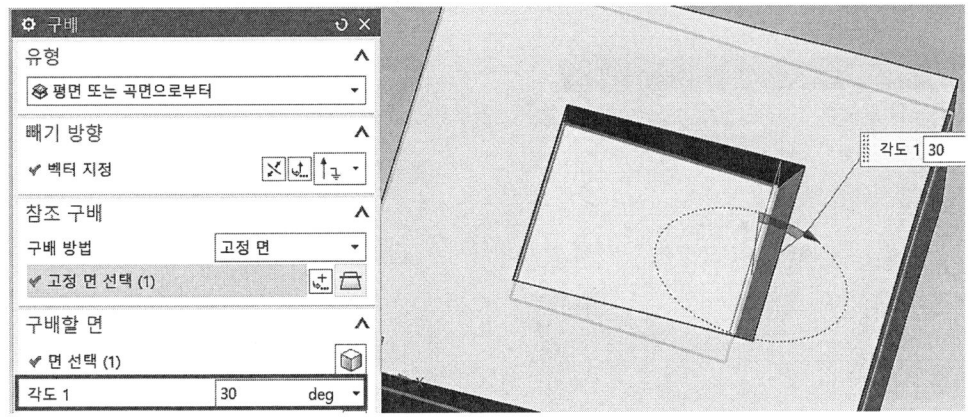

⓭ 같은 방법으로 반대 면의 각도 1에서 50deg를 입력하고 적용한다.

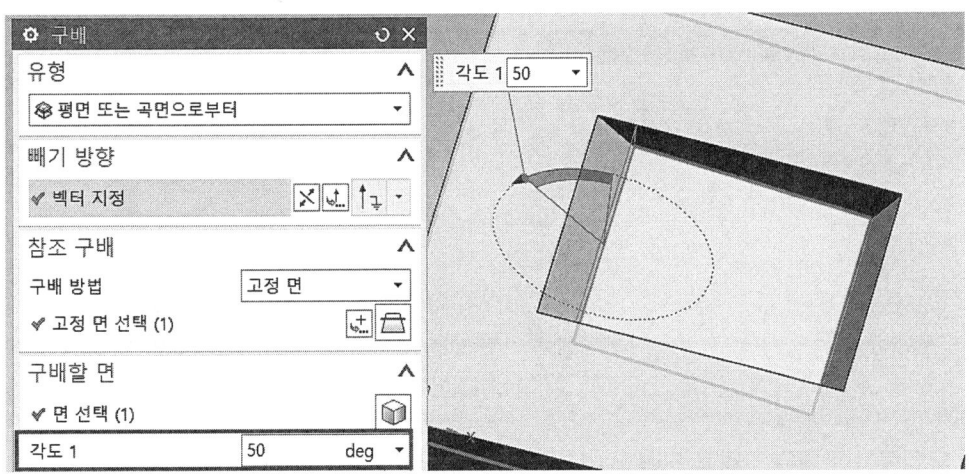

⓮ 같은 방법으로 아래 그림과 같이 양쪽 면의 각도 1에서 45deg를 입력하고 확인한다.

15 모서리 블렌드 아이콘을 선택하고 모서리 4군데 선택한 후 반경 1에서 10mm를 입력 후 적용한다.

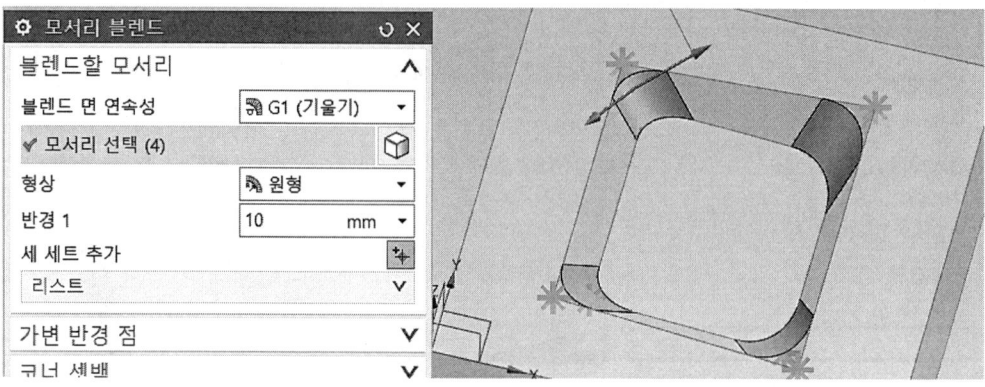

16 같은 방법으로 아래 그림과 같이 반경 1에서 5mm를 입력하고 확인한다.

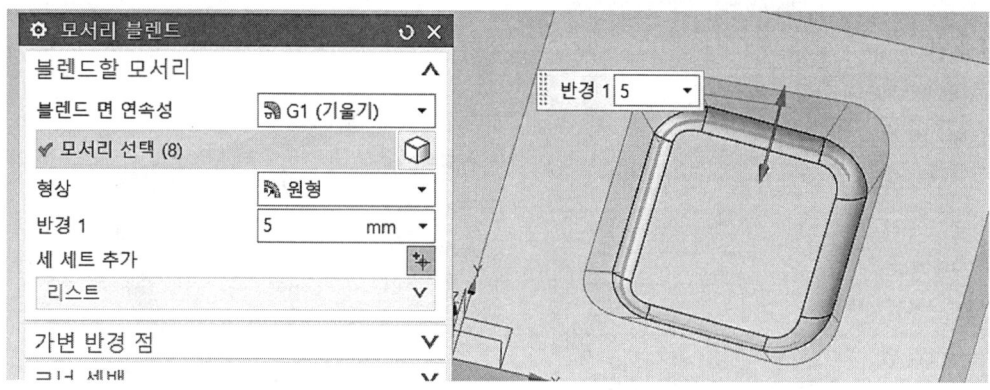

17 모델링이 완성된 그림을 도면과 비교하여 이상 유무를 확인한다.

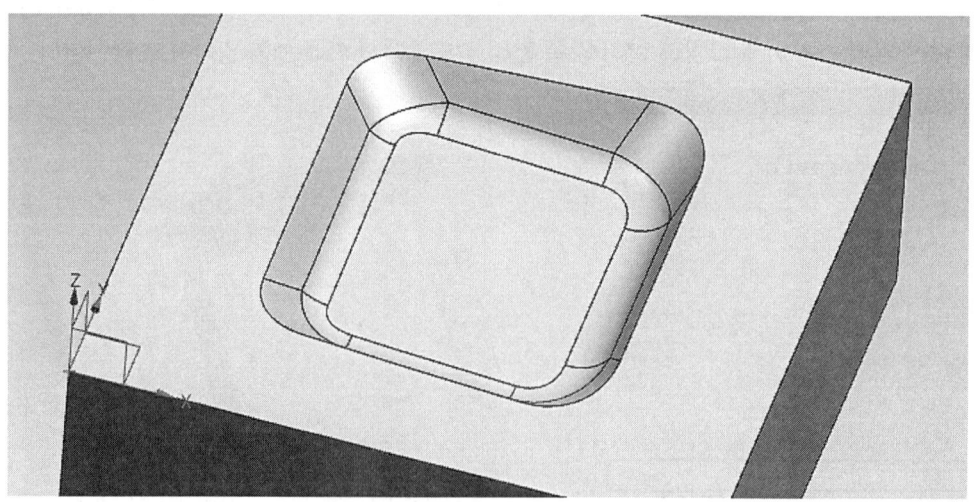

제3절 라운드 곡선 돌출 모델링 따라 하기

1 새로 만들기 (Ctrl+N)을 실행하고 모델을 선택하고 파일이름과 저장할 폴더를 입력한 다음 확인을 클릭한다.

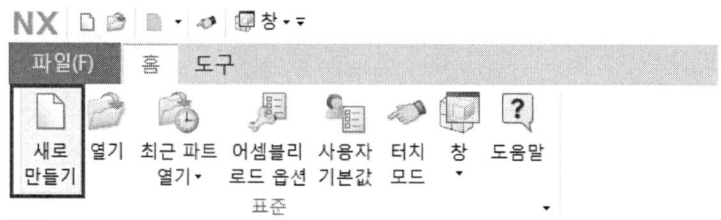

2 삽입에서 타스크 환경의 스케치(V)... 를 선택하거나, 위에서 생성된 타스크 환경의 스케치 아이콘을 선택한다.

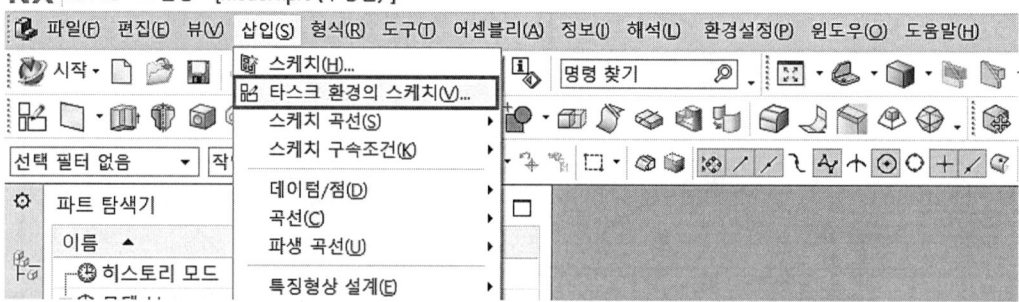

3 스케치 유형은 평면 상에서를 선택하고, 기존 평면에서 XY 평면을 선택 확인 후 스케치 모드로 들어간다.

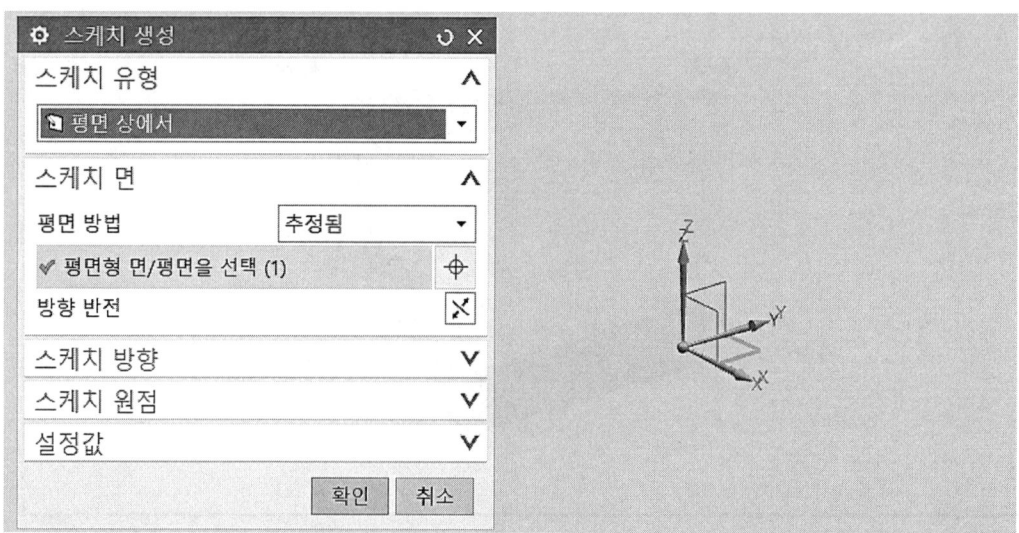

4 직사각형 아이콘을 선택한 후 그림처럼 스케치를 작성하고 종료한다.

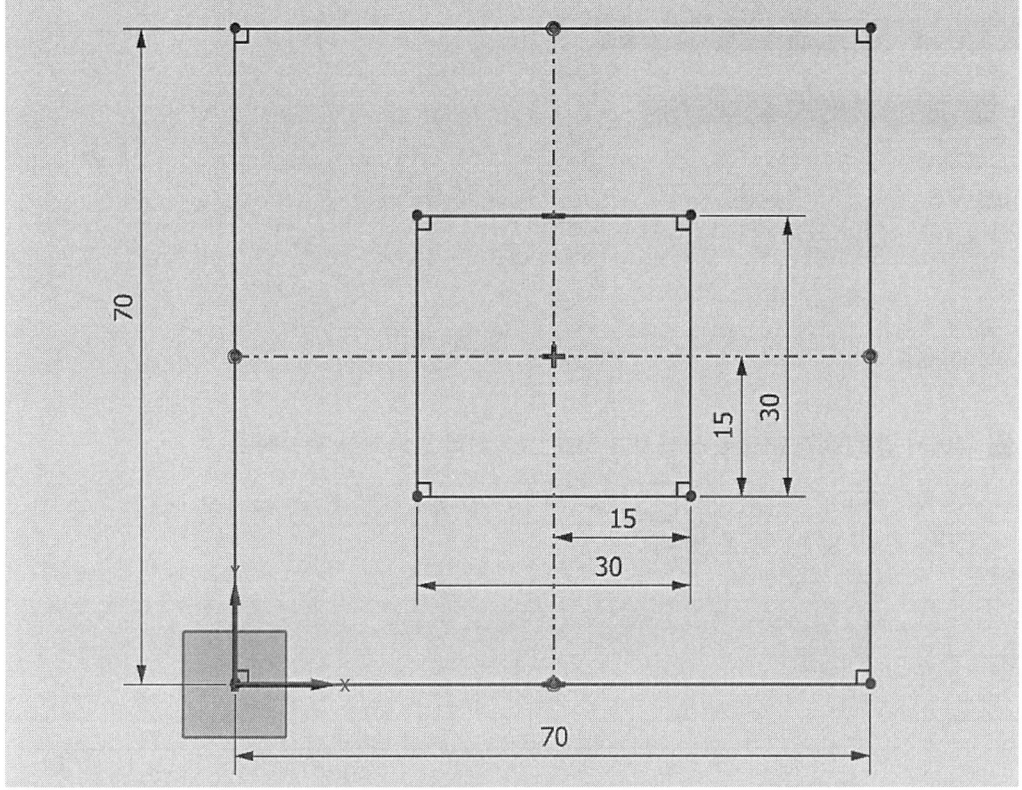

5 데이텀 평면 아이콘을 클릭한 후 유형은 거리, 참조 평면은 XZ 평면을 선택하고, 아래 그림처럼 옵셋 거리는 35mm를 입력하고 확인한다.

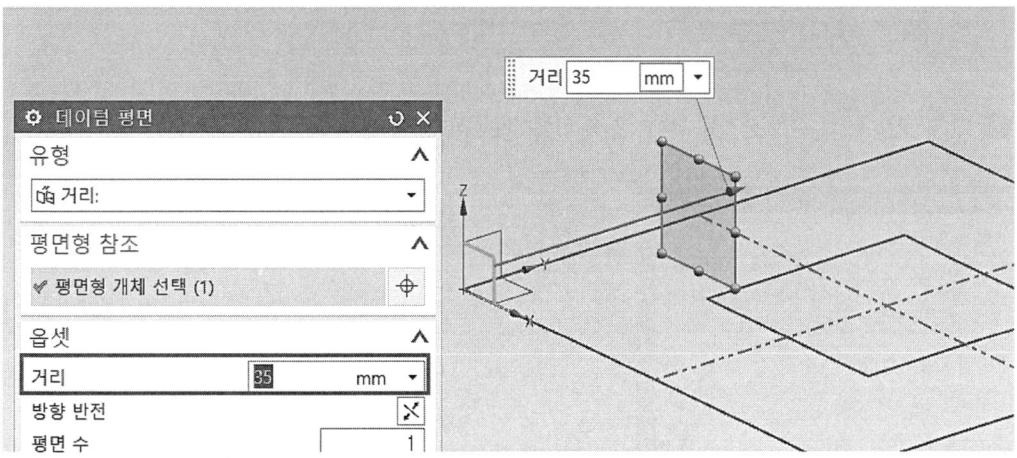

제3절 라운드 곡선 돌출 모델링 따라 하기

6 스케치 생성 아이콘을 클릭한 후 기존 평면에서 데이텀 평면을 선택하고 확인한다.

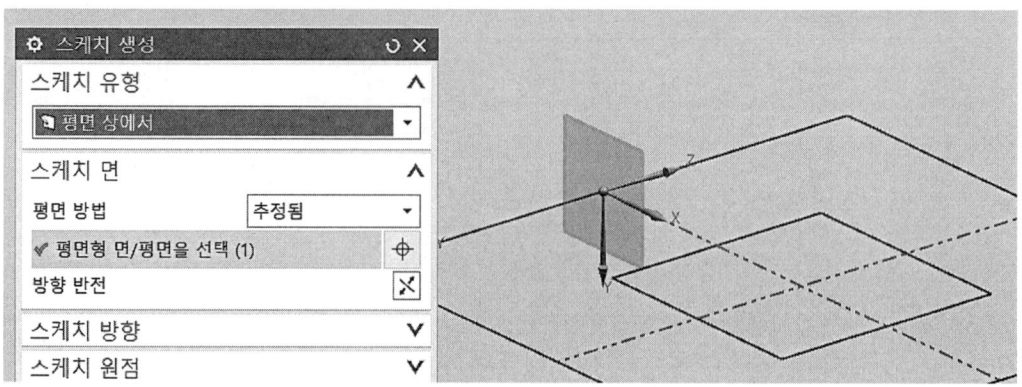

7 뷰에서 앞쪽(정면도)으로 설정하고 아래 그림처럼 스케치를 작성한다.

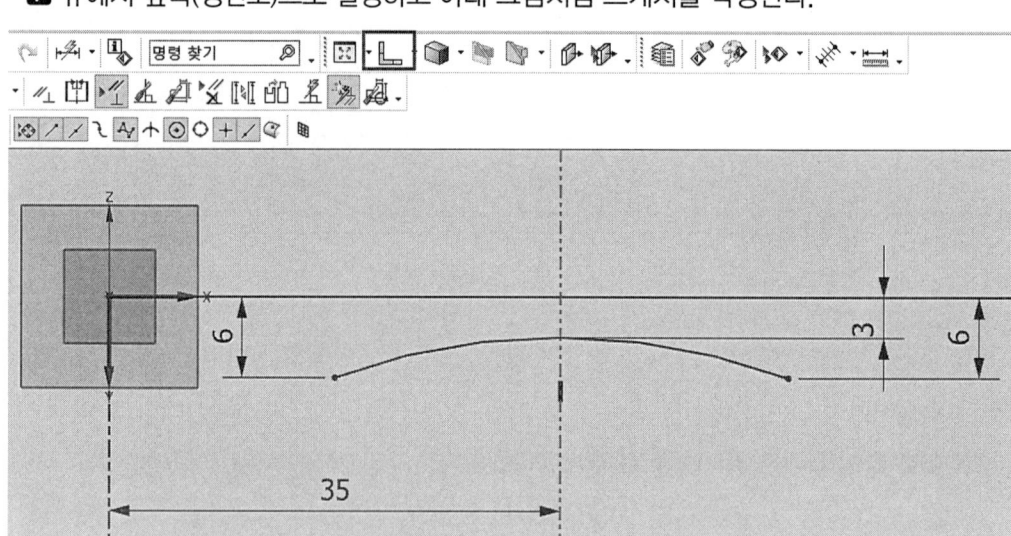

8 아래 그림처럼 구속조건을 주고 스케치를 종료한다.

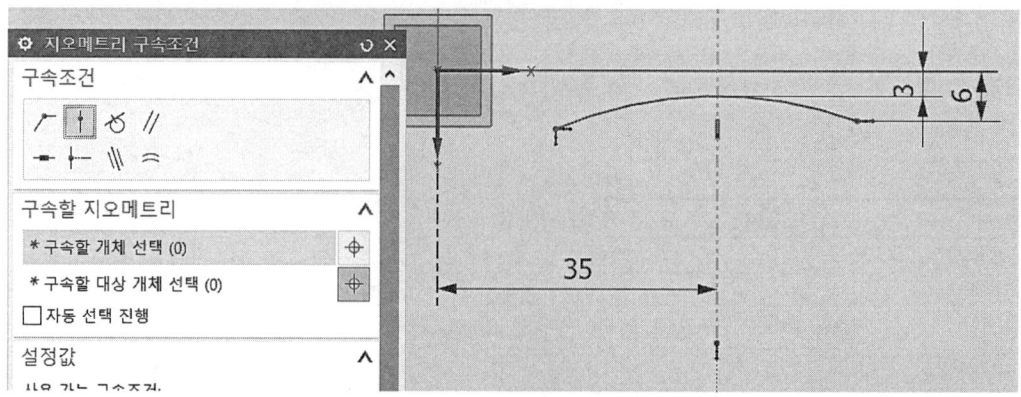

9 돌출 아이콘을 이용하여 아래 그림처럼 곡선을 양쪽으로 돌출하고 적용한다.

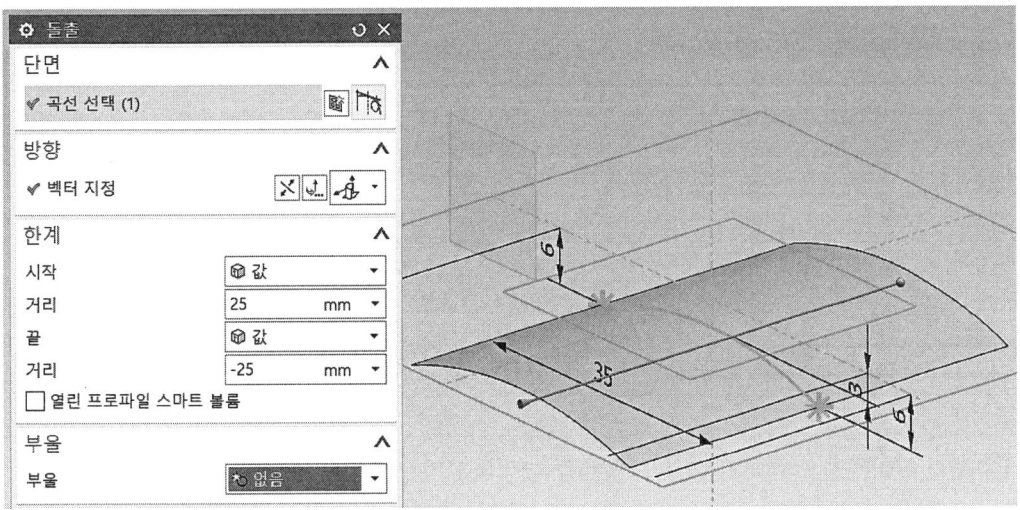

10 아래 그림처럼 거리 끝은 선택까지로 설정하고, 구배 각도는 -45deg로 입력한 후 돌출하고 적용한다.

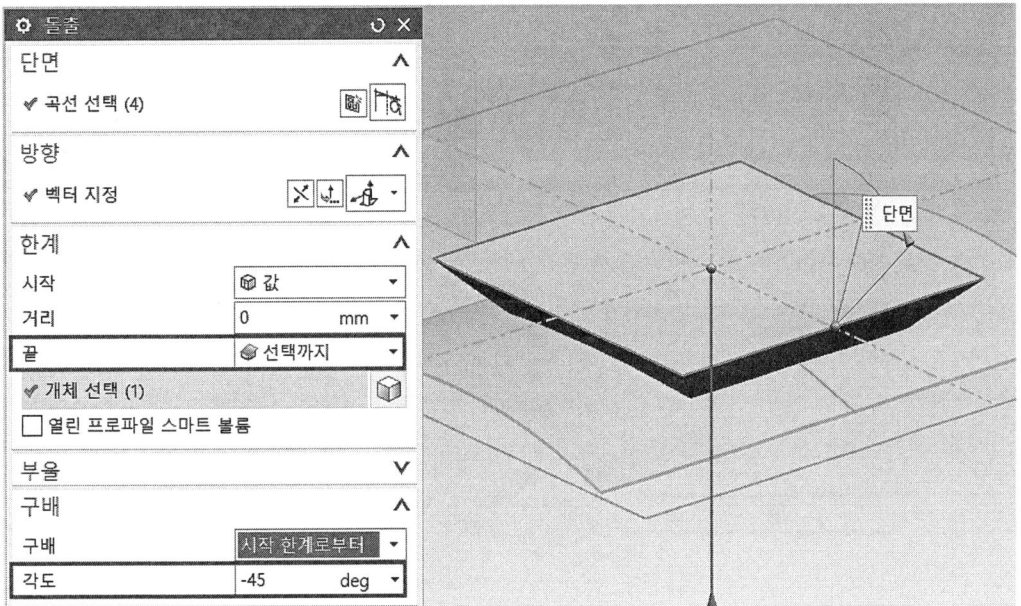

제3절 라운드 곡선 돌출 모델링 따라 하기

11 외각 곡선을 선택하고 끝 거리 –27mm를 입력한 후 돌출하고 확인한다.

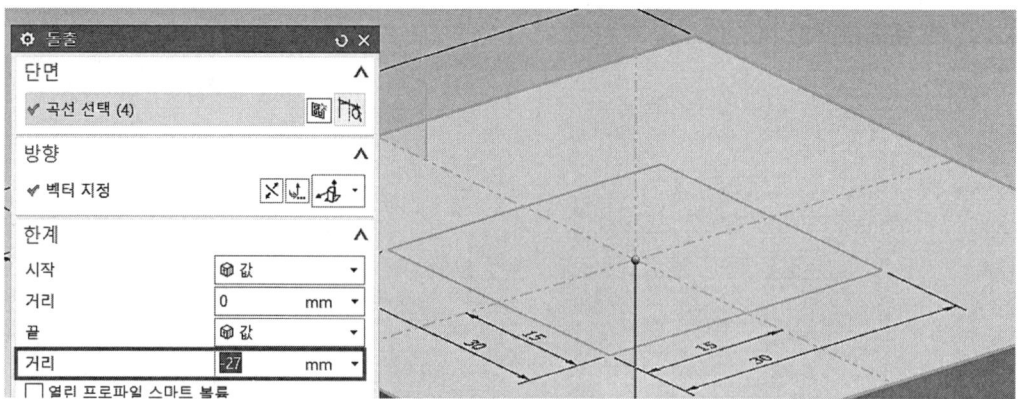

12 빼기 아이콘을 선택하고 아래 그림처럼 설정하고 확인한다.

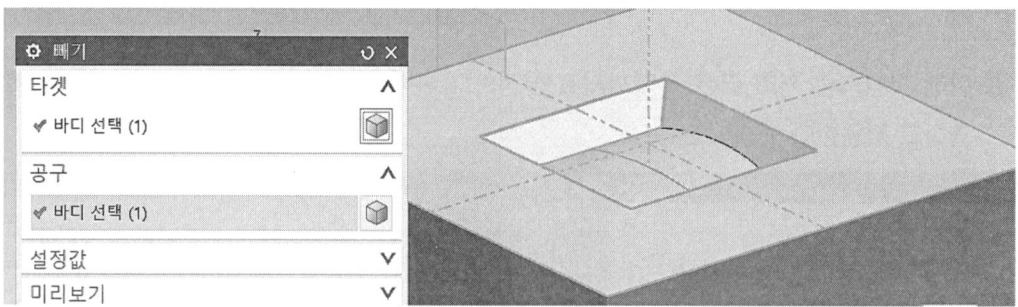

13 모서리 블렌드 아이콘을 선택하고 모서리 4군데를 선택하고, 반경 1에서 10mm를 입력 후 적용한다.

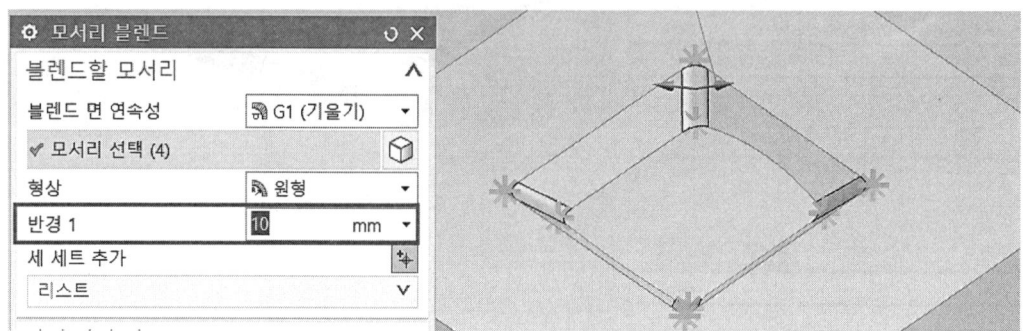

14 같은 방법으로 아래 그림과 같이 반경 1에서 4mm를 입력하고 확인한다.

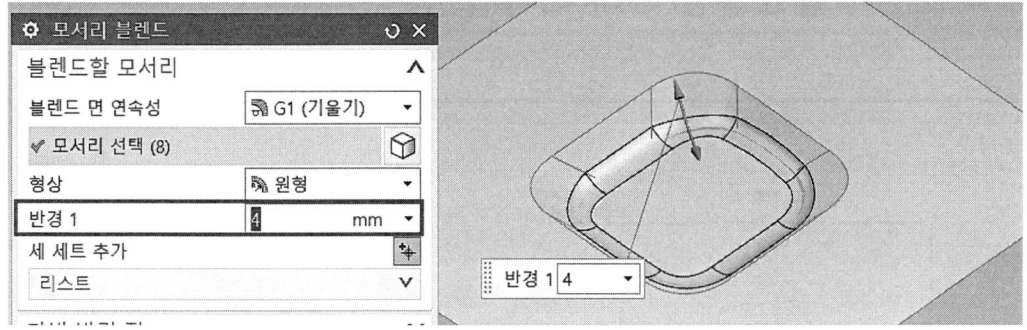

15 모델링이 완성된 그림을 도면과 비교하여 이상 유무를 확인한다.

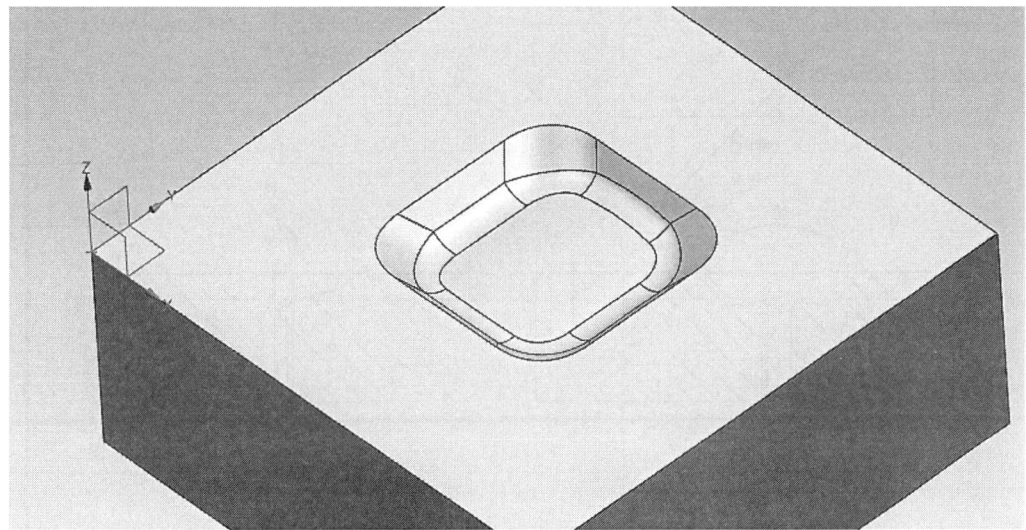

제4절 스웹 모델링 따라 하기

공개도면 ④

A-A

B-B

1 새로 만들기 (Ctrl+N)을 실행하고 모델을 선택하고 파일이름과 저장할 폴더를 입력한 다음 확인을 클릭한다.

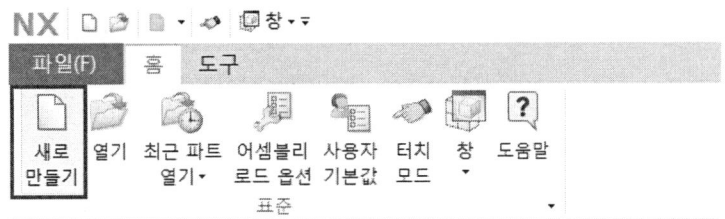

2 삽입에서 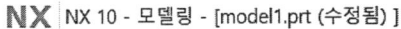 타스크 환경의 스케치(V)... 를 선택하거나, 위에서 생성된 타스크 환경의 스케치 아이콘을 선택한다.

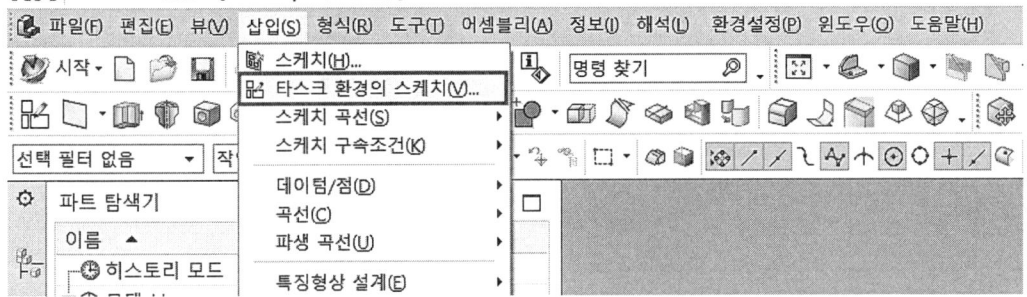

3 스케치 유형은 평면 상에서를 선택하고, 기존 평면에서 XY 평면을 선택 확인 후 스케치 모드로 들어간다.

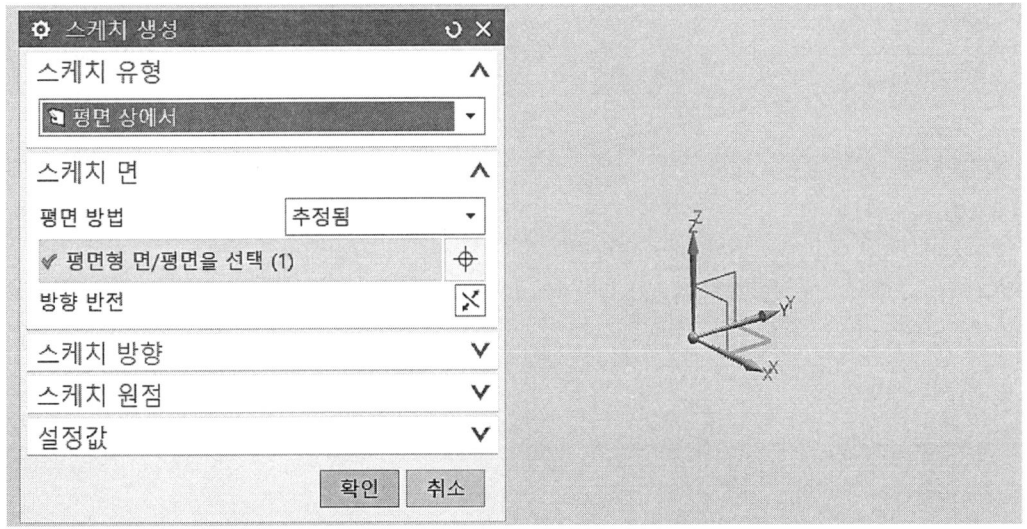

제4절 스웹 모델링 따라 하기

4 직사각형(Rectangle) 아이콘을 선택하고 2점을 원점으로 임의로 70mm×70mm의 사각형을 그린다. 중심선을 그린 후 참조선으로 변환한다.

5 삽입에서 곡선 → 타원을 클릭하여 아래 그림처럼 중심점을 선택하고 외반경과 내반경, 각도를 입력하고 확인한다. 점 지정은 점 다이얼로그를 선택하여 아래 그림처럼 중심점을 선택한다.

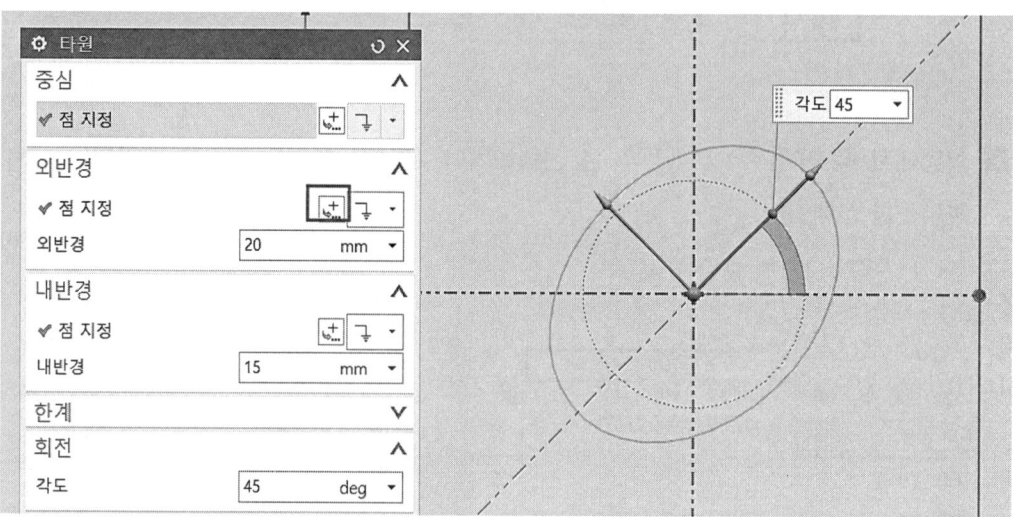

6 중심점 선택은 아래 그림처럼 교차점으로 설정하고 확인한다.

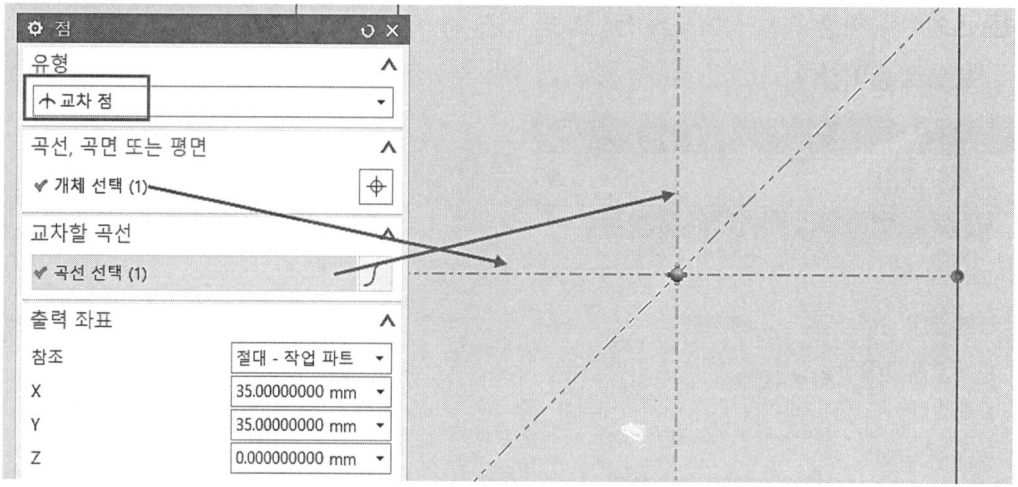

7 데이텀 평면 아이콘을 클릭한 후 XZ 평면을 선택하고 아래 그림처럼 옵셋 거리는 35mm 를 입력하고 확인한다.

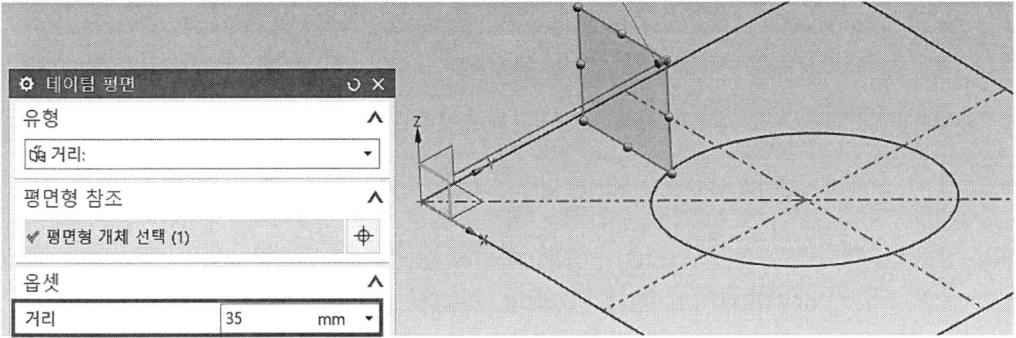

8 스케치 생성 아이콘을 클릭한 후 기존 평면에서 데이텀 평면을 선택하고 확인한다.

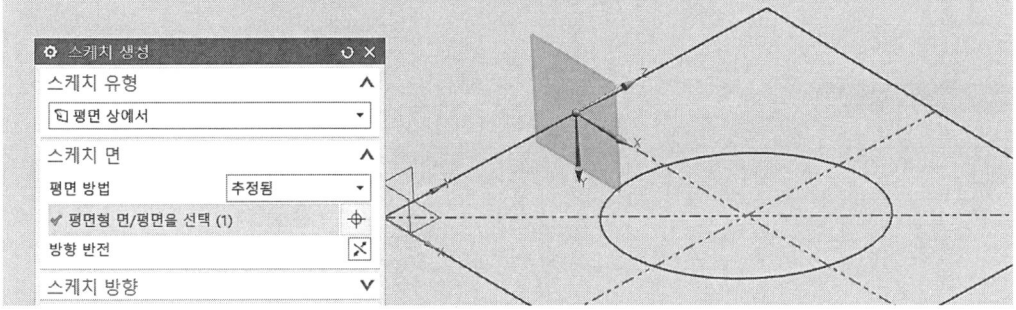

9 뷰에서 앞쪽(정면도)으로 설정하고 아래 그림처럼 스케치를 작성한다. 호 R70의 중심거리는 31을 입력하고 스케치를 종료한다.

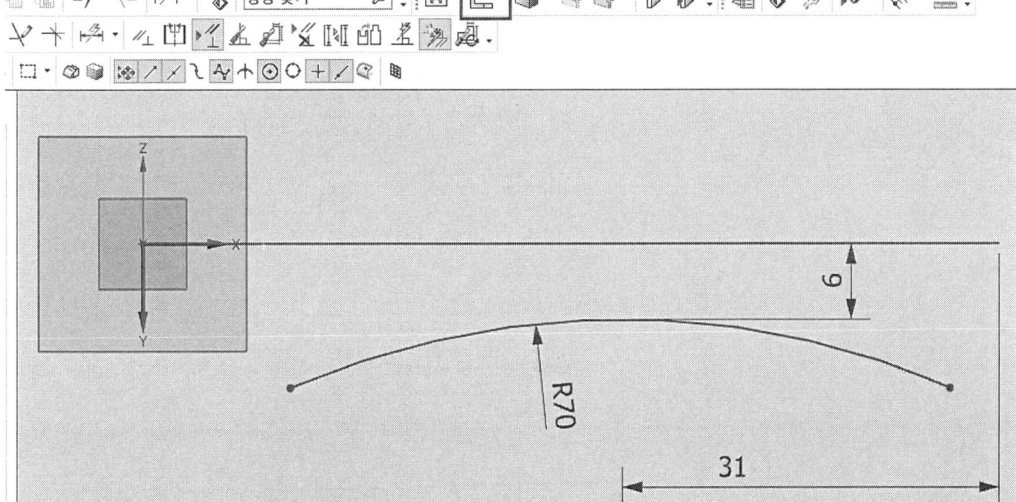

제4절 스웹 모델링 따라 하기

🔟 다시 스케치 아이콘을 선택한 후 경로 상으로 호의 끝점을 선택한다.

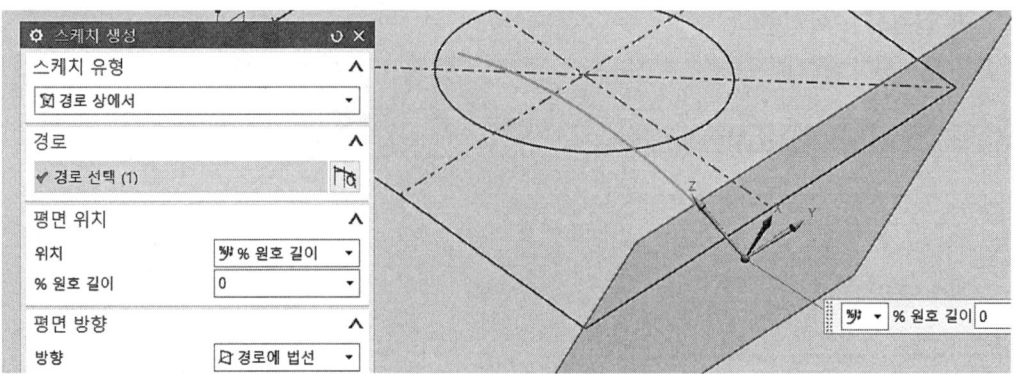

⓫ 원호 아이콘을 이용하여 아래 그림처럼 임의의 호를 작성하고 끝점을 선택한다.

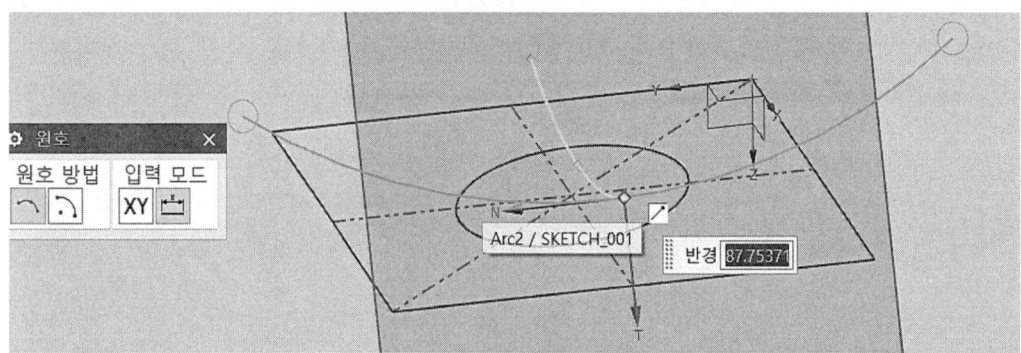

⓬ 아래 그림처럼 호의 중심거리 34를 입력하고 스케치를 종료한다.

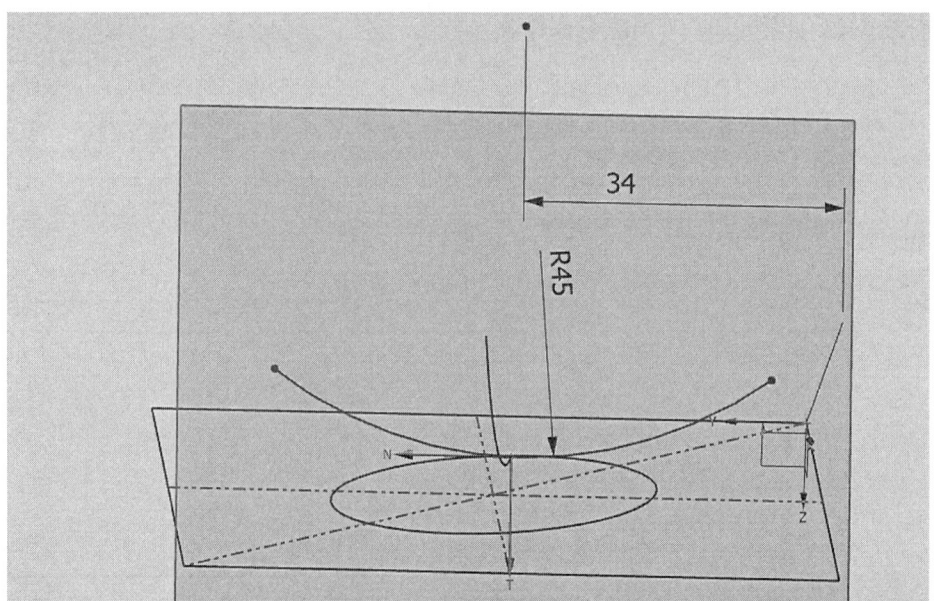

13 삽입에서 곡선 → 가이드따라 스위핑 → 스윕을 선택하고, 아래 그림처럼 설정 후 확인한다.

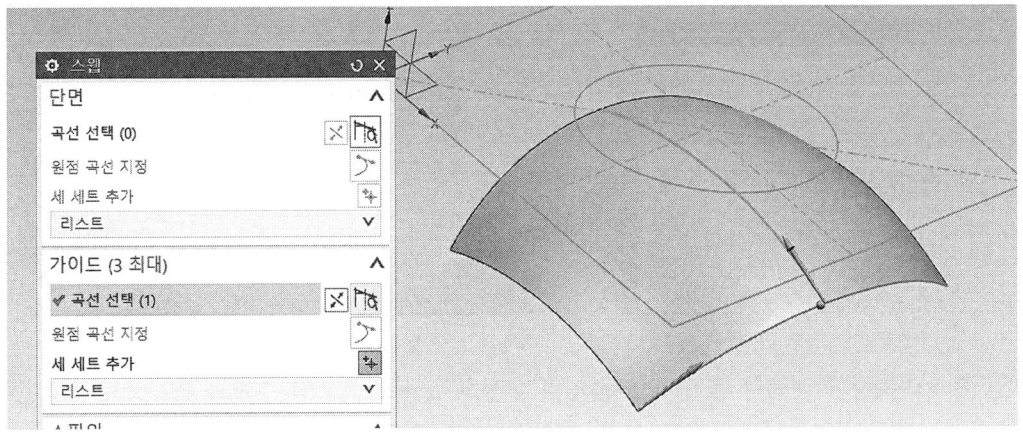

14 돌출 아이콘을 이용하여 아래 그림처럼 원형 끝을 선택까지로 선택한 후 돌출하고 적용한다.

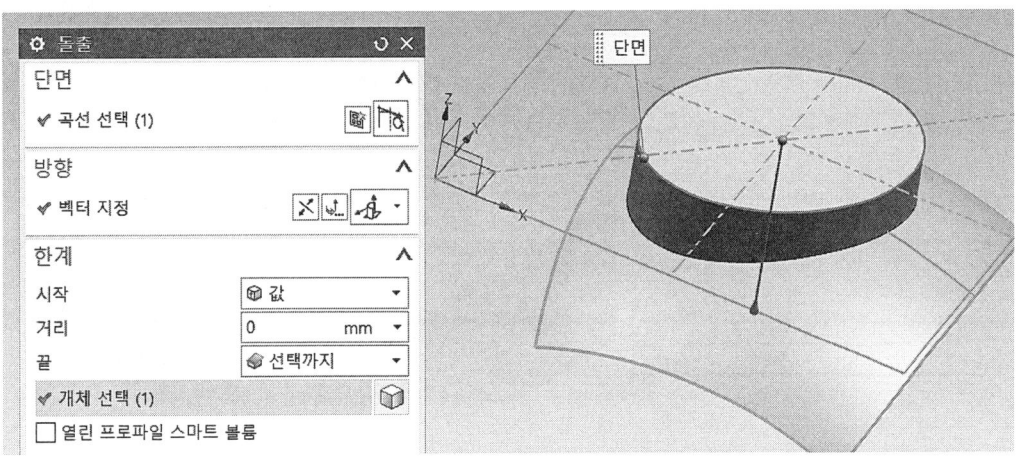

15 외각 선을 선택하고 끝 거리 −28mm를 입력한 후 돌출하고 확인한다.

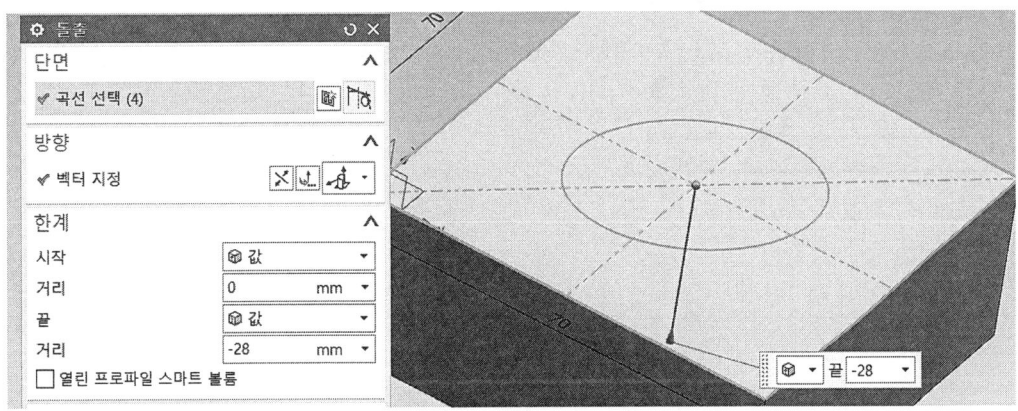

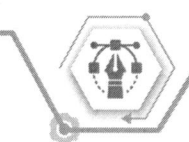

16 빼기 아이콘을 선택한 후 아래 그림처럼 설정하고 확인한다.

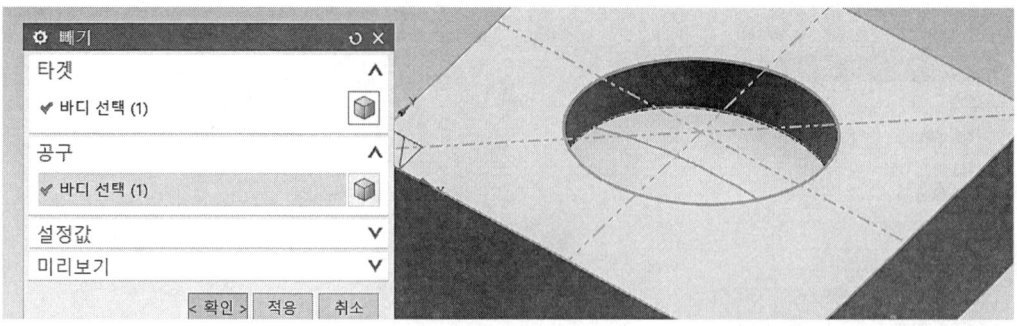

17 구배 아이콘을 선택한 후 아래 그림처럼 설정하고, 구배를 각도 1에서 45deg로 적용한 후 확인한다.

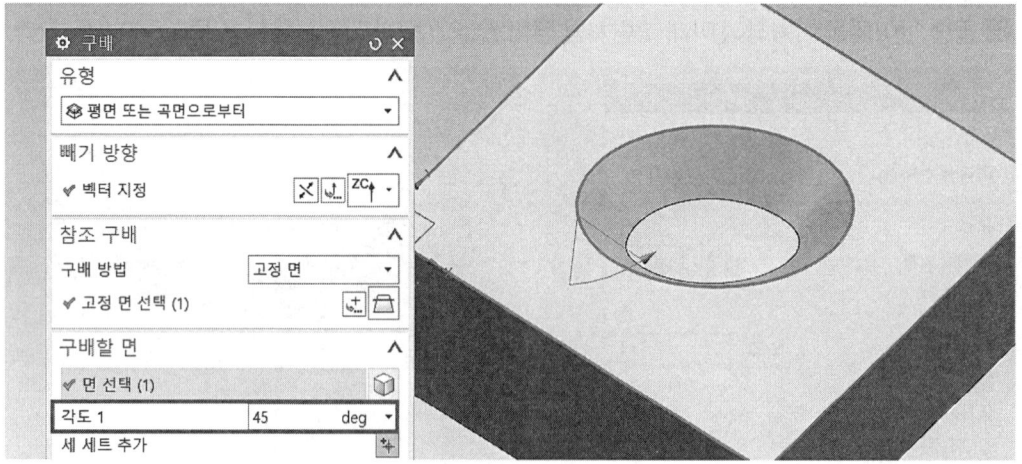

18 모서리 블렌드 아이콘을 선택하고 모서리 반경 1에서 4mm를 입력 후 확인한다.

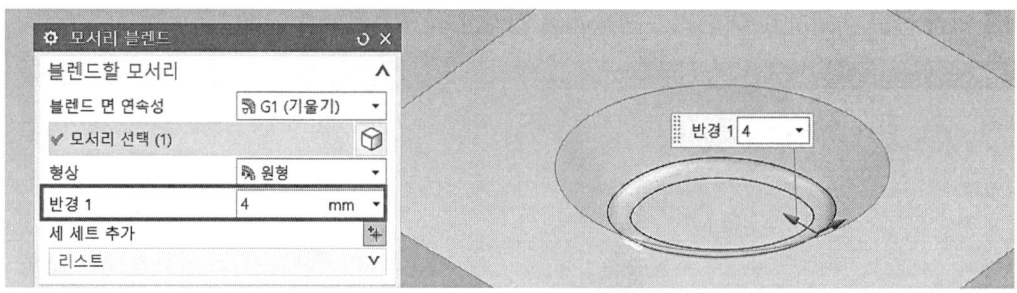

19 모델링이 완성된 그림을 도면과 비교하여 이상 유무를 확인한다.

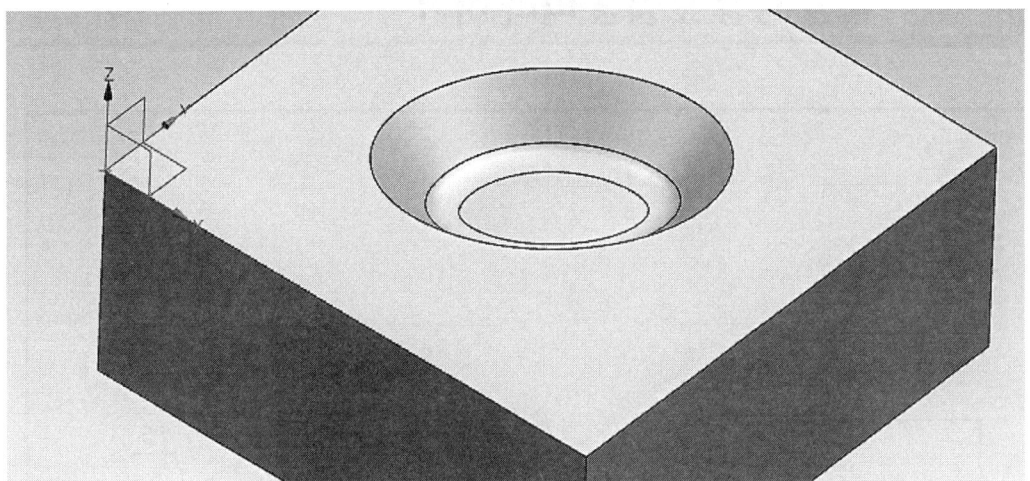

제5절 특징 형상 모델링 따라 하기

공개도면 ⑤

1 새로 만들기 (Ctrl+N)을 실행하고 모델을 선택하고 파일이름과 저장할 폴더를 입력한 다음 확인을 클릭한다.

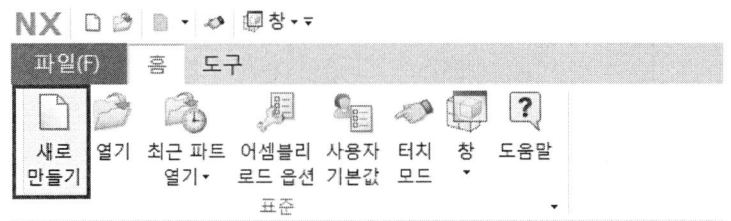

2 삽입에서 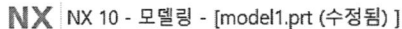 를 선택하거나, 위에서 생성된 타스크 환경의 스케치 아이콘을 선택한다.

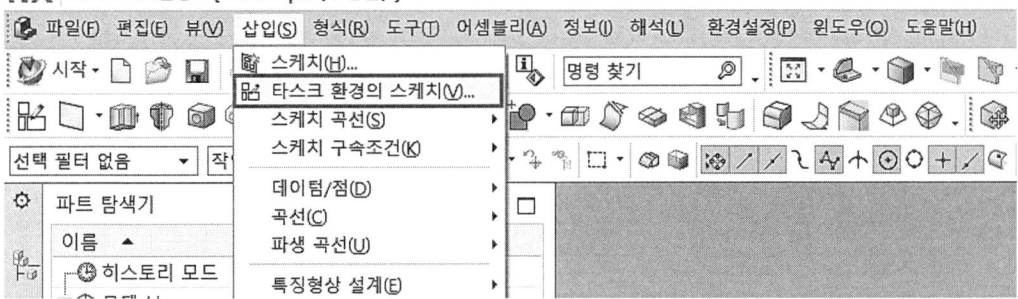

3 스케치 유형은 평면 상에서를 선택하고, 기존 평면에서 XY 평면을 선택 확인 후 스케치 모드로 들어간다.

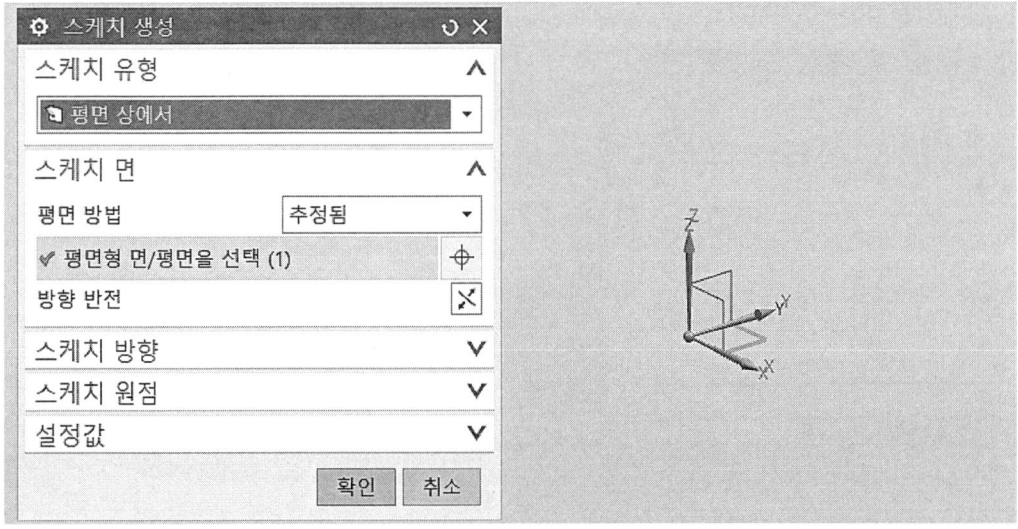

4 아래 그림처럼 스케치를 작성하고 종료한다.

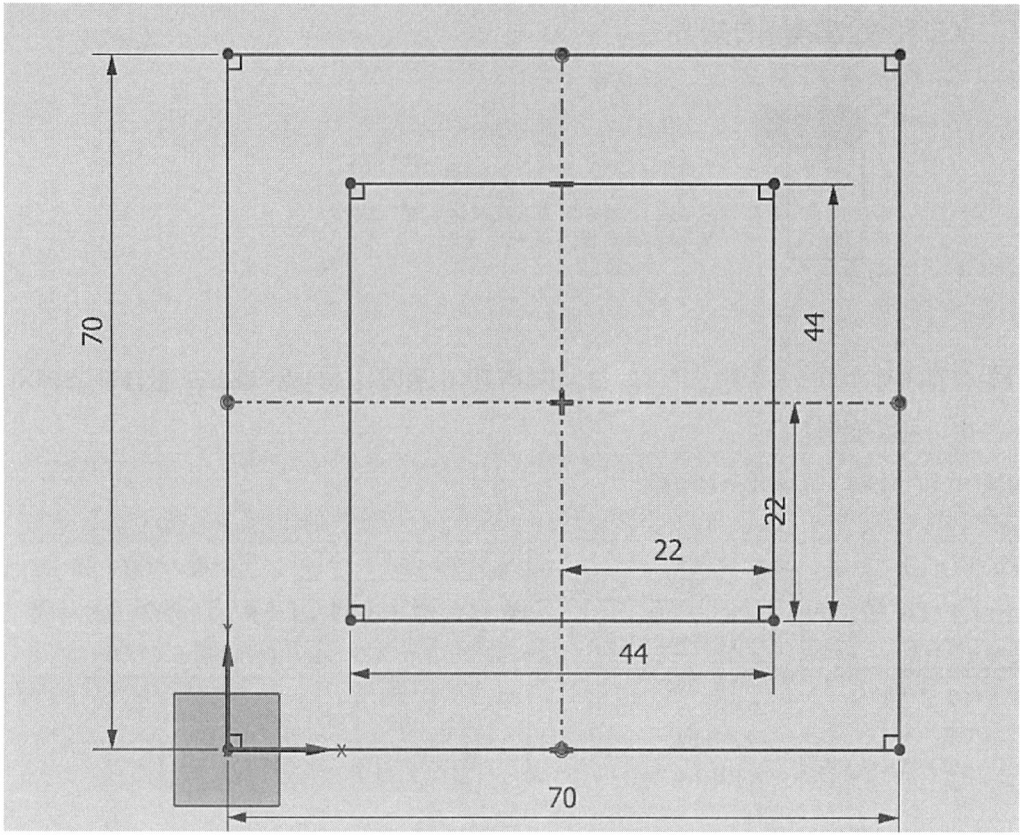

5 돌출 아이콘을 선택한 후 아래 그림처럼 외각 선을 선택하고 끝 거리는 -28mm를 입력한 후 돌출하고 적용한다.

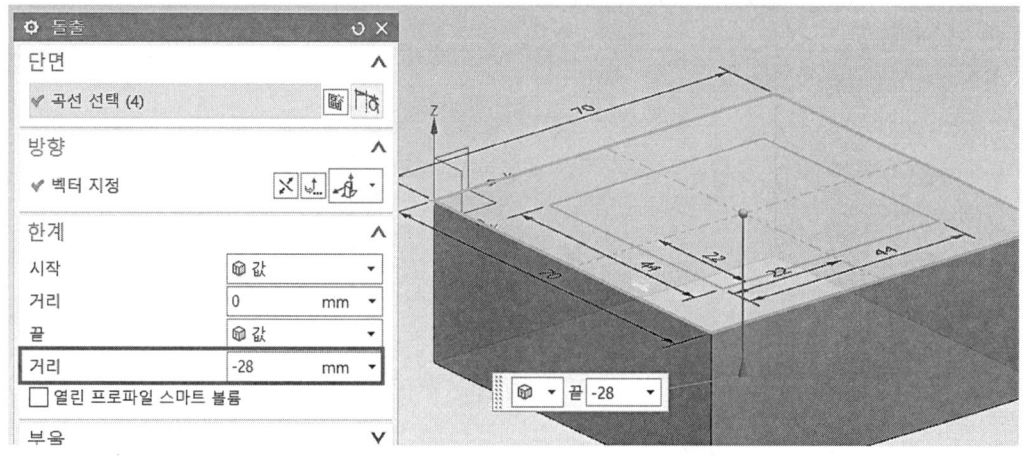

6 안쪽 사각형 곡선을 선택한 후 끝 거리는 -3mm 입력, 부울은 빼기 선택, 구배 각도는 -60deg로 설정하고 확인한다.

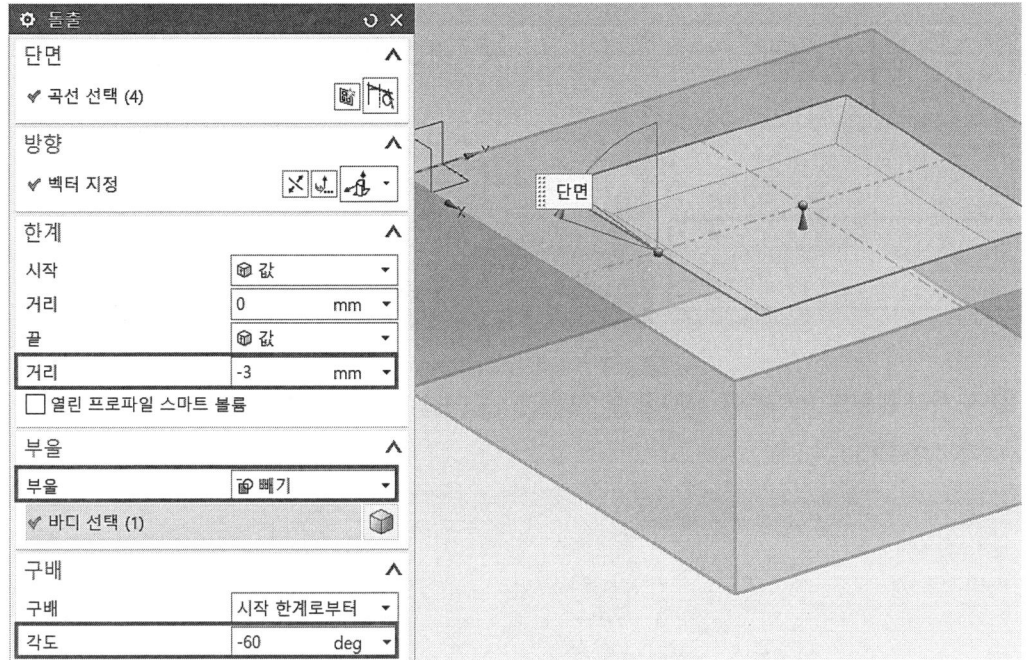

7 삽입에서 특징형상 설계 → 구(S)... 를 클릭한 후 중심점을 설정하고 확인한다.

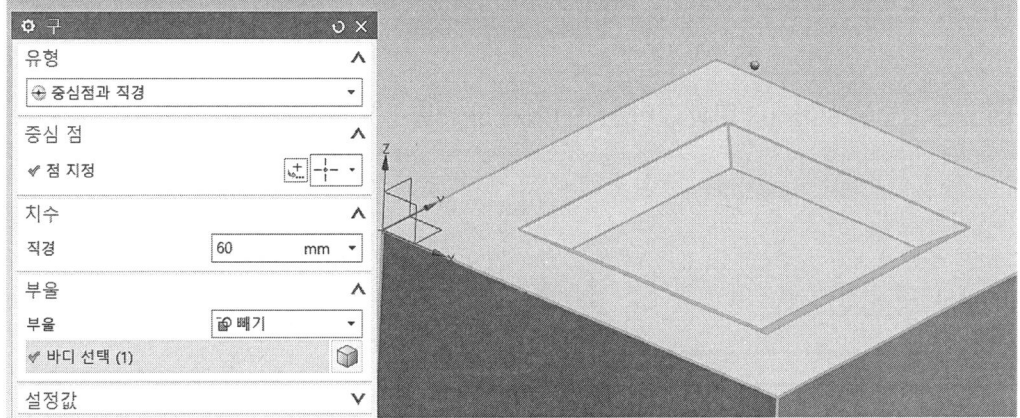

제5절 특징 형상 모델링 따라 하기

8 중심점은 절대로 X35, Y35, Z24로 설정하고 확인한다.

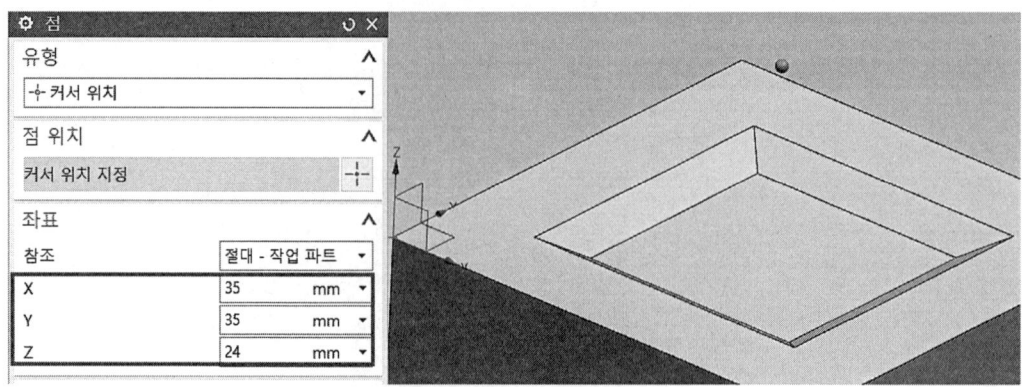

9 모서리 블렌드 아이콘을 선택한 후 모서리 4군데를 선택하고 반경 1에서 10mm를 입력 후 적용한다.

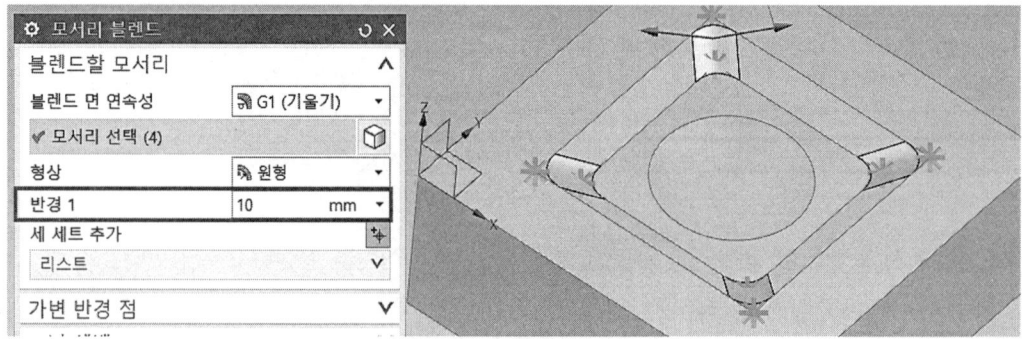

10 같은 방법으로 아래 그림과 같이 반경 1에서 5mm를 입력하고 확인한다.

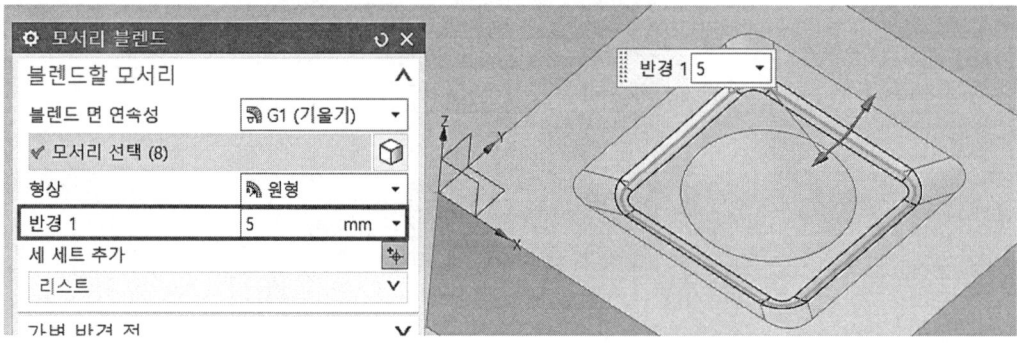

11 모델링이 완성된 그림을 도면과 비교하여 이상 유무를 확인한다.

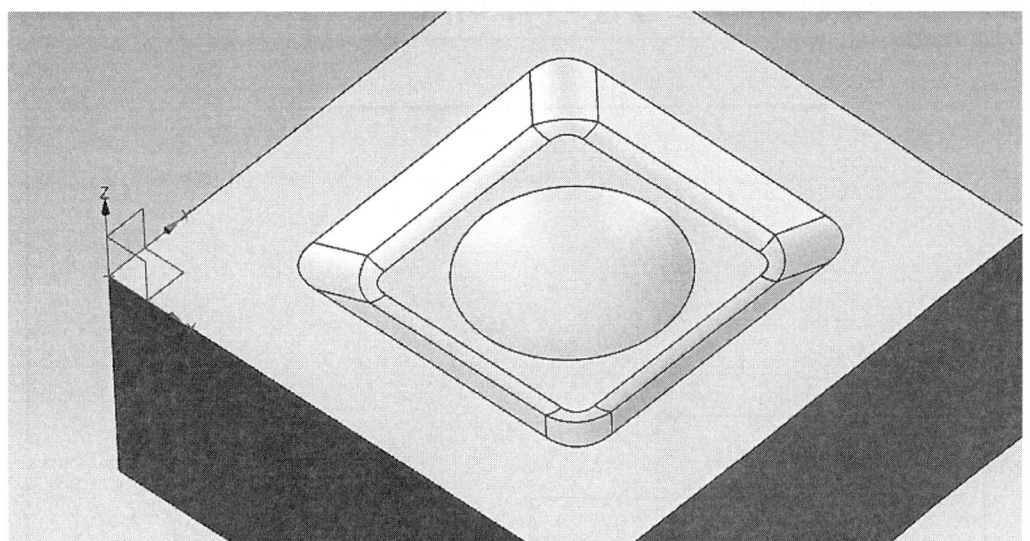

제6절 곡선 통과 모델링 따라 하기

공개도면 ⑥

A-A

1 새로 만들기 (Ctrl+N)을 실행하고 모델을 선택하고 파일이름과 저장할 폴더를 입력한 다음 확인을 클릭한다.

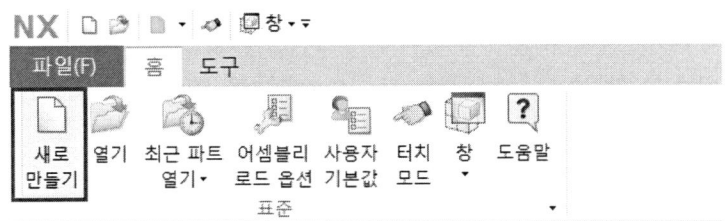

2 삽입에서 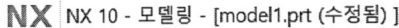 를 선택하거나, 위에서 생성된 타스크 환경의 스케치 아이콘을 선택한다.

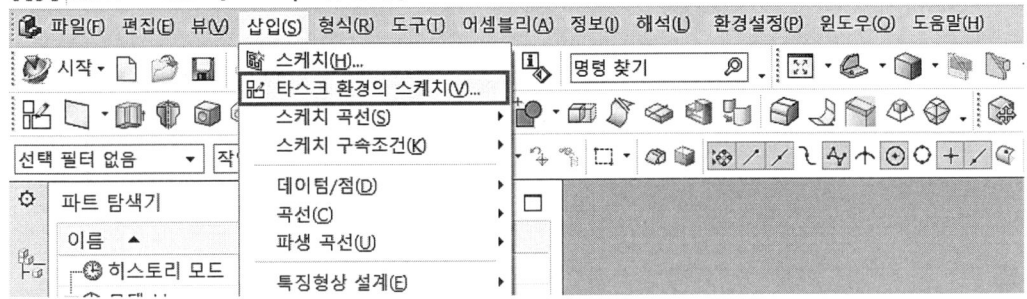

3 스케치 유형은 평면 상에서를 선택하고, 기존 평면에서 XY 평면을 선택 확인 후 스케치 모드로 들어간다.

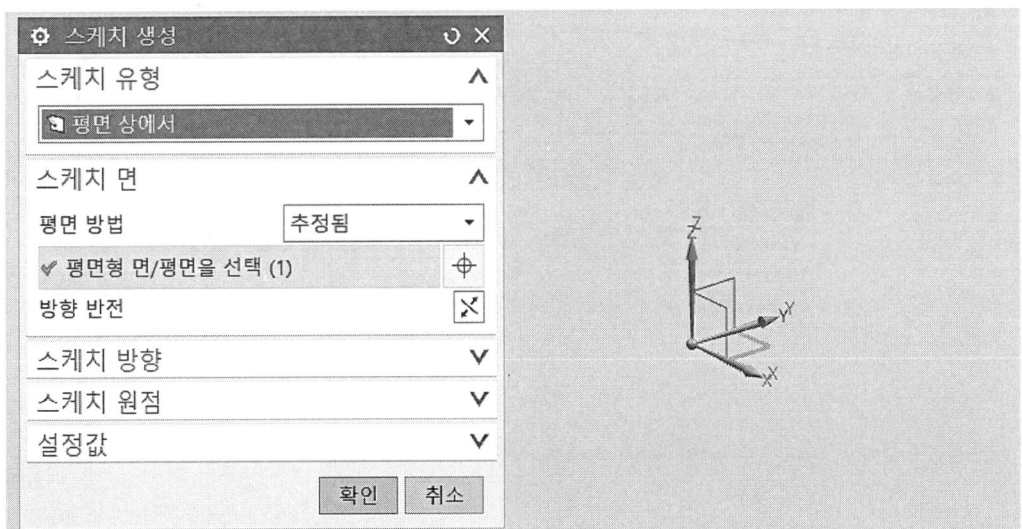

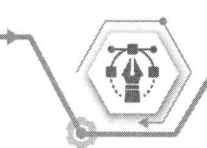

4 직사각형(Rectangle) 아이콘을 선택하고 2점을 원점으로 임의로 70mm×70mm의 사각형을 그린다. 중심선을 그린 후 참조선으로 변환한다.

5 삽입에서 곡선 → 타원을 클릭하여 아래 그림처럼 중심점을 선택하고 외반경과 내반경, 각도를 입력하고 확인한다. 점 지정은 점 다이얼로그를 선택하여 아래 그림처럼 중심점을 선택한다.

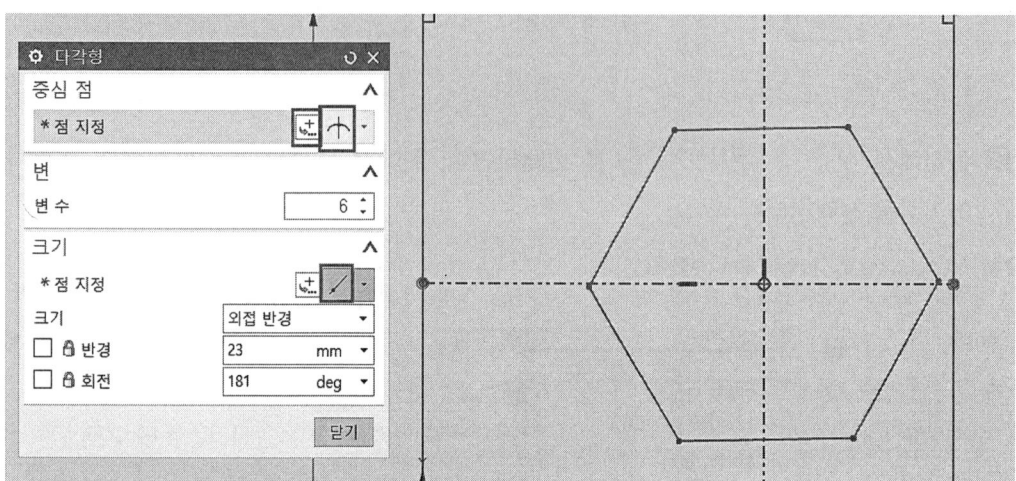

6 중심점 선택은 아래 그림처럼 교차점으로 설정하고 확인한다.

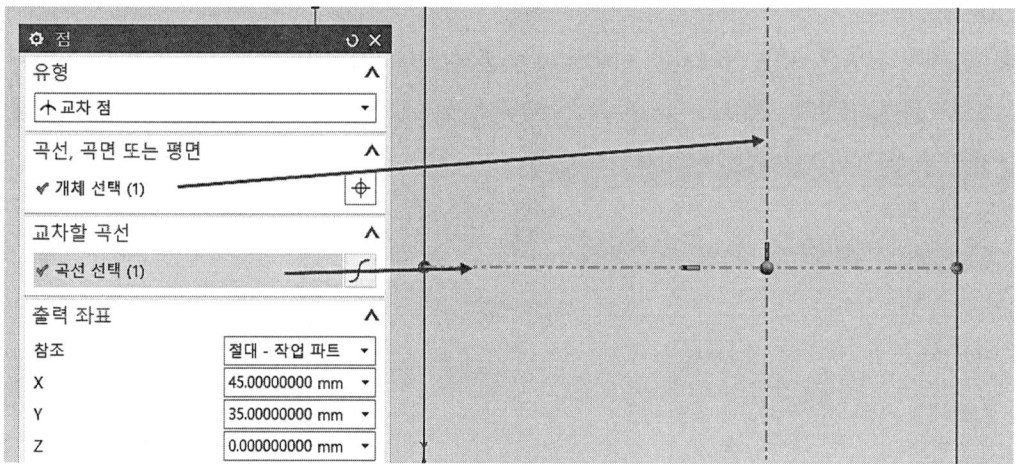

7 구속조건 아이콘을 선택하고 곡선 상의 점으로 아래 그림과 같이 설정하고 확인한다.

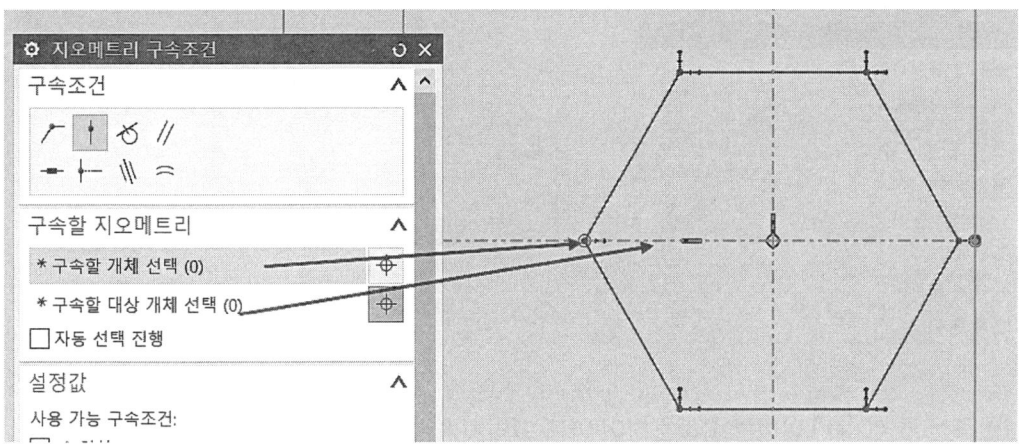

8 필렛 아이콘을 선택하고 아래 그림과 같이 반경 10을 적용하고 확인한다.

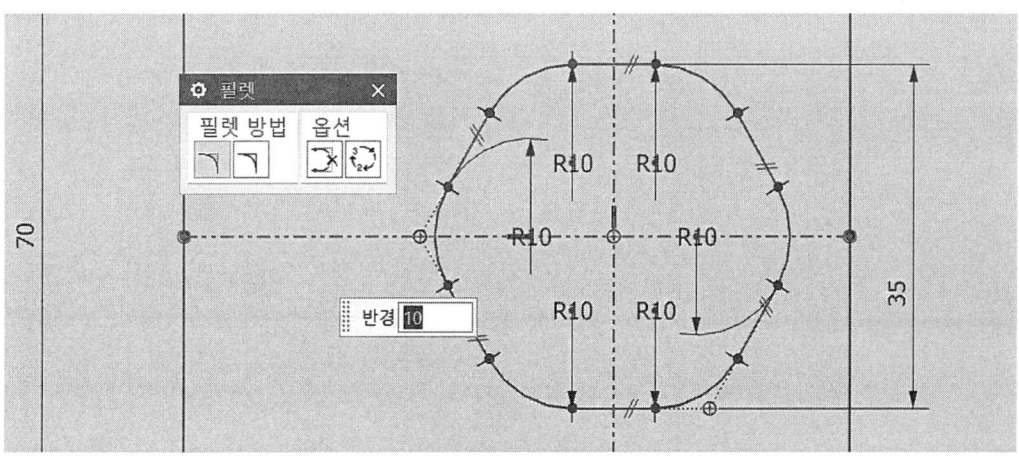

9 데이텀 평면 아이콘을 클릭하고 XY 평면을 선택한 후 아래 그림처럼 옵셋 거리는 −6mm를 입력하고 확인한다.

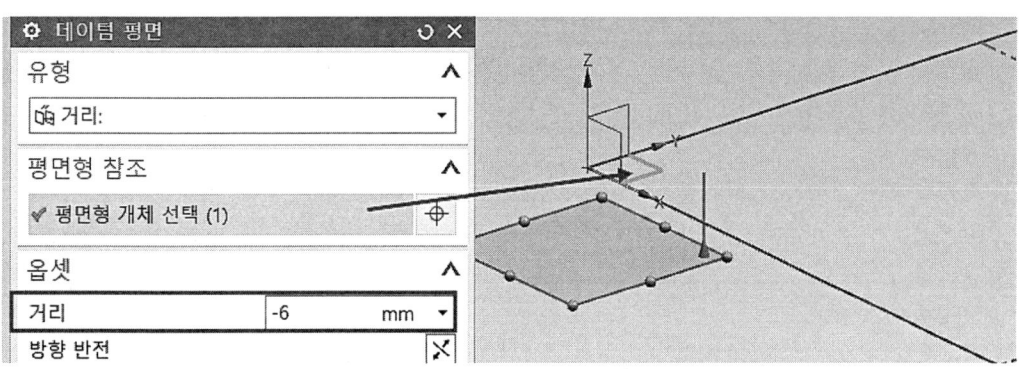

제6절 곡선 통과 모델링 따라 하기

❿ 스케치 생성 아이콘을 클릭한 후 기존 평면에서 데이텀 평면을 선택하고 확인한다.

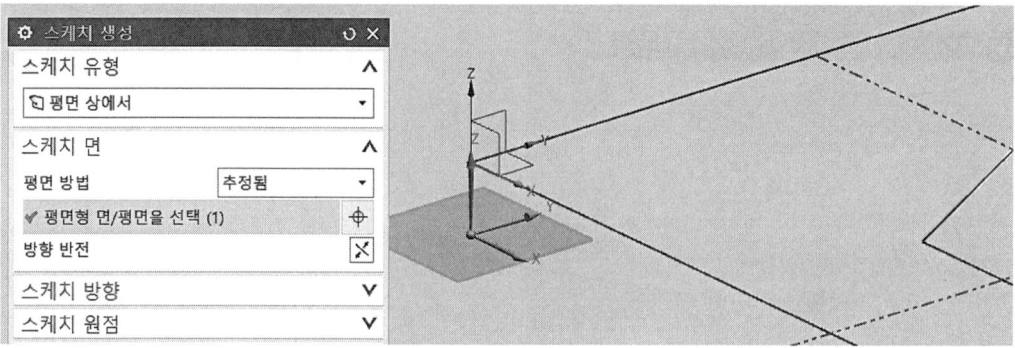

⓫ 곡선 투영( ) 아이콘을 이용하여 아래 그림처럼 투영하고 확인한다.

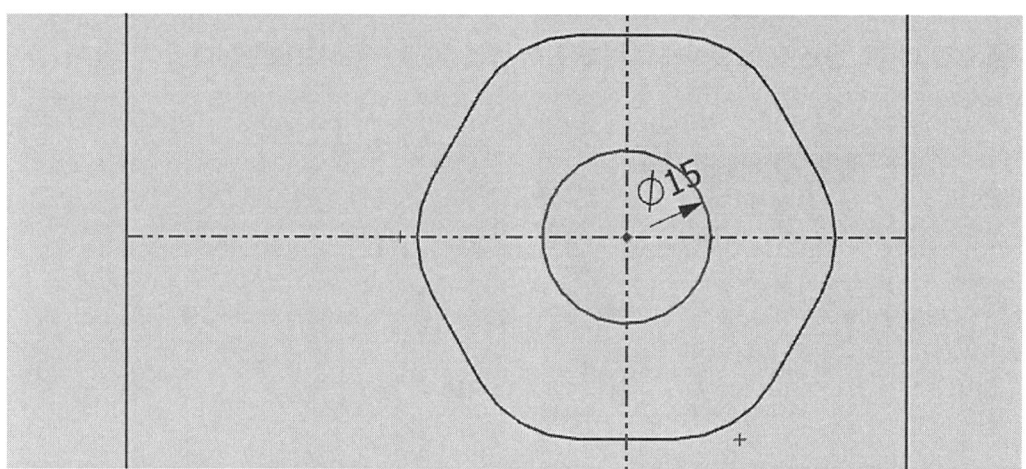

⓬ 삽입에서 메시 곡면 → 곡선 통과를 선택하고 아래 그림처럼 위 곡선을 선택한 후 마우스 2번 버튼을 클릭하고(또는 세 세트 추가 클릭), 아래 곡선을 클릭한 후 확인한다. 화살표 방향은 동일하게 설정한다.

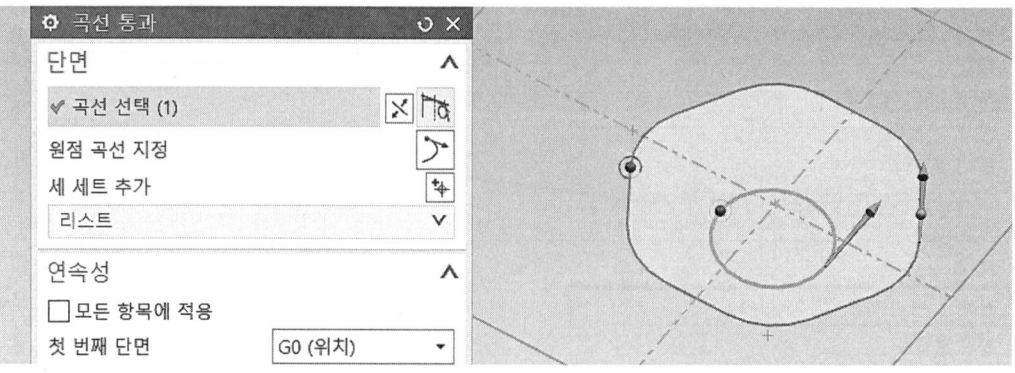

⓭ 돌출 아이콘을 클릭하고 아래 그림처럼 끝 거리 -29mm로 설정하고 확인한다.

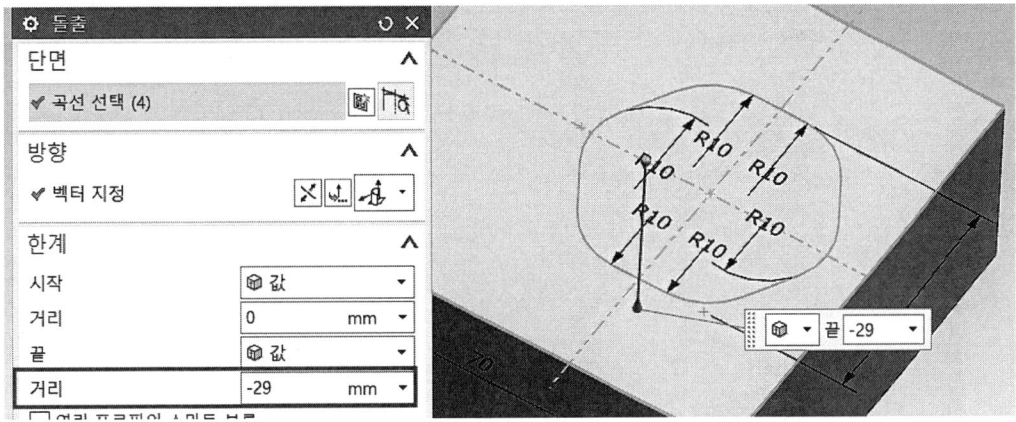

⓮ 삽입에서 결합 → 빼기를 클릭하고, 아래 그림처럼 타겟 바디를 선택한 후 공구에서 바디를 선택하고 확인한다.

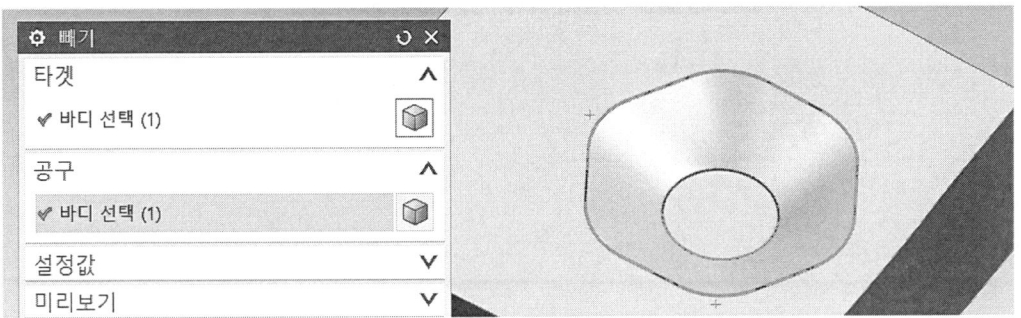

⓯ 모서리 블렌드( ) 아이콘을 클릭하고 반경 1에서 5mm를 입력하고 확인한다.

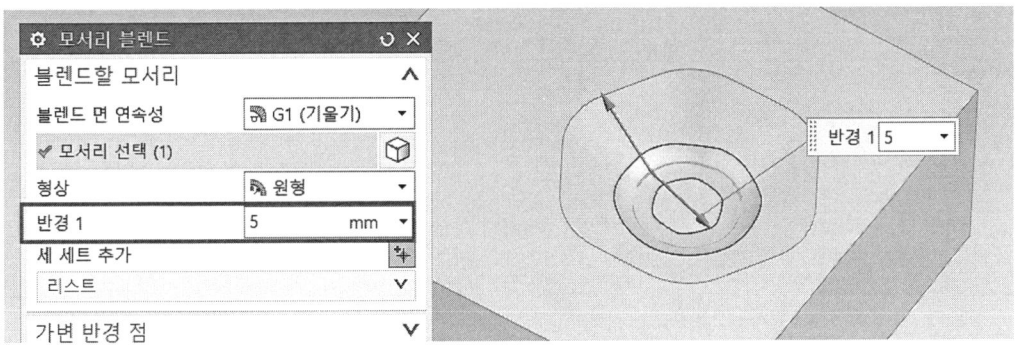

16 최종 완성된 모델링 형상을 도면과 비교하여 이상 유무를 확인한다.

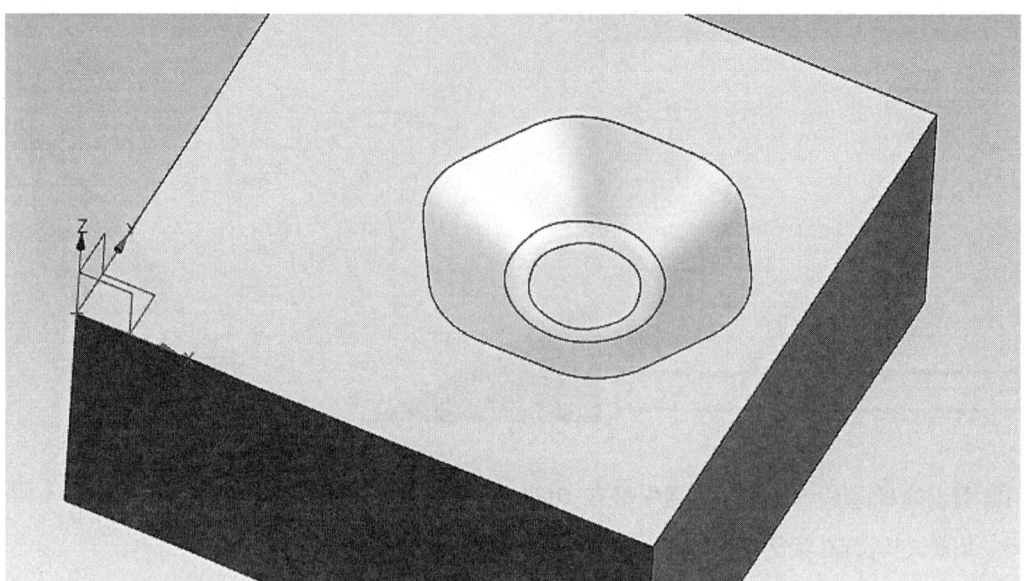

제7절 스웹 모델링 따라 하기

1 새로 만들기 (Ctrl+N)을 실행하고 모델을 선택하고 파일이름과 저장할 폴더를 입력한 다음 확인을 클릭한다.

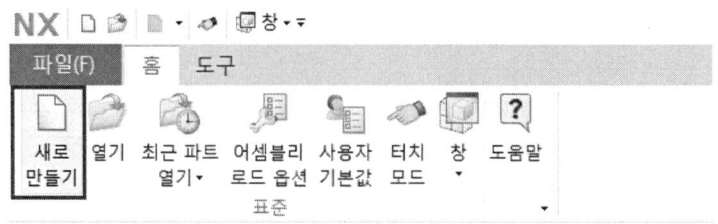

2 삽입에서 타스크 환경의 스케치(V)... 를 선택하거나, 위에서 생성된 타스크 환경의 스케치 아이콘을 선택한다.

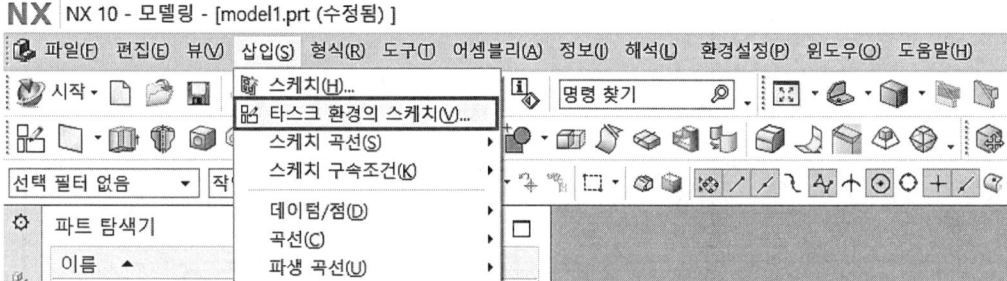

3 스케치 유형은 평면 상에서를 선택하고, 기존 평면에서 XY 평면을 선택 확인 후 스케치 모드로 들어간다.

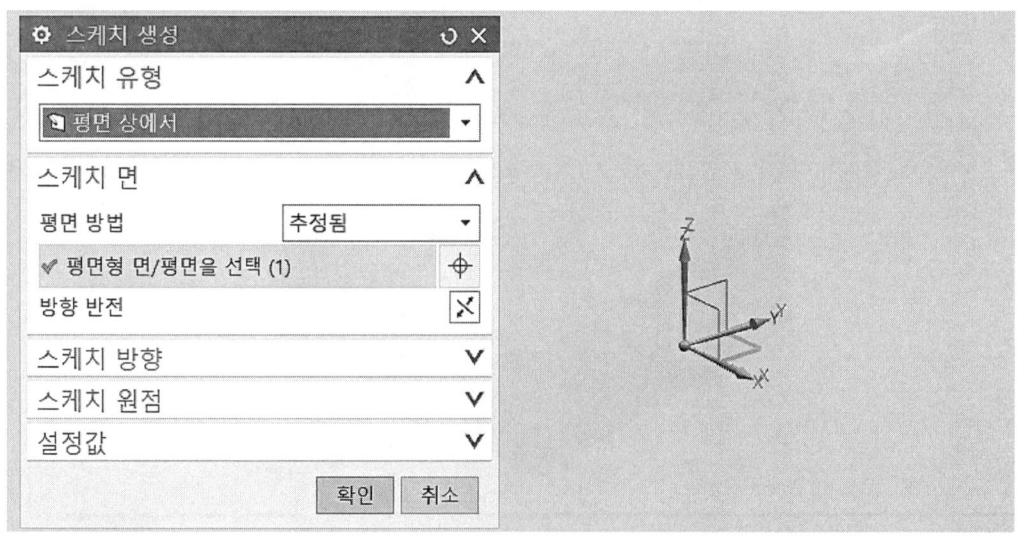

4 아래 그림처럼 스케치를 작성하고 스케치를 종료한다.

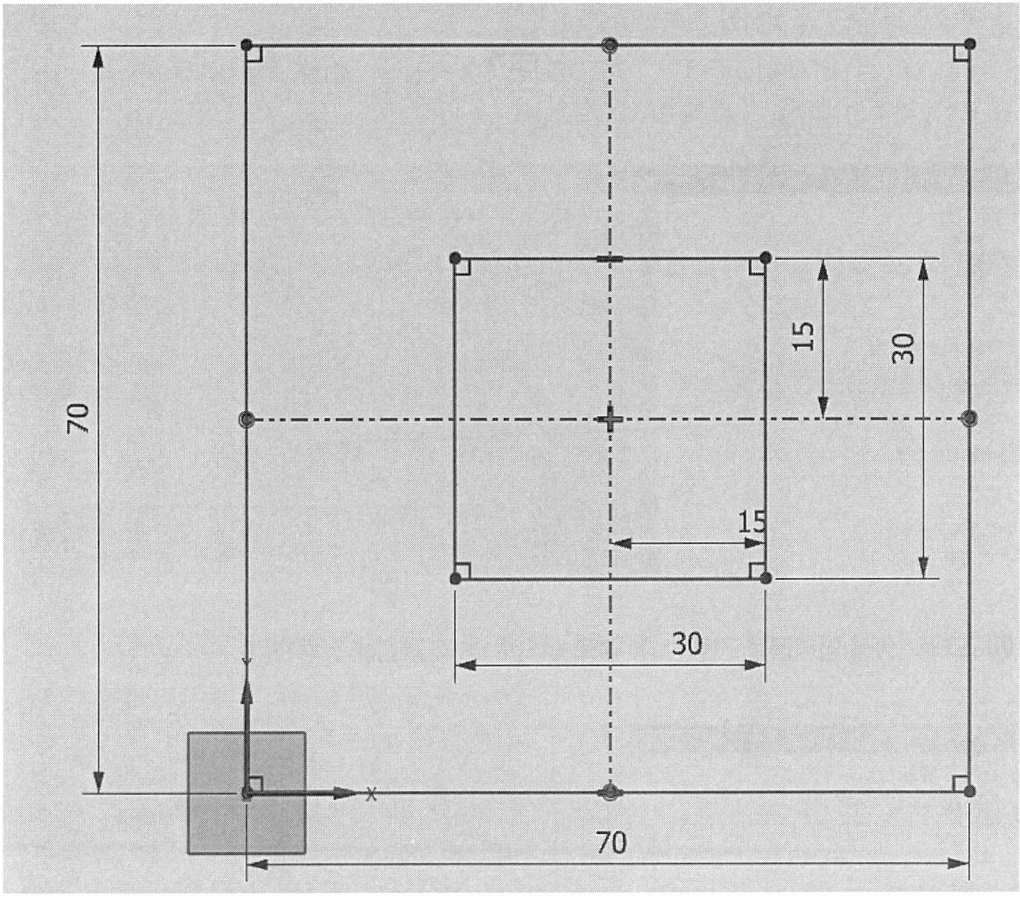

5 데이텀 평면 아이콘을 클릭하고 XZ 평면을 선택한 후 아래 그림처럼 옵셋 거리는 35mm를 입력하고 확인한다.

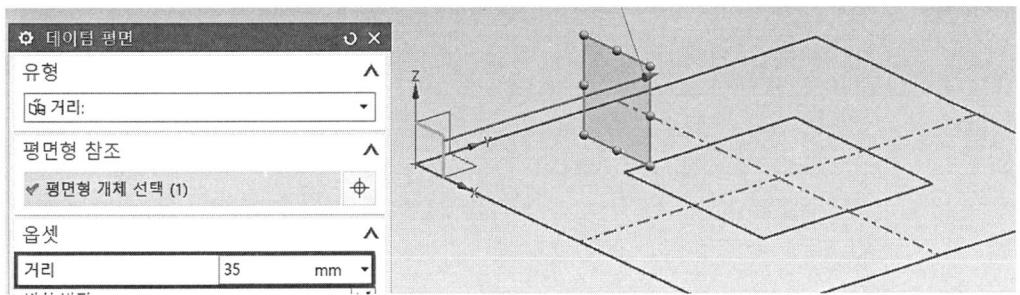

6 뷰에서 앞쪽(정면도)으로 설정하고 아래 그림처럼 스케치를 작성한다. 아래 그림처럼 구속조건을 주고 스케치를 종료한다.

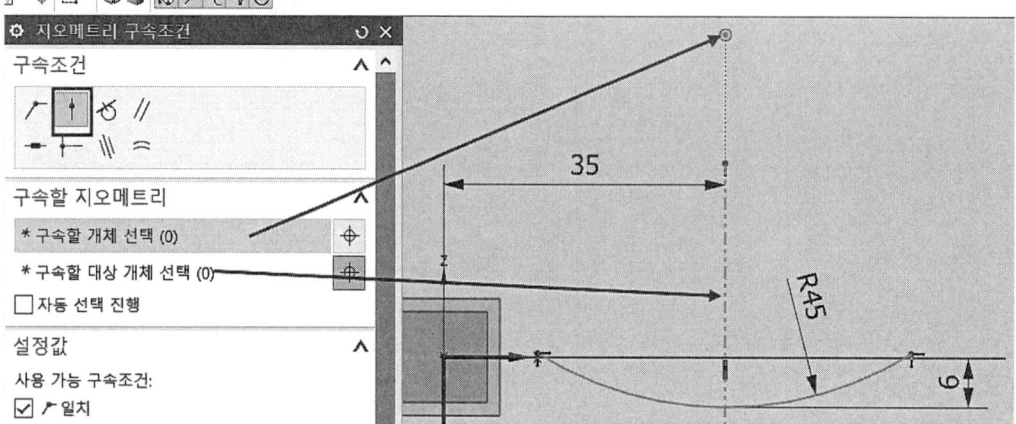

7 스케치 생성 아이콘을 선택한 후 경로 상으로 호의 끝점을 선택한다.

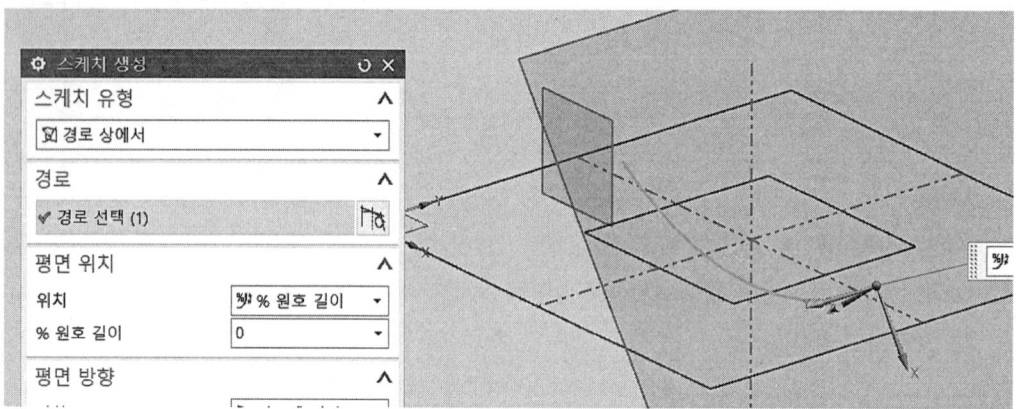

8 원호 아이콘을 이용하여 아래 그림처럼 임의의 호를 작성하고 끝점을 선택한다.

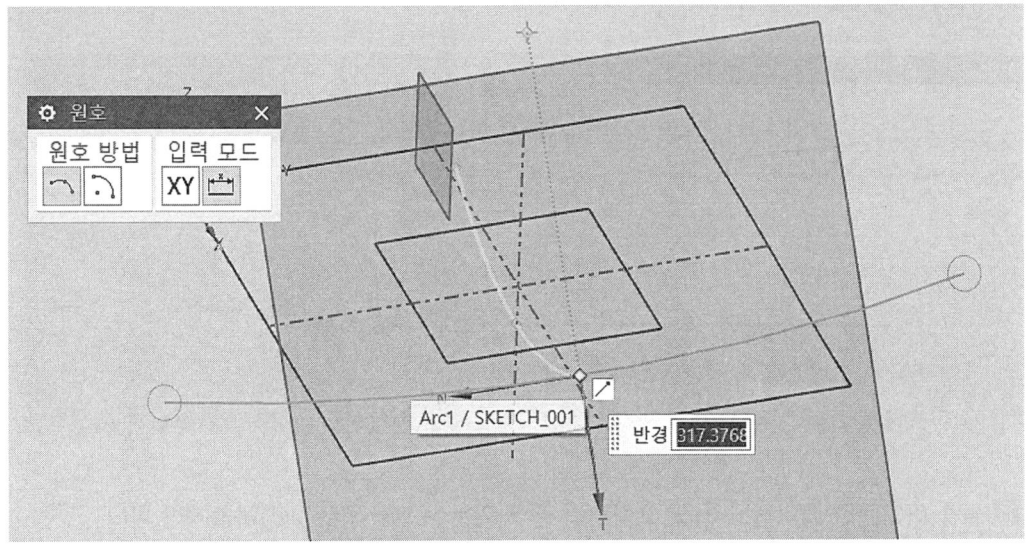

9 구속조건 아이콘을 선택한 후 곡선 상의 점을 선택하여 아래 그림과 같이 설정하고 확인한다.

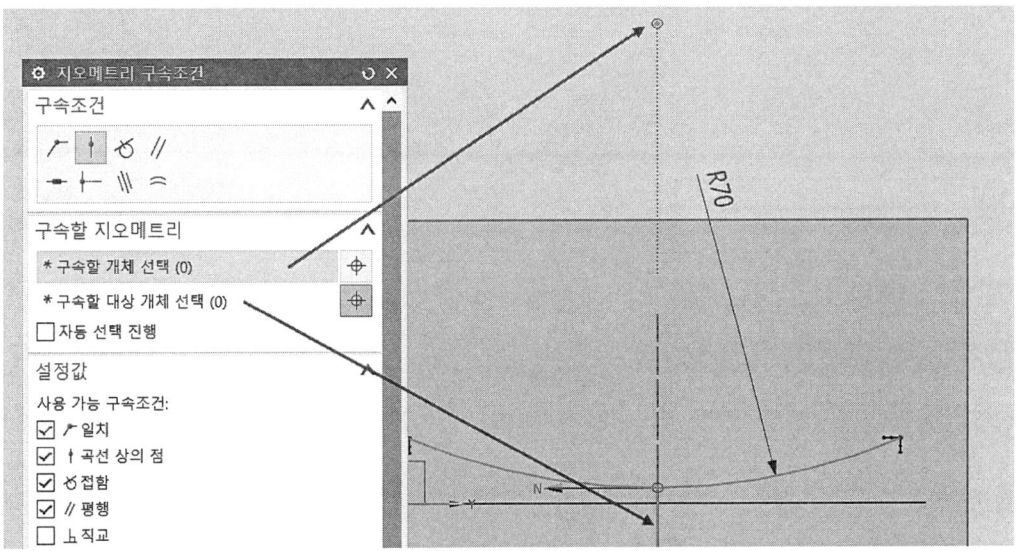

10 삽입에서 곡선 → 가이드 따라 스위핑 → 스웹을 선택한 후 아래 그림처럼 설정하고 확인한다.

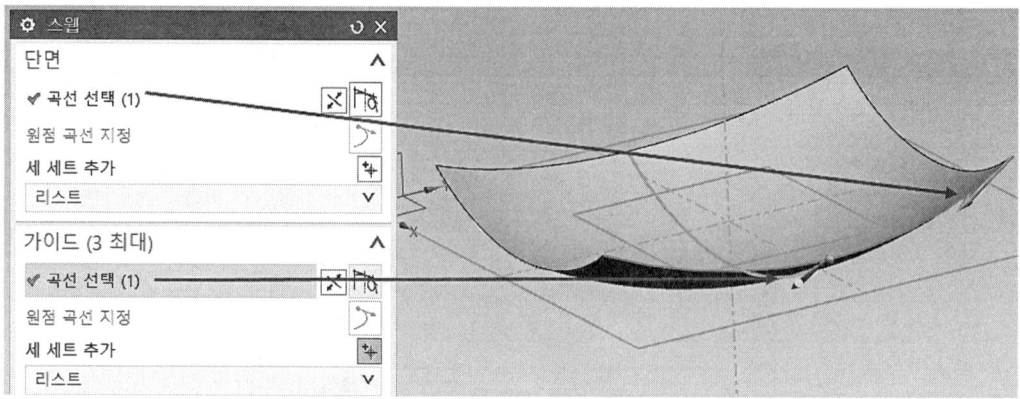

11 돌출 아이콘을 클릭하고 아래 그림처럼 끝 거리는 -29mm로 설정하고 확인한다.

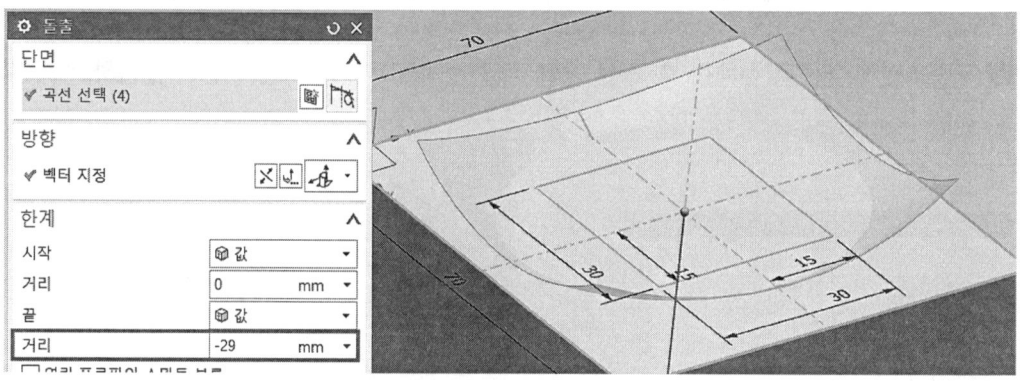

12 바디 트리밍 아이콘을 선택하고 아래 그림처럼 설정하고 확인한다.

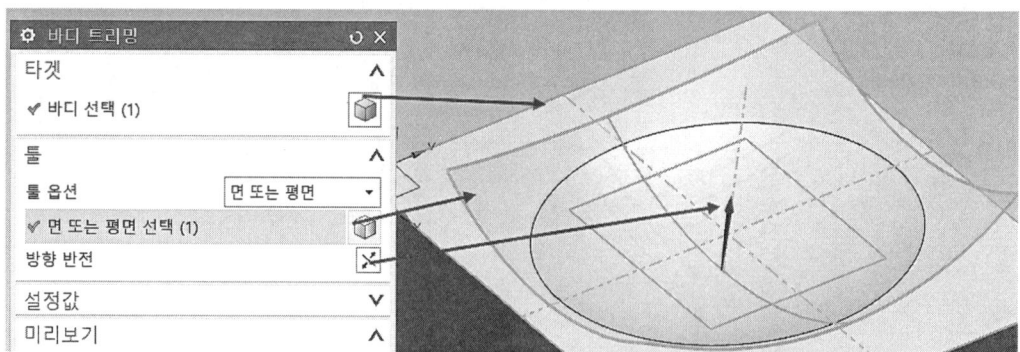

Chapter 01

⓭ 돌출 아이콘을 선택한 후 시작 거리 -2mm 입력, 끝 거리 -7mm 입력, 부울은 빼기 선택, 구배 각도는 -60deg로 설정하고 확인한다.

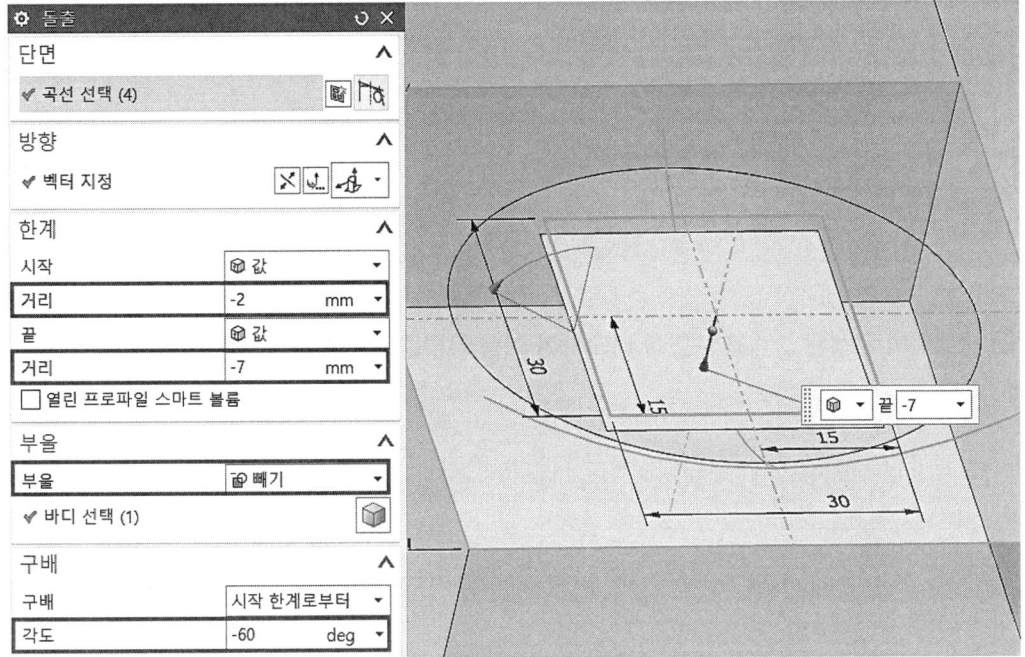

⓮ 모서리 블렌드 아이콘을 선택한 후 모서리 4군데를 선택하고 반경 1에서 6mm를 입력후 적용한다.

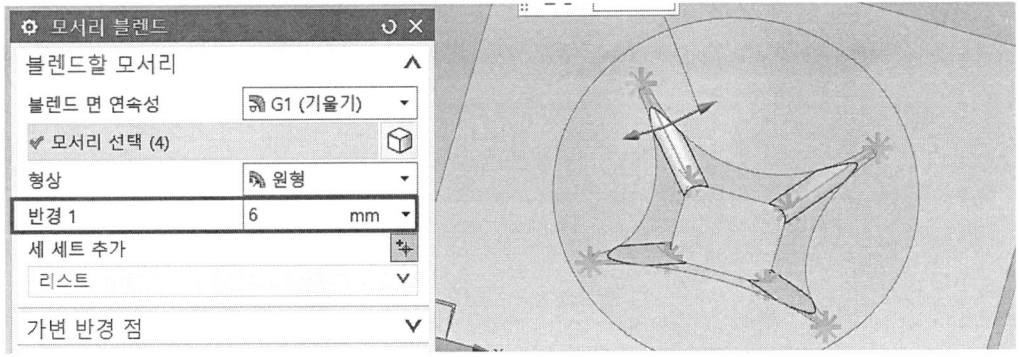

제7절 스웹 모델링 따라 하기

⓯ 같은 방법으로 아래 그림과 같이 반경 1에서 4mm를 입력하고 확인한다.

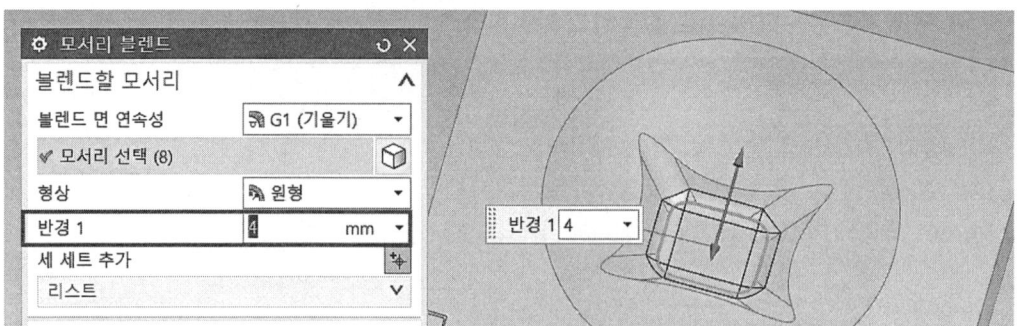

⓰ 모델링이 완성된 그림을 도면과 비교하여 이상 유무를 확인한다.

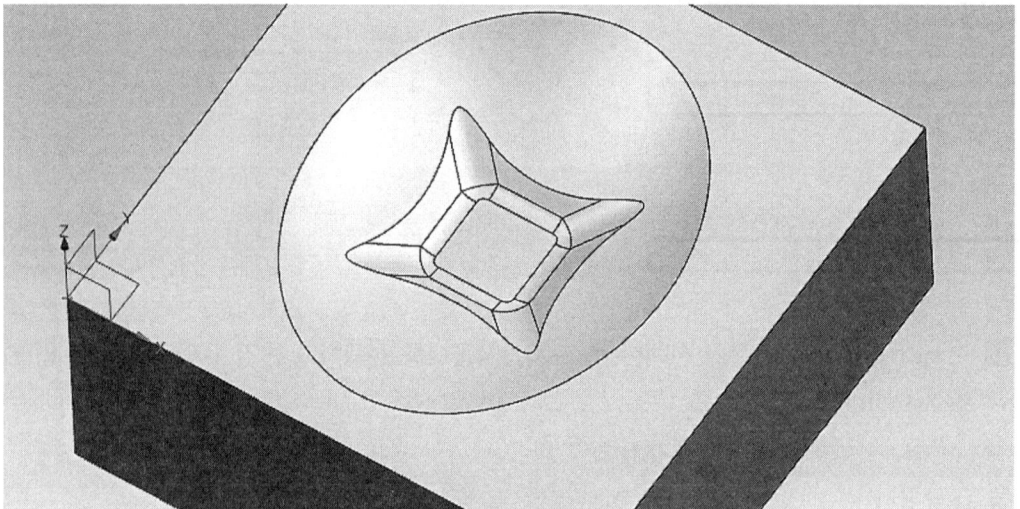

제8절 스웹 모델링 따라 하기

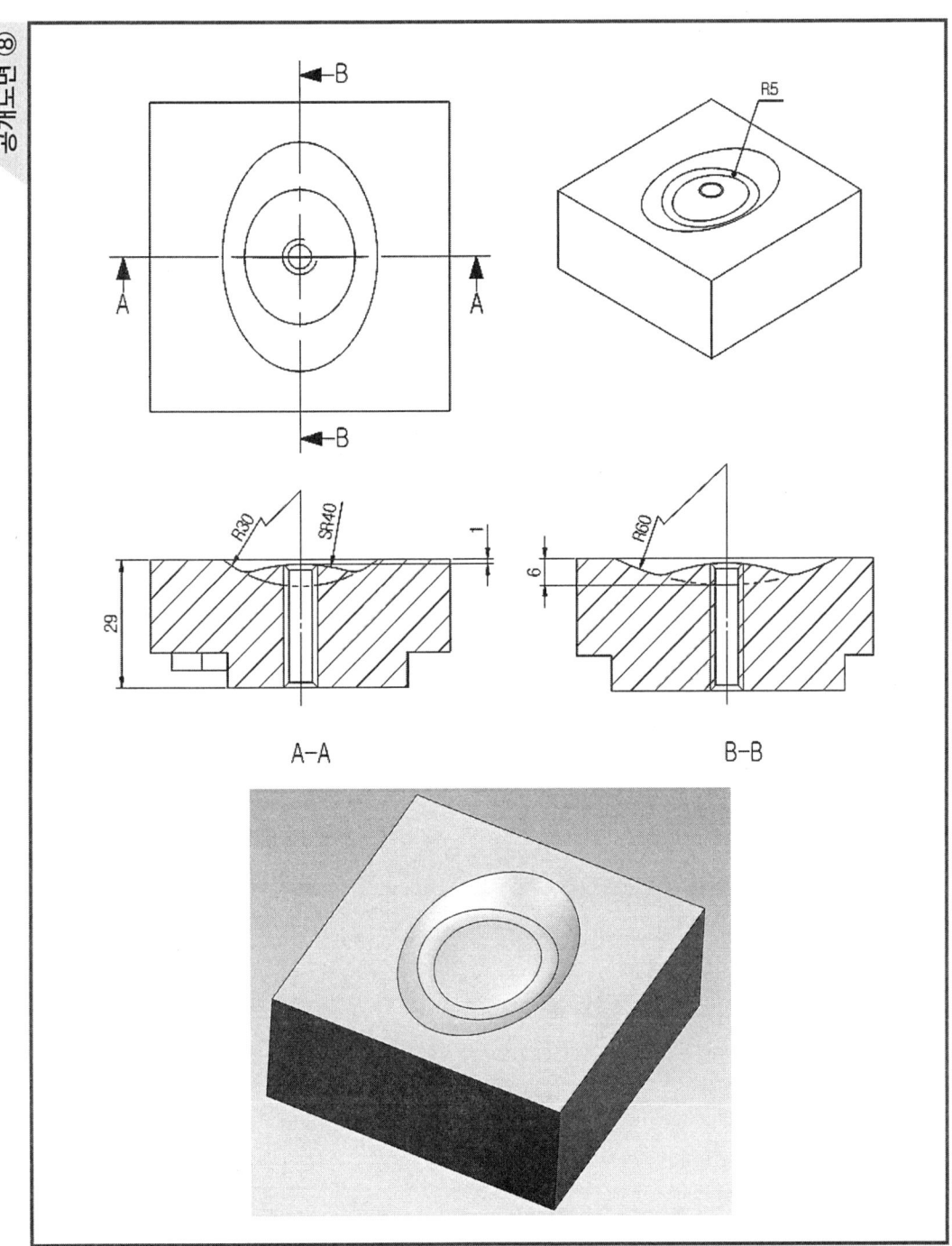

■ 새로 만들기 (Ctrl+N)을 실행하고 모델을 선택하고 파일이름과 저장할 폴더를 입력한 다음 확인을 클릭한다.

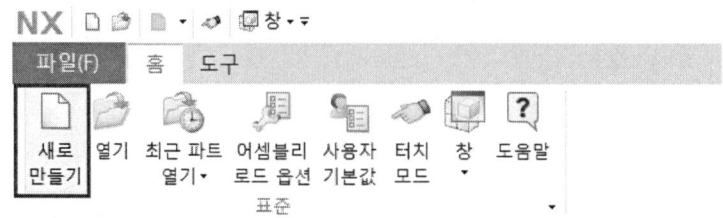

■ 삽입에서 타스크 환경의 스케치(V)... 를 선택하거나, 위에서 생성된 타스크 환경의 스케치 아이콘을 선택한다.

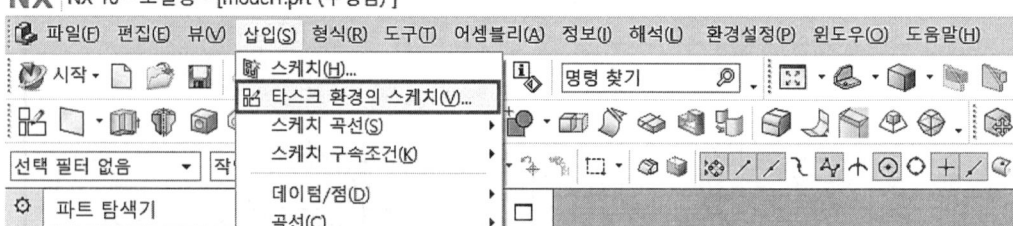

■ 스케치 유형은 평면 상에서를 선택하고, 기존 평면에서 XY 평면을 선택 확인 후 스케치 모드로 들어간다.

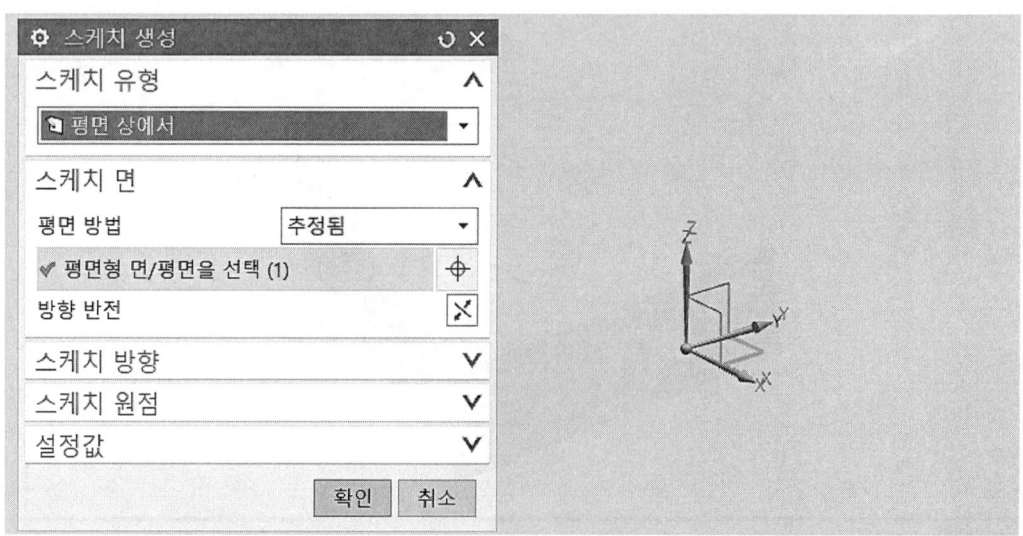

4 아래 그림과 같이 스케치 후 스케치를 종료한다.

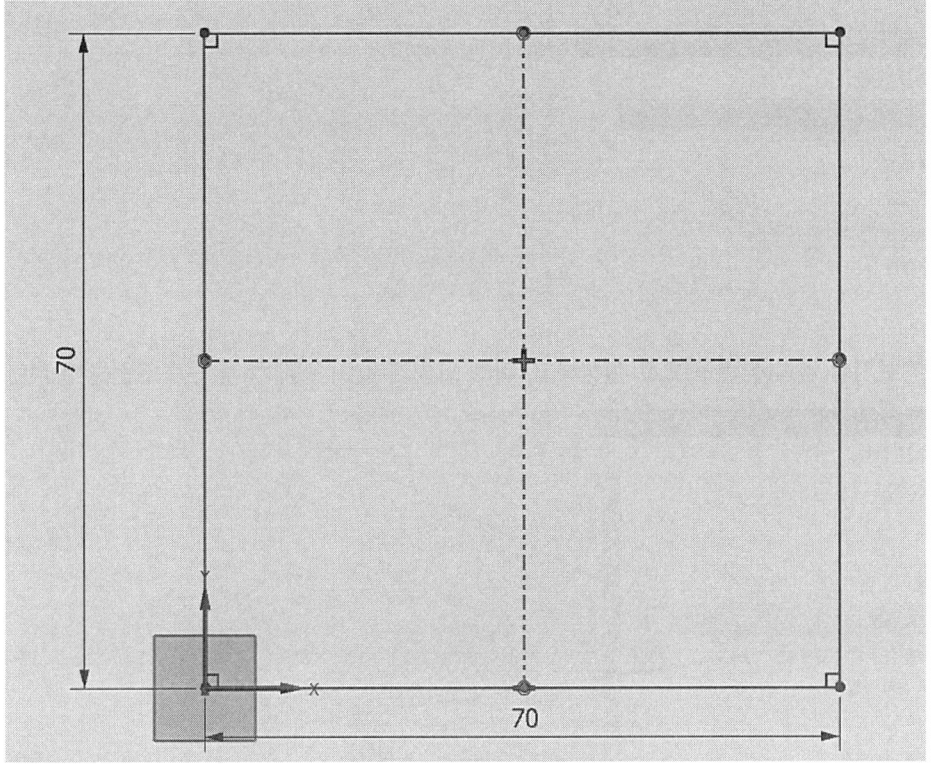

5 데이텀 평면 아이콘을 클릭하고 XZ 평면을 선택한 후 아래 그림처럼 옵셋 거리는 35mm를 입력하고 확인한다.

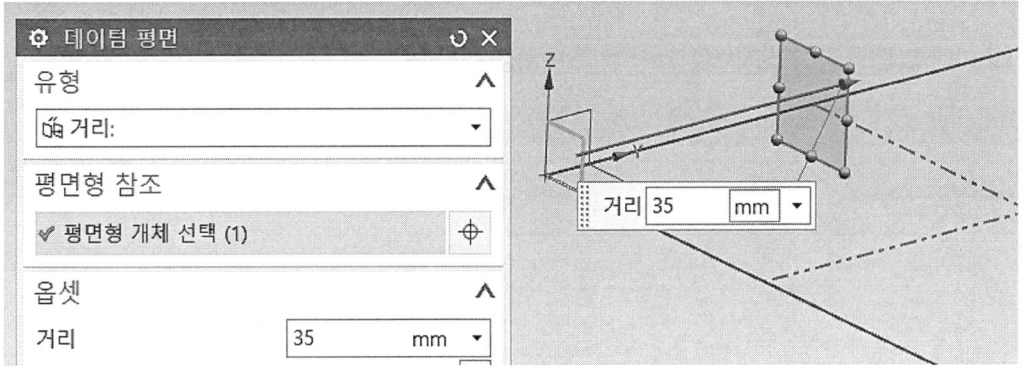

6 스케치 생성 아이콘을 선택한 후 생성된 데이텀 평면을 선택한다.

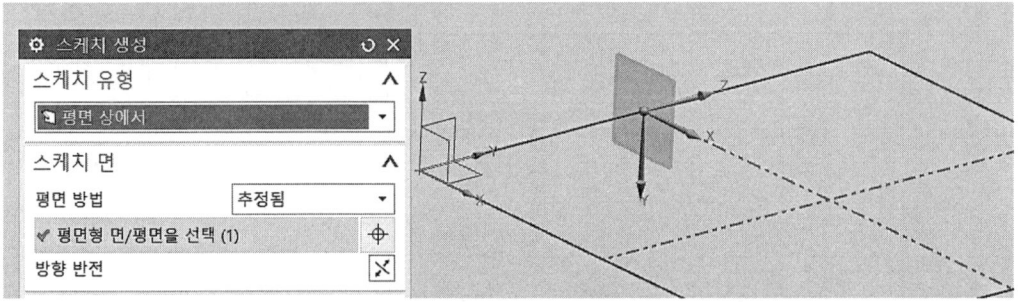

7 뷰 보기를 앞쪽(정면도)으로 설정하고, 아래 그림과 같이 스케치 후 구속조건을 설정한다.

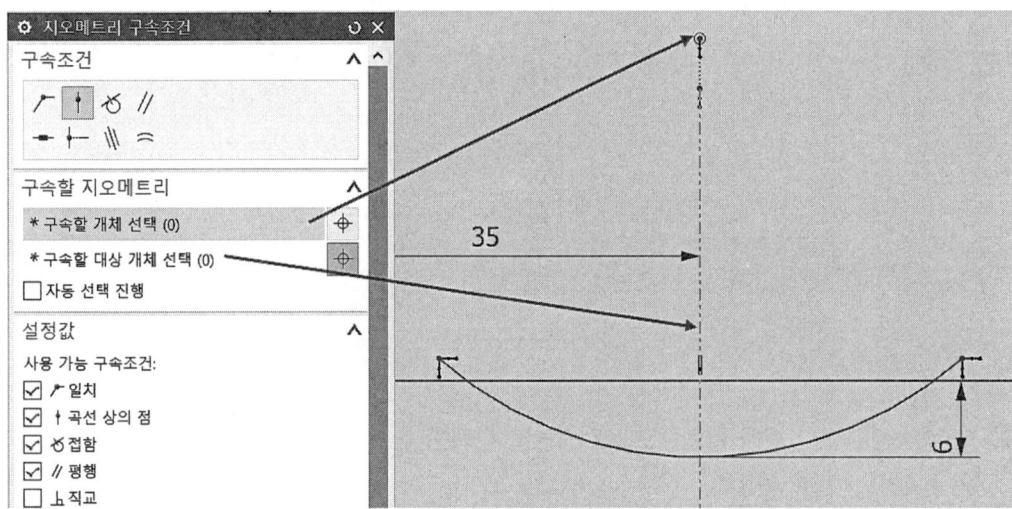

8 아래 그림과 같이 스케치를 확인 후 스케치를 종료한다.

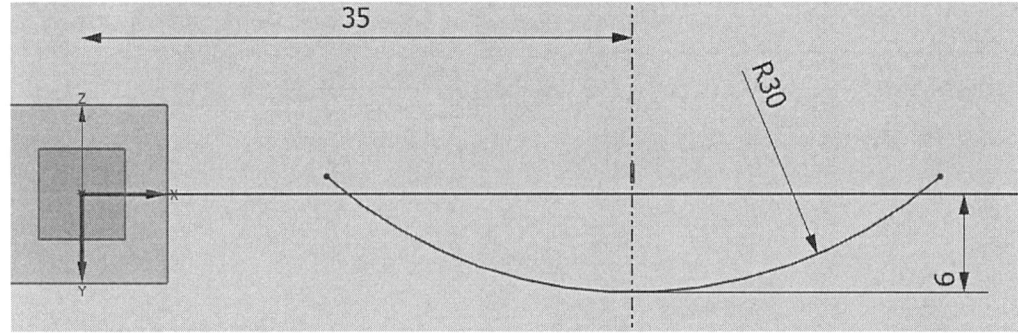

❾ 다시 스케치 생성 아이콘을 선택한 후 경로 상에서 끝점을 선택한다.

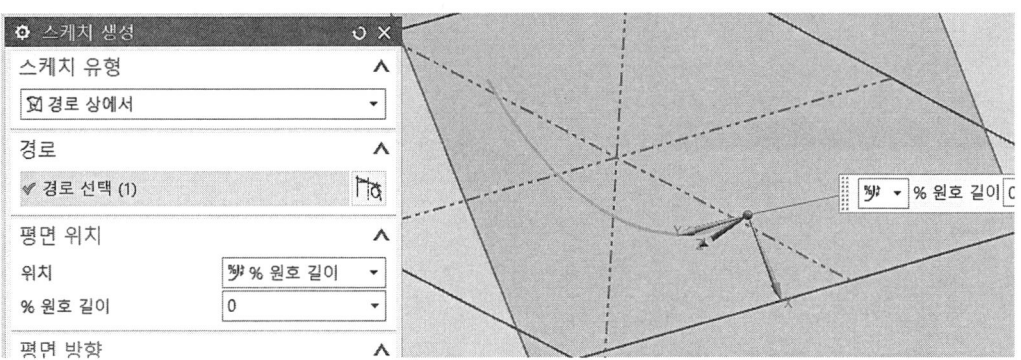

❿ 원호 아이콘을 이용하여 아래 그림처럼 임의의 호를 작성하고 끝점을 선택한다.

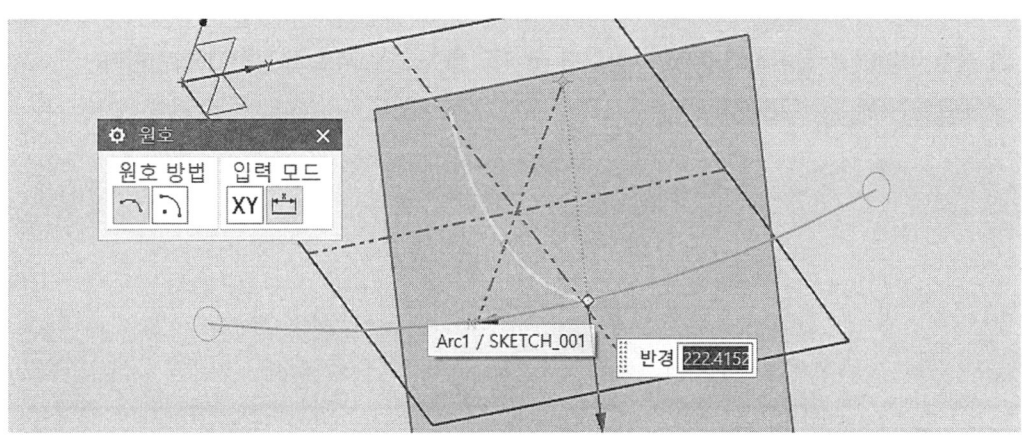

⓫ 뷰 보기를 오른쪽으로 설정하고, 아래 그림과 같이 치수를 기입하고 종료한다.

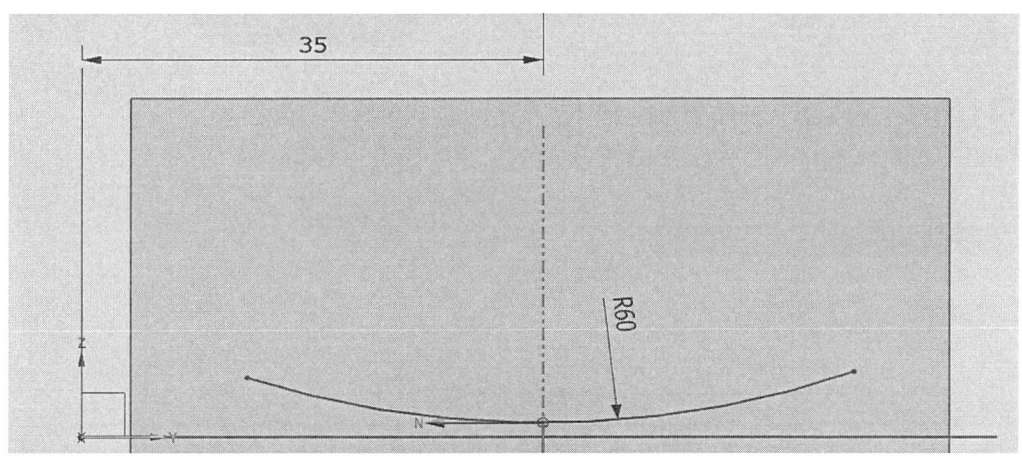

⓬ 삽입에서 곡선 → 가이드 따라 스위핑 → 스웹을 선택 후 아래 그림처럼 설정하고 확인한다.

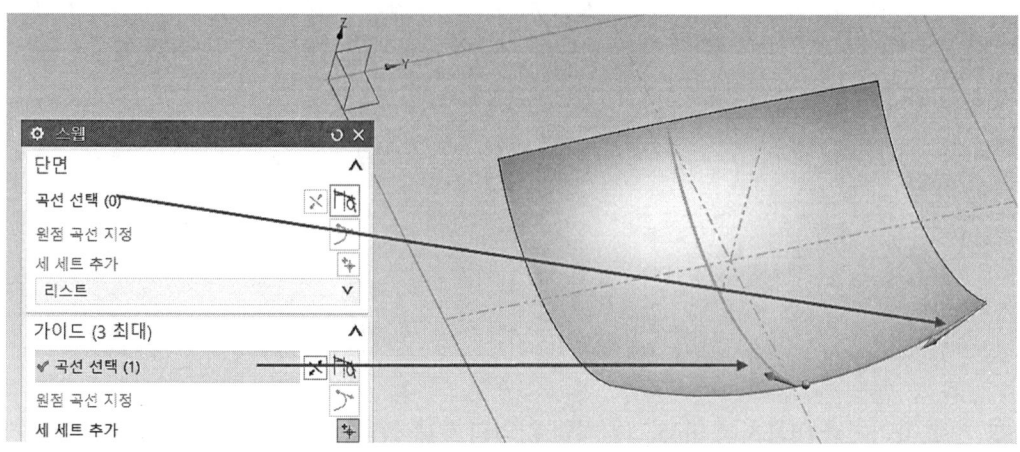

⓭ 돌출 아이콘을 클릭하고 아래 그림처럼 끝 거리를 -29mm로 설정하고 확인한다.

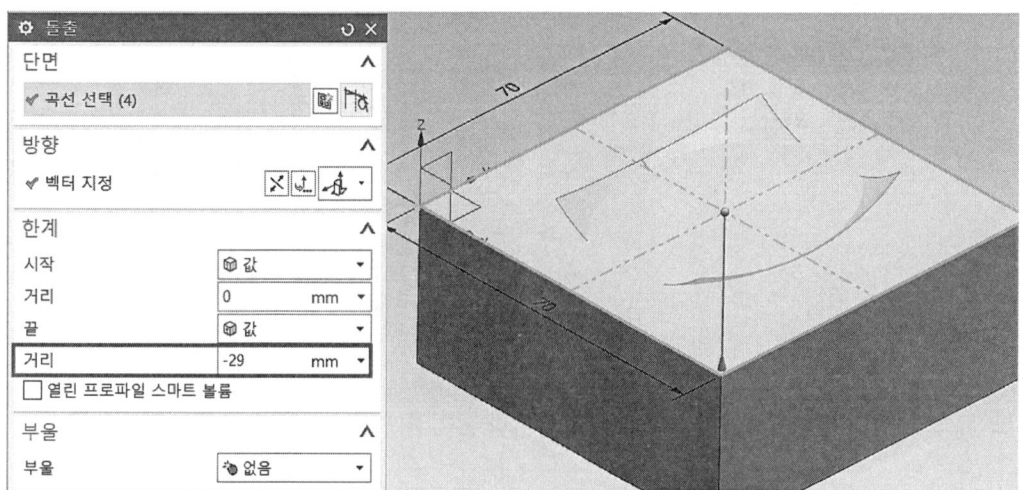

⓮ 삽입에서 트리밍 → 시트 연장을 클릭한 후 시트를 연장하고 확인한다.

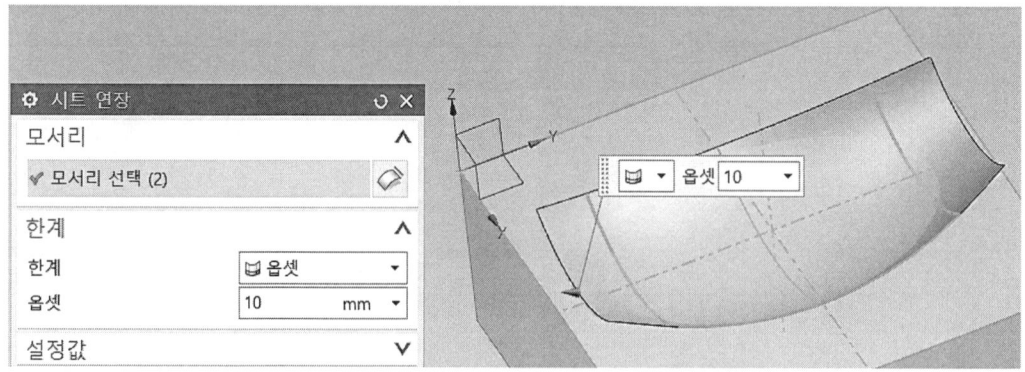

⑮ 삽입에서 트리밍 → 바디 트리밍을 클릭하고 아래 그림과 같이 설정하고 확인한다.

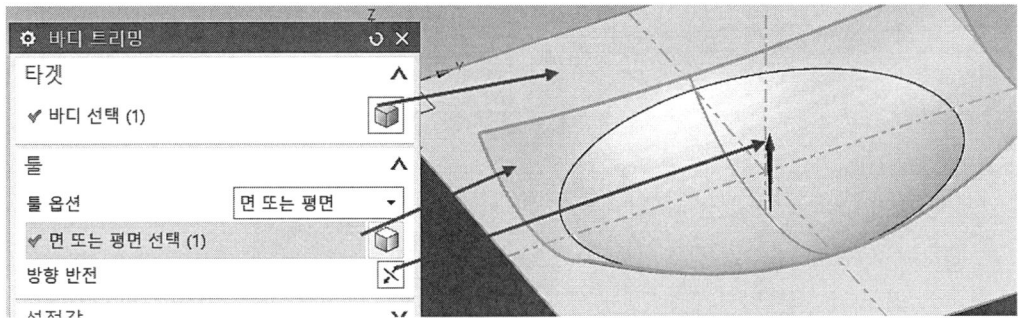

⑯ 삽입에서 특징형상 → 구를 선택하고 점 지정 다이얼로그를 선택한 후 좌표를 설정한다.

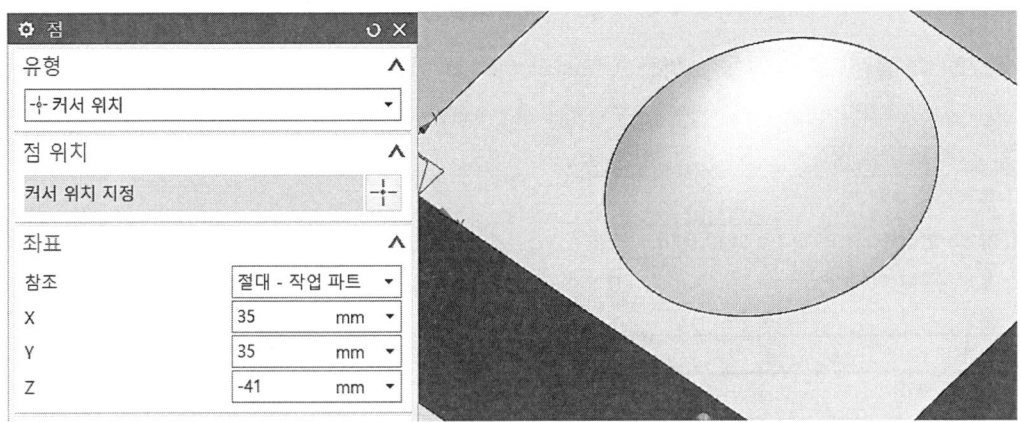

⑰ 아래 그림과 같이 설정하고 확인한다.

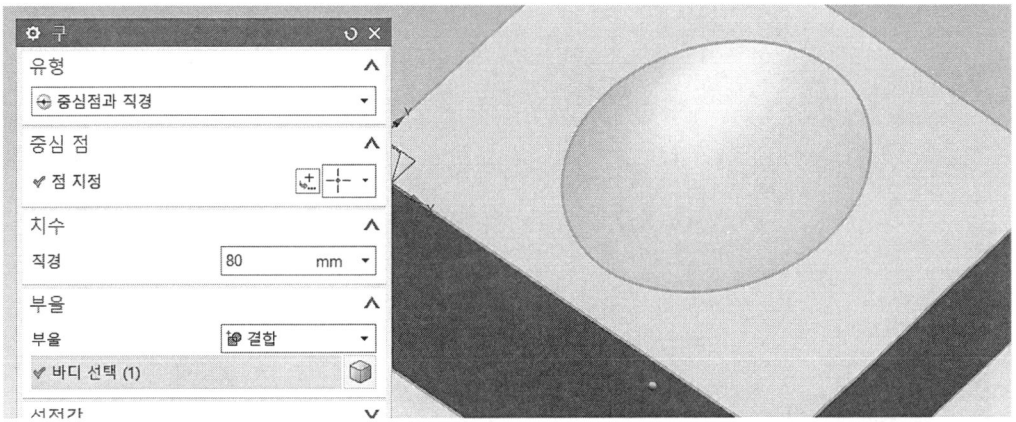

18 면 교체 아이콘을 선택하고 아래 그림과 같이 설정하고 확인한다.

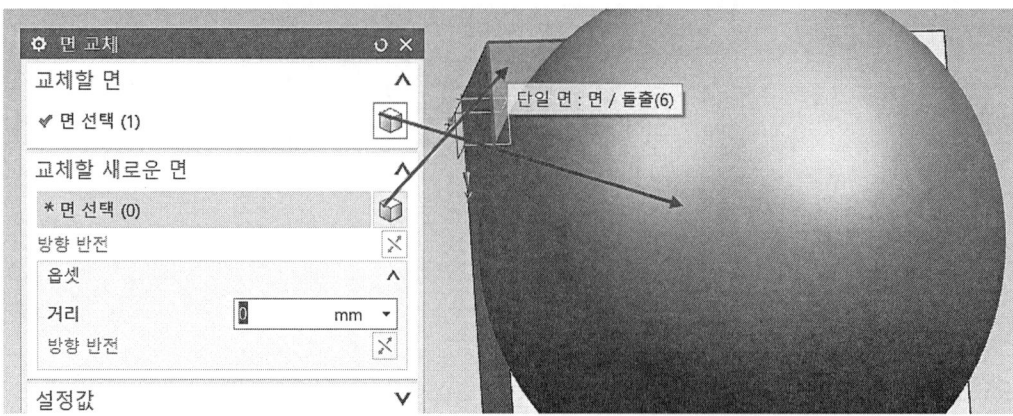

19 모서리 블렌드 아이콘을 선택하고 모서리 선택 후 반경 1에서 5mm를 입력 후 확인한다.

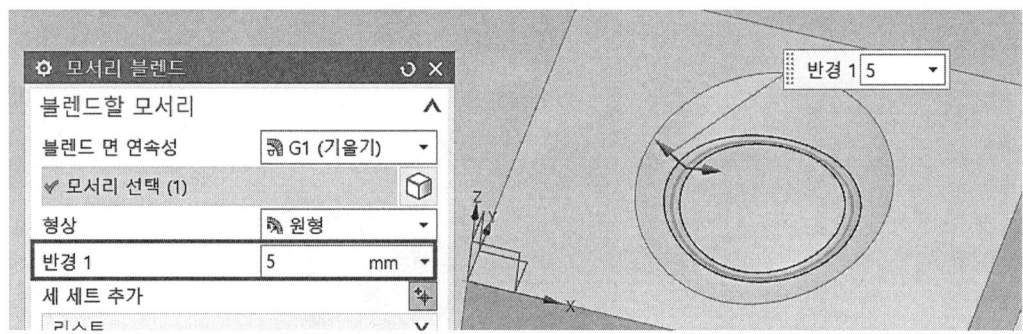

20 모델링이 완성된 그림을 도면과 비교하여 이상 유무를 확인한다.

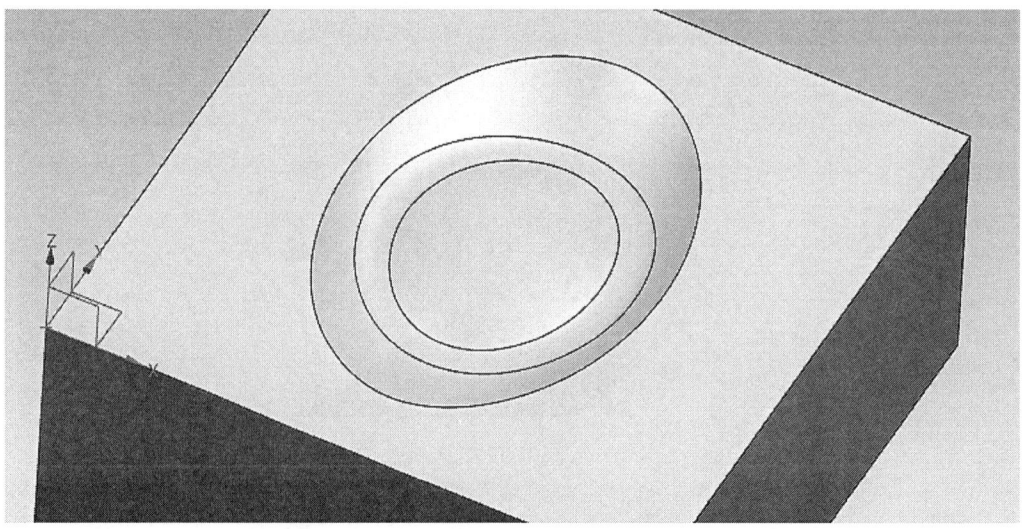

제9절 구배 돌출 모델링 따라 하기

■ 새로 만들기 ▢ (Ctrl+N)을 실행하고 모델을 선택하고 파일이름과 저장할 폴더를 입력한 다음 확인을 클릭한다.

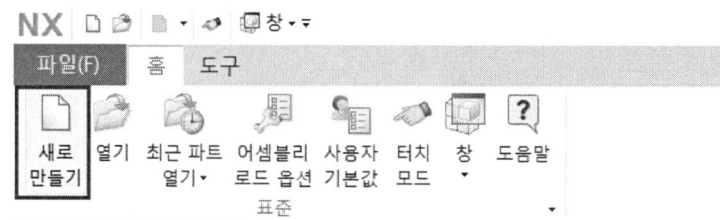

■ 삽입에서 ▦ 타스크 환경의 스케치(V)... 를 선택하거나, 위에서 생성된 타스크 환경의 스케치 아이콘을 선택한다.

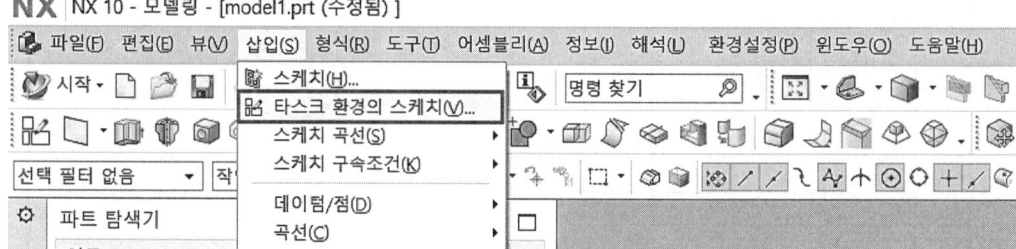

■ 스케치 유형은 평면 상에서를 선택하고, 기존 평면에서 XY 평면을 선택 확인 후 스케치 모드로 들어간다.

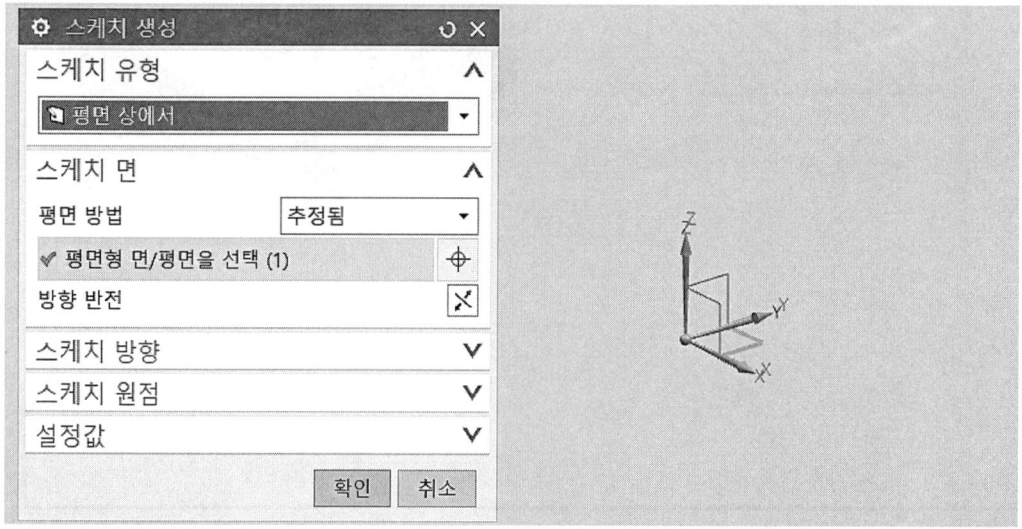

4 아래 그림과 같이 스케치 후 스케치를 종료한다.

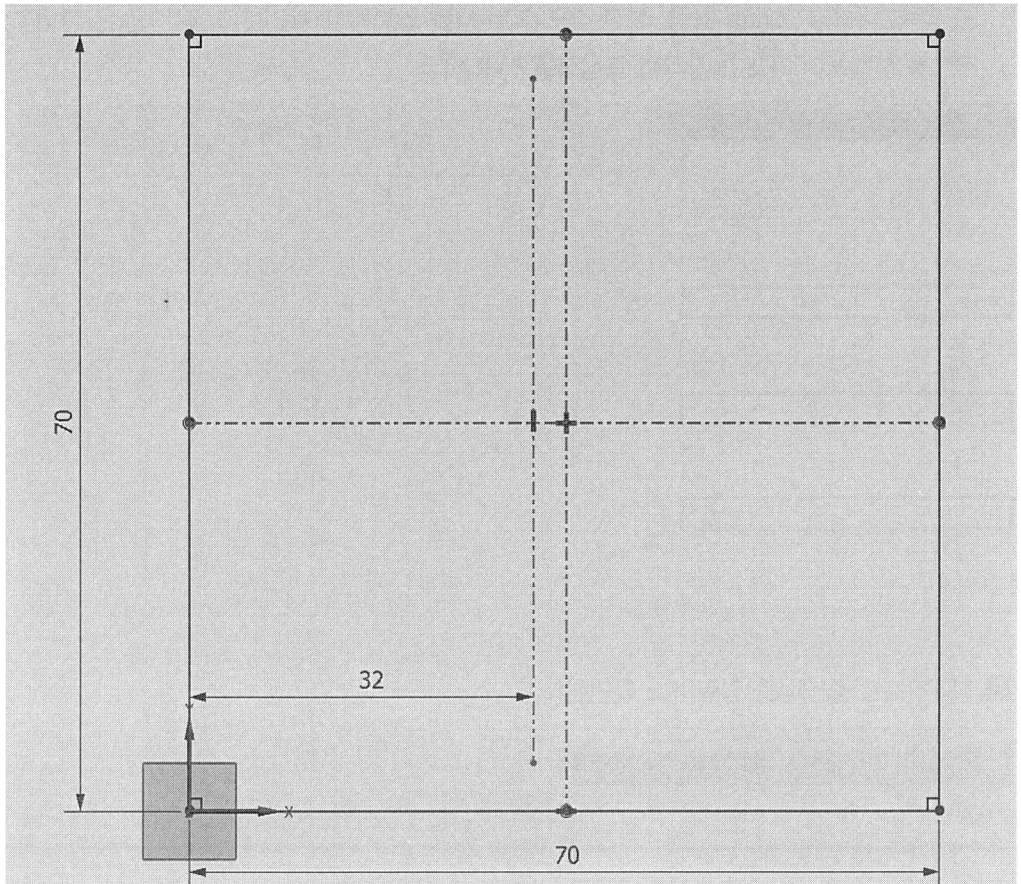

5 삽입에서 곡선 → 타원을 클릭하여 아래 그림처럼 중심점을 선택하고, 외반경 56/2mm 를 입력, 내반경 20mm 입력, 회전 각도 90deg를 입력하고 확인한다. 점 지정은 다이얼 로그를 선택하여 아래 그림처럼 중심점을 선택한다.

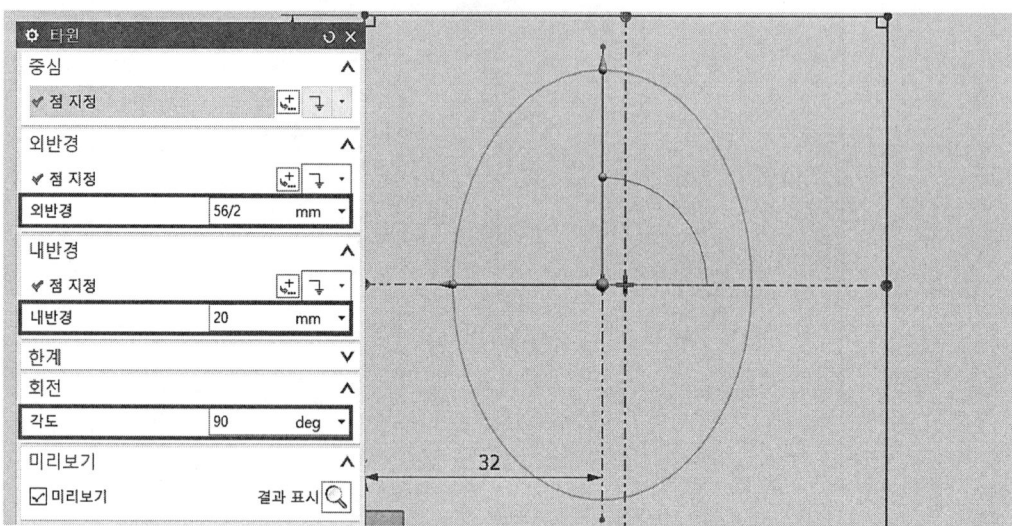

6 절대좌표로 중심점을 입력하고 확인한다.

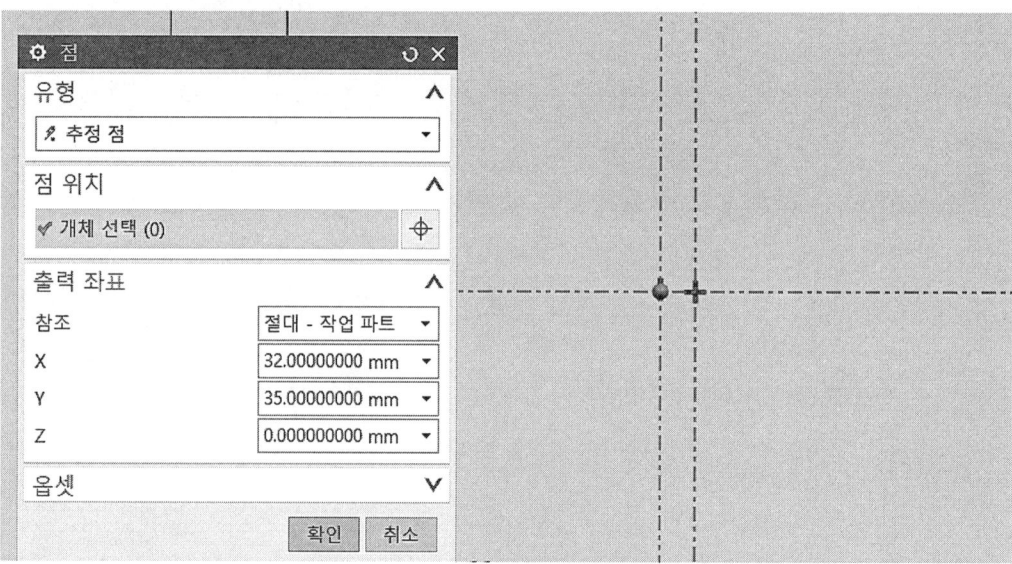

7 아래 그림처럼 스케치를 작성하고 스케치를 종료한다.

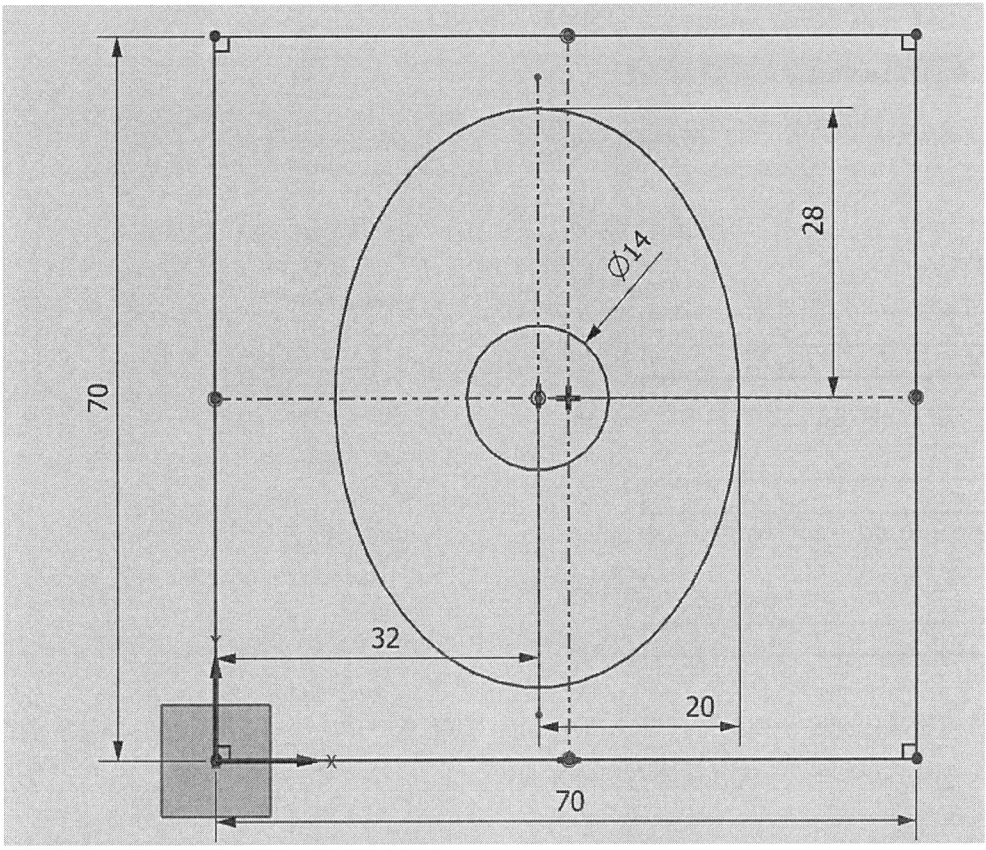

8 돌출 아이콘을 클릭한 후 아래 그림처럼 설정하고, 끝 거리는 -27mm를 입력하고 적용한다.

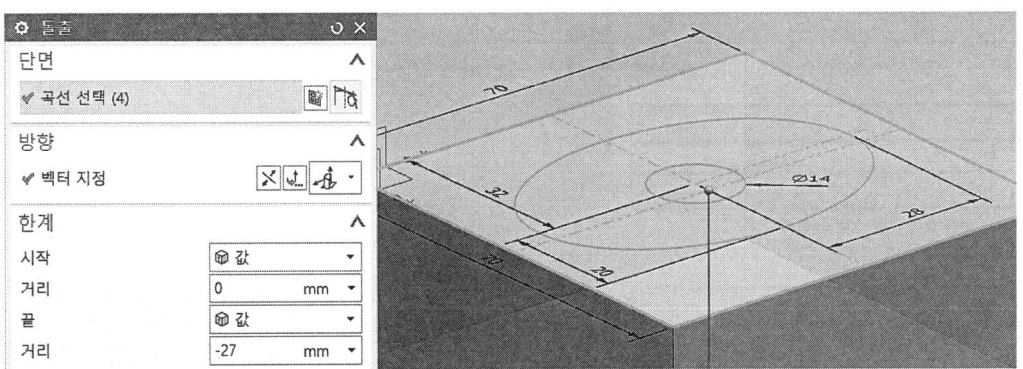

9 돌출에서 타원을 선택하고 시작 거리는 0mm 입력, 끝 거리는 −6mm 입력, 부울은 빼기 선택, 구배 각도는 −40deg로 설정하고 적용한다.

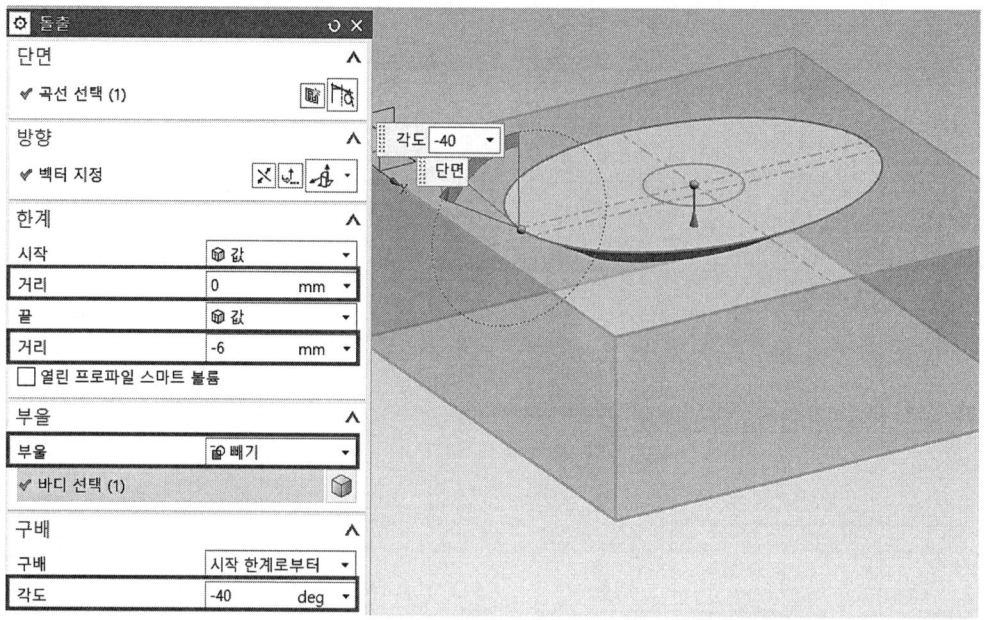

10 돌출에서 원을 선택하고 시작 거리는 0mm 입력, 끝 거리는 −10mm 입력, 부울은 결합 선택, 구배 각도는 30deg로 설정하고 확인한다.

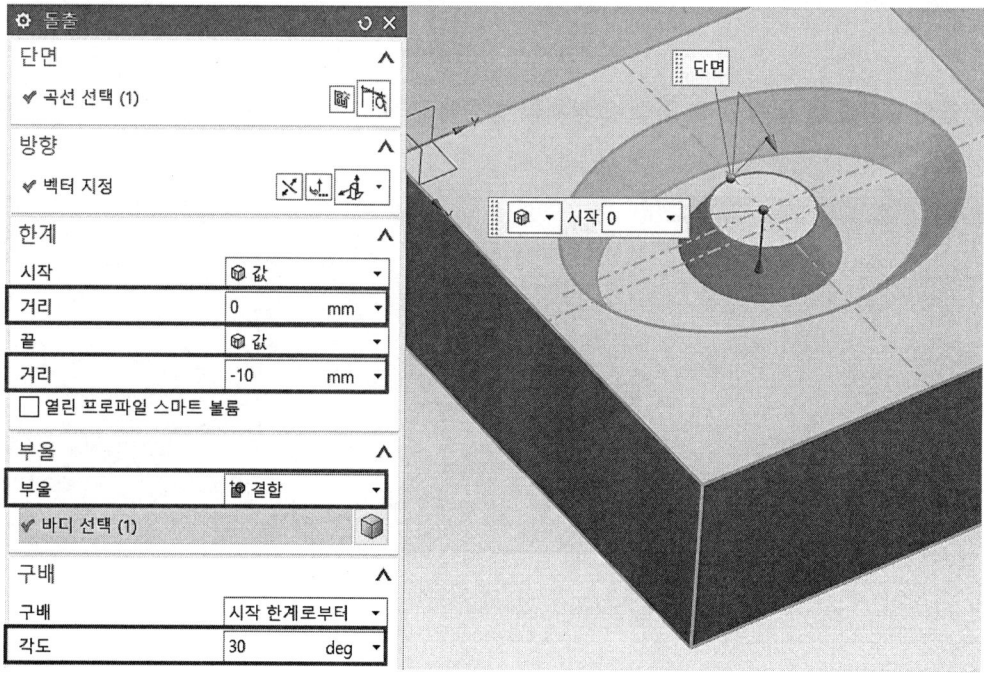

11 모서리 블렌드 아이콘을 선택한 후 모서리 선택을 하고, 반경 1에서 3mm를 입력 후 확인한다.

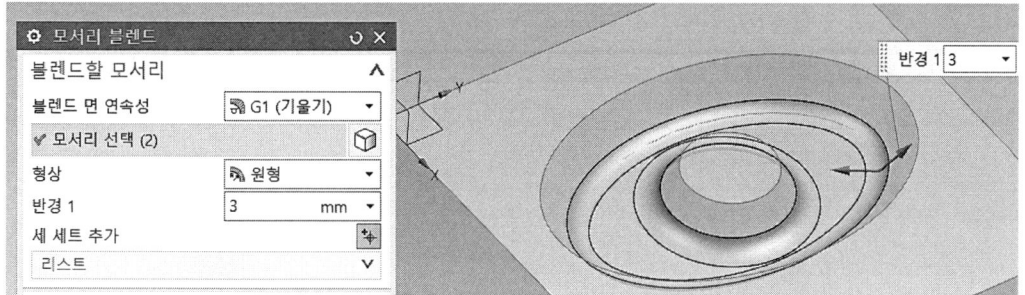

12 모델링이 완성된 그림을 도면과 비교하여 이상 유무를 확인한다.

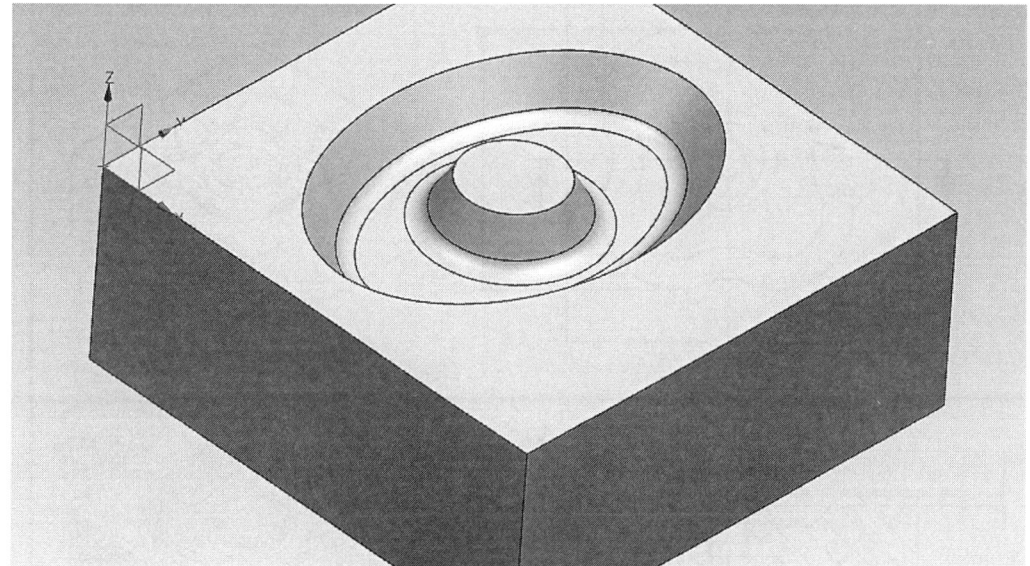

제10절 패턴 돌출 모델링 따라 하기

1 새로 만들기 (Ctrl+N)을 실행하고 모델을 선택하고 파일이름과 저장할 폴더를 입력한 다음 확인을 클릭한다.

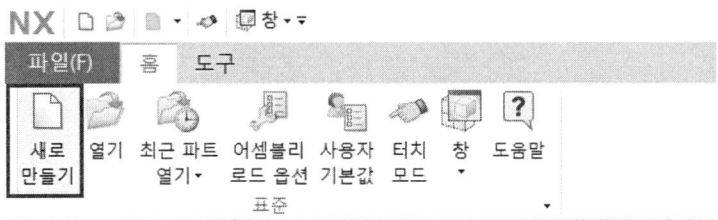

2 삽입에서 타스크 환경의 스케치(V)... 를 선택하거나, 위에서 생성된 타스크 환경의 스케치 아이콘을 선택한다.

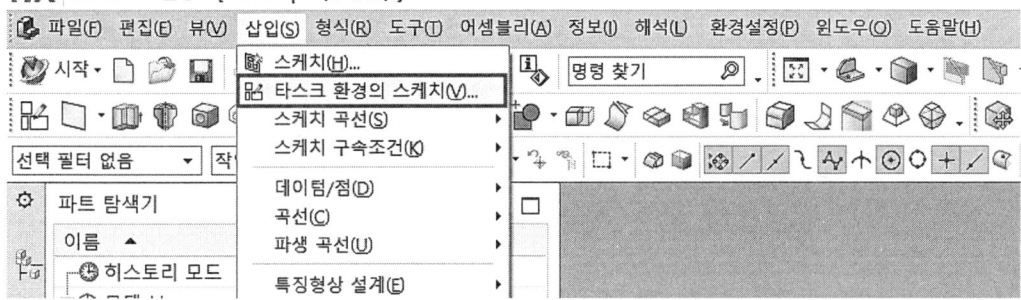

3 스케치 유형은 평면 상에서를 선택하고, 기존 평면에서 XY 평면을 선택 확인 후 스케치 모드로 들어간다.

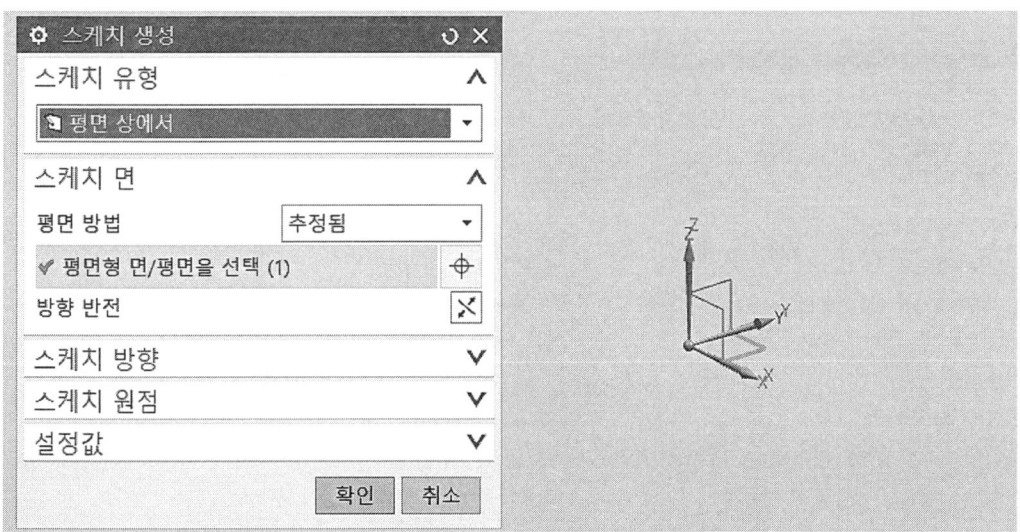

제10절 패턴 돌출 모델링 따라 하기

4 아래 그림과 같이 스케치 후 스케치를 종료한다.

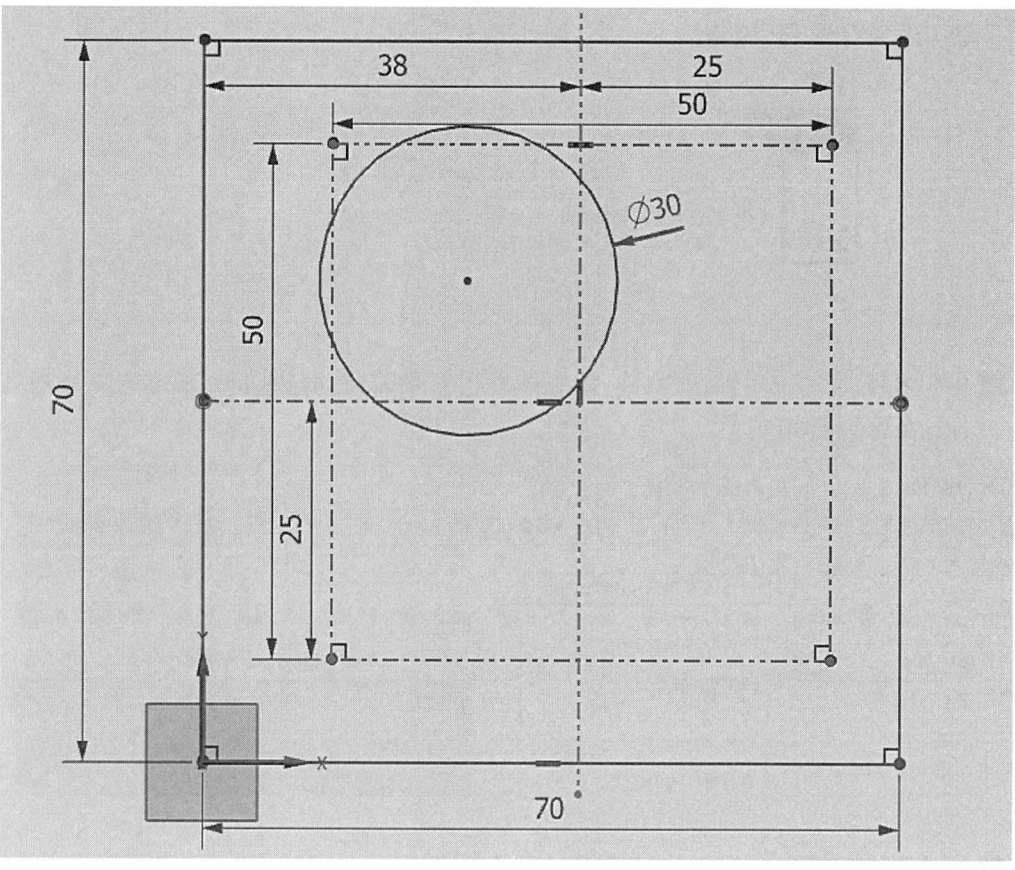

5 구속조건 아이콘을 클릭하여 아래 그림처럼 접선구속을 주고 확인한다.

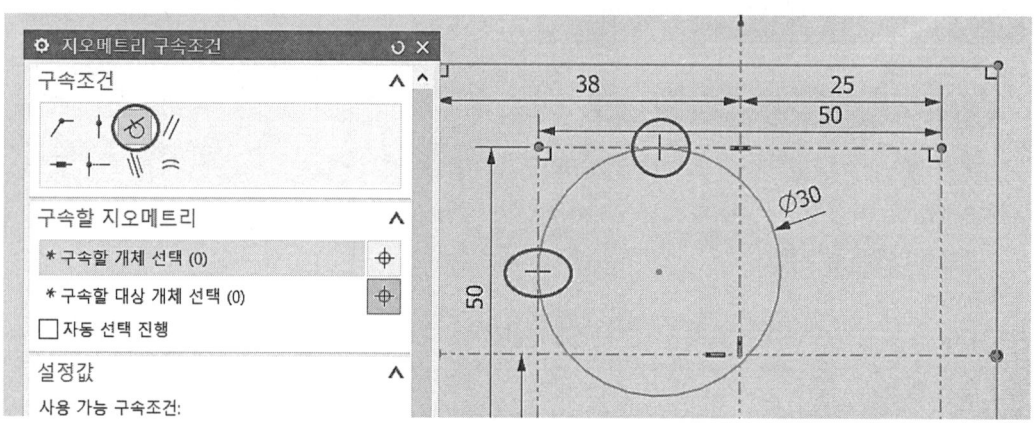

6 삽입의 곡선에서 곡선 → 패턴 곡선을 클릭하고, 아래 그림처럼 설정하고 확인한다.

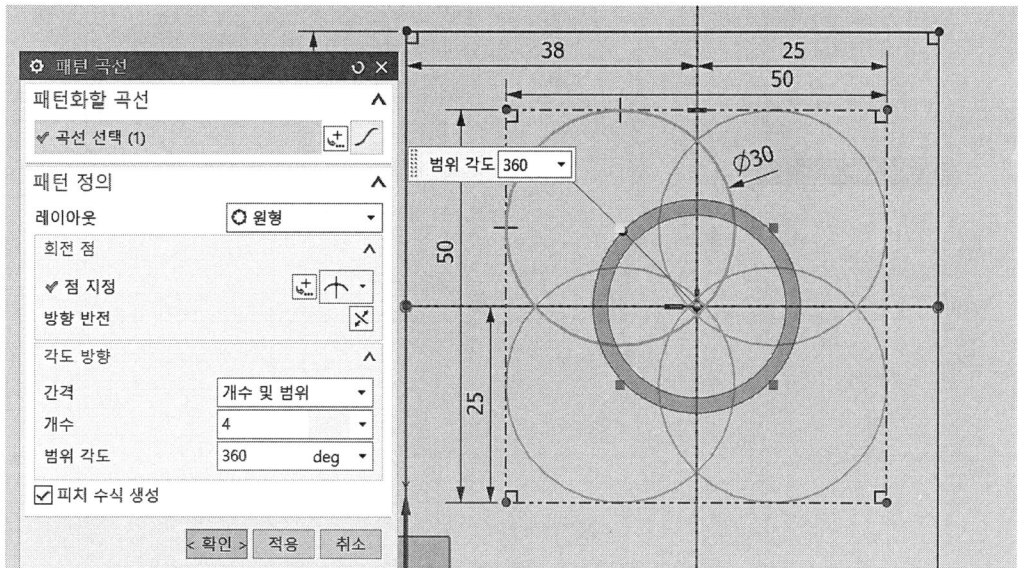

7 원점은 아래 그림처럼 설정한다.

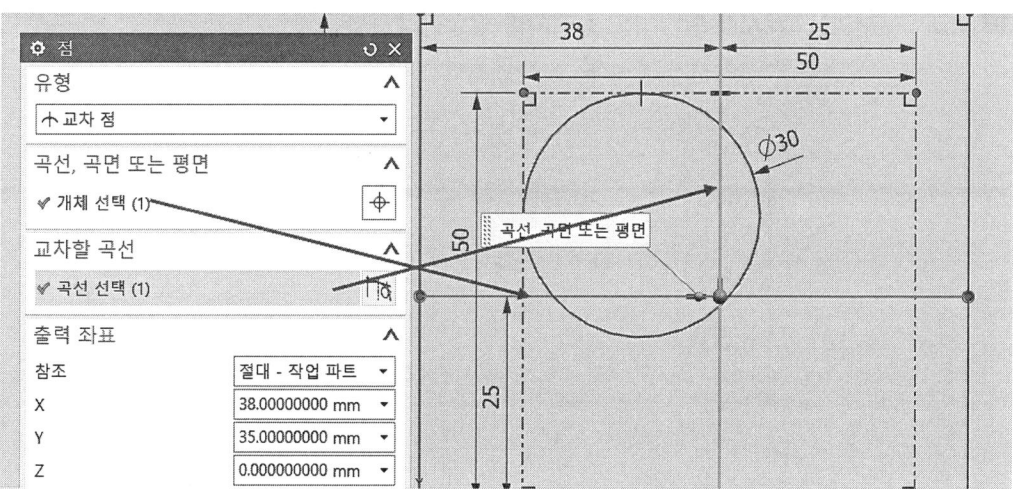

8 필렛 아이콘을 선택하여 아래 그림처럼 설정한다.

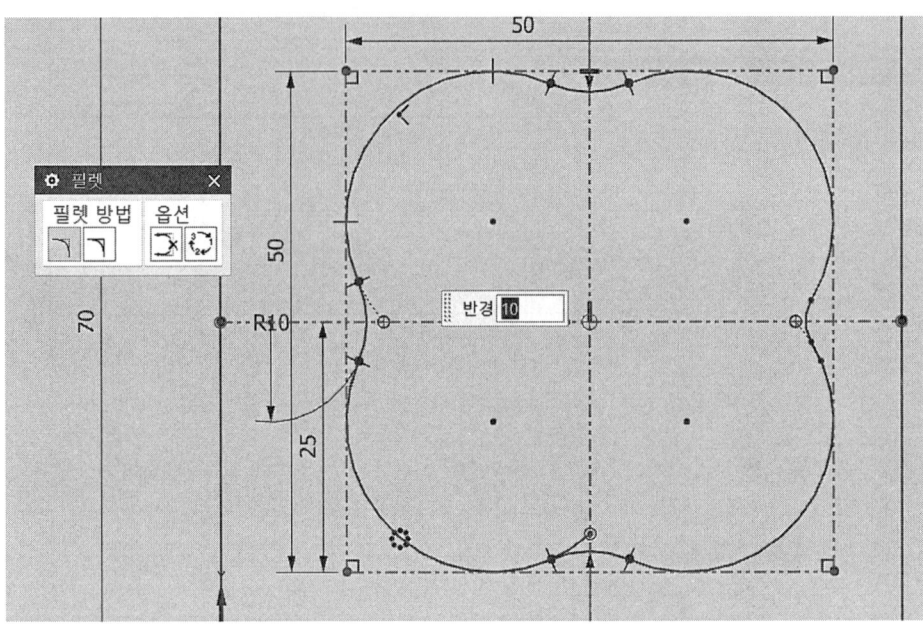

9 아래 그림처럼 스케치를 확인하고 스케치를 종료한다.

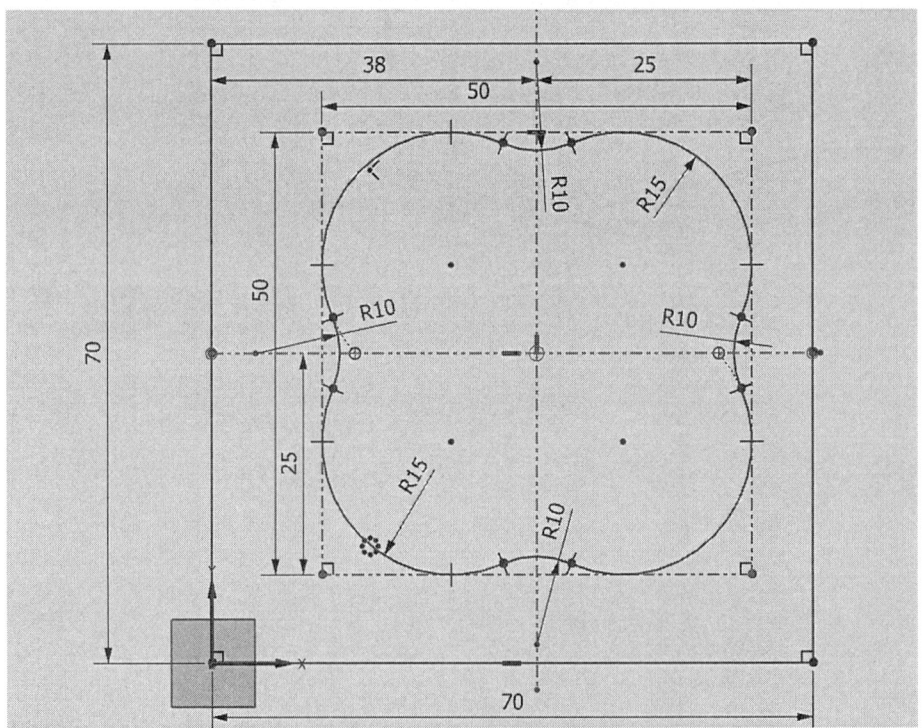

10 돌출 아이콘을 클릭하고 아래 그림처럼 끝 거리를 -27mm를 설정하고 적용한다.

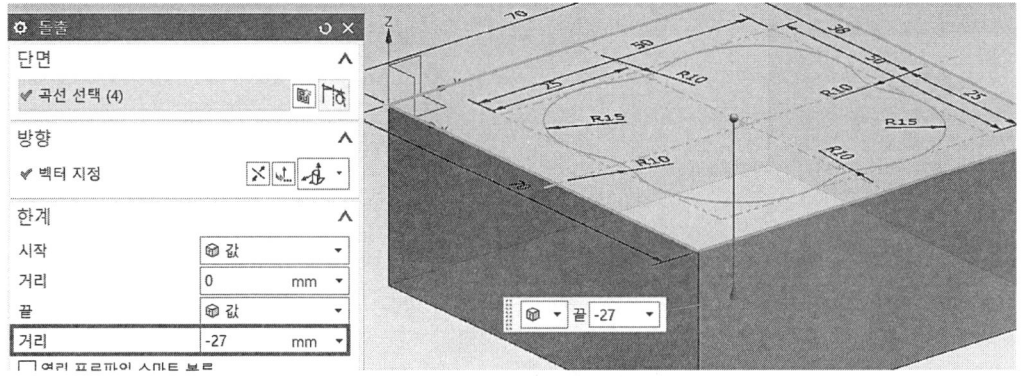

11 돌출에서 방사상 원을 선택하고 시작 거리는 0mm 입력, 끝 거리는 -6mm 입력, 부울은 빼기 선택, 구배 각도는 -45deg로 설정한 후 확인한다.

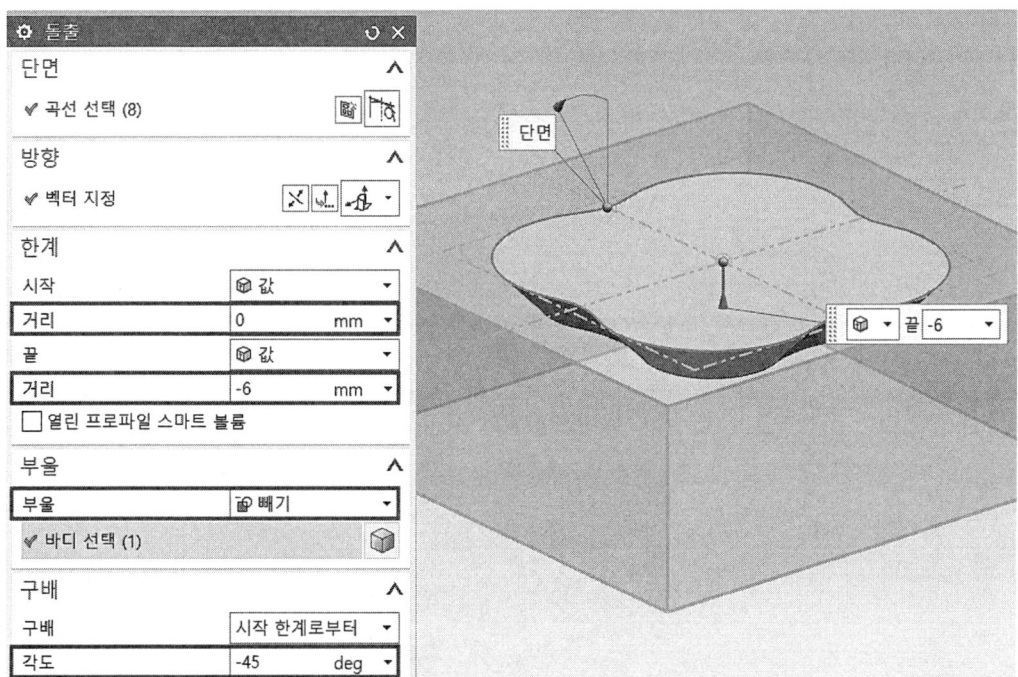

제10절 패턴 돌출 모델링 따라 하기

12 삽입에서 특징형상 → 구를 선택하고 점 지정 다이얼로그를 선택한 후 좌표를 설정한다.

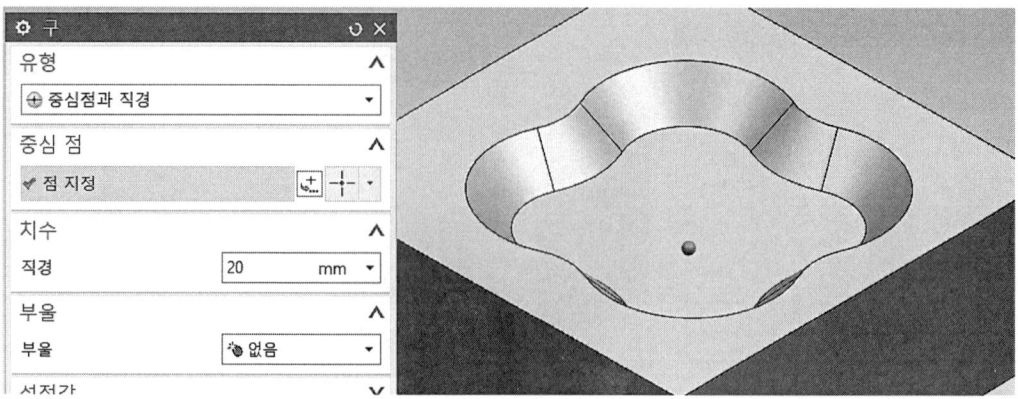

13 아래 그림과 같이 설정하고 확인한다.

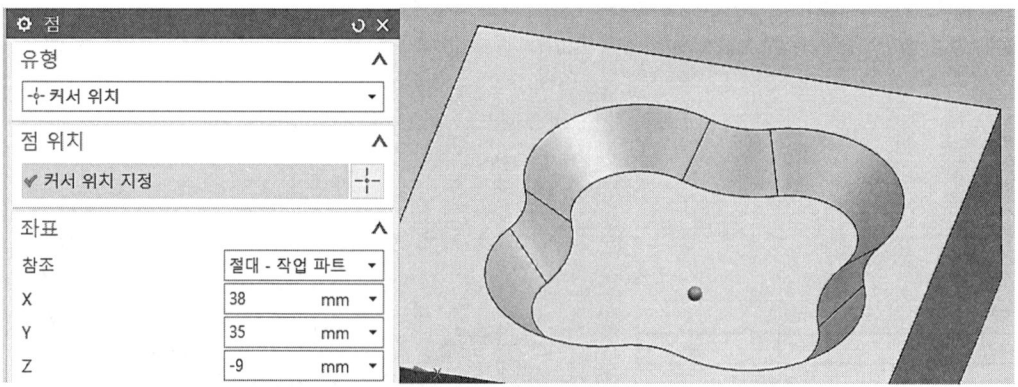

14 데이텀 평면 아이콘을 선택하고 윗면에서 옵셋 거리는 -2mm를 입력하고 확인한다.

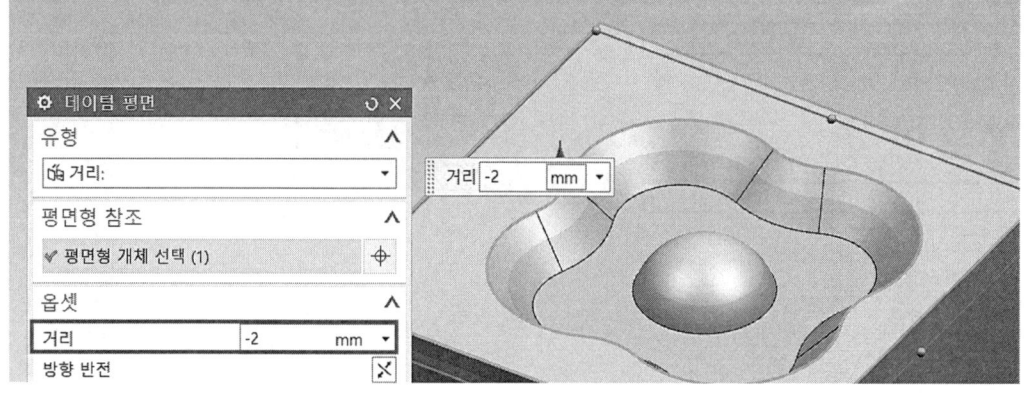

15 바디 트리밍 아이콘을 선택하고 아래 그림처럼 설정하고 확인한다.

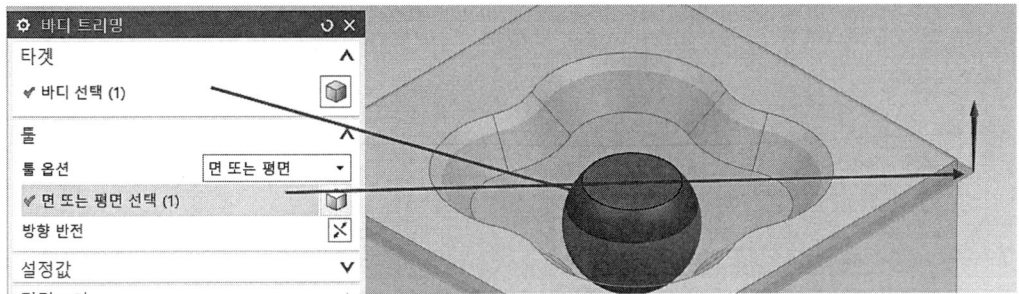

16 결합 아이콘을 선택하고 아래 그림처럼 결합하고 확인한다.

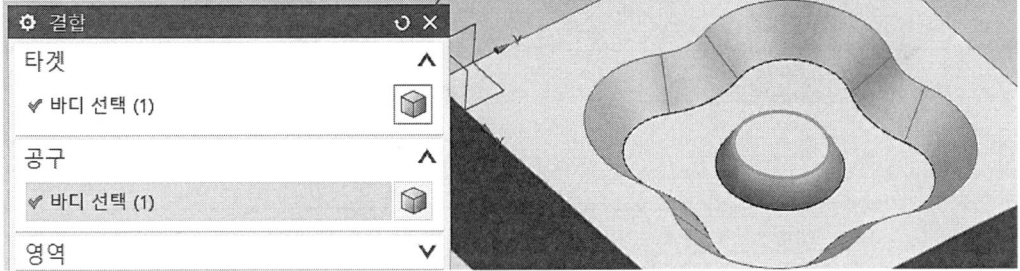

17 모서리 블렌드 아이콘을 선택하고 모서리 선택 후 반경 1에서 3mm를 입력 후 확인한다.

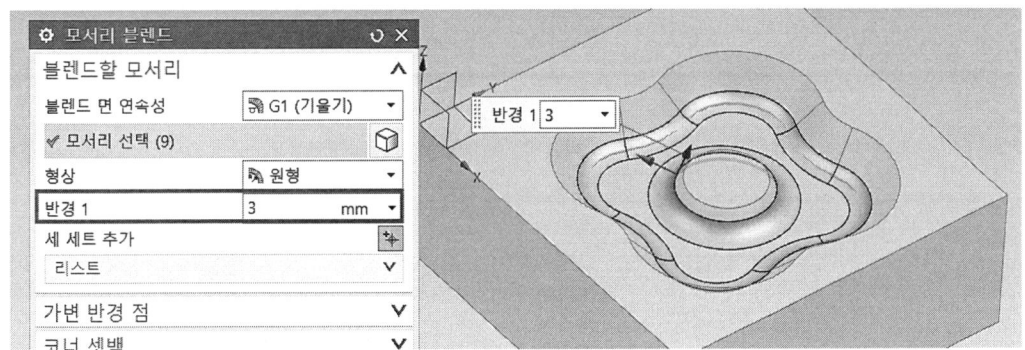

⑱ 모델링이 완성된 그림을 도면과 비교하여 이상 유무를 확인한다.

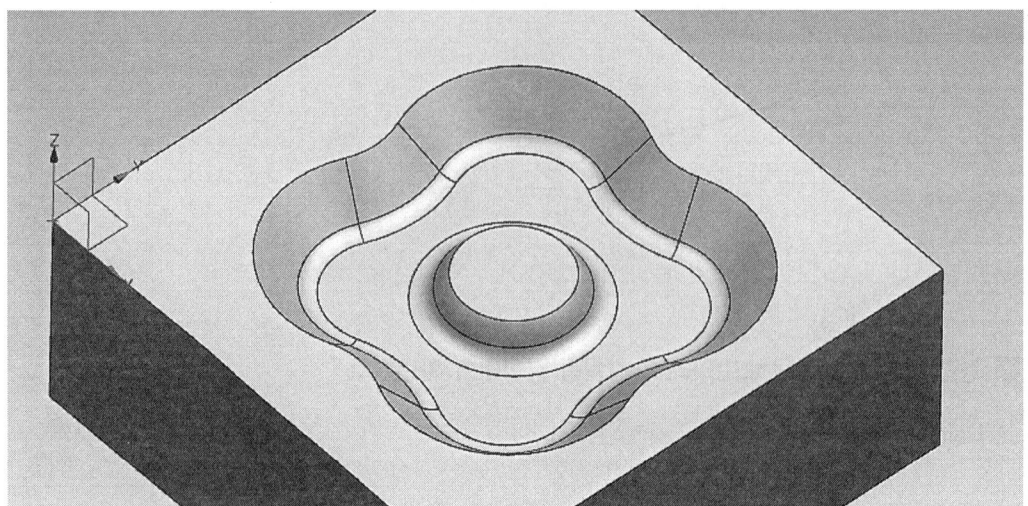

제11절 구배 돌출 모델링 따라 하기

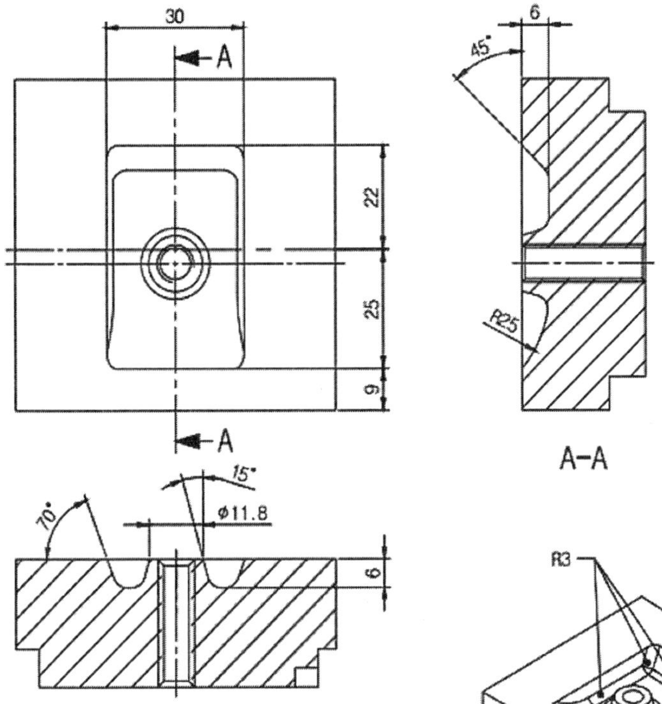

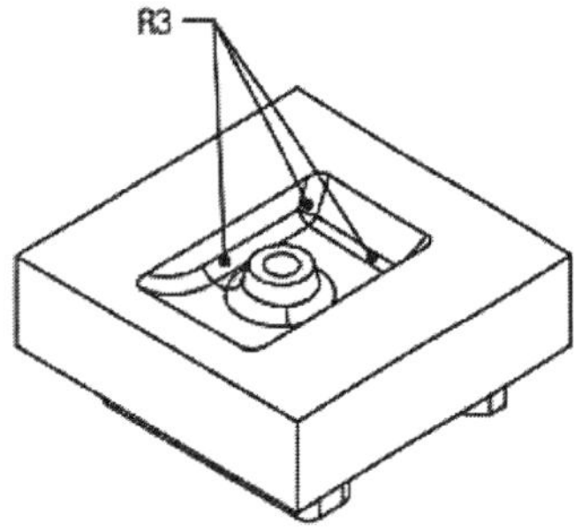

주서
1. 도시되고 지시없는 필렛 및 라운드 R3
2. 일반 모떼기 C0.2~C0.3

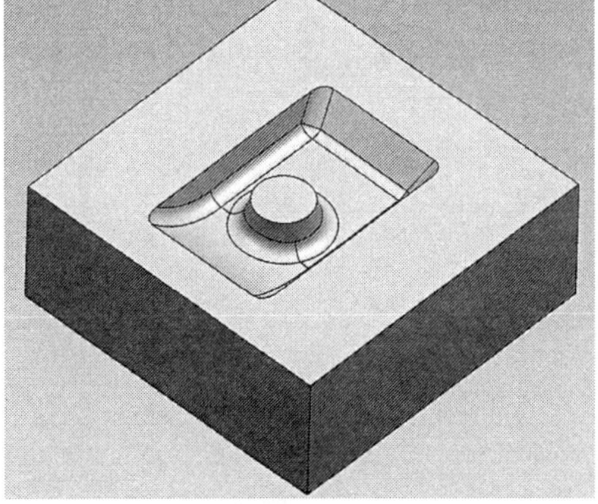

■ 새로 만들기 ☐(Ctrl+N)을 실행하고 모델을 선택하고 파일이름과 저장할 폴더를 입력한 다음 확인을 클릭한다.

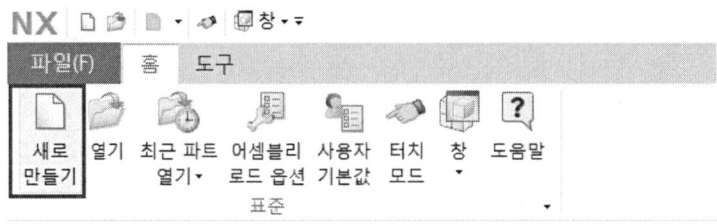

■ 삽입에서 타스크 환경의 스케치(V)... 를 선택하거나, 위에서 생성된 타스크 환경의 스케치 아이콘을 선택한다.

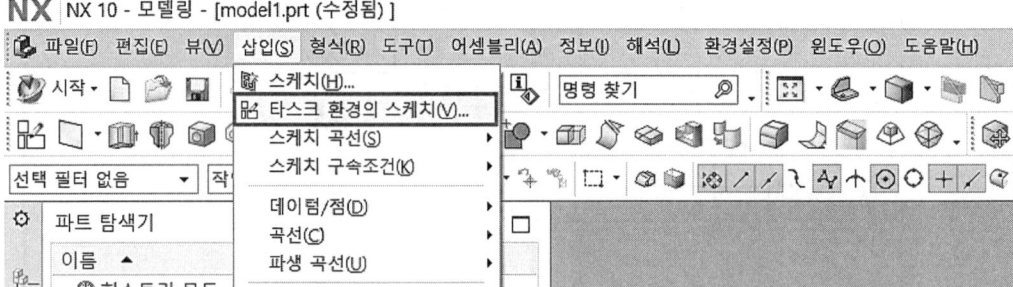

■ 스케치 유형은 평면 상에서를 선택하고, 기존 평면에서 XY 평면을 선택 확인 후 스케치 모드로 들어간다.

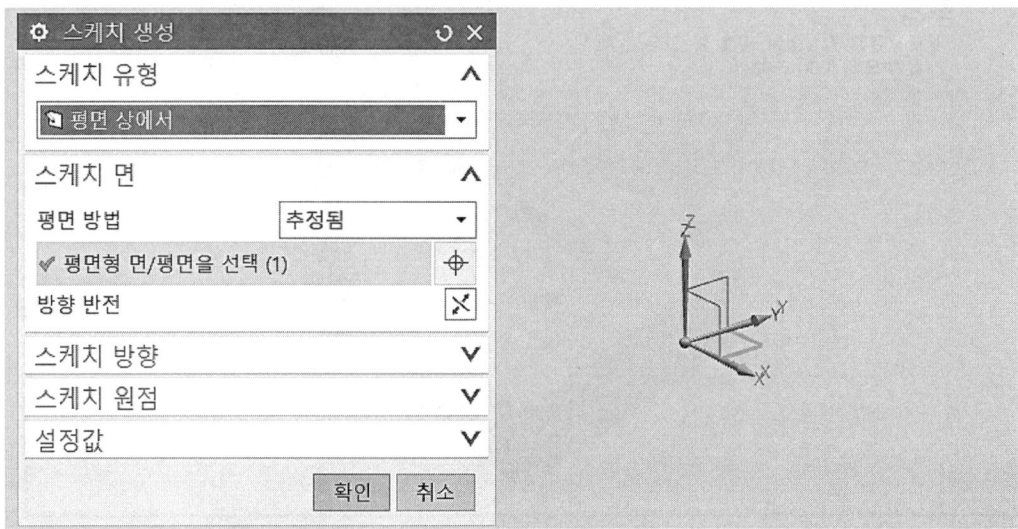

Chapter 01

4 아래 그림과 같이 스케치 후 스케치를 종료한다.

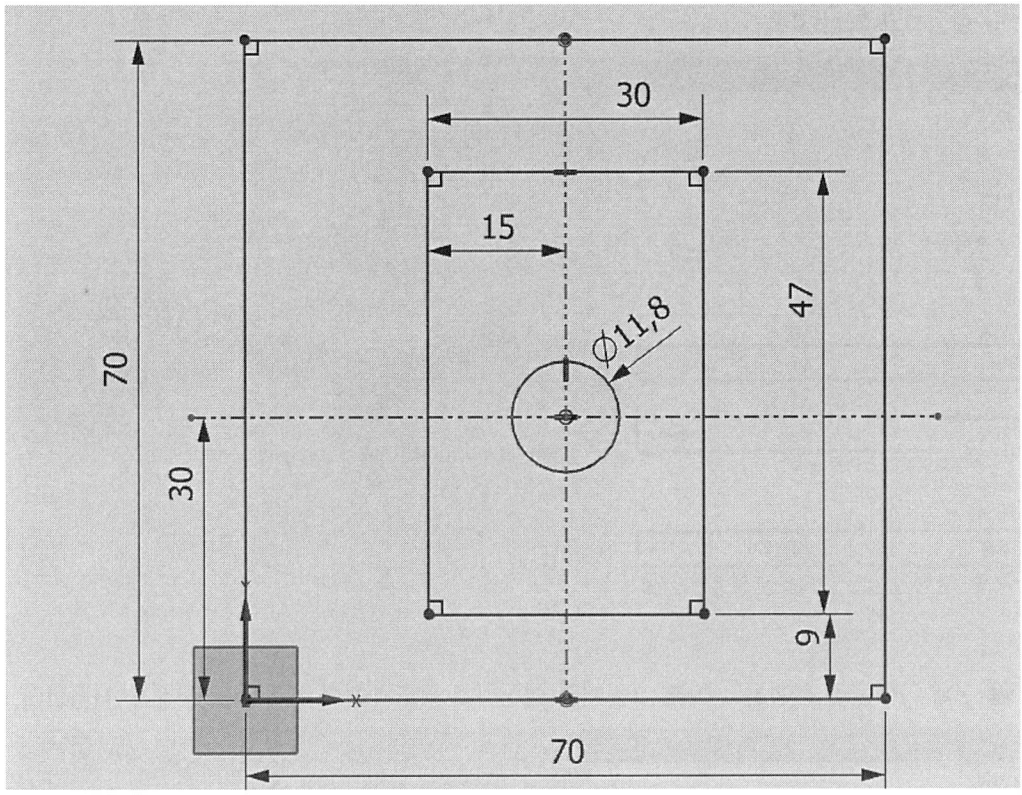

5 돌출 아이콘을 클릭하여 아래 그림처럼 설정하고, 끝 거리를 −27mm로 설정하고 적용한다.

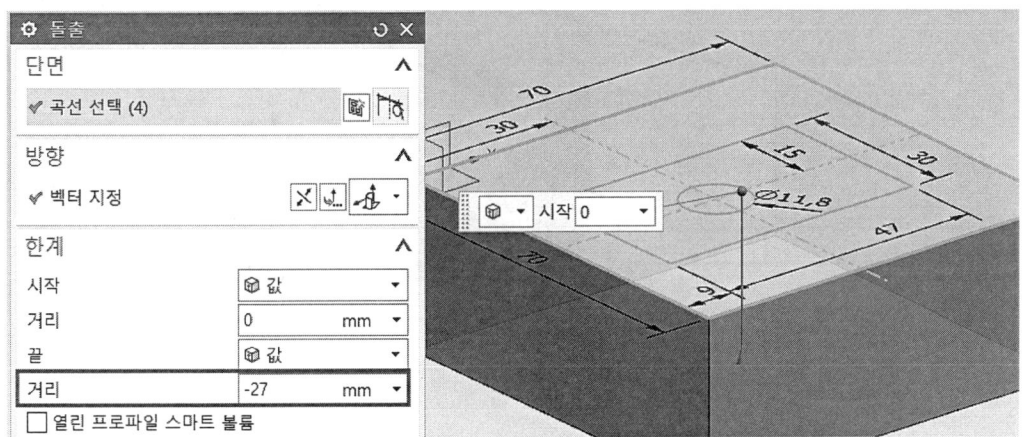

제11절 구배 돌출 모델링 따라 하기

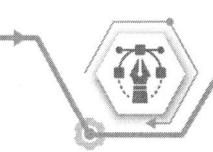

6 돌출에서 타원을 선택하고 시작 거리 0mm 입력, 끝 거리 -6mm 입력, 부울은 빼기로 설정하고 확인한다.

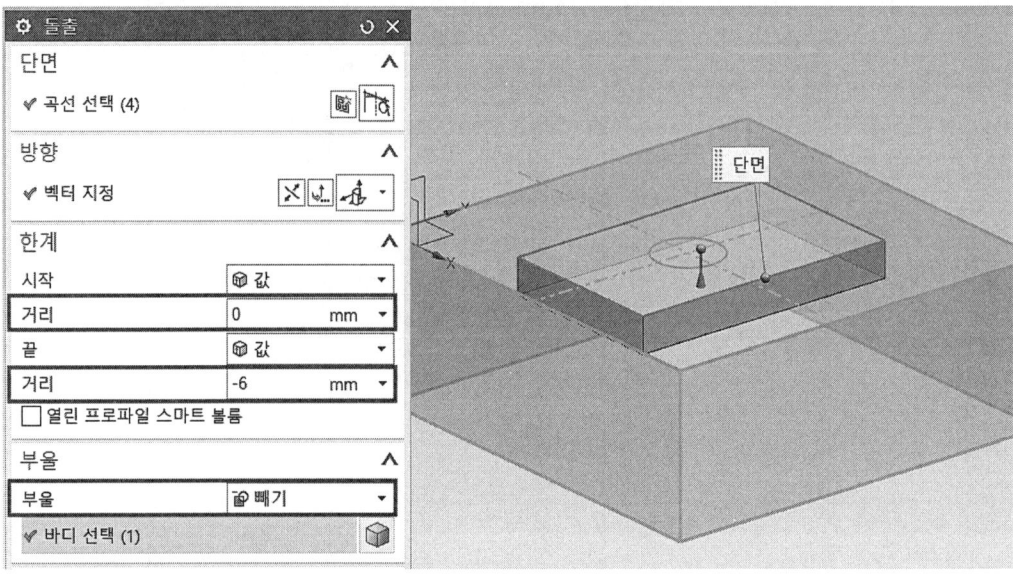

7 구배 아이콘을 선택하고 아래 그림처럼 설정하고 각도 1에서 45deg로 구배를 적용한다.

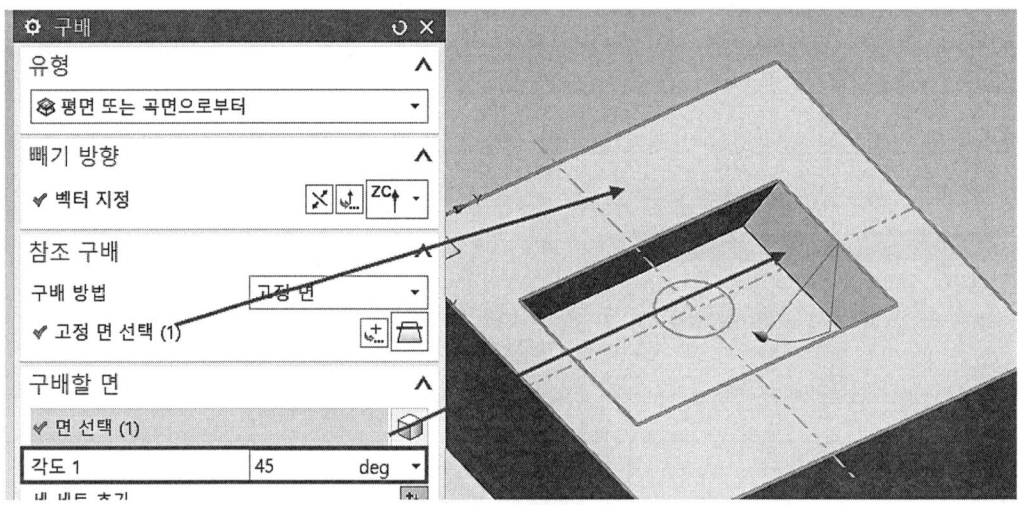

8 아래 그림처럼 설정하고 각도 1에서 20deg로 구배를 적용하고 확인한다.

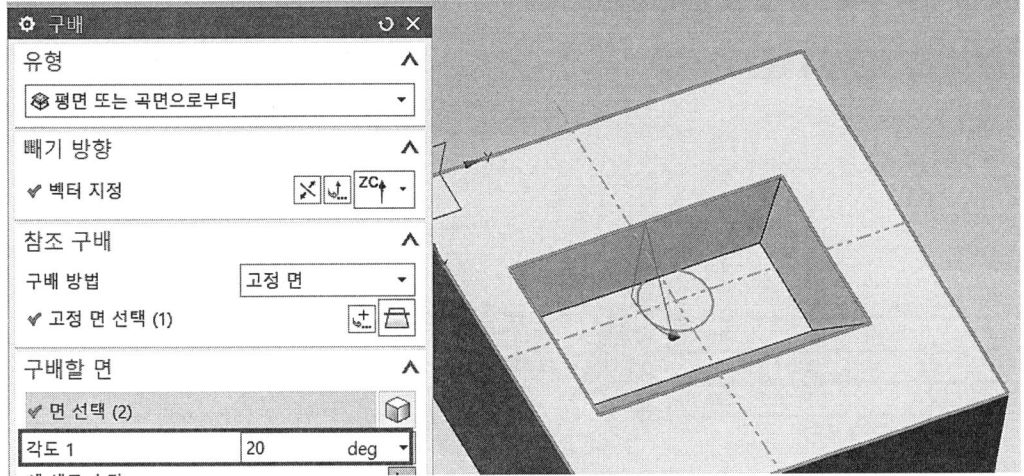

9 모서리 블렌드 아이콘을 선택, 모서리를 선택하고 반경 1에서 25mm를 입력 후 확인한다.

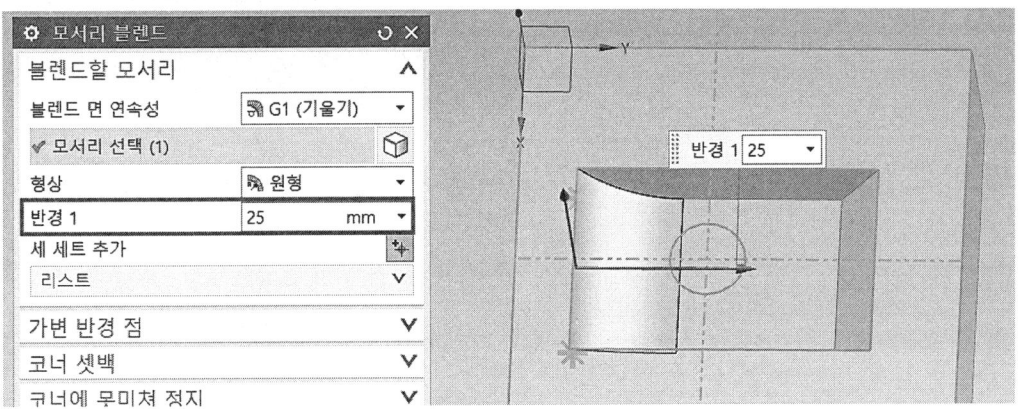

10 돌출 아이콘을 선택하여 원을 선택하고, 시작 거리는 0mm 입력, 끝 거리는 -10mm 입력, 부울은 결합으로 설정하고 확인한다.

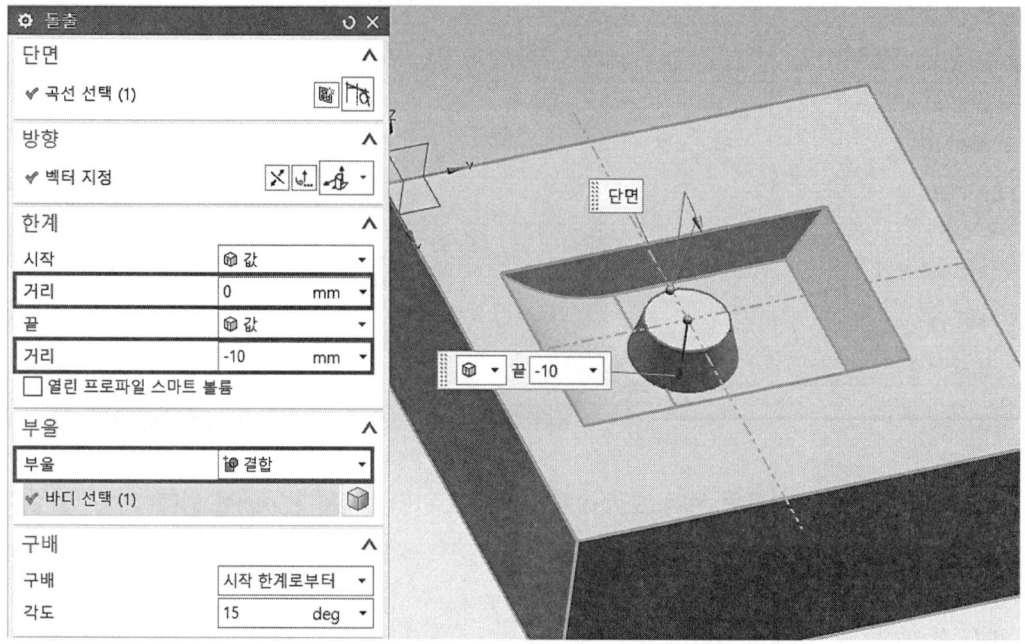

11 모서리 블렌드 아이콘을 선택한 후 모서리 선택을 하고, 반경 1에서 3mm를 입력 후 확인한다.

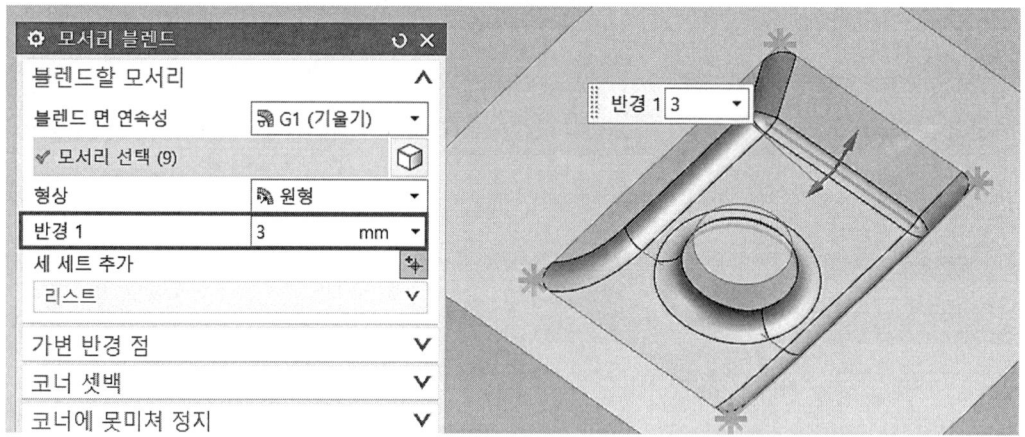

12 모델링이 완성된 그림을 도면과 비교하여 이상 유무를 확인한다.

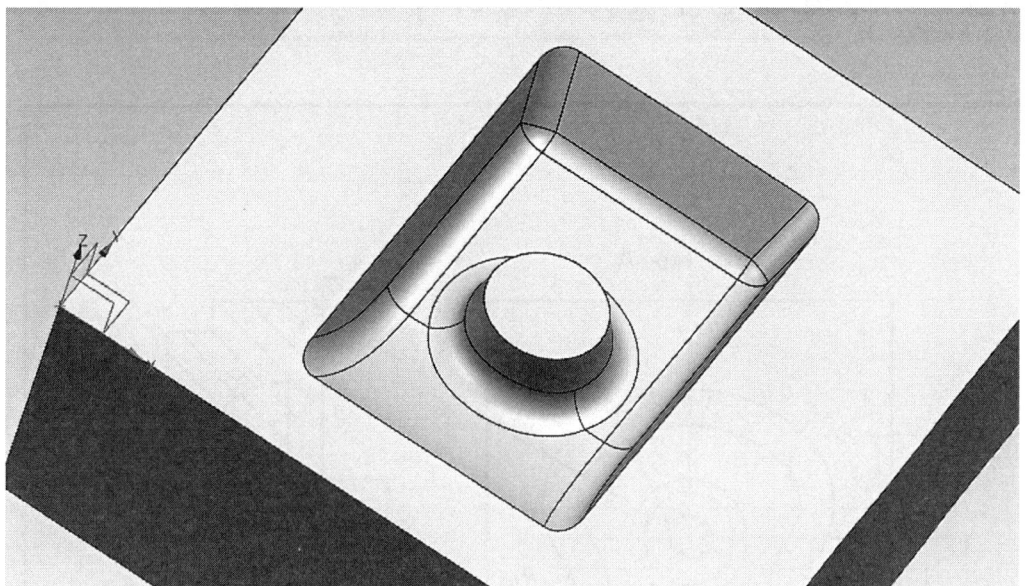

제12절 구배 돌출 모델링 따라 하기

공개도면 ⑫

1 새로 만들기 (Ctrl+N)을 실행하고 모델을 선택하고 파일이름과 저장할 폴더를 입력한 다음 확인을 클릭한다.

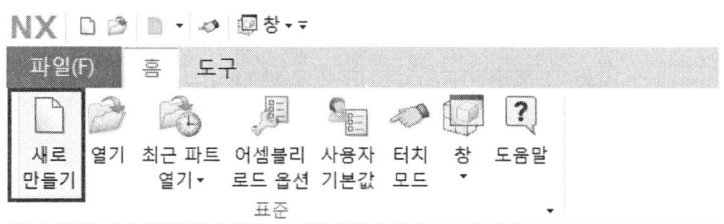

2 삽입에서 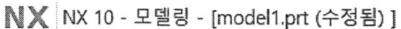 를 선택하거나, 위에서 생성된 타스크 환경의 스케치 아이콘을 선택한다.

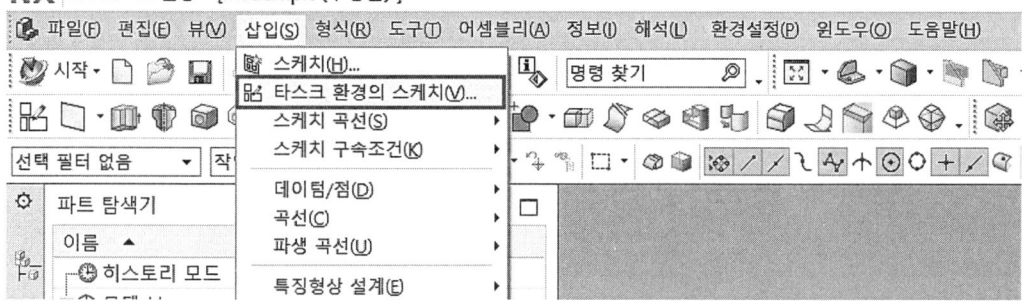

3 스케치 유형은 평면 상에서를 선택하고, 기존 평면에서 XY 평면을 선택 확인 후 스케치 모드로 들어간다.

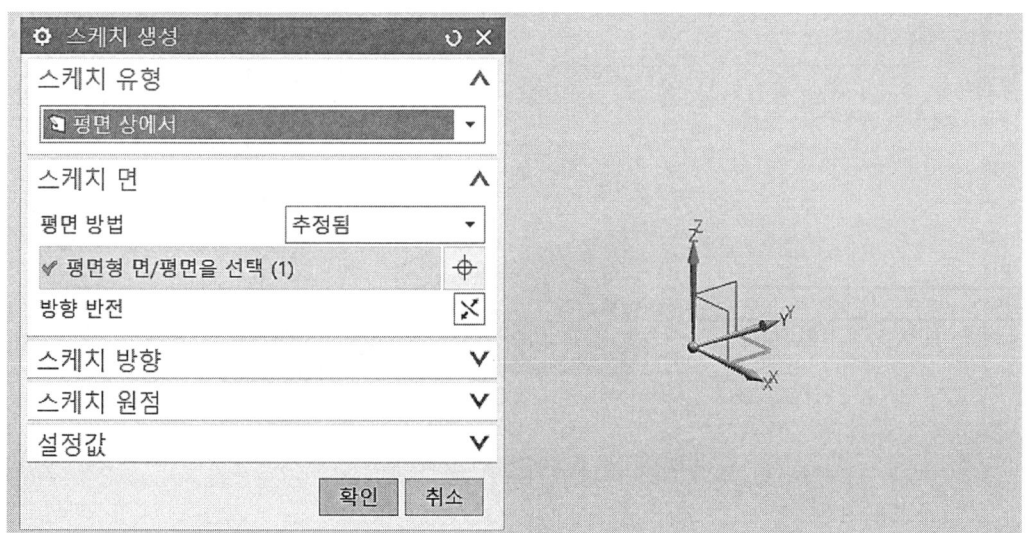

4 아래 그림과 같이 스케치 후 스케치를 종료한다.

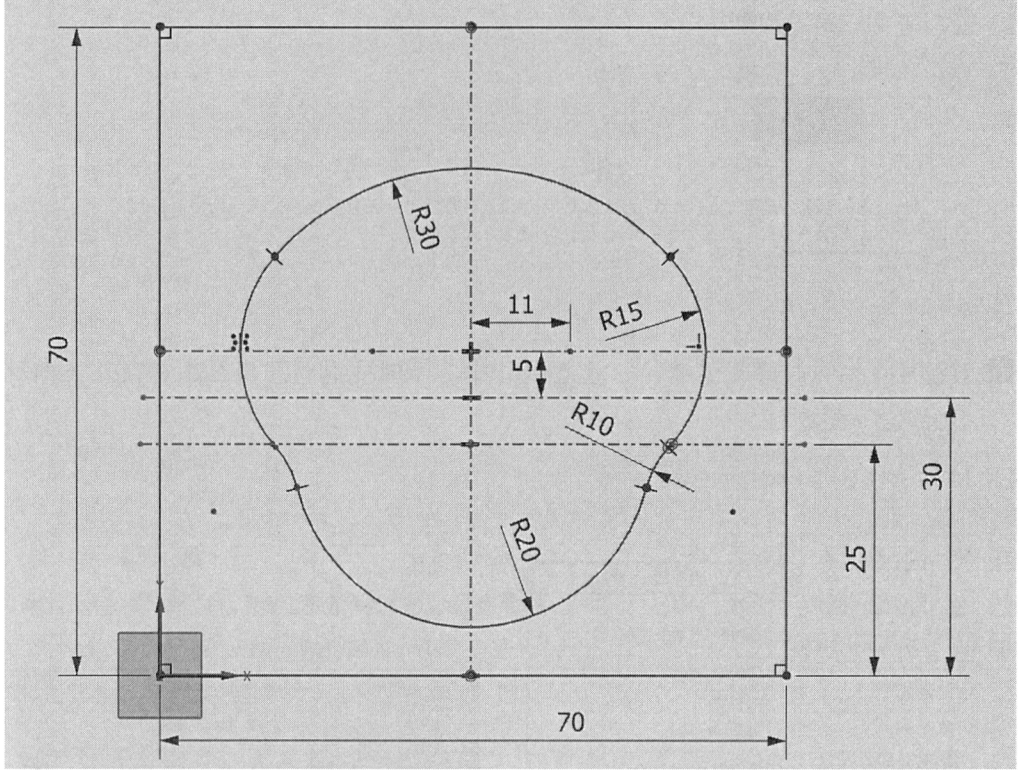

5 돌출 아이콘을 클릭하여 아래 그림처럼 끝 거리를 –27mm로 설정하고 적용한다.

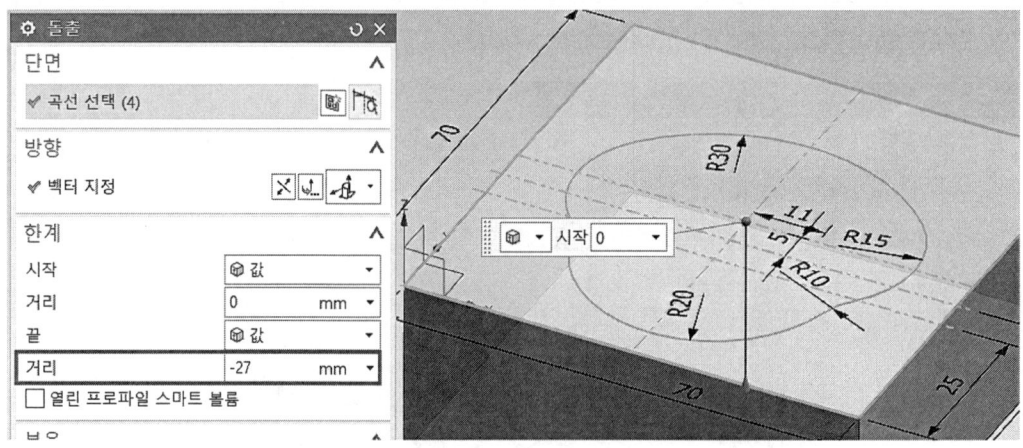

6 돌출에서 방사상 타원을 선택하고 시작 거리 0mm 입력, 끝 거리 -6mm 입력, 부울은 빼기 선택, 구배 각도는 -45deg로 설정하고 확인한다.

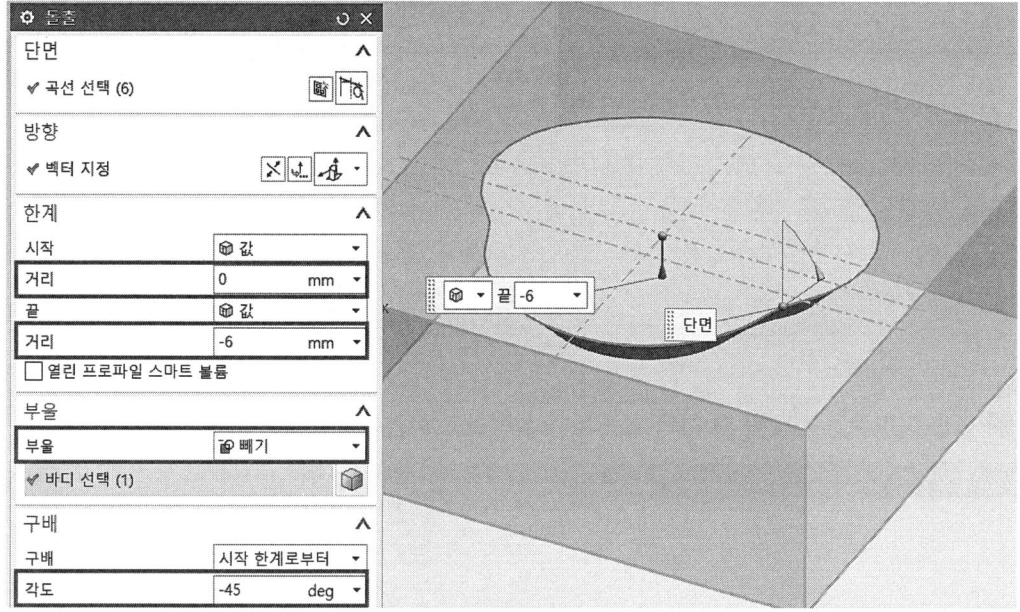

7 스케치 생성 아이콘을 선택한 후 아래 그림처럼 가운데 평면을 선택하고 확인한다.

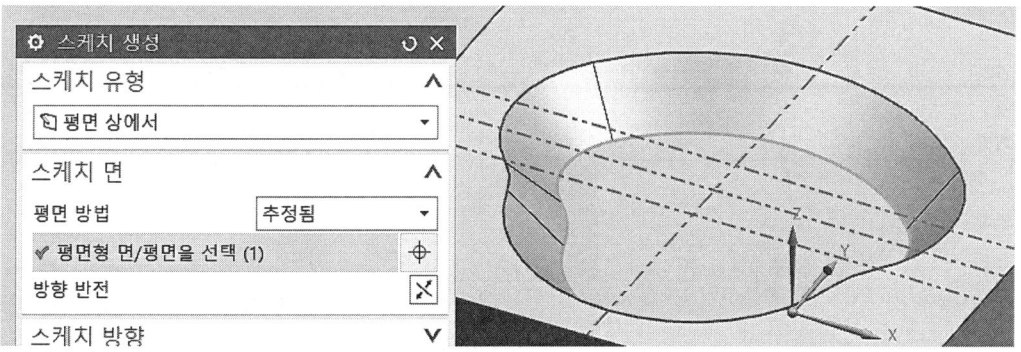

❽ 원(∅20)을 스케치하고 스케치를 종료한다.

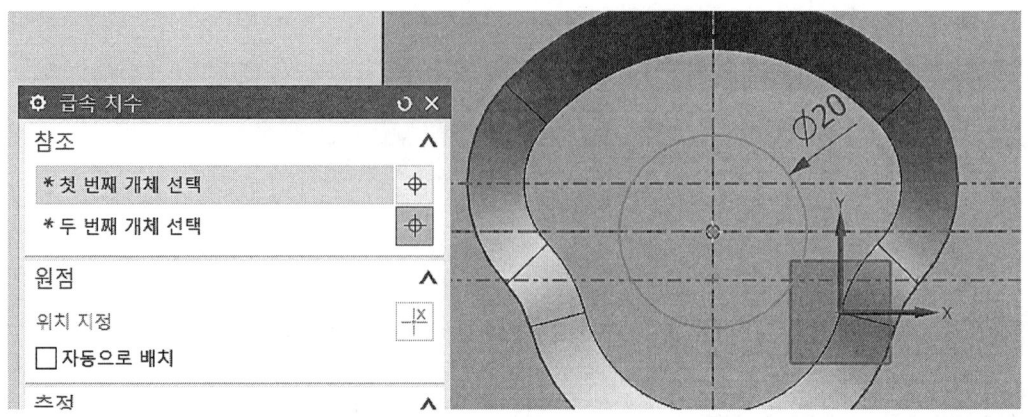

❾ 돌출 아이콘을 선택한 후 아래 그림처럼 설정하고 확인한다.

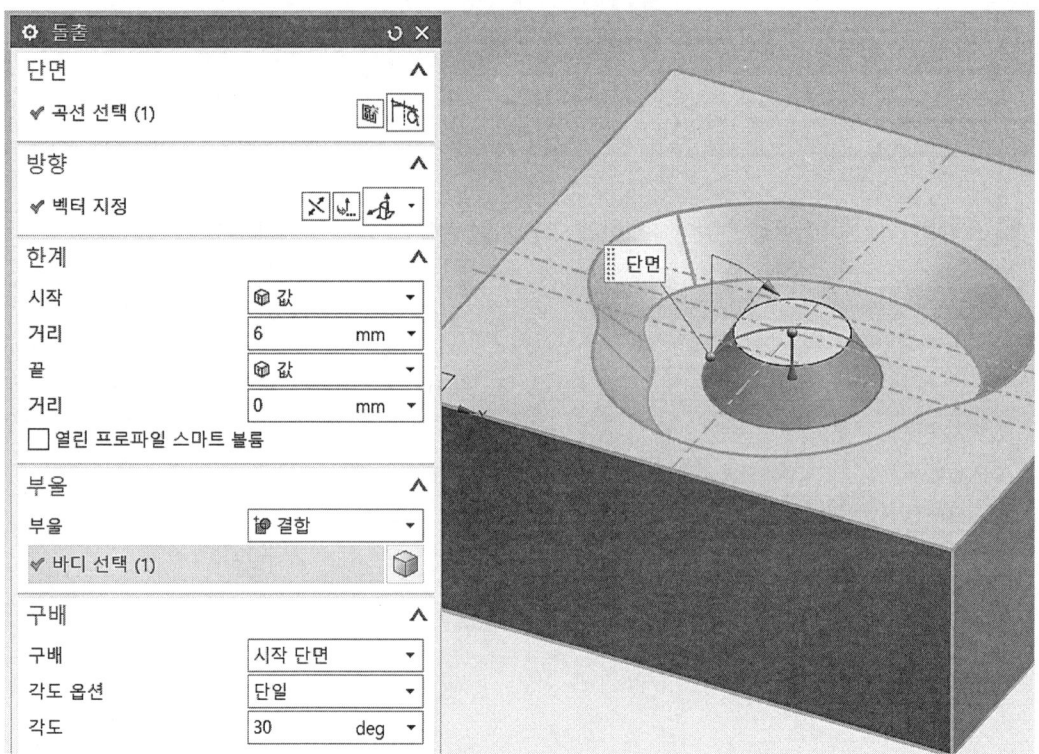

10 모서리 블렌드 아이콘을 선택하고 모서리 선택하고, 반경 1에서 3mm 입력 후 확인한다.

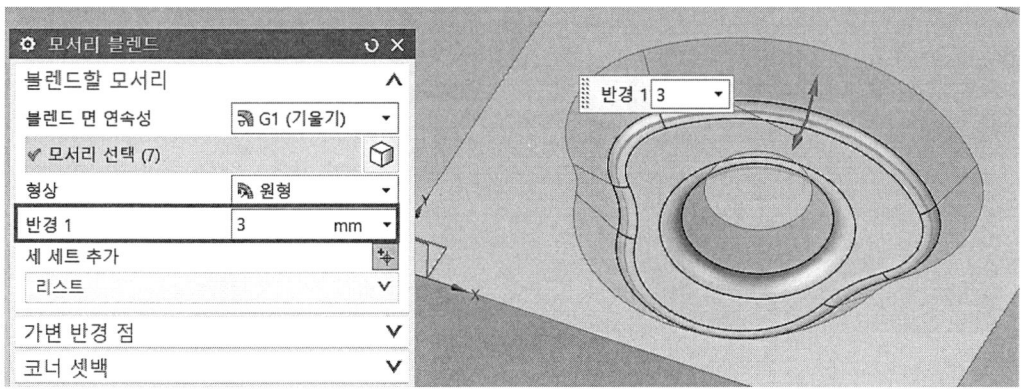

11 모델링이 완성된 그림을 도면과 비교하여 이상 유무를 확인한다.

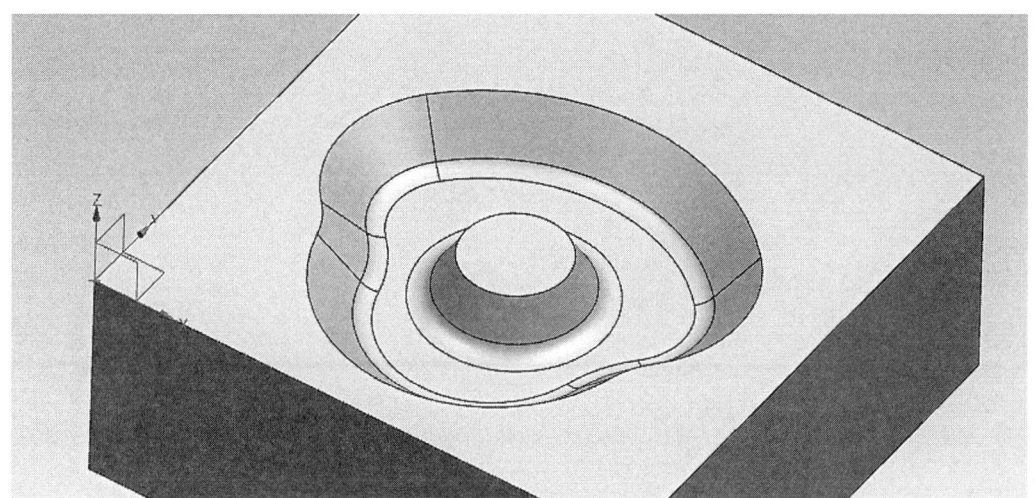

Chapter 02

NX에 의한 모델링
(컴퓨터응용가공산업기사)

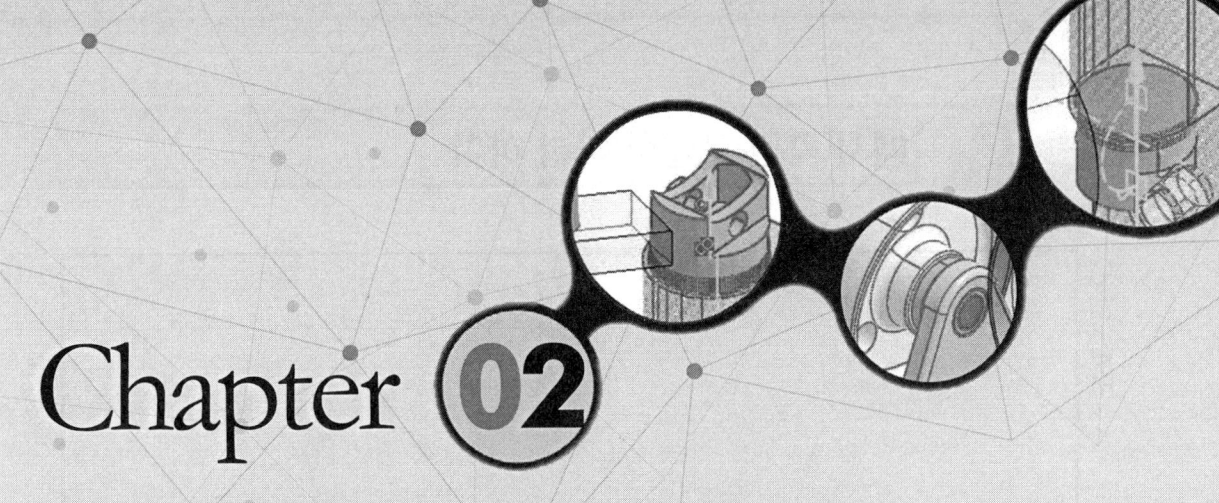

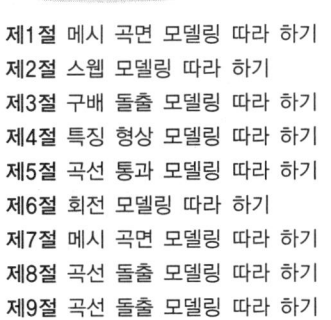
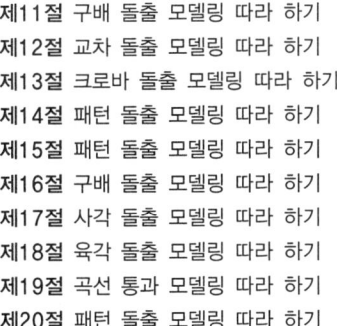

제1절 메시 곡면 모델링 따라 하기
제2절 스웹 모델링 따라 하기
제3절 구배 돌출 모델링 따라 하기
제4절 특징 형상 모델링 따라 하기
제5절 곡선 통과 모델링 따라 하기
제6절 회전 모델링 따라 하기
제7절 메시 곡면 모델링 따라 하기
제8절 곡선 돌출 모델링 따라 하기
제9절 곡선 돌출 모델링 따라 하기
제10절 구배 돌출 모델링 따라 하기

제11절 구배 돌출 모델링 따라 하기
제12절 교차 돌출 모델링 따라 하기
제13절 크로바 돌출 모델링 따라 하기
제14절 패턴 돌출 모델링 따라 하기
제15절 패턴 돌출 모델링 따라 하기
제16절 구배 돌출 모델링 따라 하기
제17절 사각 돌출 모델링 따라 하기
제18절 육각 돌출 모델링 따라 하기
제19절 곡선 통과 모델링 따라 하기
제20절 패턴 돌출 모델링 따라 하기

제1절 메시 곡면 모델링 따라 하기

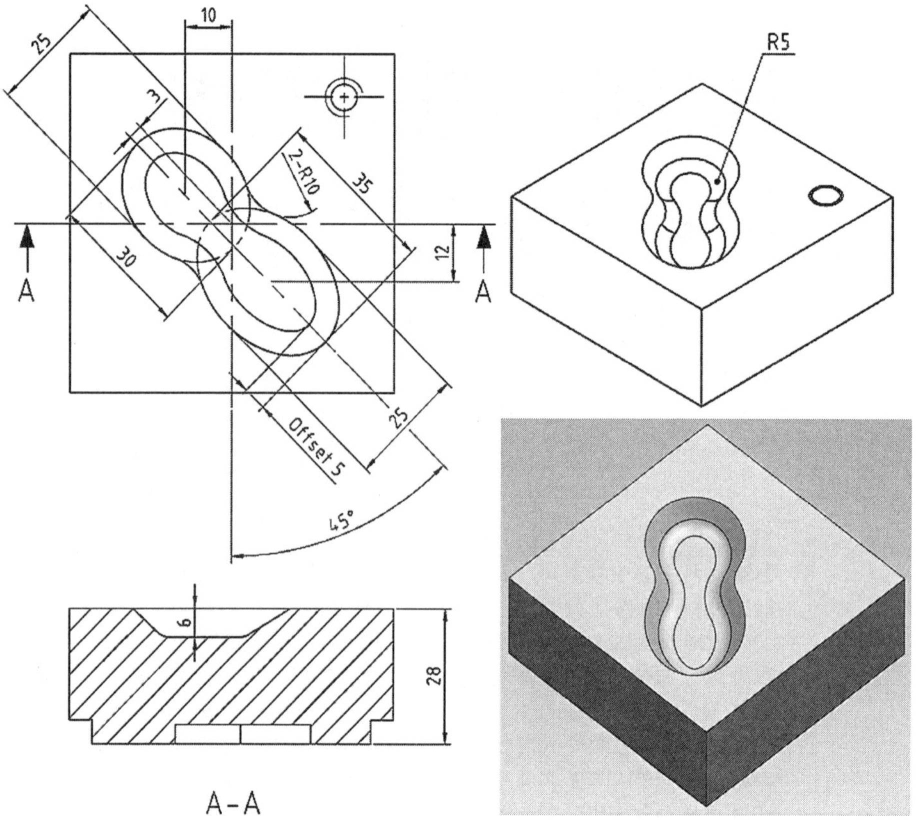

1 새로 만들기 (Ctrl+N)을 실행하고 모델을 선택하고 파일이름과 저장할 폴더를 입력한 다음 확인을 클릭한다.

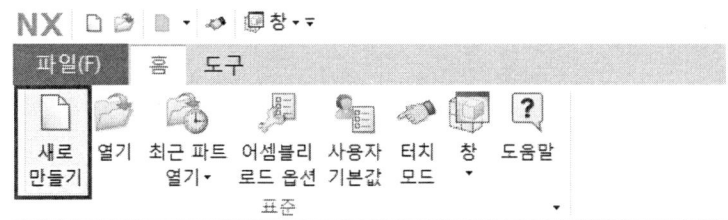

2 삽입에서 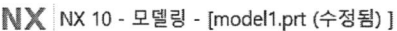 를 선택하거나, 위에서 생성된 타스크 환경의 스케치 아이콘을 선택한다.

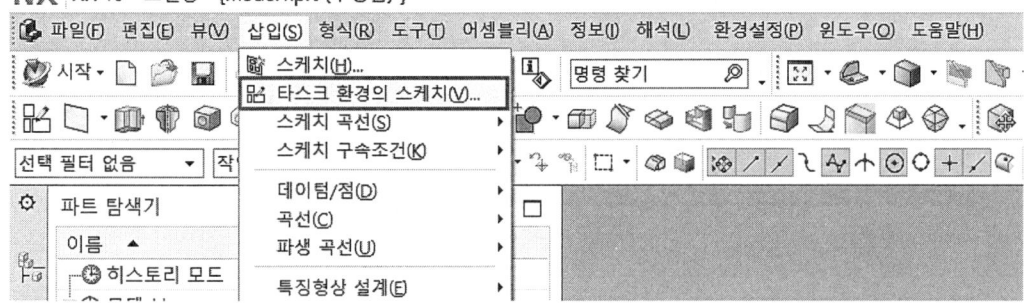

3 스케치 유형은 평면 상에서를 선택하고, 기존 평면에서 XY 평면을 선택 확인 후 스케치 모드로 들어간다.

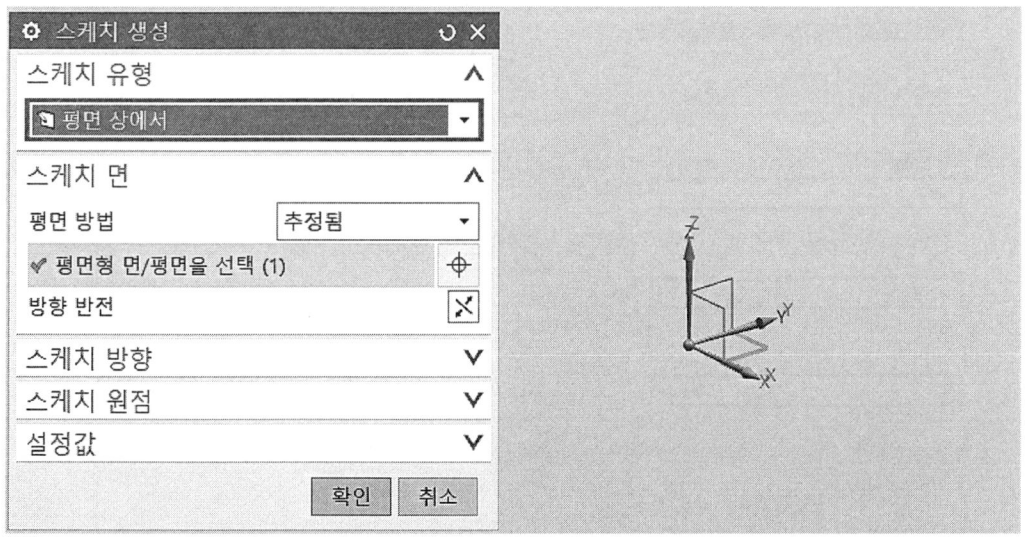

제1절 메시 곡면 모델링 따라 하기

4 아래 그림과 같이 스케치를 작성한다.

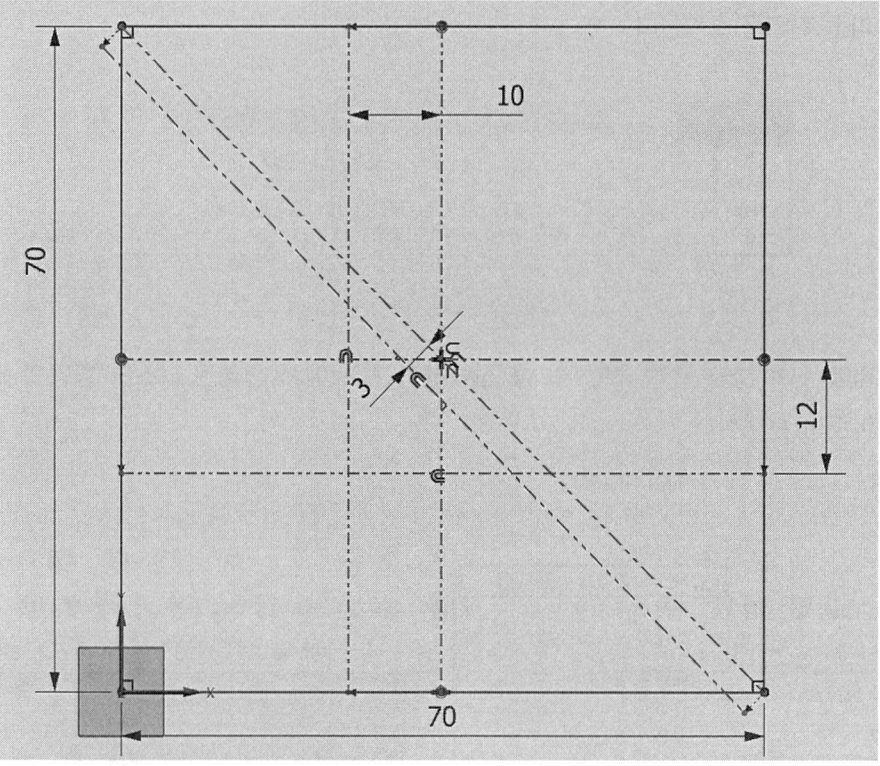

5 삽입에서 곡선 → 타원을 선택하고 아래 그림처럼 적용한다.

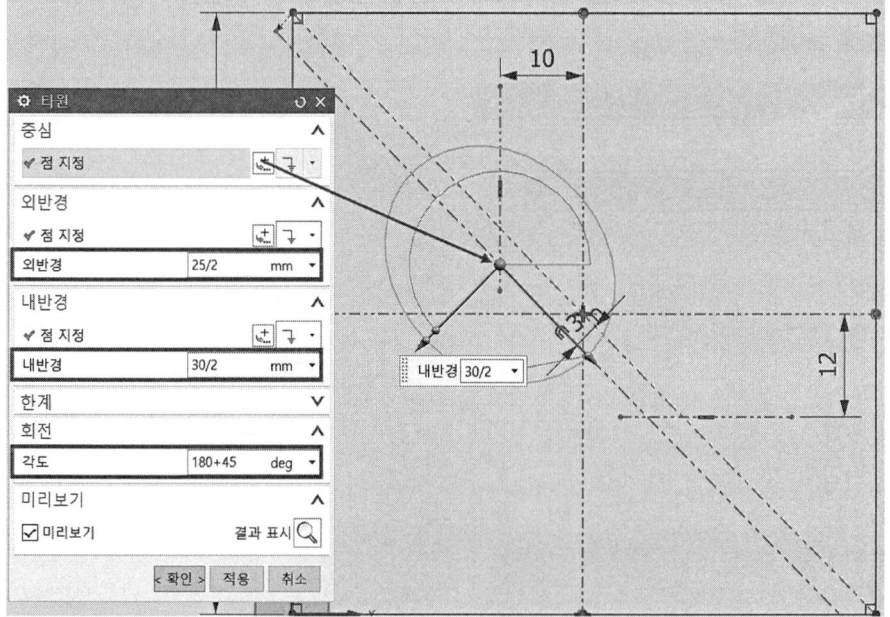

6 점 지정에서 아래 그림처럼 중심점을 선택하고, 외반경 12.5mm와 내반경 35/2mm, 회전 각도 225deg를 입력하고 적용한다.

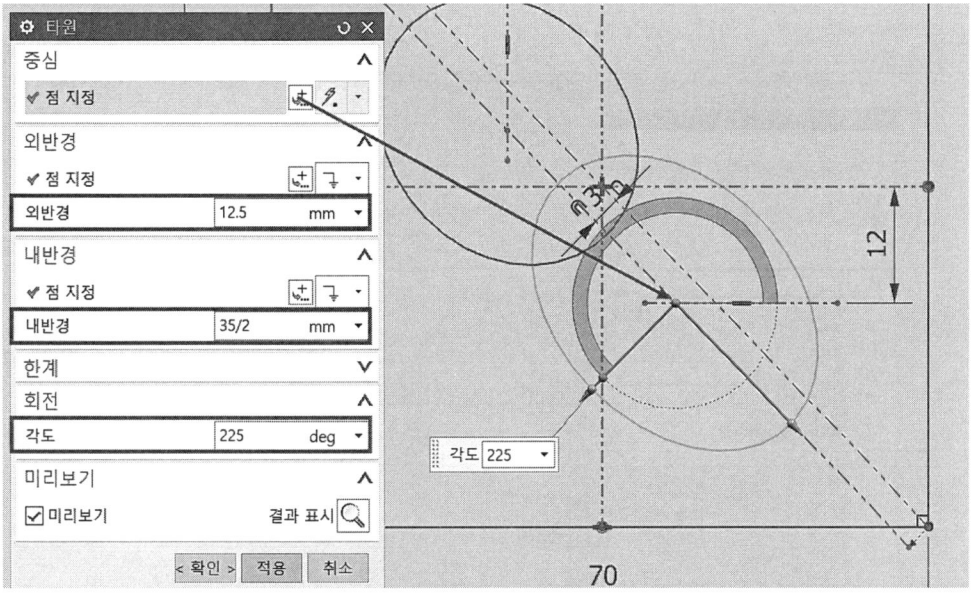

7 아래 그림처럼 급속치수로 치수기입을 완성한다.

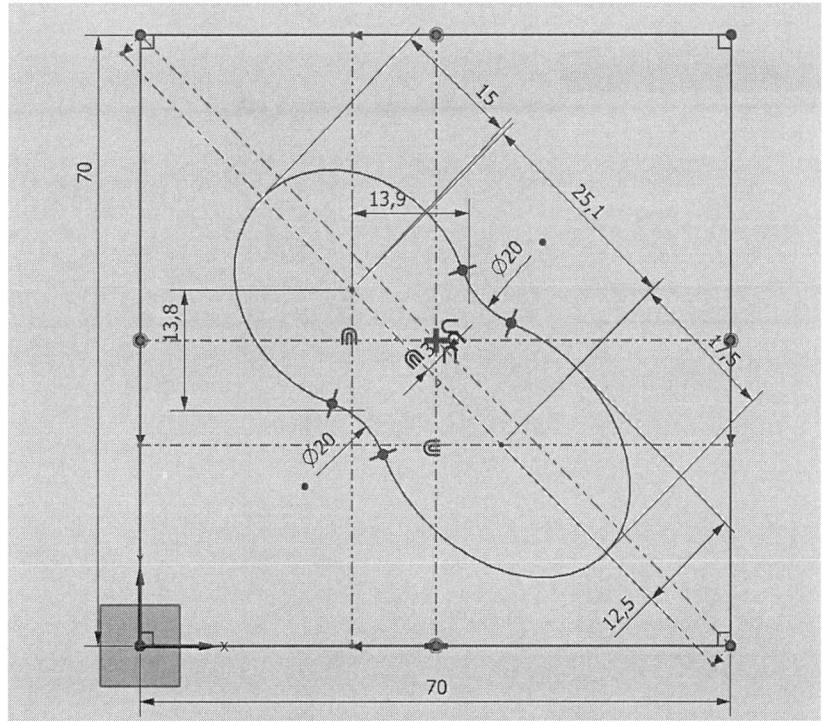

8 옵셋 곡선(🗇) 아이콘을 이용하여 옵셋 거리 5mm를 입력하고, 방향 반전으로 확인한 후 스케치를 종료한다.

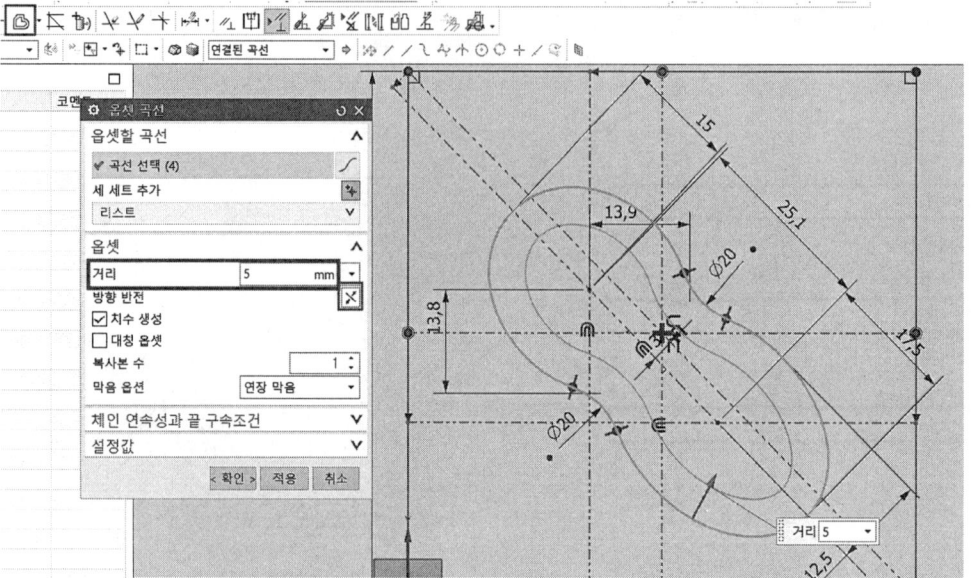

9 데이텀 평면 아이콘을 이용하여 XY 평면을 클릭하고, 옵셋 거리는 -6mm를 입력하고 확인한다.

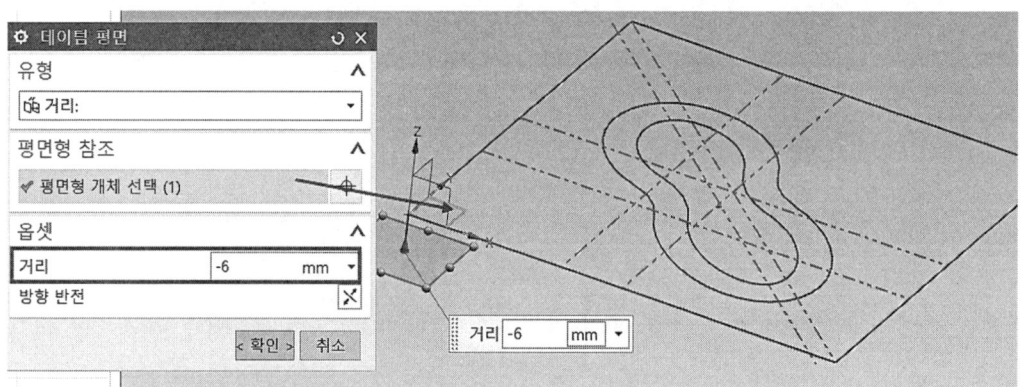

10 스케치 생성 아이콘을 선택하고, 데이텀 평면을 클릭한 후 확인한다.

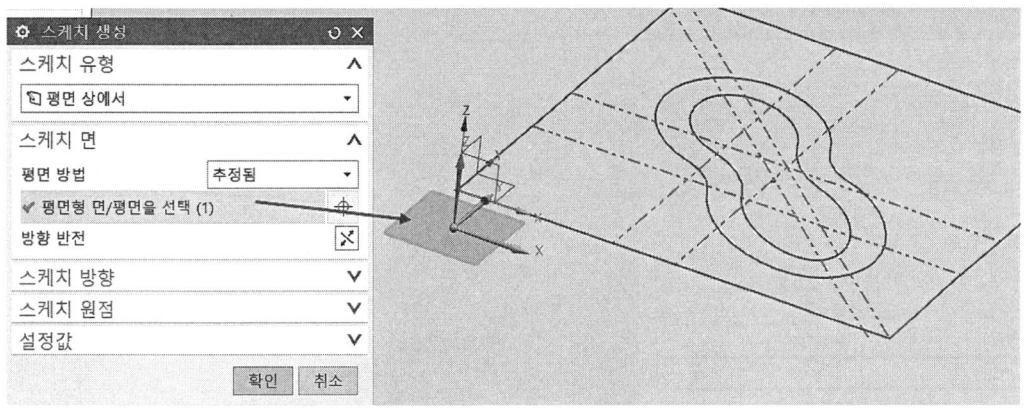

11 곡선 투영 아이콘( )을 이용하여 아래 그림처럼 투영하고 확인 후 스케치를 종료한다.

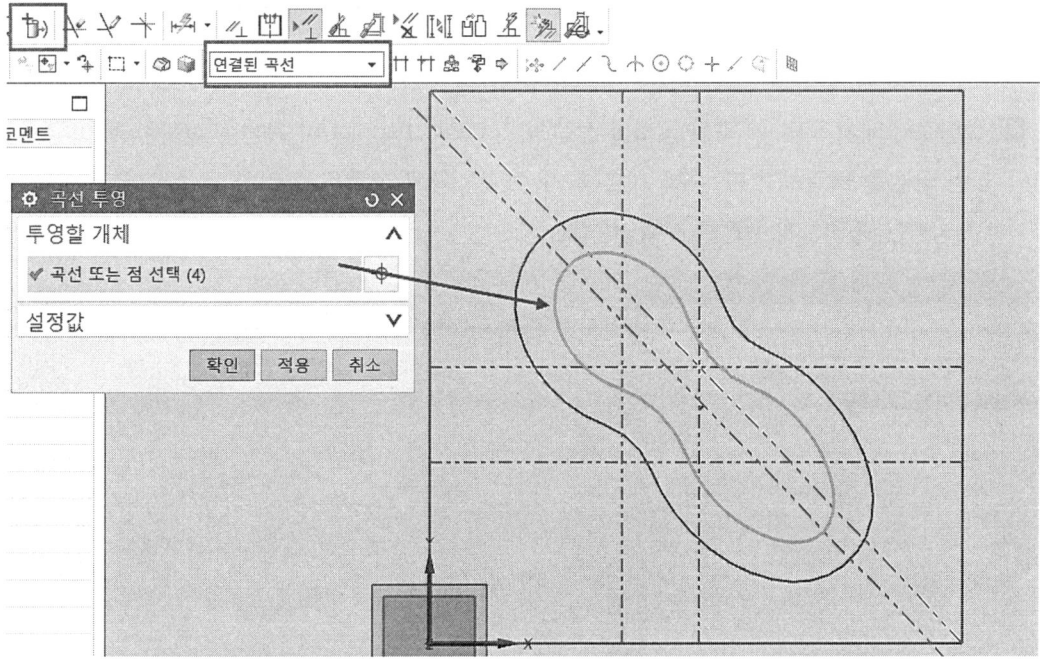

12 돌출 아이콘을 클릭하고 아래 그림처럼 끝 거리는 -28mm로 입력하고 확인한다.

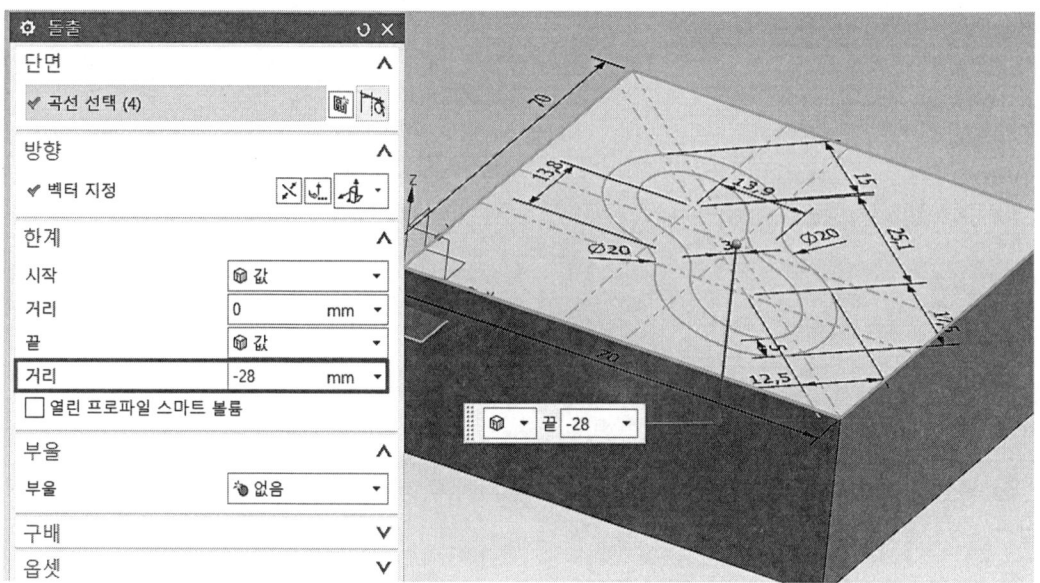

13 삽입에서 메시 곡면 → 곡선 통과를 선택하고, 아래 그림처럼 위 곡선을 선택한 후 마우스 2번 버튼을 클릭하고(또는 세 세트 추가 클릭), 아래 곡선을 클릭한 후 확인한다. 화살표 방향은 동일하게 설정하고 확인한다.

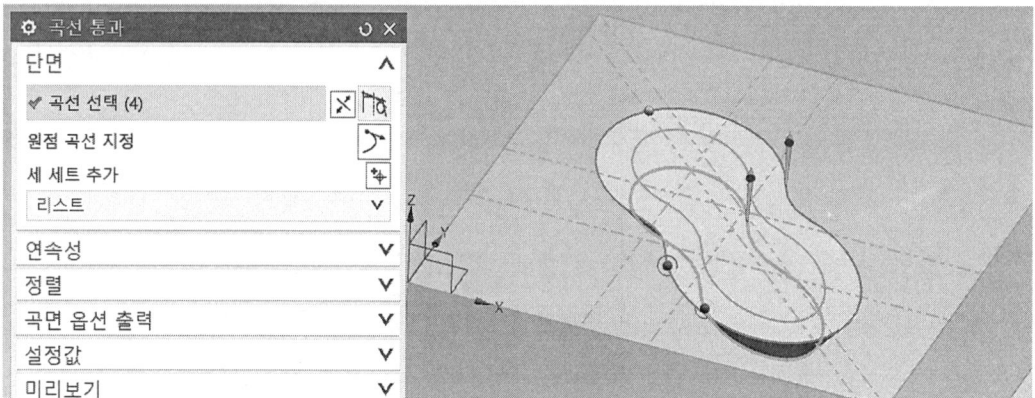

14 삽입에서 결합 → 빼기를 클릭하고, 아래 그림처럼 타겟 바디를 선택한 후 공구에서 바디를 선택하고 확인한다.

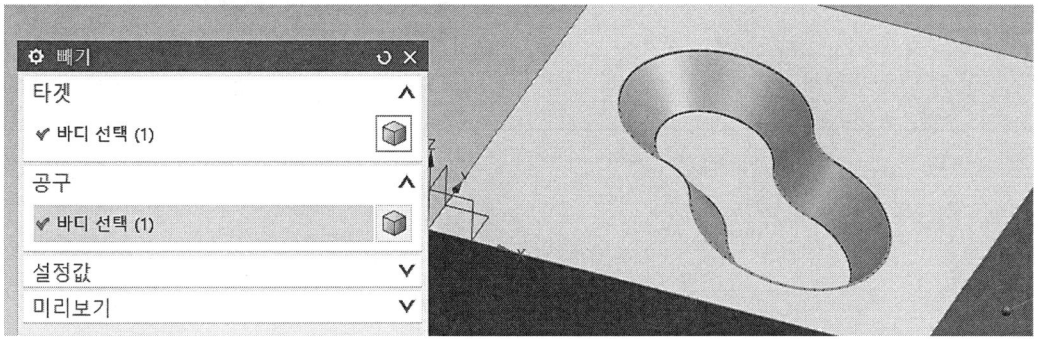

15 표시 및 숨기기( ) 아이콘을 선택하고, 아래 그림처럼 설정하고 확인한다.

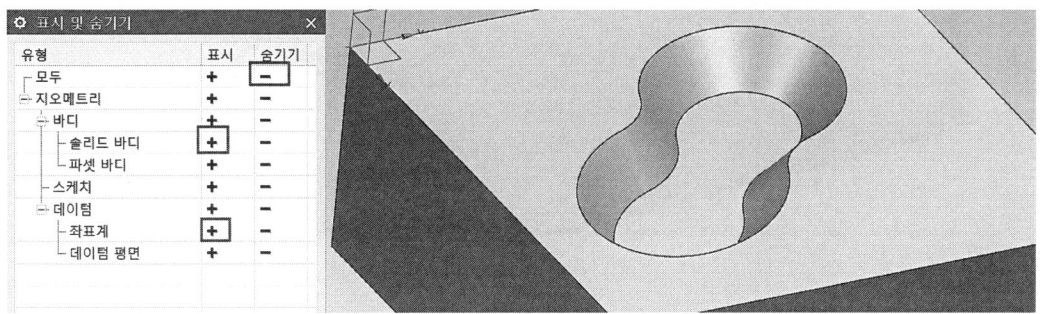

16 모서리 블렌드( ) 아이콘을 클릭한 후 반경 1에서 5mm를 입력하고 확인한다.

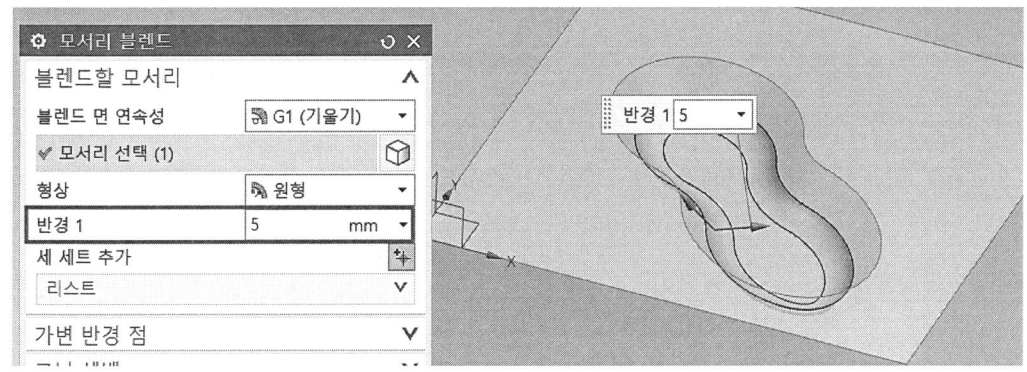

제1절 메시 곡면 모델링 따라 하기

17 최종 완성된 모델링 형상을 도면과 비교하여 이상 유무를 확인한다.

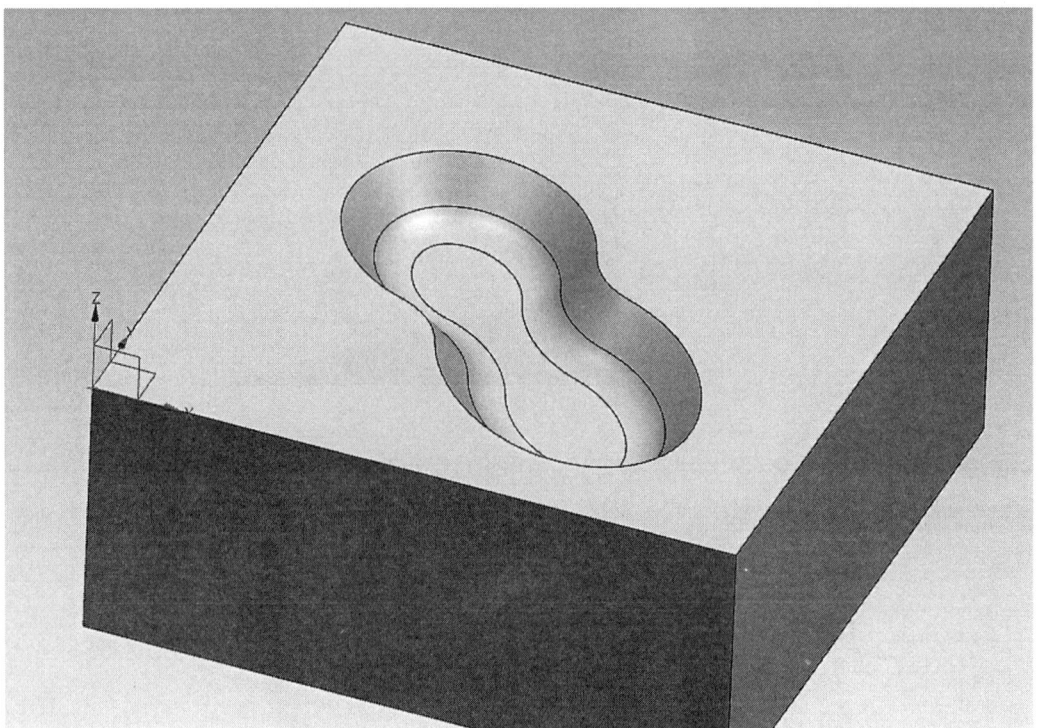

제2절 스웹 모델링 따라 하기

공개도면 ②

1 새로 만들기 (Ctrl+N)을 실행하고 모델을 선택하고 파일이름과 저장할 폴더를 입력한 다음 확인을 클릭한다.

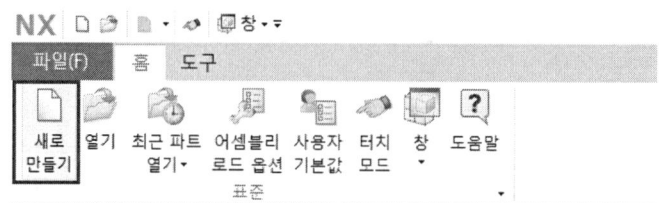

2 삽입에서 타스크 환경의 스케치(V)... 를 선택하거나, 위에서 생성된 타스크 환경의 스케치 아이콘을 선택한다.

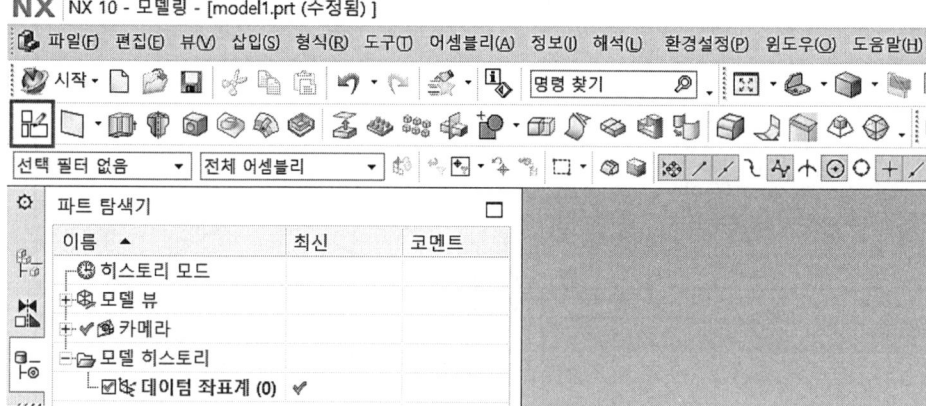

3 스케치 유형은 평면 상에서를 선택하고, 기존 평면에서 XY 평면을 선택 확인 후 스케치 모드로 들어간다.

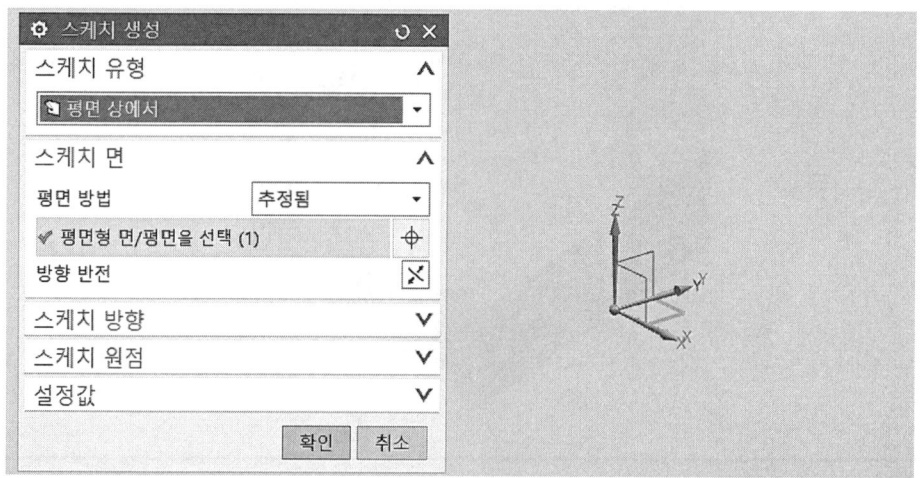

4 그림과 같이 스케치를 작성하고 스케치를 종료한다.

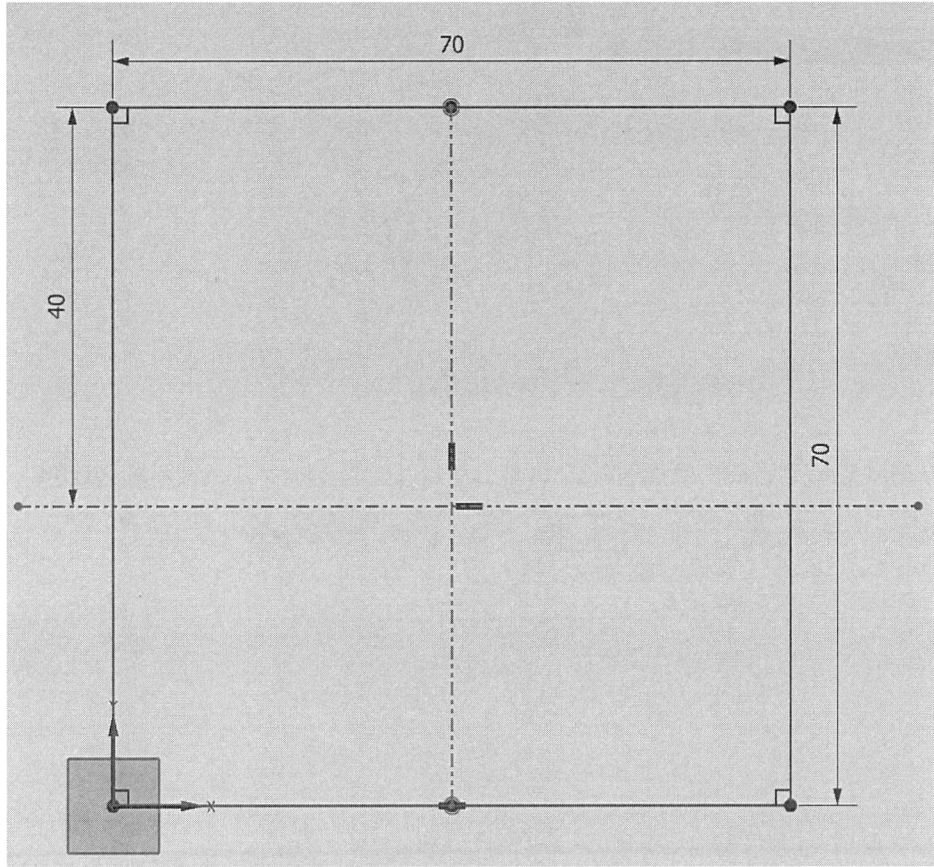

5 데이텀 평면 아이콘을 클릭한 후 유형은 거리, 참조 평면은 XZ 평면을 선택하고, 아래 그림처럼 옵셋 거리는 30mm를 입력하고 확인한다.

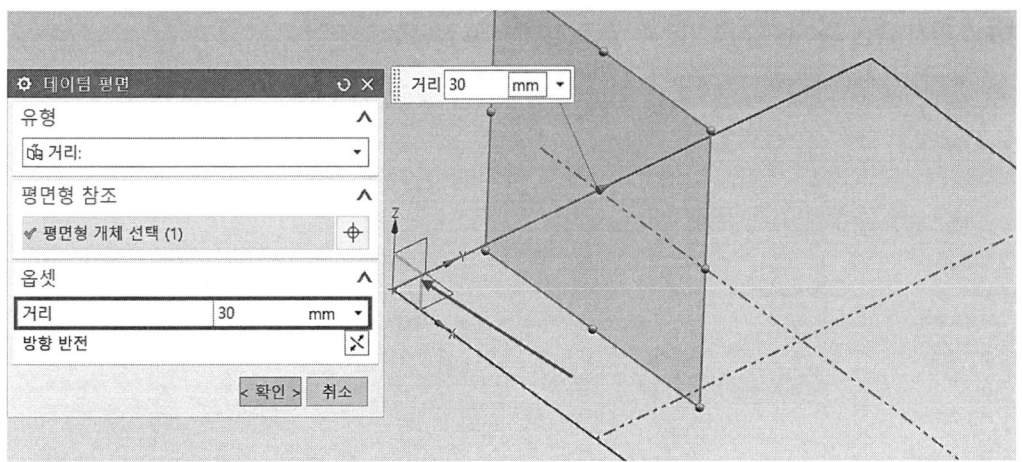

6 스케치 생성 아이콘을 클릭한 후 기존 평면에서 데이텀 평면을 선택하고 확인한다.

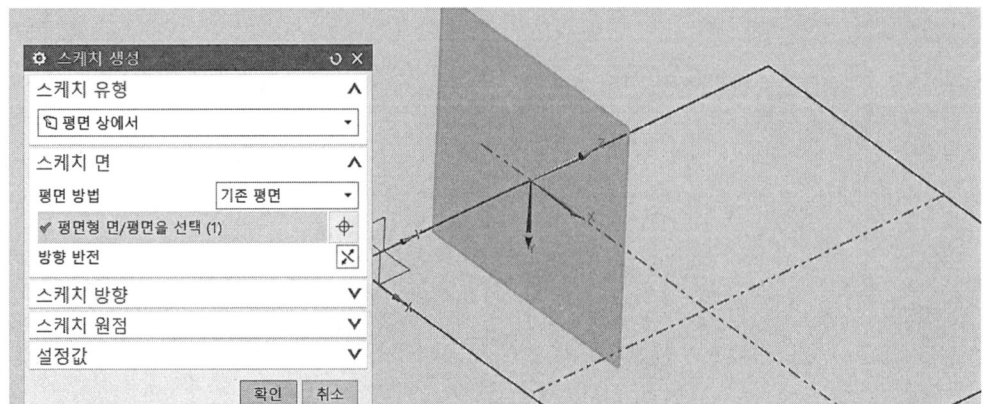

7 뷰에서 앞쪽(정면도)으로 설정하고, 아래 그림처럼 호를 생성하고 스케치를 종료한다.

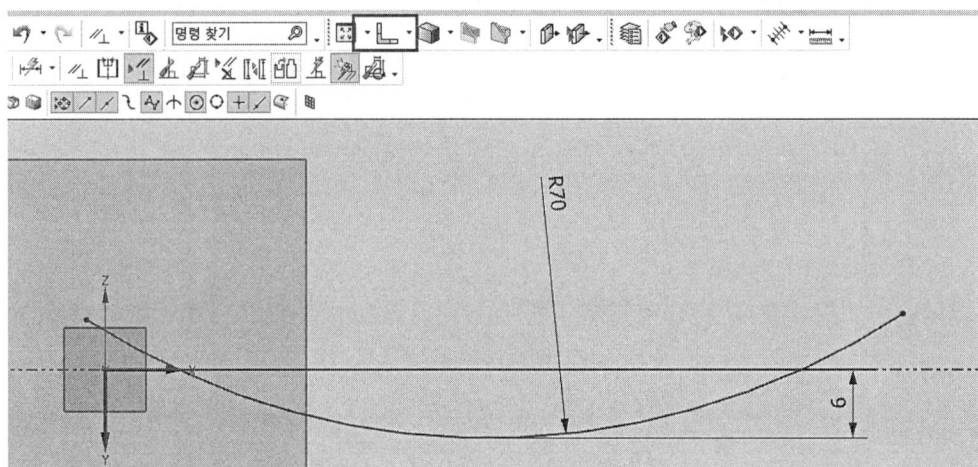

8 스케치 생성 아이콘을 클릭한 후 경로 상에서 끝점으로 설정한다.

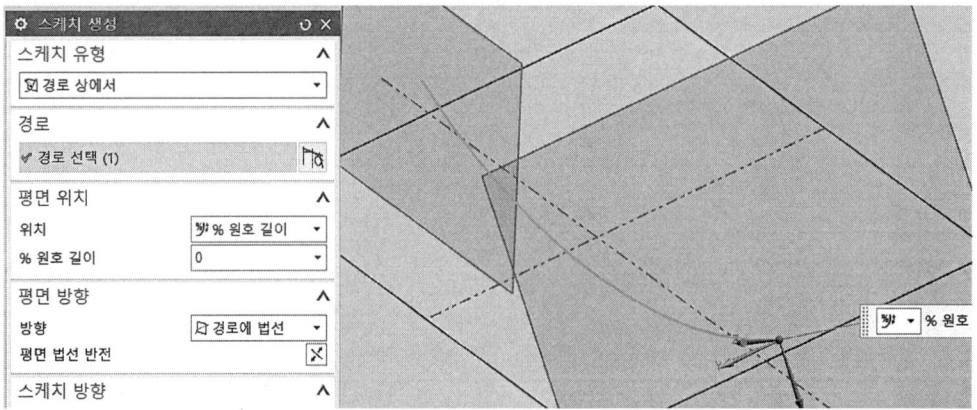

9 원호 아이콘을 선택한 후 아래 그림처럼 원호를 설정하고 스냅점 끝점을 확인한다.

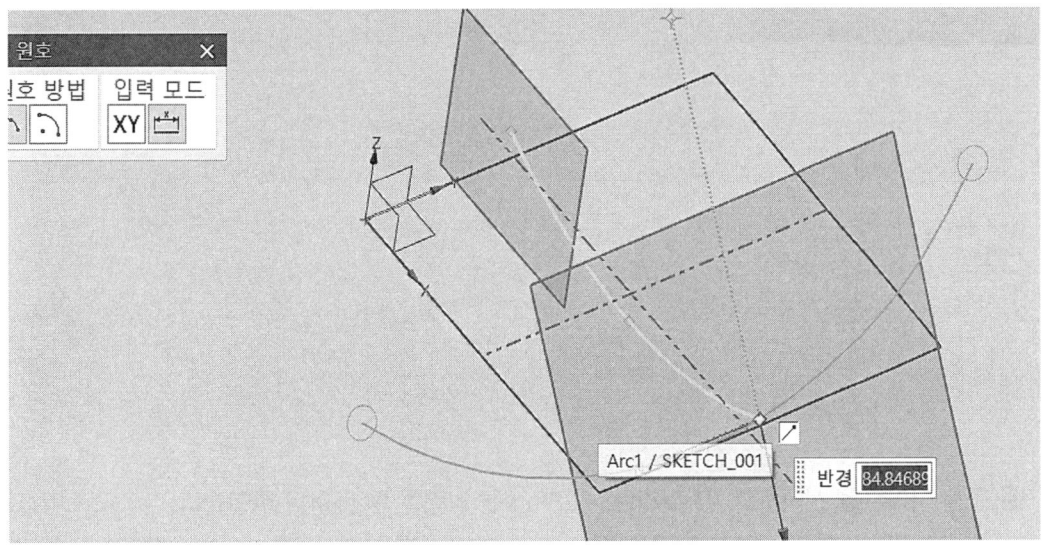

10 급속 치수 아이콘을 이용하여 R45를 기입하고 스케치를 종료한다.

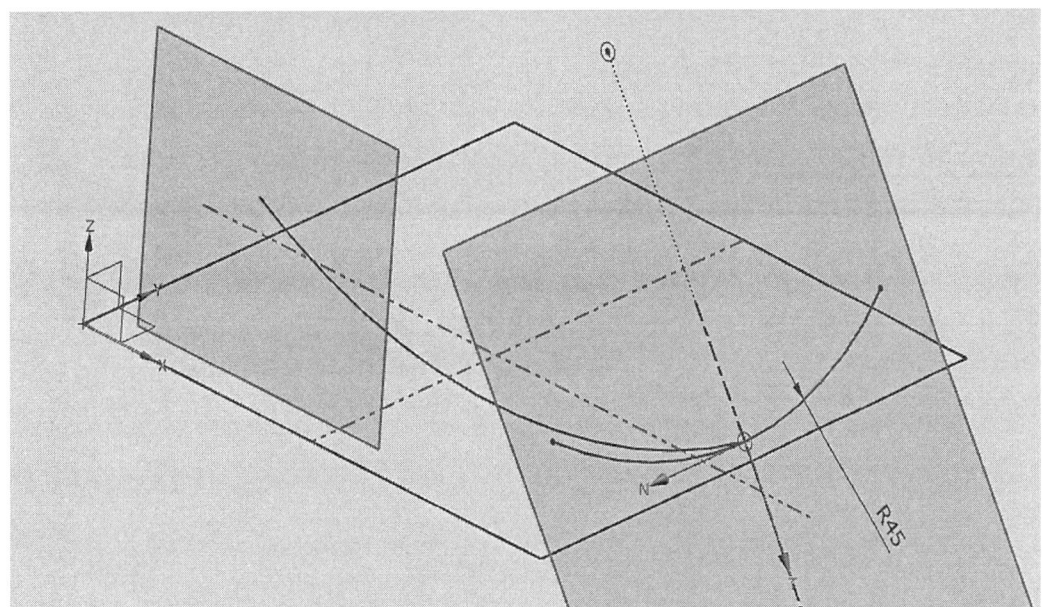

⑪ 삽입에서 스위핑에 가이드를 따라 스위핑을 선택하고 아래 그림처럼 설정한 후 확인한다.

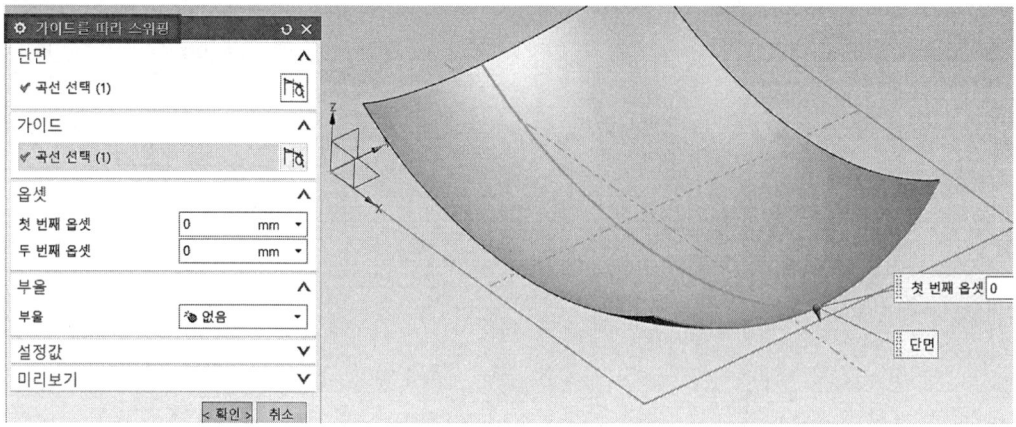

⑫ 돌출 아이콘을 선택하고, 끝 거리는 −28mm를 입력한 후 돌출을 확인한다.

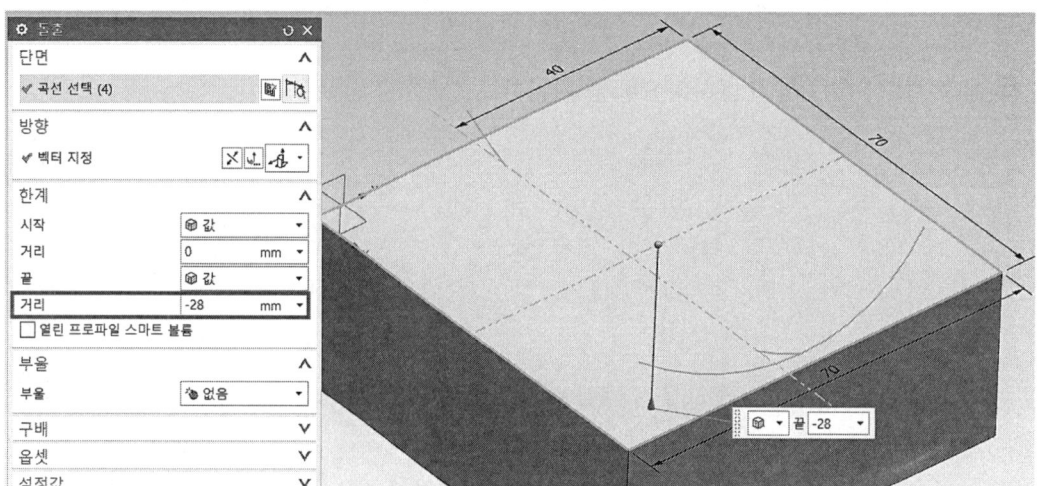

13 삽입에서 바디 트리밍을 선택하고 아래 그림처럼 설정한 후 확인한다.

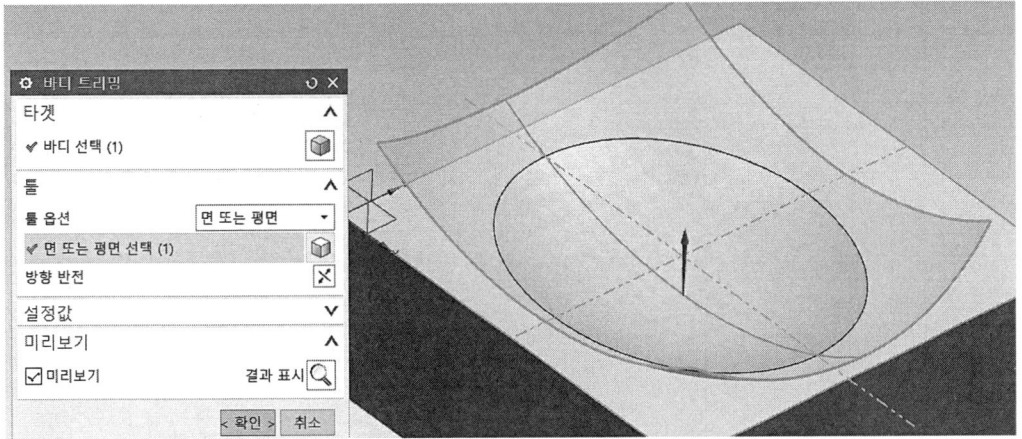

14 데이텀 평면을 선택 후 윗면을 선택하고 옵셋 거리에 -2mm를 입력하고 확인한다.

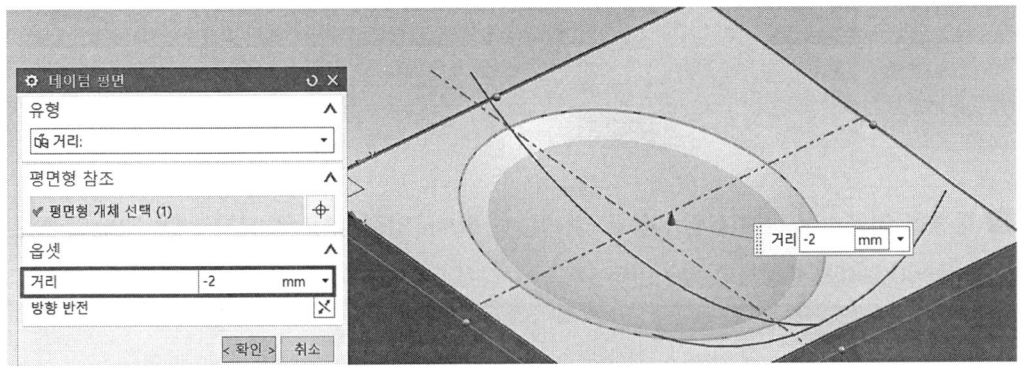

15 스케치 생성 아이콘을 선택하고, 아래 그림처럼 설정한 후 확인한다.

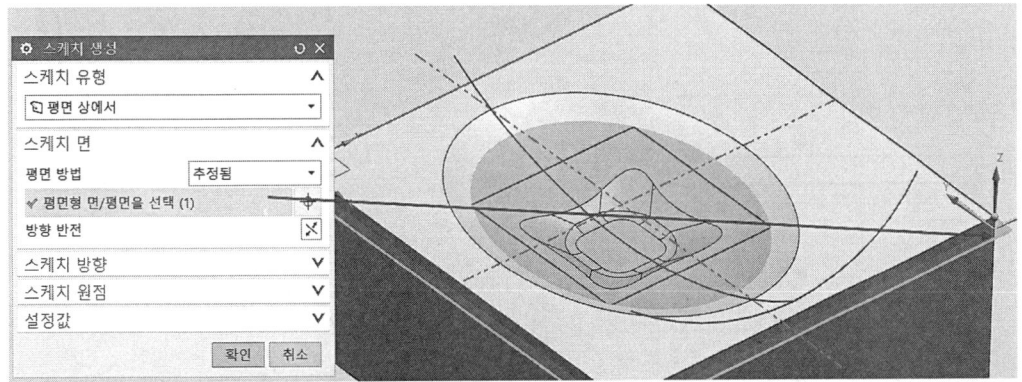

제2절 스웹 모델링 따라 하기

16 직사각형 아이콘을 이용하여 아래 그림처럼 스케치 후 종료한다.

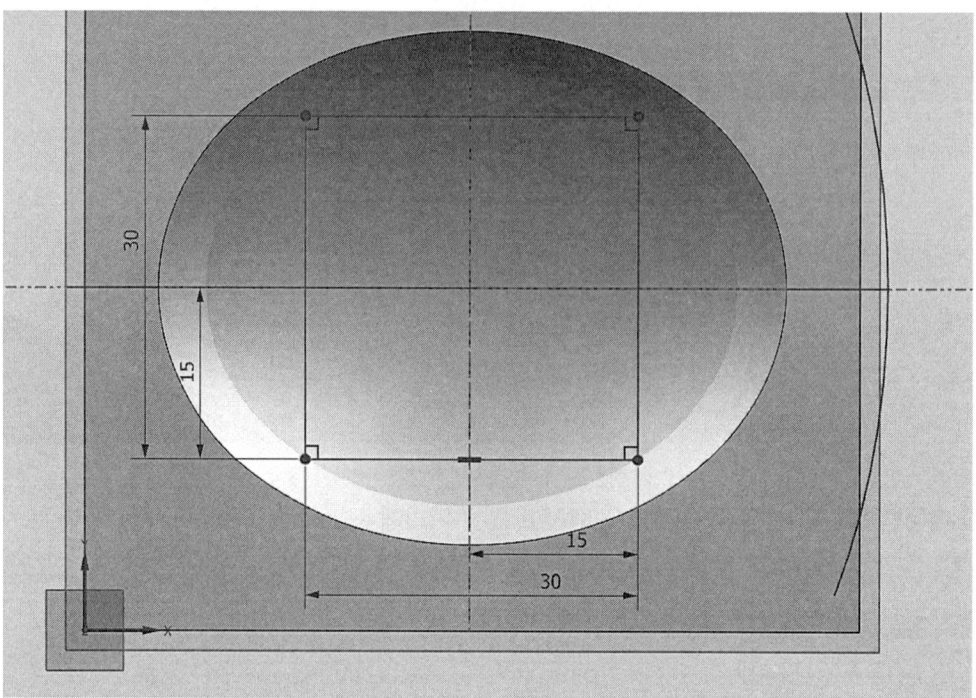

17 돌출을 이용하여 아래 그림처럼 끝 거리는 −5mm 입력, 부울은 빼기 선택, 구배의 각도는 −60deg로 설정하고 확인한다.

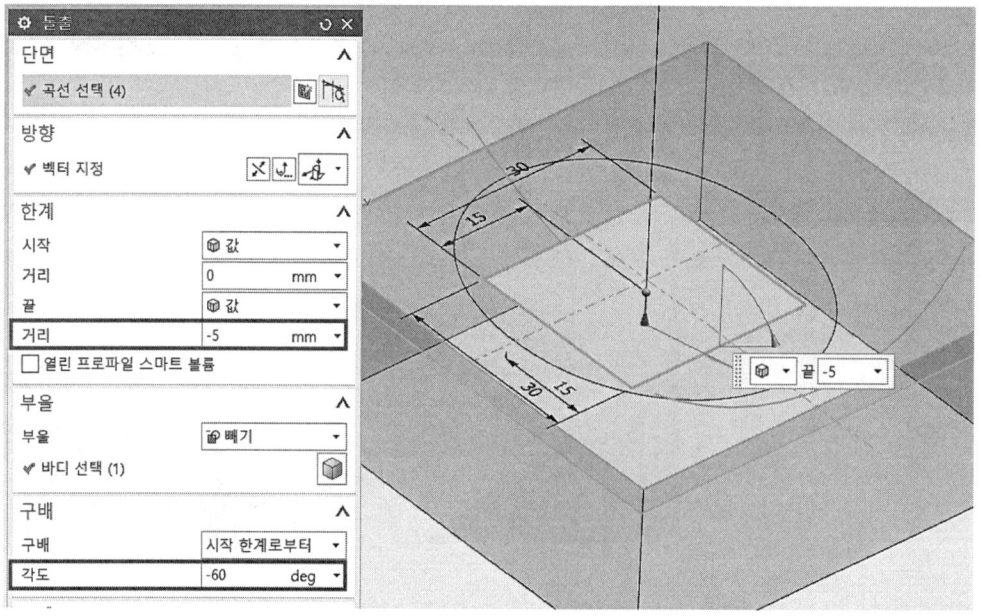

18 모서리 블렌드를 클릭하여 반경 1에서 10mm를 입력 후 그림처럼 설정하고 적용한다.

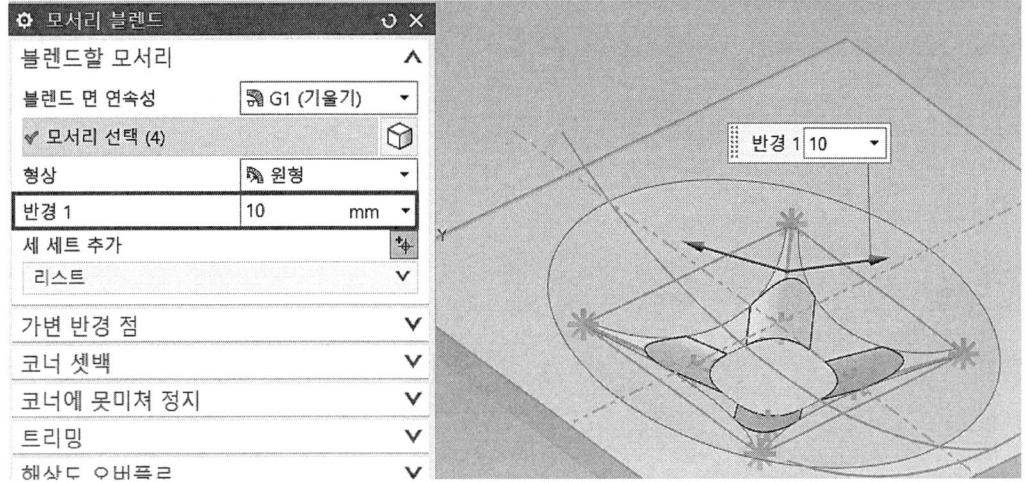

19 반경 1에서 4mm로 설정하고 확인한다.

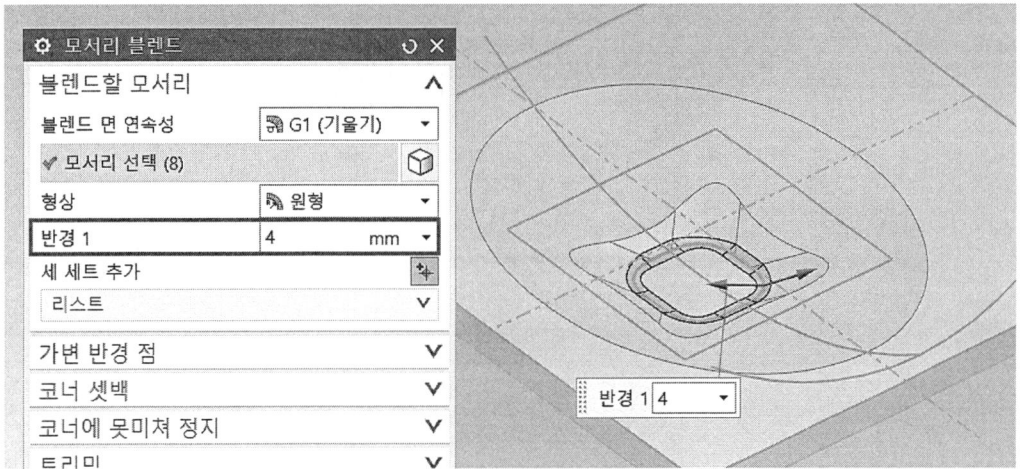

㉑ 도면을 확인하여 최종 모델링을 확인한다.

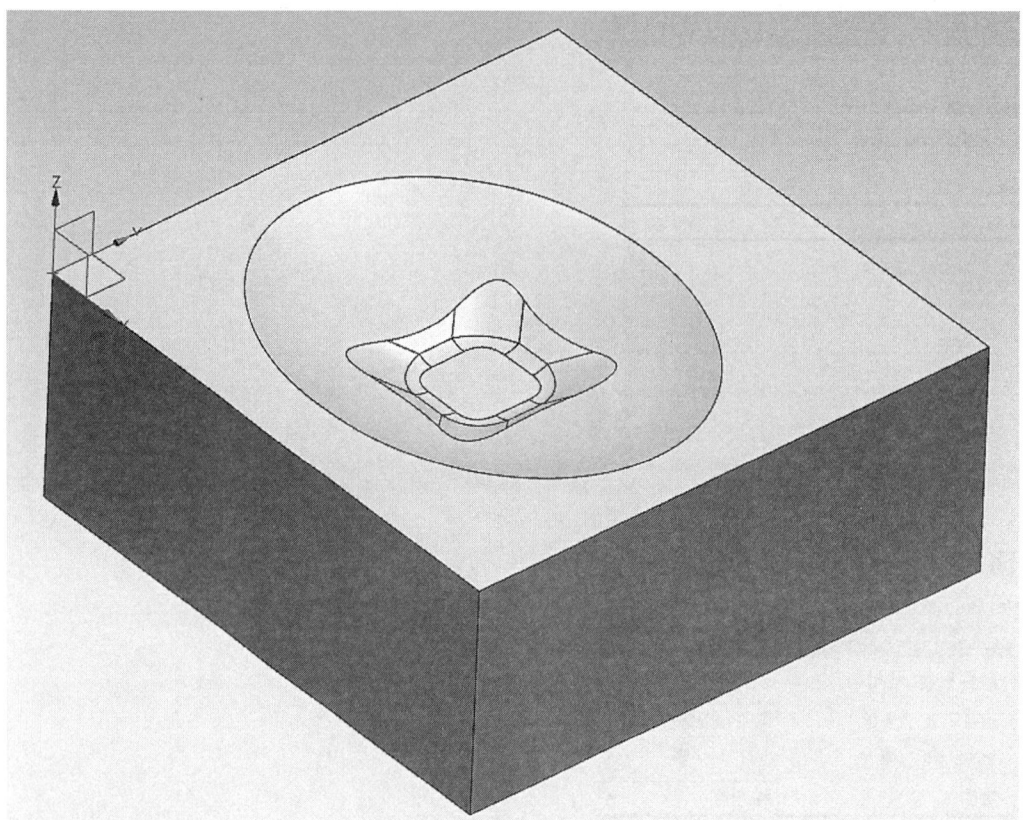

제3절 구배 돌출 모델링 따라 하기

❶ 새로 만들기 (Ctrl+N)을 실행하고 모델을 선택하고 파일이름과 저장할 폴더를 입력한 다음 확인을 클릭한다.

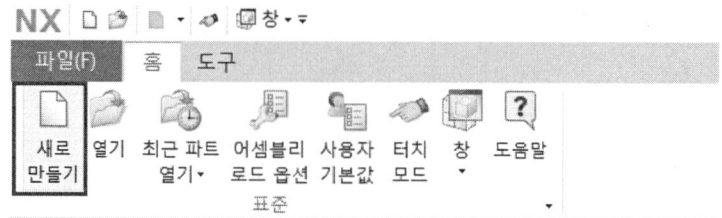

❷ 삽입에서  를 선택하거나, 위에서 생성된 타스크 환경의 스케치 아이콘을 선택한다.

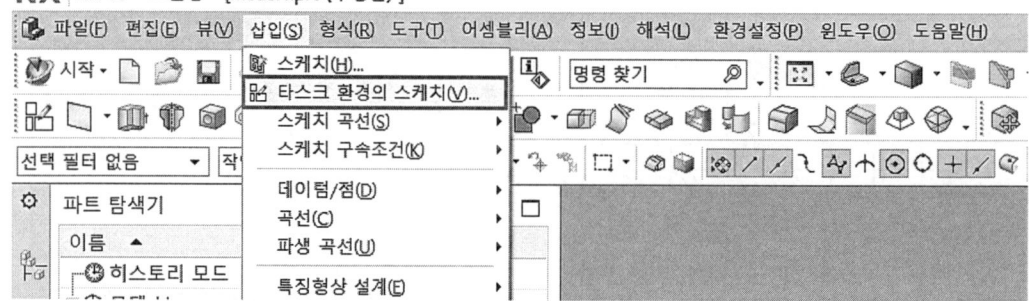

❸ 스케치 유형은 평면 상에서를 선택하고, 기존 평면에서 XY 평면을 선택 확인 후 스케치 모드로 들어간다.

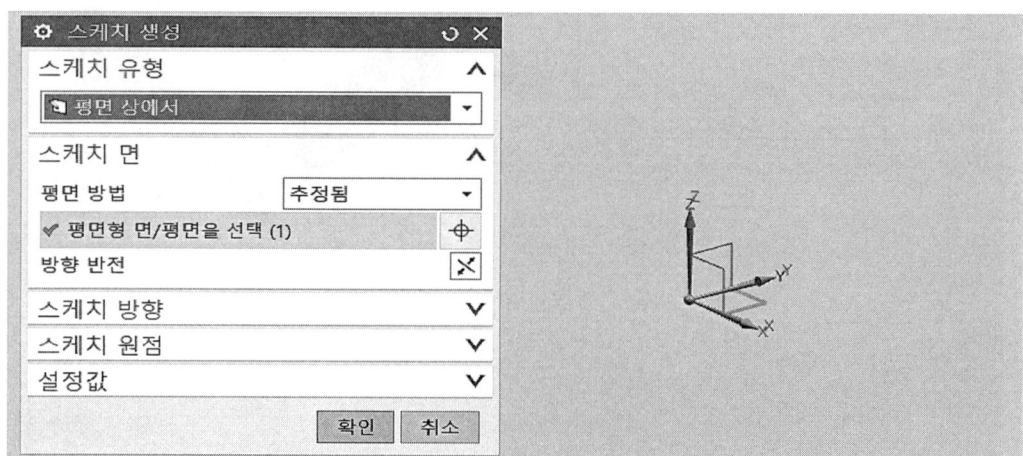

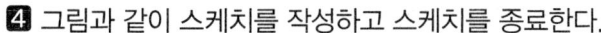

4 그림과 같이 스케치를 작성하고 스케치를 종료한다.

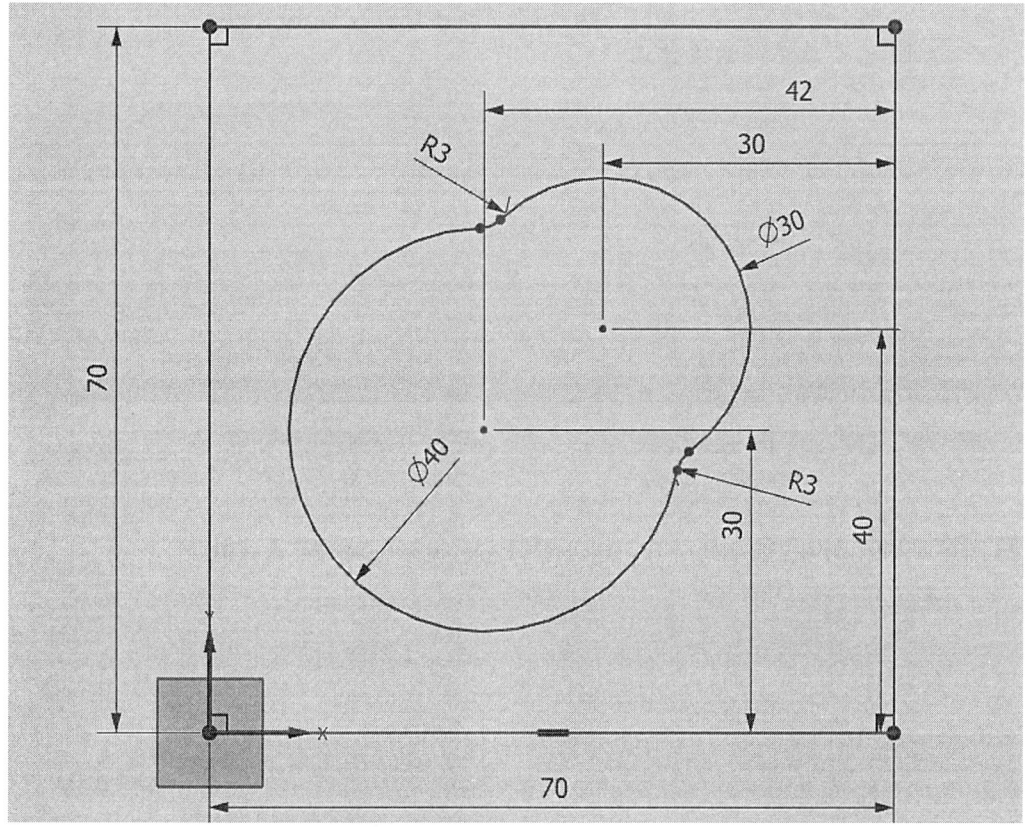

5 데이텀 평면 아이콘을 선택한 후 XZ 평면을 클릭하고, 옵셋 거리는 30mm로 설정하고 확인한다.

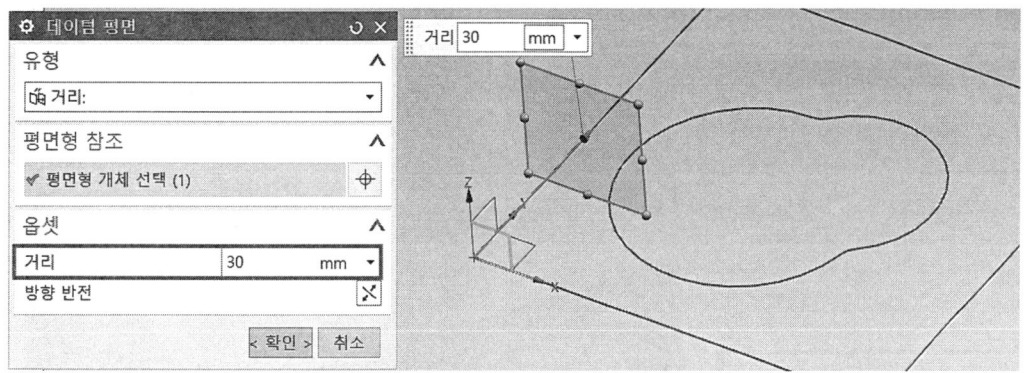

제3절 구배 돌출 모델링 따라 하기

❻ 뷰에서 앞쪽(정면도)으로 설정하고 아래 그림과 같이 스케치를 적용한다.

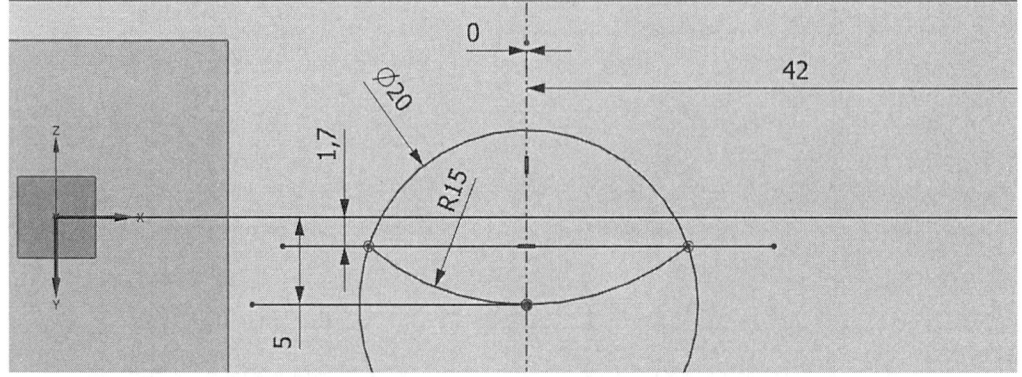

❼ 빠른 트리밍 아이콘을 이용하여 그림과 같이 적용하고 스케치를 종료한다.

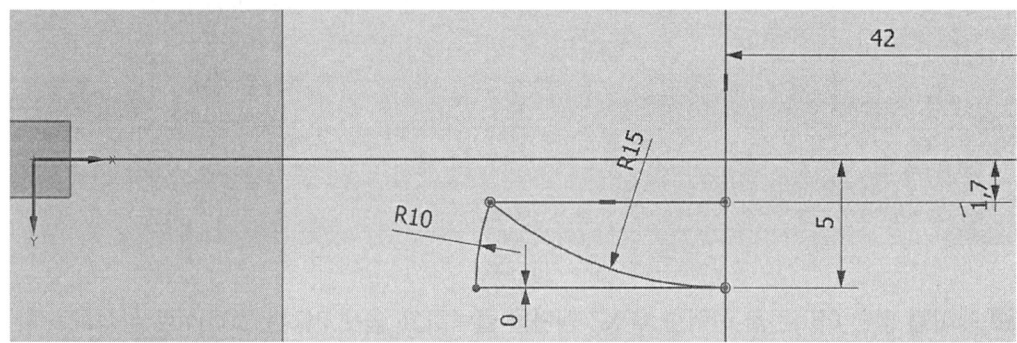

❽ 돌출 아이콘을 이용하여 끝 거리는 -28mm를 입력하여 돌출을 적용한다.

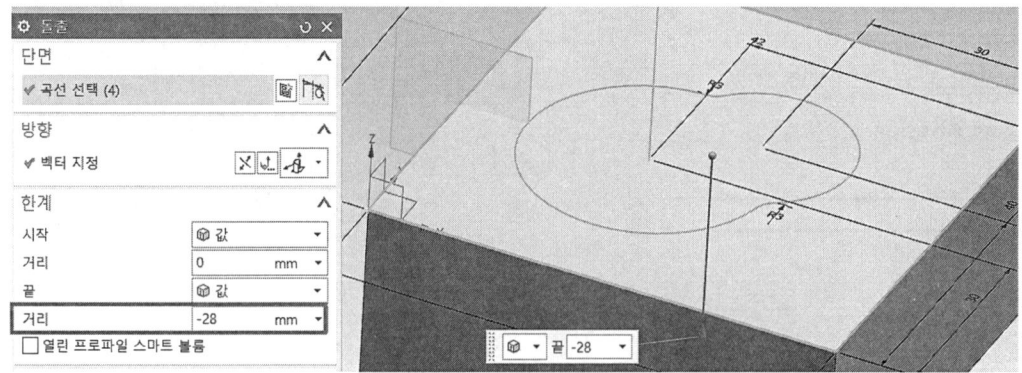

9 돌출 아이콘을 선택하고 아래 그림과 같이 입력한 후 돌출하고 확인한다.

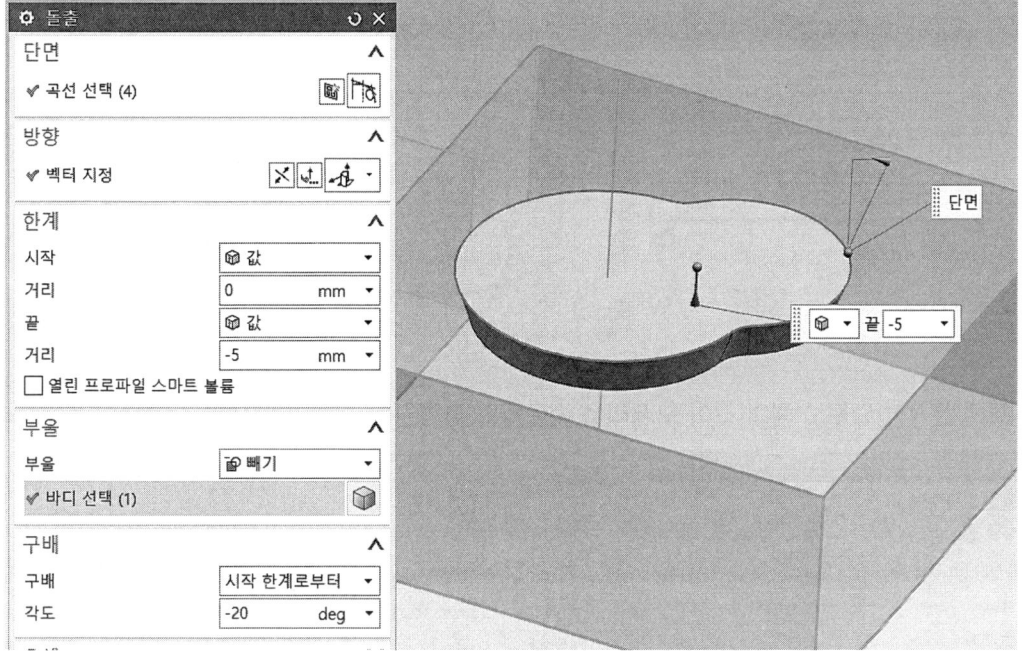

10 회전 아이콘을 이용하여 아래 그림과 같이 적용하고 확인한다.

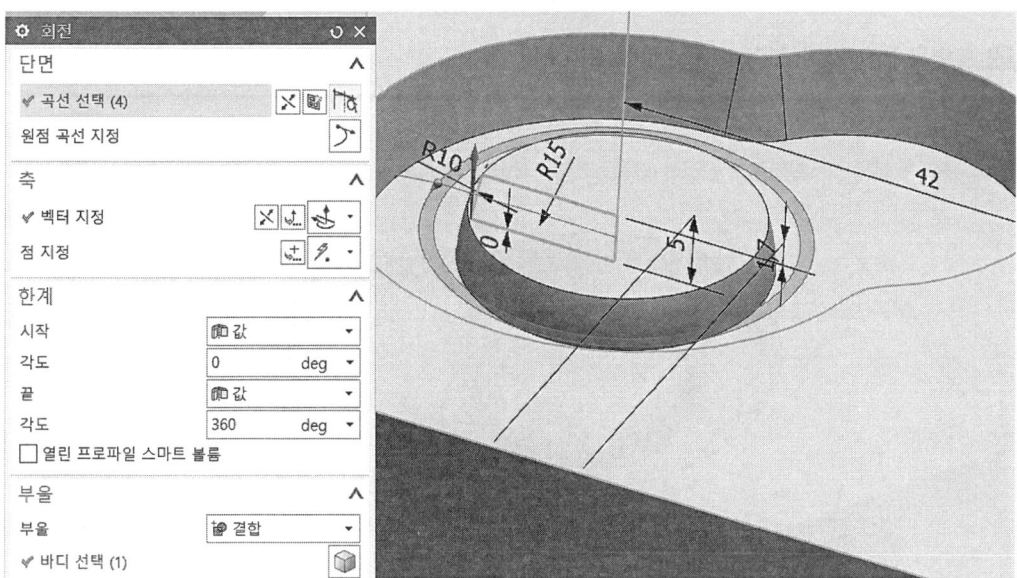

제3절 구배 돌출 모델링 따라 하기

⓫ 모서리 블렌드를 이용하여 반경 1에서 3mm를 입력하고 적용한다.

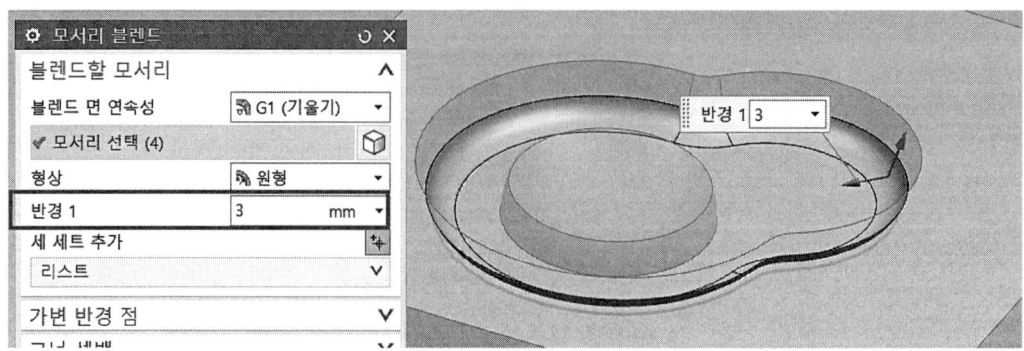

⓬ 같은 방법으로 그림과 같이 모서리를 적용하고 확인한다.

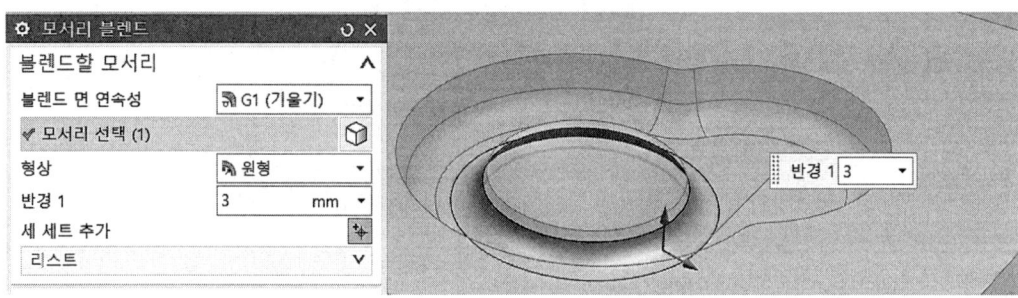

⓭ 도면을 확인하여 최종 모델링을 확인한다.

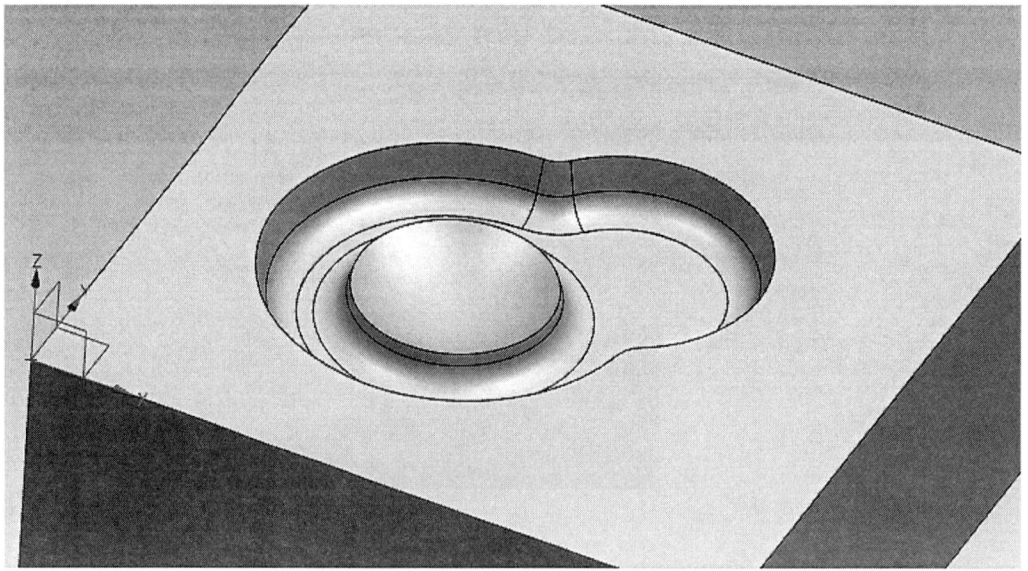

제4절 특징 형상 모델링 따라 하기

공개도면 ④

1 새로 만들기 (Ctrl+N)을 실행하고 모델을 선택하고 파일이름과 저장할 폴더를 입력한 다음 확인을 클릭한다.

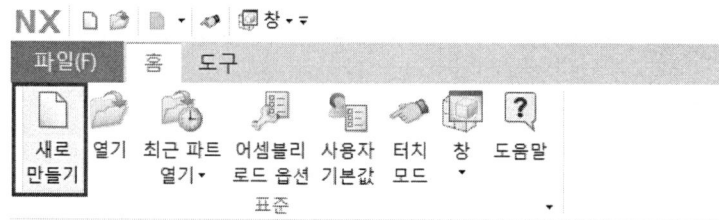

2 삽입에서 타스크 환경의 스케치(V)... 를 선택하거나, 위에서 생성된 타스크 환경의 스케치 아이콘을 선택한다.

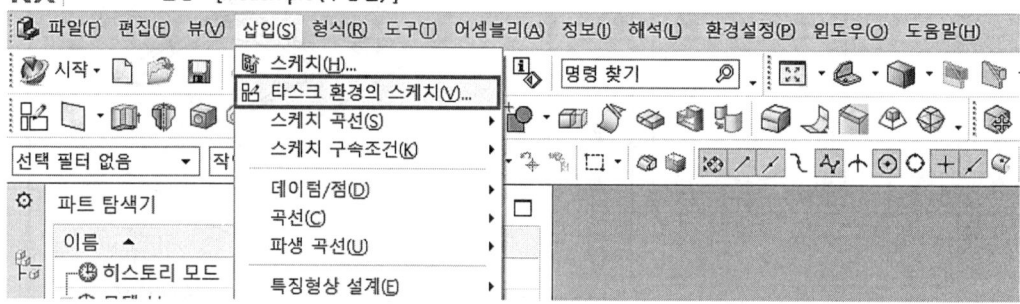

3 스케치 유형은 평면 상에서를 선택하고, 기존 평면에서 XY 평면을 선택 확인 후 스케치 모드로 들어간다.

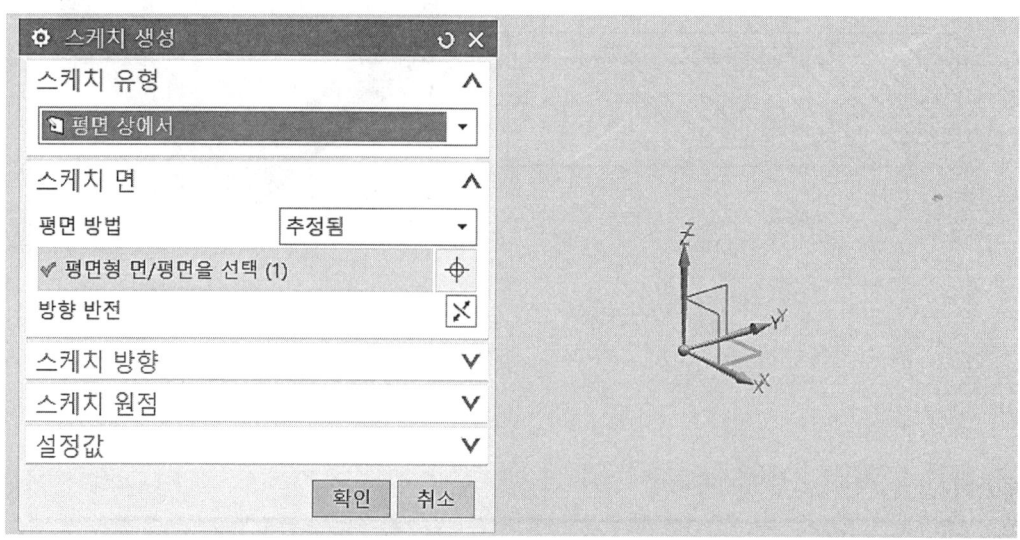

4 그림과 같이 스케치를 작성하고 스케치를 종료한다.

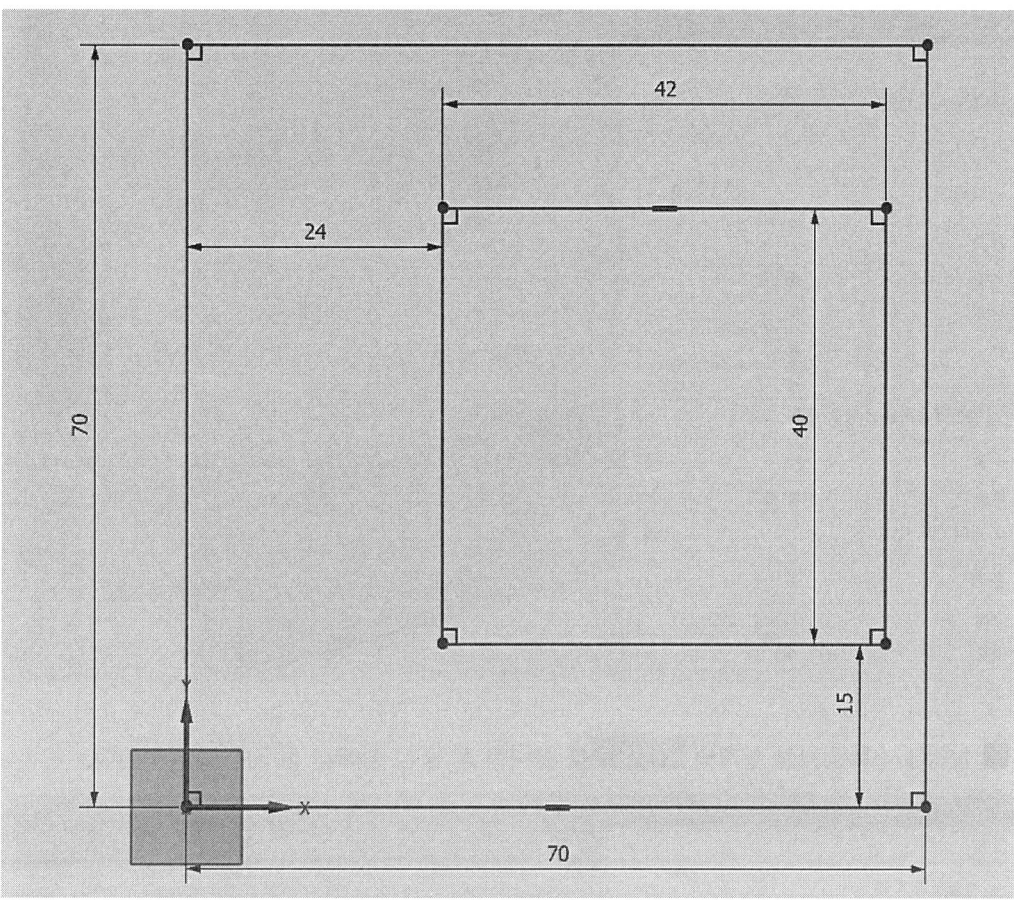

5 돌출 아이콘을 선택하고, 끝 거리는 –28mm를 입력하여 돌출을 적용한다.

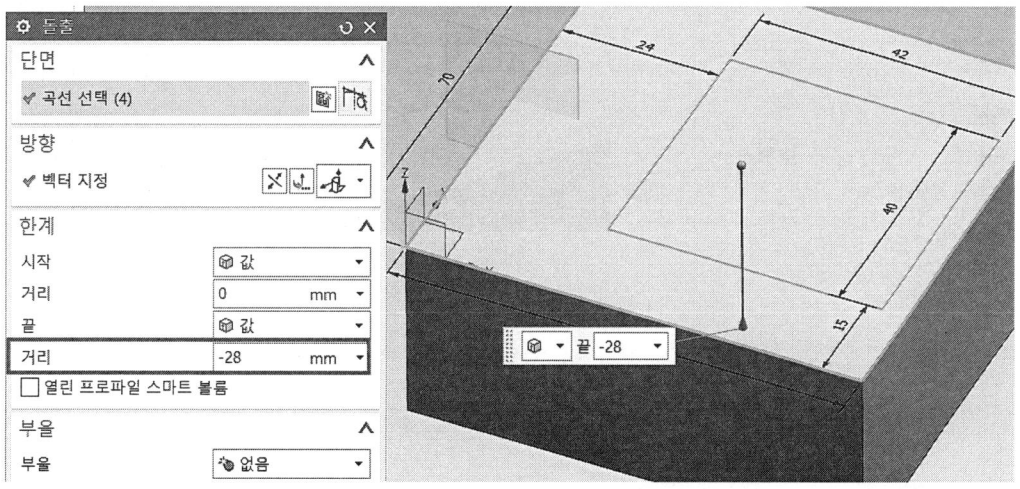

제4절 특징 형상 모델링 따라 하기

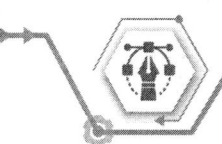

❻ 아래 그림처럼 설정하고 돌출을 확인한다.

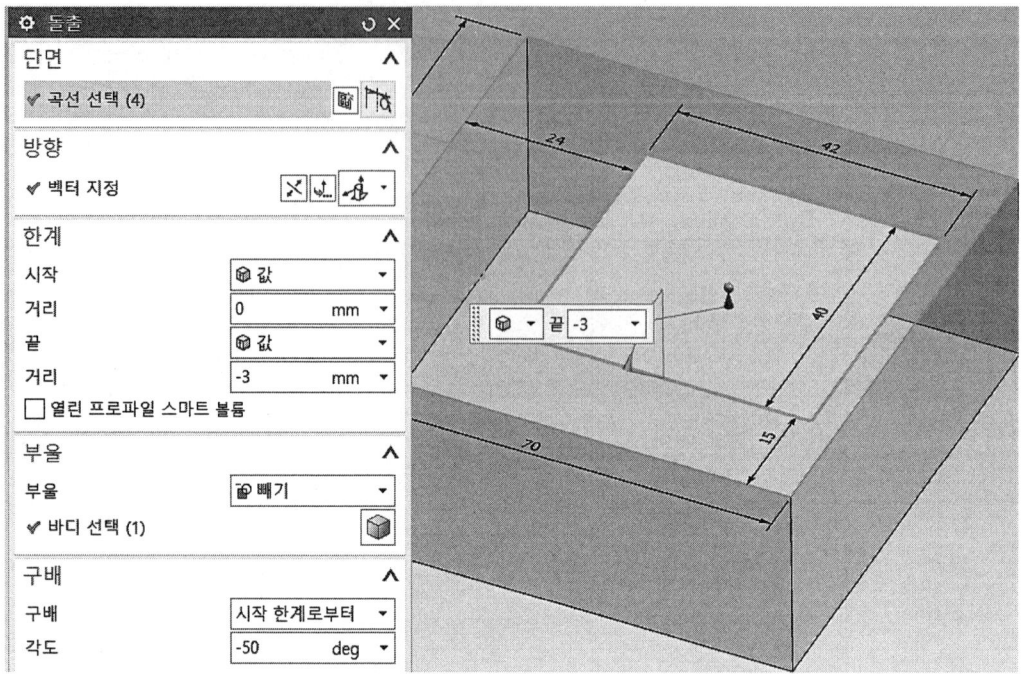

❼ 삽입에서 특징형상 설계의 구(S)...를 클릭한 후 중심 점에서 점 지정을 클릭한다.

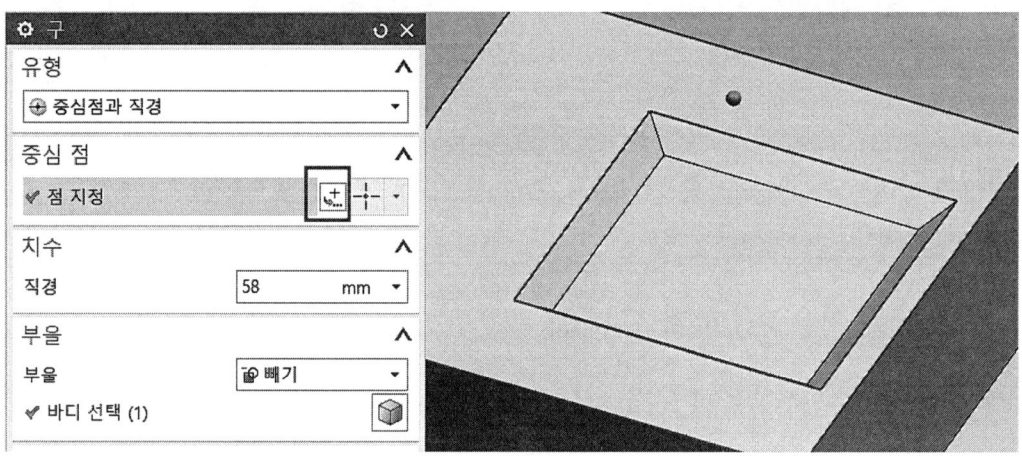

8 출력 좌표는 절대-작업 파트에서 X 45mm, Y 35mm, Z 23.5mm로 설정하고 확인한다.

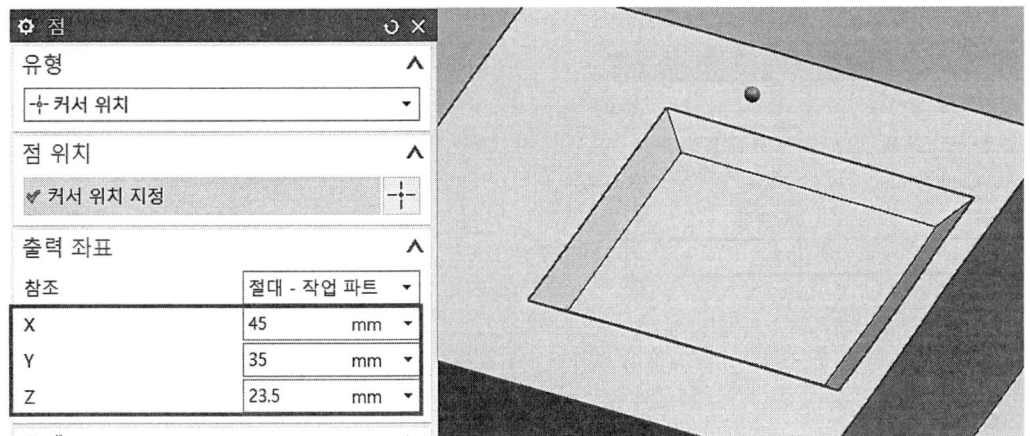

9 부울은 빼기로 설정하고 확인한다.

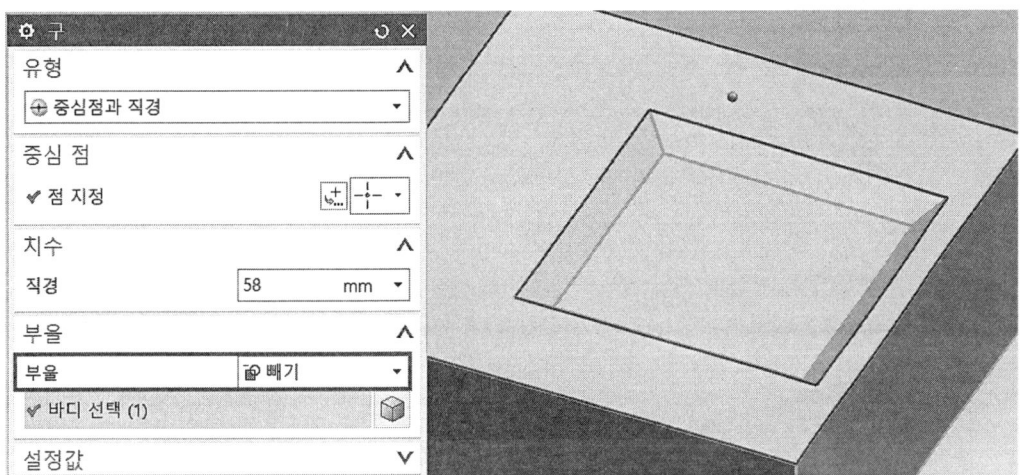

10 모서리 블렌드를 선택하여 모서리 4군데를 선택하고, 반경 1에서 6mm를 입력 후 적용한다.

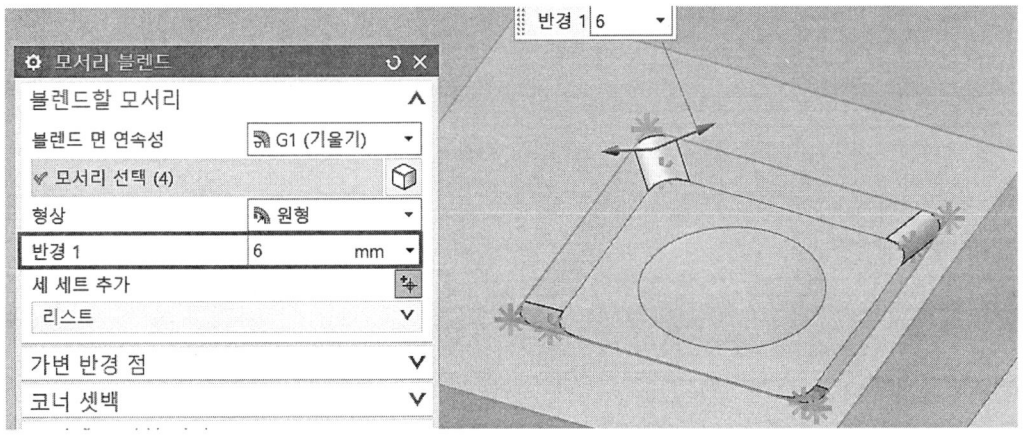

⑪ 같은 방법으로 아래 그림과 같이 반경 1에서 5mm를 입력하고 확인한다.

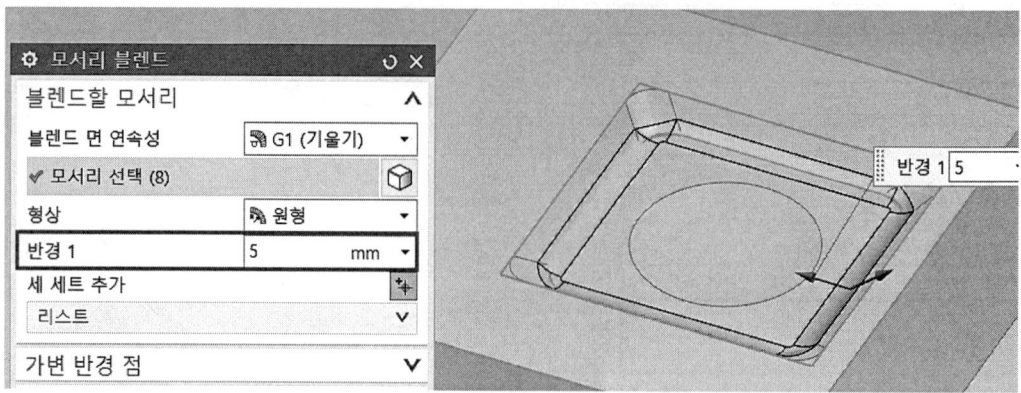

⑫ 최종 완성된 모델링 형상을 도면과 비교하여 이상 유무를 확인한다.

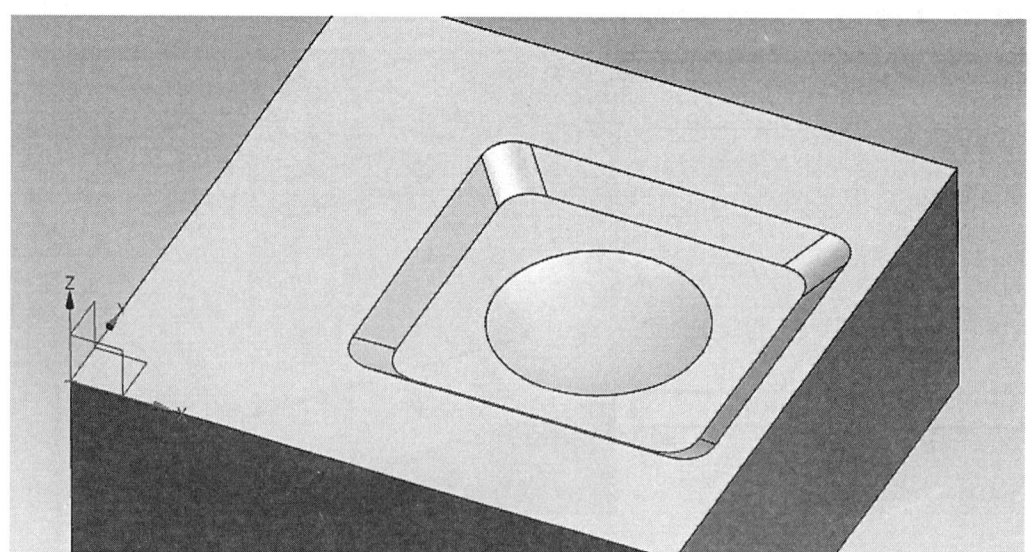

제5절 곡선 통과 모델링 따라 하기

1 새로 만들기 ☐(Ctrl+N)을 실행하고 모델을 선택하고 파일이름과 저장할 폴더를 입력한 다음 확인을 클릭한다.

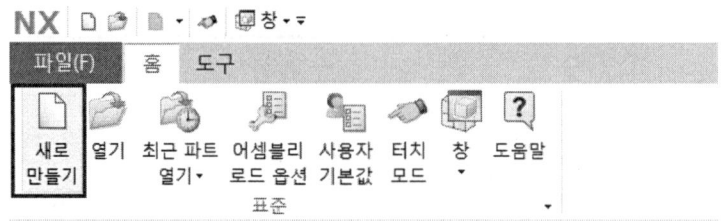

2 삽입에서 타스크 환경의 스케치(V)... 를 선택하거나, 위에서 생성된 타스크 환경의 스케치 아이콘을 선택한다.

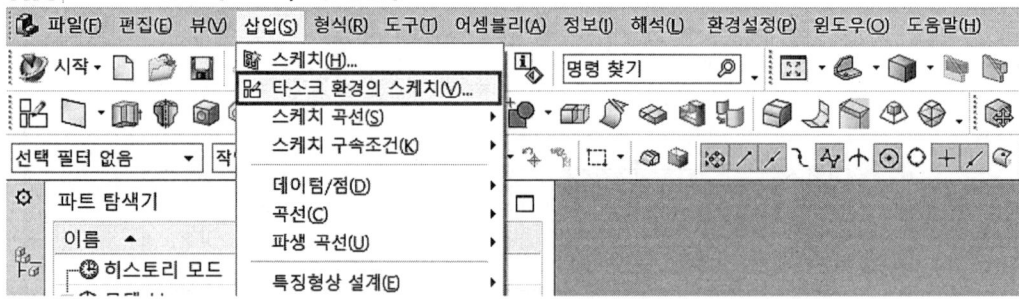

3 스케치 유형은 평면 상에서를 선택하고, 기존 평면에서 XY 평면을 선택 확인 후 스케치 모드로 들어간다.

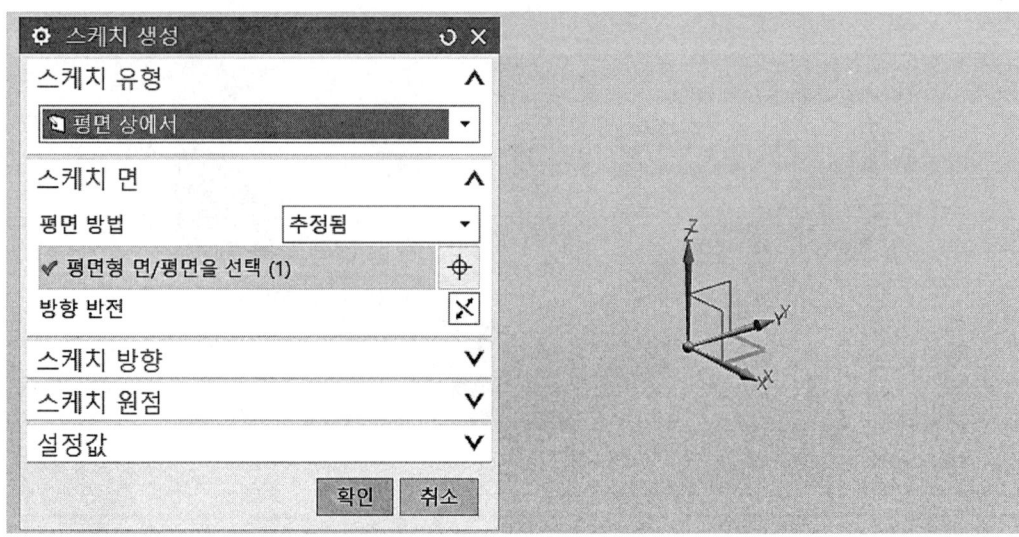

4 그림과 같이 스케치를 작성하고 옵셋에서 곡선은 5로 설정한 후 스케치를 종료한다.

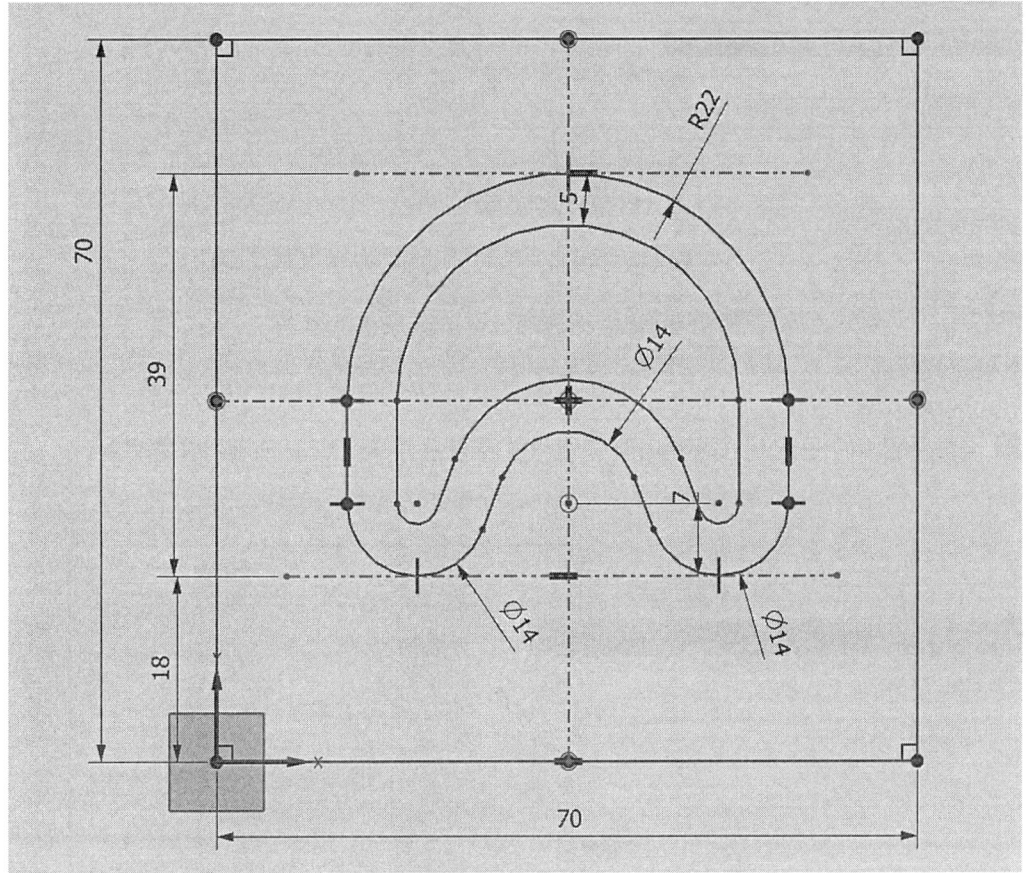

5 데이텀 평면 아이콘을 이용하여 XY 평면을 클릭하고, 옵셋 거리는 −5mm를 입력하고 확인한다.

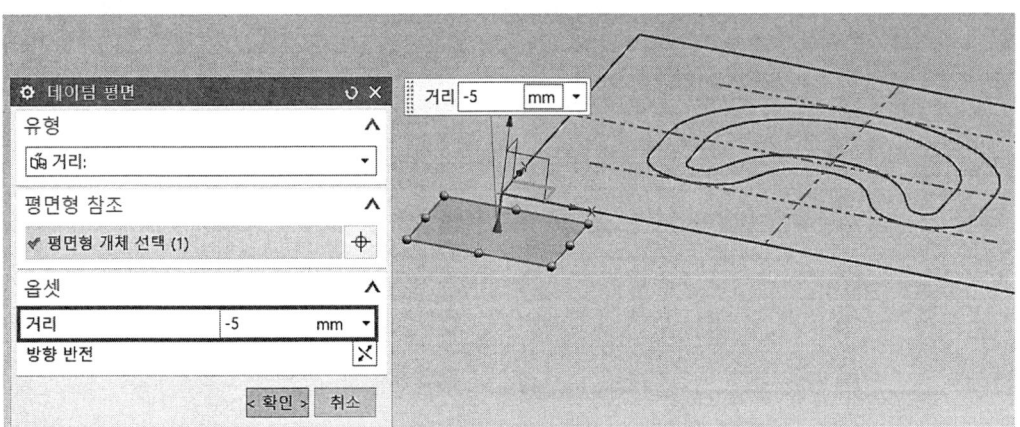

제5절 곡선 통과 모델링 따라 하기

6 타스크 환경의 스케치 아이콘을 클릭하고, 데이텀 평면을 클릭한 후 확인한다.

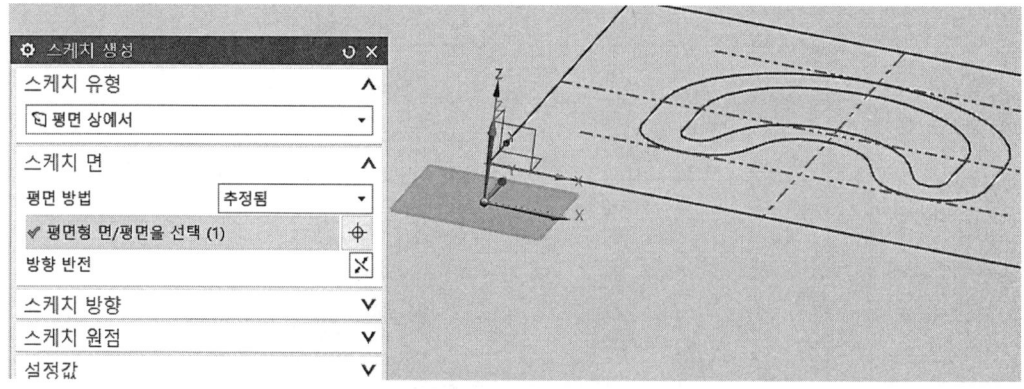

7 곡선 투영 아이콘을 이용하여 아래 그림처럼 투영한 후 확인하고 스케치를 종료한다.

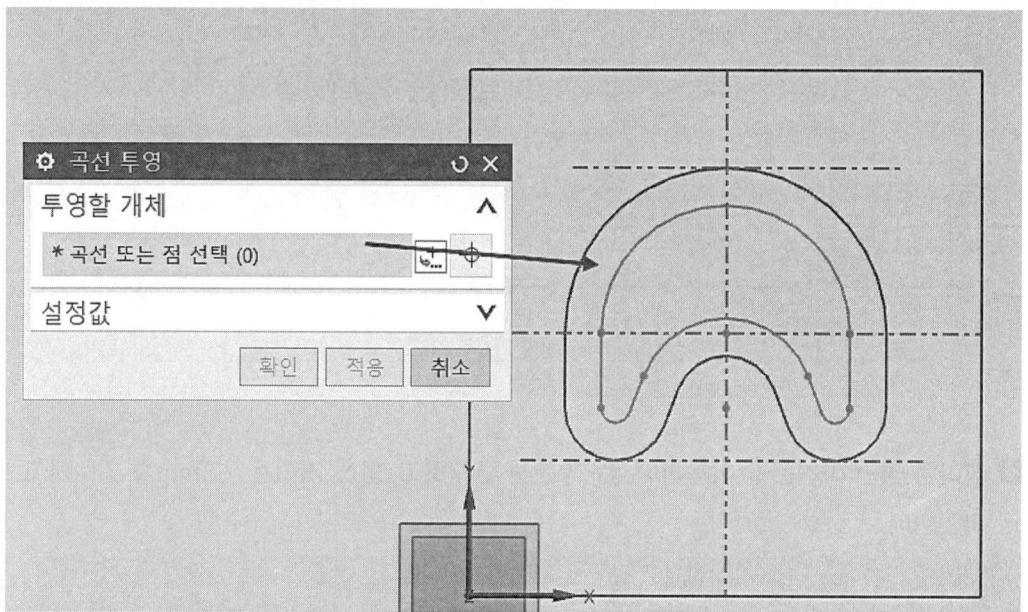

8 삽입에서 메시 곡면 → 곡선 통과를 선택하고, 아래 그림처럼 위 곡선을 선택한 후 마우스 2번 버튼을 클릭하고(또는 세 세트 추가 클릭), 아래 곡선을 클릭한 후 확인한다. 화살표 방향은 동일하게 설정한다.

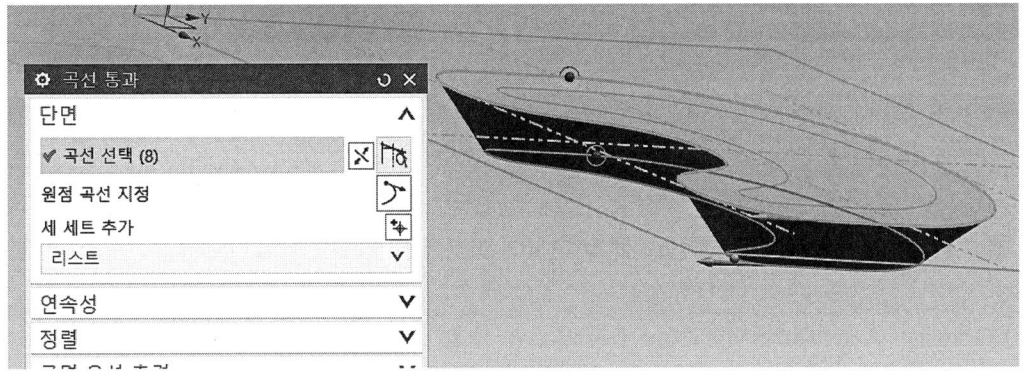

9 돌출 아이콘을 클릭한 후 아래 그림처럼 설정하고 확인한다.

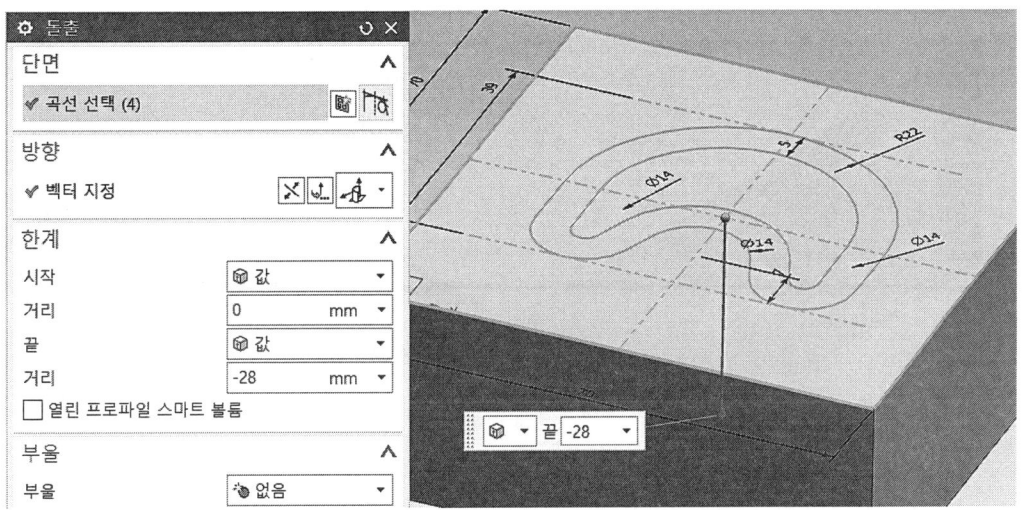

10 빼기 아이콘을 클릭 후 아래 그림처럼 타겟에서 바디를 선택하고, 공구 → 바디를 선택한다.

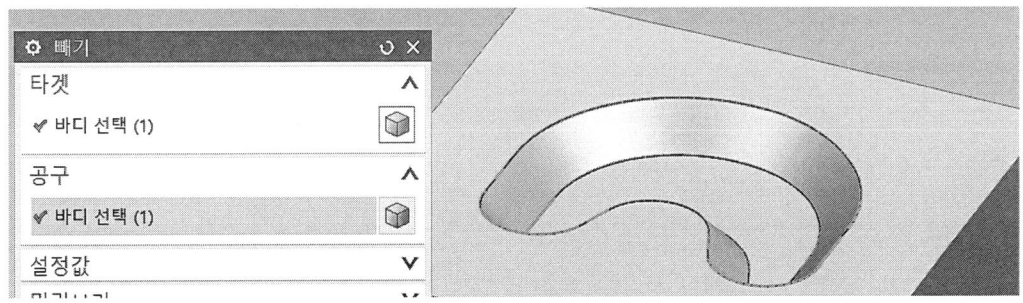

⓫ 모서리 블렌드 아이콘을 클릭하고 반경 1에서 4mm를 입력하고 확인한다.

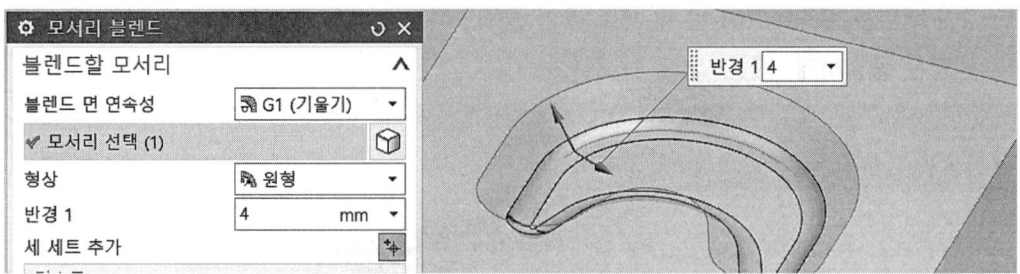

⓬ 최종 완성된 모델링 형상을 도면과 비교하여 이상 유무를 확인한다.

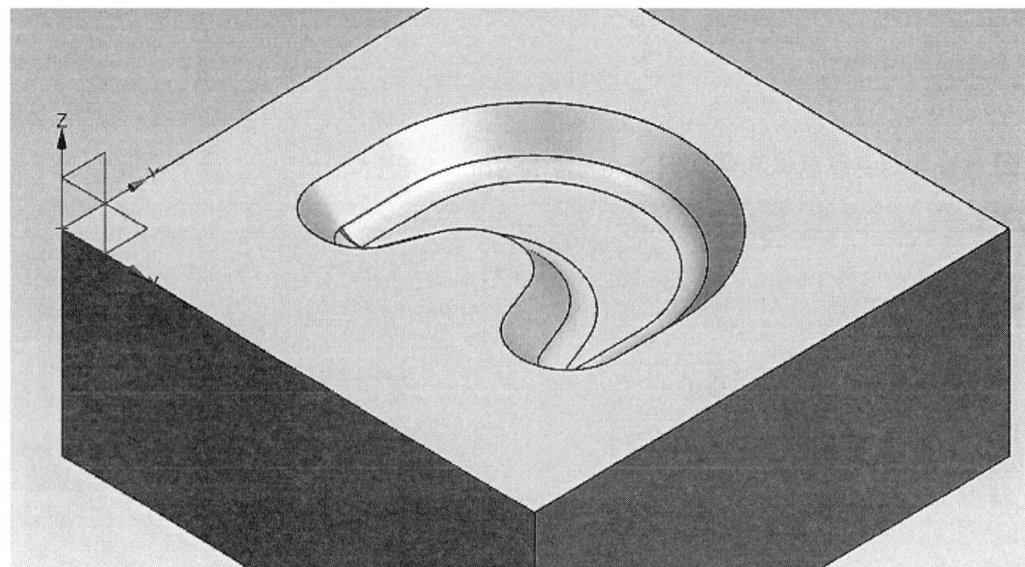

제6절 회전 모델링 따라 하기

❶ 새로 만들기 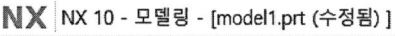(Ctrl+N)을 실행하고 모델을 선택하고 파일이름과 저장할 폴더를 입력한 다음 확인을 클릭한다.

❷ 삽입에서 타스크 환경의 스케치(V)... 를 선택하거나, 위에서 생성된 타스크 환경의 스케치 아이콘을 선택한다.

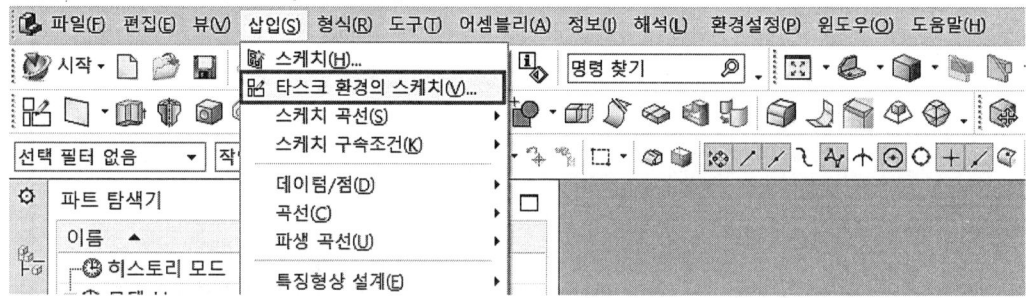

❸ 스케치 유형은 평면 상에서를 선택하고, 기존 평면에서 XY 평면을 선택 확인 후 스케치 모드로 들어간다.

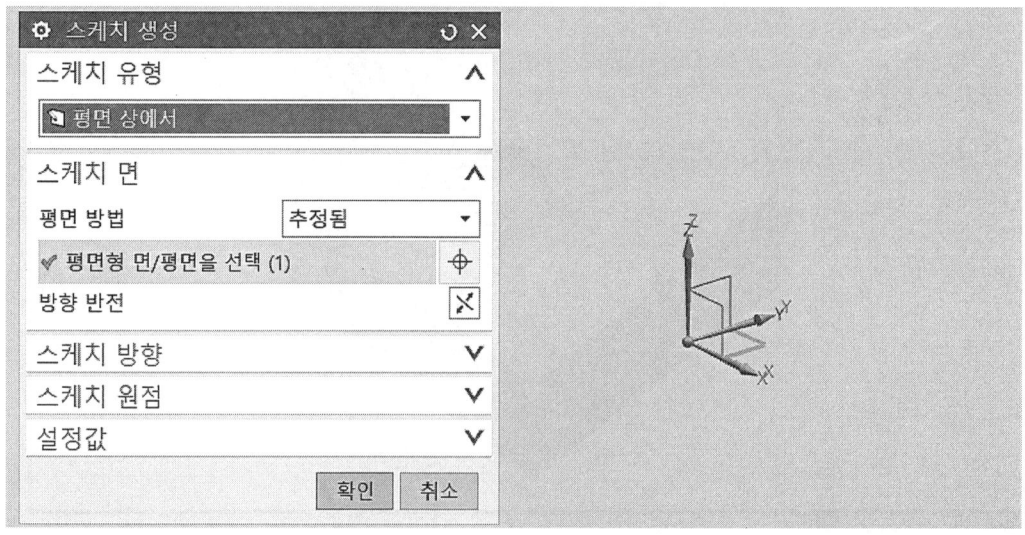

4 아래 그림처럼 스케치를 작성한 후 스케치를 종료한다.

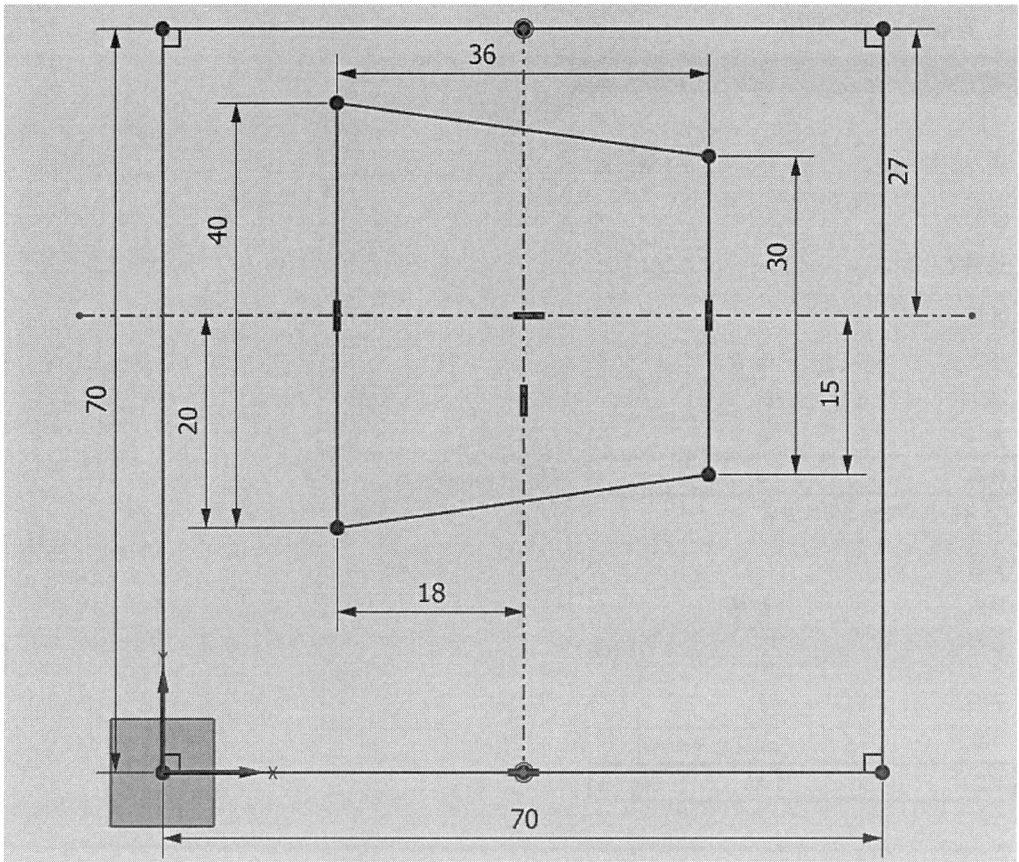

5 돌출 아이콘을 선택한 후 아래 그림처럼 외각 선을 선택하고, 끝 거리는 −29mm를 입력한 후 돌출을 적용한다.

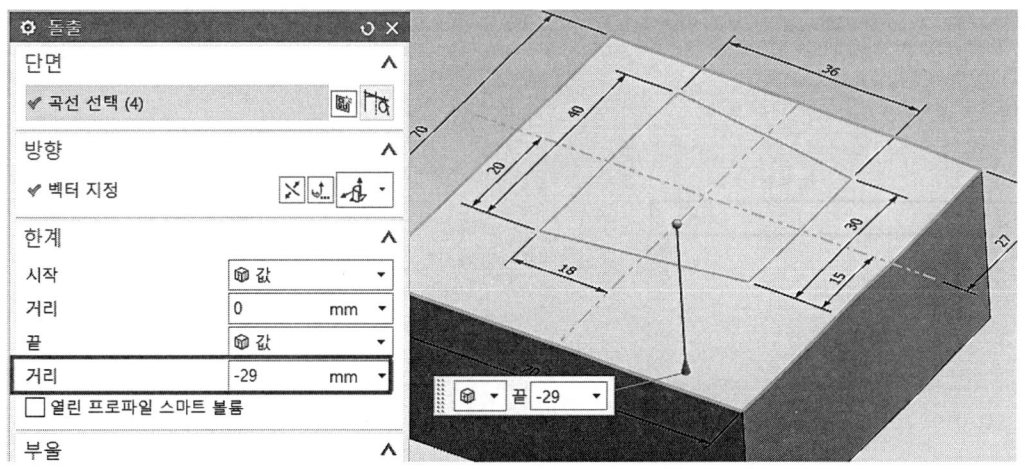

제6절 회전 모델링 따라 하기

6 안쪽 곡선을 선택하고 끝 거리는 –3mm를 입력, 부울은 빼기 선택, 구배 각도는 –60deg로 설정하고 확인한다.

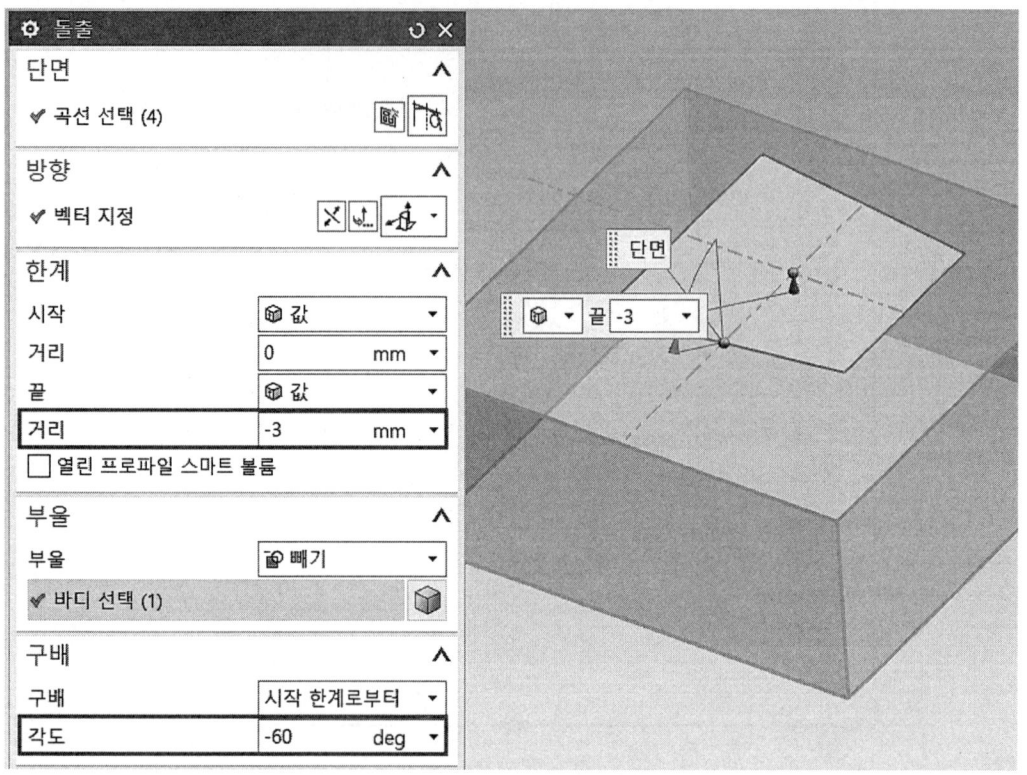

7 모서리 블렌드 아이콘을 선택하여 모서리 4군데를 선택하고, 반경 1에서 10mm를 입력 후 적용한다.

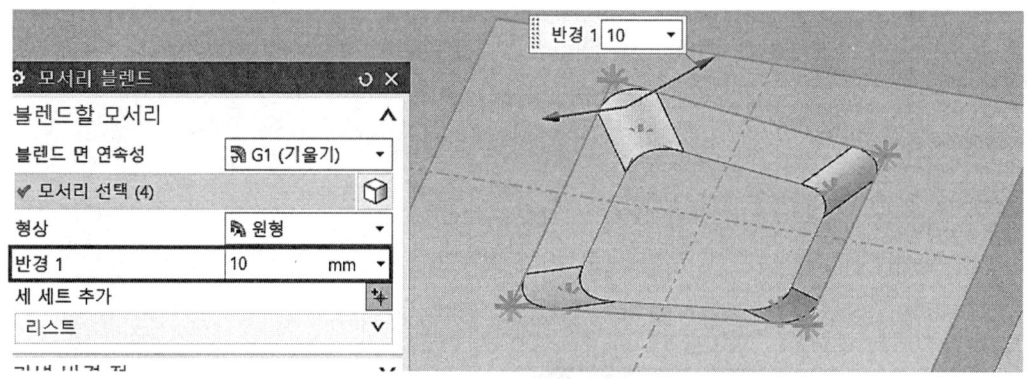

8 같은 방법으로 아래 그림과 같이 반경 1에서 5mm를 입력하고 확인한다.

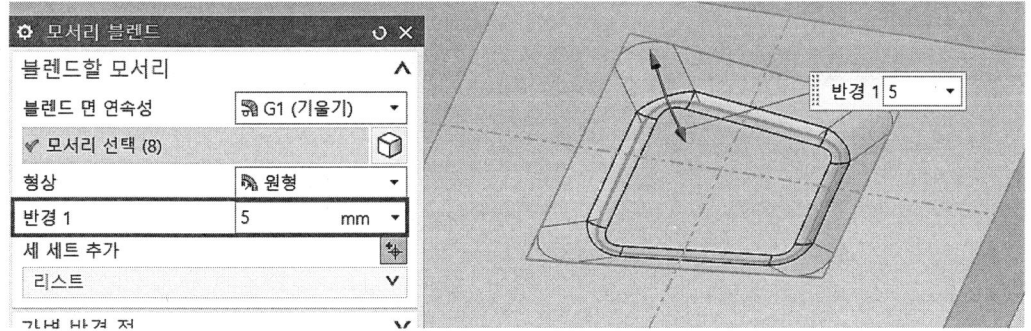

9 데이텀 평면 아이콘을 선택하고 아래 그림처럼 거리는 −43mm를 입력한 후 확인한다.

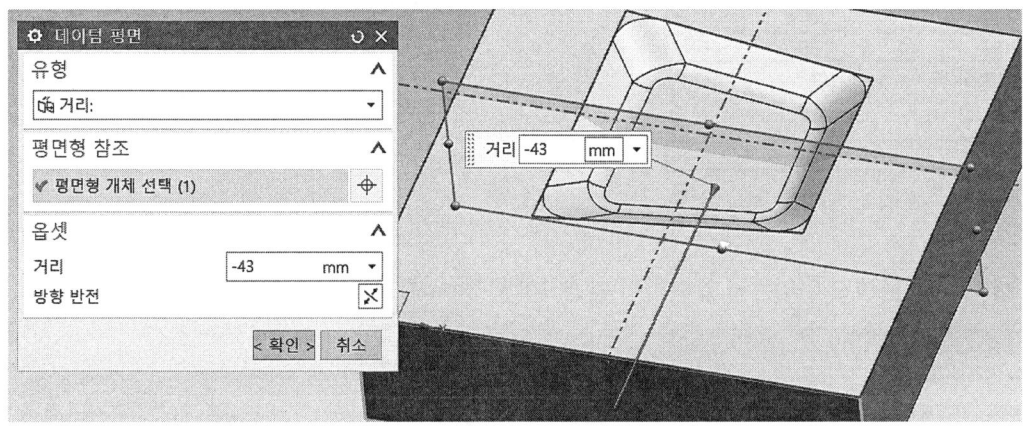

10 거리 35, 원 ∅20과 원의 중심선을 연결하고 스케치를 종료한다.

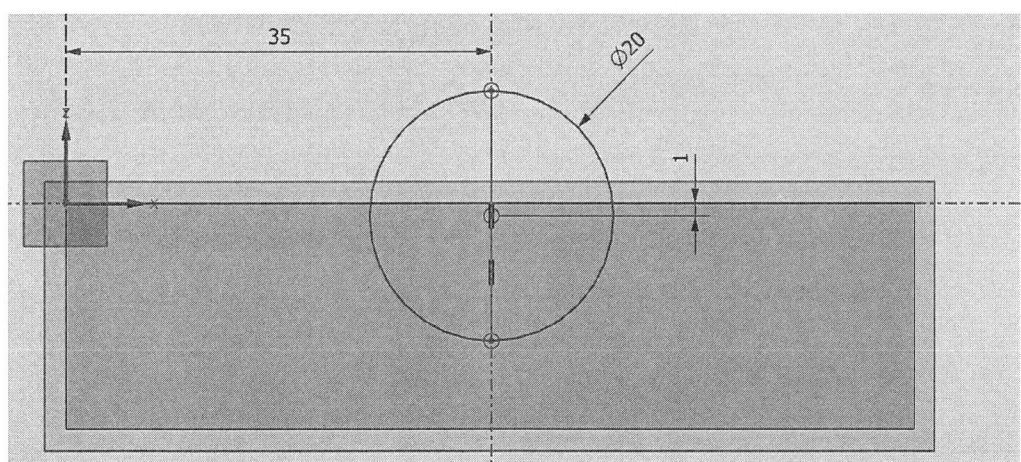

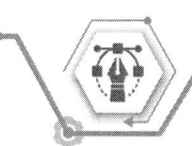

11 회전 아이콘을 선택하고 아래 그림처럼 끝 각도 360deg 입력, 부울은 빼기로 설정한 후 확인한다.

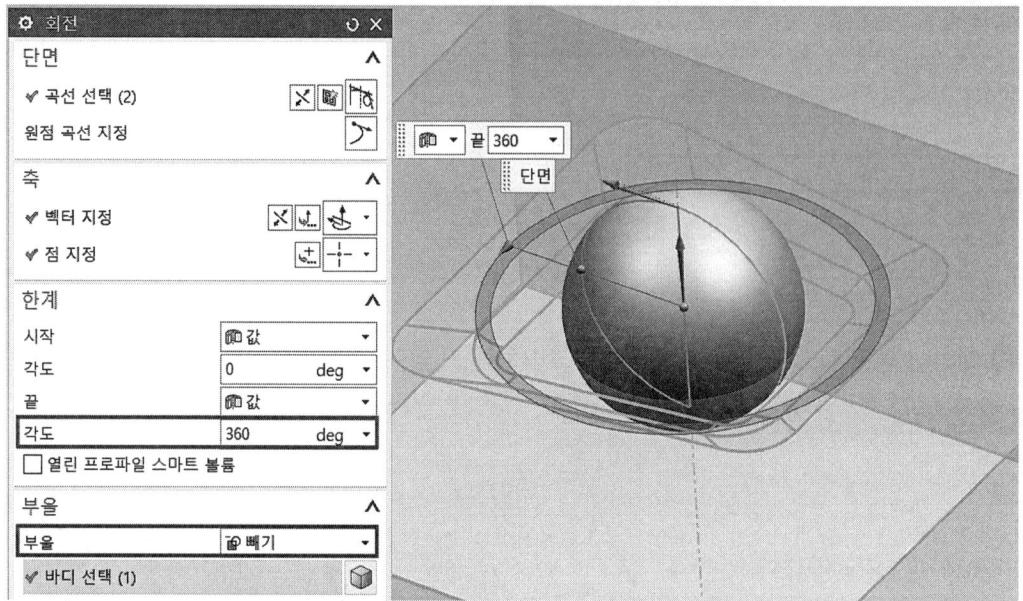

12 모서리 블렌드 아이콘을 클릭하여 반경 1에서 3mm를 입력하고 확인한다.

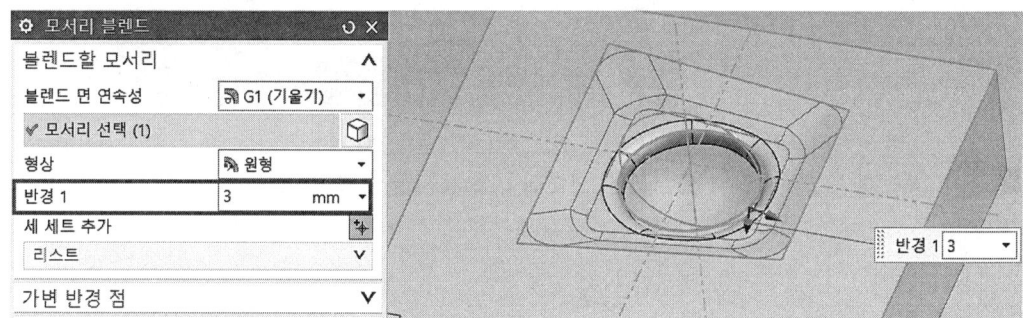

13 최종 완성된 모델링 형상을 도면과 비교하여 이상 유무를 확인한다.

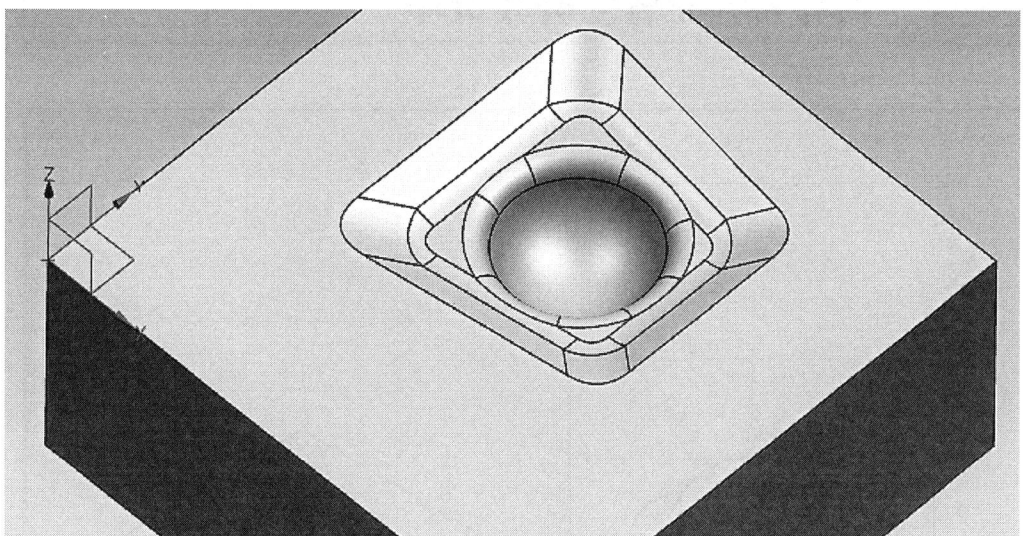

제7절 메시 곡면 모델링 따라 하기

공개도면 ⑦

1 새로 만들기 (Ctrl+N)을 실행하고 모델을 선택하고 파일이름과 저장할 폴더를 입력한 다음 확인을 클릭한다.

2 삽입에서 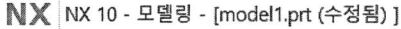 타스크 환경의 스케치(V)... 를 선택하거나, 위에서 생성된 타스크 환경의 스케치 아이콘을 선택한다.

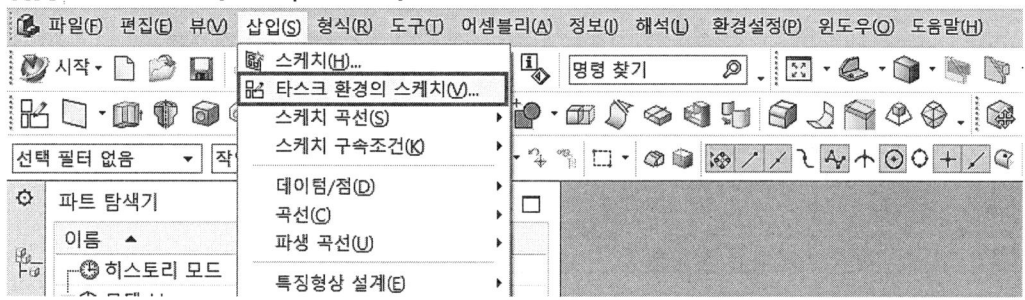

3 스케치 유형은 평면 상에서를 선택하고, 기존 평면에서 XY 평면을 선택 확인 후 스케치 모드로 들어간다.

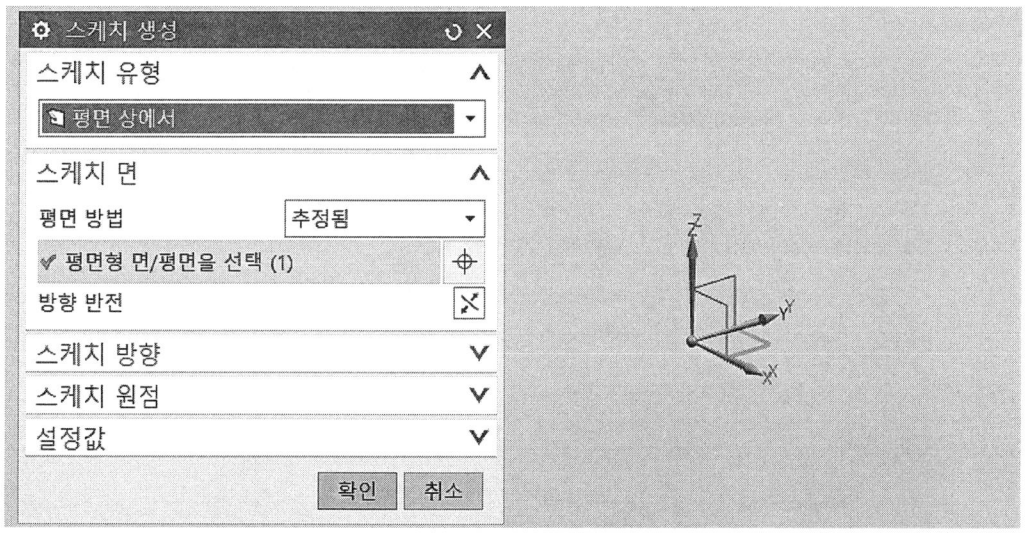

제7절 메시 곡면 모델링 따라 하기

4 그림과 같이 스케치를 작성한다.

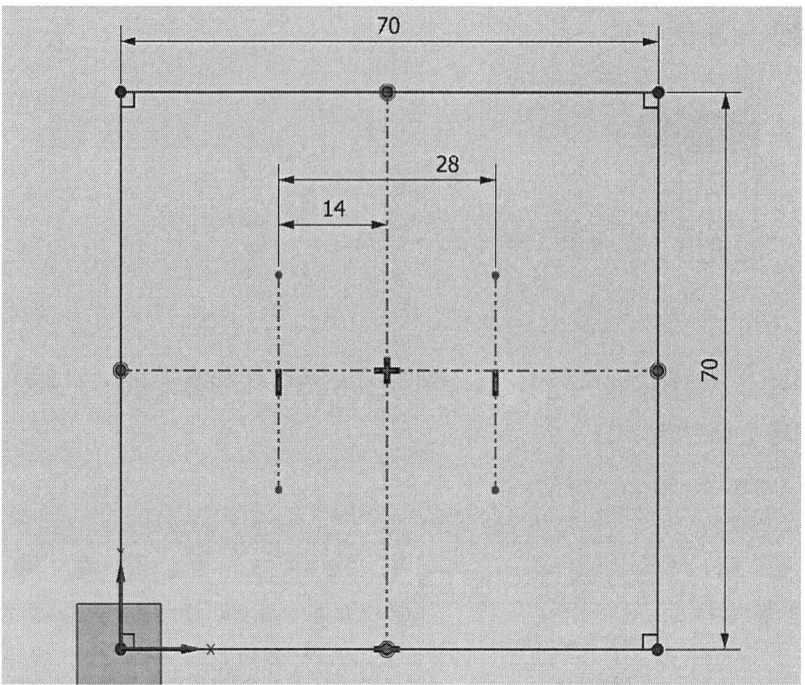

5 아래 그림처럼 스케치를 작성한 후 구속조건 접선을 연결하고 스케치를 종료한다.

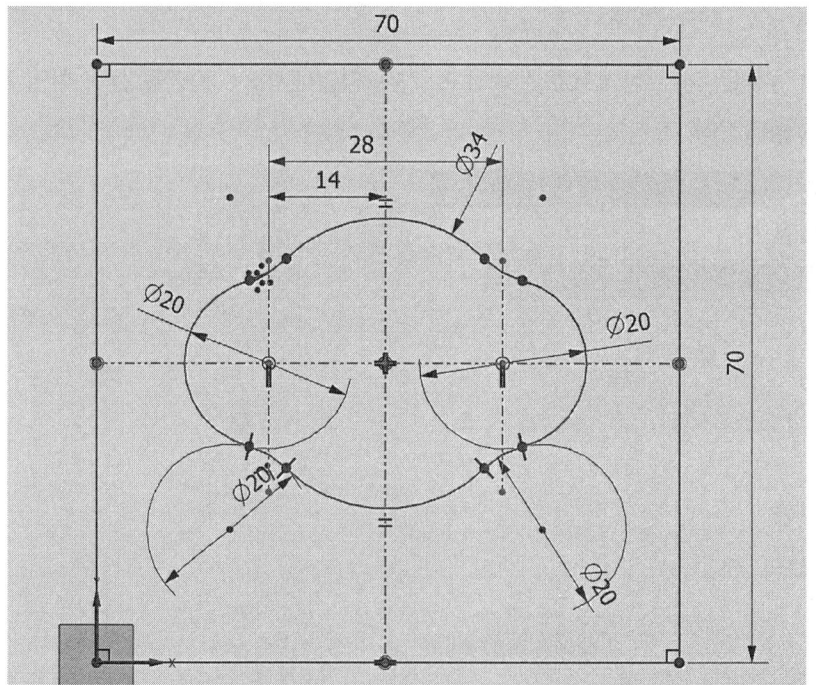

6 옵셋 곡선 아이콘을 이용하여 아래 그림처럼 설정하고 스케치를 종료한다.

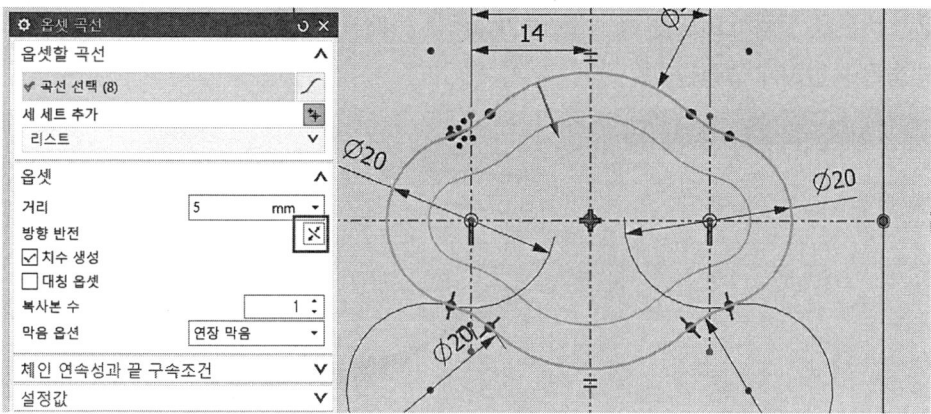

7 데이텀 평면 아이콘을 이용하여 XY 평면을 클릭하고, 옵셋 거리는 5mm를 입력한 후 확인한다.

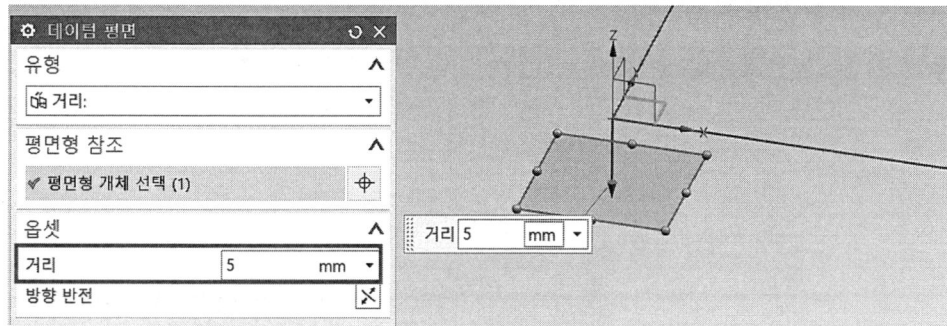

8 곡선 투영 아이콘을 이용하여 아래 그림처럼 투영한 후 확인하고 스케치를 종료한다.

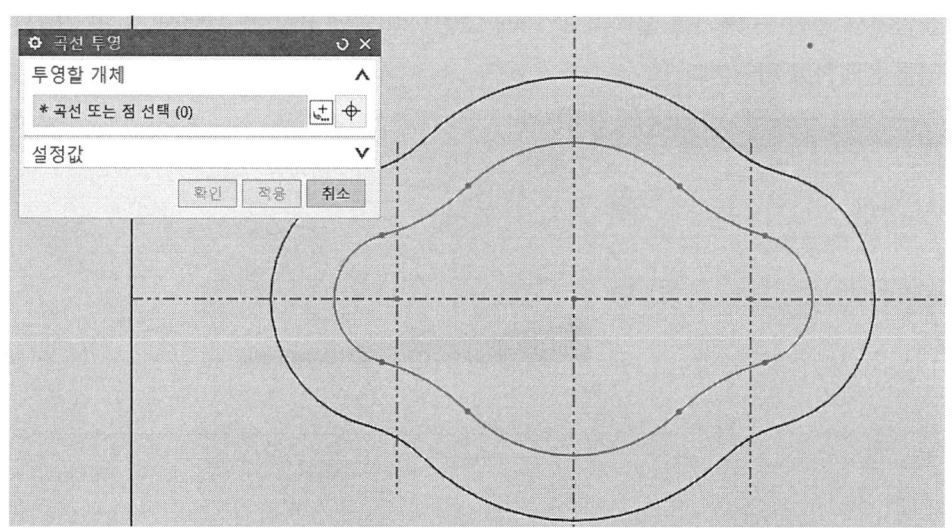

❾ 삽입에서 메시 곡면 → 곡선 통과를 선택하고, 아래 그림처럼 위 곡선을 선택한 후 마우스 2번 버튼을 클릭하고(또는 세 세트 추가 클릭), 아래 곡선을 클릭한 후 확인한다. 화살표 방향은 동일하게 설정한다.

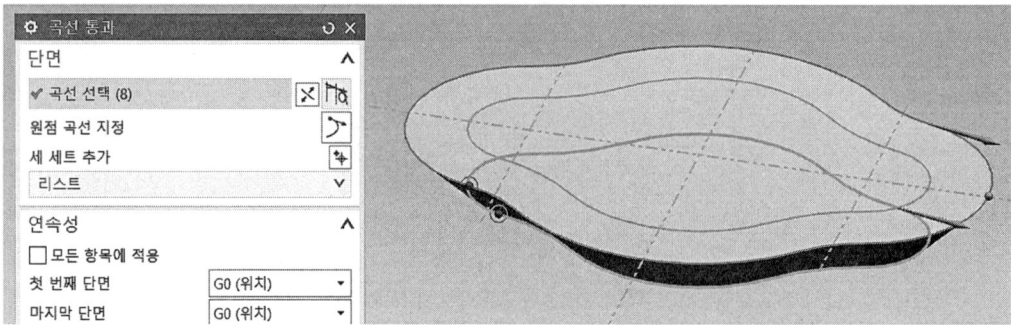

❿ 돌출 아이콘을 클릭하여 아래 그림처럼 설정하고 확인한다.

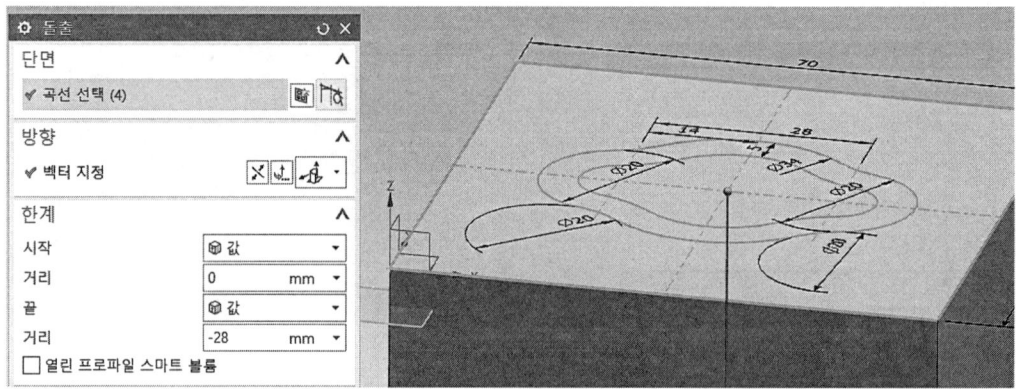

⓫ 삽입에서 결합 → 빼기를 클릭하고, 아래 그림처럼 타겟 바디를 선택한 후 공구에서 바디를 선택하고 확인한다.

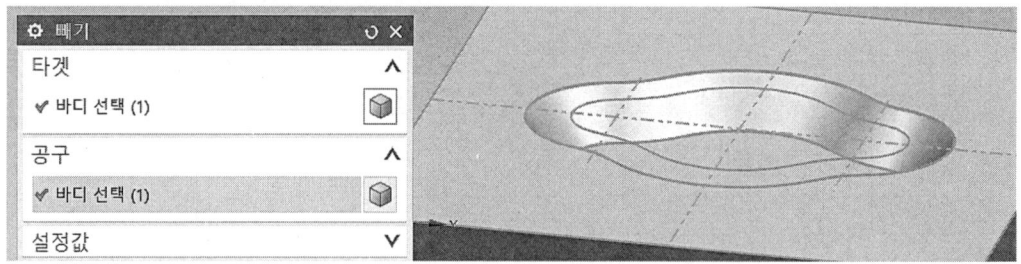

⑫ 모서리 블렌드 아이콘을 클릭한 후 반경 1에서 4mm를 입력하고 확인한다.

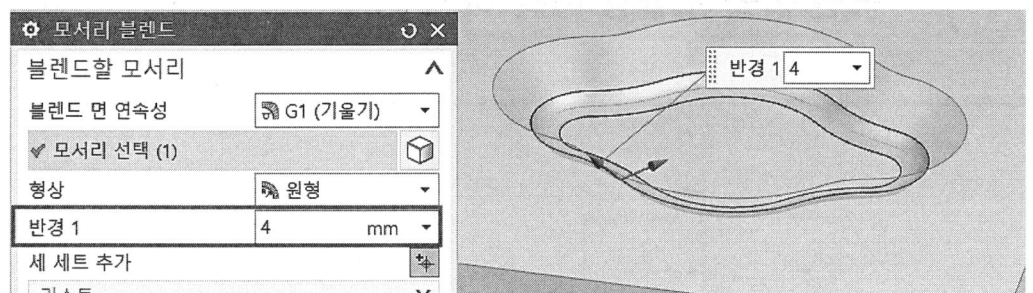

⑬ 최종 완성된 모델링 형상을 도면과 비교하여 이상 유무를 확인한다.

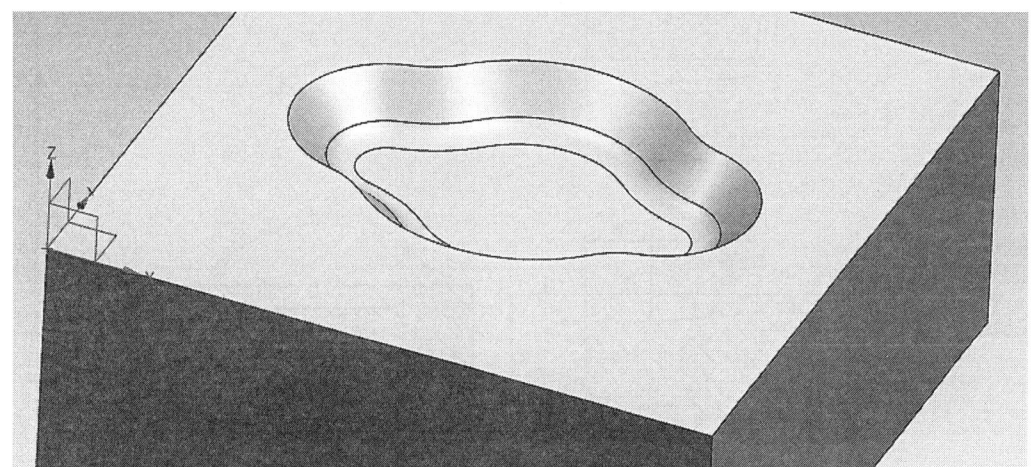

제8절 곡선 돌출 모델링 따라 하기

1 새로 만들기 (Ctrl+N)을 실행하고 모델을 선택하고 파일이름과 저장할 폴더를 입력한 다음 확인을 클릭한다.

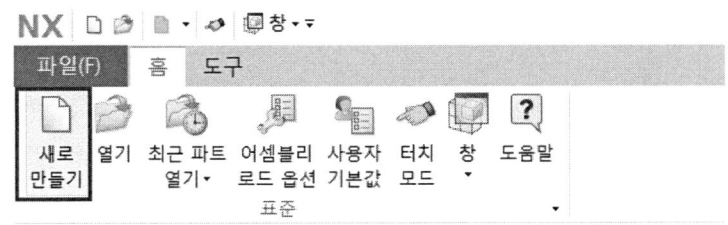

2 삽입에서 타스크 환경의 스케치(V)... 를 선택하거나, 위에서 생성된 타스크 환경의 스케치 아이콘을 선택한다.

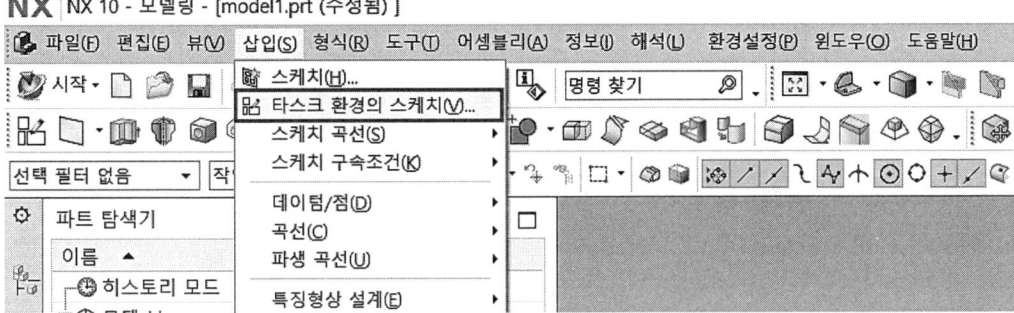

3 스케치 유형은 평면 상에서를 선택하고, 기존 평면에서 XY 평면을 선택 확인 후 스케치 모드로 들어간다.

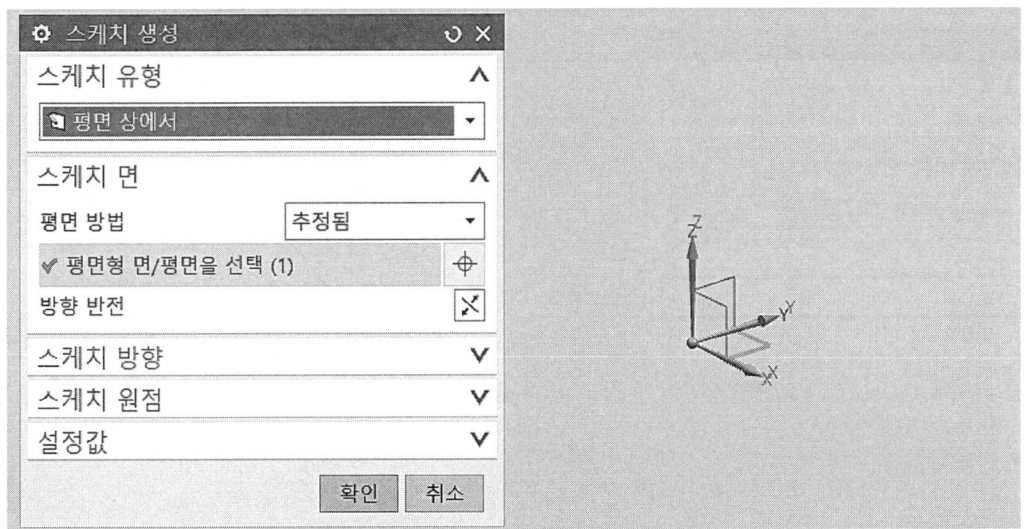

4 아래 그림처럼 스케치를 작성하고 스케치를 종료한다.

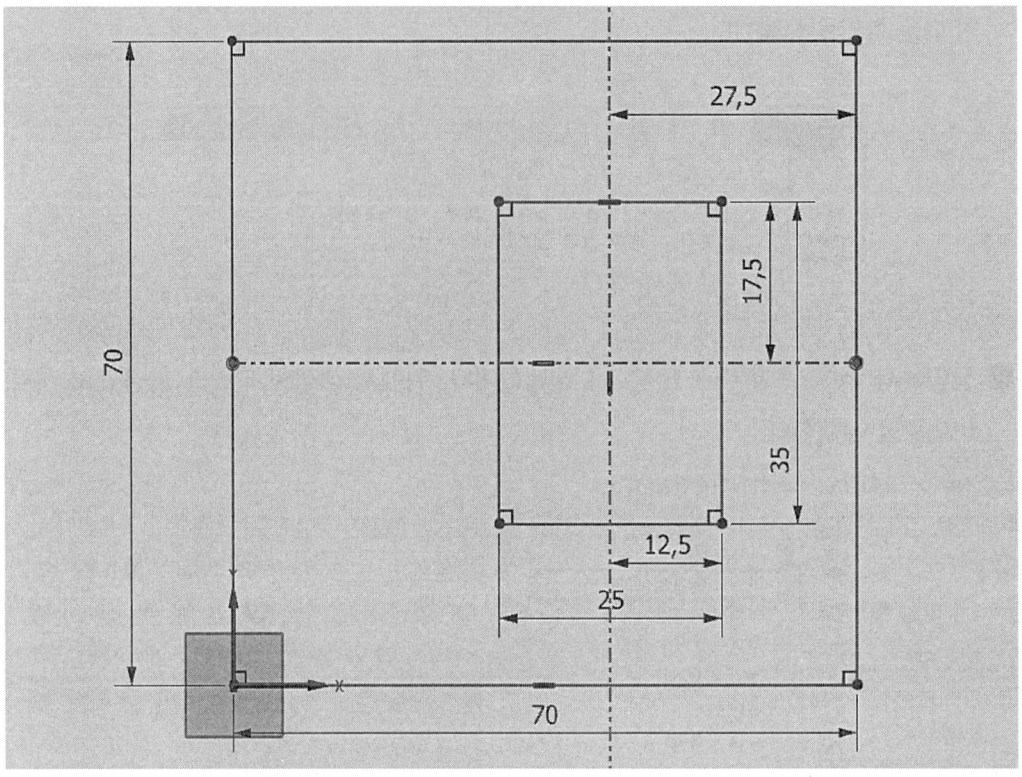

5 데이텀 평면 아이콘을 클릭한 후 유형은 거리, 참조 평면은 XZ 평면을 선택하고, 아래 그림처럼 옵셋 거리는 35mm를 입력하고 확인한다.

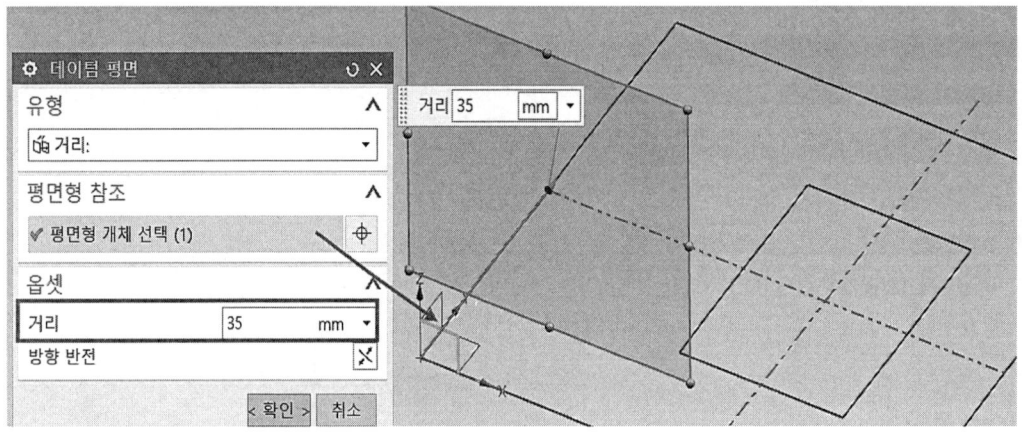

6 스케치 생성 아이콘을 클릭한 후 뷰에서 앞쪽(정면도)으로 설정하고, 아래 그림처럼 스케치를 작성하고 종료한다.

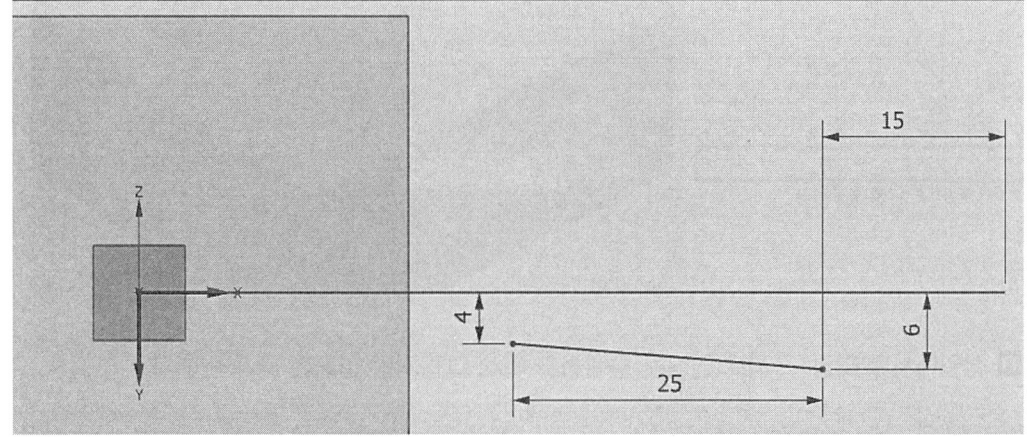

7 돌출 아이콘을 클린한 후 아래 그림처럼 곡선을 선택하고, 양쪽으로 돌출하고 적용한다.

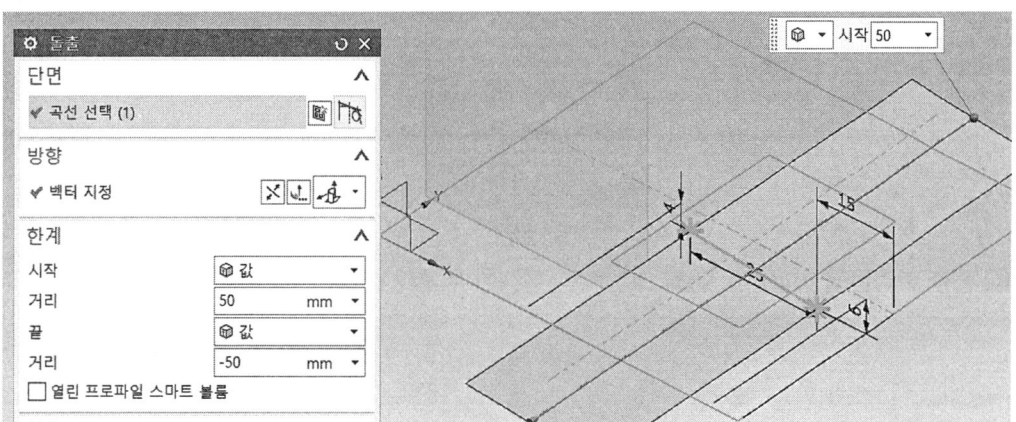

제8절 곡선 돌출 모델링 따라 하기

❽ 아래 그림처럼 외각 선을 선택하고 끝 거리는 -28mm를 입력한 후 돌출하고 확인한다.

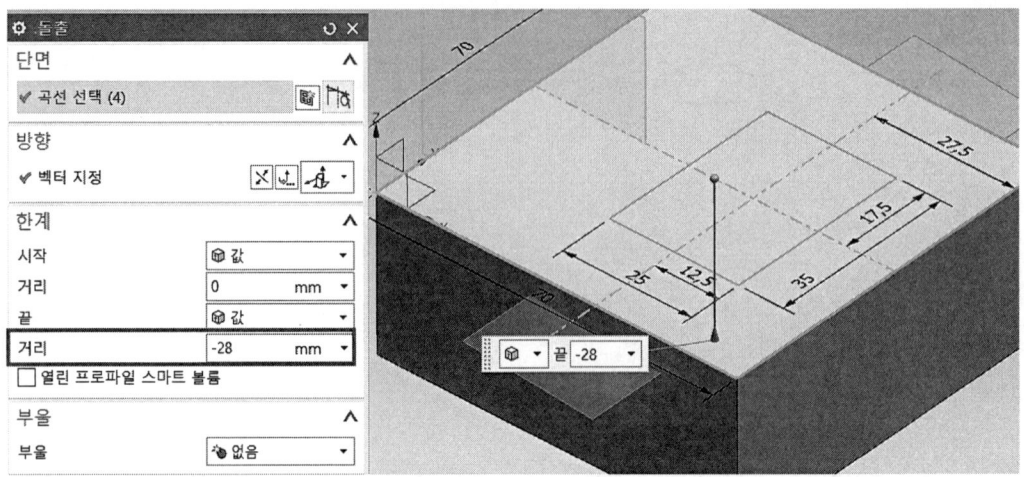

❾ 삽입에서 트리밍 → 시트 연장을 클릭하고 아래 그림처럼 설정한 후 확인한다.

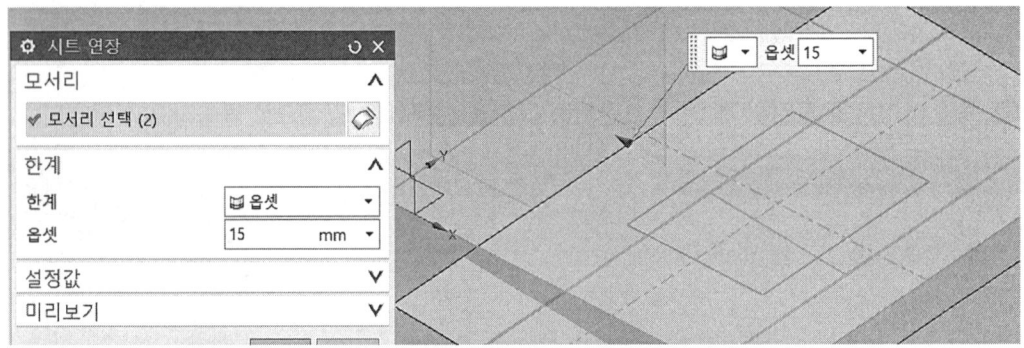

❿ 돌출 아이콘을 이용하여 아래 그림처럼 설정한 후 확인한다.

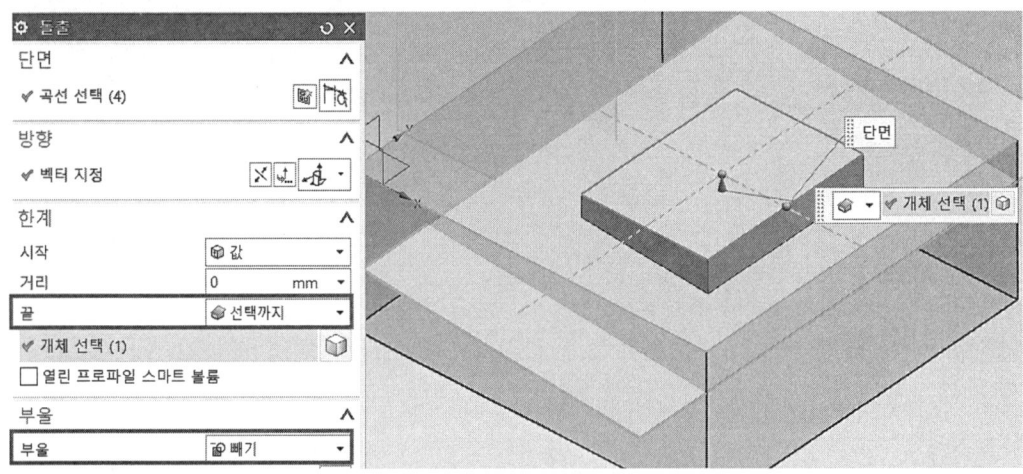

11 구배 아이콘을 선택한 후 아래 그림처럼 각도 1에서 30deg로 구배를 설정하고 적용한다.

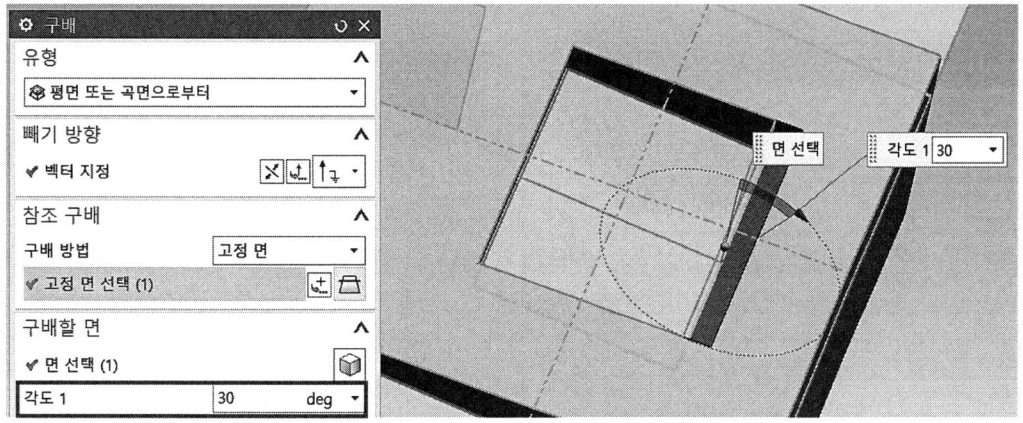

12 반대쪽에도 같은 방법으로 각도 1에서 40deg로 설정하고 적용한다.

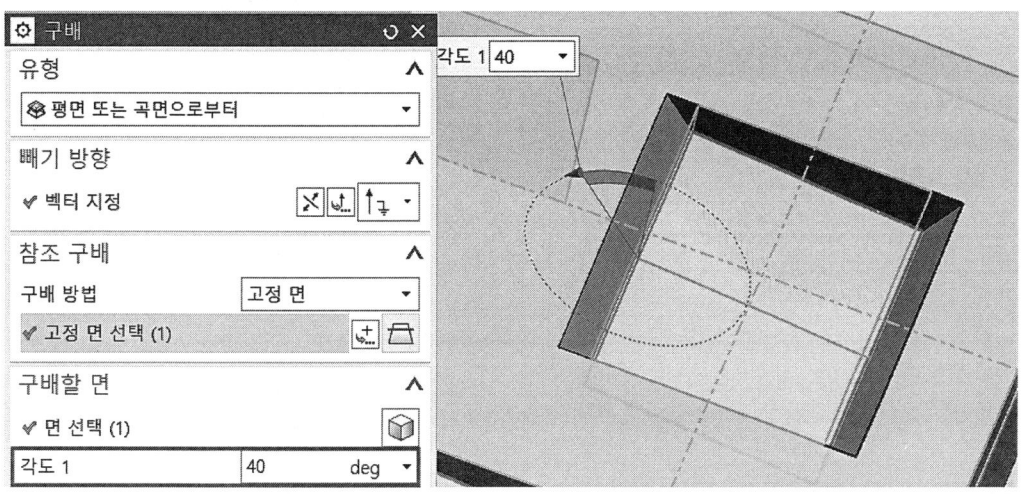

13 같은 방법으로 그림과 같이 각도 1에서 45deg로 구배를 설정하고 확인한다.

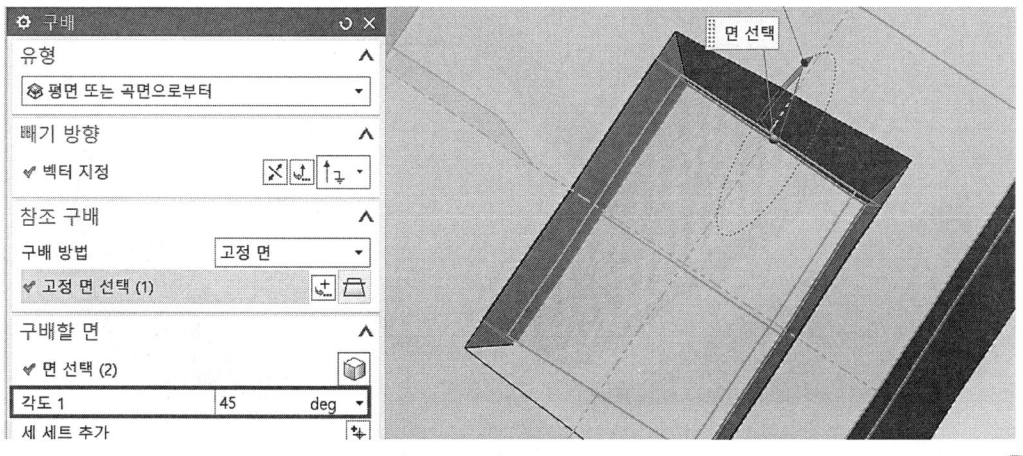

제8절 곡선 돌출 모델링 따라 하기

⑭ 모서리 블렌드 아이콘을 클릭하고, 모서리 4군데를 반경 1에서 10mm를 입력하고 적용한다.

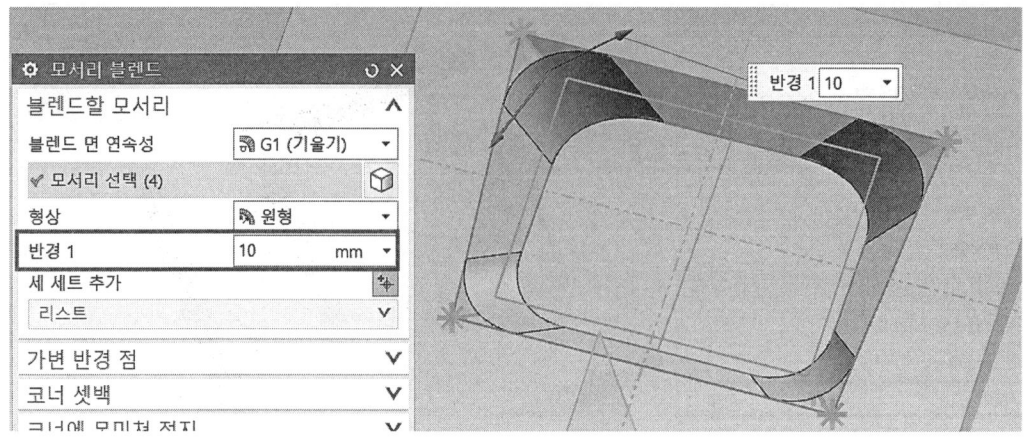

⑮ 같은 방법으로 아래 그림과 같이 반경 1에서 4mm를 입력하고 확인한다.

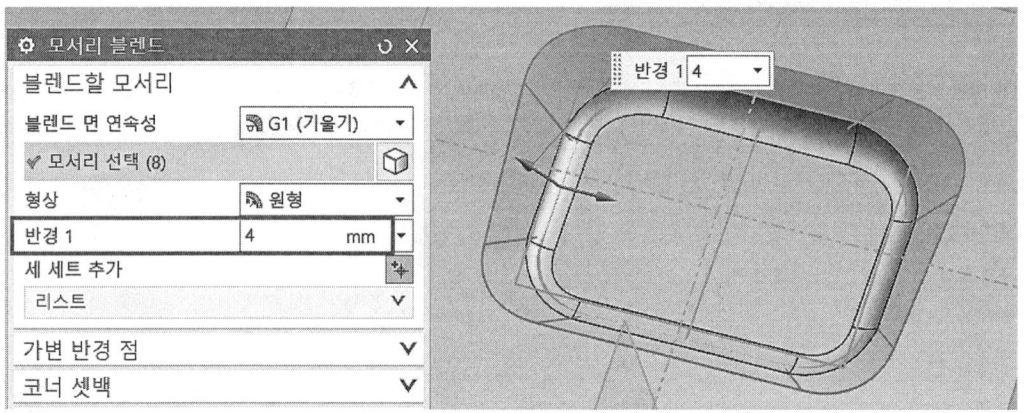

⑯ 최종 완성된 모델링 형상을 도면과 비교하여 이상 유무를 확인한다.

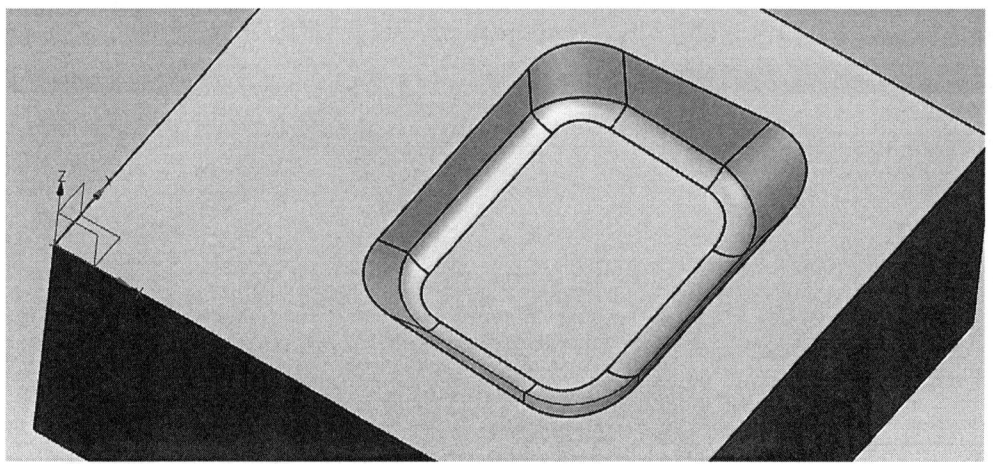

제9절 곡선 돌출 모델링 따라 하기

공개도면 ⑨

A-A

B-B

1 새로 만들기 (Ctrl+N)을 실행하고 모델을 선택하고 파일이름과 저장할 폴더를 입력한 다음 확인을 클릭한다.

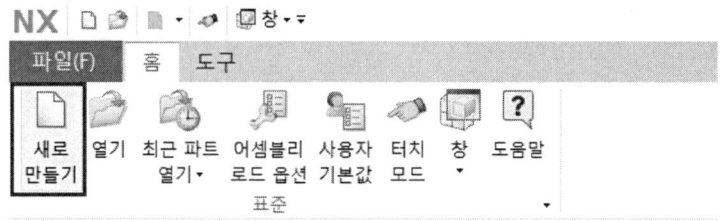

2 삽입에서 타스크 환경의 스케치(V)... 를 선택하거나, 위에서 생성된 타스크 환경의 스케치 아이콘을 선택한다.

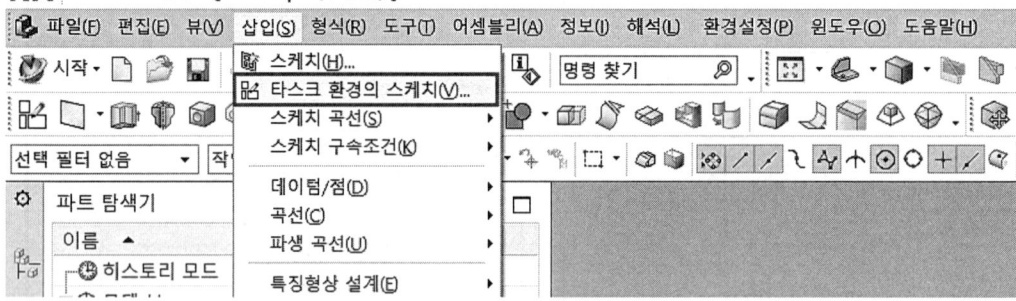

3 스케치 유형은 평면 상에서를 선택하고, 기존 평면에서 XY 평면을 선택 확인 후 스케치 모드로 들어간다.

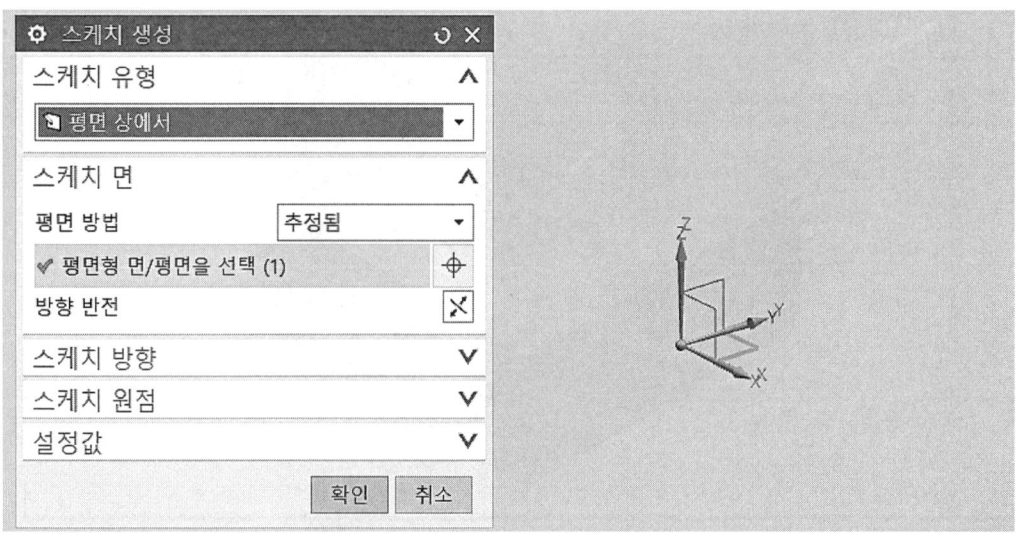

4 아래 그림처럼 스케치를 작성하고 스케치를 종료한다.

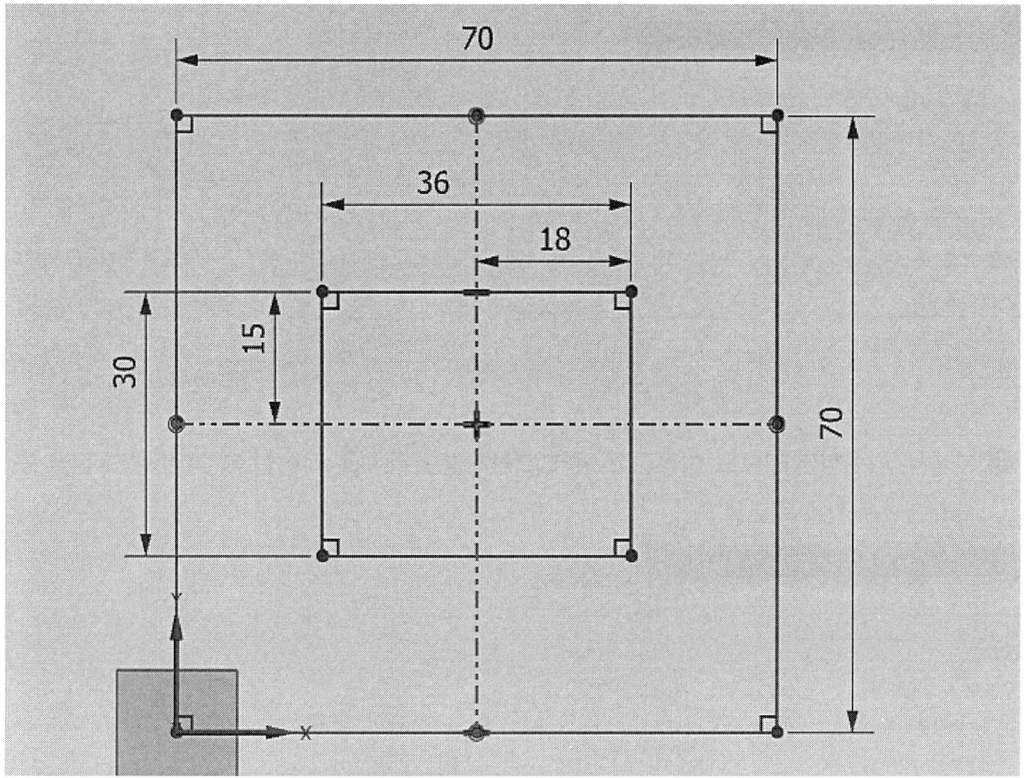

5 데이텀 평면 아이콘을 클릭한 후 유형은 거리, 참조 평면은 XZ 평면을 선택하고, 아래 그림처럼 옵셋 거리는 35mm를 입력하고 확인한다.

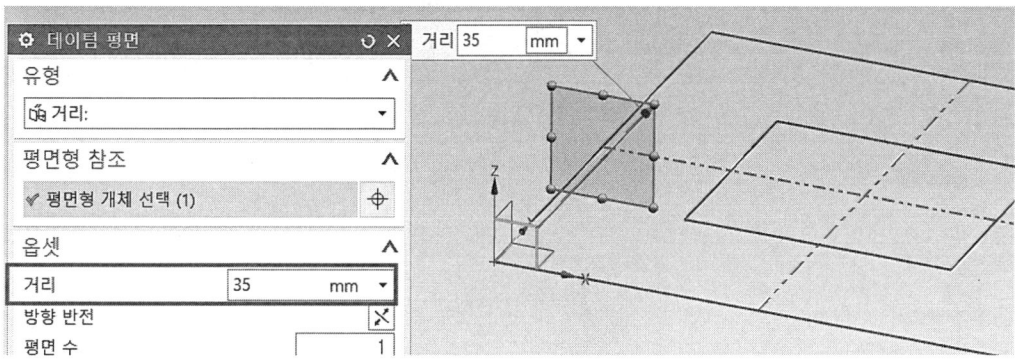

제9절 곡선 돌출 모델링 따라 하기

6 스케치 생성 아이콘을 클릭한 후 기존 평면에서 데이텀 평면을 선택하고 확인한다.

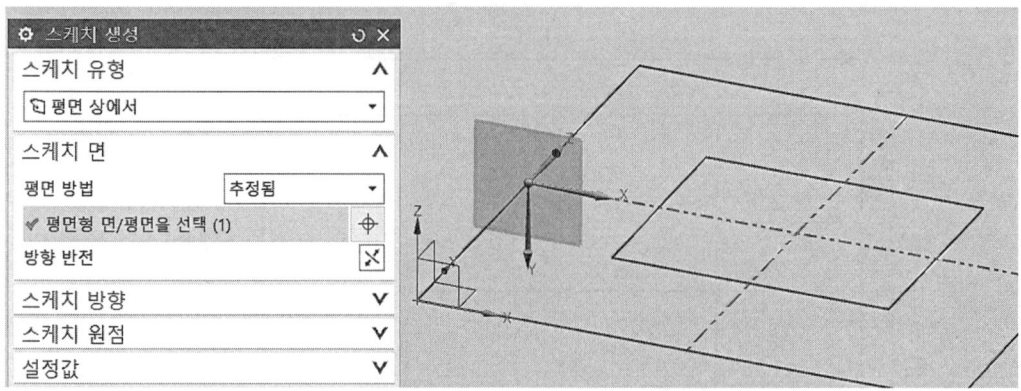

7 뷰에서 앞쪽(정면도)으로 설정하고 아래 그림처럼 스케치를 작성한 후 곡선 상의 점을 구속하고 스케치를 종료한다.

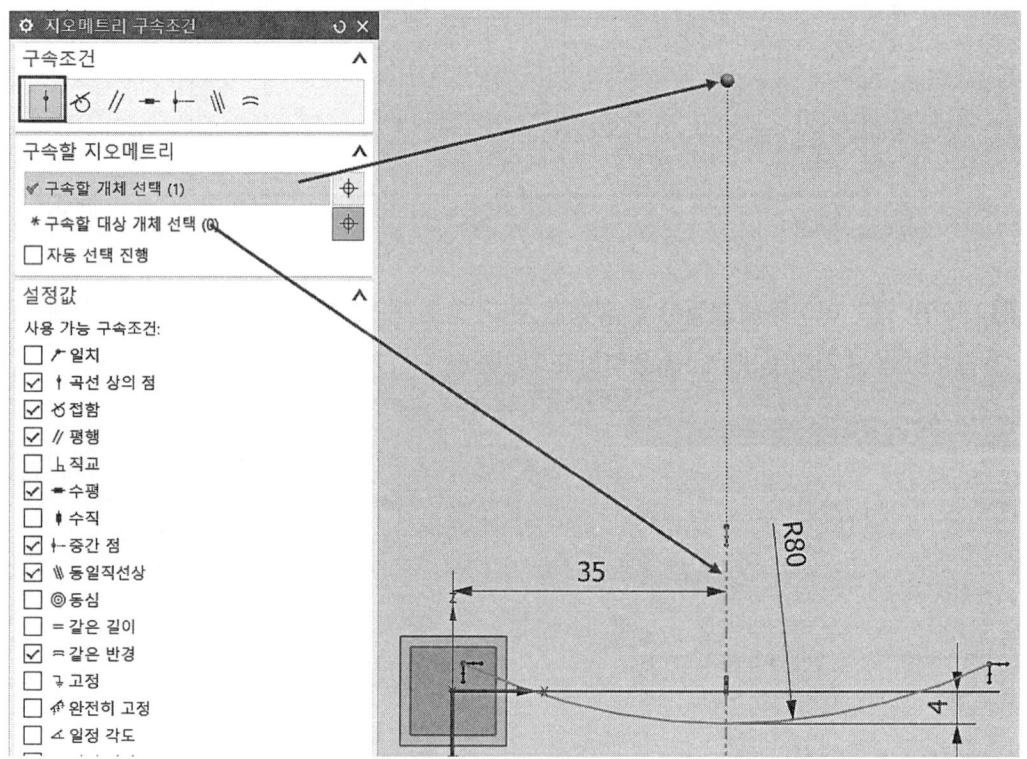

8 돌출 아이콘을 선택한 후 아래 그림처럼 곡선을 선택하고, 양쪽으로 돌출하고 적용한다.

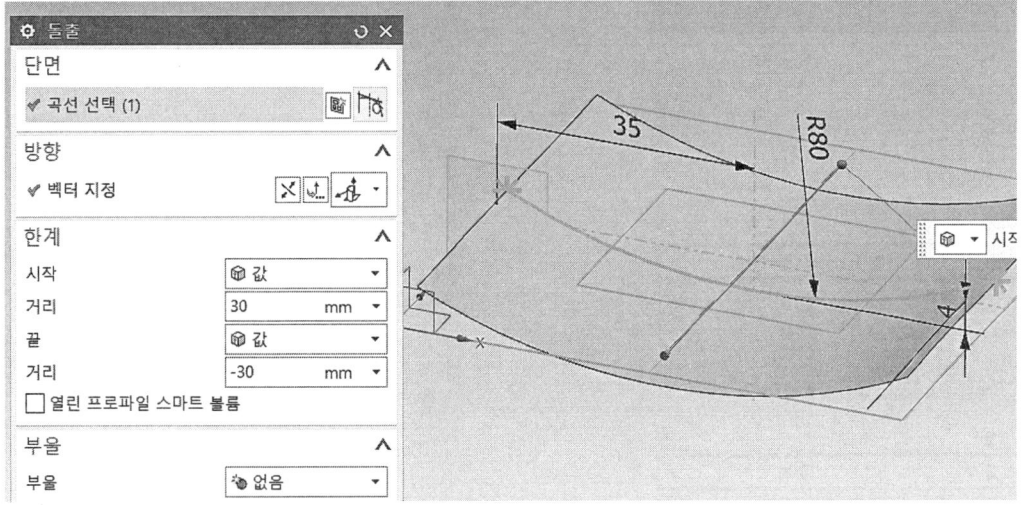

9 아래 그림처럼 외각 선을 선택하고, 끝 거리는 -28mm를 입력한 후 돌출하고 확인한다.

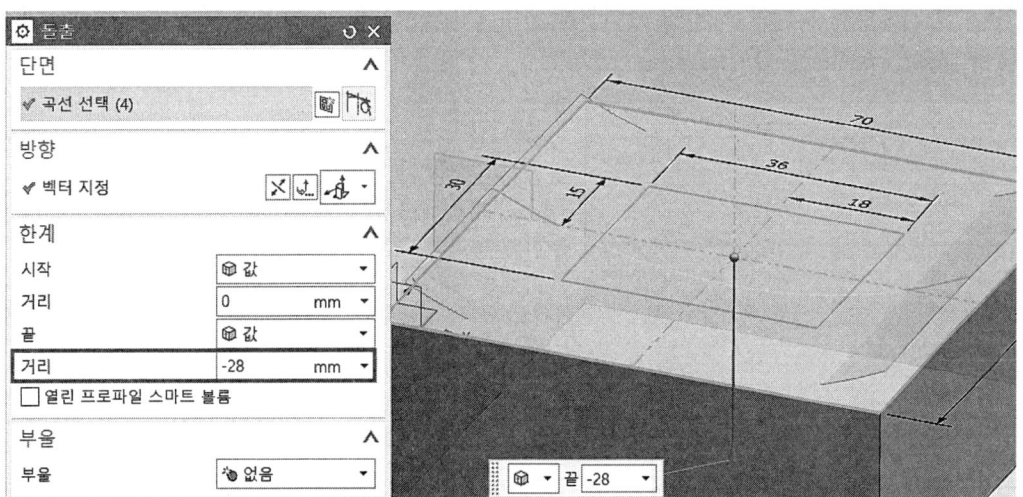

제9절 곡선 돌출 모델링 따라 하기

10 아래 그림처럼 선택까지로 설정하고, 부울은 빼기로 선택하고 확인한다.

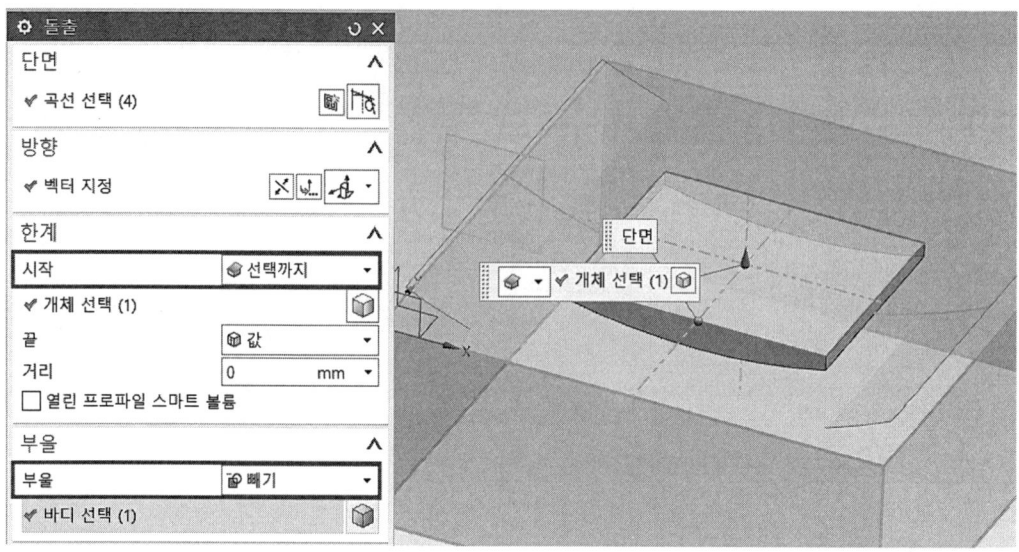

11 구배 아이콘을 선택하고, 아래 그림처럼 각도 1에서 60deg로 구배를 설정하고 적용한다.

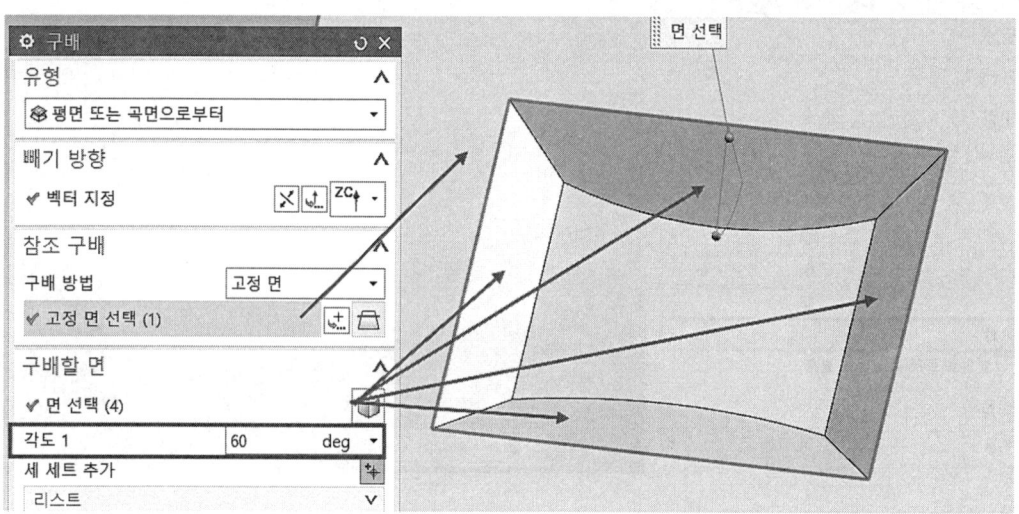

⓬ 모서리 블렌드 아이콘을 클릭하여 모서리 4군데를 반경 1에서 10mm를 입력하고 적용한다.

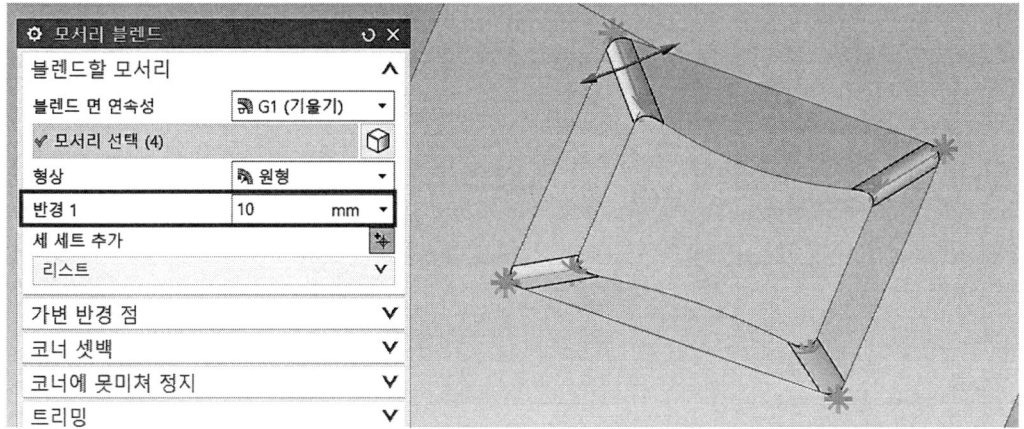

⓭ 같은 방법으로 아래 그림과 같이 모서리를 선택하고 반경 1에서 10mm를 입력하고 확인한다.

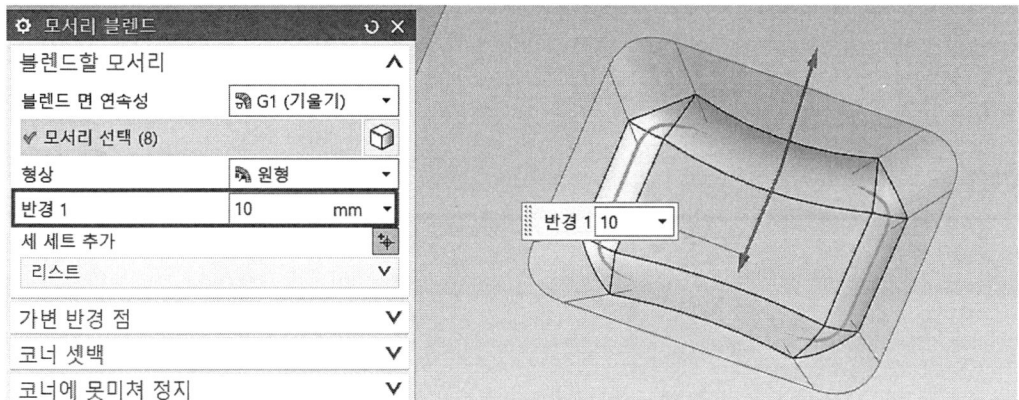

⑭ 최종 완성된 모델링 형상을 도면과 비교하여 이상 유무를 확인한다.

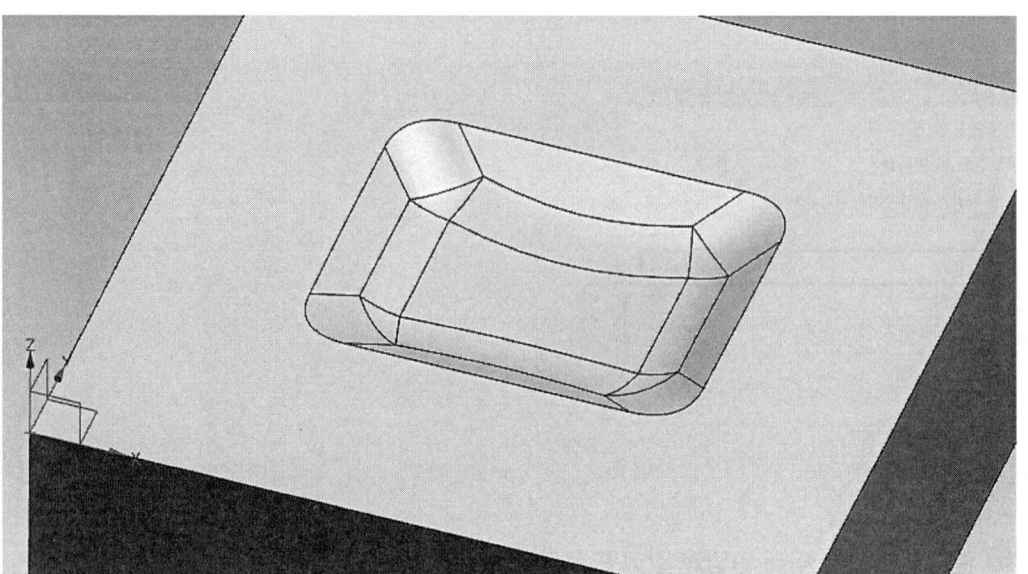

제 10 절 구배 돌출 모델링 따라 하기

1 새로 만들기 (Ctrl+N)을 실행하고 모델을 선택하고 파일이름과 저장할 폴더를 입력한 다음 확인을 클릭한다.

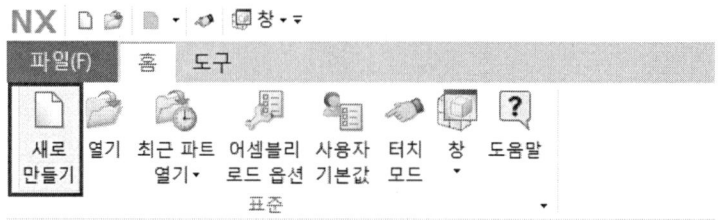

2 삽입에서 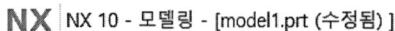 를 선택하거나, 위에서 생성된 타스크 환경의 스케치 아이콘을 선택한다.

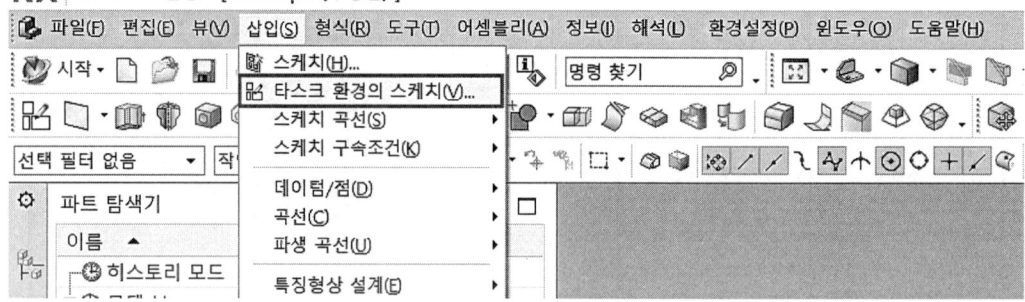

3 스케치 유형은 평면 상에서를 선택하고, 기존 평면에서 XY 평면을 선택 확인 후 스케치 모드로 들어간다.

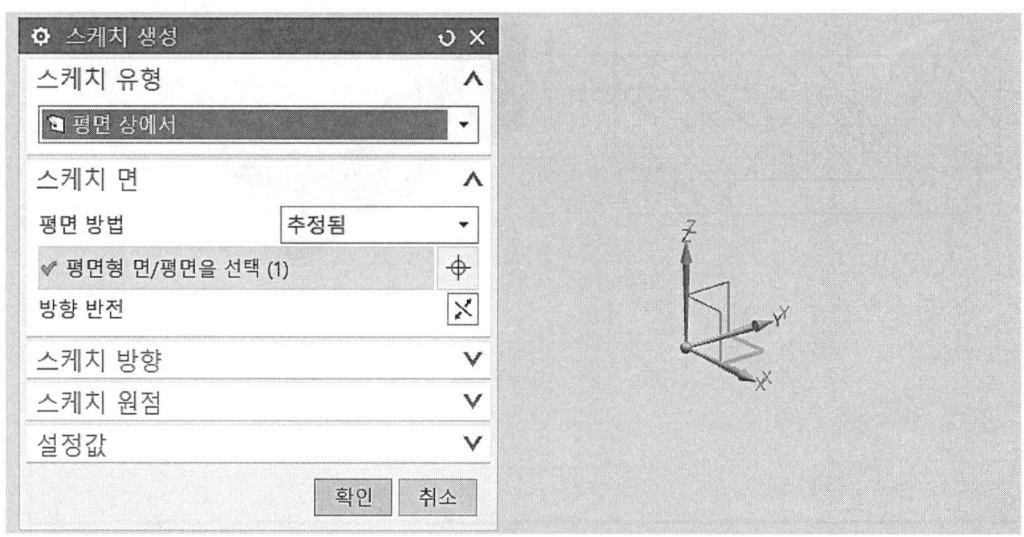

4 아래 그림처럼 스케치를 작성하고 구속조건 접선을 설정한다.

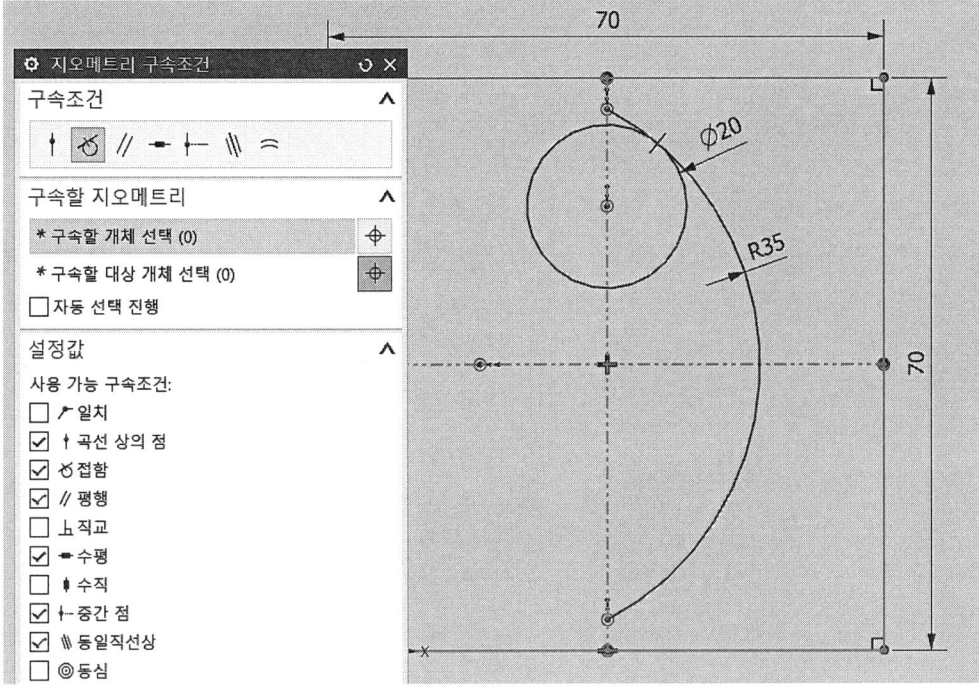

5 원과 호의 접선 구속조건과 아래 그림처럼 대칭 곡선을 설정하고 확인한다.

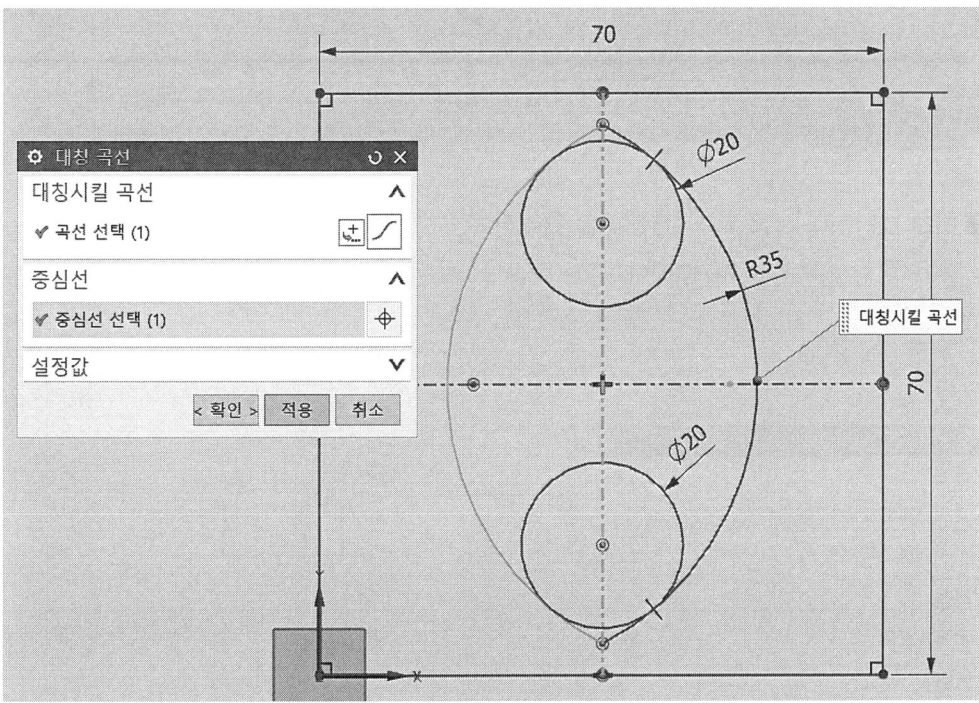

6 아래 그림처럼 빠른 트리밍 아이콘을 이용하여 트리밍 한다.

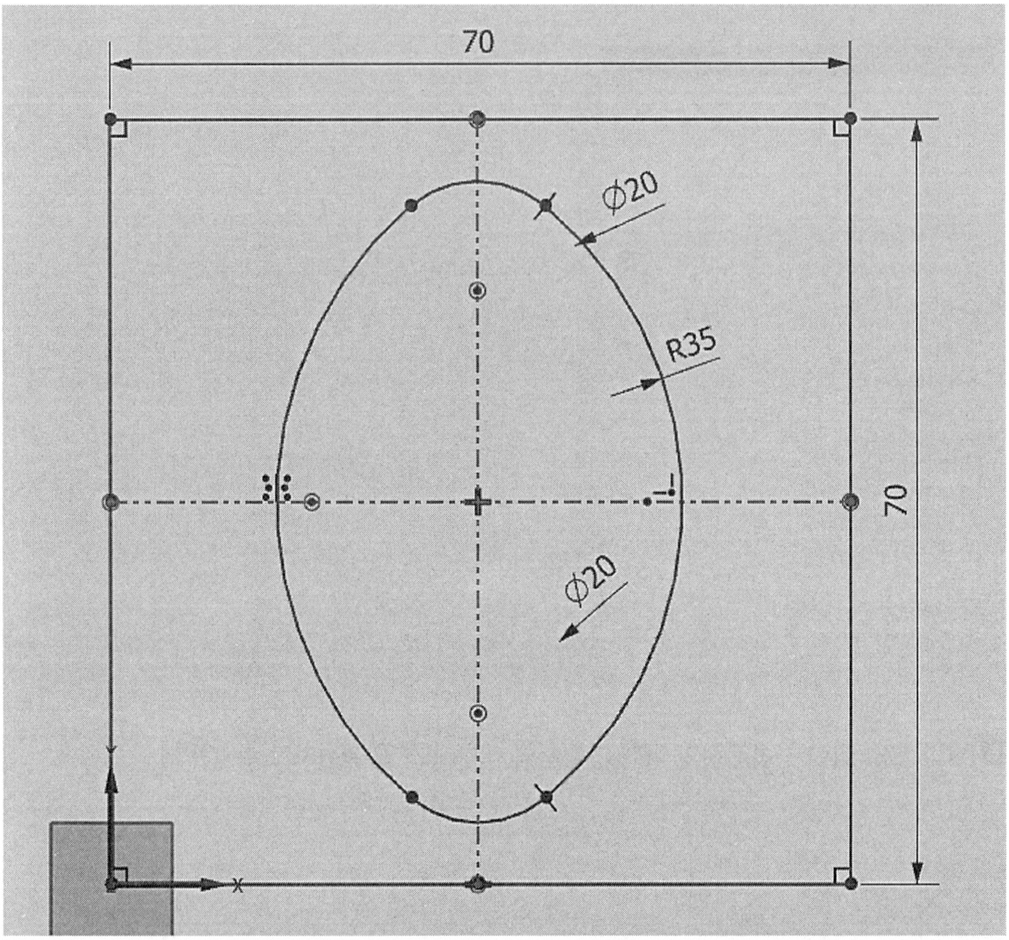

7 아래 그림처럼 선형 치수 18.028을 입력한다.

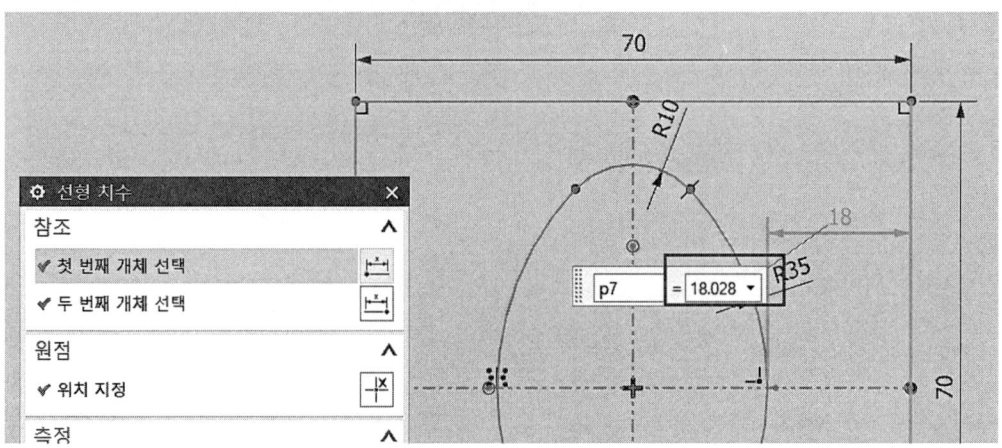

8 아래 그림처럼 스케치를 설정하고 스케치를 종료한다.

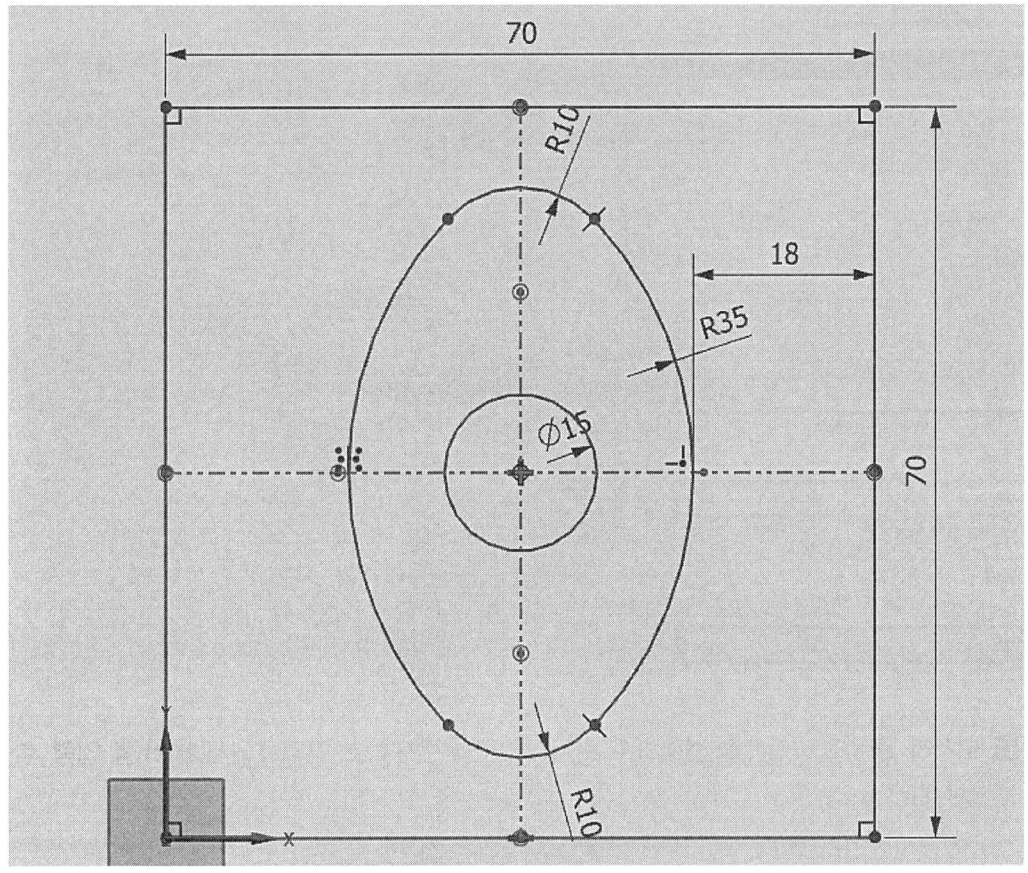

9 돌출 아이콘을 선택한 후 아래 그림처럼 외각 선을 선택하고, 끝 거리는 −28mm로 돌출하고 적용한다.

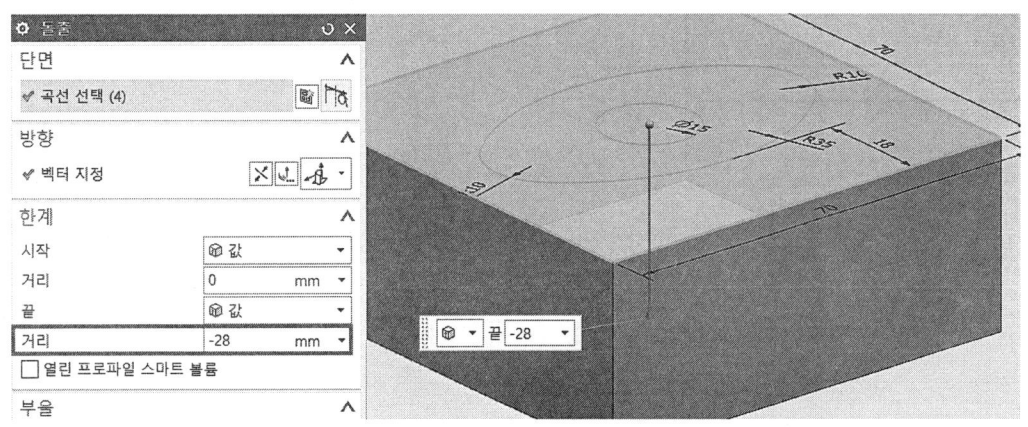

🔟 안쪽 곡선 영역을 선택하고 끝 거리에 −6mm를 입력, 부울은 빼기, 구배 각도는 −20deg로 설정하고 확인한다.

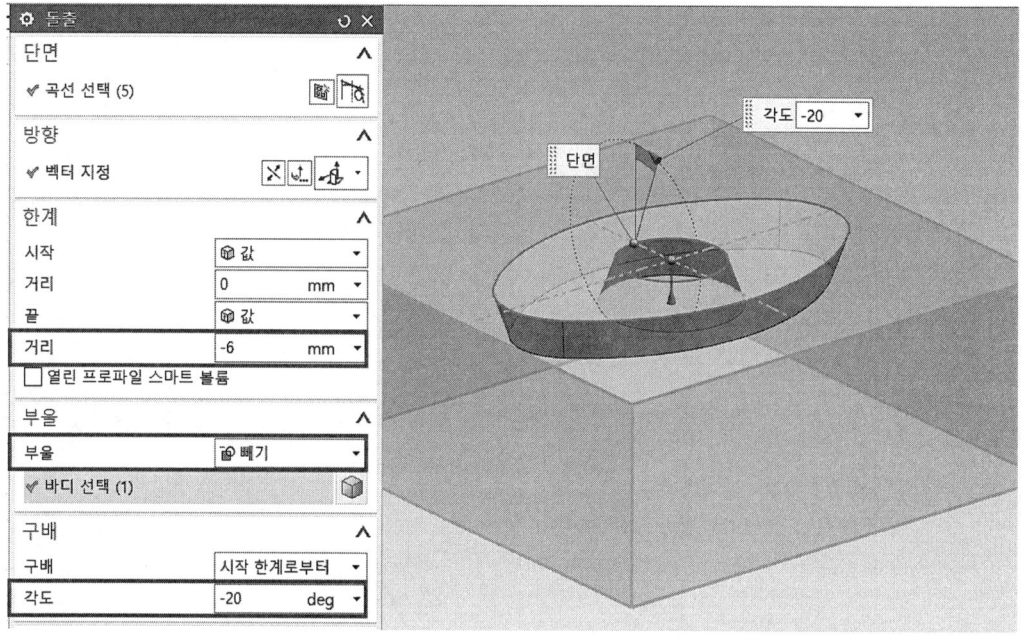

⓫ 모서리 블렌드 아이콘을 선택하고 모서리 2군데 선택하고 반경 1에서 3mm를 입력 후 확인한다.

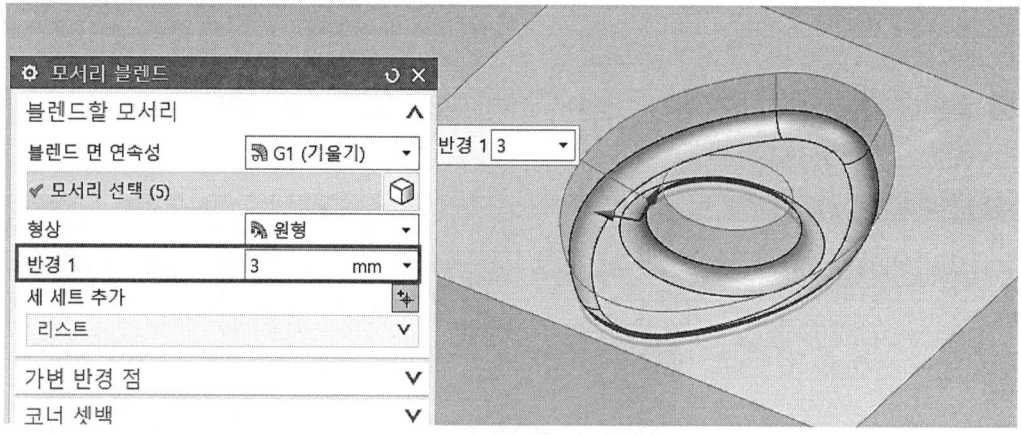

12 최종 완성된 모델링 형상을 도면과 비교하여 이상 유무를 확인한다.

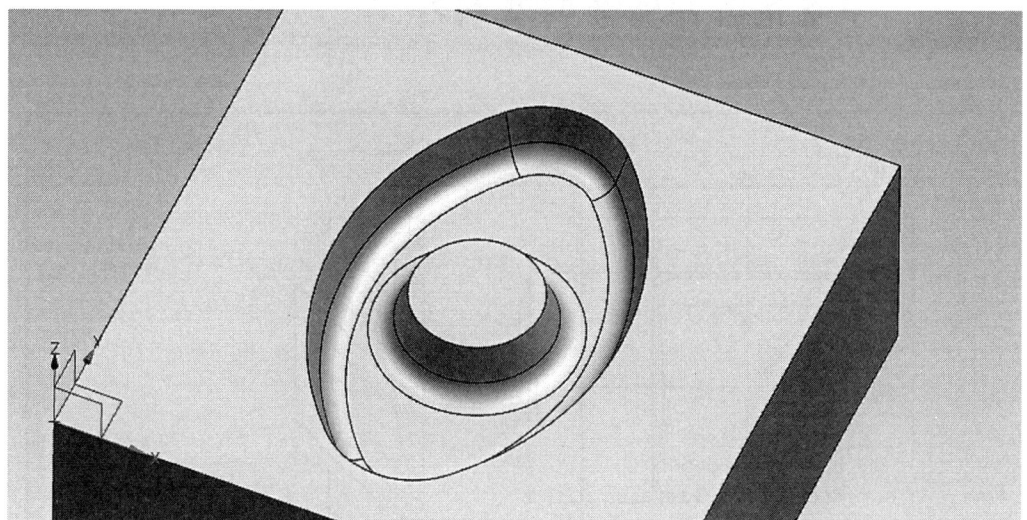

제11절 구배 돌출 모델링 따라 하기

■ 새로 만들기 (Ctrl+N)을 실행하고 모델을 선택하고 파일이름과 저장할 폴더를 입력한 다음 확인을 클릭한다.

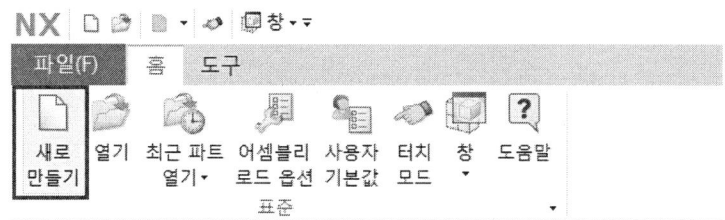

❷ 삽입에서 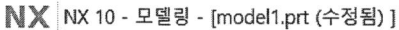 를 선택하거나, 위에서 생성된 타스크 환경의 스케치 아이콘을 선택한다.

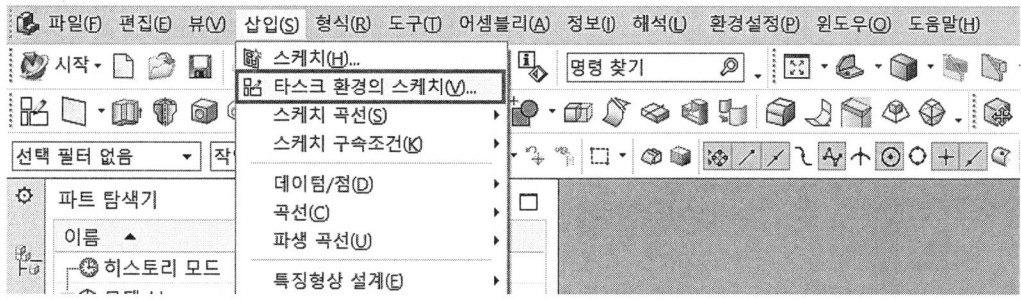

❸ 스케치 유형은 평면 상에서를 선택하고, 기존 평면에서 XY 평면을 선택 확인 후 스케치 모드로 들어간다.

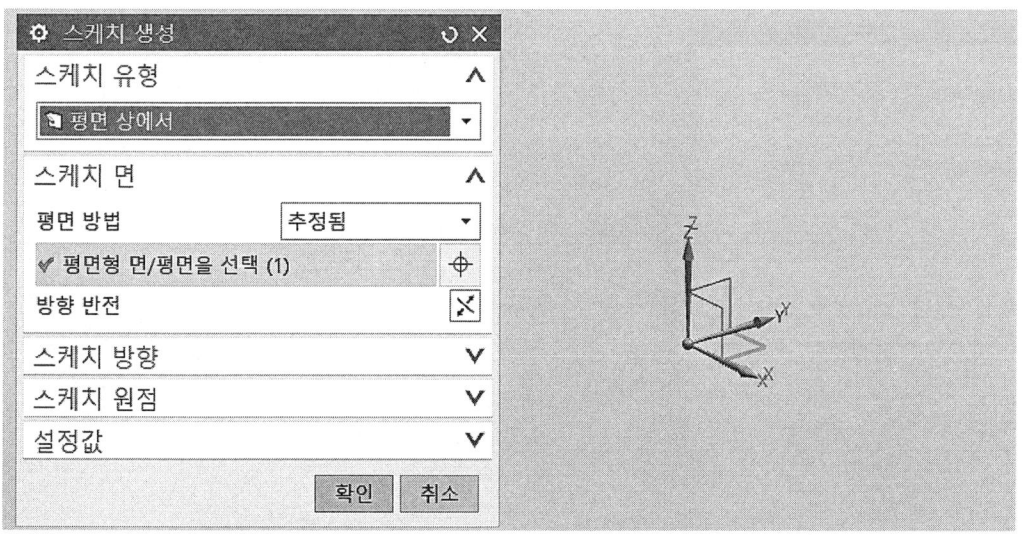

제11절 구배 돌출 모델링 따라 하기

4 아래 그림처럼 스케치를 작성하고 스케치를 종료한다.

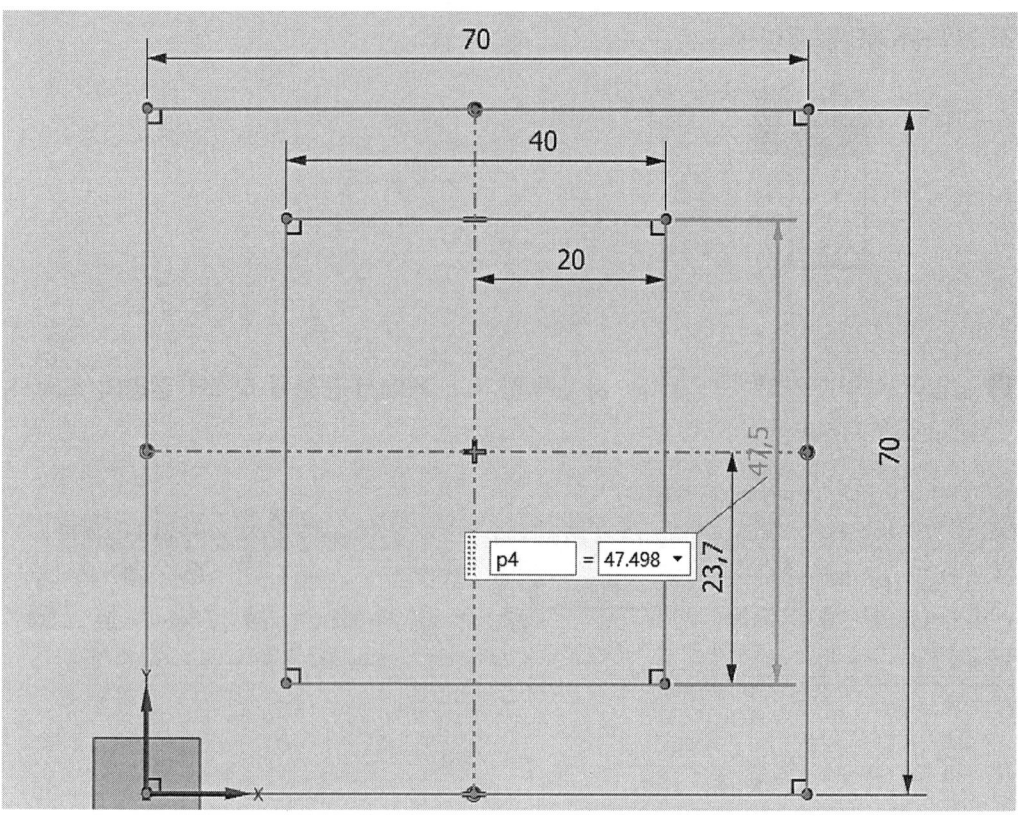

5 돌출 아이콘을 선택한 후 아래 그림처럼 외각 선을 선택하고, 끝 거리는 −28mm를 입력한 후 돌출하고 적용한다.

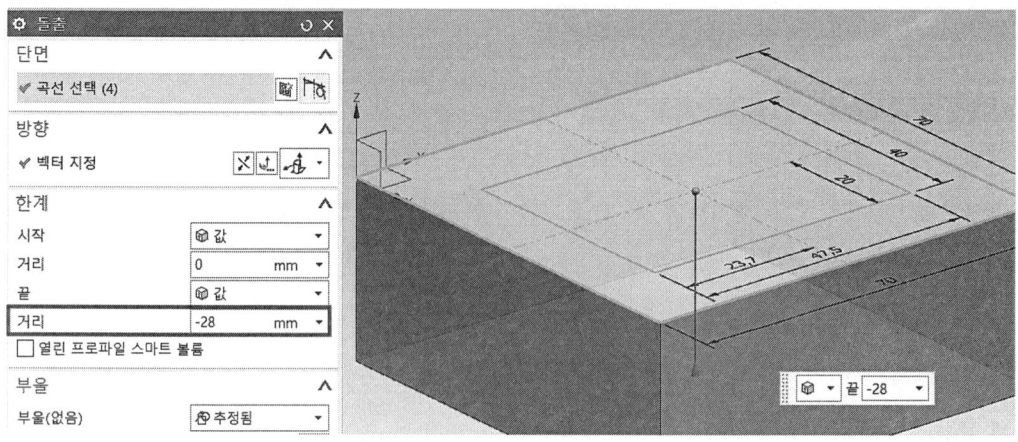

6 안쪽 곡선을 선택한 후 끝 거리는 -3mm를 입력, 부울은 빼기로 설정하고 확인한다.

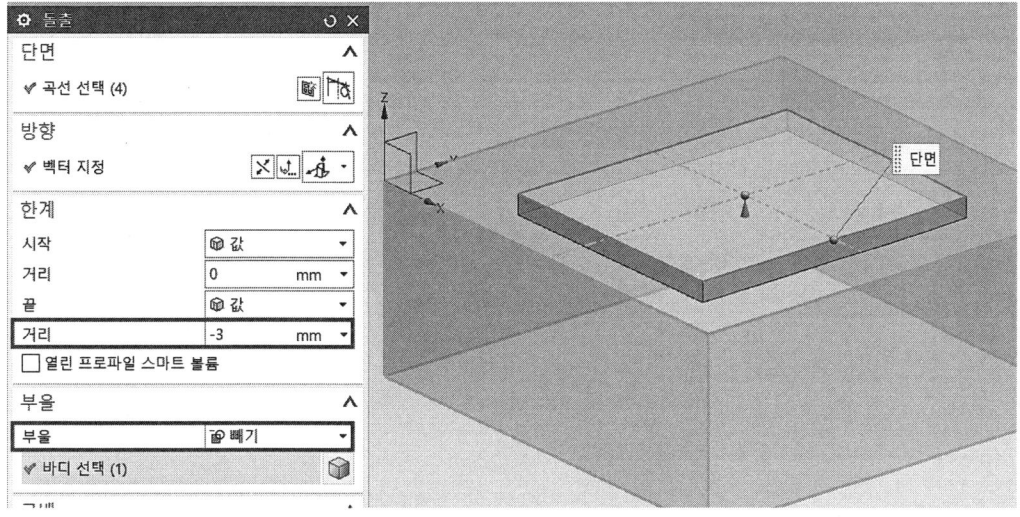

7 데이텀 평면 아이콘을 선택 후 YZ 평면을 선택하고 거리는 35mm로 설정하고 확인한다.

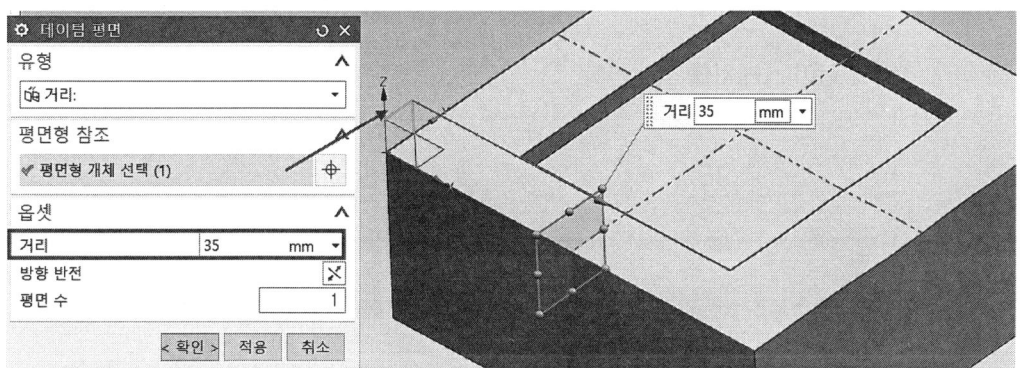

8 스케치 생성 아이콘을 선택한 후 데이텀 평면을 클릭하고 확인한다.

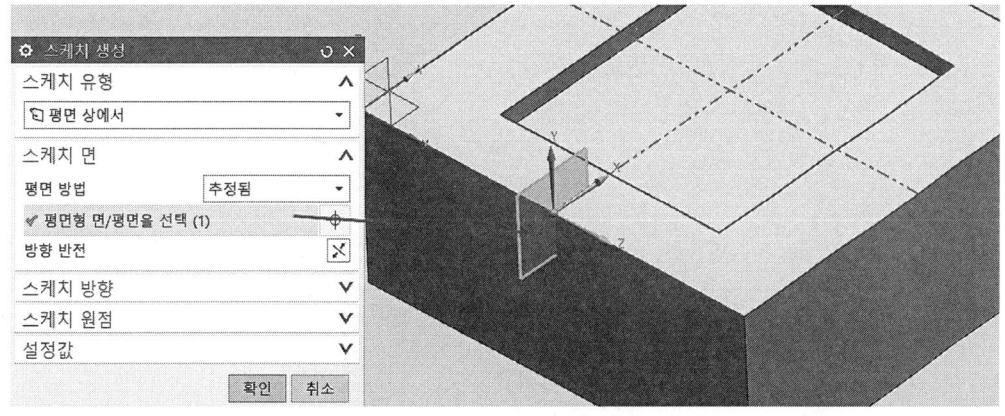

제11절 구배 돌출 모델링 따라 하기

❾ 호를 스케치한 후 호의 중심은 곡선 상의 점으로 구속을 설정한다.

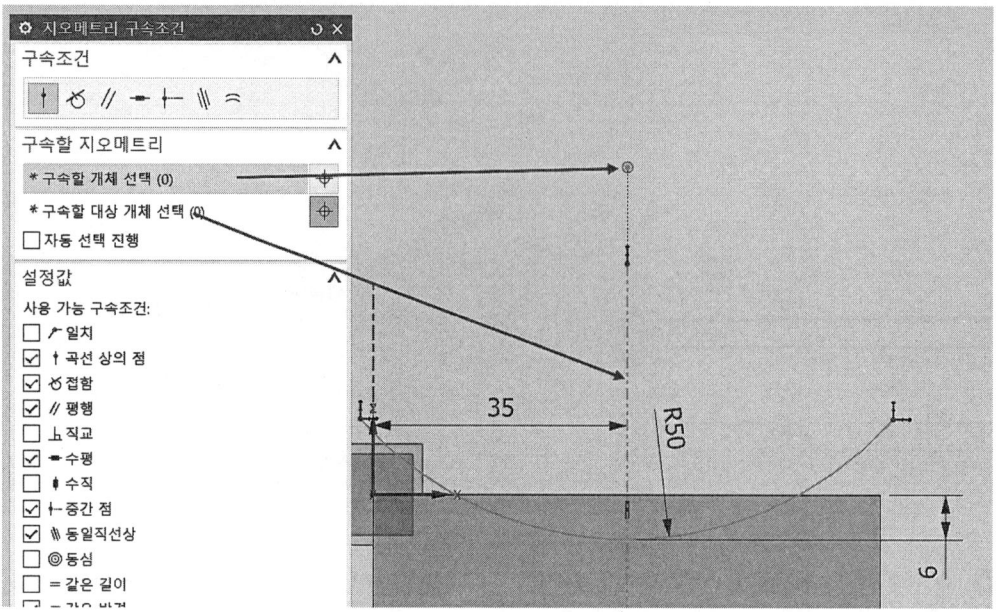

❿ 아래 그림과 같이 스케치를 작성한다.

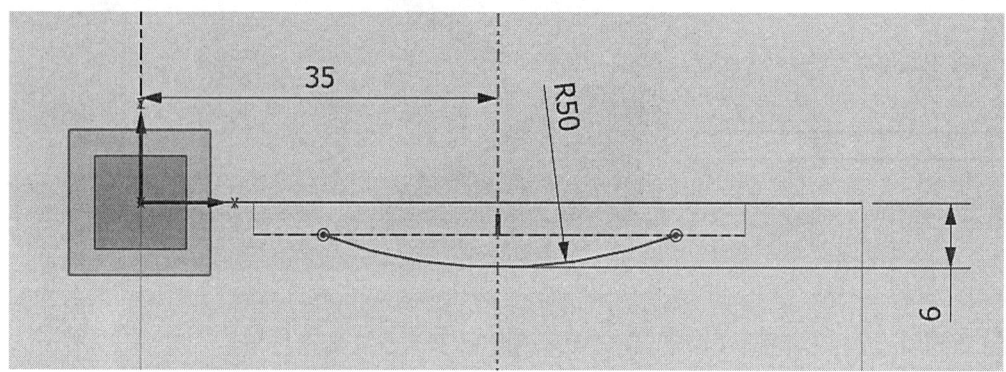

11 아래 그림처럼 직선을 곡선 투영하고 스케치를 종료한다.

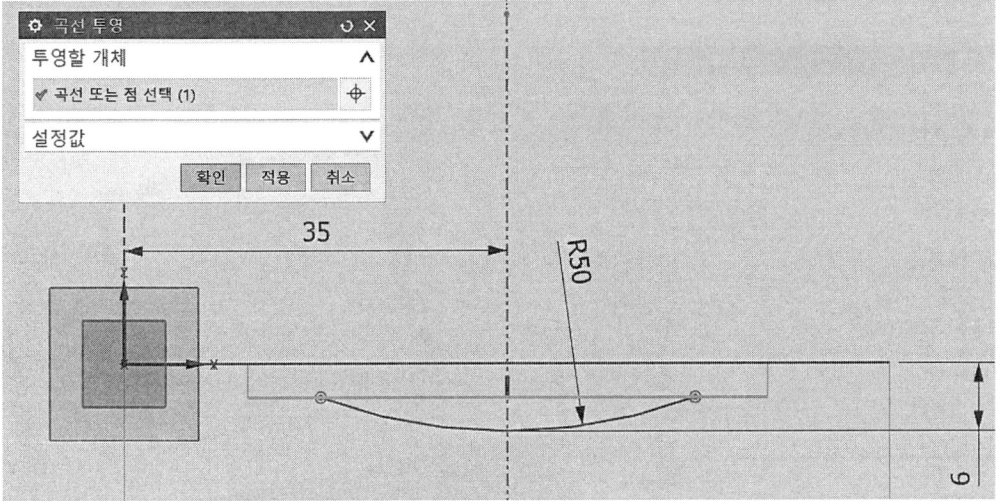

12 돌출 아이콘을 선택한 후 아래 그림처럼 거리를 양쪽으로 돌출하고, 부울은 빼기로 설정하고 확인한다.

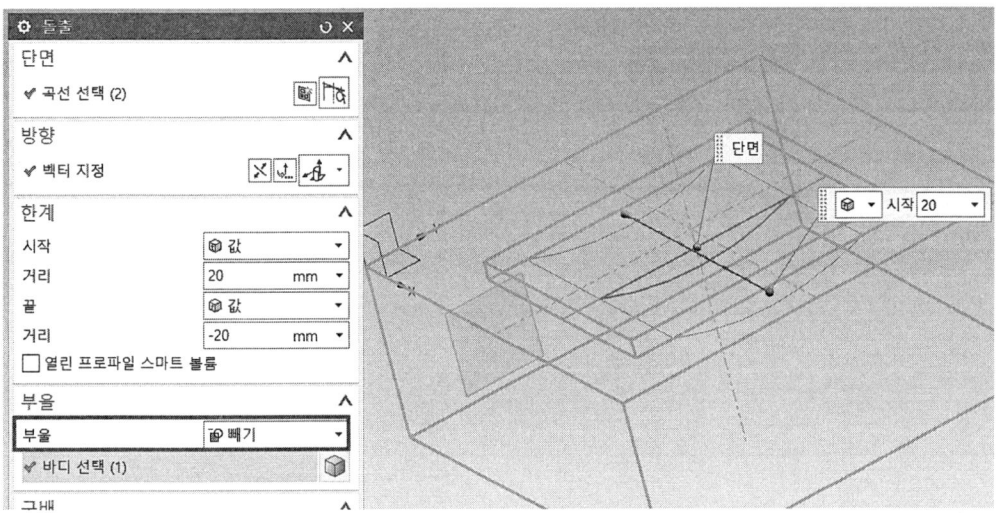

제11절 구배 돌출 모델링 따라 하기

⓭ 구배 아이콘을 선택한 후 아래 그림처럼 각도 1에서 20deg로 입력, 구배를 설정하고 확인한다.

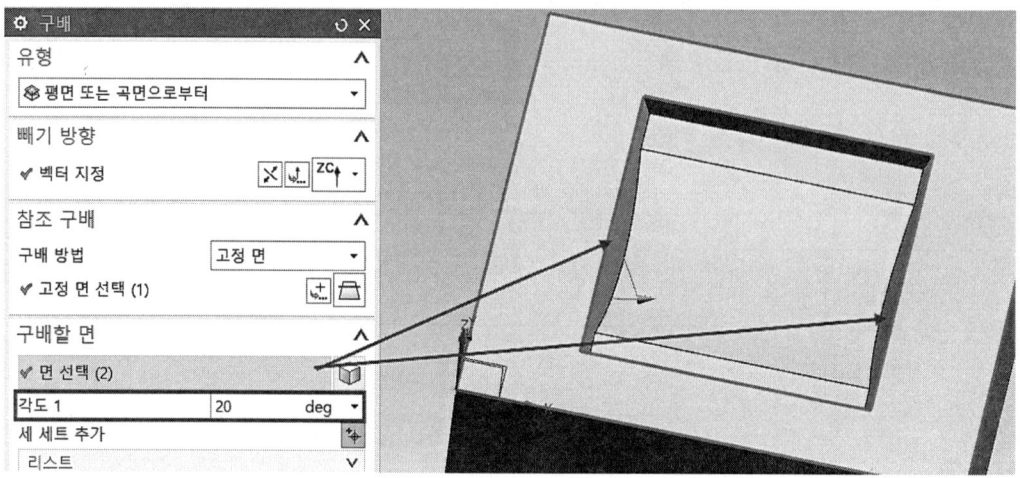

⓮ 모서리 블렌드 아이콘을 선택한 후 모서리 4군데를 선택하고, 반경 1에서 3mm를 입력 후 확인한다.

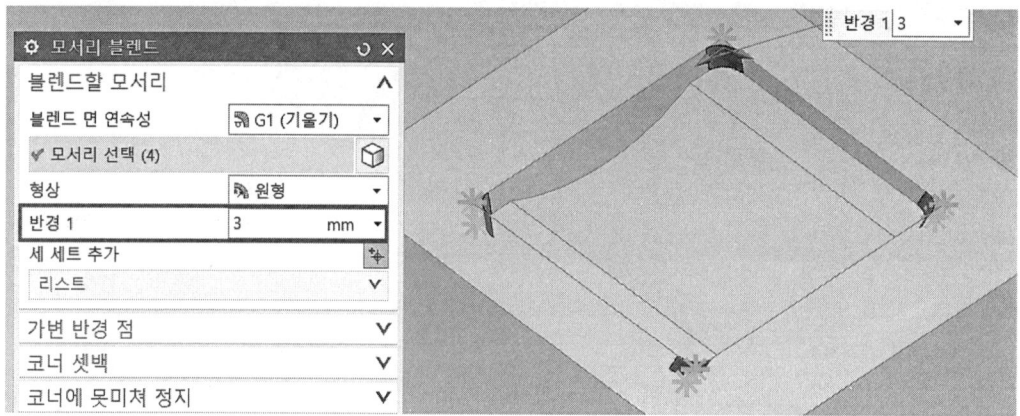

15 같은 방법으로 아래 그림과 같이 반경 1에서 3mm를 입력하고 확인한다.

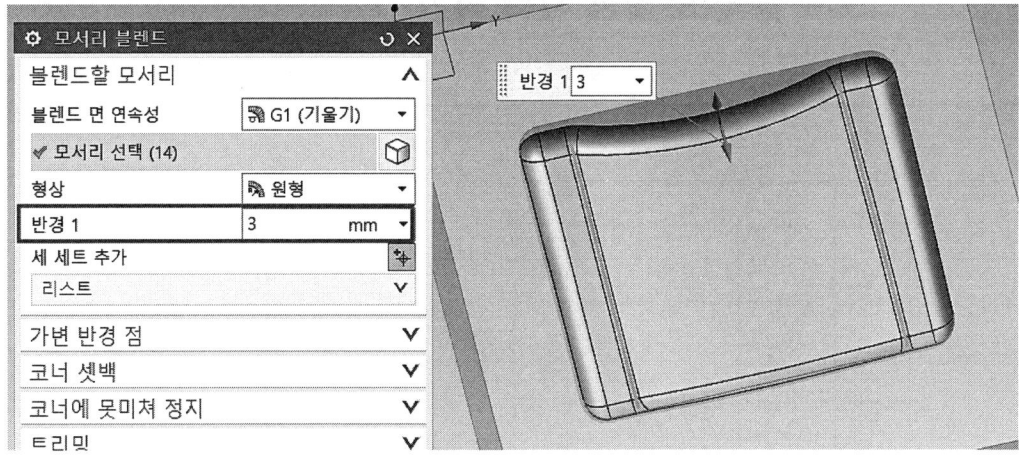

16 최종 완성된 모델링 형상을 도면과 비교하여 이상 유무를 확인한다.

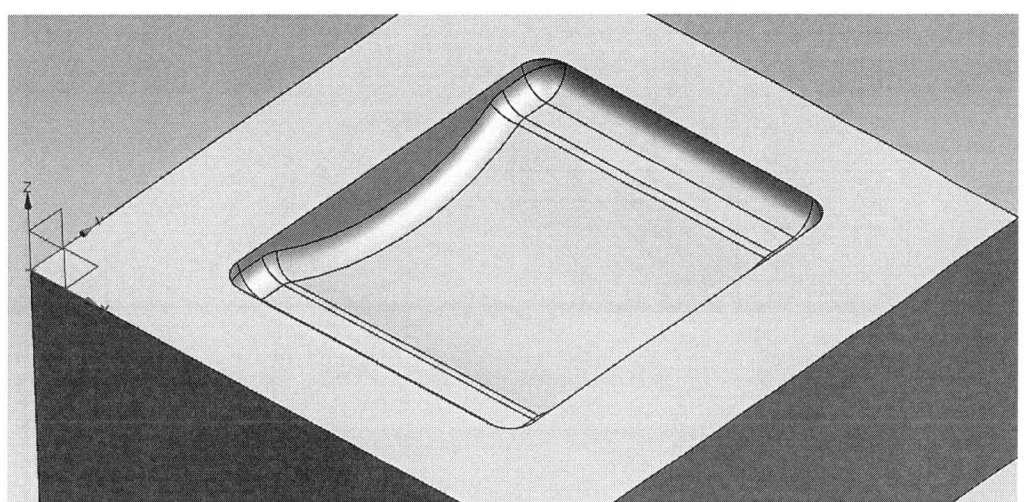

제11절 구배 돌출 모델링 따라 하기

제12절 교차 돌출 모델링 따라 하기

1 새로 만들기 (Ctrl+N)을 실행하고 모델을 선택하고 파일이름과 저장할 폴더를 입력한 다음 확인을 클릭한다.

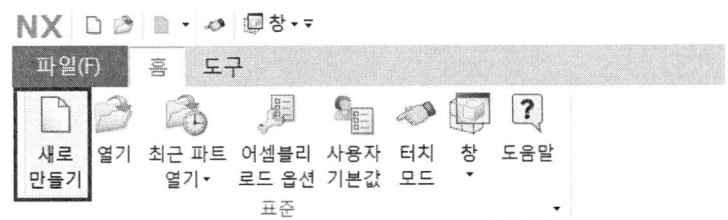

2 삽입에서 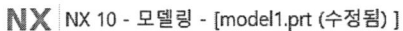 를 선택하거나, 위에서 생성된 타스크 환경의 스케치 아이콘을 선택한다.

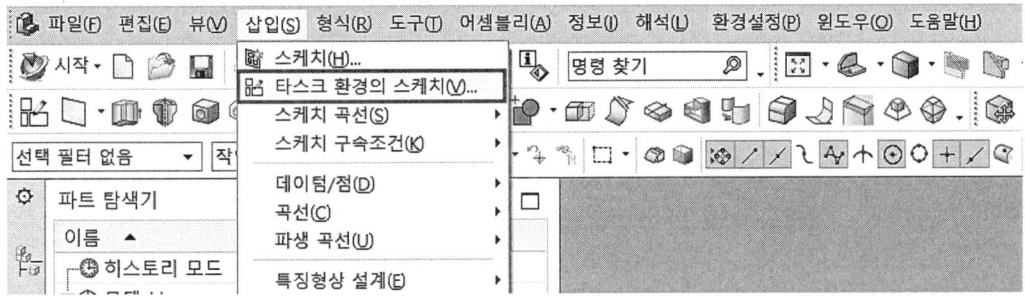

3 스케치 유형은 평면 상에서를 선택하고, 기존 평면에서 XY 평면을 선택 확인 후 스케치 모드로 들어간다.

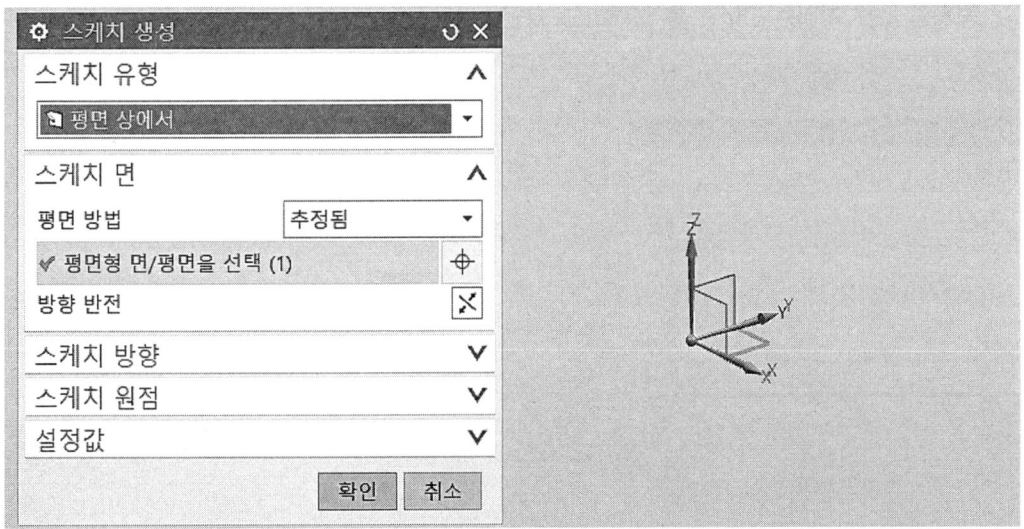

제12절 교차 돌출 모델링 따라 하기

4 아래 그림처럼 스케치를 작성하고 스케치를 종료한다.

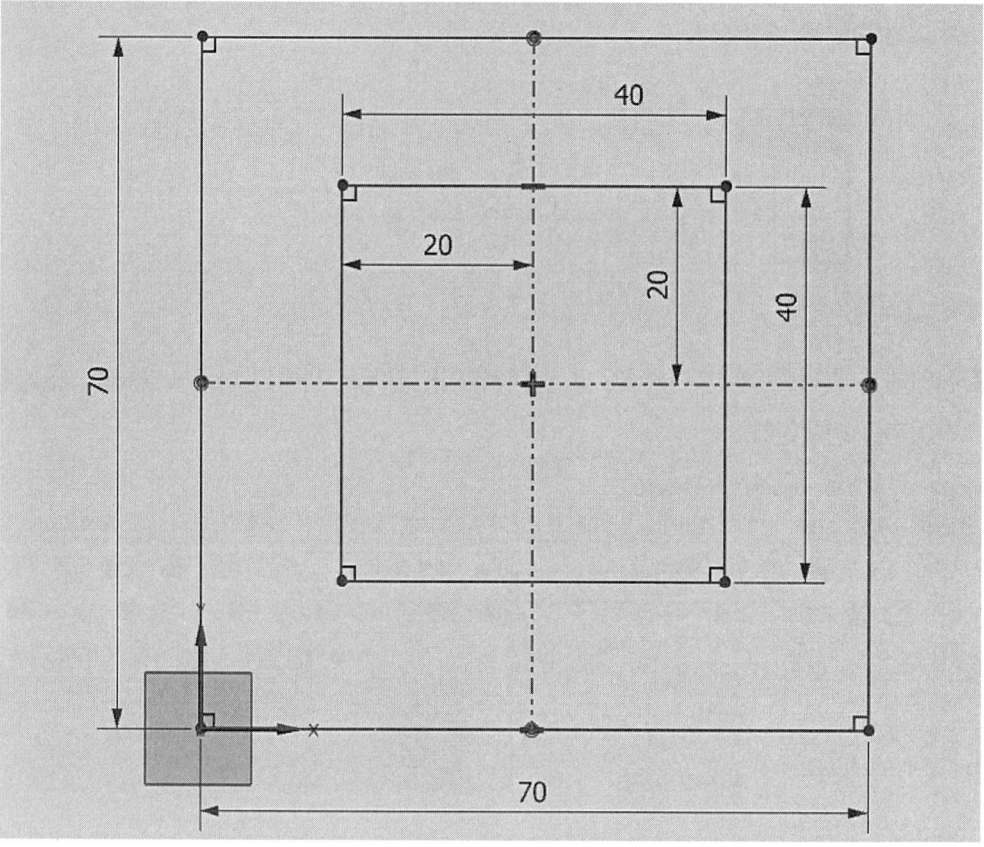

5 데이텀 평면 아이콘을 클릭한 후 유형은 거리, 참조 평면은 XZ 평면을 선택하고, 아래 그림처럼 옵셋 거리는 35mm를 입력하고 확인한다.

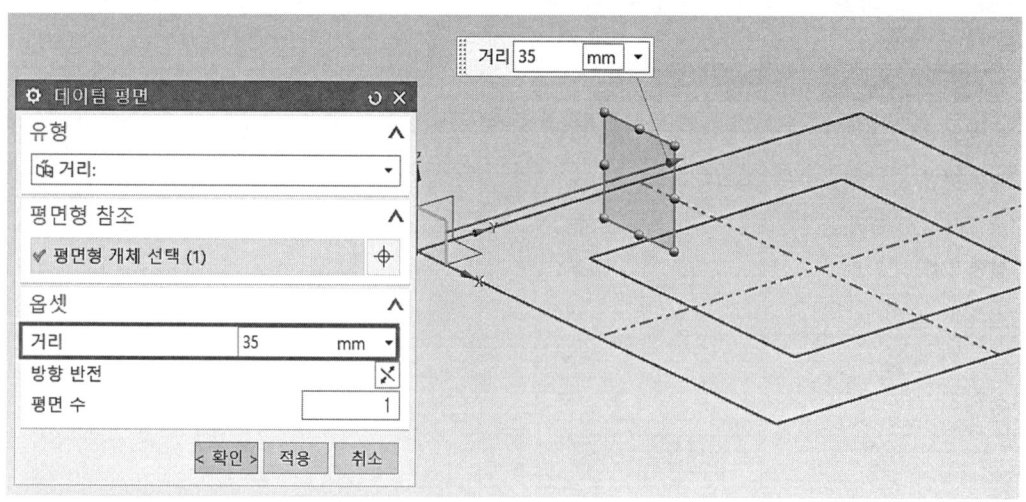

6 다시 YZ 평면을 선택하고, 아래 그림처럼 옵셋 거리는 35mm를 입력하고 확인한다.

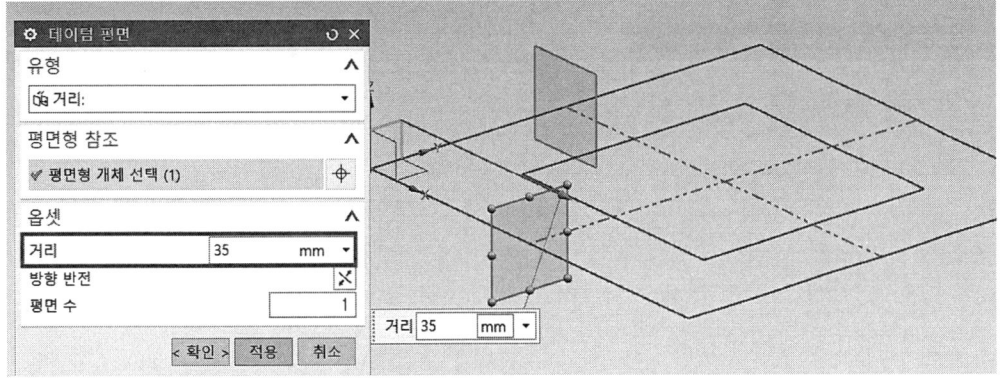

7 스케치 생성 아이콘을 선택한 후 YZ 평면을 선택하고 확인한다.

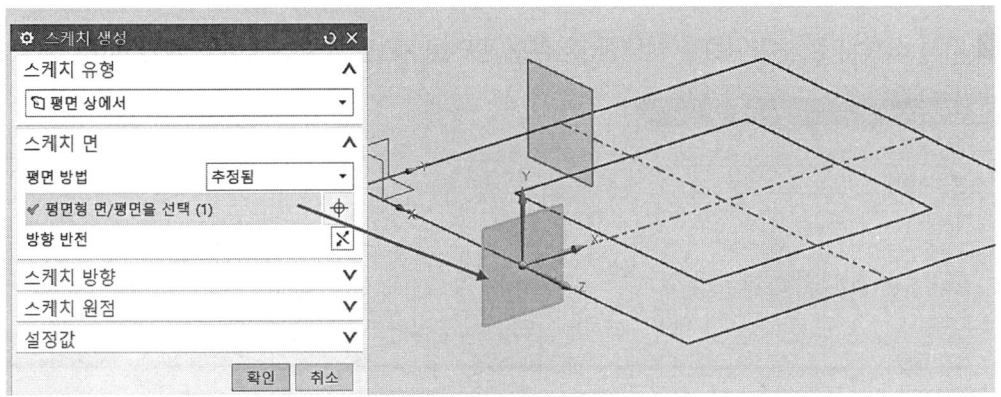

8 아래 그림처럼 호를 스케치하고, 호의 중심은 곡선 상의 점으로 구속을 설정한다.

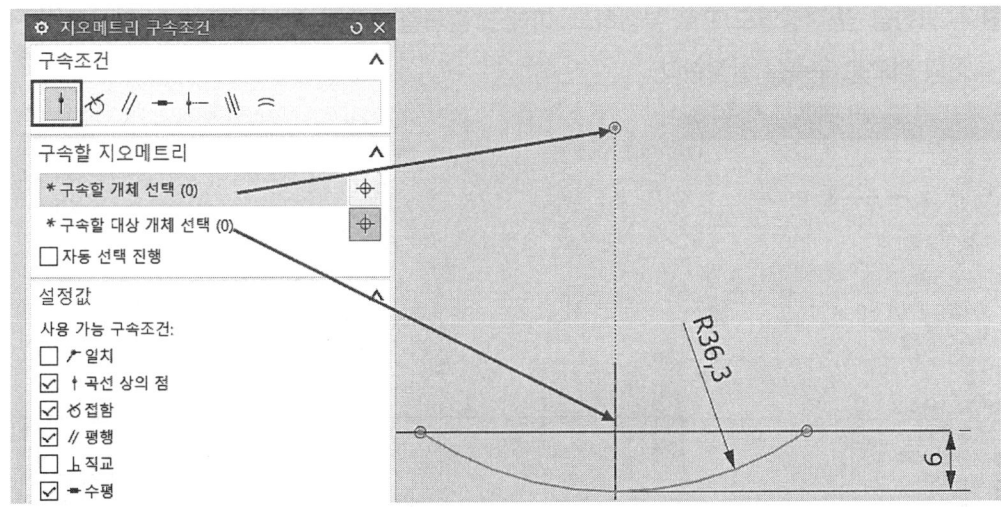

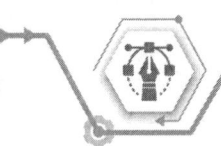

9 곡선 투영 아이콘을 선택하고 아래 그림처럼 직선을 투영하고 스케치를 종료한다.

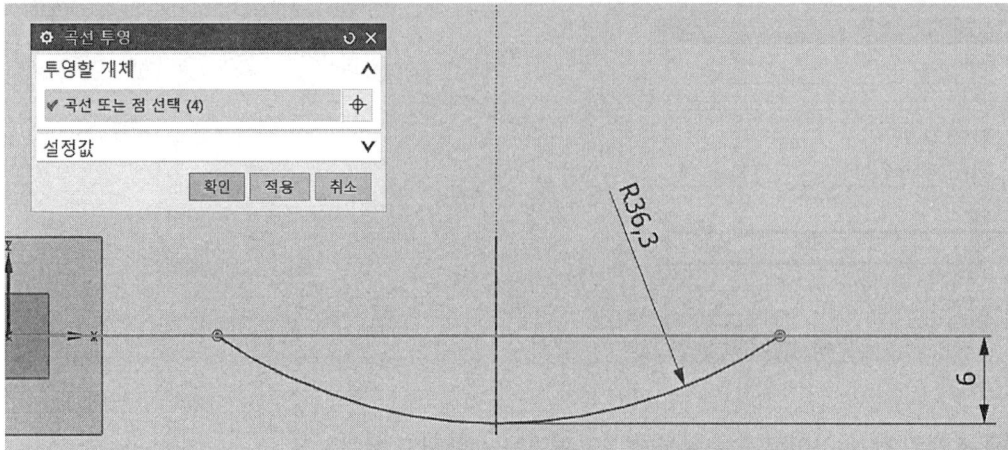

10 다시 스케치 생성 아이콘을 선택한 후 참조 평면을 XZ 평면을 선택하고 확인한다.

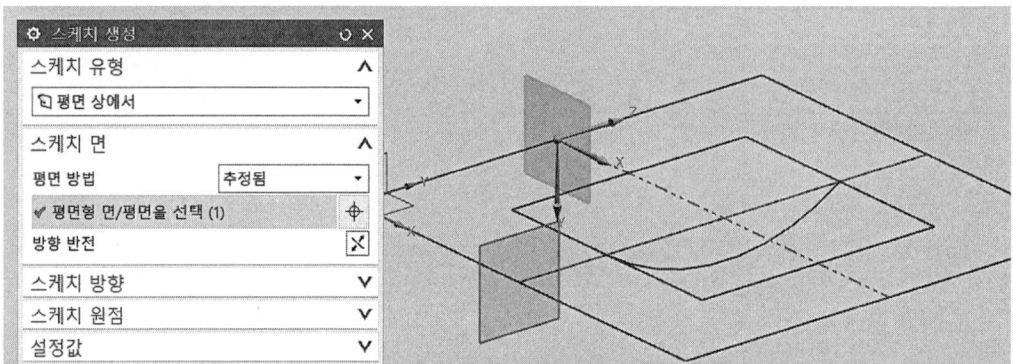

11 뷰 방향을 앞쪽(정면도)으로 설정하고, 아래 그림처럼 호를 스케치한 후 호의 중심은 곡선 상의 점으로 구속을 설정한다.

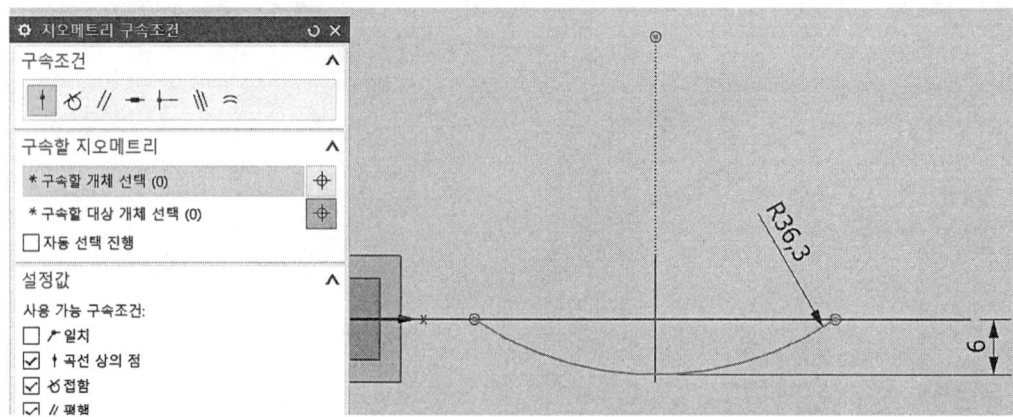

⑫ 곡선 투영 아이콘을 선택하고 아래 그림처럼 직선을 투영하고 스케치를 종료한다.

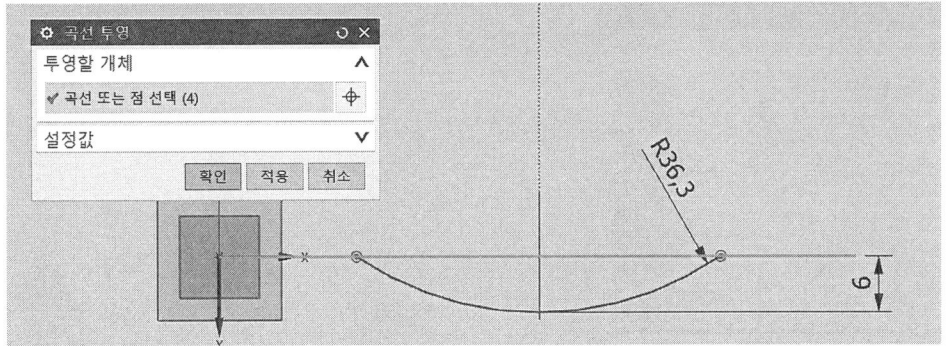

⑬ 돌출 아이콘을 선택한 후 그림처럼 양쪽으로 돌출하고 적용한다.

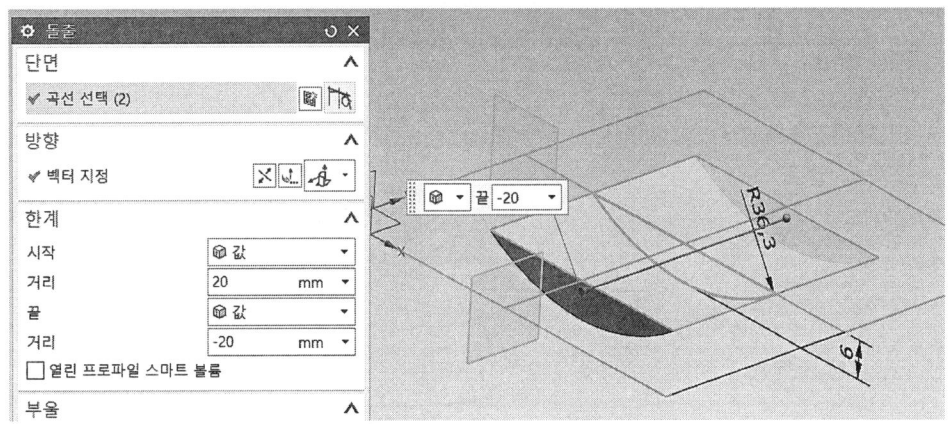

⑭ 그림처럼 곡선을 선택하고 양쪽으로 돌출하고, 부울은 교차로 설정하고 적용한다.

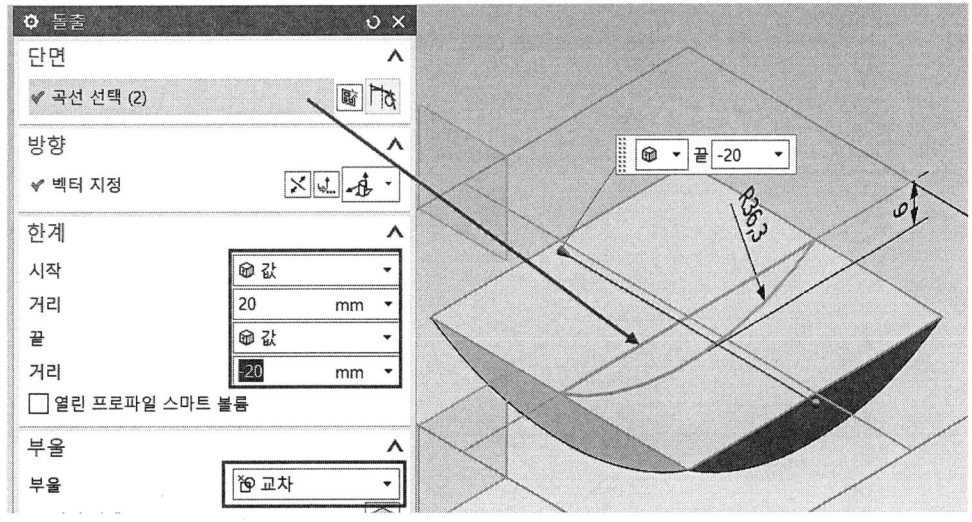

제12절 교차 돌출 모델링 따라 하기

🔟 아래 그림처럼 외각 선을 선택하고, 끝 거리는 –28mm를 입력한 후 돌출하고 확인한다.

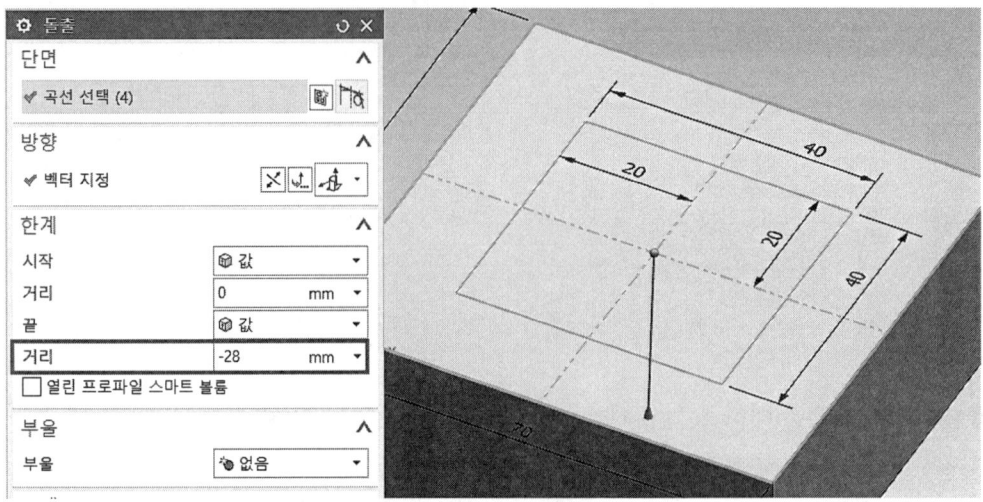

🔟 빼기 아이콘을 선택하여 아래 그림처럼 설정하고 확인한다.

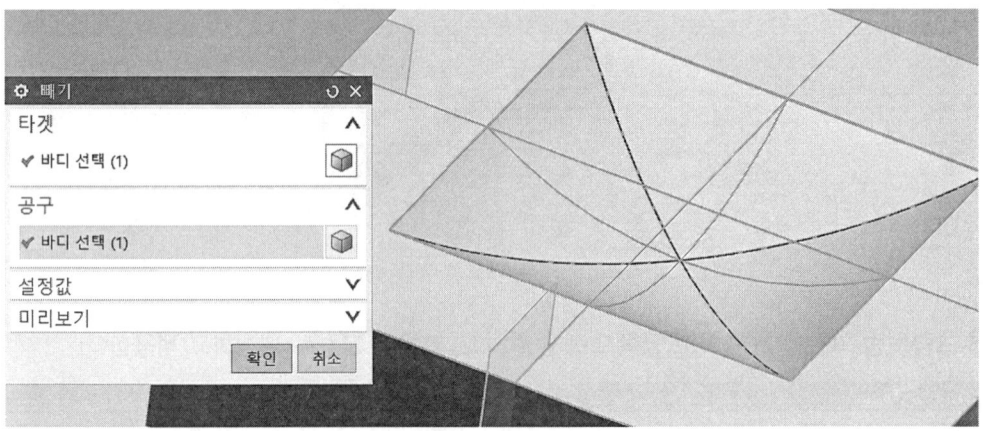

🔟 다시 스케치 생성 아이콘을 선택하고, 아래 그림처럼 윗면을 선택하고 확인한다.

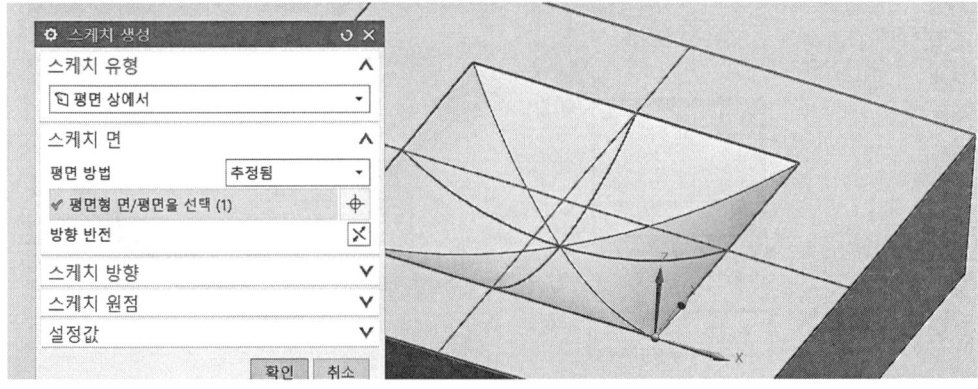

18 원으로 ⌀15를 스케치한 후 스케치를 종료한다.

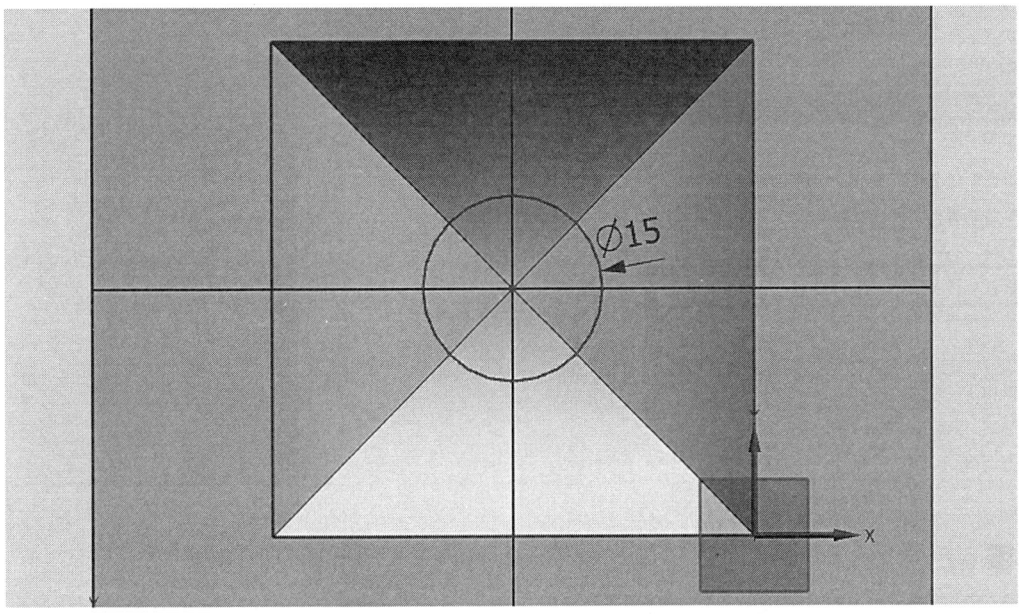

19 돌출 아이콘을 선택한 후 그림처럼 끝 거리는 -10mm 입력, 부울은 결합을 선택, 돌출하고 확인한다.

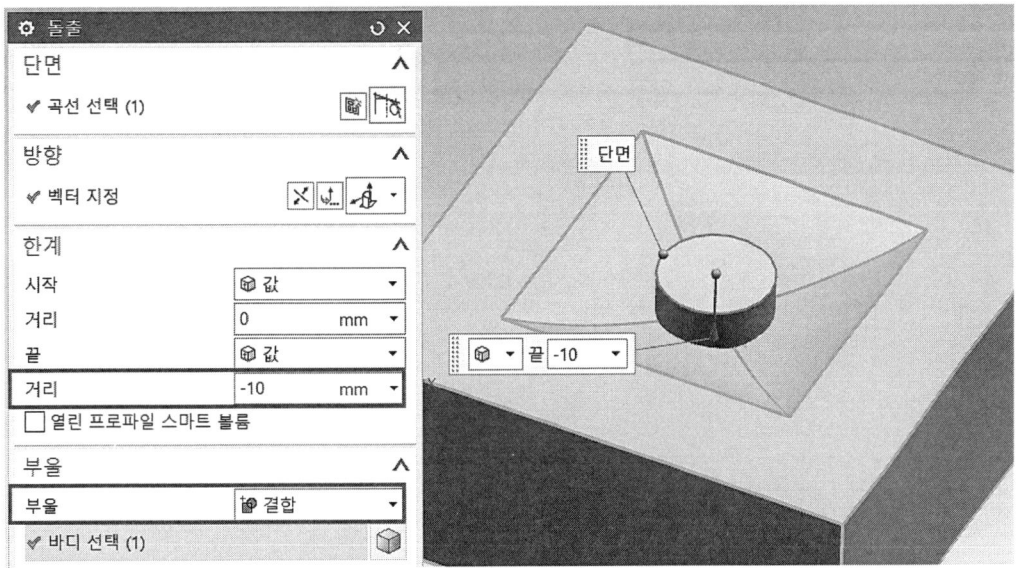

제12절 교차 돌출 모델링 따라 하기

㉠ 모서리 블렌드 아이콘을 선택하고, 모서리 4군데를 선택하고 반경 1에서 3mm를 입력한 후 확인한다.

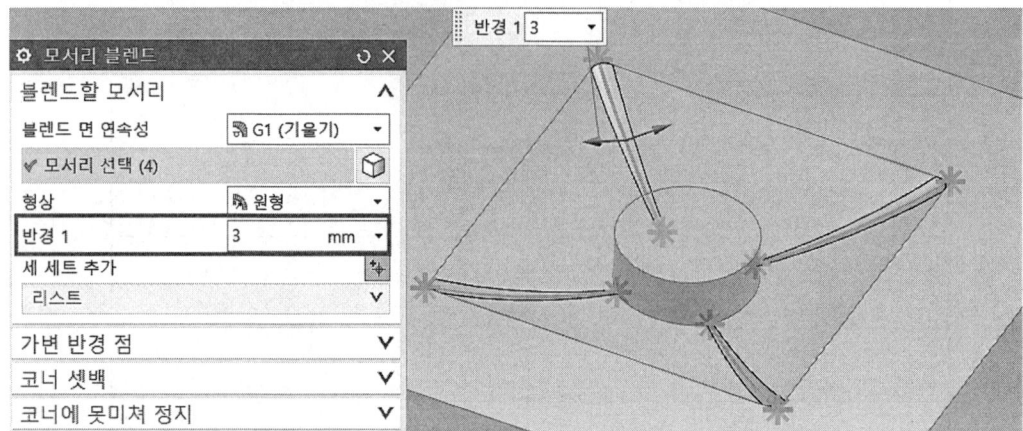

㉡ 같은 방법으로 아래 그림과 같이 반경 1에서 3mm를 입력하고 확인한다.

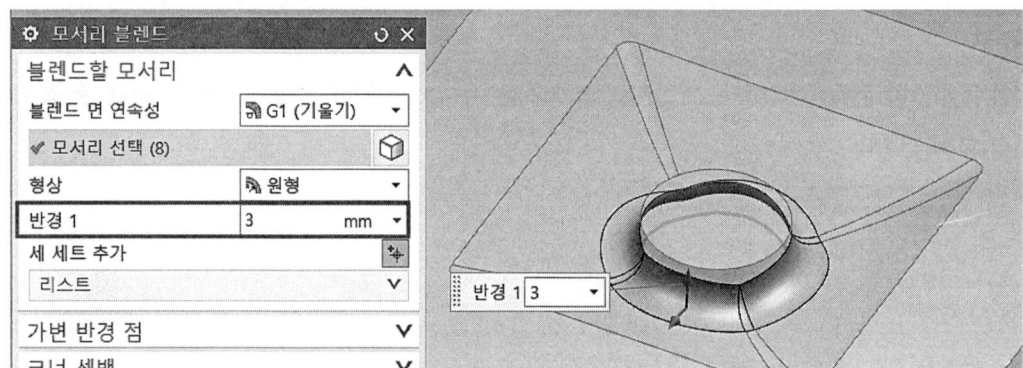

㉒ 최종 완성된 모델링 형상을 도면과 비교하여 이상 유무를 확인한다.

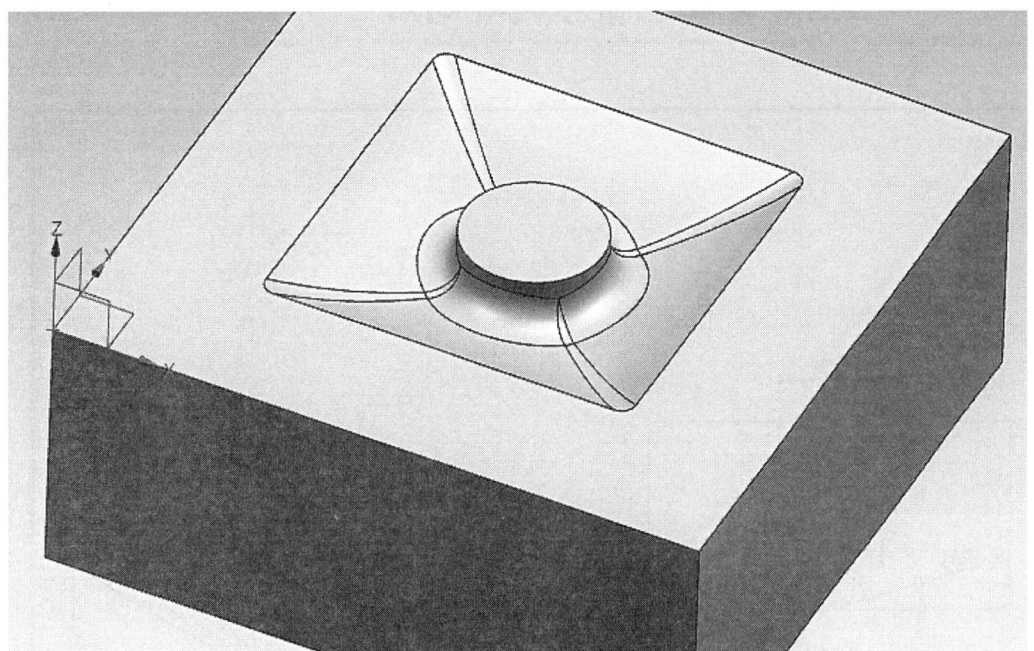

제13절 크로바 돌출 모델링 따라 하기

1 새로 만들기 (Ctrl+N)을 실행하고 모델을 선택하고 파일이름과 저장할 폴더를 입력한 다음 확인을 클릭한다.

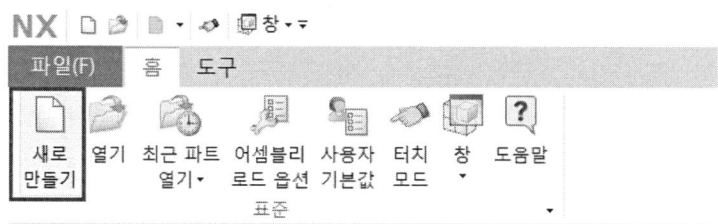

2 삽입에서 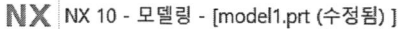 타스크 환경의 스케치(V)... 를 선택하거나, 위에서 생성된 타스크 환경의 스케치 아이콘을 선택한다.

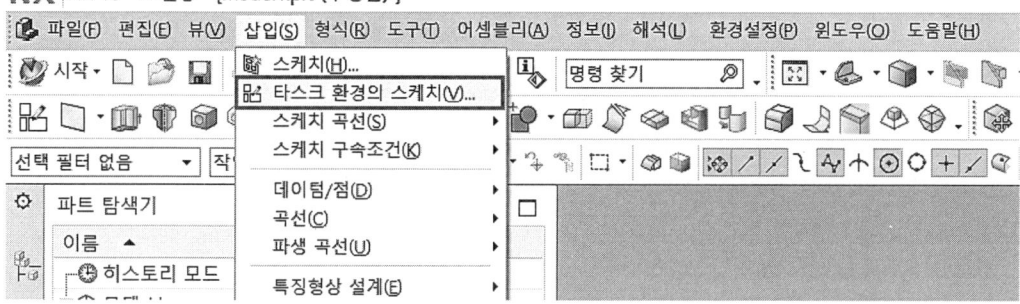

3 스케치 유형은 평면 상에서를 선택하고, 기존 평면에서 XY 평면을 선택 확인 후 스케치 모드로 들어간다.

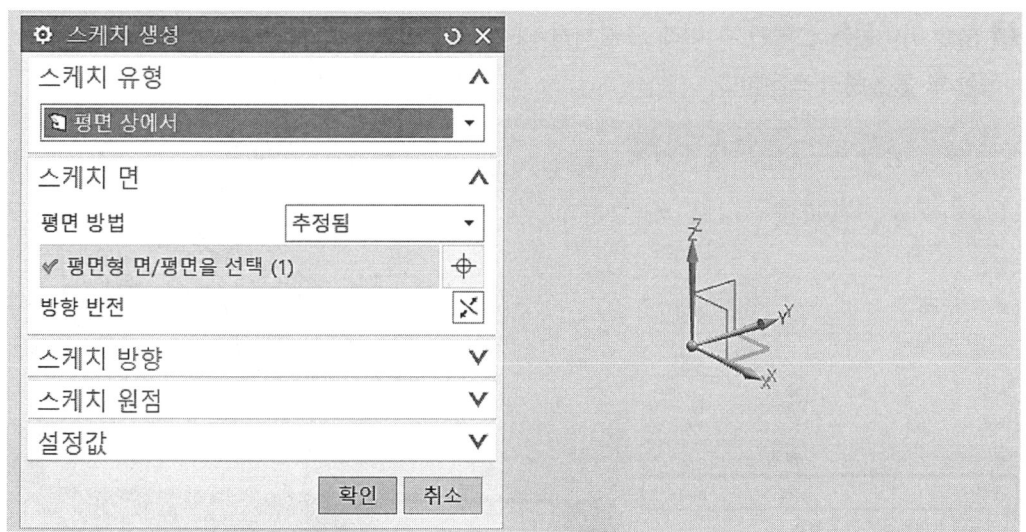

제13절 크로바 돌출 모델링 따라 하기

4 아래 그림처럼 스케치를 설정하고 스케치를 종료한다.

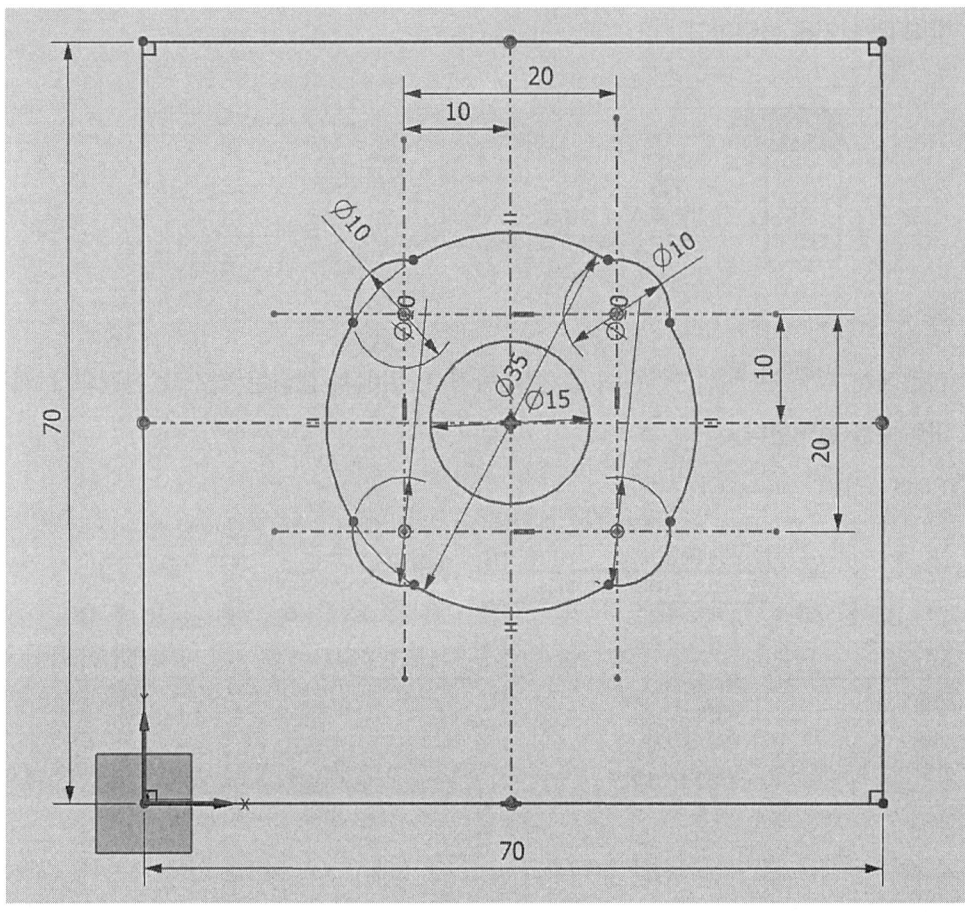

5 돌출 아이콘을 선택한 후 아래 그림처럼 외각 선을 선택하고, 끝 거리는 −28mm를 입력한 후 돌출하고 적용한다.

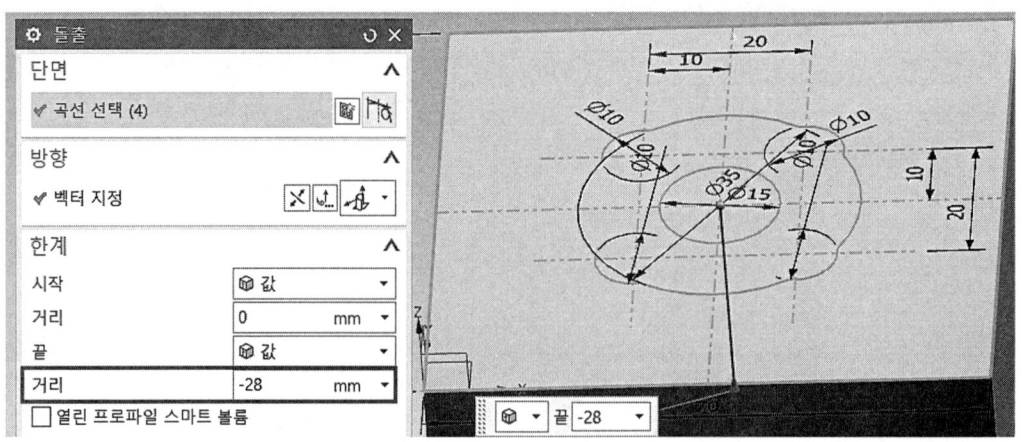

6 안쪽 곡선을 선택하고 끝 거리는 −6mm 입력, 부울은 빼기 선택, 구배 각도는 −10deg 로 설정하고 적용한다.

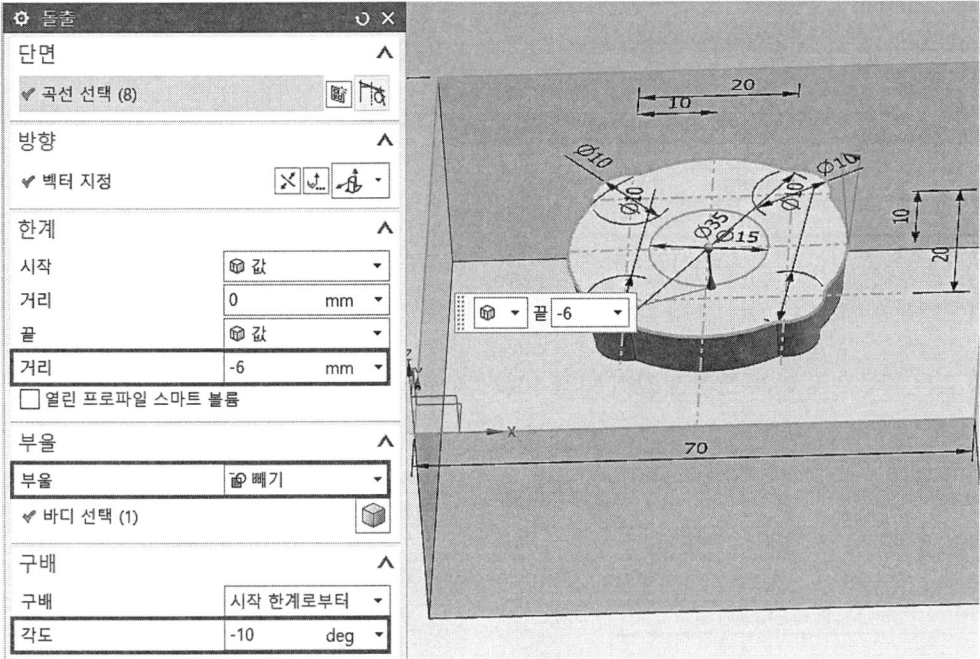

7 안쪽 원 ⌀15를 선택하고, 끝 거리는 −10mm 입력, 부울은 결합, 구배 각도는 10deg로 설정하고 확인한다.

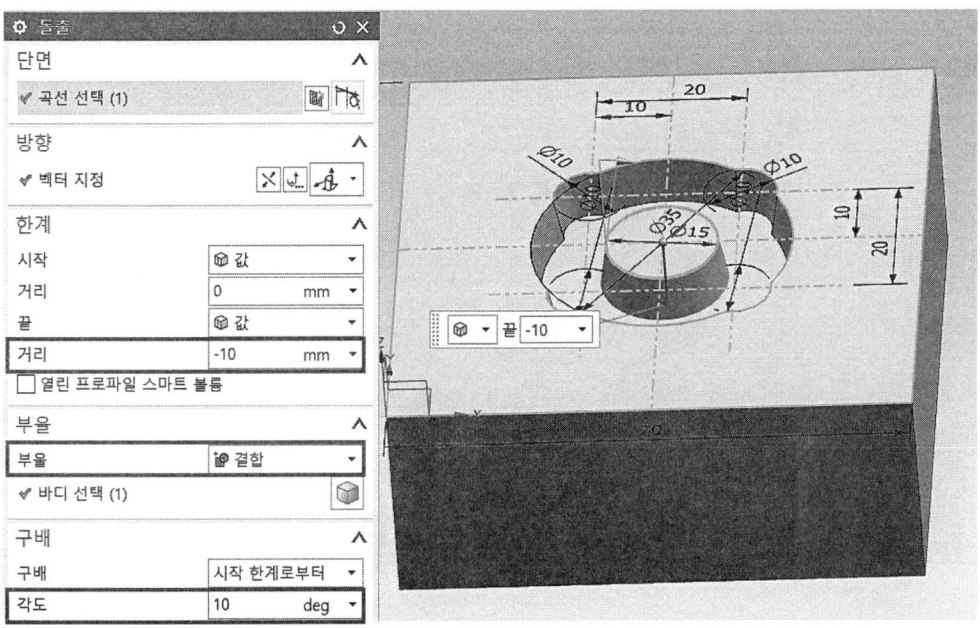

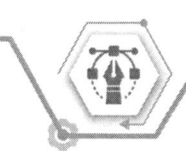

8 모서리 블렌드 아이콘을 선택한 후 모서리 8군데를 선택하고, 반경 1에서 3mm를 입력 후 확인한다.

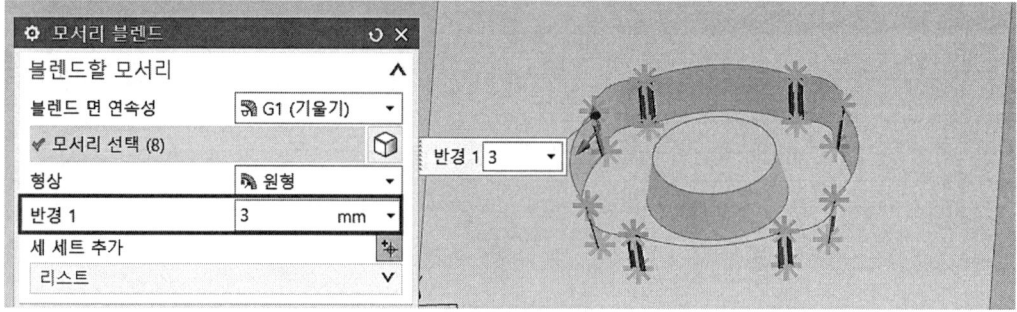

9 같은 방법으로 아래 그림과 같이 반경 1에서 3mm를 입력하고 확인한다.

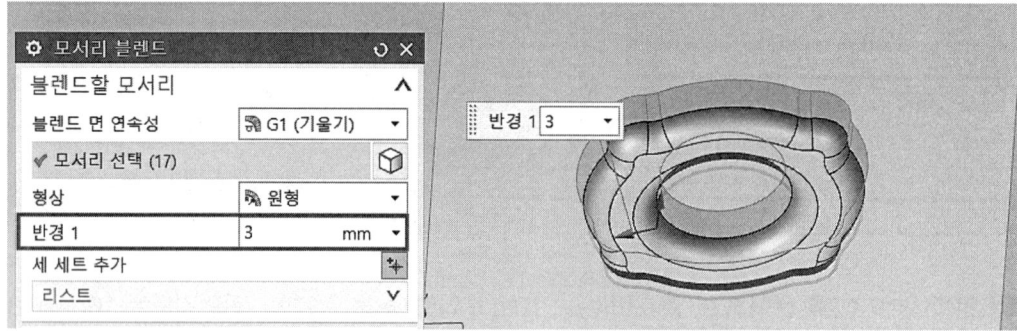

10 최종 완성된 모델링 형상을 도면과 비교하여 이상 유무를 확인한다.

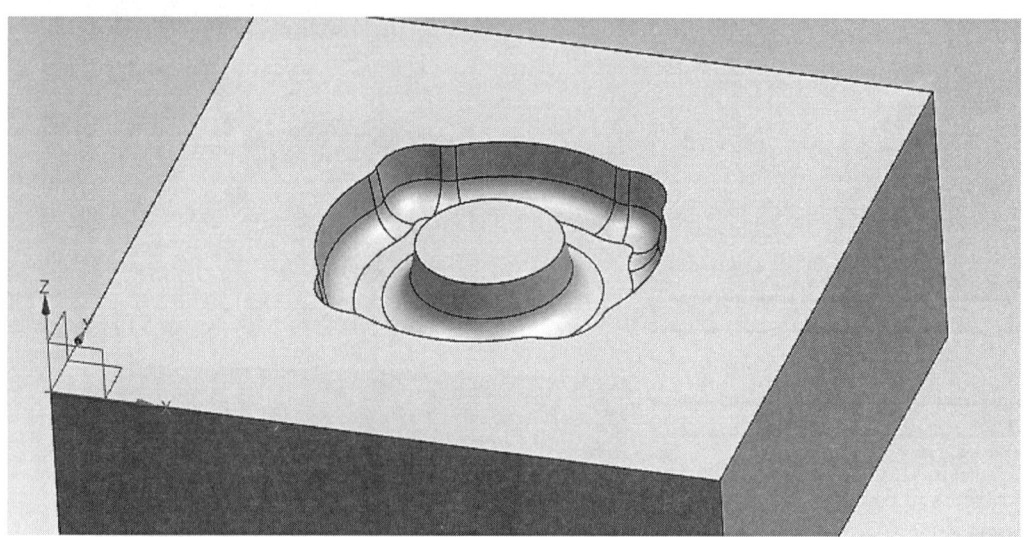

제14절 패턴 돌출 모델링 따라 하기

1 새로 만들기 (Ctrl+N)을 실행하고 모델을 선택하고 파일이름과 저장할 폴더를 입력한 다음 확인을 클릭한다.

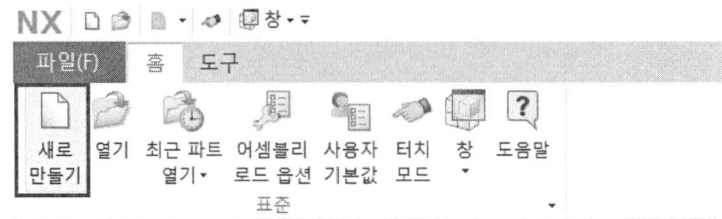

2 삽입에서  타스크 환경의 스케치(V)... 를 선택하거나, 위에서 생성된 타스크 환경의 스케치 아이콘을 선택한다.

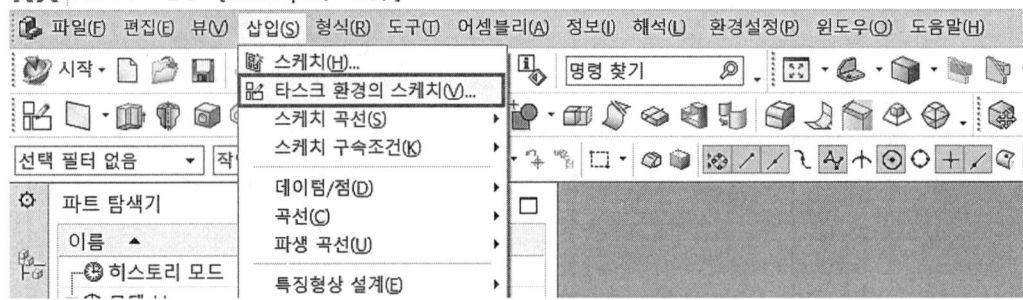

3 스케치 유형은 평면 상에서를 선택하고, 기존 평면에서 XY 평면을 선택 확인 후 스케치 모드로 들어간다.

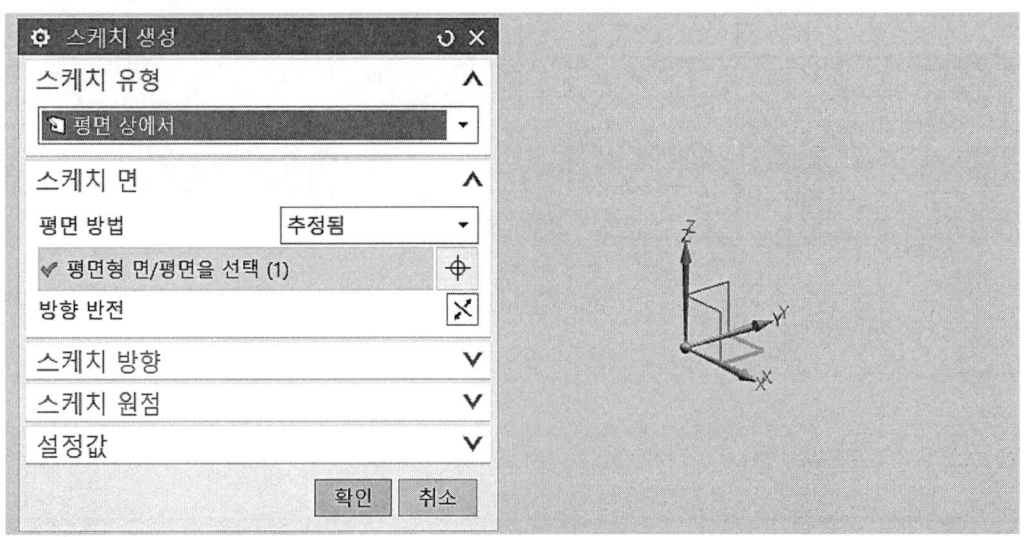

4 아래 그림처럼 스케치를 작성하고, 원의 ∅12, 개수 8의 패턴 곡선을 이용한다.

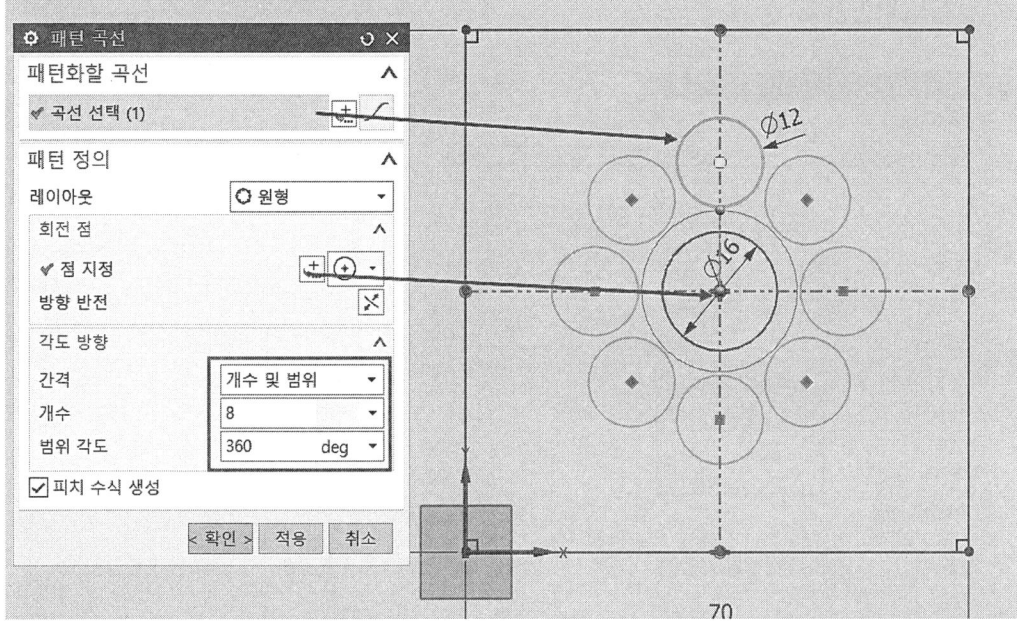

5 구속조건 아이콘을 선택하고 아래 그림과 같이 접선구속을 설정한다.

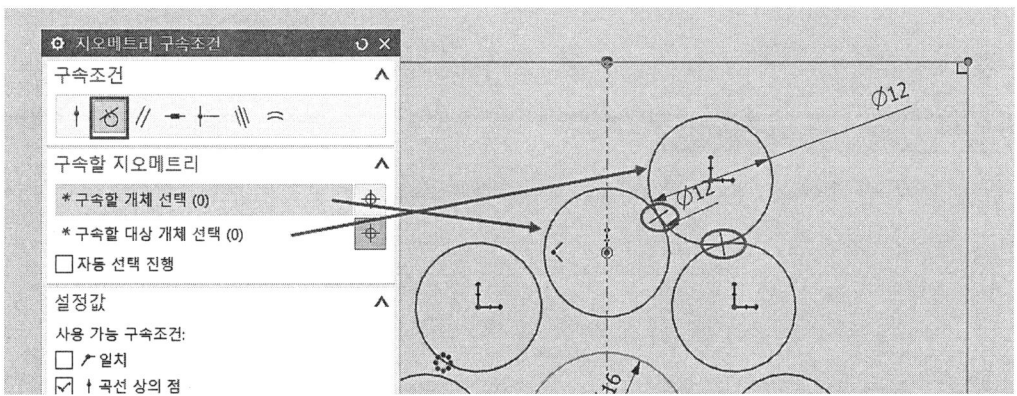

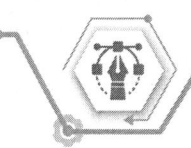

6 빠른 트리밍 아이콘을 이용하여 아래 그림처럼 트림하고, 패턴 곡선을 이용하여 원형으로 설정을 확인한다.

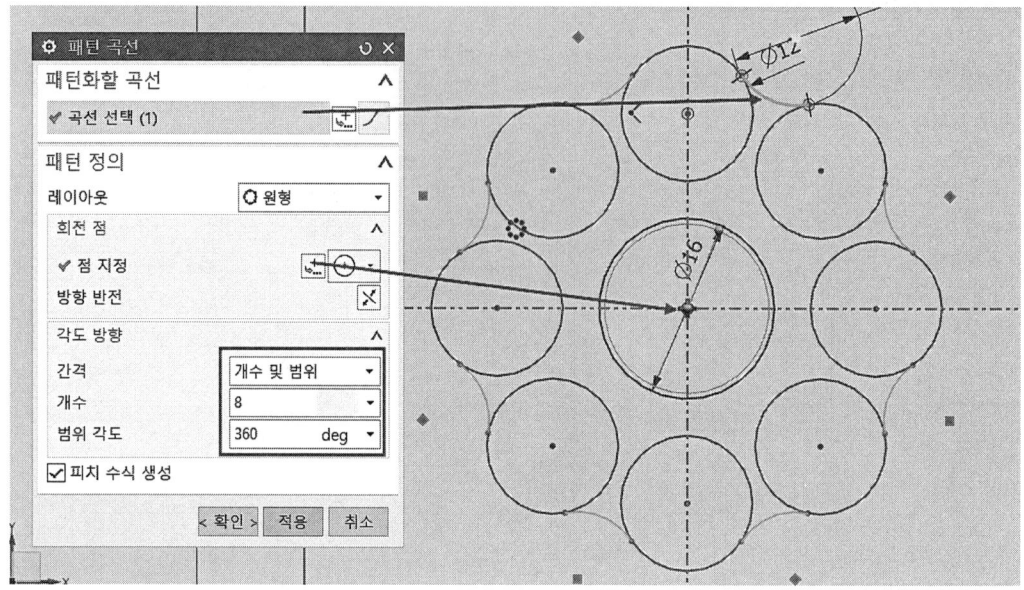

7 빠른 트리밍 아이콘을 이용하여 아래 그림처럼 트림하고 스케치를 종료한다.

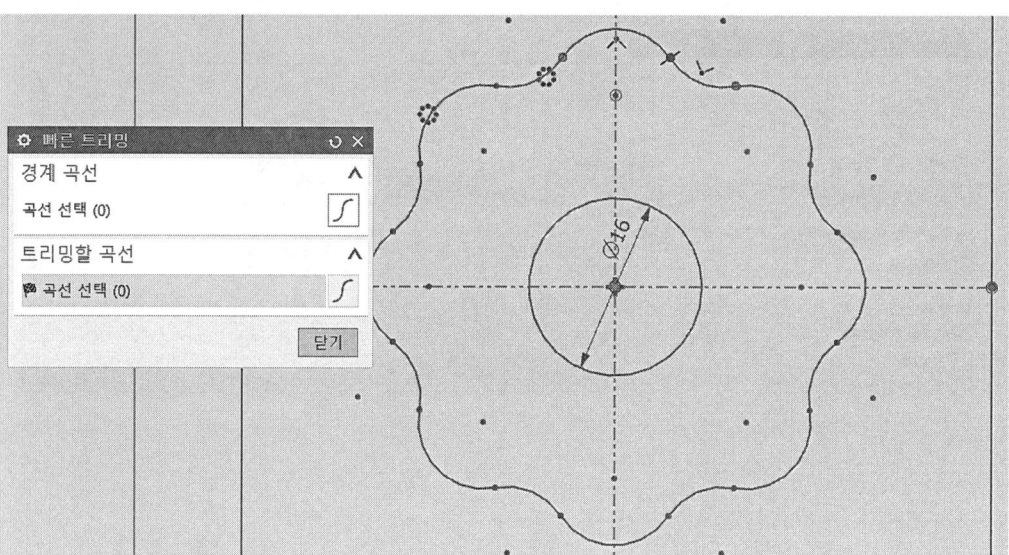

8 돌출 아이콘을 선택한 후 아래 그림처럼 외각 선을 선택하고, 끝 거리는 -28mm를 입력한 후 적용한다.

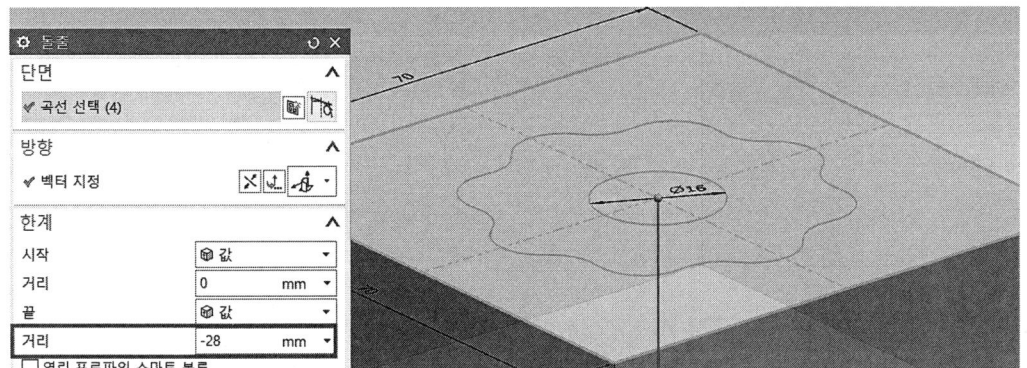

9 안쪽 곡선을 선택한 후 끝 거리는 -6mm를 입력, 부울은 빼기 선택, 구배 각도는 -10deg 로 설정하고 적용한다.

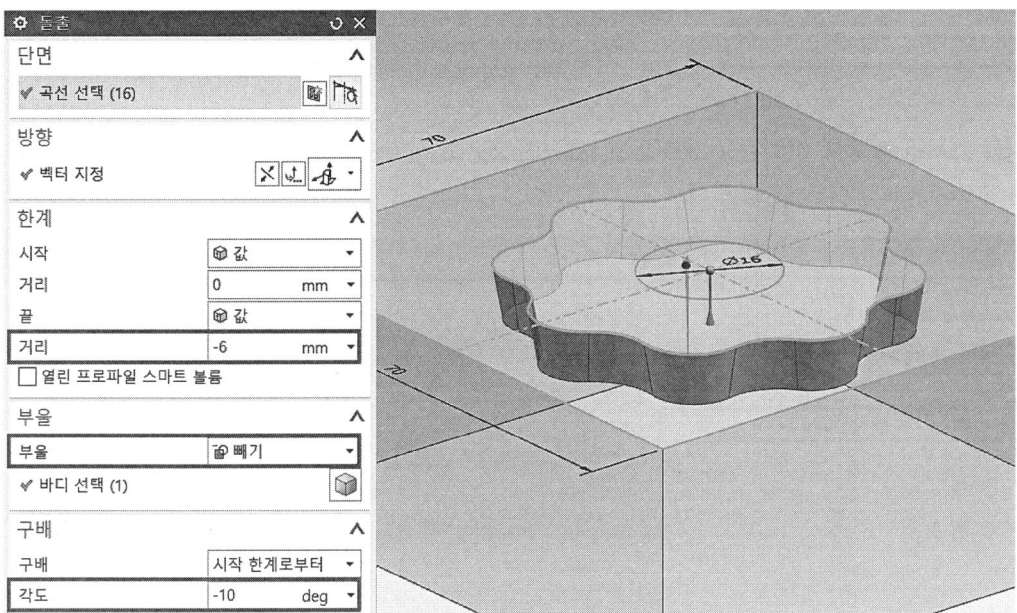

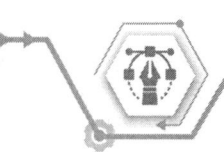

10 안쪽 원 ∅16을 선택하고, 끝 거리는 −10mm를 입력, 부울은 결합 선택, 구배 각도는 10deg로 설정하고 확인한다.

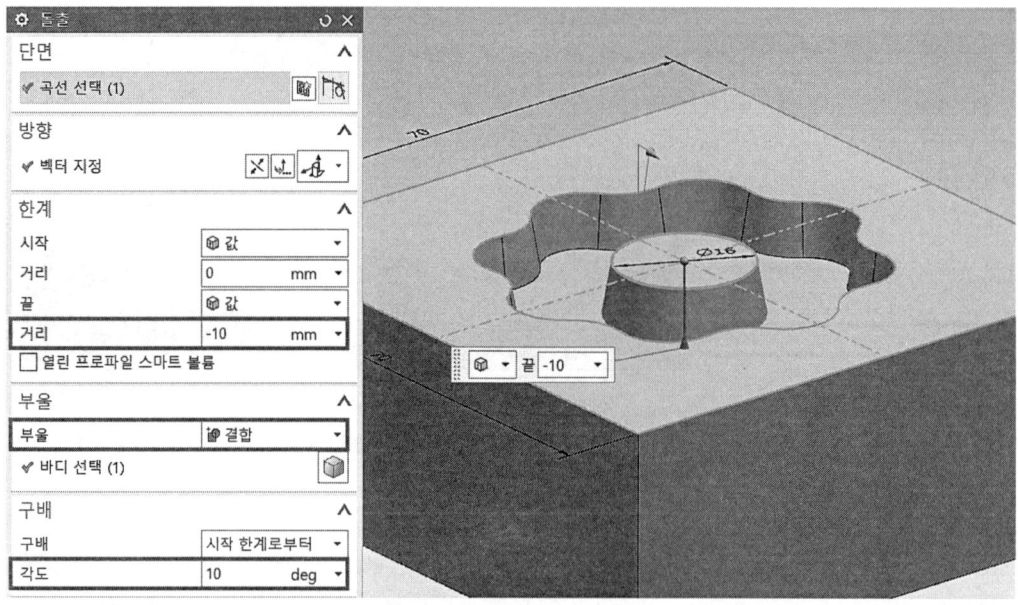

11 모서리 블렌드 아이콘을 선택하고, 모서리 2군데 선택하고 반경 1에서 3mm 입력 후 확인한다.

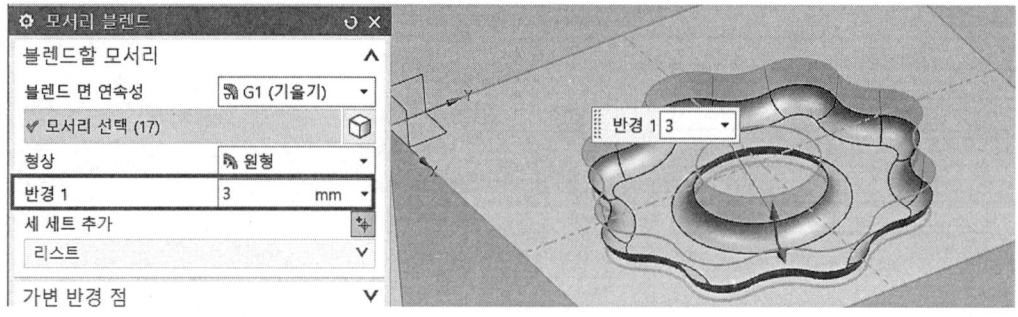

12 최종 완성된 모델링 형상을 도면과 비교하여 이상 유무를 확인한다.

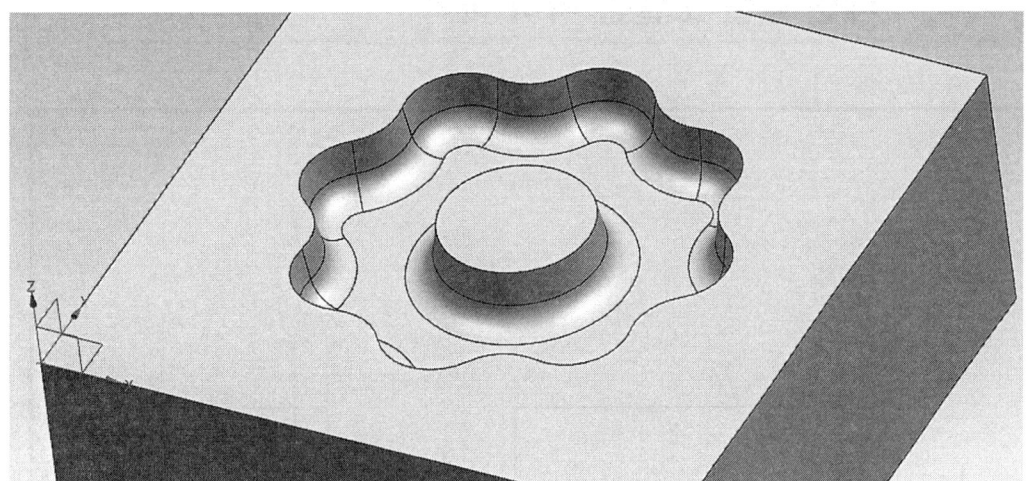

제15절 패턴 돌출 모델링 따라 하기

공개도면 ⑮

Chapter 02

1 새로 만들기 (Ctrl+N)을 실행하고 모델을 선택하고 파일이름과 저장할 폴더를 입력한 다음 확인을 클릭한다.

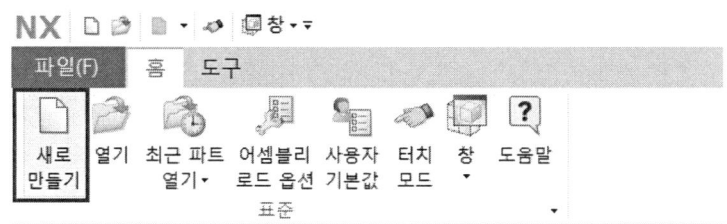

2 삽입에서 타스크 환경의 스케치(V)... 를 선택하거나, 위에서 생성된 타스크 환경의 스케치 아이콘을 선택한다.

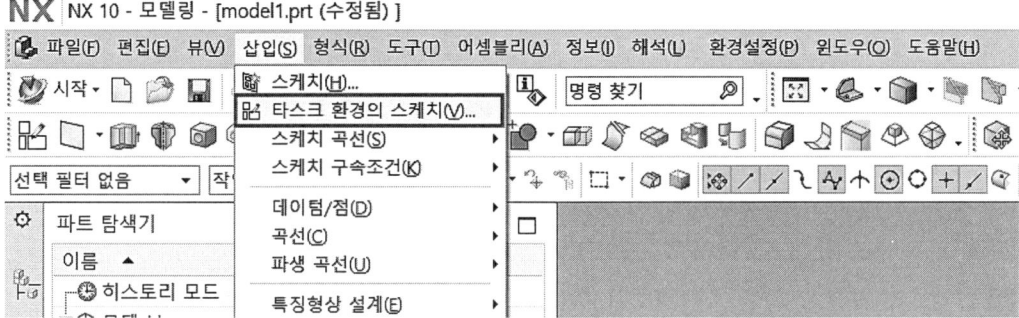

3 스케치 유형은 평면 상에서를 선택하고, 기존 평면에서 XY 평면을 선택 확인 후 스케치 모드로 들어간다.

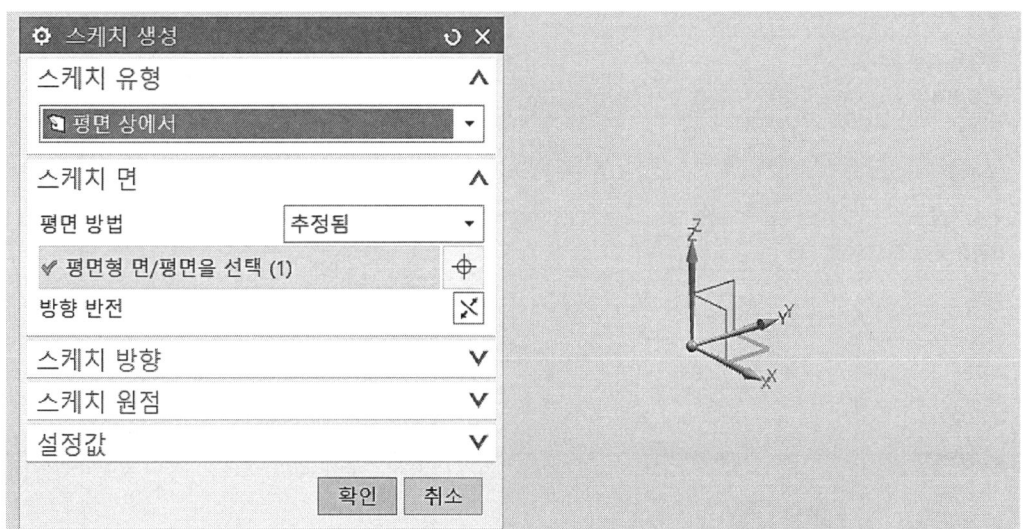

제15절 패턴 돌출 모델링 따라 하기

4 아래 그림처럼 스케치를 작성한다.

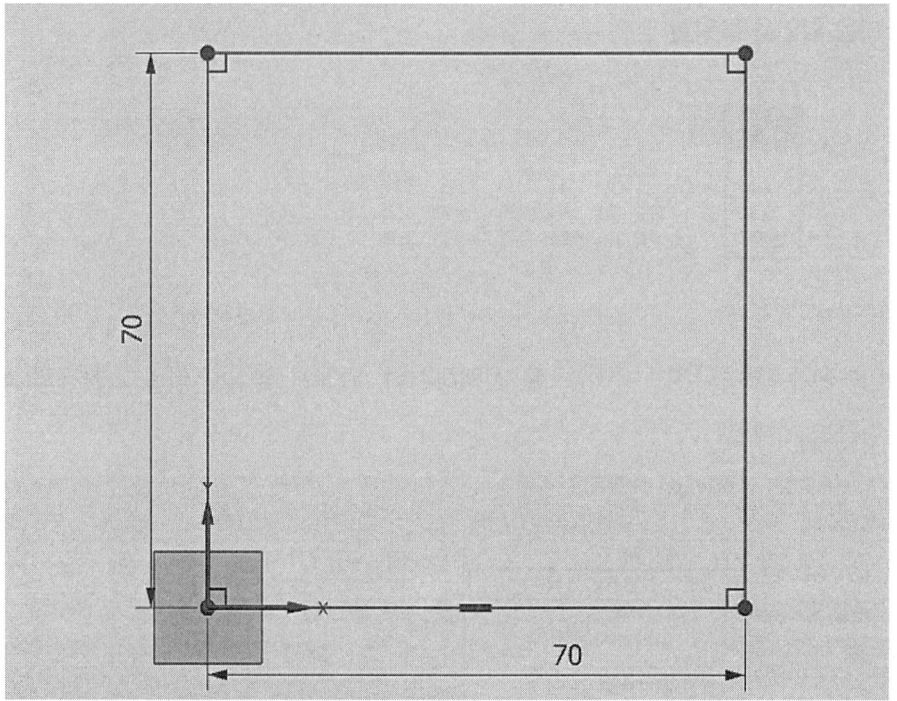

5 삽입에서 곡선 → 타원을 선택하고, 아래 그림과 같이 설정한 후 점 지정을 클릭한다.

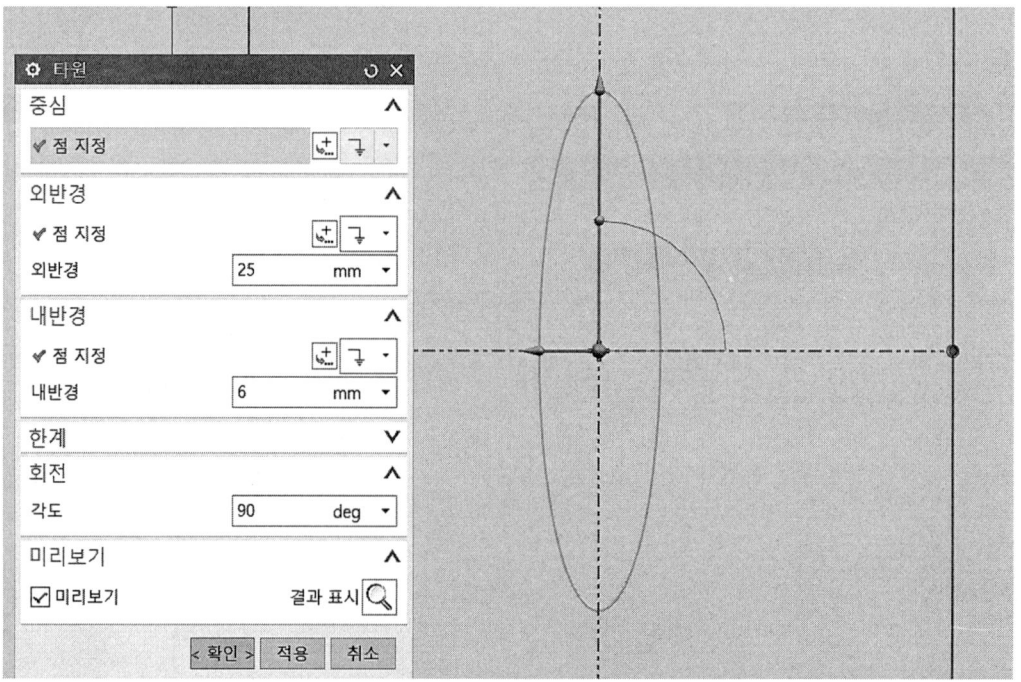

6 출력 좌표에서 절대 좌표는 X35, Y35, Z0으로 설정하고 확인한다.

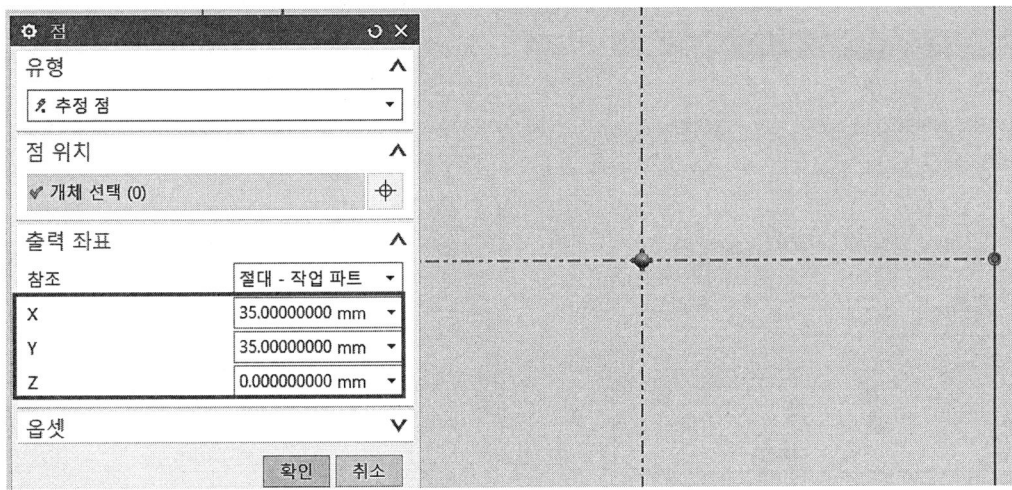

7 빠른 트리밍 아이콘을 선택하고 아래 그림처럼 트리밍한 후 중심 수직선을 생성하고 종료한다.

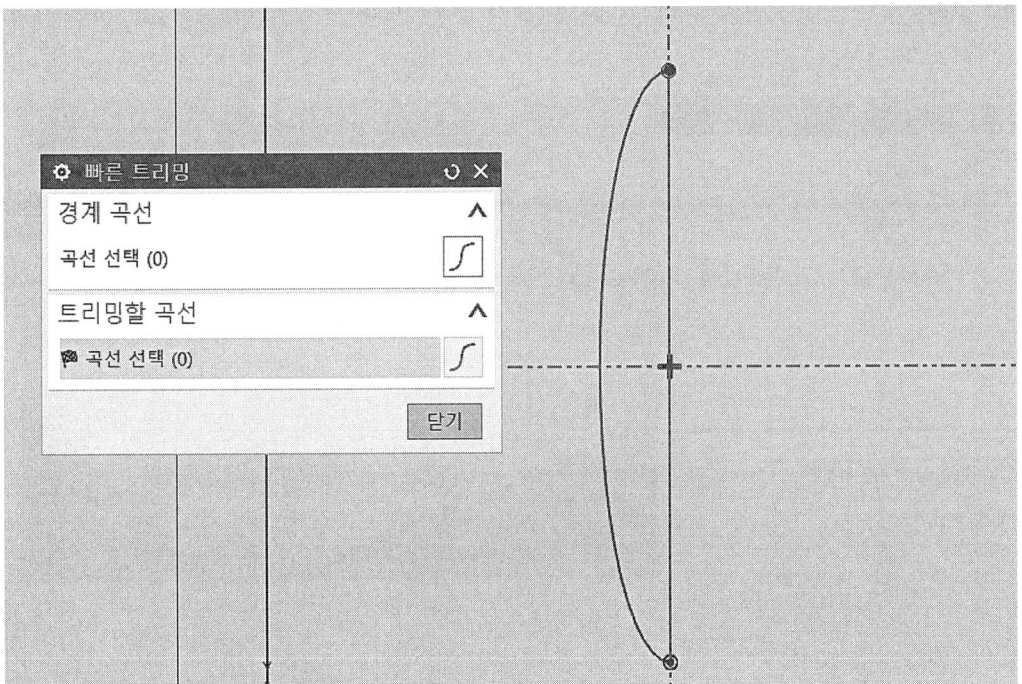

제15절 패턴 돌출 모델링 따라 하기

8 회전 아이콘을 선택하여 그림처럼 끝 각도는 360deg로 입력한 후 회전하고 확인한다.

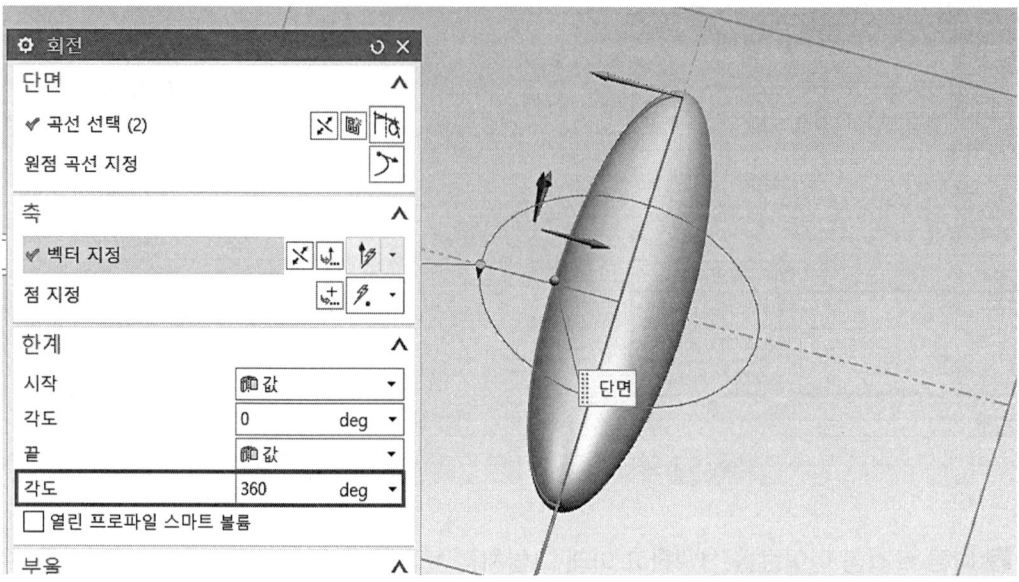

9 돌출 아이콘을 선택한 후 아래 그림처럼 외각 선을 선택하고, 끝 거리는 -28mm를 입력한 후 확인한다.

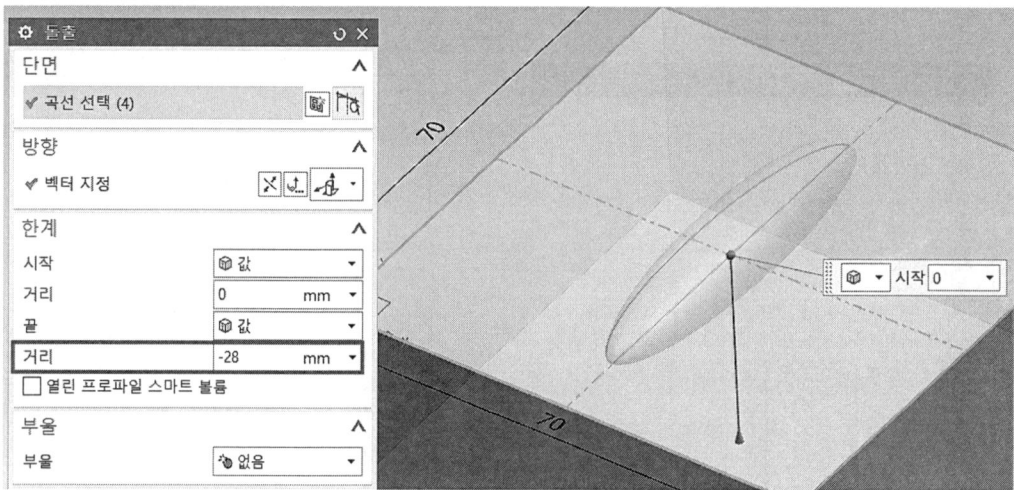

10 빼기 아이콘을 선택하고 아래 그림처럼 설정하고 확인한다.

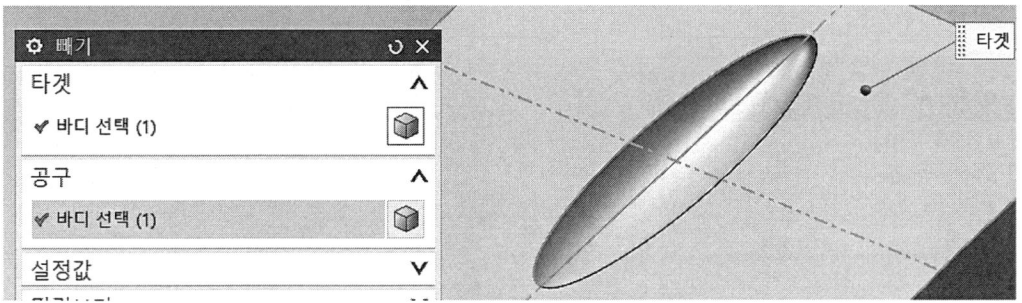

11 삽입에서 연관복사 → 패턴 특징형상을 선택한 후 그림처럼 설정하고 확인한다.

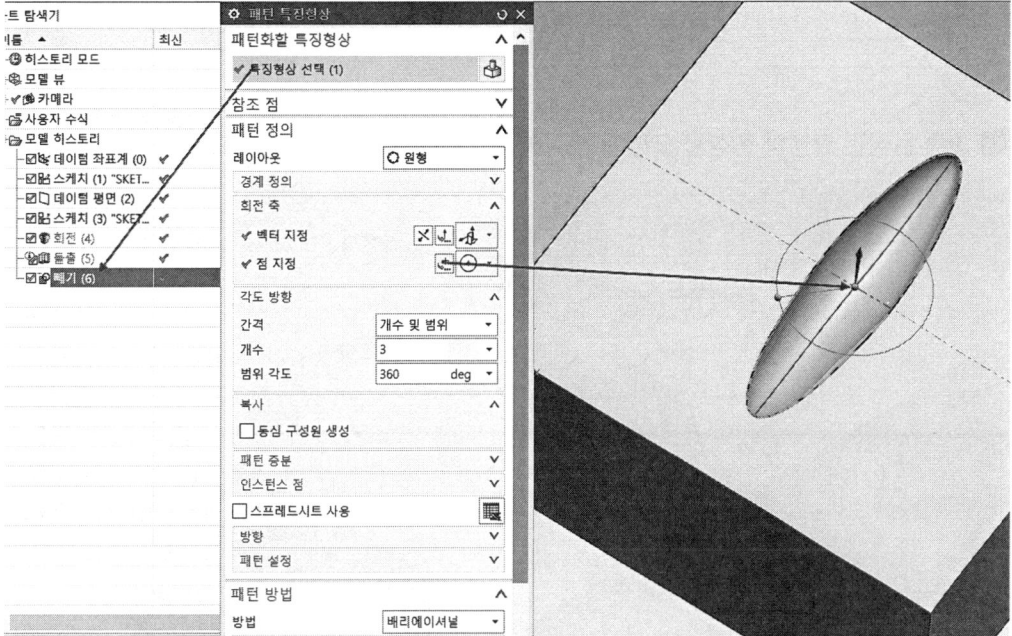

제15절 패턴 돌출 모델링 따라 하기

⑫ 모서리 블렌드 아이콘을 선택한 후 모서리 6군데를 선택하고, 반경 1에서 3mm를 입력 후 확인한다.

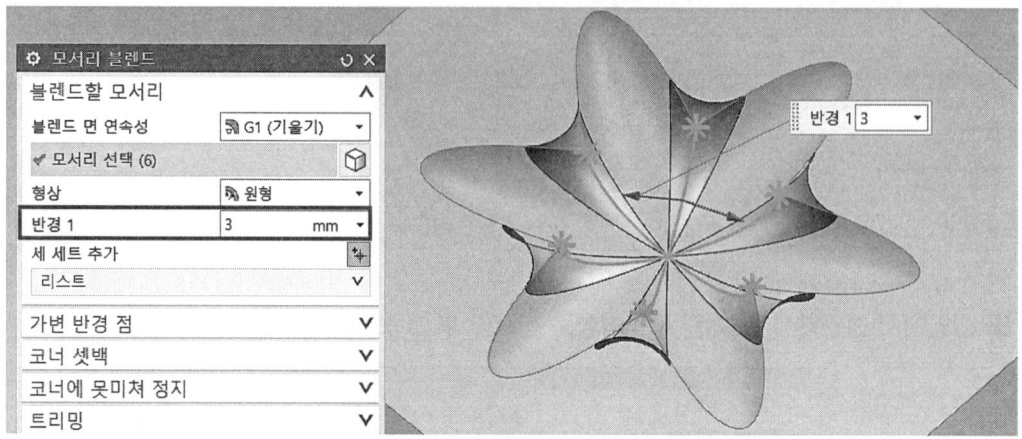

⑬ 최종 완성된 모델링 형상을 도면과 비교하여 이상 유무를 확인한다.

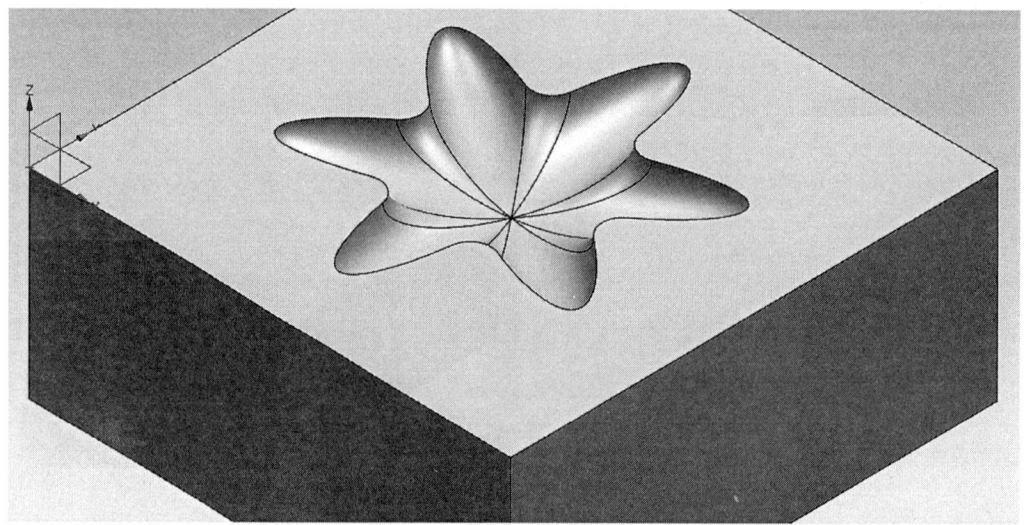

제16절 구배 돌출 모델링 따라 하기

제16절 구배 돌출 모델링 따라 하기

1 새로 만들기 (Ctrl+N)을 실행하고 모델을 선택하고 파일이름과 저장할 폴더를 입력한 다음 확인을 클릭한다.

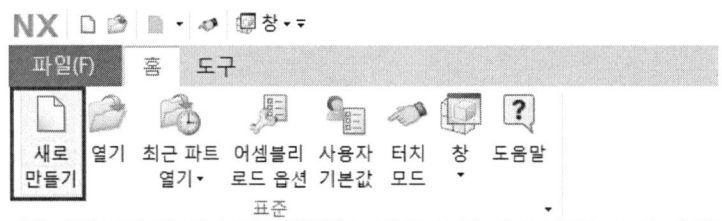

2 삽입에서 타스크 환경의 스케치(V)... 를 선택하거나, 위에서 생성된 타스크 환경의 스케치 아이콘을 선택한다.

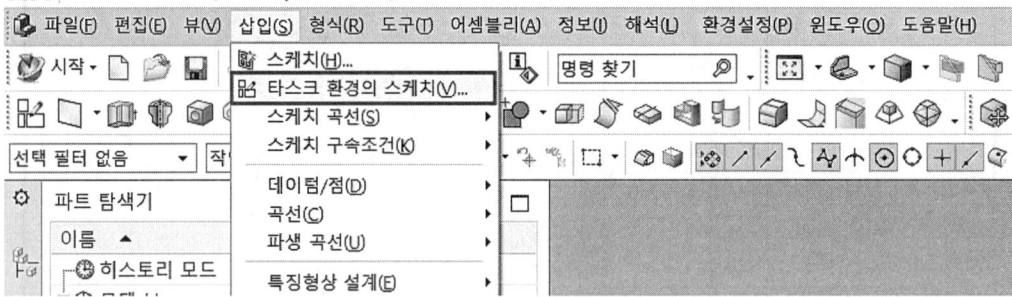

3 스케치 유형은 평면 상에서를 선택하고, 기존 평면에서 XY 평면을 선택 확인 후 스케치 모드로 들어간다.

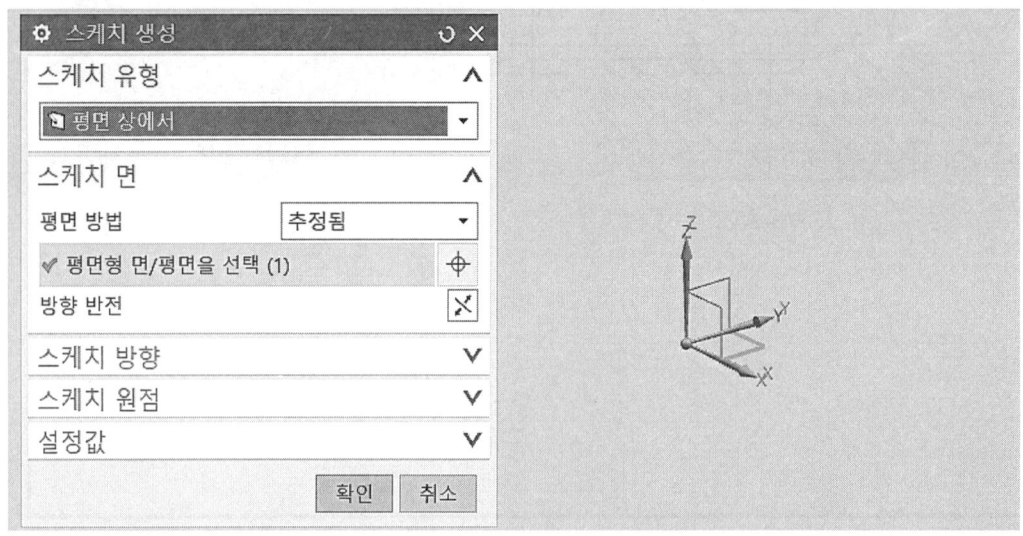

Chapter 02

4 아래 그림처럼 스케치를 작성하고 스케치를 종료한다.

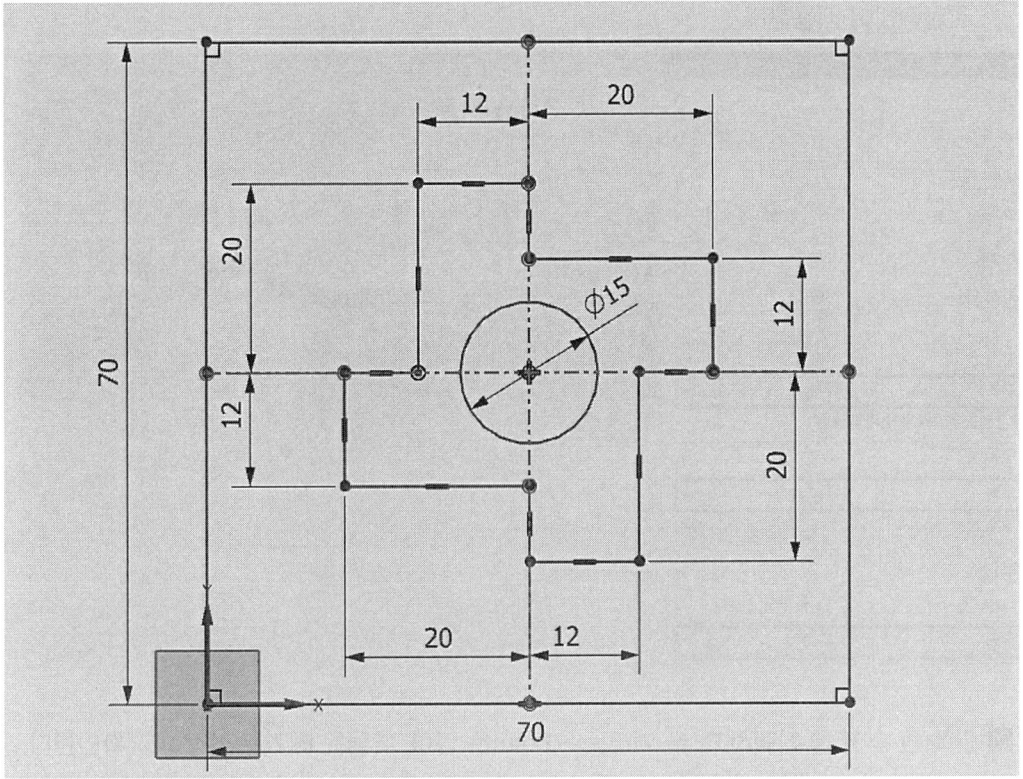

5 돌출 아이콘을 선택한 후 아래 그림처럼 외각 선을 선택하고 끝 거리는 -28mm로 입력한 후 적용한다.

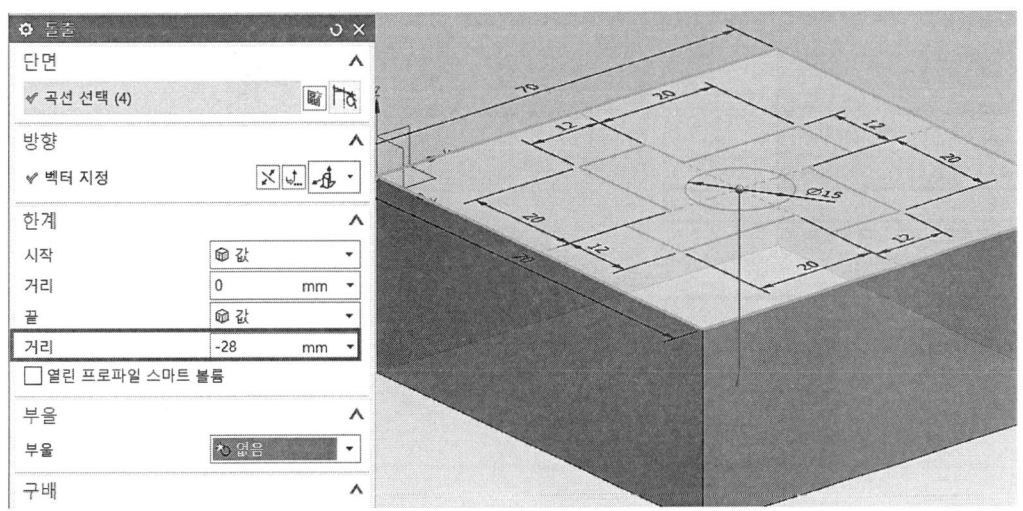

제16절 구배 돌출 모델링 따라 하기

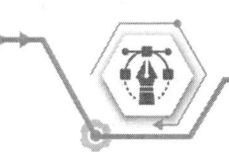

6 안쪽 곡선을 선택하고 끝 거리 −3mm를 입력, 부울은 빼기 선택, 구배 각도는 −20deg 로 설정하고 적용한다.

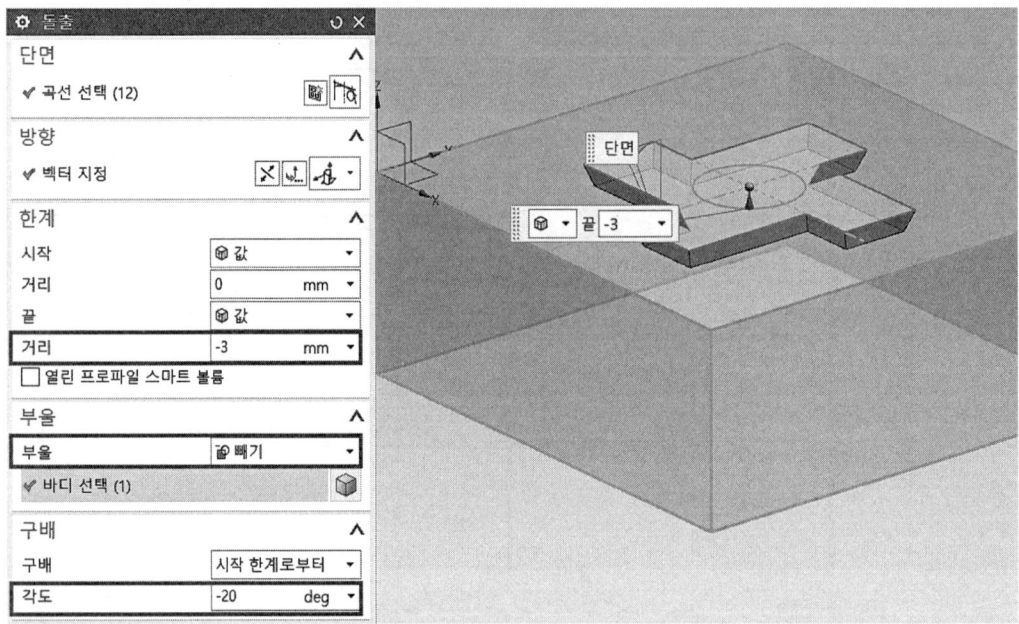

7 안쪽 원 ∅15를 선택하고, 끝 거리는 −6mm를 입력, 부울은 빼기로 설정하고 확인한다.

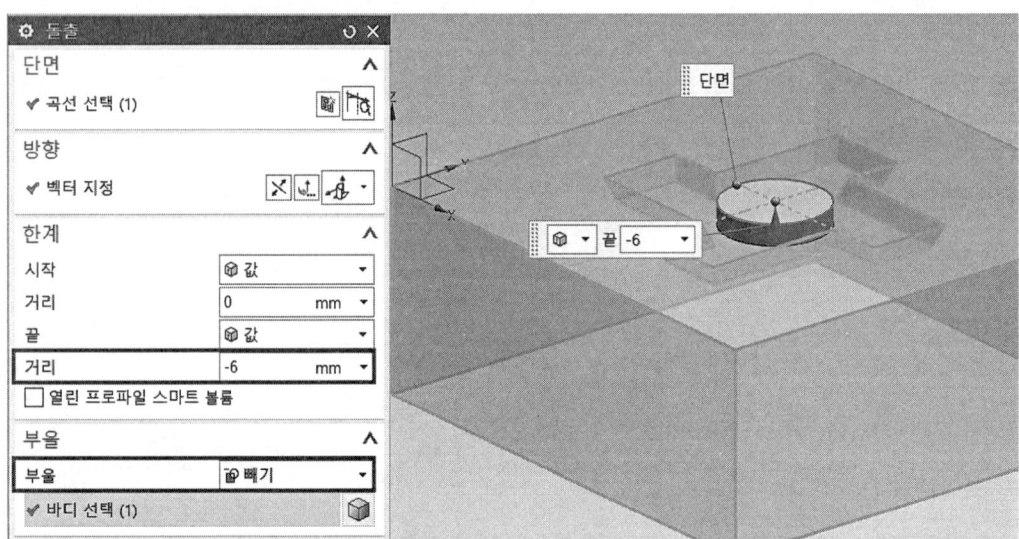

8 모서리 블렌드 아이콘을 선택한 후 모서리 12군데를 선택하고, 반경 1에서 3mm를 입력 후 적용한다.

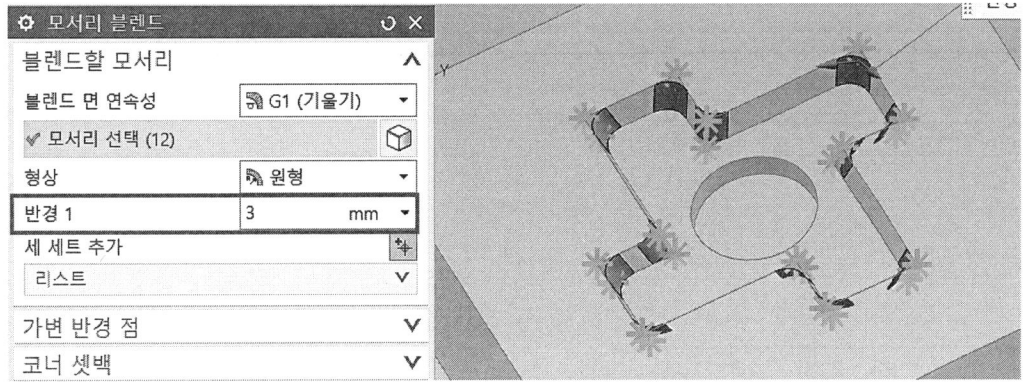

9 같은 방법으로 아래 그림과 같이 반경 1에서 3mm를 입력하고 확인한다.

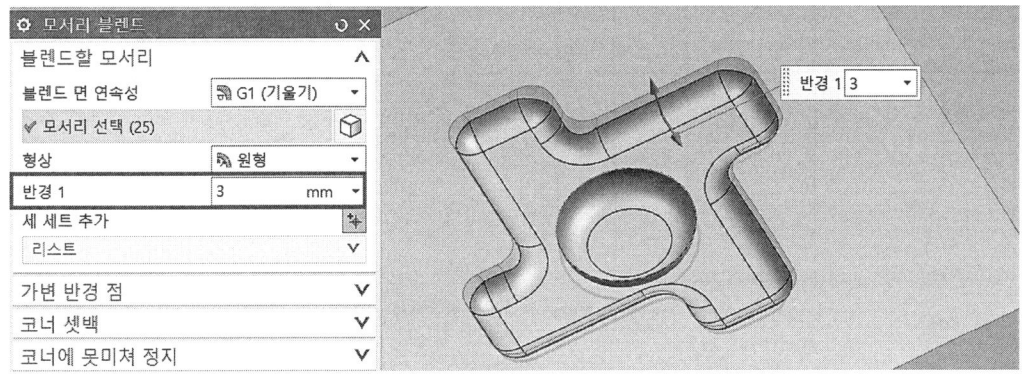

10 최종 완성된 모델링 형상을 도면과 비교하여 이상 유무를 확인한다.

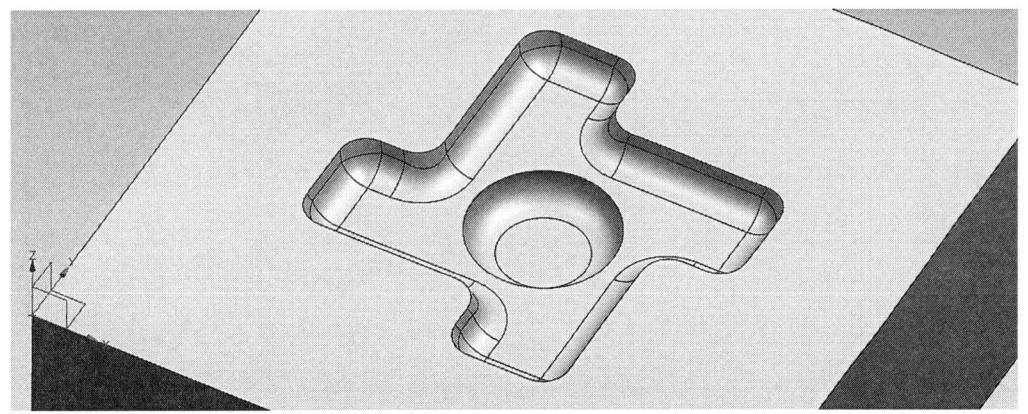

제17절 사각 돌출 모델링 따라 하기

1 새로 만들기 (Ctrl+N)을 실행하고 모델을 선택하고 파일이름과 저장할 폴더를 입력한 다음 확인을 클릭한다.

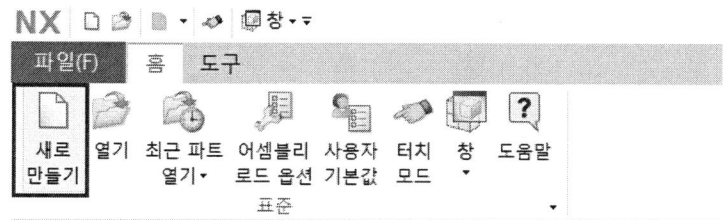

2 삽입에서 타스크 환경의 스케치(V)... 를 선택하거나, 위에서 생성된 타스크 환경의 스케치 아이콘을 선택한다.

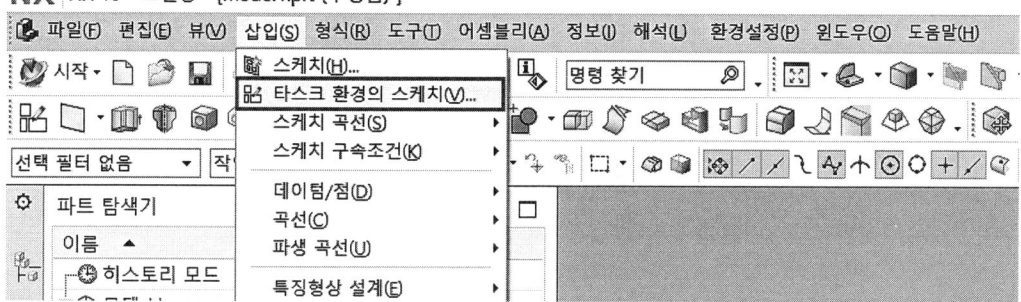

3 스케치 유형은 평면 상에서를 선택하고, 기존 평면에서 XY 평면을 선택 확인 후 스케치 모드로 들어간다.

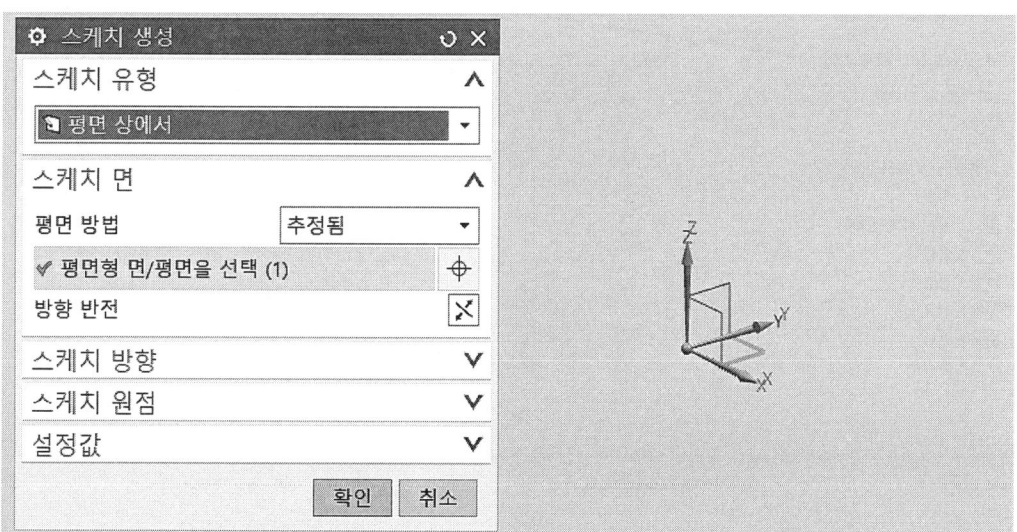

4 아래 그림처럼 스케치를 작성하고 사각형은 다각형으로 설정한다.

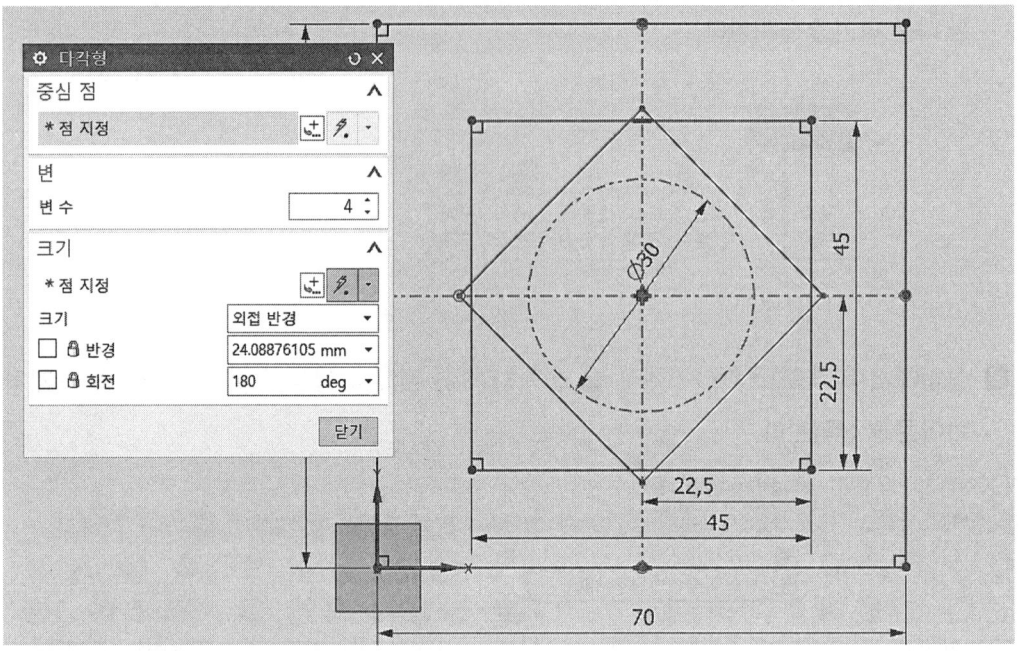

5 구속조건 아이콘을 이용하여 그림처럼 접선을 설정한다.

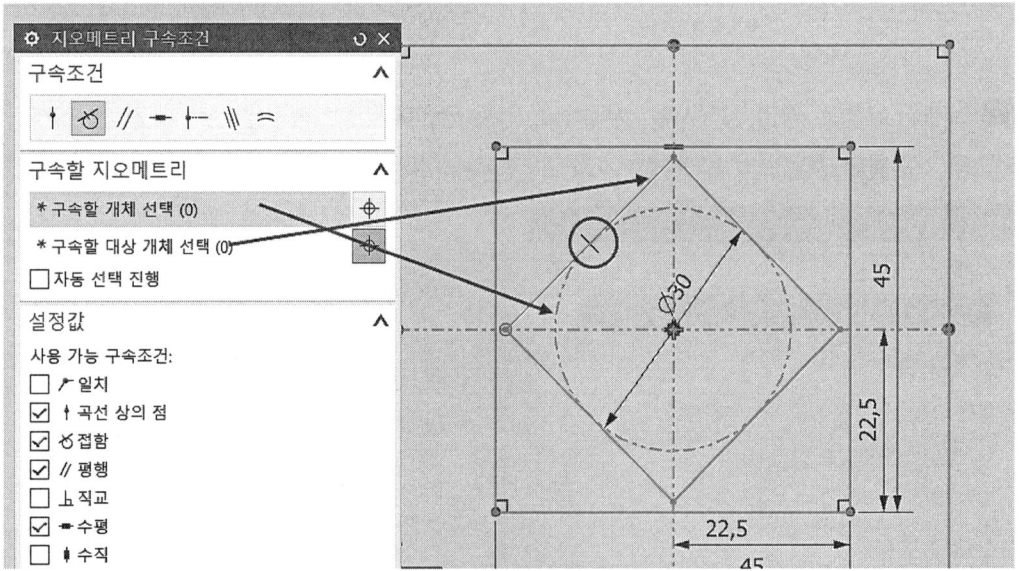

6 아래 그림처럼 필렛 아이콘을 이용하여 필렛을 설정하고 스케치를 확인 후 종료한다.

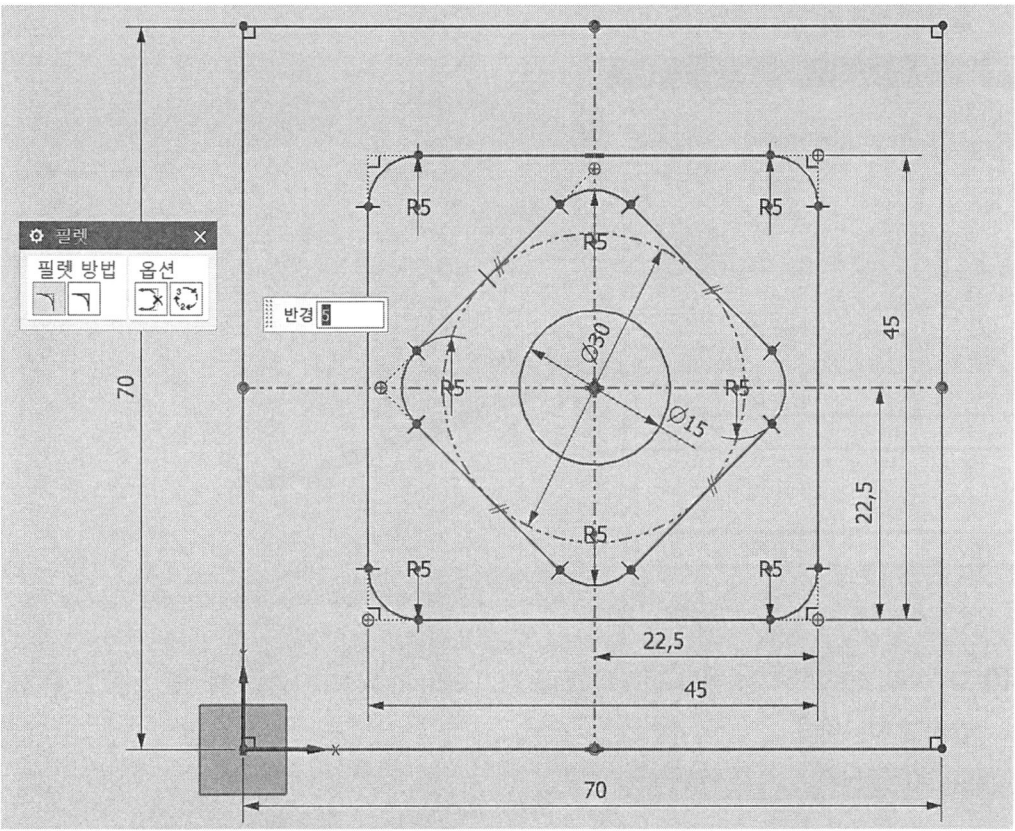

7 돌출 아이콘을 선택한 후 아래 그림처럼 외각 선을 선택하고, 끝 거리는 −28mm를 입력한 후 적용한다.

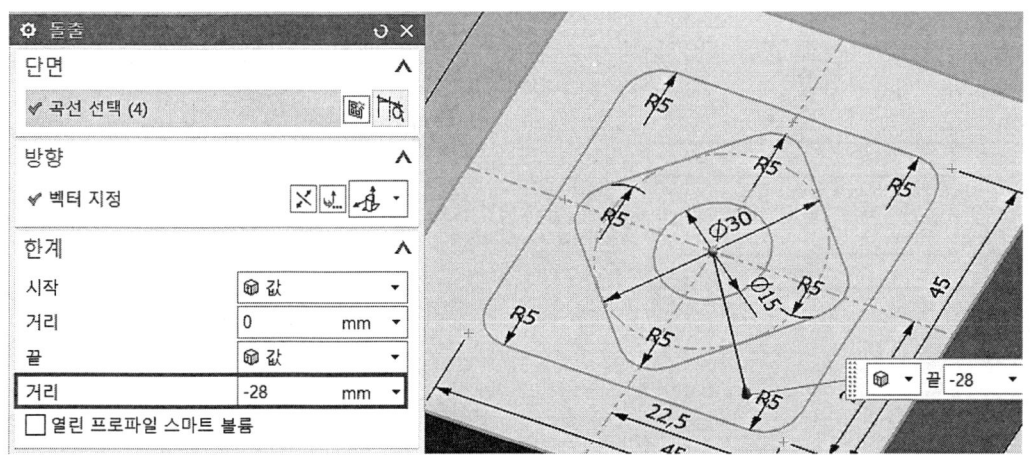

8 아래 그림처럼 사각형 선을 선택하고 끝 거리 −3mm 입력, 부울은 빼기를 선택한 후 돌출하고 적용한다.

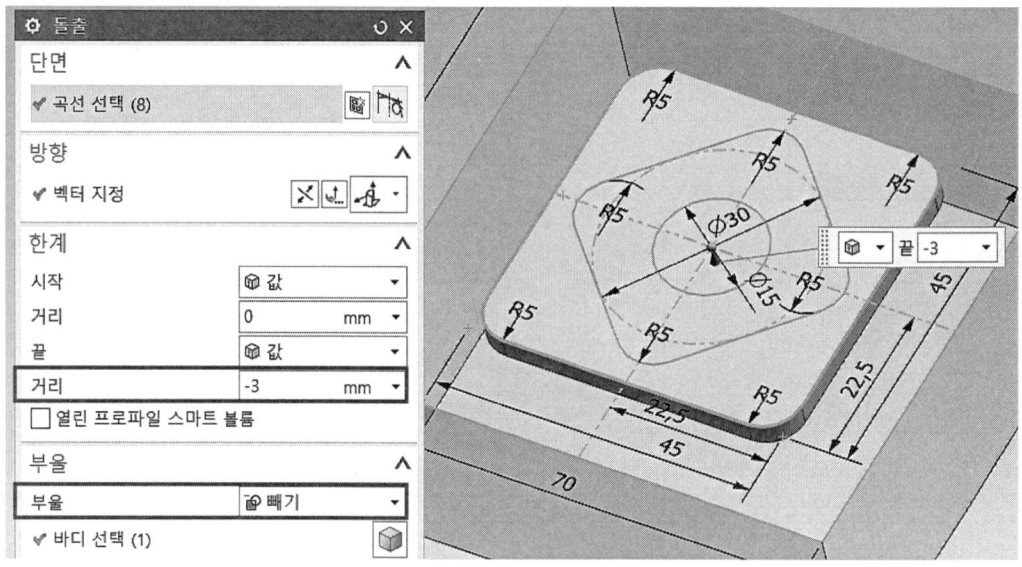

9 그림처럼 안쪽 사각형 선을 선택하고 끝 거리 −6mm 입력, 부울은 빼기를 선택한 후 돌출하고 적용한다.

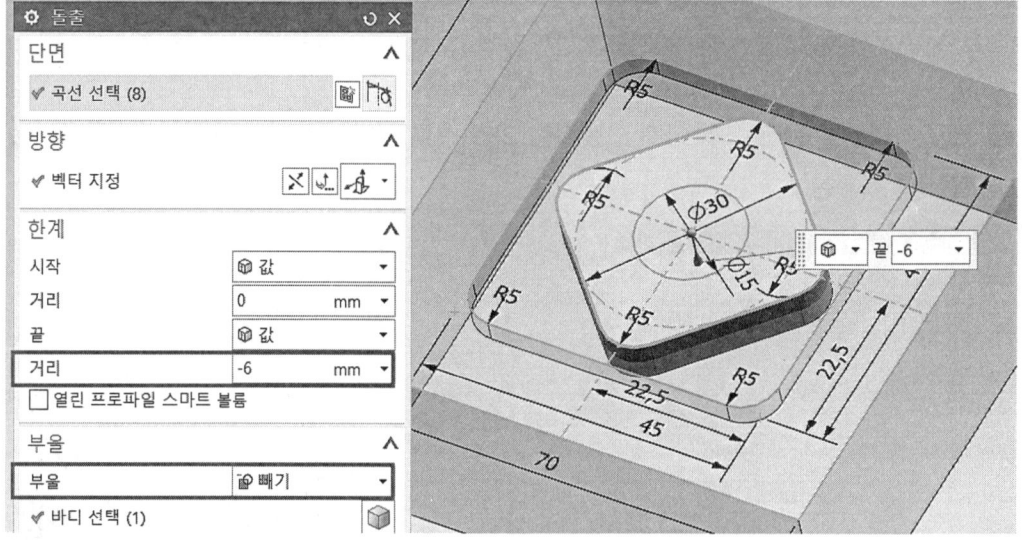

10 안쪽 원 ∅30을 선택하고 끝 거리 −10mm 입력, 부울은 결합 선택, 구배 각도는 20deg 로 설정하고 확인한다.

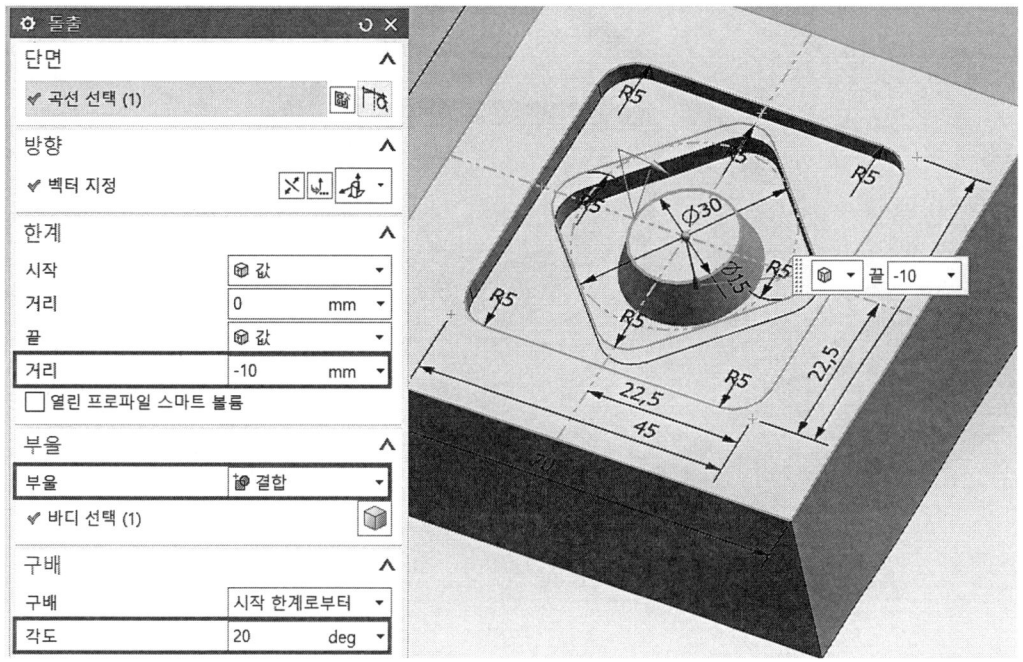

11 모서리 블렌드 아이콘을 선택한 후 모서리 3군데를 선택하고 반경 1에서 3mm를 입력 후 확인한다.

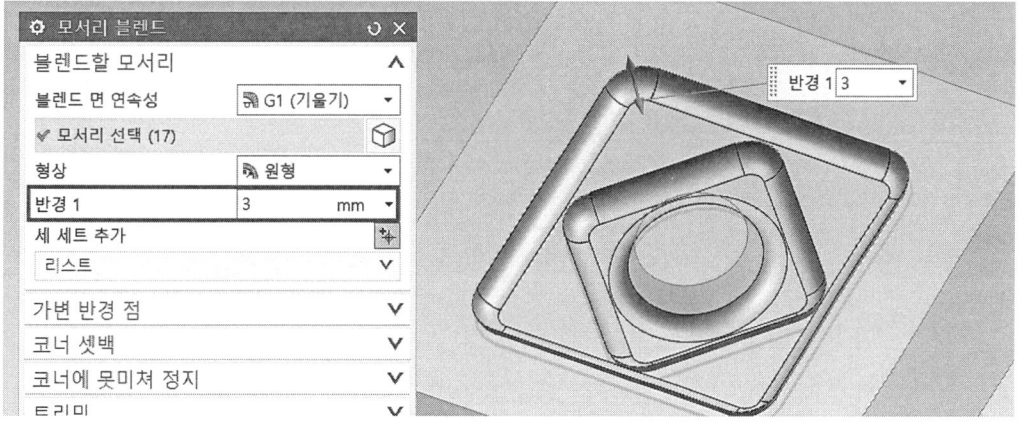

⓬ 최종 완성된 모델링 형상을 도면과 비교하여 이상 유무를 확인한다.

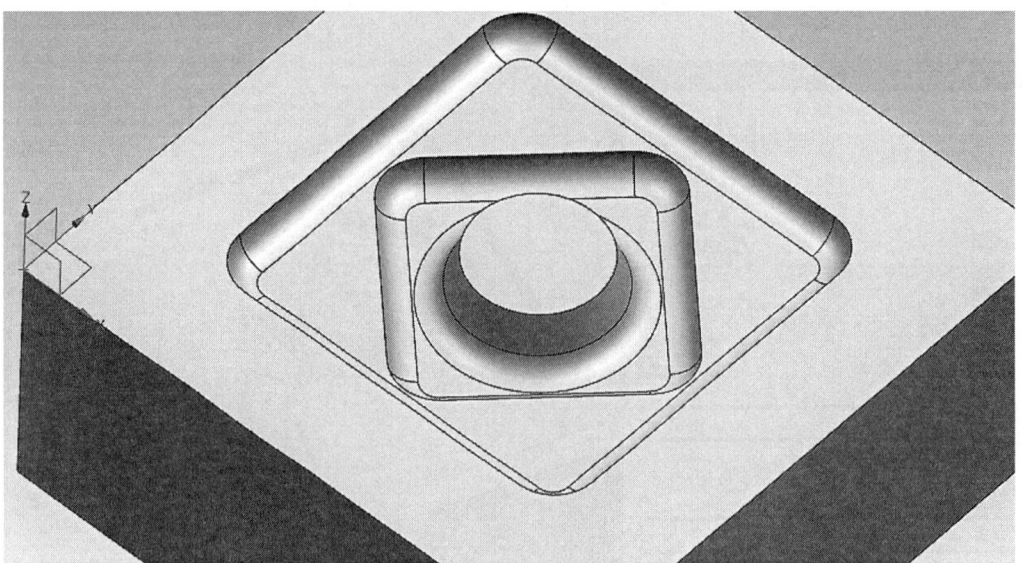

제18절 육각 돌출 모델링 따라 하기

1 새로 만들기 (Ctrl+N)을 실행하고 모델을 선택하고 파일이름과 저장할 폴더를 입력한 다음 확인을 클릭한다.

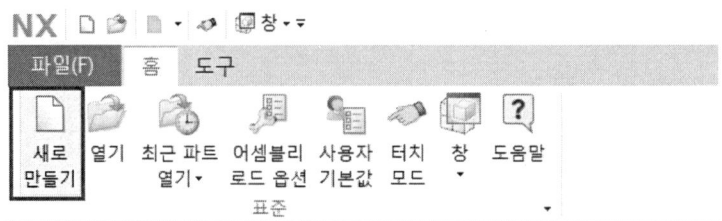

2 삽입에서 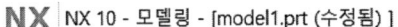 를 선택하거나, 위에서 생성된 타스크 환경의 스케치 아이콘을 선택한다.

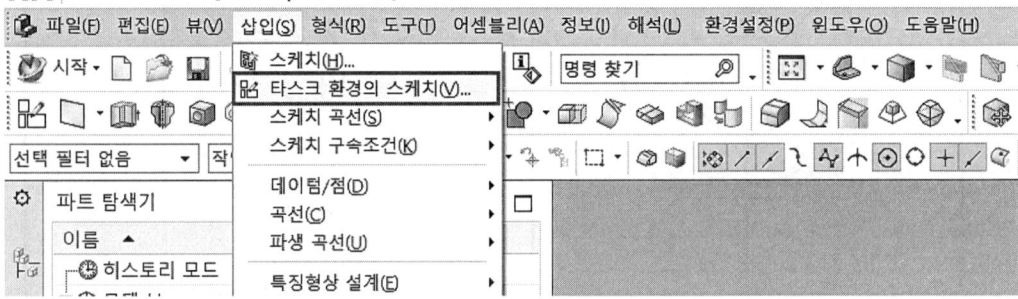

3 스케치 유형은 평면 상에서를 선택하고, 기존 평면에서 XY 평면을 선택 확인 후 스케치 모드로 들어간다.

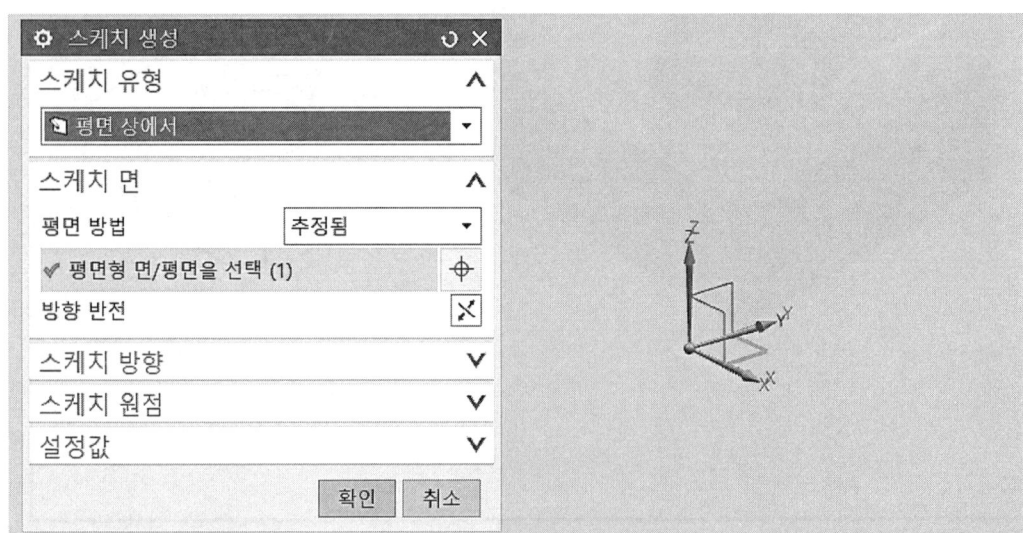

4 아래 그림처럼 외각 선과 중심선 및 원을 스케치하고, 다각형을 그림과 같이 스케치한다.

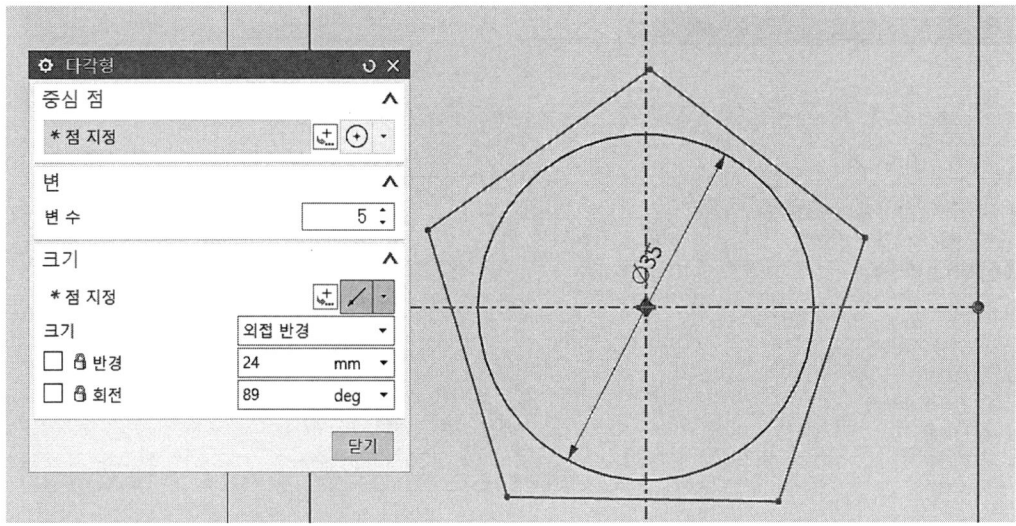

5 구속조건 아이콘을 이용하여 그림과 같이 곡선 상의 점으로 구속시킨다.

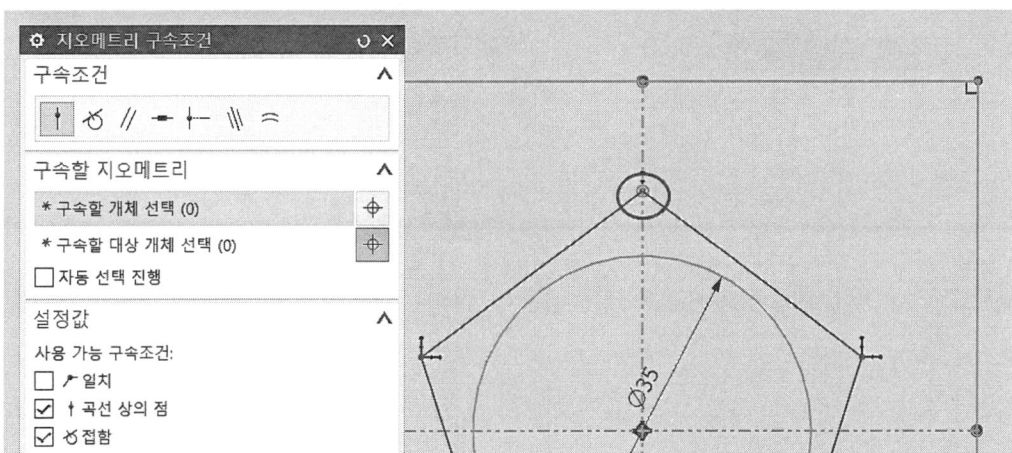

6 아래 그림과 같이 접선을 구속시킨다.

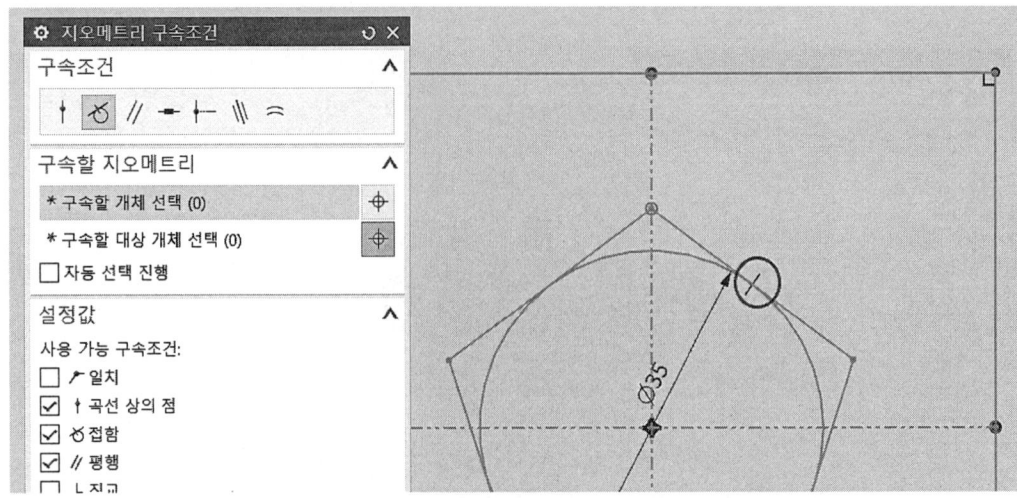

7 필렛 아이콘을 이용하여 반경 6을 입력하여 라운드를 주고 스케치를 종료한다.

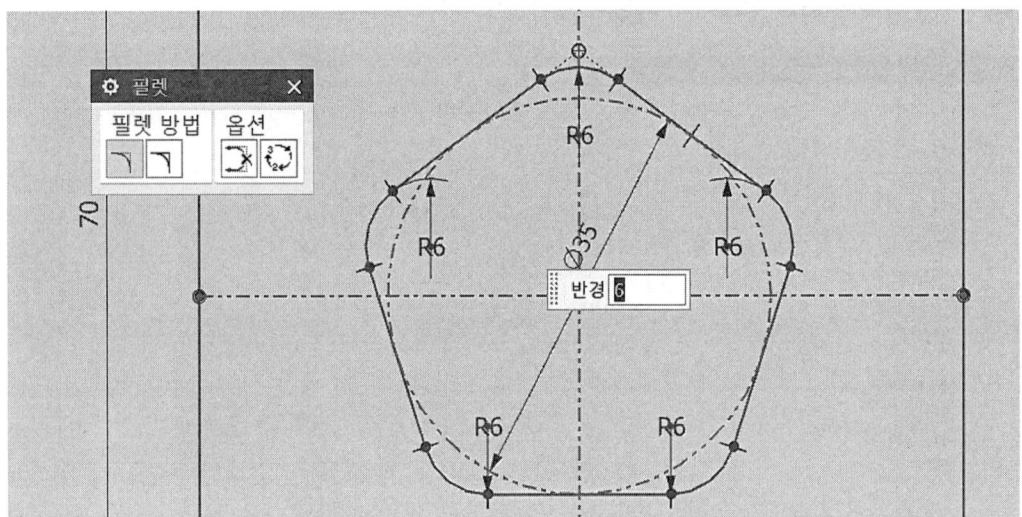

8 그림과 같이 돌출 아이콘을 이용하여 외각 선을 선택하고, 끝 거리는 −28mm를 입력한 후 적용한다.

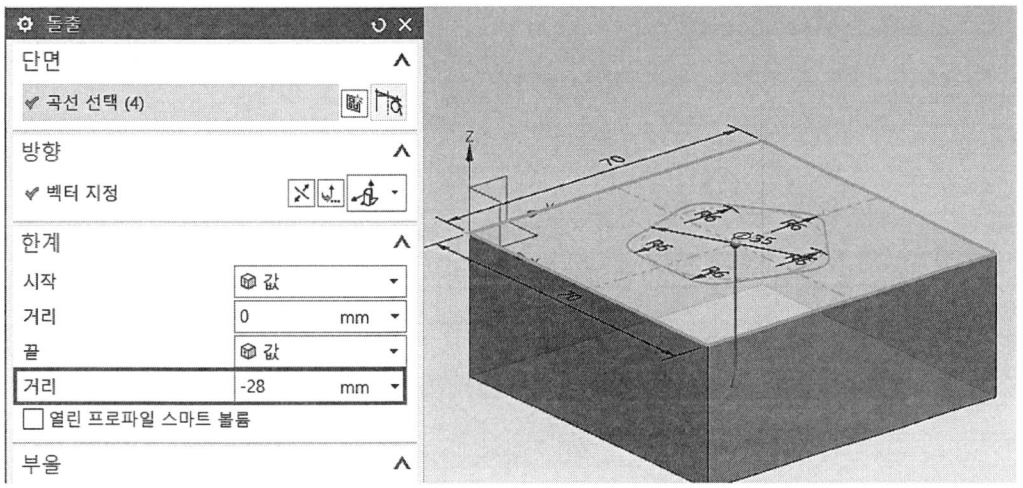

9 그림과 같이 끝 거리는 −6mm 입력, 부울은 빼기 선택, 구배 각도는 −20deg로 돌출하고 확인한다.

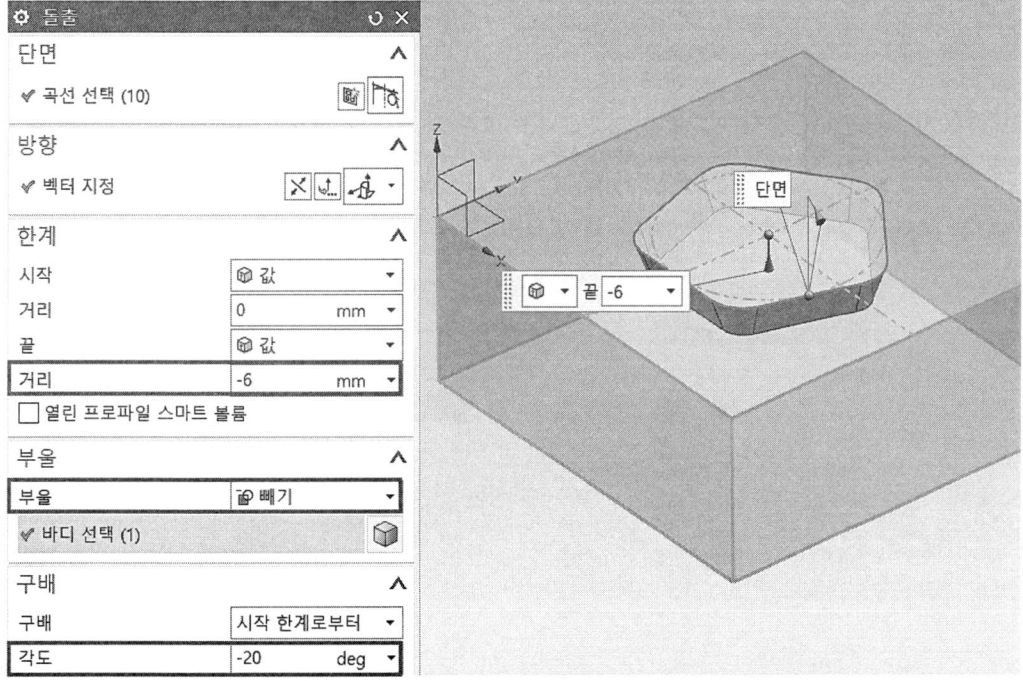

제18절 육각 돌출 모델링 따라 하기

🔟 삽입에서 특징형상 → 구 아이콘을 선택한 후 점 지정을 선택하고, 치수 직경 20mm를 입력, 부울은 결합을 선택한 후 확인한다.

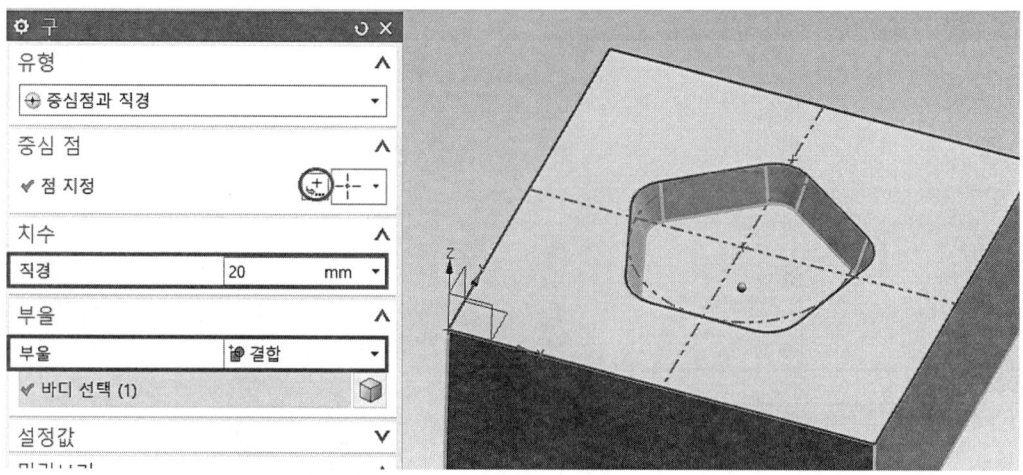

⓫ 그림과 같이 도면을 보고 좌표를 설정한 후 확인한다.

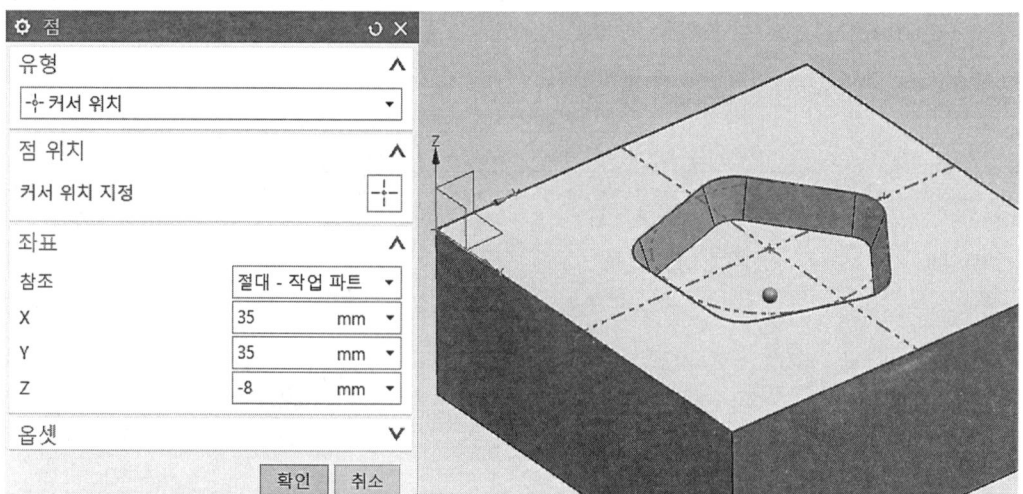

12 스케치 생성 아이콘을 선택한 후 XZ 평면을 선택하고 확인한다.

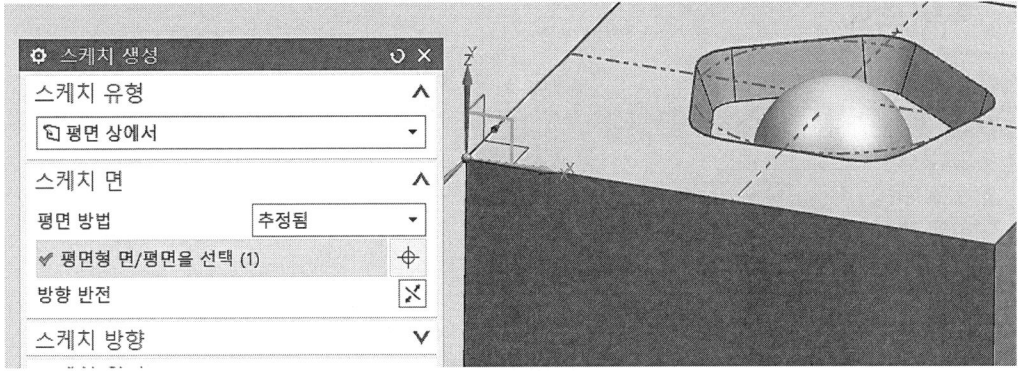

13 그림처럼 스케치하고 스케치를 종료한다.

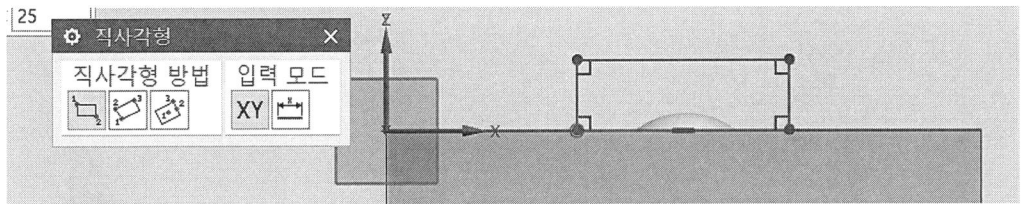

14 돌출 아이콘을 클릭하고 아래 그림처럼 설정하고 확인한다.

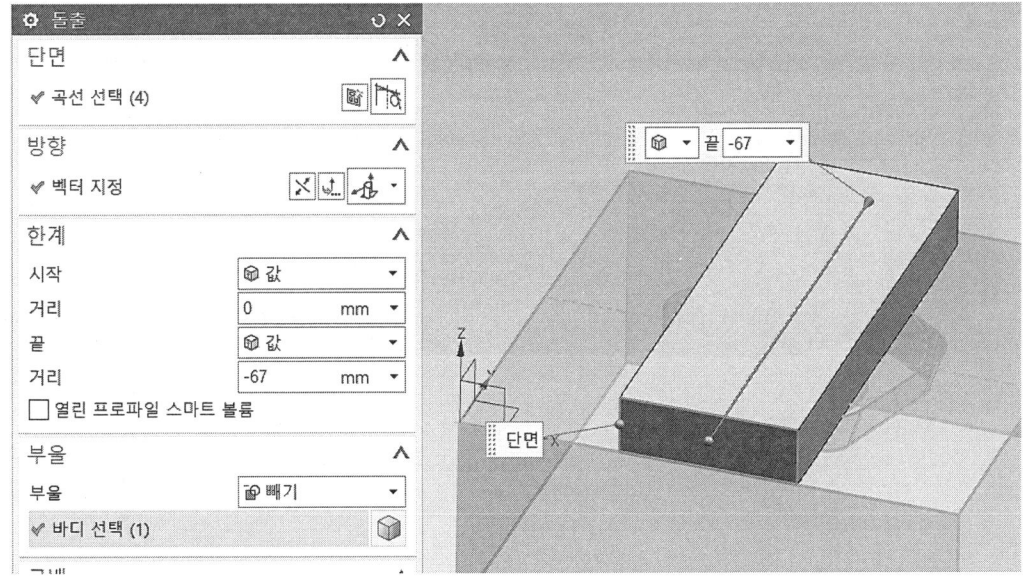

제18절 육각 돌출 모델링 따라 하기

⓯ 모서리 블렌드 아이콘을 선택한 후 모서리 2군데를 선택하고, 반경 1에서 3mm를 입력 후 확인한다.

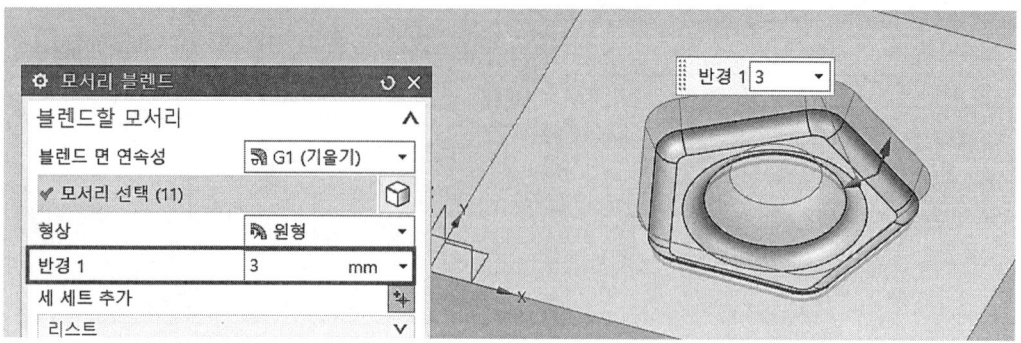

⓰ 모델링이 완성된 그림을 도면과 비교하여 이상 유무를 확인한다.

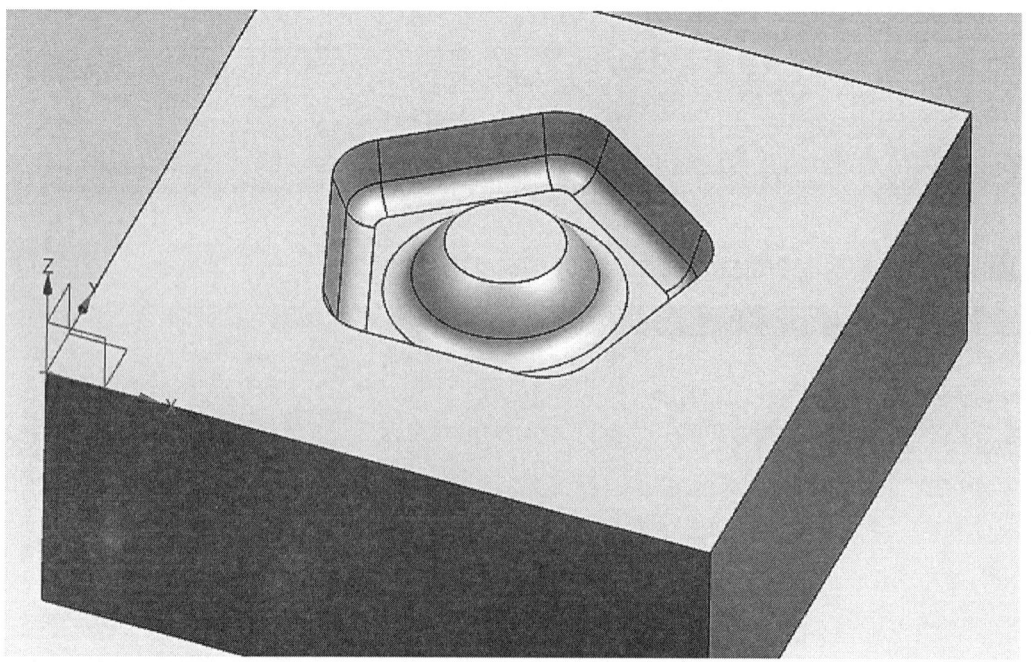

제19절 곡선 통과 모델링 따라 하기

1 새로 만들기 (Ctrl+N)을 실행하고 모델을 선택하고 파일이름과 저장할 폴더를 입력한 다음 확인을 클릭한다.

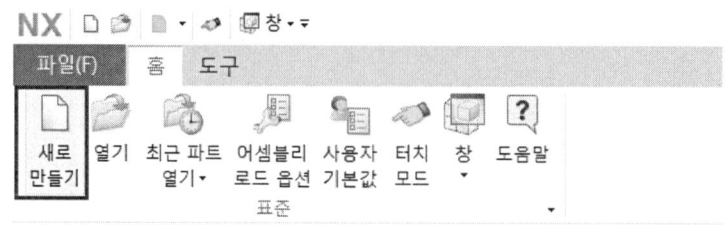

2 삽입에서 타스크 환경의 스케치 를 선택하거나, 위에서 생성된 타스크 환경의 스케치 아이콘을 선택한다.

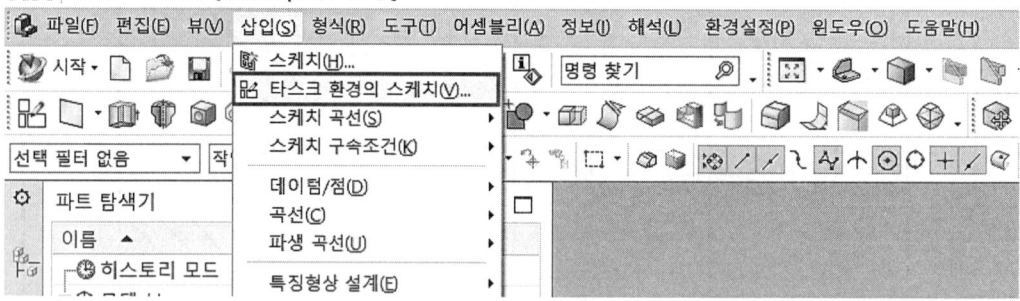

3 스케치 유형은 평면 상에서를 선택하고, 기존 평면에서 XY 평면을 선택 확인 후 스케치 모드로 들어간다.

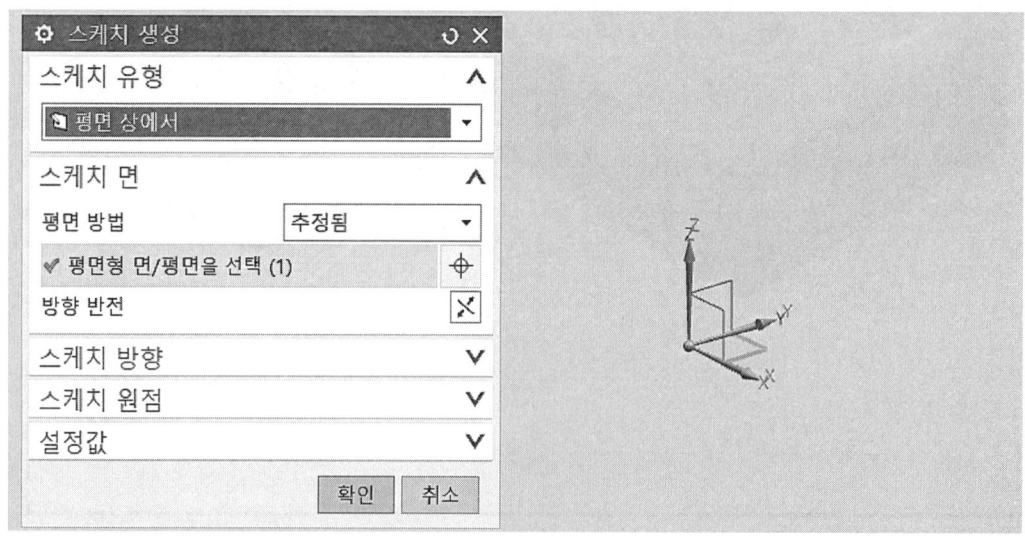

4 아래 그림처럼 스케치를 작성한다.

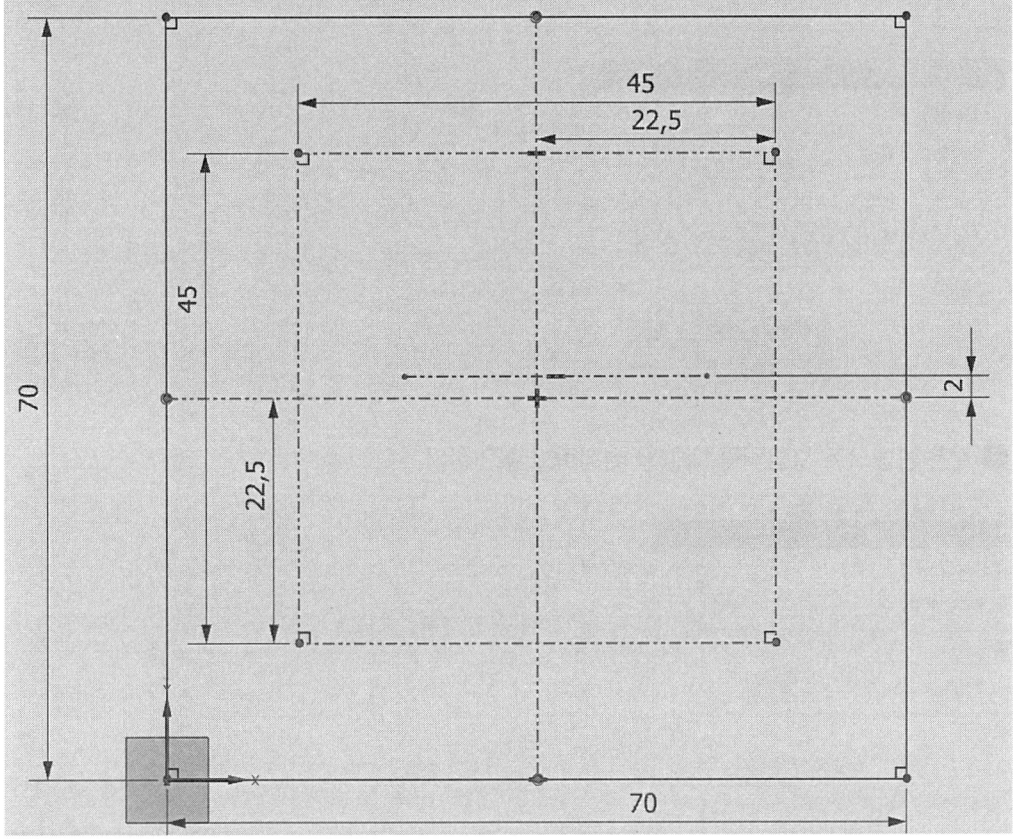

5 원 아이콘을 이용하여 원을 ∅15로 생성하고, 그림처럼 구속조건 접선을 생성한다.

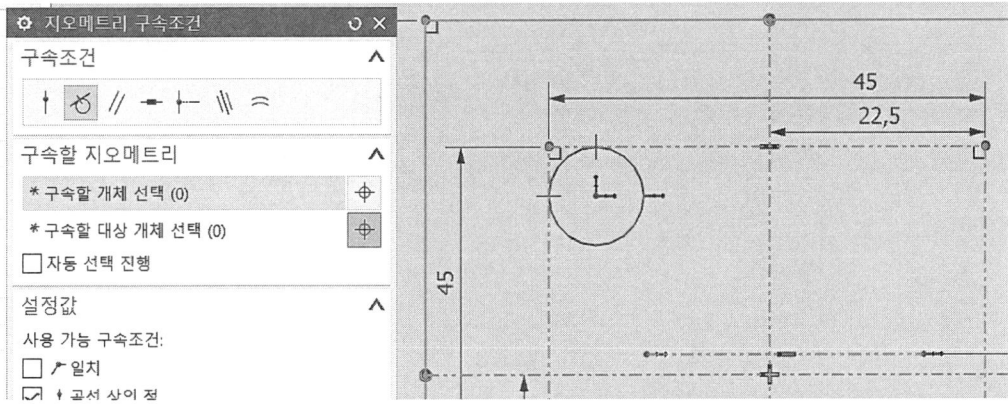

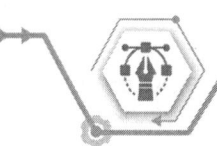

6 삽입의 곡선에서 곡선 → 대칭 곡선을 선택하여 그림처럼 설정하고 적용한다.

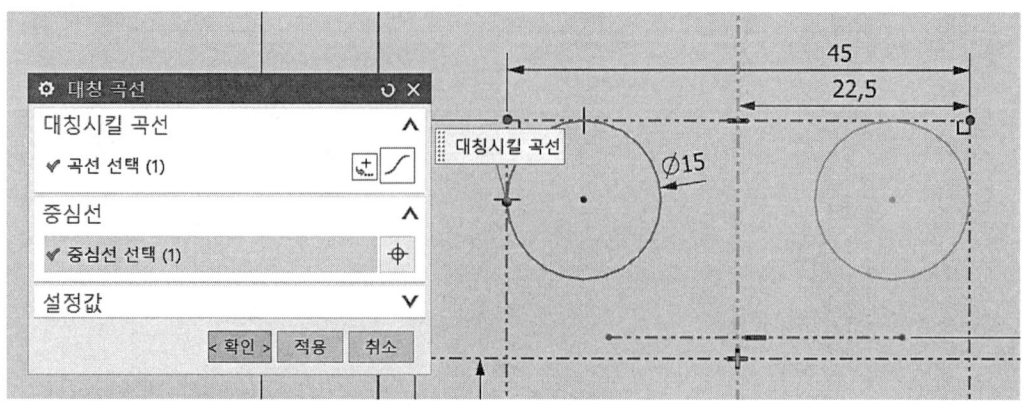

7 같은 방법으로 그림처럼 대칭을 설정하고 확인한다.

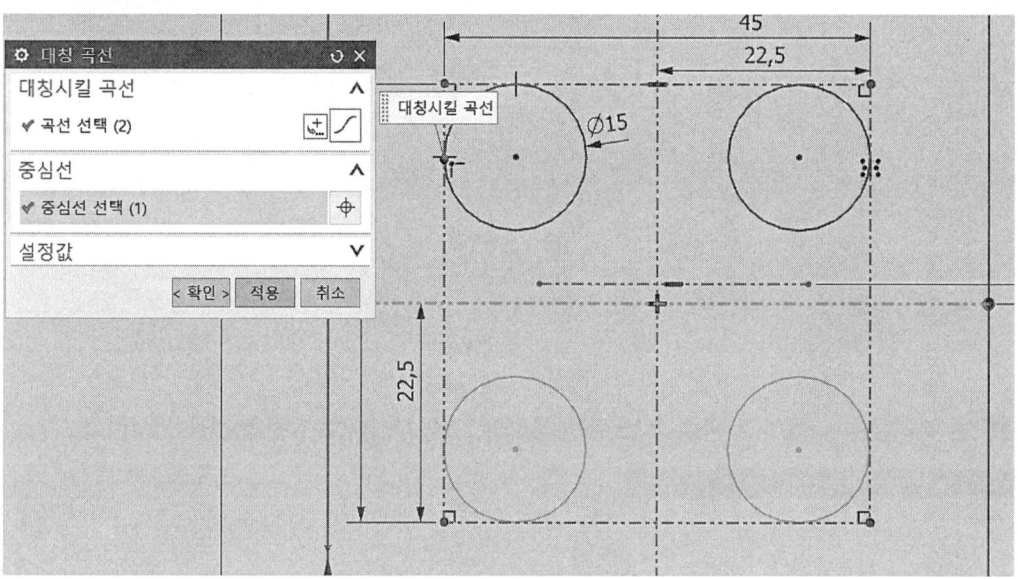

8 원 아이콘을 이용하여 4군데 원을 ∅40으로 생성한 후 그림처럼 구속조건 접선을 생성한다.

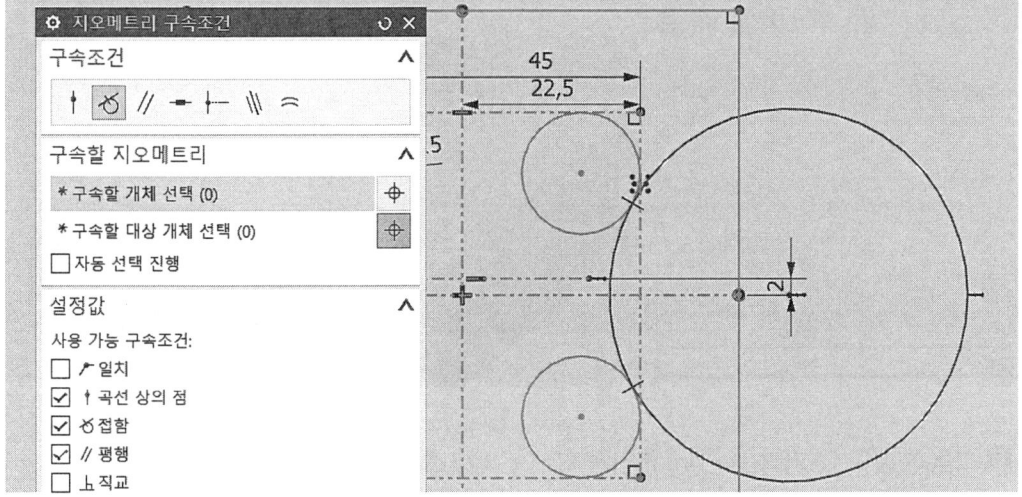

9 빠른 트리밍 아이콘을 이용하여 트림하고 도면을 확인한 후 스케치를 종료한다.

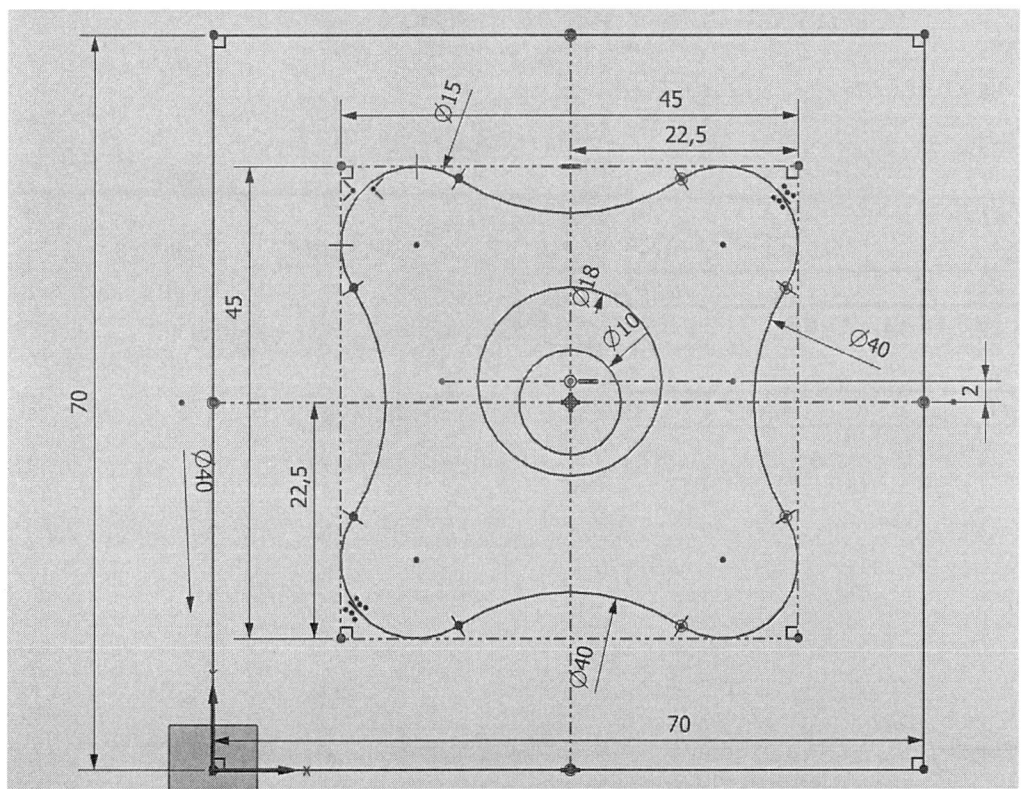

제19절 곡선 통과 모델링 따라 하기

10 돌출 아이콘을 선택한 후 아래 그림처럼 외각 선을 선택하고, 끝 거리는 -28mm를 입력한 후 적용한다.

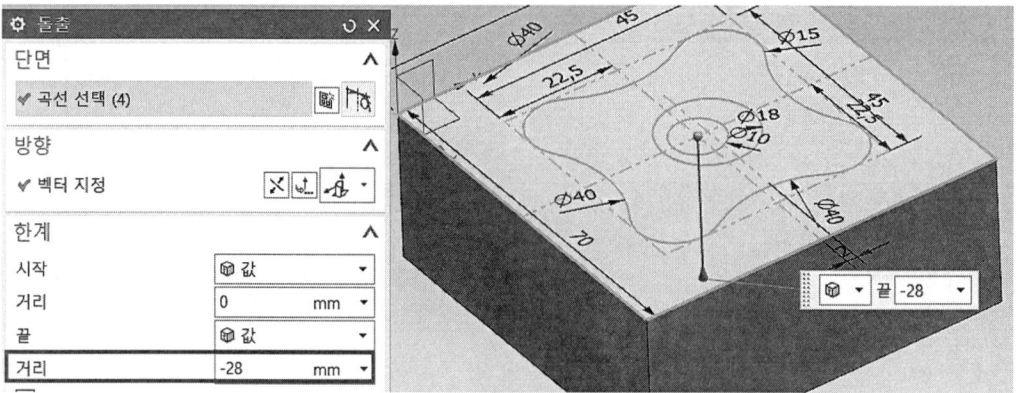

11 그림과 같이 끝 거리는 -4mm 입력, 부울은 빼기를 선택한 후 돌출하고 확인한다.

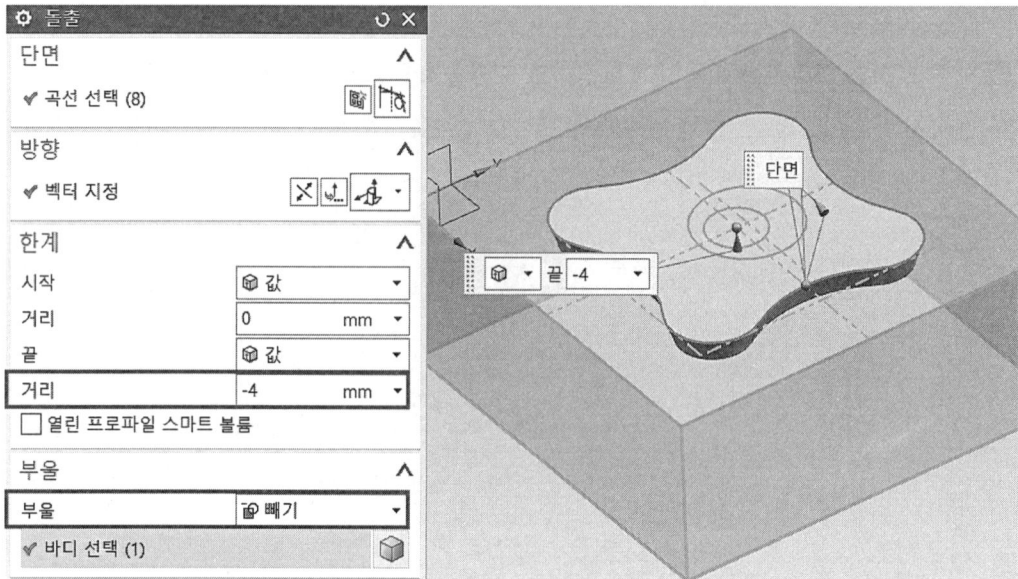

⓬ 스케치 생성 아이콘을 선택한 후 돌출 제거 면을 선택하고 확인한다.

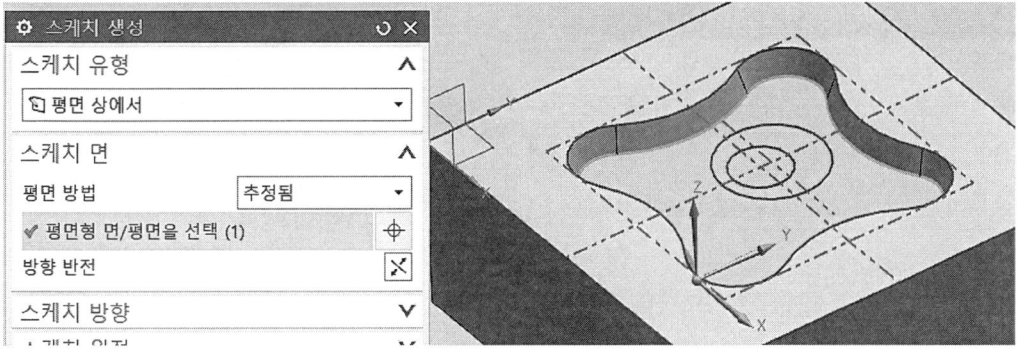

⓭ 곡선 투영 아이콘을 선택하고 ⌀18의 원을 선택하여 투영한다.

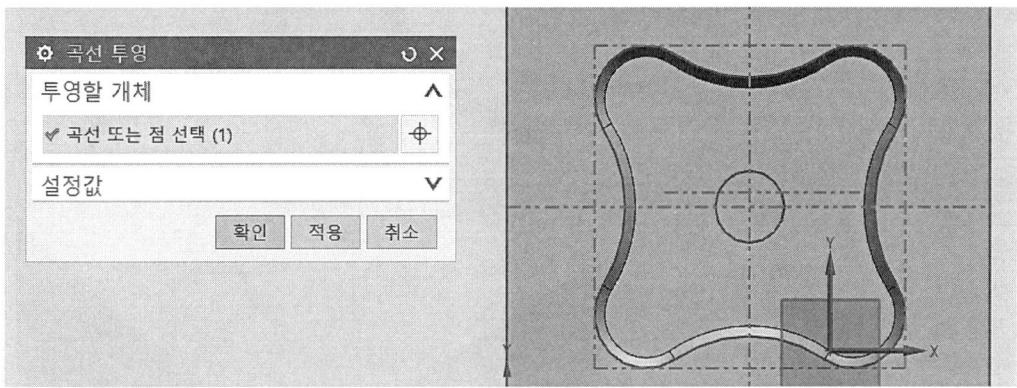

⓮ 삽입에서 메시 곡면 → 곡선 통과를 선택한 후 아래 그림과 같이 설정하고 확인한다.

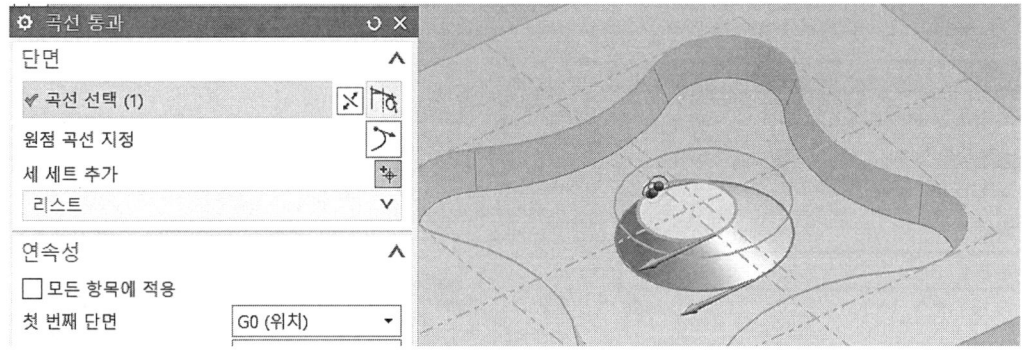

제19절 곡선 통과 모델링 따라 하기

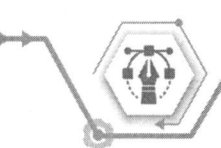

⓯ 결합 아이콘을 선택하고 아래 그림처럼 설정하고 확인한다.

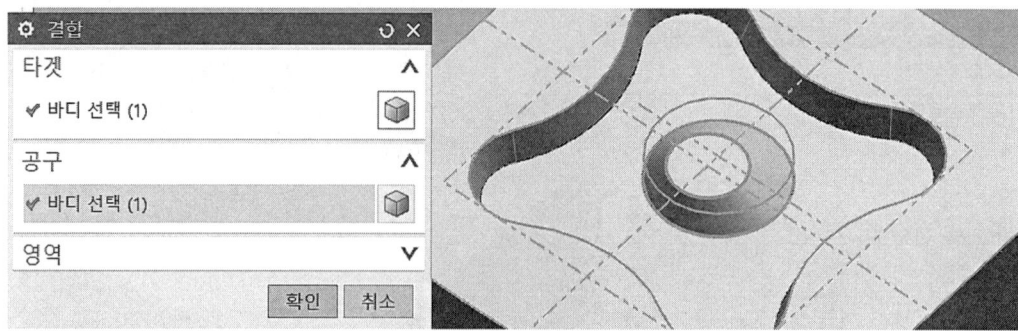

⓰ 면 교체 아이콘을 선택하고 그림처럼 설정하고 확인한다.

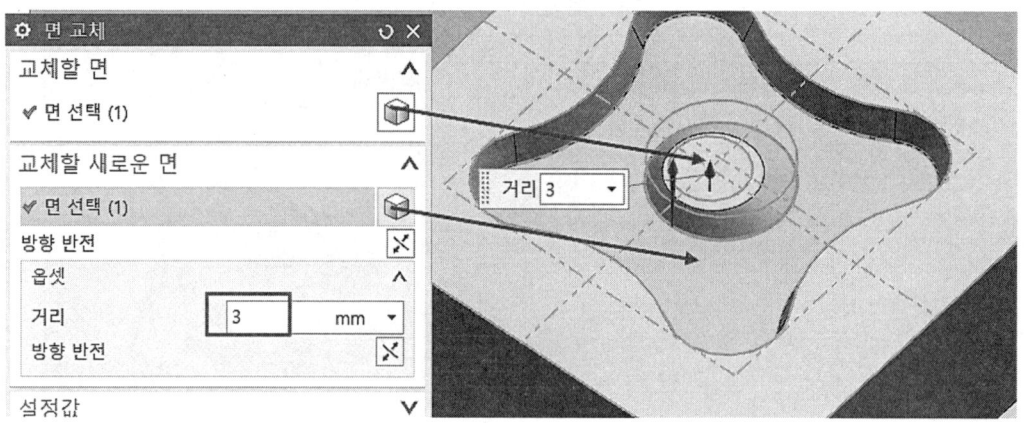

⓱ 모서리 블렌드 아이콘을 선택하고 모서리 2군데를 선택한 후 반경 1에서 3mm를 입력 후 확인한다.

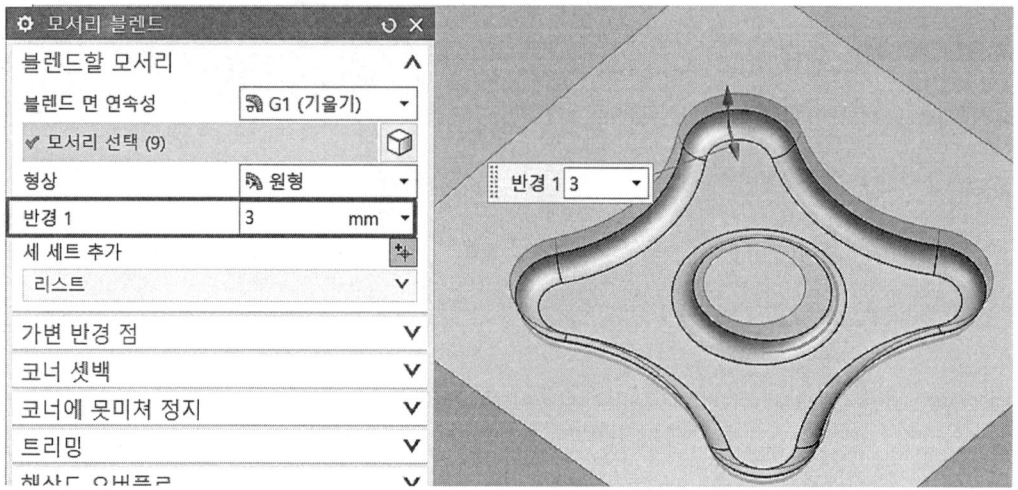

18 최종 완성된 모델링 형상을 도면과 비교하여 이상 유무를 확인한다.

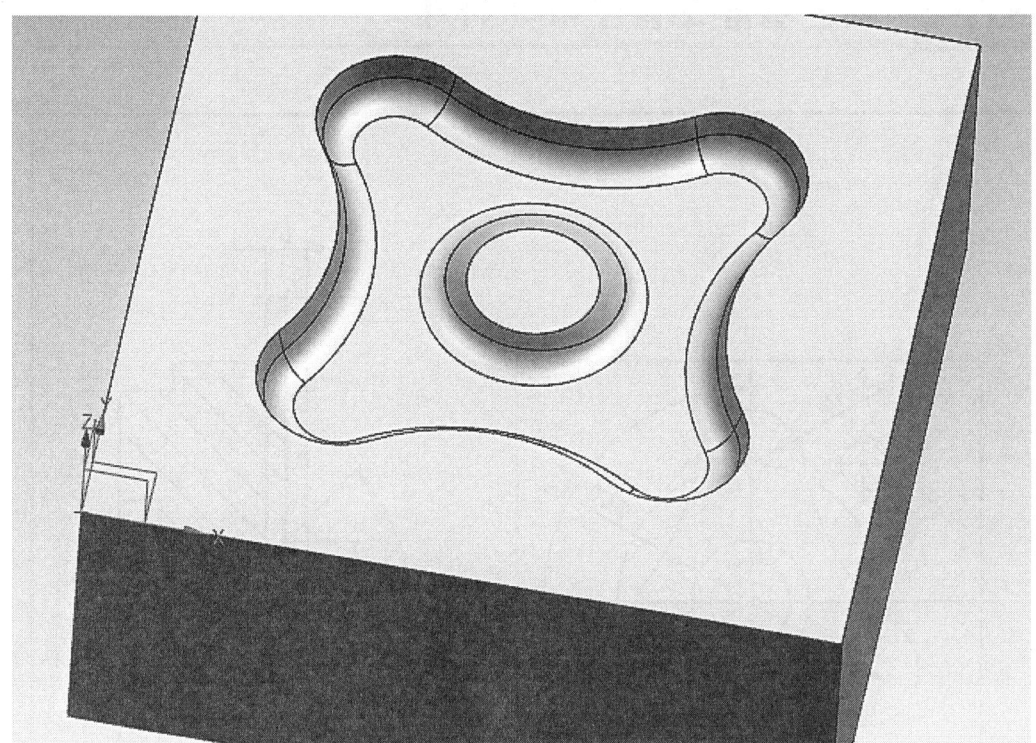

제20절 패턴 돌출 모델링 따라 하기

❶ 새로 만들기 (Ctrl+N)을 실행하고 모델을 선택하고 파일이름과 저장할 폴더를 입력한 다음 확인을 클릭한다.

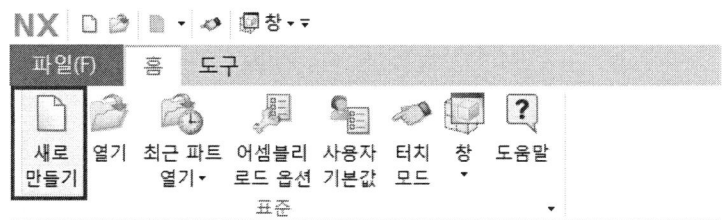

❷ 삽입에서 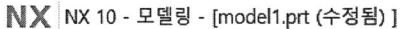 를 선택하거나, 위에서 생성된 타스크 환경의 스케치 아이콘을 선택한다.

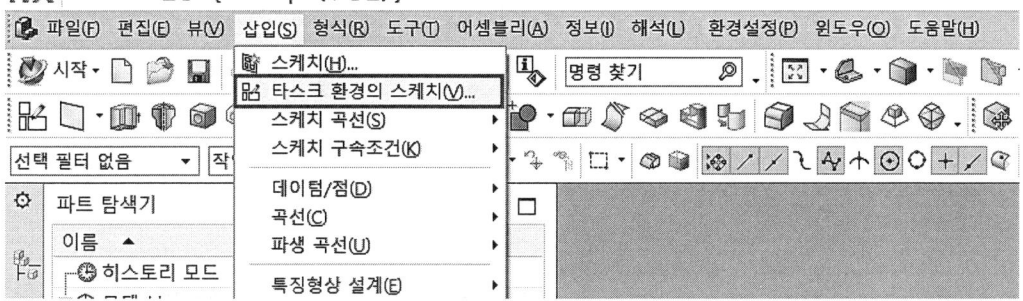

❸ 스케치 유형은 평면 상에서를 선택하고, 기존 평면에서 XY 평면을 선택 확인 후 스케치 모드로 들어간다.

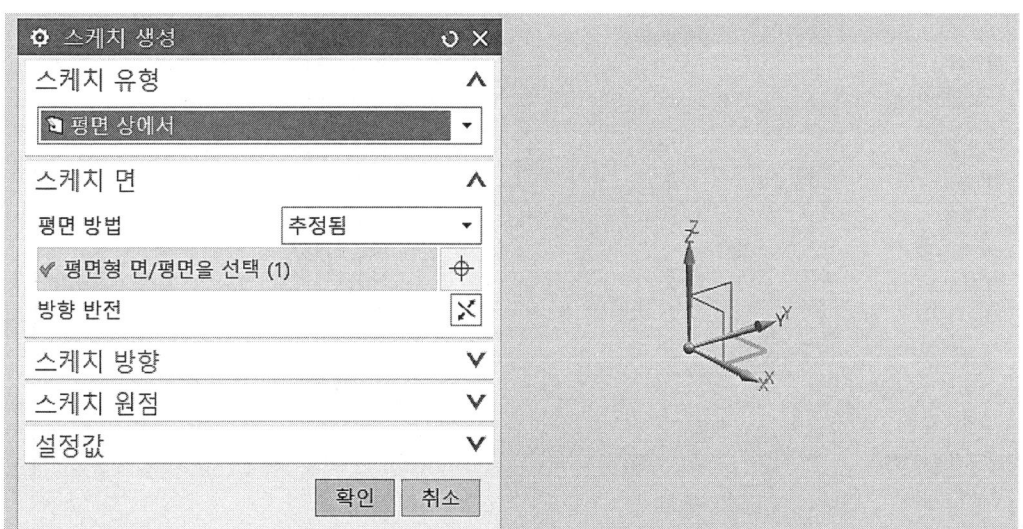

제20절 패턴 돌출 모델링 따라 하기

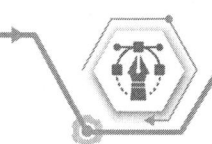

4 아래 그림처럼 스케치를 작성한다.

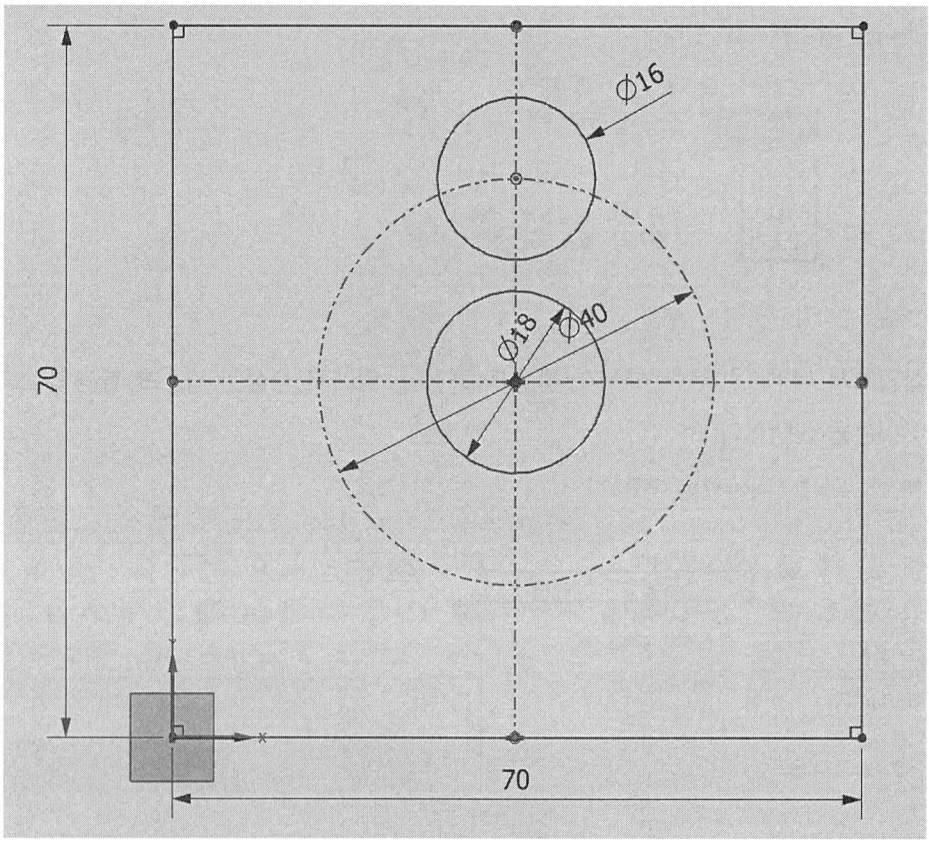

5 패턴 곡선을 이용하여 원형으로 회전시키고 확인한다.

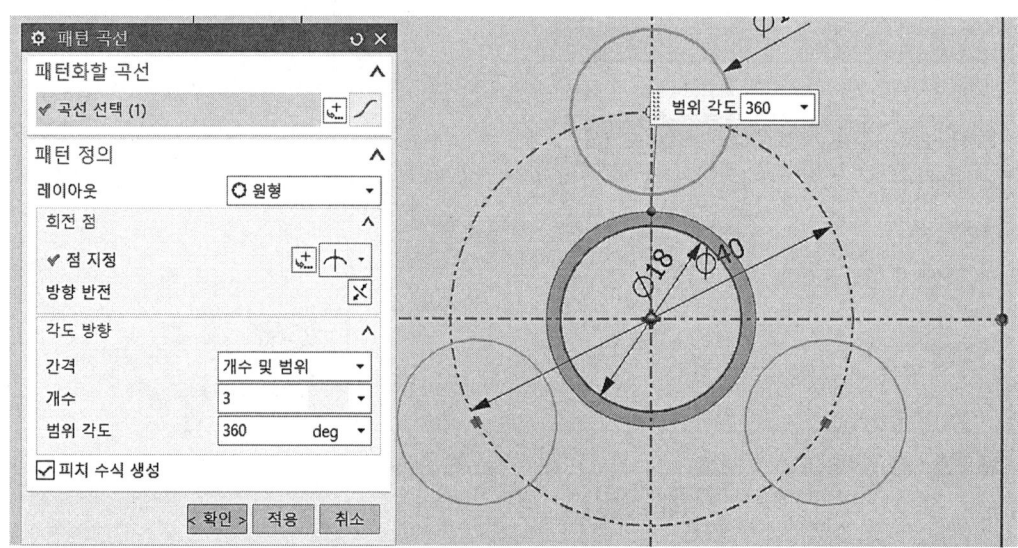

6 구속조건 아이콘을 이용하여 원의 중심위치를 구속 고정하고 확인한다.

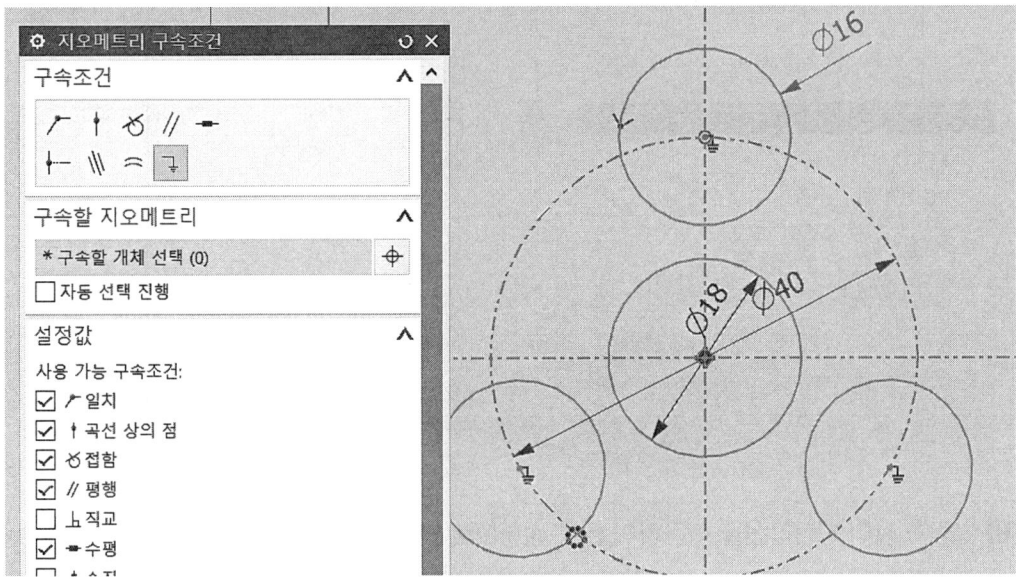

7 ∅80의 원을 그리고 구속조건 접선으로 구속하고 확인한다.

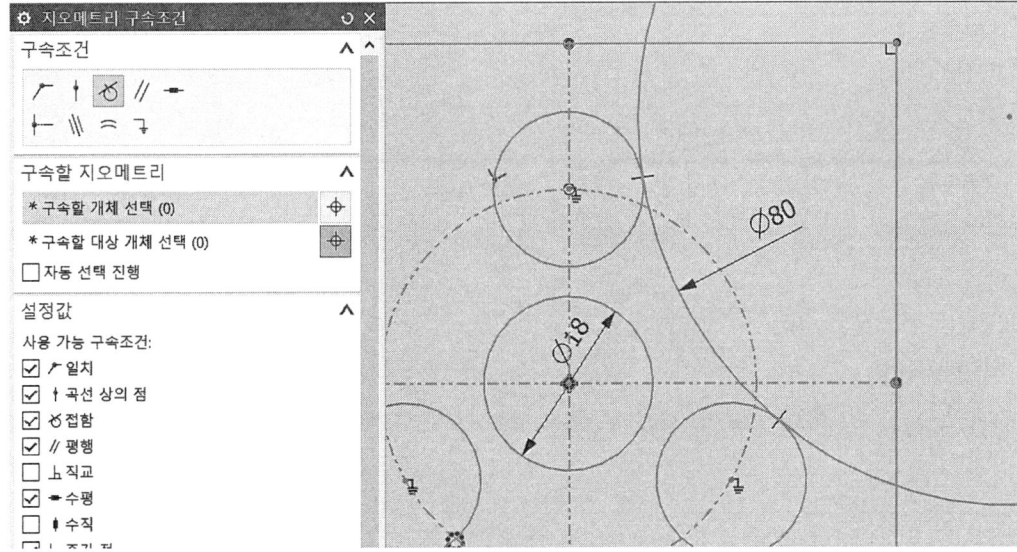

제20절 패턴 돌출 모델링 따라 하기

8 빠른 트리밍 아이콘을 이용하여 그림처럼 트리밍하고 확인한다.

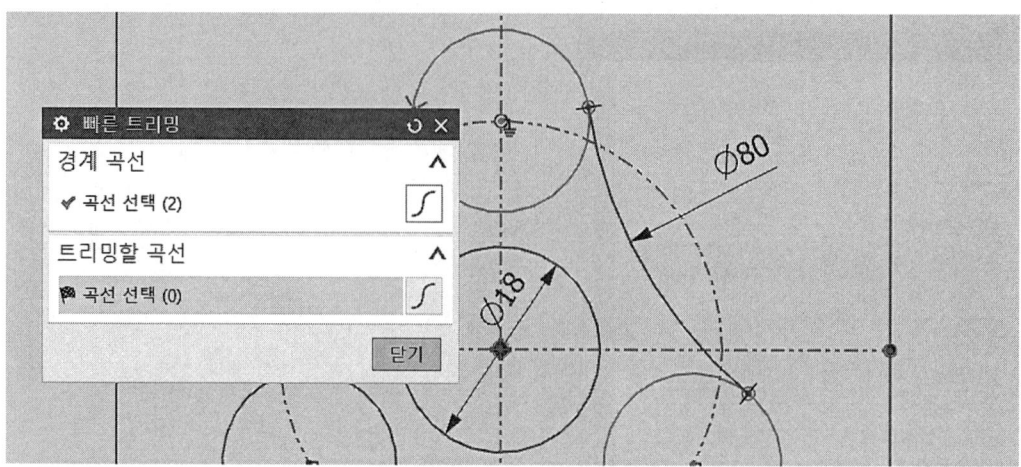

9 그림과 같이 패턴곡선을 이용하여 호를 원형으로 연결하고 확인한다.

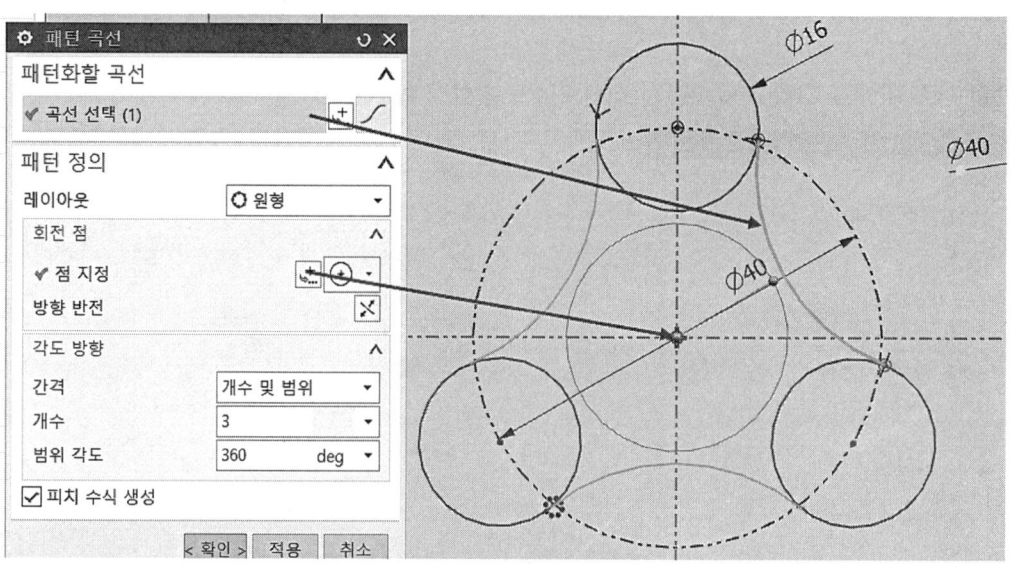

10 삽입의 곡선에서 곡선 → 패턴 곡선을 이용하여 그림처럼 설정하고 확인한다.

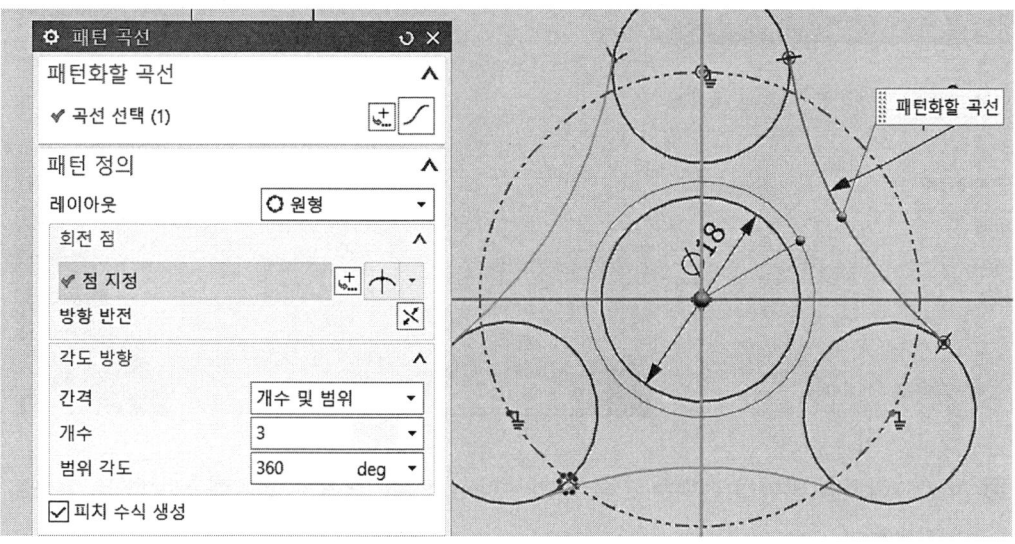

11 그림과 같이 스케치를 완성하고 스케치를 종료한다.

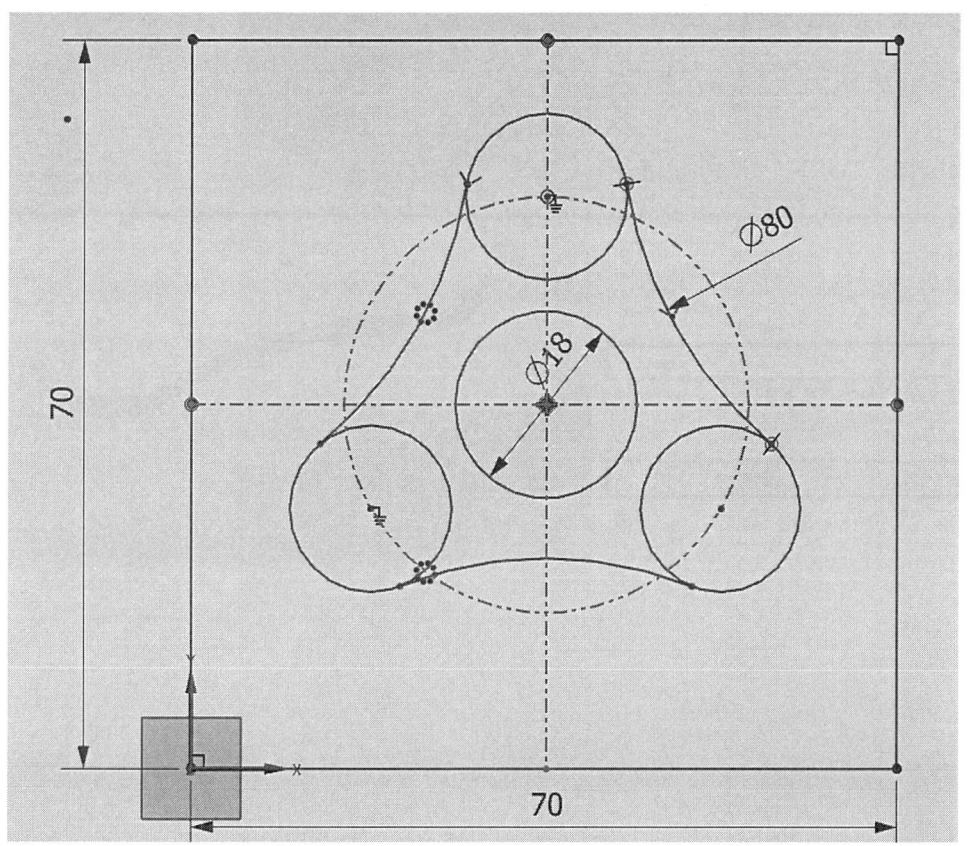

제20절 패턴 돌출 모델링 따라 하기

⑫ 돌출 아이콘을 클릭하고 아래 그림처럼 설정하고 적용한다.

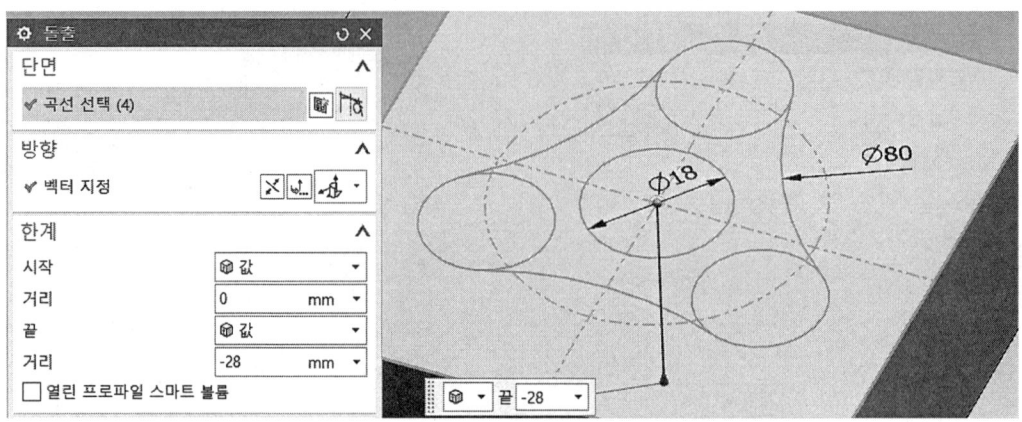

⑬ 아래 그림처럼 영역을 선택하고 끝 거리 −3mm 입력, 부울은 빼기를 선택한 후 돌출하고 적용한다.

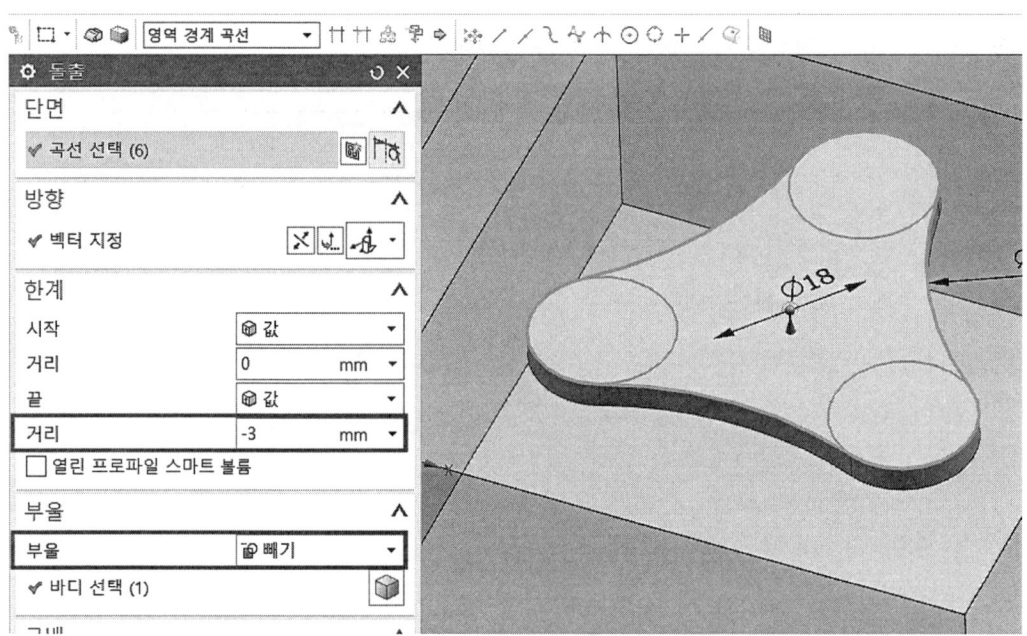

14 원을 선택하고 시작 거리 −3mm 입력, 끝 거리 −6mm 입력, 부울은 빼기 선택, 구배 각도는 −45deg로 돌출하고 확인한다.

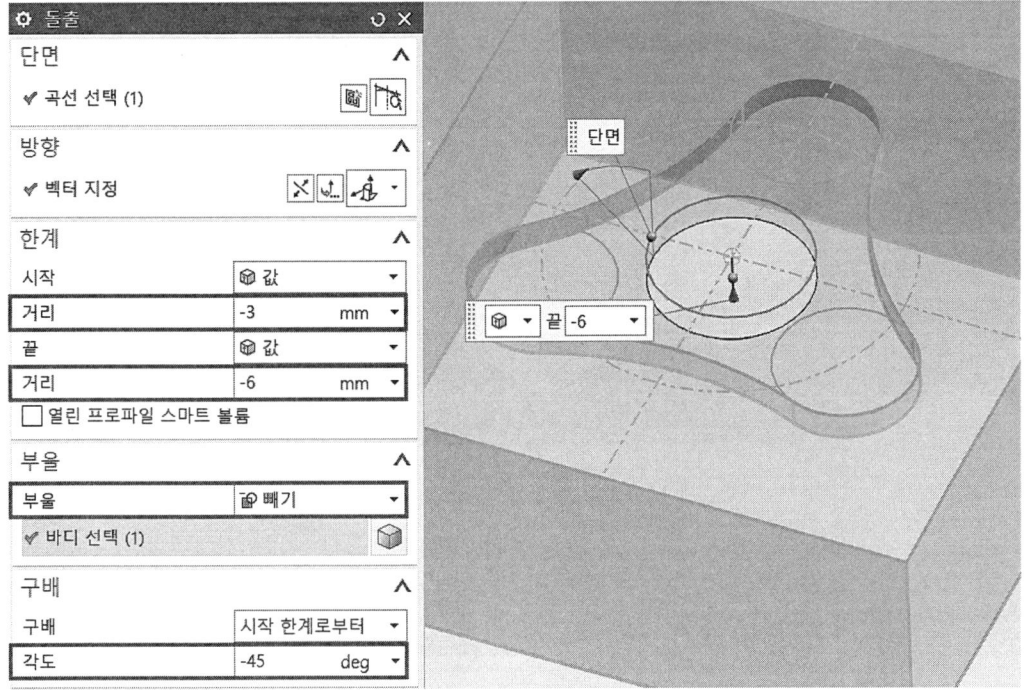

15 모서리 블렌드 아이콘을 선택하고 모서리 3군데를 선택하고, 반경 1에서 3mm 입력 후 적용 확인한다.

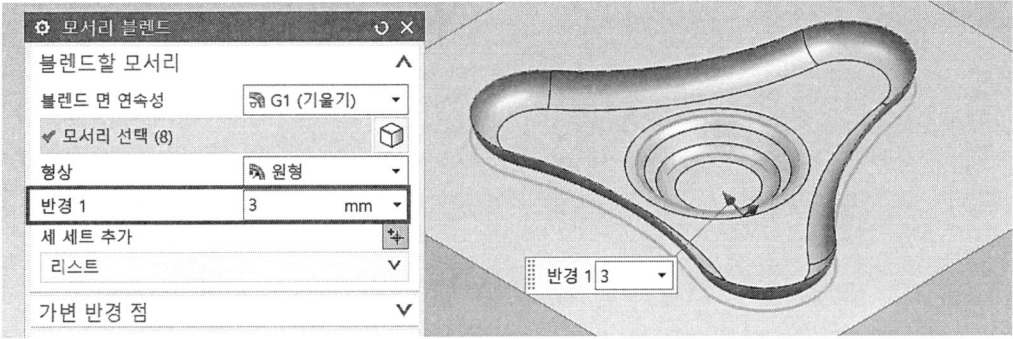

제20절 패턴 돌출 모델링 따라 하기

16 모델링이 완성된 그림을 도면과 비교하여 이상 유무를 확인한다.

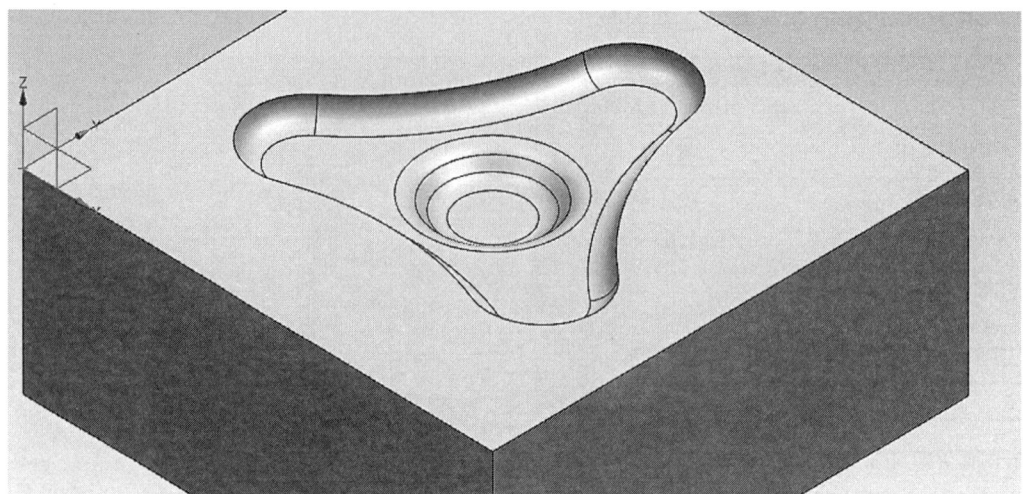

Chapter 03

CAM NC Data 생성 (기능장, 산업기사 공통)

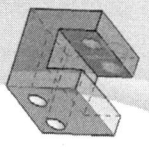

제1절 NX CAM NC Data 생성 따라 하기
제2절 hyperMILL CAM NC Data 생성 따라 하기
제3절 MasterCAM NC Data 생성 따라 하기
제4절 SolidCAM NC Data 생성하기

제1절 NX CAM NC Data 생성 따라 하기

1 Manufacturing 시작하기

❶ 모델링이 열려있는 상태에서 시작 → 제조를 클릭한다.

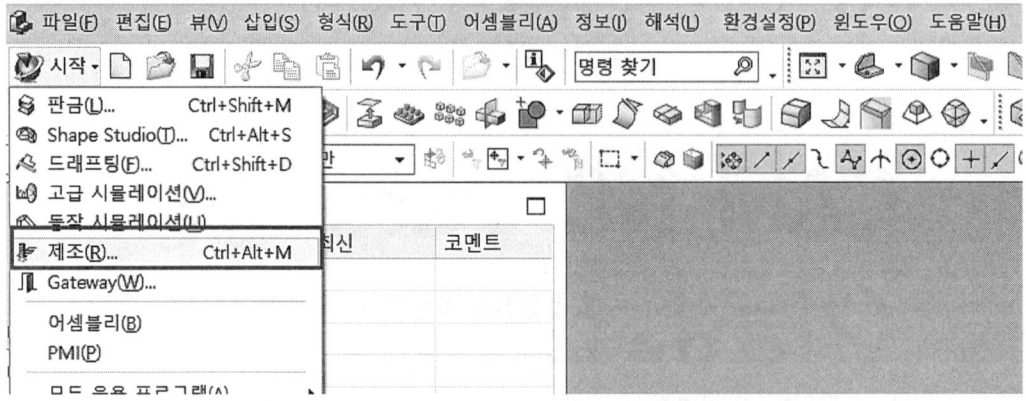

❷ 제조를 클릭하면 가공환경 창이 설정된다. 여기서 생성할 CAM 설정은 3D 3축 가공인 mill_contour를 설정하고 확인한다. CAM 환경에 들어가서 변경을 하여도 관계없다.

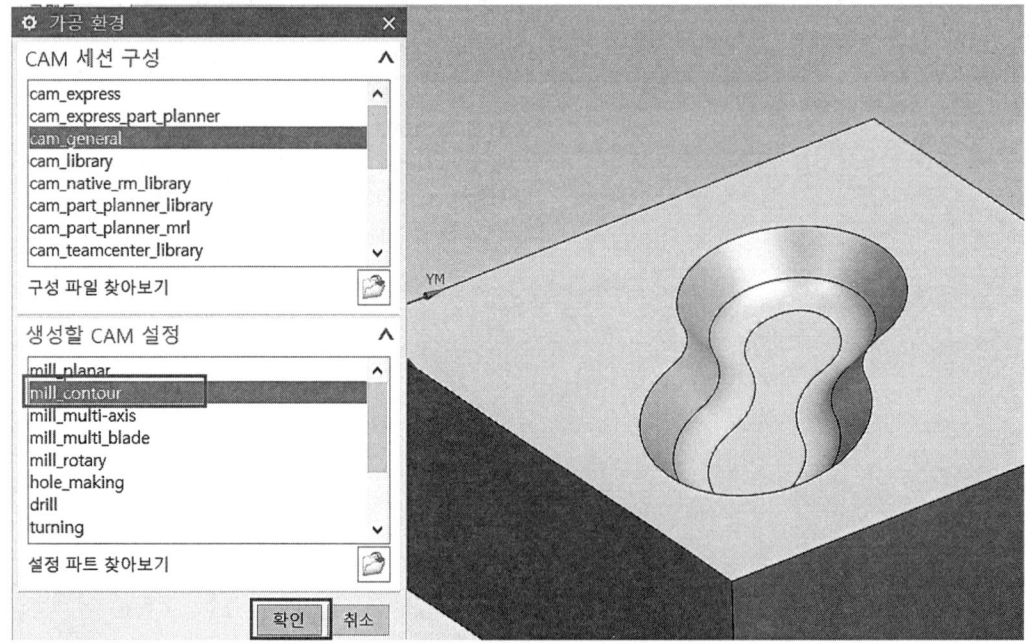

2 공작물(가공물) 설정하기

❶ 우측 창 오퍼레이션 탐색기 버튼을 클릭한 후 위에 고정 아이콘을 클릭하여 화면을 고정 시킨다. 우측 창 오퍼레이션 탐색기 빈곳에서 MB3를 클릭하면 그림과 같은 Menu가 생성된다. 생성된 메뉴에서 지오메트리 뷰를 선택한다.

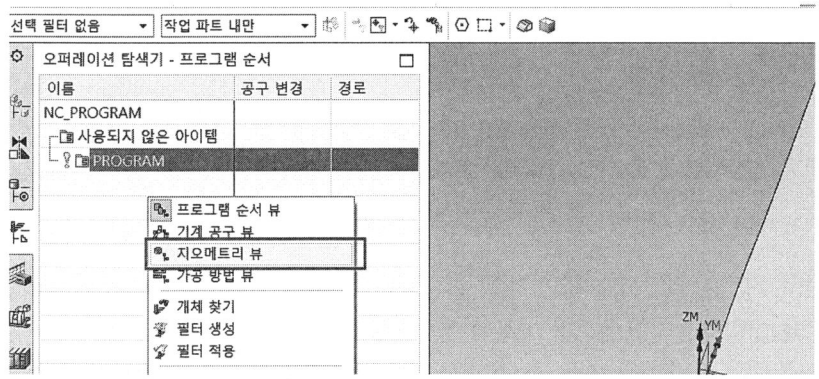

❷ MCS는 CAM 작업의 기준이 가공 좌표계를 의미하며, 기본적으로 모델링 작업할 때 기준이 되는 WCS와 동일한 위치에 생성되면서 MCS_MILL이 나타난다. 그리고 MCS_MILL을 더블 클릭한다.

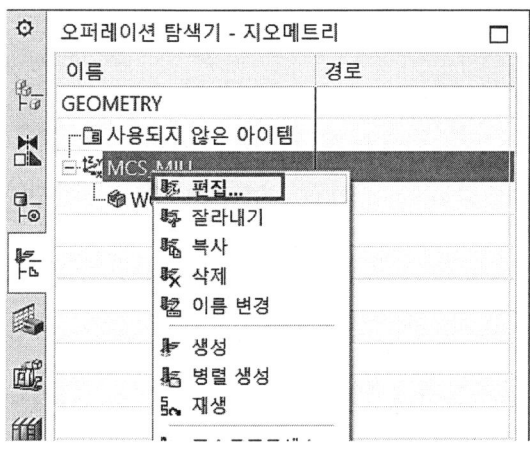

◀ 변경된 Operation Navigator에서 MCS_MILL 에 마우스 우측 버튼을 클릭한다.

❸ 확인 버튼을 클릭하면 가공 원점이 표시된다. NC Data 생성을 위한 가공시작 원점이 맞지 않으면 아래와 같이 수정한다. MCS 지정에서 좌표계 다이얼로그를 클릭한다.

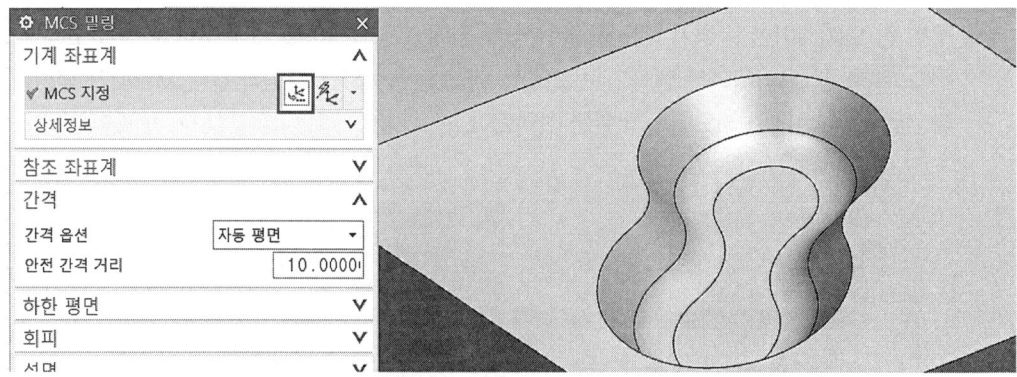

❹ 원점의 위치를 확인하고 확인 버튼을 클릭한다. 원점의 위치를 바꾸려면 원하는 위치에 MB1을 클릭하면 가공 원점을 바꿀 수 있다.

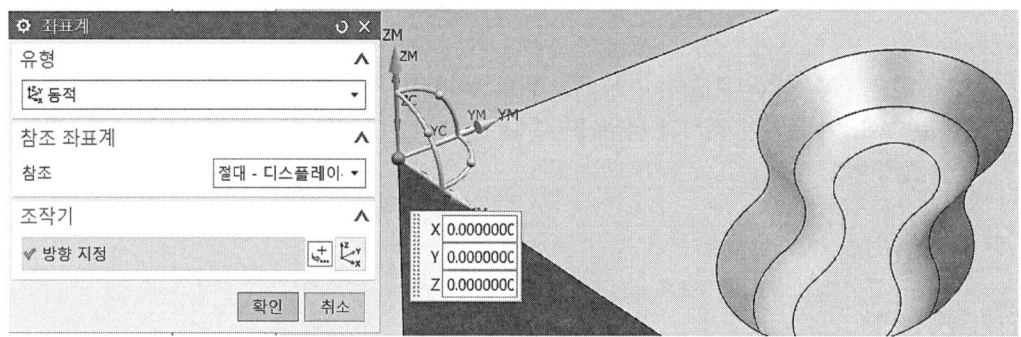

❺ 간격에서 옵션에 평면 지정을 선택하고 안전 높이는 원점에서 Z 방향으로 10mm 높은 곳으로 설정한다.

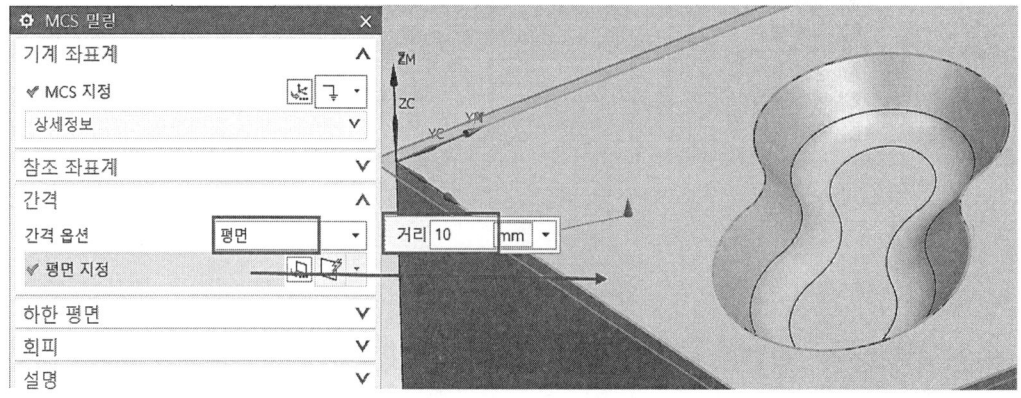

❻ MCS_MILL 앞부분의 + 부분에서 MB3를 선택하면 그림과 같이 WORKPIECE가 나타나는 것을 확인할 수 있다. WORKPIECE(가공 소재)를 더블클릭 또는 편집을 클릭한다.

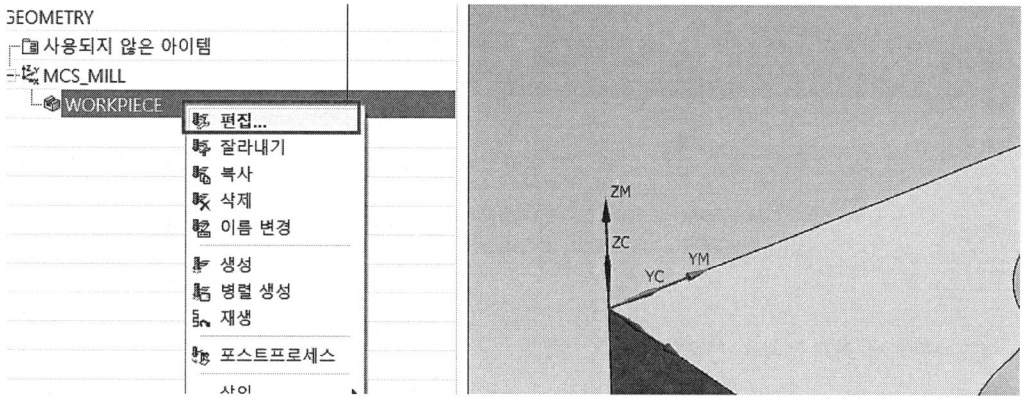

❼ 파트 지정 아이콘을 클릭한다. 파트는 가공 후에 남을 형상으로 모델링을 설정하는 것이다.

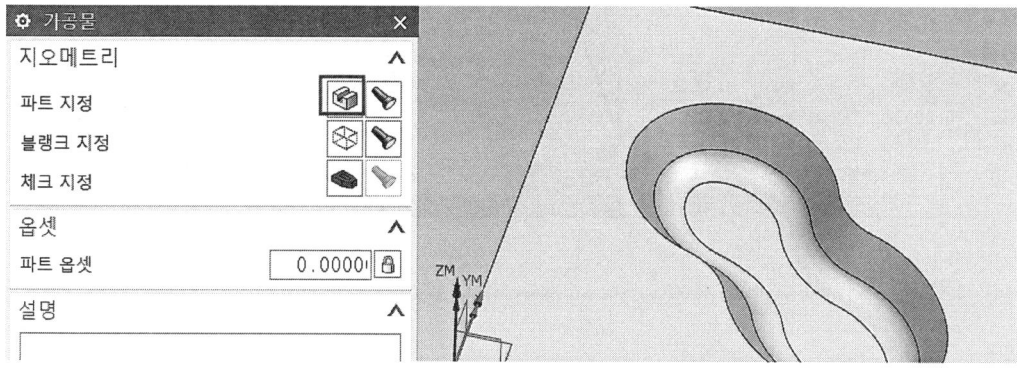

❽ 그림처럼 MB1 버튼을 이용하여 윈도우 또는 클로스를 선택 후 확인한다.

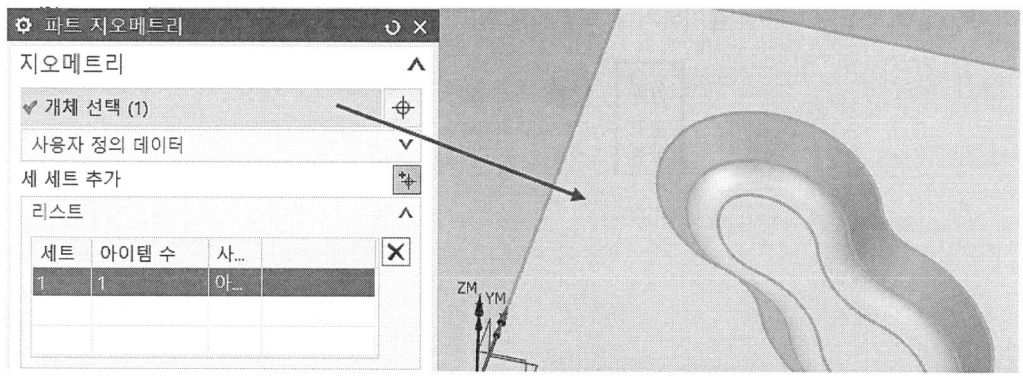

❾ 블랭크 지정 아이콘을 클릭한다.

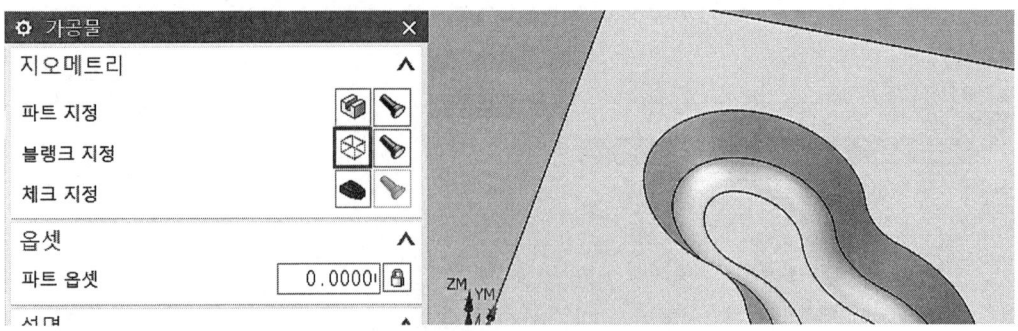

❿ 유형에서 경계 블록을 선택한 후 확인한다.

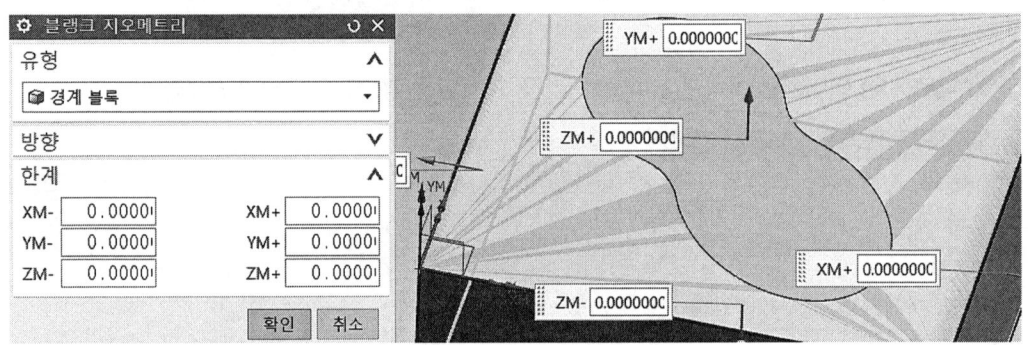

3 가공 공구 생성하기

❶ 삽입에서 도구 버튼을 클릭하거나, 그림처럼 공구 생성 아이콘을 클릭한다.

❷ 공구 하위 유형에서 Mill을 선택하고 이름에서 MILL_10을 입력한 후 적용 버튼을 클릭한다. 이름 입력 시 공간이 있으면 안 되기 때문에 ' _ '를 사용한다.

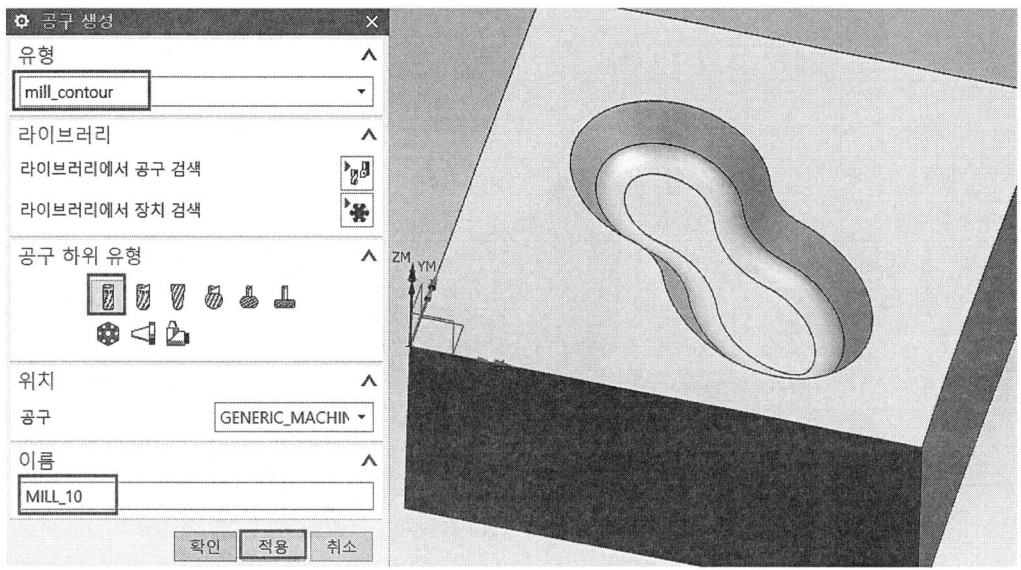

❸ (D) 직경에서 10을 입력, 공구 번호에 1을 입력한 후 확인한다.

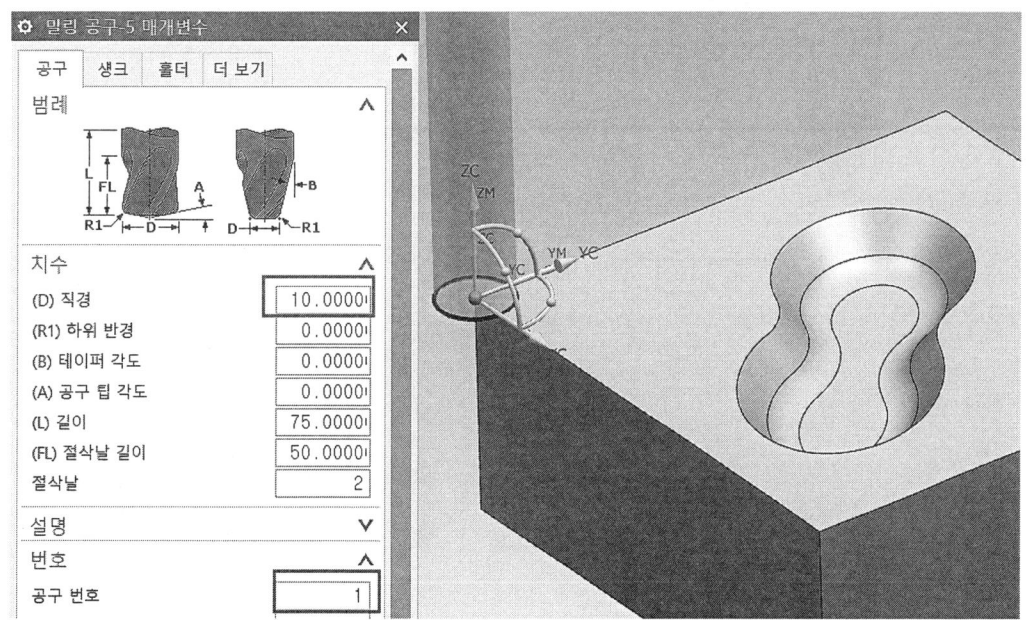

❹ BALL_MILL 아이콘 클릭하고, 이름에서 BALL_6를 입력한 후 확인을 클릭한다.

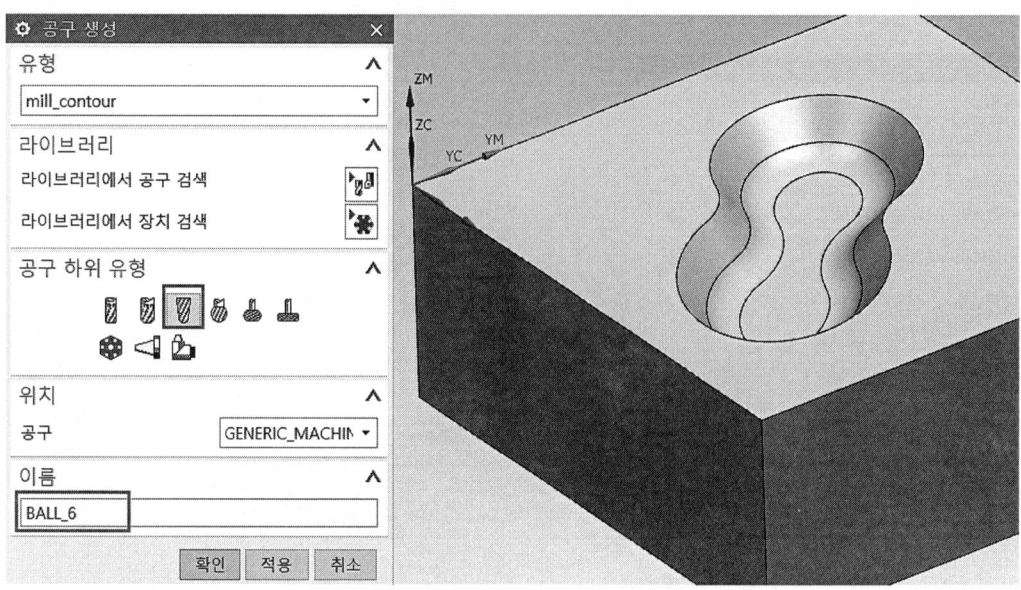

❺ (D) 볼 직경에서 6을 입력, 공구 번호에 2를 입력 후 확인한다.

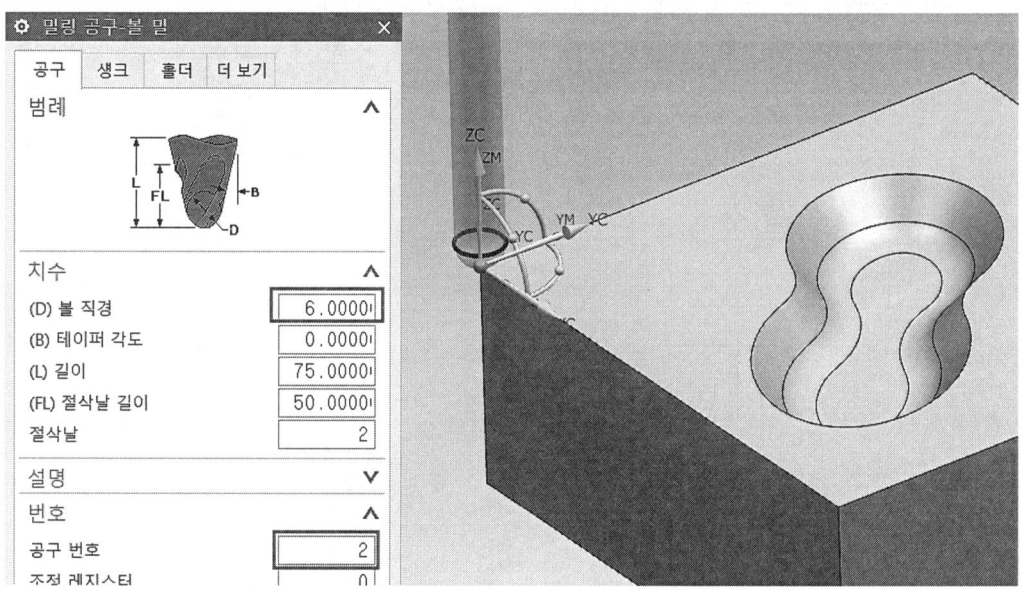

4   황삭 가공하기(Cavity Mill)

Cavity Mill 오퍼레이션은 평면 레이어에서 재료의 볼륨(가공 부위)을 제거하는 공구 경로를 생성하며, 황삭 가공의 3축 가공을 하는 데 일반적으로 사용된다. 평면 밀링은 2축 가공이고, Cavity Mill은 3축 가공에서 사용되는 평면 밀링이다. 유형은 Mill_Contour를 선택한다.

❶ 삽입에서 오퍼레이션 생성을 선택한다. 또는 그림처럼 오퍼레이션 아이콘을 클릭한다.

❷ 하위 유형은 CAVITY_MILL을 선택한 다음, 위치에서 프로그램은 PROGRAM, 공구는 MILL_10, 지오메트리는 WORKPIECE, 방법은 MILL_ROUGH로 설정한 다음 적용 버튼을 클릭한다.

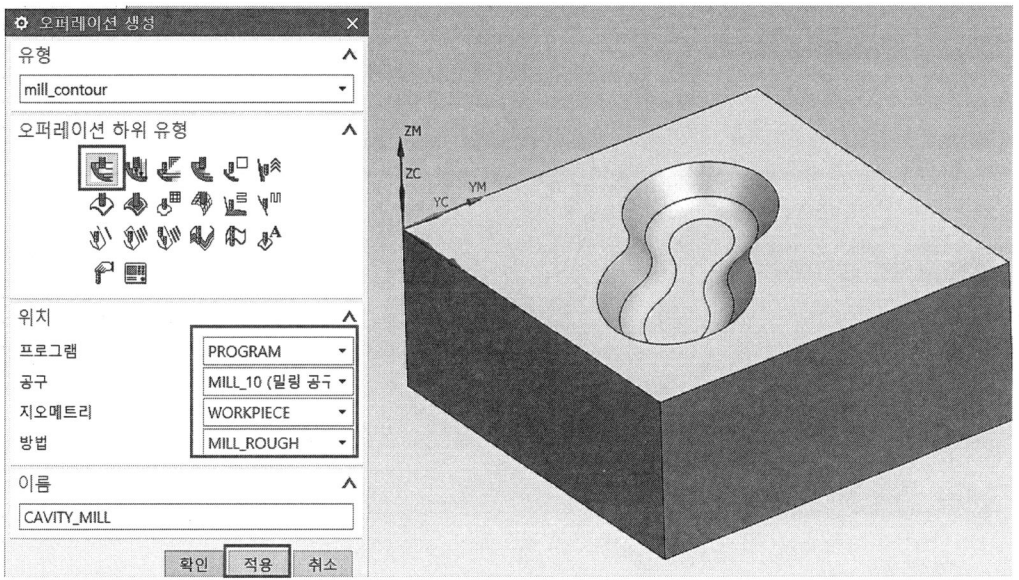

❸ 절삭 영역 지정 아이콘을 클릭한다.

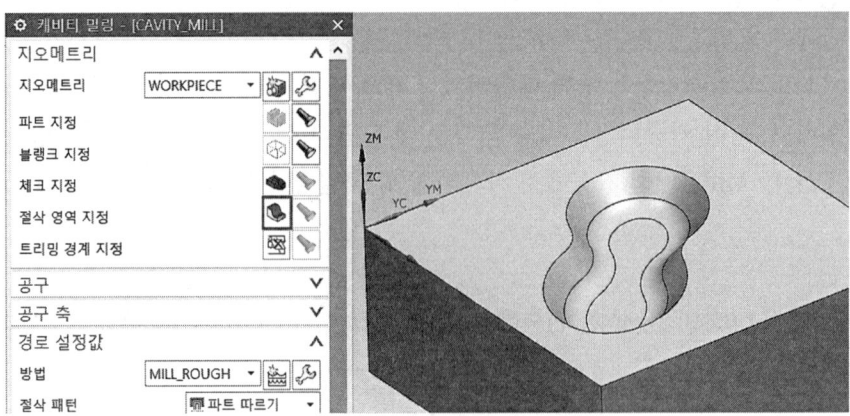

❹ 그림처럼 방향은 모델 방향을 정면도로 설정하고, MB1 버튼을 누르고 윈도우하여 객체를 그림처럼 설정하고 확인한다.

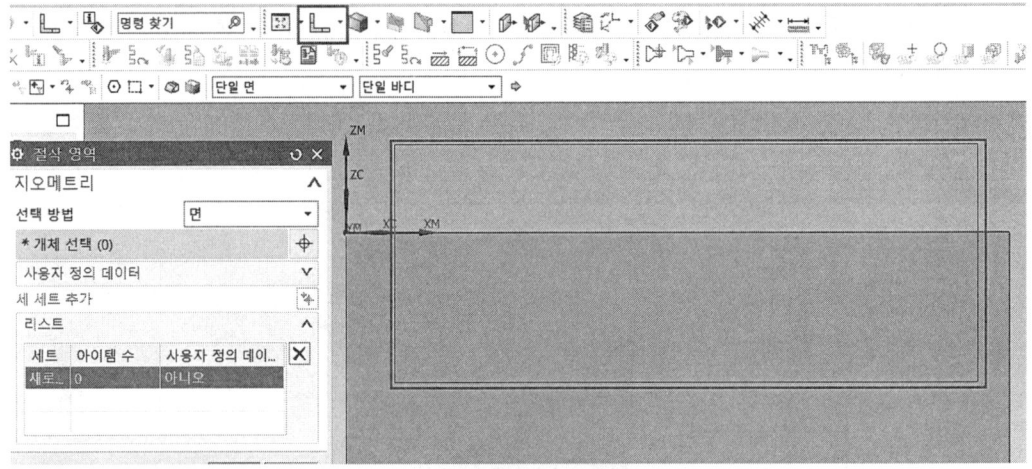

❺ 아래 그림처럼 영역이 설정된 것을 확인한다.

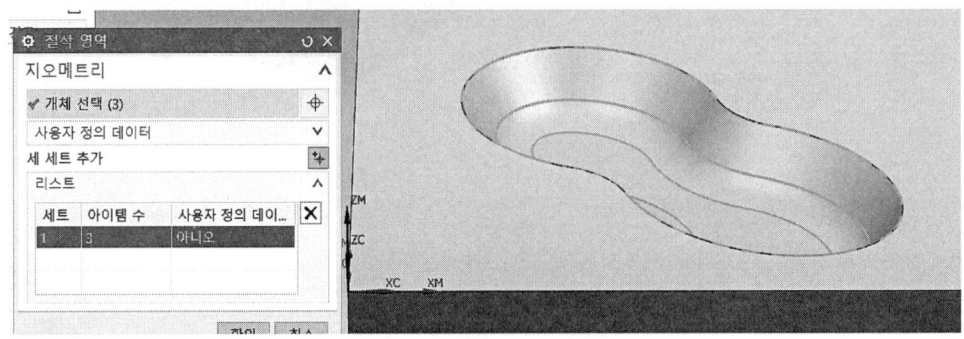

❻ 경로 설정값에서 절삭 패턴은 외곽 따르기로 하고, 스텝오버는(경로 간격) 일정으로 설정한 후 최대 거리(Distance) 값은 4, 절삭당 공통 깊이(절입량)는 0.3의 값을 입력한다.

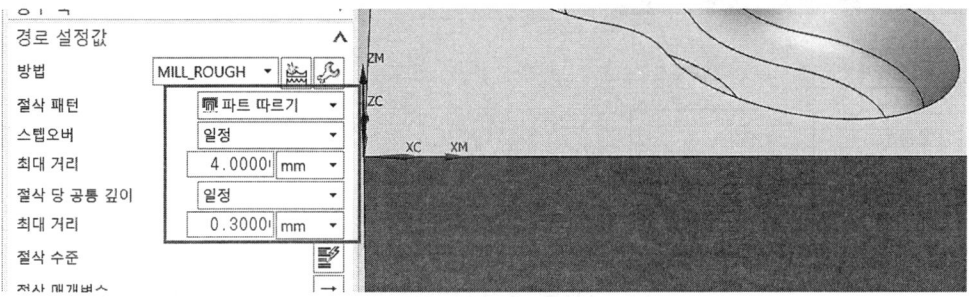

❼ 절삭 매개변수( ) 아이콘을 클릭한다.

❽ 전략 부분은 그림과 같이 하향 절삭과 절삭 순서에서 깊이를 우선으로 선택한 후 스톡(Stock) 탭으로 넘어간다.

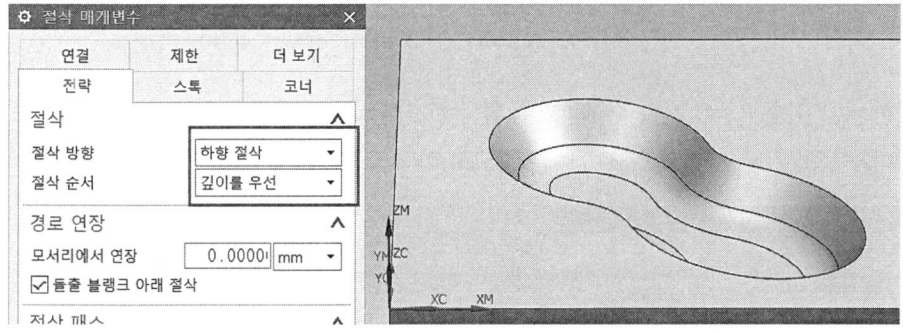

❾ 측면과 동일한 바닥 사용 박스는 그림과 같이 체크 후 파트 측면 스톡(가공 여유 또는 잔량) 값을 0.1을 입력한 후 공차에서 Intol, Outtol 값은 변경하지 않고 기본 설정으로 확인한다.

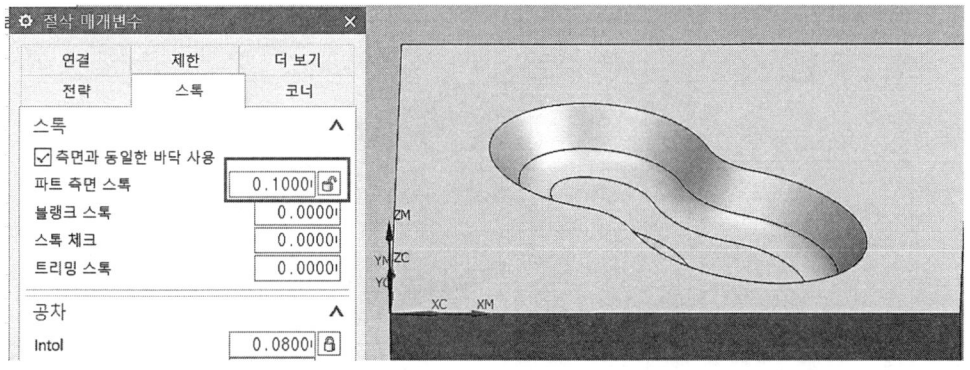

⑩ 비절삭 이동(📋) 아이콘을 클릭하고, 진입에서 아래 그림과 같이 설정한다.

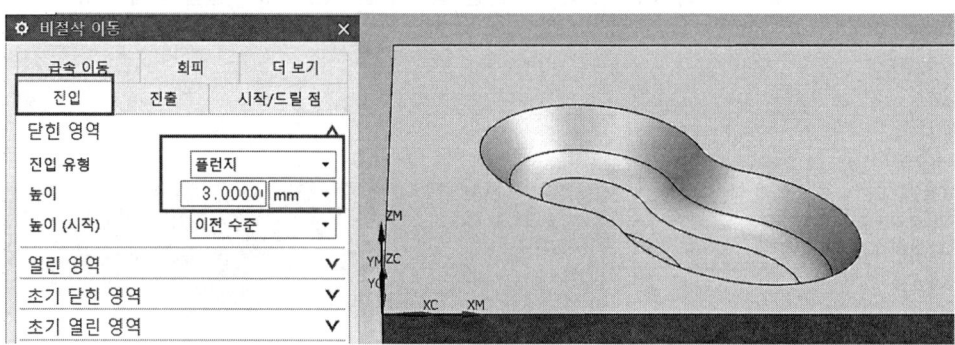

⑪ 이송 및 속도(🏃) 아이콘을 클릭한다.

⑫ 스핀들 속도(rpm) 부분에 4000을 입력 후 이송률에서 절삭(이송) 값은 1600을 입력 후 확인한다. 공구의 이송속도(Feed)와 스핀들 회전수 등에 대해 계산하여 입력한다.

$$회전수\ RPM(N)=4000,\ N=\frac{1000\,V}{\pi d}=4000$$

한 날당 이송(f_z)=0.2, 날 수(z)=2날, 절삭속도(V)=125, 이송속도=$f_z \times z \times N$=1800, 감속 이송속도=$f_z \times z \times N/(0.8 \sim 0.7)$=1280으로 아래 그림처럼 설정한다.

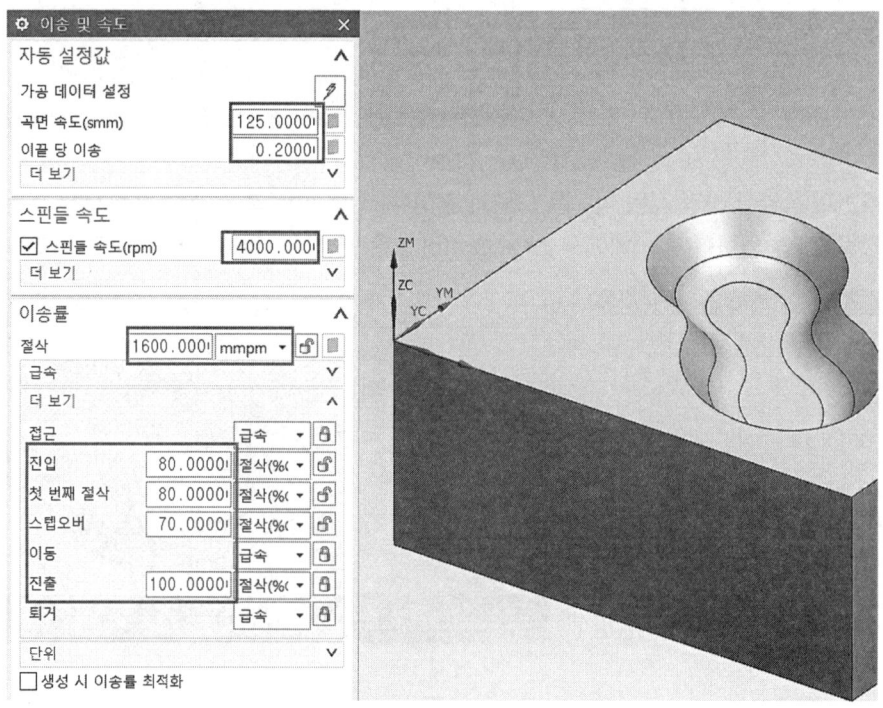

⑬ 작업에서 생성(Generate,) 아이콘을 클릭하면 황삭이 완료된 것을 확인할 수 있다. 검증( ) 아이콘을 클릭한다.

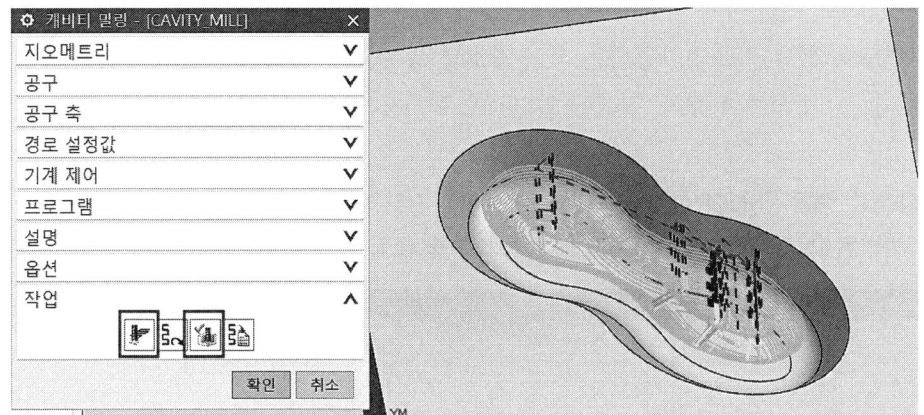

⑭ 그림처럼 3D 동적으로 한 다음, 재생( ) 버튼을 클릭한다. 검증이 끝나면 확인 버튼을 클릭한다.

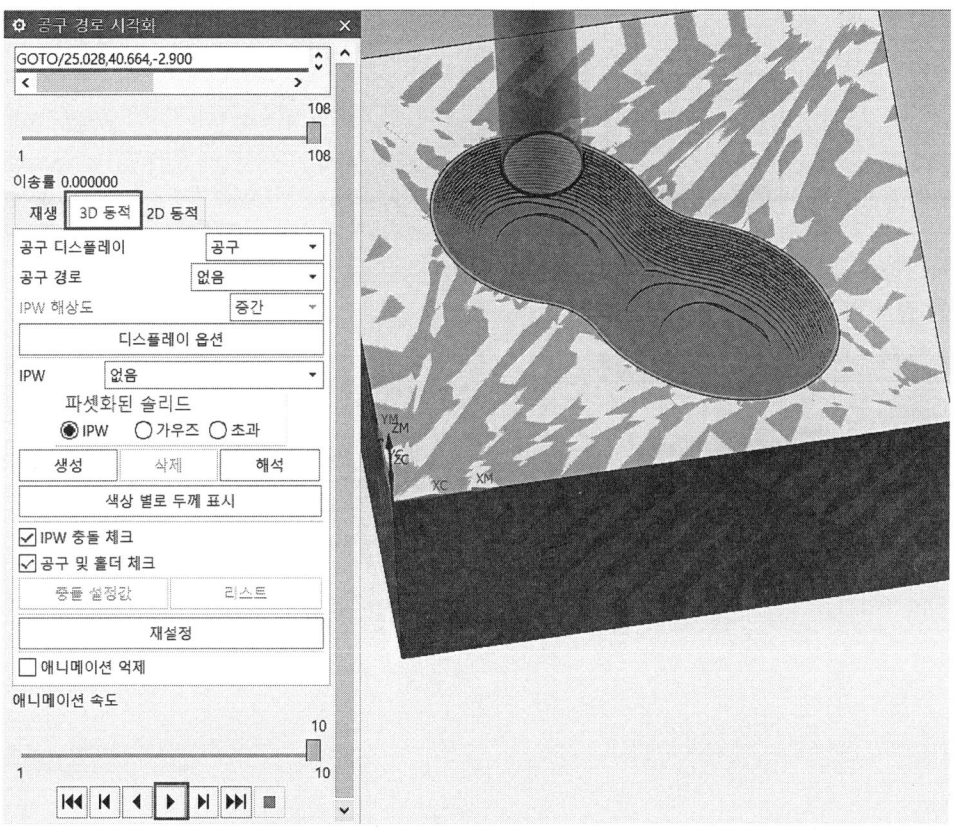

제1절 NX CAM NC Data 생성 따라 하기

5 정삭 가공하기(FIXED CONTOUR)

일반적으로 여러 가지 곡면재료의 패턴 가공을 사용하여 부품의 절삭 영역의 윤곽이 있는 곡면으로 형성된 정삭 가공하는 공구 경로를 생성한다. 영역을 생성하는 방식은 경계선(Boundary) 방식이며 중삭, 정삭에 일반적으로 사용되며 잔삭 가공도 가능하다.

❶ 프로그램은 PROGRAM, 공구 사용은 BALL_B6, 지오메트리 사용은 WORKPIECE, 사용 방법은 MILL_FINISH로 바꾼 다음 적용 버튼을 클릭한다.

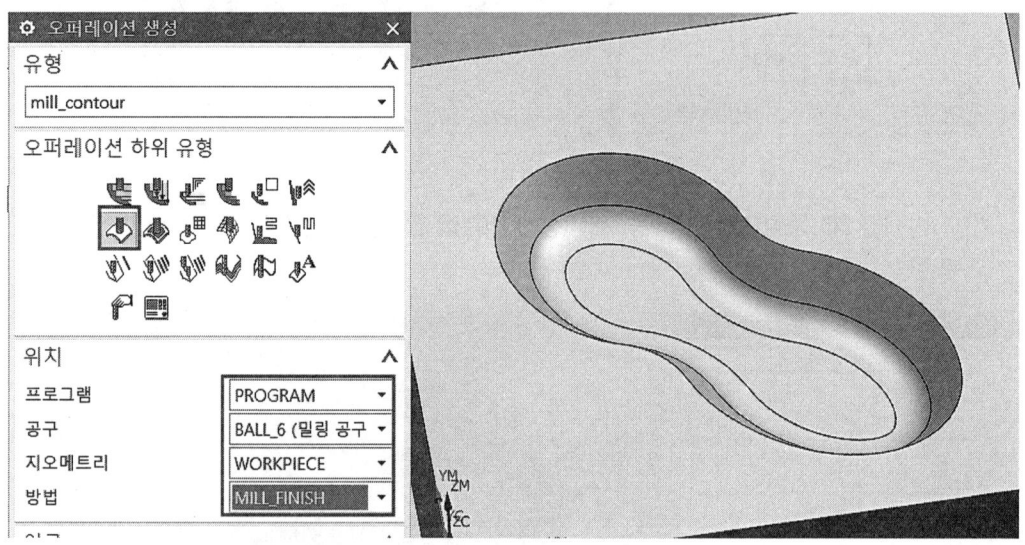

❷ 절삭 영역 지정 버튼을 클릭한다.

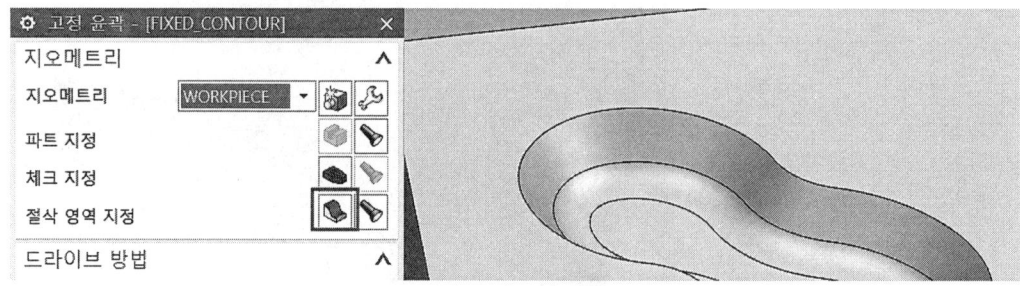

❸ 보기를 정면도로 배치하고 그림처럼 MB1을 이용하여 그림처럼 윈도우한다.

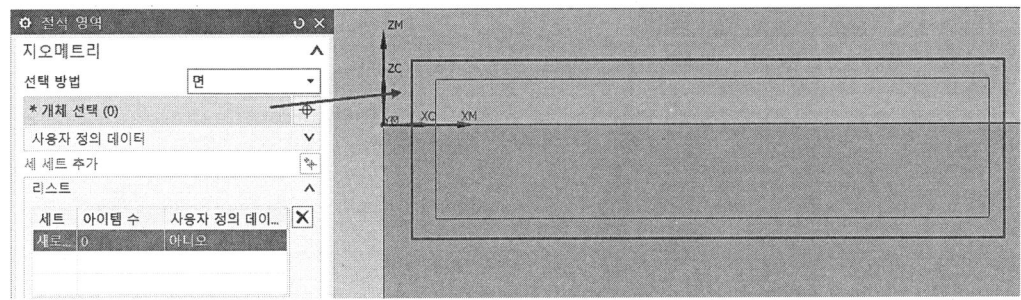

❹ 아래 그림처럼 영역이 설정된 것을 확인한다.

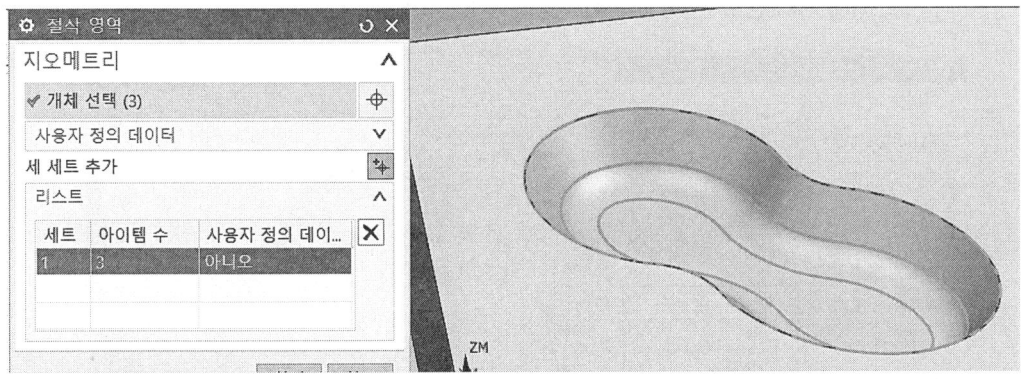

❺ 드라이브 방법에서 경계에서 편집 아이콘을 클릭한다.

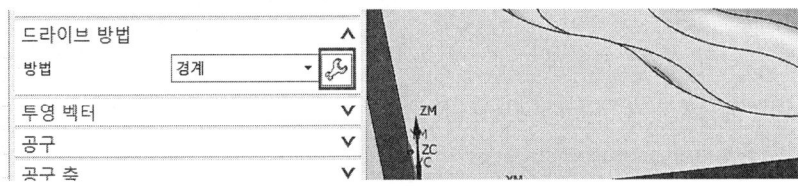

❻ 드라이브 지오메트리 지정 아이콘을 선택한 후 경계 지오메트리 경계 리스트에서 곡선/모서리를 선택한다.

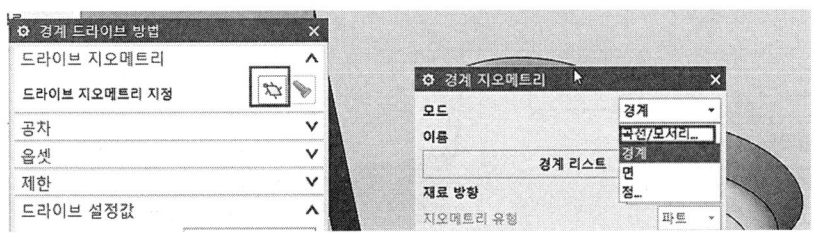

❼ 아래 그림처럼 설정하고 곡선을 선택한다.

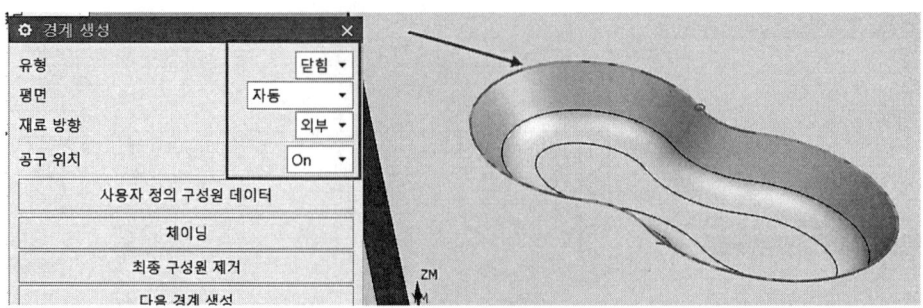

❽ 절삭 패턴은 외곽 따르기, 패턴 방향은 안쪽, 절삭 방향은 하향 절삭, 스텝오버는 일정으로 바꾸고, 최대 거리(경로 간격) 값은 0.1을 입력하고 확인한다.

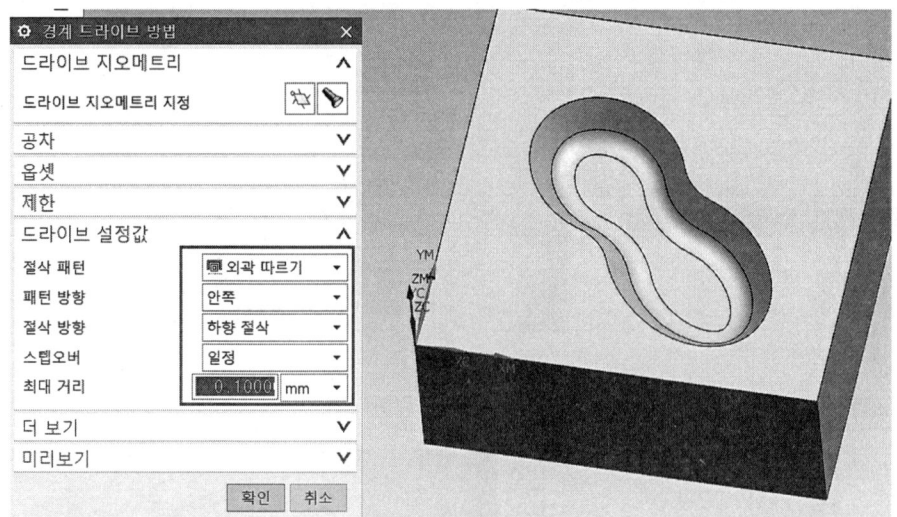

❾ 절삭 매개변수를 클릭한다. 스톡에서 공차 값을 0.01로 수정한다.

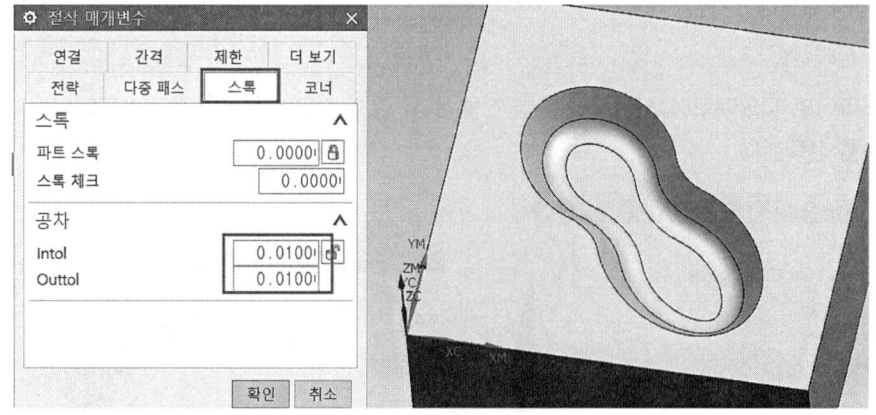

⓾ 이송 및 속도() 아이콘을 클릭한다.

속도 탭에서 스핀들 속도(회전수) 값을 5000으로 입력 후 이송률은 1000을 입력하고 확인한다. 계산공식은 다음과 같다.

$$\text{회전수 RPM}(N)=5000, \quad N=\frac{1000\,V}{\pi d}=5000$$

한 날당 이송(f_z)=0.1, 날 수(z)=2날, 곡면(절삭)속도(V)=94

XY 이송속도=$f_z \times z \times N$=1000, 감속 이송속도=$f_z \times z \times N/(0.8 \sim 0.7)$=800

> **참고**
> - 곡면 속도(smm): 원주 속도를 정의하여 주속 일정제어(G96)에 이용한다.
> - 이끝 당 이송: 설정된 공구 회전당 이송거리(G95)로 이송속도를 정의한다.
> - RPM: 분당 회전수(분당 이송mm/min; G94) 밀링에서 주로 사용한다.

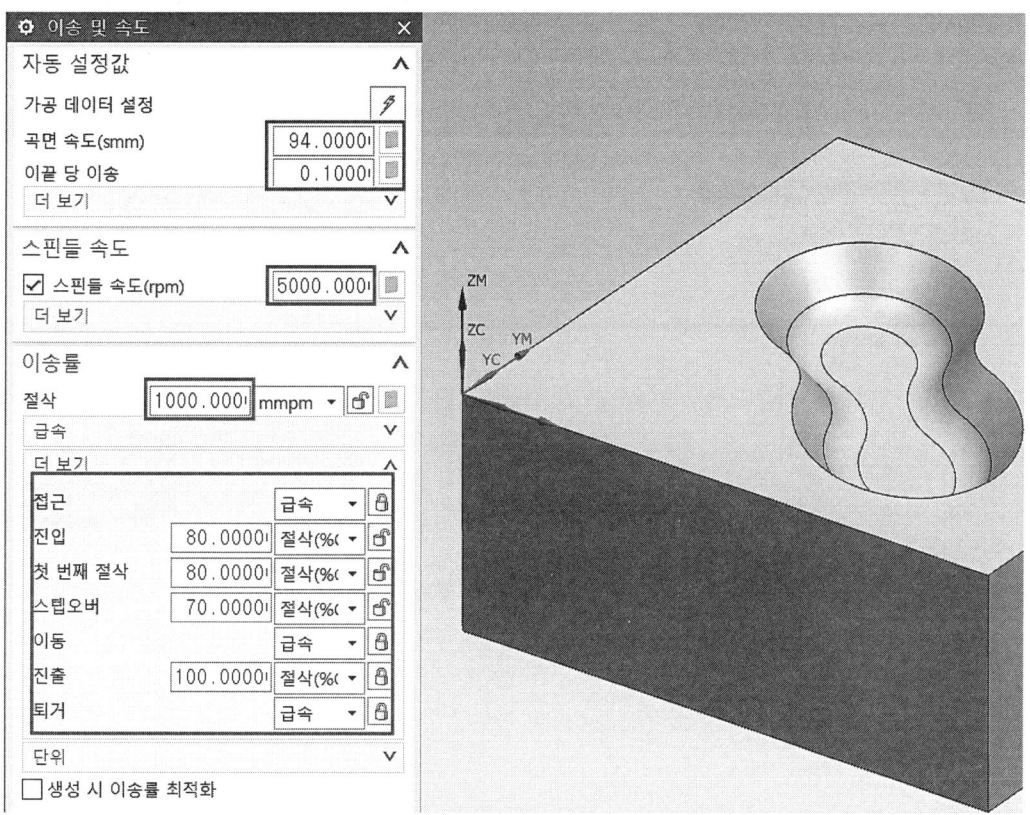

⓫ 그림처럼 생성 아이콘을 클릭한다. 정삭 완료 확인 후 검증 아이콘을 클릭한다.

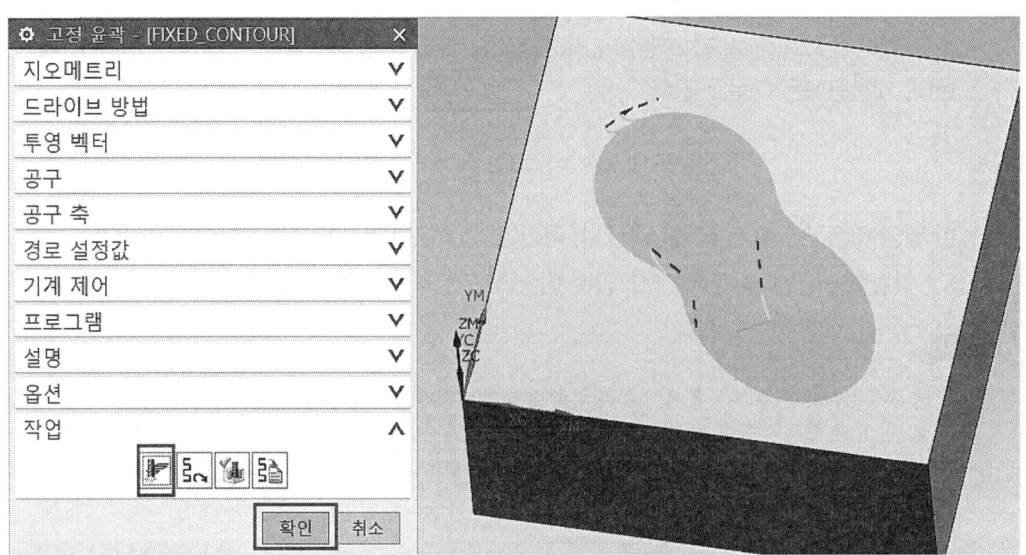

⓬ 검증( ) 아이콘을 클릭하여 검증을 확인한다.

⑬ 그림처럼 3D 동적으로 한 다음, 재생 버튼을 클릭한다. 검증이 끝나면 확인 버튼을 클릭한다.

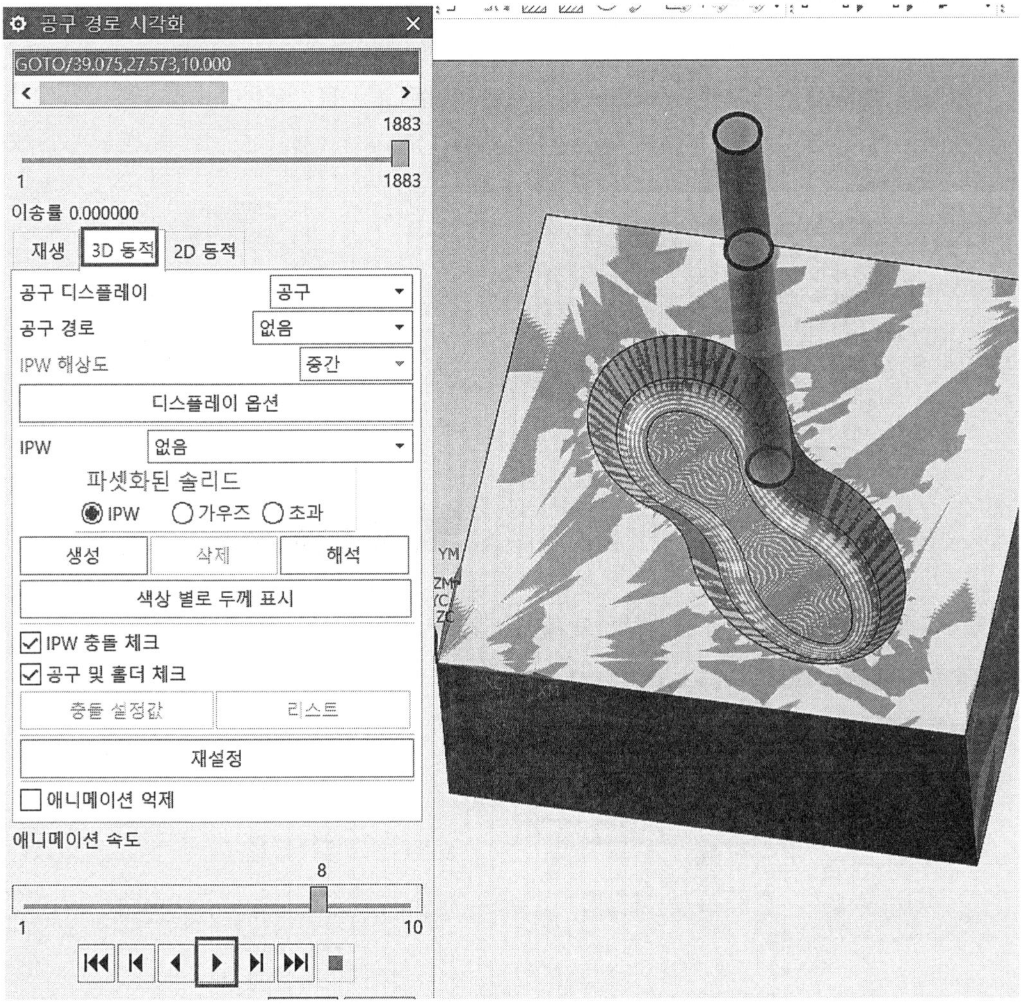

제1절 NX CAM NC Data 생성 따라 하기

6 NC Data 산출하기

❶ 그림처럼 MB3 상태에서 포스트프로세스 또는 아이콘()을 선택한다.

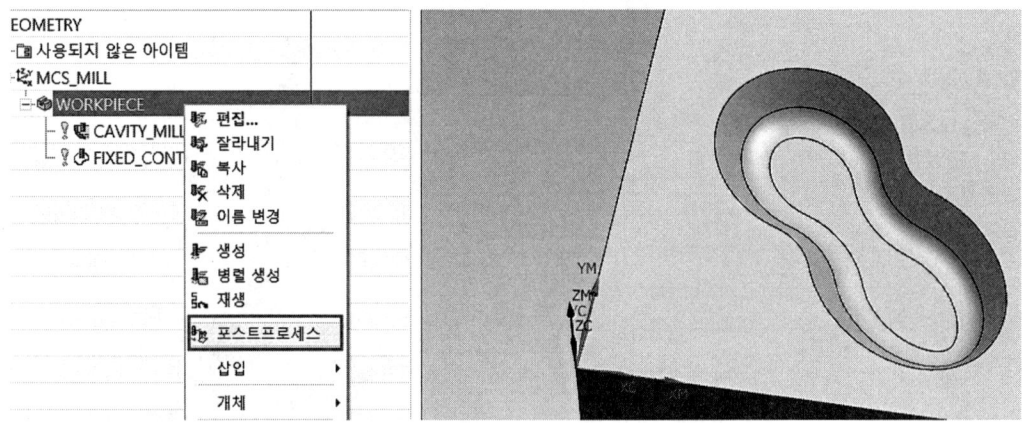

❷ 3축 또는 기계에 맞는 PP를 선택하고 확인한다.

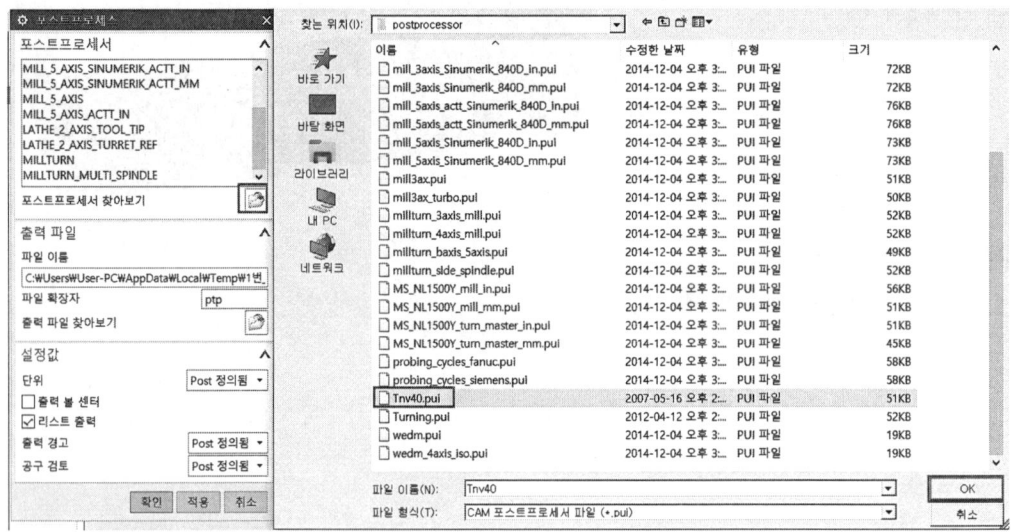

참고

- 기계에 맞는 Post를 아래 그림과 같이 postprocessor에 복사하여 붙여 넣는다.

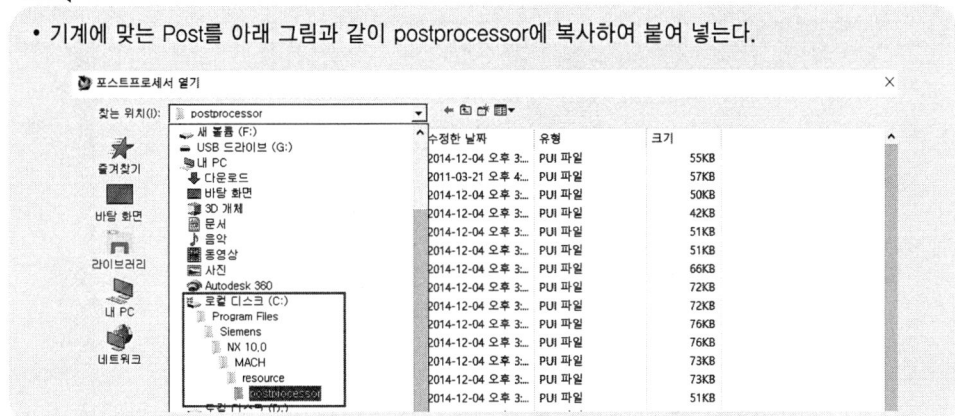

❸ 저장 위치(내문서)와 파일 이름을 설정한 후 파일 확장자는 .nc로 하고, 단위는 미터식으로 설정하고 확인한다.

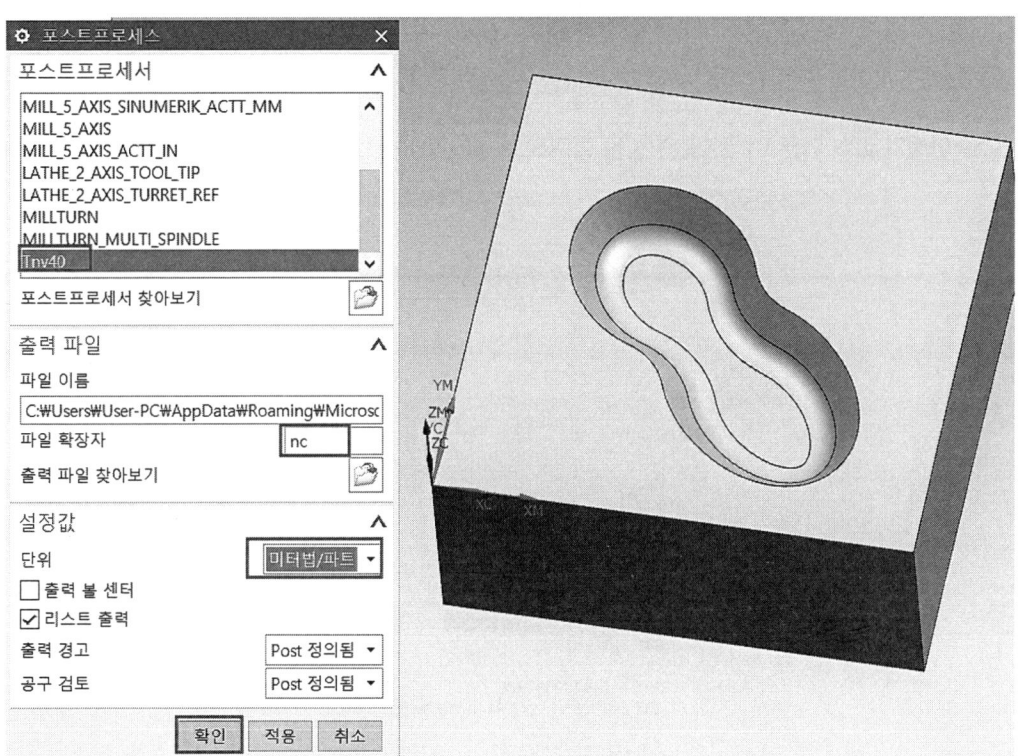

제1절 NX CAM NC Data 생성 따라 하기

❹ 그림처럼 NC 프로그램을 수정하고 다른 이름으로 저장한다.

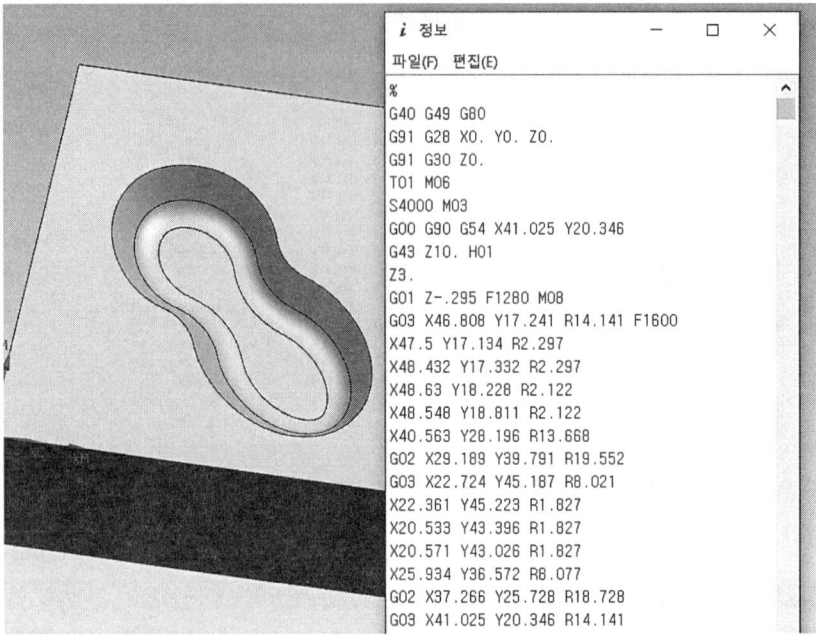

❺ 아래와 같이 다른 이름으로 저장을 클릭하고, 파일명과 저장 이름은 O001로 동일하게 한다.

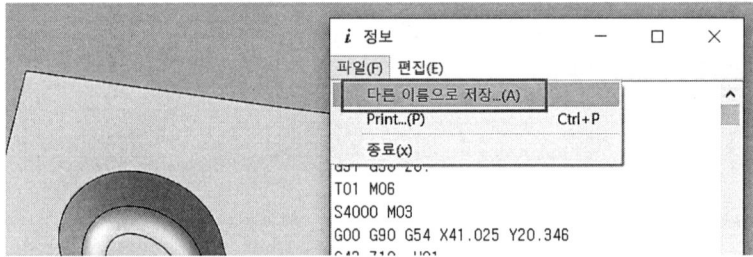

제2절 hyperMILL CAM NC Data 생성 따라 하기

1 Step 모델링 불러오기

❶ 열기에서 아래 그림과 같이 스텝 파일을 불러온다. 모델링은 NX, 인벤터, 솔리드웍스 등에서 작업한다.

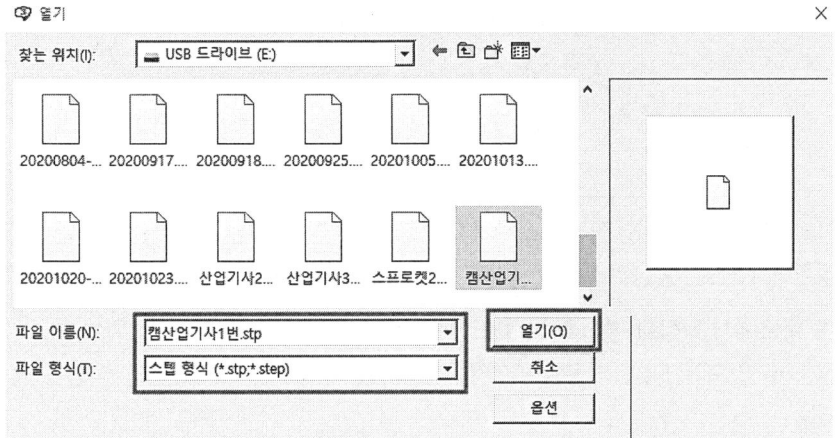

2 공정리스트 설정하기

❶ hyperMILL 아이콘 툴바의 첫 번째 아이콘을 클릭한다. hyperCAD의 히스토리 트리 창에 hyperMILL 브라우저를 추가한다.

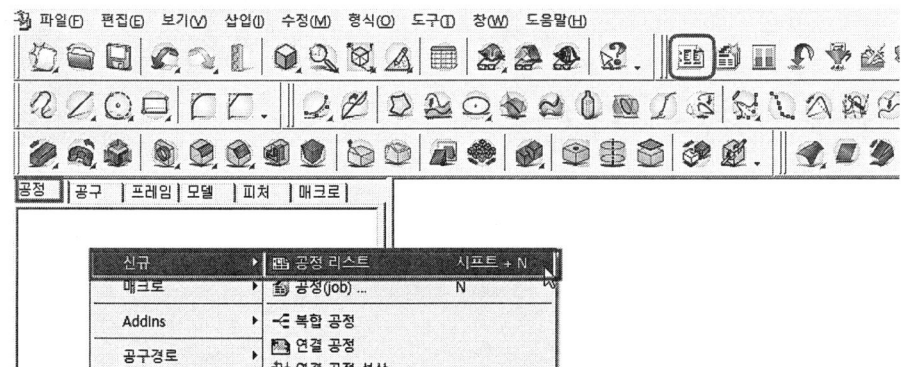

❷ hyperMILL 브라우저 창에서 마우스 오른쪽 버튼을 클릭하면 명령어 목록이 표시된다. 여기서 [신규 → 공정리스트 설정] 항목을 선택하여 새로운 공정리스트를 만들어준다.

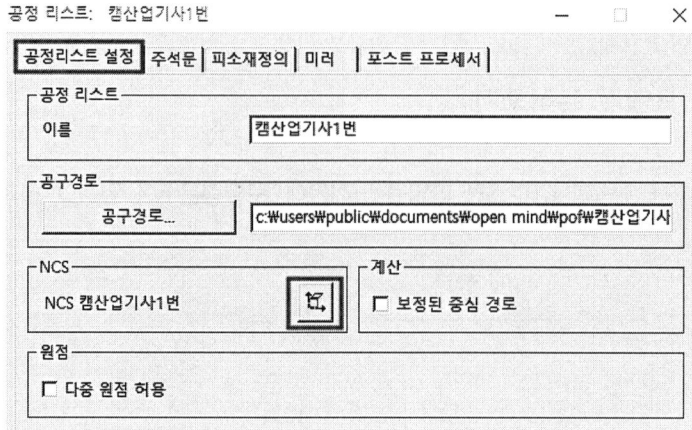

❸ 공정리스트 설정 탭에서 공정리스트의 이름과 POF 파일 저장 경로, NCS(공작물 원점) 등을 설정한다. NCS는 공정리스트를 생성할 때 CAD의 좌표계와 동일하게 자동 생성된다.

NCS 항목에서 원점계 편집 아이콘을 선택하면 아래 그림과 같이 원점 위치 또는 축 방향을 편집할 수 있으며, NCS와 동일한 CAD 좌표계를 가지고 있으므로 편집 작업은 생략하도록 한다.

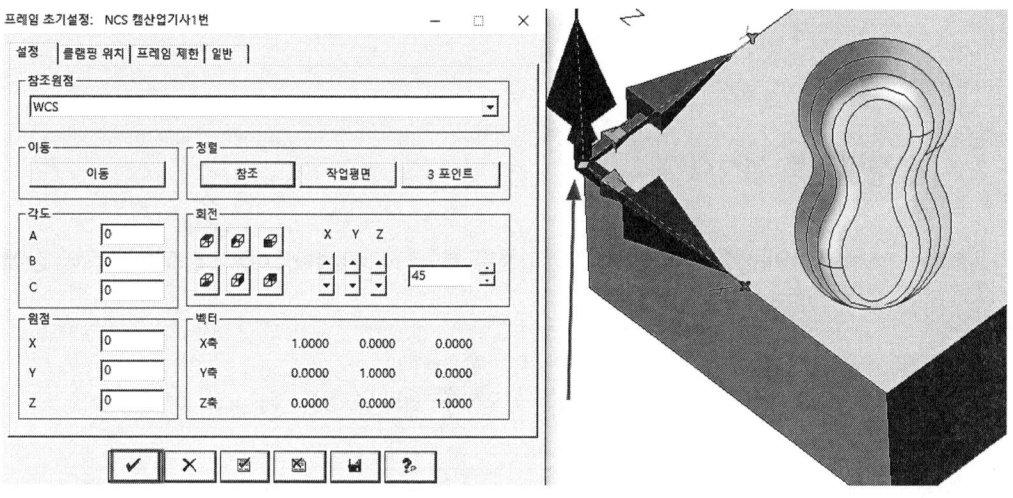

❹ 다음은 피소재정의(PART DATA) 탭을 선택한다.

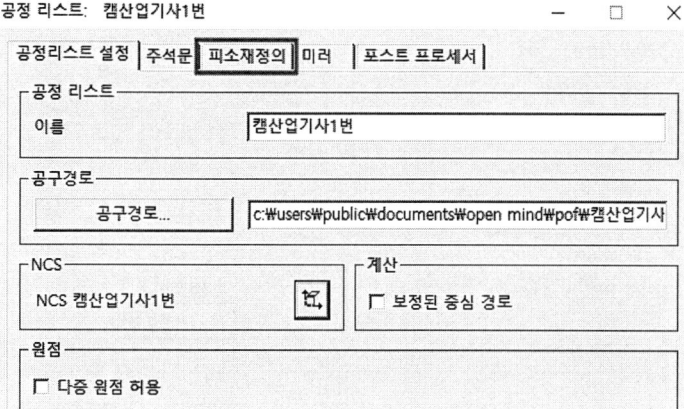

❺ 다음과 같이 소재(stock)모델(가공소재)과 파트(가공모델)를 정의한다. 설정 항목을 체크하고 우측에 표시되는 신규 소재 아이콘을 선택한다.

❻ 소재(stock)모델 정의 창이 열리면 모드에서 자동계산(bounding geometry)을 선택한 후 소재 종류로 박스를 클릭한다.

❼ 다음과 같이 박스형상의 육면체 소재가 화면에 표시된다. 소재가 원하는대로 정의되면 OK (✔) 버튼을 클릭하여 소재(stock)모델 정의를 완료한다.

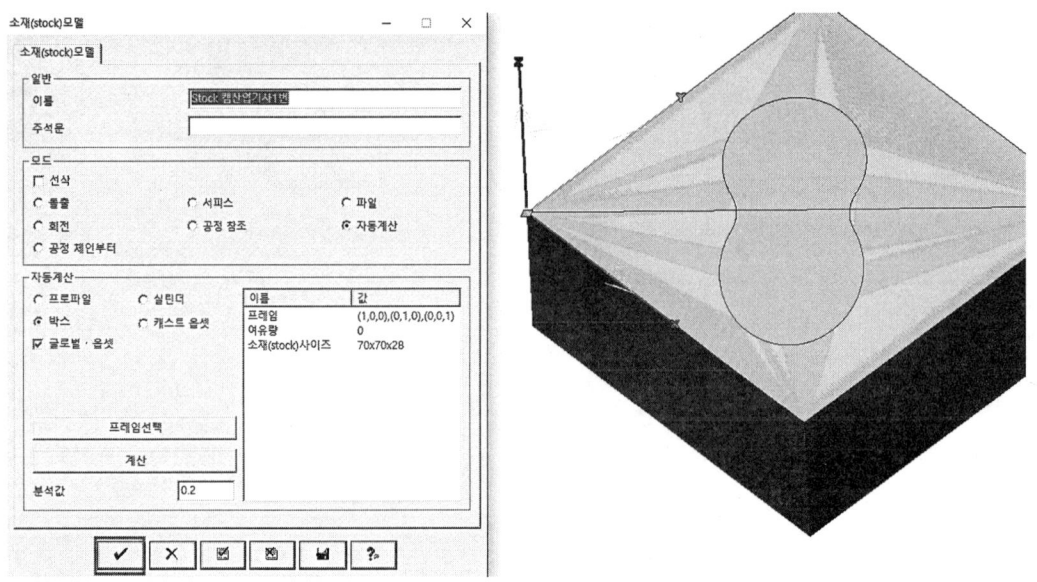

❽ 생성한 소재가 공정리스트의 소재(stock)모델 항목에 설정된 것을 볼 수 있다. 다음으로 파트 정의를 하겠다. 소재(stock)모델 정의와 같이 설정 항목을 체크하고 신규 절삭모델 아이콘을 선택한다.

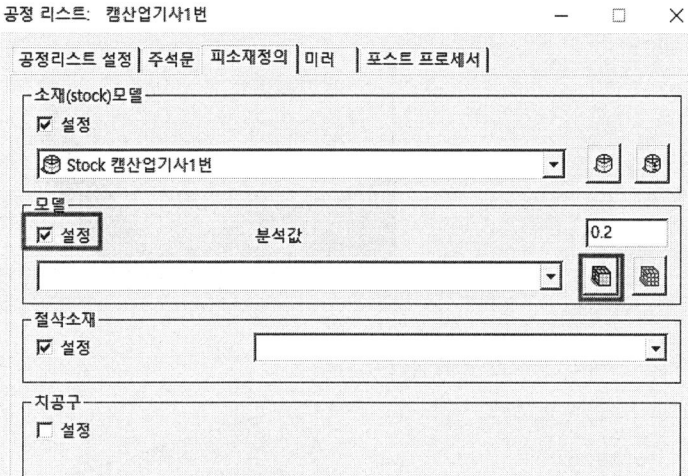

❾ 절삭모델 정의 창이 열리면 현재 선택 항목의 신규 선택 아이콘을 선택한다.

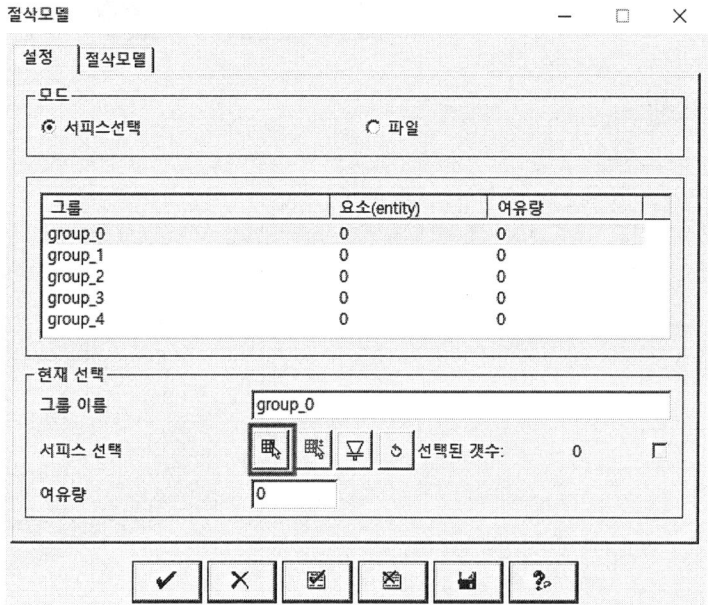

⑩ 가공하고자 하는 모델을 전체 선택(단축키 A)하고 OK 버튼을 우측 그림과 같이 선택된 서피스의 개수가 표시된다. 이제 OK 버튼으로 절삭모델 창을 완료하고, 공정리스트 창을 완료하면 기본적인 공정리스트 정의가 끝난다.

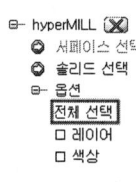
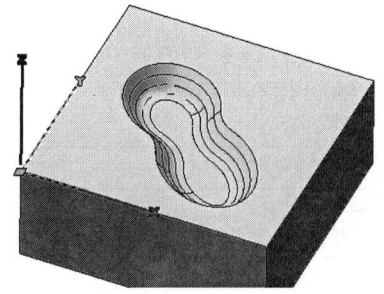

⑪ 공작물 전체가 선택되면 확인을 클릭한다.

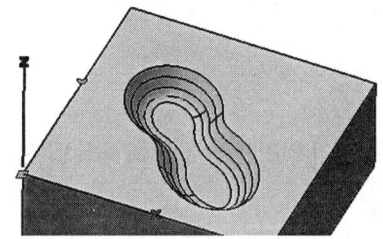

⑫ 확인을 클릭한다.

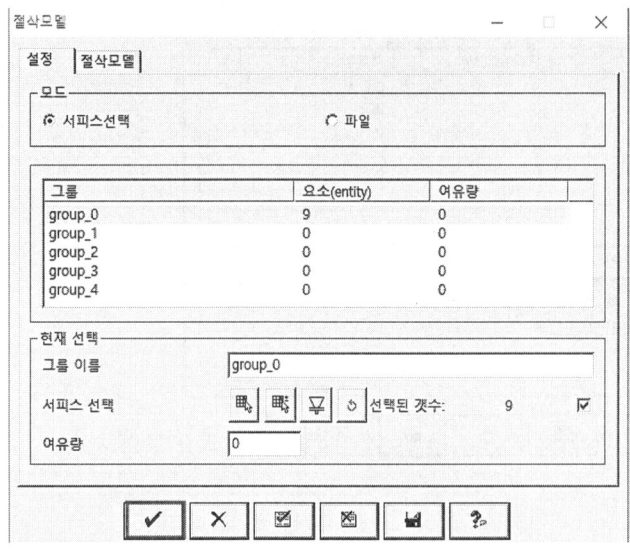
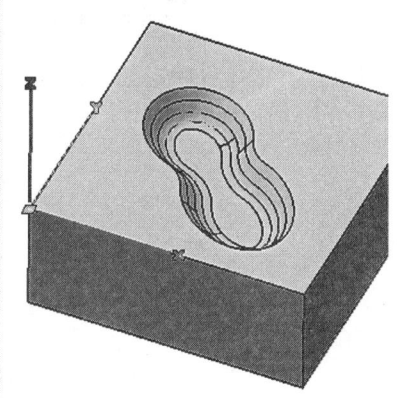

3 공구생성 및 절삭조건 설정하기

❶ 브라우저에서 공구 탭을 클릭한다.

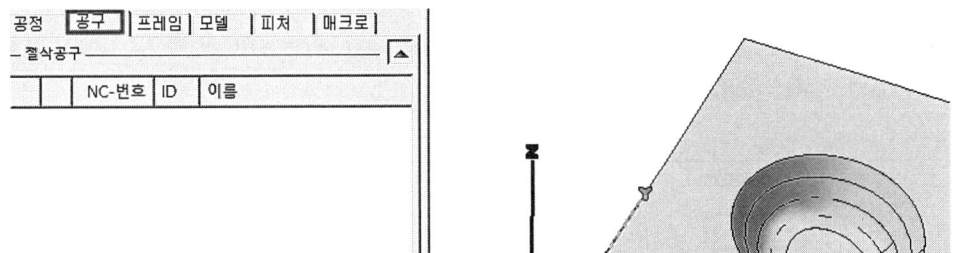

❷ 공구 탭에서 오른쪽 마우스 버튼을 클릭하여 신규의 엔드밀(End mill)을 선택한다.

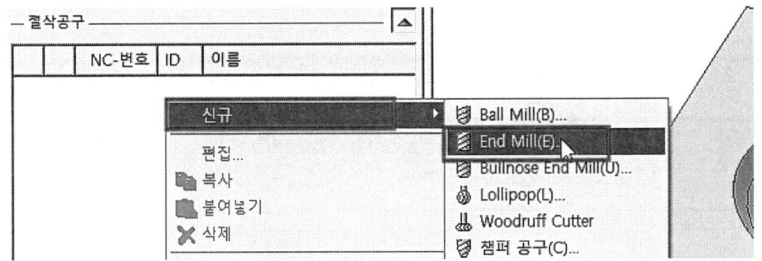

❸ 지오메트리에는 공구의 NC-번호, 길이, 직경, 컷팅 길이에 대해 입력이 가능하다.

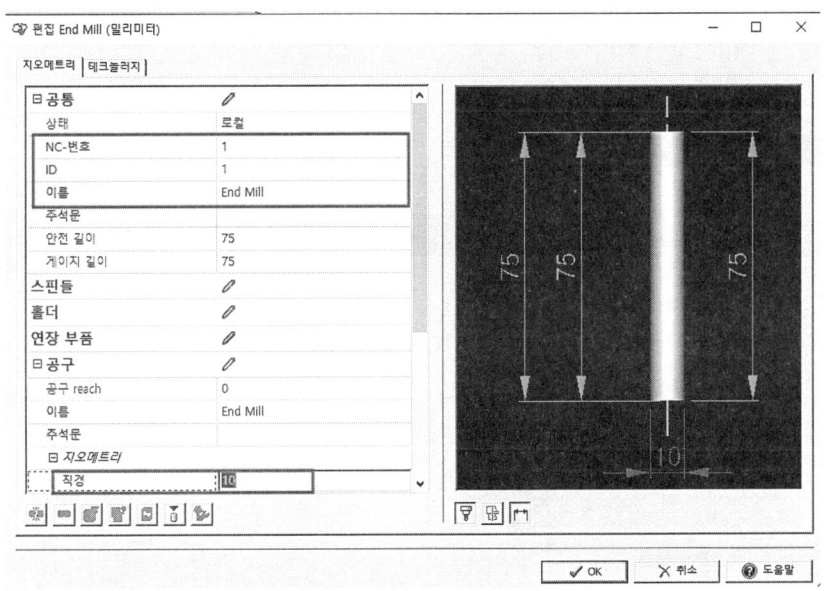

제2절 hyperMILL CAM NC Data 생성 따라 하기

❹ 테크놀러지에는 공구의 이송속도(Feed)와 스핀들 회전수 등에 대해 계산하여 입력한다.

$$\text{회전수 RPM}(N)=4000, \quad N=\frac{1000\,V}{\pi d}=4000$$

한 날당 이송(f_z)=0.2, 날 수(z)=2날, 컷팅 절삭속도(V)=126, XY 이송속도=$f_z \times z \times N$=1800, 축 이송속도=$f_z \times z \times N/(2\sim3)$=800, 감속 이송속도=$f_z \times z \times N/(0.8\sim0.7)$=1280, 절삭유(On)=1, 절삭유(Off)=0

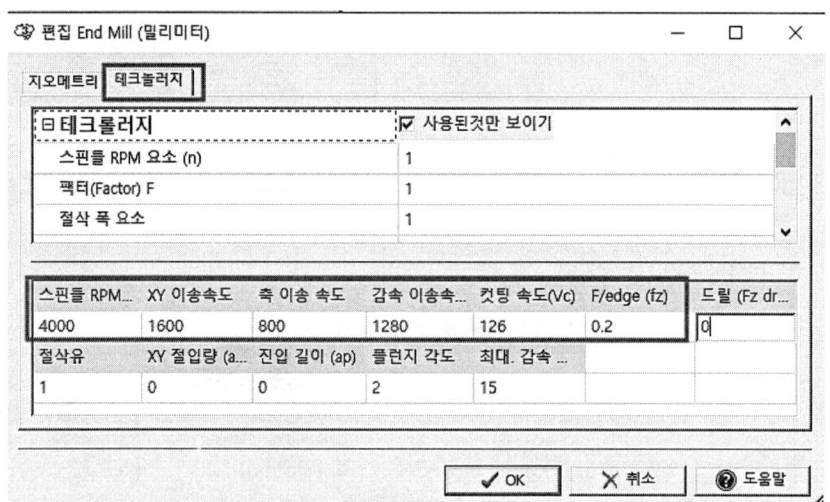

❺ 공구 탭에서 오른쪽 마우스 버튼을 클릭하여 신규의 볼엔드밀(Ball mill)을 선택한다.

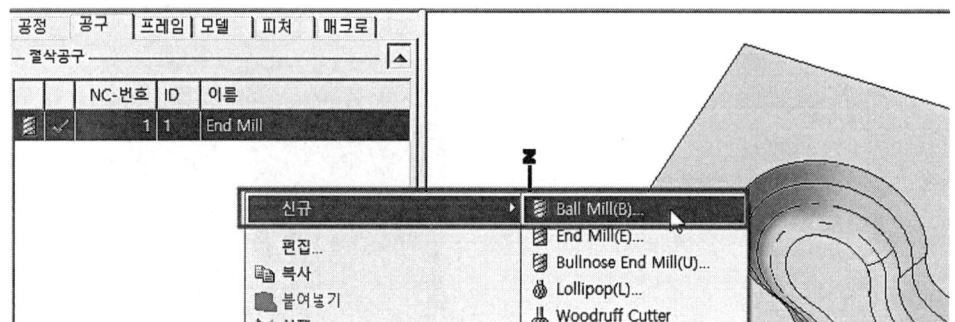

❻ NC-번호 2, 직경 6을 입력한다.

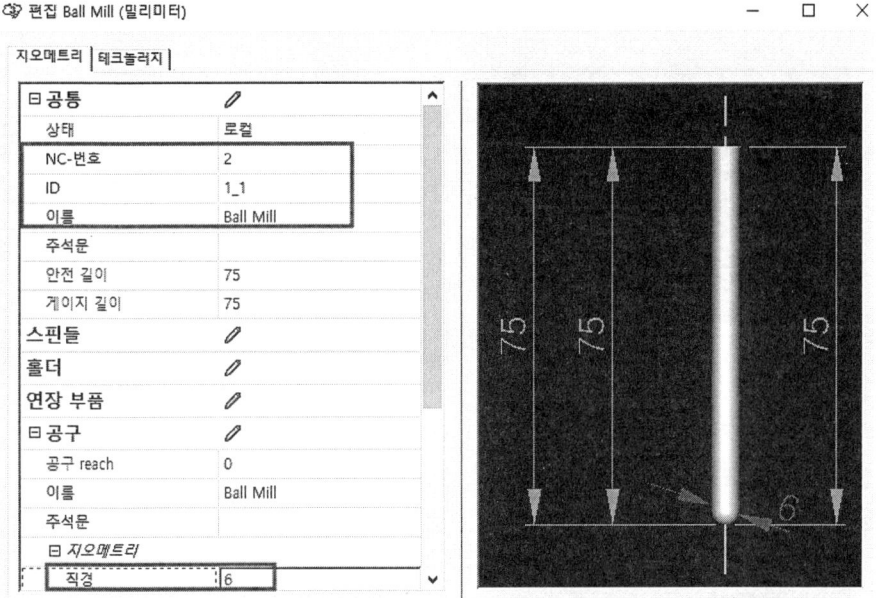

❼ 테크놀러지에는 공구의 이송속도(Feed)와 스핀들 회전수 등에 대해 계산하여 입력한다.

$$\text{회전수 RPM(N)}=5000, \quad N=\frac{1000\,V}{\pi d}=5000$$

한 날당 이송(f_z)=0.1, 날 수(z)=2날, 컷팅 이송속도(V)=94, XY 이송속도=$f_z \times z \times N$=1000, 축 이송속도=$f_z \times z \times N/(2\sim3)$=500, 감속 이송속도=$f_z \times z \times N/(0.8\sim0.7)$=800, 절삭유(On)=1, 절삭유(Off)=0

제2절 hyperMILL CAM NC Data 생성 따라 하기

4 황삭 가공하기

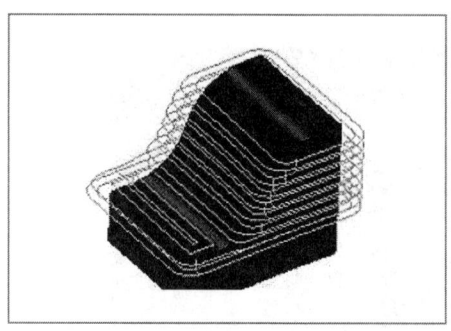

3D 등고선 황삭 가공(소재지정)

이 황삭 가공 공정은 미리 생성해 놓은 가공 소재(STOCK)를 지정하여 평면 단위로 소재를 제거하는 툴패스를 생성해주는 작업공정이다. 이 작업공정에서는 가공물에 대한 모델링 파일과는 별도로 소재가 정의된 파일이 필요하다.

❶ 작업공정을 추가하기 위해 브라우저 창 내에서 오른쪽 마우스 버튼을 클릭한다. 그림과 같이 선택 목록이 표시되면 [3D 등고선 황삭 가공(소재지정)] 항목을 선택하여 작업공정 편집 창을 열어준다.

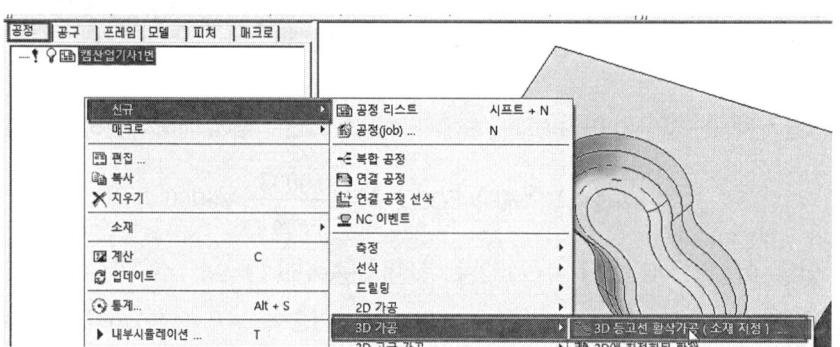

❷ 작업공정 정의 창이 열리면 첫 번째 탭인 공구가 표시된다. 플랫 앤드밀을 선택한다.

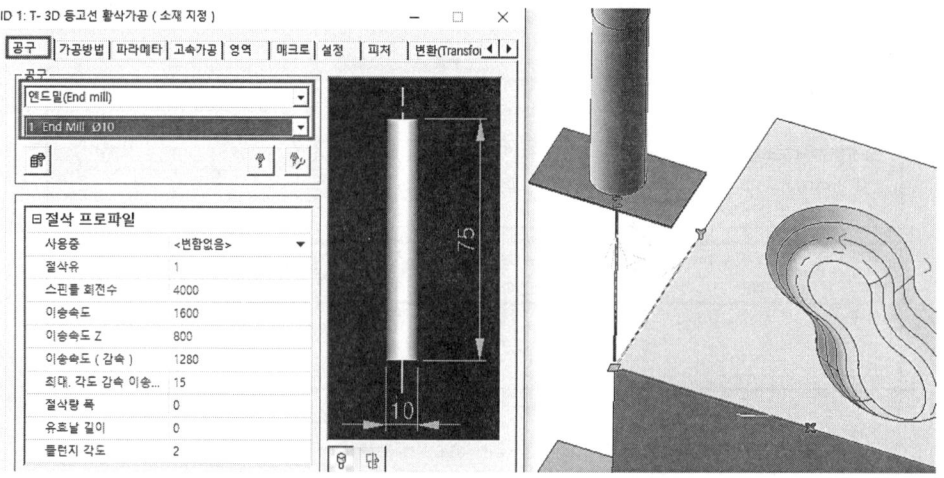

❸ 옵션 설정은 다음과 같이 설정해 준다.

- 절삭 방향: 윤곽에 평행
- 가공 우선 순위: 포켓
- 평면형 방식: 최적화됨
- 절삭 방식: 하향 가공

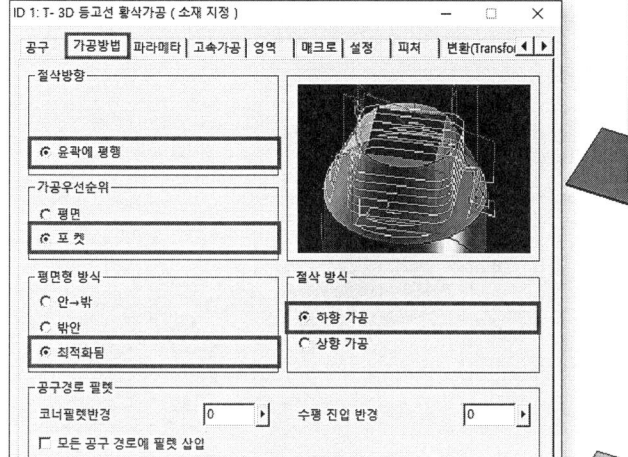
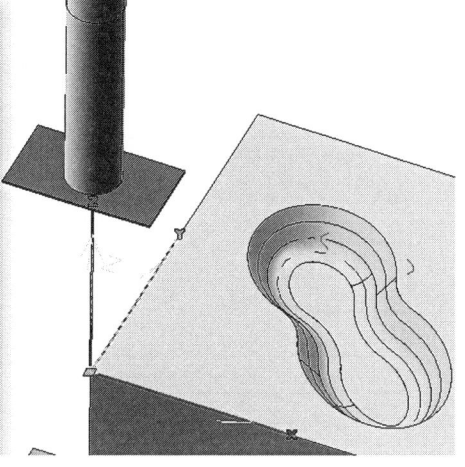

◀ 윤곽에 평행(Contour Parallel)
형상의 윤곽과 평행하게 가공할 경우 사용한다. 한마디로 형상에 옵셋으로 가공 경로를 생성해주는 것이다.

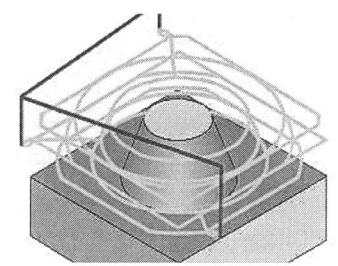

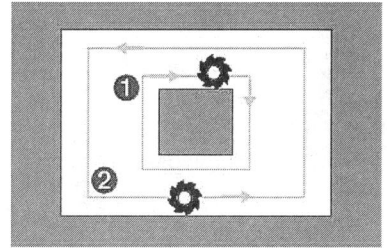

① 하향 가공(climb milling)
  1. 내부 윤곽 – 시계방향
  2. 외부 윤곽 – 반시계방향으로 가공한다.
② 상향 가공(conventional milling)
  하향 가공과 반대 방향으로 움직이며 가공한다.

❹ 가공 영역은 가공하고자 하는 최고 높이와 최저값을 지정한다. 여기에서는 소재 인식을 한 황삭 가공이기에 가공 영역을 설정해 줄 필요가 없다.

- 절삭은 공구의 수평, 수직 이송 시의 절입량과 소재의 여유량 등을 입력한다. 각 항목의 값 (XY 절삭량: 4.5mm, Z 절삭량: 0.3mm, 소재여유량: 0.1mm)을 입력해 준다.
- 평면부위검출(plane level detection): 평면에만 적용되는 옵션이다.
- 클리어런스 평면 안전성(safety)은 공구가 급속이동 시 정해진 높이 혹은 거리에서 안전하게 이동하도록 설정하는 옵션이다. 지시서의 내용처럼 40으로 설정한다.
- 안전거리(상대)는 5~10으로 설정한다.

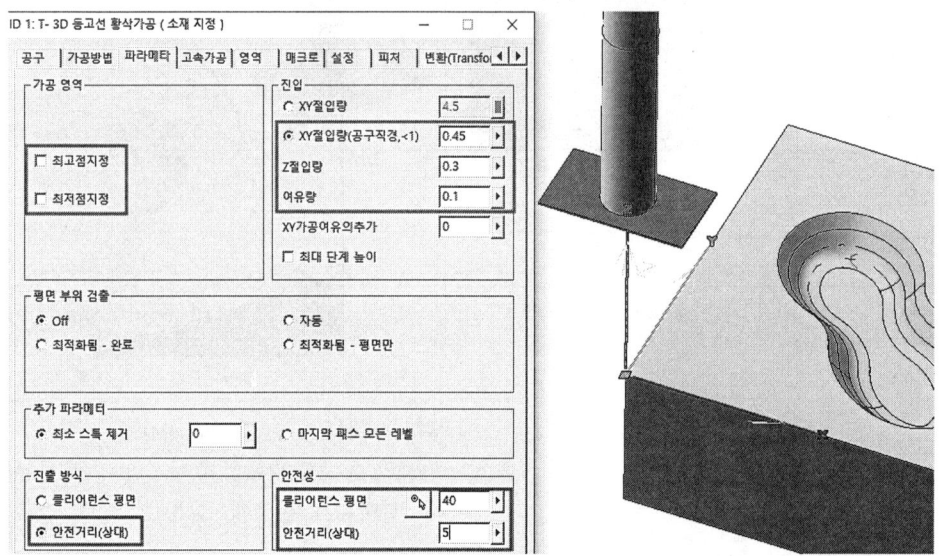

❺ 가공하고자 하는 영역을 설정한다. 이미 소재지정이 되어있는 공정이므로 특별히 설정하지 않아도 무관하다.

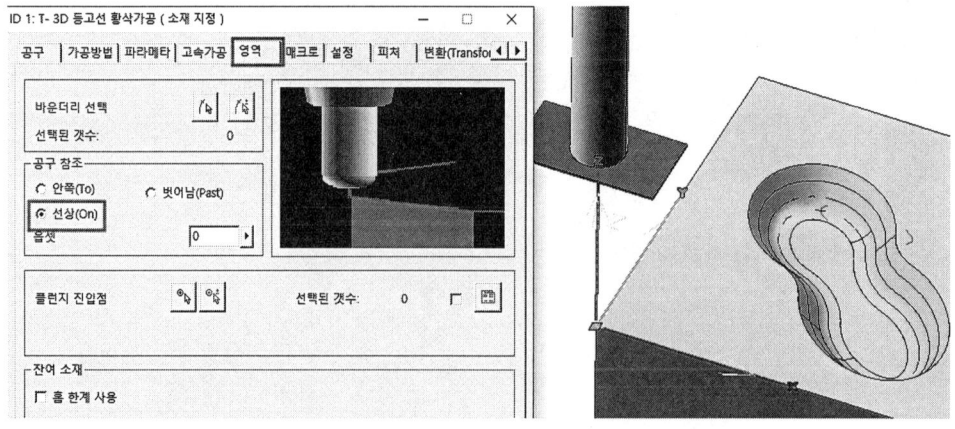

❻ 매크로에서 헬리컬로 설정한다.

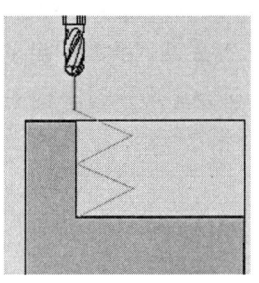

◀ 매크로
- 진입/진출 관련 설정이다. 현 설정에는 램프로 진입 방법만 선택 가능하다.
- 램프 진출은 그림과 같이 위에서 아래로 경사진 지그재그 모양으로 내려간다.
- 우측의 각도는 내려갈 때 경사각도를 말한다.

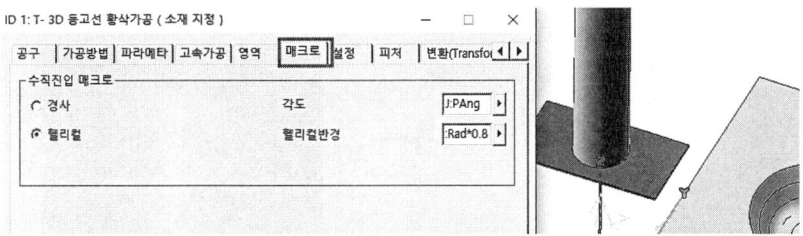

❼ 모델/소재모델은 각각의 목록을 열어 공정리스트 정의 시 생성해 놓은 모델(절삭 영역) 또는 소재를 선택한다. 미리 생성해 놓지 않은 경우에는 신규 생성 아이콘을 사용하여 새 모델/소재를 정의할 수 있다.

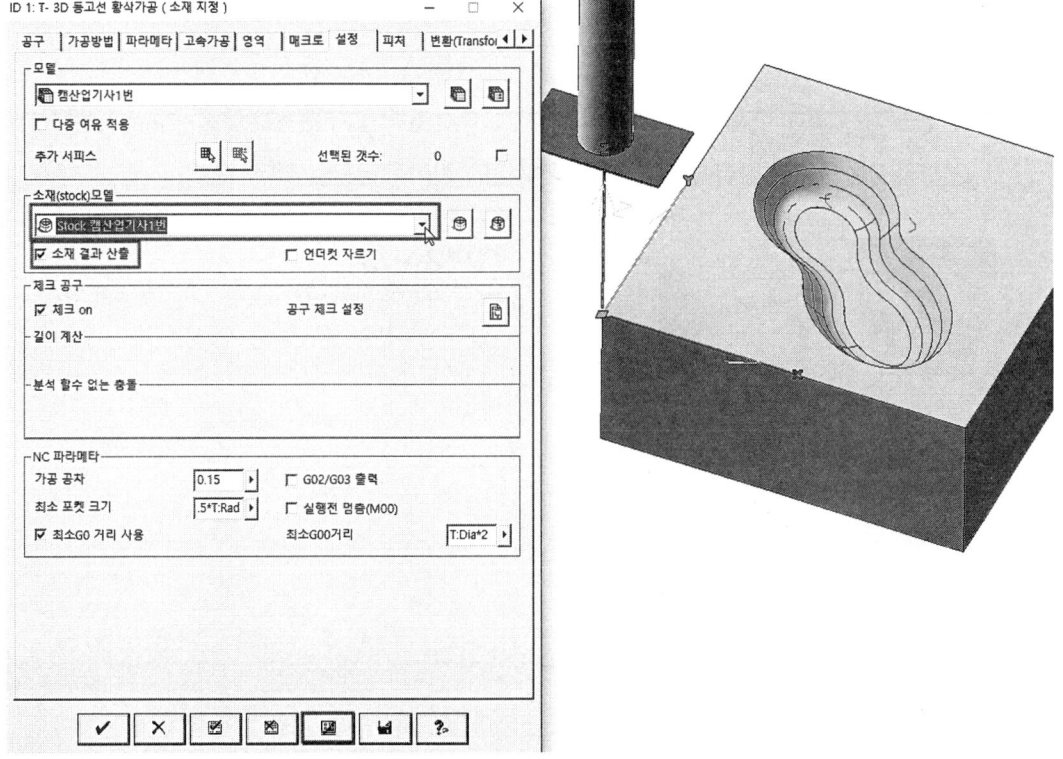

제2절 hyperMILL CAM NC Data 생성 따라 하기

❽ 소재 결과 산출(Generate resulting stock)은 황삭 가공에만 있는 옵션으로서 황삭 가공 후 남은 결과물 형상의 소재 모델링을 생성하고 체크 공구는 공구 홀더가 설정되어 있으므로 체크On을 클릭한다. 공구 설정 시 공구 홀더가 정의되어 있을 때 사용되는 옵션이며, 설정된 공구 홀더의 사양과 가공하려는 소재와 절삭모델을 비교하여 공구 간섭 및 충돌에 의해 생기는 위험요소를 막아주는 기능이다.

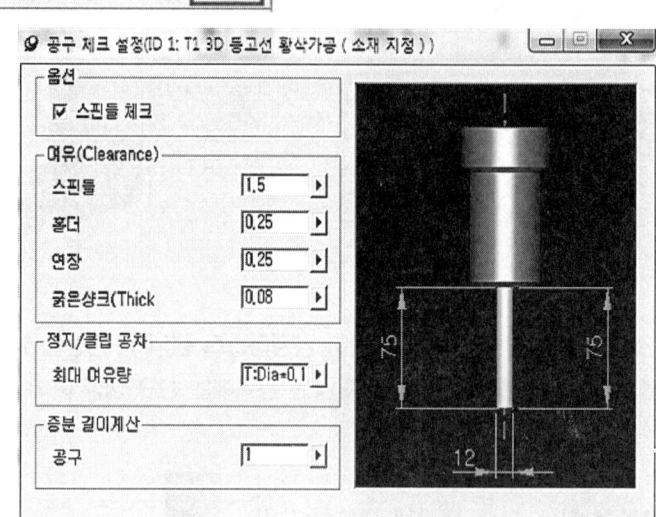

- 공구 체크 설정: 공구 진입 및 가공 시 홀더 및 스핀들 등의 공구 요소들이 모델과 공구요소의 설정된 여유 간격에 도달하게 되면 자동으로 가공 공구를 회피시킨다.

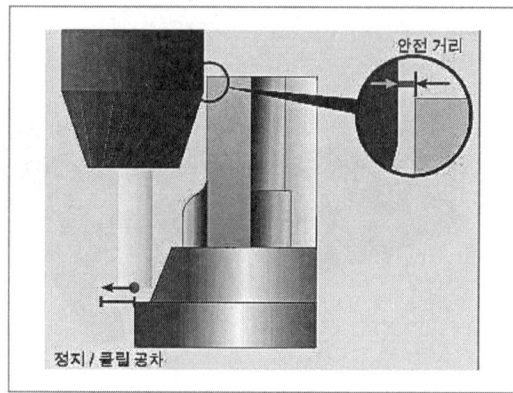

◀ 정지/클립 공차
이 공차 값은 무충돌 이동을 위한 공구의 진출 (및 진입) 점을 지정한다.

- 파라미터는 가공 공차(Machining tolerance): 필요한 공차를 입력한다.
- 값은 툴패스 생성을 위한 계산이 수행될 때 정확성을 정의한다.
- G2/G3 출력: 레벨의 원형 호는 NC 프로그램에서 G02 또는 G03 명령으로 출력이 된다. 이 기능이 활성화되지 않으면 모든 움직임은 G01 명령으로 출력된다.

모든 설정이 끝나면 계산 버튼을 클릭하여 계산을 시작한다.

❾ 모든 설정이 오류 없이 설정되면 그림과 같이 툴패스가 형성되고 공정목록에는 아래 그림과 같은 ✔ 체크가 만들어진다.

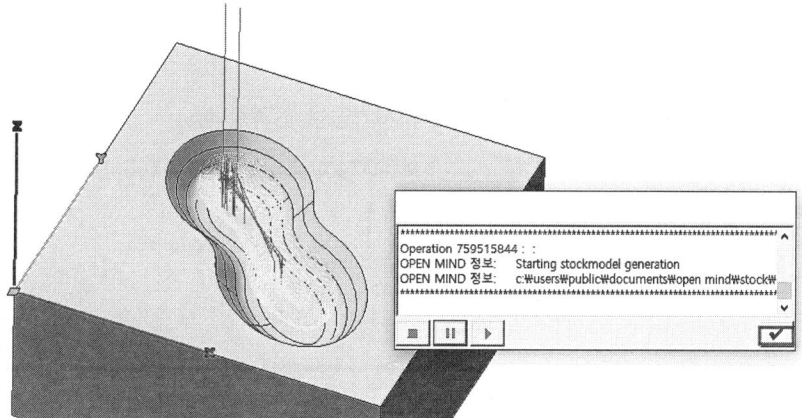

5 정삭 가공하기

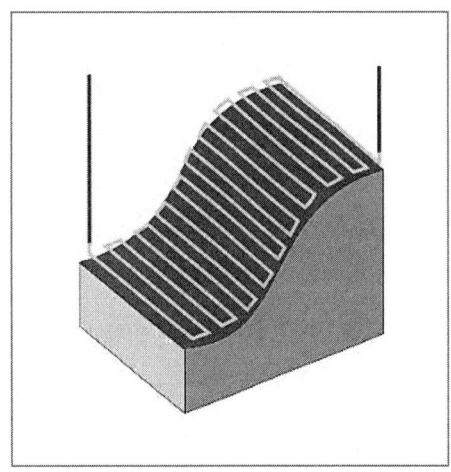

3D 3차원피치가공

XY 평면이나 Z축 방향으로 일정한 피치를 가지는 일반 가공 방법과 달리 공구 경로 사이의 직선거리가 일정하도록 가공하는 방법으로 고속가공에 적합하다.

이 작업공정은 등가공 정삭으로 서페이스의 일정 절삭이송을 사용하는 정삭 작업으로 고품질 서페이스를 모방하면서 동시에 급경사 서페이스에서도 커터 부하를 줄일 수 있다.

❶ 아래와 같이 3D 고급 가공에서 3D 3차원피치가공을 선택한다.

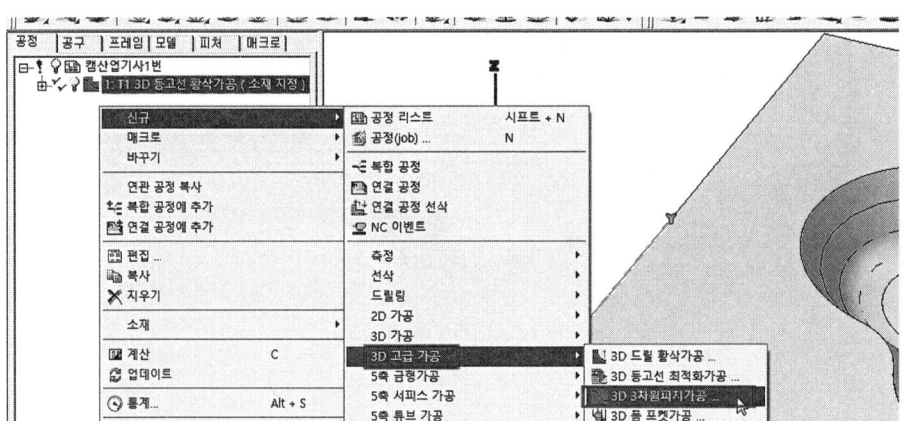

❷ 2번 볼엔드밀을 선택한다.

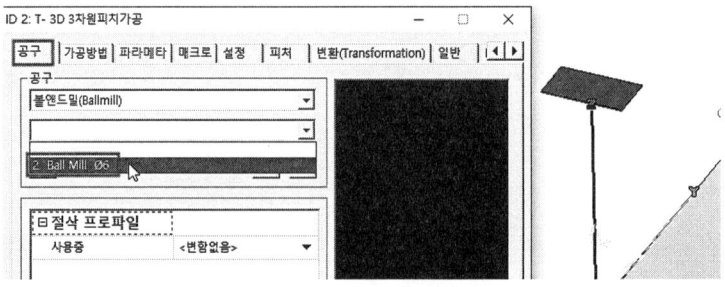

❸ 신규 선택 아이콘을 선택한다.

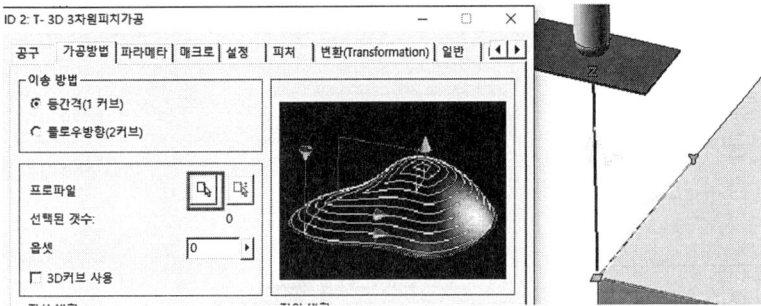

❹ 원호 커브 선을 선택하고 확인한다.

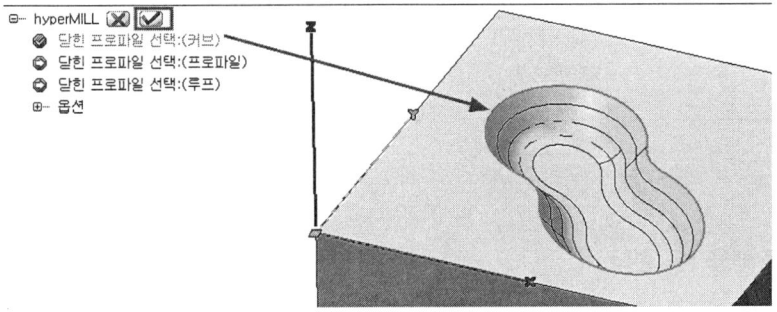

❺ 가공방법은 프로파일 설정 후, 다음과 같이 설정한다.

- 옵셋: 0
- 절삭 방향: 반시계방향
- 회전절삭 방향(절입 방향): 밖안
- 연결 요소값 :0

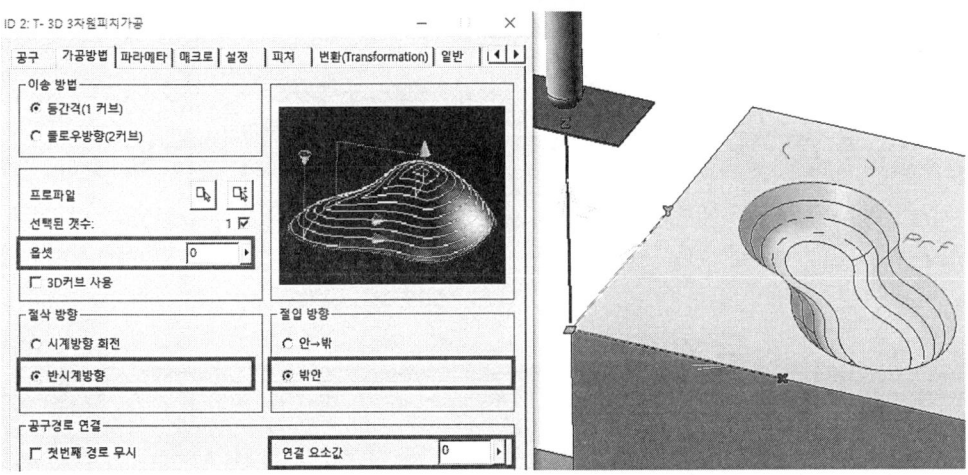

제2절 hyperMILL CAM NC Data 생성 따라 하기

❻ 가공깊이는 도면을 참조하여 입력한다.

- 가공 영역 최저: -6
- 절입량(3D입량): 0.1
- 여유량: 0
- XY가공여유의추가: 0
- 진출 방식: 안전거리(상대)

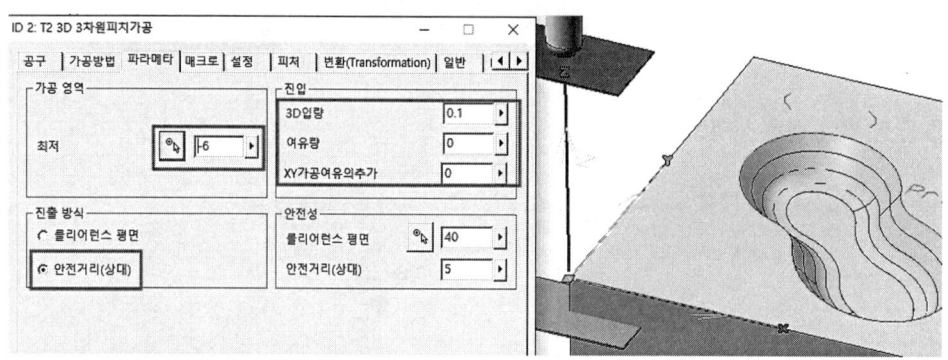

❼ 매크로 탭을 선택한다.

- 진입/진출: 원형(반경 값 3으로 입력)

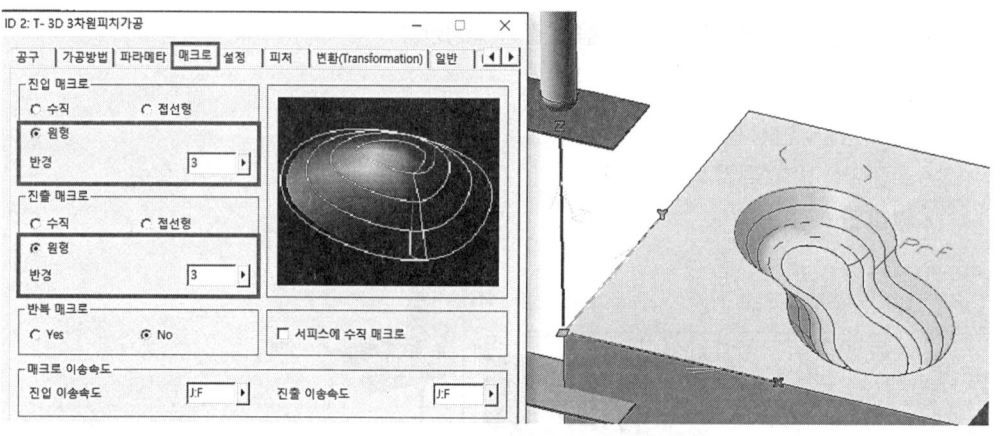

▼ 매크로: 그림과 같은 값으로 설정한다.
  • 진입/진출 매크로(Approach/Retract Macros): 공구의 진입/진출 시 움직임의 방식을 지정해 준다.

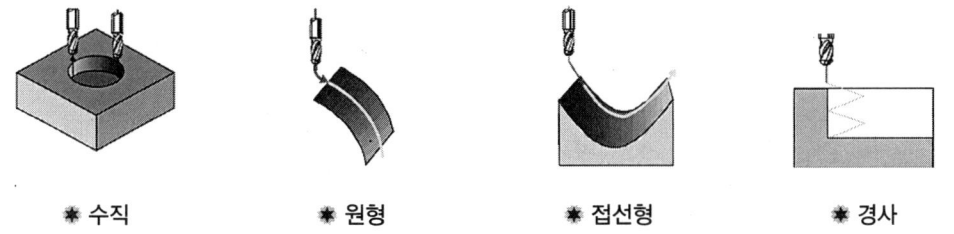

❋ 수직　　　　❋ 원형　　　　❋ 접선형　　　　❋ 경사

❽ 설정 탭을 선택한다. 모델이 설정되어 있는지 확인 후 계산 버튼을 클릭한다.

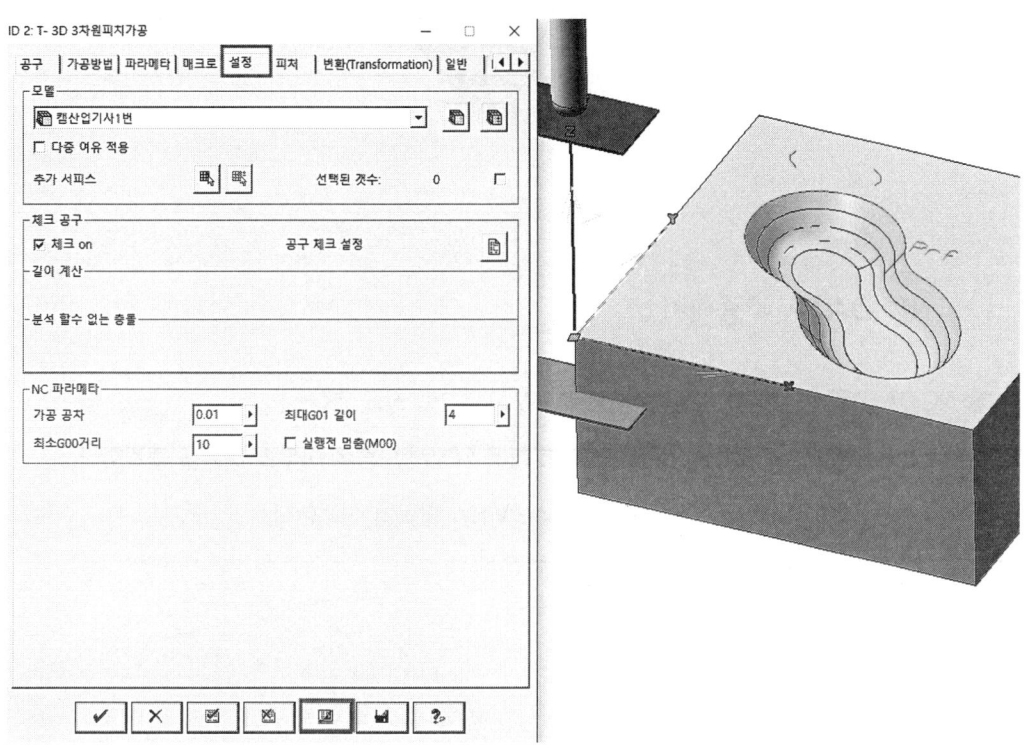

제2절 hyperMILL CAM NC Data 생성 따라 하기

❾ 계산이 완료되면 위와 같은 툴패스를 볼 수 있다. 이상으로 정삭과정을 마친다.

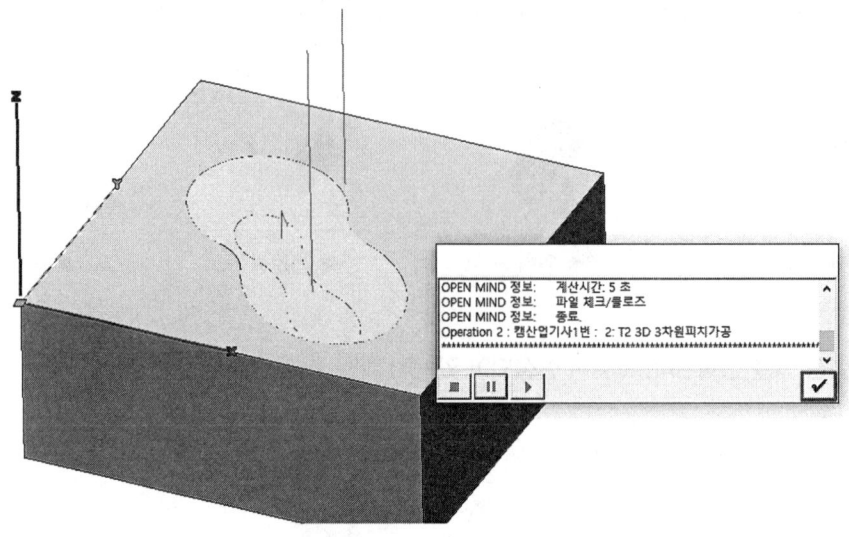

6 NC DATA 추출하기

❶ NC DATA를 생성하기 위하여 hyperVIEW 프로그램 창을 연다.

- hyperMILL 브라우저 창의 공정리스트 항목 위에서 오른쪽 마우스 버튼을 클릭한다.
- 선택 목록이 표시되면 유틸리티 → hyperVIEW 항목을 선택한다.

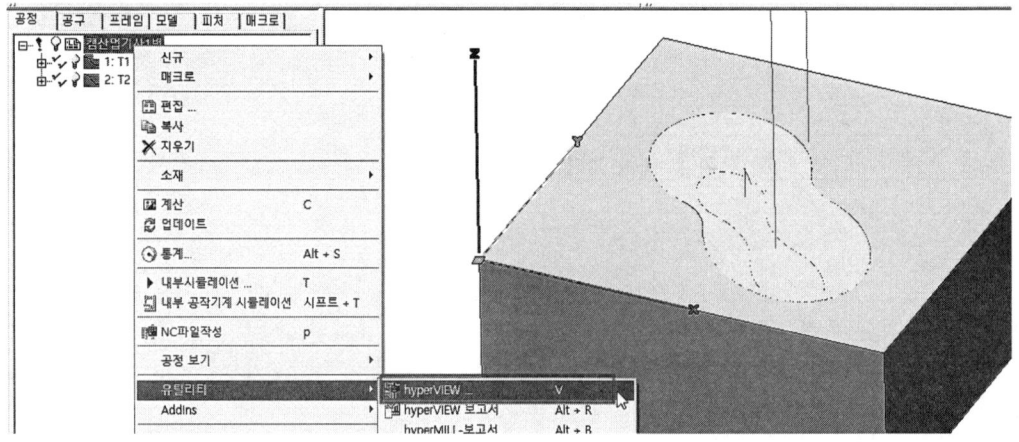

> 참고
>
> • hyperMILL 프로그램 창과는 별도의 hyperVIEW 프로그램 창이 열린다.
>
> [hyperVIEW 프로그램의 화면구성]
> ① 메뉴 표시줄
> ② 아이콘 툴바
> ③ 브라우저 창: 작업공정, 할당된 기계, 소재, 모델, 결과 및 툴패스를 표시하는 디렉토리 트리
> ④ 그래픽 창: 툴패스, 기계 모델 등의 그래픽 표시
> ⑤ 상태 표시줄: Vx, Vy, 현재값

❷ 아래 그림과 같이 빠른 재생 버튼을 클릭한다.

제2절 hyperMILL CAM NC Data 생성 따라 하기

❸ 가공 형상의 이상 유무를 확인한다.

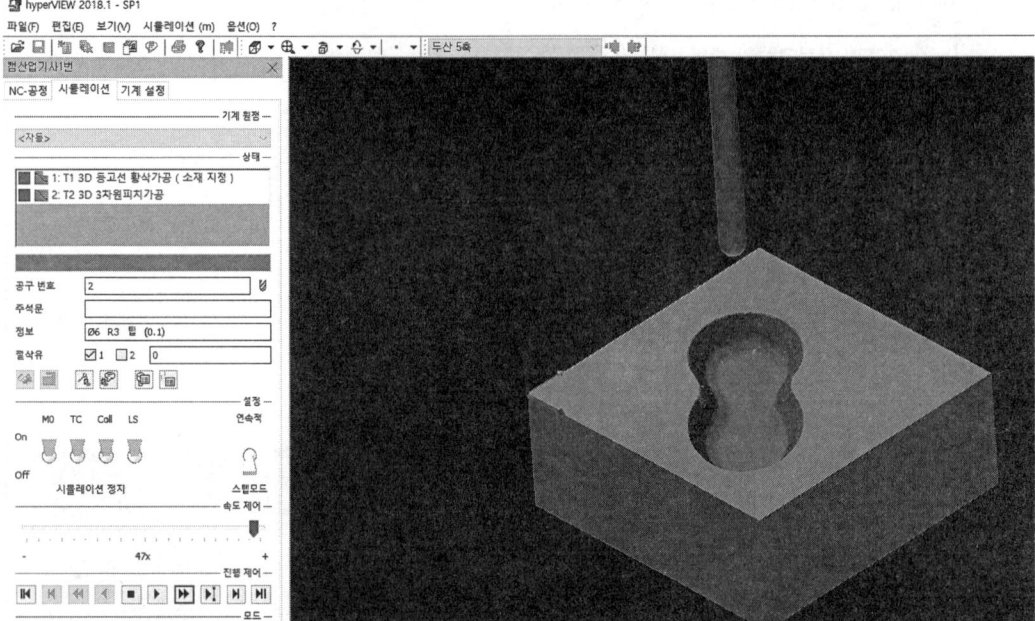

❹ 브라우저의 첫 번째 항목(공정리스트: 하이퍼밀 3D CAM) 위에서 오른쪽 마우스 버튼을 클릭한 선택 목록이 표시되면 Write NC-File 항목을 선택한다.

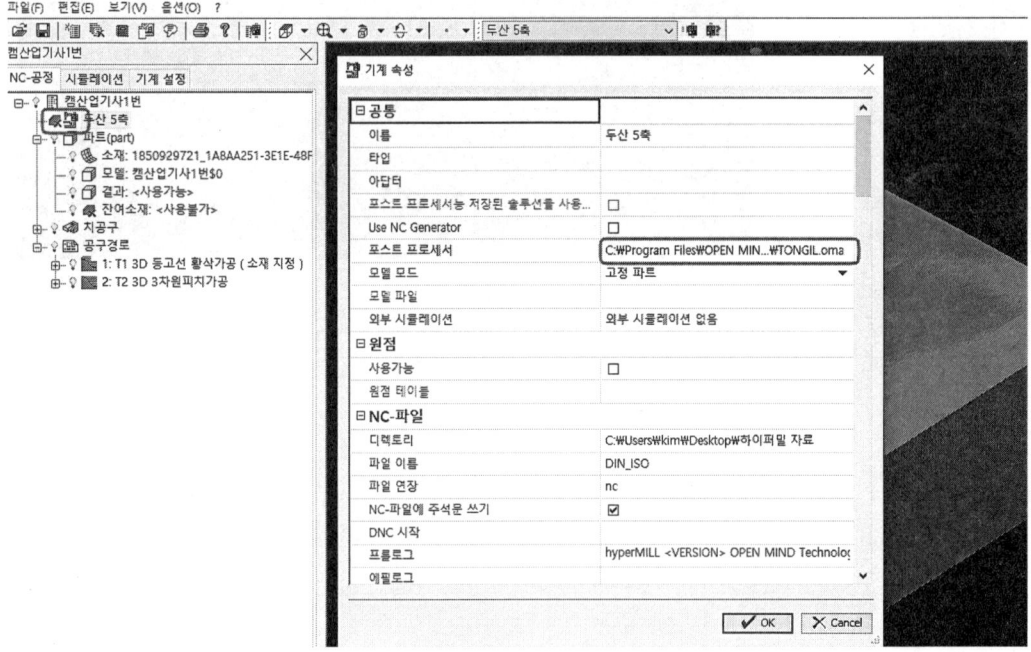

❺ 아래 그림과 같이 폴더를 선택한다.

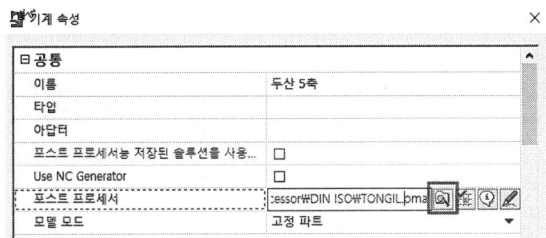

❻ 화낙기계에 맞는 포스트를 선택한다.

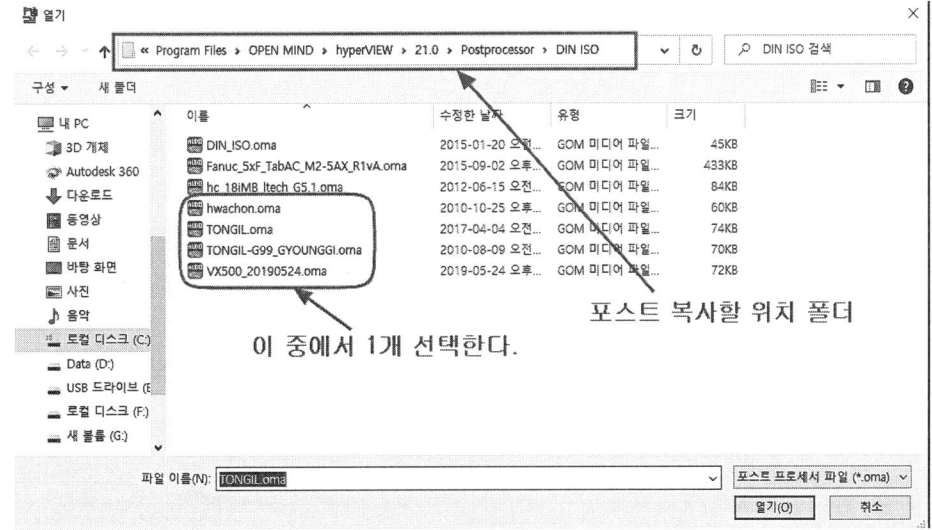

❼ OK 버튼을 클릭한다.

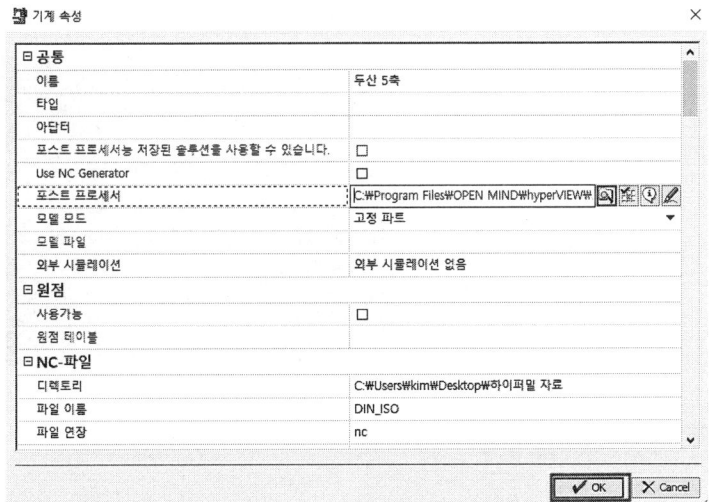

제2절 hyperMILL CAM NC Data 생성 따라 하기

❽ NC Data로의 변환 아이콘을 클릭한다.

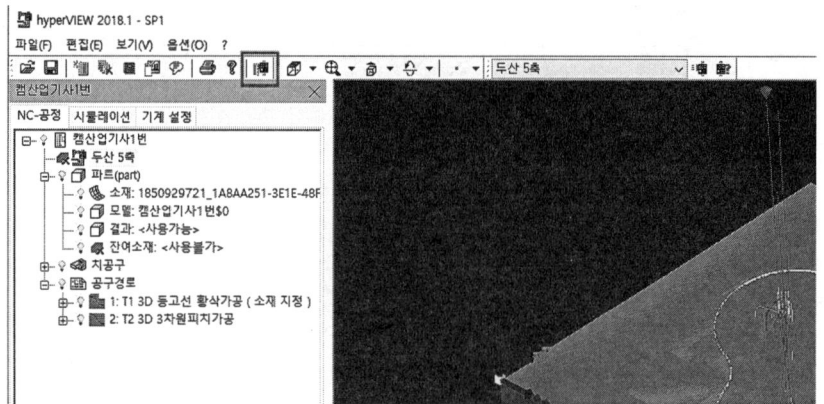

❾ 다음과 같이 최종적으로 툴 및 피드 값 스핀들을 조정할 수 있는 창이 열린다.

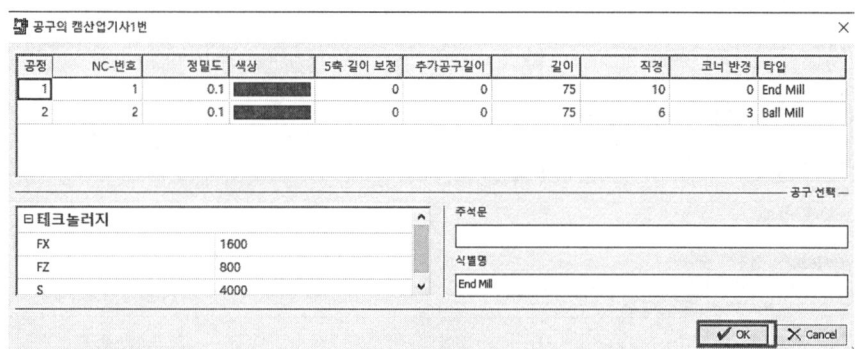

❿ NC Data로의 변환 작업이 완료되면 오른쪽 그림과 같이 상태가 Success로 바뀌고 OK 버튼이 활성화된다. OK 버튼을 클릭하면 변환된 NC Data 파일이 자동으로 열린다.

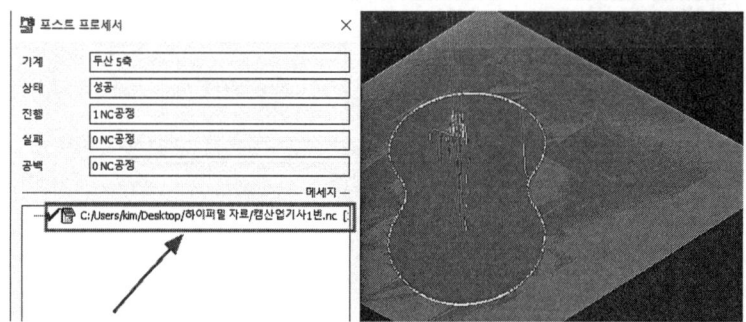

⑪ 지정한 경로에 생성된 NC-FILE을 볼 수 있다. 이상으로 CAM과 NC-FILE 추출과정을 끝낸다.

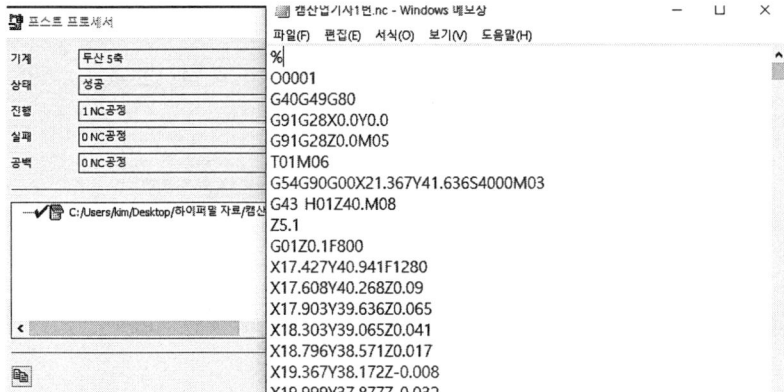

⑫ 다른 이름으로 저장한다.

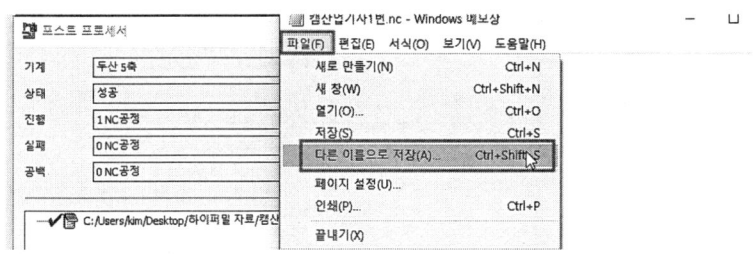

제3절 MasterCAM NC Data 생성 따라 하기

❶ 모든 파일로 설정한 후 열기 아이콘에서 stp 파일을 선택하고 열기한다.

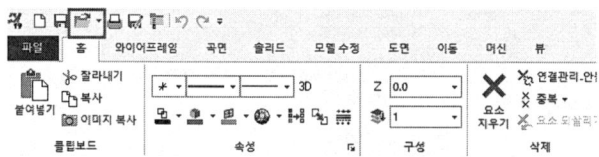

❷ 뷰에서 가공경로와 축 표시 및 지시침 표시를 확인한다.

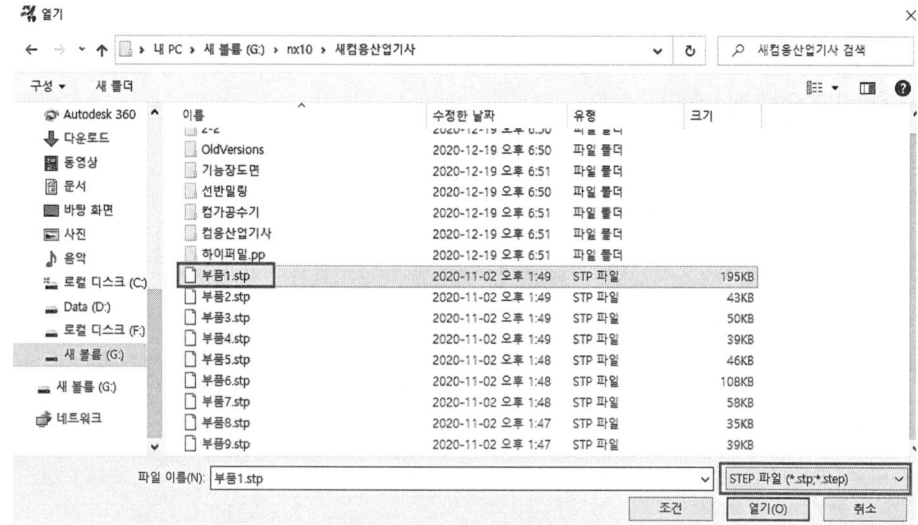

❸ 마우스 오른쪽 3번 버튼을 이용하여 입체로 설정한다.

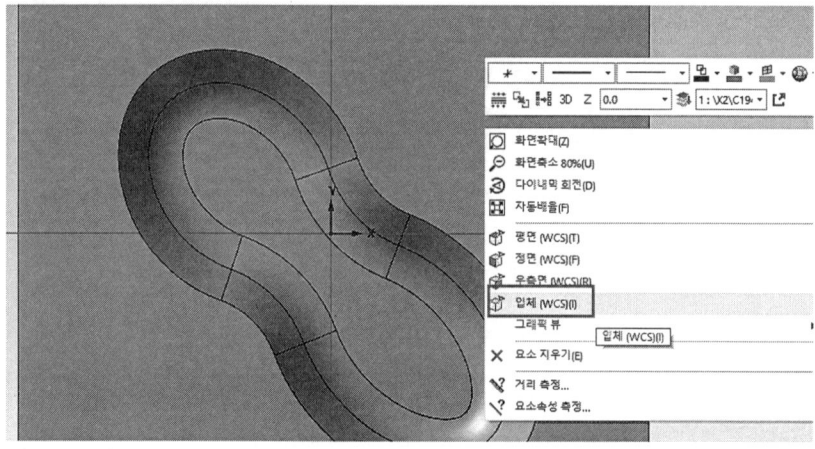

❹ 뷰에서 가공경로와 축 표시 및 지시침 표시를 선택 후 확인한다.

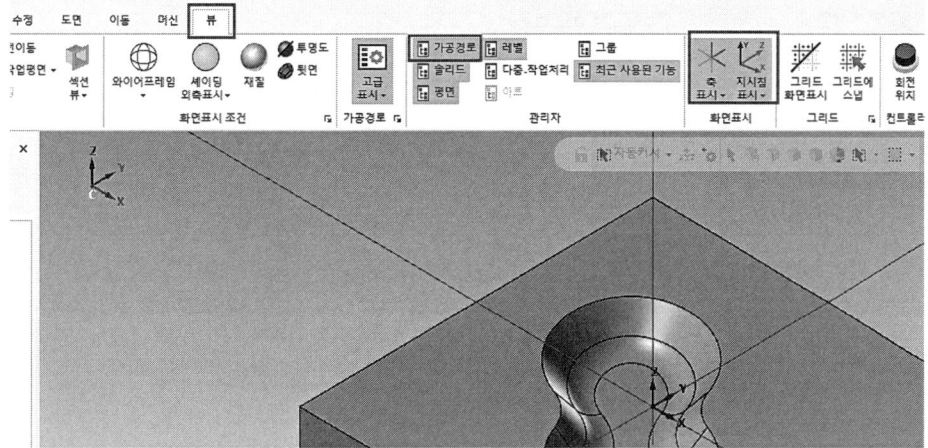

❺ 아래 그림과 같이 원점으로 이동한다.

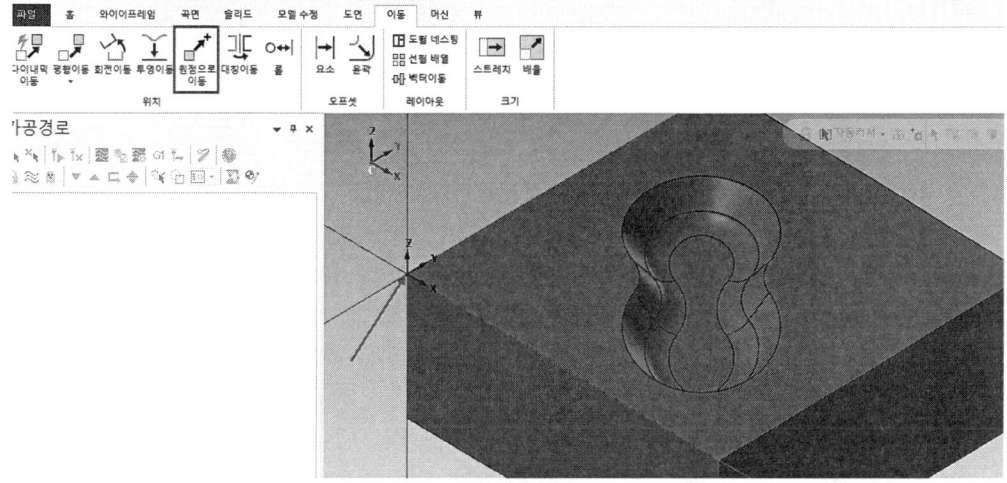

❻ 머신탭 → 밀링 → 기본값을 클릭한다.

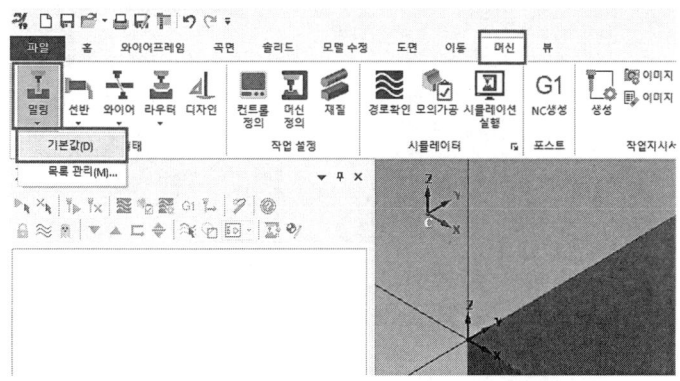

제3절 MasterCAM NC Data 생성 따라 하기

❼ 공작물 설정을 선택하고 사각형에 바운딩박스를 클릭한다.

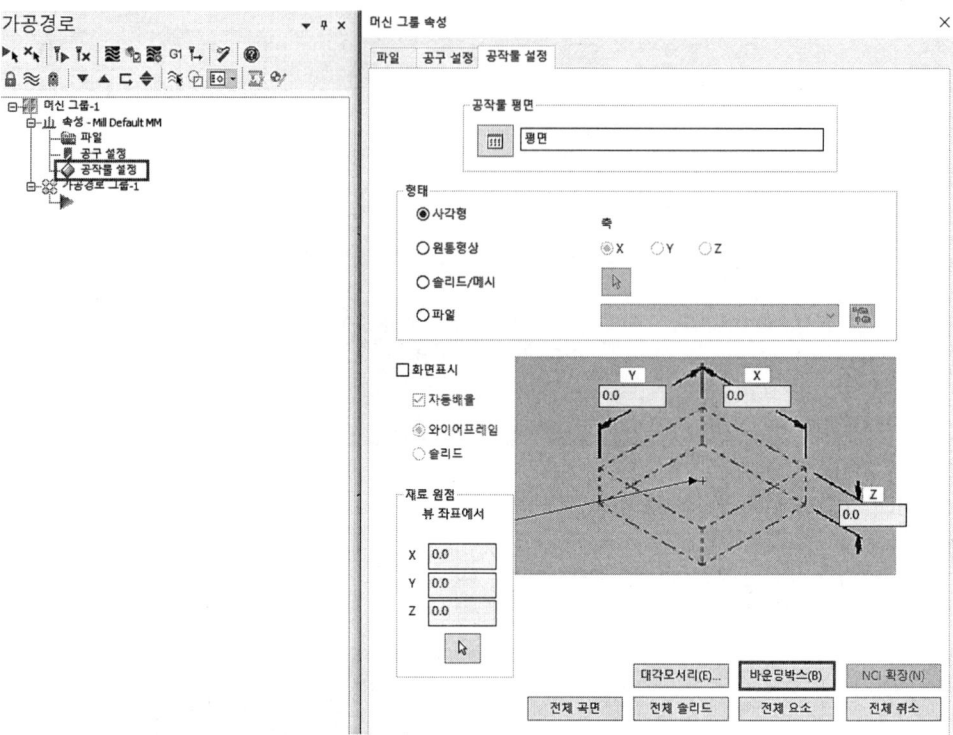

❽ 전체를 마우스로 드래그하여 선택 완료를 클릭한다.

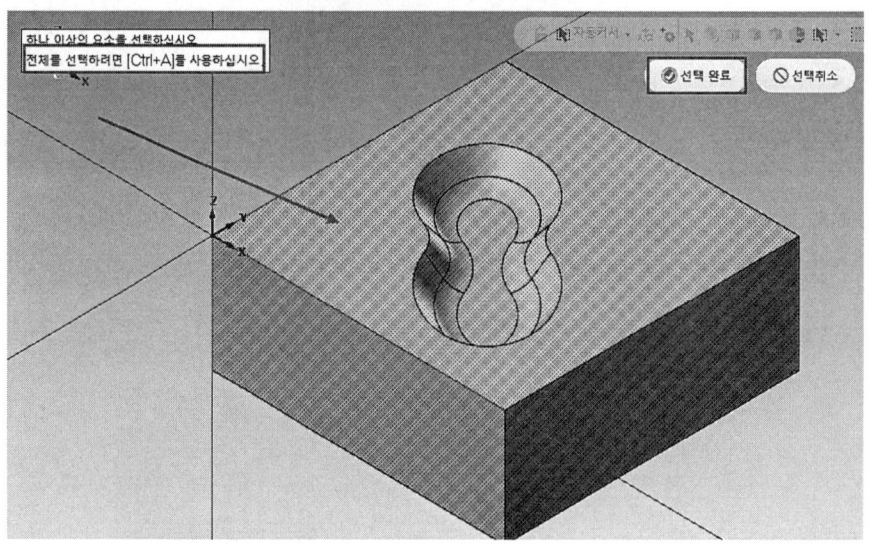

❾ 아래 그림처럼 설정하고 확인한다.

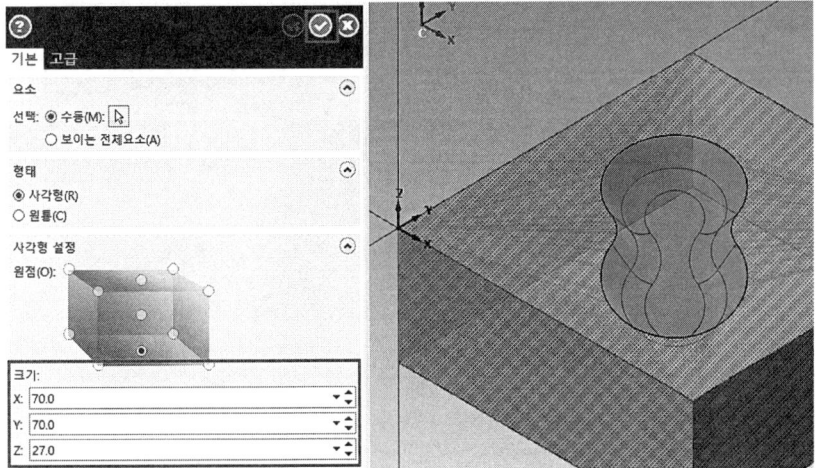

❿ 아래 그림처럼 설정하고 확인한다.

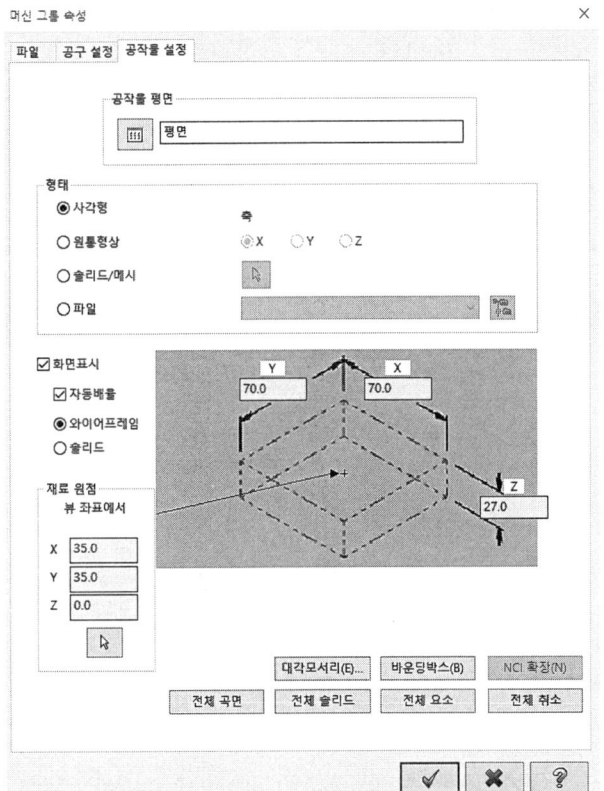

제3절 MasterCAM NC Data 생성 따라 하기

⑪ 공구관리자 아이콘을 클릭한다.

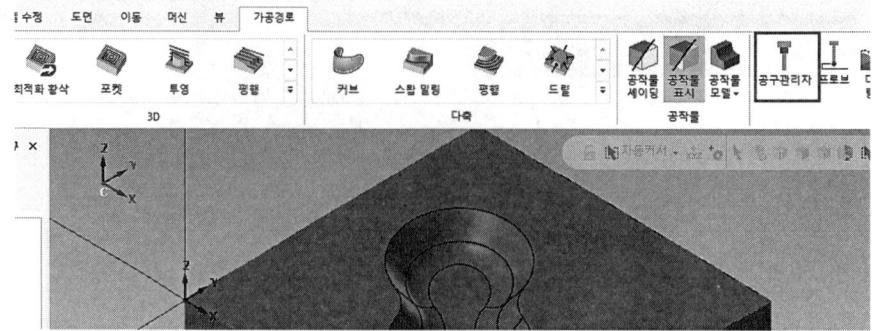

⑫ 아래 그림처럼 마우스 오른쪽을 클릭하여 공구 생성을 선택한다.

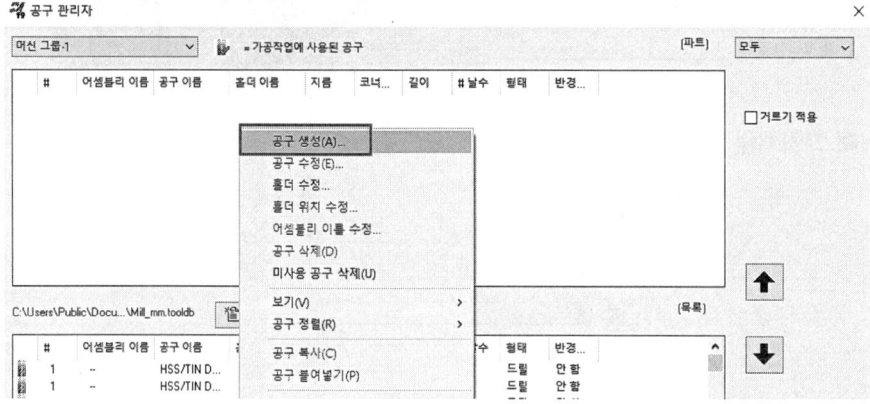

⑬ 평엔드밀을 선택하고 다음 버튼을 클릭한다.

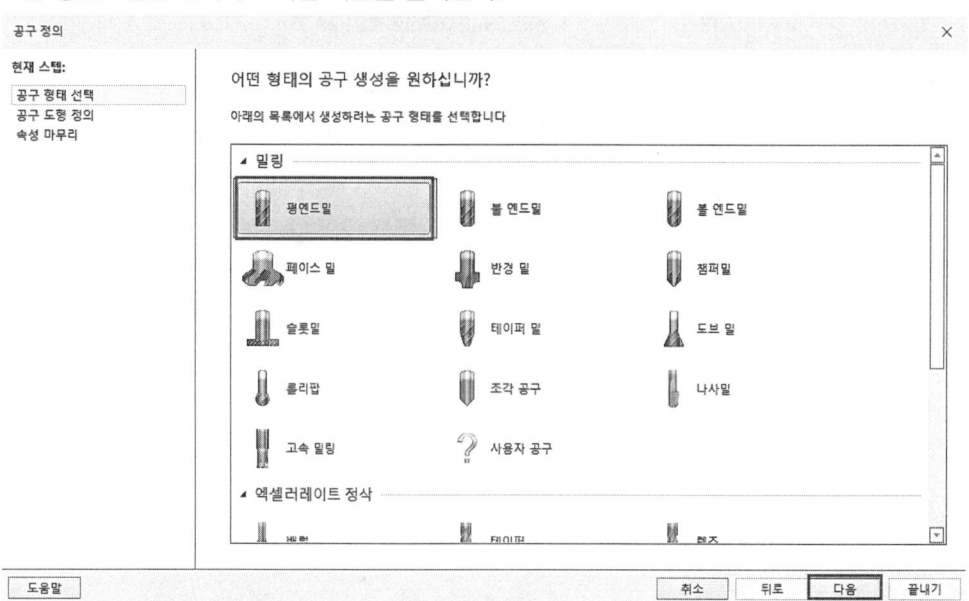

⑭ 절삭 지름은 10mm를 입력하고 다음 버튼을 클릭한다.

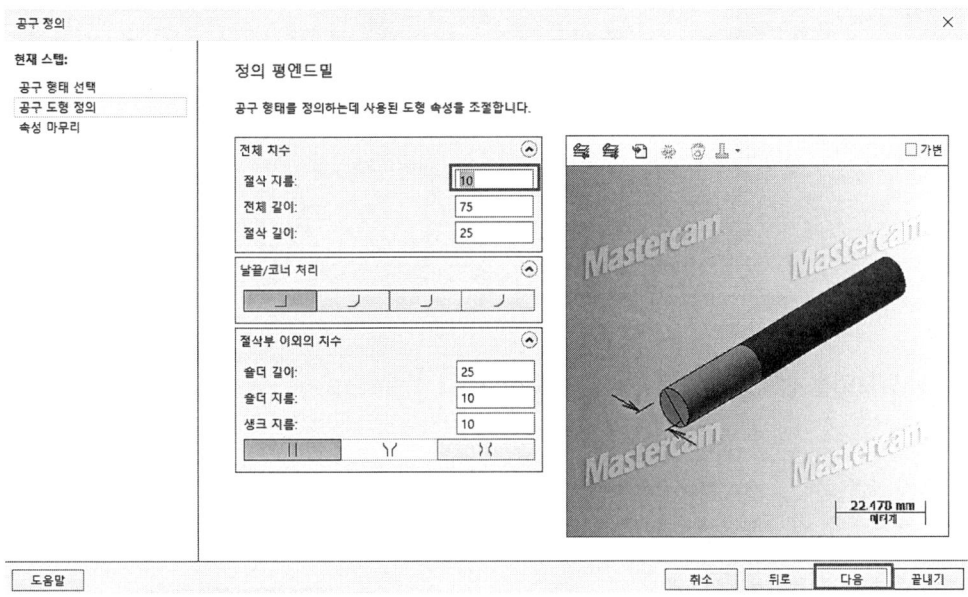

⑮ 아래 그림과 같이 설정하고 끝내기 한다.

- 이송속도: 1,600
- 주축회전수: 4,000

제3절 MasterCAM NC Data 생성 따라 하기

⑯ 아래 그림처럼 마우스 오른쪽을 클린한 후 공구 생성을 선택한다.

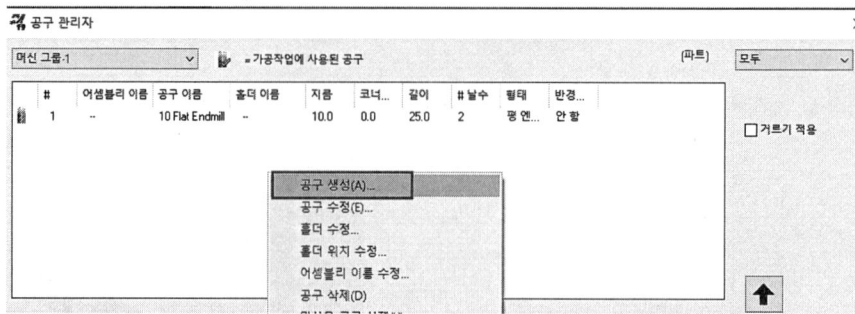

⑰ 볼 엔드밀을 선택하고 다음 버튼을 클릭한다.

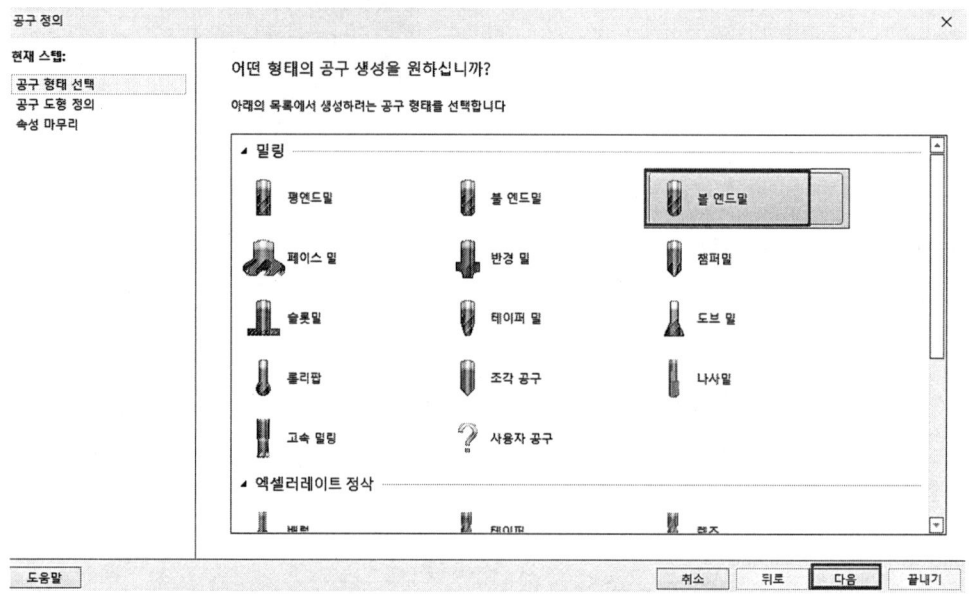

⑱ 절삭 지름은 6mm를 입력하고 다음 버튼을 클릭한다.

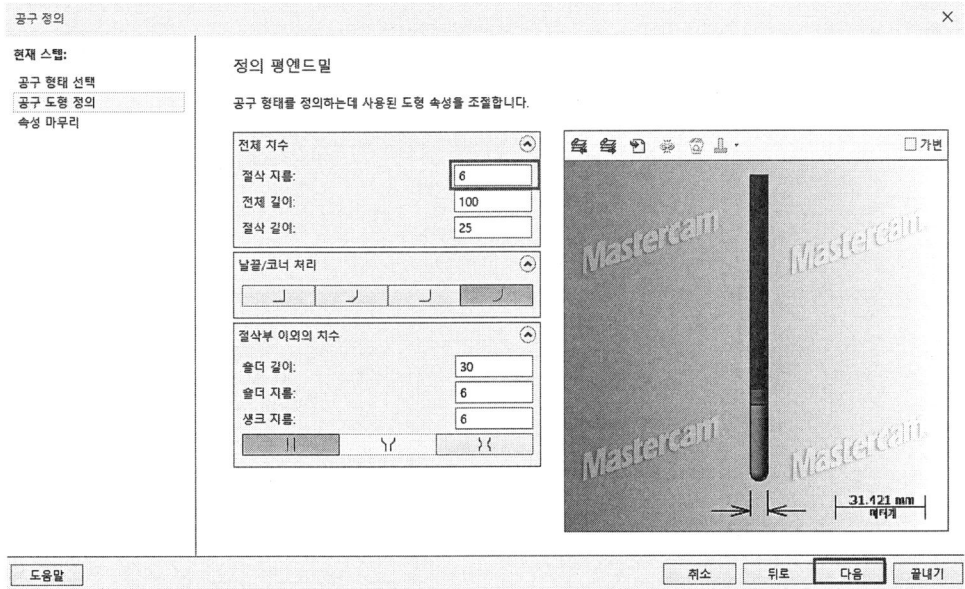

⑲ 아래 그림과 같이 설정하고 끝내기 한다.

- 이송속도: 1,000
- 주축회전수: 5,000

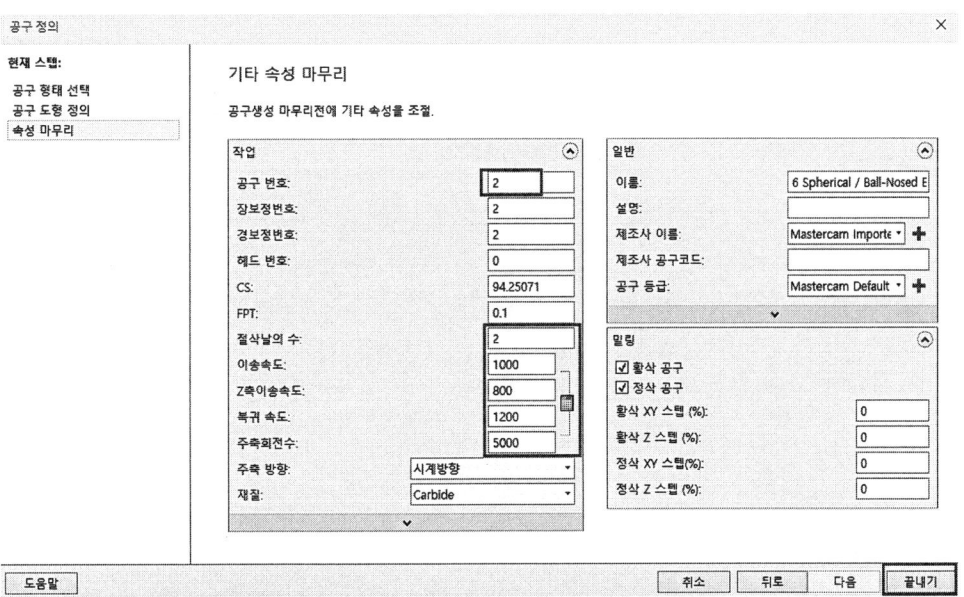

제3절 MasterCAM NC Data 생성 따라 하기

⑳ 아래 그림과 같이 확인한다.

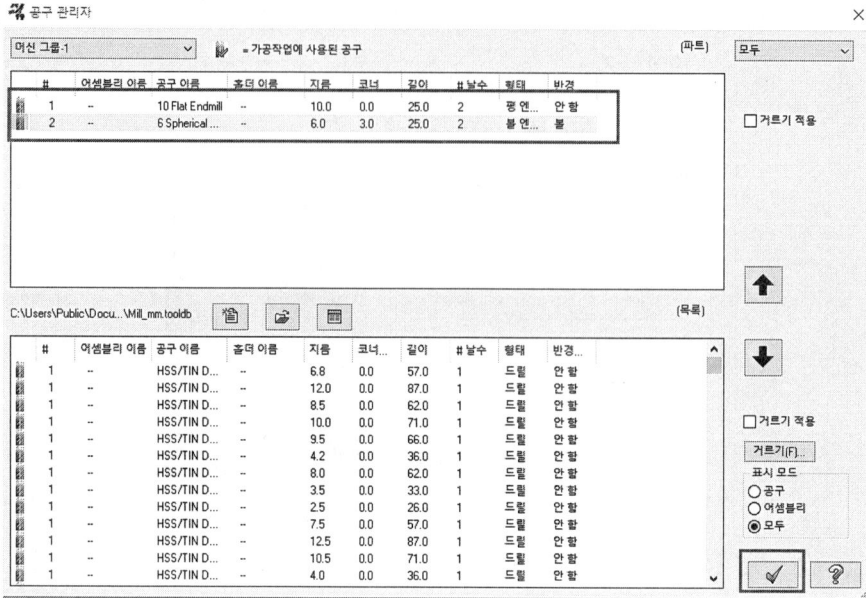

㉑ 3D에 포켓 아이콘을 확인한다.

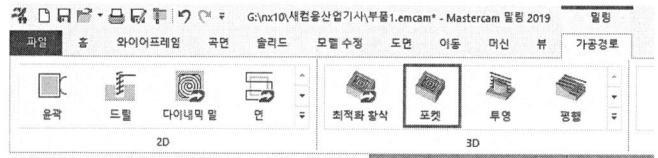

㉒ 마우스로 전체를 드래그하여 선택 완료를 클릭한다.

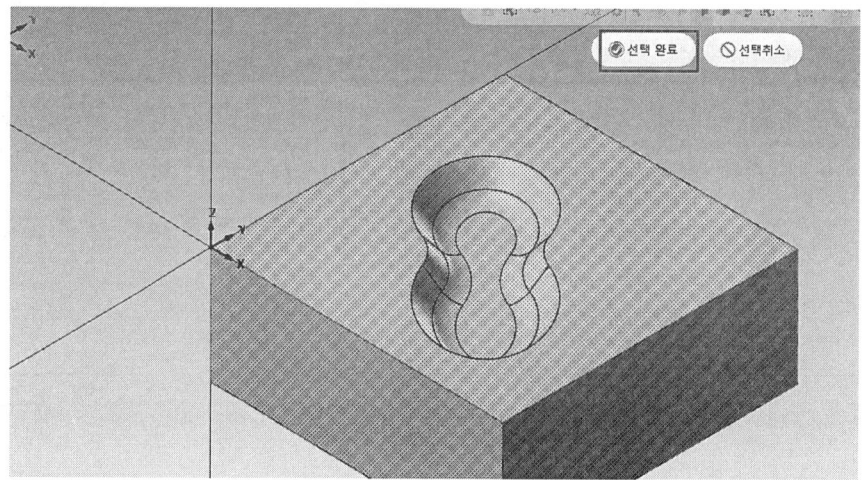

㉓ 공구중심영역 아이콘을 선택한 후 클릭한다.

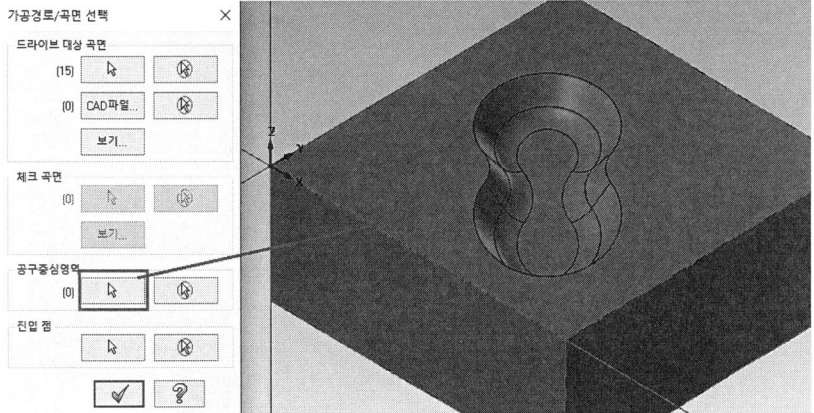

㉔ 아래 그림처럼 3D → 곡선을 클릭한다.

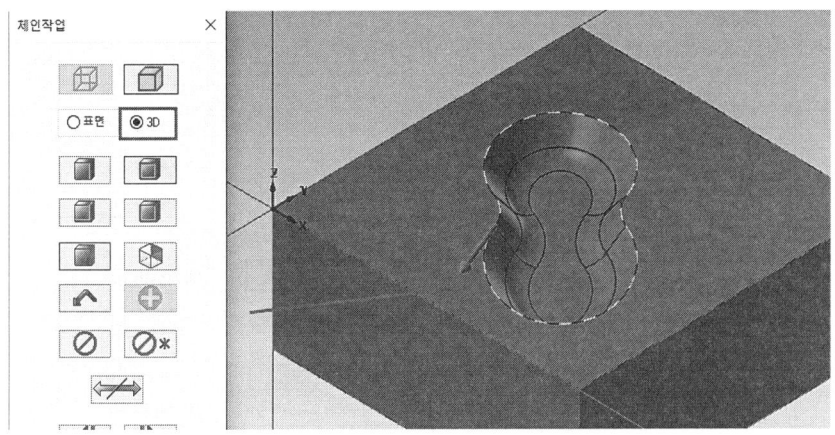

㉕ 아래 그림처럼 확인을 클릭한다.

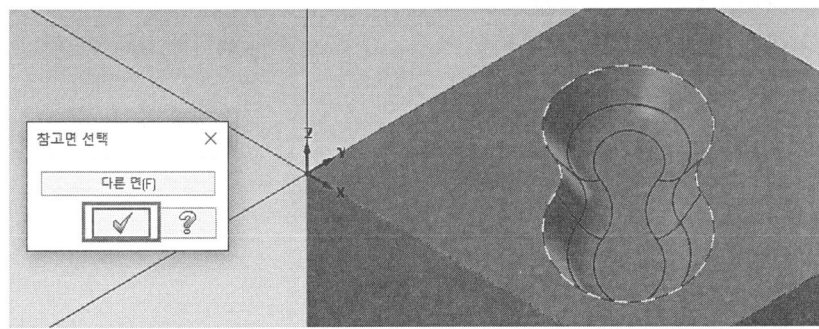

㉖ 확인을 클릭한다.

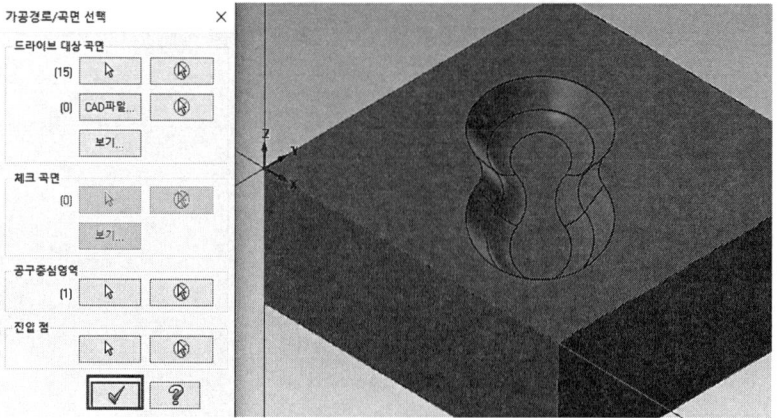

㉗ 1번 공구를 선택하고 절삭유을 클릭하여 On을 선택하고 확인한다.

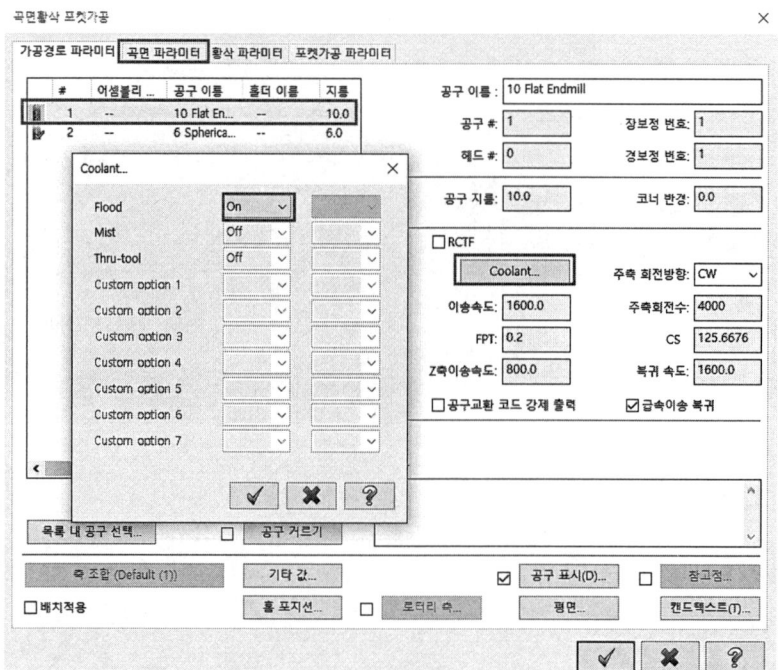

㉘ 아래 그림과 같이 안전높이와 이송높이를 입력한 후 가공여유를 준다.

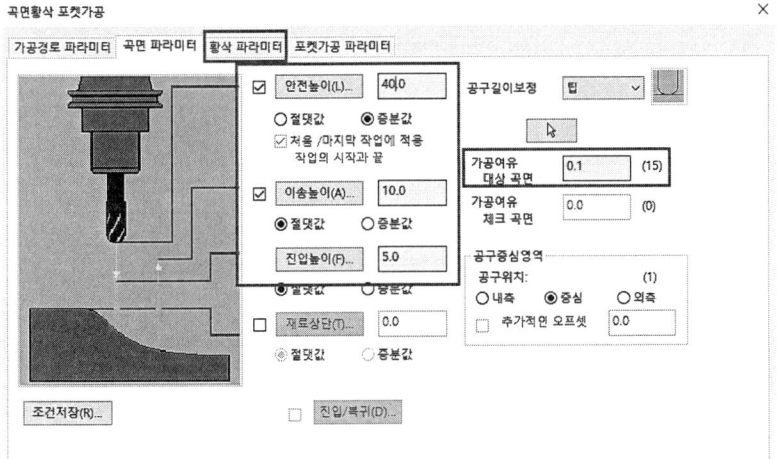

㉙ 아래 그림과 설정하고 확인한다.

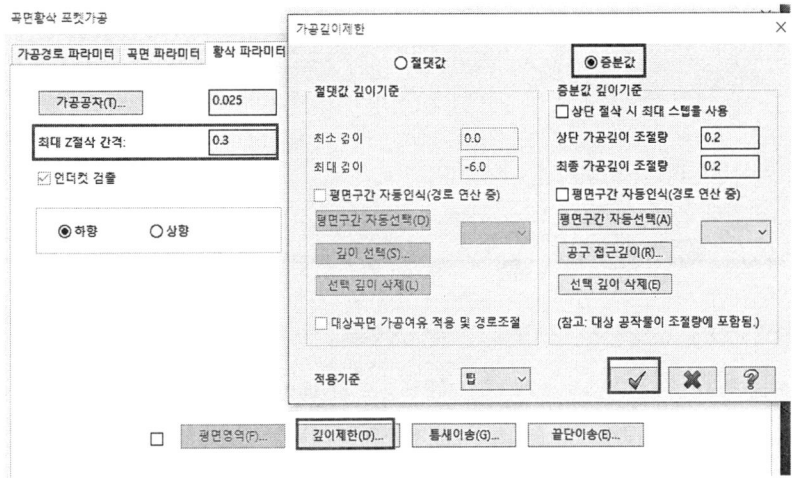

㉚ 아래 그림과 같이 평행나선형을 선택하고 확인한다.

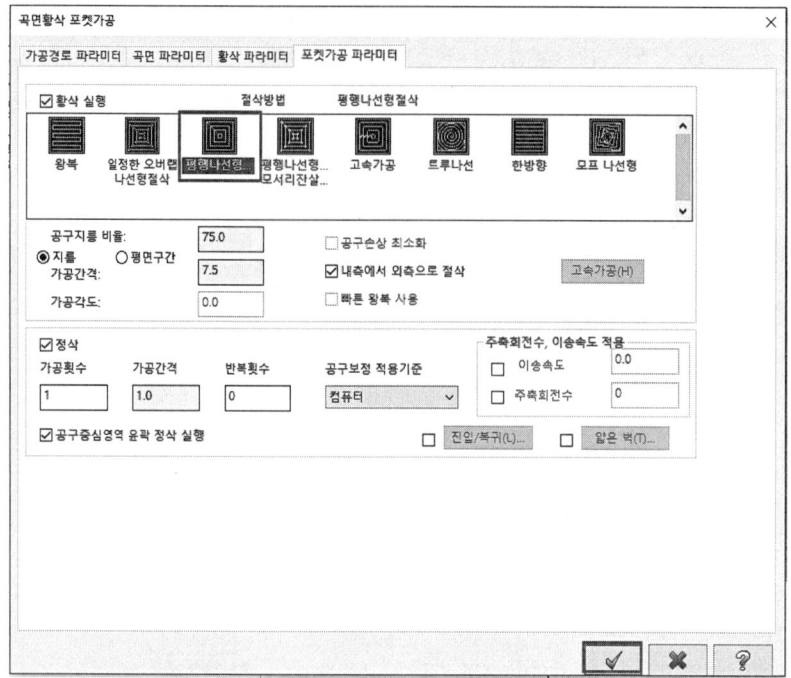

㉛ 3D에 정삭 가공에서 스켈롬을 선택한다.

㉜ 아래 그림과 같이 설정하고 요소 선택을 클릭한다.

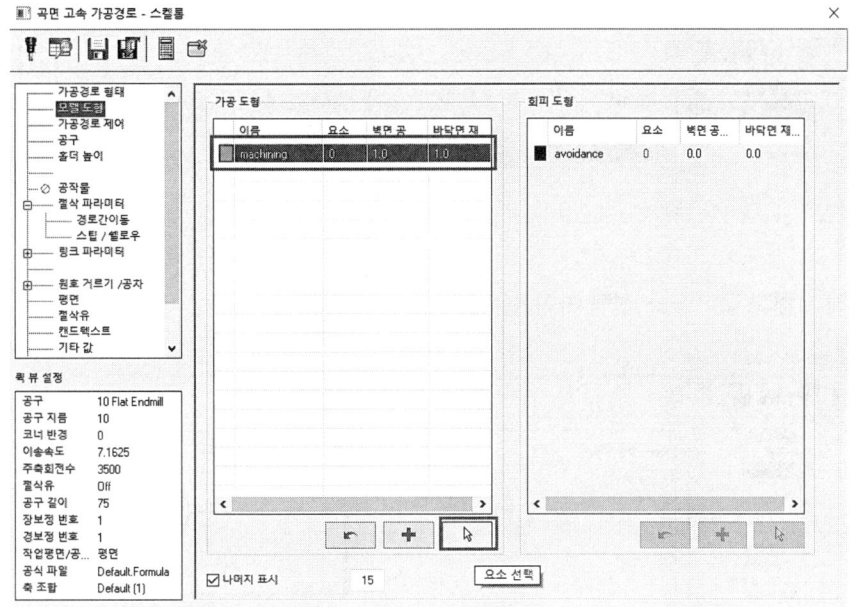

㉝ 전체를 마우스로 드래그하여 선택 완료를 클릭한다.

㉞ 아래 그림과 같이 0으로 수정하고 가공경로 제어를 선택한다.

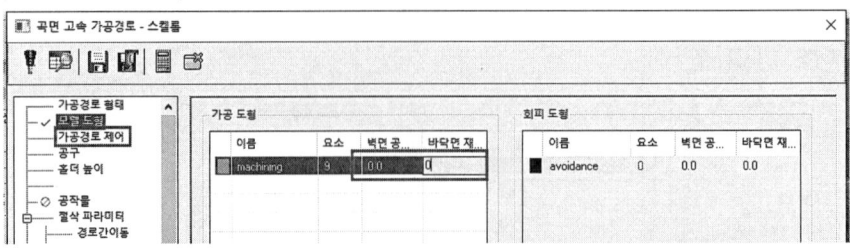

㉟ 아래 그림과 같이 요소 선택 아이콘을 클릭한다.

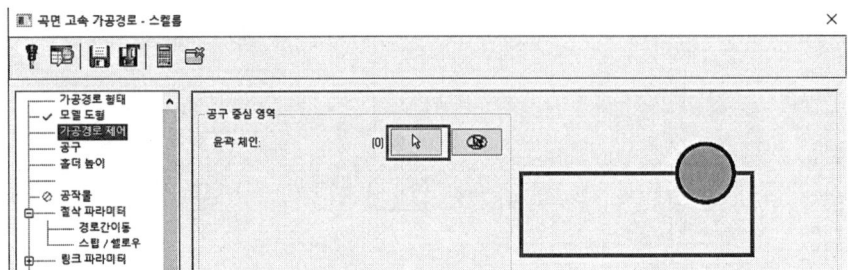

㊱ 아래 그림처럼 도형의 상단에서 곡선을 선택한다.

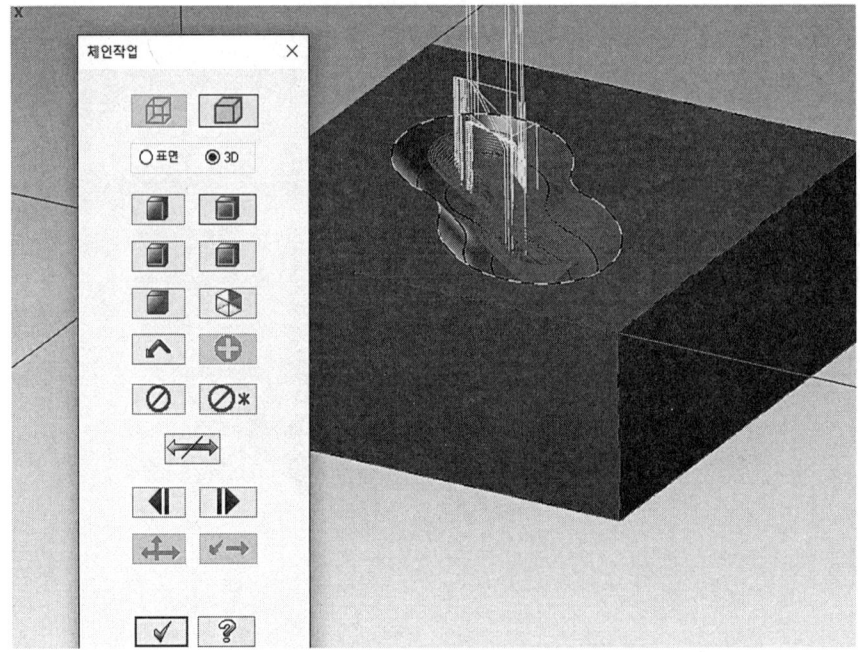

㊲ 참고면 선택 창에서 다른 면(F)을 선택한 후 확인(✓)을 선택한다.

㊳ 체인작업 창에서 확인(✓)을 선택한다.

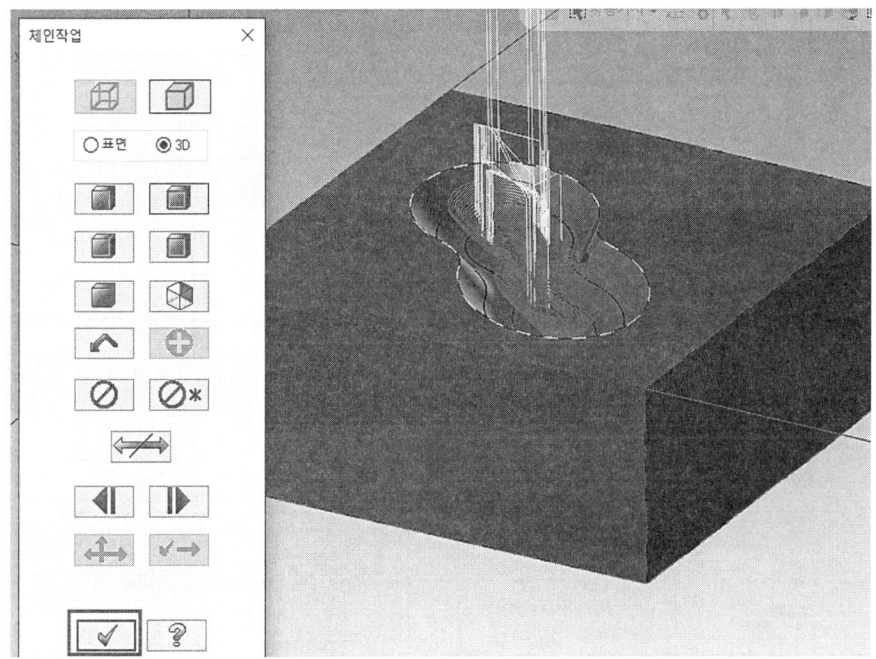

제3절 MasterCAM NC Data 생성 따라 하기

㊴ 2번 공구를 선택한다.

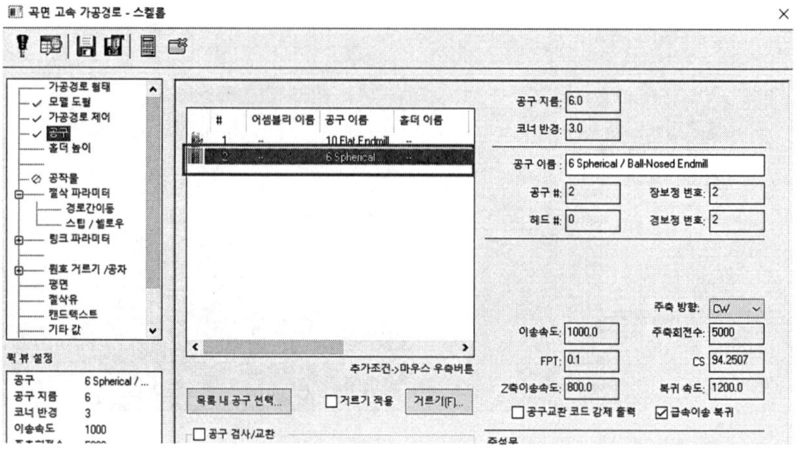

㊵ 충돌 체크를 클릭한 후 다시 해제한다.

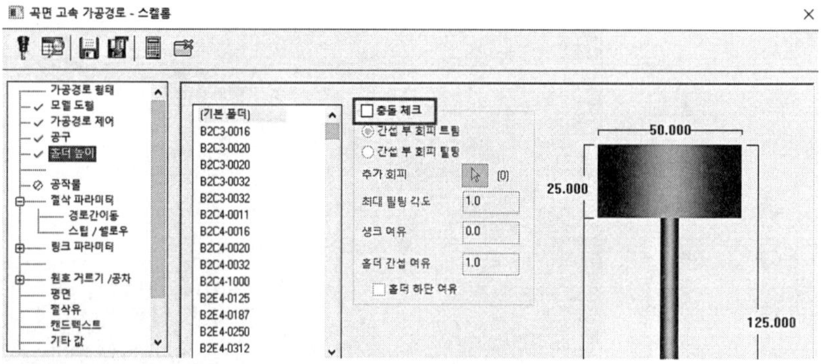

㊶ 아래 그림처럼 설정하고 공차 값을 0.01로 수정한다.

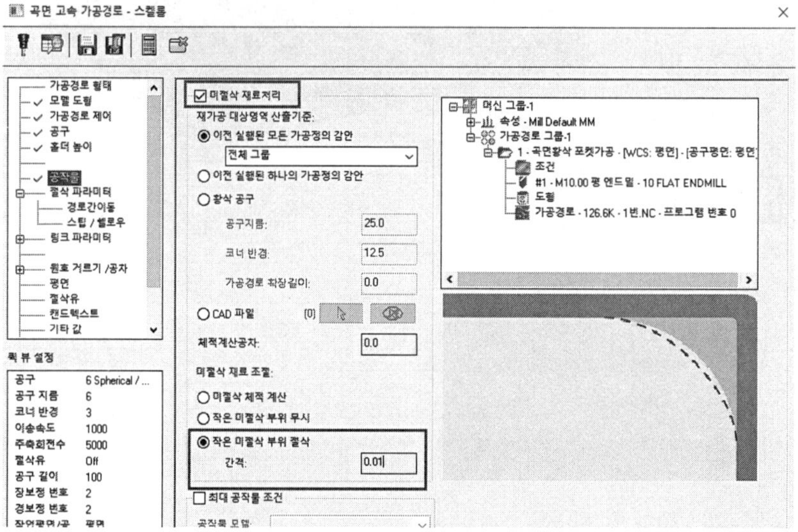

㊷ 내측에서 외측으로 확장을 체크 해제하고, 스텝간격은 0.1로 수정한다.

㊸ 안전 평면을 40으로 설정한다.

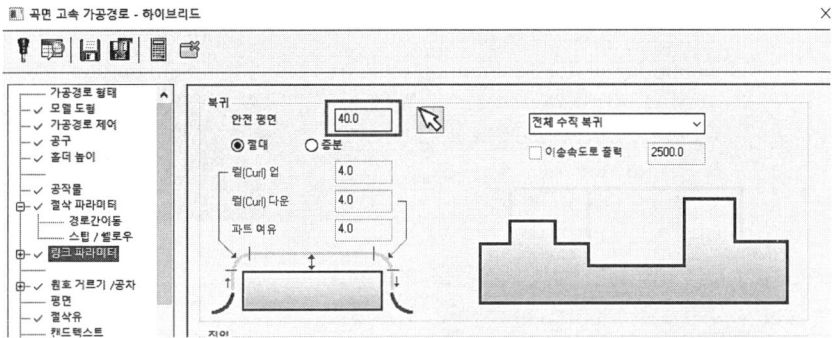

㊹ 전체 공차와 가공 공차를 0.01로 수정한다.

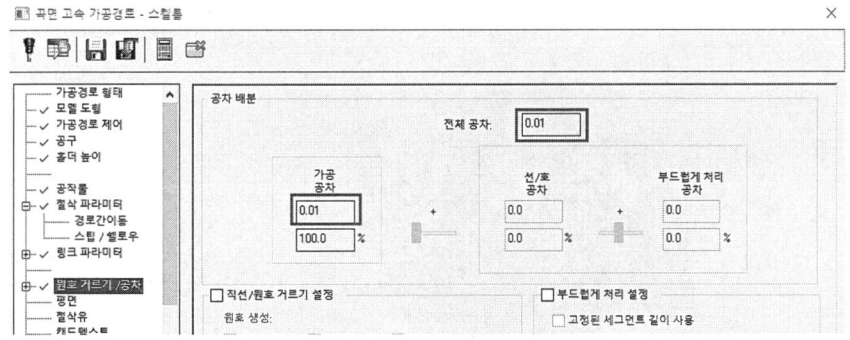

㊺ 절삭유는 On으로 설정한다.

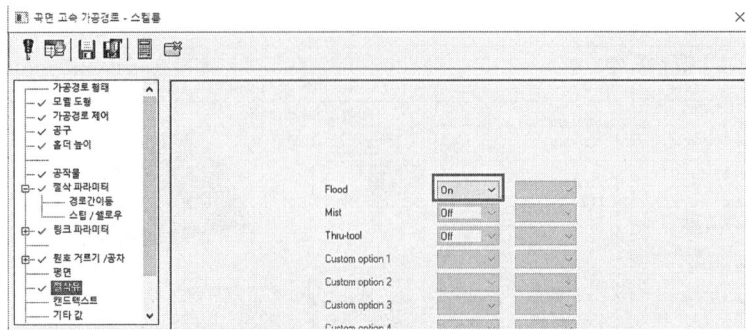

㊻ 아래 그림처럼 모의가공 아이콘을 선택한다.

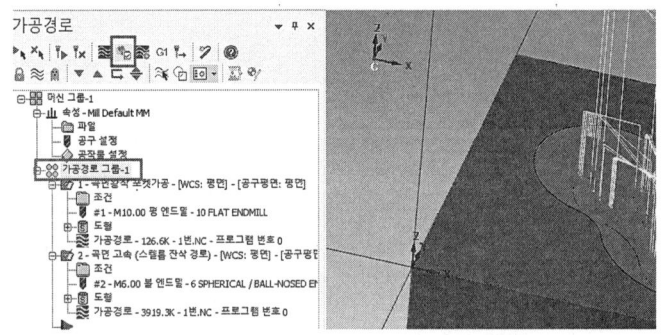

㊼ 아래 그림과 같이 설정하고 재생 아이콘을 선택한다.

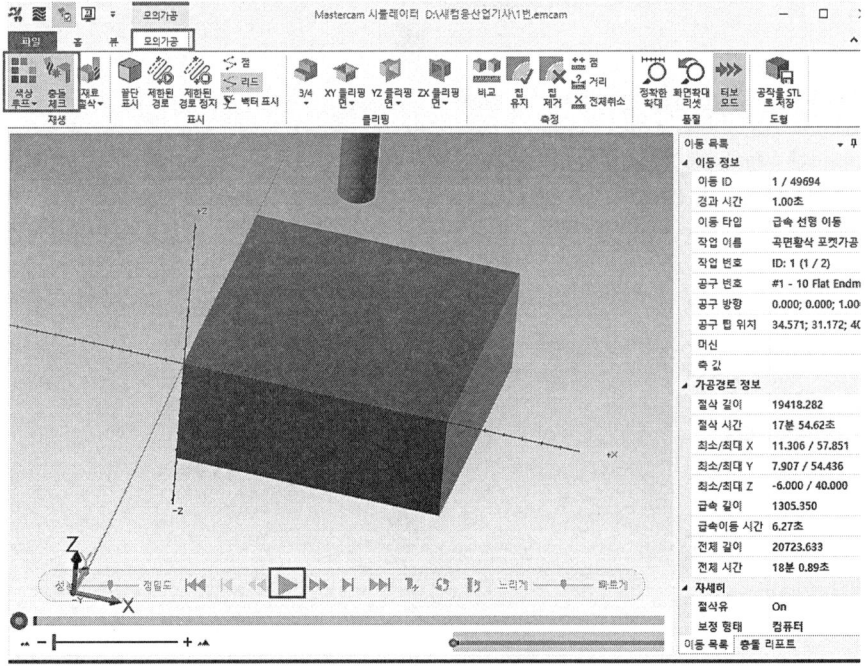

㊽ 모의가공의 이상 유무를 확인한다.

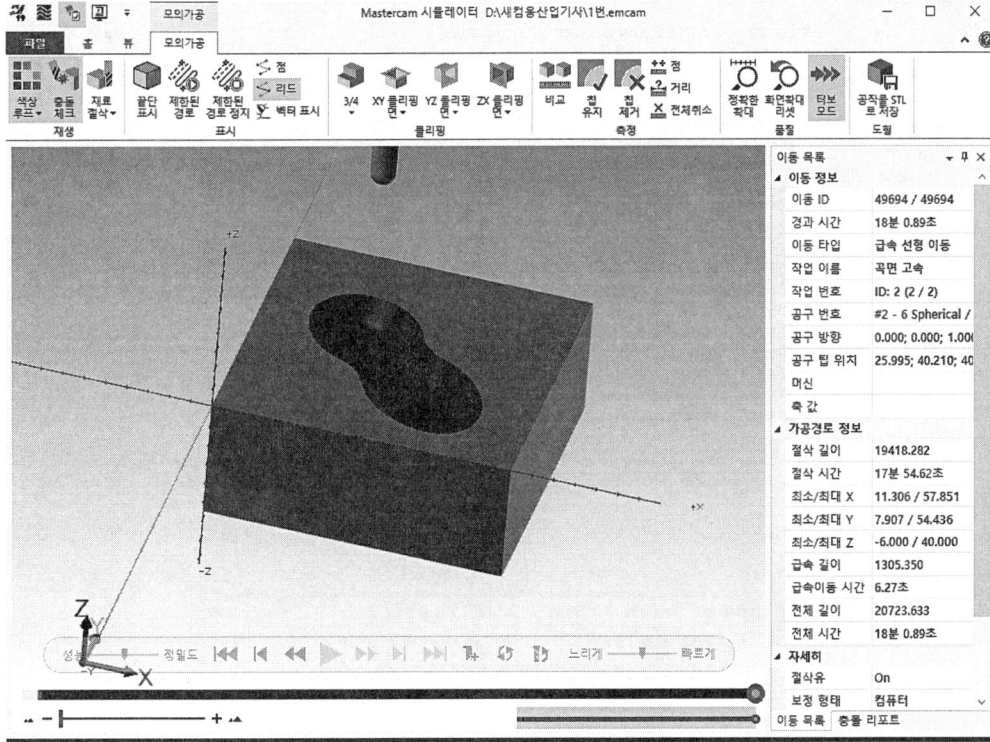

㊾ 아래 그림처럼 파일에서 바꾸기를 클릭한다. 기계에 맞는 포스트 프로세서를 설정한다.

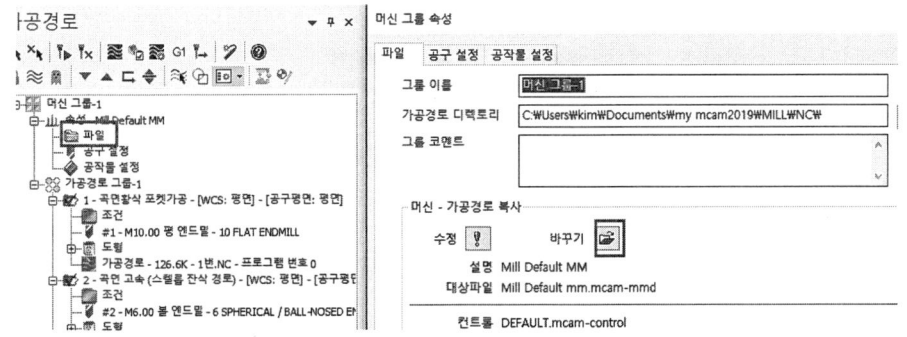

제3절 MasterCAM NC Data 생성 따라 하기

(50) 아래 그림처럼 기계에 맞는 포스트 프로세서를 설정하고 열기 버튼을 선택한다.

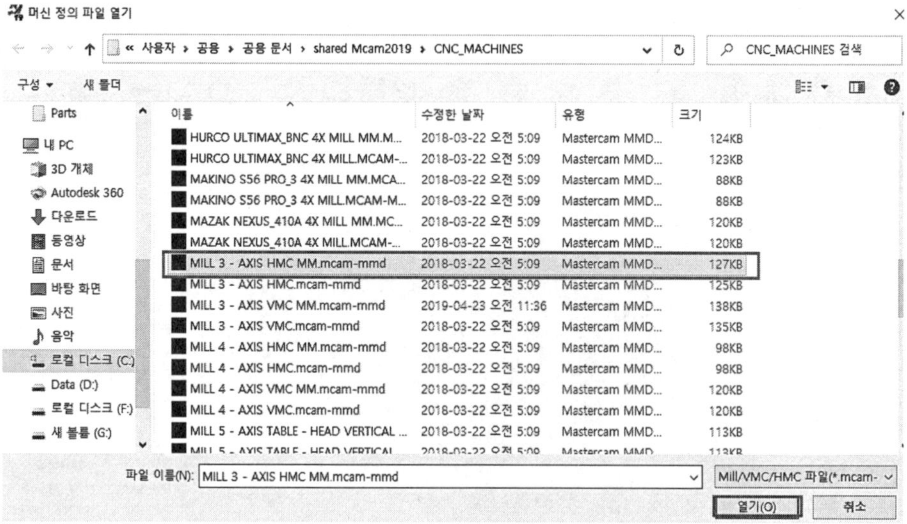

(51) 확인을 클릭한다.

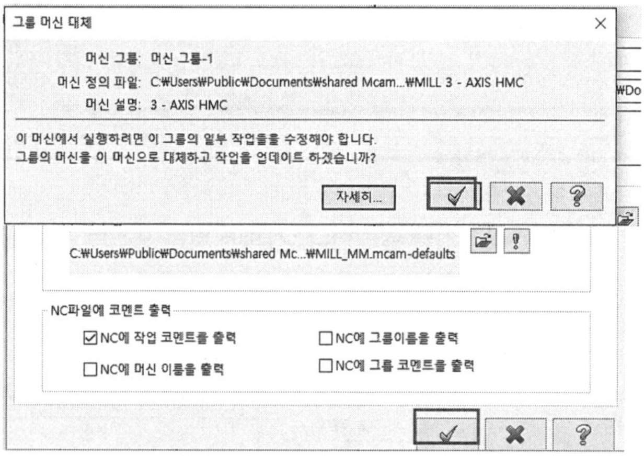

(52) NC 데이터 생성 후 아래 그림처럼 작업관리자 창의 G1 아이콘 클릭한다.

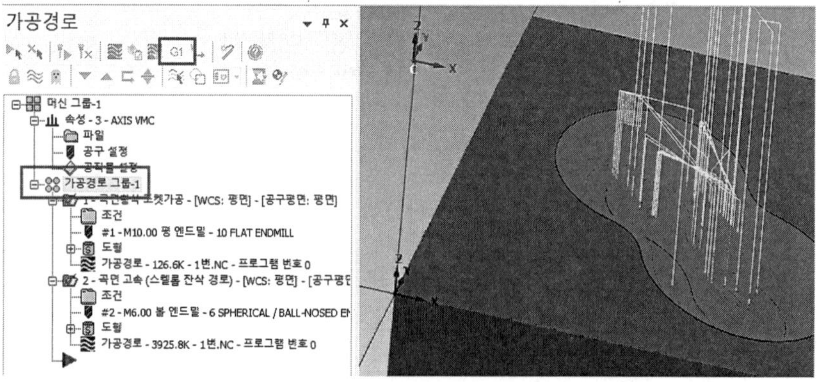

㊷ 포스트 프로세싱 창에서 바로 확인을 클릭한다.

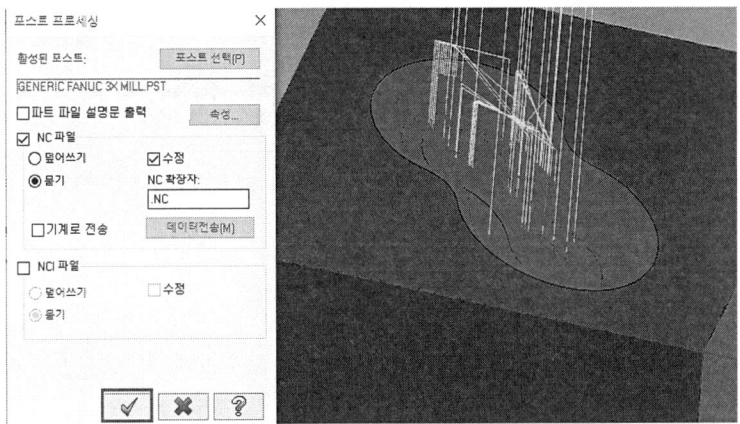

㊸ 아래 그림과 같이 바탕 화면이나 본인 이름 폴더에 저장한다.

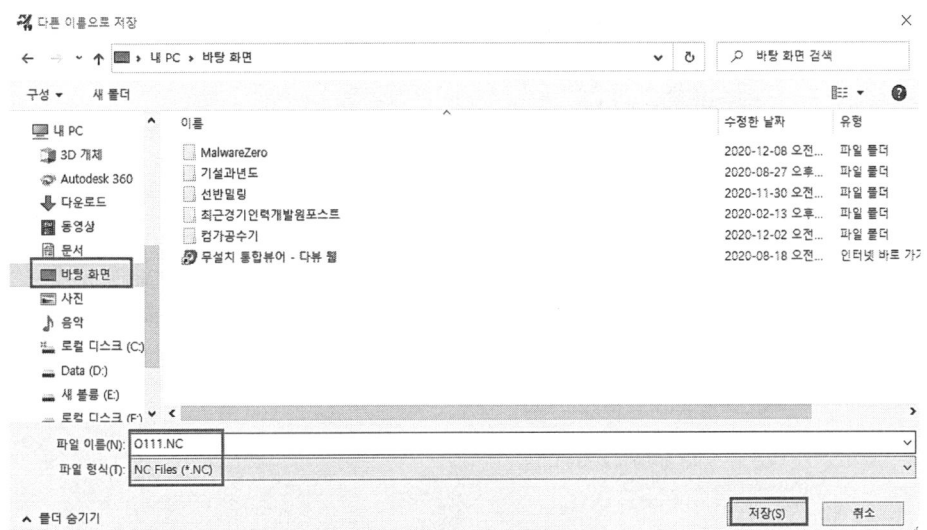

㊹ 화천, 두산 등 공작기계는 1번 또는 2번을(관계없음) 선택하고 ENTER한다.

제3절 MasterCAM NC Data 생성 따라 하기

㊺ 아래 그림처럼 NC 파일이 생성된다.

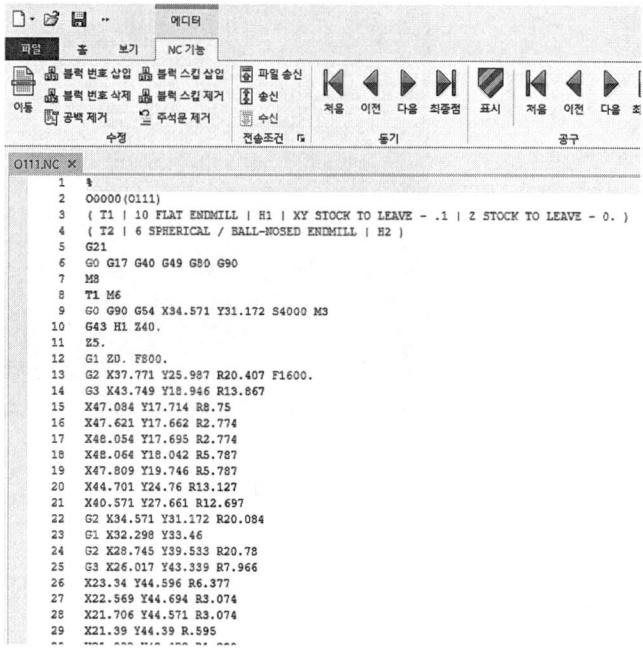

㊻ 아래 그림처럼 메모장에서 수정한 후 저장한다.

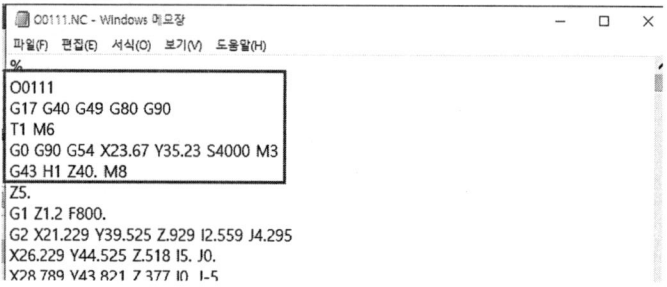

제4절 SolidCAM NC Data 생성하기

❶ 열기에서 아래 그림과 같이 1번 스텝 파일을 불러온다. 모델링은 NX, 인벤터, 솔리드웍스 등에서 작업한다.

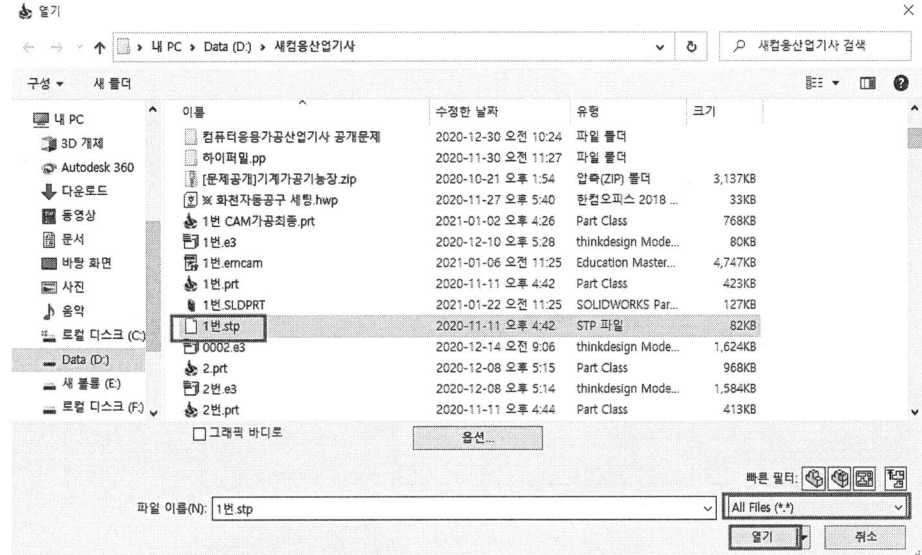

❷ 진단 불러오기에서 예를 선택한다.

❸ 피처 진단을 확인한다.

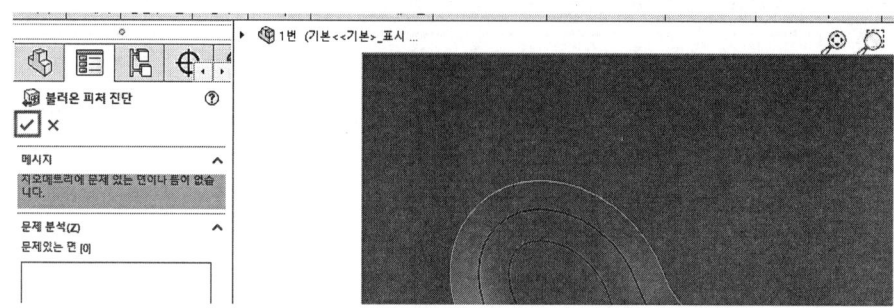

❹ 커맨드 매니저에서 신규 → 밀링을 클릭한다.

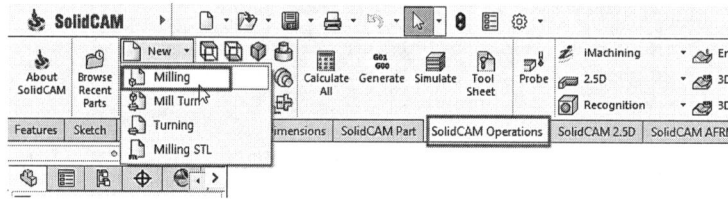

❺ 아래 그림과 같이 설정하고 CAM-Part name을 변경하고 확인한다.

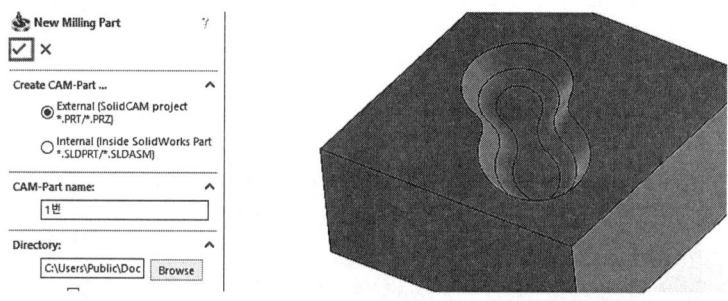

❻ CNC 콘트롤러에서 FANUC_3축 밀링으로 설정하고 파트 정의에서 원점을 클릭한다.

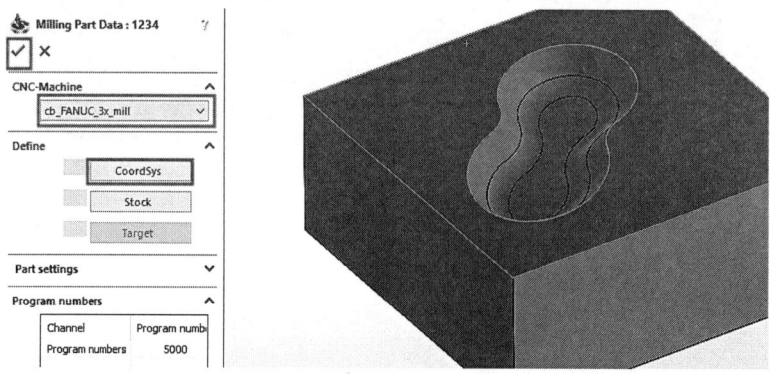

❼ 모델박스의 코너로 설정 후 공작물을 선택하고 확인한다.

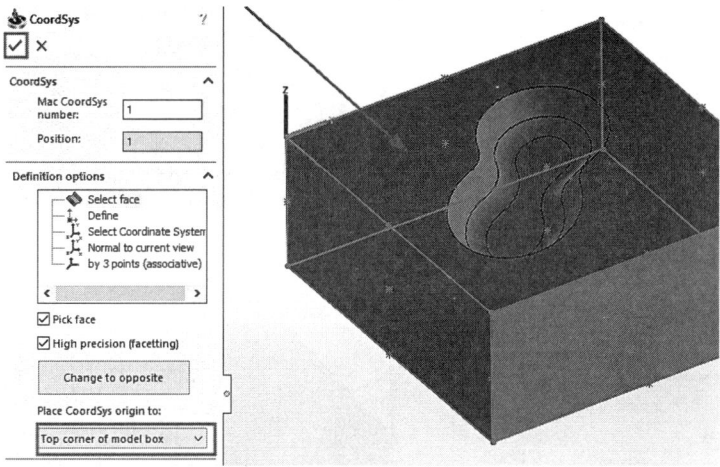

❽ 아래 그림처럼 확인을 클릭한다.

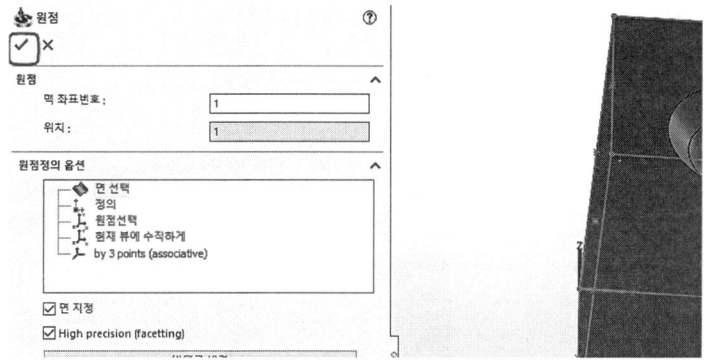

❾ 원점 데이터를 확인한다.

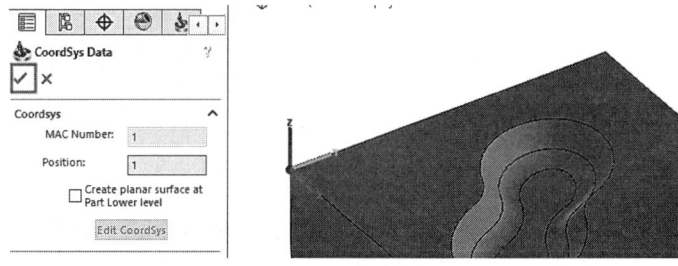

⑩ 원점 Manager를 확인한다.

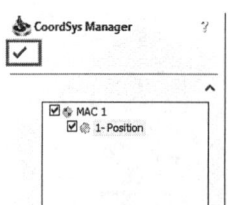
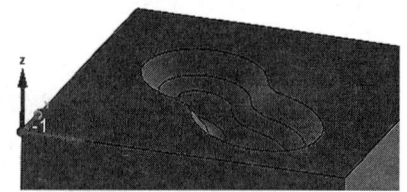

⑪ 소재를 클릭한다.(생략가능)

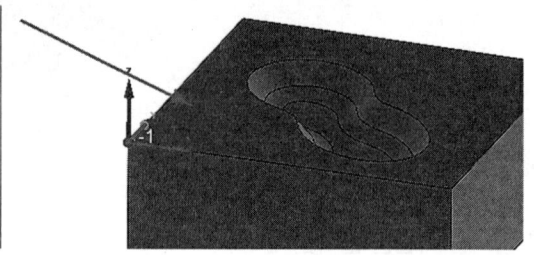

⑫ 박스를 선택한 후 소재 크기를 설정하고 확인한다.

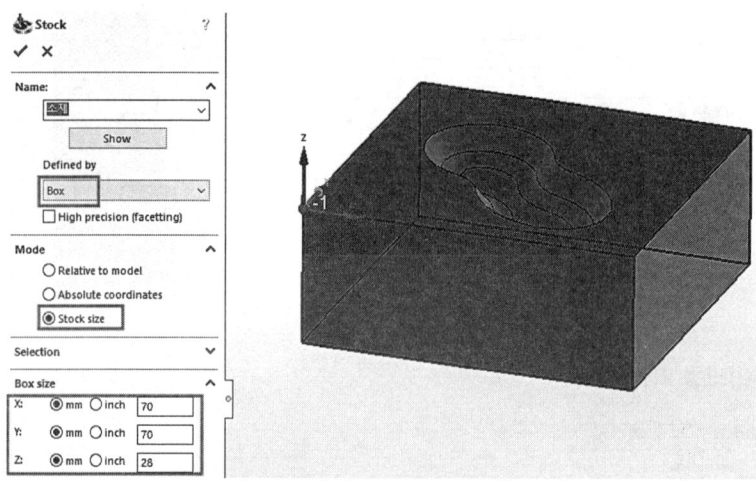

⑬ CAM 가공 인식을 위해서 타켓을 클릭한다. (생략가능)

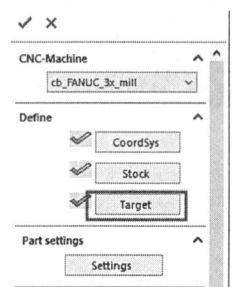
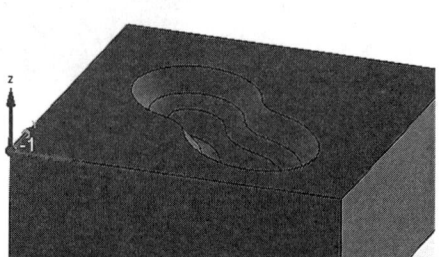

Chapter 03 | CAM NC Data 생성(기능장, 산업기사 공통)

⓮ 타켓을 확인한다.

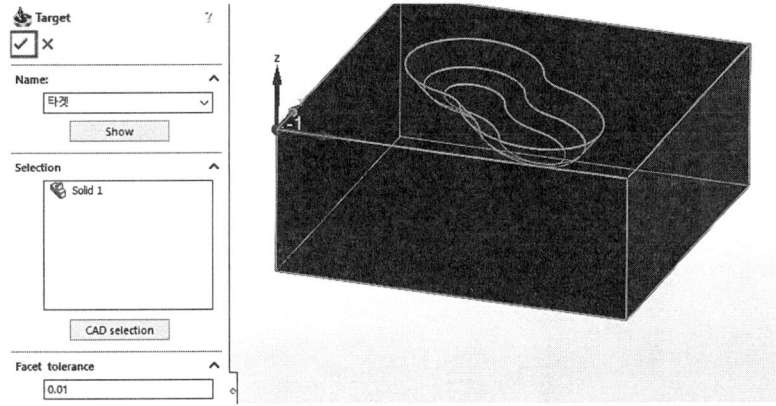

⓯ 모든 설정을 마치고 확인한다.

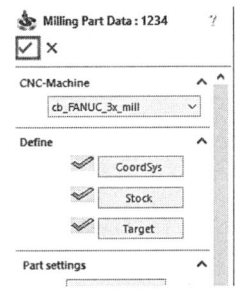
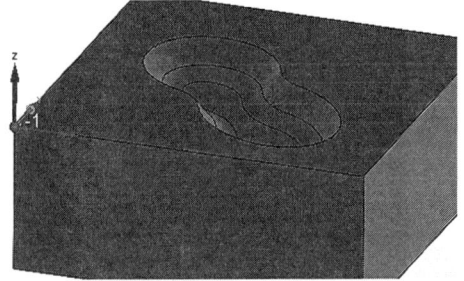

⓰ 공구 선택을 더블클릭한다.

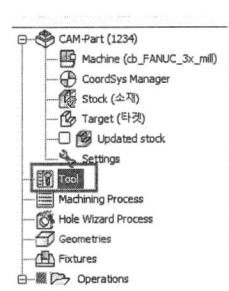
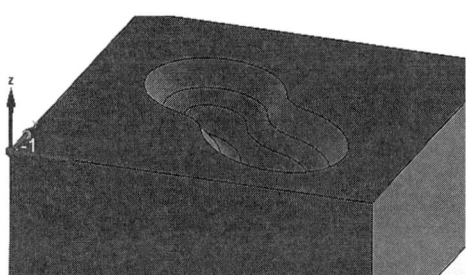

⑰ 밀링 공구 추가 아이콘을 클릭한다.

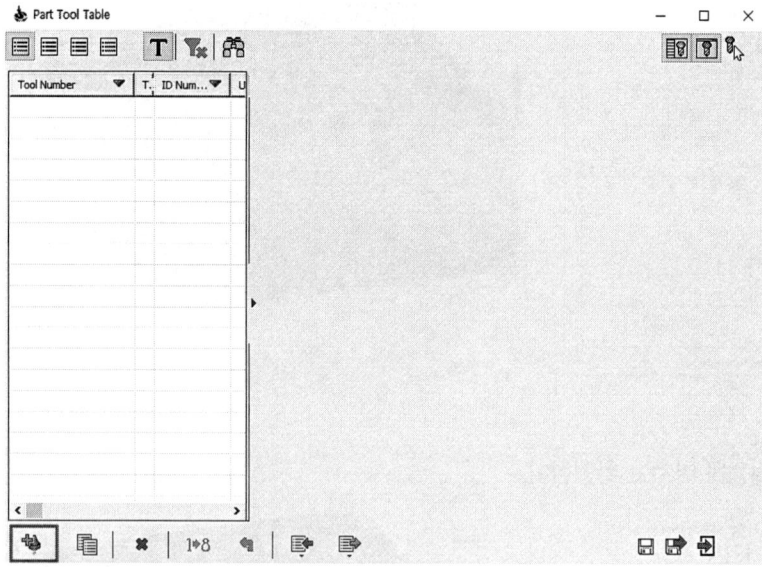

⑱ 평 엔드밀을 클릭한다.

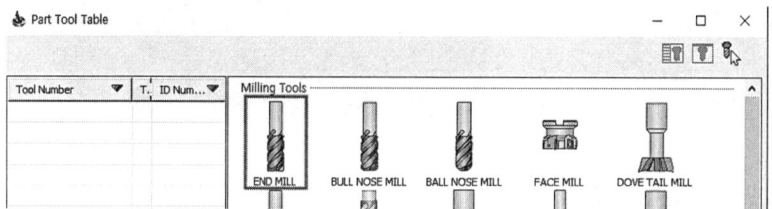

⑲ 공구 번호와 공구 직경을 입력한다.

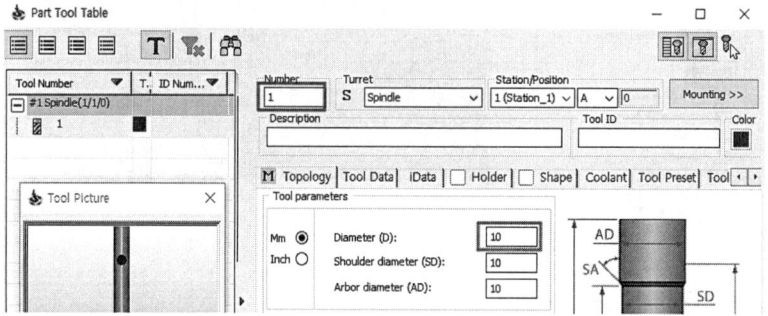

⑳ 공구 데이터에서 공구의 이송속도(Feed)와 스핀들 회전수 등을 입력한 후 저장하고 추가 아이콘을 클릭한다.

$$N = \frac{1000\,V}{\pi d} = 4000$$

XY 이송속도=$f_z \times z \times N$=1,600, 축 이송속도=$f_z \times z \times N/(2\sim3)$=800

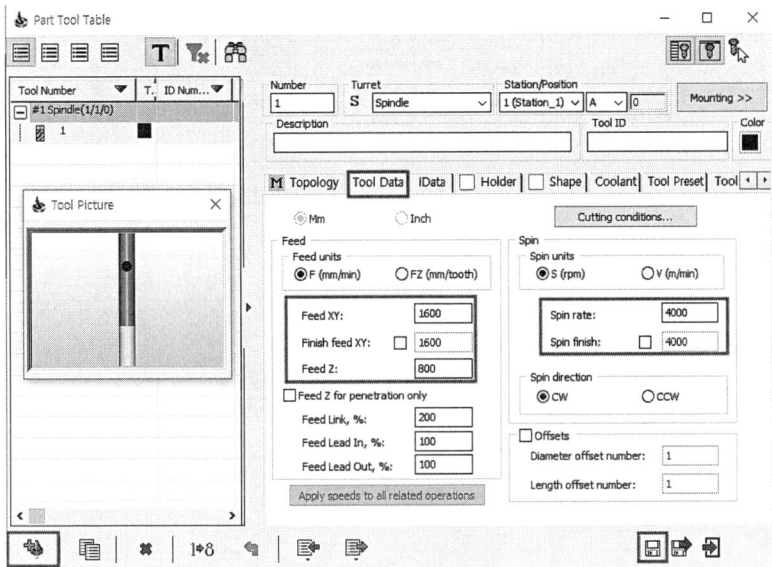

㉑ 볼 엔드밀을 선택한다.

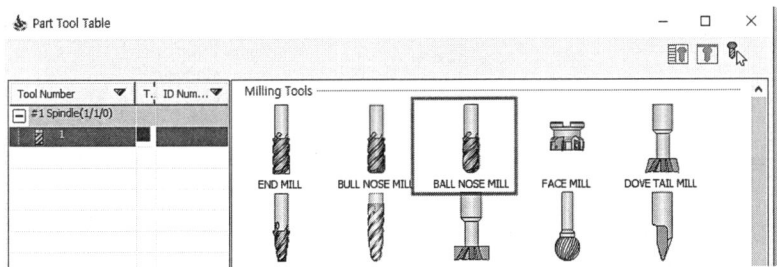

제4절 SolidCAM NC Data 생성하기

㉒ 공구 번호와 공구 직경을 입력한다.

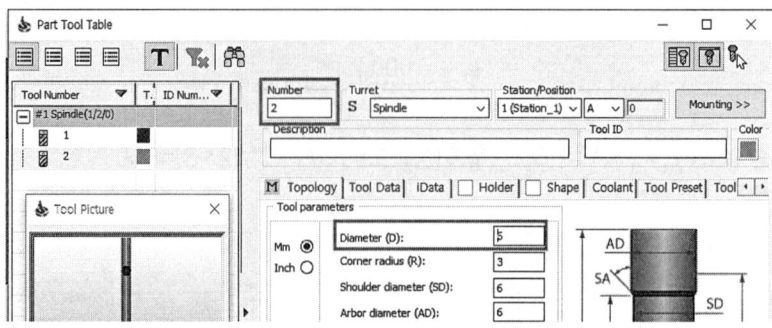

㉓ 공구의 이송속도(Feed)와 스핀들 회전수 등에 대해 입력하고 저장&나가기한다.

회전수 RPM(N)=5000, XY이송속도=$f_z \times z \times N$=1000, 축 이송속도=$f_z \times z \times N/(2\sim3)$=500

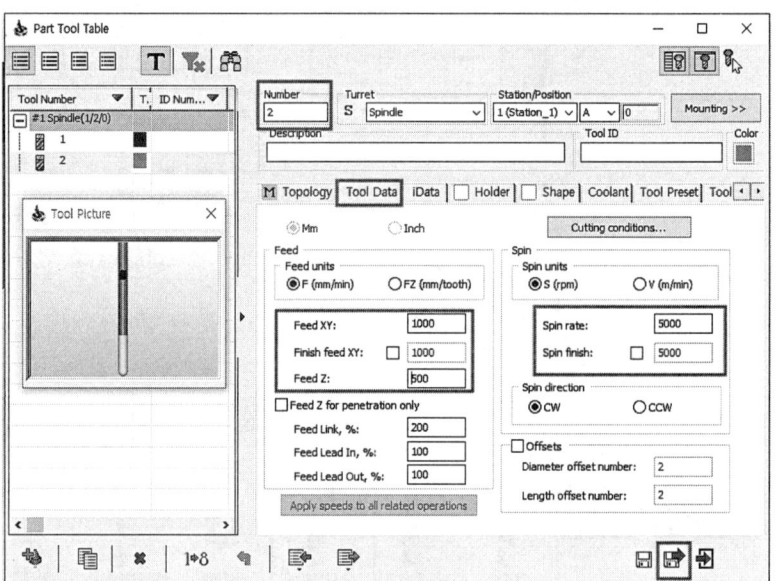

㉔ 커맨드 매니저에서 3D HSR에서 HM 황삭 가공을 클릭한다.

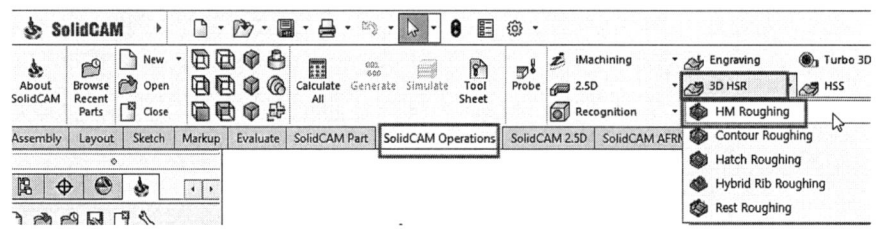

㉕ 공구 선택을 클릭한다.

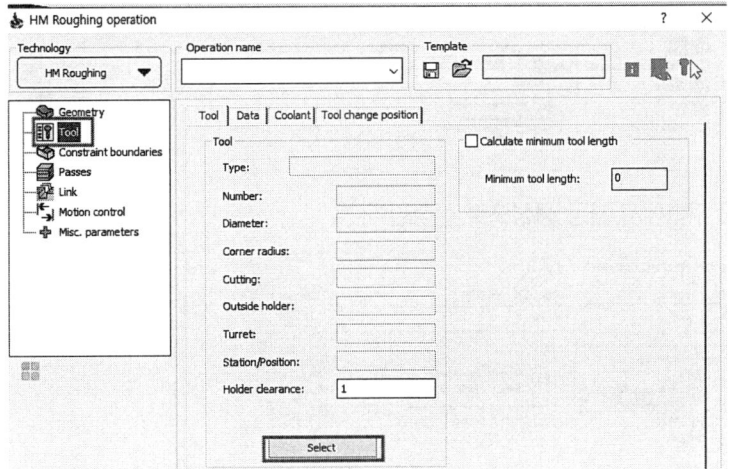

㉖ 1번 공구 평 엔드밀을 선택하고 확인한다.

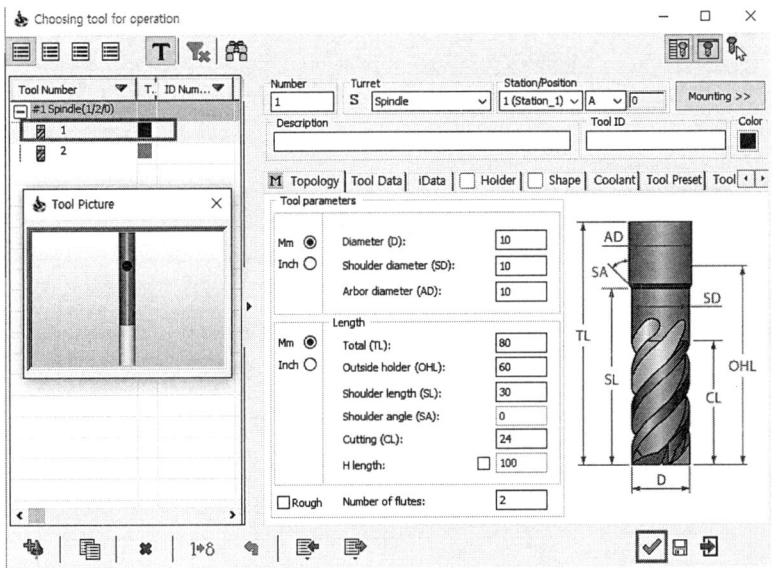

㉗ 그림과 같이 Turret 절삭유를 On 체크한다.

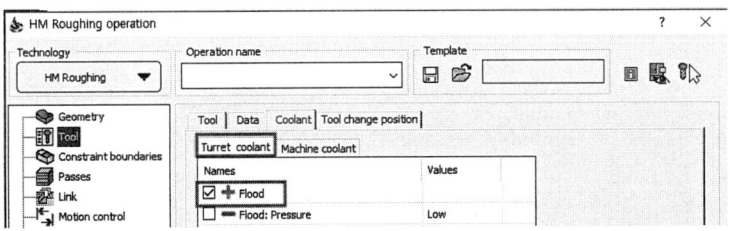

제4절 SolidCAM NC Data 생성하기

㉘ 그림과 같이 Machine 절삭유를 On 체크한다.

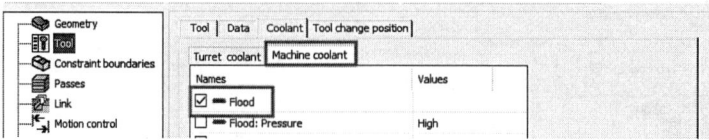

㉙ 바운더리 구속에서 자동 생성으로 설정한다.

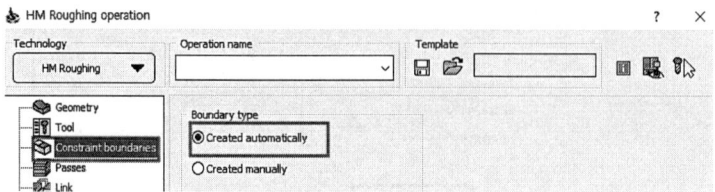

㉚ 경로에서 여유량과 절입량을 입력한 후 캐비티로 설정하고, 계산&나가기 아이콘을 클릭한다.

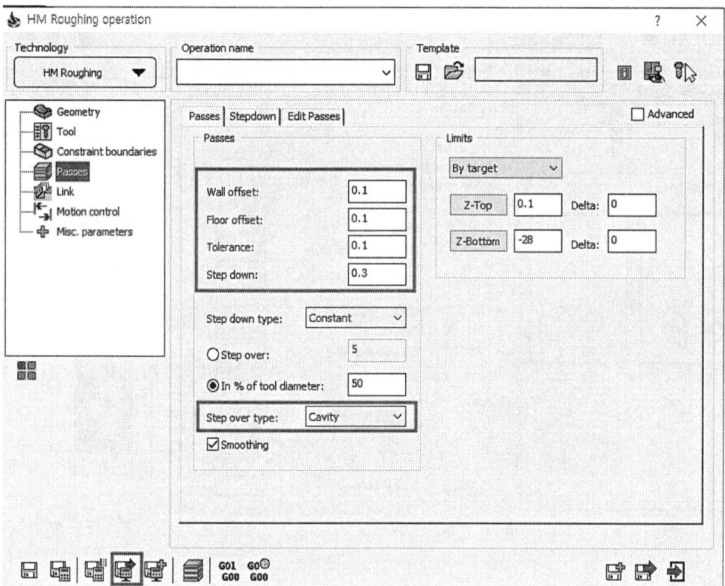

㉛ 링크에서 최소 윤곽 직경을 1로 설정하고 계산&나가기 아이콘을 클릭한다.

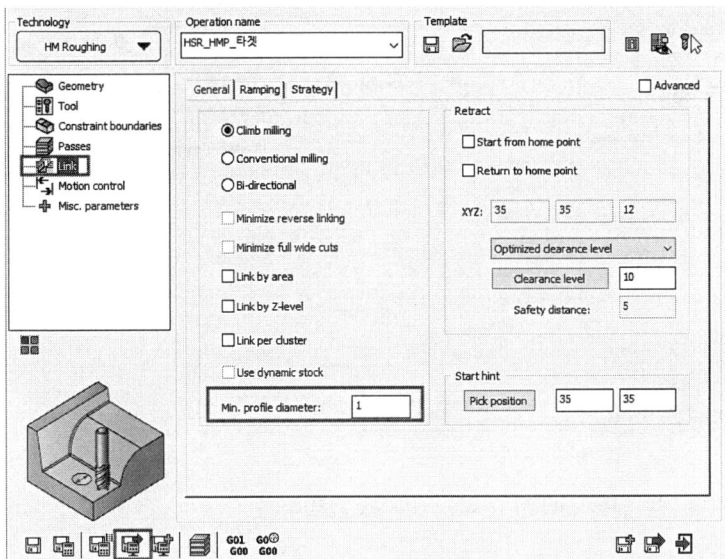

㉜ 생성된 공구 툴패스를 확인한다.

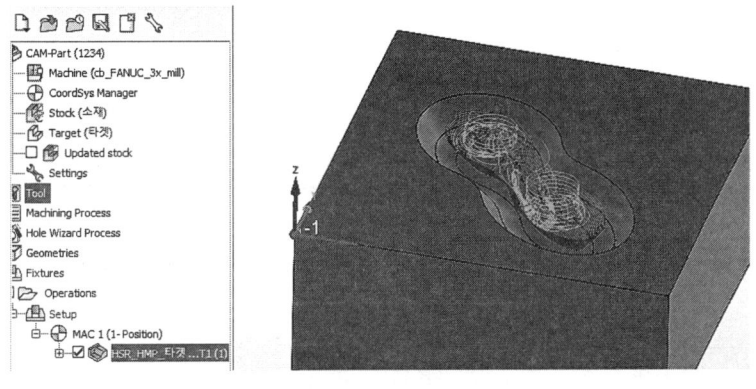

㉝ 커맨드 매니저에서 3D HSM에서 3D 일정피치 가공을 클릭한다.

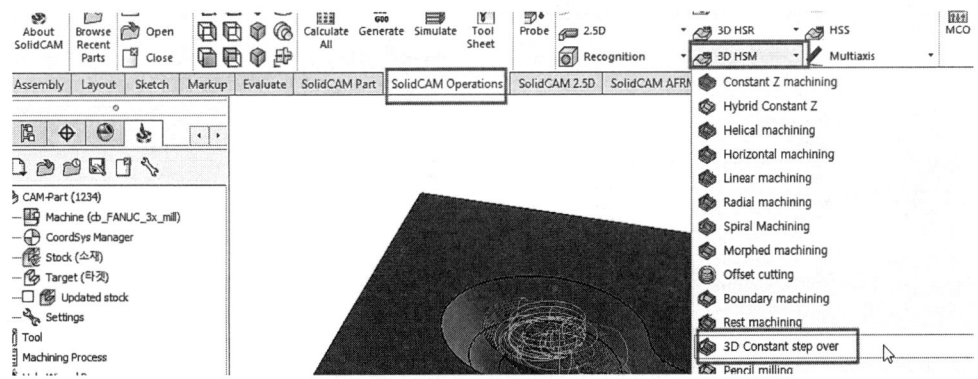

㉞ 공구에서 선택 버튼을 클릭한다.

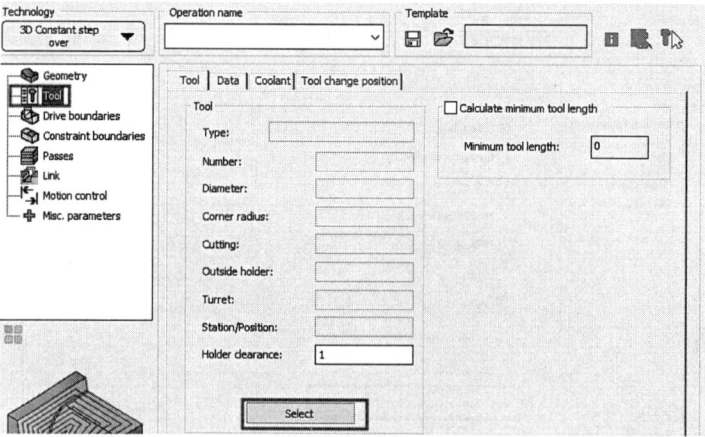

㉟ 2번 공구 볼 엔드밀을 선택하고 확인 버튼을 클릭한다.

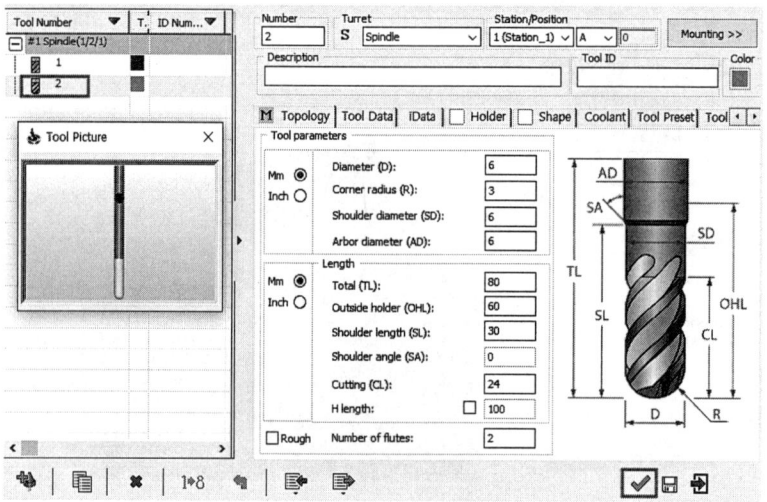

㊱ 그림과 같이 Turret 절삭유를 On 체크한다.

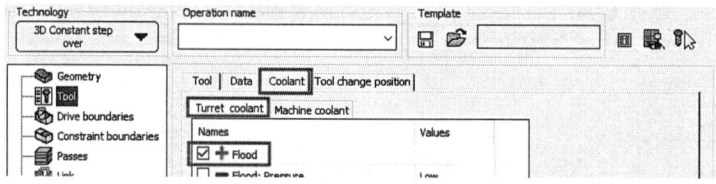

㊲ 그림과 같이 Machine 절삭유를 On 체크한다.

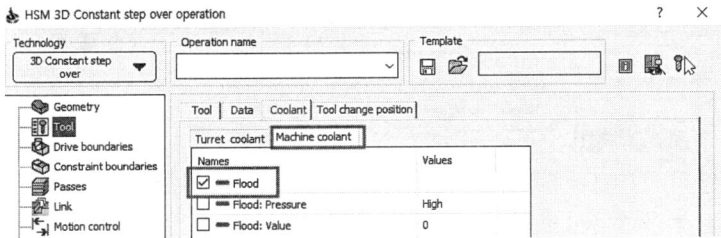

㊳ 드라이브 바운더리에서 수동 생성에 신규 아이콘을 클릭한다.

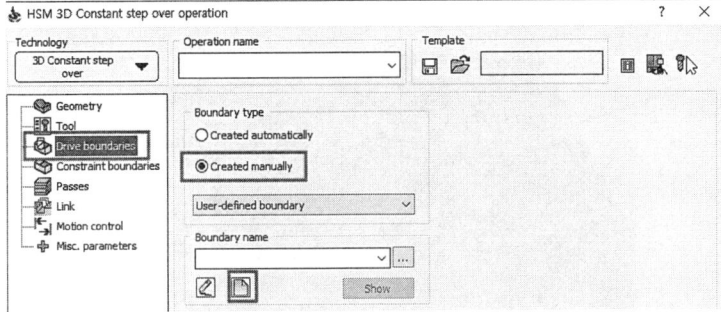

㊴ 화살표처럼 곡선 커브를 선택하고 대화창에서 예를 클릭한다.

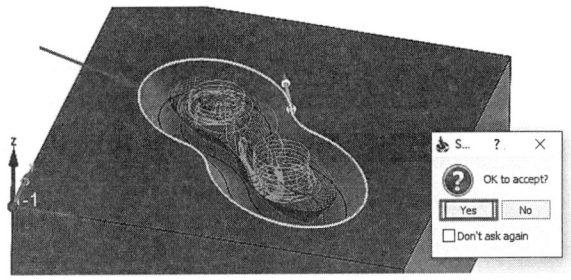

㊵ 체인이 생성되면 확인을 클릭한다.

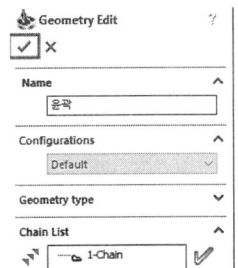
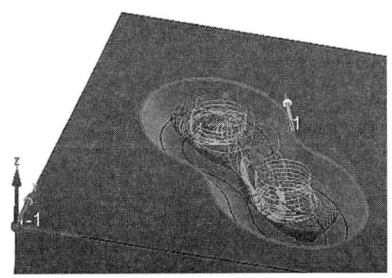

㊶ 바운더리 구속에서 수동 생성에 신규 아이콘을 클릭한다.

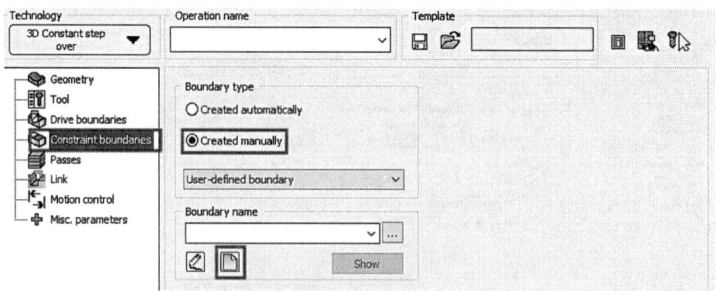

㊷ 화살표처럼 곡선 커브를 선택하고 대화창 예를 클릭한다.

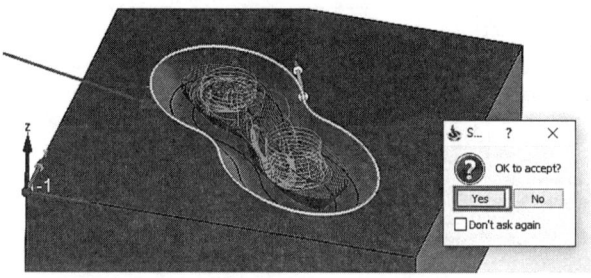

㊸ 체인이 생성되면 확인을 클릭한다.

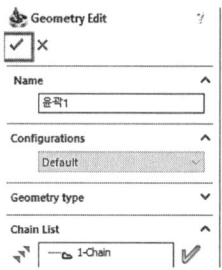
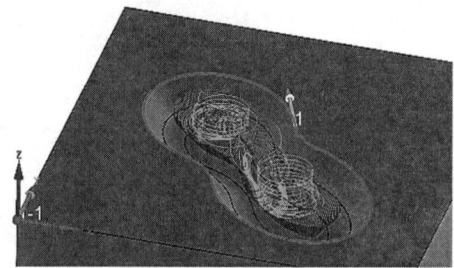

㊹ 그림과 같이 설정하고 절입량을 입력한다.

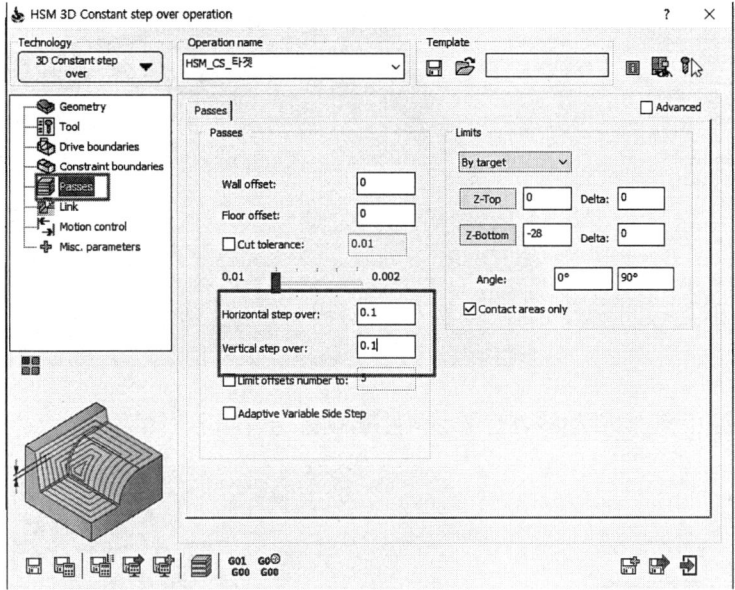

㊺ 링크에서 경로 순서에 첫 번째 경로를 체크하고 계산&나가기 아이콘을 클릭한다.

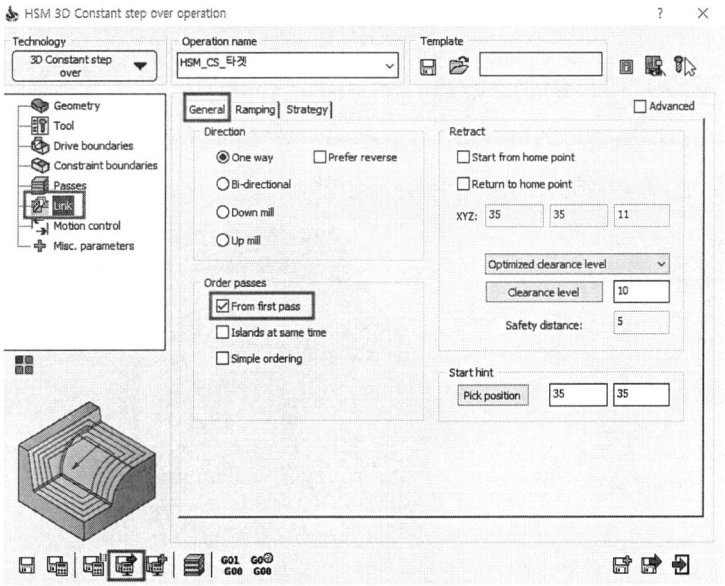

㊻ 생성된 공구 툴패스를 확인한다. (시간이 걸림)

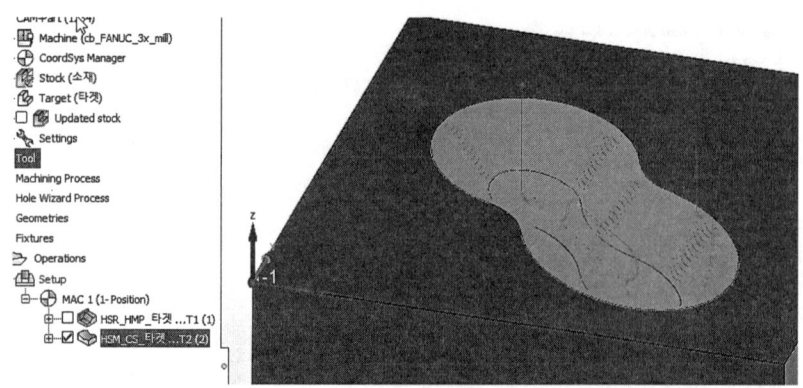

㊼ 그림과 같이 설정하고 전체 계산을 선택한 후 예를 클릭한다.

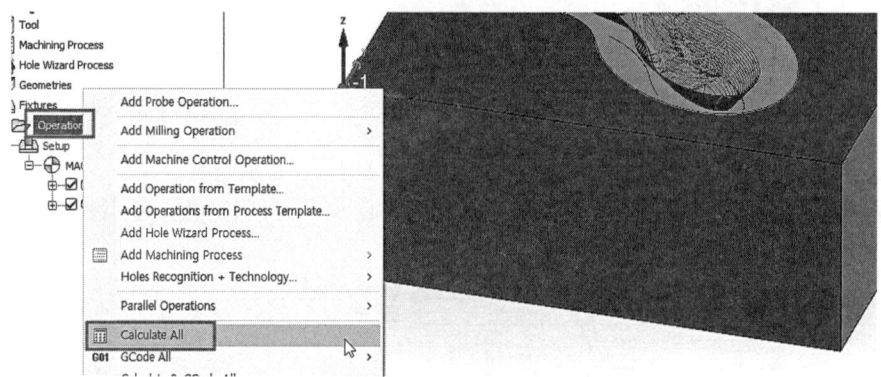

㊽ 그림처럼 작업을 선택하고 시뮬레이션을 확인한다.

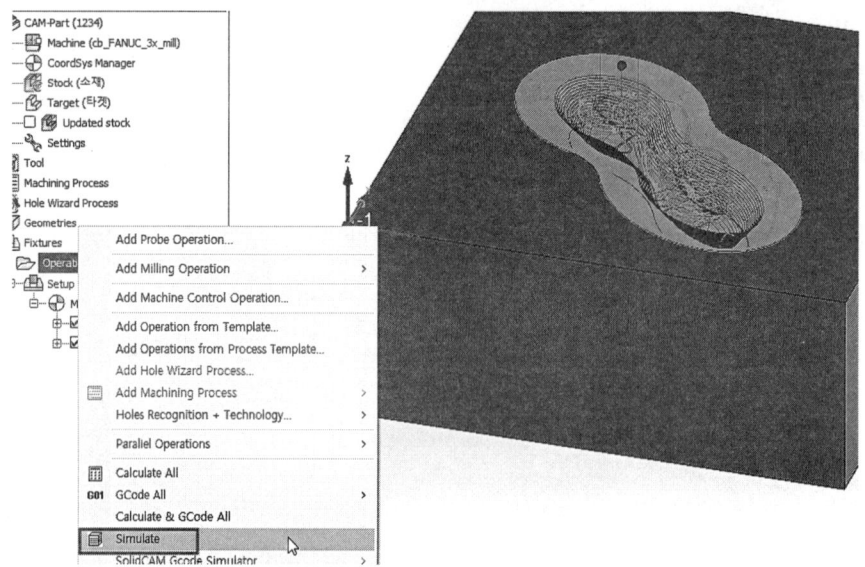

㊾ SolidVerify를 선택한다.

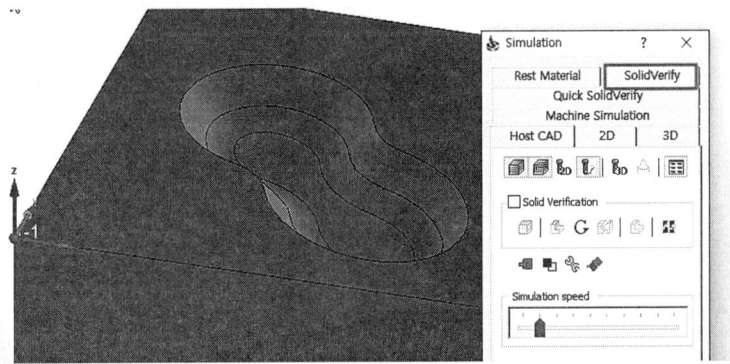

㊿ 플레이 버튼을 클릭하여 모의가공 형상을 확인한다.

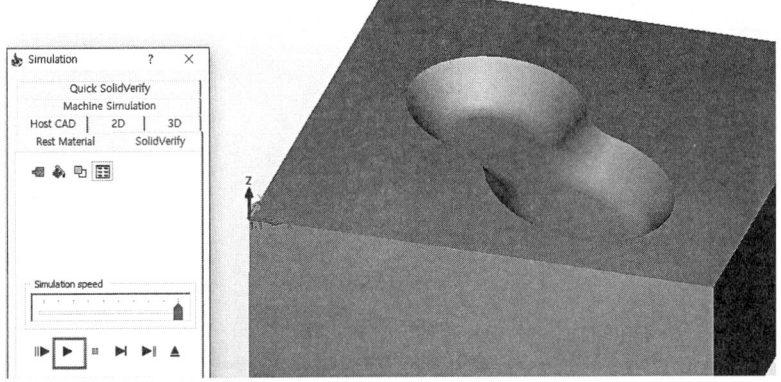

㊑ 아래 그림과 같이 전체 G코드 생성을 클릭한다.

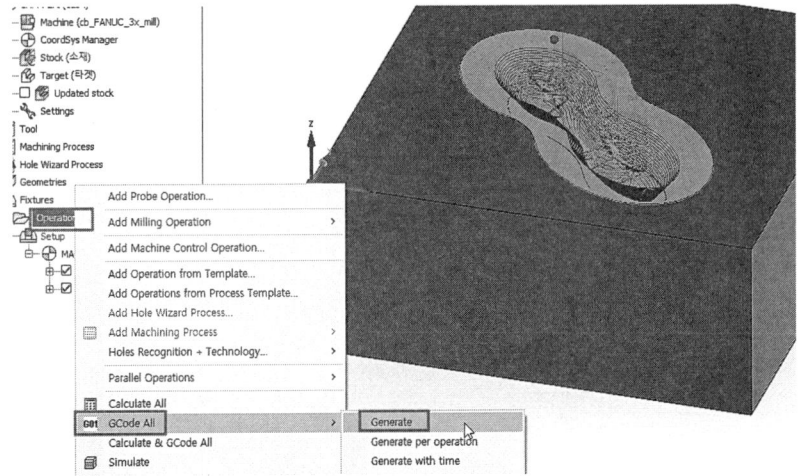

㉜ 작업한 내용의 모든 G코드가 생성한다.

```
1234.NC - Windows 메모장
파일(F)  편집(E)  서식(O)  보기(V)  도움말
%
O5000
G17 G80 G40 G49
G91 G28 Z0
G91 G28 X0 Y0
G90 G17 G54
M6 T1
G90 G0 X27.99 Y34.88
G43 H1 Z10.
M3 S4000
M8
G0 X27.99 Y34.88 Z10.
  Z5.105
G1 X28.163 Y35.084 Z4.105 F800
   X28.637 Y35.642 Z3.373
   X29.284 Y36.405 Z3.105
   X29.649 Y36.896 Z3.088
   X29.948 Y37.429 Z3.071
   X30.176 Y37.997 Z3.054
   X30.329 Y38.589 Z3.037
   X30.405 Y39.196 Z3.02
   X30.402 Y39.808 Z3.003
   X30.32 Y40.414 Z2.987
   X30.161 Y41.005 Z2.97
   X29.928 Y41.57 Z2.953
   X29.624 Y42.101 Z2.936
   X29.254 Y42.588 Z2.919
   X28.825 Y43.024 Z2.902
   X28.343 Y43.4 Z2.885
   X27.817 Y43.712 Z2.868
```

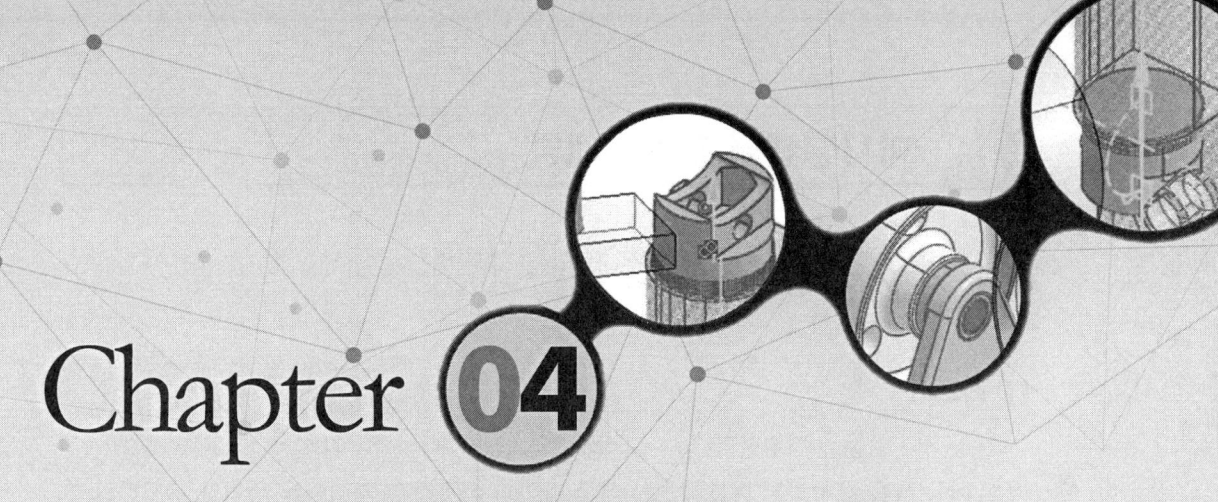

Chapter 04

머시닝센터 프로그래밍 및 가공

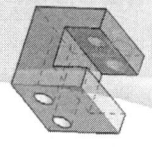

제1절 머시닝센터 프로그래밍
제2절 머시닝센터 가공 수동 프로그래밍 작성
제3절 머시닝센터 조작법

제1절 머시닝센터 프로그래밍

1 머시닝센터 좌표어와 제어축

(1) 좌표어

① 공구의 이동을 지령한다.
② 이동 축을 표시하는 어드레스와 이동 방향과 이동량을 지령하는 수치로 구성한다.
③ 기본 축(X, Y, Z): 서로 직교하는 3축에 대응하는 어드레스로 좌표의 위치나 거리를 지정한다.
④ 부가 축(A, B, C, U, V, W): 부가 축의 어드레스로 회전축의 각도와 축의 길이 및 위치를 지정한다.
⑤ 원호 보간(I, J, K): X, Y, Z를 따라가는 원호의 시작점부터 원호 중심까지의 거리를 지정한다.
⑥ 원호 보간(R): 원호 반지름을 지정한다.

(2) 제어축

머시닝센터에서 제어축은 좌표어의 X, Y, Z를 사용하여 제어축을 지령하며, 각 축에 대한 회전축에 A, B, C를 사용하기도 하는데 이를 부가축이라 한다.

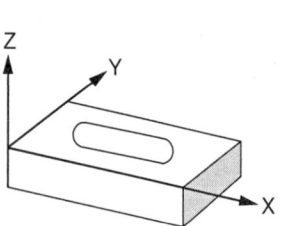

(3) 좌표축

① 좌표계: 프로그램을 작성할 때 혼란을 방지하기 위해서 오른손 좌표계를 사용한다.
② 기준: 가공 시 테이블과 주축이 움직이지만 공작물은 고정되어 있고 공구가 이동하면서 가공하는 것처럼 프로그램한다.

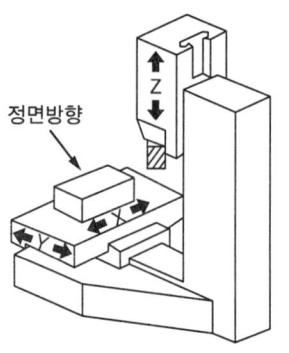

※ 오른손 직교좌표계

2 머시닝센터의 좌표계

머시닝센터에서 사용되는 좌표계는 일반적으로 기계 좌표계, 절대 좌표계, 상대 좌표계로 나눈다.

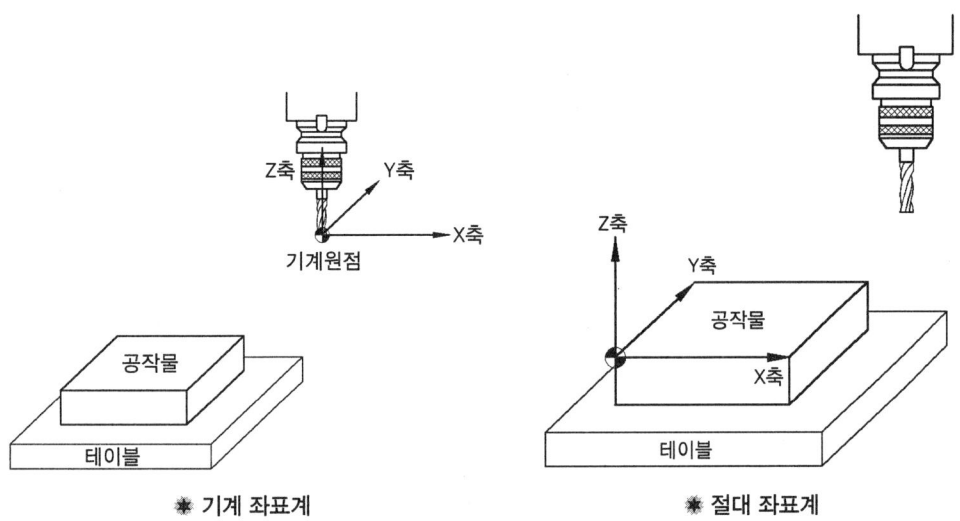

❋ 기계 좌표계　　　　　　　　　　❋ 절대 좌표계

(1) 기계 좌표계(Machine Coordinate System)

CNC 공작기계의 기계 원점을 기준으로 정한 좌표계로서 기계제작회사에 의해 정해진 좌표계로 공구가 이 점에 복귀함으로써 기계 좌표 원점이 설정되며, 기계 원점을 좌표 원점(X0.Y0.Z0.)으로 해서 설정되는 좌표계를 기계 좌표계라 한다.

> **참고** 기계 원점
>
> 기계 원점이란 기계상에 고정된 임의의 지점으로, 프로그램 및 기계 조작 시 기준이 되는 위치이다. 이 점은 기계를 제작할 때 제작회사에서 정한 점이며, 전원을 투입하고 최초 한 번은 기계 원점 복귀를 해야만 기계 좌표계가 성립된다.

(2) 절대 좌표계(Absolute Coordinate System)

공작물을 가공하기 위하여 프로그램 작성에 필요한 기준 좌표계로서 공작물 좌표계라고도 한다. 일반적으로 공작물의 편리한 가공을 위하여 도면상의 임의의 점을 원점으로 하는 좌표계로서 G92를 사용하며, 좌표어는 X, Y, Z를 사용하여 다음 그림과 같이 편한 위치를 선택하여 잡을 수 있다.

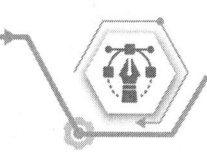

> **참고** 프로그램 원점
>
> 기계 원점을 기준으로 프로그래밍을 하면 좌표 계산이 복잡해진다. 따라서 프로그램을 쉽게 작성하기 위해서 공작물 중심 상의 임의의 점을 원점으로 삼아 프로그래밍하게 되는데, 이 점을 프로그램 원점 또는 공작물 원점이라고 한다.

(3) 상대 좌표계(Relative Coordinate System)

좌표계를 설정하거나, 공구 보정을 할 때 많이 사용하며 현 위치가 좌표계의 중심이 되고, 필요에 따라 그 위치를 0으로(기준점) 지정할 때 사용한다.

(4) 머시닝센터의 G코드 일람표

G 코드	그룹	기 능	G 코드	그룹	기 능
*G00	01	위치결정	G73	09	고속 심공 드릴 사이클
*G01		직선 보간	G74		왼나사 태핑 사이클
G02		원호 보간 CW	G76		정밀 보링 사이클
G03		원호 보간 CCW	*G80		고정 사이클 취소
G04	00	드웰(Dwell)	G81		드릴링 사이클
*G17	02	X-Y 평면	G82	09	카운터 보링 사이클
G18		Z-X 평면	G83		심공 드릴 사이클
G19		Y-Z 평면	G84		태핑 사이클
G20	06	inch 데이터 입력	G85		보링 사이클
G21		mm 데이터 입력	G86		보링 사이클
G27	00	원점 복귀 점검	G87		백 보링 사이클
G28		자동 원점 복귀	G88		보링 사이클
G30		제2 원점 복귀	G89		보링 사이클
G31		스킵(Skip) 기능	*G90	03	절대 지령
G33	01	나사 가공	*G91		증분 지령
G37	00	자동 공구길이 측정	G92	00	공작물 좌표계 설정
*G40	07	공구경 보정 취소	*G94	05	분당 이송
G41		공구경 좌측 보정	G95		회전당 이송
G42		공구경 우측 보정	G96	13	주속 일정 제어
G43	08	공구길이 보정 '+'	G97		주축회전수 일정 제어
G44		공구길이 보정 '-'	*G98	10	고정 사이클 초기점 복귀
*G49	08	공구길이 보정 취소	G99		고정 사이클 R점 복귀
*G54	14	공작물 좌표계 1선택			
G55	14	공작물 좌표계 2선택			

주) '*' 표시가 붙어 있는 G코드는 기계 전원 투입 시 선택되는 기능이다.

3 좌표계의 종류

(1) 공작물 좌표계

도면을 보고 가공에 편리한 프로그램을 작성하기 위하여 도면상의 임의의 점을 프로그램 원점으로 지정하며, 이 좌표계를 공작물 좌표계라 한다.

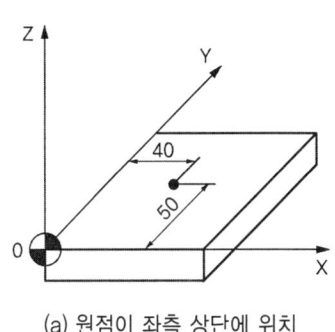

(a) 원점이 좌측 상단에 위치   (b) 원점이 중앙에 위치

❋ 공작물 좌표계

(2) 좌표계 지령방법

① G92: 머시닝 센터 좌표계 설정
② G54-G59: 공작물 좌표계 설정(공구의 시작점 지정)

[형식]	G92 X150. Y100. Z150. ;

- G54 X100. Y100. Z150. ;   (1번 공작물 좌표계)
- G55 X150. Y100. Z150. ;   (2번 공작물 좌표계)

4 프로그램 작성

(1) 보간 기능

1) 급속이송 위치 기능(G00)

공구를 현재의 위치에서 지령된 위치(종점)까지 급속이송 속도로 이동시킨다. 급송이송 속도는 파라미터에 설정되어 있으며, 센트럴 시스템에서는 RT0, RT1, RT2 등 3개 중에서 하나를 선택한다. (파라미터 1500~1502)

G00	G90 G91	X__ Y__ Z__ ;

예제 1

위치결정을 이용하여 P₁에서 P₂, P₃ 지점으로 이동하는 프로그램을 작성하시오.

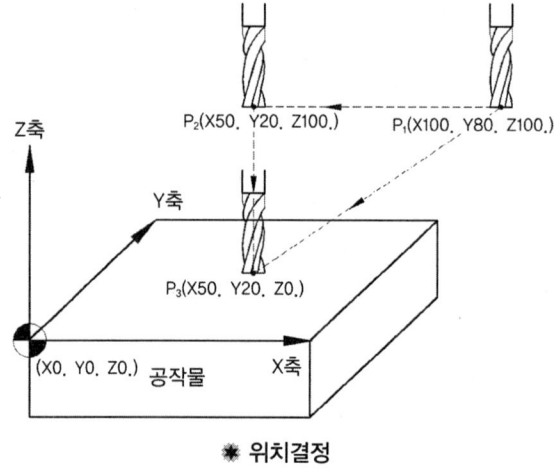

❋ 위치결정

풀이
① P₁ → P₂ → P₃ 이동
    G90 G00 X50. Y20. ;
           Z0. ;　　　　　　　　(절대 지령)
    G91 G00 X-50. Y-60. ;
           Z-100. ;　　　　　　(증분 지령)
② P₁ → P₃ 이동
    G90 G00 X50. Y20. Z0. ;
    G91 G00 X-50. Y-60. Z-100. ;　(X, Y, Z축 3축 동시 이동)

① 직선형 위치결정: 각 축이 설정된 급속이송 속도를 넘지 않으면서 출발점부터 이동 종점까지 직선으로 최단 시간에 이동한다.
② 비직선형 위치결정: 급속이송 위치결정(G00) 블록에 지령된 각 축이 독립적으로 종점 방향으로 최대 속도로 이송하다가 먼저 도달된 축부터 정지한다. 통상 비직선형 위치결정을 사용한다.

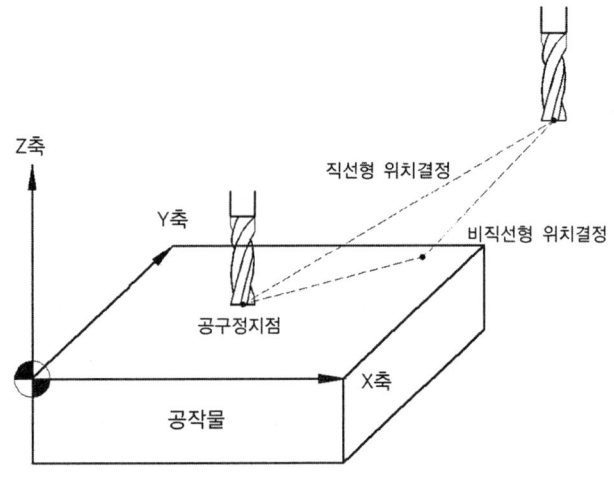

❋ 직선형 및 비직선형 위치결정

2) 직선 가공(G01)

지령된 종점으로 F의 이송속도에 따라 직선으로 가공한다.

G00	{ G90 G91	X__ Y__ Z__ F__ ;

- X, Y, Z: X, Y, Z 축 가공 종점의 좌표
- F: 이송속도(mm/min)

(2) 절대·증분 지령

1) 절대 지령(G90)

절대 지령 방식은 미리 설정된 좌표계 내에서 종점의 좌표 위치를 지령한다. 사용하는 워드(Word)는 G90이며, 종점의 좌표 위치가 좌표계 원점을 기준으로 해서 양(+)의 방향이면 '+'를, 음(−)의 방향이면 '−'를 붙여 지령한다.

2) 증분 지령(G91)

증분 지령 방식은 이동 시작점(공구의 현 위치)에서 종점(지령 위치)까지의 이동량과 이동 방향을 지령한다. 지령 워드는 G91이고, 공구의 이동 방향이 X축 상에서 오른쪽

으로 이동하였을 경우 X값은 '+', Y축 상에서 위로 이동하였을 경우 Y값은 '+'가 되고, 반대로 이동하였을 경우는 X, Y값 모두 '-'가 된다.

예제 2

다음 그림을 보고 P_1에서 P_2, P_3, P_4 지점으로 직선절삭의 절대 지령과 증분 지령을 이용하여 프로그램을 작성하시오.

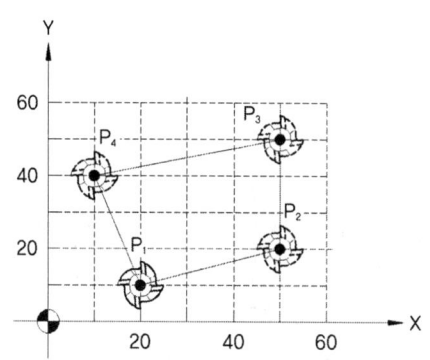

✽ 절대 지령과 증분 지령

풀이

① 절대 지령

$P_1 \rightarrow P_2$	G90 G01 X50. Y20. F0.2 ;
$P_2 \rightarrow P_3$	Y50. ;
$P_3 \rightarrow P_4$	X10. Y40. ;
$P_4 \rightarrow P_1$	X20. Y10. ;

② 증분 지령

$P_1 \rightarrow P_2$	G91 G01 X30. Y10. F0.2 ;
$P_2 \rightarrow P_3$	Y30. ;
$P_3 \rightarrow P_4$	X-40. Y-10. ;
$P_4 \rightarrow P_1$	X10. Y-30. ;

참고 머시닝센터와 CNC선반의 절대, 증분 지령방식의 비교

① 머시닝센터의 프로그램은 절대(G90), 증분(G91) 지령을 G코드로 구분한다.
  (예) G90 G00 X80. Y80. Z100. ; 절대 지령
    G91 G00 X80. Y80. Z100. ; 증분 지령
② CNC선반의 프로그램은 절대, 증분, 절대증분 혼합방식
  (예) G00 X80. Z50. ; 절대 지령
    G00 U30. W20. ; 증분 지령
    G00 X80. W20. ; 절대증분 혼합 지령

(3) G01을 이용한 면취 가공 및 코너 R 가공

교차하는 두 직선 사이에 면취(Chamfering)나 코너(Corner) R 가공을 한 블록으로 간단히 지령할 수 있는 기능이다.

직선 가공 지령 형식의 끝에 C___를 지령하면 면취 가공 명령이 되고, R___를 지령하면 코너 R 가공 명령이 된다.

| 지령형식: | G01 | G90
G91 | X__ Y__ | C__
R__ | F__ ; |

1) 지령 워드의 의미

① X, Y: 면취나 코너 R 가공이 X, Y, Z의 3축에 걸리는 경우는 차원 높은 어려운 가공에 속한다. 따라서 평면 선택 기능에 따른 기본 2축을 선택하며, 보통의 경우는 G17 평면에서 X, Y 좌표이다. 여기서 좌푯값(수치)은 면취나 라운드 가공이 없을 때 두 직선의 가상 교점의 좌표이다.

② C, R: 면취 C 다음에 이어지는 숫자는 가상 교점에서 면취 개시점 및 종료점까지의 거리이고, 라운드 R 다음의 숫자는 반경값을 지령한다.

(4) 원호 가공하기

지령된 시점에서 종점까지 반경 R크기로 시계방향(G02), 반시계방향(G03)으로 원호 가공한다. (그림 참조)

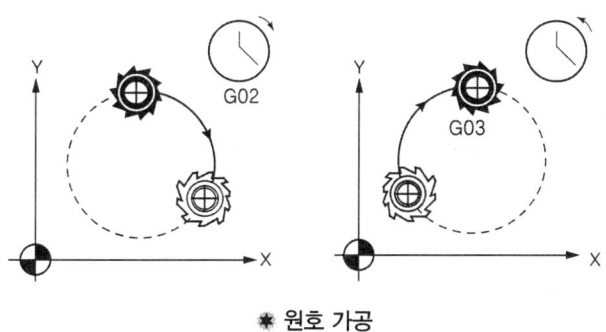

✽ 원호 가공

1) I, J, K 지령에 의한 원호 가공

원호 반경 R 대신에 어드레스, I, J, K 좌표치로 나타내는 방법이다.

| 지령방법: | G90
G91 | G02
G03 | X__ Y__ Z__ I__ J__ F__ ; |

- I, J, K: 가공 시작점에서 본 원호 중심까지의 거리

2) 원호 보간

원호 보간에서 I, J, K의 어드레스는 X축 방향의 값을 I로, Y축 방향을 J로, Z축 방향을 K로 지령한다. 또한 I, J, K의 부호는 시점에서 원호의 중심이 (+) 방향인가 (−) 방향인가에 따라 결정하며, 값은 원호 시점에서 원호 중심까지의 거리값이다.

• A점에서 B점으로 가공하는 프로그램 예(그림 참조)

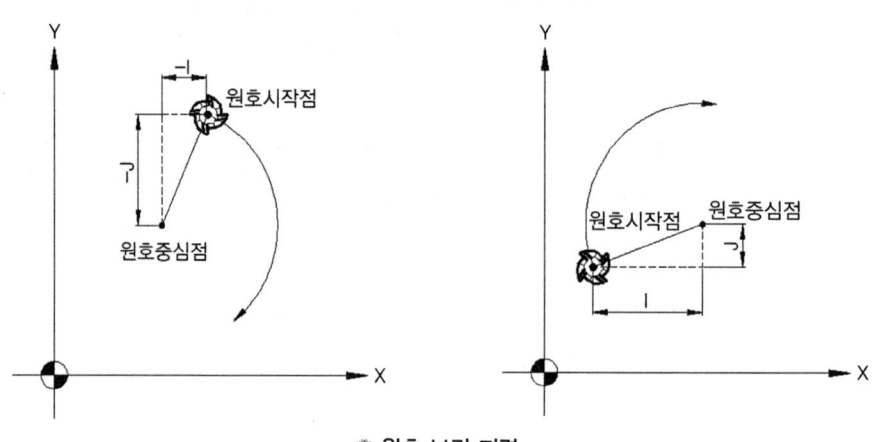

✱ 원호 보간 지령

3) R 지령에 의한 원호 가공

| 지령방법: | G90
G91 | G02
G03 | X__ Y__ Z__ R__ F__ ; |

- X, Y, Z: 원호 가공 종점의 좌표
- R: 원호의 반경
- F: 이송속도
- G17: XY 평면, G18: ZX 평면, G19: YZ 평면

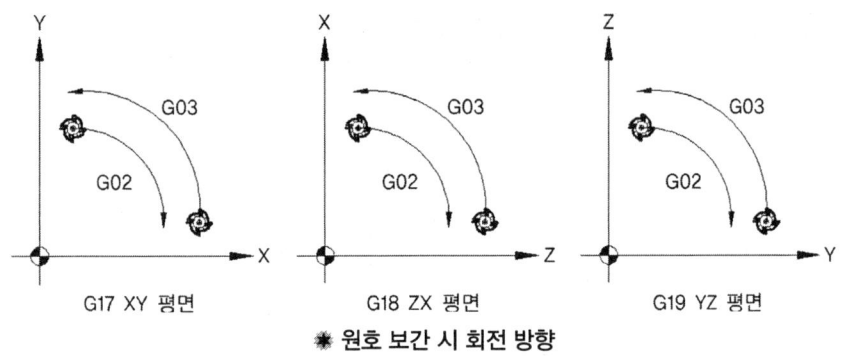

❋ 원호 보간 시 회전 방향

예제 3

다음 아래 그림을 보고 절대 지령과 증분 지령으로 프로그램하시오.

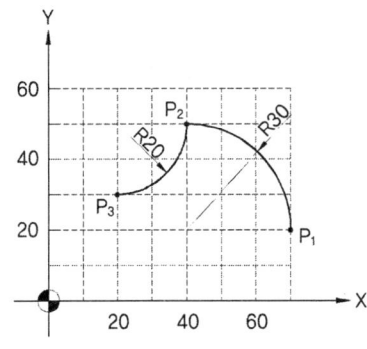

❋ 절대 지령과 증분 지령

풀이

① 절대 지령(R 지령)
  P₁ → P₂   G90G03 X40. Y50. R30. F0.2 ;
  P₂ → P₃   X20. Y30. R20. ;

② 절대 지령(I, J 지령)
  P₁ → P₂   G90 G03 X40. Y50. I-30. ;
  P₂ → P₃   X20. Y30. I-20. ;

③ 증분 지령(R 지령)
  P₁ → P₂   G91 G03 X-40. Y30. R30. ;
  P₂ → P₃   X-20. Y-20. R20. ;

④ 증분 지령(I, J 지령)
  P₁ → P₂   G91 G03 X-40. Y30. I-30. ;
  P₂ → P₃   X-20. Y-20. I-20. ;

① 원호의 중심각이 180° 이하인 원호의 가공

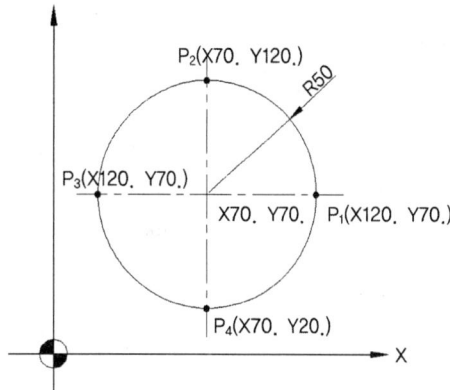

㉠ P₁의 점에서 P₂의 점까지 가공
G90 G03 X70. Y120. R50. (I-50.) ;
G91 G03 X-50. Y50. R50. (I-50.) ;

㉡ P₄의 점에서 P₃의 점까지 가공
G90 G02 X20. Y70. R50. (J50.) ;
G91 G02 X-50. Y70. R50. (J50.) ;

❋ 180° 이하인 원호의 가공

② 원호의 중심각이 180° 이상 360° 미만인 원호의 가공

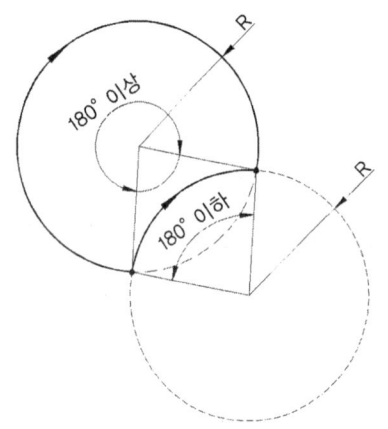

㉠ 원호의 중심각 180° 이하인 경우: +R
㉡ 원호의 중심각 180° 이상인 경우: -R

❋ 180° 이상 360° 미만인 원호의 가공

③ 360° 원호 가공: 원호 가공에서 종점의 좌표를 생략하면 공구의 현재 위치를 종점으로 하는 전원 가공이 된다. 360°의 전원은 가공 시작점과 종점이 서로 같기 때문이다.

지령방법:	G90 G91	G02 G03	I__ J__ F__ ;

예제 4

다음 그림을 보고 360° 원호 가공을 프로그램하시오.

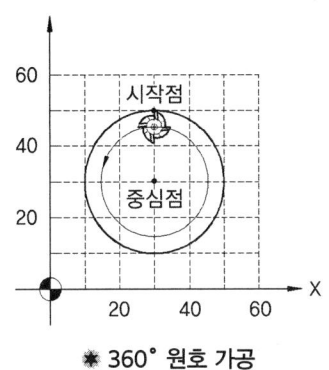

❋ 360° 원호 가공

① 절대 지령
　　G90 G03 J-20. ;
② 증분 지령
　　G91 G03 J-20. ;

(5) 드웰 기능(G04)

　지령된 시간 동안 프로그램의 진행을 정지시킬 수 있는 기능이다. 구멍 가공, 카운터 보링(Counter Boring), 면취(Chamfering) 등에 있어서 바닥면에서 공구 이동을 일시 정지시켜 면을 깨끗하게 하거나, 모서리 부분을 정밀하게 가공할 때도 사용된다.

지령방법:	G04	X(U)___ ; P____ ;

- X(U): 소수점을 이용하여 정지 시간을 지령한다.
- P: 정지 시간에 소수점을 사용할 수 없다.

1) 드웰 시간 구하는 방법

$$정지\ 시간(sec) = \frac{60}{RPM} \times 회전수$$

예제 5

100rpm으로 회전하는 스핀들이 2회전 Dwell을 하려면 몇 초를 정지하는가?

풀이 $\dfrac{60}{100} \times 2 = 1.2$초

G04를 이용하여 표시하면, G04 X1.2 ; 또는 G04 P1200 ;

(6) 원점 복귀

1) 기계 원점(Reference Point) 복귀

기계 원점이란 기계상에 고정된 임의의 지점이고, 간단한 조작으로 쉽게 이 지점에 복귀시킬 수 있으며, 기계제작 시 기계제조회사에서 위치를 설정한다. 프로그램 및 기계조작 시 기준이 되는 위치이므로 제조회사의 A/S Man 이외는 위치를 변경하지 않는 것이 좋다. 전원을 투입하고 최초 한 번은 기계 원점 복귀를 해야만 기계 좌표가 성립된다. 최근에 생산되는 기계는 전원을 차단해도 기계 좌표와 절대 좌표를 기억하는 기계도 있다.

2) 수동 원점 복귀

모드 스위치를 "원점 복귀"에 위치시키고 JOG 버튼을 이용하여 각 축을 기계 원점으로 복귀시킬 수 있다. 보통 전원 투입 후 제일 먼저 실시하며 비상정지 스위치(Emergency Stop Switch)를 눌렀을 때도(On, Off) 후에도 마찬가지로 기계 원점 복귀를 해야 한다.

3) 자동 원점 복귀(G28)

모드 스위치를 "자동" 혹은 "반자동"에 위치시키고 G28을 이용하여 각 축을 기계 원점까지 복귀시킬 수 있다. 급속이송으로 중간점을 경유 기계 원점까지 자동 복귀한다. 단, Machine Lock 스위치 On 상태에서는 기계 원점을 복귀할 수 없다.

지령방법:	G28	G90 G91	X__Y__Z__ ;

▶ 지령 워드의 의미

- X, Y, Z: 기계 원점 복귀를 하고자 하는 축을 지령하며, 어드레스 뒤에 지령된 Data는 중간점의 좌표가 된다. G91 지령(증분 지령)은 현재 위치에서의 이동거리이고, G90 지령(절대 지령)은 공작물 좌표계 원점으로부터의 위치이므로 절대 지령의 방식은 주의를 해야 한다.

(G28 G90 X0. Y0. Z0. ; 를 지정하면 공작물 좌표계의 X0. Y0. Z0. 까지 이동하고, 기계 원점으로 복귀한다.)

4) 원점 복귀 Check(G27)

기계 원점에 복귀하도록 작성된 프로그램이 정확하게 기계 원점에 복귀했는지를 Check하는 기능이다. 지령된 위치가 원점이 되면 원점 복귀 Lamp가 점등하고, 지령된 위치가 원점 위치에 있지 않으면 알람이 발생된다.

| 지령방법: | G27 | G90
G91 | X__Y__Z__ ; |

▶ 지령 워드의 의미
- X, Y, Z: 원점 복귀를 하고자 하는 축을 지령하면 어드레스 뒤에 지령된 Data는 중간점의 좌표가 된다. G91지령(증분 지령)은 현재 위치에서의 이동거리이고, G90 지령(절대 지령)은 공작물 좌표계 원점에서의 위치이므로 절대 지령의 방식은 주의해야 한다.

5) 원점으로부터 자동 복귀(G29)

일반적으로 G28 또는 G30 다음에 사용한다.

| 지령방법: | G29 | G90
G91 | X__Y__Z__ ; |

▶ 지령 워드의 의미
- X, Y, Z: G28 또는 G30에서 지령했던 중간점을 기억했다가 그 중간점을 경유한 후 지령된 X, Y, Z 좌표 점으로 이송

6) 제2, 제3, 제4 원점 복귀(G30)

중간점을 경유하여 파라미터에 설정된 제2 원점의 위치로 급속 속도로 복귀한다.

| 지령방법: | G30 | G90
G91 | X__Y__Z__ ; |

▶ 지령 워드의 의미
- P2, P3, P4: 제2, 3, 4 원점을 선택하고 P를 생략하면 제2 원점이 선택된다.
- X, Y, Z: 원점 복귀를 하고자 하는 축을 지령하며, 어드레스 뒤에 지령된 Data는 중간점의 좌표가 된다. G91 지령(증분 지령)은 현재 위치에서 이동거리이고, G90 지령(절대 지령)은 공작물 좌표계 원점에서의 위치이므로 절대 지령의 방식은 주의해야 한다.

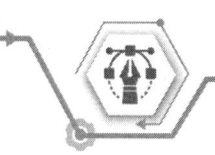

(7) 좌표계 설정

1) 공작물 좌표계 설정(G92)

프로그램 작성 시 도면이나 제품의 기준점을 설정하여 그 기준점으로부터 가공 위치를 지령함으로써 간단하게 프로그램을 작성할 뿐 아니라 실수를 줄일 수 있다.

그러나 공작물의 기준점이 어느 위치에 있는지 NC 기계는 모르고 있으므로 이 기준점을 NC 기계에 알려주는 기능이 G92이며, 이 작업을 공작물 좌표계 설정이라 한다.

| 지령방법: | G92 | G90 | X__Y__Z__ ; |

▶ 지령 워드의 의미
- X, Y, Z: 설정하고자 하는 절대좌표계(공작물 좌표계)의 현재 위치

(예) 기계 원점에서 공작물 원점까지의 좌푯값이
X: -205.123 Y: -160.456 Z: -180.789일 경우
G92 G90 X205.123 Y160.456 Z180.789 ; 로 지령한다.

2) 공작물 좌표계 선택(G54~G59)

이미 설정된 공작물 좌표계(워크 보정화면에 입력한다)를 선택할 수 있다.

워크 보정화면에 입력하는 값은 기계 원점에서 공작물 좌표계 원점까지의 거리를 입력한다.

| 지령방법: | G54
\|
G59 | G90 | X__Y__Z__ ; |

▶ 지령 워드의 의미
- X, Y, Z: 절대좌표계(공작물 좌표계)의 위치
- 공작물 좌표계 설정 기능과 공작물 좌표계 선택 기능의 프로그램 비교
  생산성을 향상하기 위하여 테이블 위에 같은 공작물(다른 종류의 공작물도 가능)을 여러 개 동시에 고정하여 가공할 경우 아래 셋업 값으로 G92 기능과 G54~G59 기능을 이용한 프로그램을 비교한다.
- 수평형 머시닝센터의 공작물 좌표계 선택
  수평형 머시닝센터(Horizontal Machining Center)에서 회전테이블 위에 설치된 공작물을 회전시키면서 공작물을 가공한다. 이때 공구 전면의 공작물 가공면을 G54~G59 기능을 사용하여 프로그램을 작성하고, 각각의 가공면에 대하여 공작물 좌표계를 설정한다.

① 수동으로 입력한 프로그램 예

　　O0001 ;

　　G40 G49 G80 ;

　　G54 G90 G00 X10. Y30. ; (G54로서 공작물 좌표계 1번 선택)

　　　　　　↓

② G10을 이용하여 자동으로 입력한 프로그램 예

　　O0002 ;

　　G40 G49 G80 ;

　　G10 L2 P01 X-123.456 Y-234.567 Z-157.890 ;

　　　　　　G10: 데이터 설정 기능

　　　　　　L2: 공작물 좌표계 보정값

　　　　　　P01: 공작물 좌표계 1번(G54)

　　G54 G90 G00 X10. Y50. ; G54좌표계 선택

3) 로컬(Local) 좌표계 설정(G52)

프로그램을 쉽게 작성하기 위하여 이미 설정된 공작물 좌표계에서 임의의 지점에 로컬 좌표계를 설정할 수 있다.

임의의 지점에 원점을 설정하여 원래의 원점에서 좌푯값을 계산하는 번거로움 없이 쉽게 프로그램을 작성할 수 있다.

지령방법:	G52	G90	X__Y__Z__ ;
	G52	X0.	Y0. Z0. ; - 로컬 좌표계 무시

▶ 지령 워드의 의미
- X, Y, Z: 현재의 공작물 좌표계에서 설정하고자 하는 로컬(구역 좌표) 좌표계의 원점 위치

▶ 프로그램

```
↓ ;
G52 G90 X105.657 Y80.657 ;     ── 로컬 좌표계 원점 지정
G00 X30.27 Y18. ;              ── ⓐ점으로 급속 위치결정
   ↓
G52 X0. Y0.                    ── 로컬 좌표계 무시
```

4) 기계 좌표계 선택(G53)

공작물 좌표계와 관계없이 기계 원점에서 임의 지점으로 급속이동(G00 기능 포함)시킨다. 자동공구 측정 장치가 설치된 위치까지 이동시킬 때나 기계 원점에서 항상 일정한 지점까지 위치결정하는 방법으로 많이 사용한다.

| 지령방법: | G53 | G90 | X__Y__Z__ ; |

▶ 지령 워드의 의미
- X, Y, Z: 기계 원점에서 이동 지점까지의 기계 좌표를 지령한다. 절대 지령(G90)에서만 실행되고 증분 지령(G91)에서는 무시된다. (기계 좌표계 선택 지령의 예제 1)

▶ 프로그램
① 점에 공구 중심을 이동시킨다. (X, Y축)
   G53 G90 X-180.123 Y-155.236 ;
   (G92 G90 X0. Y0. ;) ; --기계 원점에서 공작물 좌표계 원점까지
   이동시키고 공작물 좌표계 설정을 하는 방법이다.
② 점에 공구 중심을 이동시킨다. (X, Y축)
   G53 G90 X-225.837 Y-100.653 ;

5 이송 기능(F)

이송 기능이란 공작물의 가공 시 절삭속도를 의미한다. 절삭이송은 G94 코드의 분당 이송(mm/min)과 G95 코드의 회전당 이송(mm/rev)의 방법으로 지령할 수 있다. CNC선반에서 회전당 이송을 많이 사용한다.

(1) 분당 이송(G94)

공구를 1분당 이송하는 양을 지령한다. 주축이 정지된 상태에서도 이송이 가능하다.

| 지령방법: | G94 | F__ ; |

- F: 1분간의 이동량(mm/min)
  (예) G94 G01 X50. F200 ; ── 공구의 이송이 1분당 200mm 이송한다.

> **참고**
>
> ① 상호 관계식
> $F = f \times Z \times N$
>   여기서, F: 분당 이송(mm/min), f: 회전당 이송(mm/rev), N: 회전수(rpm), Z: 공구의 날 수
>
> ② Cycle Time구하는 식
> $T = \dfrac{L}{F} \times 60$
>   여기서, T: 가공 시간, F: 분당 이송속도, L: 가공 길이

(2) 회전당 이송(G95)

절삭공구는 주축이 1회전할 때 이동한 양을 회전당 이송이라고 하며, 나사의 경우에는 주축을 1회전시키면 1pitch가 된다.

| 지령방법: | G95 | F___ ; |

- F(Feed): 주축 1회전에 해당하는 이동량(mm/rev)

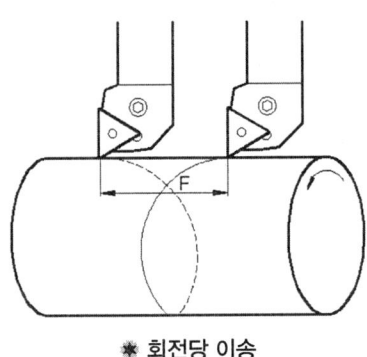
※ 회전당 이송

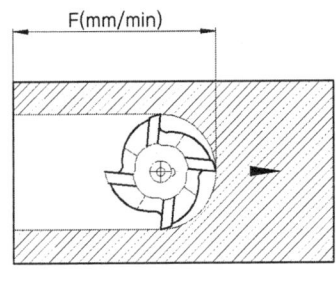
※ 분당 이송

6 주축 기능(S)

(1) 주속 일정 제어(G96)

공구가 회전하는 밀링계에서는 공구의 직경이 클수록, 회전속도가 빠를수록 주속(원주속도)이 커진다. 그러므로 G96을 지령하면 다음의 S값으로 일정하게 유지되도록 회전수를 무단으로 변속 시켜서 절삭속도를 일정하게 유지시킨다. 머시닝센터에서 잘 사용되지 않는다.

| 지령방법: | G96 | S___ | M03 ; |

- S: 절삭속도(m/min)
- M03: 주축을 정회전

(2) 주속 일정 제어(G97)

가공 형상에 직경의 크기에 관계없이 주축회전수를 일정하게 제어하는 기능이다. 이 기능은 내·외경 홈 가공 시 사용되며, 나사 가공 시에는 반드시 G97을 사용한다.

| 지령방법: | G97 | S___ | M03 ; |

- S: 회전수(rpm)
- M03: 주축 정회전, M04: 주축 역회전

(3) 주축 최고회전수 지정

지령된 회전수 값으로 주속 일정제어(G96)나 주축회전수 일정 제어(G97)에서 지령된 회전수를 제한할 수 있다. 실수로 인한 과대한 회전수 지령을 안전하게 제어한다..

| 지령방법: | G92 | S___ | M03 ; |

- S: 최고회전수(rpm)
  - (예) G92 X0. Y0. Z150. S2000 ;   최고회전수 2500rpm 지정
        S3500 M03 ; 3500rpm으로 지정했지만 2000rpm 이상으로 회전하지 않는다.

7 공구 기능(T 기능)

공구의 선택 기능으로 "T" 다음에 2자리 숫자로 지령하여 일반적으로 공구 매거진에 공구 포트 수만큼 지령할 수 있다.

- 〔형식〕 T12 M06 ; (12번 공구 교환)

| 지령방법: | T□□ | M06 ; |

회사마다 약간에 차이는 있으나 일반적으로 공구를 교환할 때는 공구번호 T□□M06을 사용한다. Sentrol의 경우 제2 원점을 공구 교환점으로 사용하기 때문에 아래와 같이 지령한다.

    G30 G91 Z0. M19 ;
    T01 M06 ;

8 보조 기능(M 기능)

(1) 보조 기능의 개요

보조 기능은 프로그램 작성 시 주로 제어하거나 보조장치들의 스위치를 On/Off 역할을 하며, 어드레스(Address) M에 연속되는 2행의 숫자에 의해 지령한다. M코드는 한 블록에 1개씩만 유효하며, 2개 이상 지령하면 마지막에 지령한 M 기능이 유효하다.

(2) 보조 기능 설명

기 능	의 미	설 명
*M00	프로그램 정지	프로그램을 일시 정지시키며, 자동개시를 누르면 재개
M01	선택적 프로그램 정지	조작반의 M01 스위치가 On 상태이면 일시정지
*M02	프로그램 종료	프로그램 종료
*M03	주축 정회전	주축을 시계방향으로 회전
M04	주축 역회전	주축을 반시계방향으로 회전
*M05	주축 정지	주축을 정지시키는 기능
*M06	공구 교환	T□□와 같이 사용되며, 지정한 공구 교환
*M08	절삭유 On	절삭유 펌프 스위치를 On
*M09	절삭유 Off	절삭유 펌프 스위치를 Off
*M19	주축 한 방향 정지	주축을 한 방향으로 정지시키는 역할로 공구 교환 및 고정 사이클의 공구 이동에 이용된다.
*M30	프로그램 종료 후 선두 복귀	프로그램 종료 후 선두로 되돌리는 기능
*M98	보조 프로그램 호출	보조 프로그램 호출
*M99	주 프로그램 복귀	보조 프로그램 종료 표시로 주 프로그램으로 복귀

주) *표시가 붙어있는 기능들은 가장 많이 사용된다.

9 보정 기능

프로그램을 작성할 때 공구의 길이와 형상을 고려하지 않고 프로그램을 작성하게 된다. 그러나 실제 가공할 때는 각각의 공구가 길이와 직경의 크기에 차이가 있으므로 이 차이의 양을 보정화면에 등록하고 공작물을 가공할 때 호출하여 자동으로 위치 보상을 받을 수 있게 하는 기능을 보정 기능이라 한다. 이 각각의 공구길이의 차이와 직경의 크기 등을 측정하여 미리 보정화면에 등록하여 둔다. 이 양을 측정하는 것을 공구 세팅(Tool Setting)이라 한다.

(1) 공구경 보정(G40, G41, G42)

공구의 측면 날을 이용하여 가공하는 경우 공구의 직경 때문에 공구 중심(주축 중심)이 프로그램과 일치하지 않는다. 이와 같이 공구반경만큼 발생하는 엔드밀, 페이스 커터에 많이 사용된다.

지령방법:	G40 G41 G42	X__ Y__ Z__ D__ ;

▶ 지령 워드의 의미
  • X, Y, Z: 평면 선택 기능에 따라 X, Y, Z 중 기준 두 축의 좌표를 지령한다.

▶ D: 공구경 보정 번호

G-코드	기 능	의 미
G40	공구경 보정 취소	공구경 보정 기능을 취소한다.
G41	공구경 좌측 보정 (하향 절삭)	공작물을 기준으로 하여 공구 진행 방향으로 볼 때 공구가 공작물의 좌측을 보정한다.
G42	공구경 우측 보정 (상향 절삭)	공작물을 기준으로 하여 공구 진행 방향으로 볼 때 공구가 공작물의 우측을 보정한다.

G40 공구경 보정 취소   G41 공구경 좌측 보정   G42 공구경 우측 보정

✽ 공구 보정 경로

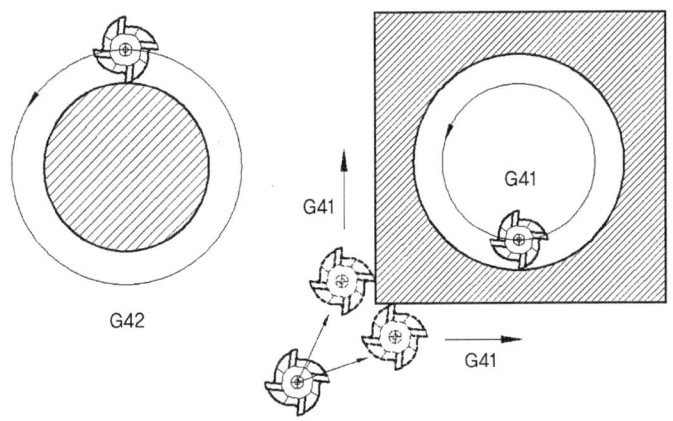

❋ 공구 진행에 따른 공구경 보정

(2) 공구길이 보정

공작물을 도면대로 가공하기 위해서는 그림과 같이 여러 개의 공구를 교환하면서 가공하게 된다. 이때 그림에서와 같이 공구의 길이가 각각 다르므로 공구의 기준 길이에 대하여 각각의 공구가 얼마만큼 길이의 차이가 있는지를 오프셋 양으로 CNC 장치에 설정하여 놓고 그 길이만큼 보정하여 주면 공구길이 보정을 할 수 있다.

G-코드	기 능	의 미
G43	공구길이 보정 +	지정된 공구 보정량을 Z 좌푯값에 가산(+)한다. (+ 방향으로 이동)
G44	공구길이 보정 -	지정된 공구 보정량을 Z 좌푯값에 감산(-)한다. (- 방향으로 이동)
G49	공구길이 보정 취소	공구길이 보정을 취소하고 기준 공구 상태로 된다.

지령방법: G43 Z___ H___ ;
　　　　　G44

- Z: Z축 이동 지령(절대, 증분 지령이 가능하다.)
- H: 공구길이 보정(OFF/SET) 번호

1) 공구길이 보정 방법

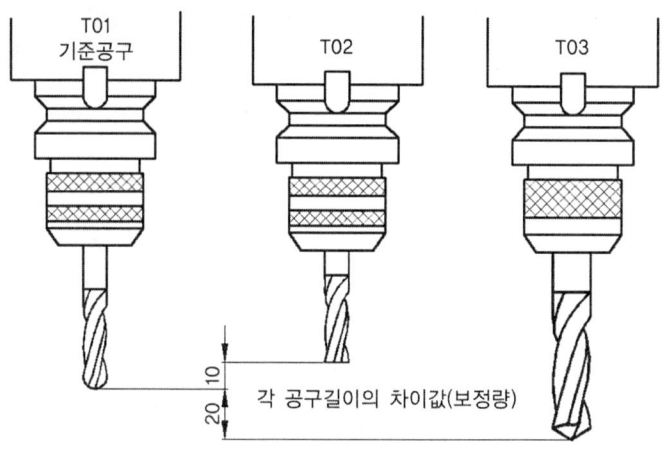

❋ T01을 기준 공구로 사용할 때의 예

① T02에 대한 보정
   G43 H02 ; (H02에 −10 설정)
② T03에 대한 보정
   G43 H03 ; (H03에 +20 설정)

예제 6

다음 그림을 보고 공구경 및 길이보정과 함께 프로그램을 하시오.(단, 공구직경은 ∅10mm이고, 공구보정번호: H01, D01이다.)

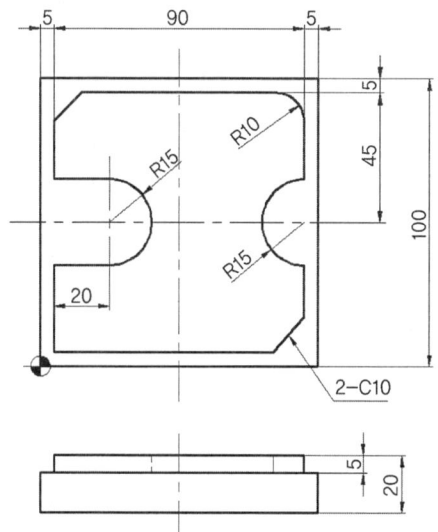

풀이

```
O0001
G90 G00 X-15. Y-15. ;
G97 S1500 M03 ;            (1500rpm으로 주축 정회전한다.)
G43 G00 Z20. H01 ;          (공구길이 보정)
    Z-5. ;                  (공구 절입깊이)
G42 Y5. D01;                (공구경 우측 보정)
G01 X85. F120 ;
    X95. Y15. ;
    Y35. ;
G02 Y65. R15. ;
G01 Y85. ;
G03 X85. Y95. R5. ;
G01 X15. ;
    X5. Y85.; Y65. ;
    X25. ;
G02 Y35. R15. ;
G01 Y-15. ;
G40 G00 X-15. ;             (공구경 보정 취소)
G49 Z100. M05 ;             (공구길이 보정 취소)
M02 ;                       (프로그램 종료)
```

10 고정 사이클

(1) 고정 사이클의 개요

공작물 가공 시 프로그램을 간단하게 하는 기능으로 구멍을 가공하는 몇 개의 블록을 하나의 블록으로 프로그램을 작성하여 프로그램을 쉽게 할 수 있다. 고정 사이클은 드릴, 탭, 보링 기능 등이 사용된다.

(2) 고정 사이클 기능의 기본 동작 방법

기본 동작은 아래 그림과 같이 6개의 동작으로 구분하고, 동작하는 방법에 따라서 여러 종류의 고정 사이클 기능으로 결정된다.

(3) 고정 사이클 기본 형식

| 지령방법: | G73~G89 | G90 G98
G91 G99 | X__ Y__ Z__ R__ Q__ P__ F__ K__ ; |

- G73~G89: 고정 사이클의 종류
- G90, G91: 절대 지령, 증분 지령
- G98: 초기점 복귀
- G99: R점 복귀
- X, Y: 구멍 위치 좌푯값
- Z: 구멍 가공 최종 깊이를 지령한다.
- R: 구멍 가공 후 R점(구멍 가공 시작점)을 지령
- Q: 1회 절입량 또는 Shift 양을 지령
- P: 구멍 바닥에서의 드웰(Dwell, 정지) 시간
- F: 이송속도(구멍 가공 이송속도)
- K: 고정 사이클의 반복 횟수를 지령

(4) 고정 사이클의 동작

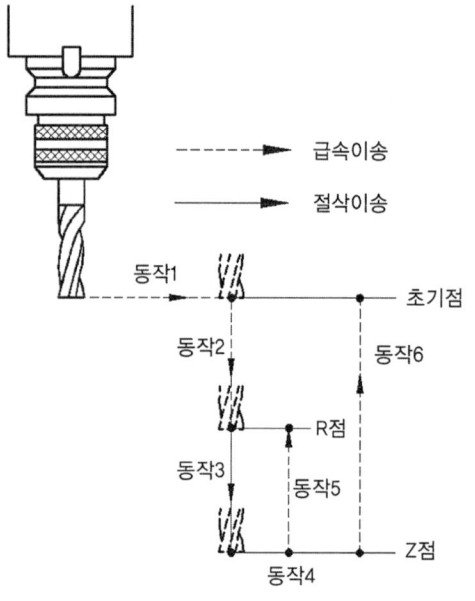

- 동작 1: X, Y축 위치결정
- 동작 2: R점까지 급속이송(Z축)
- 동작 3: 구멍 가공
- 동작 4: 구멍 바닥에서의 동작
- 동작 5: R점까지 나오는 동작
- 동작 6: 초기점까지 위치결정

❋ 고정 사이클의 기본 동작

▶ 고정 사이클 일람표

G-코드	용도	드릴링 동작 (-Z방향)	구멍 바닥에서의 동작	구멍에서 나오는 동작(+Z방향)
G73	고속 심공드릴 사이클	간헐 절삭이송	-	급속이송
G74	역탭핑 사이클	절삭이송	주축 정회전	절삭이송
G76	정밀보링 사이클	절삭이송	주축 정위치 정지	급속이송
G80	고정 사이클 취소	-	-	-
G81	드릴 사이클	절삭이송	-	급속이송
G82	카운터 보링 사이클	절삭이송	드웰(Dwell)	급속이송
G83	심공드릴 사이클	간헐 절삭이송	-	급속이송
G84	탭핑 사이클	절삭이송	주축 역회전	절삭이송
G85	보링 사이클	절삭이송	-	절삭이송
G86	보링 사이클	절삭이송	주축 정지	급속이송
G87	백보링 사이클	절삭이송	주축 정위치 정지	급속이송
G88	보링 사이클	절삭이송	드웰, 주축 정지	수동 또는 급속이송
G89	보링 사이클	절삭이송	드웰(Dwell)	절삭이송

(5) 초기점 복귀(G98)와 R점 복귀(G99)

초기점 복귀와 R점 복귀는 고정 사이클 기능과 같이 선택하여 명령하고 현재의 구멍 가공이 끝난 후 Z축이 복귀하는 위치를 결정하는 기능이다.

지령방법: G98(초기점 복귀)
G99(R점 복귀)

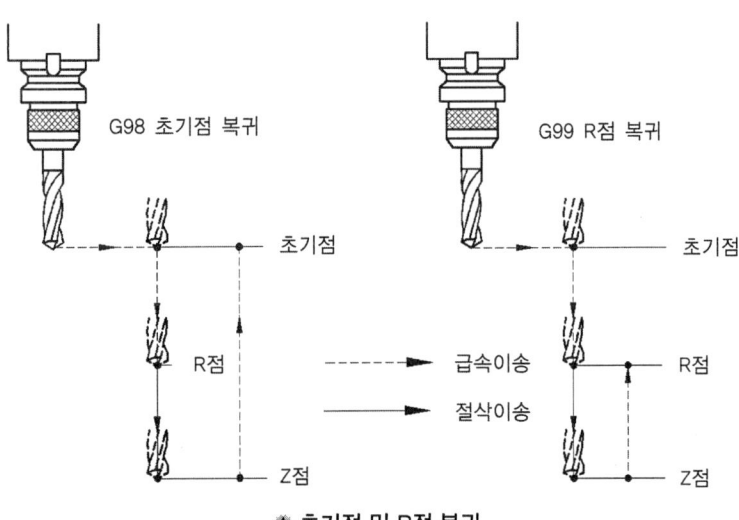

❋ 초기점 및 R점 복귀

(6) 고정 사이클의 종류

1) 드릴 사이클(G81)

일반적인 드릴가공 및 센터드릴(Center Drilling)과 스폿 드릴링(Spot Drilling) 작업에 사용되며 칩(Chip) 배출이 용이하다. 공구는 R점에서부터 Z축 지령 종점까지 한 번에 절삭이송하고 초기점이나 R점으로 복귀한다.

| 지령방법: | G81 | G90 G98
G91 G99 | X__ Y__ Z__ R__ F__ K__ ; |

- X, Y: 구멍 가공의 위치
- Z: 구멍 가공의 깊이
- R: R점의 좌푯값
- F, K: 절삭이송속도 및 반복 횟수

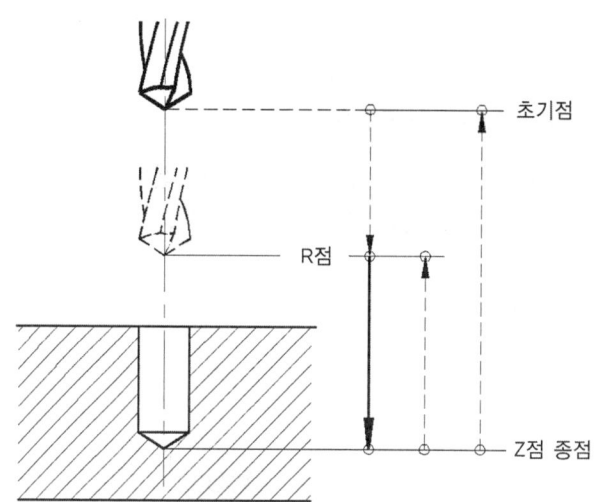

※ 드릴 사이클(G81)의 동작

예제 7

다음 도면을 보고 드릴 고정 사이클(G81기능)을 프로그램하시오.

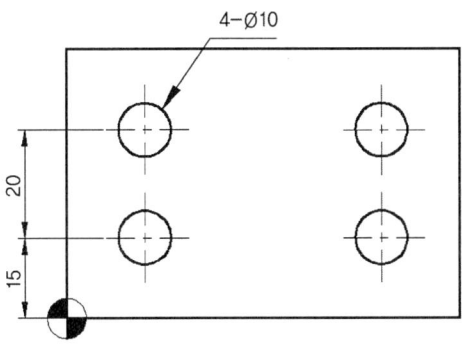

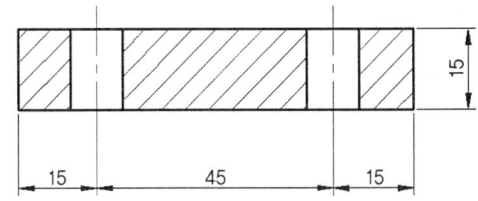

풀이

G40 G49 G80 ;	(공구경 보정 취소, 공구길이 보정 취소, 고정 사이클 취소)
T01 M06 ;	(1번 공구로 교환)
G97 S1500 M03 ;	(공구 회전)
G54 G00 G90 X15. Y15. ;	(공작물 좌표계 선택 및 구멍 위치 이동)
G43 Z30. H01 ;	(공구길이 보정)
G81 G99 Z-18. R3. F80. ;	(첫 번째 구멍 절삭 후 R점 복귀)
X60. ;	(두 번째 구멍 절삭)
Y35. ;	(세 번째 구멍 절삭)
X15. ;	(네 번째 구멍 절삭)
G80 ;	(고정 사이클 취소)
G49 G00 Z100. ;	(공구길이 보정 취소)
M05 ;	(주축 정지)
M02 ;	(프로그램 종료)

※ 표준드릴의 H값(가공할 깊이)은 H=R×0.6=5×0.6=3이므로 구멍깊이에 3을 더한 값

2) 고속 심공 드릴 사이클(G73)

드릴 직경의 3배 이상인 깊은 구멍을 간헐 이송하여 Chip을 끊어 배출하며 가공하는 기능이다. "Q" 양만큼 1회 절입하고 "d" 양만큼 후퇴를 반복하면서 Z종점까지 이동하고 공구가 도피를 한다.

지령방법:	G73	G90 G98 G91 G99	X__ Y__ Z__ R__ Q__ F__ K__ ;

- X, Y: 구멍 가공의 위치
- Z: 구멍 가공의 깊이
- R: R점의 좌푯값
- Q: 매회 절입량("d" 값은 후퇴량을 나타며 파라미터에 설정한다)
- F, K: 절삭이송속도 및 반복 횟수

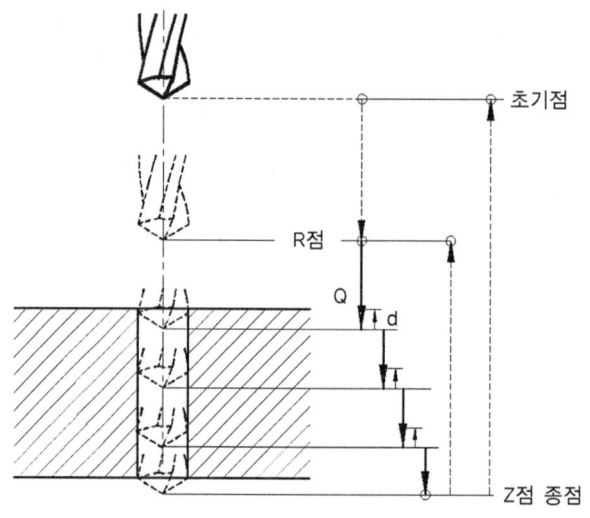

❋ 고속 심공 드릴 사이클(G73)의 동작

3) 심공 드릴 사이클(G83)

직경이 작고 깊은 구멍을 가공할 때 칩(Chip) 배출 및 절삭유 공급이 원활하게 공구의 일정 주기로 동작하며 절삭하는 기능으로서 "Q" 양만큼 1회 절입하고 "R" 점까지 복귀하여, 복귀하기 직전의 위치에서 "d" 값만큼 위쪽까지 급속이동하고, 다시 "Q" 양만큼 절삭하는 동작을 종점까지 반복하고 공구가 도피하는 기능이다.

| 지령방법: | G83 | G90 G98
G91 G99 | X__ Y__ Z__ R__ Q__ F__ K__ ; |

- X, Y: 구멍 가공의 위치
- Z: 구멍 가공의 깊이
- R: R점의 좌푯값
- Q: 매회 절입량("d" 값은 후퇴량을 나타내며 파라미터에 설정한다)
- F: 절삭이송속도
- K: 반복 횟수

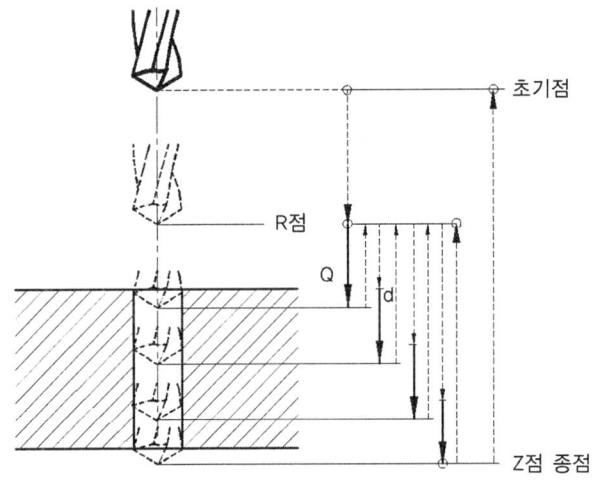

❋ 고속 심공 드릴 사이클(G83)의 동작

4) 카운터 보링 사이클(G82)

구멍 바닥면을 좋게 하기 위하여 구멍 바닥에서 드웰(Dwell) 지령을 할 수 있다. 카운트 보링이나 카운트 싱킹 작업 등 구멍 바닥면을 정밀하게 가공하여야 할 때 주로 이용되며 드릴 작업에서도 사용된다.

| 지령방법: | G82 | G90 G98
G91 G99 | X__ Y__ Z__ R__ P__ F__ K__ ; |

- X, Y: 구멍 가공의 위치
- Z: 구멍 가공의 깊이
- R: R점의 좌푯값
- P: 드웰 지령(지정 시간만큼 구멍 가공 종점에서 프로그램의 진행을 정지)
- F: 절삭이송속도
- K: 반복 횟수

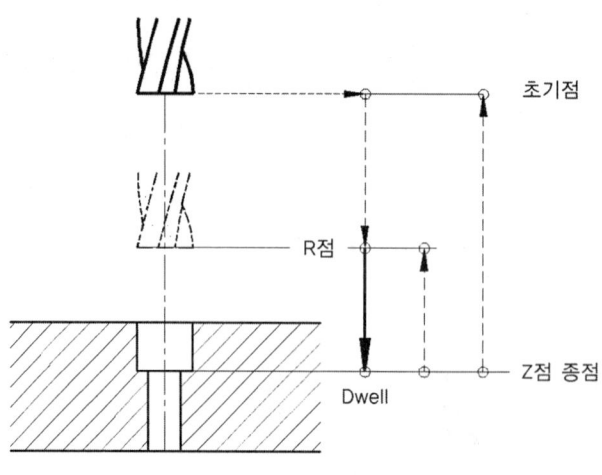

* 카운터 보링 사이클(G82)의 동작

지령 예 G82 G90 G98 X30. Y25. Z-16. R3. P2000 F60 ;
(구멍 바닥면에서 2초 동안 드웰 지령, 소수점을 사용할 수 없다.)

5) 정밀 보링 사이클(G76)

정밀 보링(Fine Boring) 기능은 Z축 종점에 도달하면 주축 한 방향 정지(M19 : Spindle Orientation) 후 다음 그림의 "q"와 같이 보링 바이트 반대 방향으로 Shift 하여 Z축으로 복귀하는 기능으로 특히 정밀도가 필요한 가공에 사용한다.

지령방법:	G76	G90 G98 G91 G99	X__ Y__ Z__ R__ Q__ F__ K__ ;

- X, Y: 구멍 가공의 위치
- Z: 구멍 가공의 깊이
- R: R점의 좌푯값
- Q: Shift 양
- F: 절삭이송속도
- K: 반복 횟수

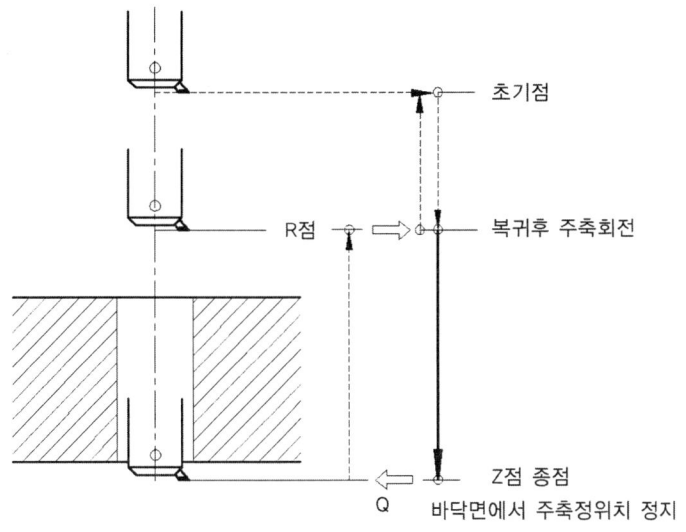

※ 정밀 보링 사이클(G76) 동작

6) 보링 사이클(G85)

이미 구멍이 가공된 부분을 넓히는 작업으로 일반적인 보링 기능과 달리 절입할 때와 복귀할 때 절삭가공으로 동작한다. 보통 리밍(Reaming) 가공 기능으로 많이 사용된다.

Shift하여 Z축으로 복귀하는 기능으로 특히 정밀도가 필요한 가공에 사용한다.

| 지령방법: | G85 | G90 G98
G91 G99 | X__ Y__ Z__ R__ P__ F__ K__ ; |

- X, Y: 구멍 가공의 위치
- Z: 보링 가공의 깊이
- R: R점의 좌푯값
- F: 절삭이송속도
- K: 반복 횟수

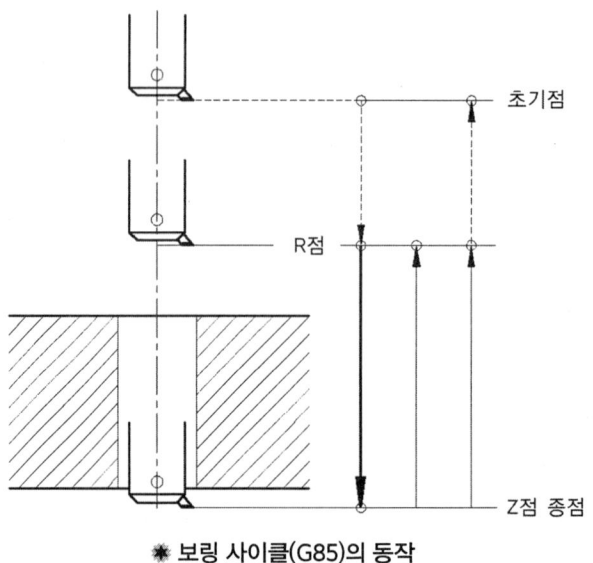

❋ 보링 사이클(G85)의 동작

7) 보링 사이클(G86)

보링 사이클(G85) 기능과 사이클 동작은 같지만, 절삭 공구가 구멍 바닥면에서 주축이 정지한 상태로 급속이송으로 후퇴하기 때문에 가공 시간은 단축되나 가공면의 정밀도가 떨어진다.

| 지령방법: | G86 | G90 G98
G91 G99 | X__ Y__ Z__ R__ P__ F__ K__ ; |

- X, Y: 구멍 가공의 위치
- Z: 보링 가공의 깊이
- R: R점의 좌푯값
- F: 절삭이송속도
- K: 반복 횟수

8) 백 보링 사이클(G87)

일반 보링 사이클과는 달리 아래쪽에서 위쪽으로 올라오면서 보링하는 기능을 말한다.

| 지령방법: | G86 | G90 G98
G91 G99 | X__ Y__ Z__ R__ Q__ F__ K__ ; |

- X, Y :구멍 가공의 위치
- Z : 보링 가공의 깊이
- R : R점의 좌푯값

- Q : Shift 양
- F : 절삭이송속도
- K : 반복 횟수

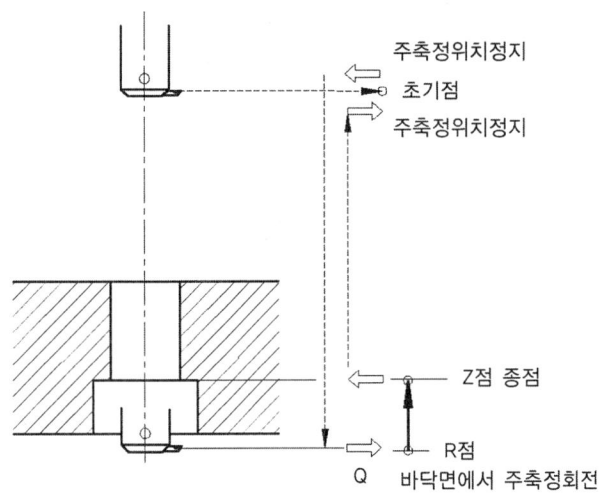

❋ 백 보링 사이클(G87)의 동작

9) 보링 사이클(G88)

구멍 바닥까지 가공한 후 수동 모드로 바꾸어 공구를 임의로 수동 이동할 수 있는 기능으로서 대형 기계에서 절삭 상태를 확인할 때 주로 사용한다. 수동 이동한 다음 다시 자동 개시를 하면 정상적으로 복귀한다.

| 지령방법: | G88 | G90 G98
G91 G99 | X__ Y__ Z__ R__ P__ F__ K__ ; |

- X, Y: 보링 가공의 위치
- Z: 보링 가공의 깊이
- R: R점의 좌표를 지령
- P: 드웰 지령
- F, K: 이송속도 및 반복 횟수 지령

10) 보링 사이클(G89)

G85 보링 사이클에 Z축 종점에서 드웰 지령이 추가된 기능이다.

| 지령방법: | G89 | G90 G98
G91 G99 | X__ Y__ Z__ R__ P__ F__ K__ ; |

- X, Y: 보링 가공의 위치
- Z: 보링 가공의 깊이
- R: R점의 좌표를 지령
- P: 드웰 지령
- F, K: 이송속도 및 반복 횟수 지령

11) 태핑 사이클(G84)

이 기능은 오른 나사 탭 공구를 이용하여 가공을 하는 것으로서 다음 그림과 같이 Z점(가공 바닥면)까지 정 회전으로 탭 가공을 한 후에 역회전으로 R점까지 복귀하고 다시 동일한 반복 작업을 하는 기능이다.

지령방법:	G84	G90 G98 G91 G99	X__ Y__ Z__ R__ P__ F__ K__ ;

- X, Y: 탭 가공의 위치
- Z: 탭 가공의 깊이
- R: R점의 좌표를 지령
- F: 탭 가공 이송속도
- K: 이송속도 및 반복 횟수 지령

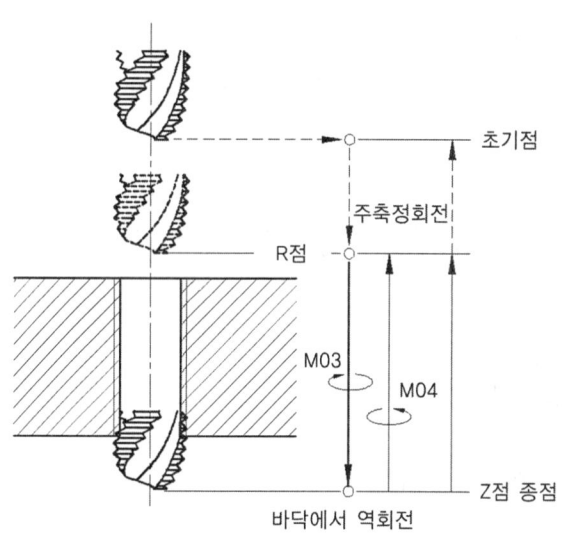

※ 태핑 사이클(G84)의 동작

참고 탭 가공의 이송속도

$F = N \times P$

여기서, F: 탭 가공 이송속도(mm/min), N: 주축회전수(Rpm), P: 탭 피치(mm)

예제 8

M12×P2의 탭 가공을 회전수 500으로 가공할 때 이송속도는?

풀이 F=500×2=1000이므로, 프로그램은 G84 G90 G99 X50. Y50. Z-25. R3. F1000 ; 으로 지령한다.

12) 고정 사이클 취소 기능(G80)
고정 사이클을 취소하는 기능이다.

11 보조 프로그램

보조 프로그램은 주 프로그램 또는 다른 보조 프로그램에서 호출하여 실행하다.

```
M 98 P 1004    L2 ;
```

- M 98: 주 프로그램에서 보조 프로그램의 호출
- P: 보조 프로그램 번호
- L: 반복 호출 횟수(1004를 2회 호출하라는 지령)

12 응용 프로그램

(1) 프로그램의 기본 형식

O0000 ;	프로그램 번호 4개의 숫자
G40 G49 G80 ;	공구경, 길이 취소 및 고정 사이클 취소
G28 G91 X0. Y0. Z0. ;	각 축 기계 자동원점 복귀
G92 G90 X__ Y__ Z__ ;	공작물 좌표계 설정(G54 사용 가능)
(G30 G91 Z0. M19 ;)	제2 원점 복귀 및 주축 정위치 정지(Sentrol에 적용)
(T M06 ;)	공구 교환(기준 공구 사용 시는 생략)
G90 G00 X__ Y__ ;	평면 위치결정
G43 Z H S M03 ;	Z방향으로 공작물 가까이 이동
Z__ M08 ;	길이보정을 확인하면서 공작물에 근접 절삭유 On

```
G01 Z__ F__ ;              Z방향 절삭이송
G41(G42) X_ Y_ D_ ;        수직 또는 수평 이동하면서 공구경 보정 가공
    ↓
    ↓
G40 G00 X_ Y_ M09 ;        공구경 보정 취소 및 절삭유 Off
G49 Z__ M19 ;              Z방향 이동하면서 길이보정 취소 및 주축 정위치 정지
M02(M30) ;                 프로그램 끝(정지)
```

(2) 응용프로그램

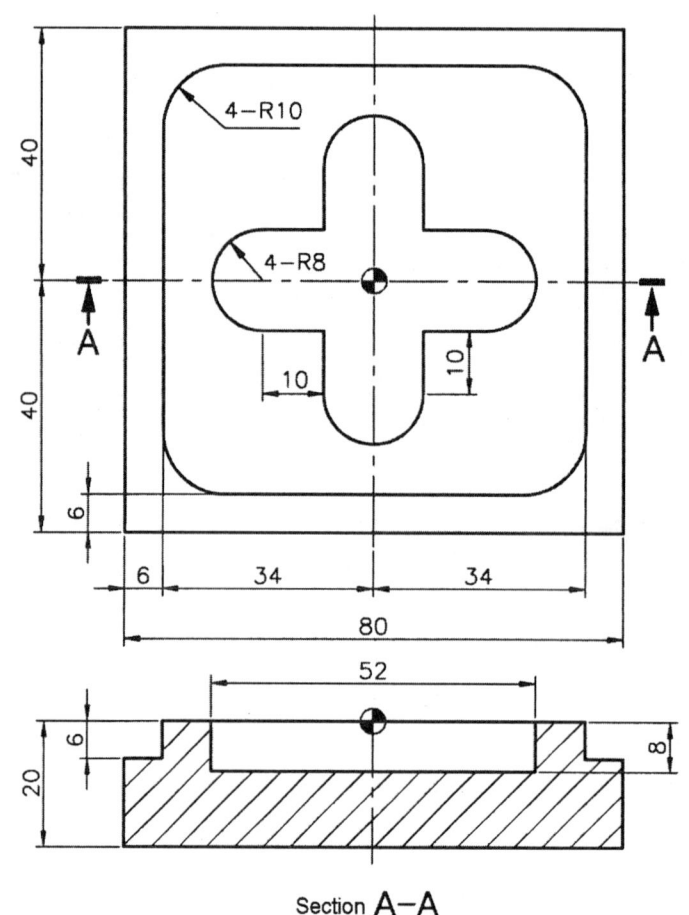

Section A-A

순서	공구명	공구번호	공직구경	절삭속도	회전속도
1	평엔드밀	T01	16	100	1000
2	드릴	T02	4	70	700
3	평엔드밀	T03	12	90	900
4	평엔드밀	T04	16	150	1500

O0001 ;
G40 G49 G80 ;
G28 G91 X0. Y0. Z0. ;
G90 G54 ;
T01 M06 ;
G00 X-50.Y-50.Z100. T01 M06 ;
G97 S700 M03 ;
　　Z3. ;
G01 Z-6.F100 M08 ;
　　　X-34. G41 D01 ;
　　　Y24. ;
G02 X-24.Y34.R10. ;
G01 X24. ;
G02 X34.Y24.R10. ;
G01 Y-24. ;
G02 X24.Y-34.R10. ;
G01 X-24. ;
G02 X-34.Y-24.R10. ;

G01 G91 Y5. ;
G00 G90 Z150. M09 ;
G40 ;
T02 M06 ;
G00 G90 X0. Y0. Z100. S1200 M03 ;
　　Z3. M08
G01 Z-7.5 F70 ;
G00 G90 Z150. M09 ;
G30 G91 Z0. ;
T03 M06 ;
G00 G90 X0Y0Z100. ;
S900 M03 ;
　　Z3. M08 ;
G01 Z-8. F90 ;
G91 Y8. G41 D03 ;
　　X-18. ;
G03 Y-16. R8. ;
G01 X10. ;
　　Y-10. ;
G03 X16. R8. ;
G01 Y10. ;
　　X10. ;
G03 Y16. R8. ;
G01 X-10. Y10. ;
G03 X-16. R8. ;
G01 Y-18. ;
G00 G90 Z150. M09 ;
T04 M06 ;
G00 G90 X-50.Y-50. ;
　　Z100. S700 M03 ;
　　Z3. ;
G01 Z-6. F150 M08 ;
　　　X-34. G41 D04 ;
　　　Y24. ;
G02 X-24. Y34. R10. ;
G01 X24. ;
G02 X34.Y24.R10. ;
G01 Y-24. ;
G02 X24.Y-34.R10. ;
G01 X-24. ;
G02 X-34.Y-24. R10. ;
G01 G91 Y5. ;
G00 G90 Z150.
G49 M09 ;
G40 G91 Z0. ;
M05 ;
M02 ;

제2절 머시닝센터 가공 수동 프로그래밍 작성

1 머시닝센터 프로그램 기본 패턴 및 작성요령

입력 내용	설명
%	DNC를 할 때 프로그램 시작을 의미함
O2021	프로그램 번호 영문자 O와 알파벳 숫자 4자리
T3 센터드릴 작업	
G40 G49 G80;	경보정 · 길이보정 · 사이클 취소
G30 G91 Z0.;	제2 원점 복귀(공구 교환점 복귀) G91(증분 지령)
T3 M6;	3번 공구 교환(센터드릴)
G00 G90 G54 X_. Y_. S1200;	구멍 위치로 급속이송 후 S1200(or S1000)
G43 Z50. H03 M01;	Z50 위치로 급속이동 후, 위치에서 3번 길이보정 M01 optional block 작동, 안전높이 50mm로 이동
Z10. M03;	Z10 위치 주축회전
G98 G81 Z-3. R3. F100 M08;	센터드릴 작업 (드릴링사이클) 절삭유 작동
G49 G80 G00 Z150. M09;	길이보정 · 사이클 취소 Z100 위치로 급속이동 및 절삭유 끔
M05	주축 정지
T5 드릴 작업	
G30 G91 Z0.;	공구 교환점 복귀
T5 M6;	5번 공구 교환
G00 G90 G54 X_. Y_. S900 M03;	구멍 위치로 급속이송 후 S900 주축회전
G43 Z50. H05 M01;	Z50 위치로 급속이동 후, 위치에서 5번 길이보정 M01 optional block 작동, 안전높이 50mm로 이동
Z10. M03;	Z10 위치 주축회전
G98 G83 X_. Y_. Z-(깊이+5). Q3. R5. F100 M08;	드릴 작업(심공드릴사이클) 가공 3, 후퇴 5mm, 절삭유 On
G49 G80 G00 Z150. M09;	Z100 급속이동, 절삭유 Off, 길이보정 · 사이클 취소
M05;	주축 정지
T1 엔드밀 작업(윤곽 가공)	
G30 G91 Z0.;	공구 교환점 복귀
T1 M6;	1번 공구 교환
G00 G90 G54 X-10. Y-10. S1500;	시작 위치로 급속이송 후 S1000 주축회전

입력 내용	설명
G43 Z50. H01;	Z50 위치로 급속이동 후, 위치에서 1번 길이보정
Z10. M03;	Z10 위치 주축회전
G00 Z-(깊이).;	절삭유 작동
G01 G41 X_. D01 F100 M08;	공구경 좌보정 및 X가공점 이동
좌푯값 적기(좌푯값대로 절삭)	
G00 G40 Z150. M09;	Z150.점으로 급속이송 및 경보정 취소, 절삭유 Off
G90 G54 X_. Y_. F100;	포켓 가공 센터점으로 급속이송
T1 엔드밀 작업(포켓 가공)	
Z10.;	Z10. 시작깊이 급속이송
G01 Z-3. F80 M08;	포켓 깊이까지 절삭, 절삭유 On
G41 X_. Y_. D01 F100;	공구경 좌보정 및 포켓 가공 시작점, 절삭유 On
좌푯값 다 적은 후(좌푯값 가공)	
G40 X_. Y_. M09;	포켓 진입점으로 복귀, 경보정 취소, 절삭유 Off
G49 G00 Z150. M09	Z150 급속이동, 절삭유 Off, 길이보정 · 사이클 취소
M05	주축 정지
T7 탭핑 작업(탭핑나사 가공)	
G30 G91 Z0.	제2 원점 복귀, 공구 교환점 복귀
T07 M06 ;	7번 공구 교환
G54 G90 G00 X_ Y_ ;	공작물 좌표계정의 G54는 1번만 지령하면 되나 프로그램 중간부터 작업할 경우를 고려하여 공구 교환할 때마다 적용하면 좋다. (F=S×P)
G43 Z50. H07 S200 M03 ;	공구길이 보정 및 스핀들 회전, 안전높이 50
Z10. M08 ;	Z10.까지 접근, 절삭유 On
G98 G84 X_ Y_ Z-32. R5. F250;	G98(가공 후 초기점 복귀) G84(태핑사이클) Z-32(가공 최종 깊이), R5(R점으로 Z5.0)까지는 급속이송 그 이후는 절삭 가공
G49 G80 G00 Z150. M09 ;	고정사이클 취소, 공구길이 보정 취소, Z150.0까지 급속이송 절삭유 Off
M05	주축 정지
M02	프로그램 끝
%	DNC를 할 때 프로그램 끝을 의미함

2 기계가공기능장 1번 공개도면 프로그램 작성

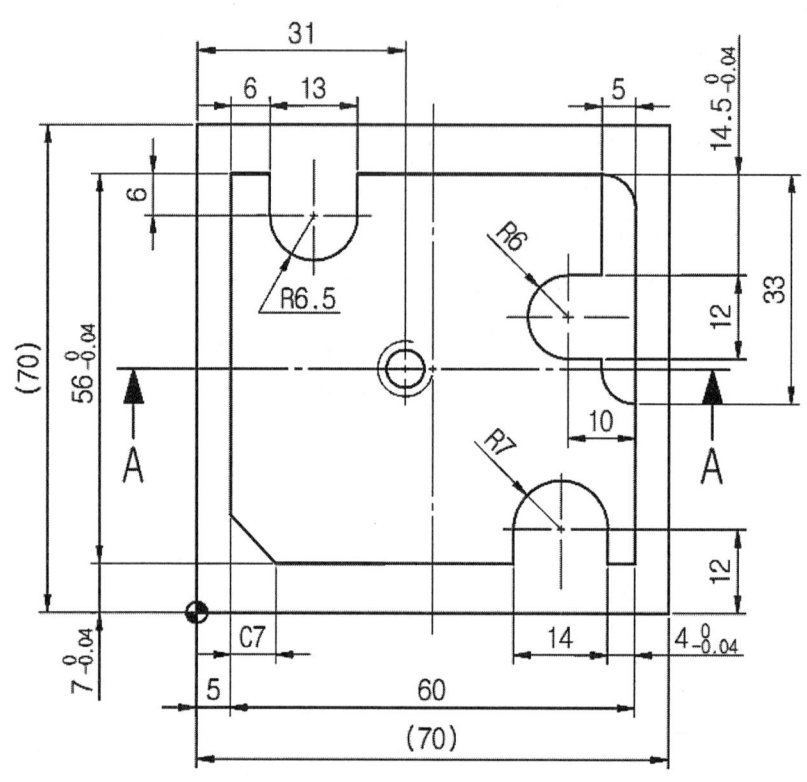

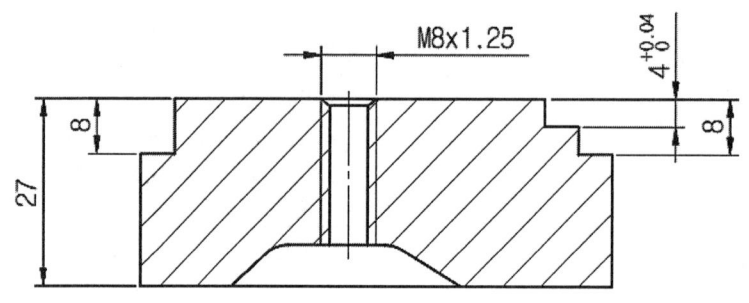

A-A

주서
1. 도시되고 지시 없는 모떼기 및 라운드 C5, R5
2. 일반 모떼기 C0.2
3. 상면 형상 1단 모떼기 C0.3(챔퍼밀 사용)

기계가공기능장 1번 공개도면 수동 프로그램 해답

번호	01	과제명	MCT-1
사용재료	AL6061(T6) t30 × 70 × 70		

tool setting sheet

공구명	공구번호	규격	회전수	이송속도
엔드밀(2날)	T01	2날-⌀10	1,000	200
센터드릴	T03	⌀3.0 A형	1,200	200
드릴	T05	⌀6.8	200	200
기계 탭	T07	M8 × 1.25	1,000	375
챔퍼밀	T09	⌀6 × 90°	200	500

입력 내용	설명
%	DNC 전송을 위한 %(end of record) 입력
O0101	프로그램 번호 설정(알파벳 O+숫자 4자리)
G40 G80 G17 G49 ;	초기화(공구지름 보정 취소, 고정 사이클 취소, XY 평면 설정, 공구길이 보정 취소)
G91 G28 X0. Y0. Z0. ;	기계 원점 복귀(증분 좌표 지령)
G90 G54 G00 X0. Y0. Z100. ;	공작물 좌표계 설정(G54 기능이 널리 쓰임) 공작물 원점을 확인하기 위해 X0. Y0. Z100. 위치로 이동
G91 G30 Z0. ;	제2 원점(공구 교환점)으로 복귀
T03 M06 ;	**3번(센터드릴) 공구 교환**
G90 G00 X31. Y35. ;	센터드릴 가공 시작점으로 급속이동
G43 Z50. H03 S1200 M03 ;	공구길이 보정하면서 일정한 안전 높이까지 급속이동, 주축 1,200rpm으로 정회전
G81 G99 Z-5. R3. F200 M08 ;	스폿 드릴링 사이클 지정, 깊이 5mm만큼 센터 작업 후 R점 복귀
G00 Z50. ;	안전 높이 Z50.까지 급속이동
M05 ;	주축 정지
M09 ;	절삭유 Off
G80 G49 Z200. ;	고정 사이클 해제, 길이보정 해제, 급속이송으로 Z200까지 이동
G91 G30 Z0. ;	제2 원점(공구 교환점)으로 복귀
T05 M06 ;	**5번(⌀6.8 드릴) 공구 교환**
G90 G00 X31. Y35. ;	드릴 가공 시작점으로 급속이동

입력 내용	설명
G43 Z50. H05 S1000 M03 ;	5번 공구길이 보정 및 주축회전수 1,000rpm 정회전
G83 G99 Z-32. R3. Q3. F200 M08 ;	팩 드릴링 사이클 지정, 깊이 32mm만큼 드릴 작업 후 R점 복귀, 1회 절입량(Q값) 3mm
G00 X50. ;	안전 높이 Z50.까지 급속이동
M05 ;	주축 정지
M09 ;	절삭유 Off
G80 G49 Z200. ;	고정 사이클 취소, 공구길이 보정 해제 후 안전 높이까지 Z축 이동
G91 G30 Z0. ;	제2 원점 복귀(공구 교환점으로 이동)
T01 M06 ;	**1번 공구(엔드밀 ⌀10mm)로 교체**
G90 G00 X-10. Y-10. ;	엔드밀 가공 시작점으로 이동
G43 Z50. H01 S1000 M03 ;	공구길이 보정하면서 일정한 안전 높이까지 급속이송, 주축 1,200rpm으로 정회전
G01 Z-8. F200 M08 ;	이송속도 200mm/min으로 Z-8. 깊이까지 이동하면서 절삭유 On
G41 G01 X5. D01 ;	공구지름 좌측 보정을 시키고 X4.만큼 직선 가공 (공구 보정 OFF/SET 화면의 D값은 5.0)
Y63. ;	Y63.까지 직선 가공
X65. ;	X66.까지 직선 가공
Y7. ;	Y7.까지 직선 가공
X5. ;	X5.까지 직선 가공
Y63. ;	Y63.까지 직선 가공
X11. ;	Y11.까지 직선 가공
Y57. ;	X57.까지 직선 가공
G03 X24. R6.5 ;	G03(반시계방향) R6.5 원호 가공 시행
G01 Y63. ;	Y63.까지 직선 가공
X60. ;	Y60.까지 직선 가공
G02 X65. Y58. R5. ;	G02 X65. Y58. R5. 원호 가공 시행
G01 Y7. ;	Y7.까지 직선 가공
X61. ;	X61.까지 직선 가공
Y12. ;	Y12.까지 직선 가공
G03 X47. R7. ;	G03 X47. R5. 원호 가공 시행
G01 Y7. ;	Y7.까지 직선 가공
X12. ;	Y12.까지 직선 가공
X5. Y12. ;	X5. Y12. 경사면 직선 가공
Y35. ;	Y35.까지 직선 가공
X-10. ;	X-10.까지 직선 이동
G40 G00 Z50. ;	공구지름 보정 해제 후 안전 높이 Z50.까지 급속이동
X85. Y85. ;	X85. Y85. 위치로 급속이동
G01 Z-4. ;	Z-4.까지 직선 이동

입력 내용	설명
G41 G01 X60. D01 ;	공구지름 좌측 보정을 시키고 X60.까지 직선 이동
Y48.5 ;	Y48.5까지 직선 가공
X55. ;	X55.까지 직선 가공
G03 Y36.5 R6. ;	G03(반시계방향) R6. 원호 가공 시행
G01 X60. ;	X60.까지 직선 가공
G01 Y35. ;	Y30.까지 직선 가공
G03 X65. Y30. R5. ;	G03 X65. Y30. R5. 원호 가공 시행
G01 X75. ;	X75.까지 직선 이동
G00 Z50. ;	안전높이 Z50.까지 급속이동
M05 ;	주축 정지
M09 ;	절삭유 Off
G40 G49 Z200. ;	공구지름 보정 해제, 공구길이 보정 해제 후 Z200.까지 급속이송
G91 G30 Z0. ;	제2 원점 복귀(공구 교환점으로 이동)
T07 M06 ;	**7번 공구(기계탭 M8×1.25)로 교체**
G90 G00 X31. Y35. ;	탭 가공 시작점으로 급속이동
G43 Z50. H07 S300 M03 ;	7번 공구길이 보정 및 주축회전수 300rpm 정회전
G84 G99 Z-30. R3. F375 M08 ;	탭 사이클, 깊이 30mm만큼 태핑 작업 후 R점 복귀 *이송속도 F= S(회전수) × P(피치)
G00 Z50. ;	안전 높이 Z50.까지 급속이동
M05 ;	주축 정지
M09 ;	절삭유 Off
G80 G49 Z200. ;	고정 사이클 취소, 공구길이 보정 해제 후 안전 높이까지 Z축 이동
G91 G30 Z0. ;	제2 원점 복귀(공구 교환점으로 이동)
T09 M06 ;	**9번 공구(챔퍼밀 ∅6×90°)로 교체**
G90 G00 X-10. Y-10. ;	챔퍼밀 가공 시작점으로 이동
G43 Z50. H09 S2000 M03 ;	공구길이 보정하면서 일정한 안전 높이까지 급속이동, 주축 2,000rpm으로 정회전
G01 Z-1.3 F500 M08 ;	이송속도 500mm/min으로 Z-1.3 깊이까지 이동하면서 절삭유 On *상면 형상 1단 모떼기 C0.3(챔퍼밀 사용)
G41 G01 X5. D09 ;	공구지름 좌측 보정을 시키고 X5.만큼 직선 가공 (공구보정 OFF/SET 화면의 D값은 1.0)
G01 Y63. ;	Y28.까지 직선 가공
X11. ;	X11.까지 직선 가공
Y57. ;	Y57.까지 직선 가공
G03 X24. R6.5 ;	G03(반시계방향) R6.5 원호 가공 시행
G01 Y63. ;	Y63.까지 직선 가공
X60. ;	X60.까지 직선 가공

입력 내용	설명
Y48.5 ;	Y48.5까지 직선 가공
X55. ;	X55.까지 직선 가공
G03 Y36.5 R6. ;	G03(반시계방향) R6. 원호 가공 시행
G01 X60. ;	X60.까지 직선 가공
Y35. ;	X35.까지 직선 가공
G03 X65. Y30. R5. ;	G03 X65. Y30. R5. 원호 가공 시행
G01 Y7. ;	Y7.까지 직선 가공
X61. ;	X61.까지 직선 가공
Y12. ;	Y12.까지 직선 가공
G03 X47. R7. ;	G03 X47. R7. 원호 가공 시행
G01 Y7. ;	Y7.까지 직선 가공
X12. ;	X12.까지 직선 가공
X5. Y12. ;	X5. Y12. 경사면 직선 가공
Y35. ;	Y35.까지 직선 가공
X-10. ;	X-10.까지 직선 이동
G00 Z50. ;	Z50. 안전 높이까지 급속이송
M05 ;	주축 정지
M09 ;	절삭유 Off
G40 G49 Z200. ;	공구지름 보정 해제, 공구길이 보정 해제 후 Z200.까지 급속이송
M02 ;	프로그램 종료
%	

3. 기계가공기능장 2번 공개도면 프로그램 작성

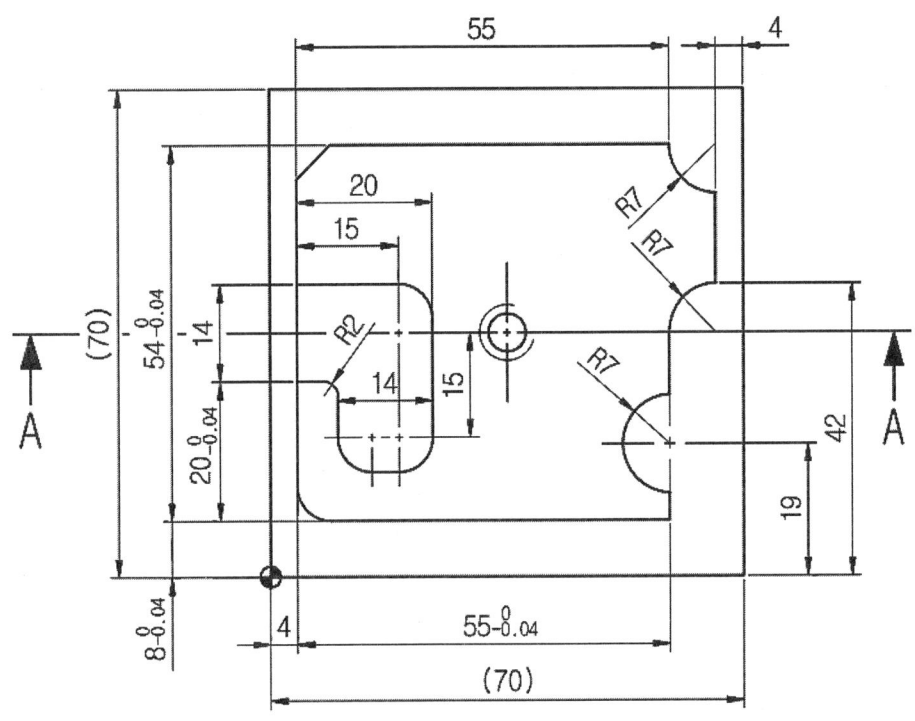

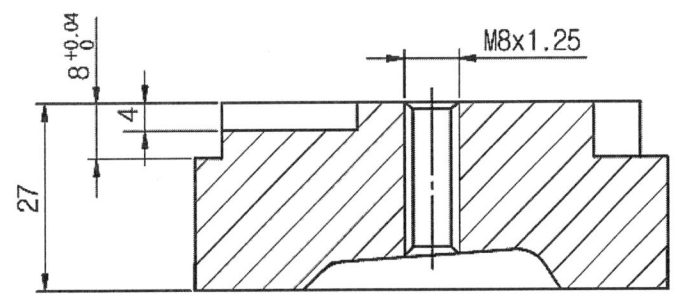

A-A

주서
1. 도시되고 지시 없는 모떼기 및 라운드 C5, R5
2. 일반 모떼기 C0.2
3. 상면 형상 1단 모떼기 C0.3(챔퍼밀 사용)

기계가공기능장 2번 공개도면 수동 프로그램 해답

번호	01	과제명	MCT-2
사용재료	AL6061(T6) t30 × 70 × 70		

tool setting sheet

공구명	공구번호	규격	회전수	이송속도
엔드밀(2날)	T01	2날-⌀10	1,000	200
센터드릴	T03	⌀3.0 A형	1,200	200
드릴	T05	⌀6.8	1,000	200
기계 탭	T07	M8 × 1.25	300	375
챔퍼밀	T09	⌀6 × 90°	2,000	500

입력 내용	설명
%	데이터 전송을 위한 %(end of record) 입력
O0201	프로그램 번호 설정(알파벳 O+숫자 4자리)
G40 G80 G17 G49 ;	초기화(공구지름 보정 취소, 고정 사이클 취소, XY 평면 설정, 공구길이 보정 취소)
G91 G28 X0. Y0. Z0. ;	기계 원점 복귀(증분 좌표 지령)
G90 G00 G54 X0. Y0. Z100. ;	공작물 좌표계 설정(G54 기능이 널리 쓰임) 공작물 원점 확인하기 위해 X0. Y0. Z100. 위치로 이동
G91 G30 Z0. ;	제2 원점(공구 교환점)으로 복귀
T03 M06 ;	**3번(센터드릴) 공구 교환**
G90 G00 X35. Y35. ;	센터드릴 가공 시작점으로 급속이동
G43 Z50. H03 S1200 M03;	공구길이 보정하면서 일정한 안전 높이까지 급속이동, 주축 1,200rpm으로 정회전
G81 G99 Z-5. R5. F200 M08;	스폿 드릴링 사이클 지정, 깊이 5mm만큼 센터 작업 후 R점 복귀
G00 Z50. ;	안전 높이 Z50.까지 급속이동
M05 ;	주축 정지
M09 ;	절삭유 Off
G80 G49 Z200.;	고정 사이클 해제, 길이보정 해제, 급속이송으로 Z200까지 이동
G91 G30 Z0. ;	제2 원점(공구 교환점)으로 복귀
T05 M06 ;	**5번(⌀6.8 드릴) 공구 교환**
G90 G00 X35. Y35. ;	드릴 가공 시작점으로 급속이동
G43 Z50. H05 S1000 M03 ;	5번 공구길이 보정 및 주축회전수 1,000rpm 정회전

입력 내용	설명
G83 G99 Z-32. R3. Q3. F200 M08 ;	팩 드릴링 사이클 지정, 깊이 32mm만큼 드릴 작업 후 R점 복귀, 1회 절입량(Q값) 3mm
G00 Z50. ;	안전 높이 Z50.까지 급속이동
M05 ;	주축 정지
M09 ;	절삭유 Off
G80 G49 Z200. ;	고정 사이클 취소, 공구길이 보정 해제 후 안전 높이까지 Z축 이동
G91 G30 Z0. ;	제2 원점 복귀(공구 교환점으로 이동)
T01 M06 ;	**1번 공구(엔드밀 ⌀10mm)로 교체**
G90 G00 X-10. Y-10. ;	엔드밀 가공 시작점으로 이동
G43 Z50. H01 S1000 M03 ;	공구길이 보정하면서 일정한 안전 높이까지 급속이송, 주축 1,200rpm으로 정회전
G01 Z-8. F200 M08 ;	이송속도 200mm/min으로 Z-8. 깊이까지 이동하면서 절삭유 On
G41 G01 X4. D01 ;	공구지름 좌측 보정을 씌키고 X4.만큼 직선 가공 (공구 보정 OFF/SET 화면의 D값은 5.0)
Y62. ;	Y62.까지 직선 가공
X62. ;	X62.까지 직선 가공
Y8. ;	Y8.까지 직선 가공
X4. ;	X4.까지 직선 가공
Y57. ;	Y57.까지 직선 가공
X9. Y62. ;	X9. Y62. 경사면 직선 가공
X59. ;	X59.까지 직선 가공
G03 X66. Y55. R7. ;	G03(반시계방향) R7. 원호 가공 시행
G01 Y42. ;	Y42.까지 직선 가공
G03 X59. Y35. R7. ;	G03(반시계방향) R7. 원호 가공 시행
G01 Y26. ;	Y26.까지 직선 가공
G03 Y12. R7. ;	G03 Y12. R7. 원호 가공 시행
G01 Y8. ;	Y8.까지 직선 가공
X9. ;	X9.까지 직선 가공
G02 X4. Y13. R5. ;	G02 X4. Y13. R5. 원호 가공 시행
G01 Y28. ;	Y28.까지 직선 가공
Z-4. ;	Z-4. 깊이까지 이동
X8. ;	X8.까지 직선 가공
G02 X10. Y26. R2. ;	G02(시계방향) R2. 원호 가공 시행
G01 Y20. ;	Y20.까지 직선 가공
G03 X15. Y15. R5. ;	G03(반시계방향) R5. 원호 가공 시행
G01 X19. ;	X19.까지 직선 가공
G03 X24. Y20. R5. ;	G03 X24. Y20. R5. 원호 가공 시행
G01 Y37. ;	Y27.까지 직선 가공

입력 내용	설명
G03 X19. Y42. R5. ;	G03(반시계방향) R5. 원호 가공 시행
G01 X-10. ;	X-10.까지 직선으로 이동
G00 Z50. ;	Z50. 안전 높이까지 급속이송
M05 ;	주축 정지
M09 ;	절삭유 Off
G40 G49 Z200. ;	공구지름 보정 해제, 공구길이 보정 해제 후 Z200.까지 급속이송
G91 G30 Z0. ;	제2 원점 복귀(공구 교환점으로 이동)
T07 M06 ;	**7번 공구(기계탭 M8×1.25)로 교체**
G90 G00 X35. Y35. ;	탭 가공 시작점으로 급속이동
G43 Z50. H07 S300 M03 ;	7번 공구길이 보정 및 주축회전수 300rpm 정회전
G84 G99 Z-34. R3. F375 M08 ;	탭 사이클, 깊이 34mm만큼 태핑 작업 후 R점 복귀 *이송속도 F= S(회전수) × P(피치)
G00 Z50. ;	안전 높이 Z50.까지 급속이동
M05 ;	주축 정지
M09 ;	절삭유 Off
G80 G49 Z200. ;	고정 사이클 취소, 공구길이 보정 해제 후 안전 높이까지 Z축 이동
G91 G30 Z0. ;	제2 원점 복귀(공구 교환점으로 이동)
T09 M06 ;	**9번 공구(챔퍼밀 ∅6×90°)로 교체**
G90 G00 X-10. Y-10. ;	챔퍼밀 가공 시작점으로 이동
G43 Z50. H09 S2000 M03 ;	공구길이 보정하면서 일정한 안전 높이까지 급속이동, 주축 2,000rpm으로 정회전
G01 Z-1.3 F500 M08 ;	이송속도 500mm/min으로 Z-1.3 깊이까지 이동하면서 절삭유 On *상면 형상 1단 모떼기 C0.3(챔퍼밀 사용)
G41 G01 X4. D09 ;	공구지름 좌측 보정을 시키고 X4.만큼 직선 가공 (공구 보정 OFF/SET 화면의 D값은 1.0)
Y28. ;	Y28.까지 직선 가공
X8. ;	X8.까지 직선 가공
G02 X10. Y26. R2. ;	G02(시계방향) R2. 원호 가공 시행
G01 Y20. ;	X20.까지 직선 가공
G03 X15. Y15. R5. ;	G03(반시계방향) R5. 원호 가공 시행
G01 X19. ;	X19.까지 직선 가공
G03 X24. Y20. R5. ;	G03 X24. Y20. R5. 원호 가공 시행
G01 Y37. ;	Y37.까지 직선 가공
G03 X19. Y42. R5. ;	G03(반시계방향) R5. 원호 가공 시행
G01 X4. ;	X4.까지 직선 가공
Y57. ;	Y57.까지 직선 가공
X9. Y62. ;	X9. Y62. 경사면 직선 가공

입력 내용	설명
X59. ;	X59.까지 직선 가공
G03 X66. Y55. R7. ;	G03 X66. Y55. R7. 원호 가공 시행
G01 Y42. ;	Y42.까지 직선 가공
G03 X59. Y35. R7. ;	G03 X59. Y35. R7. 원호 가공 시행
G01 Y26. ;	Y26.까지 직선 가공
G03 Y12. R7. ;	G03(반시계방향) R7. 원호 가공 시행
G01 Y8. ;	Y8.까지 직선 가공
X9. ;	X9.까지 직선 가공
G02 X4. Y13. R5. ;	G02 X4. Y13. R5. 원호 가공 시행
G01 Y35. ;	Y35.까지 직선 가공
X-10. ;	X-10.까지 직선으로 후퇴
G00 Z50. ;	Z50. 안전 높이까지 급속이송
M05 ;	주축 정지
M09 ;	절삭유 Off
G40 G49 Z200. ;	공구지름 보정 해제, 공구길이 보정 해제 후 Z200.까지 급속이송
M02 ;	프로그램 종료
%	

4 컴퓨터응용가공산업기사 1번 공개도면 프로그램 작성

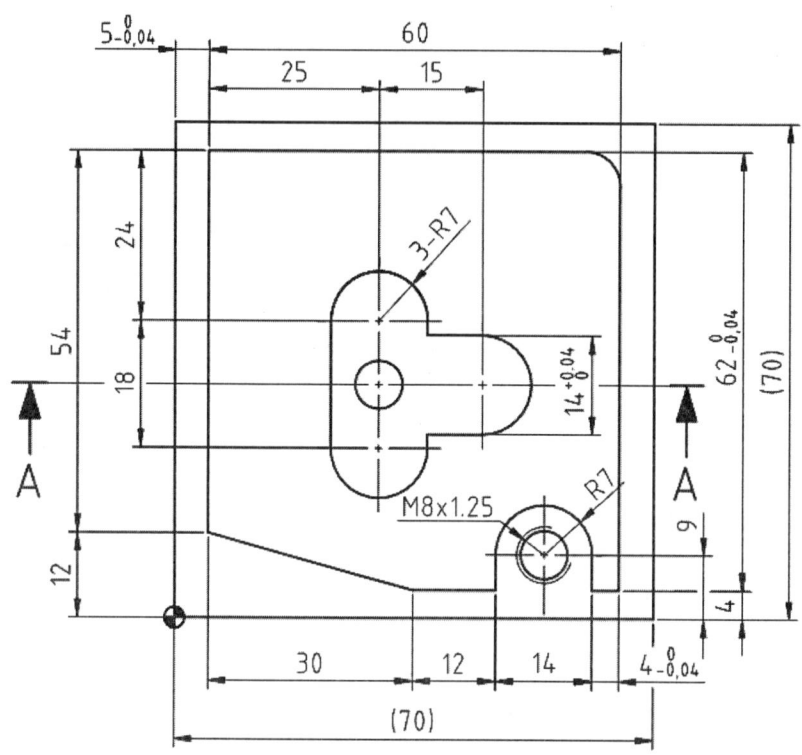

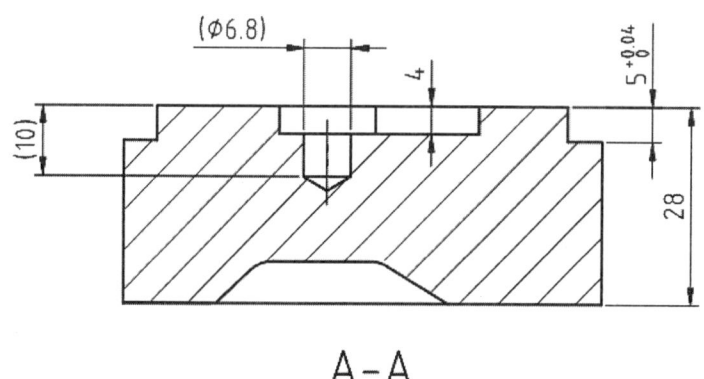

A-A

주서
1. 도시되고 지시 없는 모떼기 및 라운드 C5, R5
2. 일반 모떼기 C0.2~C0.3
3. 나사 탭 M8×1.25, 관통

컴퓨터응용가공산업기사 1번 공개도면 수동 프로그램 해답

```
%
O0001
G40 G49 G80 G17
G30 G91 Z0.

T03M06
G54 G90 G00 X30. Y33.
G43 H03 Z50. S1000 M03
Z10. M08
G81 G98 R5. Z-3. F100
X54. Y9.
G49 G80 G00 Z150. M09
M05

G30 G91 Z0.
T05M06
G54 G90 G00 X30. Y33.
G43 H05 Z100. S1000 M03
Z10. M08
G83 G98 Q3. R5. Z-12. F100
X54. Y9. Z-33.
G49 G80 G00 Z200. M09
M05

G30 G91 Z0.
T01M06
G54 G90 G00 X-10. Y-10.
G43 H01 Z50. S1500 M03
Z10. M08
G01 Z-5. F100
X0. Y0.
X15.
X-10. Y-10.
G41 D01 X5.
Y66.
X60.
G02 X65. Y61. R5.
G01 Y4.
X61.
Y9.
G03 R7. X47.
G01 Y4.
X35.
X5. Y12.
X-10.
G40 X-15.
G00 Z10.
X30. Y33.
G01 Z-4.
G41 D01 Y26.
X45.
G03 R7. Y40.
G01 X37.
Y42.
G03 R7. X23.
G01 Y24.
G03 R7. X37.
G01 Y33.
G40 X30.
G49 G00 Z150. M09
M05

G30 G91 Z0.
T07M06
M01
G54 G90 G00 X54. Y9.
G43 H07 Z100. S200 M03
Z10. M08
G84 G98 R5. Z-33. F250
G49 G80 G00 Z150. M09
M05
M02
%
```

5 컴퓨터응용가공산업기사 2번 공개도면 프로그램 작성

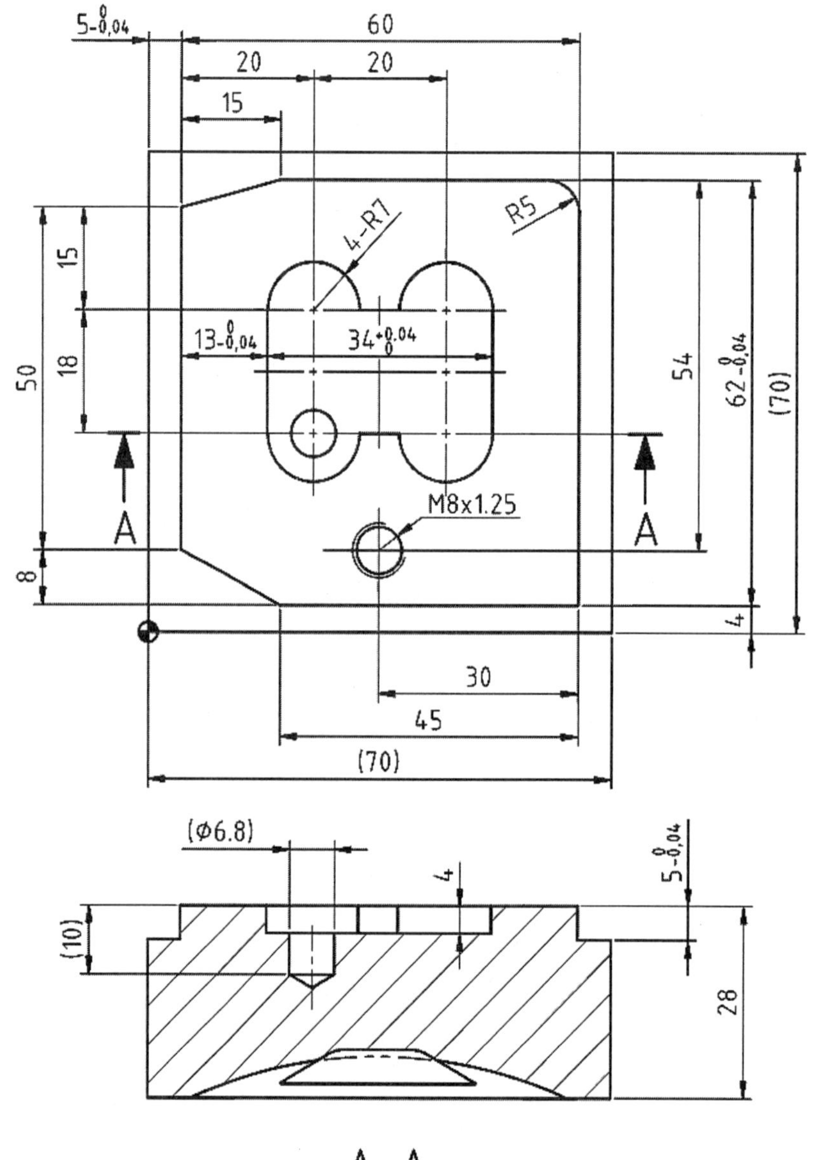

A-A

주서
1. 도시되고 지시 없는 모떼기 및 라운드 C5, R5
2. 일반 모떼기 C0.2~C0.3
3. 나사 탭 M8×1.25, 관통

컴퓨터응용가공산업기사 2번 공개도면 수동 프로그램 해답

```
%
O0002
G40 G49 G80 G17
G30 G91 Z0.
T03 M06
M01
G54 G90 G00 X35. Y12.
G43 H03 Z100. S2000 M03
Z10. M08
G81 G98 R5. Z-3. F200
X25. Y29.
G49 G80 G00 Z200. M09
M05

G30 G91 Z0.
T05 M06
M01
G54 G90 G00 X35. Y12.
G43 H05 Z100. S2000 M03
Z10. M08
G83 G98 Q3. R5. Z-31. F200
X25. Y29. Z-12.
G49 G80 G00 Z200. M09
M05

G30 G91 Z0.
T01 M06
M01
G54 G90 G00 X-10. Y-10.
G43 H01 Z100. S2000 M03
Z10. M08
G01 Z-5. F200
X0. Y0.
X10.
X-10. Y-10.
G41 D01 X5.
Y62.
X20. Y66.
X60.
G02 R5. X65. Y61.
G01 Y4.
X20.
X5. Y12.
X-10.
G40 X-15.
G00 Z10.
X25. Y29.
G01 Z-4.
G41 D01 X18.
G03 R7. X32.
G01 X38.
G03 R7. X52.
G01 Y47.
G03 R7. X38.
G01 X32.
G03 R7. X18.
G01 Y29.
G40 X25.
G49 G00 Z200. M09
M05

G30 G91 Z0.
T07 M06
M01
G54 G90 G00 X35. Y12.
G43 H07 Z100. S300 M03
Z10. M08
G84 G98 R5. Z-31. F375
G49 G80 G00 Z200. M09
M05
M02
%
```

6 컴퓨터응용가공산업기사 3번 공개도면 프로그램 작성

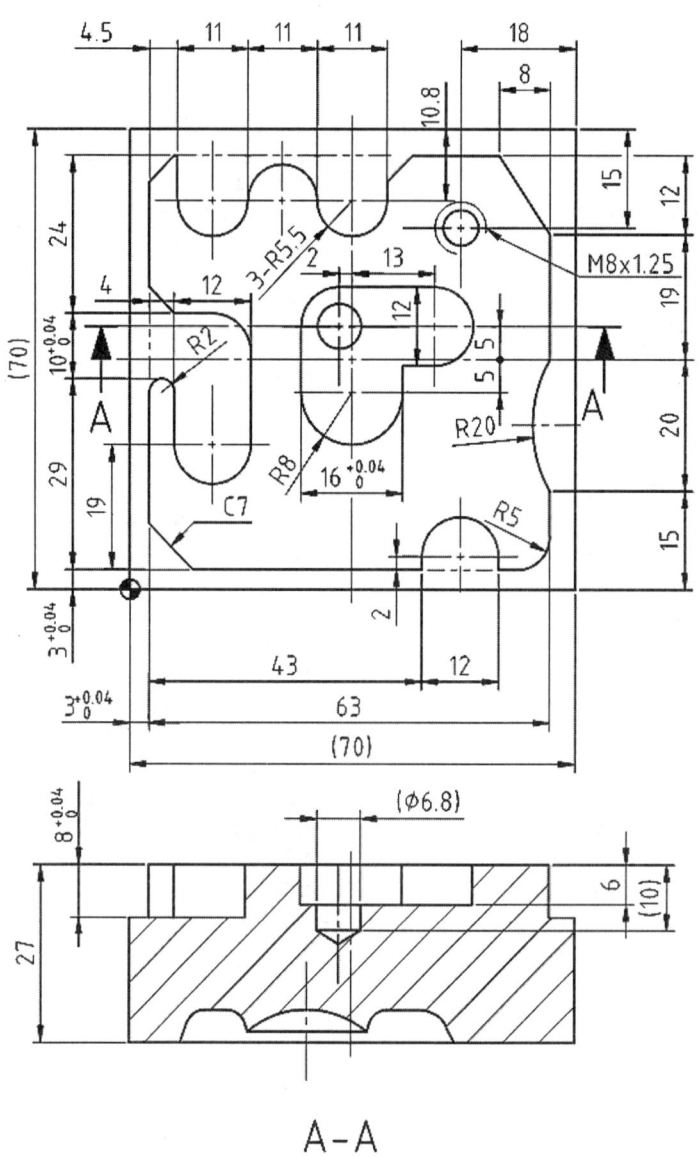

A-A

주서
1. 도시되고 지시 없는 모떼기 및 라운드 C4, R6
2. 일반 모따기 C0.2~C0.3
3. 나사 탭 M8×1.25, 관통

Chapter 04

● **컴퓨터응용가공산업기사 3번 공개도면 수동 프로그램 해답**

```
%
O0003
G40 G49 G80 G17

G30 G91 Z0.
T03 M06
M01
G54 G90 G00 X52. Y55. S2000 M03
G43 H03 Z50.
Z10. M08
G81 G98 Z-3. R5. F200
X33. Y40.
Z10.
G49 G80 G90 G00 Z200. M09
M05

G30 G91 Z0.
T05 M06
M01
G54 G90 G00 X52. Y55. S2000 M03
G43 H05 Z50.
Z10. M08
G83 G98 Z-30. R5. Q3. F200
X33. Y40. Z-12.
Z10.
G49 G80 G90 G00 Z200. M09
M05

G30 G91 Z0.
T01 M06
M01
G54 G90 G00 X-10. Y-10. S2000 M03
G43 H01 Z50.
Z10. M08
G01 Z-8. F200
G41 D01 X3.
Y66.
X66.
Y3.
X10.
X3. Y10.
Y30.
G02 R2. X7.
G01 Y22.
G03 R6. X19.
G01 Y36.
G03 R6. X13. Y42.
G01 X7.
X3. Y46.
Y62.
X7. Y66.
X7.5
Y59.2
G03 R5.5 X18.
G02 R5.5 X29.
G03 R5.5 X40.
G01 Y62.
X44. Y66.
X58.
X66. Y54.
Y35.
G03 R20. Y15.
G01 Y8.
G02 R5. X61. Y3.
G01 X58.
Y5.
G03 R6. X46.
G01 Y3.
X10.
X-10.
G40 Y-10.
Z10.
G00 G90 X33. Y40.
G01 Z-6. F200
G41 D01 Y34.
X48.
G03 R6. Y46.
G01 X33.
G03 R6. X27. Y40.
G01 Y30.
G03 R8. X43.
G01 Y35.
G40 X33. Y40.
Z10.
G49 Z200. M09
M05

G30 G91 Z0.
T07 M06
M01
G54 G90 G00 X52. Y55. S300 M03
G43 H07 Z50.
Z10. M08
G84 G98 Z-29. R5. F375
Z10.
G49 G80 G90 G00 Z200. M09
M05
M02
%
```

7 컴퓨터응용가공산업기사 4번 공개도면 프로그램 작성

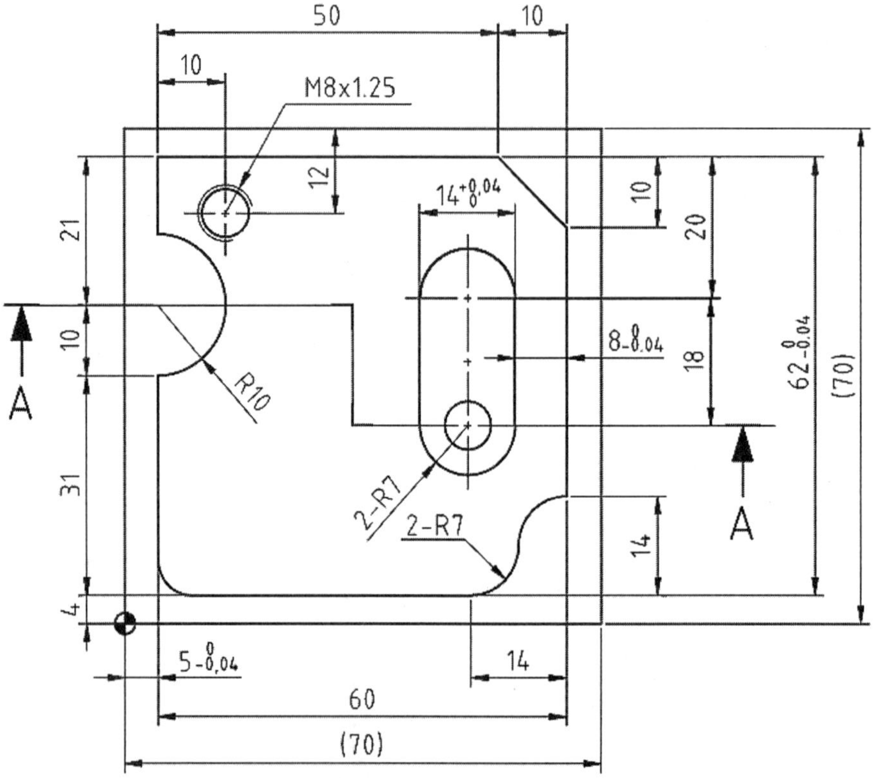

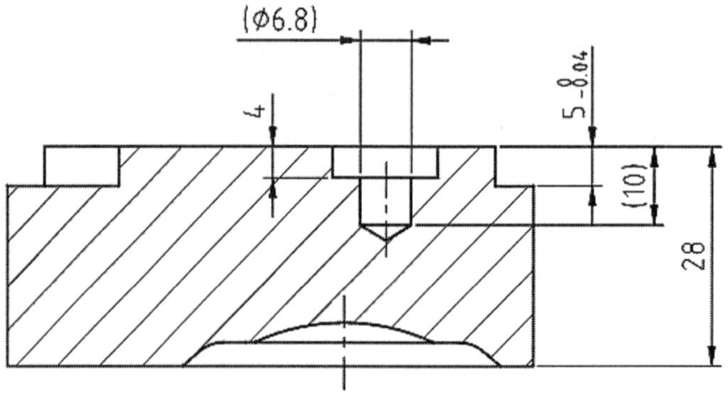

주서
1. 도시되고 지시 없는 모떼기 및 라운드 C5, R5
2. 일반 모떼기 C0.2~C0.3
3. 나사 탭 M8×1.25, 관통

컴퓨터응용가공산업기사 4번 공개도면 수동 프로그램 해답

```
%
O0406
G40 G49 G80 G17
G30 G91 Z0.
T03 M06
M01
G54 G00 G90 X15. Y58.
G43 H03 Z100. S2000 M03
Z10. M08
G81 G98 Z-3. R5. F200
X50. Y24.
G49 G80 G00 Z200. M09
M05

G30 G91 Z0.
T05 M06
M01
G54 G00 G90 X15. Y58.
G43 H05 Z100. S2000 M03
Z10. M08
G83 G98 Z-31. R5. F200
X50. Y24. Z-12.
G49 G80 G00 Z200. M09
M05

G30 G91 Z0.
T01 M06
M01
G54 G00 G90 X-10. Y-10.
G43 H01 Z100. S2000 M03
Z10. M08
G01 Z-5. F200
X-1.
Y45.
X5.
X-1.
Y72.
X71.
Y0.
X65.
Y-10.
X-10.
G41 D01 X5.
Y35.
G03 R10. Y55.
G01 Y66.
X55.
X65. Y56.
Y18.
G03 R7. X58. Y11.
G02 R7. X51. Y4.
G01 X10.
G02 R5. X5. Y9.
G01 X-10.
G40 X-15.
G00 Z10.
X50. Y24.
G01 Z-4.
G41 D01 X57.
Y42.
G03 R7. X43.
G01 Y24.
G03 R7. X57.
G40 G01 X50.
G49 G00 Z200. M09
M05

G30 G91 Z0.
T07 M06
M01
G54 G00 G90 X15. Y58.
G43 H07 Z100. S300 M03
Z10. M08
G84 G98 Z-31. R5. F375
G49 G80 G00 Z200. M09
M05
M02
%
```

8. 컴퓨터응용가공산업기사 5번 공개도면 프로그램 작성

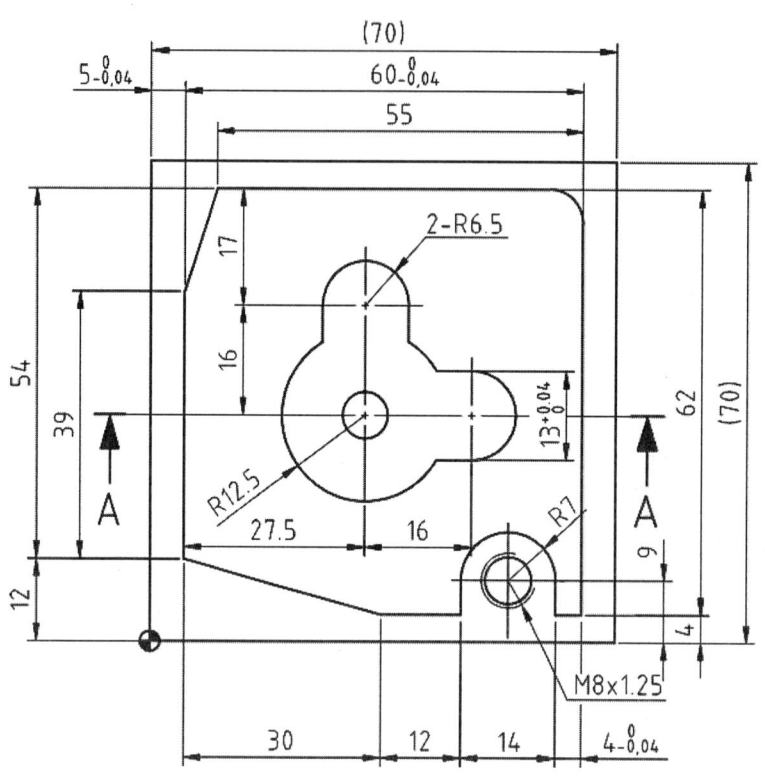

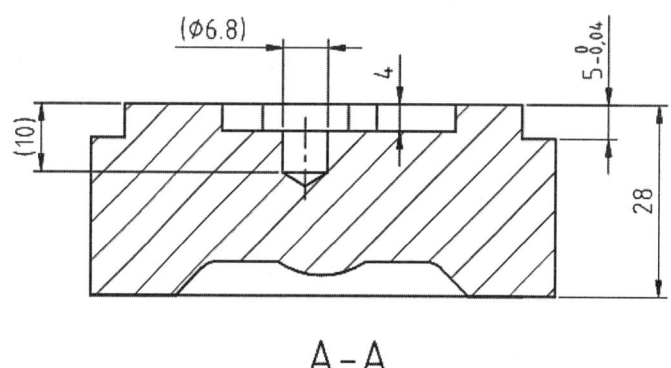

A-A

주서
1. 도시되고 지시 없는 모떼기 및 라운드 C5, R5
2. 일반 모떼기 C0.2~C0.3
3. 나사 탭 M8×1.25, 관통

컴퓨터응용가공산업기사 5번 공개도면 수동 프로그램 해답

```
%
O0506
G40 G49 G80 G17
G30 G91 Z0.
T03 M06
M01
G54 G90 G00 X54. Y9.
G43 H03 Z100. S2000 M03
Z10. M08
G81 G98 R5. Z-3. F200
X32.5 Y33.
G49 G80 G00 Z200. M09
M05

G30 G91 Z0.
T05 M06
M01
G54 G90 G00 X54. Y9.
G43 H05 Z100. S2000 M03
Z10. M08
G83 G98 Q3. R5. Z-31. F200
X32.5 Y33. Z-12.
G49 G80 G00 Z200. M09
M05

G30 G91 Z0.
T01 M06
M01
G54 G90 G00 X-10. Y-10.
G43 H01 Z100. S2000 M03
Z10. M08
G01 Z-5. F200
Y0.
X15.
X-1.
Y70.
X-10. Y-10.
G41 D01 X5.
Y51.
X10. Y66.
X60.
G02 R5. X65. Y61.
G01 Y4.
X61.
Y9.
G03 R7. X47.
G01 Y4.
X35.
X5. Y12.
X-10.
G40 X-15.
G00 Z10.
X32.5 Y33.
G01 Z-4.
G41 D01 Y26.5
X48.5
G03 R6.5 Y39.5
G01 X39.
Y49.
G03 R6.5 X26.
G01 Y33.
G40 X32.5
G41 D01 X45.
G03 I-12.5
G40 G01 X32.5
G49 G00 Z200. M09
M05

G30 G91 Z0.
T07 M06
M01
G54 G90 G00 X54. Y9.
G43 H07 Z100. S300 M03
Z10. M08
G84 G98 R5. Z-31. F375
G49 G80 G00 Z200. M09
M05
M02
%
```

9 컴퓨터응용가공산업기사 6번 공개도면 프로그램 작성

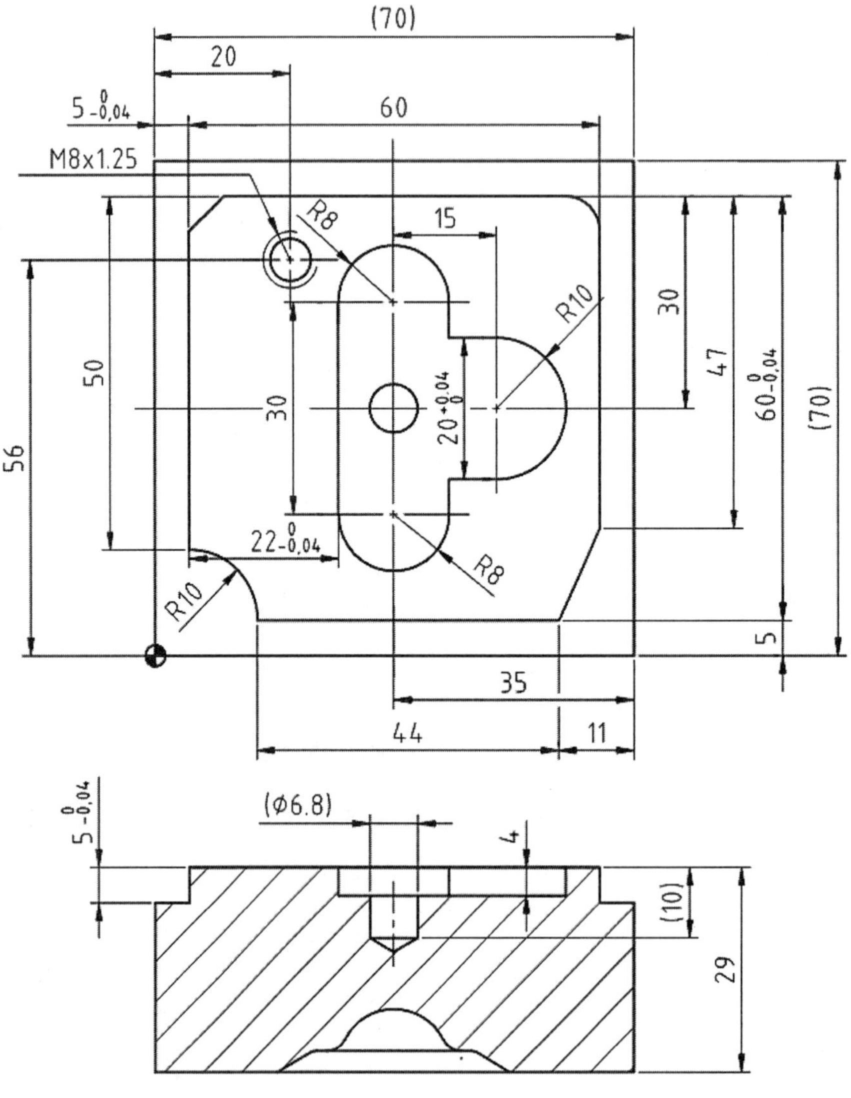

A-A

주서
1. 도시되고 지시 없는 모떼기 및 라운드 C5, R5
2. 일반 모떼기 C0.2~C0.3
3. 나사 탭 M8×1.25, 관통

● 컴퓨터응용가공산업기사 6번 공개도면 수동 프로그램 해답

```
%
O0606
G40 G49 G80 G17
G30 G91 Z0.
T03 M06
M01
G54 G90 G00 X20. Y56.
G43 H03 Z100. S2000 M03
Z10. M08
G81 G98 R5. Z-3. F200
X35. Y35.
G49 G80 G00 Z200. M09
M05

G30 G91 Z0.
T05 M06
M01
G54 G90 G00 X20. Y56.
G43 H05 Z100. S2000 M03
Z10. M08
G83 G98 Q3. R5. Z-32. F200
X35. Y35. Z-12.
G49 G80 G00 Z200. M09
M05

G30 G91 Z0.
T01 M06
M01
G54 G90 G00 X-10. Y-10.
G43 H01 Z100. S2000 M03
Z10. M08
G01 Z-5. F200
X-1.
Y71.
X71.
Y-10.
X-10.
G41 D01 X5.
Y60.
X10. Y65.
X60.
G02 R5. X65. Y60.
G01 Y18.
X59. Y5.
X15.
G03 R10. X5. Y15.
G01 X-10.
G40 X-15.
G00 Z10.
X35. Y35.
G01 Z-4.
X50.
X35.
G41 D01 Y25.
X50.
G03 R10. Y45.
G01 X43.
Y50.
G03 R8. X27.
G01 Y20.
G03 R8. X43.
G01 Y35.
G40 X35.
G49 G00 Z200. M09
M05

G30 G91 Z0.
T07 M06
M01
G54 G90 G00 X20. Y56.
G43 H07 Z100. S300 M03
Z10. M08
G84 G98 R5. Z-32. F375
G49 G80 G00 Z200. M09
M05
M02
%
```

10 컴퓨터응용가공산업기사 7번 공개도면 프로그램 작성

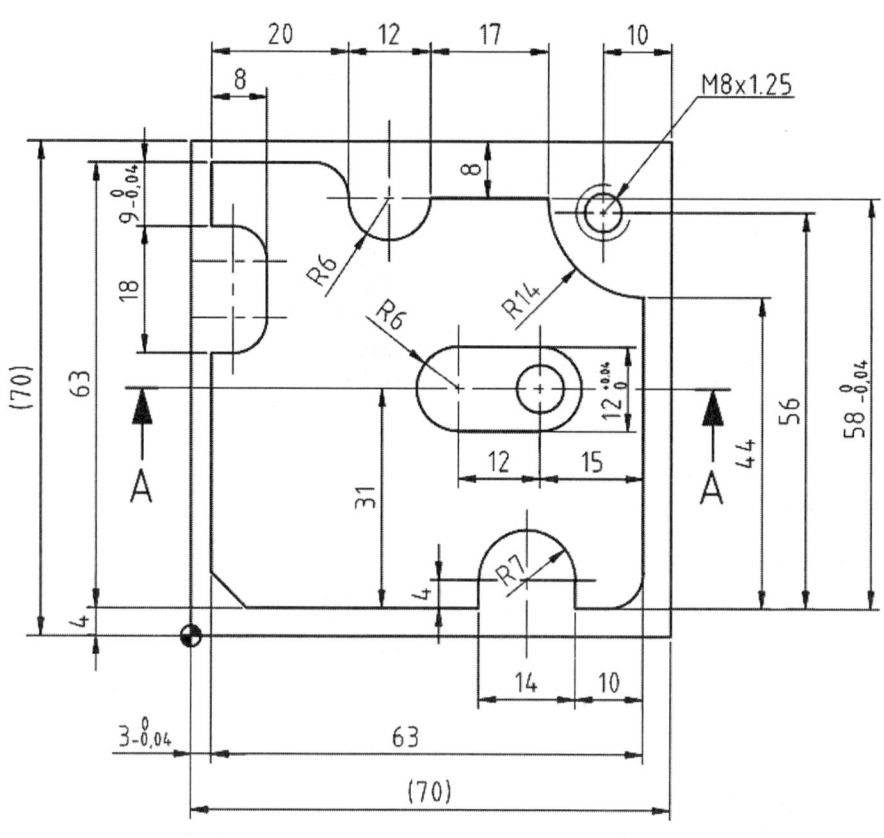

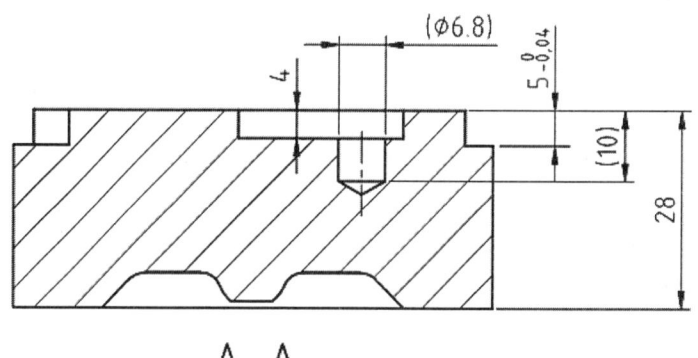

A-A

주서
1. 도시되고 지시 없는 모떼기 및 라운드 C5, R5
2. 일반 모떼기 C0.2~C0.3
3. 나사 탭 M8×1.25, 관통

컴퓨터응용가공산업기사 7번 공개도면 수동 프로그램 해답

```
%
O0706
G40 G49 G80 G17

G30 G91 Z0.
T03 M06
M01
G54 G90 G00 X60. Y56.
G43 H03 Z100. S2000 M03
Z10. M08
G81 G98 R5. Z-3. F200
X51. Y35.
G49 G80 G00 Z200. M09
M05

G30 G91 Z0.
T05 M06
M01
G54 G90 G00 X60. Y56.
G43 H05 Z100. S2000 M03
Z10. M08
G83 G98  Q3. R5. Z-31. F200
X51. Y35. Z-12.
G49 G80 G00 Z200. M09
M05

G30 G91 Z0.
T01 M06
G54 G90 G00 X-10. Y-10.
G43 H01 Z100. S2000 M03
Z10. M08
X80. Y66.
G01 Z-5. F200
X60.
Y61.
X80.
Z10.
G00 X-10. Y-10.
G01 Z-5.
G41 D01 X3.
Y40.
X6.
G03 R5. X11. Y45.
G01 Y53.
G03 R5. X6. Y58.
G01 X3.
Y67.
X18.
G02 R5. X23. Y62.
G03 R6. X35.
G01 X52.
G03 R14. X66. Y48.
G01 Y9.
G02 R5. X61. Y4.
G01 X56.
Y8.
G03 R7. X42.
G01 Y4.
X8.
X0. Y12.
X-10.
G40 X-15.
G00 Z10.
X51. Y35.
G01 Z-4.
G41 D01 Y29.
G03 R6. Y41.
G01 X39.
G03 R6. Y29.
G01 X51.
G40 Y35.
G49 G00 Z200. M09
M05

G30 G91 Z0.
T07 M06
M01
G54 G90 G00 X60. Y56.
G43 H07 Z100. S300 M03
Z10. M08
G84 G98 R5. Z-31. F300
G49 G80 G00 Z200. M09
M05
M02
%
```

11 컴퓨터응용가공산업기사 8번 공개도면 프로그램 작성

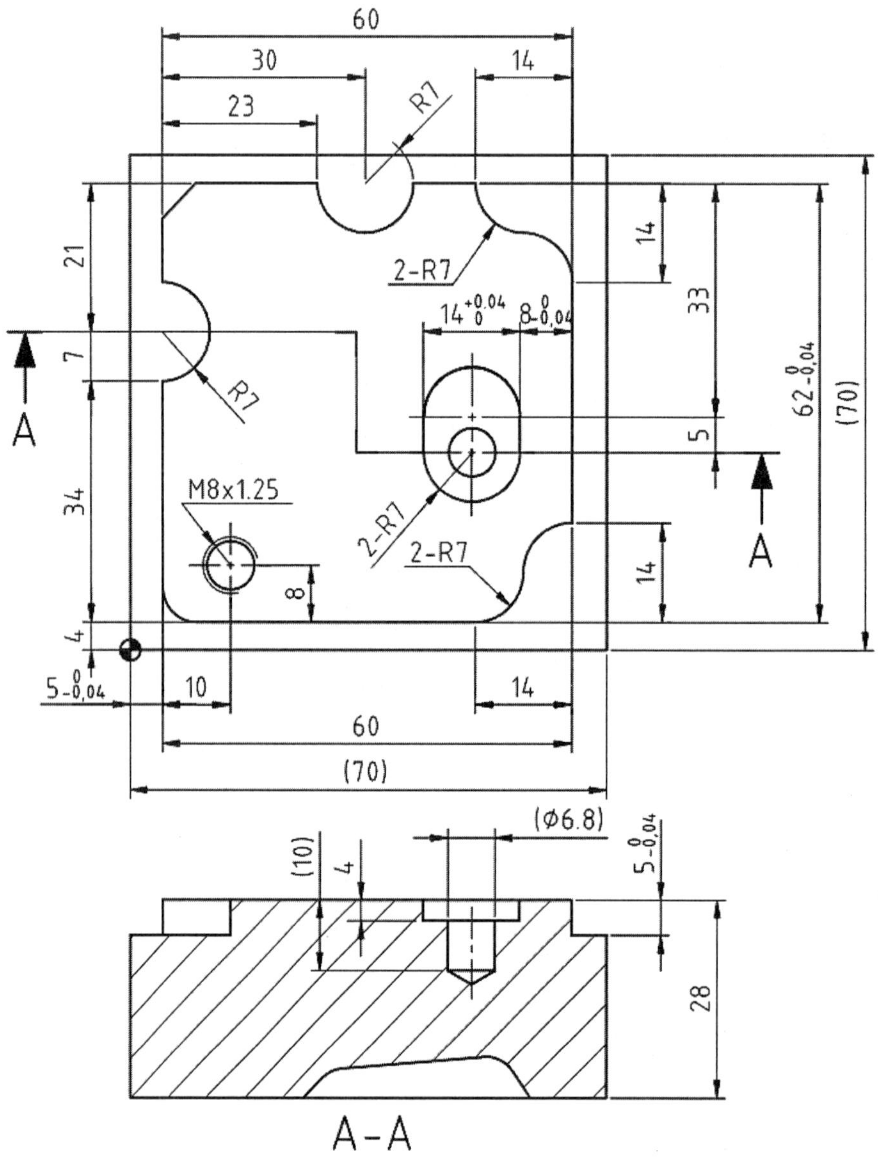

주서
1. 도시되고 지시 없는 모떼기 및 라운드 C5, R5
2. 일반 모떼기 C0.2~C0.3
3. 나사 탭 M8×1.25, 관통

● 컴퓨터응용가공산업기사 8번 공개도면 수동 프로그램 해답

```
%
O0806
G40 G49 G80 G17
G30 G91 Z0.
T03 M06
M01
G54 G90 G00 X15. Y12.
G43 H03 Z100. S2000 M03
Z10. M08
G81 G98 R5. Z-3. F200
X50. Y28.
G49 G80 G00 Z200. M09
M05

G30 G91 Z0.
T05 M06
M01
G54 G90 G00 X15. Y12.
G43 H05 Z100. S2000 M03
Z10. M08
G83 G98 Q3. R5. Z-31. F200
X50. Y28. Z-12.
G49 G80 G00 Z200. M09
M05

G30 G91 Z0.
T01 M06
M01
G54 G90 G00 X-10. Y-10.
G43 H01 Z100. S2000 M03
Z10. M08
G01 Z-5. F200
G41 D01 X5.
Y38.
G03 R7. Y52.
G01 Y61.
X10. Y66.
X28.
G03 R7. X42.
G01 X51.
G03 R7. X58. Y59.
G02 R7. X65. Y52.
G01 Y18.
G03 R7. X58. Y11.
G02 R7. X51. Y4.
G01 X10.
G02 R5. X5. Y9.
G01 Y15.
X-10.
G40 X-15.
G00 Z10.
X50. Y28.
G01 Z-4.
G41 D01 X57.
Y33.
G03 R7. X43.
G01 Y28.
G03 R7. X57.
G40 X50.
G49 G00 Z200. M09
M05

G30 G91 Z0.
T07 M06
M01
G54 G90 G00 X15. Y12.
G43 H07 Z100. S300 M03
Z10. M08
G84 G98 R5. Z31. F375
G49 G80 G00 Z200. M09
M05
M02
%
```

12 컴퓨터응용가공산업기사 9번 공개도면 프로그램 작성

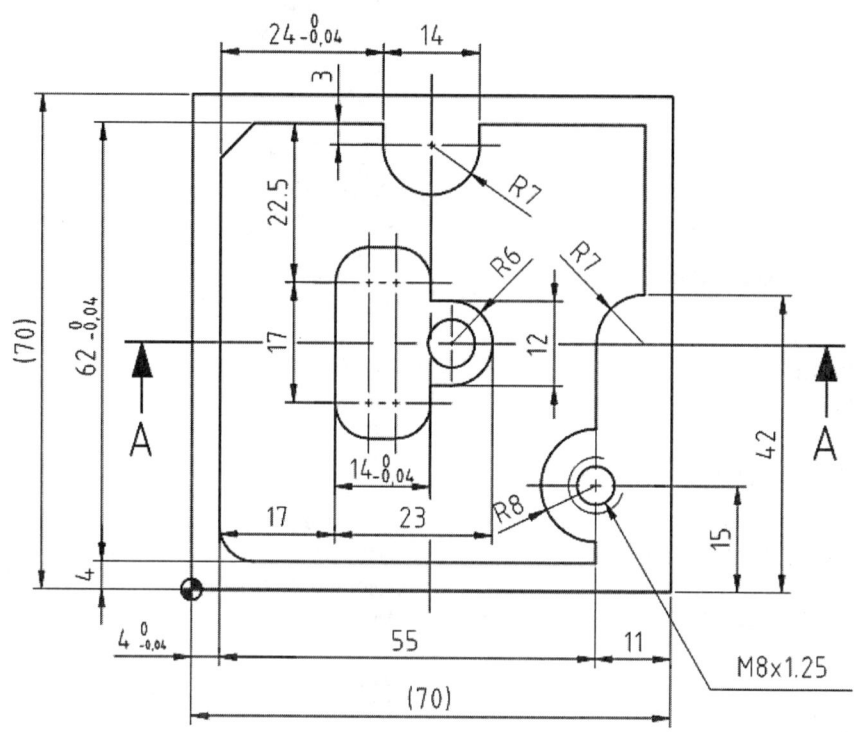

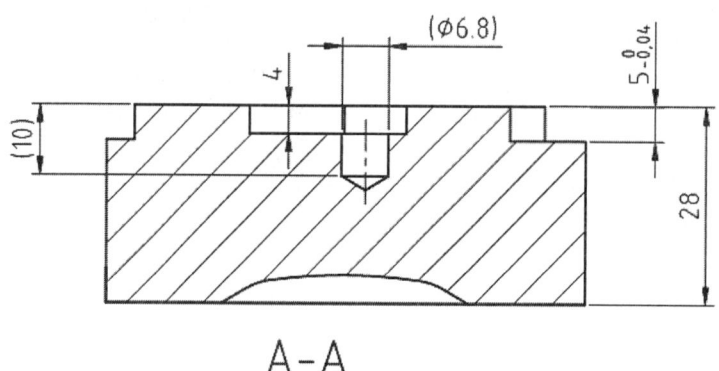

A-A

주서
1. 도시되고 지시 없는 모떼기 및 라운드 C5, R5
2. 일반 모떼기 C0.2~C0.3
3. 나사 탭 M8×1.25, 관통

컴퓨터응용가공산업기사 9번 공개도면 수동 프로그램 해답

```
%
O0906
G40 G49 G80 G17
G30 G91 Z0.
T03 M06
M01
G54 G90 G00 X59. Y15.
G43 H03 Z100. S2000 M03
Z10. M08
G81 G98 R5. Z-3. F200
X38. Y35.
G49 G80 G00 Z200. M09
M05

G30 G91 Z0.
T05 M06
M01
G54 G90 G00 X59. Y15.
G43 H05 Z100. S2000 M03
Z10. M08
G83 G98 Q3. R5. Z-31. F200
X38. Y35. Z-12.
G49 G80 G00 Z200. M09
M05

G30 G91 Z0.
T01 M06
M01
G54 G90 G00 X-10. Y-10.
G43 H01 Z100. S2000 M03
Z10. M08
X70.
G01 Z-5. F200
Y30.
Y-10.
X-10.
G41 D01 X4.
Y61.
X9. Y66.
X28.
Y63.
G03 R7. X42.
G01 Y66.
X66.
Y42.
G03 R7. X59. Y35.
G01 Y23.
G03 R8. Y7.
G01 Y4.
X9.
G02 R5. X4. Y9.
G01 Y15.
X-10.
G40 X-15.
G00 Z10.
X38. Y35.
G01 Z-4.
G41 D01 Y41.
X35.
Y43.5
G03 R5. X30. Y48.5
G01 X26.
G03 R5. X21. Y43.5
G01 Y26.5
G03 R5. X26. Y21.5
G01 X30.
G03 R5. X35. Y26.5
G01 Y35.
X35.
G40 X38.
G49 G00 Z200. M09
M05

G30 G91 Z0.
T07 M06
M01
G54 G90 G00 X59. Y15.
G43 H07 Z100. S300 M03
Z10. M08
G84 G98 R5. Z-31. F375
G49 G80 G00 Z200. M09
M05
M02
%
```

13 컴퓨터응용가공산업기사 10번 공개도면 프로그램 작성

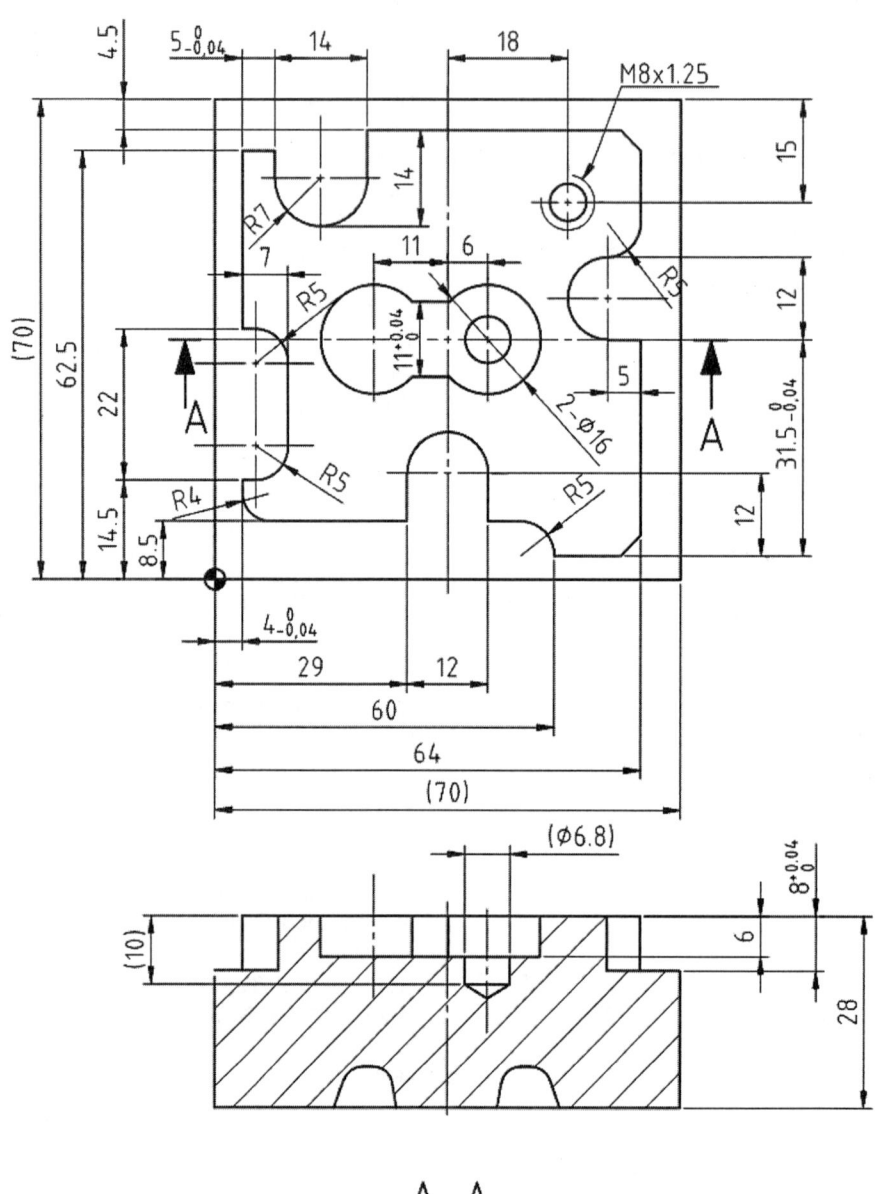

A-A

주서
1. 도시되고 지시 없는 모떼기 및 라운드 C3, R6
2. 일반 모따기 C0.2~C0.3
3. 나사 탭 M8×1.25, 관통

● 컴퓨터응용가공산업기사 10번 공개도면 수동 프로그램 해답

```
%
O1006
G40 G49 G80 G17
G30 G91 Z0.
T03 M06
M01
G54 G90 G00 X53. Y55.
G43 H03 Z100. S2000 M03
Z10. M08
G81 G98 R5. Z-3. F100
X41. Y35.
G49 G80 G00 Z200. M09
M05

G30 G91 Z0.
T05 M06
M01
G54 G90 G00 X53. Y55.
G43 H05 Z100. S2000 M03
Z10. M08
G83 G98 Q3. R5. Z-31. F150
X41. Y35. Z-12.
G49 G80 G00 Z200. M09
M05

G30 G91 Z0.
T01 M06
M01
G54 G90 G00 X-10. Y-10.
G43 H01 Z100. S2000 M03
Z10. M08
G01 Z-8. F200
G41 D01 X4.
Y14.5
X6.
G03 R5. X11. Y19.5
G01 Y31.5
G03 R5. X6. Y36.5
G01 X4.
Y62.5
X9.
Y58.5
G03 R7. X23.
G01 Y65.5
X61.
X64. Y62.5
Y52.
G02 R5. X59. Y47.
G03 R6. Y35.
G01 X64.
Y6.5
X61. Y3.5
X60.
G03 R5. X55. Y8.5
G01 X41.
Y15.5
G03 R6. X29.
G01 Y8.5
X8.
G02 R4. X4. Y12.5
G01 Y30.
X-10.
G40 X-15.
G00 Z10.

X41. Y35.
G01 Z-6.
G41 D01 X33.
G03 R8. X49.
G03 R8. X33.
G40 G01 X41.
X24.
G41 D01 X32.
G03 R8. X16.
G03 R8. X32.
G40 G01 X24.
G41 D01 Y29.5
X41.
Y40.5
X24.
G40 Y35.
G49 G00 Z200. M09
M05

G30 G91 Z0.
T07 M06
M01
G54 G90 G00 X53. Y55.
G43 H07 Z100. S300 M03
Z10. M08
G84 G98 R5. Z-31. F375
G49 G80 G00 Z200. M09
M05
M02
%
```

14 컴퓨터응용가공산업기사 13번 공개도면 프로그램 작성

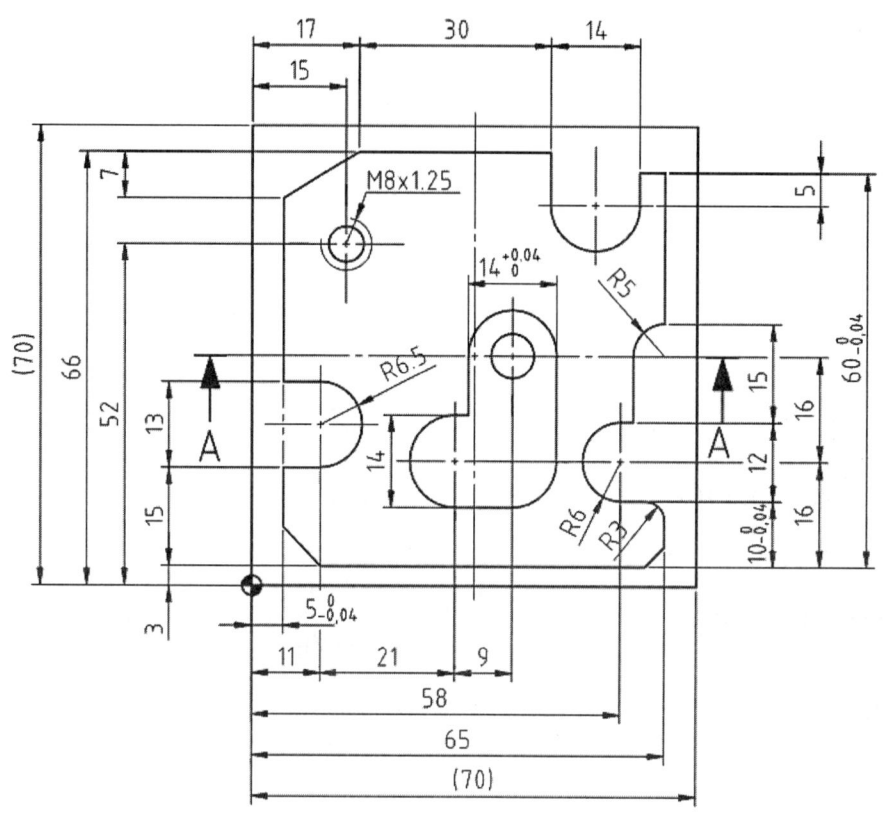

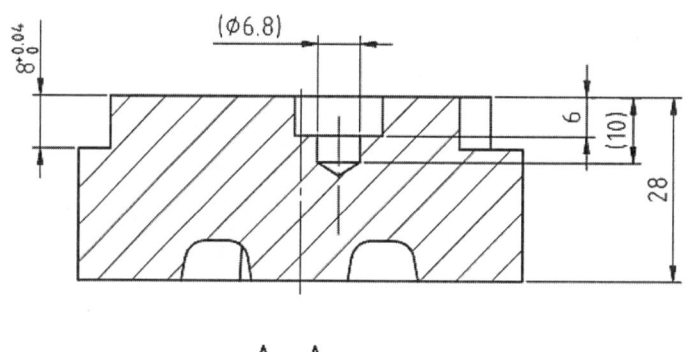

A-A

주서
1. 도시되고 지시 없는 모따기 및 라운드 C6, R6
2. 일반 모따기 C0.2~C0.3
3. 나사 탭 M8×1.25, 관통

컴퓨터응용가공산업기사 13번 공개도면 수동 프로그램 해답

```
%
O1321
G40 G49 G80
G91 G30 Z0.
T03 M06
M01
G54 G90 G00 X35. Y35. S1800 M03
G43 Z100. H03
Z10. M08
G81 G99 X41. Y35. Z-3. R5. F120
X15. Y52.
G80 G49 G00 Z150. M09
M05

G91 G30 Z0.
T05 M06
M01
G54 G90 G00 X35. Y35. S1200 M03
G43 Z100. H05
Z10. M08
G73 G99 X41. Y35. Z-10. R5. Q4. F120
X15. Y52. Z-31.
G80 G49 G00 Z100. M09
M05

G91 G30 Z0.
T07 M06
M01
G54 G90 G00 X35. Y35. S100 M03
G43 Z100. H05
Z10. M08
G84 G99 X15. Y52. Z-31. R5. F125
G80 G49 G00 Z100. M09
M05

G91 G30 Z0.
T01 M06
M01
G54 G90 G00 X-10. Y-10. S1200 M03
G43 Z100. H01
Z10. M08
G01 Z-8. F120
X-1.
Y24.5
X11.
X-1.
Y72.
X54.
Y55.
Y66.
X71.
Y30.
X65.
Y19.
X58.
X71.
Y-3.
X-10.
G41 G01 X5. D01
Y18.
X11.
G03 Y31. R6.5
G01 X5.
Y59.
X17. Y66.
X47.
Y55.
G03 X61. R7.
G01 Y60.
X65.
Y40.
G03 X60. Y35. R5.
G01 Y25.
G03 Y13. R6.
G01 X62.
G02 X65. Y10. R3.
G01 Y6.
X62. Y3.
X11.
X4. Y10.
X-10.
G40 Y-10.
G00 Z30.
X41. Y35.
G01 Z-6. F100 M08
G01 Y19.
X32.
G41 G01 Y26. D01 M08
G03 Y12. R7.
G01 X41.
G03 X48. Y19. R7.
G01 Y35.
G03 X34. R7.
G01 Y26.
X32.
G40 G01 X35. Y19.
G49 G00 Z100. M09
M05
G28 G91 Z0.
G28 Y0.
M02
%
```

15 컴퓨터응용가공산업기사 18번 공개도면 프로그램 작성

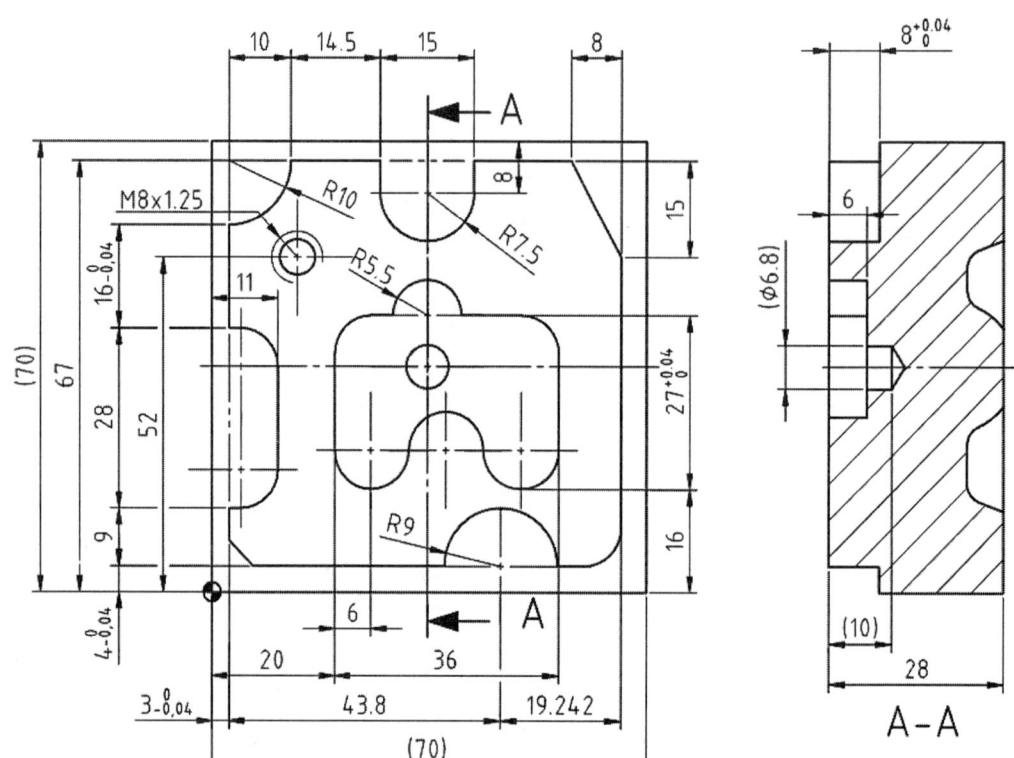

주서
1. 도시되고 지시 없는 모따기 및 라운드 C4, R6
2. 일반 모따기 C0.2~C0.3
3. 나사 탭 M8×1.25, 관통

컴퓨터응용가공산업기사 18번 공개도면 수동 프로그램 해답

```
%
O1806
G40 G49 G80 G17
G30 G91 Z0.
T03 M06
M01
G54 G90 G00 X15. Y52.
G43 H03 Z100. S2000 M03
Z10. M08
G81 G98 R5. Z-3. F200
X35. Y35.
G49 G80 G00 Z200. M09
M05

G30 G91 Z0.
T05 M06
M01
G54 G90 G00 X15. Y52.
G43 H05 Z100. S2000 M03
Z10. M08
G83 G98 Q3. R5. Z-31. F200
X35. Y35. Z-12.
G49 G80 G00 Z200. M09
M05

G30 G91 Z0.
T01 M06
M01
G54 G90 G00 X-10. Y-10.
G43 H01 Z100. S2000 M03
Z10. M08
G01 Z-8. F200
X-3.
Y27.
X0.
X-3.
Y70.
X3.
X6. Y73.
X72.
Y-2.
X-10.
G41 D01 X3.
Y13.
X5.
G03 R6. X11. Y19.
G01 Y35.
G03 R6. X5. Y41.
G01 X3.
Y57.
G03 R10. X13. Y67.
G01 X27.5
Y62.
G03 X42.5 R7.5
G01 Y67.
X58.042
X66.042 Y52.
Y10.
G02 R6. X60.042 Y4.
G01 X56.
G03 R9. X38.
G01 X7.
X3. Y8.
Y20.
G40 X-10.
G00 Z10.
X35. Y35.
G01 Z-6.
G41 D01 Y43.
X26.
G03 R6. X20. Y37.
G01 Y22.
G03 R6. X32.
G02 R6. X44.
G03 R6. X56.
G01 Y37.
G03 R6. X50. Y43.
G01 X40.5
G03 R5.5 X29.5
G01 Y35.
G40 X35.
G49 G00 Z200. M09
M05

G30 G91 Z0.
T07 M06
M01
G54 G90 G00 X15. Y52.
G43 H07 Z100. S300 M03
Z10. M08
G84 G98 R5. Z-31. F375
G49 G80 G00 Z200. M09
M05
M02
%
```

16 컴퓨터응용가공산업기사 19번 공개도면 프로그램 작성

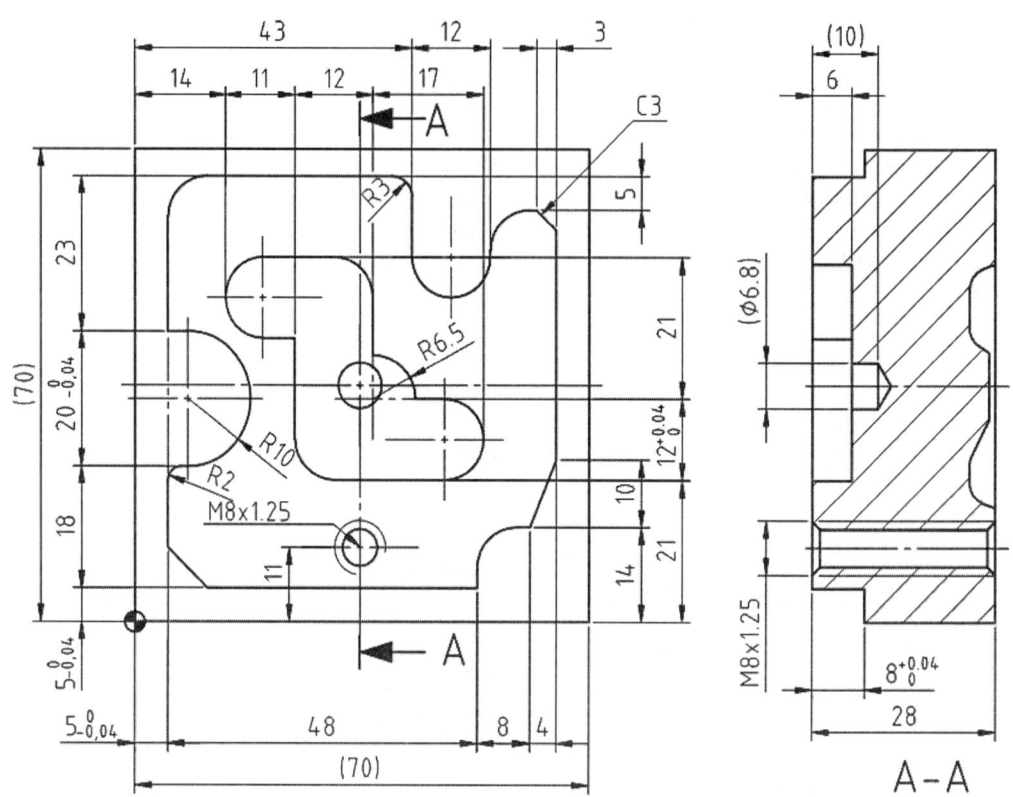

주서
1. 도시되고 지시 없는 모따기 및 라운드 C6, R6
2. 일반 모따기 C0.2~C0.3
3. 나사 탭 M8×1.25, 관통

● 컴퓨터응용가공산업기사 19번 공개도면 수동 프로그램 해답

```
%
O1906
G40 G49 G80 G17
M05

G30 G91 Z0.
T03 M06
M01
G54 G90 G00 X11. Y35.
G43 H03 Z100. S2000 M03
Z10. M08
G81 G98 R5. Z-3. F200
X35. Y35.
G49 G80 G00 Z200. M09
M05

G30 G91 Z0.
T05 M06
M01
G54 G90 G00 X11. Y35.
G43 H05 Z100. S2000 M03
Z10. M08
G83 G98 Q3. R5. Z-31. F200
X35. Y35. Z-12.
G49 G80 G00 Z200. M09
M05

G30 G91 Z0.
T01 M06
M01
G54 G90 G00 X-10. Y-10.
G43 H01 Z100. S2000 M03
Z10. M08
G01 Z-8. F200
X-1.
Y71.
X33.
Y61.
Y71.
X72.
Y-1.
X-10.
G41 D01 X5.
Y59.
X11. Y65.
X21.
G02 R2. X23. Y63.
G03 R10. X43.
G01 Y65.
X60.
G02 R6. X66. Y59.
G01 Y30.
G02 R3. Y27. X63.
G01 X56.
G03 R6. Y15.
G02 R6. X61. Y8.
G01 X58. Y5.
X24.
X14. Y9.
Y11.
G03 R6. X8. Y17.
G01 X-10.
G40 X-15.
G00 Z10.
X35. Y35.
G01 Z-6.
G41 D01 X21.
Y22.
G03 R6. X33.
G01 Y26.5
G03 R6.5 X39.5 Y33.
G01 X50.
G03 R6. X56. Y39.
G01 Y50.
G03 R6. X44.
G01 Y45.
X27.
G03 R6. X21. Y39.
G01 Y30.
G40 X35. Y35.
G49 G00 Z200. M09
M05

G30 G91 Z0.
T07 M06
M01
G54 G90 G00 X11. Y35.
G43 H07 Z100. S300 M03
Z10. M08
G84 G98 R5. Z-31. F375
G49 G80 G00 Z200. M09
M05
M02
%
```

17 컴퓨터응용가공산업기사 20번 공개도면 프로그램 작성

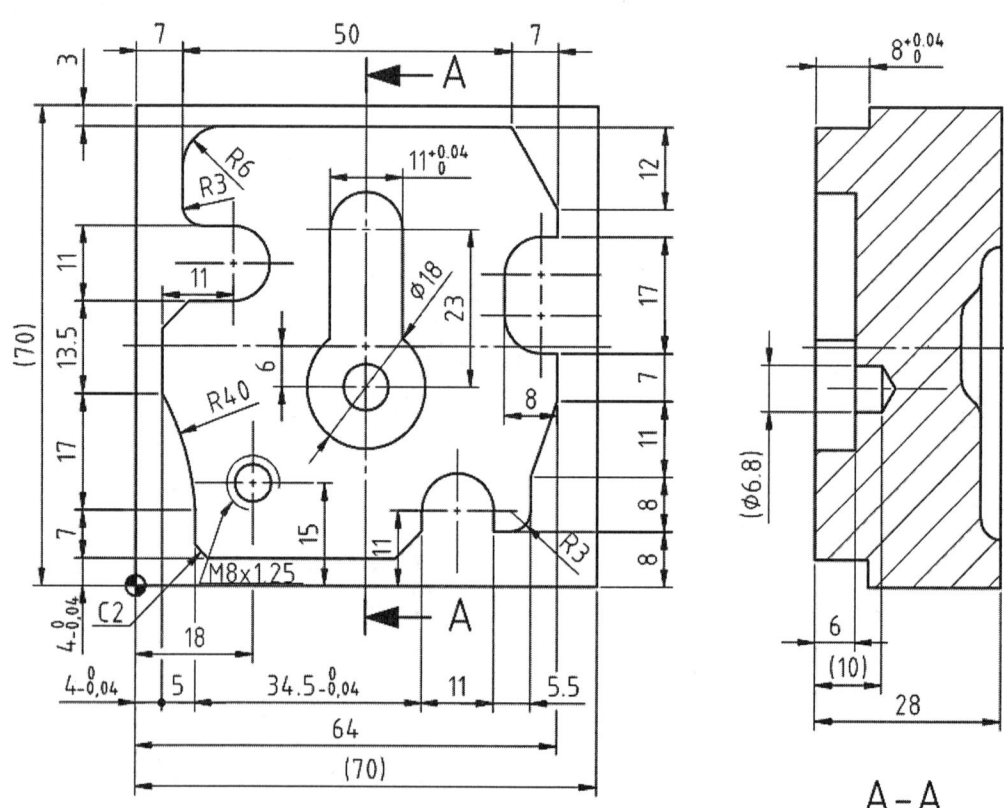

주서
1. 도시되고 지시 없는 모따기 및 라운드 C4, R5.5
2. 일반 모따기 C0.2~C0.3
3. 나사 탭 M8×1.25, 관통

컴퓨터응용가공산업기사 20번 공개도면 수동 프로그램 해답

```
%
O2006
G40 G49 G80 G17
G28 G91 Z0.
G28 X0. Y0.

G30 G91 Z0.
T03 M06
M01
G54 G00 G90 X18. Y15.
G43 H03 Z100. S1200 M03
Z10. M08
G81 G98 Z-3. R3. F120
X35. Y29.
G49 G80 G00 Z200. M09
M05

G30 G91 Z0.
T05 M06
M01
G54 G00 G90 X18. Y15.
G43 H05 Z100. S1000 M03
Z10. M08
G83 G98 Z-30. R3. Q3. F100
X35. Y29. Z-12.
G49 G80 G00 Z200. M09
M05

G30 G91 Z0.
T01 M06
M01
G00 G90 X-10. Y-10.
G43 H01 Z50. S1000 M03
Z10. M08
G01 Z-8.02 F100
G41 D01 X3.98
Y67.
X64.
Y3.98
X11.
X9.02 Y6.
Y11.
G03 X3.98 Y28. R40.
G01 Y37.5
X8. Y41.5
X15.
G03 Y52.5 R5.5
G01 X10.
G02 X7. Y55.5 R3.
G01 Y61.
G02 X13. Y67. R6.
G01 X57.
X64. Y55.
Y51.
X61.5
G03 X56. Y45.5 R5.5
G01 Y39.5
G03 X61.5 Y34. R5.5
G01 X64.
Y27.
X60. Y16.
Y11.
G02 X57. Y8. R3.
G01 X54.5
Y11.
G03 X43.5 R5.5
G01 Y8.
X39.5 Y3.98
G40 Y-10.
G00 Z50. M09
G00 X35. Y29.
G01 G90 Z-6. F100 M08
G41 D01 Y38.
G03 J-9.
G40 G01 Y29.
G41 D01 X40.5
Y52.
G03 X29.5 R5.5
G01 Y29.
G40 X35.
G00 Z50. M09
G49 Z200.

G30 G91 Z0.
T07 M06
G00 G90 X18. Y15.
G43 H07 Z50. S100 M03
M03
G84 G98 Z-30. F125 M08
G00 Z50. M09
M05
G49 G80 Z200.
M02
%
```

제3절 머시닝센터 조작법

1. 화천 VESTA-660 MCT 공구 세팅하기

(1) 기계 조작 순서

1) 공압 밸브 On, 기계강전반 전원 On
2) NC On 상태에서 비상 버튼 해제(시계방향 회전)
3) 노란 reset 버튼을 눌러 유압주입
4) 원점 복귀를 하기 전에 핸들 모드로 모두 100mm 정도 움직인다. (처음 작동하는 기계의 부담을 덜어주기 위함)
   ZRT(원점 복귀) 누르고 Axis select에서 Z, Y, X 순으로 복귀. Jog&Rapid(수동 급속이송)에 + 버튼을 누른다.
5) 바이스에 공작물을 고정한다.
6) 페이스 커터로 윗면 가공을 할 경우에는 MDI 모드에서 페이스 커터(T10M06;)를 불러 S700M03;을 입력 후 수동으로 윗면을 친다.
7) MDI 모드에서 프로그램 버튼 G91G28Z0.M19;INSERT T01M06;(기준 공구 엔드밀 직경 10)을 눌러 자동운전으로 기준 공구를 부른다. 핸들 운전으로 변경한다.
8) X축 좌표계 설정(핸들 운전으로 한다.)
   ① X축을 터치하고 위로 올리고 POS에 상대 좌푯값을 0.으로 설정 후 X를 누른 후 ORIGIN을 누른다.
   ② X값 0, X축 5mm 이동 후 다시 X를 누르고 ORIGIN을 누른다.
   ③ X값 0 확인 후 Z축으로 살짝 들어 올려 X축으로 공구의 반지름(5mm)만큼 이동시켜 다시 상댓값을 다시 0.으로 ORIGIN을 누른다.
   ④ OFF/SET을 눌러 좌표계로 들어간다. G54 부분에 X 커서를 위치한 후 X0.을 입력하고 측정을 눌러 기계 좌표와 G54 좌표를 일치시킨다.
9) Y축 좌표계 설정(핸들 운전으로 한다.)
   ① Y축도 같은 방식으로 설정. Y축을 터치한 후 위로 올리고 POS에 상대 좌푯값을 0.으로 설정 후 Y를 누른 후 ORIGIN을 누른다.

② Y값 0, Y축 5mm 이동 후 다시 Y를 누른 후 ORIGIN을 누른다. Y값에서 0을 확인 후 Z축으로 살짝 들어 올려 Y축으로 공구의 반지름(5mm)만큼 이동시켜 다시 상댓값을 다시 0.으로 만들어준다.

③ OFF/SET을 눌러 좌표계로 들어간다. G54 부분에 Y커서를 위치하고 Y0.입력 → 측정을 눌러 기계 좌표와 G54 좌표를 일치시킨다.

10) Z축 좌표계 설정(핸들 운전으로 한다.)

*하이프리셋(100mm) 받침대 블록으로 0점 조정 후

① Z축은 윗면을 살짝 터치해서 POS에 상대 좌표 Z값을 0.(*100.)을 만든다.
(Z 누르고 ORIGIN(*100.)을 누른다.)

② OFF/SET을 눌러 좌표계로 들어간다. G54 부분에 커서를 위치하고 Z0.(*100.)을 입력 후 측정을 눌러 기계 좌표와 G54 좌표를 일치시킨다.
(예: *기계 좌표가 −414.669이면 G54 좌표계 Z100. 측정하면 −514.669가 된다.)

③ 이후 보정을 눌러보면 기준 공구인 1번 공구의 길이 형상이 0으로 되어 있는지 확인한다.

④ 안 되어 있다면 Z를 누르고 C 입력(현재 위치를 자동측정 입력)을 선택한다. 직접 0.을 입력해도 된다. 형상에도 반지름 값을 넣고 입력을 선택한다.

11) MDI 모드에서 프로그램 버튼 T03M6;을 눌러 센터드릴을 불러온다.
- S1000M03;을 입력 후 Z축을 터치한다. OFF/SET 모드에서 화면에 옵셋(보정)을 눌러 들어간 후 3번 공구의 형상에 커서를 놓고 Z를 누르고 C 입력을 누르면 된다.

12) 드릴(T05-직경7)도 같은 방법으로 세팅한다.
- 탭(T07_직경8)은 회전을 시키지 않고 공작물에 닿지 않도록 옆으로 살짝 빼고 Z축을 육안으로 맞춘다.

13) 공구 세팅이 잘 됐는지 확인한다.
① MDI → G54G90G00G43H01Z150.;을 눌러 안전거리에 위치시키고 블록 게이지를 놓고 수동으로 Z값을 내려 게이지 높이와 일치하는지 확인한다.
② Sycle Start를 누를 때 다른 손을 꼭 Feed Hold(stop) 위에서 언제나 정지할 수 있도록 준비한다.

14) EDIT → Pro → 일람 → 조작 → 장치 변경 → 메모리 카드를 선택한다. Page 넘겨 가며 파일을 찾고 → F 설정 → 번호 → O 설정 → 번호 → 실행하여 불러온다.

15) AUTO 모드에서 프로그램 실행. Feed Overad로 속도나 멈춤을 하면서 안전하게 작업한다.

16) 중요기능은 활용한다.
   ① Optional Stop-M01을 만나면 멈춘다.
   ② Single Block-한 줄씩 가공한다.
   ③ Flood Coolant-절삭유(Man: 켜면 나옴, Auto: 프로그램상에서 적용된다.)
   ④ Optional Block Skip- 프로그램상에 / 부분을 생략하고 넘어감.
   ⑤ Dry run: 프로그램이 아닌 NC에 설정된 값으로 Feed가 움직임. 에러가 나면 Reset으로 푼다.
   ⑥ Shift를 누르고 누르면 키보드 위쪽 문자가 나온다.
   ⑦ POS 좌표계를 확인. PROG 프로그램, OFF/SET 좌표계 공구보정
   ⑧ SYSTEM 파라미터는 수정하지 않는다(건들지 말것). GRAPE 미리보기

(2) 자동공구길이 측정장치(캘리브레이션) 사용법(T01 엔드밀이 기준 공구일 때 방식)

1) T01에 엔드밀을 장착한다.
2) 프로그램 번호 O8000번을 불러 실행하면 T01의 엔드밀이 기준 공구로 자동설정 실행된다.

   Edit → Pro → O8000 → Auto(AUTO Mode에서) → Cycle Start

3) O8000번을 실행하고 나서 M6 T01; 공구를 선택하여 반자동 모드에서 M200을 실행하면 공구보정(OFF/SET)의 NO.1에 000.000의 값이 나오는지 확인한다.
   (000.000)이 나오면 정상적으로 실행된 것임.
4) 이제부터 공구를 불러 차례대로 M6 T02; 불러온다.
5) M200;을 실행하면 자동으로 공구보정이 입력된다.
   ※ T01의 엔드밀이 기준 공구가 되어야 하기 때문에 T01에 엔드밀이 마모나 파손에 의하여 교체할 때마다 공구 교환 후에 1번부터 모든 공구를 실행해야 한다.
   ① M6 T1;
   ② M200; (직경이 18mm 이상이 되면 직경 값을 넣어 줄 것)
      큰 경우 M200 Y30(직경 값) ; 역회전하면서 길이를 측정함
      Y값에 30으로 "."을 안 찍어도 됨
   ③ M6 T2;
   ④ M200; -이와 같이 공구를 계속 입력 후 측정하면 전부 자동으로 들어 감

(3) 카드에서 프로그램 불러들이는 법

1) 메모리 카드를 끼우고 Edit → program → 일람(CNC 내용 확인) → 조작 → 장치 변경 → 메모리 카드를 누르면 메모리 카드에 내용이 나온다.
   ① 원하는 파일에 커서를 위치하고 파일 입력을 누른다.
   ② 화면에 F-GET(파일이름이 커서 창에 입력됨) → O1234 → 실행(옮겨짐)
   ③ 장치 변경해서 CNC 메모리에 가면 파일이 이동되어 있음
   ④ @ 표시가 되어 있으며 그 프로그램을 가공할 준비가 되어 있다는 내용이다.
   ⑤ 다른 프로그램에 커서를 옮기고 메인 프로그램을 누르면 선택을 바꿀 수 있다.

2) 카드를 끼우고 Edit → program → 화면에 조작 → OPRT(오퍼레이션) → + 눌러 다음 칸 → DEVICE → USB나 메모리 카드 → 화살표로 불러들일 파일 선택 → F INPUT → +버튼 눌러 옆으로 가서 F GET → 옆으로 와서 F NAME → 프로그램 번호 넣고 OSET → EXEC(실행)로 빠져나와 DEVICE에 CNCMEM(CNC 메모리)에 들어가서 파일 확인
   O 번호 입력 → OSRH(서치)하면 프로그램 불러들임

3) 가공 방법
   ① Auto로 놓고 Feed override를 0으로 SingBlck On으로 한다.
   ② 화면에 가공할 프로그램이 있는지 확인하고 남은 거리를 잘 확인하면서 가공한다.
   ③ SycleStart 눌러 가공시작(한 블록씩 가공됨)
   ④ Feed override를 0으로 되어 있으므로 움직이지 않는다.
   ⑤ Feed override를 조절하면서 움직임을 확인한다.

(4) 화낙 MCT에서 CNC 메모리 카드(CF)를 이용한 DNC 운전 방법

1) REMOTE → OFF/SET → 설정 → I/O channel → 4 → INPUT

2) PROG → 소프트 버튼으로 +를 선택 → 일람 → (조작) → 표시 갱신(숫자가 일련번호) → 원하는 번호 입력 후 → DNC 설정 → 좌측에 D라고 표시 → CYCLE START(가공 시작) → PROG 표시
   ① 메모리 카드(CF)를 기계에 삽입한다.
   ② AUTO MODE에서 REMOTE로 운전 모드를 변경한다.
   ③ OFF/SET 버튼 메뉴로 이동한다.
   ④ 화면에서 설정 버튼을 선택하고 I/O channel에서 4로 변경하고 INPUT한다.
   ⑤ PROG 버튼을 선택한다.

⑥ CRT 화면 하단 오른쪽에 소프트 버튼으로 +선택한다.
⑦ CRT 화면에서 일람을 선택한다.
⑧ CRT 화면에서 조작을 선택한다.
⑨ CRT 화면에서 표시 갱신을 선택한다.
⑩ 파일명은 중요하지 않고 번호에 나와있는 숫자가 일련번호이다.
⑪ 원하는 번호를 입력하고 DNC 설정을 선택한다.
⑫ 맨 좌측에 D라고 표시되는 것이 현재 DNC 설정 프로그램이다.
⑬ CYCLE START 버튼을 누르면 바로 DNC로 설정된 프로그램이 시작된다.

2 TNV40A MCT 공구 세팅하기

(1) MCT 작업 순서

1) 공압 밸브 On, 기계강전반 전원 On
2) NC On 상태에서 비상 버튼 해제(시계방향 회전)
3) 모드를 핸들 운전으로 선택한다.
4) 원점 복귀를 하기 전에 핸들 모드로 각 축을 −100mm 정도 움직인다. (처음 작동하는 기계의 부담을 덜어주기 위함)
5) 모드를 원점으로 변경하고 기계 원점 복귀 8 → Z축 원점 복귀, 4 → X축 원점 복귀, 1 → Y축 원점 복귀한다.
6) 기계 좌표가 0,0,0인지 확인한다.
7) 공작물을 바이스에 고정시킨다.
8) 페이스커터로 윗면 가공을 할 경우에는 반자동 모드에서 G91G30Z0.M19;(마침) 페이스커터(T10 M06;)마침↵을 불러 S700 M03;을 입력 후 자동개시를 누르고 수동으로 윗면을 친다.
9) 반자동 모드에서 G91G30Z0.M19; T01 M06;(기준 공구 엔드밀 직경 10)을 눌러 기준 공구를 부른다.
10) S800 M03;(마침)↵ 자동개시를 누른다. 주축 정회전을 시작한다.

11) 모드를 핸들 -방향으로 핸들 이동(+방향 한계 범위 넘을 경우 알람 발생) 핸들 이송속도 X10 선택한다.
   ① X축 면을 터치하고 Z축으로 올리고, F1에(위치 선택) 상대 좌표를 확인 후 F5를 누르고 값을 X0.으로 변경한다.
   ② 공구반경보정-공구반경만큼 X5.mm 핸들로 이동한다.
   ③ X0 누르고 X값이 0.000으로 변환한다.
   ④ 위치 선택에서 기계 좌표를 누른다. X-328.076(예: 메모장에 메모한다.)
   ⑤ 핸들을 이용하여 Y축으로 이동하여 Y축 면을 터치한다.
      F6(Y0)을 선택하고 Y좌표를 Y0으로 변경한다.
      F6: Y0으로 만든다.
   ⑥ Z축을 +방향으로 살짝 들어 올려 핸들을 이용하여 Y축으로 공구반지름 5mm 핸들로 이동한다.
   ⑦ Y0을 누르면 Y값이 0.000으로 변환한다.
   ⑧ 위치 선택에서 기계 좌표를 누른다. Y-231.426 (예: 메모장에 메모한다.)
   ⑨ 핸들을 이용하여 회전하고 있는 공구로 공작물의 Z면을 터치한다.
   ⑩ 상대 좌표에서 Z0을 누르면 Z값이 0.000으로 변환한다.
   ⑪ F1(위치 선택)키를 이용 기계 좌표로 변경한 뒤 Z 좌푯값을 메모지에 기록한다.
      (예: Z-271.890)
   ⑫ 화면 → F5 보정을 선택한다. (보정: 공작물좌표계 설정 때문에)
   ⑬ F2(워크) 선택하여 워크메뉴로 진입한다.
      F2(워크): 공작물좌표계 G54에 설정한다.
   ⑭ X-328.076, Y-231.426, Z-271.890 좌푯값을 메모지 값 기계 좌표계를 G54 값에 입력한다.

12) 반자동 모드에서 G91G30Z0.M19;(마침) T03M6;마침↵ 센터드릴을 불러들여 자동 개시를 누른다.
   ① 3번 공구 센터드릴 교환 완료한다. S1000M03;을 입력한다.
   ② 모드를 핸들 운전으로 하고 Z축을 터치한다. Z축 상대 좌표를 확인한다.
   ③ 보정 → 3번 공구 센터드릴의 H003에 커서를 두고 F1 상대 → F2 설정 입력을 누른다.

13) 드릴(T05-직경8)도 같은 방법으로 세팅한다. 탭(T07_직경8)은 회전을 시키지 않고 공작물에 닿지 않도록 옆으로 살짝 빼고 Z축을 육안으로 맞춘다.

※ 만약 G54가 기계에서 인식하지 못할 경우 MANUAL ABS가 On 확인한다.

14) 공구 세팅이 잘 됐는지 확인한다.

① 반자동 → G54G90G00G43H01Z150.;을 눌러 안전거리에 위치시키고 블록 게이지를 놓고 수동으로 Z값을 내려 게이지 높이와 일치하는지 확인한다.

② 각 공구도 확인한다.

③ Sycle Start를 누를 때 다른 손을 꼭 Feed Hold(stop) 위에서 언제나 정지할 수 있도록 준비한다.

(2) 수동으로 공구 교환하기

핸들 모드 선택 → 조작판 버튼 선택 → 조작판 버튼을 계속 누르면 커서 위치가 바뀐다. → 커서 위치가 가운데 있을 때 F1(CHECK MODE) 선택 → F1(CHECK MODE)를 선택 확인한다. → 공구가 떨어지지 않게 손으로 잡는다. → TOOL UNCLAMP를 누른다. → 공구를 뺀다. → 키홈에 맞춰서 공구를 교환한다. → 공구 교환이 끝난 후 조작판에 들어와서 F1(CHECK MODE) 해제

(3) 프로그램 열기 및 도형 확인

EDIT → 일람표 → 프로그램 번호 선택 → 선택 → 책 표지 → 도안 → 스케일링 → 신속확인 → 이동, 확대, 축소

(4) USB DNC 판넬 초기 세팅

USB DNC 좌우측 버튼(위, 아래 기능)과 중앙 버튼(선택 기능)을 이용하여 Setup 선택

① Baud Rate: 4800

② Data/Par/Stp: 7 even 1

③ Flow control: SW Xon Xoff

④ EOB delay: No delay

⑤ EOB char: CR LF

⑥ start Tx: %

⑦ end Tx: %

⑧ Okay 선택

(5) USB DNC 판넬 입력(USB → CNC 장비)

1) 전원 On 후 USB 삽입 → USB DNC 판넬상의 USB to CNC 선택

2) EDIT 모드로 변경 → 일람표 → 손가락 → RS232C 입출력 → 입력 → 하나 입력
→ 실행

3) USB DNC 판넬상에서 파일 선택한 후 start

(6) 구형 장비 USB DNC 판넬 초기 세팅

USB DNC 좌우측 버튼(위, 아래 기능)과 중앙 버튼(선택 기능)을 이용하여 Setup 선택

① Baud Rate: 4800

② Data/Par/Stp: 7even 2

③ Flow control: SW Xon Xoff

④ EOB delay: No delay

⑤ EOB char: LF

⑥ start Tx: None

⑦ end Tx: None

⑧ Okay 선택

(7) 구형 장비 USB DNC 판넬 입력(USB → CNC 장비)

1) 전원 On 후 USB 삽입 → USB DNC 판넬상의 USB to CNC 선택

2) EDIT 모드로 변경 → 입출력 → 입력 → 하나 → 실행

3) USB DNC 판넬상에서 파일 선택한 후 start

(8) DNC 가공방법

1) 공작물 설치 후 좌표계 설정 및 공구보정 수행

2) CNC 장비 DNC 모드로 변경 → USB DNC 판넬상의 DNC 선택

3) 판넬상에서 파일 선택 후 start

4) CNC 장비 Cycle start 시 가공 시작

3 두산 DNM400II MCT 공구 세팅하기

(1) 전원 공급

배전반 메인 스위치 On → 시스템 Power S/W On → M/C Ready On

(2) 원점 복귀

전원 스위치 On한 후 반드시 원점 복귀시킨다.

① 자동원점 복귀방법: 원점 복귀 모드 → Z축 먼저 누르고 X축, Y축 차례로 누른다.

② 수동원점 복귀방법: 반자동(MDI) 모드 → G91 G28 X0. Y0. Z0. → EOB → insert → 사이클 스타트(Z축의 안전높이에 있는 확인 후 사이클 스타트할 것)

(3) 공구 교환

반자동(MDI) 모드 → Z축 핸들 운전으로 어느 정도 올린 후 G91 G30 Z0 ; → T01 ; → M06 ; → insert → 사이클 스타트

(4) 좌표계 설정 및 공구길이 보정(기준 공구: 엔드밀 T01)

1) 좌표계 설정

① 1번 공구 호출(반자동(MDI) → G91 G30 Z0 ; → T01 ; → M06 ; → insert → 사이클 스타트

② Z축 터치 → POS 누름 → 상대 → Z → 오리진 → OFF/SET 누름 → 좌표계 → G54 좌표계 → Z0 → 측정

③ 스핀들 회전시킨다(반자동(MDI)모드 → S600 M03 - EOB - insert → 사이클 스타트

④ X축 터치: POS 누름 → 상대 → X → 오리진 → 핸들 운전 → Z축으로 올려서 반경값 이동 → X → 오리진 → OFF/SET 누름 → G54 좌표계 → X0 → 측정

⑤ Y축 터치: POS 누름 → 상대 → Y → 오리진 → 핸들 운전 → Z축으로 올려서 반경값 이동 → Y → 오리진 → OFF/SET 누름 → G54 좌표계 → Y0 → 측정

2) 공구길이 보정

① 센터드릴(T02) 세팅: MDI → PROG 누름 → G91 G30 Z0 ; → T02; → M06 ; → insert → 핸들 운전 → Z축 터치 → 옵셋 → 002번(길이) 형상 → Z → C 입력

② 드릴(T03) 세팅: 센터드릴 세팅과 같이 하면 됨

③ 여러 공구가 있을 때 공구 교환 후 ①항 순으로 반복

3) 공구경 보정

엔드밀의 공구경 보정: 옵셋 → 001번(반경) 형상 → 공구경 반경값 → 입력
(예: ∅10인 경우 "5" 입력)

(5) 외부 장치로 프로그램 입력

1) USB
① MDI → OFF/SET → 설정 → I/O channel → 17 → INPUT
② EDIT → PROG → 일람 → (조작) → 장치변경 → USB → 파일 입력 → 프로그램 선택(커서 이동) → F·GET → 파일 명칭 → 프로그램 번호(예: 123) → O 설정 → 실행

2) CARD
① MDI → OFF/SET → 설정 → I/O channel → 4 → INPUT
② EDIT → PROG → 일람 → (조작) → 장치 변경 → 메모리 카드 → 파일 입력 → 번호(좌측 1, 2, 3 …)-해당 번호 → F 설정 → 프로그램 번호(예: 123) → O 설정 → 실행

(6) DNC 운전(CARD에 의한 방법, USB는 DNC 운전이 되지 않음)

TAPE → PROG → 일람 → + → (조작) → 장치 변경 → 메모리 카드 → 표시 갱신 → 번호(좌측 1, 2, 3 …)-해당 번호 → DNC 설정(번호 앞에 "D:" 생성됨) → PROG → 사이클 스타트(안전을 위한 조치: SINGLE BLOCK 선택, 급속이송비 선택-초기 F0(400mm/min) 이송속도, 절삭이송비, 주축속도비를 적절히 조절 후 운전할 것)

4 현대위아 VX-500 공구 세팅하기

(1) 전원 투입 및 차단하기
1) 기계 우측 배전반에 메인 스위치를 우측으로 돌려 [On] 위치로 하면 기계전원이 투입된다.
2) 조작반 좌측 상단에 Power[On] 버튼을 눌러 조작반 전원을 투입한다.
3) [비상정지] 버튼을 오른쪽 시계방향으로 돌려 해제시킨다.
4) 조작반 우측 상단에 있는 [STANDBY] 운전준비 키를 눌러 PLC 전원을 켠다.

(2) 기계 원점 복귀하기
1) [JOG] 모드 키를 눌러, 조그 LED 램프에 불이 들어 왔는지 확인한다.

※ 충돌방지를 위한 원점 복귀점에서 −Z, −X, −Y축 키를 눌러 순서대로 100위치 만큼 이동시켜 놓는다.

※ Z축 원점 복귀시키고, +X, +Y 축을 원점 복귀 또는 X+, Y+, Z+ 키를 동시에 눌러 원점 복귀를 시킨다.

2) [ZERO RETURN] 원점 복귀 버튼을 누르고 POGRAM의 [START] 시작 버튼을 누르면 [Z, X, Y] 축의 순서로 원점 복귀가 된다.

(3) 기준 공구 호출하기

1) [MDI] 반자동 모드 키를 누르고, [PROG] 키를 눌러서 MDI 화면을 선택한다.
2) 주축에 있는 공구 이외의 번호를 호출한다. [T01], [M06]을 입력하고, [EOB] 마침 키를 누름, [INSERT] 삽입 키를 누름, PROGRAM의 [START] 시작 버튼을 누르면, 매거진이 회전 후, 대기 위치에 1번 공구홀더가 교환되어 호출하게 된다.

(4) X축 공작물 좌표계 설정하기

1) [JOG] 조그 모드를 선택하고, [−Z] 키를 누른 후, 주축을 하향으로 이동시켜 공작물에 접근시킨다.
2) [HANDLE] 핸들 모드로 선택하고, 공구를 공작물 [−X] 측면에 서서히 터치시킨다.
   ※ 핸들 속도는 X100을 선택하여 이동 후, 접촉할 근접 위치에서는 X10으로 변경하고, 천천히 접촉시킨다.
3) [POS] 위치 키를 눌러 좌표 화면을 불러온다.
4) 상대를 누른다.
5) X를 입력하고 ORIGIN을 한다. X축 5mm이동 후 다시 상댓값을 0.으로 ORIGIN을 한다.
6) [JOG] 조그 모드에서 [+Z] 키를 누르면서, 주축을 위로 상향시킨다.
7) OFF/SET을 눌러 좌표계로 들어간다. G54 부분에 X 커서를 위치하고 X0.을 입력한 후 측정을 눌러 기계 좌표와 G54 좌표를 일치시킨다.

(5) Y축 공작물 좌표계 설정하기

1) [−Z] 키를 누른 후, 주축을 하향으로 이동시켜 공작물에 접근시킨다.
2) [HANDLE] 핸들 모드로 선택하고, 공구를 공작물 [− Y] 측면에 터치시킨다.
3) [POS] 위치 키를 눌러 좌표 화면을 불러온다.
4) 상대를 누른다.

5) Y를 입력하고 ORIGIN를 한다. Y축 5mm 이동 후 다시 상댓값을 0.으로 ORIGIN을 한다.
6) [JOG] 조그 모드에서 [+Z] 키를 누르면서 주축을 위로 상향시킨다.
7) OFF/SET을 눌러 좌표계로 들어간다. G54 부분에 Y 커서를 위치한 후 Y0.입력하고, 측정을 눌러 기계 좌표와 G54 좌표를 일치시킨다.

(6) Z축 공작물 좌표계 설정하기

1) [-Z] 키를 누른 후, 주축을 하향으로 이동시켜 공작물에 접근시킨다.
2) [HANDLE] 핸들 모드로 선택하고, 공구를 공작물 [-Z] 면에 터치시킨다.
3) [POS] 위치 키를 눌러 좌표 화면을 불러온다.
4) 상대를 누른다.
5) Z는 0을 입력하고 ORIGIN을 한다.
6) OFF/SET을 눌러 좌표계로 들어간다. G54 부분에 Z 커서를 위치한 후 Z0.을 입력하고 측정을 눌러 기계 좌표와 G54 좌표를 일치시킨다.

(7) 카드(CF)사용 방법

1) 카드(CF)를 사용하려면 [I/O 채널 4]로 되어 있어야 카드가 사용이 가능하다.
2) 카드(CF) 변경하기
   ① 반자동(MDI) 모드를 누르고, OFF/SET/Setting을 누르고, 보정 & 세팅 중에서 세팅을 누르고, I/O 채널 4로 변경한다.
3) 기계에서 카드(CF)로 전송(⇨)방법
   ① 편집(EDIT) 모드 버튼을 선택하고, 보내고자 하는 프로그램을 호출한다.
   ② 조작 버튼을 누름, 우측 ▶ 버튼을 누름, PUNCH 버튼을 누르면 카드로 전송이 완료된다.
4) 카드(CF)에서 기계로 전송(⇦) 방법
   ① 편집(EDIT) 버튼을 선택하고, 우측 ▶ 버튼을 누르고, CARD를 실행하려면, 카드에 저장되어 있는 프로그램 목록들이 로딩된다.
   ② 프로그램 로딩 시 파일 번호와 프로그램 번호 및 제목이 나열된다.
      O0001 O1339 (LBS-0001) 중에서 파일 번호를 이용하여 전송하는 것을 사용한다.

③ 파일 번호 4번에 O0028의 프로그램을 기계 측으로 전송하고자 할 때 조작 버튼을 누르고 → F READ 버튼을 누르고 → 파일 번호 4번에서 F 설정 버튼을 누른 후 → 실행을 누르면 완료된다.

④ 이 경우 저장되어 있는 기존의 프로그램 번호로 자동 저장된다. (프로그램의 번호를 바꿀 필요가 없을 경우에 사용한다.)

5) 다른 방법/전송하면서 프로그램 번호를 바꾸는 방법

① 조작 버튼을 누르고 → F READ 버튼을 누르고 → 파일번호 4번에서 F 설정 버튼을 누른 후 → 전송 시 저장될 새로운 프로그램 번호(28번을 78번으로 바꿀 경우) "78", "0" 설정을 누르고 → 실행 버튼을 누르면 → 완료된다.

(8) 카드(CF) 포맷 방법

1) 기계전원이 Off 상태에서 조작 및 우측 ▶ 버튼을 동시에 누르고, POWER On 버튼을 누른다.
2) 메모리 카드 포맷으로 커서를 하향 이동시킨다.
3) SELECT 버튼을 누르고 → YES 버튼을 누르면 → 카드의 포맷이 완료된다.

(9) 공작물 그래픽 설정 방법

1) 메모리 버튼을 누름 → CSTM/GR 그래픽 버튼을 누름 → [G. PRM]파라미터 버튼을 누른다. (예: 도형 파라미터의 공작물 길이(지름)에 "값 설정"을 누르고, 70 or 70, 20.을 입력한다.)
2) 좌측 ◀ 버튼을 누름 → 도형을 누름 → 조작을 눌러서 → 프로그램을 확인한다.
3) 실행 버튼을 눌러 프로그램을 연속으로 그래픽을 확인하거나, 싱글블록 버튼을 눌러 프로그램을 한 블록씩 그래픽을 확인한다.

(10) 기계에서 프로그램 책크 + 머신 록을 동시 실행 후, 그래픽 확인 방법

1) 프로그램 체크(PROGRAM CHACK) 버튼을 선택 → (회전 X, 절삭유 X, 이동 O) 선택 → 그래픽을 확인한다.
2) 머신 록(MACHINE LOCK) 버튼을 누르고 → 경로의 이동은 없고 좌표만 이동되어 프로그램 "그래픽 시 사용" 잠김(프로그램 경로 확인 시 사용)

※ 두 가지 모두 실행 시: (회전 X, 절삭유 X, 이동 X) "프로그램에서 좌표만 이동"

(11) 프로그램 시범 가공하기

1) 가공하고자 하는 프로그램을 호출한다. (예: O 1234 ;)
2) 공작물을 바이스에 장착한다.
3) 조작반 버튼을 세팅한다.
   ① SINGLE BLOCK 버튼을 누른다.
   ② OPTIONAL STOP 버튼을 누른다.
   ③ RAPID OVERRIDE 버튼을 누른다.
   ④ RAPID OVERRIDE은 25% 이하로 하고, 가공물에 접근하면 5% 이하로 조정한다. 공작물을 바이스에 장착한다.
4) 도어를 닫는다.
5) PROGRAM의 "START" 버튼을 누른다.
   ① 1BLOCK 확인 후, 다시 "START" 버튼을 눌러 순차적으로 프로그램을 진행한다.
   ② 이때 손의 위치는 오른손은 "FEEDHOLD" 스위치를 누르고, 왼손은 PROGRAM "START" 버튼을 누르면서 조정한다.
6) 절삭 상태를 보면서 "SPINDLE OVERRIDE", 주축 가감과 "FEEDRATE" 이송값을 조정하여 가공 후, 프로그램에서 S(회전수)와 F(이송값)를 수정한다.
7) 축 이송 중 정지할 때는 "FEED HOLD" 버튼을 누른다.
   ※ 소재 근접거리나 위치를 확인을 위하여 일시정지/재실행(START) 버튼을 누른다.
8) 프로그램 중 "M01"이 있을 경우 "OPTIONAL STOP" 버튼이 "On"인 상태에서 M01에서 정지하므로 도어를 열고 공작물을 가공 상태를 확인할 수 있다.
9) 프로그램 완료 후, 가공이 종료되면 가공물을 측정하여 각 공구의 치수를 조정한다.

(12) 프로그램 자동 운전하기

1) 조작반 각 버튼을 세팅한다.
   ① SINGLE BLOCK 버튼을 Off로 한다.
   ② RAPID OVERRIDE 버튼을 100%로 설정한다.
   ③ "FEEDRATE", "SPINDLE OVERRIDE", 버튼을 100%로 설정한다.
   ④ DRY RUN, PROGRAM CHACK, MACHINE LOCK은 Off로 한다.
   ⑤ OPTIONAL STOP, BLOCK SKIP의 버튼은 필요에 따라 세팅한다.

2) "PROGRAM START" 버튼을 눌러서 가공한다.
   ① 운전 중 일시 정지를 행할 경우에는 PROGRAM "FEEDHOLD" 버튼을 누른다.
   ② SINGLE BLOCK 버튼을 On하여 기계를 정지시킨다.
   ③ 가공 중 비상 발생 시에는 비상정지 버튼을 눌러 기계를 정지한다.

(13) 프로그램 등록하기

1) 편집(EDIT) 모드로 선택하고, 프로그램(PROGRAM) 키를 누른다.
2) O 0001을 입력 → EOB 버튼을 누름 → INSERT 버튼을 누르면 → 새 번호가 생성된다.
   ※ 프로그램 번호 다음 " ; " 사용 불가(알람 발생), 블록에만 사용 가능하다.

(14) 프로그램 호출하기

1) 편집(EDIT) 모드로 선택하고, 프로그램(PROGRAM) 키를 누른다.
2) O 0005을 입력 → EOB 버튼을 누름 → INSERT 버튼을 누르면 → 새 번호가 생성된다.
3) SOFT KEY O SRH 또는 ▯ 버튼을 누른다.

(15) 프로그램 번호 수정하기

1) 프로그램 프로그램 (O 0001)에 커서를 이동한다.
2) 변경하고자 하는 프로그램 번호 O0002를 입력 → ALTER 버튼을 누르면 → 번호가 변경된다.

(16) 프로그램 전체 삭제하기

1) 편집(EDIT) → (PROGRAM) 키를 누른다.
2) O0033 입력, INSERT를 누르면 새 번호가 생성된다.
3) 삭제 프로그램(O 0077)에 커서를 이동한다.
4) DELECT를 누르고, 실행을 눌러 삭제시킨다. (삭제 후 복원 불가)

Chapter 05

CNC선반 프로그래밍 및 가공

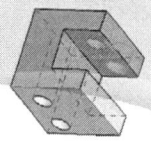

제1절 CNC선반 프로그래밍
제2절 CNC선반 수동 프로그램 작성
제3절 CNC선반 조작 방법

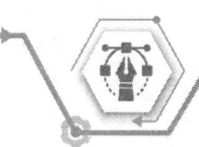

제1절 CNC선반 프로그래밍

1 프로그래밍(Programming) 기초

프로그램이란 사람이 이해하기 쉽도록 그려진 가공도면을 CNC 공작기계가 이해할 수 있도록 NC 언어로 바꾸어 표현 방식을 바꾸어 주는 작업을 말한다. 이 작업을 프로그래밍(Programming)이라 하고, 이 일을 하는 사람을 Programmer라고 부른다.

(1) 프로그램의 개요

1) PROGRAMMING 순서

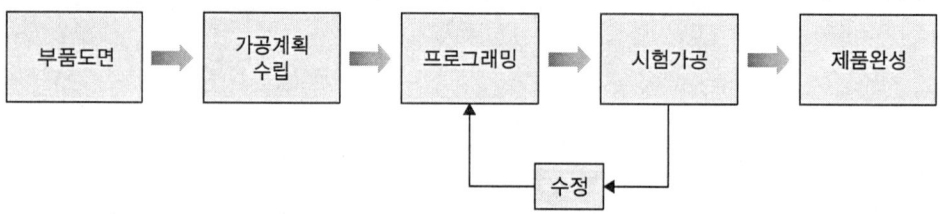

(2) 가공계획

부품의 도면이 주어졌을 때 가공계획이 필요하다. 이것은 CNC 프로그램을 작성할 때 필요조건이 미리 결정되어야 하며 그 내용은 다음과 같다.

① NC 기계로 가공하는 범위와 사용하는 공작기계의 선정
② 공작물 고정방법 및 필요한 지그의 선정
③ 절삭 순서(공정의 분할, 공구 출발점, 절입량, 공구 경로 등)의 결정
④ 절삭공구 및 공구홀더, 공구 척킹(Chuking) 방법의 결정
⑤ 절삭조건(주축회전속도, 이송속도, 절삭유의 유무 등)의 결정
⑥ 프로그램 작성

(3) 좌표계의 종류

CNC 공작기계는 기계와 공작물의 위치에 따라 오른손 직교 좌표계와 왼손 직교 좌표계가 사용된다. 일반적으로 오른손 직교 좌표계가 많이 사용된다. CNC 선반의 경우 축의 구분은 주축 방향과 평행한 축을 Z축으로 하고, Z축과 직교한 축을 X축으로 한다.

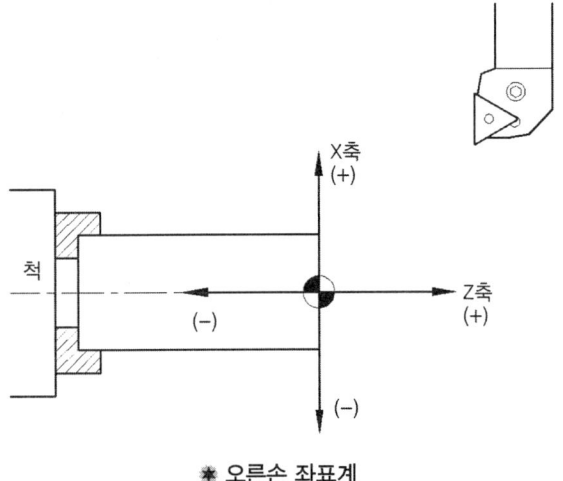

❋ 오른손 좌표계

1) 기계 좌표계

CNC 공작기계의 좌표 원점은 기계의 기준점으로 기계제작사에 파라미터에 의하여 정하여진다. 기계 원점은 사용자가 원점 위치를 변경할 수 없으며, 기계의 기준점은 기준점 복귀 지령에 의하여 공구대가 항상 일정한 위치로 복귀하는 고정점으로서, 공구가 원점에 복귀함으로써 기계 좌표 원점이 설정되며, 기계 원점을 좌표 원점(X0. Z0.)으로 해서 설정되는 좌표계를 기계 좌표계라 한다.

2) 절대 좌표계(WORK 좌표계, 프로그램 좌표계)

공작물을 가공하기 위하여 프로그램 작성에 필요한 기준 좌표계로 공작물 좌표계라고도 한다. 일반적으로 공작물의 편리한 가공을 위하여 도면상의 임의의 점을 원점으로 하는 좌표계로서 G50을 이용하여 공작물마다 X0, Z0으로 설정한 좌표를 말하며, 공작물 좌표계 원점은 작업자가 편리한 임의의 위치로 할 수 있다.

3) 상대 좌표계(증분 좌표계)

각 축의 임의의 위치를 좌표 원점으로 설정할 수 있는 좌표계로서, 공구보정이나 공작물 좌표계를 설정할 때, 또는 수동으로 가공할 때 유용하게 사용한다. 즉 현재 서 있는 위치가 원점이 되는 좌표계를 말한다. (U, W를 사용)

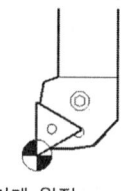
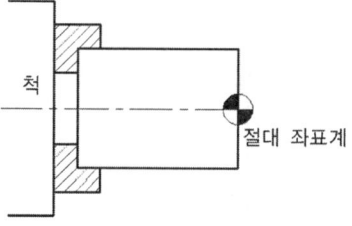

❋ 기계 원점

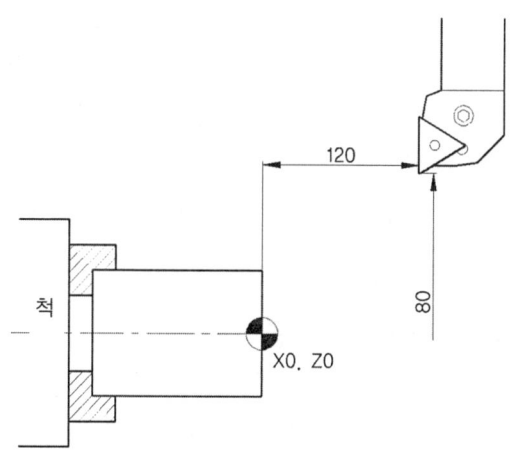

❋ 절대 좌표계

(4) 절대 지령과 증분 지령

1) 절대 지령
절대 지령방식은 미리 설정된 좌표계의 원점을 기준으로 종점의 좌표 위치를 지령하는 방법이다. 사용하는 좌표어는 X, Z을 사용한다.

2) 증분 지령
증분 지령방식은 공구의 현재 위치 점에서부터 지령 위치인 이동 종점까지의 거리를 좌푯값으로 지령하는 방식으로 좌표어는 U, W를 사용한다.

3) 절대 증분 혼합방식

절대 지령와 증분 지령를 혼합하여 사용하는 방법으로 CNC선반에서 사용된다. 절대와 증분을 혼합하여 사용하면 프로그램하기 쉽다. 수치제어밀링(머시닝센터)에서는 G90과 G91로 구분하여 사용한다.

예제 1

시작점에서 끝점로 이동할 때 절대, 증분 지령으로 프로그램하시오.

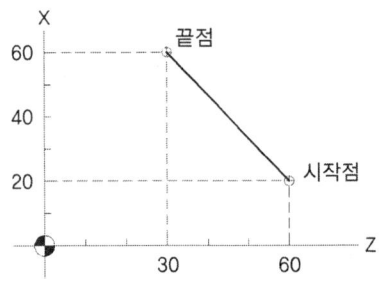

풀이

① 절대 지령방식(원점 기준)

　G00 X60. Z30. ;

② 증분 지령방식(이동전 위치 기준)

　G00 U40. W-30. ;

③ 절대 증분 혼합방식

　G00 U40. Z60. ;

---

(5) 반경 지령 및 직경 지령

CNC선반에서 가공물이 일반적으로 단면이 원의 형상이며, 프로그램 시 공작물의 원점은 중심선상의 한 점을 지정하는 것이 일반적이다. 원의 가공 시 반경만 가공하여도 직경 전체가 가공되므로 프로그램 작성 시 직경 지령하는 방식과 반경 지령하는 2가지 방법이 있으나, 일반적으로 직경 지령을 사용한다. X축, Z축은 직경 지령(U, W)을, 원호는 반경 지령(I, J, K)을 한다.

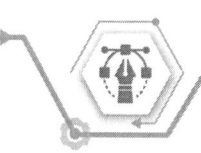

2 프로그램의 구성

(1) 어드레스(Address, 주소)

주소는 영문자 알파벳 A~Z 중 1개를 사용하며, 모든 Address는 각각의 특정한 의미를 가지고 있다.

▶ 어드레스의 지령치의 범위

기 능		어드레스	설정치의 범위(MM 단위)
프로그램 번호		O	0001~9999
전개 번호(sequence No.)		N	1~9999
준비기능		G	0~99
좌표어	각 축의 이동 위치	X, Y, Z	±99999.999mm
	원호의 반경	R	
	원호의 중심 위치	I, J, K	
이송속도(각 축의 이송속도)		F	1~100000mm/min
보조기능		M	0~99
주축기능(주축의 회전속도)		S	0~9999rpm
공구기능(공구 번호 지정)		T	1~99
고정 Cycle Sequence 번호		P, Q	1~9999
휴지 시간(Dwell time)		X, U, P	0~99999.999sec

▶ 주소(Address)의 의미

기 능	주 소			의 미
프로그램 번호	O			Program 번호
전개 번호	N			Sequence 번호
준비기능	G			동작의 조건(직선, 원호 보간 등)을 지정
좌표치	X	Y	Z	각 축의 이동 위치(절대 방식)
	U	V	W	각 축의 이동 거리와 방향(증분 방식)
	I	J	K	원호 중심의 각 축 성분, 면취량 등
	R			원호 반경, 구석 R, 모서리 R 등
이송기능	F, E			이송속도, 나사의 리드
보조기능	M			기계 작동 부위 지령(ON/OFF 제어)

기 능	주 소	의 미
주축기능	S	주축 속도
공구기능	T	공구 번호 및 공구보정 번호
휴지	P, U, X	휴지 시간(Dwell), 잠시 멈춤
PROGRAM 번호 지정	P	보조프로그램 호출 번호
전개 번호 지정	P, Q	복합 반복 주기에서의 호출, 종료 번호
반복 빈도	L	보조프로그램 반복 횟수

(2) 워드(Word, 단어)

NC 프로그램의 기본 단위이며, 어드레스(Address)와 수치(Data)로 구성된다. 어드레스는 알파벳(A~Z) 중 1개로 하고, 어드레스 다음에 수치를 지령한다.

$$\underset{\text{어드레스}}{X} + \underset{\text{수치}}{100} = \underset{\text{워드}}{}$$

(3) 수치(Data)

수치는 주소의 기능에 따라 주로 2자리의 수치와 4자리의 수치가 사용되며, 좌표치를 입력할 때는 원칙적으로 소수점을 사용해야 하는데, 만약 소수점을 사용하지 않으면 좌표치의 제1자리를 0.001mm로 인식하게 된다. 그 이유는 좌표치의 입력 형식이 00000.000의 8자리 숫자로 되어 있어 소수점이 없다면 제일 끝자리부터 인식하기 때문이다. 또한 어드레스 S, P, O, M, T, N, G에서는 소수점을 사용해서는 안 된다.

(예) 소수점을 붙이지 않을 경우
 G01 X20 → X축으로 0.020mm 이동을 의미한다.
 G01 X20.0 → X축으로 20. mm 이동을 의미한다.

(4) 지령절(Block)의 구성

지령절은 프로그램을 구성하는 기본 지령 단위이며, 여러 개의 워드가 모여진 그룹을 말하며, 모든 지령절은 다른 지령절과 구분하기 위해 지령절의 끝에 반드시 EOB(End Of Block)라 하여 ";", "#" 기호를 붙여 사용한다.

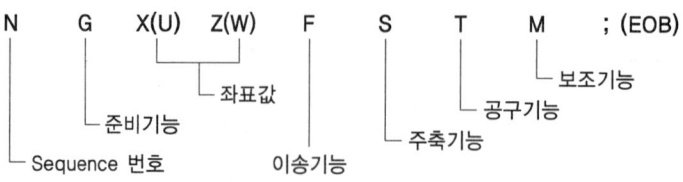

(예) N01 G00 X20.0 Z30.0 F0.20 S1800 M03 ;

(5) 프로그램의 구성

하나의 프로그램은 여러 개의 지령절이 모여서 이루어지며, 4자리 숫자로 된 프로그램 번호부터 시작하여 마지막에는 프로그램 종료 지령(M02)을 한다.

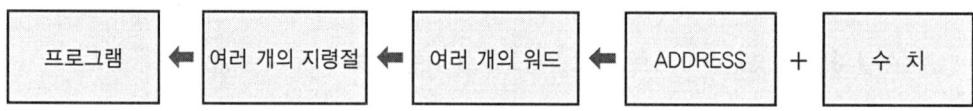

(6) 주(Main)프로그램과 보조(Sub)프로그램의 구성

프로그램을 간단히 하는 기능으로 가공할 형태가 여러 번 반복하는 경우 가공 부분은 하나의 보조(Sub)프로그램으로 작성하고, 주(Main)프로그램에서 보조(Sub)프로그램 필요할 때 호출하여 반복 가공할 수 있다.

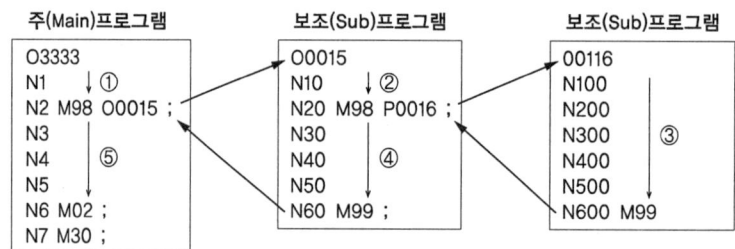

※ 그림에서와 같이 프로그램은 ① → ② → ③ → ④ → ⑤의 순서로 진행된다.

3 준비기능(G 기능)

준비기능(G기능)은 공구의 가공이나 실제 가공, 공구 번호, 주축회전 등 기계가 움직이는 제어기능을 준비시키기 위한 기능으로서 Address "G" 2자리의 수치로서 구성되어 그 지령절(Block)의 명령이나 어떤 의미를 지시한다.

(1) G코드의 종류

1) One Shot G-code(1회 유효 G코드)
지령된 지령절(Block)에 한하여 유효한 것으로 "00" 그룹으로 구성되어 있다.

2) Model G-code(연속 유효 G코드)
한 번 지령된 G코드는 동일 그룹의 다른 G코드가 나올 때까지 유효한 기능으로 "00" 이외의 그룹으로 구성되어 있다.

G코드	그룹	기 능	G코드	그룹	기 능
*G00	01	위치결정(급속이송)	G70	00	정삭 가공 Cycle
G01		직선 보간(절삭이송)	G71		내·외경 황삭 Cycle
G02		원호 보간(시계방향)	G72	10	단면 황삭 Cycle
G03		원호 보간(반시계방향)	G73		모방 절삭 Cycle
G04	00	일시 정지(Dwell time)	G74		단면 홈 Cycle
*G17	02	XY 평면 지정	G75		외경 홈 가공 Cycle
G18		ZX 평면 지정	G76		자동 나사 가공 Cycle
G19		YZ 평면 지정	G80		Drilling Cycle Cancel
G20	06	인치 데이터 입력	G83		단면 Drilling Cycle
*G21		mm 데이터 입력	G84		단면 Tapping Cycle
G28	00	제1원점 복귀기능(기계 원점)	G86		단면 Boring Cycle
G30		제2, 3, 4원점 복귀기능	G87		Side Drilling Cycle
*G40	07	공구경 보정 취소	G88		Side Tapping Cycle
G41		공구경 보정 좌측	G89		Side Boring Cycle
G42		공구경 보정 우측	G90	01	내·외경 절삭 Cycle
G50	00	좌표계 설정, 주축 최고회전수 지정	G92		나사 절삭 Cycle
G65		Macro 호출	G94		단면 절삭 Cycle
G66	12	Macro model 호출	G96	02	주속 일정 제어 ON
G67		Macro model 호출 말소	G97		주속 일정 제어 OFF
G68	04	미러 이미지 ON	*G98	05	분당 이송(mm/min)
G69		미러 이미지 OFF	G99		회전당 이송(mm/rev)

주) - *표시는 전원투입 시 기본으로 설정되어 있는 G코드를 나타낸다.
- G코드는 서로 다른 그룹이면 한 지령절에 몇 개라도 지령할 수 있으며, 동일 그룹의 G코드를 2개 이상 지령할 경우에는 뒤에 지령한 G코드가 유효하다.
(예) G00 G01 X100.Z50.F200 ; —— G01이 유효하다.

(2) 보간 기능

1) 위치결정(G00)

비절삭 시 공구의 이동에 사용되며 공구가 현재의 위치에서 지령된 위치까지 급속 이송속도로 이동시킨다. 즉 X, Y축에 지령된 위치(종점)를 향해 급속 속도로 이동한다.

| 지령방법: | G00　　　X(U)＿＿＿＿ Z(W)＿＿＿＿ ; |

- X(U): X축의 급속이동 종점 좌표
- Z(W): Z축의 급속이동 종점 좌표

① 직선형 위치결정: 각축에 설정된 급속이송 속도를 넘지 않으면 시점부터 종점까지 직선으로 최단 거리로 이동한다.
② 비직선형 위치결정: 공구의 이동 종점의 위치를 미리 확인하고 통상 비직선 보간형으로 위치결정된다.

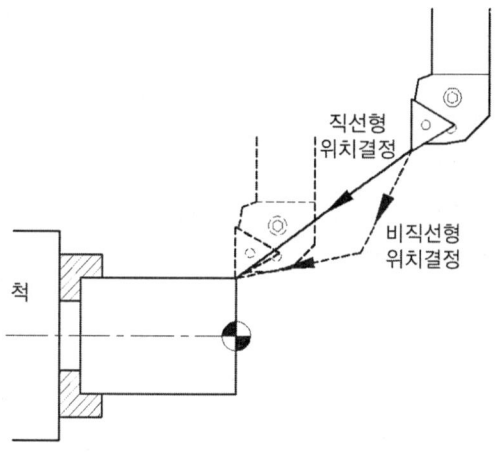

❋ 직선형 위치결정과 비직선형 위치결정

2) 직선 절삭(G01)

직선 절삭 가공 시 사용되는 지령으로 공구가 현재의 위치에서 지령된 위치까지 이송속도(F)의 속도로 직선으로 가공한다.

| 지령방법: | G01　　　X(U)＿＿＿＿ Z(W)＿＿＿＿ F＿＿＿＿ ; |

- X(U): X축의 이동 종점의 좌표
- Z(W): Z축의 이동 종점의 좌표
- F: 이송속도(회전당 이송속도 mm/rev)

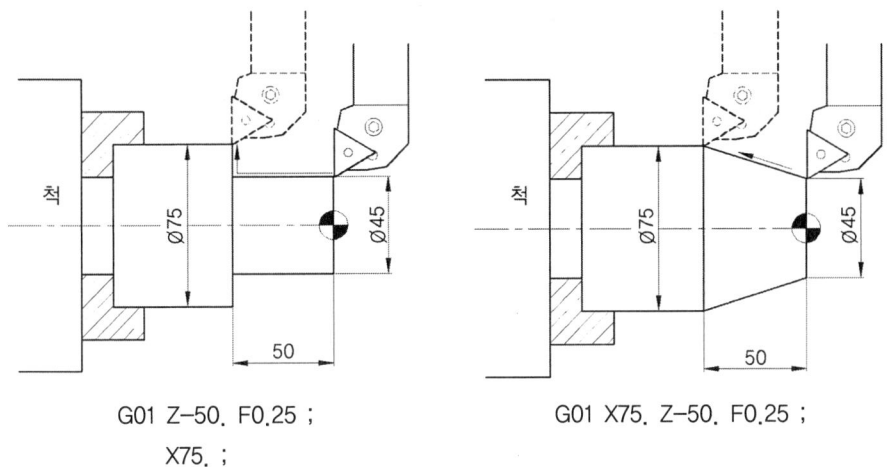

* 직선 절삭의 예

3) 원호 절삭(G02, G03)

공작물의 원호를 절삭 가공하는 지령으로 가공 시점에서 지령된 종점까지를 반경 R 또는 I, K값의 크기로 F에 따라 원호를 가공한다.

지령방법:	G02	X(U)___ Z(W)___ R___ F___ ;
	G03	X(U)___ Z(W)___ R___ F___ ;

- G02: 시계방향 C.W(Clock Wise)
- G03: 반시계방향 C.C.W(Counter Clock Wise)
- X(U): X축 원 가공의 종점 좌표
- Z(W): Z축 원호 가공의 종점 좌표
- R: 원호 반경
- F: 이송속도

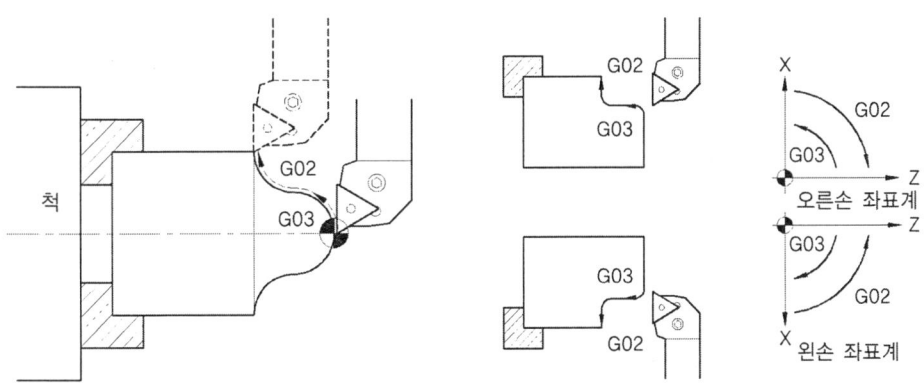

* 원호 절삭의 방향

◎ I, K로서 원호의 크기를 지령하는 경우

지령방법:	G02	X(U)___ Z(W)___ I___ K___ F___ ;
	G03	X(U)___ Z(W)___ I___ K___ F___ ;

- I, K : 시점에서 중심까지 각각의 거리를 의미하며, I 값은 반경으로 지령
- 부호는 시점을 기준으로 중심이 어느 위치에 있는가에 따라 결정된다.

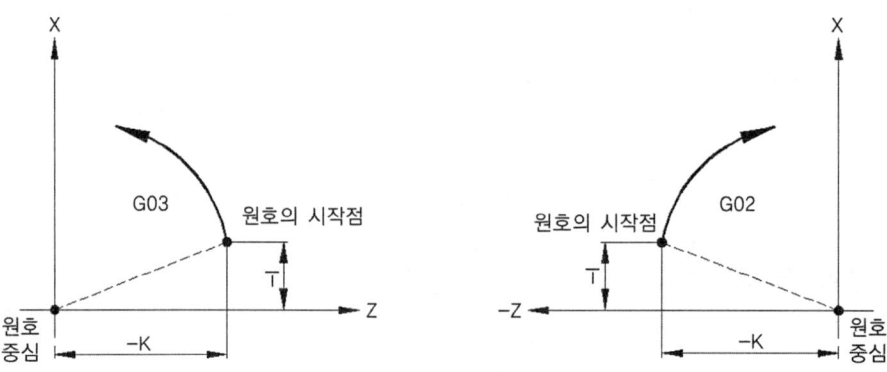

★ I, K 부호를 결정하는 방법

예제 2

다음 아래 그림을 R 지령과 I, K 지령방식으로 프로그램하시오. (F=0.2)

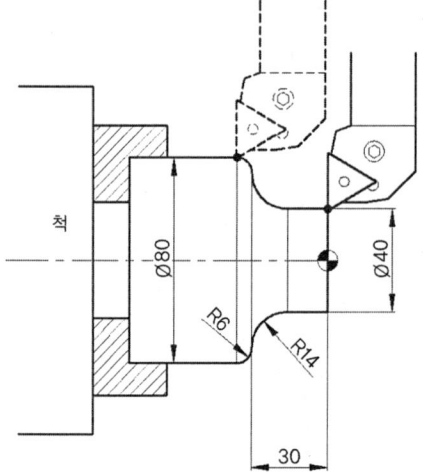

① R 지령방식

G01 Z-20. F0.2 ;
G02 X68. Z-30. R14. ;
G03 X80. Z-36. R6. ;

② I, K 지령방식

G01 W-16. F0.2 ;   (Z값 증분 지령)
G02 X68. Z-30. I14. ;
G03 X80. W-6. K-6. ;

(3) 자동 면취 및 코너 R 가공

직각으로 이루어진 두 직선 사이에 면취(모따기) 또는 코너 R을 쉽게 가공할 수 있다. I, K, R의 값은 항상 반경 값을 지정하며, 자동 면취는 45°, 코너 R은 90°에 한정된다.

항 목	공구 이동(a → d → c)		지 령
X축에서 Z축 방향으로			G01 X_b_ K±k
Z축에서 X축 방향으로			G01 Z_b_ I±i

항 목	공구 이동(a → d → c)		지 령
X축에서 Z축 방향으로	(그림)	(그림)	G01 X b R±r
Z축에서 X축 방향으로	(그림)	(그림)	G01 Z b R±r

예제 3

다음 도면를 보고 자동 면취 코너 R을 이용하여 프로그램하시오. (F=0.25)

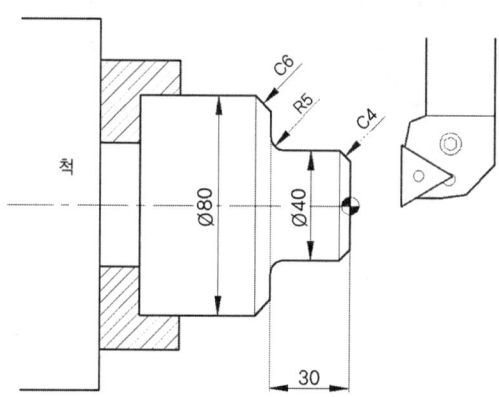

풀이 ① 일반 프로그램
G01 X0. Z0. F0.25 ;
　　X32. ;
　　X40. Z-4. ;
　　Z-25. ;

```
            G02 X50. W-5. R5. ;
            G01 X68. ;
                X80. W-6. ;
        ② 자동 면취 코너 R을 이용
            G00 X0. Z0. F0.25 ;
            G01 X40. K-4. ;
                Z-30. R5. ;
                X80. K-6. ;
```

(4) Dwell Time(G04) - 잠시 멈춤, 휴지 시간

절삭 시 지령된 시간 동안 공구의 이송 시간을 잠시 정지시키는 기능을 한다. 이러한 기능은 드릴 가공을 할 때 칩을 절단하거나 예리한 모서리 가공이 가능하다.

| 지령방법: | G04 | X(U, P)___ ; |

1) Dwell Time을 구하는 방법

$$정지시간(\sec) = \frac{60}{RPM} \times 회전수$$

예제 4

100rpm으로 회전하는 스핀들이 2회전 정지하려면 몇 초간을 정지하여야 하는가?

$$정지시간(\sec) = \frac{60}{RPM} \times 회전수 = \frac{60}{100} \times 2 = 1.2(\sec)$$

프로그램에 G04을 이용하여 표시하면
```
            G04 X 1.2 ;
            G04 U 1.2 ;
            G04 P1200 ;   (P는 소숫점을 붙이지 않는다.)
```

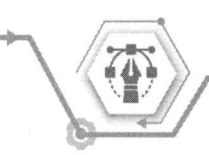

4 주축 기능(S)

(1) 주속 일정 제어(G96)

가공물의 형태가 단면가공이나 테이퍼 절삭에서는 직경의 절삭과정에 따라 변화하므로 절삭속도가 이에 따라 달라진다. 따라서 가공 면의 표면 거칠기도 달라질 수밖에 없다. 이러한 문제를 해결하기 위하여 직경 값의 변화에 의하여 달라지는 절삭속도를 일정하게 유지시켜 주는 기능이 절삭속도 일정 제어(G96)이며, 이 기능은 단차가 큰 경우나 많은 단차 가공 및 단면의 다듬질 절삭에 주로 사용한다.

| 지령방법: | G96 | S___ M03 ; |

- S: 절삭속도(m/min)
- M03: 주축을 정회전
- M04: 주축 역회전

(2) 주속 일정 제어(G97)

가공형상에 직경의 크기와 관계없이 주축회전수를 일정하게 제어하는 기능이다. 이 기능은 내·외경 홈 가공 시 사용되며, 나사 가공 시에는 반드시 G97을 사용한다.

| 지령방법: | G97 | S___ M03 ; |

- S: 회전수(rpm)
- M03: 주축 정회전
- M04: 주축 역회전

(3) 주축 최고회전수 지정

주속 일정 제어(G96) 사용 시 회전의 지령은 S값이 회전속도를 의미하기 때문에 소재의 지름이 작아질수록 회전수가 상대적으로 증가한다. 따라서 일정한 회전수 이상을 초과하지 못하도록 일종의 안전장치를 하는 기능으로 주축 최고회전수를 지정할 수 있다.

| 지령방법: | G50 | S___ M03 ; |

- S: 최고회전수(rpm)

(예) G50, G96, G97을 이용하는 예

    G50 X100.0 Z100.0 S2000 ; ────── 주축 최고회전수 2000rpm을 지정

    G96 S120 M03 ; ─────────── 절삭속도 120m/min 지정

          ↓
          ↓
          ↓

    G97 S1500 ; ─────────────── 주축회전수 1500rpm 지정

5 좌표계 설정

(1) 공작물 좌표계 설정(G50)

| 지령방법: | G50 | X__ Z__ ; |

- X, Z: 설정하고자 하는 공작물의 원점까지의 거리값

예제 5

다음 도면의 공작물 원점을 설정하는 프로그램을 작성하시오.

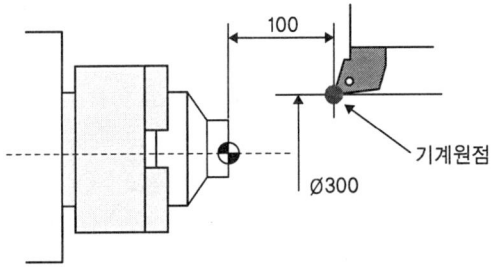

풀이 공작물 좌표계 설정

    G50 X300. Z100. ;

(2) 공작물 원점 이동(G50)

이미 설정해 놓은 공작물 좌표계 원점의 위치를 이동시키는 기능이다.

지령방법:	G50 U__ W__ ;

- U,W: 공작물 원점을 이동하고자 하는 값

(예) (X80. Z120)을 (X100. Z100.)으로 원점을 이동하고자 할 때
G50 U20. W-20. ; 으로 지령하면 공작물 원점이 이동하게 된다.

> **참고** 절삭속도
>
> 주축의 회전수를 N(rpm), 가공물의 지름을 D(mm)라 하면 절삭속도 V(m/min)는 $V = \dfrac{\pi D N}{1000}$이 된다.
> 회전수 N(rpm)에 관한 관계식은 $N = \dfrac{1000 V}{\pi D}$이다.

예제 6

다음 공작물의 지름이 20mm이고 절삭속도가 30m/min일 때 회전수 N(rpm)은 얼마인가?

풀이
$$N = \frac{1000 V}{\pi D} = \frac{1000 \times 30}{\pi \times 20} = 478 \text{rpm}$$

6 이송기능(F)

이송기능이란 공작물의 가공 시 절삭속도를 의미한다. 절삭이송은 G98 코드의 분당이송(mm/min)과 G99 코드의 회전당 이송(mm/rev)의 방법으로 지령할 수 있는데, CNC 선반에서는 G99을 머시닝센터에서는 G98을 사용한다.

(1) 회전당 이송(G99)

절삭공구는 주축이 1회전 할 때 이동한 양을 회전당 이송이라고 하며, 나사의 경우에는 주축을 1회전시키면 1pitch가 된다.

지령방법:	G99	F___ ;

- F(Feed): 주축 1회전에 해당하는 이동량(mm/rev)

(예) G99 G01 Z-20.0 F0.2 — 직선절삭을 하면서 주축 1회전 시 0.2mm 이송된다.
Z축으로서 -20mm까지 이동하려면 100회전해야 한다.

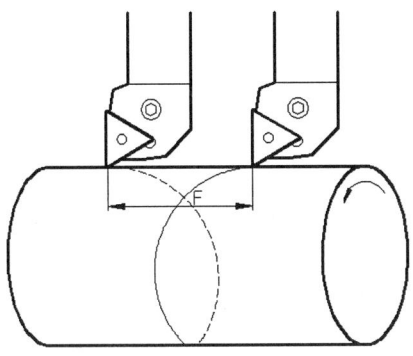 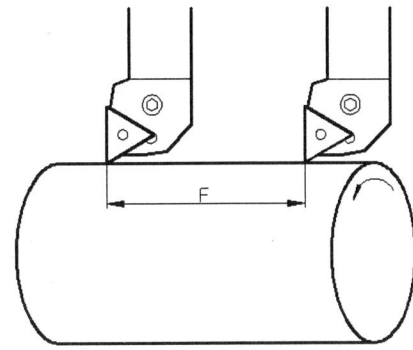

❋ 회전당 이송(G99, mm/rev)   ❋ 분당 이송(G98, mm/min)

(2) 분당 이송(G98)

공구를 1분당 이송하는 양을 지령한다. 주축이 정지된 상태에서도 이송이 가능하다.

지령방법:	G98	F___ ;

- F: 1분간에 해당하는 이동량(mm/min)
 (예) G98 G01 Z-50. F200 ; — 공구의 이송이 1분당 200mm 이송한다.

> **참고**
>
> ① 상호 관계식
> $F = f \times N$ (F: 분당 이송(mm/min), f: 회전당 이송(mm/rev), N: 회전수(rpm))
> ② Cycle Time 구하는 식
> $T = \dfrac{L}{F} \times 60$ (T: 가공 시간, F: 분당 이송속도, L: 가공 길이)

7 보조기능(M)

보조기능은 프로그램 작성 시 주로 제어하거나 보조장치들의 스위치를 On/Off 역할을 하며 어드레스(Address) M에 연속되는 2행의 숫자에 의해 지령한다.

M코드는 한 블록에 1개씩만 유효하며, 2개 이상 지령하면 마지막에 지령한 M기능이 유효하다.

▶ 보조기능의 의미

M Code	의 미	설 명
M 00	프로그램 정지	자동운전 중 M00이 지령되면 자동운전을 정지한다.
M 01	프로그램 선택 정지	조작반의 스위치를 ON하면 M00과 동일한 기능을 가진다.
M 02	프로그램 종료	프로그램의 끝을 지령한다.
M 03	주축 정회전	주축을 시계방향으로 회전시키는 기능
M 04	주축 역회전	주축을 반시계방향으로 회전시키는 기능
M 05	주축정지	주축의 정지시키는 기능
M 08	절삭유 On	절삭유를 분사시킨다.
M 09	절삭유 Off	절삭유를 작동을 정지시킨다..
M 30	프로그램 종료 및 재개	프로그램이 끝날 때 사용되며, 프로그램 사용 시 처음으로 되돌려지는 기능을 가진다.
M 98	보조프로그램 호출	보조프로그램 호출
M 99	서브프로그램 종료	보조프로그램 끝

주) M98 P□□□□△△△△(□: 호출 횟수, △: P/G 번호)

8 기계 원점(Reference Point)

CNC 공작기계에는 각 축마다 고유의 기계 원점을 가지고 있으며, 이 점을 기계 기준점으로 공구의 교환 위치 및 공작물의 상대 위치를 결정하는 기준이 된다. 기계 원점은 기계 제작 시 기계제조회사에서 위치를 설정한다.

(1) 기계 원점 복귀(G28)

공구를 현재 위치에서 기계 원점으로 복귀시키는 것을 원점 복귀라고 하며, 지령하는 X(U), Z(W)의 중간점으로서 급속이송으로 중간점을 경유하여 비 직선 위치결정으로 기계 원점으로 복귀한다.

| 지령방법: | G28　　　X(U)___　Z(W)___ ; |

- X(U), Z(W): 주어진 좌푯값이 중간점의 좌표가 된다.

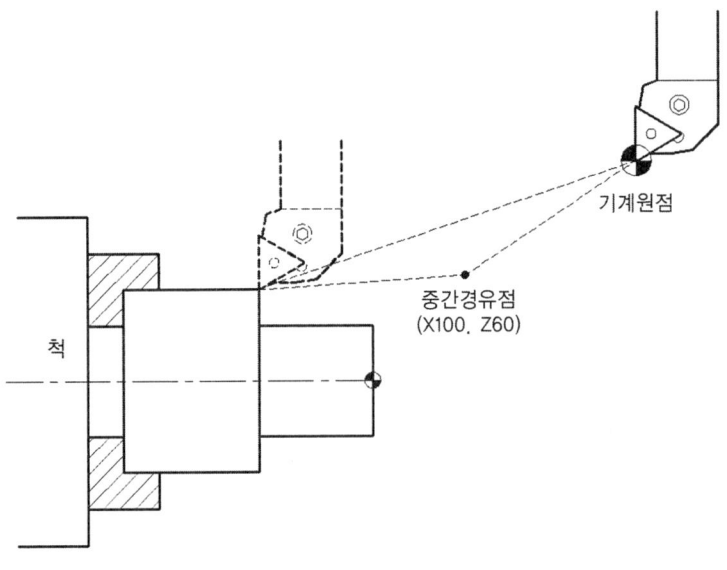

❈ 기계 원점 복귀

통상적으로 G28 U0 W0 ; 사용하며, G28 X100. Z60. ;를 하면 공작물의 X100. Z60. 점의 중간경유지를 거쳐 원점으로 복귀한다.

(2) 제2 원점 복귀(G30)

중간점을 경유하여 파라미터에 설정된 제2 원점으로 급속 속도로 복귀한다. 공구 교환점으로 많이 사용한다.

| 지령방법: | G30　　　P___　X(U)___　Z(W)___ ; |

- P2, P3, P4: 제2, 3, 4 원점을 선택하며, P를 생략 시에는 제2 원점이 된다.
- X(U), Z(W): 중간 좌푯값을 의미한다.

(3) 나사 절삭(G32)

나사 절삭 시 일정한 리드의 직선, 테이퍼, 정면 나사 등을 가공한다.

지령방법:	G32　　　X(U)___ Z(W)___ F___ ;

- X(U): X축 나사의 종점 좌표
- Z(W): Z축 나사의 종점 좌표
- F: 나사의 리드 값
  * 나사의 리드는 나사를 한 바퀴 회전하였을 때 진행한 거리
    리드(L) = 나사의 피치(P) × 나사의 줄 수

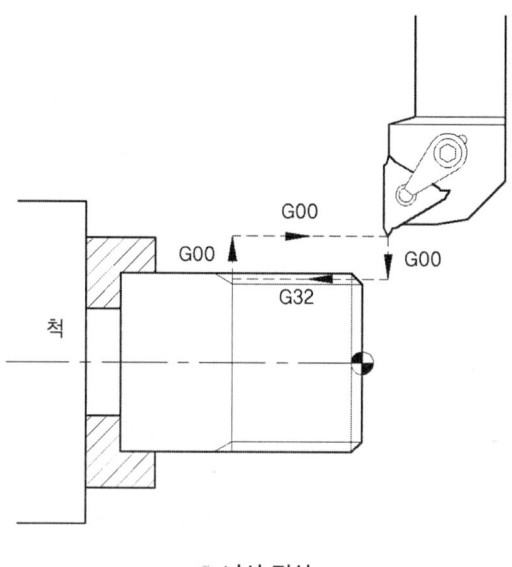

❋ 나사 절삭

9 단일형 고정 CYCLE(G90, G92, G94)

황삭 가공 시 절삭 여유가 많은 경우 여러 블록으로 지령해서 가공하는 것을 Cycle을 이용하여 블록의 수를 줄여 간단하게 Program할 수 있으며, 반복할 경우 변경치만 입력한다. 황삭 시 반복 절삭가공에 매우 편리하며, Program을 간략화할 수 있다.

(1) 내·외경 절삭 Cycle(G90)

절삭공구가 4개의 실행과정을 하나의 사이클 가공으로 내경과 외경을 절삭하는 기능이다.

| 지령방법: | G90 | X(U)___ Z(W)___ F___ ; |
| | G90 | X(U)___ Z(W)___ R___ F___ ; |

- X(U), Z(W): 가공 종점 좌푯값(C점)
- F: 이송량
- R: 테이퍼 양(반경 값)

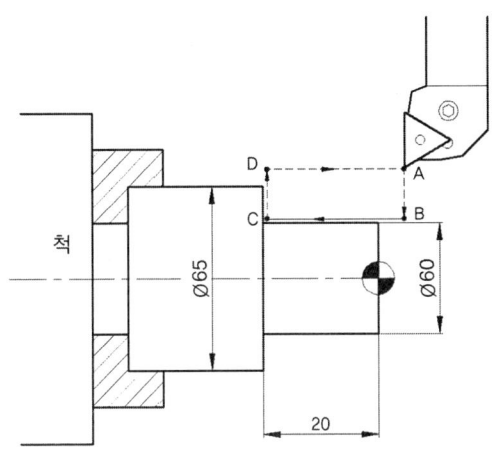

① Cycle 미 적용 시
  A → B점   G00 X60. ;
  B → C점   G01 Z-20. F0.25 ;
  C → D점   X70.
  D → A점   G00 Z10. ;

② Cycle 적용 시(C점 좌푯값만 입력한다.)
  G90 X60. Z-20. F0.25 ;

❋ 내·외경 절삭 사이클

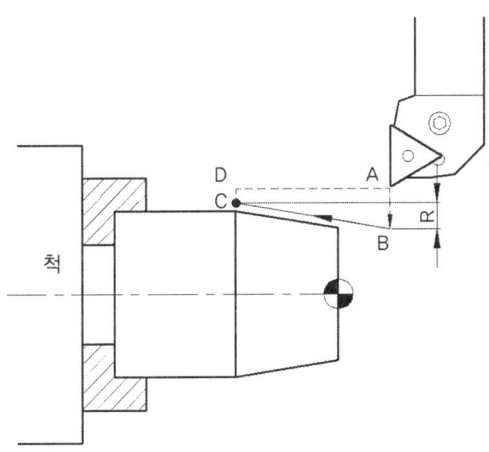

* R: Taper의 종점을 기준으로 시점이 "+X" 방향이면 "+", "-X" 방향이면 "-"이다.

❋ 테이퍼 절삭

(2) 단면 절삭 CYCLE(G94)

단면 절삭 사이클은 단차 가공이나 테이퍼 가공에 사용되며, 가공물의 길이보다 지름의 가공길이가 긴 경우 사용된다. 테이퍼 가공 시 R(K)을 이용한다, 테이퍼 사용방법은 내·외경 황삭 Cycle과 같다.

지령방법:	G94	X(U)___ Z(W)___ F___ ;
	G94	X(U)___ Z(W)___ R___ F___ ;

- X(U), Z(W): 가공종점의 좌표치(C점을 의미)
- R: 기울기량
- R(K): Taper의 종점을 기준으로 시점이 "+Z" 방향이면 "+", "-Z" 방향이면 "-"이다.
- R(K)의 절댓값은 Taper의 종점 - Taper의 시점

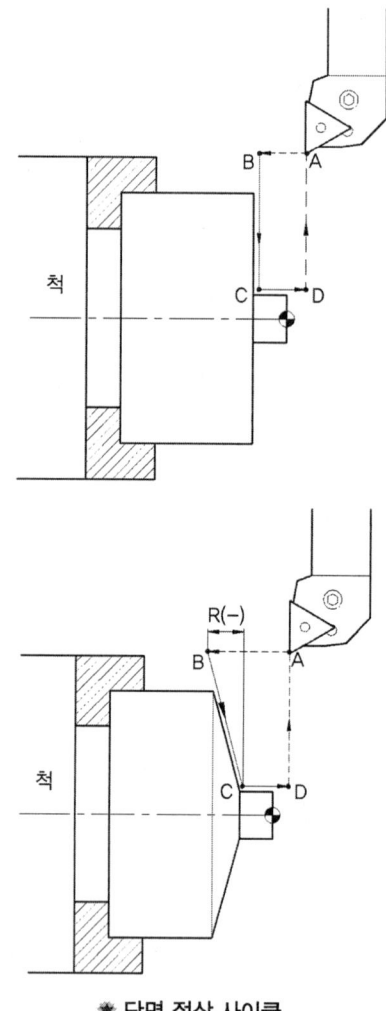

❋ 단면 절삭 사이클

(3) 나사 절삭 CYCLE(G92)

나사를 가공하기 위한 Cycle이며, 나사를 가공할 때는 G97 주축회전수 일정 제어를 사용해야 하며, 절입 횟수에 따라서 변화된 좌푯값만 지령한다.

지령방법:	G92 X(U)___ Z(W)___ F___ ;
	G92 X(U)___ Z(W)___ R___ F___ ;

- X(U), Z(W): 나사 가공의 종점 좌표치
- R: 테이퍼 나사 가공 시의 기울기량
- F: 나사의 리드 값(리드(L) = 나사의 피치(P) × 나사의 줄 수)

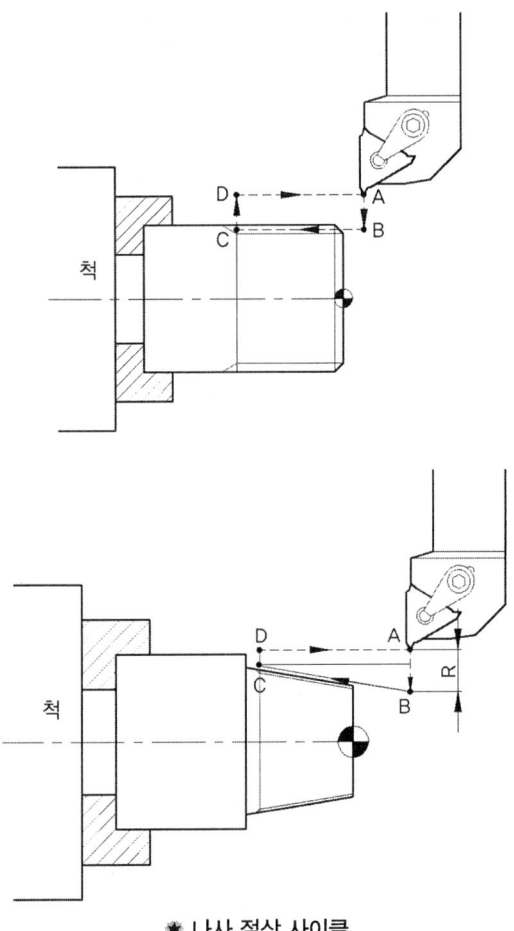

✱ 나사 절삭 사이클

예제 7

다음 그림을 보고 나사 가공 고정 사이클로 프로그램하시오.

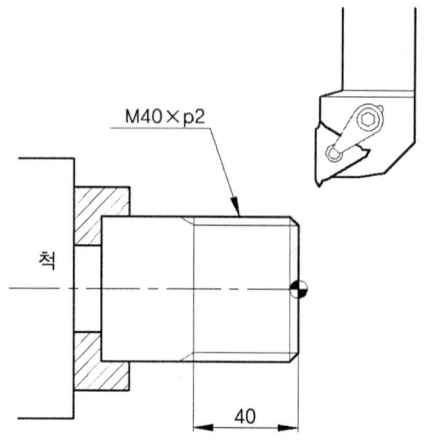

풀이 (나사 가공)

G00 X42. Z4. ;
G97 S500 M03 ;   (주축회전)
G92 X39.3 Z-50. F2. ;
    X38.3 .
    X38.42 ;
    X38.18 ;
    X37.98 ;
    X37.82 ;
    X37.72 ;
    X37.62 ;
G00 X100. Z100. ;
M05 ;   (주축정지)
M02 ;   (프로그램 종료)

10 복합 고정 CYCLE(G71, G72, G73, G70, G74, G75, G76)

복합 고정 Cycle은 단일형 고정 Cycle보다도 더욱 프로그램을 간단하게 하는 고정 사이클이다. 제품의 최종 형상의 정보에 의해 자동으로 공구 경로가 결정된다.

(1) 내 · 외경 황삭 사이클(G71)

복합형 고정 Cycle로서 최종 정삭 프로그램 시 공구의 경로를 지정한 후 일정한 조건을 제시하면 자동적으로 황삭 가공을 실시한다. 또한 정삭 여유를 주면 정삭 여유를 남기고 초기점 위치로 되돌아 간다.

```
지령방법:
    G71 U□□ R△△ ;
    G71 P____ Q____ U_u_ W_w_ F____ S____ T____ ;
    N(P) G00  X____ ;
                ↓
                ↓
                ↓
    N(Q)              ;
```

- □□: 절입량(반경 지정)
- △△: 도피량(반경 지정)
- P: 정삭 형상의 첫 번째 일련 번호
- Q: 정삭 형상의 마지막 일련 번호
- U: X축 정삭 여유량 및 방향
- W: Z축 정삭 여유량 및 방향
- N(P): 정삭 가공 프로그램의 처음 Block의 시퀀스 번호
- N(Q): 정삭 가공 프로그램의 최종 Block의 시퀀스 번호
- F, S, T: 황삭 시 절삭이송, 회전수, 공구 지정

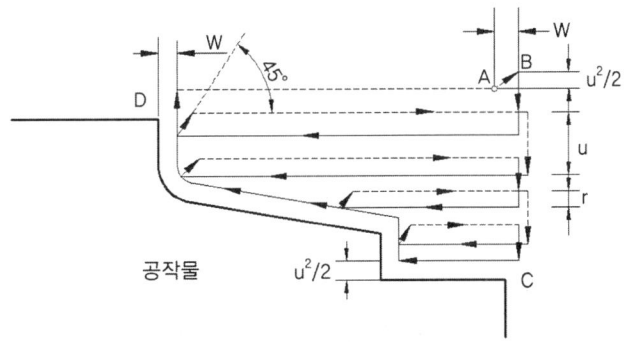

❋ 내 · 외경 황삭 사이클

(2) 단면 황삭 Cycle(G72)

X축 방향의 가공 길이가 Z축에 비해 클때 최종 정삭 프로그램 시 공구경로를 지정함으로써 자동적으로 반복 실행한다. (G71과 동일하게 실행)

```
지령방법:   G72 W□□ R△△ ;
           G72 P____ Q____ U u  W w   F____ S____ T____ ;
           N(P) G00  Z____ ;
                      ↓
                      ↓
                      ↓
           N(Q)  G00  X____ ;
```

- □□: Z축의 절입량(반경 지정)
- △△: 도피량(반경 지정)
- P: 정삭 형상의 첫 번째 일련 번호
- Q: 정삭 형상의 마지막 일련 번호
- u: X축 정삭 여유량 및 방향
- w: Z축 정삭 여유량 및 방향
- N(P): 정삭 가공 프로그램의 처음 Block의 시퀀스 번호
- N(Q): 정삭 가공 프로그램의 최종 Block의 시퀀스 번호
- F, S, T: 황삭 시 절삭이송, 회전수, 공구 선택

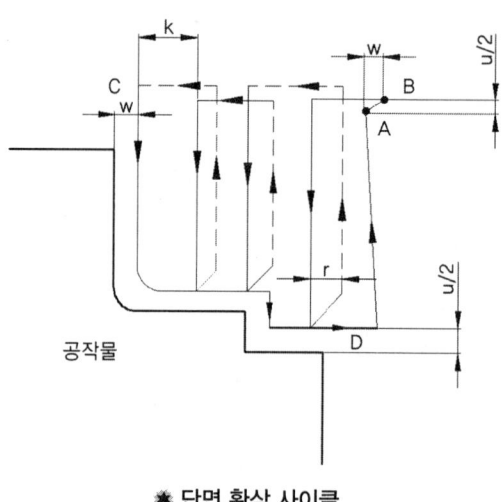

❋ 단면 황삭 사이클

(3) 반복 유형 Cycle(G73) – 모방 Cycle

단조품이나 주조품 등 가공 여유가 일정한 경우 사용되며, 똑같은 형태로 반복적으로 이동하면서 효율적인 가공을 한다. 프로그램하는 방법은 G71, G72와 동일하다.

```
            G73 U(i) W(k) R(d) ;
            G73 P____ Q____ U u  W w   F____ S____ T____ ;
            N(P) G00    Z____ ;
지령방법:              ↓
                      ↓
                      ↓
            N(Q)  G01  X____ Z____ ;
```

- I: X축 방향 도피량 및 방향(반경 지정) -X축 가공 여유량
- k: Z축 방향 도피량 및 방향 -Z축 가공 여유량
- d: 분할 지령 횟수(정수로 지령)
- N(P): 정삭 가공 프로그램의 처음 Block의 시퀀스 번호
- N(Q): 정삭 가공 프로그램의 최종 Block의 시퀀스 번호
- P, Q, U, W, F, S, T는 G71과 같다.

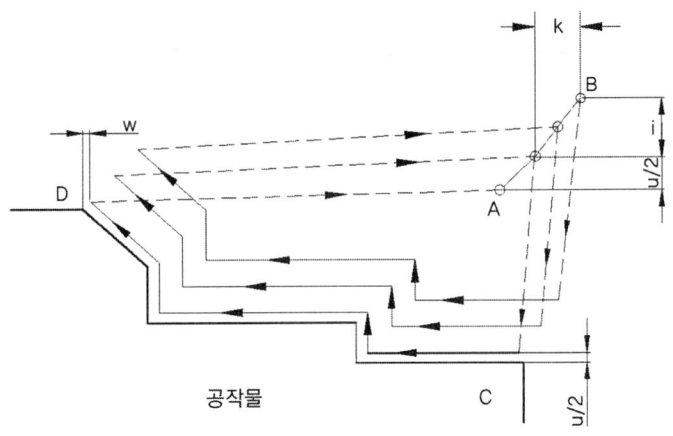

❋ 유형 반복 사이클

(4) 정삭 Cycle(G70)

G71, G72, G73을 이용하여 황삭 가공 후 시퀀스 번호를 지정함으로써 황삭 가공의 여유량을 정삭 가공한다.

```
지령방법:   G70        P____ X(U)____ Z(W)____ ;
```

- P: 정삭 가공 프로그램의 처음 Block의 시퀀스 번호
- Q: 정삭 가공 프로그램의 최종 Block의 시퀀스 번호

> **참고**
> 1) 정삭 Cycle의 시작점과 황삭 Cycle의 시작점이 같아야 한다.
> 2) G71에서의 F, S, T는 일련 번호 ns – nf 사이에서 지령된 값이 유효하다.
> 3) 사이클 가공 중에는 보조 프로그램 호출이 불가능하다.
> 4) G70 가공이 끝나면 공구는 급속으로 시작점으로 복귀한다.

(5) 단면 홈 가공 Cycle(G74)

홈 가공 Cycle로 Z축 방향으로 Packing 동작을 반복하면서 칩 처리를 원활하게 할 수 있다. X(U)값과 P를 생략하고 Z축만 동작시키면 심공 Drilling Cycle이 된다.

지령방법:	G74	R(r) ;
	G74	X(U)___ Z(W)___ P___ Q___ R___ F___ ;

- r: 후퇴량(도피량, Shift량)
- X: C점의 X 좌표치
- Z: C점의 X 좌표치
- △i: X 방향의 이동량("+" 방향으로 반경치 지령)
- △k: Z 방향의 1회 절입량("+" 값으로 지령)
- △d: 가공 끝점에서의 공구 도피량(통상 "+" 값으로 반경 지령)

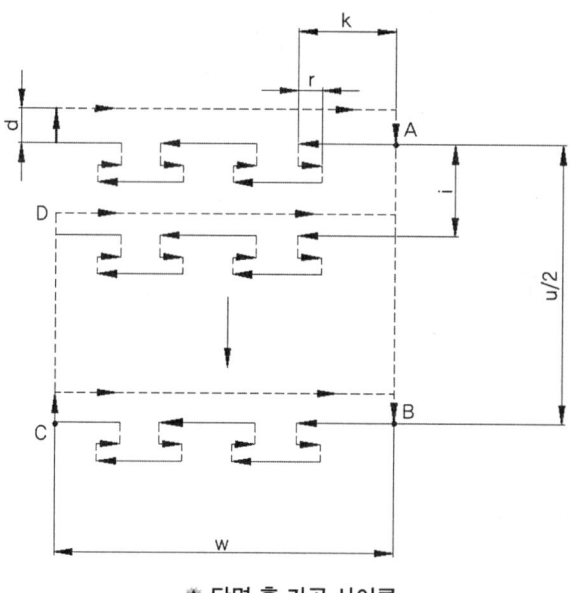

❋ 단면 홈 가공 사이클

예제 8

다음 그림을 보고 심공 드릴링 사이클로 프로그램하시오.

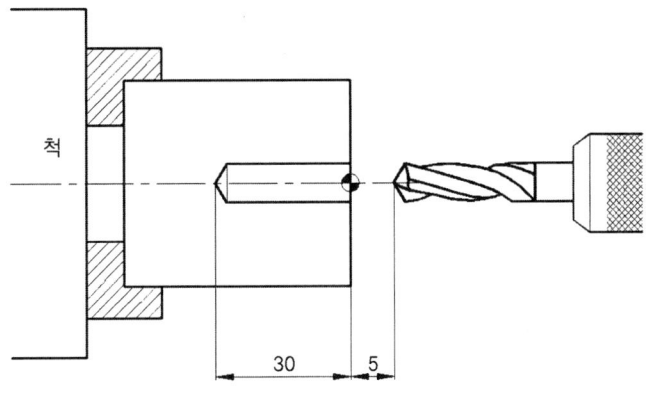

풀이 (드릴링 사이클 프로그램)

G00 X0. Z5. ;

G74 R0.5 ;   (Z축 0.5mm 후퇴한다.)

G74 Z-30. Q2000 F0.15 ; (Z좌푯값 30mm, 1회 절입량 2mm)

(6) 내·외경 홈 가공 Cycle(G75)

X축에 평행한 Packing 동작을 하면서 내·외경 홈 가공을 한다. 또한 Z(W), △k, △d값을 생략하면 절단 Cycle이 된다.

지령방법:	G75	R(r) ;
	G75	X(U)___ Z(W)___ P___ Q___ R___ F___ ;

- r: 도피량
- X(U): C점의 X좌표치
- Z(W): C점의 Z좌표치
- P(i): 1회 절입량("+" 값으로 반경 지령)
- Q(k): Z축 방향의 이동량("+" 값으로 지령)
- R(△d): 가공 끝점에서 공구의 도피량

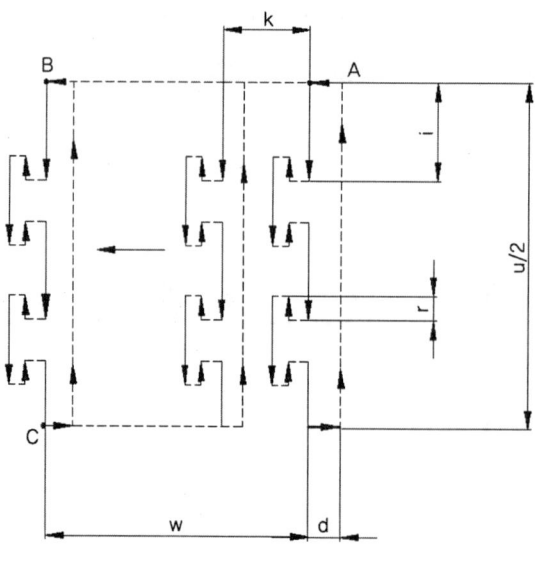

❋ 내·외경 홈 가공 사이클

예제 9

다음 그림을 보고 홈 가공 사이클(G75)을 이용하여 프로그램하시오.

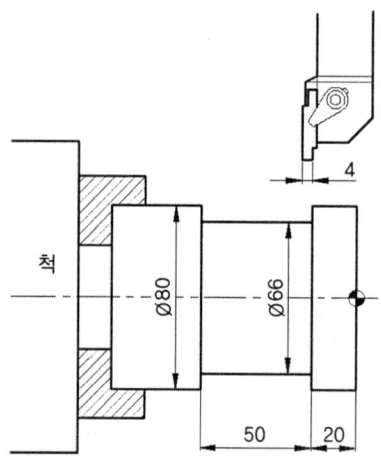

풀이 (프로그램)

G00 X90. Z-24. ;   (홈 폭 4mm)
G75 R0.5 ;
G75 X66. P1000 F0.1 ;

```
G00 W-3. ;                    (홈 폭의 3/4 이동)
G75 X66. Z-50. P1000 Q3000 R0.2 F0.1;
                (1회 절입 1mm, Z축 이동 3mm, 후퇴량 0.2mm)
```

(7) 자동 나사 절삭 Cycle(G76)

G32, G92의 나사 가공 기능과는 차이가 있으나 나사의 최종 골경과 절입 조건 등 2개의 블록으로 지령함으로써 자동적으로 나사를 완성할 수 있는 기능이다.

지령방법:	G76	P(m)(r)(a) Q(dmin) R(d) ;
	G76	X(U)___ Z(W)___ P___ Q___ R___ F___ ;

- m: 최종 정삭 가공의 반복횟수(1~99 지령)
- r: 면취(Chamfer)량(0~99 지령)
- a: 공구 Tip의 각도(나사산의 각도: 80°, 60°, 55°, 30°, 29°, 0°)
- dmin: 최소 절입량
- d: 정삭 여유량
- X, Z: 나사의 끝점의 좌푯값
- P: 나사산의 높이(반경 지령)
- Q: 최초 절입량(반경 지령)
- i: 테이퍼 나사부의 크기(반경 지령)
- F: 나사의 리드

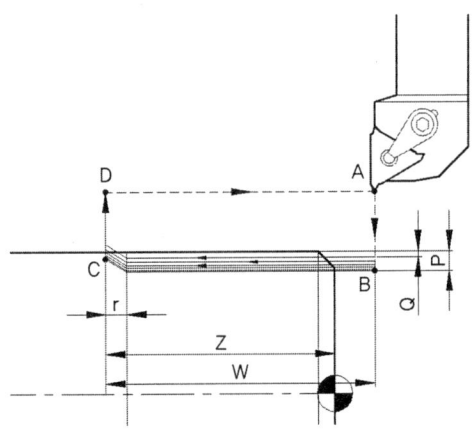

지령방법의 표준은 P011060으로서 정삭 횟수는 1번, 면취량은 10, 나사의 각도는 60°로 한다.

예제 10

다음 그림을 보고 G92와 G76을 이용하여 프로그램하시오.

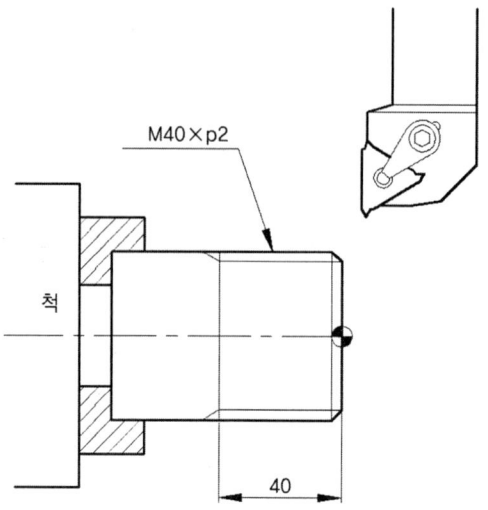

풀이

① G92 나사 가공 프로그램

　　G00 X42. Z4. ;
　　G97 S500 M03 ;　　　(주축회전)
　　G92 X39.3 Z-50. F2. ;
　　　　X38.3 .
　　　　X38.42 ;
　　　　X38.18 ;
　　　　X37.98 ;
　　　　X37.82 ;
　　　　X37.72 ;
　　　　X37.62 ;
　　G00 X100. Z100. ;
　　M05 ;　　　　　(주축정지)
　　M02 ;　　　　　(프로그램 종료)

② 복합형 고정 Cycle을 이용한 G76 나사 가공 프로그램

　　G00 X42. Z4. ;
　　G97 S500 M03 ;　　　(주축회전)

```
G76 P011060 Q50 R20 ;
              나사 가공 사이클 시 정삭 1번, 면취량은 10(45°), 홈이 있는
              경우는 00으로 한다. 나사 바이트 절입 각도 60° 최소 절입깊
              이는0.05, 정삭 여유는 0.02mm
G76 X37.62 Z-40. P1190 Q350 F2. ;
              나사의 골지름 37.62, 나사의 길이 40. 나사산의 높이 1.19, 최
              초절입량 0.35, 나사의 피치(리드) 2mm
```

11 공구 보정기능

CNC 프로그램 작성 시 공구의 형상 및 공구의 길이를 고려하지 않고 프로그램을 작성한다. 그러나 각 공구는 형상과 길이가 모두 다르다. 특히 공구(Insert Tip)의 인선부는 작지만 인선반지름(Nose R)을 가지고 있으므로 이를 고려하지 않으면 제품의 치수에 영향을 준다.

이와 같이 인선 R과 공구길이 값을 공구 보정화면에 등록해두고 가공할 때 자동으로 보상해주는 기능을 보정기능이라고 한다.

(1) 공구기능(T)

공구기능은 지령에 의하여 공구 교환 및 공구보정을 하는 기능으로 어드레스는 T로 나타내며 연속되는 4자리 숫자로 지령한다.

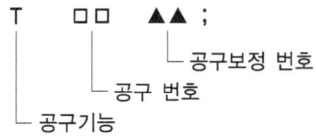

```
(예) G50 X100. 0 Z50.0 S2000 T0100 ;    (1번 공구 선택)
     G96 S120 M03 ;                      (주속 일정 제어 V=120mm/min)
     G00 X60.0 Z2.0 T0101 ;              (1번 공구에 1번 보정 번호)
            ↓
     G00 X100.0 Z50.0 T0100 ;            (T01 공구의 보정 취소)
```

(2) 공구인선 R 보정(G40, G41, G42)

절삭공구의 날 끝에는 인선 반경 R이 있다. 이것은 테이퍼나 원호 절삭 시 가공이 미절삭 부분이 발생하는데, 이 오차를 자동적으로 보정하는 것을 인선 R 보정이라 한다.

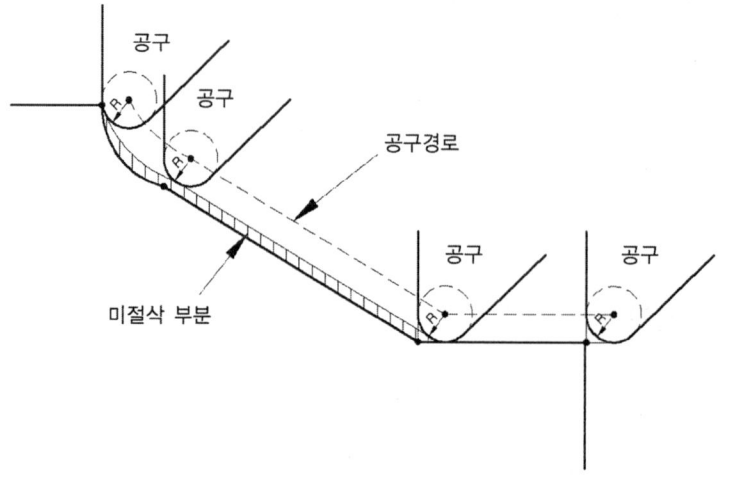

✹ 공구의 인선 R 보정의 공구 경로

지령방법:	G40	G00	X(U)____ Z(W)____ ;
	G41	G01	X(U)____ Z(W)____ ;
	G42	G01	X(U)____ Z(W)____ ;

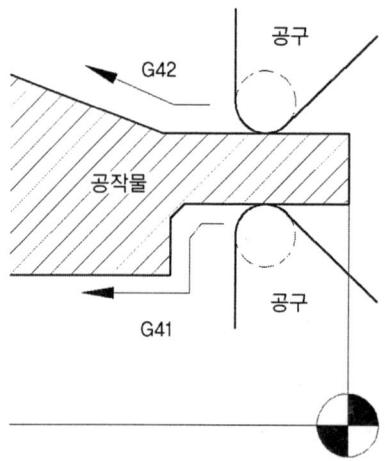

✹ 공구 우측 보정과 좌측 보정

▶ 가공 위치 지령코드

코 드	의 미	공구 경로
G40	공구인선 R 보정 취소	프로그램 경로 위에서 공구 이동
G41	공구인선 R 좌측 보정	프로그램 경로의 왼쪽으로 공구 이동
G42	공구인선 R 우측 보정	프로그램 경로의 오른쪽으로 공구 이동

(3) 가상인선

실제로 존재하지 않는 점이나 공구상의 기준점을 정해 프로그램 통로를 통과하는 가상점을 가상인선이라 한다.

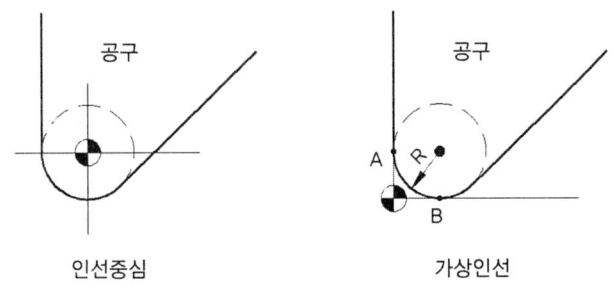

❋ 공구의 인선중심과 가상인선

예제 11

다음 그림을 보고 인선 R 보정을 사용하여 프로그램하시오.

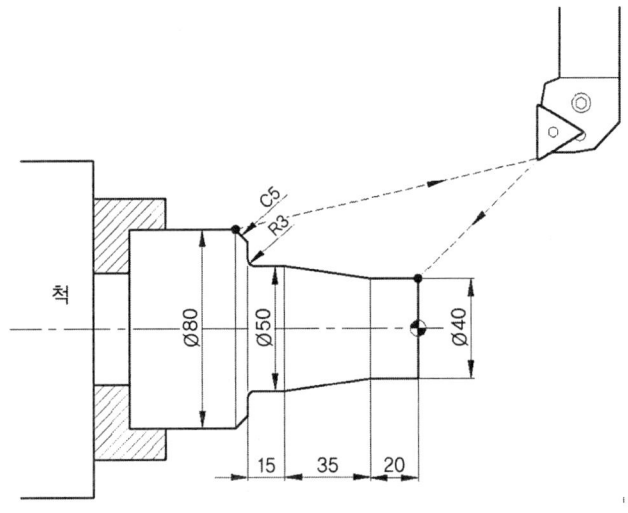

풀이 (인선 R 보정 프로그램)

G42 G00 X40. Z0. ;   (우측 보정)
G01 Z-20. F0.25 ;
X50. Z-55. ;
W-12 ;
G02 X56. Z-70. R3. ;
G01 X70. ;
    X80. W-5. ;
G00 G40 X100. Z100. ;   (보정 취소)

예제 12

다음 그림을 보고 프로그램하시오.

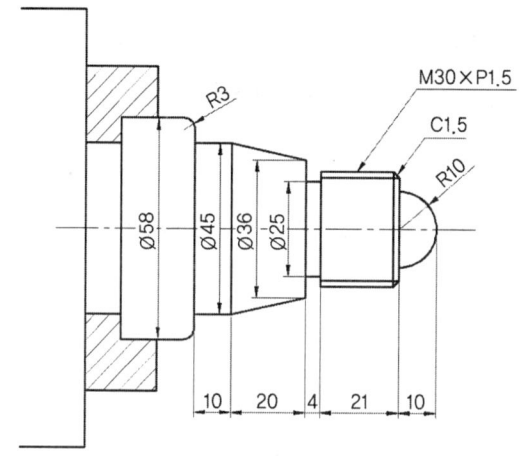

풀이 * 소재의 크기의 ⌀60×100

	공구명	공구번호	절삭속도	F
1	외경 황삭	T0100	120	0.2
2	외경 정삭	T0300	180	0.15
3	홈 가공하기	T0500	180	0.08
4	나사 가공하기	T0700	180	1.5

```
O0001
G28 U0. W0. ;
G50 X150. Z150. S2000 T0100 ;
G96 S120 M03 ;
G00 X60. Z1. T0101 M08 ;
G71 U2. R0.5 ;
G71 P10 Q20 U0.4 W0.1 F0.2 ;
N10 G01 X-1.
Z0. ;
G03 X20. Z-10. R10.
G01 X27. ;
X30. W-1.5 ;
Z-35. ;
X36. ;
X45. Z-55. ;
Z-65. ;
X52. ;
G03 X58. Z-68. R3. ;
N20 G01 X60. ;
G00 X150. Z200. T0100 M09 ;
T0300 ;
G00 X60. Z1. T0303 M08 ;
G96 S180 ;
G70 P10 Q20 F0.15 ;
G00 X150. Z150. T0300 M09 ;
T0500 ;
G00 X38. Z-35. T0505 ;
G96 S180 M03 ;
G01 X27. F0.08 M08 ;
U0.5 ;
X25. F0.08 ;
G01 X38. ;
G00 X150. Z150. T0500 M09
T0700 ;
G00 X32. Z-8. T0707 ;
```

```
G97 S1590 M03 M08 ;
G76 P011060 Q50 R20 ;
G76 X28.28 Z-33. P860 Q350 F1.5. ;
G00 X150. Z150. T0700 M09 ;
M05 ;
M02 ;
```

제2절 CNC선반 수동 프로그램 작성

1. CNC선반 프로그램 기본패턴 및 작성요령

공작물 수동 가공 및 원점 세팅	모재 100mm, 도면 97mm, 수기 가공 3mm
〈뒷면 가공〉	
%	DNC가공할 때 프로그램의 시작을 의미함
O0804;	프로그램 번호 기입(영문자와 숫자 4자리)
G28 U0. W0.;	기계 자동원점 복귀(현재 점 기준 상대 좌표)
G00 X150. Z100.;	공구 교환점 급속이동
G50 S1500;	주축 최고회전수 1500rpm 지정
	(공작물 뒷부분 1번 공구 황삭 가공)
T0100;	1번 황삭 공구 호출
G96 S150 M03;	절삭속도 150m/min 일정 제어 후 주축 정회전 ON
G00 X55. Z5. T0101;	절삭시작점 급속이송 및 1번 공구보정
G71 U1.0 R0.5;	황삭 사이클: U는 1회 절입량, R은 도피량
G71 P10 Q20 U0.4 W0.2 F0.15 M08;	황삭 사이클: P는 최초 블록 번호, Q는 최후 블록 번호, U는 X축 정삭 여유, W는 Z축 정삭 여유, F는 황삭 이송 속도(mm/rev), 밀링 F(mm/min), 절삭유 ON
N10 G00 X0.;	(시작은 무조건 X축 0으로 급속이송을 해줌)
G01 Z0.;	Z축 0으로 절삭이송
좌푯값 적기	
N20 G01 X55.;	가공 초기점 X값과 일치
M09;	절삭유 OFF
G00 X150. Z100. T0100;	공구 교환점(X200. Z100.) 급속이송, 공구보정 해제
M05;	주축정지
M00;	프로그램 일시 정지

	(공작물 뒷부분 3번 공구 정삭 가공)
T0300;	3번 공구 교환
G96 S150 M03;	절삭속도 150m/min 일정 제어 후 주축 ON
G00 X55. Z5. T0303 ;	절삭시작점 급속이송 및 3번 공구보정 후 절삭유 ON
G70 P10 Q100 F0.1 M08;	정삭 사이클 시작 블록 N10에서 마지막 블록 N20까지 정삭 가공
M09;	절삭유 OFF
G00 X150. Z100. T0300;	공구 교환점(X150. Z100.) 급속이송, 공구보정 해제
M05;	주축정지
M00;	프로그램 정지
〈공작물을 돌려 물린다〉	앞면 가공(공작물 앞부분 1번 공구 황삭 가공)
T0100;	1번 공구 교환
G96 S150 M03;	절삭속도 150m/min 일정 제어 후 주축ON
G71 U1.0 R0.5 ;	황삭사이클: U는 1회 절입량, R은 도피량
G71 P10 Q20 U0.4 W0.2 F0.15 M08;	황삭사이클: P는 최초 블록 번호, Q는 최후 블록 번호, U는 X축 정삭 여유, W는 Z축 정삭 여유, F는 황삭 이송속도, 절삭유 On
N10 G00 X0.;	(시작은 무조건 X축 0으로 급속이송을 해줌)
G01 Z0.;	Z축 0으로 절삭이송
좌푯값 적기	
N20 G01 X55. ;	
M09;	절삭유 OFF
G00 X200. Z100. T0100;	공구 교환점(X200. Z100.) 급속이송 및 공구보정 해제
M05;	주축정지
M00;	프로그램 일시 정지
T0300;	3번 공구 교환(공작물 앞부분 3번 공구 정삭 가공)
G96 S150 M03;	절삭속도 150m/min 일정 제어 후 주축 ON
G00 X55. Z5. T0303;	절삭시작점 급속이송 및 3번 공구보정
G70 P30 Q40 F0.1 M08;	정삭 사이클 절삭유 ON
M09;	절삭유 OFF

G00 X200. Z100. T0300	공구 교환점(X200. Z100.) 급속이송 및 공구보정 해제
M05;	주축정지
M00;	프로그램 일시 정지
T0500;	5번 공구 교환(공작물 앞부분 5번 공구 홈 가공)
G97 S600 M03;	회전수 600rpm 일정 제어 후 주축 ON
G00 X_. Z-_. T0505 ;	절삭 시작점 급속이송 및 5번 공구보정
G01 X_. F0.08 M08;	X축 절삭이송 및 이송속도 지정, 절삭유 ON
G04 P1000;	1초간 휴지
G00 X55.;	X55. 급속이송
W2.;	상대 좌표 Z축 +2mm 이동, 홈바이트가 3mm, 홈 폭 5mm 경우
G01 X_.;	홈바이트 깊이까지 절삭
G04 P1000;	1초간 휴지
G00 X55.;	X55. 급속이송
M09;	절삭유 OFF
G00 X200. Z100. T0500;	공구 교환점(X200. Z100.) 급속이송 및 공구보정 해제
M05;	주축정지
M00;	프로그램 일시 정지
T0700;	7번 공구 교환(공작물 앞부분 7번 공구 나사 가공)
G97 S500 M03;	회전수 500rpm 일정 제어 후 주축 ON
G00 X_. Z_. T0707;	절삭 시작점 급속이송 및 7번 공구보정
G76 P011060 Q50 R20;	나사 가공 사이클
G76 X_. Z_. P890 Q350 F1.5 M08;	나사 가공 사이클 절삭유 ON
M09;	절삭유 OFF
G00 X200. Z100. T0700;	공구 교환점(X200. Z100.) 급속이송 및 공구보정 해제
M05;	주축정지
M02;	프로그램 종료
%	DNC 가공할 때 프로그램의 끝을 의미함

2. 기계가공기능장 1번 공개도면 프로그램 작성

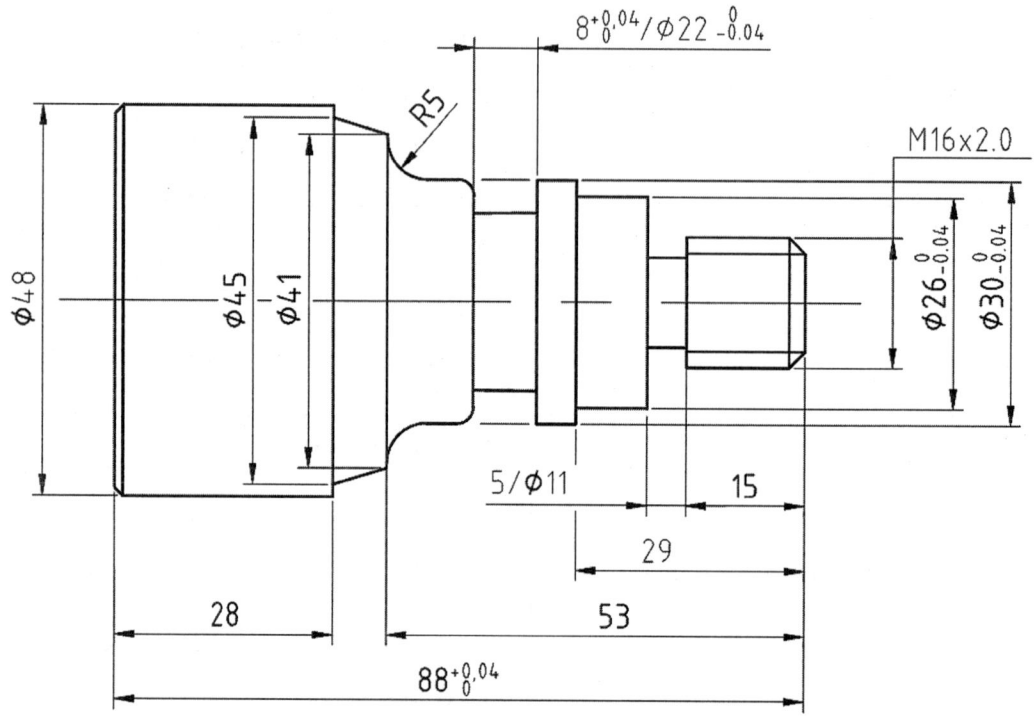

	M16 X 2.0 보통급	
수나사	외경	$15.962_{-0.28}^{0}$
	유효경	$14.663_{-0.16}^{0}$

주서
1. 도시되고 지시 없는 모떼기 C1, 필렛 및 라운드 R2
2. 일반 모떼기 C0.2~C0.3

● 기계가공기능장 1번 공개도면 수동 프로그램 해답

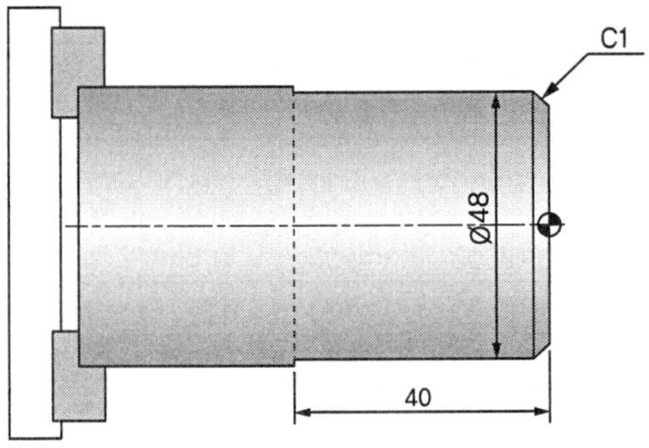

번호	01	과제명	1차 가공
사용재료	SM45C ∅60 × 90		

tool setting sheet

공구명	공구번호	절삭속도	이송속도	비고
황삭	T0100	V=130	0.15	u=0.4 w=0.2
정삭	T0300	V=200	0.1	
홈	T0500	S=700	0.07	t=3
나사	T0700	S=500		p2.0

황정삭: G96, 홈, 나사 가공: G97 사용

입력 내용	설명
%	데이터 전송
O0101	어드레스인 영문자 "O" 다음에 4자리 숫자
G28 U0. W0. ;	상대 좌표 이용 원점 복귀
G50 S1800 ;	주축 최고회전수 지정(G50)
T0100 ;	외경 황삭 바이트 공구 교환(T0100)
G96 S130 M03 ;	주축 속도 일정 제어, 주축 정회전
G00 X55. Z0. T0101 M08 ;	가공 시작점으로 이동, 1번 OFF/SET 양 보정
G01 X-1.5 F0.15 ;	단면 다듬질 절삭
G00 X46. Z2. ;	
G01 G42 Z0. ;	인선 R우측 보정
X48. Z-1.0 ;	
Z-40. ;	
X55. ;	
G00 G40 X200. Z150.T0100 M09 ;	공구 교환점 복귀, 공구 보정 취소, 절삭유 off
M05 ;	주축정지
M02 ;	프로그램 종료
%	

번호	01	과제명	2차 가공
사용재료		SM45C ⌀60 × 90	
tool setting sheet			

공구명	공구번호	절삭속도	이송속도	비고
황삭	T0100	V=130	0.15	u=0.4 w=0.2
정삭	T0300	V=200	0.1	
홈	T0500	S=700	0.07	t=3
나사	T0700	S=500		p2.0

황정삭: G96, 홈, 나사 가공: G97 사용

입력 내용	설명
%	데이터 전송
O0102	프로그램 번호(알파벳 O+숫자 4자리)
G28 U0. W0. ;	현재 위치에서 X축, Z축 기계 원점 복귀
G50 S1800 ;	주축 최고회전수 1800rpm 지정
T0100 ;	외경 황삭 바이트 공구 교환(T0100)
G96 S130 M03 ;	주축 속도 일정 제어, 주축 정회전
G00 X55. Z5. T0101 M08 ;	고정 Cycle의 시작점으로 이동, 1번 OFF/SET 양 보정 공구 보정, 절삭유 on
G94 X-1.5 Z3. F0.15	단면 절삭 Cycle 지령(G94)
Z2.0 ;	
Z1.0 ;	
Z0.0 ;	
G71 U1.5 R0.5 ;	내경, 외경 황삭 사이클 고정 Cycle 절입량 및 후퇴량 지정
G71 P10 Q20 U0.4 W0.2 F0.25 ;	N10 ~ N20까지 고정 Cycle 지령
N10 G00 X12. ;	
G42 ;	인선 R 우측 보정
G01 Z0. F0.1 ;	
X16.Z-2.0 ;	
Z-20. ;	
X26. ;	
Z-29. ;	
X30. ;	
Z-48. ;	
G02 X40. Z-53. R5. ;	
G01 X41. ;	
X45. Z-60. ;	
N20 G01 X55. ;	고정 Cycle의 마지막 Block에서는 자동 면취 및 자동 코너 R 지령은 할 수 없다.

입력 내용	설명
G00 G40 X200. Z150. T0100 M09 ;	인선 R 보정 무시하면서 공구 교환점으로 후퇴
M00 ;	프로그램 정지
T0300 ;	외경 정삭 바이트 공구 교환(T0300)
G96 S200 M03 ;	주속 일정 제어 ON(G96)
G00 X50. Z2. T0303 M08 ;	정삭 Cycle 시작점으로 이동, 3번 OFF/SET 양 보정
G70 P10 Q20 F0.1 ;	정삭 Cycle 지령
G00 G40 X200. Z150. T0300 M09 ;	공구 교환 지점으로 이동, OFF/SET 양 보정 무시
M00 ;	
T0500 ;	홈 바이트 공구 교환(T0500)
G97 S700 M03 ;	주속 일정 제어 OFF(회전수 일정 정회전)
G00 X30. Z-20. T0505 M08 ;	홈 가공 시작점으로 이동, 5번 OFF/SET 양 보정
G01 X11. F0.07 ;	
G04 P1000 ;	Dwell Time 지령(홈 바닥면에서 1초 정지)
G00 X18. ;	
W2.0 ;	
G01 X11. ;	
G04 P1000 ;	
G00 X32. ;	
Z-42. ;	
G01 X22.04 F0.07 ;	
G04 P1000 ;	
G00 X32. ;	
W2. ;	
G01 X22.04 ;	
G04 P1000 ;	
G00 X32. ;	
W2. ;	
G01 X22.04 ;	
G04 P1000 ;	
G00 X32. ;	
W1. ;	
G01 X22.04 ;	
G04 P1000 ;	
G00 X32. ;	
G01 X22. ;	홈 가공 정삭 가공
Z-42. ;	
X26. ;	
G03 X30. W-2. R2.0 ;	홈 바이트로 R 가공
G01 X32. ;	

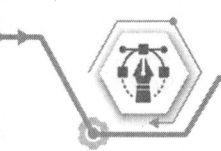

입력 내용	설명
G00 X200. Z150. T0500 M09 ;	공구 교환 지점으로 이동, OFF/SET 양 보정 무시
M00 ;	
T0700 ;	외경 나사 바이트 공구 교환(T0700)
G97 S500 M03 ;	주속 일정 제어 OFF(G97)
G00 X18. Z2. T0707 M08 ;	나사 가공 시작점으로 이동, 7번 OFF/SET 양 보정
G76 P011060 Q50 R20 ;	자동 나사 가공 Cycle(G76) P ○○ □□ △△ △△ → 나사산의 각도 □□ → Chamfering 양 지정 ○○ → 정삭 반복 횟수 지정
G76 X13.62 Z-17. P1190 Q350 F2. ;	X: 나사의 골경 Z: 챔퍼링 끝지점의 나사길이 P: 나사산의 높이(반경 지정) Q: 최초절입량 0.35mm F: 나사의 Lead
G00 X200. Z150. T0700 M09 ;	공구 교환 지점으로 이동, OFF/SET 양 보정 무시
M05	주축정지
M02	프로그램 종료
%	

3. 기계가공기능장 2번 공개도면 프로그램 작성

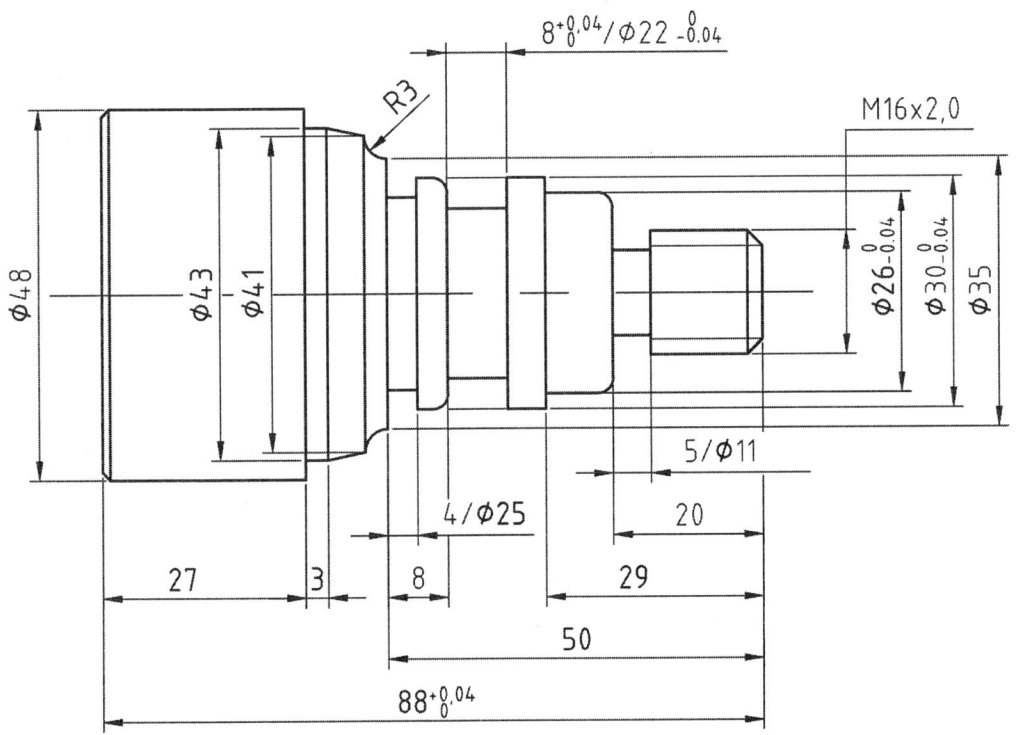

	M16 × 2.0 보통급	
수나사	외경	$15.962_{-0.28}^{0}$
	유효경	$14.663_{-0.16}^{0}$

주서
1. 도시되고 지시 없는 모떼기 C1, 필렛 및 라운드 R2
2. 일반 모떼기 C0.2~C0.3

기계가공기능장 2번 공개도면 수동 프로그램 해답

번호	02	과제명	1차 가공
사용재료	SM45C ⌀60 × 90		

tool setting sheet

공구명	공구번호	절삭속도	이송속도	비고
황삭	T0100	V=130	0.15	u=0.4 w=0.2
정삭	T0300	V=200	0.1	
홈	T0500	S=700	0.07	t=3
나사	T0700	S=500		p2.0

황정삭: G96, 홈, 나사 가공: G97 사용

입력 내용	설명
%	데이터 전송
O0201	어드레스인 영문자 "O" 다음에 4자리 숫자
G28 U0.0 W0.0 ;	상대 좌표 이용 원점 복귀
G50 S1800 ;	주축 최고회전수 지정(G50)
T0100 ;	외경 황삭 바이트 공구 교환(T0100)
G96 S130 M03 ;	주축 속도 일정 제어, 주축 정회전
G00 X52. Z2. T0101 M08 ;	가공 시작점으로 이동, 1번 OFF/SET 양 보정
Z0. ;	
G01 X-1.5 F0.15 ;	단면 다듬질 절삭
Z2. ;	
G00 X46. ;	
G42 ;	인선 R 우측 보정
G01 Z0. ;	
X48. Z-1. ;	
Z-35. ;	
X52. ;	
G00 G40 X200. Z150. T0100 M09 ;	공구 교환점 복귀, 공구 보정 취소, 절삭유 off
M05 ;	주축정지
M02 ;	프로그램 종료
%	

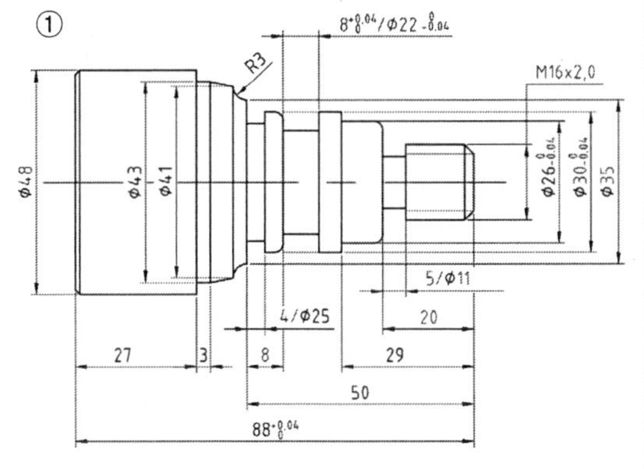

번호	02	과제명	2차 가공
사용재료	SM45C ∅60 × 90		
tool setting sheet				

공구명	공구 번호	절삭 속도	이송 속도	비고
황삭	T0100	V=130	0.15	u=0.4 w=0.2
정삭	T0300	V=200	0.1	
홈	T0500	S=700	0.07	t=3
나사	T0700	S=500		p2.0
황정삭: G96, 홈, 나사 가공: G97 사용				

입력 내용	설명
%	데이터 전송
O0202	프로그램 번호(알파벳 O+숫자 4자리)
G28 U0.0 W0.0 ;	현재 위치에서 X축, Z축 기계 원점 복귀
G50 S1800 ;	주축 최고회전수 지정
T0100 ;	외경 황삭 바이트 공구 교환(T0100)
G96 S180 M03 ;	주축 속도 일정 제어, 주축 정회전
G00 X52. Z3. T0101 M08 ;	고정 Cycle의 시작점으로 이동, 1번 OFF/SET 양 보정 공구 보정, 절삭유 on
G94 X-1.5 Z2. F0.15 ;	단면 절삭 Cycle 지령(G94)
Z1. ;	
Z0. ;	
G71 U1.5 R0.5 ;	내·외경 황삭 사이클 고정 Cycle 절입량 및 후퇴량 지정
G71 P10 Q20 U0.4 W0.2 F0.25 ;	N10 ~ N20까지 고정 Cycle 지령
N10 G42 G00 X12. ;	인선 R 우측 보정
G01 Z0. F0.1 ;	
X16. Z-2. ;	
Z-20. ;	
X22. ;	
G03 X26. Z-22. R2. ;	
G01 Z-29. ;	
X30. ;	
Z-50. ;	
X35. ;	
G02 X41. Z-53. R3. ;	
G01 X43. Z-58. ;	
Z-61. ;	
N20 X52. ;	고정 Cycle의 마지막 Block에서는 자동 면취 및 자동코너 R 지령은 할 수 없다.

입력 내용	설명
G00 G40 X200. Z150. T0100 M09 ;	인선 R 보정 해제 하면서 공구 교환점으로 후퇴
M00 ;	프로그램 정지
T0300 ;	외경 정삭 바이트 공구 교환(T0300)
G96 S200 M03 ;	주속 일정 제어 ON(G96)
G00 X52. Z2. T0303 M08 ;	정삭 Cycle 시작점으로 이동, 3번 OFF/SET 양 보정
G70 P10 Q20 F0.1 ;	정삭 Cycle 지령
G00 G40 X200. Z150. T0300 M09 ;	공구 교환 지점으로 이동, OFF/SET 양 보정 무시
M00 ;	
T0500 ;	홈 바이트 공구 교환(T0500)
G97 S700 M03 ;	주속 일정 제어 OFF(회전수 일정 정회전)
G00 X32. Z-50. T0505 M08 ;	홈 가공 시작점으로 이동, 5번 OFF/SET 양 보정
G01 X25. F0.07 ;	
G04 P1000 ;	Dwell Time 지령(홈 바닥면에서 1초 정지)
G00 X32. ;	
W1. ;	
G01 X25. ;	
G04 P1000 ;	
G00 X32. ;	
Z-42. ;	
G01 X22.04 ;	
G04 P1000 ;	
G00 X32. ;	
W2. ;	
G01 X22.04 ;	
G04 P1000 ;	
G00 X32. ;	
W2. ;	
G01 X22.04 ;	
G04 P1000 ;	
G00 X32. ;	
W1. ;	
G01 X22.04 ;	
G04 P1000 ;	
G00 X32. ;	
G01 X22. ;	홈 가공 정삭 가공
Z-42. ;	
X26. ;	
G03 X30. Z-44. R2. ;	홈 바이트로 R 가공
G01 Z-48. ;	

입력 내용	설명
G00 X32. ;	
Z-20. ;	
X18. ;	
G01 X11. ;	
G04 P1000 ;	
G00 X18. ;	
W2. ;	
G01 X11. ;	
G04 P1000 ;	
G00 X20. ;	
G00 X200. Z150. T0500 M09 ;	공구 교환 지점으로 이동, OFF/SET 양 보정 무시
M00 ;	
T0700 ;	외경 나사 바이트 공구 교환(T0700)
G97 S500 M03 ;	주속 일정 제어 OFF(G97)
G00 X18. Z2. T0707 M08 ;	나사 가공 시작점으로 이동, 7번 OFF/SET 양 보정
G76 P011060 Q50 R20 ;	자동 나사 가공 Cycle(G76) P ○○ □□ △△ △△ → 나사산의 각도 □□ → Chamfering 양 지정 ○○ → 정삭 반복 횟수 지정
G76 X13.62 Z-17. P1190 Q350 F2. ;	X: 나사의 골경 Z: 챔퍼링 끝지점의 나사길이 P: 나사산의 높이(반경 지정) Q: 최초절입량 0.35mm F: 나사의 Lead
G00 X200. Z150. T0700 M09 ;	공구 교환 지점으로 이동, OFF/SET 양 보정 무시
M05 ;	주축정지
M02 ;	프로그램 종료
%	

4 기계가공기능장 4번 공개도면 프로그램 작성

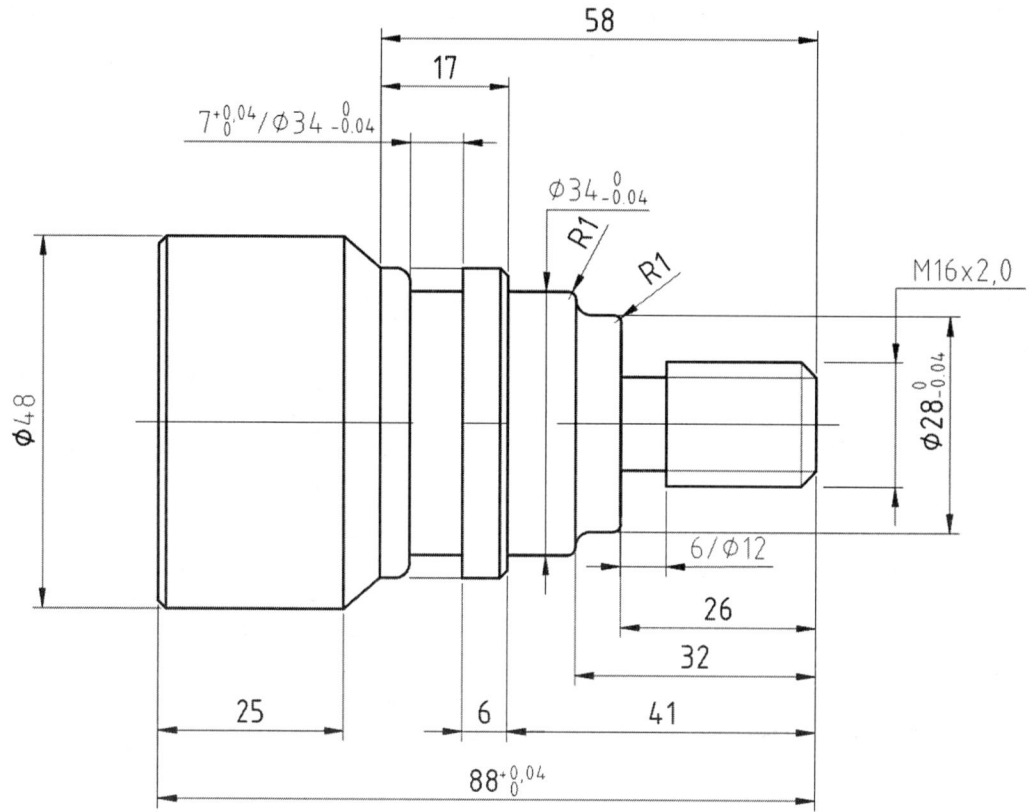

	M16 X 2.0 보통급	
수나사	외경	15.962$_{-0.28}^{0}$
	유효경	14.663$_{-0.16}^{0}$

주서
1. 도시되고 지시 없는 모떼기 C1, 필렛 및 라운드 R2
2. 일반 모떼기 C0.2~C0.3

기계가공기능장 4번 공개도면 수동 프로그램 해답

```
%
O0004
(뒷면 가공)
G28 U0. W0.;
G00 X200. Z100.;
T0101;
G50 S1500;
G96 S150 M03;
G00 X55. Z5. T0101;
G71 U1.0 R0.5;
G71 P10 Q100 U0. W0. F2.0 M08;
N10 G00 X-1.;
G01 Z0;
X46.;
X48. Z-1.;
Z-40.;
N100 G01 X55. M09;
G00 X200. Z100. T0100;
M05;
M00;
(앞면 가공)
G50 S1500;
G96 S150 M03;
G00 X55. Z5. T0101;
G71 U1.0 R0.5;
G71 P20 Q200 U0.2 W0.1 F2.0 M08;
N20 G00 X-1.;
G01 Z0.;
X12.;
X16. Z-2.;
Z-26.;
X26.;
G03 X28. Z-27. R1.;
G01 Z-30.;
G02 X32. Z-32. R2.;
G03 X34. Z-33. R1.;
G01 Z-41.;
X38.;
X40. Z-42.;
Z-58.;
X48. Z-63.;
N200 G01 X55. M09;
G00 X200. Z100. T0100;
M05;

T0300;
G50 S2000;
G96 S200 M03;
G00 X55. Z5. T0303
G70 P20 Q200 F0.1 M08;
G00 X200. Z100. T0300;
M05;

T0500; (폭 3mm)
G97 S800 M03;
G00 X45. Z-54. T0505;
G01 X34. F0.08 M08;
G04 P1000;
G01 X45.;
Z-52.;
X34.;
G04 P1000;
G01 X45.;
Z-50.;
X34.;
G04 P1000;
G01 X45.;
Z-56.;
X40.;
G02 X36. Z-54. R2;
G01 X45.;
G00 Z-26.;
X35.;
G01 X12.;
G04 P1000;
G01 X35.;
Z-24.;
X12.;
G04 P1000;
G01 X35.;
Z-24.;
X12.;
G04 P1000;
G01 X35.;
Z-23.;
X12.;
G04 P1000;
G01 X35. M09;
G00X200. Z100. T0500;
M05;

T0700;
G97 S500 M03
G00 X25. Z5. T0707;
G76 P010060 Q50 R20;
G76 X13.62 Z-23. P1190 Q350 F2.0 M08;
M09;
G00 X200. Z100. T0700;
M05;
M02;
%
```

5 컴퓨터응용가공산업기사 3번 공개도면 프로그램 작성

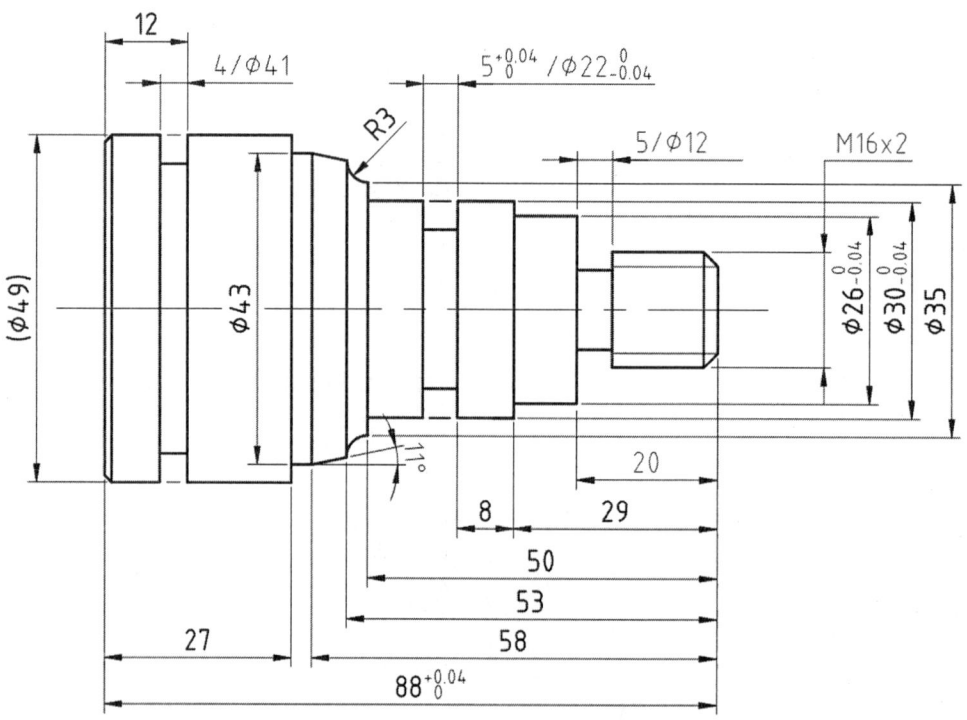

	M16 X 2.0 보통급	
수나사	외경	$15.962_{-0.28}^{0}$
	유효경	$14.663_{-0.16}^{0}$

주서
1. 도시되고 지시 없는 모떼기 C1
2. 일반 모떼기 C0.2~C0.3

컴퓨터응용가공산업기사 3번 공개도면 수동 프로그램 해답

```
%
O0003
(뒷면 가공)
G28 U0. W0.;
G50 S1500;
G96 S150 M03;
T0100;
G00 X52. Z5. T0101 M08;
G01 X0. F0.15;
Z0.;
X47.;
X49. Z-1.;
Z-28.;
X52.;
G00 X150. Z150. T0100 M09;
M05;

T0500;
G97 S400 M03;
G00 X52. Z-12. T0505 M08;
G01 X41.;
G04 P1000;
X52.;
Z-11.;
X41.;
G04 P1000;
X52.;
G00 X150. Z150. T0500 M09;
M05;
M00;
(앞면 가공)
G28 U0. W0.;
G50 S1500;
G96 S150 M03;
T0100;
G00 X52. Z5. T0101 M08;
G71 U1.0 R0.5;
G71 P10 Q20 U0.4 W0.2 F0.15;
N10 G01 X0.;
Z0.;
X14.;
X16. Z-1.;
Z-20.;
X26.;
Z-29.;
X30.;
Z-50.;
X35.;
```

```
G02 R3. X41. Z-53.;
G01 X43. Z-58.;
Z-61.;
X49.;
N20 X52.;
G00 X150. Z150. T0100 M09;
M05;

T0300;
G50 S1800;
G96 S180 M03;
G00 X52. Z3. T0303 M08;
G70 P10 Q20 F0.1;
G00 X150. Z150. M09;
M05;

T0500;
G97 S400 M03;
G00 X32. Z-20. T0505 M08;
G01 X12. F0.08;
G04 P1000;
X32.;
Z-18.;
X12.;
G04 P1000;
X34.;
Z-42.;
X22.;
G04 P1000;
X34.;
Z-40.;
X22.;
G04 P1000;
X34.;
G00 X150. Z150. T0500 M09;
M05;

T0700;
G97 S500 M03;
G00 X20. Z2. T0707 M08;
G76 P011060 Q50 R30;
G76 X13.62 Z-17. P1190 Q350 F2.0;
X20.;
G00 X150. Z150. T0700 M09;
M05;
M02;
%
```

6. 컴퓨터응용가공산업기사 7번 공개도면 프로그램 작성

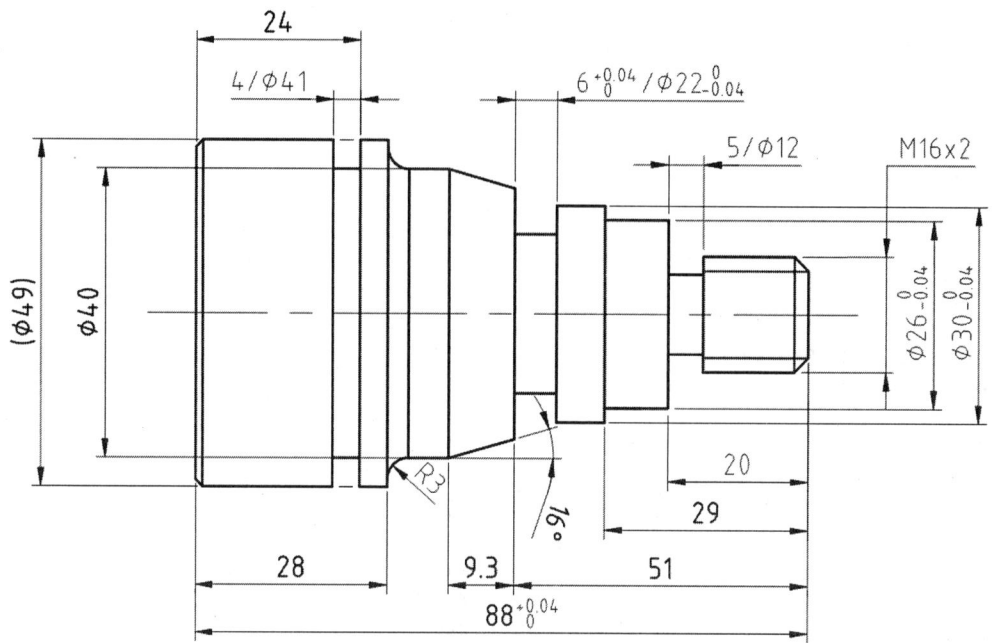

	M16 X 2.0 보통급	
수나사	외경	$15.962_{-0.28}^{0}$
	유효경	$14.663_{-0.16}^{0}$

주서
1. 도시되고 지시 없는 모떼기 C1
2. 일반 모떼기 C0.2~C0.3

컴퓨터응용가공산업기사 7번 공개도면 수동 프로그램 해답

```
%
O0007

(뒷면 가공)
G28 U0. W0.
G50 S1500
G96 S150 M03
T0100
G00 X52. Z5. T0101 M08
G01 X0. F0.15
Z0.
X39.
G03 X49. Z-5. R5.
G01 Z-35.
X52.
G00 X150. Z150. T0100 M09
M05

T0500
G97 S400 M03
G00 X52. Z-15. T0505 M08
G01 X40.
G04 P1000
X52.
Z-13.
X40.
G04 P1000
X52.
G00 X150. Z150. T0500 M09
M05
M00

(앞면 가공)
G28 U0. W0.
G50 S1500
G96 S150 M03
T0100
G00 X52. Z5. T0101 M08
G71 U1.0 R0.5
G71 P10 Q20 U0.4 W0.2 F0.15
N10 G01 X0.
Z0.
X10.
X20. Z-5.
Z-12.
G02 X24. Z-14. R2.
G01 X25.
X29. Z-16.
Z-38.
X32.
Z-55.
X34.

G03 X38. Z-57. R2.
G01 Z-62.
G02 X42. Z-64. R2.
G01 X45.
X49. Z-66.
Z-67.
N20 X52.
G00 X150. Z150. T0100 M09
M05

T0300
G50 S1800
G96 S180 M03
G00 X52. Z3. T0303 M08
G70 P10 Q20 F0.1
G00 X150. Z150. T0300 M09
M05

T0500
G97 S400 M03
G00 X36. Z-50. T0505 M09
G01 X25.
G04 P1000
X36.
Z-48.
X25.
G04 P1000
X36.
Z-46.
X25.
G04 P1000
X36.
Z-38.
X23.
G04 P1000
X36.
Z-36.
X23.
G04 P1000
X36.
G00 X150. Z150. T0500 M09
M05

T0700
G97 S500 M03
G00 X33. Z-12. T0707 M08
G76 P011060 Q50 R30
G76 X26.62 Z-35. P1190 Q350 F2.0
X36.
G00 X150. Z150. T0700 M09
M05
M02
%
```

7. 컴퓨터응용가공산업기사 11번 공개도면 프로그램 작성

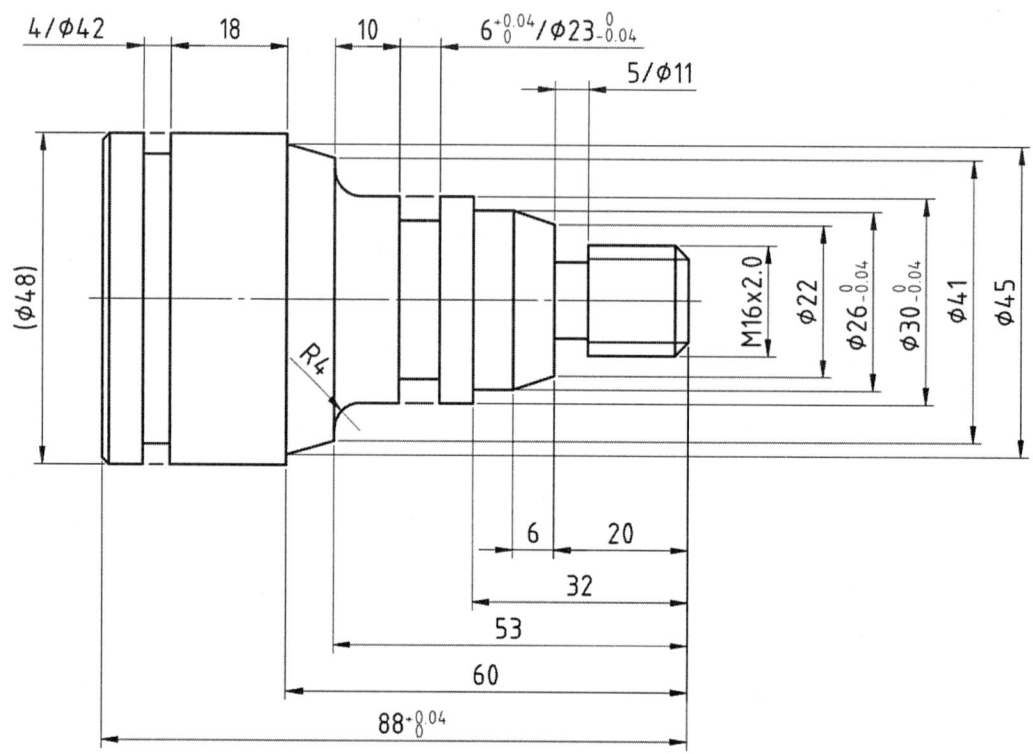

	M16 X 2.0 보통급	
수나사	외경	$15.962_{-0.28}^{0}$
	유효경	$14.663_{-0.16}^{0}$

주서
1. 도시되고 지시 없는 모떼기 C1
2. 일반 모떼기 C0.2~C0.3

컴퓨터응용가공산업기사 11번 공개도면 수동 프로그램 해답

```
%
O0011
(뒷면 가공)
G28 U0. W0.
G50 S1500
G96 S150 M03
T0100
G00 X52. Z5. T0101 M08
G01 X0.
Z0.
X46.
X48. Z-1.
Z-29.
X52.
G00 X150. Z150. T0100 M09
M05

T0500
G97 S400 M03
G00 X52. Z-10. T0505 M08
G01 X42. F0.08
G04 P1000
G01 X52.
Z-9.
X42.
G04 P1000
G01 X52.
G00 X150. Z150. T0500 M09
M05
M00
(앞면 가공)
G28 U0. W0.
G50 S1500
G96 S150 M03
T0100
G00 X52. Z5. T0101 M08
G71 U1.0 R0.5
G71 P10 Q20 U0.4 W0.2 F0.2
N10 G01 X0.
Z0.
X12.
X16. Z-2.
Z-20.
X22.
X26. Z-26.
Z-32.
X30.
Z-49.

G02 R4. X38. Z-53.
G01 X41.
X45. Z-60.
X48.
N20 X52.
G00 X150. Z150. T0100 M09
M05

T0300
G50 S1800
G96 S180 M03
G00 X52. Z3. T0303 M08
G70 P10 Q20 F0.1
G00 X150. Z150. T0300 M09
M05

T0500
G97 S400 M03
G00 X34. Z-43. T0505 M08
G01 X23. F0.08
G04 P1000
G01 X34.
Z-41.
X23.
G04 P1000
G01 X34.
Z-40.
X23.
G04 P1000
G01 X34.
Z-20.
X11.
G04 P1000
G01 X20.
Z-18.
X11.
G04 P1000
X20.
G00 X150. Z150. T0500 M09
M05

T0700
G97 S500 M03
G00 X20. Z2. T0707 M08
G76 P011060 Q50 R30
G76 X13.62 Z-17. P1190 Q350 F2.0
G00 X150. Z150. T0700 M09
M05
M02
%
```

8 컴퓨터응용가공산업기사 12번 공개도면 프로그램 작성

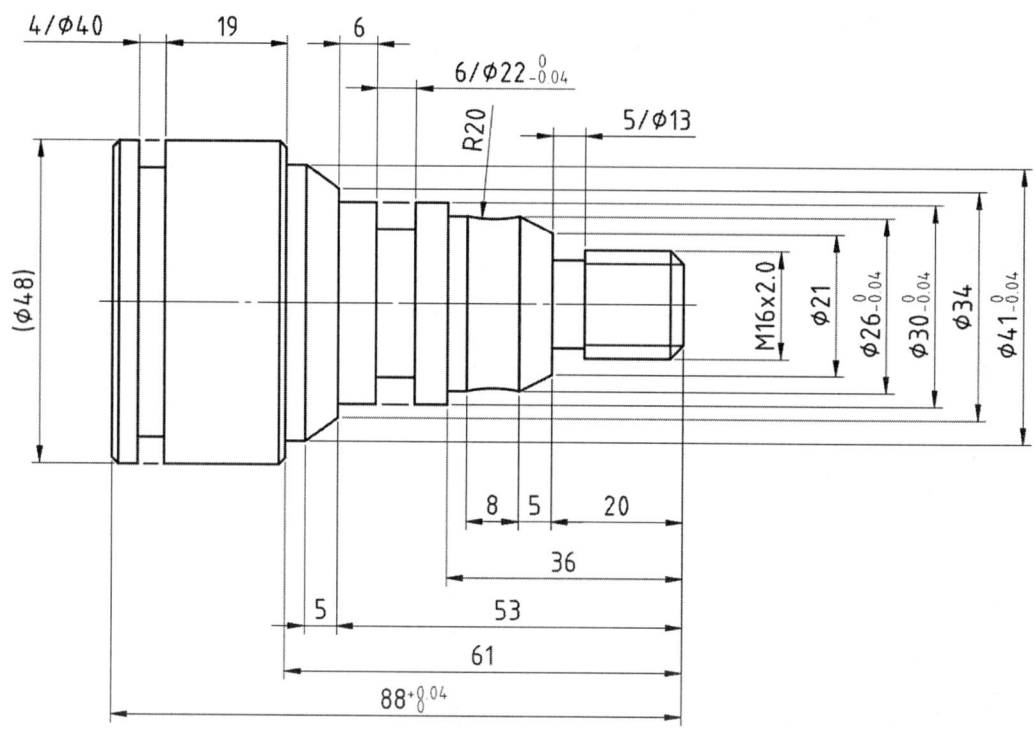

	M16 X 2.0 보통급	
수나사	외경	$15.962_{-0.28}^{0}$
	유효경	$14.663_{-0.16}^{0}$

주서
1. 도시되고 지시 없는 모떼기 C1
2. 일반 모떼기 C0.2~C0.3

컴퓨터응용가공산업기사 12번 공개도면 수동 프로그램 해답

```
%
O0012
(뒷면 가공)
G28 U0. W0.
G50 S1500
G96 S150 M03
T0100
G00 X52. Z5. T0101 M08
G01 X0. F0.2
Z0.
X46.
X48. Z-1.
Z-28.
X52.
G00 X150. Z150. T0100 M09
M05

T0500
G97 S400 M03
G00 X52. Z-8. T0505 M08
G01 X40. F0.08
G04 P1000
G01 X52.
Z-7.
X40.
G04 P1000
G01 X52.
G00 X150. Z150. T0500 M09
M05
M00
(앞면 가공)
G28 U0. W0.
G50 S1500
G96 S150 M03
T0100
G00 X52. Z5. T0101 M08
G71 U1.0 R0.5
G71 P10 Q20 U0.4 W0.2 F0.2
N10 G01 X0.
Z0.
X12.
X16. Z-2.
Z-20.
X21.
X26. Z-25.
G02 R20. Z-33.
G01 Z-36.
X30.
Z-53.
X34.
X41. Z-58.
Z-61.
X46.
X48. Z-62.
N20 X52.
G00 X150. Z150. T0100 M09
M05

T0300
G50 S1800
G96 S180 M03
G00 X52. Z3. T0303 M08
G70 P10 Q20 F0.1
G00 X150. Z150. T0300 M09
M05

T0500
G97 S400 M03
G00 X34. Z-47. T0505 M08
G01 X22. F0.08
G04 P1000
G01 X34.
Z-45.
X22.
G04 P1000
G01 X34.
Z-44.
X22.
G04 P1000
G01 X34.
Z-20.
X13.
G04 P1000
G01 X20.
Z-18.
X13.
G04 P1000
G01 X20.
G00 X150. Z150. T0500 M09
M05

T0700
G97 S500 M03
G00 X20. Z2. T0707 M08
G76 P011060 Q50 R30
G76 X13.62 Z-17. P1190 Q350 F2.0
G00 X150. Z150. T0700 M09
M05
M02
%
```

9 컴퓨터응용가공산업기사 13번 공개도면 프로그램 작성

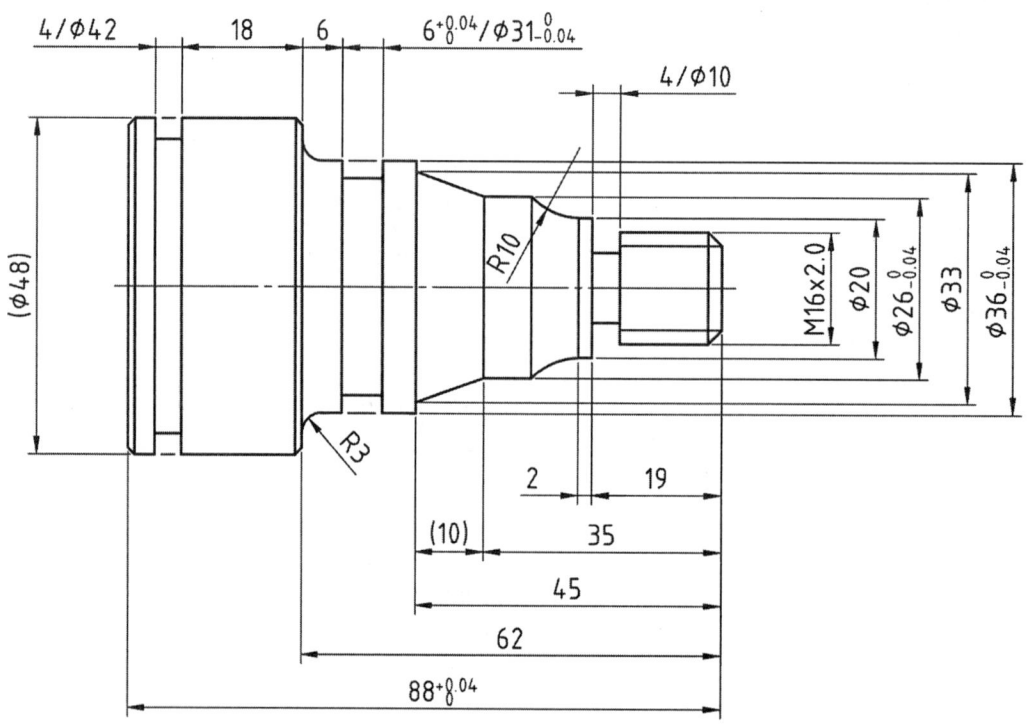

	M16 X 2.0 보통급	
수나사	외경	$15.962_{-0.28}^{0}$
	유효경	$14.663_{-0.16}^{0}$

주서
1. 도시되고 지시 없는 모떼기 C1
2. 일반 모떼기 C0.2~C0.3

컴퓨터응용가공산업기사 13번 공개도면 수동 프로그램 해답

```
%
O0013
(뒷면 가공)
G28 U0. W0.
G50 S1500
G96 S150 M03
T0100
G00 X52. Z5. T0101 M08
G01 X0. F0.2
Z0.
X46.
X48. Z-1.
Z-27.
X52.
G00 X150. Z150. T0100 M09
M05

T0500
G97 S400 M03
G00 X52. Z-8. T0505 M08
G01 X42. F0.08
G04 P1000
G01 X52.
Z-7.
X42.
G04 P1000
G01 X52.
G00 X150. Z150. T0500 M09
M05
M00
(앞면 가공)
G28 U0. W0.
G50 S1500
G96 S150 M03
T0100
G00 X52. Z5. T0101 M08
G71 U1.0 R0.5
G71 P10 Q20 U0.4 W0.2 F0.2
N10 G01 X0.
Z0.
X12.
X16. Z-2.
Z-19.
X20.
Z-21.
G02 R10. X26. Z-28.141(그려서확인)
G01 Z-35.
X33. Z-45.
X36.
Z-59.
G02 R3. X42. Z-62.
G01 X46.
X48. Z-63.
N20 X52.
G00 X150. Z150. T0100 M09
M05

T0300
G50 S1800
G96 S180 M03
G00 X52. Z3. T0303 M08
G70 P10 Q20 F0.1
G00 X150. Z150. T0300 M09
M05

T0500
G97 S400 M03
G00 X40. Z-56. T0505 M08
G01 X31. F0.08
G04 P1000
G01 X40.
Z-54.
X31.
G04 P1000
G01 X40.
Z-53.
X31.
G04 P1000
G01 X40.
Z-19.
X10.
G04 P1000
G01 X20.
Z-18.
X10.
G04 P1000
X20.
G00 X150. Z150. T0500 M09
M05

T0700
G97 S500 M03
G00 X20. Z2. T0707 M08
G76 P011060 Q50 R30
G76 X13.62 Z-17. P1190 Q350 F2.0
G00 X150. Z150. T0700 M09
M05
M02
%
```

10 컴퓨터응용가공산업기사 14번 공개도면 프로그램 작성

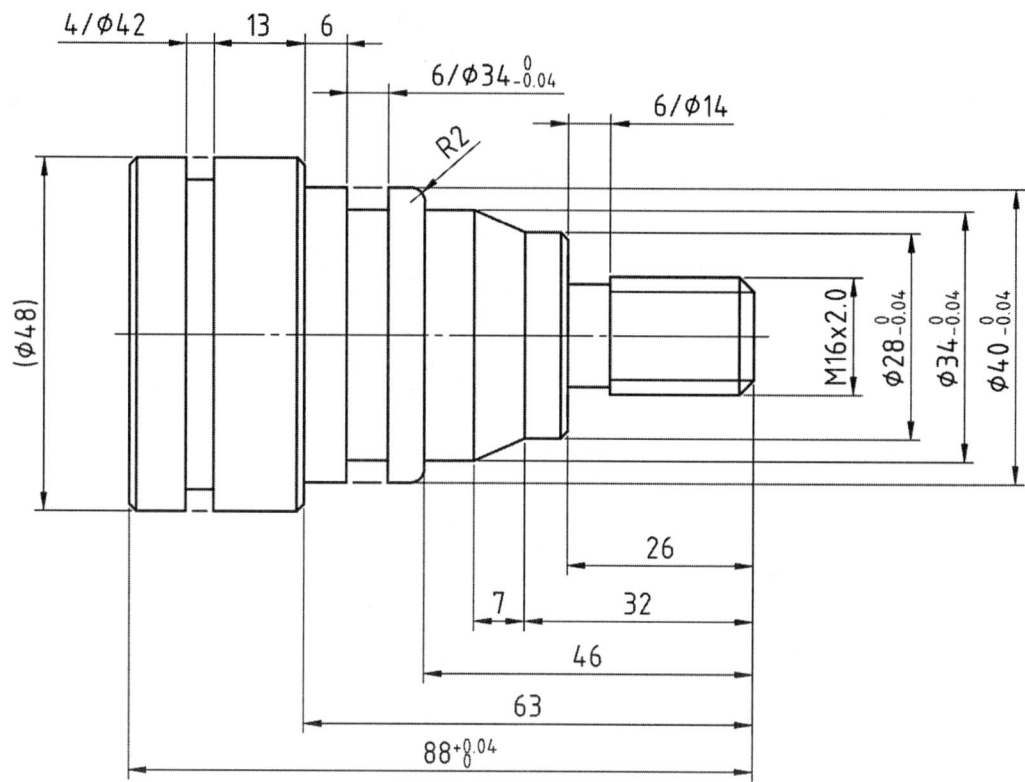

	M16 X 2.0 보통급	
수나사	외경	15.962 $_{-0.28}^{0}$
	유효경	14.663 $_{-0.16}^{0}$

주서
1. 도시되고 지시 없는 모떼기 C1
2. 일반 모떼기 C0.2~C0.3

컴퓨터응용가공산업기사 14번 공개도면 수동 프로그램 해답

```
%
O0014

(뒷면 가공)
G28 U0. W0.
G50 S1500
G96 S150 M03
T0100
G00 X52. Z5. T0101 M08
G01 X0. F0.2
Z0.
X46.
X48. Z-1.
Z-26.
X52.
G00 X150. Z150. T0100 M09
M05

T0500
G97 S400 M03
G00 X52. Z-12. T0505 M08
G01 X42. F0.08
G04 P1000
G01 X52.
Z-11.
X42.
G04 P1000
G01 X52.
G00 X150. Z150. T0500 M09
M05
M00

(앞면 가공)
G28 U0. W0.
G50 S1500
G96 S150 M03
T0100
G00 X52. Z5. T0101 M08
G71 U1.0 R0.5
G71 P10 Q20 U0.4 W0.2 F0.2
N10 G01 X0.
Z0.
X12.
X16. Z-2.
Z-26.
X26.
X28. Z-27.
Z-32.
X34. Z-39.
Z-46.
X36.
G03 R2. X40. Z-48.
G01 Z-63.
X46.
X48. Z-64.
N20 X52.
G00 X150. Z150. T0100 M09
M05

T0300
G50 S1800
G96 S180 M03
G00 X52. Z3. T0303 M08
G70 P10 Q20 F0.1
G00 X150. Z150. T0300 M09
M05

T0500
G97 S400 M03
G00 X44. Z5. T0505 M08
Z-57.
G01 X34. F0.08
G04 P1000
G01 X44.
Z-55.
X34.
G04 P1000
G01 X44.
Z-54.
X34.
G04 P1000
G01 X44.
Z-26.
X14.
G04 P1000
G01 X20.
Z-24.
X14.
G04 P1000
G01 X20.
Z-23.
X14.
G04 P1000
X20.
G00 X150. Z150. T0500 M09
M05

T0700
G97 S500 M03
G00 X20. Z2. T0707 M08
G76 P011060 Q50 R30
G76 X13.62 Z-22. P1190 Q350 F2.0
G00 X150. Z150. T0700 M09
M05
M02
%
```

11 컴퓨터응용가공산업기사 15번 공개도면 프로그램 작성

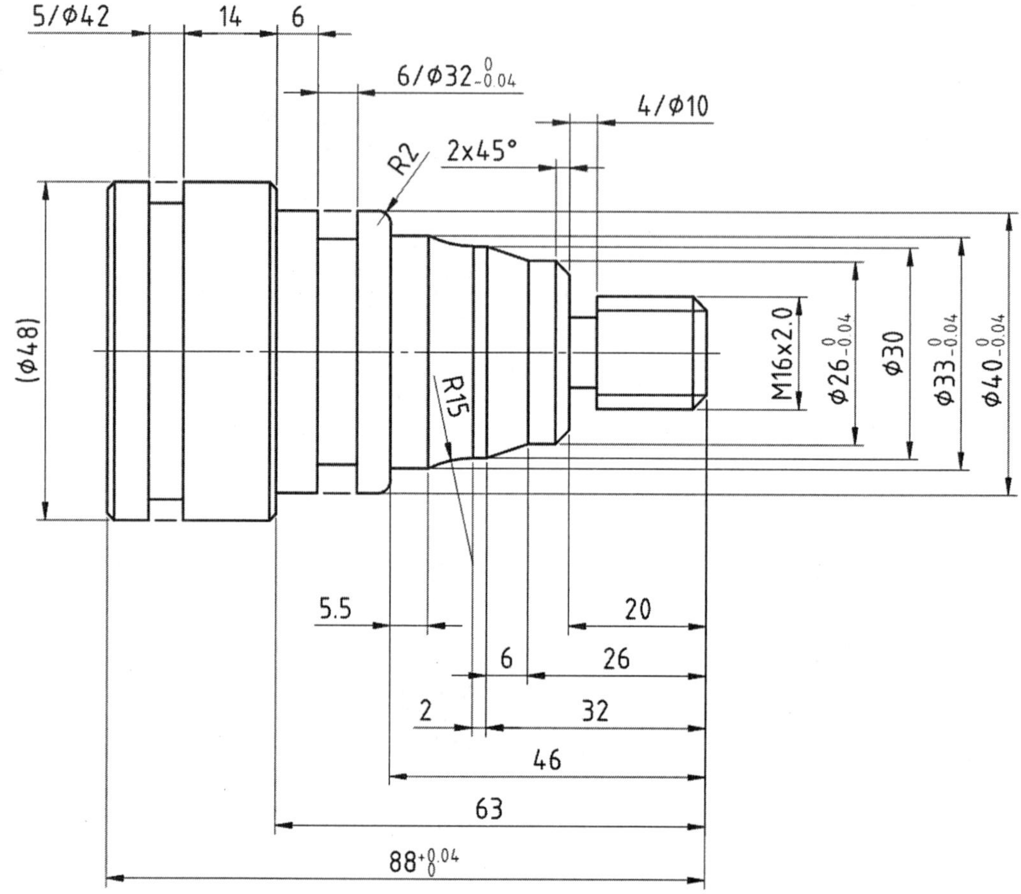

	M16 X 2.0 보통급	
수나사	외경	$15.962^{\ 0}_{-0.28}$
	유효경	$14.663^{\ 0}_{-0.16}$

주서

1. 도시되고 지시 없는 모떼기 C1
2. 일반 모떼기 C0.2~C0.3

컴퓨터응용가공산업기사 15번 공개도면 수동 프로그램 해답

```
%
O0015
(뒷면 가공)
G28 U0. W0.
G50 S1500
G96 S150 M03
T0100
G00 X52. Z5. T0101 M08
G01 X0. F0.2
Z0.
X46.
X48. Z-1.
Z-26.
X52.
G00 X150. Z150. T0100 M09
M05

T0500
G97 S400 M03
G00 X52. Z-11. T0505 M08
G01 X42. F0.08
G04 P1000
G01 X52.
Z-9.
X42.
G04 P1000
G01 X52.
G00 X150. Z150. T0500 M09
M05
M00
(앞면 가공)
G28 U0. W0.
G50 S1500
G96 S150 M03
T0100
G00 X52. Z5. T0101 M08
G71 U1.0 R0.5
G71 P10 Q20 U0.4 W0.2 F0.2
N10 G01 X0.
Z0.
X12.
X16. Z-2.
Z-20.
X22.
X26. Z-22.
Z-26.
X30. Z-32.
Z-34.
G02 R15. X33. Z-40.5
G01 Z-46.
X36.
G03 R2. X40. Z-48.
G01
Z-63.
X46.
X48. Z-64.
N20 X52.
G00 X150. Z150. T0100 M09
M05

T0300
G50 S1800
G96 S180 M03
G00 X52. Z3. T0303 M08
G70 P10 Q20 F0.1
G00 X150. Z150. T0300 M09
M05

T0500
G97 S400 M03
G00 X44. Z3. T0505 M08
Z-57.
G01 X32. F0.08
G04 P1000
G01 X44.
Z-55.
X32.
G04 P1000
G01 X44.
Z-54.
X32.
G04 P1000
G01 X44.
Z-20.
X10.
G04 P1000
G01 X20.
Z-19.
X10.
G04 P1000
G01 X20.
G00 X150. Z150. T0500 M09
M05

T0700
G97 S500 M03
G00 X20. Z2. T0707 M08
G76 P011060 Q50 R30
G76 X13.62 Z-18. P1190 Q350 F2.0
G00 X150. Z150. T0700 M09
M05
M02
%
```

12. 컴퓨터응용가공산업기사 16번 공개도면 프로그램 작성

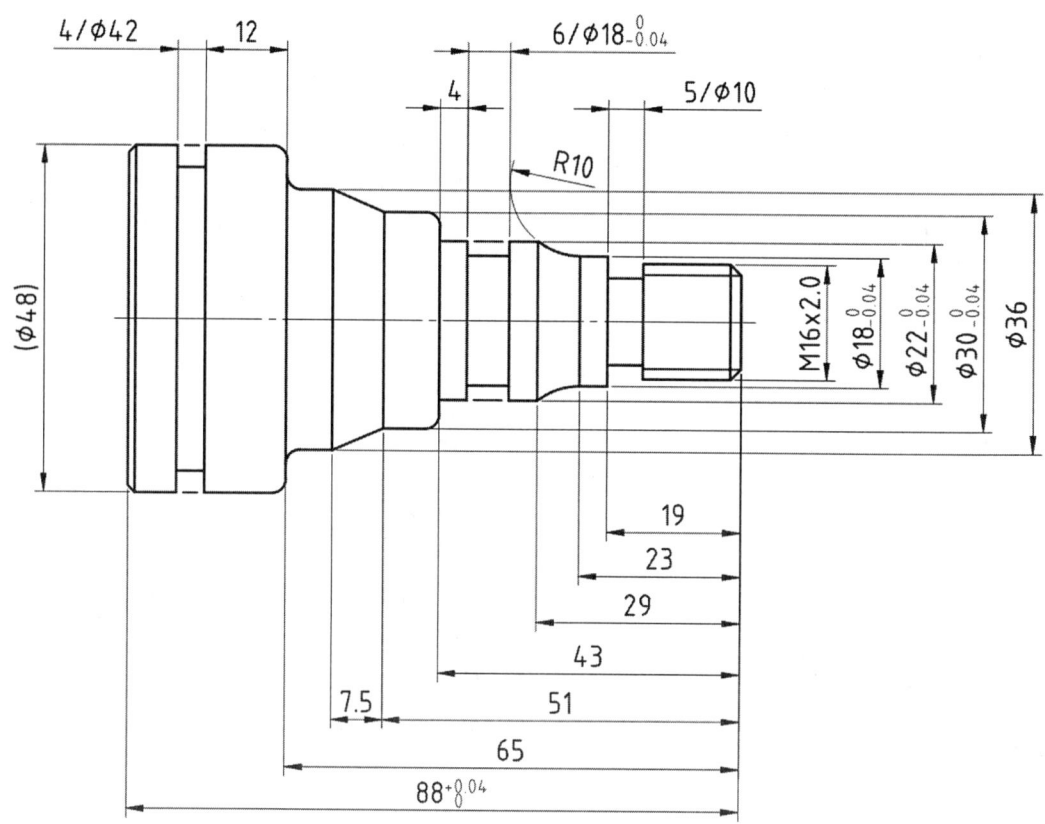

	M16 X 2.0 보통급	
수나사	외경	15.962 $_{-0.28}^{0}$
	유효경	14.663 $_{-0.16}^{0}$

주서
1. 도시되고 지시 없는 모떼기 C1
2. 일반 모떼기 C0.2~C0.3

컴퓨터응용가공산업기사 16번 공개도면 수동 프로그램 해답

```
%
O0016
(뒷면 가공)
G28 U0. W0.
G50 S1500
G96 S150 M03
T0100
G00 X52. Z5. T0101 M08
G01 X0. F0.2
Z0.
X46.
X48. Z-1.
Z-24.
X52.
G00 X150. Z150. T0100 M09
M05

T0500
G97 S400 M03
G00 X52. Z-11. T0505 M08
G01 X42. F0.08
G04 P1000
G01 X52.
Z-10.
X42.
G04 P1000
G01 X52.
G00 X150. Z150. T0500 M09
M05
M00
(앞면 가공)
G28 U0. W0.
G50 S1500
G96 S150 M03
T0100
G00 X52. Z5. T0101 M08
G71 U1.0 R0.5
G71 P10 Q20 U0.4 W0.2 F0.2
N10 G01 X0.
Z0.
X12.
X16. Z-2.
Z-19.
X18.
Z-23.
G02 R10. X22. Z-29.
G01 Z-43.
X26.
G03 R2. X30. Z-45.
G01 Z-51.
X36. Z-58.5
Z-63.
G02 R2. X40. Z-65.
G01 X44.
G03 R2. X48. Z-67.
N20 G01 X52.
G00 X150. Z150. T0100 M09
M05

T0300
G50 S1800
G96 S180 M03
G00 X52. Z3. T0303 M08
G70 P10 Q20 F0.1
G00 X150. Z150. T0300 M09
M05

T0500
G97 S400 M03
G00 X26. Z-39. T0505 M08
G01 X18. F0.08
G04 P1000
G01 X26.
Z-37.
X18.
G04 P1000
G01 X26.
Z-36.
X18.
G04 P1000
G01 X26.
Z-19.
X10.
G04 P1000
G01 X22.
Z-17.
X10.
G04 P1000
G01 X22.
G00 X150. Z150. T0500 M09
M05

T0700
G97 S500 M03
G00 X20. Z2. T0707 M08
G76 P011060 Q50 R30
G76 X13.62 Z-16. P1190 Q350 F2.0
G00 X50. Z50. T0700 M09
M05
M02
%
```

13 컴퓨터응용가공산업기사 17번 공개도면 프로그램 작성

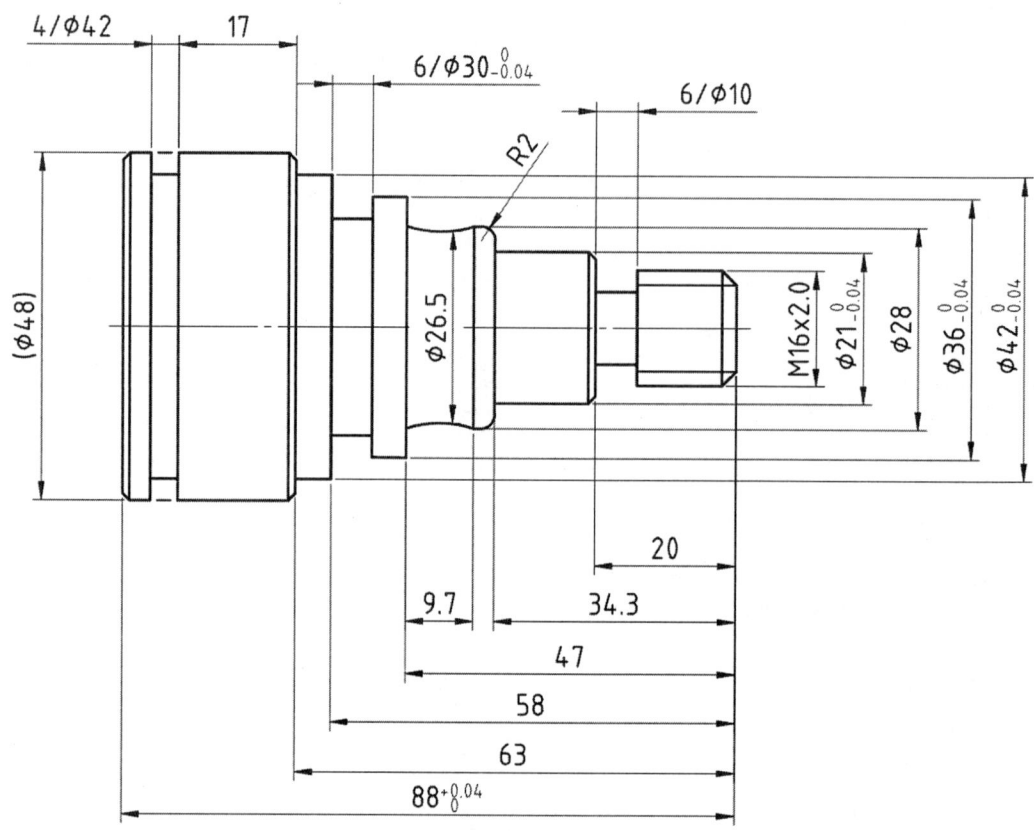

	M16 X 2.0 보통급	
수나사	외경	15.962 $_{-0.28}^{0}$
	유효경	14.663 $_{-0.16}^{0}$

주서
1. 도시되고 지시 없는 모떼기 C1
2. 일반 모떼기 C0.2~C0.3

컴퓨터응용가공산업기사 17번 공개도면 수동 프로그램 해답

```
%
O0017
(뒷면 가공)
G28 U0. W0.
G50 S1500
G96 S150 M03
T0100
G00 X52. Z5. T0101 M08
G01 X0. F0.15
Z0.
X46.
X48. Z-1.
Z-26.
X52.
G00 X150. Z150. T0100 M09
M05

T0500
G97 S400 M03
G00 X52. Z-8. T0505 M08
G01 X42. F0.08
G04 P1000
X52.
Z-7.
X42.
G04 P1000
X52.
G00 X150. Z150. T0500 M09
M05
M00
(앞면 가공)
G28 U0. W0.
G50 S1500
G96 S150 M03
T0100
G00 X52. Z5. T0101 M08
G71 U1.0 R0.5
G71 P10 Q20 U0.4 W0.2 F0.15
N10 G01 X0.
Z0.
X14.
X16. Z-1.
Z-20.
X19.
X21. Z-21.
Z-34.3
X24.
G03 R2. X28. Z-36.3
G01 Z-37.3
G02 Z-47. R16.
G01 X36.
Z-58.
X42.
Z-63.
X46.
X48. Z-64.
N20 X52.
G00 X150. Z150. T0100 M09
M05

T0300
G50 S1800
G96 S180 M03
G00 X52. Z3. T0303 M08
G70 P10 Q20 F0.1
G00 X150. Z150. T0300 M09
M05

T0500
G97 S400 M03
G00 X44. Z-58. T0505 M08
G01 X30. F0.08
G04 P1000
X44.
Z-56.
X30.
G04 P1000
X44.
Z-55.
X30.
G04 P1000
X44.
Z-20.
X10.
G04 P1000
X23.
Z-18.
X10.
G04 P1000
X23.
Z-17.
X10.
G04 P1000
X23.
G00 X150. Z150. T0500 M09
M05

T0700
G97 S500 M03
G00 X20. Z2. T0707 M08
G76 P011060 Q50 R30
G76 X13.62 Z-16. P1190 Q350 F2.0
X20.
G00 X150. Z150. T0700 M09
M05
M02
%
```

14 컴퓨터응용가공산업기사 18번 공개도면 프로그램 작성

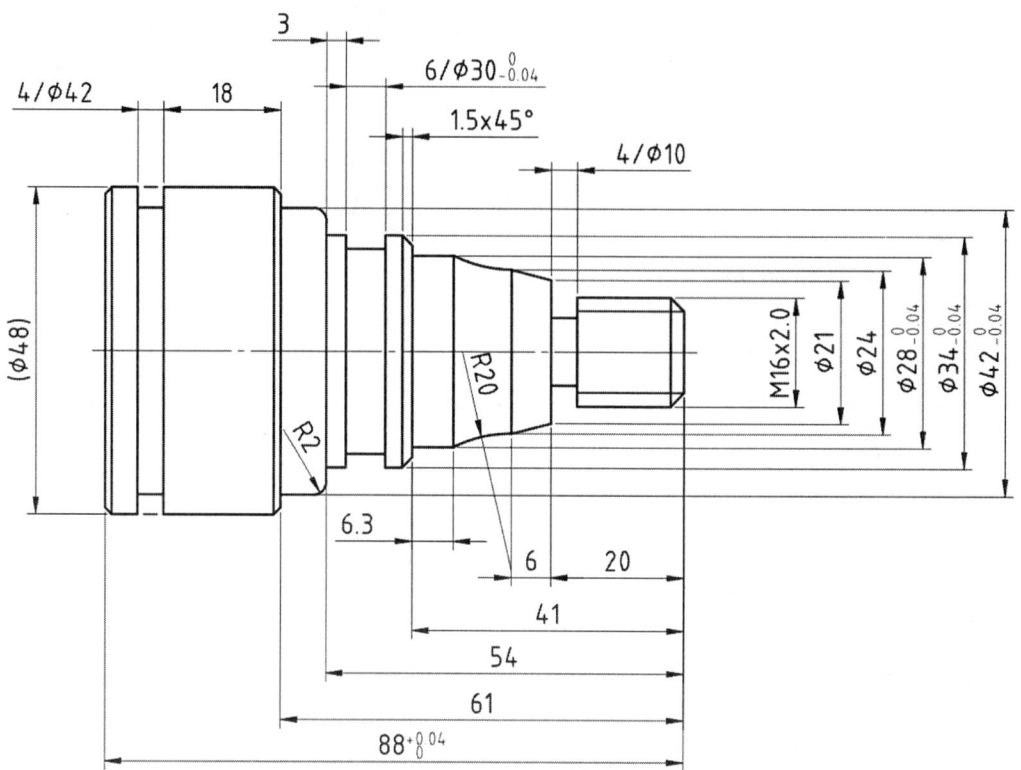

	M16 X 2.0 보통급	
수나사	외경	$15.962^{\ 0}_{-0.28}$
	유효경	$14.663^{\ 0}_{-0.16}$

주서
1. 도시되고 지시 없는 모떼기 C1
2. 일반 모떼기 C0.2~C0.3

컴퓨터응용가공산업기사 18번 공개도면 수동 프로그램 해답

```
%
O0018
(뒷면 가공)
G28 U0. W0.
G50 S1500
G96 S150 M03
T0100
G00 X52. Z5. T0101 M08
G01 X0. F0.15
Z0.
X46.
X48. Z-1.
Z-28.
X52.
G00 X150. Z150. T0100 M09
M05

T0500
G97 S400 M03
G00 X52. Z-9. T0505 M08
G01 X42. F0.08
G04 P1000
X52.
Z-8.
X42.
G04 P1000
X52.
G00 X150. Z150. T0500 M09
M05
M00
(앞면 가공)
G28 U0. W0.
G50 S1500
G96 S150 M03
T0100
G00 X52. Z5. T0101 M08
G71 U1.0 R0.5
G71 P10 Q20 U0.4 W0.2 F0.15
N10 G01 X0.
Z0.
X14.
X16. Z-1.
Z-20.
X21.
X24. Z-26.
G02 R20. X28. Z-34.7
G01 Z-41.
X31.
X34. Z-42.5
Z-54.
X38.
G03 X42. Z-56. R2.0
G01 Z-61.
X46.
X48. Z-62.
N20 X52.
G00 X150. Z150. T0100 M09
M05

T0300
G50 S1800
G96 S180 M03
G00 X52. Z3. T0303 M08
G70 P10 Q20 F0.1
G00 X150. Z150. T0300 M09
M05

T0500
G97 S400 M03
G00 X24. Z-20. T0505 M08
G01 X10. F0.08
G04 P1000
X24.
Z-19.
X10.
G04 P1000
X36.
Z-51.
X30.
G04 P1000
X36.
Z-49.
X30.
G04 P1000
X36.
Z-48.
X30.
G04 P1000
X36.
G00 X150. Z150. T0500 M09
M05

T0700
G97 S500 M03
G00 X20. Z2. T0707 M08
G76 P011060 Q50 R30
G76 X13.62 Z-18. P1190 Q350 F2.0
X20.
G00 X150. Z150. T0700 M09
M05
M02
%
```

15 컴퓨터응용가공산업기사 19번 공개도면 프로그램 작성

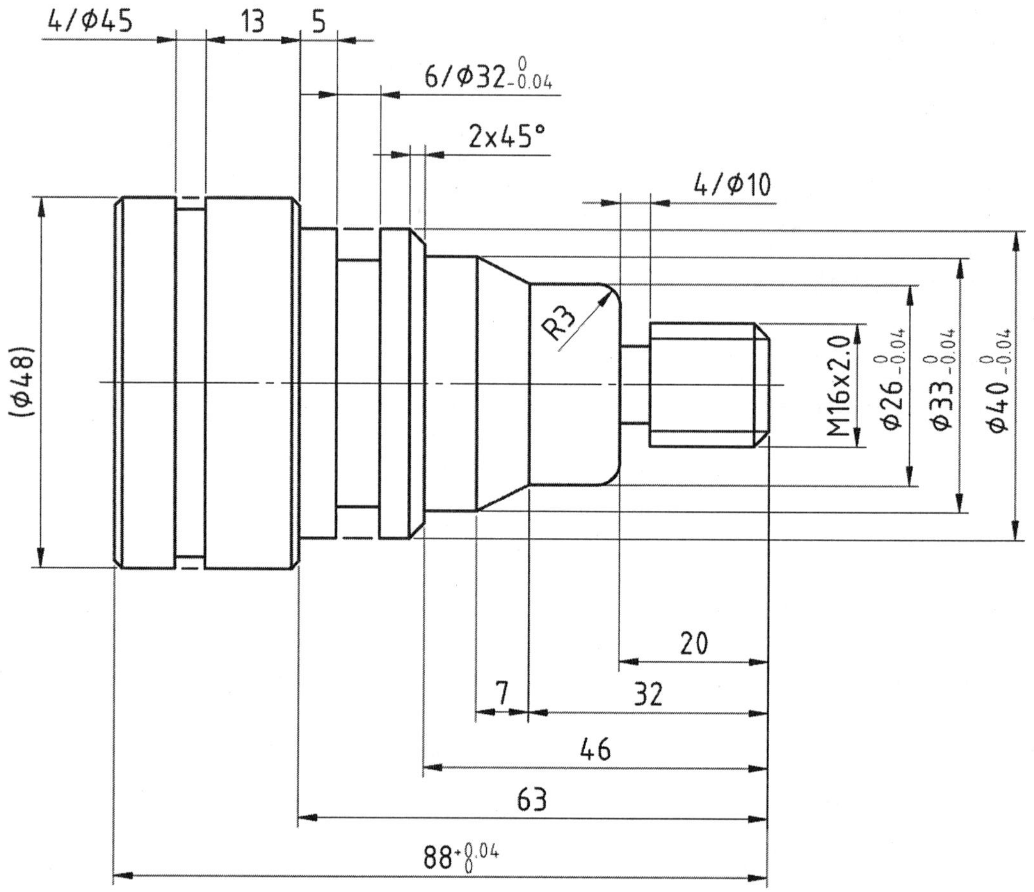

	M16 X 2.0 보통급	
수나사	외경	$15.962_{-0.28}^{0}$
	유효경	$14.663_{-0.16}^{0}$

주서
1. 도시되고 지시 없는 모떼기 C1
2. 일반 모떼기 C0.2~C0.3

컴퓨터응용가공산업기사 19번 공개도면 수동 프로그램 해답

```
%
O0019
(뒷면 가공)
G28 U0. W0.
G50 S1500
G96 S150 M03
T0100
G00 X52. Z5. T0101 M08
G01 X0. F0.15
Z0.
X46.
X48. Z-1.
Z-26.
X52.
G00 X150. Z150. T0100 M09
M05

T0500
G97 S400 M03
G00 X52. Z-12. T0505 M08
G01 X45. F0.08
G04 P1000
G01 X52.
Z-11.
X45.
G04 P1000
G01 X52.
G00 X150. Z150. T0500 M09
M05
M00
(앞면 가공)
G28 U0. W0.
G50 S1500
G96 S150 M03
T0100
G00 X52. Z5. T0101 M08
G71 U1.0 R0.5
G71 P10 Q20 U0.4 W0.2 F0.15
N10 G01 X0.
Z0.
X14.
X16. Z-1.
Z-20.
X20.
G03 X26. Z-23. R3.
G01 Z-32.
X33. Z-39.
Z-46.
X36.
X40. Z-48.
Z-63.
X46.
X48. Z-64.
N20 X52.
G00 X150. Z150. T0100 M09
M05

T0300
G50 S1800
G96 S180 M03
G00 X52. Z3. T0303 M08
G70 P10 Q20 F0.1
G00 X150. Z150. T0300 M09
M05

T0500
G97 S400 M03
G00 X44. Z5. T0505 M08
Z-58.
G01 X32. F0.08
G04 P1000
G01 X44.
Z-56.
X32.
G04 P1000
G01 X44.
Z-55.
X32.
G04 P1000
G01 X44.
Z-20.
X10.
G04 P1000
G01 X24.
Z-19.
X10.
G04 P1000
G01 X24.
G00 X150. Z150. T0500 M09
M05

T0700
G97 S500 M03
G00 X20. Z2. T0707 M08
G76 P011060 Q50 R30
G76 X13.62 Z-18. P1190 Q350 F2.0
X20.
G00 X150. Z150. T0700 M09
M05
M02
%
```

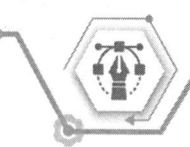

16 컴퓨터응용가공산업기사 20번 공개도면 프로그램 작성

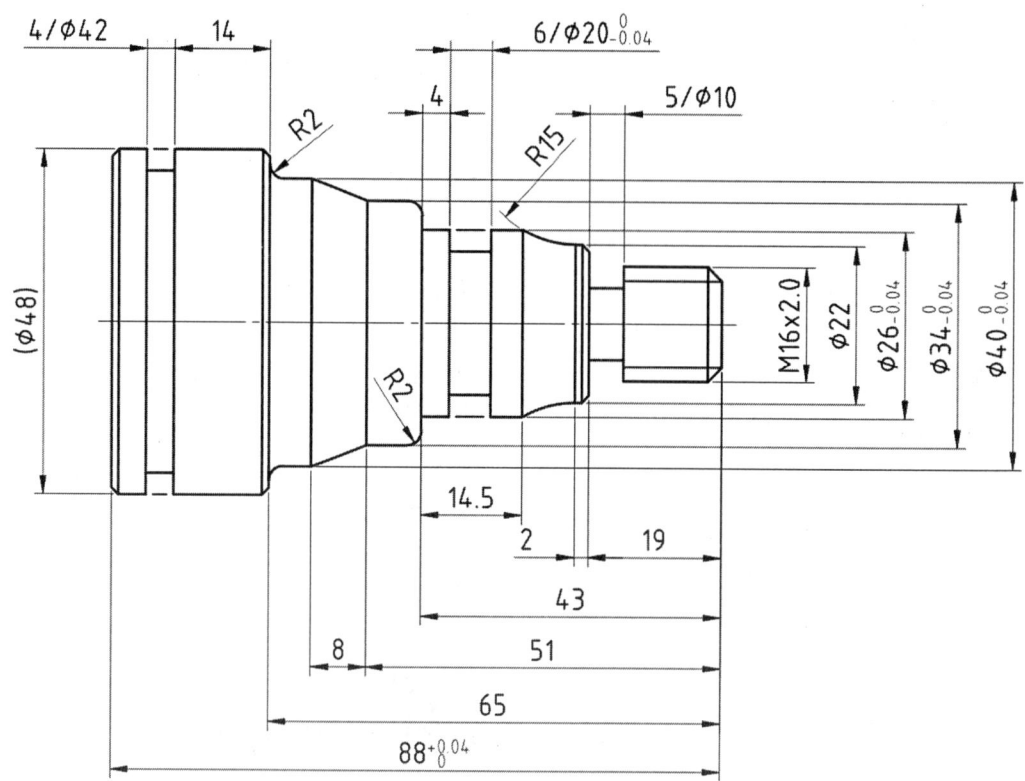

	M16 X 2.0 보통급	
수나사	외경	15.962 $_{-0.28}^{0}$
	유효경	14.663 $_{-0.16}^{0}$

주서
1. 도시되고 지시 없는 모떼기 C1
2. 일반 모떼기 C0.2~C0.3

컴퓨터응용가공산업기사 20번 공개도면 수동 프로그램 해답

```
%
O0020
(뒷면 가공)
G28 U0. W0.
G50 S1500
G96 S150 M03
T0100
G00 X52. Z5. T0101 M08
G01 X0. F0.15
Z0.
X46.
X48. Z-1.
Z-24.
X52.
G00 X150. Z150. T0100 M09
M05

T0500
G97 S400 M03
G00 X52. Z-9. T0505 M08
G01 X42. F0.08
G04 P1000
X52.
Z-8.
X42.
G04 P1000
X52.
G00 X150. Z150. T0500 M09
M05
M00
(앞면 가공)
G28 U0. W0.
G50 S1500
G96 S150 M03
T0100
G00 X52. Z5. T0101 M08
G71 U1.0 R0.5
G71 P10 Q20 U0.4 W0.2 F0.15
N10 G01 X0.
Z0.
X14.
X16. Z-1.
Z-19.
X20.
X22. Z-20.
Z-21.
G02 R15. X26. Z-28.5
G01 Z-43.
X30.
G03 X34. Z-45. R2.
G01 Z-51.
X40. Z-59.
Z-63.
G02 X44. Z-65. R2.
G01 X46.
X48. Z-66.
N20 X52.
G00 X150. Z150. T0100 M09
M05

T0300
G50 S1800
G96 S180 M03
G00 X52. Z3. T0303 M08
G70 P10 Q20 F0.1
G00 X150. Z150. T0300 M09
M05

T0500
G97 S400 M03
G00 X30. Z-39. T0505 M08
G01 X20. F0.08
G04 P1000
X30.
Z-37.
X20.
G04 P1000
X30.
Z-36.
X20.
G04 P1000
X30.
Z-19.
X10.
G04 P1000
X20.
Z-17.
X10.
G04 P1000
X20.
G00 X150. Z150. T0500 M09
M05

T0700
G97 S500 M03
G00 X20. Z2. T0707 M08
G76 P011060 Q50 R30
G76 X13.62 Z-16. P1190 Q350 F2.0
X20.
G00 X150. Z150. T0700 M09
M05
M02
%
```

17 컴퓨터응용선반기능사 2번 공개도면 프로그램 작성

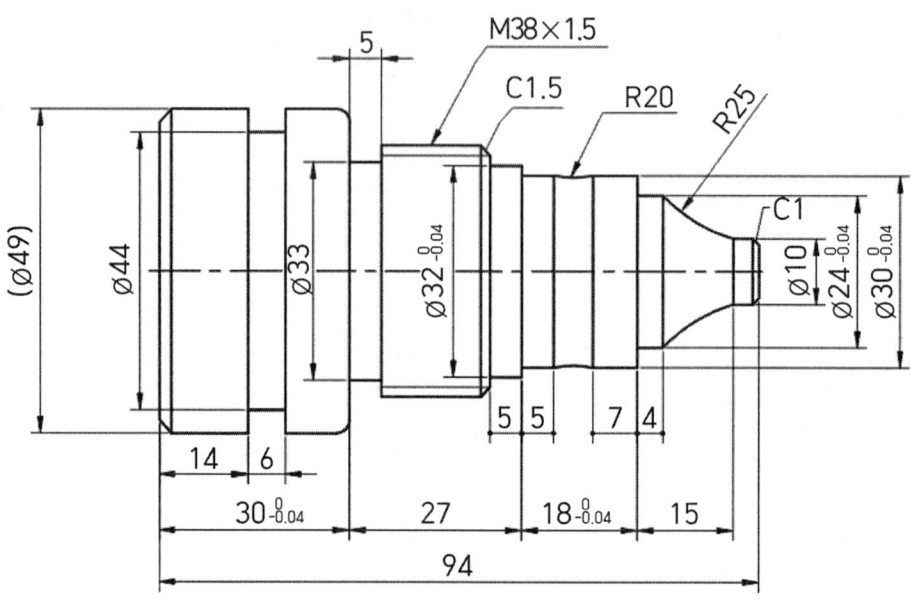

주서
1. 도시되고 지시되지 않은 라운드 R2
2. 도시되고 지시 없는 모따기 C2~C0.3

공차 구분	M38 x 1.5 - 보통급	
수나사	외 경	37.968 $_{-0.236}^{0}$
	유효경	36.994 $_{-0.150}^{0}$

컴퓨터응용선반기능사 2번 공개도면 프로그램 해답

```
%
O0002
(뒷면 가공)
G28 U0. W0.
G50 S1500
G96 S150 M03
T0100
G00 X52. Z0. T0101 M08
G01 X-1.6 F0.15
Z0.
X49.
Z-2.
Z-32.
X52.
G00 X150. Z150. T0100 M09
M05

T0500
G97 S400 M03
G00 X53. Z-20. T0505 M08
G01 X44. F0.08
G04 P1000
G00 X52.
W3.
G01
X44.
G04 P1000
G00 X50.
X150. Z150. T0500 M09
M05
M00
(앞면 가공)
G28 U0. W0.
G50 S1500
G96 S150 M03
T0100
G00 X52. Z5. T0101 M08
G71 U1.0 R0.5
G71 P10 Q20 U0.4 W0.2 F0.15
N10 G00 X-1.
G01 Z0. F0.15
X8.
X10. Z-1.
Z-4.
G02 X24. Z-15. R25.
G01 Z-19.
X30.
Z-37.
Z-37.
X32.
Z-42.
X35.
X38. Z-43.5
Z-64.
X45.
G03 X49. Z-66. R2.
N20 G01 X52.
G00 X150. Z150. T0100 M09
M05

T0300
G50 S1800
G96 S180 M03
G00 X52. Z5. T0303 M08
G70 P10 Q20 F0.1
G00 X36. Z-26.
G01 X30.
G00 X52.
X150. Z150. T0300 M09
M05

T0500
G97 S400 M03
G00 X52. Z-64. T0505 M08
G01 X33. F0.08
G04 P1000
G00 X52.
W2.
G01 X33. F0.08
G04 P1000
G00 X52
W2.
G01 X33..
G04 P1000
G00 X52.
X150. Z150. T0500 M09
M05

T0700
G97 S500 M03
G00 X43. Z-42.02. T0707 M08
G92 X37.3 Z-60.52 F1.5
X36.9
X36.62
X36.42
X36.22
G00 X150. Z150. T0700 M09
M05
M02
%
```

제3절 CNC선반 조작 방법

1 기계 설정 및 가공준비(FANUC)

(1) 전원 투입 및 시동
1) 기계 우측 강전반에 메인 스위치를 우측으로 돌려 ON
2) 조작반 좌측 상단에 Power ON 버튼을 눌러 조작반 전원을 투입
3) 비상정지 버튼을 오른쪽 시계방향으로 돌려 리셋(해제)
4) 조작반 우측 상단에 있는 운전준비(STAND BY) 키를 누른다.

(2) 소재 장착 및 원점 복귀
JOG ON 상태 → 원점 복귀(공구 위치 확인 후) ZERO RETURN 누름 → 소재(공작물) 장착

(3) 가공준비
핸들을 이용하여 X, Z축을 (−)쪽으로 약간 이동하고 주축회전
MDI → PROG → G97 S500 M03; → INSERT → CYCLE START

(4) 기준 공구 호출
MDI → PROG → T0100; → INSERT → CYCLE START

(5) 기준 공구 보정 값 0 입력
1) 외경 절삭 후 직경 측정값 메모 → POS → 상대 → U → ORIGEN
2) OFF/SET → 보정 → 형상 → 01 X축에 커서 → 0 → 입력
3) 단면절삭 후 단차 길이 측정값 메모 → POS → 상대 → W → ORIGEN
4) OFF/SET → 보정 → 형상 → 01 Z축에 커서 → 0 → 입력

(6) 다른 공구 보정 값 입력
1) 3번 공구 호출 → 외경 절삭 → 상대 좌푯값 메모 → 공작물 외경 측정 → 보정 값 계산
보정 값 = 현재 상대 좌푯값 + (처음 직경 − 현재 가공 직경)
2) 3번 공구로 단면 절삭 → 상대 좌푯값 메모 → 공작물 길이 측정 → 보정 값 계산

2. NC 데이터 입력 및 자동운전(FANUC)

(1) 목록 확인

MDI → PROG → DIR → DIR+ → 확인

(2) 프로그램 내용 확인

조작 → 프로그램 번호 입력 → O 검색

(3) 프로그램 삭제

조작 → 프로그램 번호 입력 → O001 → DELETE

(4) 프로그램 새 번호 입력

조작 → 프로그램 번호 입력 → O001 → INSERT → 프로그램 입력

(5) 그래픽 확인

MEMORY → PROG → MACHINE LOCK → CSTM/GR → 도형 → START

(6) 데이터 수정

가공경로를 확인하여 잘못된 내용은 데이터를 수정한다.

(7) 싱글 블록 가공

SINGLE BLOCK으로 설정하고 주축회전수, 이송속도를 저속으로 한 블록씩 가공하면서 확인한다.

(8) 자동운전

MEMORY → PROG → MACHINE LOCK 해제 → START

① SINGLE BLOCK 버튼을 OFF로 한다.
② RAPID OVER RIDE 버튼을 100%로 설정한다.
③ "FEED RATE", "SPINDLE OVERRIDE" 버튼을 100% 로 설정한다.
④ DRY RUN, PROGRAM CHACK, MACHINE LOCK은 OFF로 한다.

3 공구 보정방법(FANUC)

(1) 소재 장착
JOG ON 상태 → 원점 복귀(공구 위치 확인 후) ZERO RETURN 누름 → 소재(공작물) 장착

(2) 공작물 회전 및 장착 공구 변경
1) MDI → PROG → G97 S1000 M03; 입력하고 INSERT
2) T0101; 입력하고 INSERT → CYCLE START

(3) 공구 보정
1) Z축 → 핸들 조작 → 측면(단면) 가공
2) OFF/SET → GEON → No.1 항목에 커서를 두고 → Z0. 입력 후 → MEASUR → 자동으로 계산하여 가공한 면을 원점으로 보정 값이 입력된다.
3) X축 → 핸들 조작 → 외경 가공
4) OFF/SET → GEON → No.1 항목에 커서를 두고 → 측정값 X49.0 입력 후 → MEASUR → 자동으로 계산하여 가공한 면을 원점으로 보정 값이 입력된다.

(4) 외경정삭, 홈 및 나사바이트 보정
1) 3번 공구 보정과 동일하게 보정한다.
2) MDI → PROG → T0303; 입력하고 INSERT → CYCLE START

4 통일 CNC선반 조작 방법(SENTOL)

(1) 전원 ON
1) 강전반 전원 → 조작판 전원 → POWER ON → 원점 복귀 모드 → 공구 위치 확인 후 실시
2) X축은 8눌러 원점 복귀 실행 완료한 후 → Z축은 6을 눌러 원점 복귀를 실행하면 X, Z축에 불이 켜짐

(2) 주축회전

반자동(MDI) → S800 M03 → EOB(;) → Enter → 싸이클 START

(3) 터릿운전

핸들 모드 → 터릿 SELECT 스위치 누름
반자동(MDI) → T0100 → EOB(;) → Enter → 사이클 START

(4) 프로그램 목록 및 찾기

편집(EDIT) → 프로그램 → 손 표시 누름 → 일람표 → 선택 → 커서로 이동 후 → Enter

(5) 신규 프로그램 작성 및 삭제

1) 편집(EDIT) → 화면 → 프로그램 → 손표시 누름 → 일람표 → 신규 작성 → (예: O1234 → Enter)
2) 편집(EDIT) → 화면 → 프로그램 → 손표시 누름 → 일람표 → 선택 → 커서로 이동 후 → 삭제(DELET)

(6) 좌표계 설정(G50)

1) 〈Z축〉 단면 가공 후 상대 좌푯값 W0를 누른다.
2) 〈X축〉 외경 가공 후 상대 좌푯값 U0를 누른다.

가공 완료 후 X값을 측정한 후 상대 좌푯값 U0 W0으로 맞춘 후 반자동(MDI) 모드에 놓고 G50 X측정 값 Z0; 입력 후 → Enter → 사이클 START

(7) 기타 공구 보정

1) Z축

단면 터치 후 → 화면 → 보정 → 해당 공구 보정번호에 놓고 → 일반 → 상대 → W → Enter하면 보정 값이 입력됨

2) X축

외경 터치 후 → 화면 → 보정 → 해당 공구 보정번호에 놓고 → 일반 → 상대 → U → Enter하면 보정 값이 입력됨

(8) USB DNC 판넬 초기 세팅

USB DNC 좌·우측 버튼(위아래기능)과 중앙 버튼(선택 기능)을 이용하여 Setup 선택

① Baud Rate: 4800

② Data/Par/Stp: 7even 2

③ Flow control: SW Xon Xoff

④ EOB delay: No delay

⑤ EOB char: LF

⑥ start Tx: None

⑦ end Tx: None

⑧ Okay선택

(9) USB DNC 판넬 입력(USB → CNC 장비)

① 전원 ON 후 USB 삽입 → USB DNC 판넬상의 USB to CNC 선택

② EDIT모드로 변경 → 입·출력 → 입력 → 하나 → 실행

③ USB DNC 판넬상에서 파일 선택한 후 start

5 CNC선반 조작 방법(두산-PUMA240)

(1) 전원 ON

강전반 전원 → 조작판 전원 → POWER ON → STANDBY → JOG ON 상태 → 원점복귀(공구 위치 확인 후) ZERO RETURN 누름

(2) 주축회전

JOG → MDI → PROGRAM → G97 S800 M03 → EOB(;) → INS(삽입) → 프로그램 START

(3) 터릿운전

1) JOG → 터릿 SELECT 스위치 누름

2) MDI → PROGRAM → T0100 → EOB → INS(삽입) → P/G START

(4) 상대 좌표 ZERO
1) HANDEL 외경가공 → POS → U(깜빡거림) → ORIGIN 또는 INPUT
2) HANDEL 단면가공 → POS → W(깜빡거림) → ORIGIN 또는 INPUT

(5) 프로그램 목록 및 찾기
1) EDIT → PROGRAM → DIR
2) EDIT → PROGRAM → 해당 번호 입력 후 → 검색

(6) 신규 프로그램 작성 및 삭제
1) EDIT → PROGRAM → 빈 번호 O1234 INSERT — 프로그램 생성
2) EDIT → PROGRAM → 해당 번호 O1234 DELETE — 프로그램 삭제

(7) 좌표계 설정(G50)
1) Z축
① 단면 가공 후 조작판 OFF/SET 버튼을 누른다.
② 워크 버튼을 누른 후 G54 Z값 위치에 놓고 Z0 입력 → tool measure 누름 → 측정을 누름 → 보정 값 입력됨

2) X축
① 외경 가공 후 조작판 OFF/SET 버튼을 누른다.
② 보정 → 형상 → 해당 공구 보정번호 → 가공 후 측정값(예: X48.2)입력 → tool measure 누름 → 측정을 누름 → 보정 값이 입력됨

(8) 기타 공구 보정
1) Z축
① 단면가공 터치 후 조작판 OFF/SET 버튼을 누른다.
② 보정 → 형상 → 해당 공구 보정번호 → Z0입력 → tool measure를 누름 → 측정을 누름 → 보정 값 입력됨

2) X축
① 외경 가공 후 조작판 OFF/SET 버튼을 누른다.
② 보정 → 형상 → 해당 공구 보정번호 → 가공 후 측정값(예: X48.2)입력 → tool measure를 누름 → 측정을 누름 → 보정 값이 입력됨

(9) 큐세터 사용 시 좌표계 설정 및 기타 공구 보정

1) 원점 복귀 후 적당한 위치에 해당 공구 준비
2) 큐세타를 준비하면 준비된 공구의 보정번호에 커서가 위치
3) 핸들로 X축에 접근시킨 후 → JOG 모드에서 X축 버튼 누름(보정 값이 자동입력 됨)
   핸들로 Z축에 접근시킨 후 → JOG 모드에서 Z축 버튼 누름
4) 기타 공구도 같은 방법으로 실시하며 공구 교환 시 충돌주의(공구 교환하면 자동으로 해다 보정번호로 커서가 이동)
5) 공구 보정이 끝나면 기준 공구 호출 공작물 단면 가공 후
   ① 조작관 OFF/SET 버튼을 누른다.
   ② 워크 버튼을 누른 후 G54 Z값 위치에 놓고 Z0 입력 → tool measure를 누름 → 측정을 누름 → 보정 값이 입력됨

(10) USB DNC 판넬 초기 세팅

USB DNC 좌·우측 버튼(위아래기능)과 중앙 버튼(선택 기능)을 이용하여 Setup 선택
① Baud Rate: 4800
② Data/Par/Stp: 7 even 1
③ Flow control: SW Xon Xoff
④ EOB delay: No delay
⑤ EOB char: CR LF
⑥ start Tx: %
⑦ end Tx: %
⑧ Okay선택

(11) USB DNC 판넬 입력(USB → CNC장비)(LYNX, PUMA에 적용)

1) 전원 ON 후 USB 삽입 → USB DNC 판넬상의 USB to CNC 선택
2) EDIT 모드로 변경 → PROG 버튼 → 조작 버튼 → ▶버튼(1번 or 2번)
3) 입출력 → 입력(LYNX 해당) or READ(PUMA 해당) → 실행
4) USB DNC 판넬상에서 파일 선택한 후 start

6 CNC선반 조작(WIA-SKT160LC)

(1) 전원 투입

1) 기계 우측 강전반에 메인 스위치를 우측으로 돌려 ON 위치로 하면 기계 전원이 투입하고 공기 압력을 확인하고, 압력의 낮고 높으면 조정
2) 조작반 좌측 상단에 Power ON 버튼을 눌러 조작반 전원을 투입한다. 강전반의 냉각 FAN 모터 및 유압 모터가 작동하면 척킹 압력을 조정
3) 비상정지 버튼을 오른쪽 시계방향으로 돌려 리셋(해제)
4) 조작반 우측 상단에 있는 운전준비(STAND BY) 키를 눌러 PLC 전원을 켠다. 점멸 후 켜지면 준비 완료되고 조그 모드 상태가 된다.

(2) 원점 복귀

1) [JOG] 모드 키를 눌러, 조그 LED 램프에 불이 들어 왔는지 확인
   ※ 충돌방지를 위한 원점 복귀점에서 X, Z축 순서로 위치만큼 이동
2) [ZERO RETURN] 원점 복귀 버튼을 누르면 X축이 먼저 기계 원점으로 복귀
3) 이송축 X축과 Z축의 LED 램프에 불이 들어왔는지 확인
   ※ 먼저 X축을 복귀한 후, Z축 순으로 복귀
   ※ JOG 버튼(+X축, +Z축)에 의한 원점 복귀도 가능
4) [RET] 복귀 버튼을 눌러, 심압대(Tailstock)를 원점으로 복귀
   ※ RET 버튼에 LED 램프에 불이 켜지면 후퇴가 완료 상태

(3) 공구 세팅

1) 원점 복귀

① [JOG] 모드 키를 누른다.
② [ZERO RETURN] 원점 복귀 버튼을 누르면 X축이 먼저 기계 원점으로 복귀한다.
③ 이송축 X축과 Z축의 LED 램프에 불이 들어왔는지 확인한다.
   ※ 먼저 X축을 복귀한 후, Z축 순으로 복귀한다.
   ※ JOG 키를 선택하고 +X축, +Z축 키를 눌러 원점 복귀도 가능하다.

2) 사용 공구를 선택
① [JOG] 모드 키를 누른다.
② TURRET에 [INDEX] 키와 [SELECT] 키를 동시에 누르고, 원하는 공구를 선택한다.
③ 공구와 보정번호(외경: T0101, T0303, T0707, T0909)를 선택하고 확인한다.

3) 공구를 척 방향 근처로 접근
① [JOG] 모드 키를 누른다.
② [-X⇦] [-Z ⇦ 키 [RAPID] 급송 키를 동시에 누르고 원하는 위치만큼 이동시킨다.
③ 큐-세터(Q-SETTER)를 손으로 당겨놓는다.
  ※ 센서 부위를 주의하고 [HANDLE] 핸들 조작만 가능하다.
④ [HANDLE] 핸들을 왼쪽(-)으로 돌려서 큐-세터(Q-SETTER) 센서로 접근시킨다.
⑤ INCREMENT를 [10]으로 선택하여 공구인선 센서 중앙부 가까이에 접근시킨다.
  ※ 공구인선을 센서에 접촉시킬 때 INCREMENT를 100으로 선택하면 이송속도가 빠르기 때문에 충돌할 위험이 있으므로 반드시 10으로 설정한다.

4) 공구인선을 센서에 접촉
① [JOG] 모드 키를 누르고, 램프의 점등 여부를 확인한다.
  ※ JOG 버튼이 점등되어 있지 않으면 화면이 OFF/SET 화면이 자동으로 바꿔지지 않는다.
  ※ OFF/SET 화면 오른쪽 하단부에 (보정)표시가 나오는지 확인해야 한다.
② [HANDLE]에서 [X] 키를 누르고, 핸드 휠을 왼쪽(-)으로 돌려 센서에 접근시킨다.
  ※ 공구인선을 센서에 접촉시킬 때 INCREMENT를 반드시 10으로 설정한다.
③ 공구의 끝과 센서가 1~2mm 정도로 접근시킨다. (X, Z방향의 순서는 무관함)

5) X축을 공구인선을 센서에 세팅
① [JOG] 모드 키를 누른다.
② [-X] 키를 눌러서 공구인선을 센서에 접촉시킨다.
  ※ 센서에 공구인선이 접촉되면 [삐] 소리가 나면서 축 이동이 정지한다. (터치한 부위의 치수가 OFF/SET 화면에 자동으로 입력된다.)
③ [+X] 키를 누른 후, 다시 [-X] 키를 누르면서 [2회] 반복 접촉시키고, 측정 및 확인한다.
④ [HANDLE 에서 [X] 키를 누르고, 핸드 휠을 오른쪽(+)으로 돌려 후진시킨다.

6) Z축을 공구인선을 센서에 세팅
① [HANDLE]에서 [Z] 키를 누르고, 핸드 휠을 오른쪽(+)으로 돌려 우측으로 이동시킨다.
② 다시 [X] 키를 누르고, 핸드 휠을 왼쪽(-)으로 돌려 하향으로 이동하여 센서로 접촉시킨다.
③ [JOG] 모드 키를 누른다.
④ [-Z] 키를 눌러 공구인선을 센서에 세팅한다.
 ※ 센서에 공구인선이 접촉되면 [삐] 소리가 나면서 축 이동이 정지한다. (터치한 부위의 치수가 OFF/SET 화면에 자동으로 입력된다.)
⑤ [+Z] 키를 누른 후, 다시 [-Z] 키를 누르면서 [2회] 반복 접촉시키고, 측정 및 확인한다.
⑥ [HANDLE]에서 [Z] 키를 누르고, 핸드 휠을 오른쪽(+)으로 돌려 후진시킨다.

7) 터릿(TURRET)을 센서에서 후퇴
① 큐-세터(Q-SETTER)를 손으로 당겨 원 위치로 복귀시킨다.
 ※ 센서 부위를 손이 닿지 않도록 주의한다.
② [JOG] 모드 키를 누른다.
③ [➡+X] 키와 [RAPID] 급송 키를 동시에 눌러서 원하는 위치 만큼 후진시킨다.

8) 원점 복귀
① [JOG] 모드 키를 누른다.
② [ZERO RETURN] 원점 복귀 키를 누르면 X축이 먼저 기계 원점으로 복귀한다.
 ※ 이송축 X축과 Z축의 LED 램프에 불이 들어 왔는지 확인한다.

(4) 조(JAW) 가공

1) SOFT JAW를 척에 부착
 ※ JAW는 척 외경보다 나오지 않도록 한다.
2) 보조 RING을 클램핑
 ※ 척의 압력은 실제 가공에 사용하는 압력으로 한다. (수지 및 AL: 12kgf/cm^3, 연강: 20kgf/cm^3 정도)
3) SOFT JAW를 가공
① [MDI] 반자동 모드 키를 누르고, [PROG] 프로그램 키를 누른다.

② [T0202] [M06]을 입력하고, [EOB] 마침 키를 누른다.
   [INSERT] 삽입 키를 누름, PROGRAM의 [START] 시작 버튼을 누르면, 2번 내경 공구로 호출한다.
③ [JOG] 및 [HANDLE] 모드로 공구를 조(JAW)에 가까이에 접근시킨다.
4) [S800] [M03]을 입력하고, [EOB] 마침 키를 누른다.
   [INSERT] 삽입 키를 누름, PROGRAM의 [START] 시작 버튼을 누르면, 주축이 500rpm으로 회전
5) 공구를 조(JAW) 단면에 맞춘 후, "W"가 "ORGIN" 키를 누르면, "W"가 "0"가 된다.
6) [U]의 경우에는 공구가 이미 Q-SETTER에 세팅되어 있으므로 화면에 표시되는 "U값"이 현재 공구의 위치를 표시 된다. (예: U 80.0인 경우 공구인선의 위치가 ∅80.0을 표시된다.)
7) 공구를 조(JAW) 단면에서 공작물의 직경을 참조하여 내경을 가공하고, 모서리는 홈을 가공한다.

(5) 공작물 좌표계 설정

1) 공구를 Q-SETTER 등의 측정을 모두 완료 후, 공작물을 척에 고정
2) 기준(1번) 공구를 호출을 위해서 [MDI] 반자동 모드 키를 누르고, [PROG] 프로그램 키를 누른다.
3) [T0101] [M06]를 입력하고, [EOB] 마침 키를 누름, [INSERT] 삽입 키를 누름, PROGRAM의 [START] 시작 버튼을 누르면, 기준(1번) 공구가 호출하게 된다.
4) [MDI] 반자동 모드 키를 누르고, [PROG] 프로그램 키를 누른다.
5) [S500] [M03]를 입력하고, [EOB] 마침 키를 누름, [INSERT] 삽입 키를 누른다.
   PROGRAM의 [START] 시작 버튼을 누르면, 주축이 500rpm으로 회전하게 된다.
6) [JOG] 모드 버튼을 누르고, -Z 키를 눌러 터릿의 공구를 공작물 근처로 접근시킨다.
7) [HANDLE] 핸들에서 Z 키를 누르고, INCREMENT의 속도는 [X100]을 선택하여 근접 위치까지 이동한다.
8) INCREMENT의 속도를 [X10]으로 선택하고, [MPG] 핸드 휠을 돌려서 공구인선을 공작물 단면에 천천히 접촉시킨다.
9) 기준(1번) 공구로 공작물의 단면을 가공하고, 반대 방향으로 후진시킨다.
   ※ "Z" 축은 절대로 이동해서는 안 된다. (현재 위치가 공작물의 "Z 0."이면 기준점 "Z 0."가 된다.)

10) [JOG] 모드 버튼을 누르고, SPINDLE 주축의 [STOP] 정지 키를 눌러 주축회전을 정지시킨다.
11) [M05]을 입력하고, [EOB] 마침 키를 누름, [INSERT] 삽입 키를 누름, PROGRAM 의 [START] 시작 버튼을 누르면, 주축이 정지하게 된다.
12) 공작물의 Z축 기준점을 설정을 위해 [OFF/SET] 보정 키를 눌러서 좌표 화면을 불러온다.
13) [▶] 우측 키 누름, [▶] 우측 키를 두 번 눌러 이동시켜, [W.이동] 키를 누르고, 커서를 "측정값 Z" 위치에 놓는다.
14) 현재 위치 Z축에 [0 .]를 입력하고, [+입력] 키를 누르면, W 0.000 값이 이동량으로 입력되면서 측정 [Z] 값이 변하게 된다.

(6) 공작물 기준점 측정 후, 길이 수정 방법

[JOG] 조그 모드 버튼을 누르고, SPINDLE 주축의 [STOP] 정지 키를 눌러 주축회전을 정지시킨다. ([M05]를 입력 후, [START] 시작 버튼을 눌러 정지시키고, 공작물 길이를 측정한다)

1) [OFF/SET] 보정 키를 눌러서 좌표 화면을 불러온다.
2) [▶] 우측 키 누름, [▶] 우측 키를 두 번 눌러 이동시켜, [W.이동] 키를 누르고, 커서를 "측정값 Z" 위치에 놓는다.
3) 소재를 0.5 더(+) 가공할 경우: [0.5]를 입력, [+입력] 버튼을 누른다. (줄어짐)
   소재를 0.65 덜(−) 가공할 경우: [−0.65]를 입력, [+입력] 버튼을 누른다. (길어짐)
   ※ [+입력]이 아닌 [입력](절대치: 클리어) 버튼을 누를 시 충돌 위험이 발생된다.
   ※ X축 방향 공구길이는 내경 베이스 홀더 기준으로 위쪽 방향(↑)이면 (+)공구길이 (직경 값)이고, 아래쪽 방향(↓)이면 (−)공구길이(직경 값)로 입력된다.
   ※ Z축 방향 공구길이는 내경 베이스 홀더 단면부 기준으로 척 방향(←)이면 (−)공구 길이이고, 심압대 방향(→)이면 (+)공구길이로 입력된다.
4) [JOG] 모드에서 [+Z] 키를 눌러서 터릿에 공구를 반대로 이동시킨다.
5) [OFF/SET] 보정 키를 눌러 좌표 화면에서 공구인선 "R" 값과 인선번호 "T"를 입력한다.
   ※ 드릴, 센터드릴, 엔드밀, 리머 등은 Z방향(길이방향)만 SETTING한다. X에 값이 있을 경우에는 "0"으로 SETTING한다. → (0 INPUT을 누른다.)

(7) 공구 보정량 및 가상인선 번호를 입력

1) 공구 마모 보정(OFF/SET/WEAR) 화면을 불러온다.
   ① NC 조작반에서 OFF/SET/SETTING 버튼을 누른다.
   ② SOFT KEY OFF/SET WEAR 버튼을 순서대로 누른다.
   ※ 공구 형상 보정(OFF/SET/GEOMETRY)에서도 가능함.
2) 변경하고자 하는 보정번호와 X, Z축을 확인 후, 커서를 원하는 위치에 이동 시킨다.
3) 보정량의 증가 또는 감소분만 입력한다. (X축은 직경 값으로 입력)
   ※ 공구 형상 보정(OFF/SET/GEOMETRY)에서는 기존 값에 차이 값을 가감하여 입력함.
   ① 내경 치수를 ∅0.12 크게 가공하고자 할 경우: (+) 0.12를 입력하고 +입력을 누른다.
   ② 외경 치수를 ∅0.25 작게 가공하고자 할 경우: (−) 0.25를 입력하고 +입력을 누른다.
   ※ WEAR 값을 입력할 수 있는 최대 수치 ±1.0mm 이하이다. (PARAMETER NO. #5013, #5014에서 변경 가능함)
4) 공구 가상인선 및 번호를 입력시킨다.
   ※ 외경 3번(T3), 홈 및 나사 8번(T8), 내경 2번(T2), 내경 홈 및 나사 6번(T6), 드릴, 센터&U드릴 0번(T0)을 입력한다.

(8) 프로그램 설정 방법

1) 프로그램 등록
① 편집(EDIT) 모드로 선택하고, 프로그램(PROGRAM) 키를 누른다.
② 프로그램 번호를 입력한 후, EOB 버튼을 누른 후, INSERT 버튼을 누른다.
   (O 0001을 입력, EOB 버튼을 누름, INSERT 버튼을 누르면 새 번호가 생성된다.)
   ※ 프로그램 번호 다음 " ; " 사용불가(알람 발생), 블록에만 사용가능

2) 프로그램 호출
① 편집(EDIT) 모드로 선택하고, 프로그램(PROGRAM) 키를 누른다.
② 프로그램 번호를 입력한다.
   (O 0005을 입력, EOB 버튼을 누름, INSERT 버튼을 누르면, 새 번호가 생성된다.)
③ SOFT KEY O SRH 또는 ↓ 버튼을 누른다.

3) 프로그램 번호 수정
① 프로그램의 선두 프로그램(제목/번호: O0001)에 커서를 이동한다.
② 변경하고자 하는 프로그램 번호 O0008를 입력, ALTER 버튼을 누르면, 번호가 변경된다.

4) 프로그램 전체 삭제하기
① 모드 선택 버튼을 편집(EDIT) 모드로 선택하고, 프로그램(PROGRAM) 키를 누른다.
② 프로그램 번호 를 입력한다. (O2021을 입력, INSERT 버튼을 누르면 새 번호가 생성된다.)
③ 지우고자 하는 프로그램의 선두 프로그램(제목/번호: O2021)에 커서를 이동한다.
④ 지우고자 하는 프로그램 번호 O2021를 삭제할 경우, DELECT 버튼을 누르고, 실행을 누르면, 삭제가 된다. (삭제 후 복원 불가)

5) 카드(CF) 사용 프로그램 데이터 입력
① 카드(CF)를 사용 하려면 [I/O 채널 4]로 되어 있어야 카드 사용이 가능하다.
② 카드(CF) 변경하기
 - 반자동(MDI) 모드를 누르고, OFF/SET/SETTING를 누르고, 보정 & 세팅 중에서 세팅을 누르고, I/O 채널 4로 변경한다.

6) 기계에서 카드(CF)로 전송(⇨) 방법
① 편집(EDIT) 모드 버튼을 선택하고, 보내고자 하는 프로그램을 호출한다.
② 조작 버튼을 누름, 우측 ▶ 버튼을 누름, PUNCH 버튼을 누르면, 카드로 전송이 완료된다.

7) 카드(CF)에서 기계로 전송(⇦) 방법
① 편집(EDIT) 버튼을 선택하고, 우측 ▶ 버튼을 누르고, CARD를 실행하려면, 카드에 저장되어 있는 프로그램 목록들이 로딩된다.
② 프로그램 로딩 시 파일 번호와 프로그램 번호 및 제목이 나열된다.
O0001 O1223(LBS-0001)이 중에서 파일 번호를 이용하여 전송하는 것을 사용한다.
③ 파일 번호 4번에 O0055의 프로그램을 기계 측으로 전송하고자 할 때: 조작 버튼을 누르고, F READ 버튼을 누르고, 파일 번호 4번에서 F설정 버튼을 누른 후, 실행을 누르면 완료된다.

- 이 경우 저장되어 있는 기존의 프로그램 번호로 자동 저장된다. (프로그램의 번호를 바꿀 필요가 없을 경우에 사용한다.)

8) 다른 방법 / 전송하면서 프로그램 번호를 바꾸는 방법
① 조작 버튼을 누르고, F READ 버튼을 누르고, 파일 번호 4번에서 F 설정 버튼을 누른 후, 전송 시 저장될 새로운 프로그램 번호(28번을 38번으로 바꿀 경우) "38" "0" 설정을 누르고, 실행 버튼을 누르면 완료가 된다.

(9) 프로그램 체크방법

1) 가공하고자 하는 프로그램을 호출한다.
2) 공구 위치 보정, 인선점 및 인선 R이 바르게 입력되어 있는지 확인한다.
3) 척에서 공작물을 빼어낸다.
4) 조작반 버튼에서 "PROGRAM CHACK" 버튼을 누른다.
   ① 급속이송, 절삭이송을 무시하고, "FEED RATE" 스위치로 선택한 속도로 움직이는 "DRY RUN" 상태에서 주축정지, 절삭유 정지 상태로 동작한다.
   ② 싱글 블록(SINGLE BLOCK) 버튼을 누른다.
   ③ RAPID OVERRIDE 를 5%에 세팅한다.
5) 커서가 프로그램 선두에 있는지 확인한다.
   ① 화면에서 커서가 프로그램 선두에 있는지 확인하고, 다른곳에 있다면 "RESET" 버튼을 누른다.
6) "MOMERT" 버튼을 누른다.
7) "PROGRAM START" 버튼을 왼손으로 누르고, 오른손으로는 "FEEDRATE" 스위치를 잡고 진행한다.
8) 이송속도 스위치로 "START" 버튼을 누르기 전에 "FEEDRATE" 스위치를 최대로 낮추고 "START" 버튼을 누른 후, 조금씩 시계방향으로 돌리면서 공구의 진행을 확인한다.
9) 프로그램 완료 후, "PROGRAM CHACK" 버튼을 눌러서 해제한다.

(10) 공작물 그래픽 설정 방법

1) 메모리 버튼을 누름, CSTM/GR 그래픽 버튼을 누름, [G. PRM] 파라미터 버튼을 누른다. (예: 도형 파라미터의 공작물길이(지름)에 "값 설정"을 누르고, 50,000 or 25,000을 입력한다.

① 공작물 길이: 가공 프로그램의 전체 길이가 50mm이면, "50,000"를 입력하고, 25mm이면, "25,000"를 입력한다.

② 공작물 지름: 가장 큰 치수의 지름을 입력: ∅100mm이면, "100,000"를 입력하고, ∅50mm이면, "50,000"를 입력한다.

2) 좌측 ◀ 버튼을 누름, 도형을 누름, 조작을 눌러서 프로그램을 확인한다.

3) 실행 버튼을 눌러 프로그램을 연속으로 그래픽을 확인하거나, 싱글버튼을 눌러 프로그램을 한 블록씩 그래픽을 확인한다.

Chapter 06

CAM NC Data 생성 (컴퓨터응용밀링기능사)

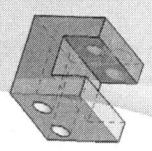

제1절 NX CAM에 의한 NC Data 생성 따라 하기
제2절 hyperMILL에 의한 NC Data 생성 따라 하기
제3절 MasterCAM에 의한 NC Data 생성 따라 하기
제4절 CATIA V5에 의한 모델링 및 NC Data 생성 따라 하기
제5절 SolidWORKS CAM에 의한 NC Data 생성 따라 하기
제6절 SolidCAM에 NC Data 생성 따라 하기

제1절 NX CAM에 의한 NC Data 생성 따라 하기

▶ 공구 경로

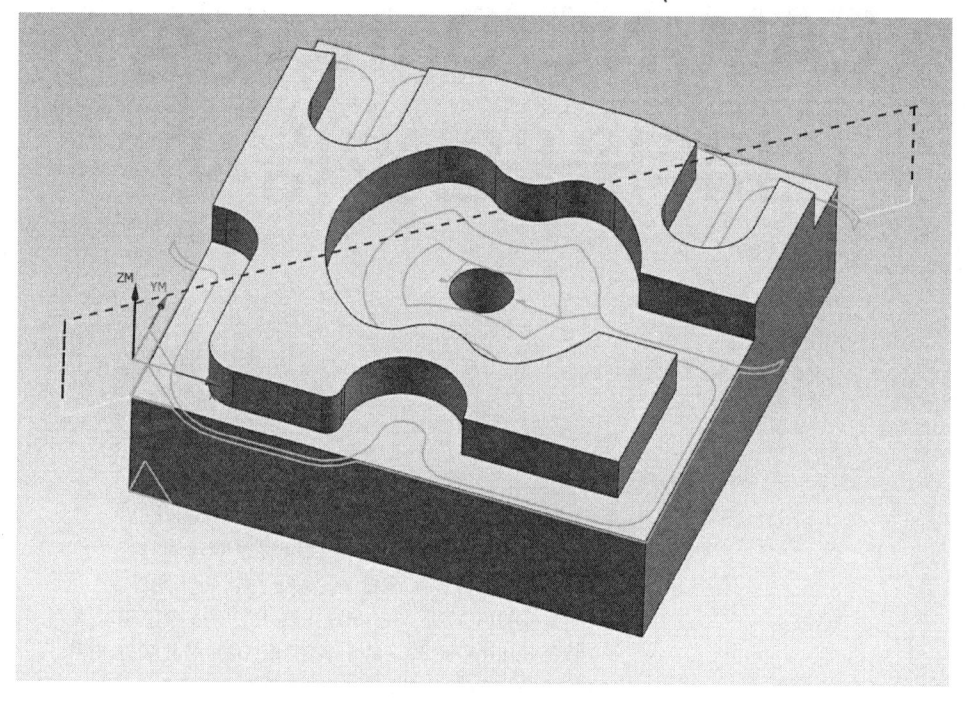

1. Manufacturing(제조) 시작하기

❶ 아래 그림처럼 파일에서 제조를 선택한다. (클래식 도구 방식일 경우)

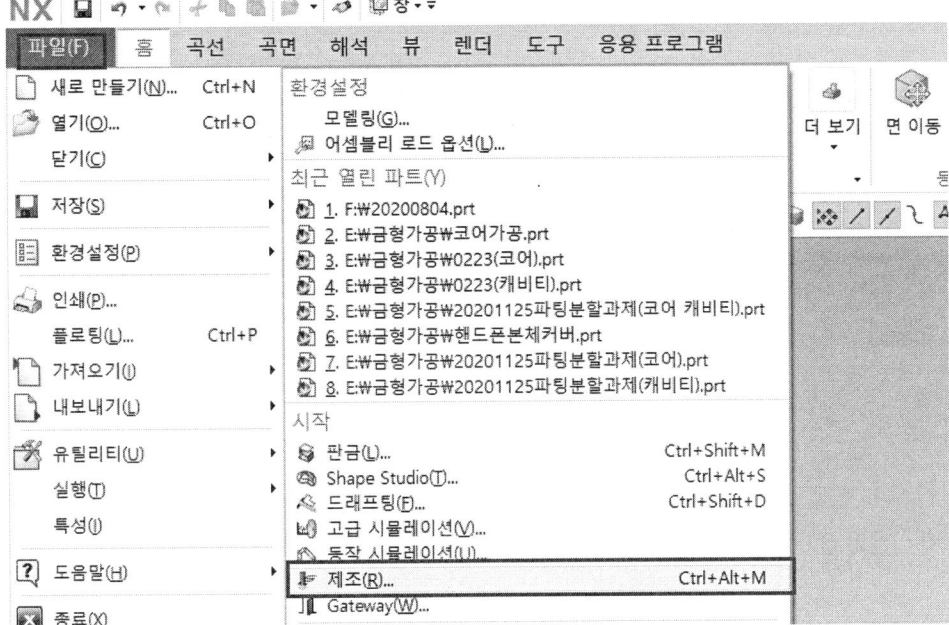

또는 시작에서 제조를 선택한다. (리본 표시 방식일 경우)

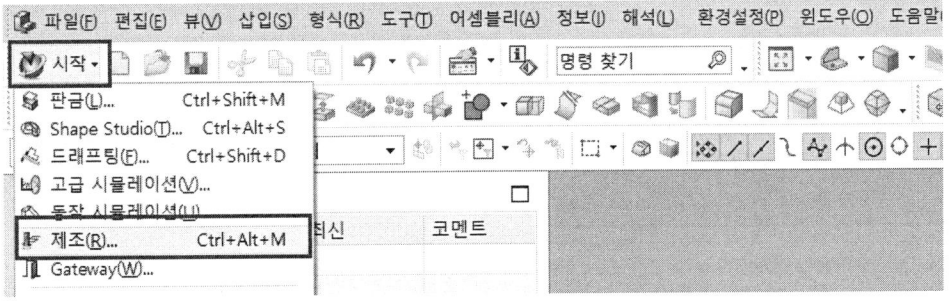

제1절 NX CAM에 의한 NC Data 생성 따라 하기

❷ 가공환경에서 생성할 CAM 설정에서 mill contour를 선택하고 확인한다.

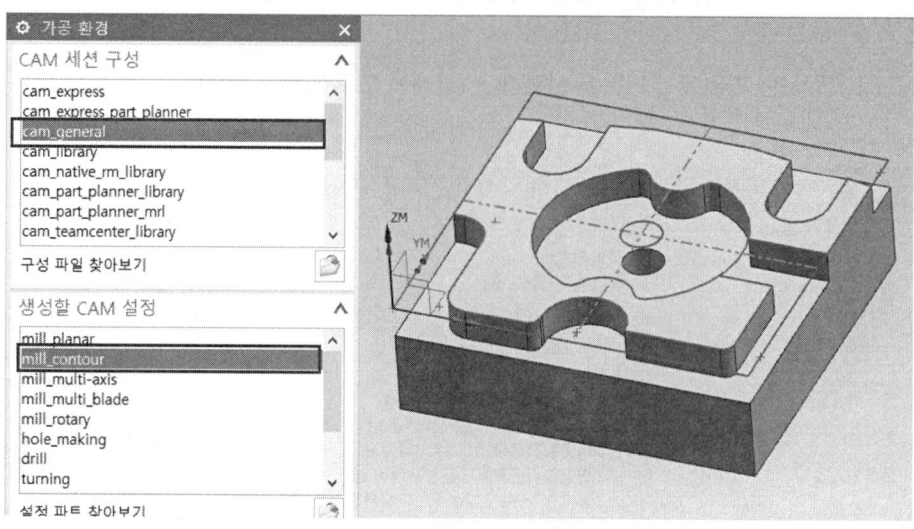

2 공작물 원점 설정하기

❶ 리소스 바에서 오퍼레이션 탐색기를 열어서 MB3를 클릭하고 지오메트리 뷰를 선택한다.

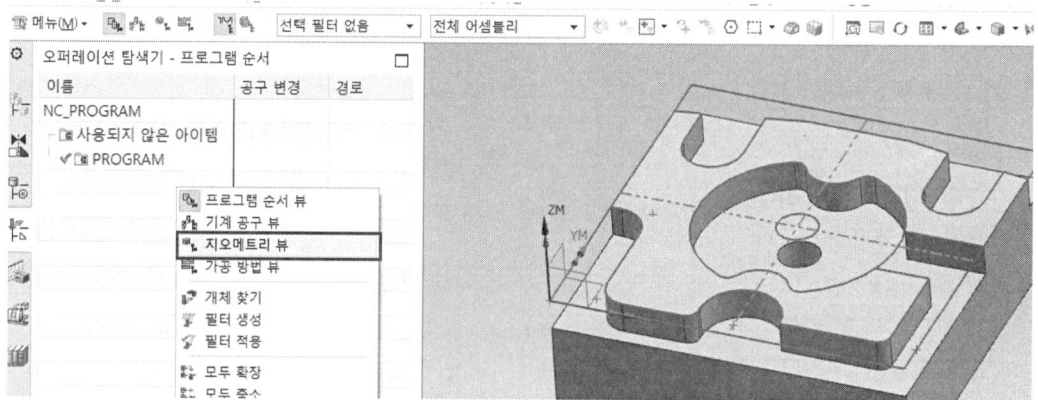

❷ MCS_MILL을 더블 클릭하여 다이얼로그( ) 아이콘을 선택한다. 원점을 확인하고 평면을 선택하고 평면 지정을 클릭한다.

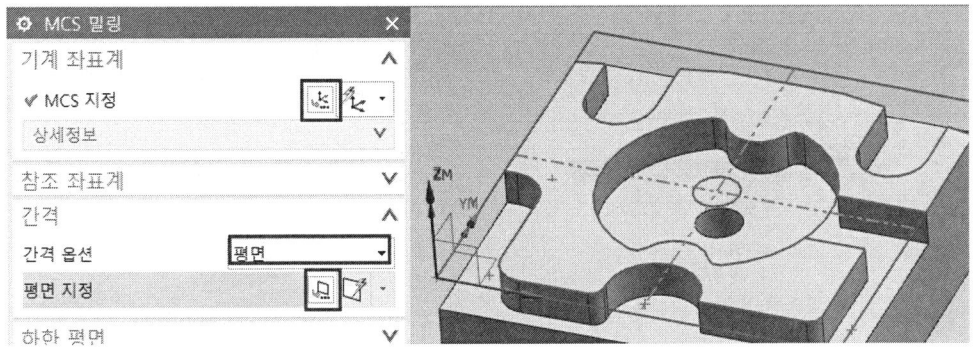

❸ 아래 그림처럼 가공원점을 클릭하고 확인한다.

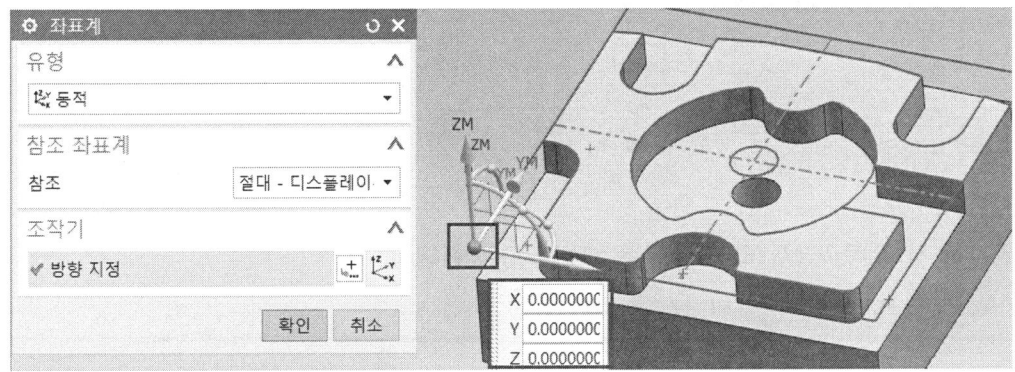

❹ 안전높이를 설정하기 위해서 평면에서 윗면을 선택하고 거리 10mm를 입력하고 확인한다.

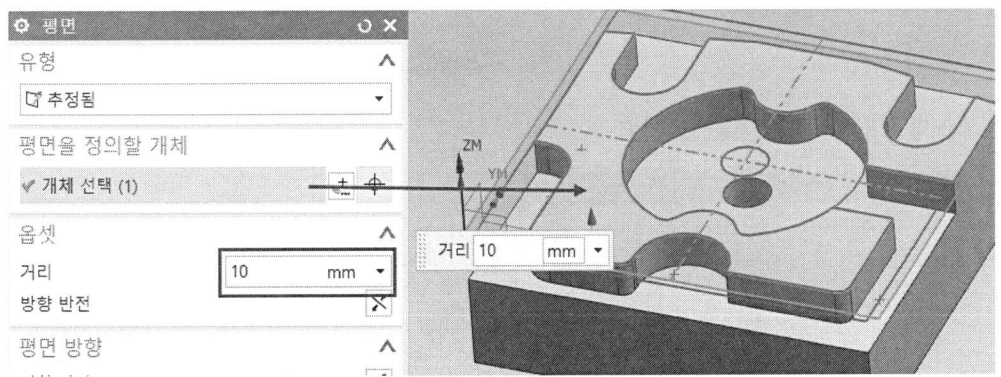

제1절 NX CAM에 의한 NC Data 생성 따라 하기

❺ MCS_MILL 앞부분의 +를 누른 후 WORKPIECE를 선택하고 MB3 버튼을 클릭하여 편집을 선택한다.

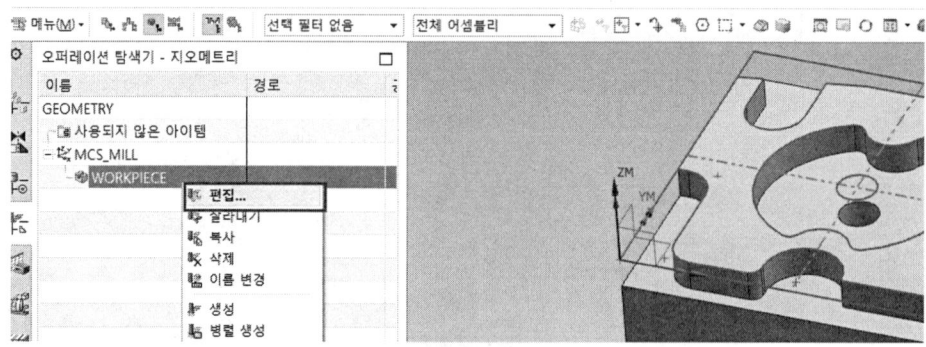

❻ 지오메트리에서 파트 지정 편집 아이콘을 클릭한다.

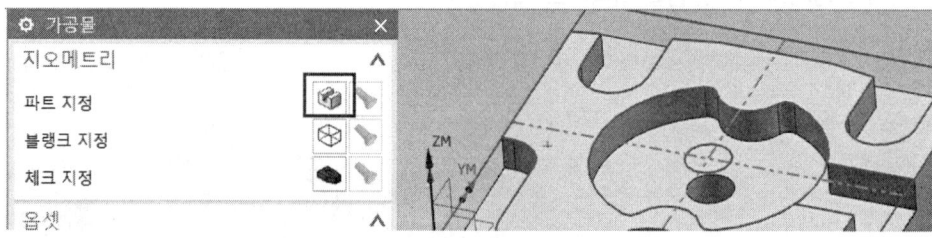

❼ 지오메트리에서 모델링을 모두 선택하고 확인한다.

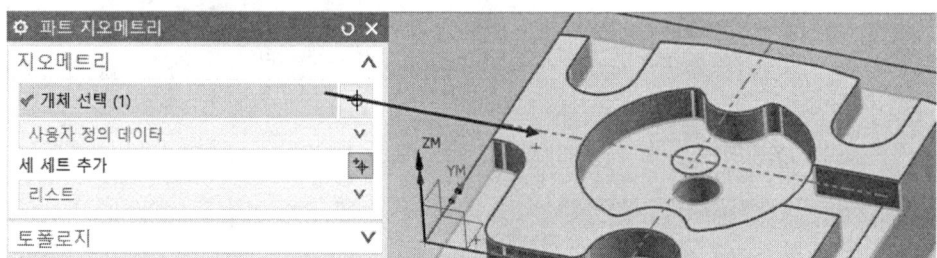

❽ 블랭크 지정 아이콘을 클릭한다.

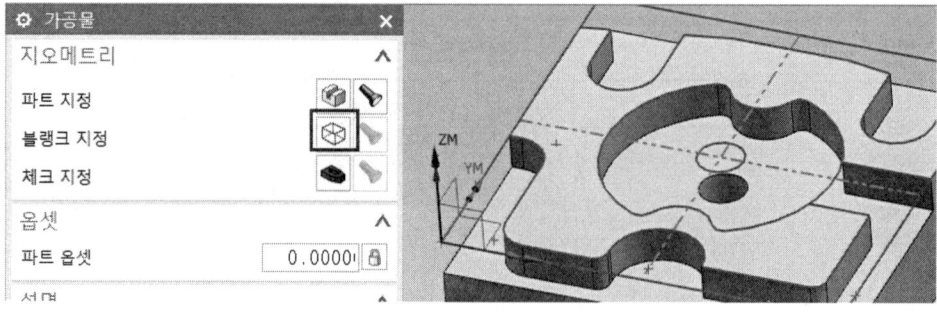

❾ 유형에서 경계 블록을 선택 후 확인하고 가공물 메뉴에서 빠져나온다.

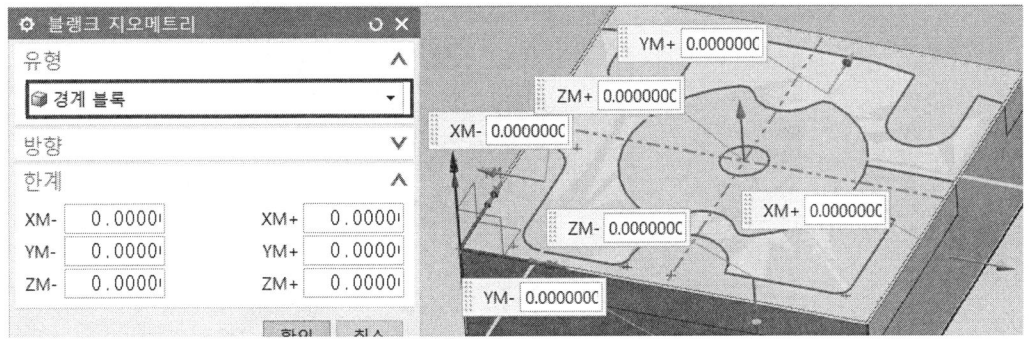

3 공구 생성하기

❶ 공구 생성 아이콘을 클릭한다. 그림과 같이 유형은 mil_contour를 선택하고 공구 유형은 플랫 엔드밀 지름 10을 입력한다.

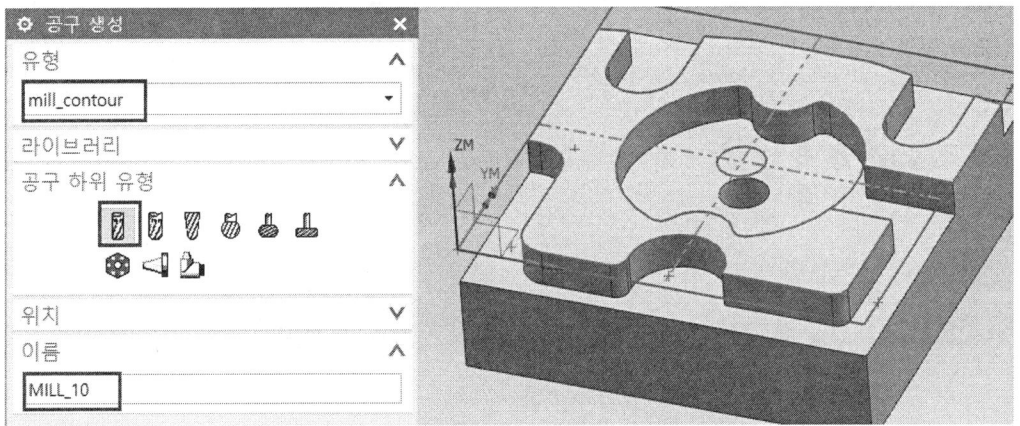

제1절 NX CAM에 의한 NC Data 생성 따라 하기

❷ 공구 직경 10, 공구 번호 1(1번 공구는 기준 공구로 사용)을 입력하고 확인한다.

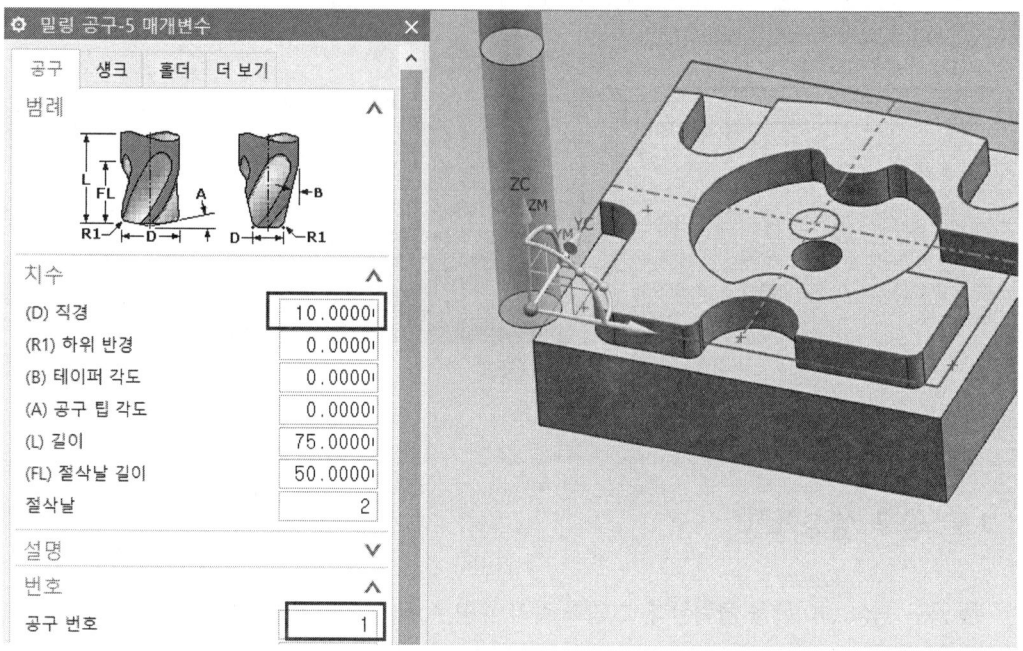

❸ 아래 그림처럼 drill에서 공구 유형은 SPOTDRILLING_3을 선택 후 입력하고 적용한다.

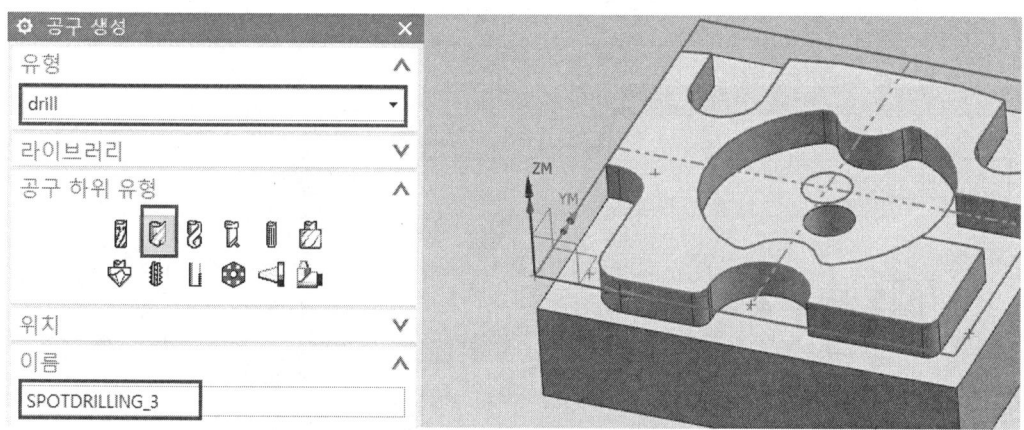

❹ 공구 직경 3, 공구 번호 2(공구 번호는 기계와 동일하게 나중에 수정)를 입력하고 확인한다.

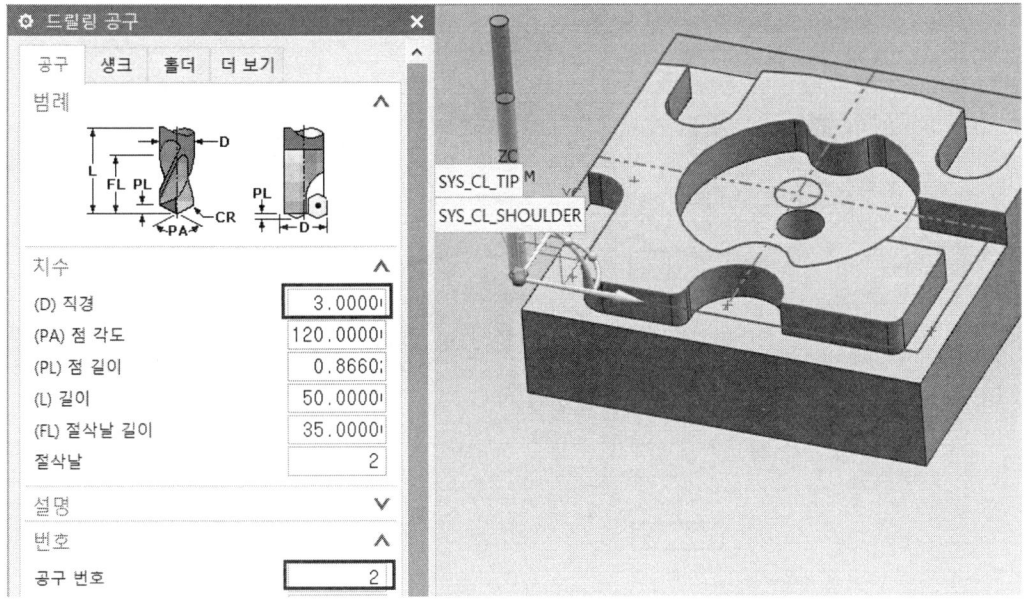

❺ 아래 그림처럼 공구 유형은 DRILLING_8을 선택 후 입력하고 적용한다.

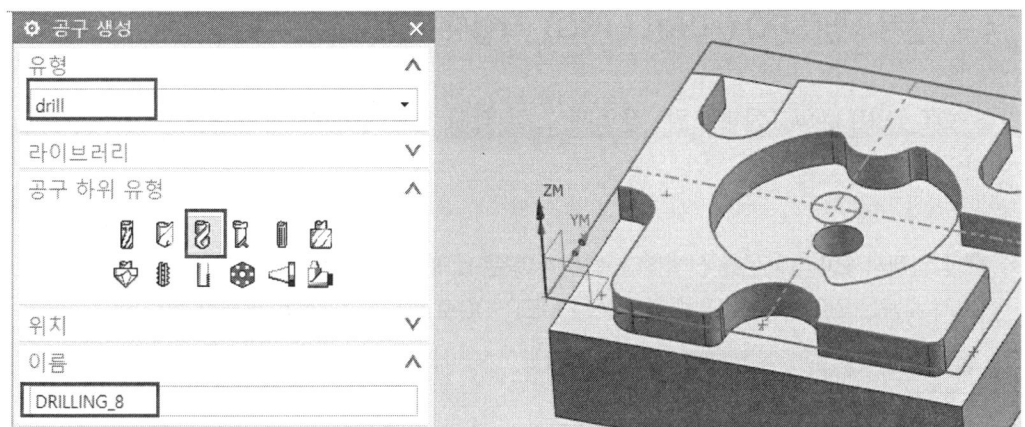

제1절 NX CAM에 의한 NC Data 생성 따라 하기

❻ 공구 직경 8, 공구 번호 3(공구 번호는 기계와 동일하게 나중에 수정)을 입력하고 확인한다.

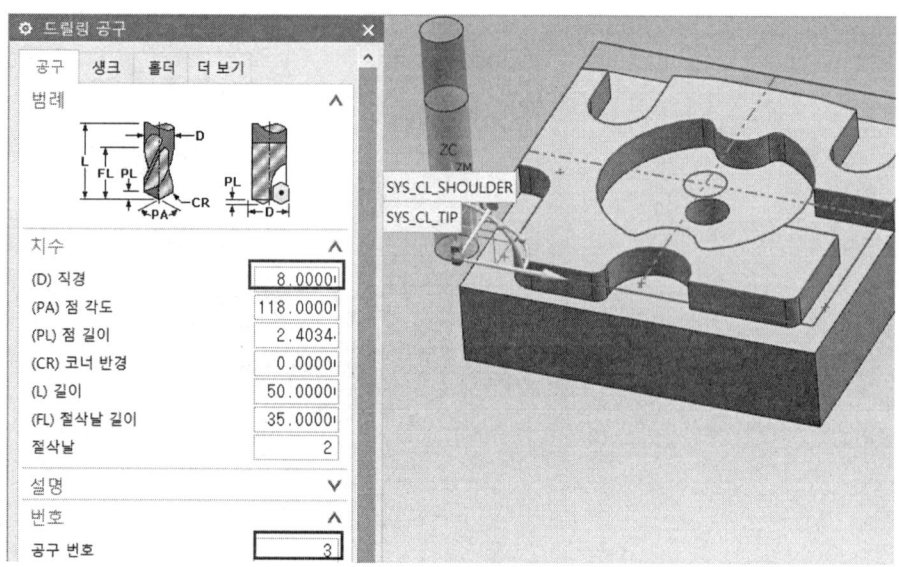

4 센터드릴(SPOT_DRILLING) 작업하기

SPOT_DRILLING(센터드릴) 작업은 드릴 작업 전에 중심을 정확하게 잡아주는 작업이다.

❶ 삽입에서 오퍼레이션을 선택한다. 하위 유형은 drill, 프로그램은 NC_PROGRAM, 지오메트리 사용은 WORKPIECE, 방법 사용은 METHOD로 바꾼 다음 적용 버튼을 클릭한다.

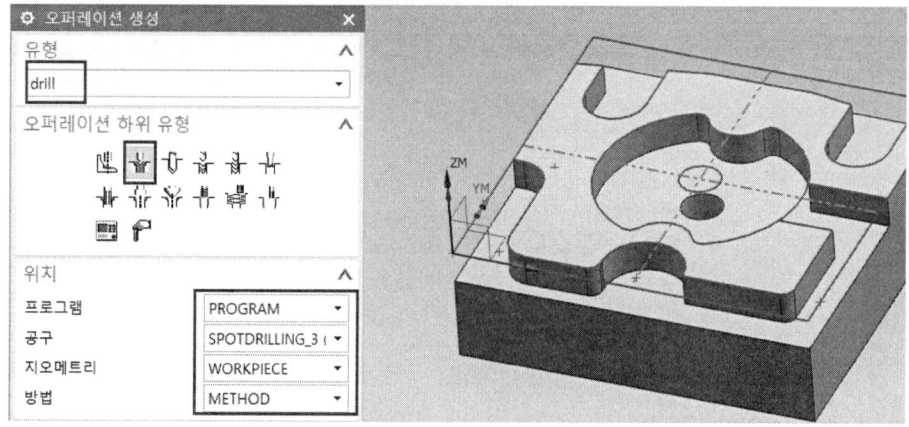

❷ 아래 그림처럼 구멍 지정 아이콘을 선택한다.

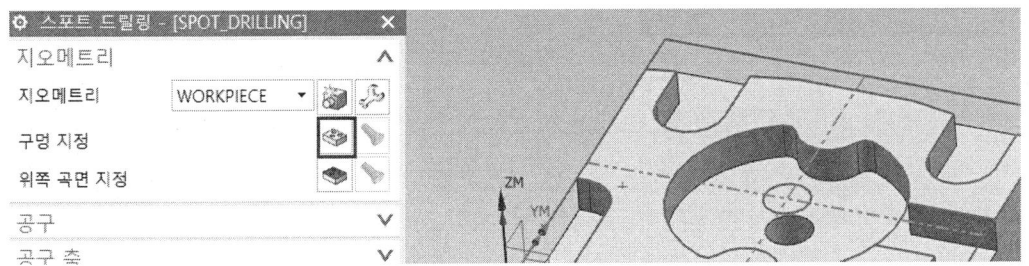

❸ 그림처럼 선택 아이콘을 선택한다.

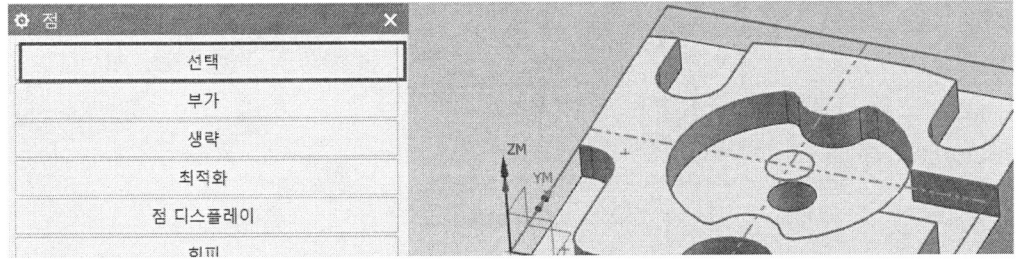

❹ 그림처럼 구멍을 선택하고 확인한다.

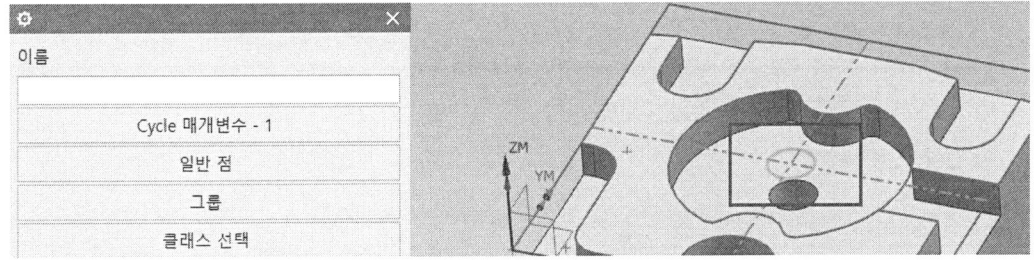

❺ 그림처럼 위쪽 곡면 지정 아이콘을 선택한다.

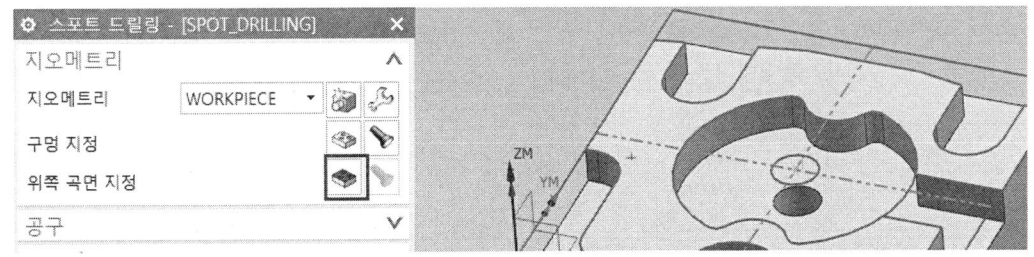

❻ 그림에서 위쪽을 면으로 설정하고 윗면을 선택하고 확인한다.

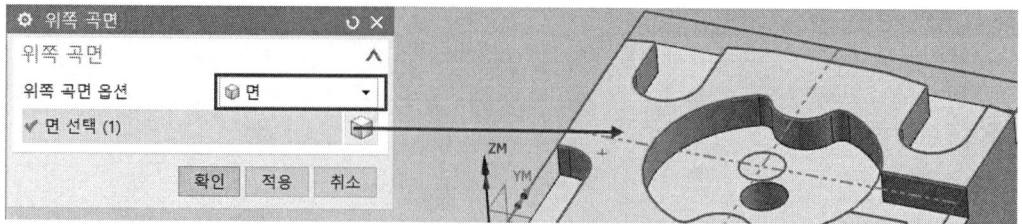

❼ 사이클 유형에서 매개변수 편집을 클릭한다.

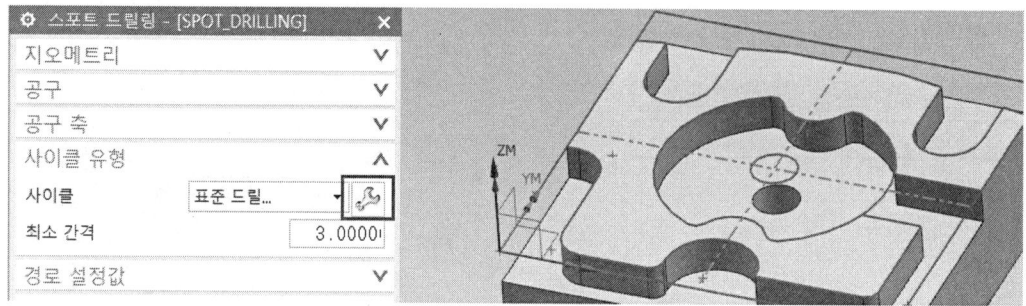

❽ 그림처럼 개수 지정에서 확인한다.

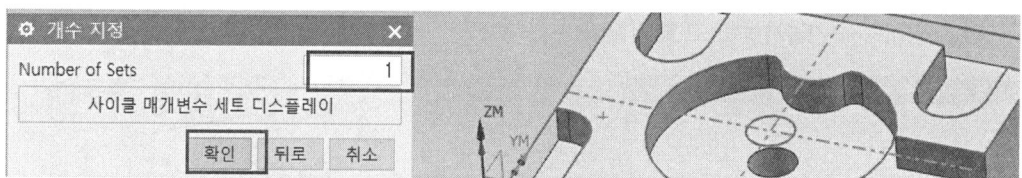

❾ Depth를 클릭한다.

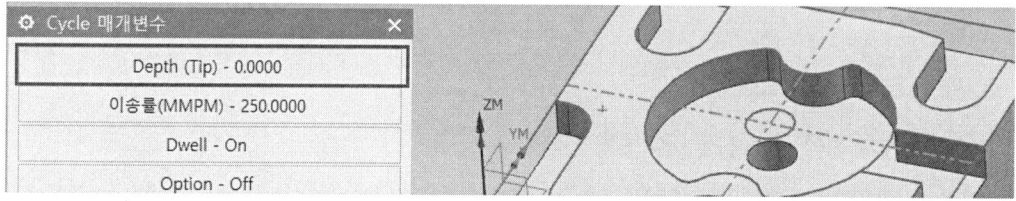

❿ 공구 팁 깊이를 클릭한다.

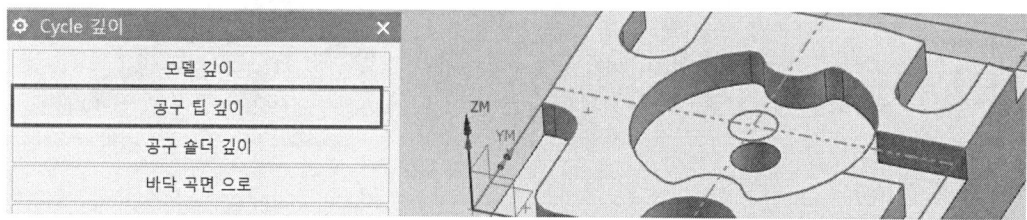

⑪ 깊이 3을 입력하고 확인한다.

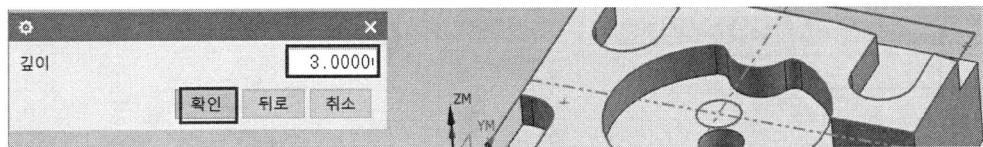

⑫ 이송률을 클릭한다.

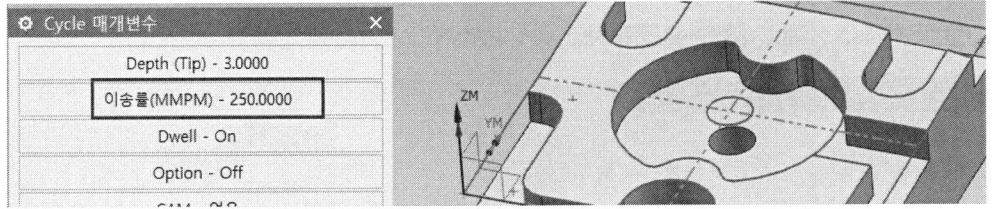

⑬ 이송률 100을 입력하고 확인한다.

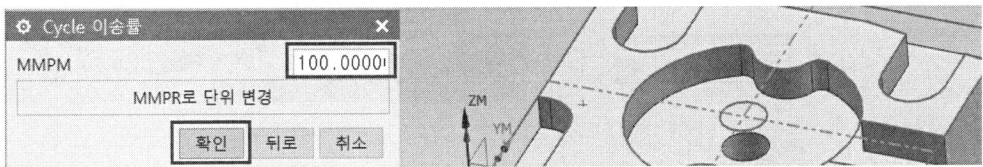

⑭ 회피 버튼을 클릭한다.

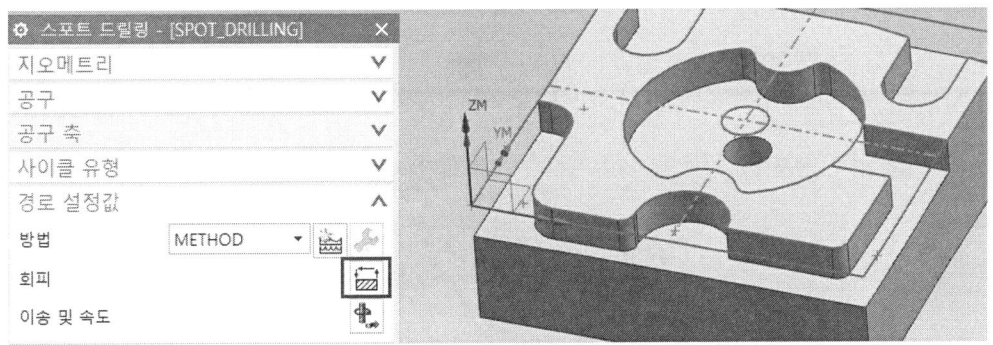

⑮ Clearance Plane을 클릭한다.

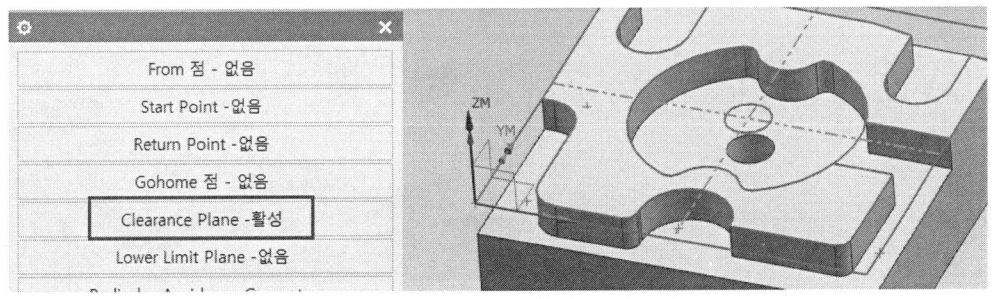

제1절 NX CAM에 의한 NC Data 생성 따라 하기

⑯ 그림처럼 지정을 클릭한다.

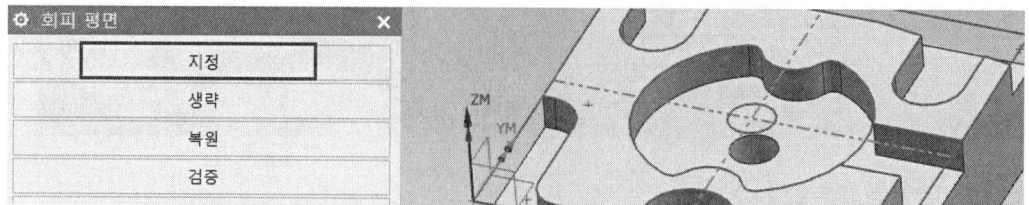

⑰ 평면 개체 선택에서 윗면을 선택하고 옵셋에서 거리 10mm를 입력 후 확인한다.

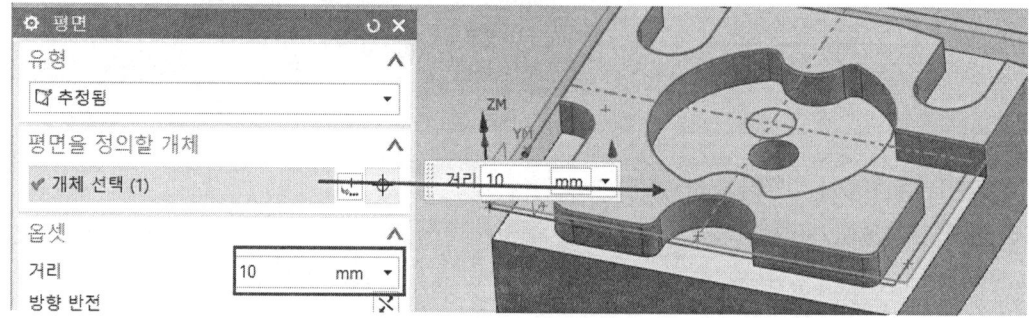

⑱ 이송 및 속도를 클릭한다.

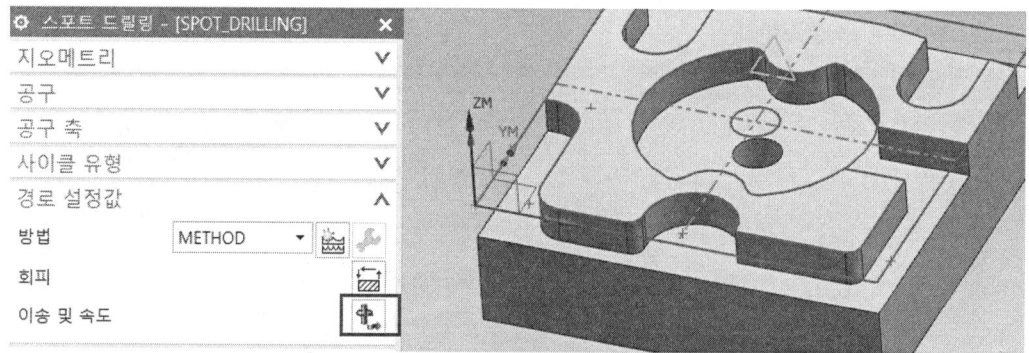

⑲ 스핀들 속도 1000, 이송속도 100을 입력하고 확인한다.

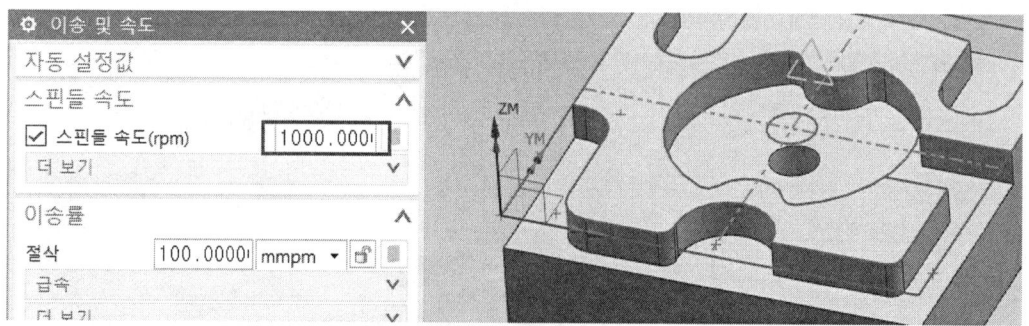

⑳ 작업에서 생성을 클릭한다.

㉑ 공구 경로(Tool Path) 생성을 선택하고 확인한다.

제1절 NX CAM에 의한 NC Data 생성 따라 하기

5 드릴링(Peck Drilling) 가공

Peck Drilling 가공의 기능은 Peck Drilling은 위에서 살펴보았듯이 지정된 값만큼 진입가공을 하고, Minimum Clearance의 높이까지 퇴각하는 반복적인 공정으로 가공이 된다.

❶ 그림에서 오퍼레이션 생성( ) 아이콘을 클릭하고 Peck Drilling을 선택한 다음 공구는 드릴 8을 입력하고 확인한다.

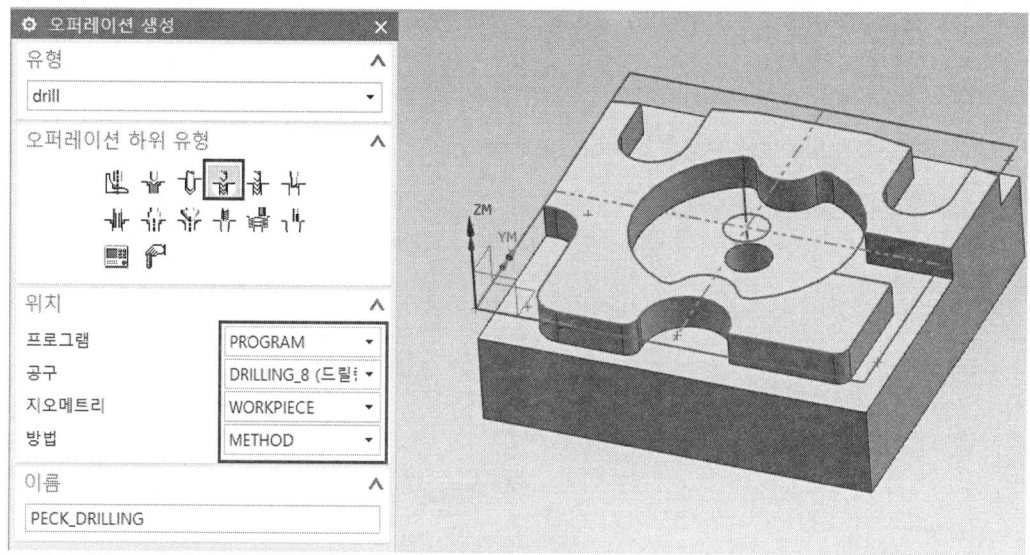

❷ 구멍 지정( ) 아이콘을 클릭한다.

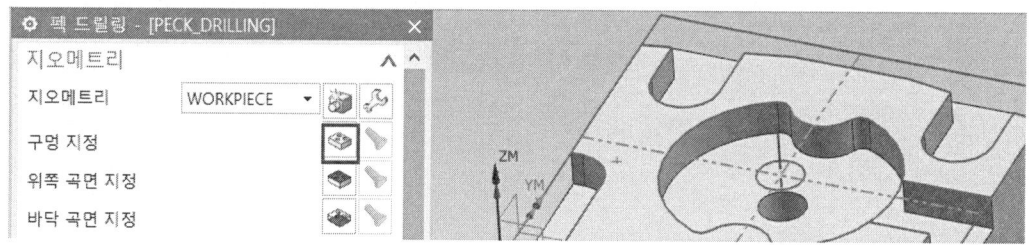

❸ 그림처럼 선택을 클릭한다.

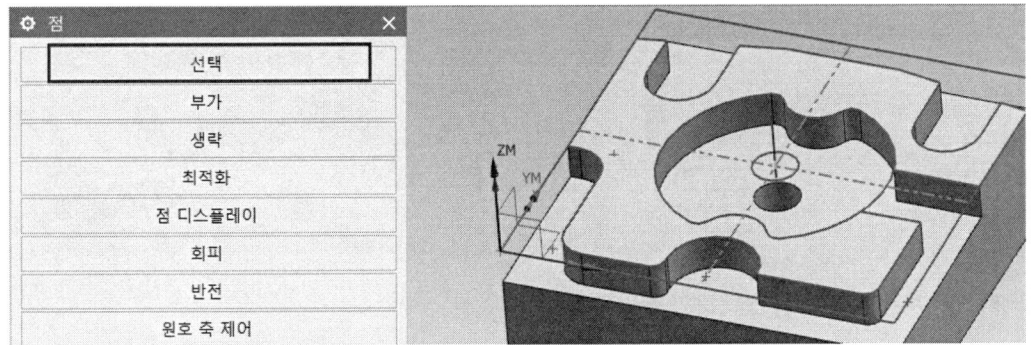

❹ 그림처럼 구멍을 선택하고 확인한다.

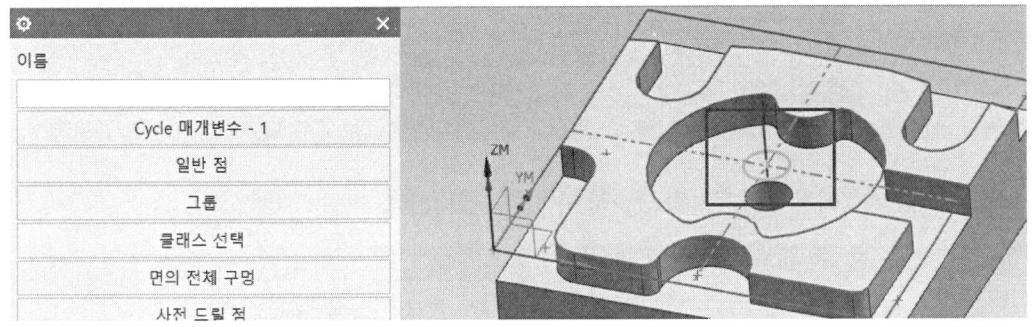

❺ 위쪽 곡면 지정( ) 아이콘을 선택한다.

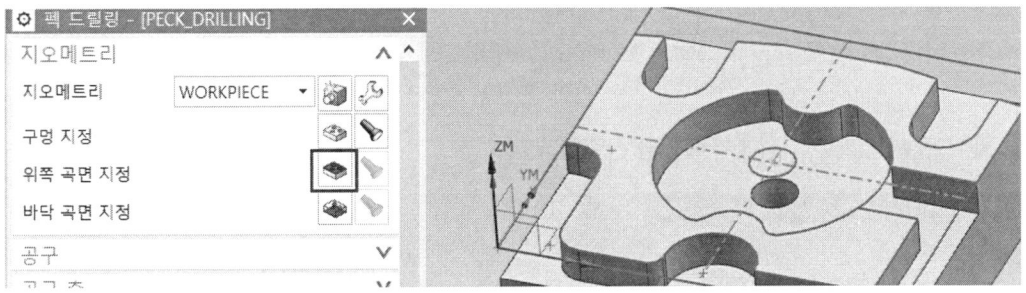

❻ 그림처럼 윗면을 선택하고 확인한다.

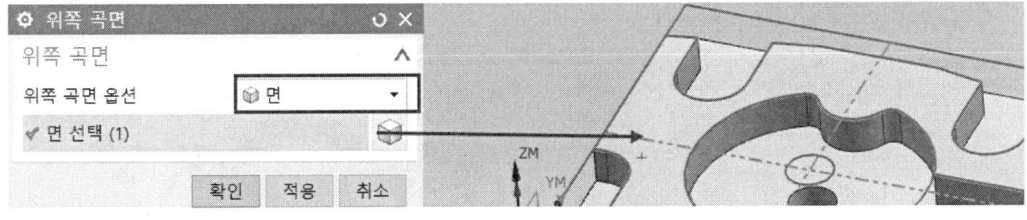

❼ 바닥 곡면 지정( ) 아이콘을 클릭한다.

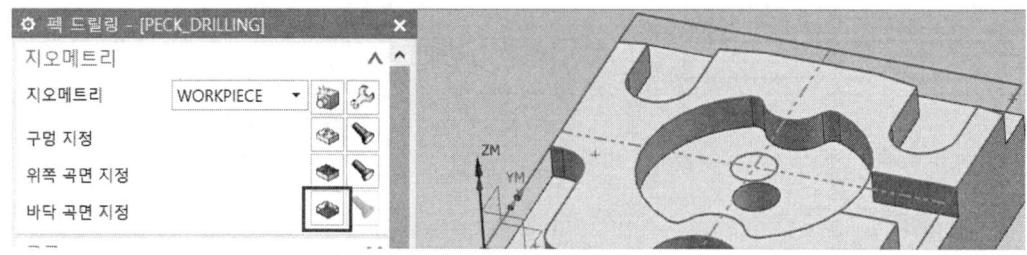

❽ 그림처럼 바닥 면을 선택하고 확인한다.

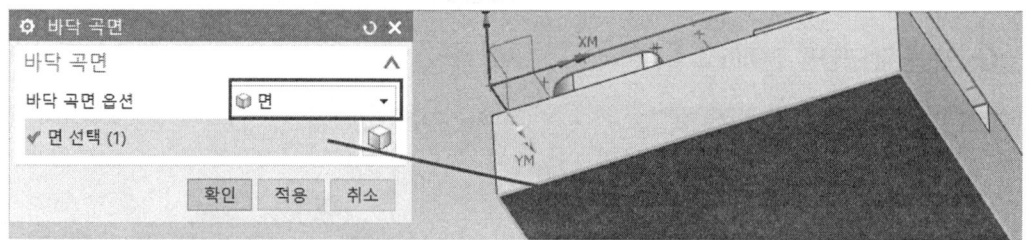

❾ 사이클 유형에서 매개변수 편집( ) 아이콘을 클릭한다.

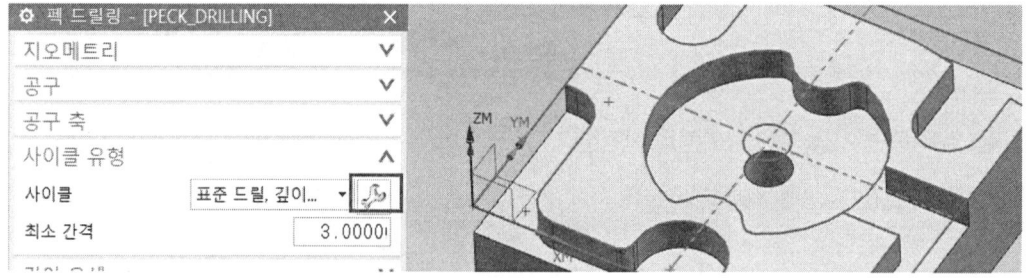

❿ 그림처럼 개수 지정에서 확인을 선택한다.

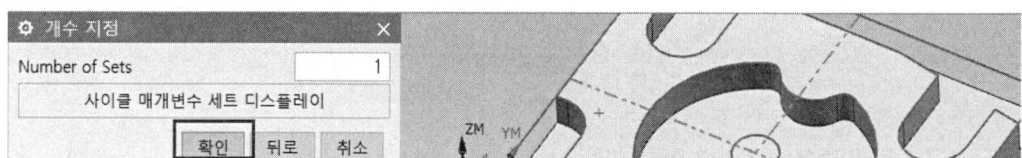

⓫ Depth-모델 깊이를 클릭한다.

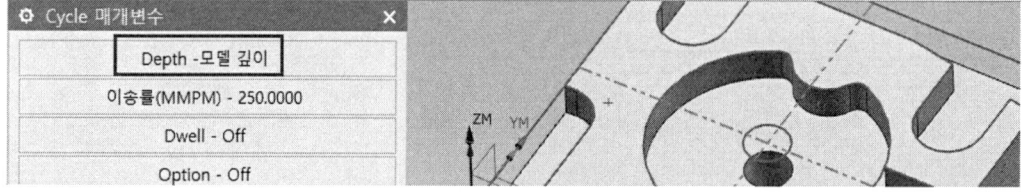

⑫ 바닥 곡면을 통해를 클릭하고 확인한다.

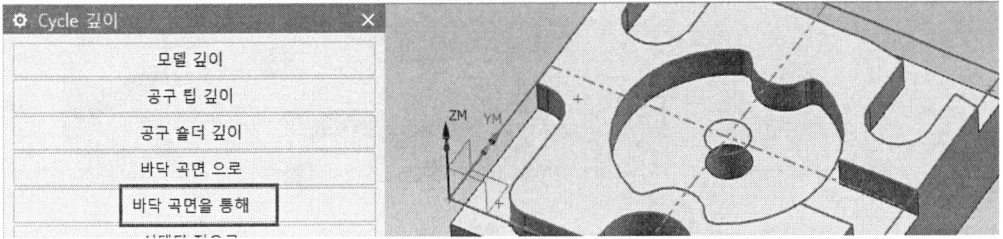

⑬ 이송률을 클릭한다.

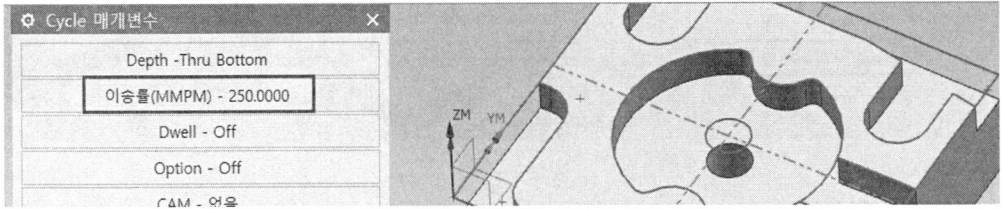

⑭ 그림처럼 90을 입력하고 확인한다.

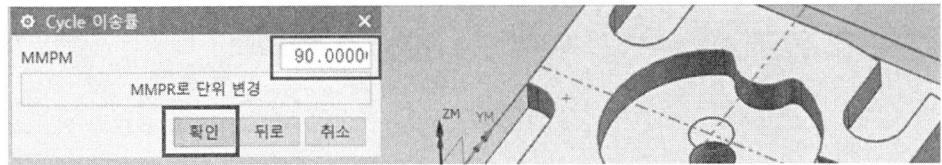

⑮ Step 값 – 미정의를 클릭한다.

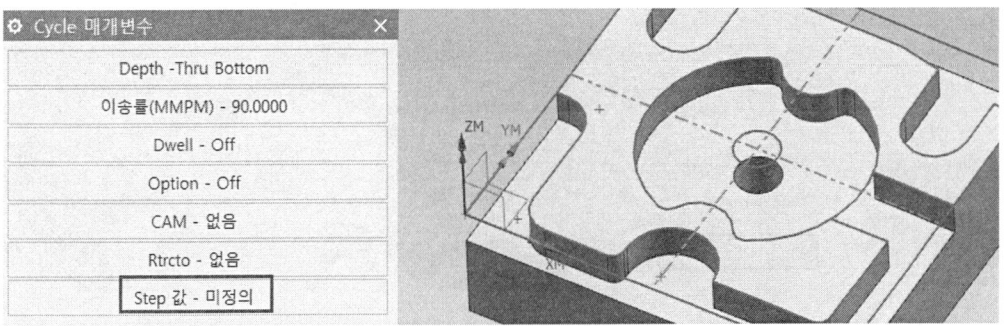

⑯ 그림처럼 2~3을 입력한다. (첫 번째 스텝에만 입력)

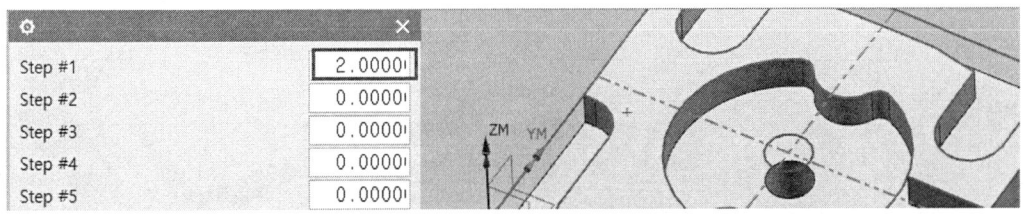

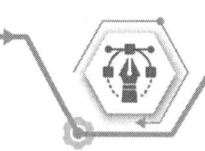

⓱ 그림처럼 회피(▨) 아이콘을 입력한다.

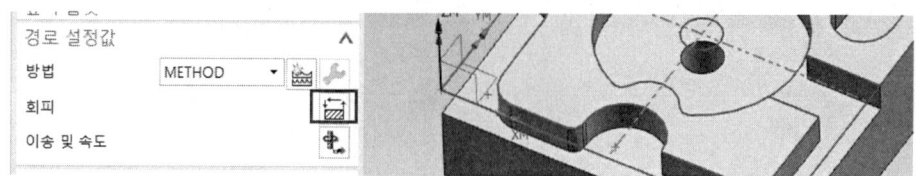

⓲ Clearance Plane을 클릭한다.

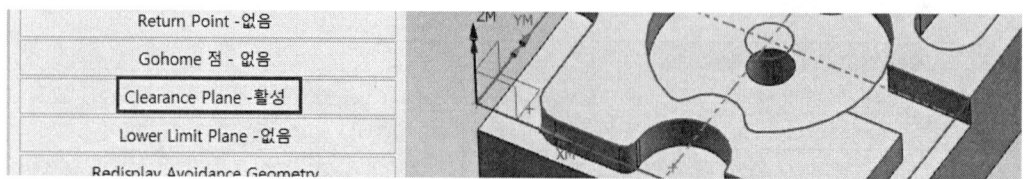

⓳ 지정을 클릭한다.

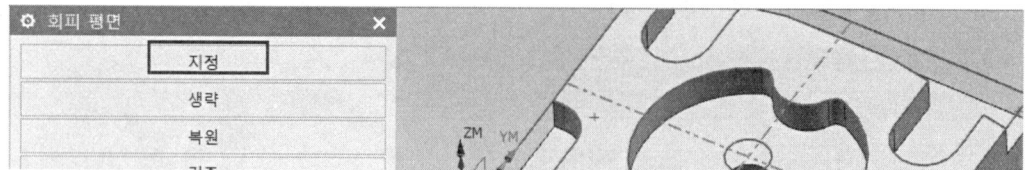

⓴ 그림처럼 윗면의 평면을 클릭하고, 옵셋의 거리 10mm를 입력 후 확인한다.

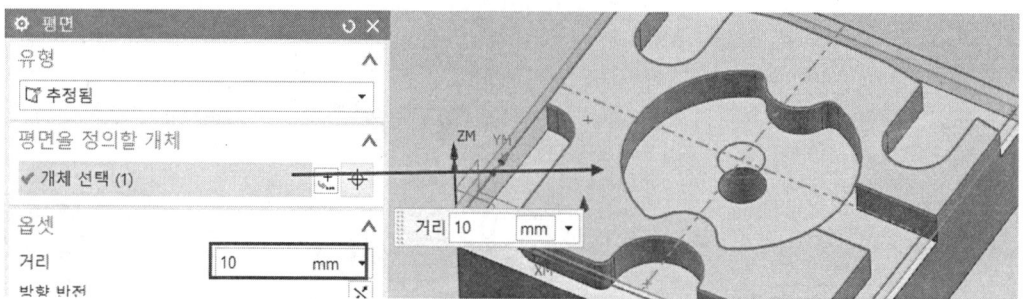

㉑ 이송 및 속도(🐝) 아이콘을 클릭한다.

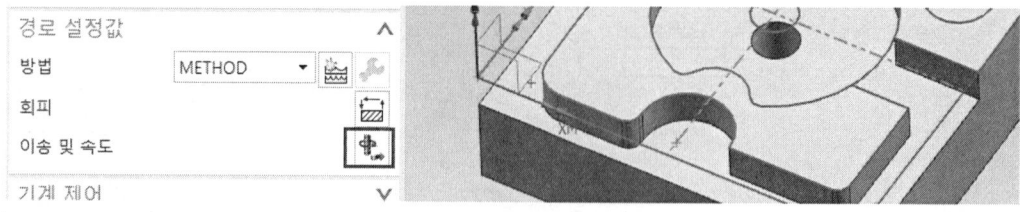

㉒ 그림처럼 스핀들 속도 900, 이송속도 90을 입력한다.

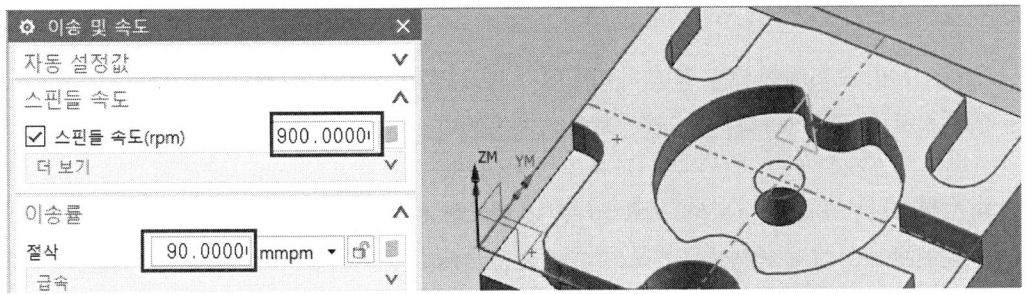

㉓ 작업에서 생성( ) 아이콘을 클릭한다. 그림에서 공구 경로(Tool Path) 생성을 선택하고 확인한다. 공구 경로를 확인한다.

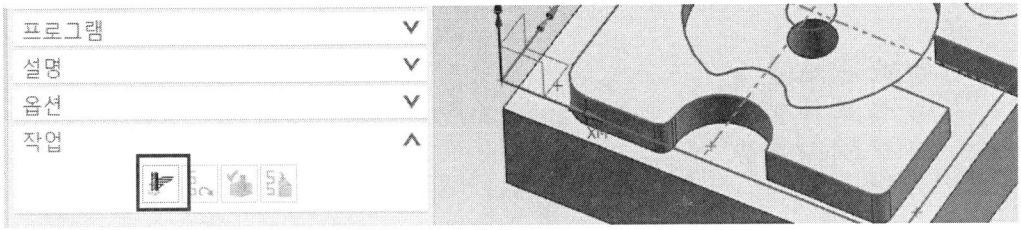

㉔ 공구 경로를 확인한다.

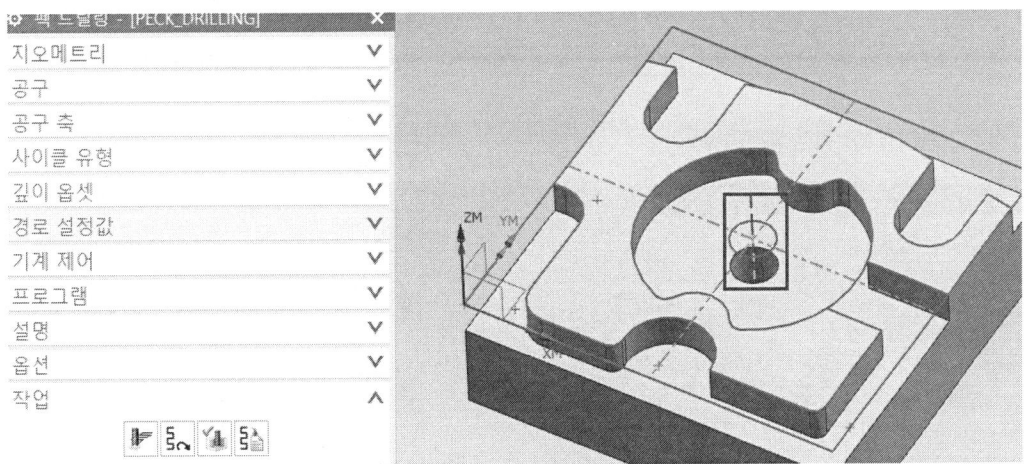

6 엔드밀 가공(Cavity MiLL 선택)

Cavity Mill 오퍼레이션은 평면 레이어에서 재료의 볼륨(가공 부위)을 제거하는 공구 경로를 생성하며 3축 가공하는데, 일반적으로 사용된다.

❶ 그림에서 오퍼레이션 생성( ) 아이콘을 클릭한 후 유형에서 mill_contour를 선택하고, 오퍼레이션 하위 유형에서 CAVITY_MILL을 선택하고 공구는 Mill_10을 선택하고 적용한다.

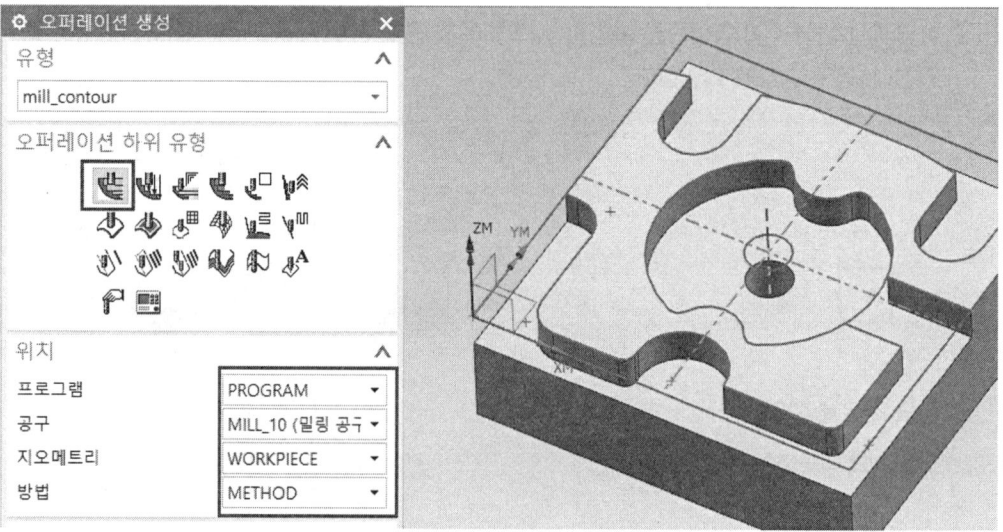

❷ 그림과 같이 경로설정을 한다.

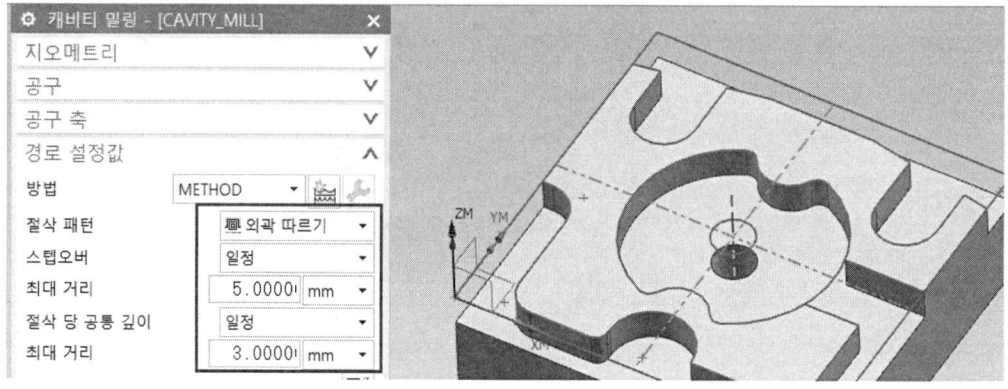

❸ 절삭 수준( ) 아이콘을 선택한다.

❹ 아래 그림처럼 설정한다.

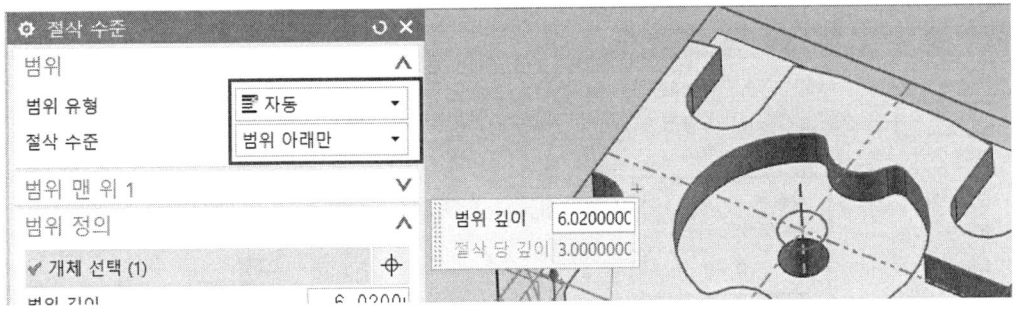

❺ 절삭 매개변수() 아이콘을 클릭한다.

❻ 전략의 절삭에서 하향 절삭과 안쪽을 선택하고, 벽면에서 아일랜드 클린업을 체크한다.

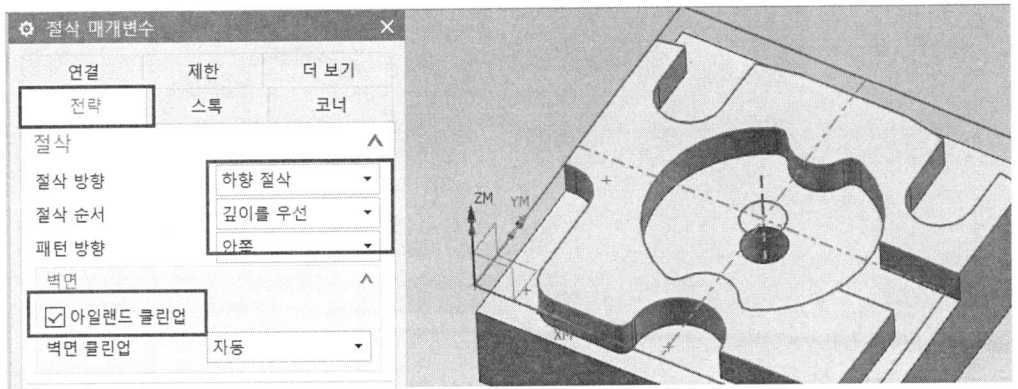

❼ 스톡에서 여유량 0을 확인하고, 공차 값을 0.01로 한다.

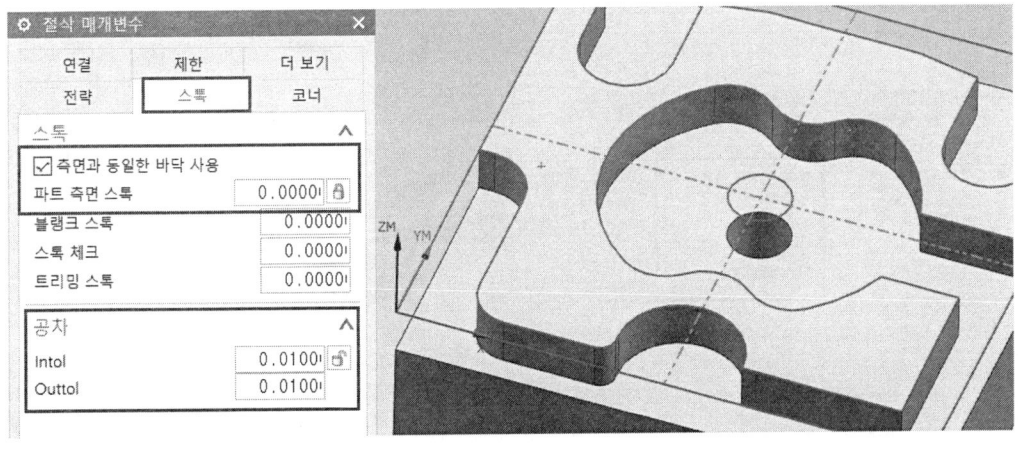

❽ 비절삭 이동( ) 아이콘을 클릭한 후 진입에서 플런지에서 높이 10으로 설정한다.

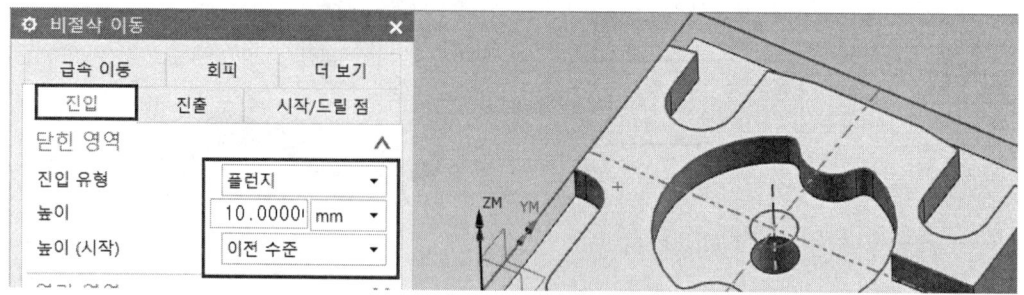

❾ 아래 그림에서 시작/드릴 점에서 점 지정 평면다이얼로그 아이콘을 클릭한다.

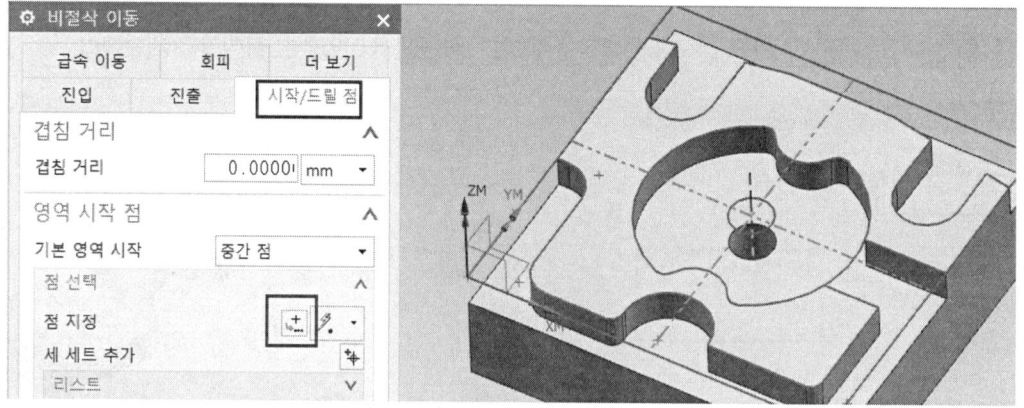

❿ 아래 그림처럼 시작점을 X: -10mm, Y: -10mm, Z: 0mm를 입력한다.

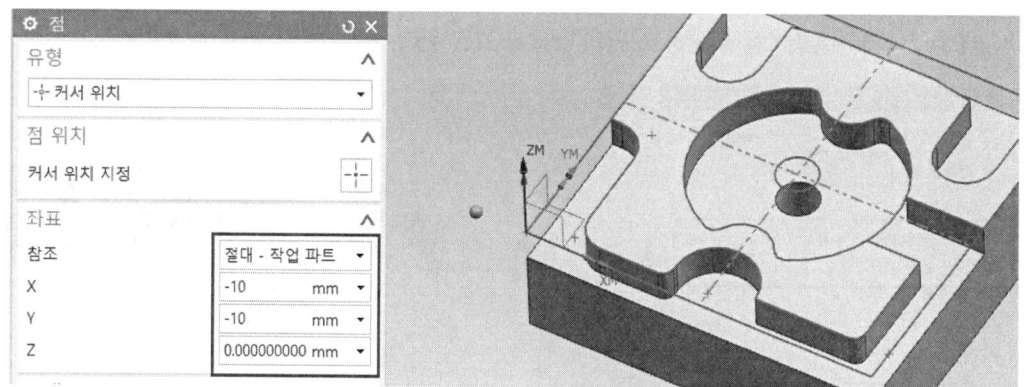

⑪ 사전 드릴 점도 위와 같은 방법으로 점 지정 평면다이얼로그를 클릭한다.

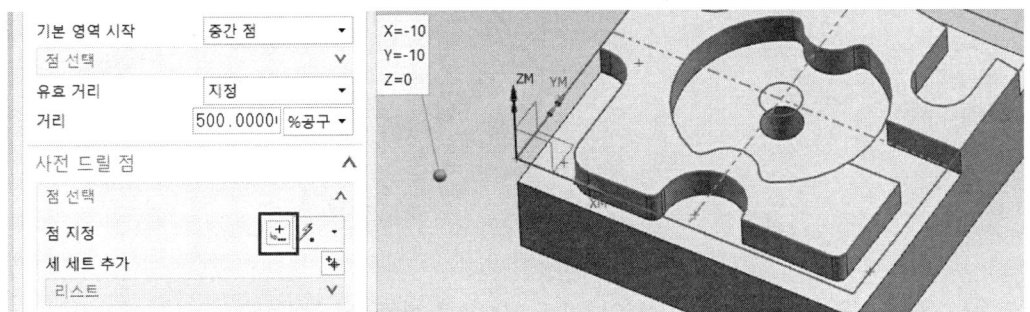

⑫ 아래 그림처럼 안쪽 가공이 아니므로 원을 선택하면 안 된다. 공구가 시작되는 시작점을 선택한다. 공구 시작점을 잘못 선택하면 공구가 파손된다. X: 80mm, Y: 80mm, Z: 0mm를 입력한다.

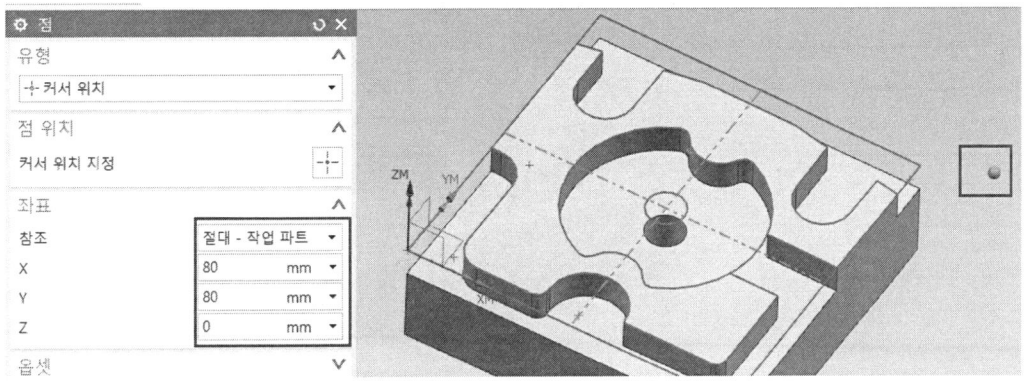

Tip 가공형상에 따라 안쪽 가공은 구멍 중심 원을 선택한다.

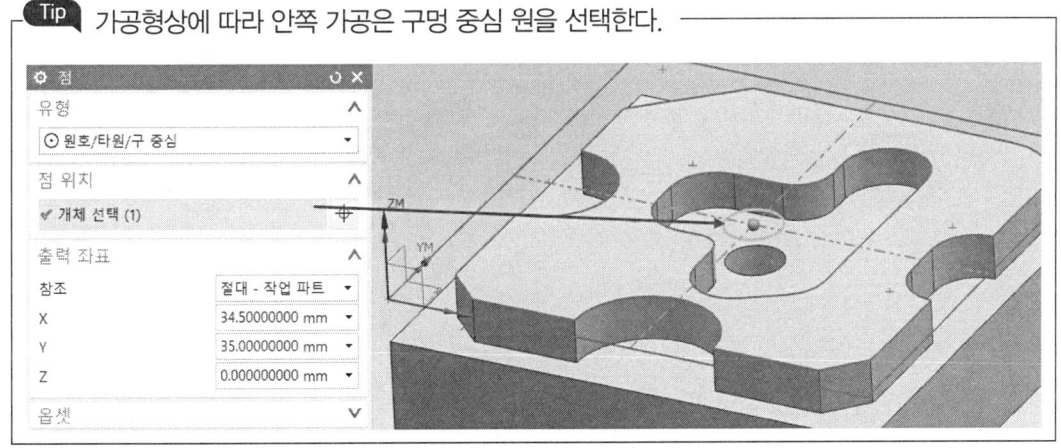

제1절 NX CAM에 의한 NC Data 생성 따라 하기

⑬ 이송 및 속도 아이콘을 클릭한다.

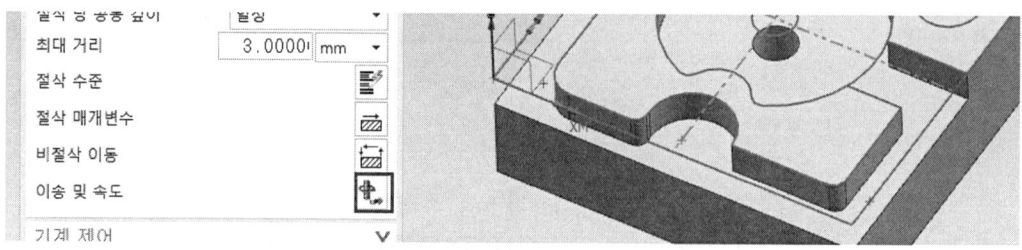

⑭ 스핀들 속도 1000 이하로 설정, 이송속도 100으로 설정하고 확인한다.

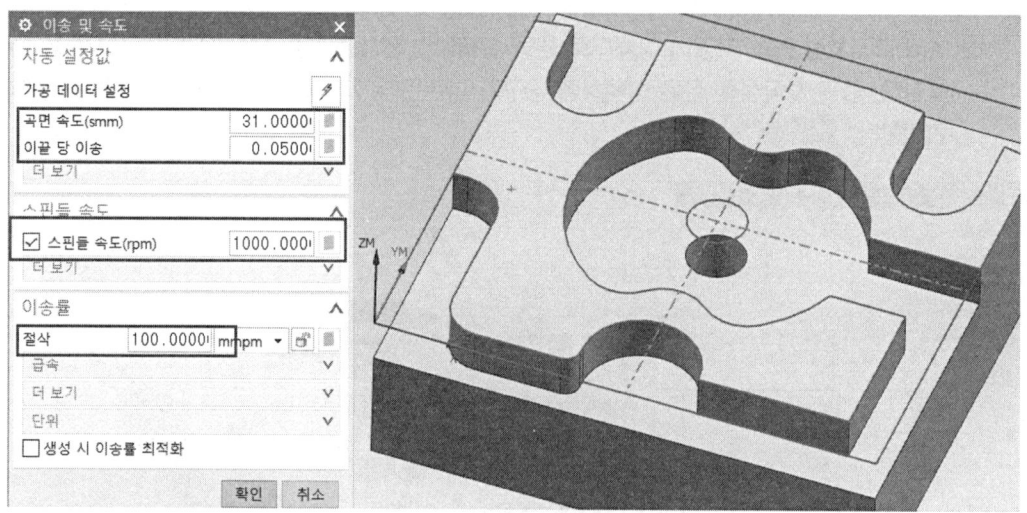

⑮ 작업에서 생성( ) 아이콘을 클릭하고 공구 경로를 확인한다.

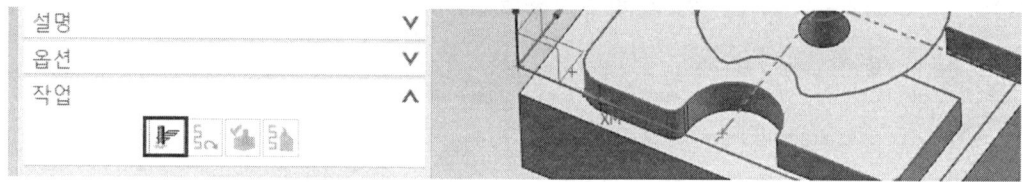

❶ 절삭 공구 경로를 확인한다.

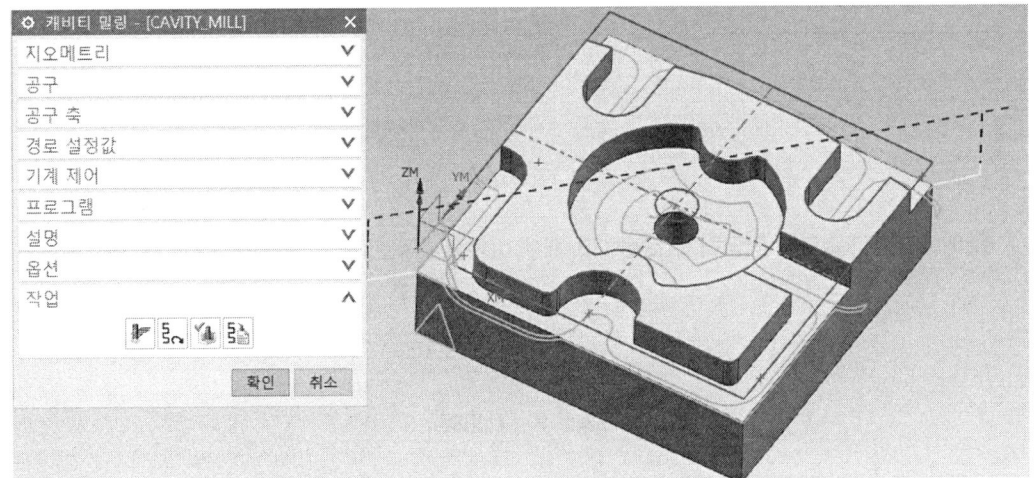

7 가공 시뮬레이션 검증하기

검증을 사용하여 애니메이션이 된 공구 경로를 여러 가지 방법으로 볼 수 있다.

❶ 그림처럼 MB3를 선택하여 공구 경로에서 검증을 클릭한다.

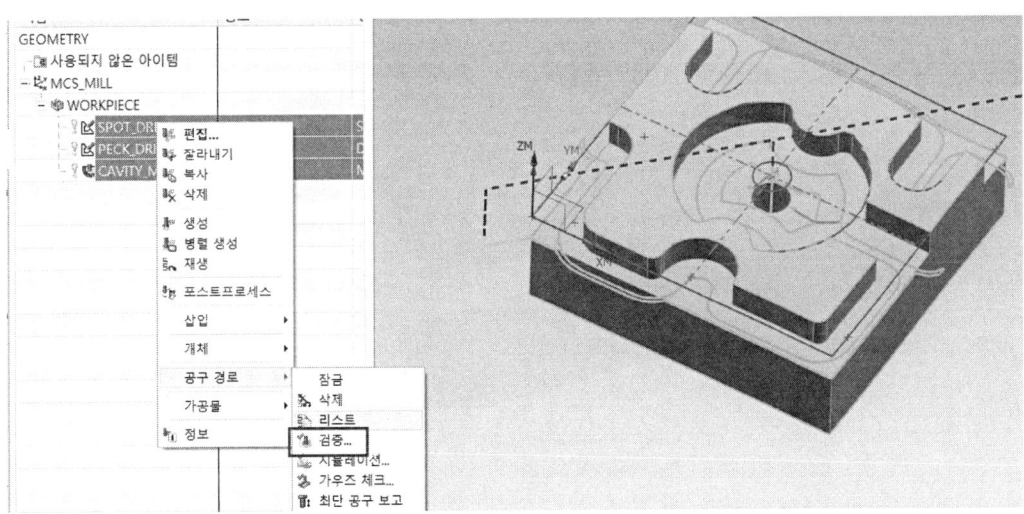

❷ 그림처럼 2D 동적을 클릭한다.

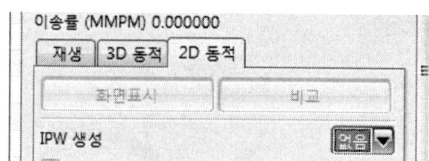

❸ 애니메이션 속도를 적당하게 조절하고 재생 버튼을 클릭한다.

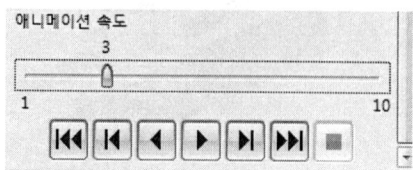

❹ 가공 시뮬레이션을 확인할 수 있다.

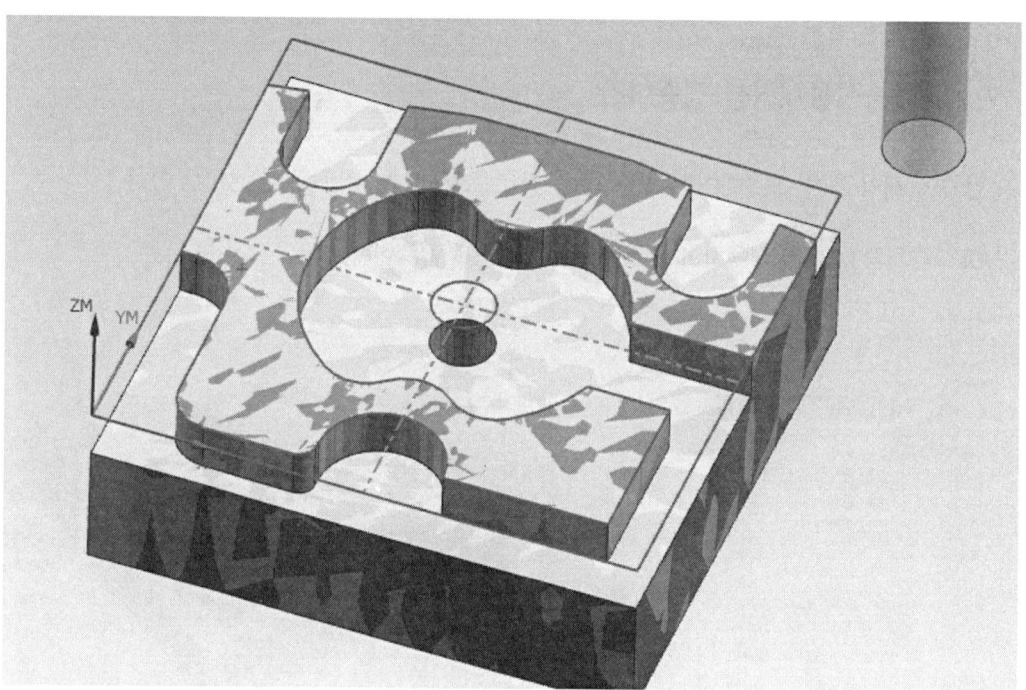

8 NC Data 생성하기

Post process 기능을 이용하여 NC Data를 출력할 수 있다. Post 파일을 이용하여야 기계에 맞는 NC Data를 출력할 수 있다.

❶ 그림처럼 선택 후 MB3 버튼을 이용하여 포스트프로세스를 클릭한다. 한 번에 전체 NC Data를 생성하고자 한다면 모두 선택 후 포스트프로세스를 선택한다.

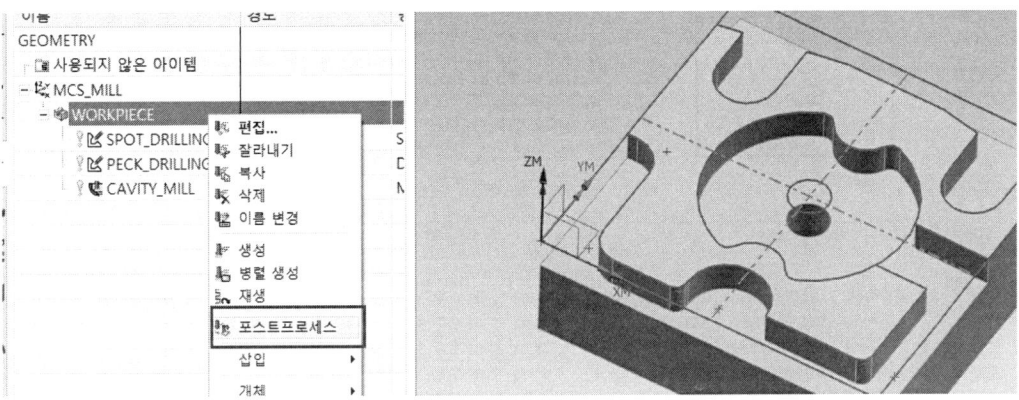

❷ 포스트프로세스 창에서 3축 가공에 해당하는 Mill_3_Axis를 선택한다. 기계에 맞는 Post가 있으면 포스트프로세서 찾아보기 아이콘을 클릭하고 찾아서 선택한다.

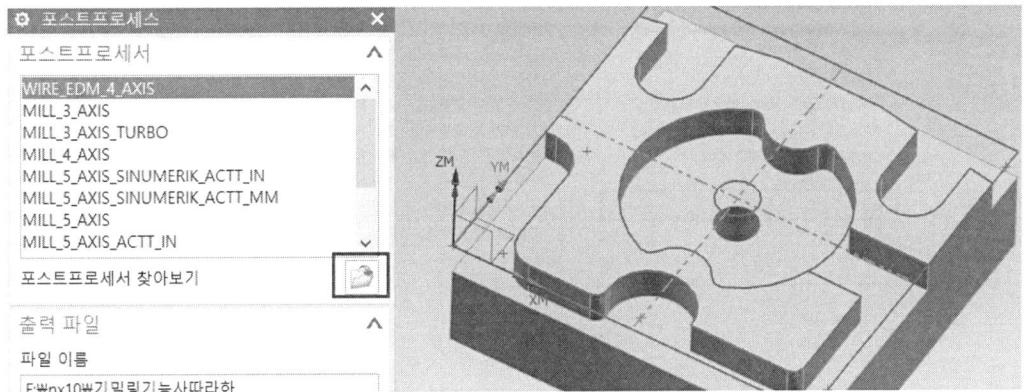

제1절 NX CAM에 의한 NC Data 생성 따라 하기

> **Tip** 기계에 맞는 Post를 아래 그림과 같이 postprocessor에 복사하여 붙여넣는다.

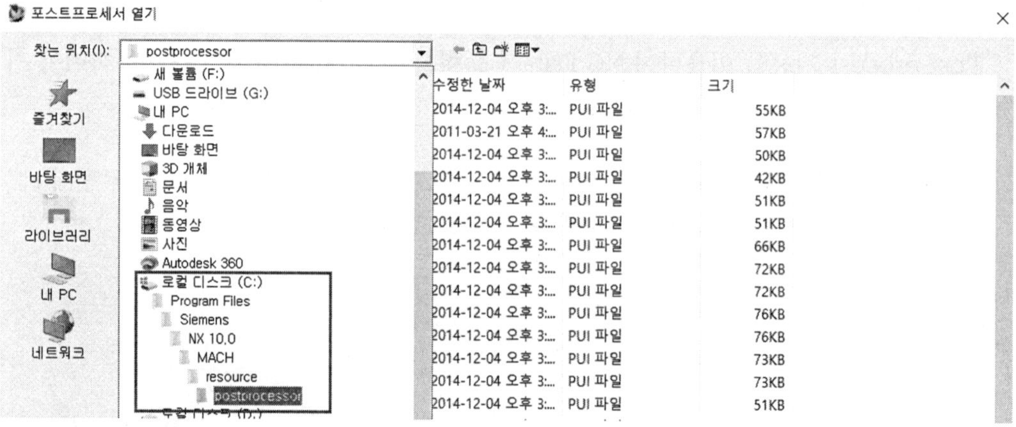

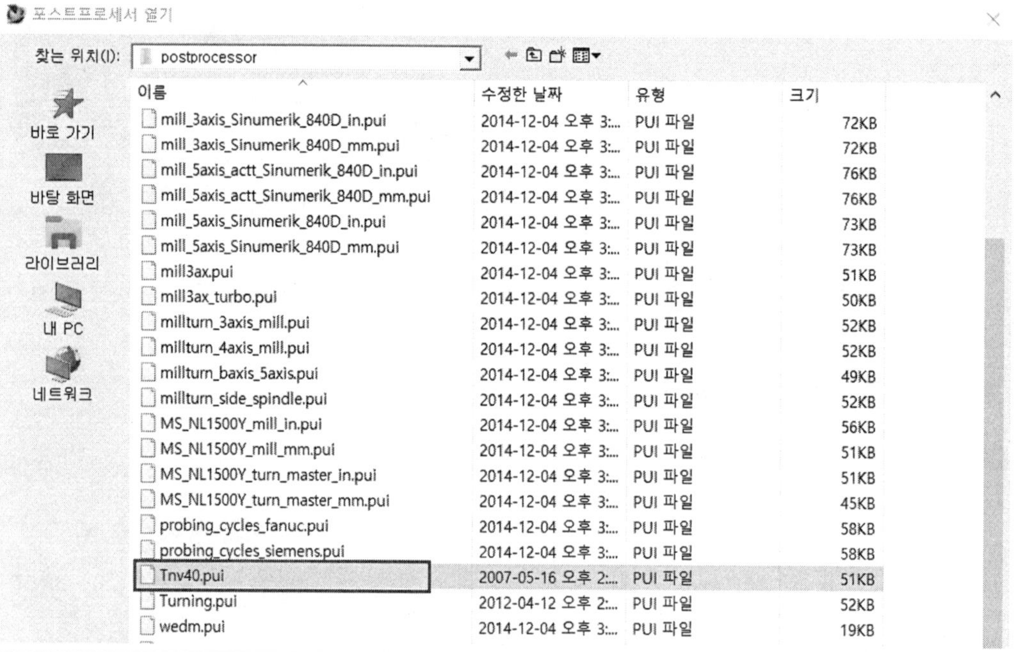

❸ 아래 그림과 같이 설정하고 확인한다.

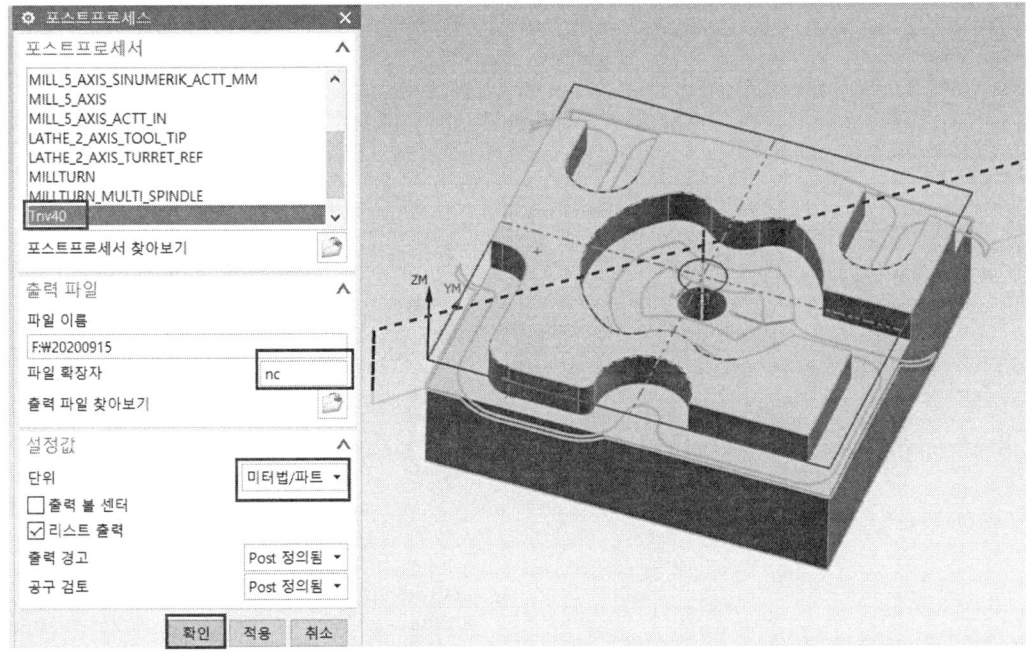

❹ 그림처럼 Shift를 누르고 전체를 선택하여 NC 데이터를 생성한다. 아래 그림은 SENTROL (TNV40) 3축 Mill NC Data이다. 모든 기계에 적용이 가능하다.

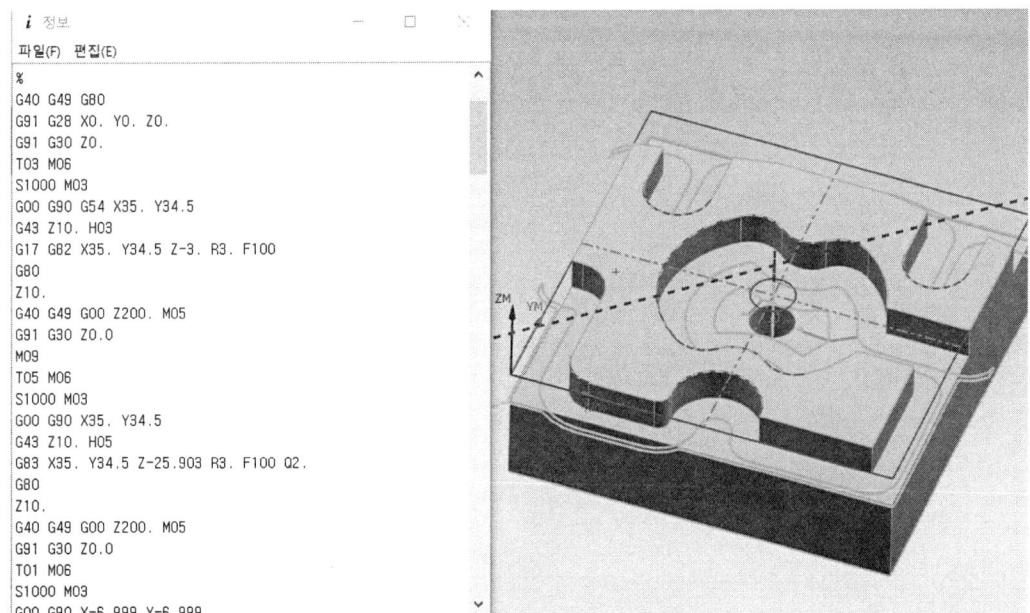

제1절 NX CAM에 의한 NC Data 생성 따라 하기

❺ 다른 이름으로 저장하여 기계에 연결하여 가공한다.

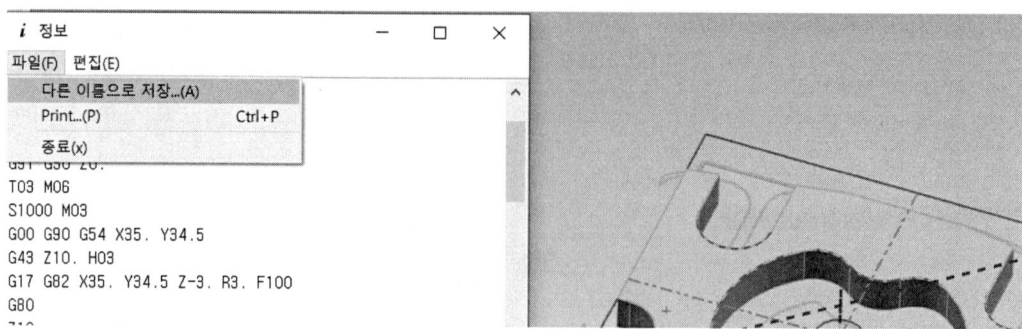

제2절 hyperMILL에 의한 NC Data 생성 따라 하기

▼작업 도면

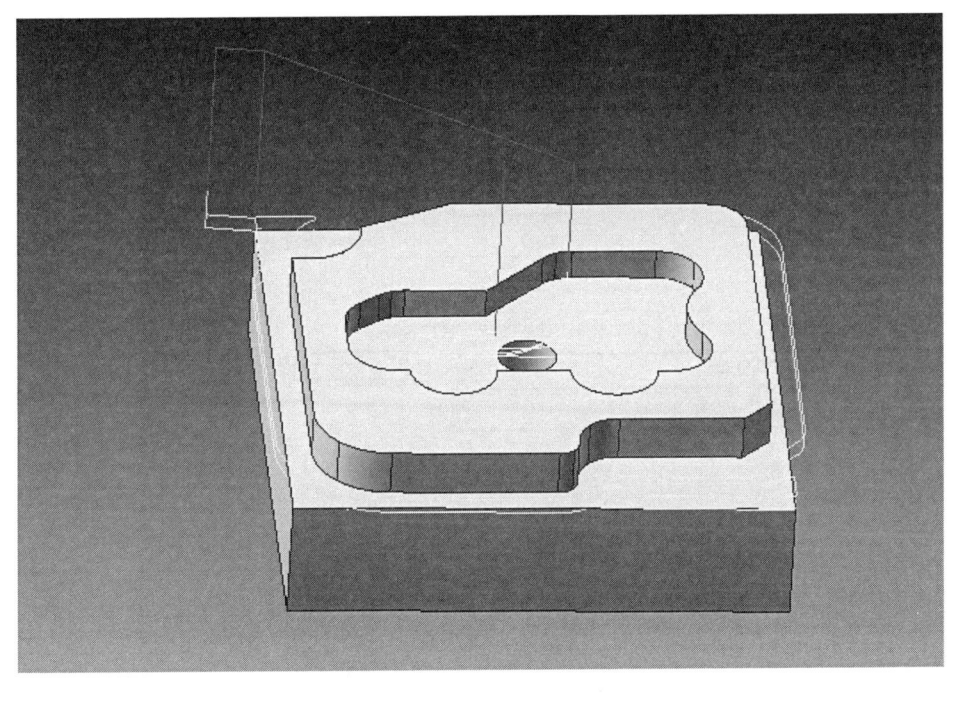

1 Step 파일 모델링 불러오기

❶ Open 명령어(열기 파일)를 클릭한다.

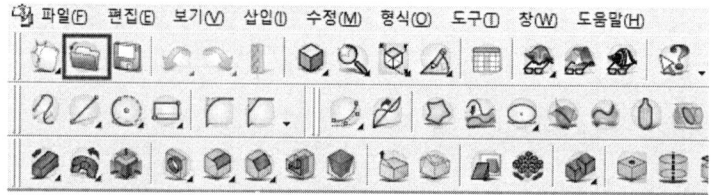

❷ 파일 형식을 스텝 형식으로 설정한 후 파일 이름을 선택하고 열기를 선택한다.

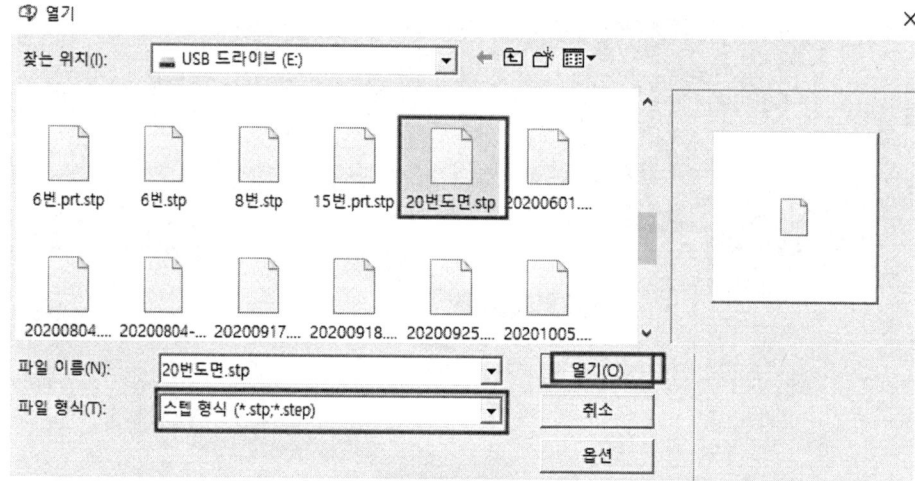

❸ hyperMILL 아이콘 툴바의 첫 번째 아이콘(하이퍼밀 브라우저)을 클릭한다.

❹ 보기에서 수정에 이동/확대/회전을 할 수 있다. 마우스 3번(오른쪽) 버튼을 누르면 회전하고, Shift+오른쪽 버튼을 누르면 줌아웃이 되며, Ctrl+오른쪽 버튼를 누르면 이동이 된다.

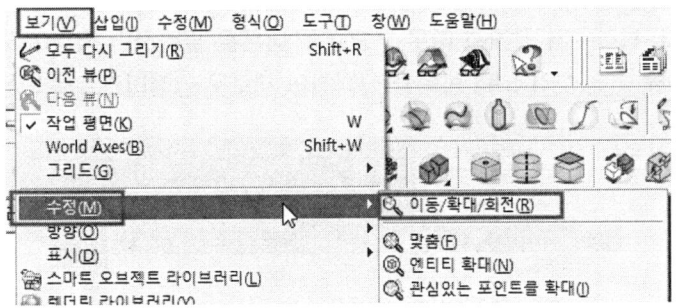

❺ 색상과 재질을 아래 그림과 같이 변경할 수 있다.

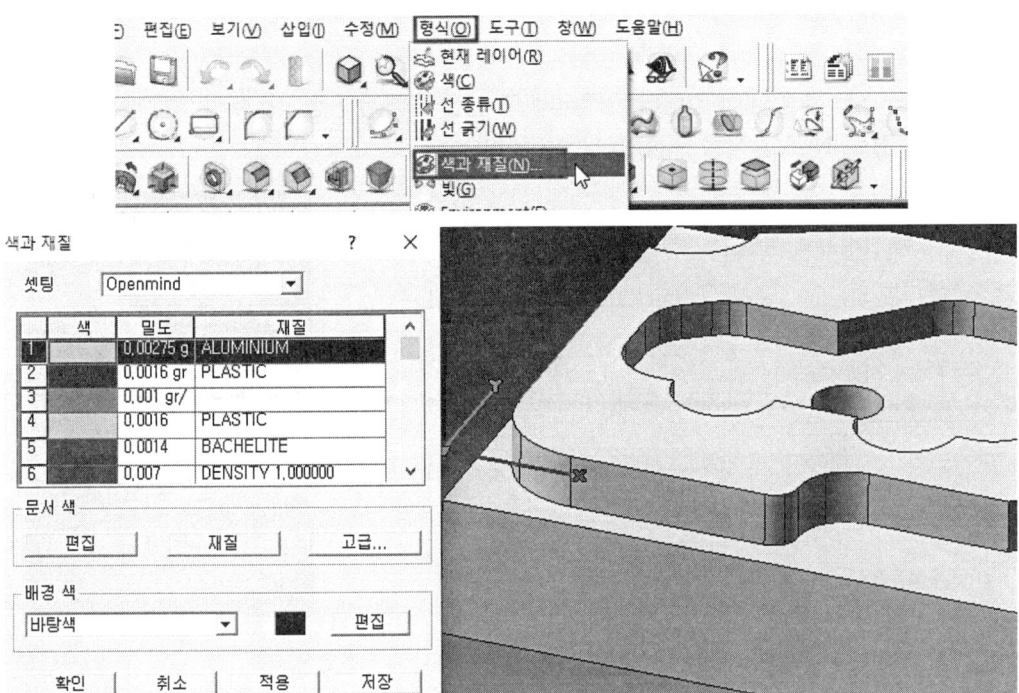

제2절 hyperMILL에 의한 NC Data 생성 따라 하기

2 공정리스트 설정

❶ hyperMILL 브라우저 창에서 마우스 오른쪽 버튼을 클릭하면 명령어 목록이 표시된다. 여기서 [신규 → 공정리스트] 항목을 선택하여 새로운 공정리스트를 만들어준다.

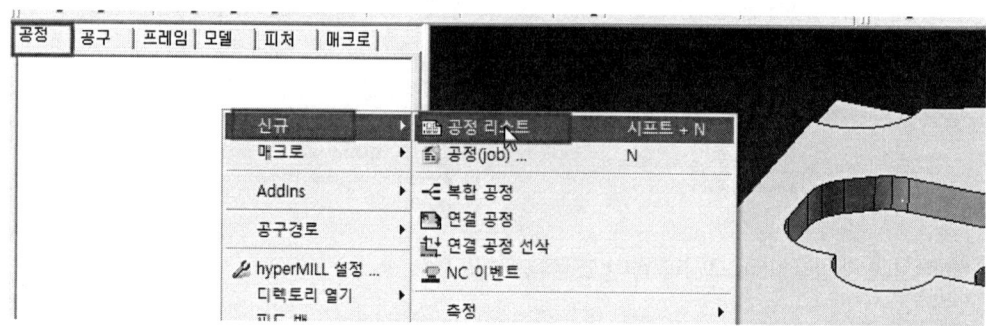

❷ 공정리스트 설정 창이 열린다. 공정리스트 설정 탭에서 공정리스트의 이름과 POF 파일 저장 경로, NCS(공작물 원점) 등을 설정한다.

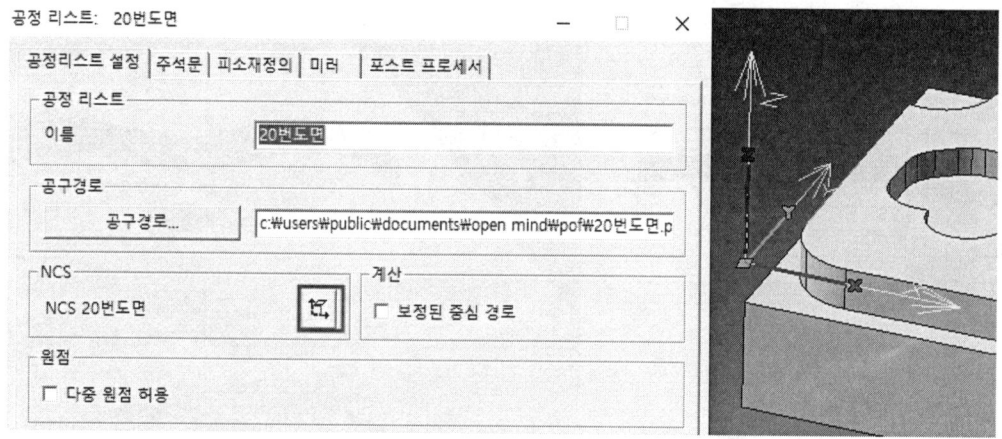

❸ NCS는 공정리스트를 생성할 때 CAD의 좌표계와 동일하게 자동생성되는데, NCS 항목에서 원점계 편집 아이콘을 선택하면 아래 그림과 같이 원점 위치 또는 축 방향을 편집할 수 있다. 이 작업에서는 NCS와 동일한 CAD 좌표계를 가지고 있으므로 편집 작업은 생략하도록 한다.

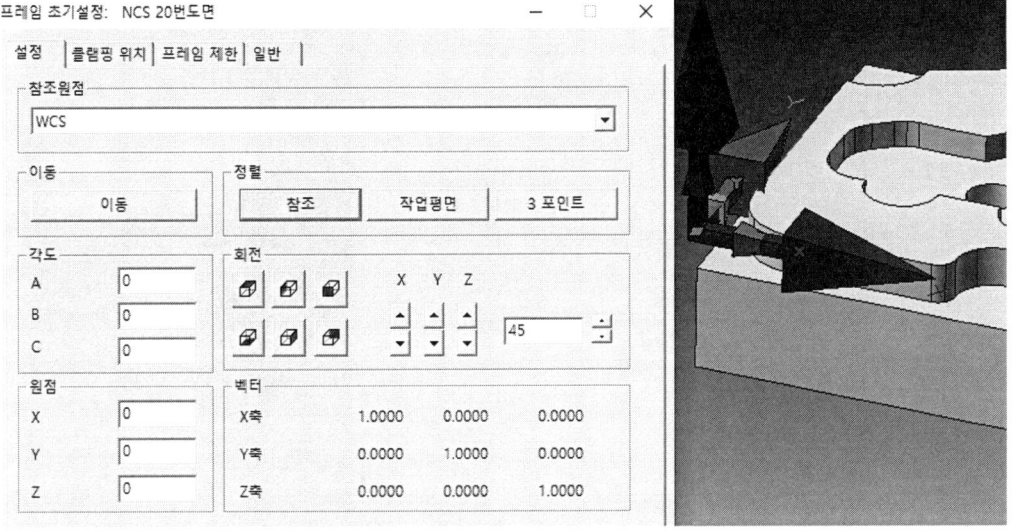

❹ 다음은 피소재정의(PART DATA) 탭을 선택하여 다음과 같이 소재(stock)모델(가공소재)과 파트(가공모델)를 정의한다.

제2절 hyperMILL에 의한 NC Data 생성 따라 하기

❺ 설정 항목을 체크하고 우측에 표시되는 신규 소재 아이콘을 선택한다. 소재(stock)모델 정의 창이 열리면 모드에서 자동계산을 선택한 후 계산 버튼을 클릭한다.

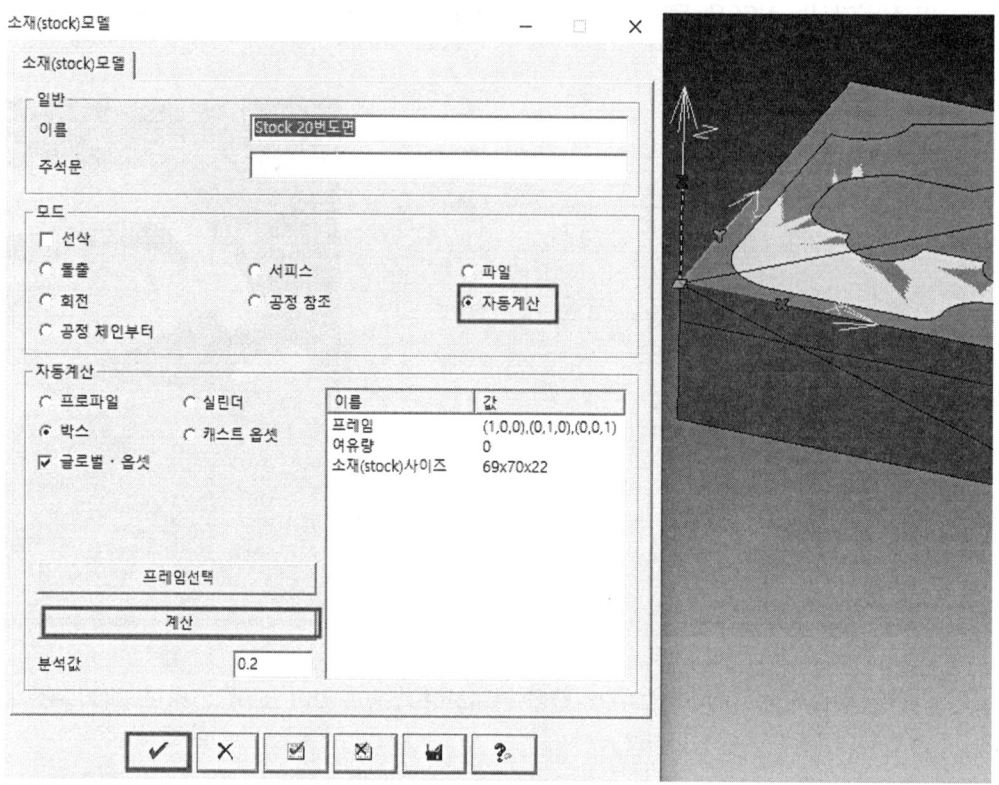

❻ 생성한 소재가 공정리스트의 소재(stock)모델 항목에 설정된 것을 볼 수 있다. 소재(stock)모델 정의와 같이 설정 항목을 체크하고 신규 절삭모델 아이콘을 선택한다.

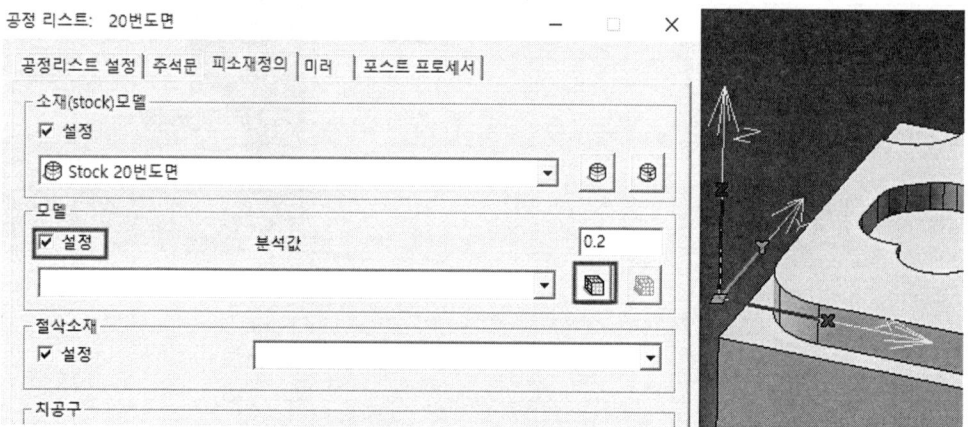

❼ 절삭모델 정의 창이 열리면 현재 선택 항목의 신규 선택 아이콘을 선택한다.

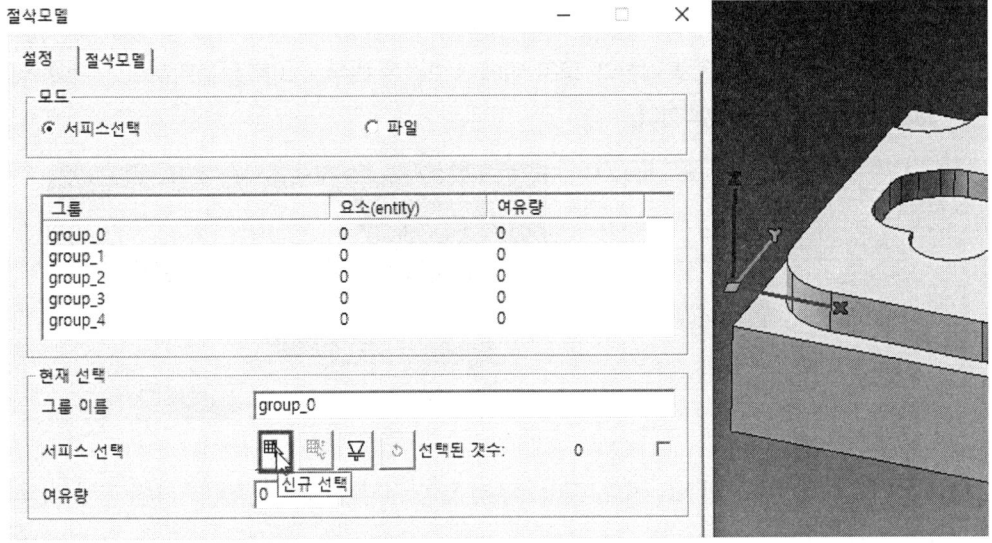

❽ 가공하고자 하는 모델을 전체 선택(단축키 A)하고 OK 버튼을 선택하면 아래 그림과 같이 선택된 서피스의 개수가 표시된다. 이제 OK 버튼으로 절삭모델 창을 완료하고, 공정리스트 창을 완료하면 기본적인 공정리스트 정의가 끝난다.

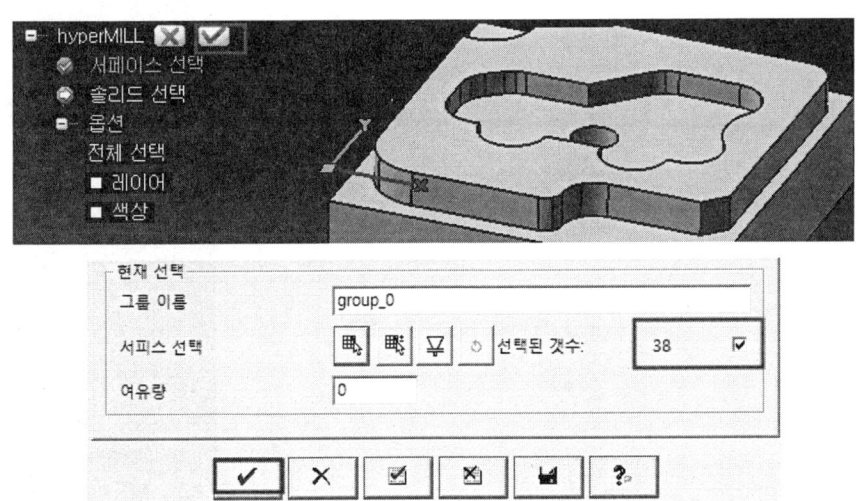

3 공구 설정

❶ 브라우저에서 공구 탭을 클릭한다. 공구 탭에서 오른쪽 마우스 버튼을 클릭하여 신규의 엔드 밀(End mill) 명령을 선택한다.

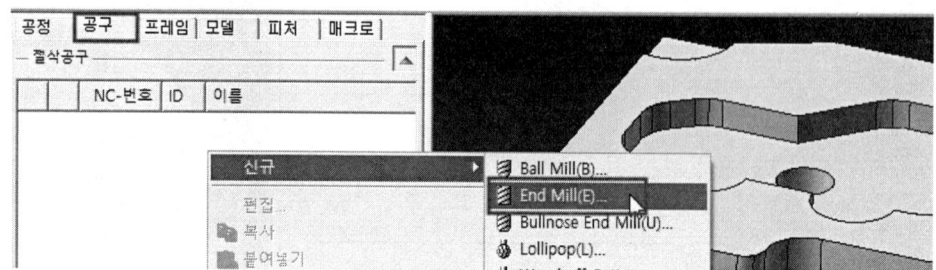

❷ 지오메트리에는 공구의 NC 번호, 길이, 직경, 컷팅 길이에 대해 입력한다. 1번 공구 직경에 10을 입력한다.

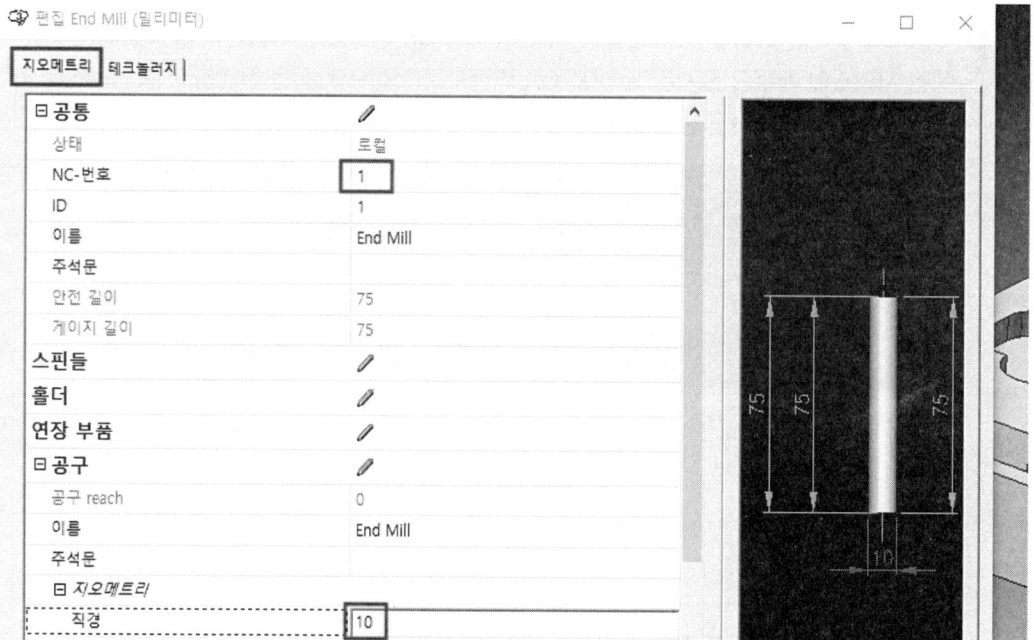

❸ 테크놀러지에는 공구의 스핀들 RPM(회전수) 1000, XY 이송속도(Feed) 100과 축 이송속도 90을 입력한다.

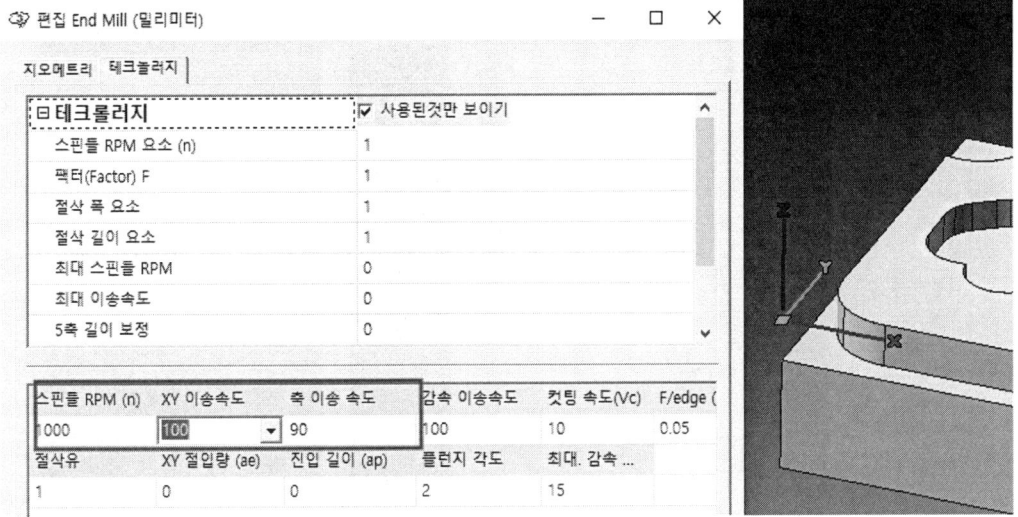

❹ 아래 그림과 같이 드릴 공구를 클릭한다.

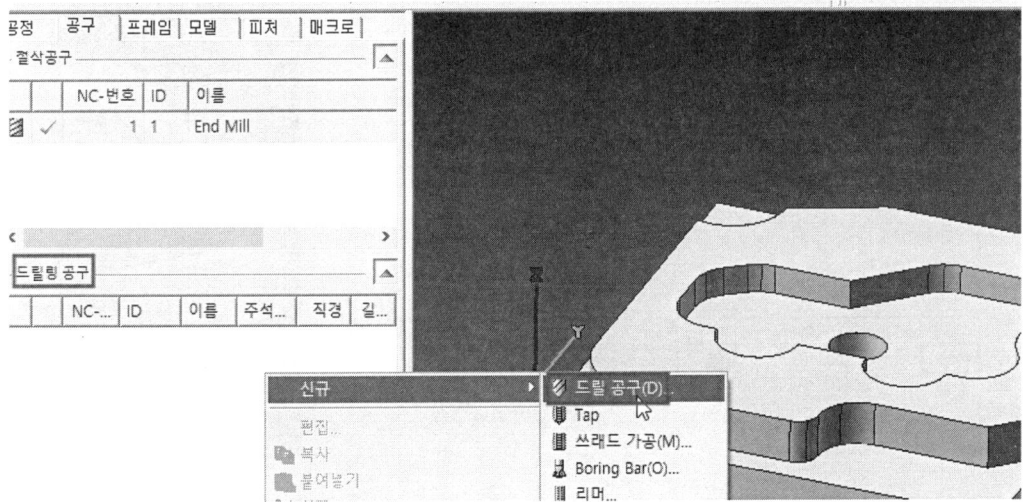

❺ 공구 번호는 기계 메가진 번호와 동일하게 설정한다.

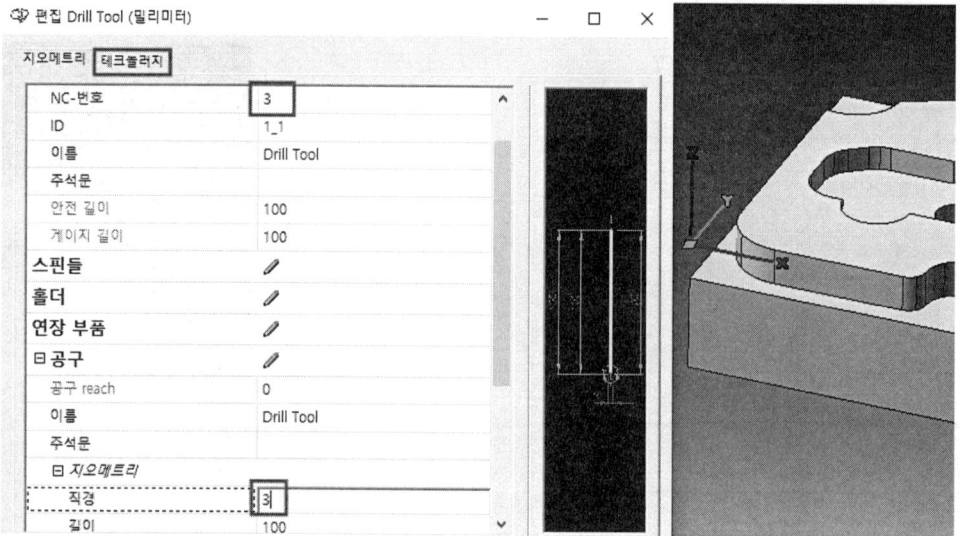

❻ 그림과 같이 스핀들 회전수 1000, 축 이송속도 100을 입력한다.

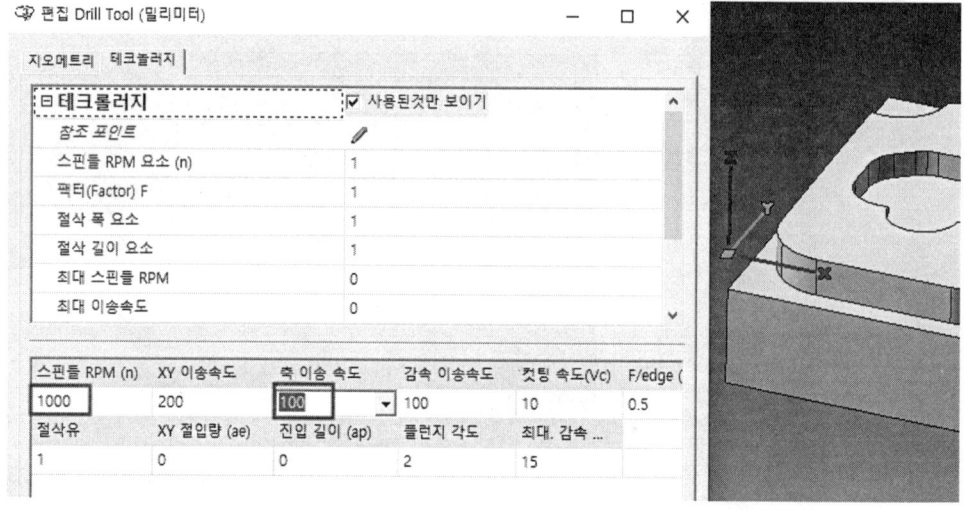

❼ 다시 드릴 공구를 선택한다.

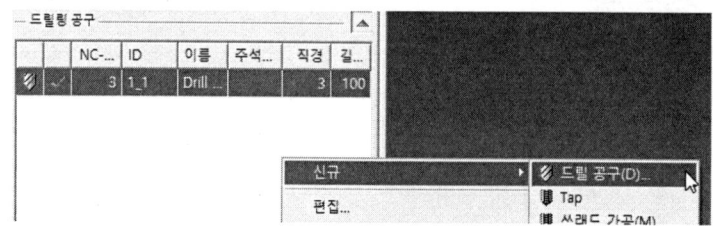

❽ 공구 번호는 기계 메가진 번호와 동일하게 설정한다.

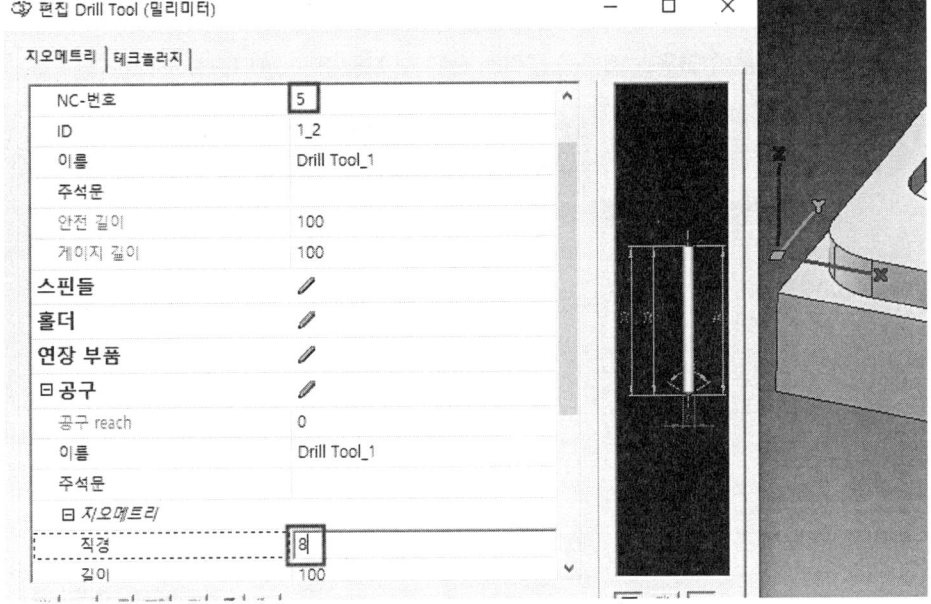

❾ 그림과 같이 스핀들 RPM 1000, 축 이송속도 90을 입력한다.

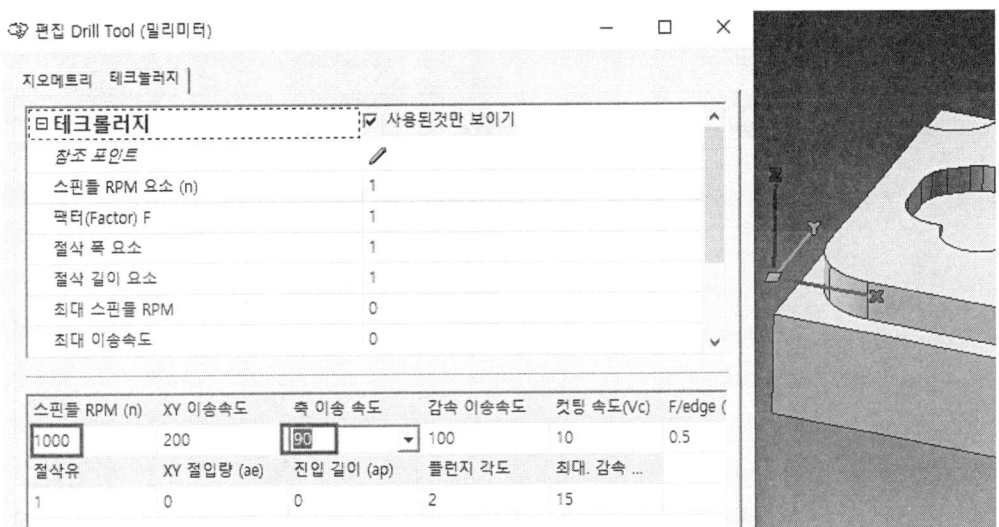

4 센터드릴 가공

❶ 공정 탭에서 오른쪽 마우스 버튼을 클릭해 신규 → 드릴링 → 센터링을 선택한다.

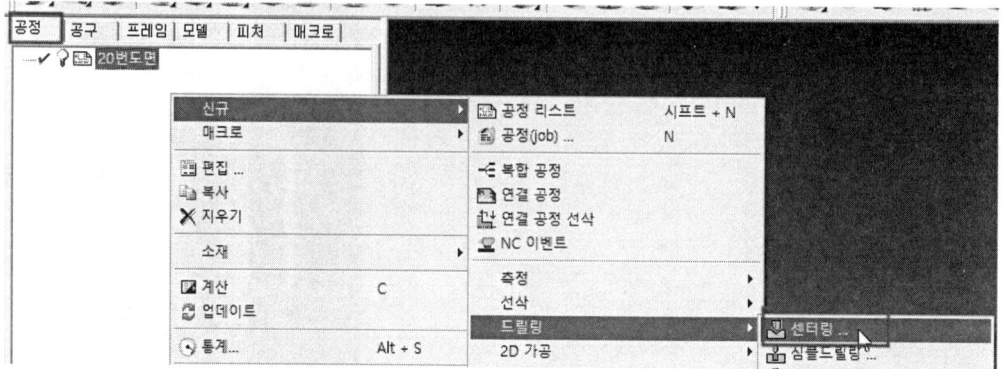

❷ 공구를 드릴 공구로 선택하고 위에서 입력해 놓은 ∅3 드릴을 선택한다.

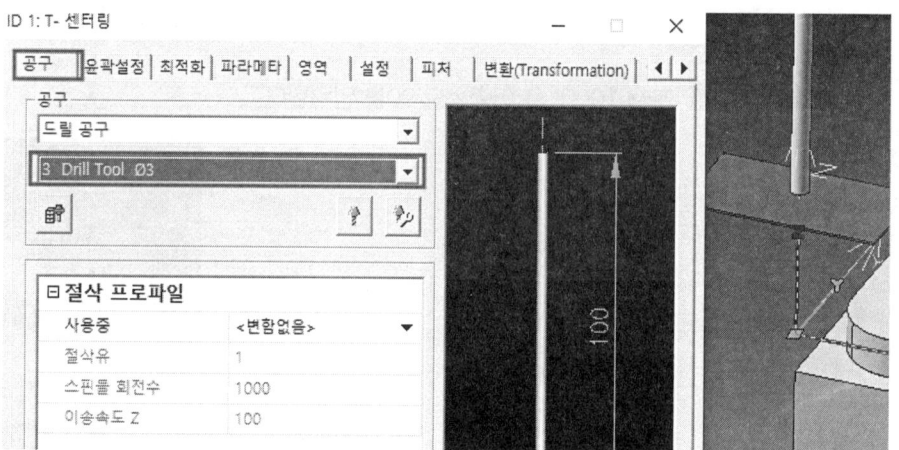

Chapter 06

❸ 윤곽설정 탭을 선택하고 윤곽 선택은 포인트를 선택한 후 위에 그림처럼 신규 탭을 선택한다.

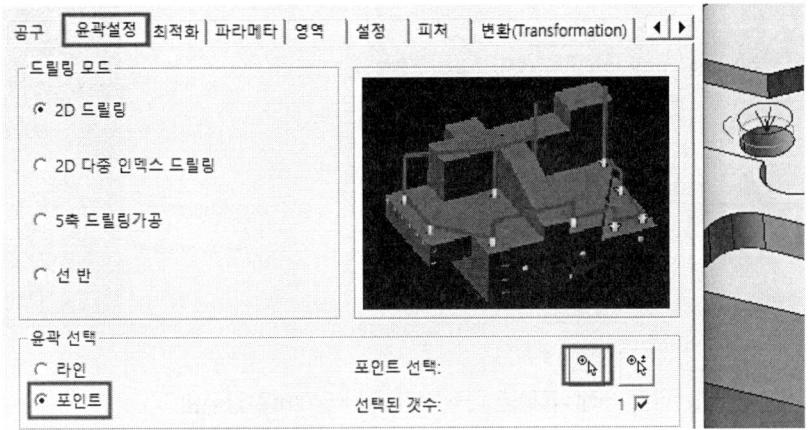

❹ 커브에서 원을 선택하고 확인한다.

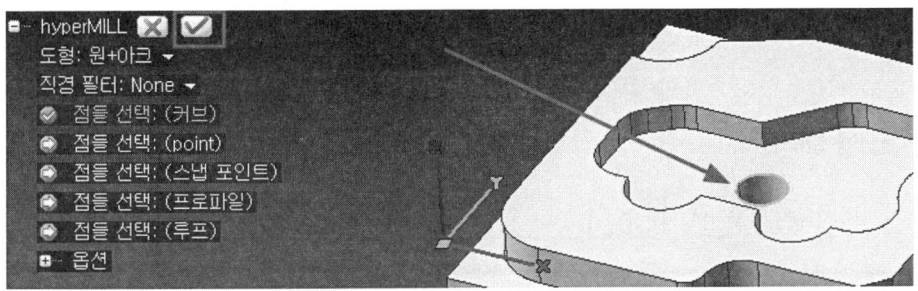

❺ 절대값으로 최저 −3을 입력한다.

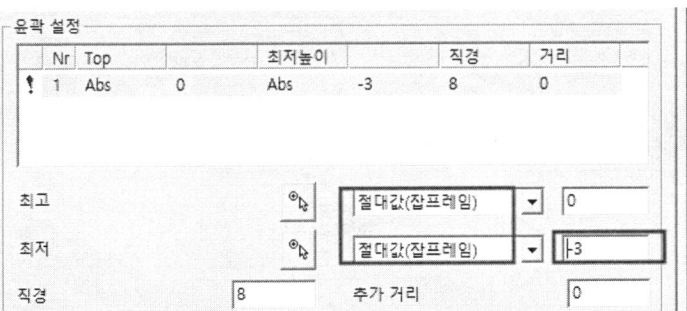

제2절 hyperMILL에 의한 NC Data 생성 따라 하기

❻ 파라메타(가공변수) 탭에서 가공 깊이를 깊이 값 사용으로 선택한 후 깊이를 3mm를 입력한다.

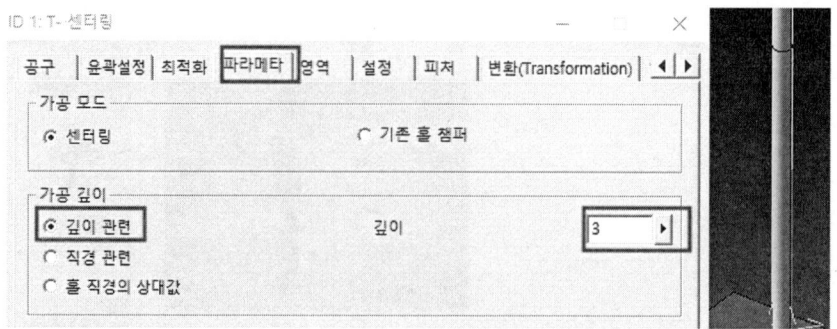

❼ 진출 방식에서는 안전거리(상대)를 선택하고 값을 5mm로 입력한다.

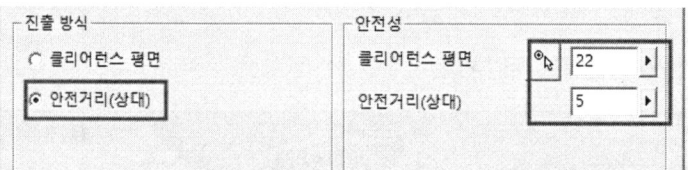

❽ 계산을 클릭한다.

❾ 그림과 같은 툴패스를 볼 수 있다.

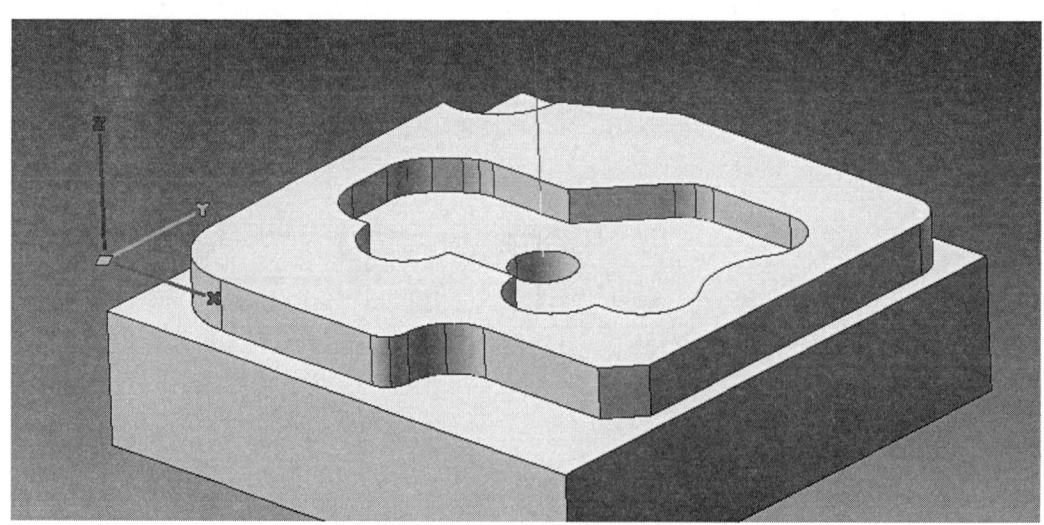

5　드릴링 가공

❶ 오른쪽 마우스 버튼을 클릭해 신규 → 드릴링 → 드릴링 패킹을 선택한다.

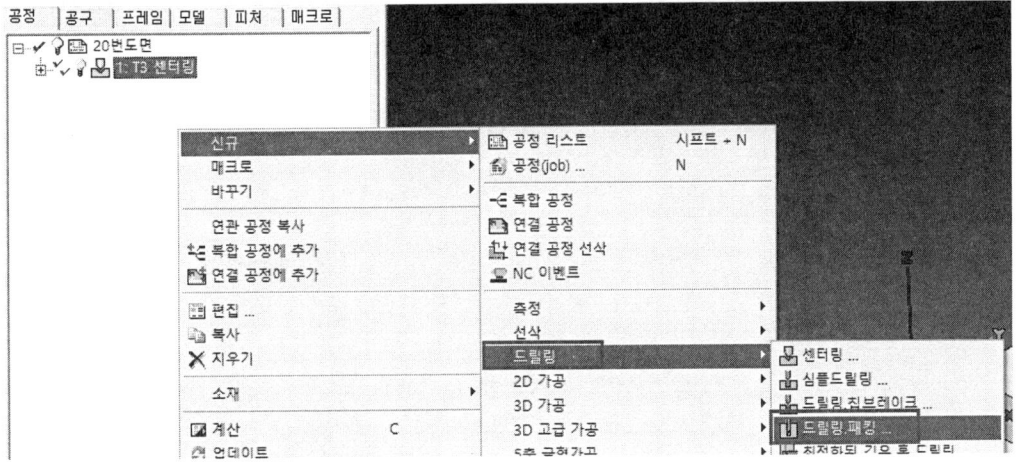

❷ 공구 탭에서 드릴링 공구를 선택하고 ∅8의 공구를 선택한다.

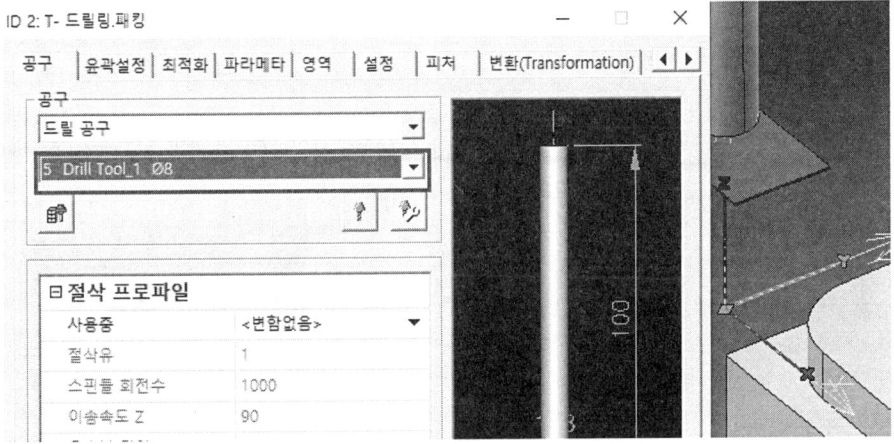

❸ 윤곽설정 탭을 선택하고 윤곽 선택은 포인트를 선택한 후 위에 그림처럼 신규 탭을 선택한다.

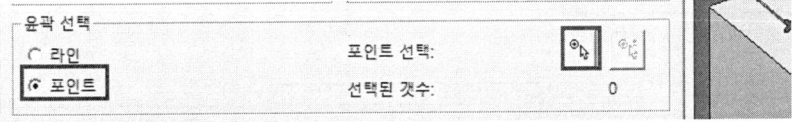

❹ 커브에서 원을 선택한다.

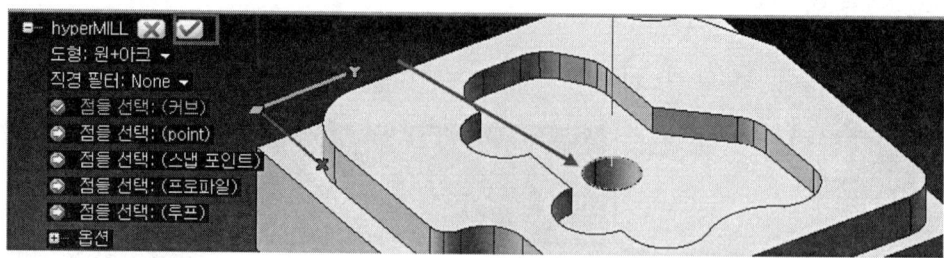

❺ 최저에 -22mm를 입력한다.

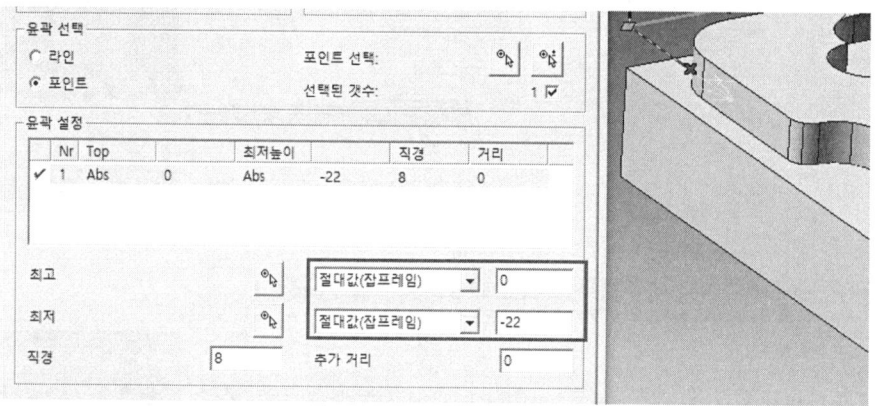

❻ 파라메타(가공변수) 탭에서 가공 영역에 대한 설정 중 최고높이 옵셋과 최저높이 옵셋에 0을 입력하고, 선단 각도 보정에 체크해 준다.

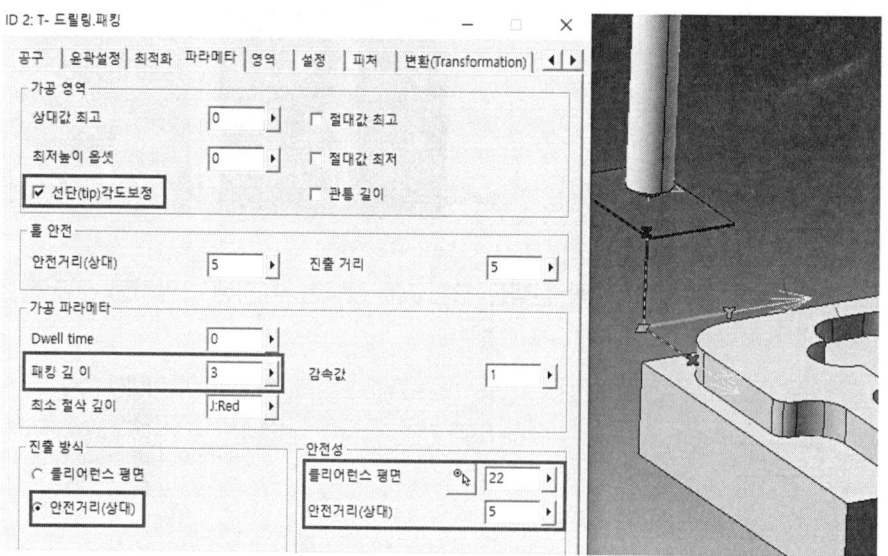

> **참고**
> 선단(tip)각도보정은 드릴의 팁 각 높이만큼 보정해 주는 기능으로서 가공하려는 홀이 관통 홀이기에 선단 각도 보정을 통해 완전 관통을 실현할 수 있다.

❼ 계산을 클릭한다.

❽ 그림과 같은 툴패스를 볼 수 있다.

6 포켓 가공

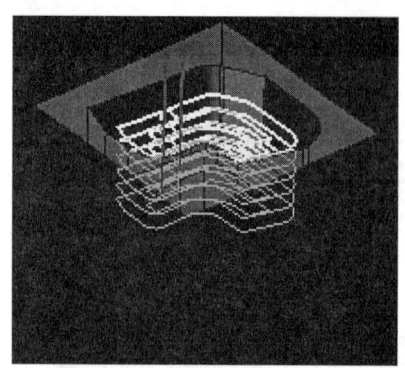

위에서 피처 인식한 심플 포켓에 대한 피처를 선택한다.

❶ 공정 탭에서 오른쪽 마우스 버튼을 클릭해 신규 → 2D 가공 → 포켓가공을 선택한다.

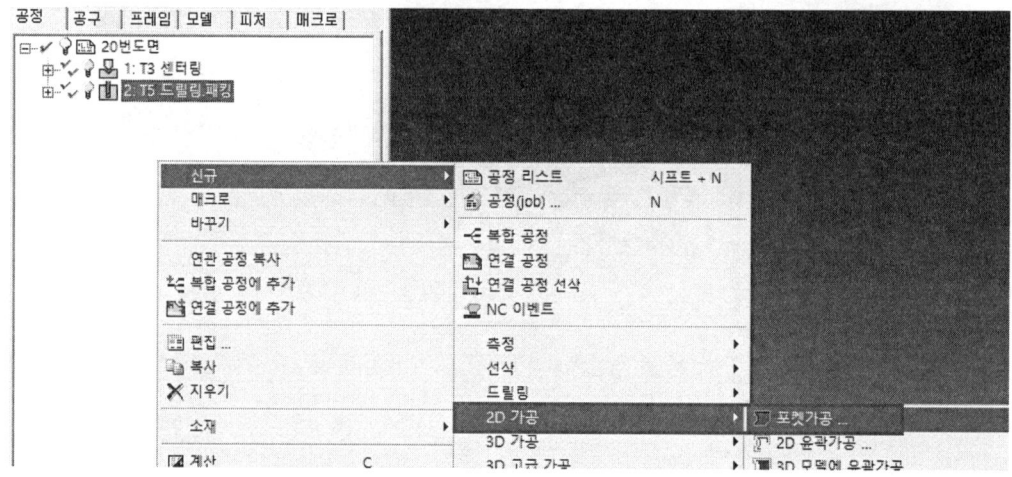

❷ 공구를 플랫 앤드밀로 선택하고 위에서 입력해 놓은 ⌀10 엔드밀을 선택한다.

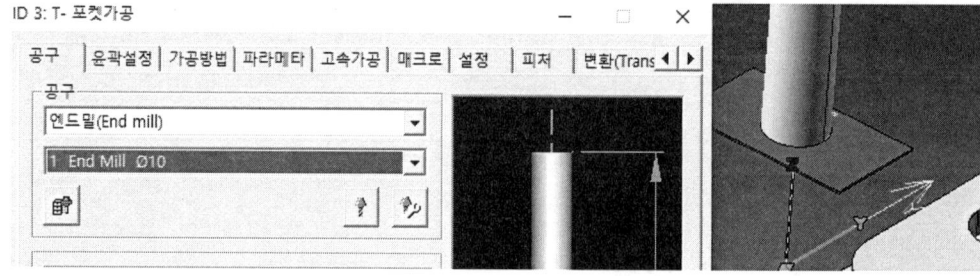

❸ 윤곽설정 탭을 선택하고 ①의 그림처럼 신규 탭을 선택한다.

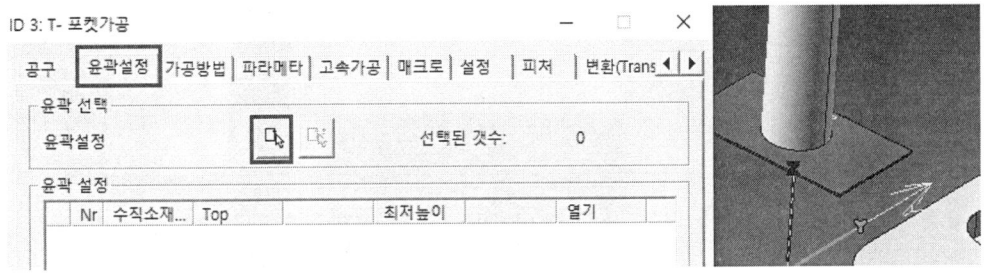

❹ 외곽 엣지가 선택(4군데)되면 확인 버튼을 누른다.

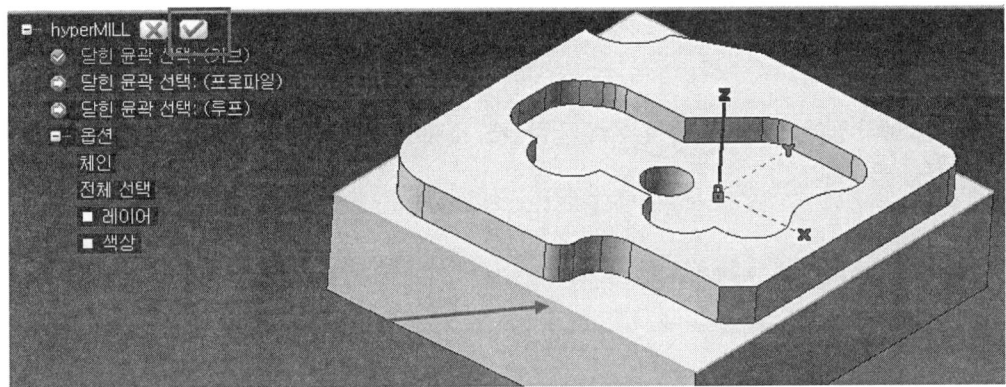

❺ 화살표를 눌러 절대값(잡프레임)의 최고 높이 모드로 변경하고, 절대값(잡프레임) 기준으로 최고에 0을 입력하고, 최저에는 -6.02를 입력한다.

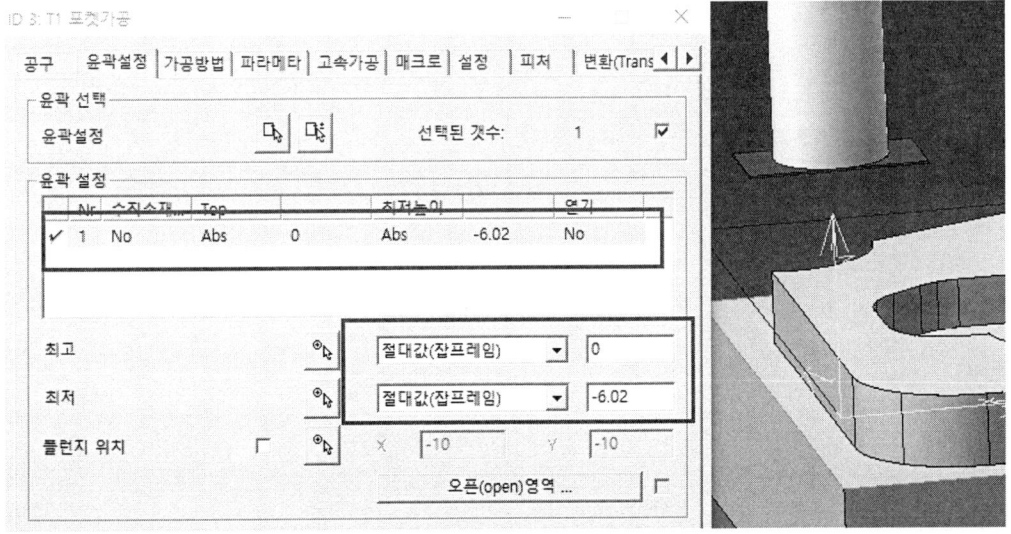

제2절 hyperMILL에 의한 NC Data 생성 따라 하기

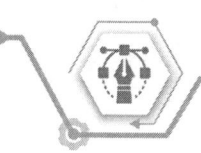

❻ 가공방법 탭을 선택한 후 3D 모드 → 하향 가공을 선택한다.

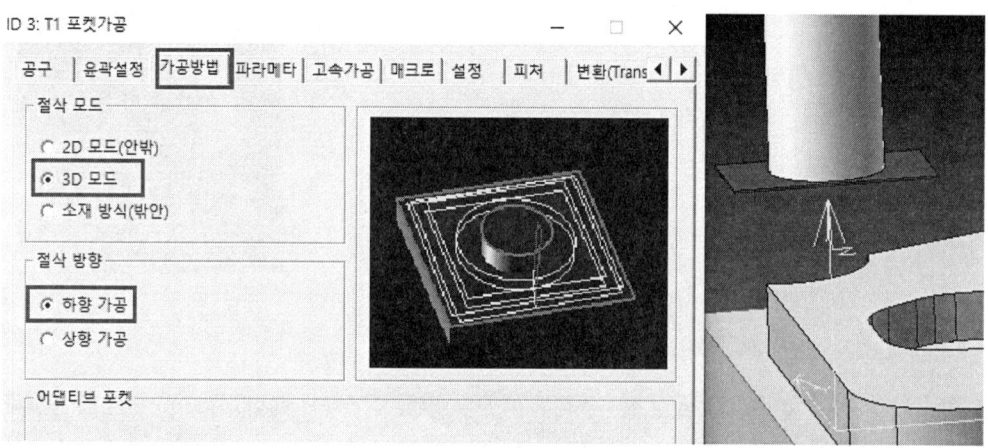

❼ 파라메타 탭에서 Z절입량을 4, XY절입량 0.5, 소재 여유량에는 각각 0을 입력한 후 계산 버튼을 클릭한다.

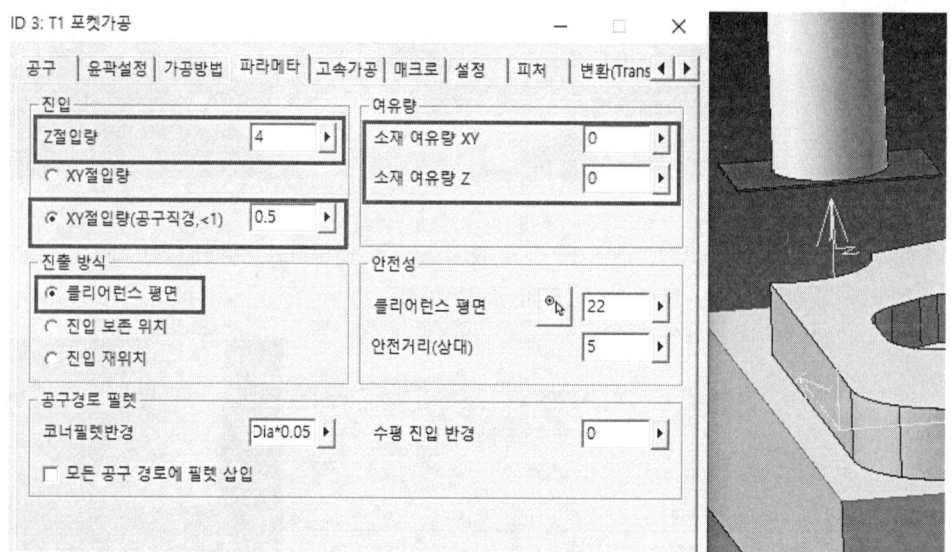

❽ 매크로에서 경사를 클릭한다.

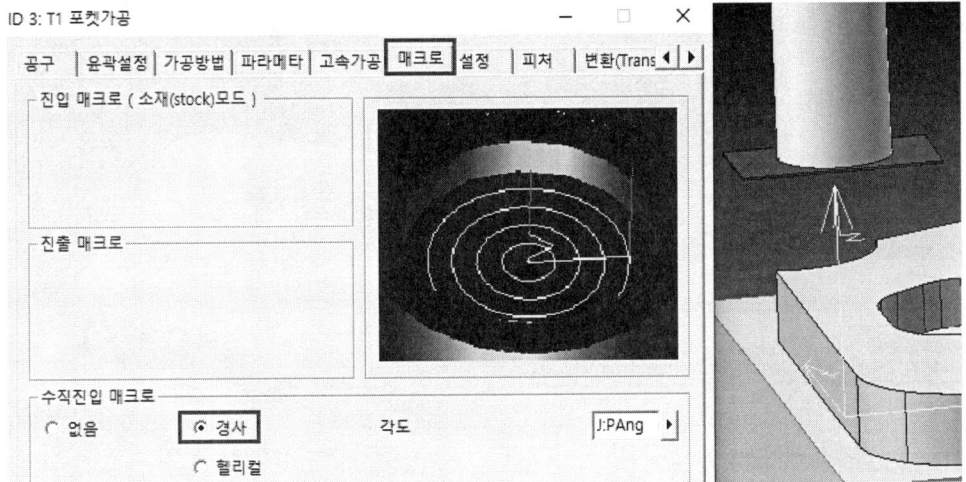

❾ 아래 그림과 같이 설정한다.

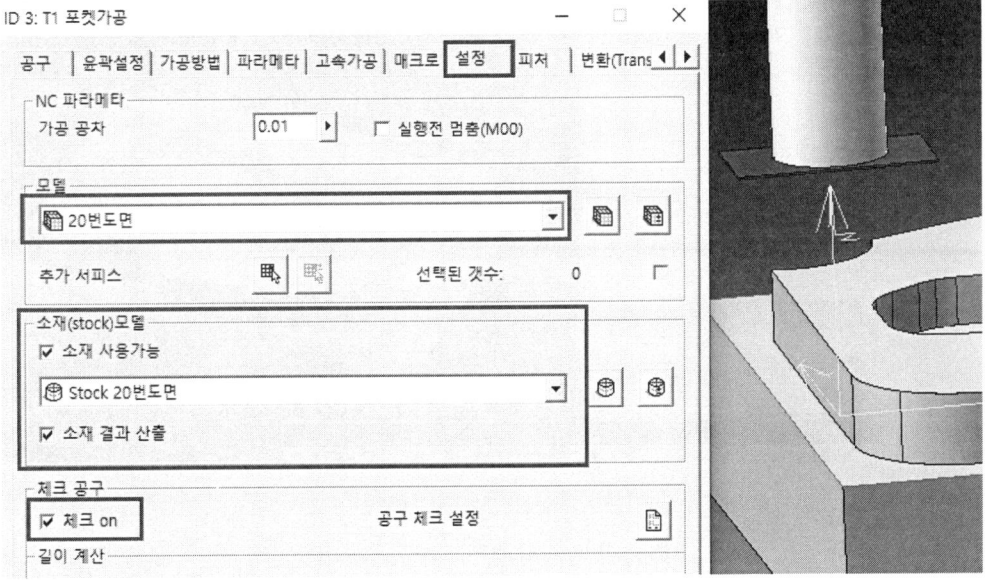

❿ 계산를 클릭한다.

제2절 hyperMILL에 의한 NC Data 생성 따라 하기

⑪ 다음과 같은 툴패스가 생성된다.

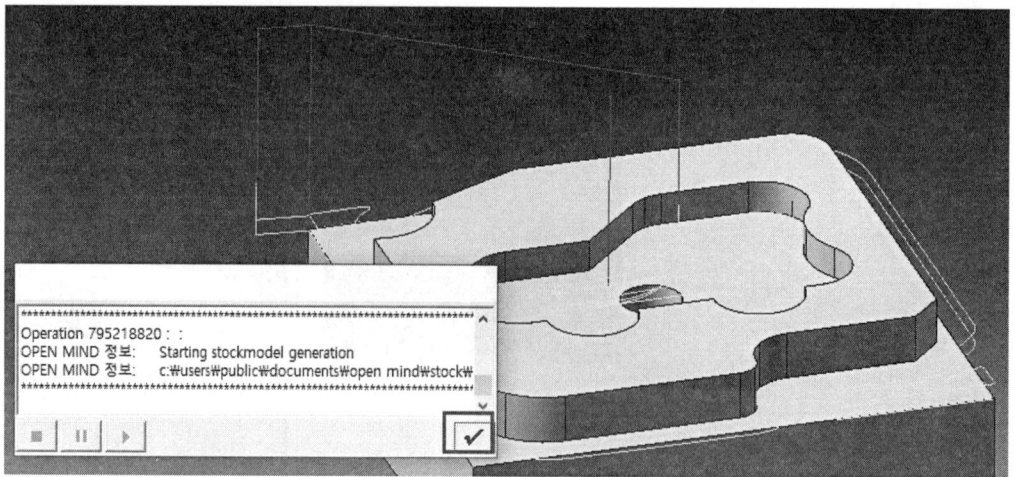

⑫ 아래 그림과 같이 유틸리티 → hyperVIEW를 클릭한다.

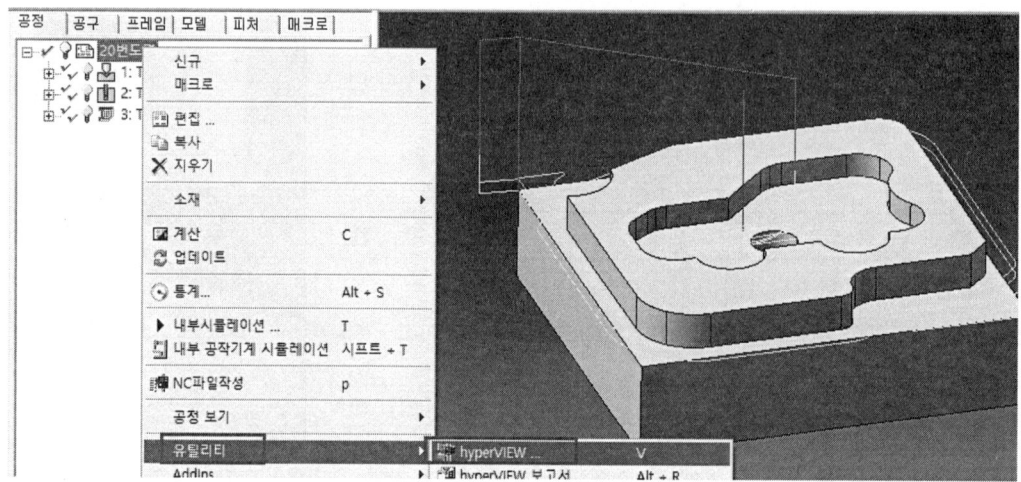

⓭ 시뮬레이션에서 빠른 재생 버튼을 클릭한다.

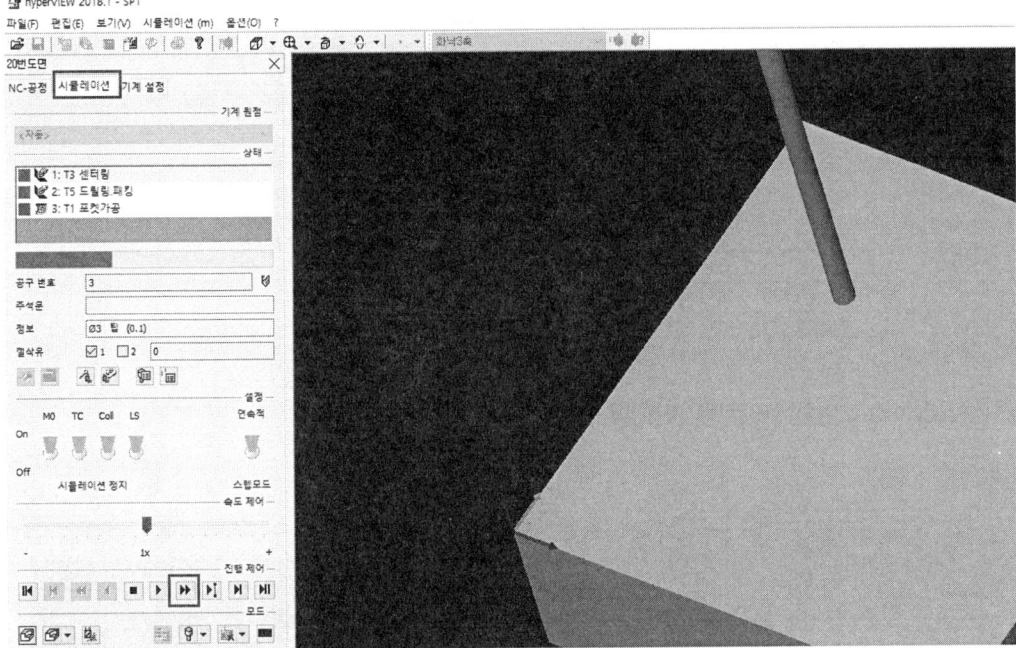

⓮ 아래 그림과 같이 기계에 맞는 포스트 프로세스를 찾아서 설정한다.

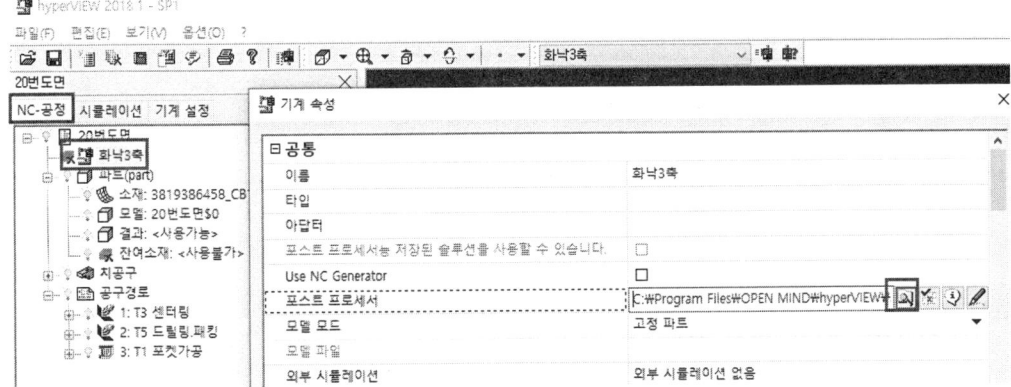

제2절 hyperMILL에 의한 NC Data 생성 따라 하기

⑮ 아래 그림처럼 PP를 선택한다. (PP 저장 위치)

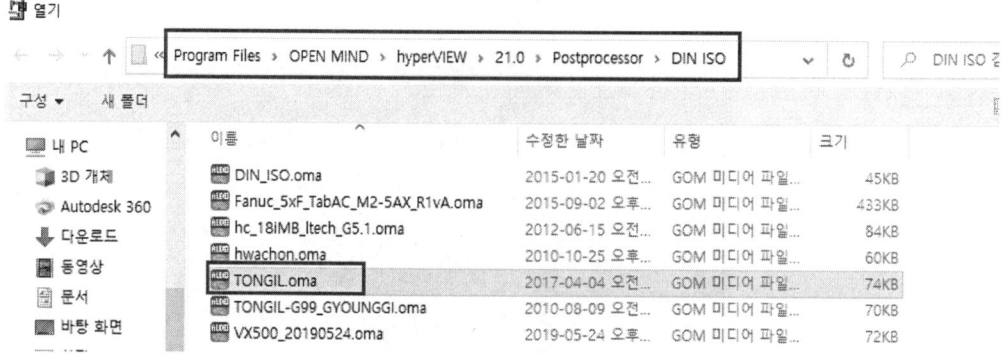

⑯ NC 파일로 변환 아이콘을 클릭한다.

⑰ OK 버튼을 클릭한다.

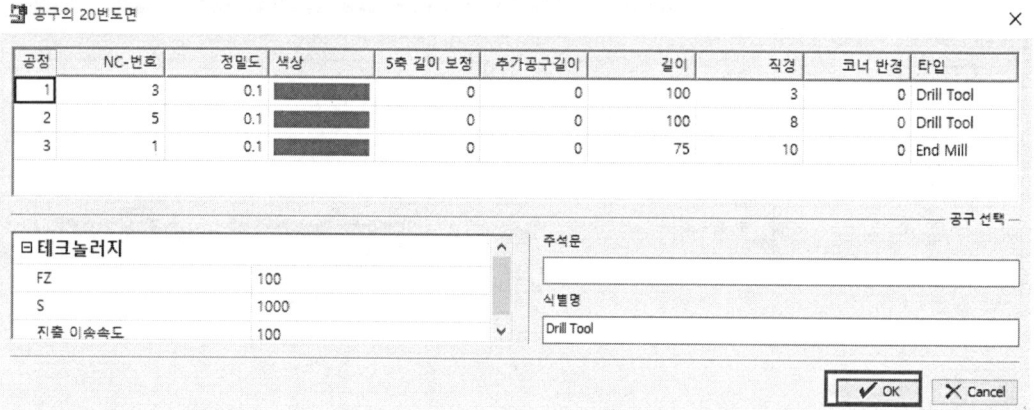

⑱ 화살표를 더블클릭한다.

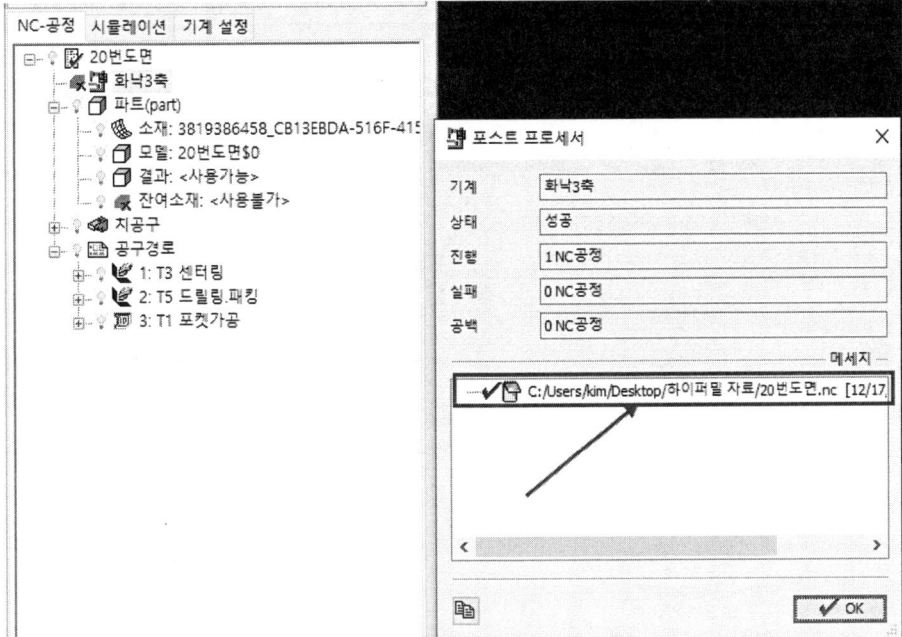

⑲ 아래 그림과 같이 NC Data가 생성되면 % 아래에 저장 이름과 동일하게 설정한다.

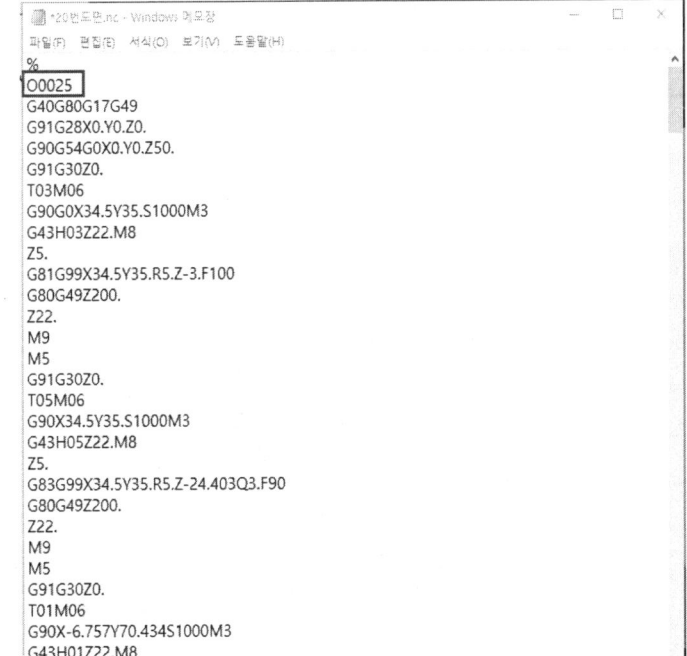

제2절 hyperMILL에 의한 NC Data 생성 따라 하기

제3절 MasterCAM에 의한 NC Data 생성 따라 하기

❶ 모든 파일로 설정한 후 열기 아이콘에서 stp 파일을 선택하고 열기를 선택한다.

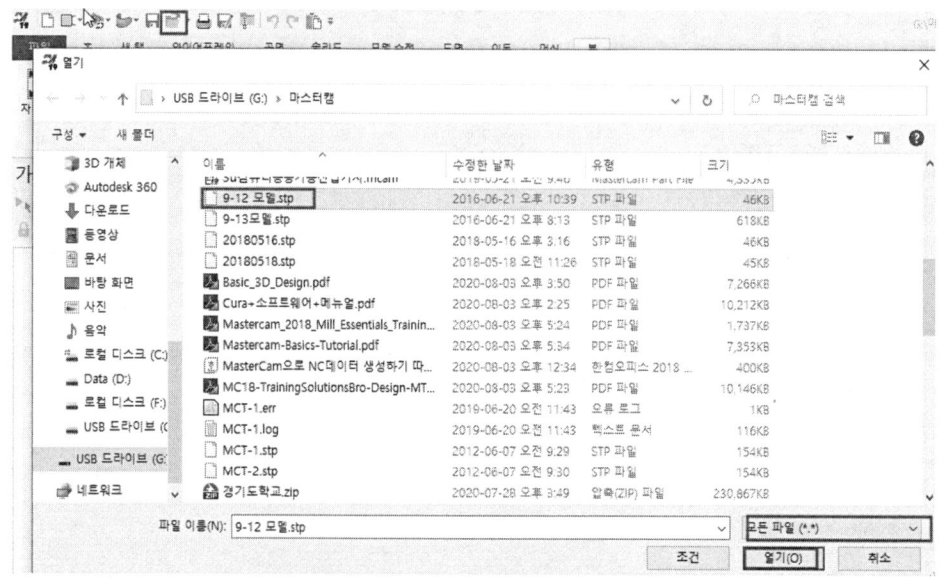

❷ 뷰에서 가공경로와 축 표시 및 지시침 표시를 확인한다.

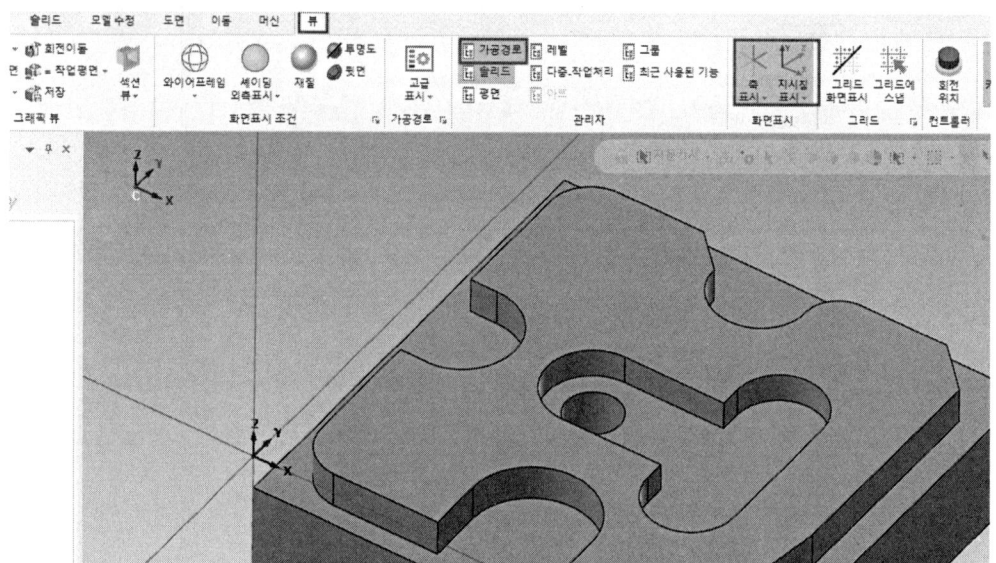

❸ 와이어프레임에서 바운딩 박스를 클릭하고 공작물을 선택한다.

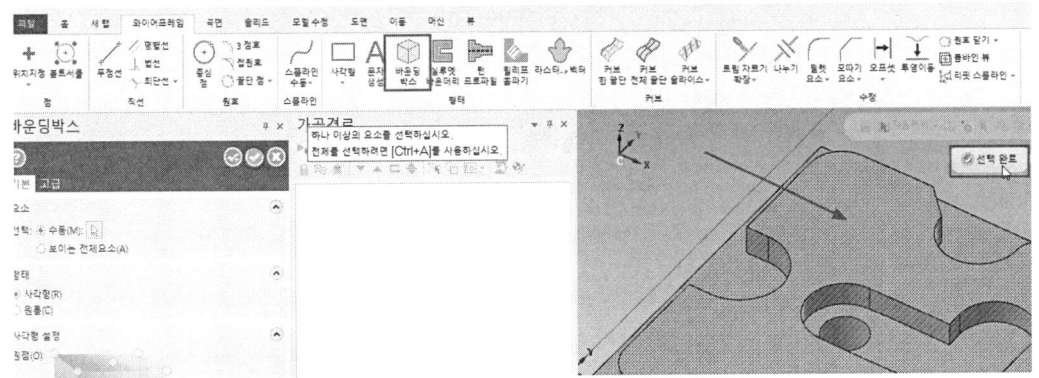

❹ 원점을 확인한다.

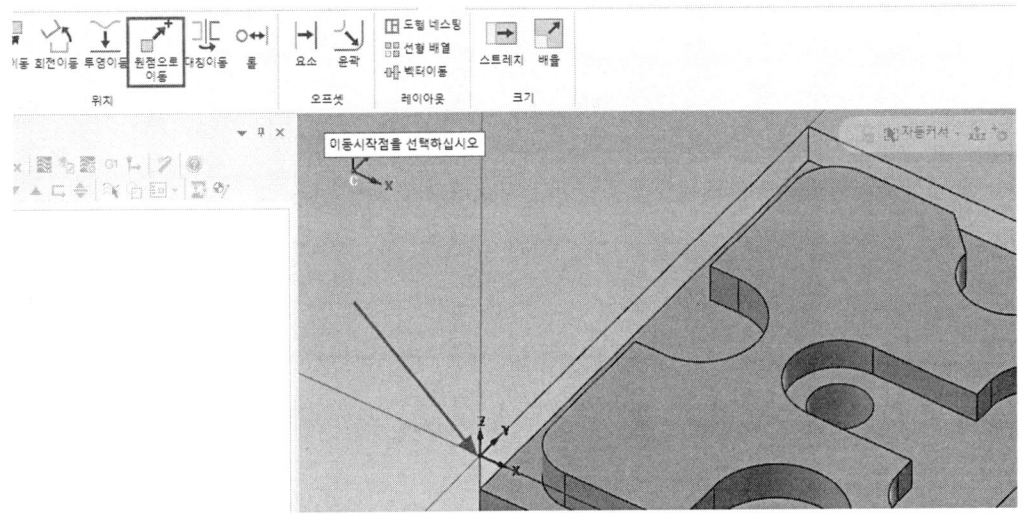

❺ 머신 탭에서 밀링 → 기본값을 클릭한다.

제3절 MasterCAM에 의한 NC Data 생성 따라 하기

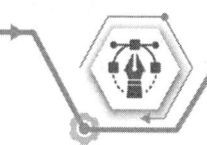

❻ 공작물 설정을 선택하고 사각형에서 바운딩 박스를 클릭한다.

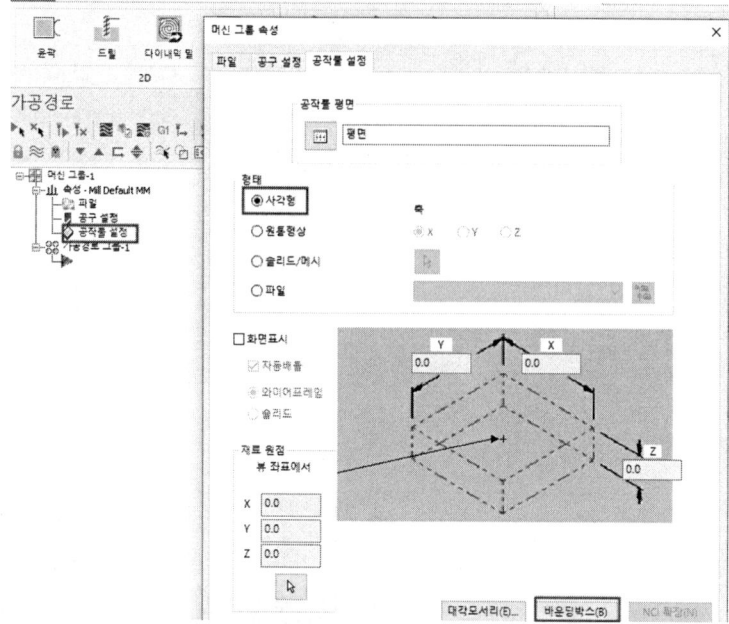

❼ 공작물을 클릭하고 선택 완료를 클릭한다. 재료 크기도 확인한다.

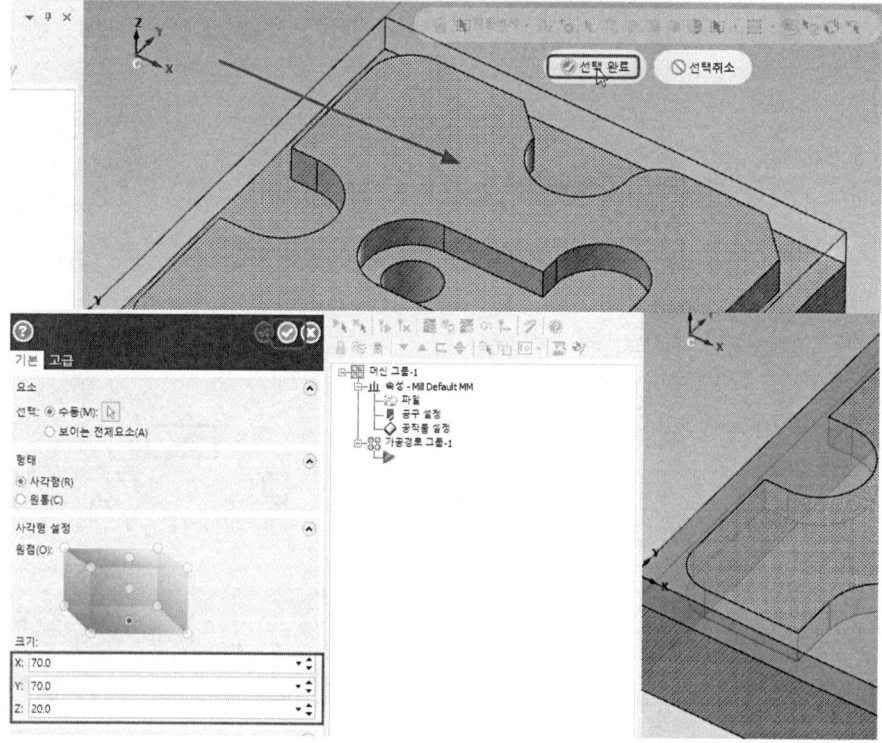

❽ 아래 그림처럼 호를 선택하고 확인한다.

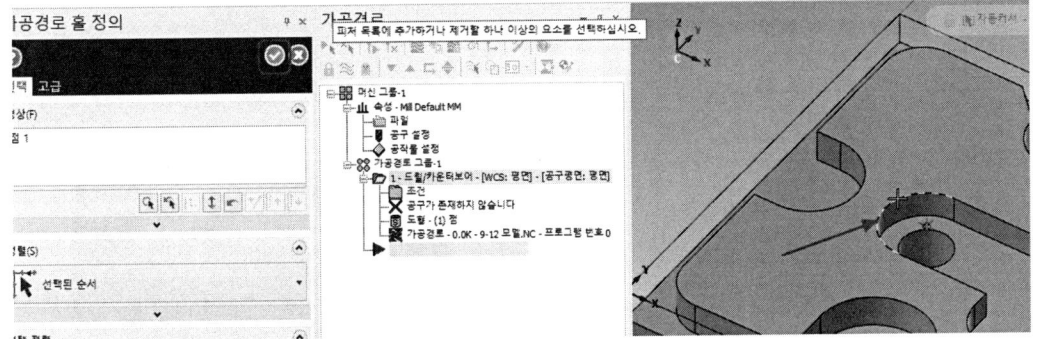

❾ 공구에서 마우스 오른쪽 버튼을 클릭한 후 공구 생성을 클릭한다.

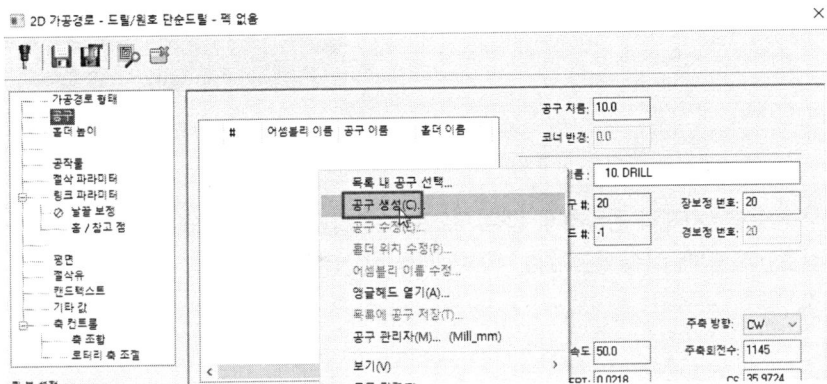

❿ 센터드릴을 선택하고 다음을 클릭한다.

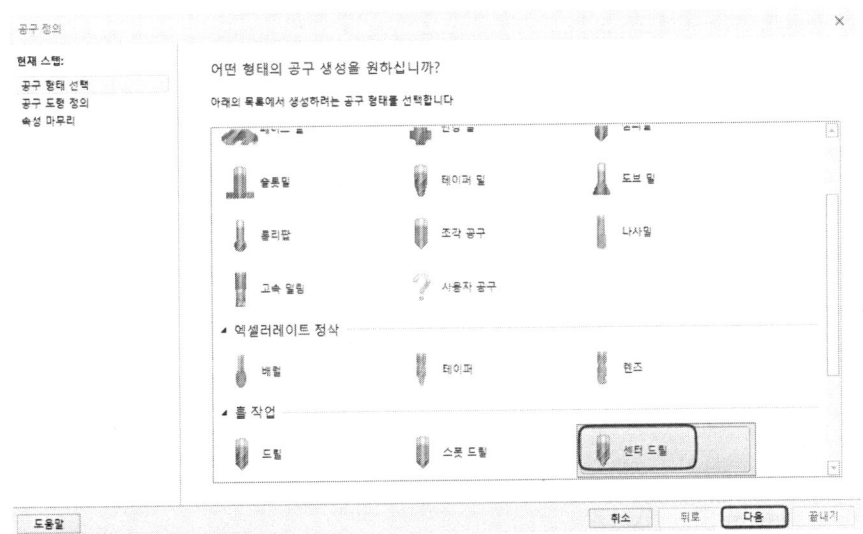

제3절 MasterCAM에 의한 NC Data 생성 따라 하기

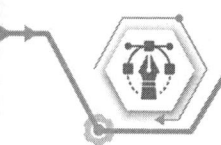

⑪ 드릴 지름 3mm를 입력하고 다음을 클릭한다.

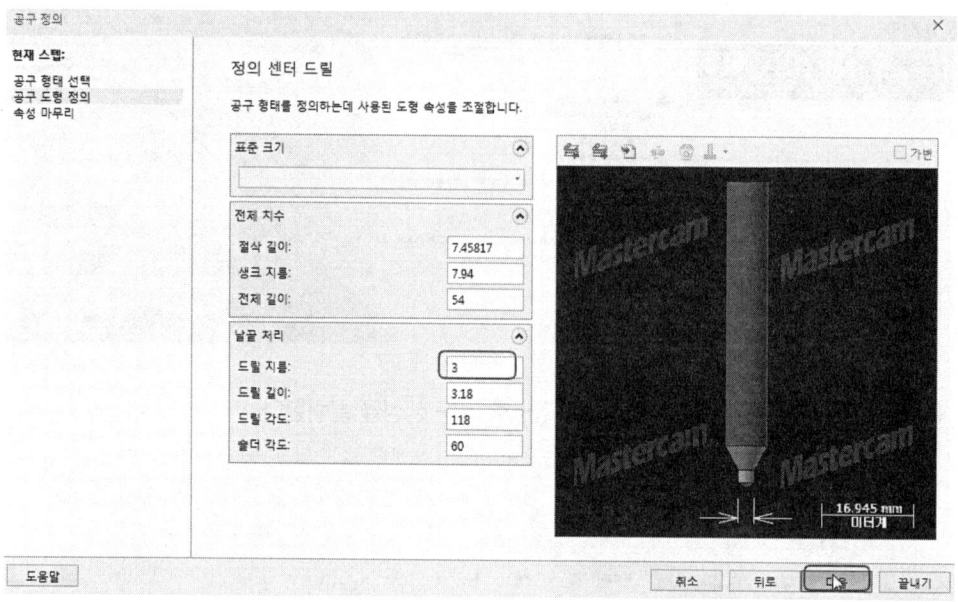

⑫ 공구 번호는 (기계와 동일하게 설정) 3으로 수정(T03), 길이 옵셋은 3으로 수정(H03)하고 절삭조건에 맞게 이송속도 100, 주축회전수 1000을 입력한다.

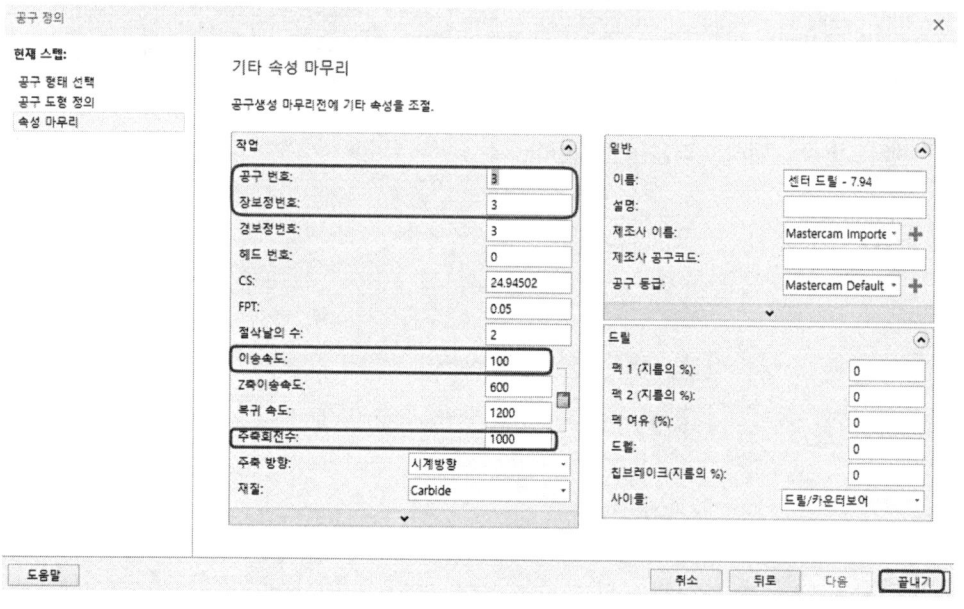

⑬ 절삭 파라미터는 적용사이클에서 드릴/카운터보어를 확인한다.

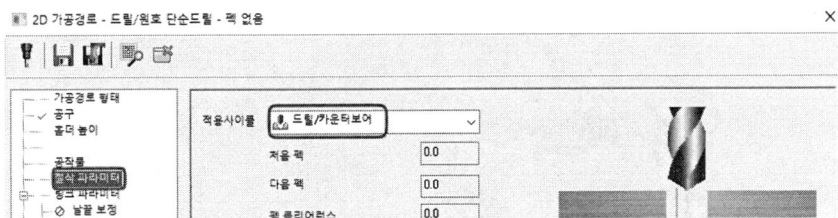

⑭ 링크 파라미터에서 안전높이 체크 50, 이송높이 3, 재료상단 0, 가공깊이 -3을 입력한다. 증분값을 절대값으로 전부 수정한다.

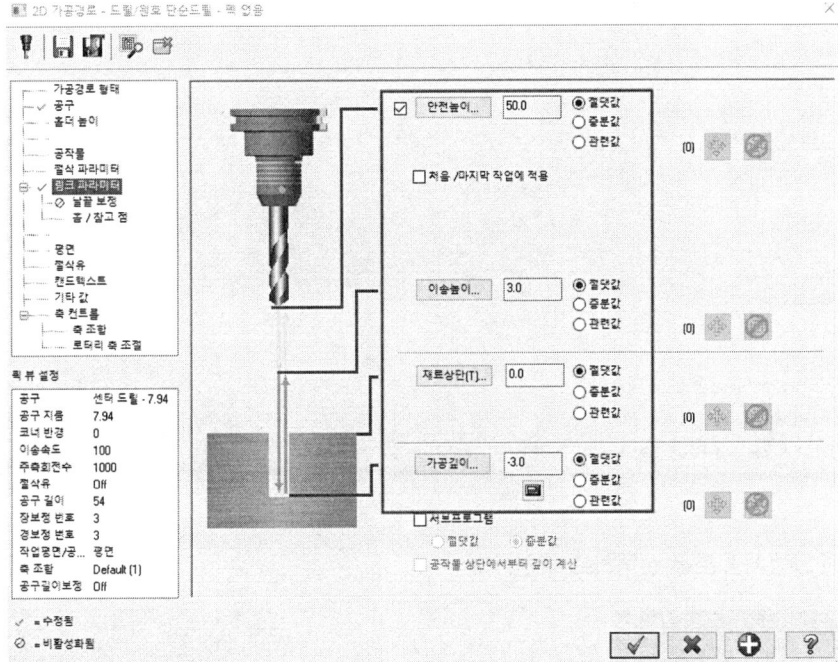

⑮ 절삭유에서 Flood를 On 체크하고 확인한다.

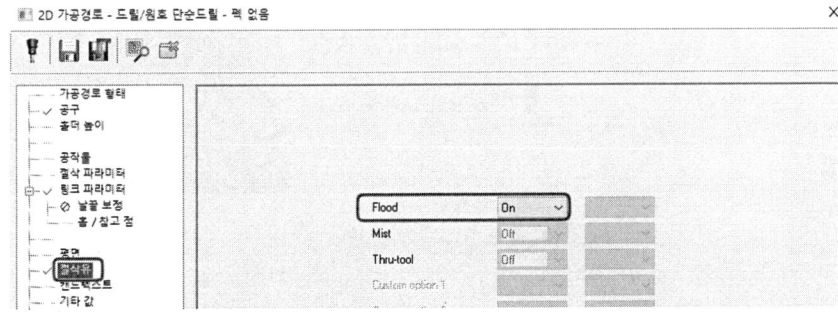

⑯ 툴패스를 확인한다.

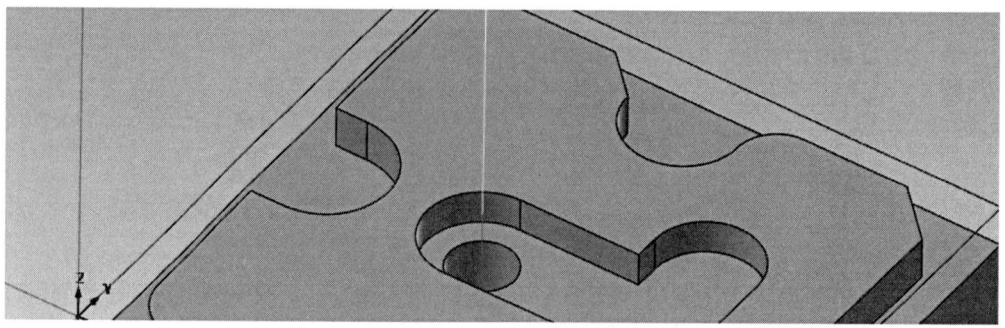

⑰ 드릴가공을 위해서 드릴을 선택한다.

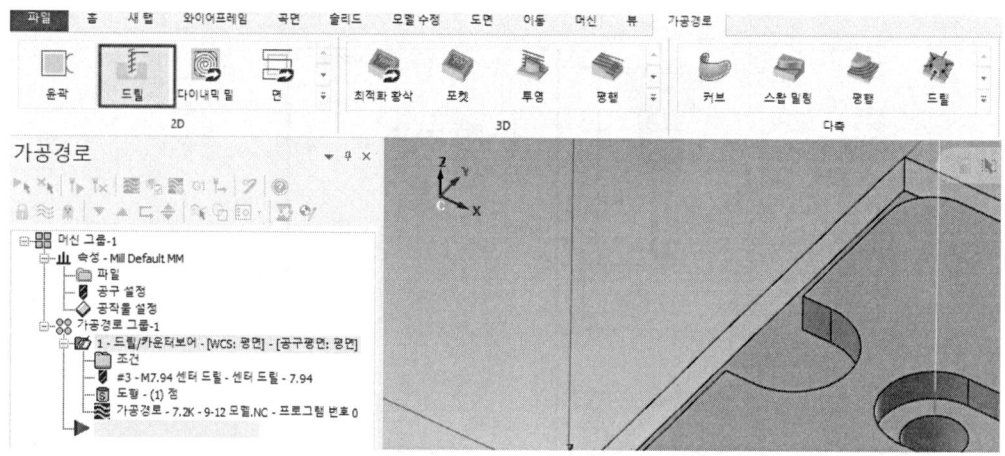

⑱ 아래 그림처럼 호를 선택하고 확인한다.

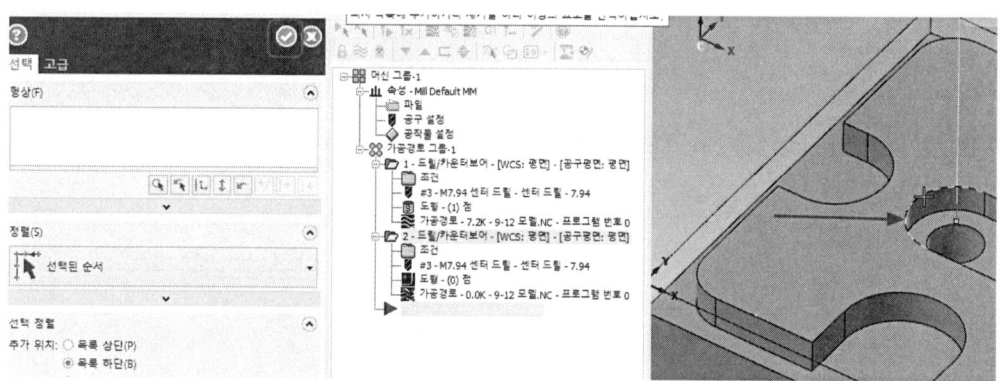

⑲ 가공경로 형태에서 드릴을 선택한다.

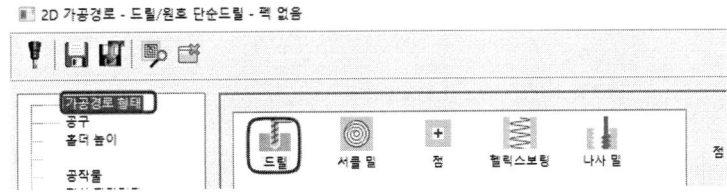

⑳ 공구는 화면에서 마우스를 우클릭하고, 공구 생성을 클릭하고 드릴을 선택한다.

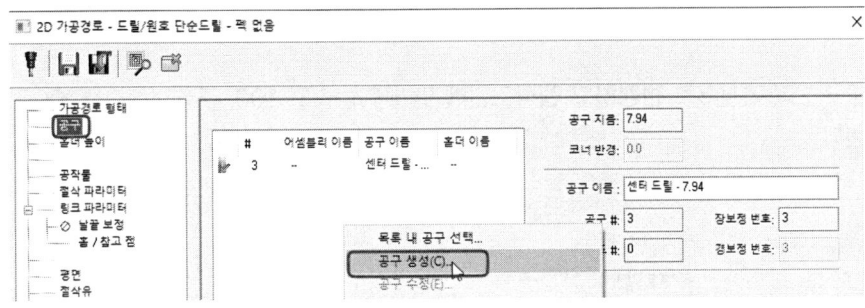

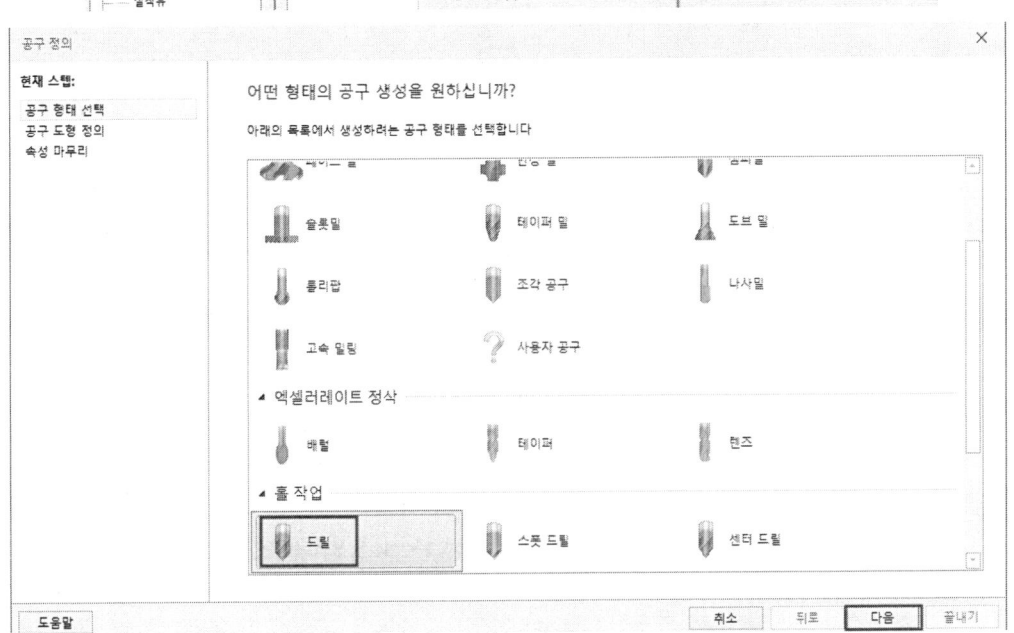

㉑ 드릴 지름 8로 수정, 전체 길이 50으로 수정하고 설정 창을 확인한다.

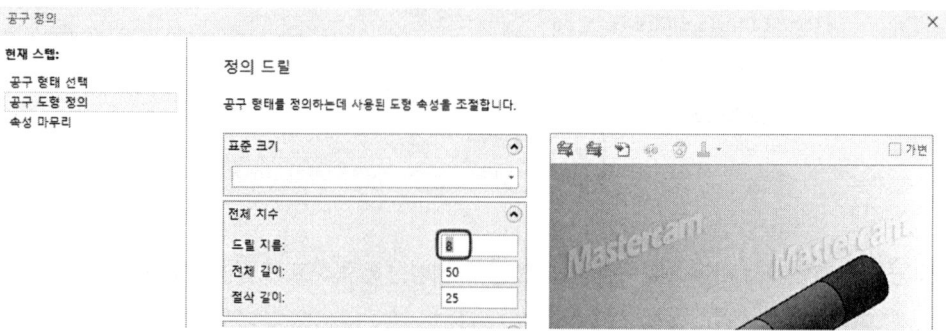

㉒ 공구 번호에서 5로 변경하고 절삭조건에 맞게 이송속도 100, 주축회전수 1000으로 입력한다.

㉓ 절삭 파라미터에서 적용 사이클에서 팩 드릴 수정, Peck 5 입력(G83의 Q값)한다.

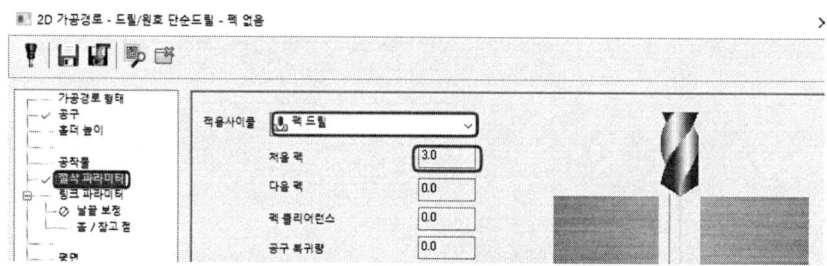

㉔ 링크 파라미터에서 안전높이 체크 50, 이송높이 3, 재료상단 0, 가공깊이 -23을 입력한다. 증분값을 절대값으로 전부 수정한다.

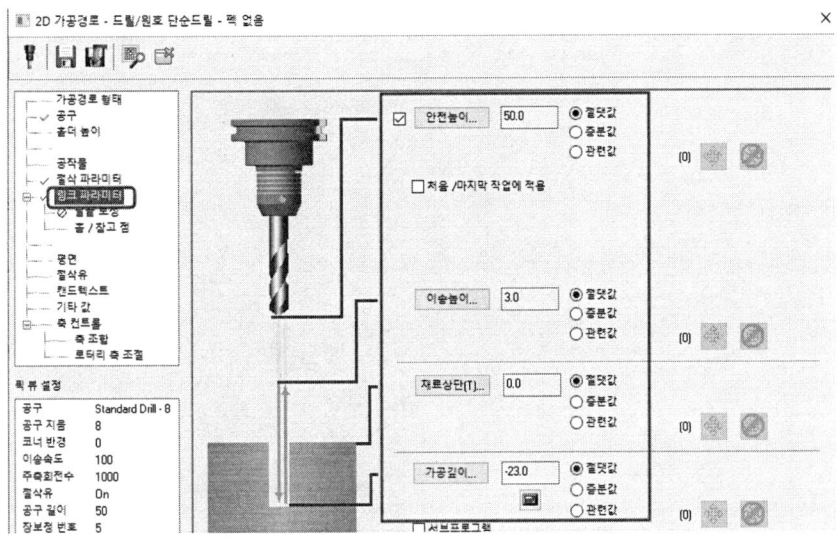

㉕ 절삭유에서 Flood를 On한다.

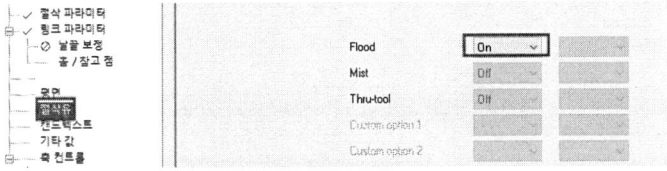

㉖ 와이어프레임 탭에서 커브 전체 끝단 아이콘을 클릭한 후 윗면을 선택 → 완료 → 확인한다.

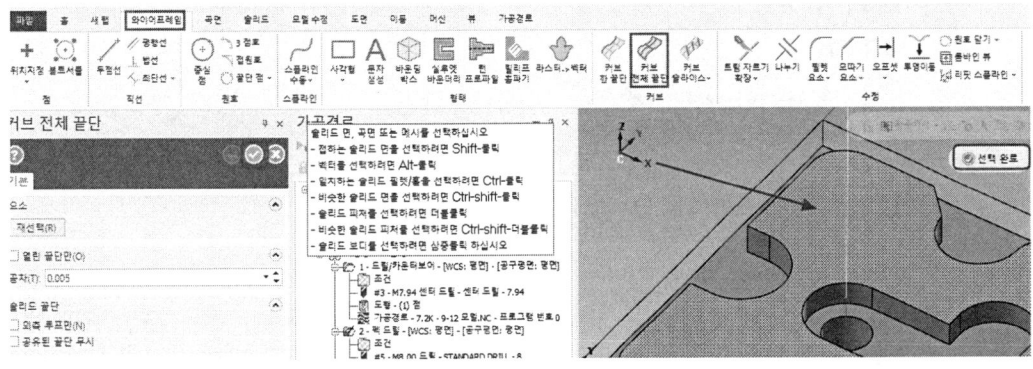

제3절 MasterCAM에 의한 NC Data 생성 따라 하기

㉗ 가공경로에 윤곽가공을 선택하고, 아래 그림처럼 윤곽 직선부위를 선택하고 확인한다.

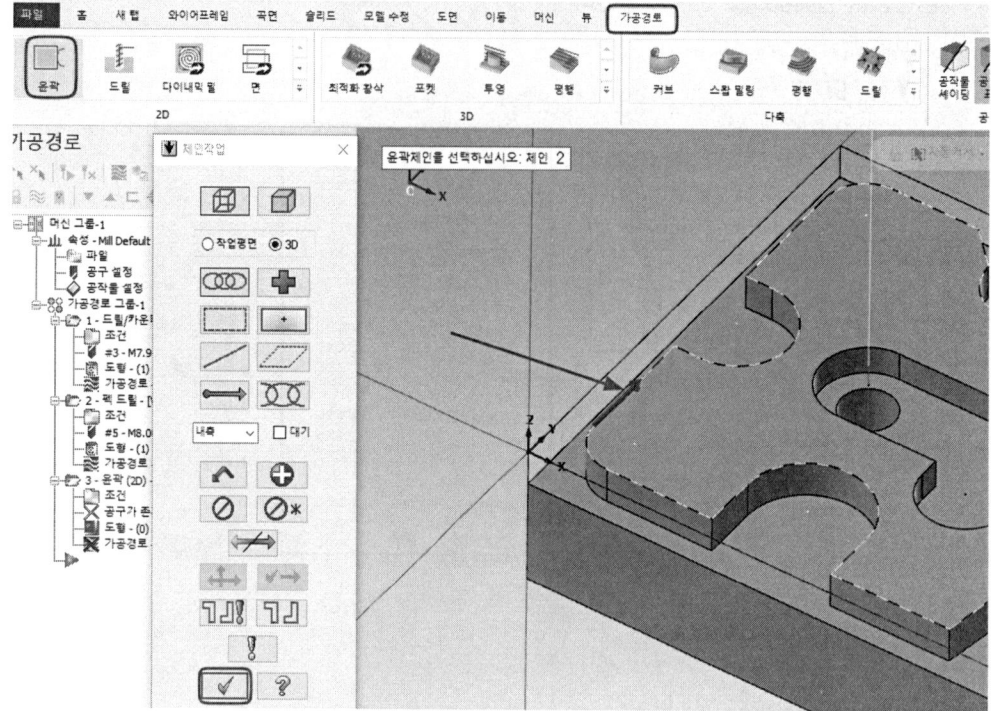

참고

체인 클릭 위치는 좌측하단 부분에 클릭, 그곳을 시작으로 윤곽 가공이 된다.

㉘ 가공경로 형태에서 윤곽을 선택한다.

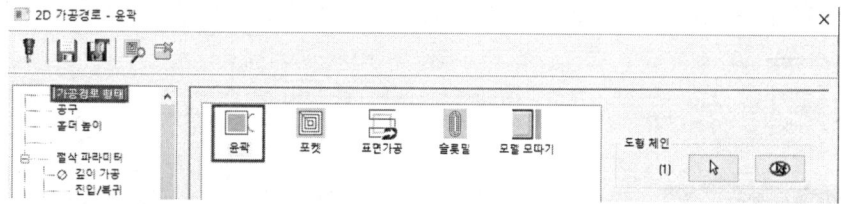

㉙ 공구 탭에서 마우스 오른쪽을 클릭한 후 공구 생성을 선택한다.

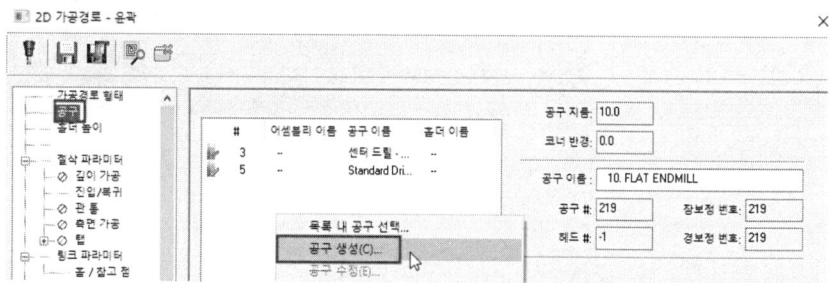

㉚ 평엔드밀을 선택한다.

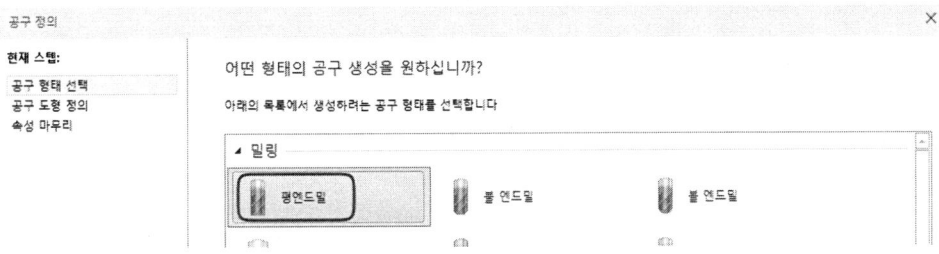

㉛ 공구 지름 10mm를 입력한다.

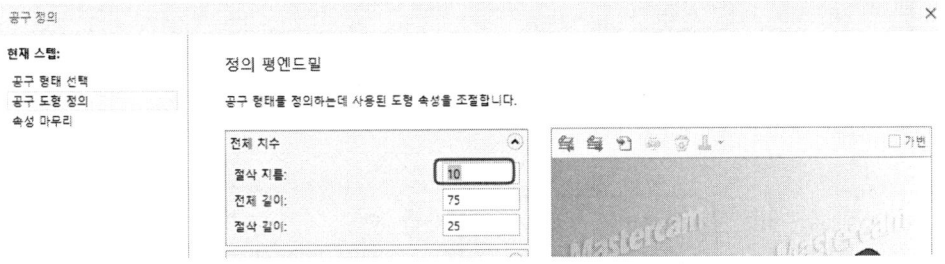

㉜ 공구 번호 1을 사용(H01)한다. 절삭조건에 맞게 이송속도(X.Y) 100, Z축 이송속도 50, 주축 회전수 1000을 입력한다.

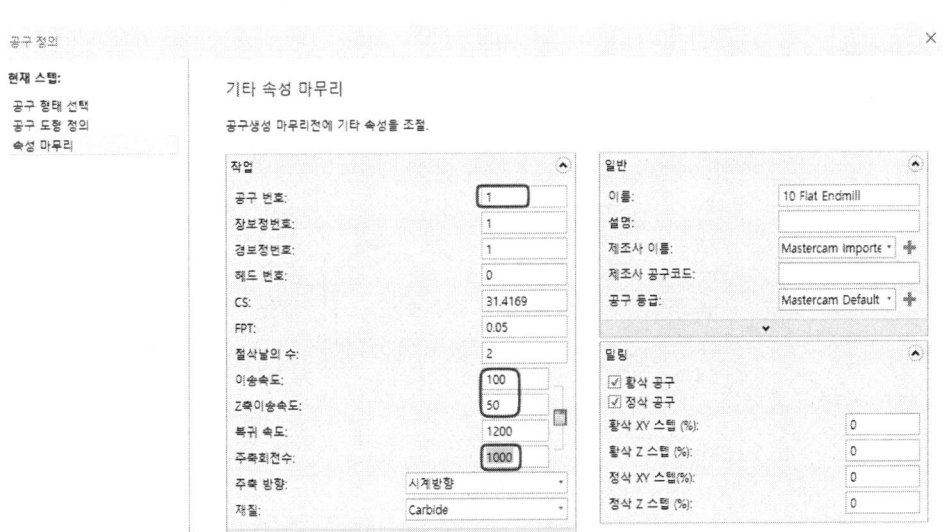

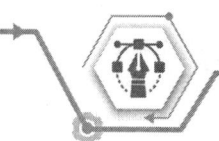

㉝ 절삭 파라미터에서 가공여유 0으로 설정한다.

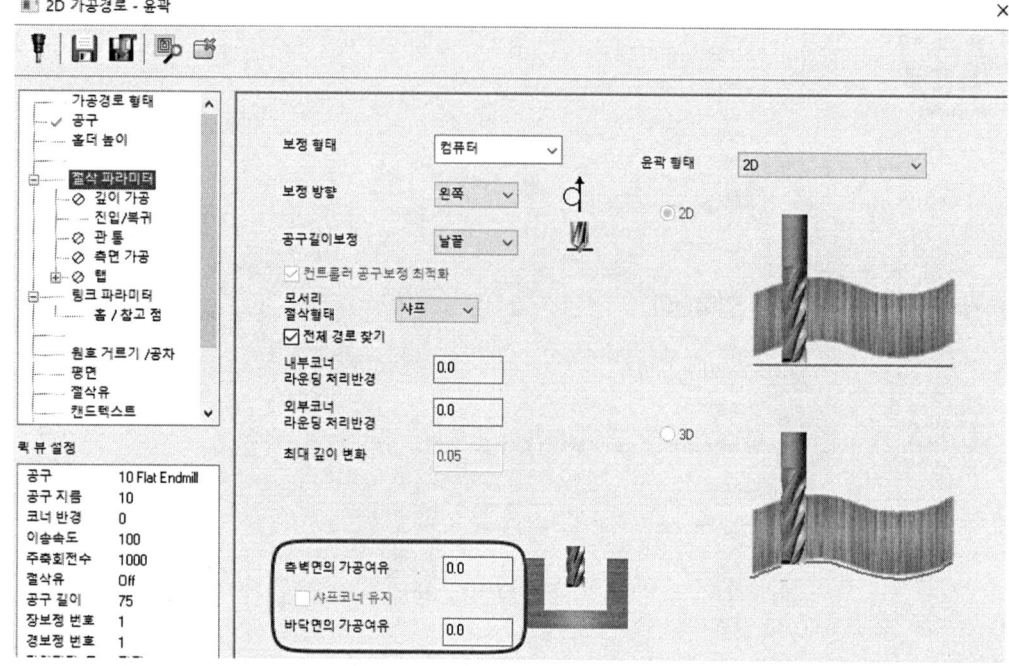

㉞ 진입/복귀에서 체크를 확인한다.

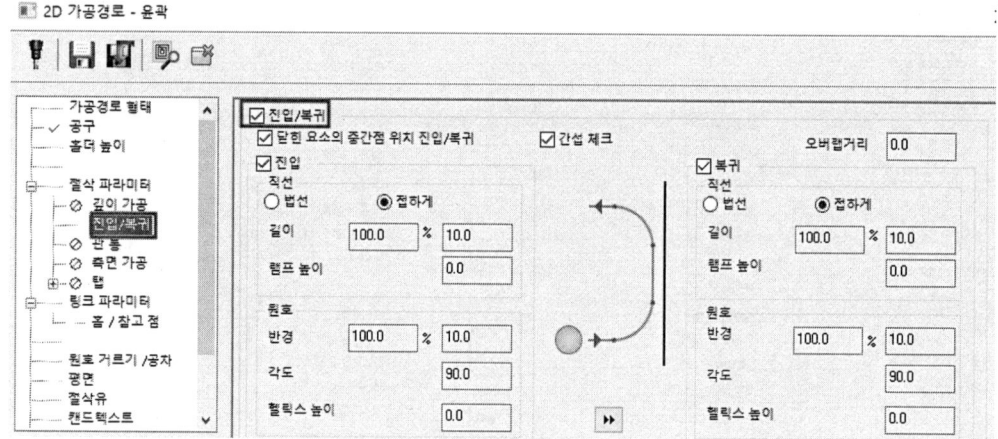

㉟ 측면 가공에서 체크 확인 및 공구 유지에서 체크를 확인한다. 모든 설정이 완료된 후 시뮬레이션을 확인해서 윤곽의 가장자리 등에 절삭 안 된 부분이 있을 때 황삭만 횟수 번호를 더 높이거나 가공 간격을 수정해주면 된다.

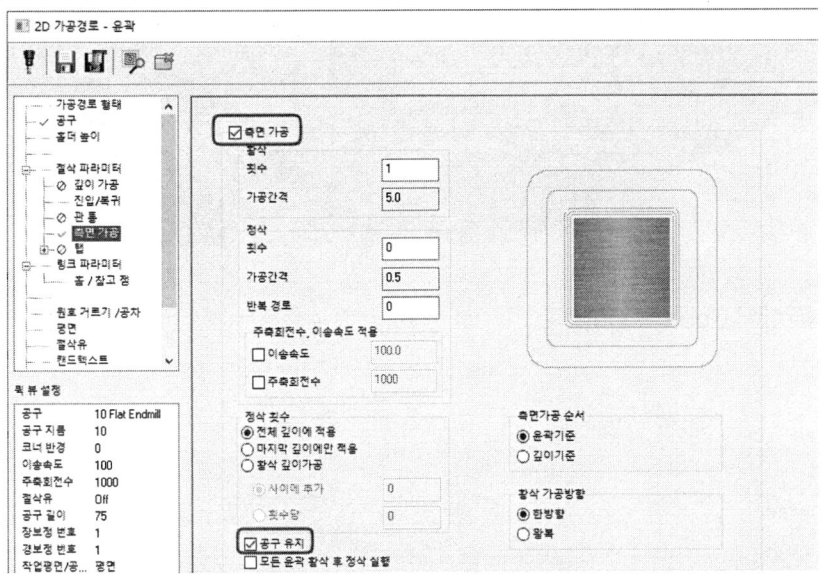

㊱ 링크 파라미터는 아래 그림처럼 안전높이 체크 50, 공구복귀(R점) 3, 재료상단 0, 가공깊이는 도면에 나와 있는 수치 값 등을 입력한다. 증분값은 절대값으로 전부 수정한다.

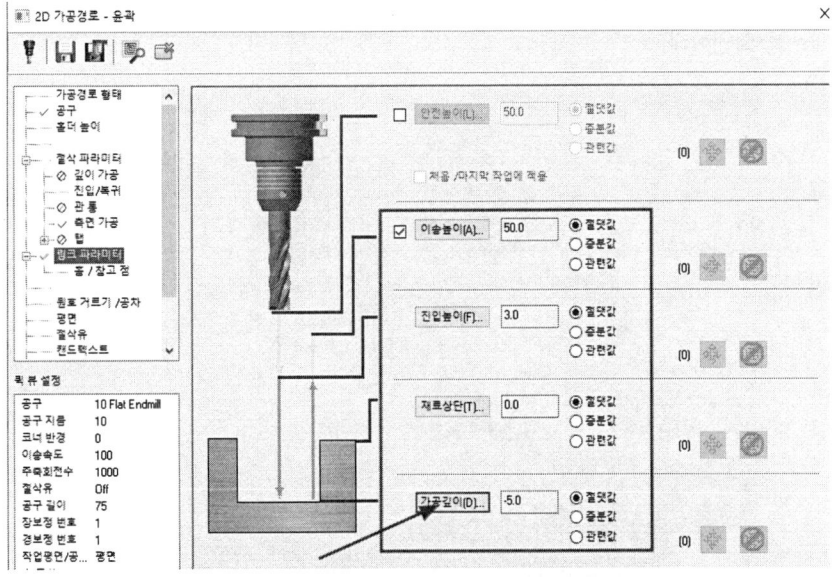

제3절 MasterCAM에 의한 NC Data 생성 따라 하기

㊲ 가공깊이 도면이 없을 경우 아래 그림처럼 위치를 클릭한다.

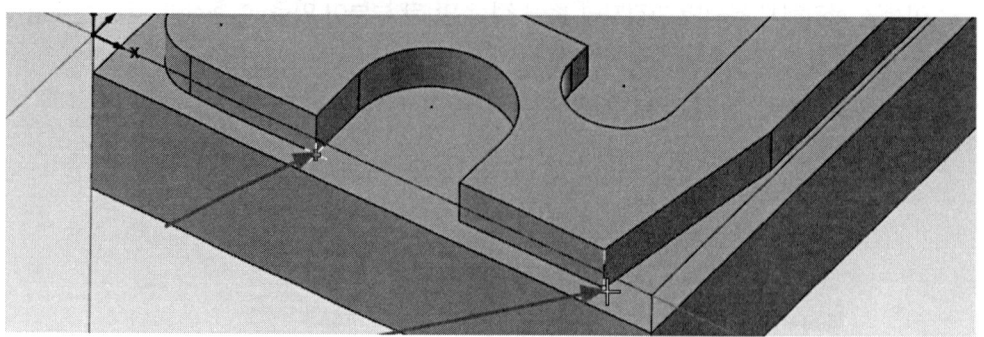

㊳ 절삭유에서 Flood → On한다.

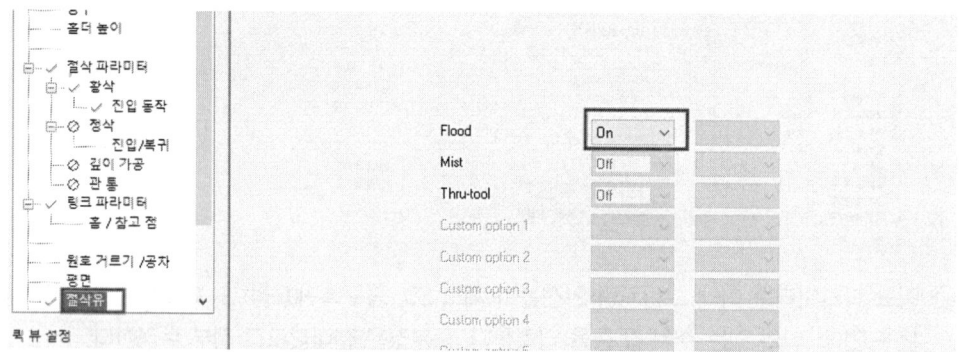

㊴ 툴패스를 확인한다.

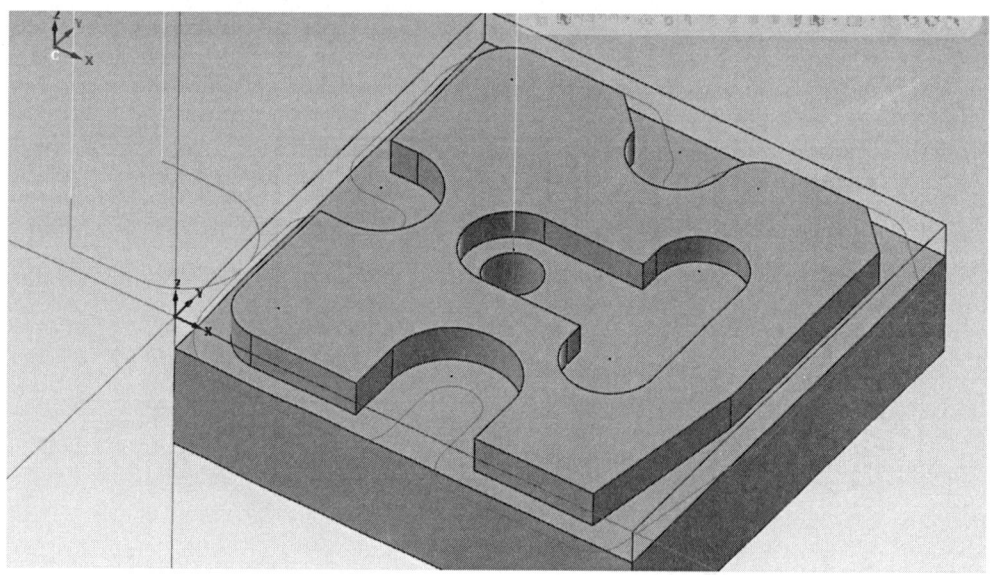

㊵ 아래 그림처럼 포켓을 클릭한다.

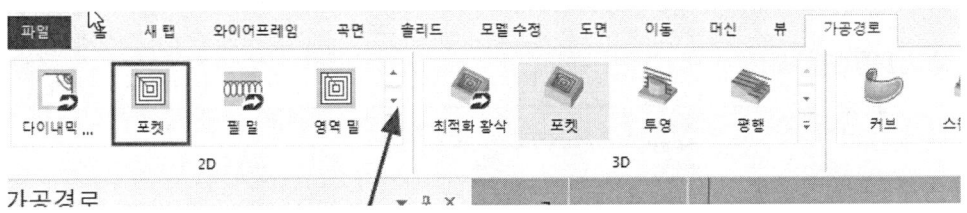

㊶ 아래 그림처럼 원호 부위 곡선을 클릭한다.

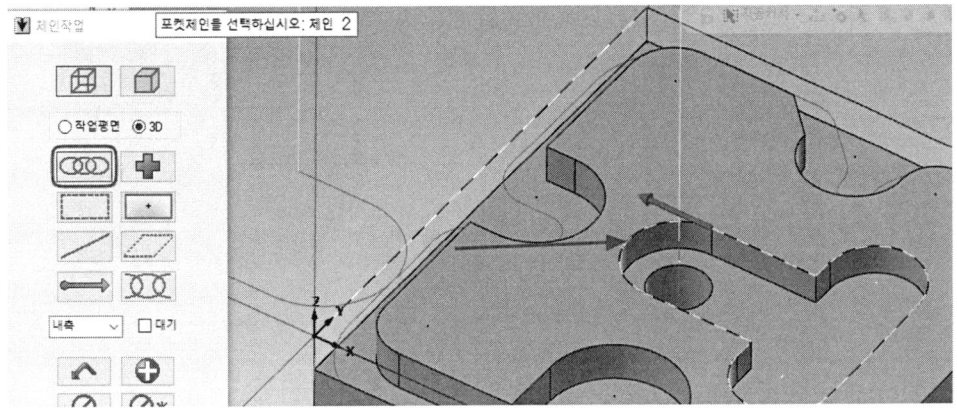

㊷ 가공경로 형태는 포켓가공을 선택한다.

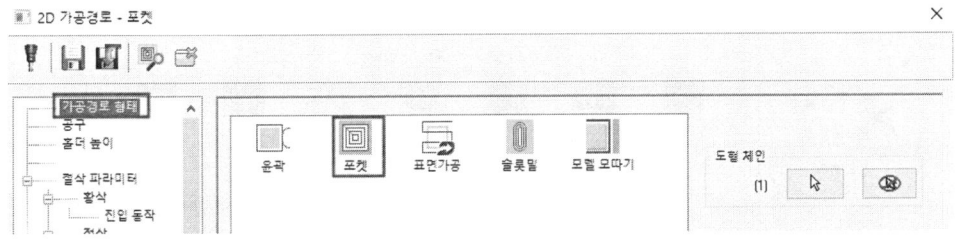

㊸ 윤곽가공 시에 만들었던 1번(앤드밀) 공구를 선택한다.

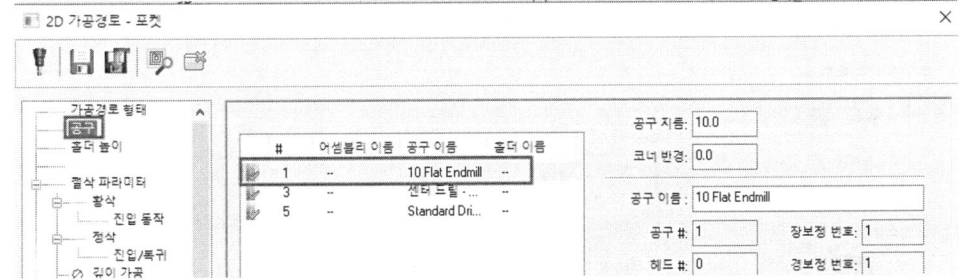

제3절 MasterCAM에 의한 NC Data 생성 따라 하기

㊹ 절삭 파라미터에서 가공 방향은 하향 절삭을 확인하고 가공여유 0을 입력한다.

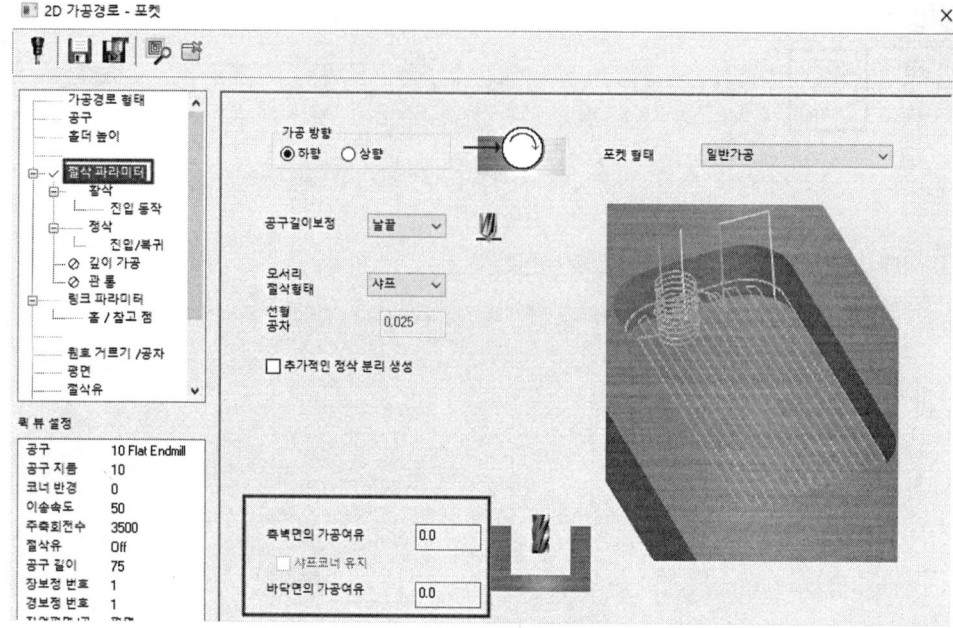

㊺ 황삭에서 가공방법은 평행나선형 절삭을 클릭(3번째)한다.

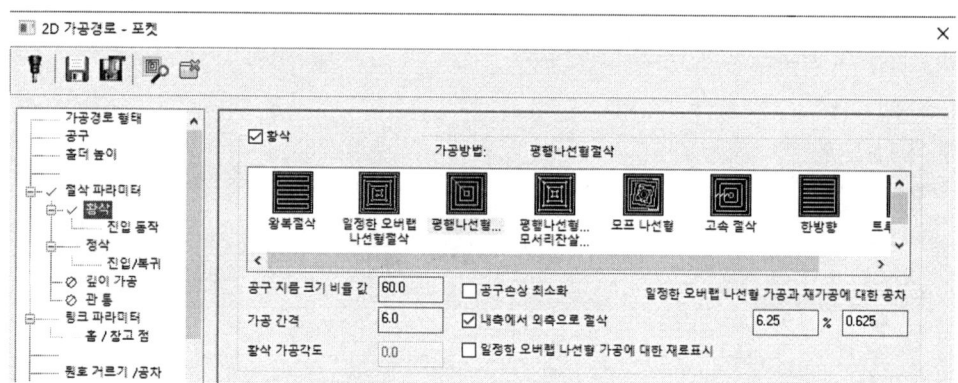

㊻ 진입 동작에서 off를 선택한다.

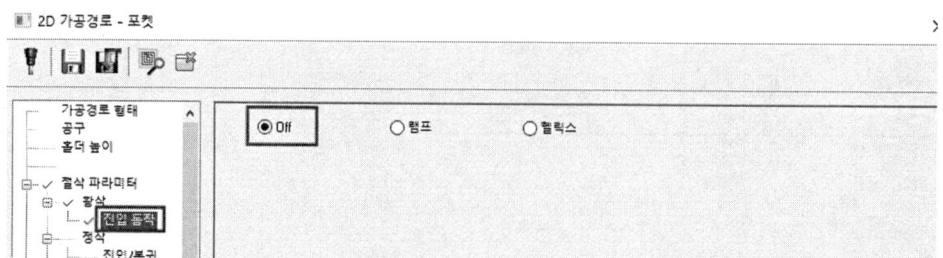

㊼ 정삭에서 체크를 해제한다.

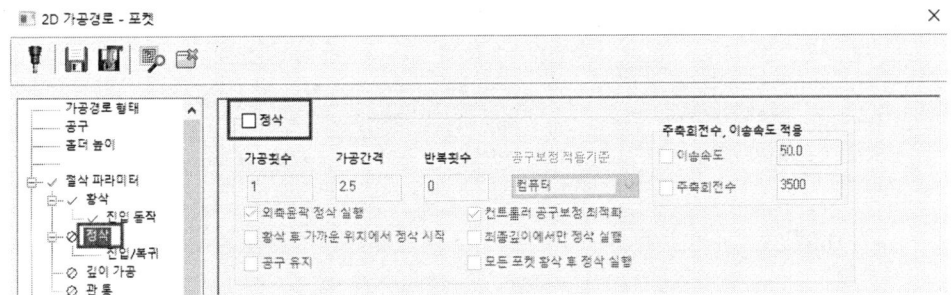

㊽ 링크 파라미터에서 안전높이 체크 50, 공구복귀(R점) 3, 재료상단 0, 가공깊이는 도면에 나와 있는 수치를 값을 입력한다. 증분값은 절대값으로 전부 수정한다.

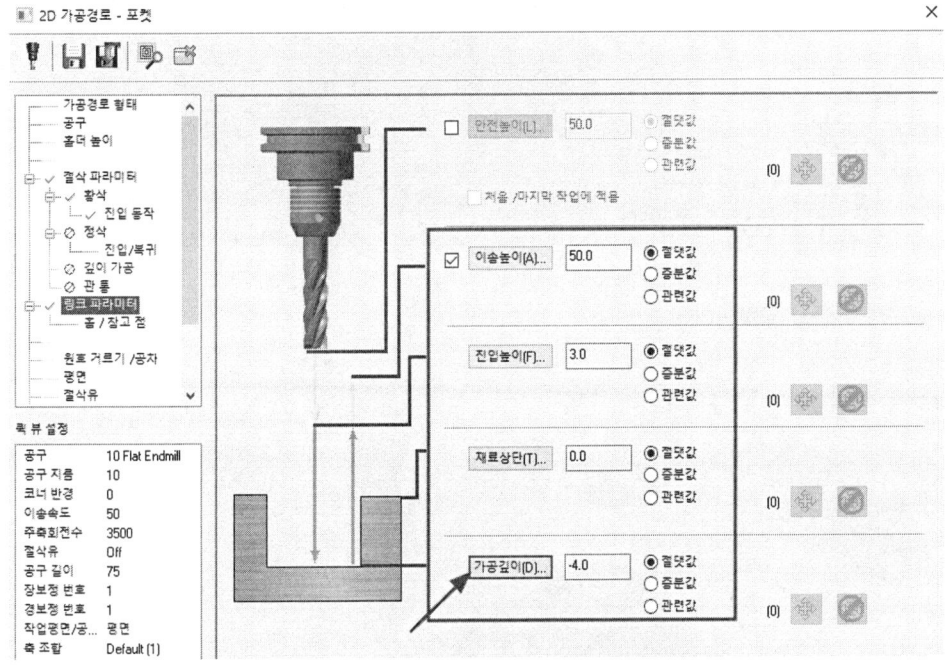

㊾ 가공깊이 도면이 없을 경우 아래 그림처럼 위치를 클릭한다.

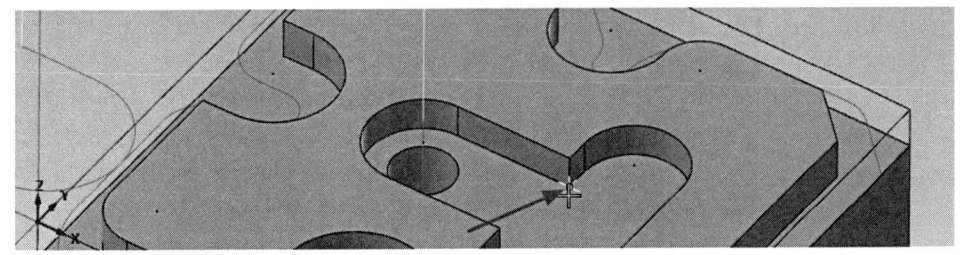

(50) 절삭유에서 Flood를 On한다.

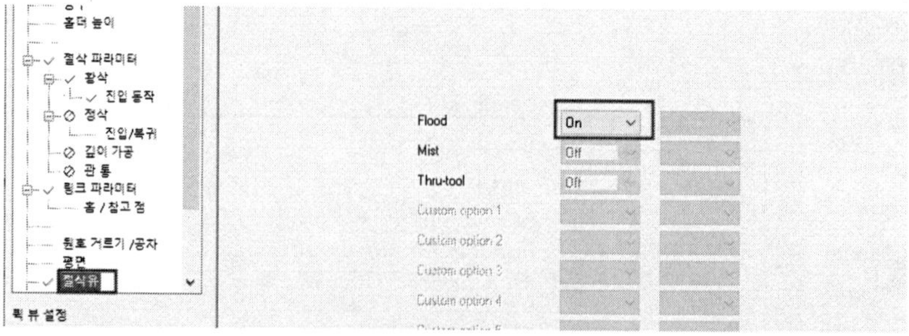

(51) 가공경로를 선택하고 선택된 작업 모의가공을 클릭한다.

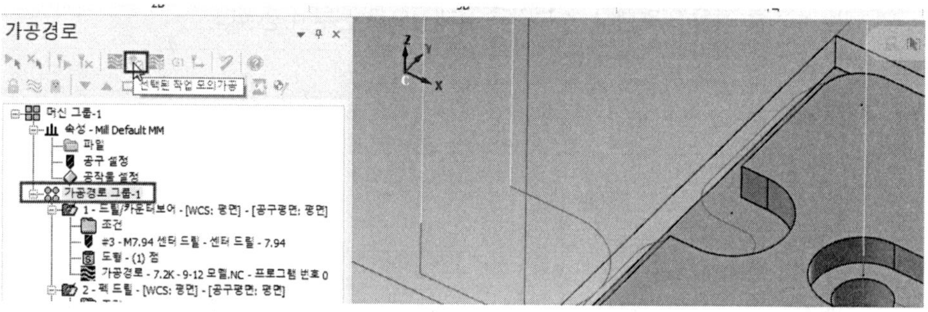

(52) 재생 버튼을 클릭한다.

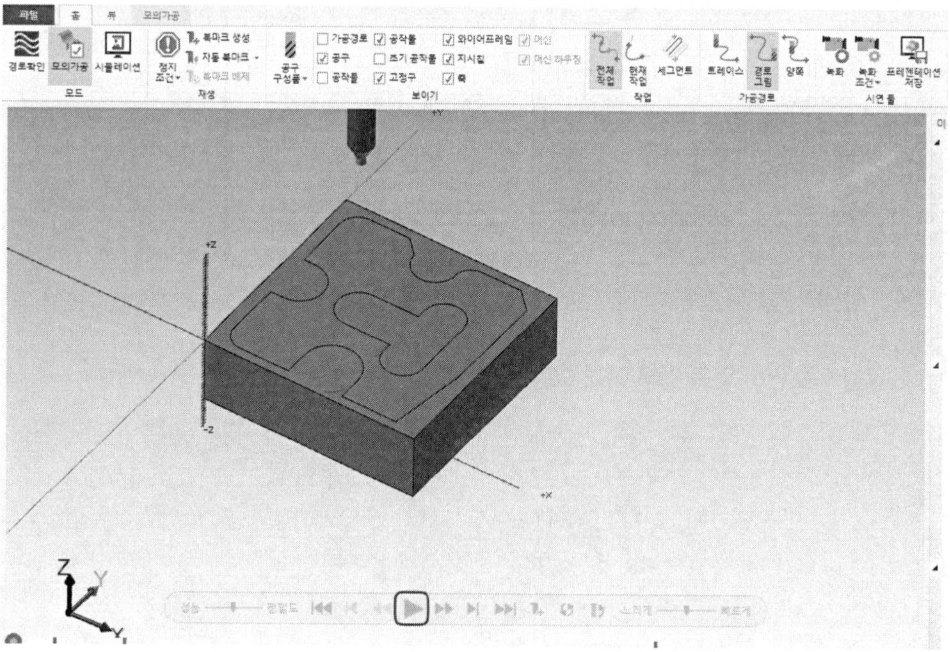

(53) 모의가공을 확인한다.

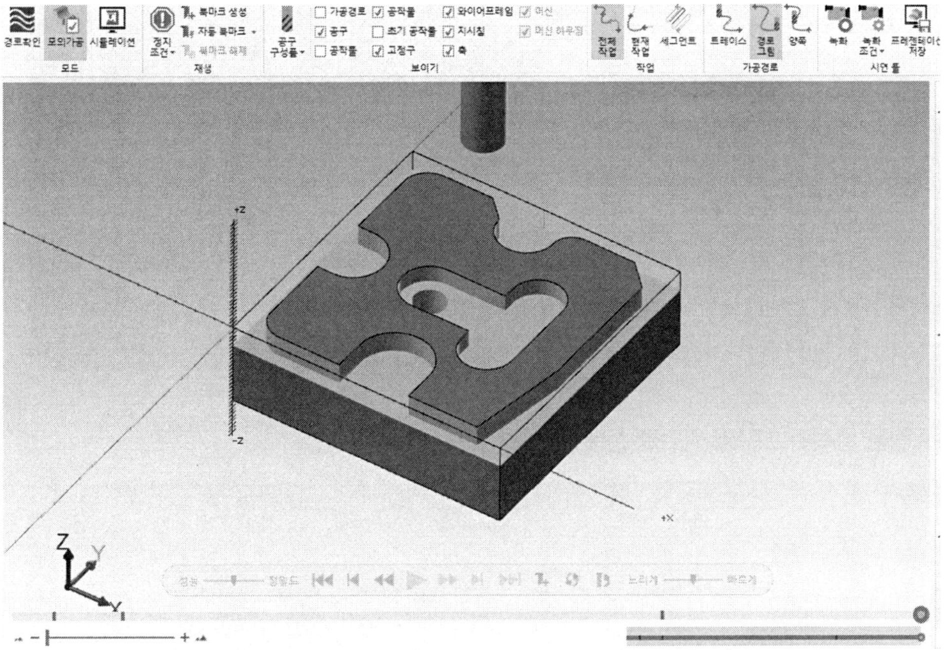

(54) 포켓 가공에서 시작점 구멍으로 위치 변경한다.

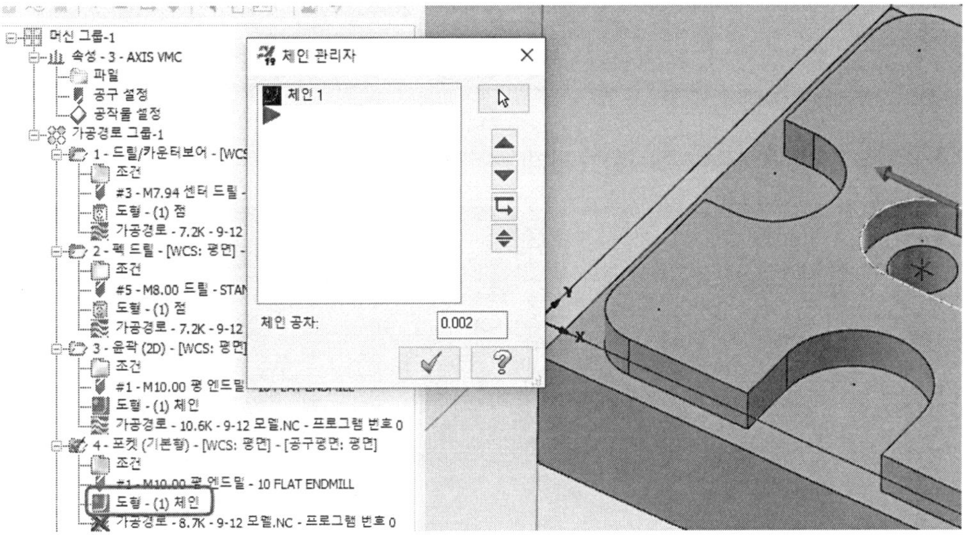

(55) 가공경로에서 마우스 오른쪽을 클릭한 후 체인 추가를 한다.

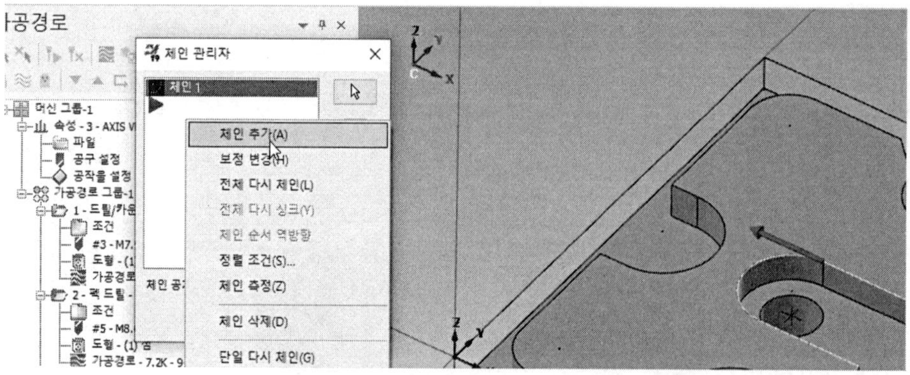

(56) 점을 클릭하고 구멍 원호를 선택한다.

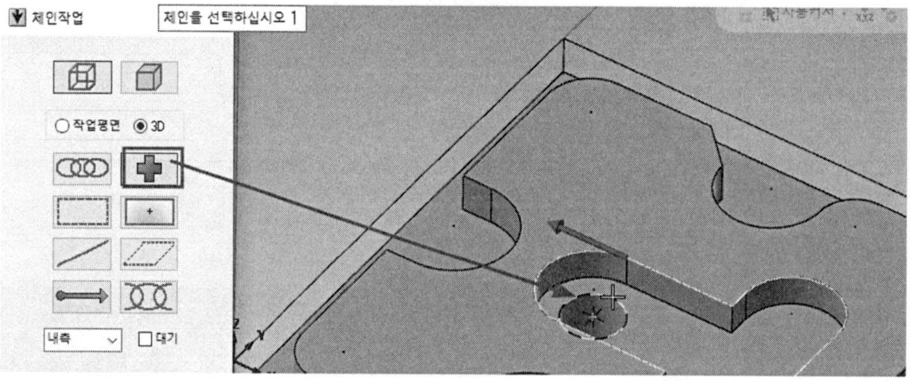

(57) 순서를 변경하여 위로 드래그하고 올린다.

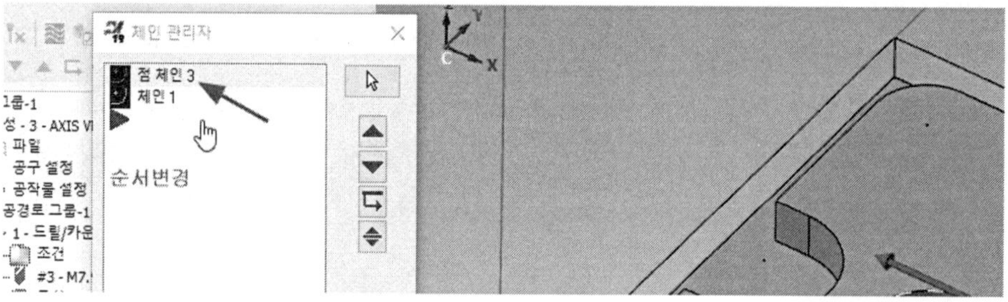

(58) 문제 있는 모든 작업을 재생성한다.

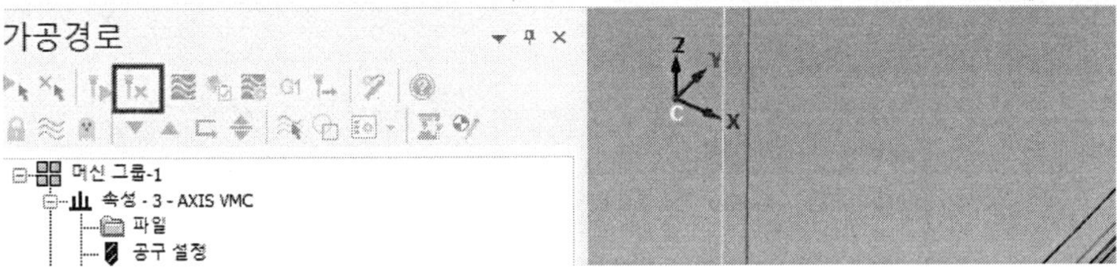

(59) 아래 그림처럼 파일에서 바꾸기를 클릭한다. 기계에 맞는 포스트 프로세서를 설정한다.

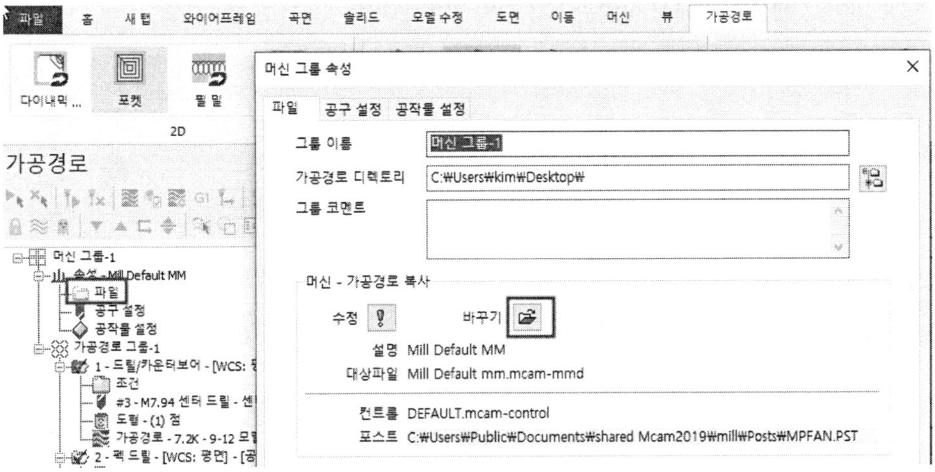

(60) 아래 그림처럼 기계에 맞는 포스트 프로세서를 설정하고 열기를 선택한다.

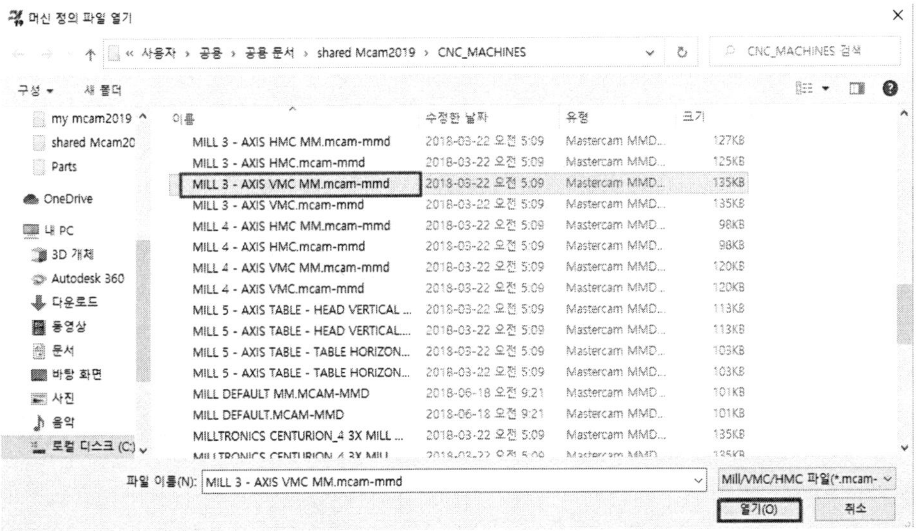

(61) 확인한다.

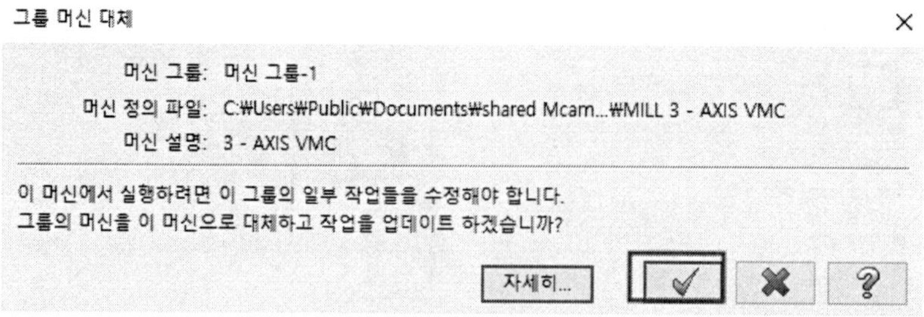

(62) NC데이터 생성을 위해서 작업관리자 창의 7번째 아이콘(G1)을 클릭한다.

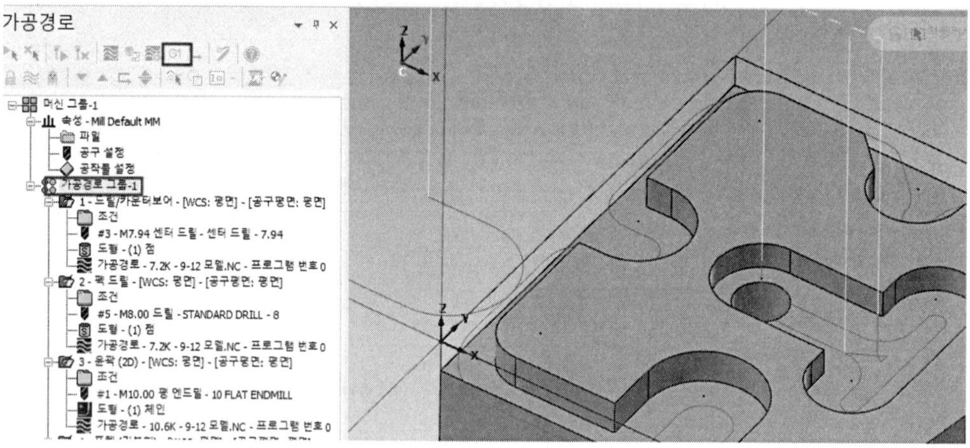

(63) 포스트 프로세싱 창에서 바로 확인한다.

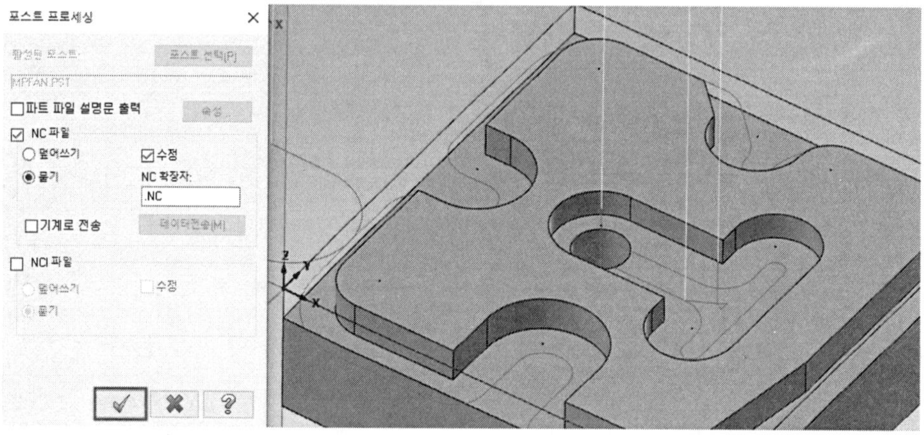

Chapter 06

64) 아래 그림과 같이 바탕화면이나 본인 이름 폴더에 저장한다.

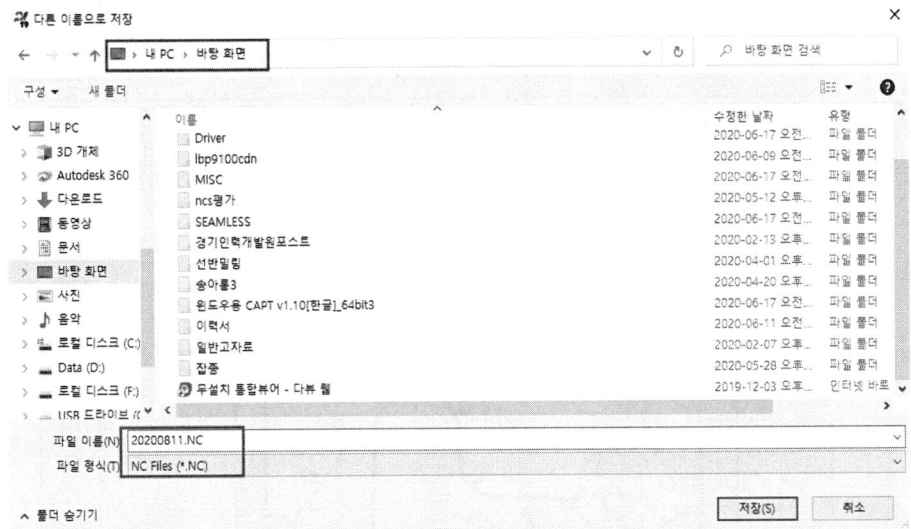

65) 화천, 두산 등기계는 1번 선택하고 Enter, 통일기계는 2번 선택하고 Enter한다. 아래 NC 파일은 1번 or 2번으로 선택한다.

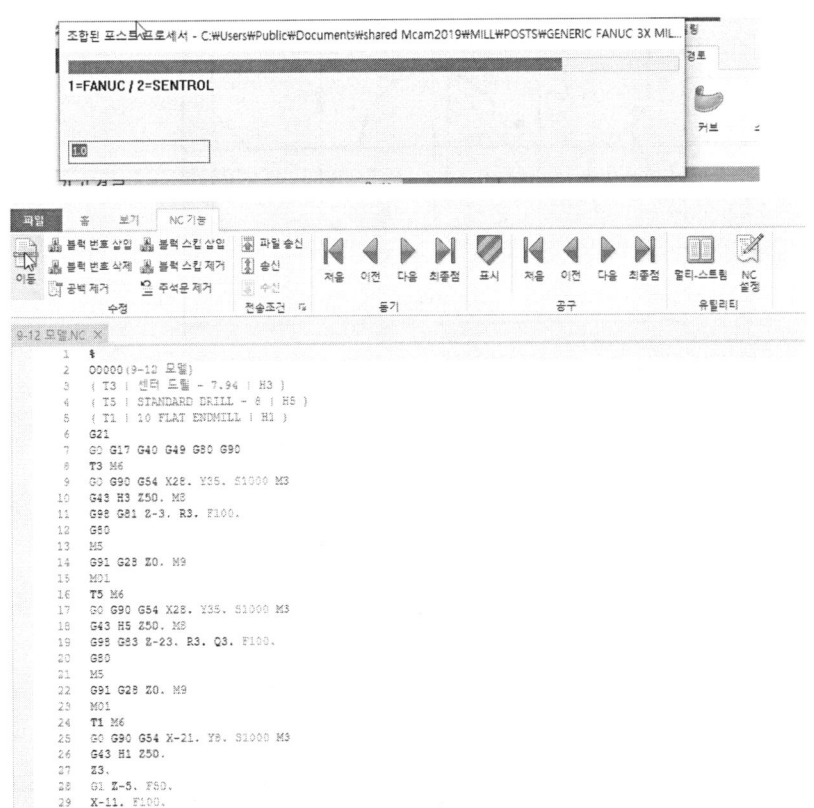

제3절 MasterCAM에 의한 NC Data 생성 따라 하기

제4절 CATIA V5에 의한 모델링 및 NC Data 생성 따라 하기

▶실물도면

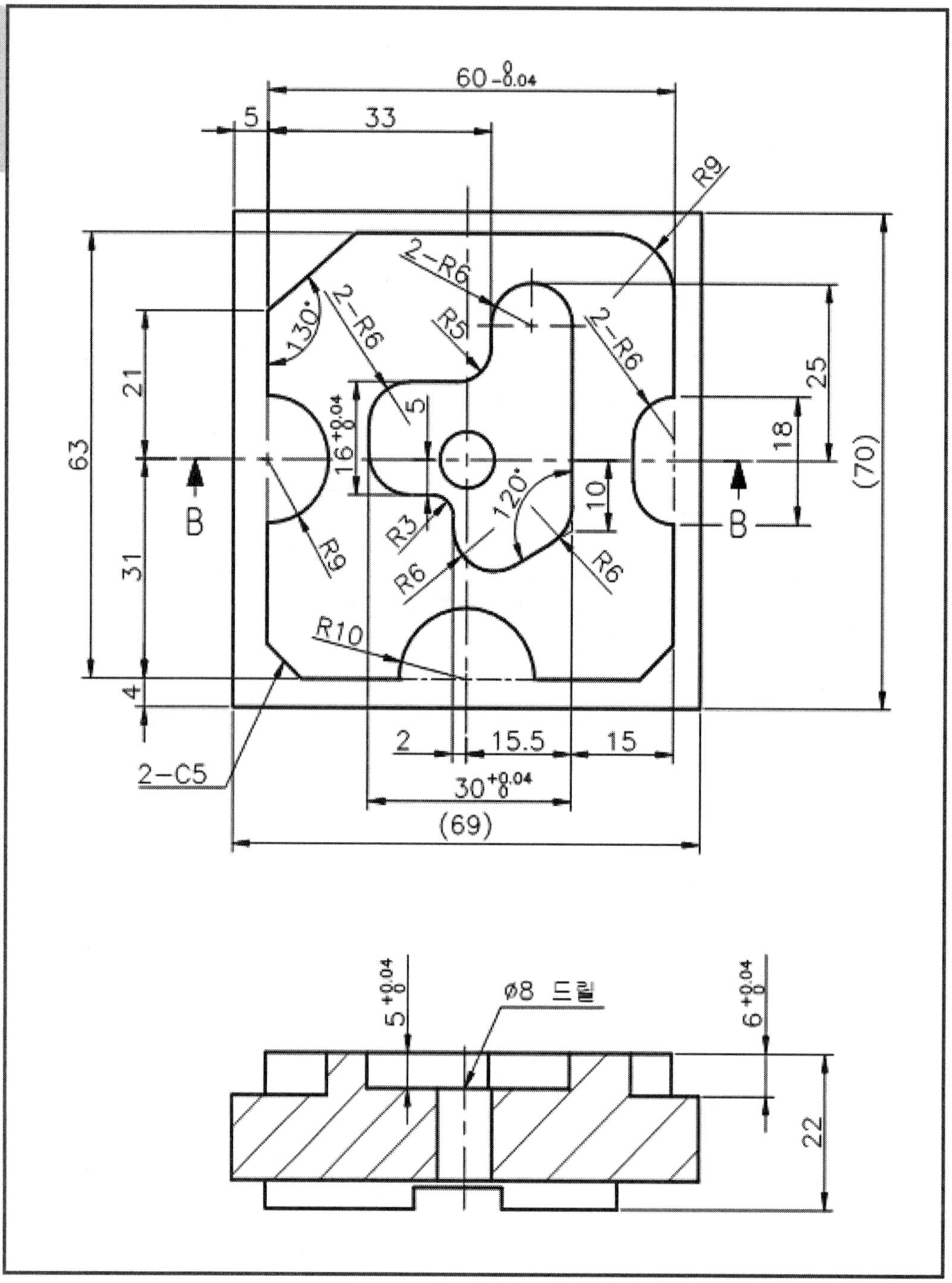

Chapter 06

1 모델링 Sketch 시작하기

❶ CATIA를 실행하고 메뉴 바의 시작에서 기계 디자인 항목에 있는 Part Design 아이콘을 클릭한다.

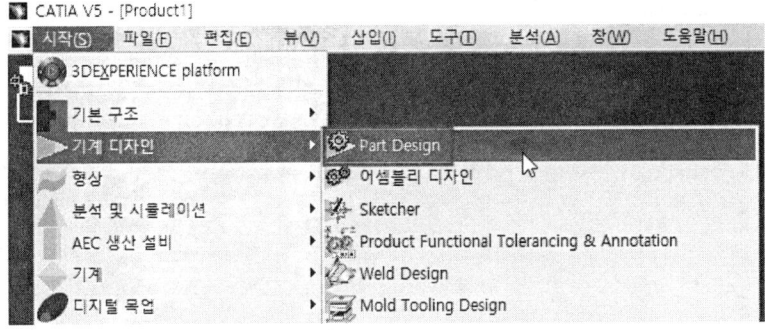

❷ 스케치 평면을 생성하기 위해서 스케치 아이콘을 클릭하고 화면 가운데에 있는 Plane에서 xy 평면을 클릭한다.

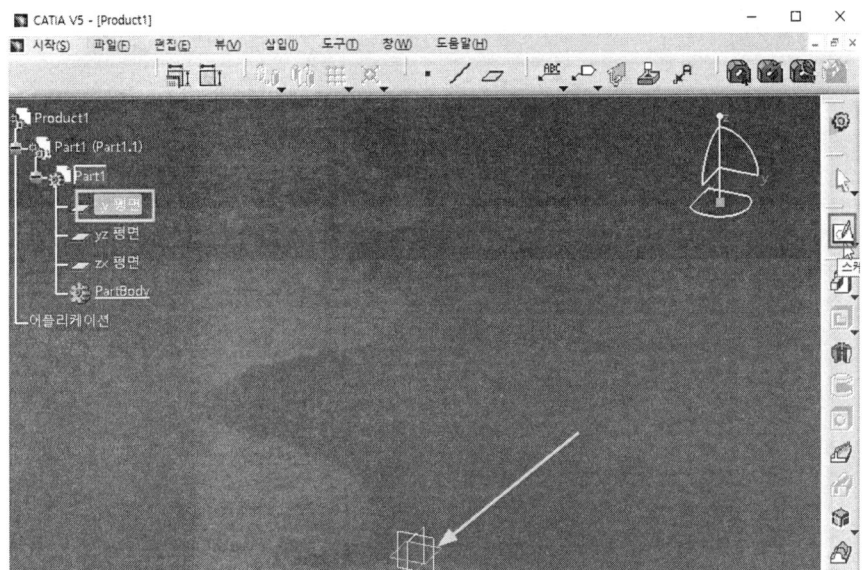

제4절 CATIA V5에 의한 모델링 및 NC Data 생성 따라 하기

❸ 직사각형 아이콘을 클릭한 후 두 점을 클릭하여 직사각형을 스케치한다. 그림과 같이 스케치 도구모음을 이용하여 직사각형의 폭과 높이 값을 정의할 수 있다.

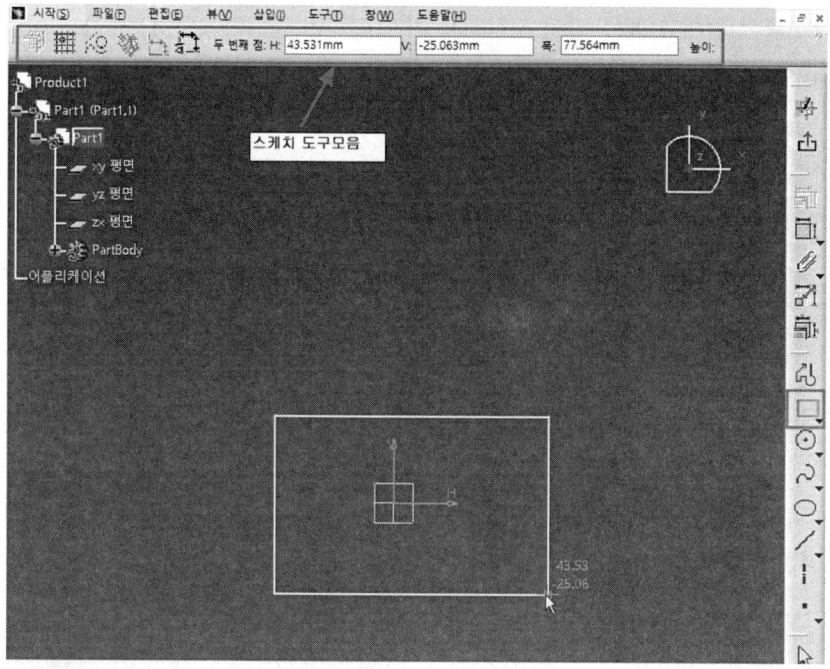

❹ 치수를 생성하기 위해서 제약조건 아이콘을 클릭하고 해당 곡선을 선택하면 치수가 생성된다.

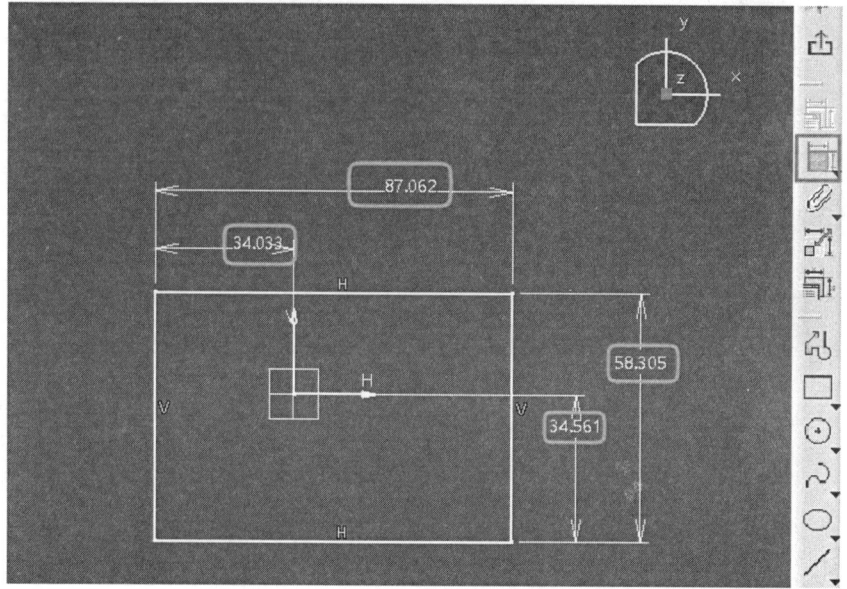

❺ 다중 제약조건 편집 아이콘을 클릭하면 생성한 치수를 일괄적으로 편집할 수 있다. 먼저 리스트 항목에서 기준 치수를 클릭하고 현재 값에 치수를 입력한다.

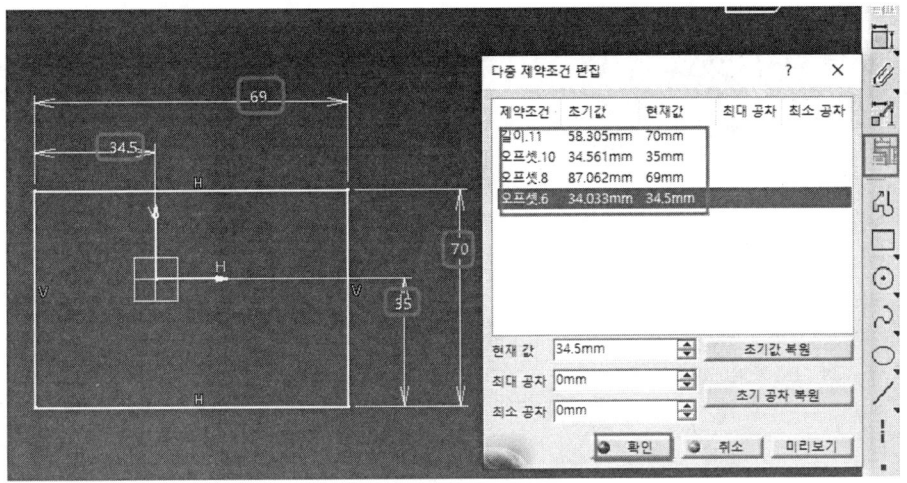

2 모델링 Pad 생성하기

❶ Pad를 생성하기 위해서 Sketcher를 종료하고 3D 영역으로 들어가기 위해 다음과 같이 Exit Workbench 아이콘을 클릭한다.

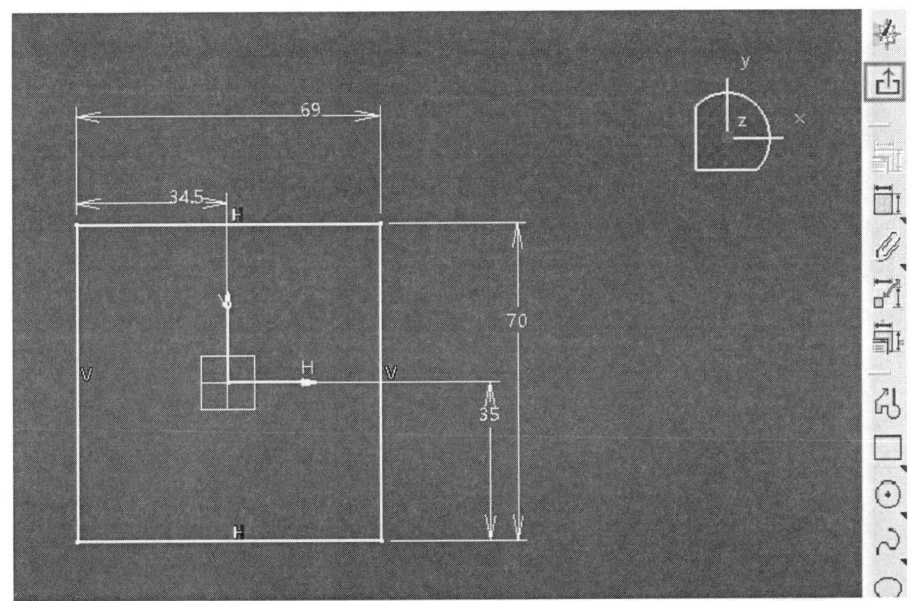

❷ Pad 아이콘을 클릭하여 생성한 Sketch 곡선을 돌출한다. 기준곡선을 선택하고 Length 값에 16mm를 입력하고 돌출 방향이 +Z축이 되도록 Reverse Direction을 클릭하고 확인을 클릭한다.

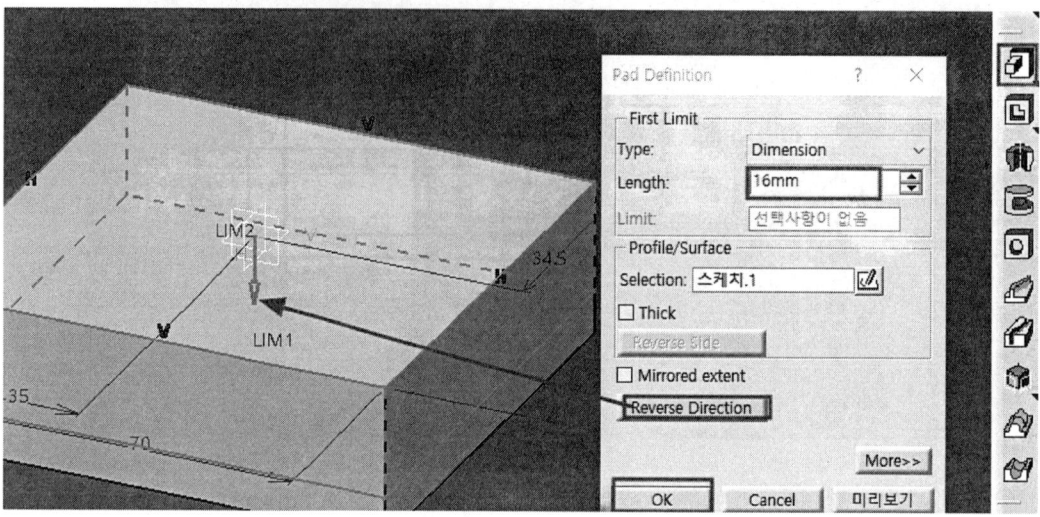

3 모델링 외각 형상 만들기

❶ 외각 형상을 Sketch하기 위해 Sketch 아이콘을 클릭하고 블록의 상면을 클릭한다.

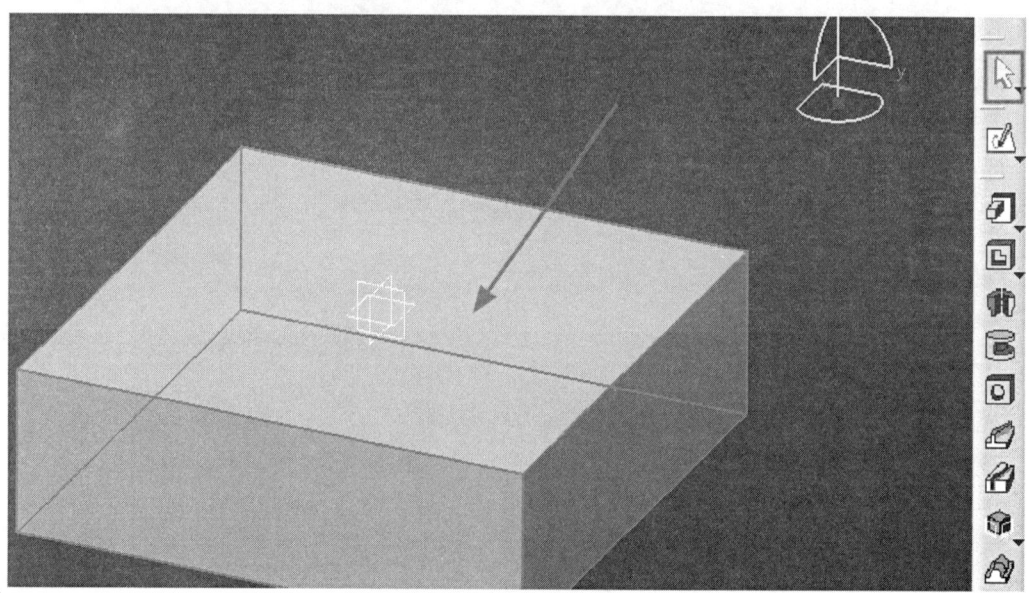

❷ 블록의 안쪽으로 대략적인 직사각형을 Sketch한다.

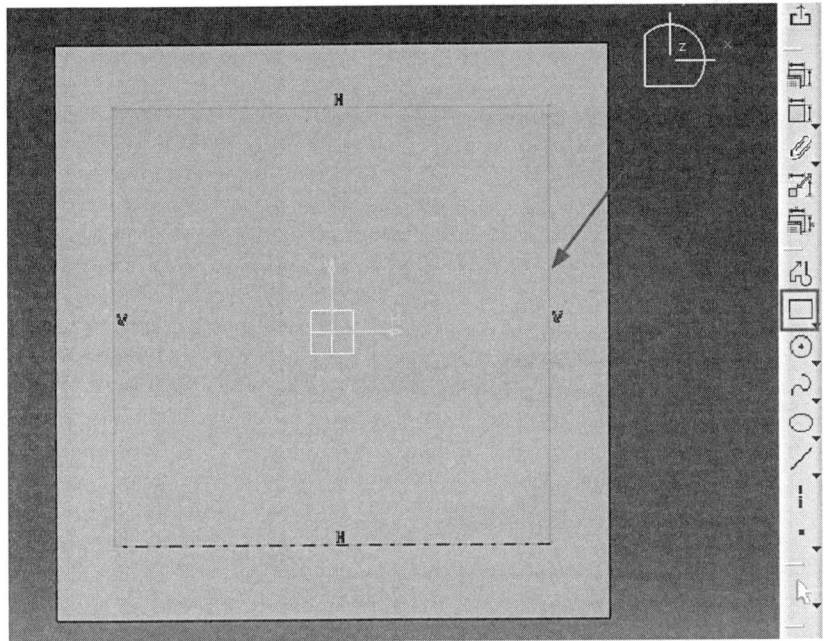

❸ 프로파일 곡선을 이용해서 연결된 곡선을 스케치한다. 먼저 프로파일 곡선 아이콘을 클릭하고 커서를 Sketch Toolbar에서 마우스 오른쪽 버튼을 클릭한 다음 팝업 메뉴에서 스케치 도구를 선택하면 스케치에 필요한 도구를 사용할 수 있으며, 프로파일 곡선을 이용해 스케치를 만든다.

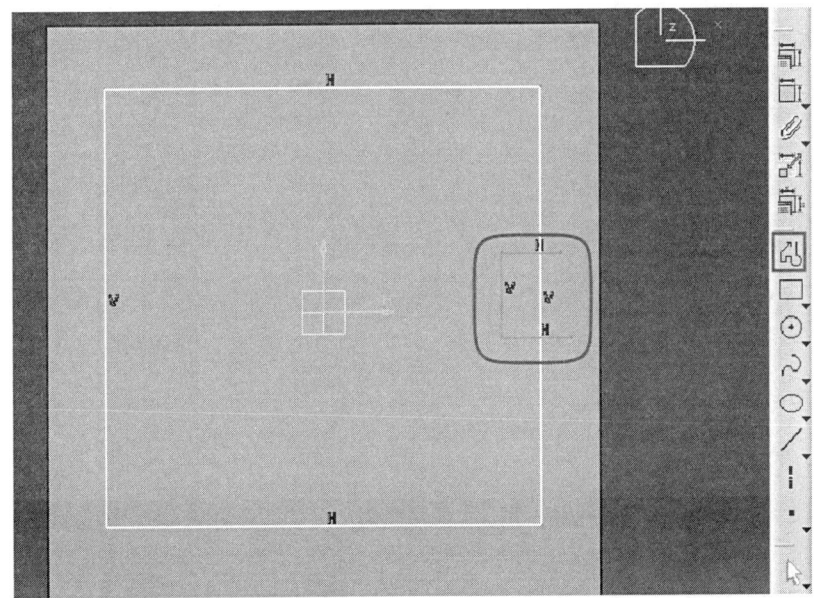

❹ 곡선을 트림하기 위해 Sketch Toolbar에서 자르기 아이콘에서 아래 화살표를 클릭하고 즉시 자르기 아이콘을 클릭한 다음 트림할 곡선을 선택한다.

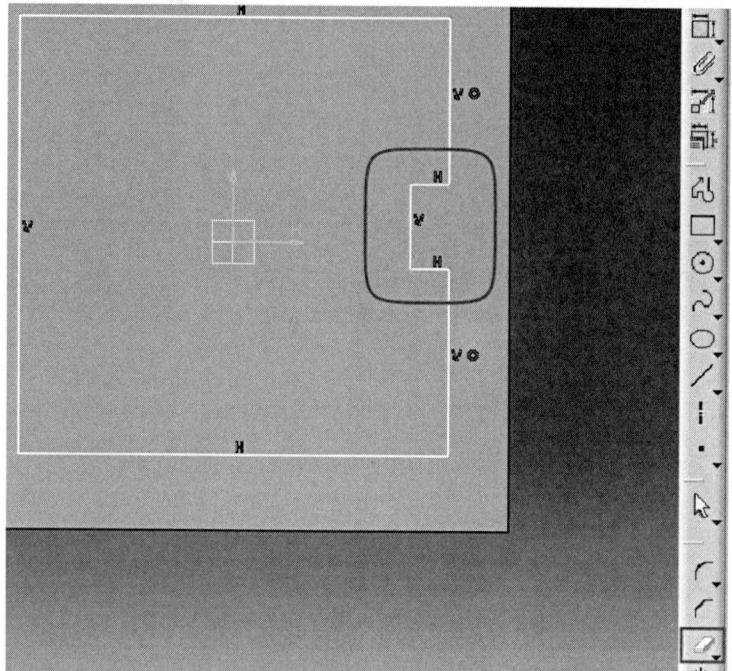

❺ 다음으로 Sketch Toolbar에서 챔퍼 아이콘을 클릭하고 스케치에서 챔퍼를 생성할 곡선 두 개를 선택하여 각각의 챔퍼를 생성한다.

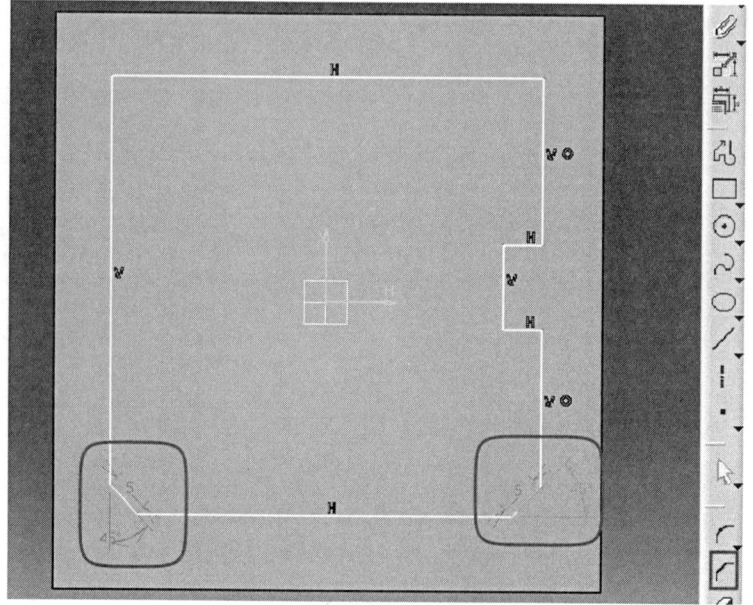

❻ 다음 Sketch Toolbar에서 코너 아이콘을 클릭하고 스케치에서 코너를 생성할 곡선 두 개를 선택하여 각각의 코너를 생성한다.

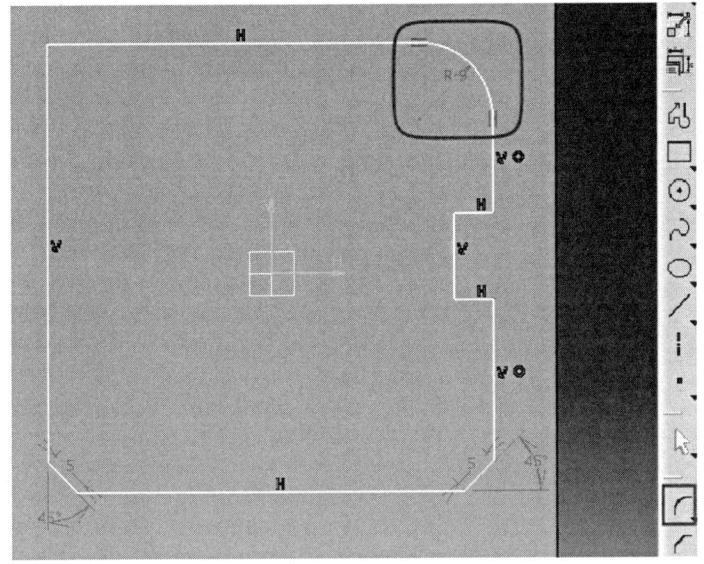

❼ 선 아이콘을 클릭하고 구성선을 체크한 후 중앙에 중심선을 작도한다.

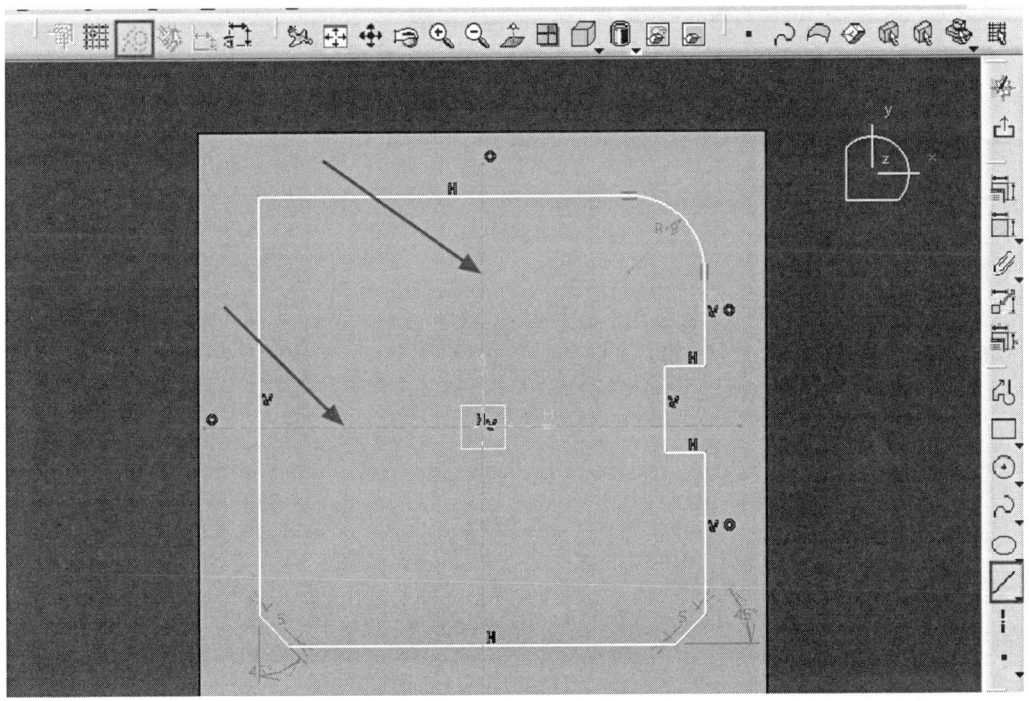

제4절 CATIA V5에 의한 모델링 및 NC Data 생성 따라 하기

❽ 제약조건 아이콘(더블클릭)을 이용하여 아래 그림과 같이 치수 기입을 한다. 제약조건과 치수가 모두 충족되면 곡선은 초록색으로 표시된다.

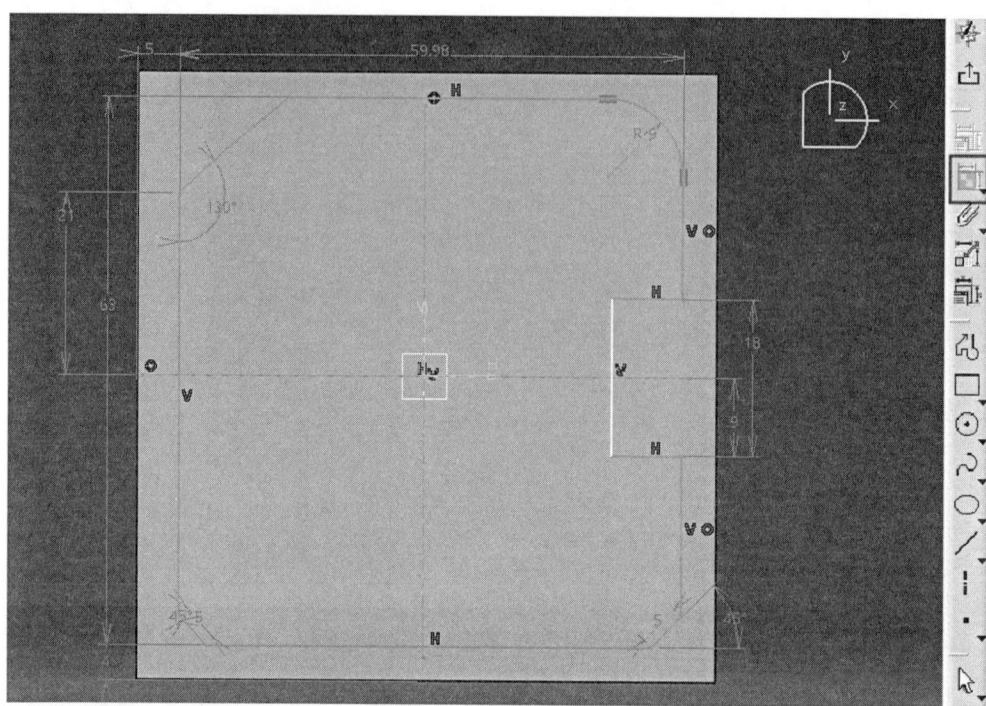

❾ 원 아이콘을 클릭하여 아래 그림과 같이 원을 생성한다.

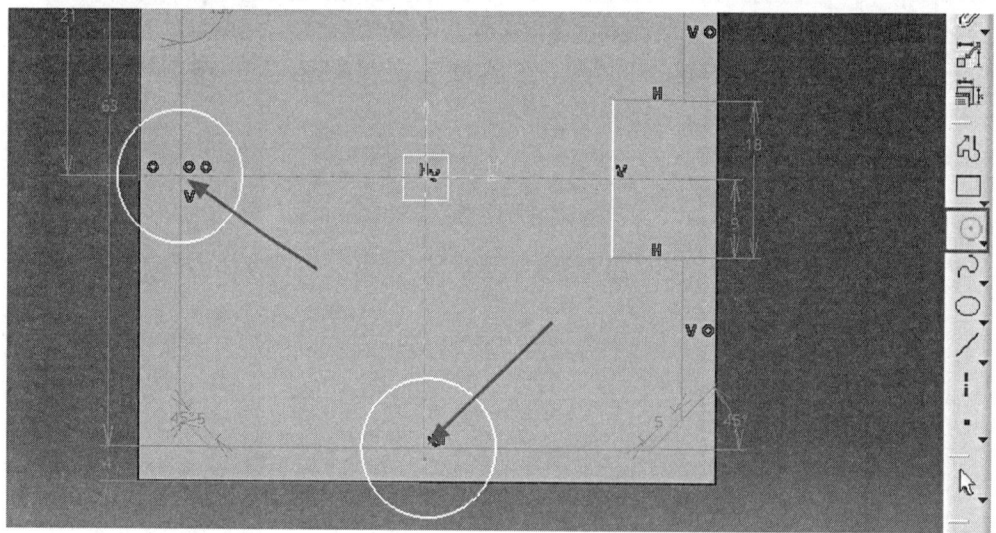

⑩ 자르기와 제약조건 아이콘을 이용하여 아래 그림과 같이 완성한다.

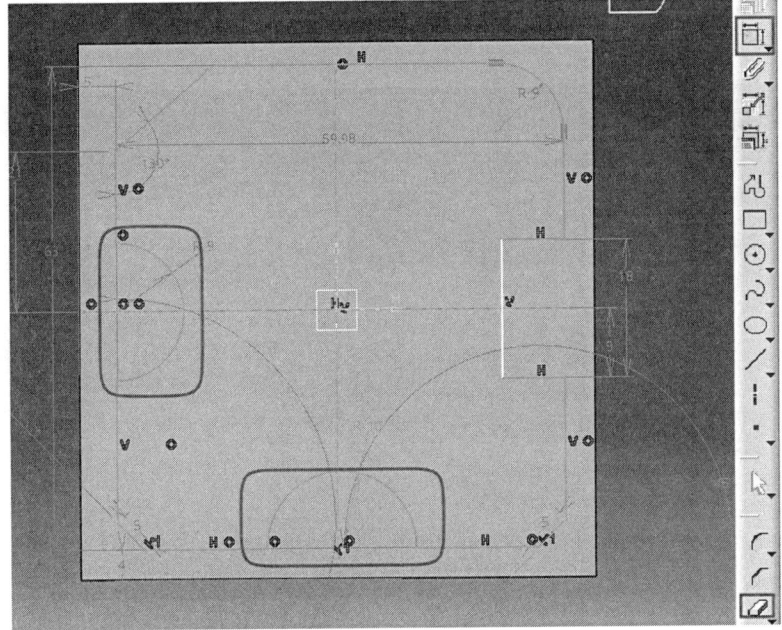

⑪ 2-R6를 작성하고 외각 형상을 완성한다. 모든 스케치가 완료되었으면 Exit Workbench 아이콘을 클릭한다.

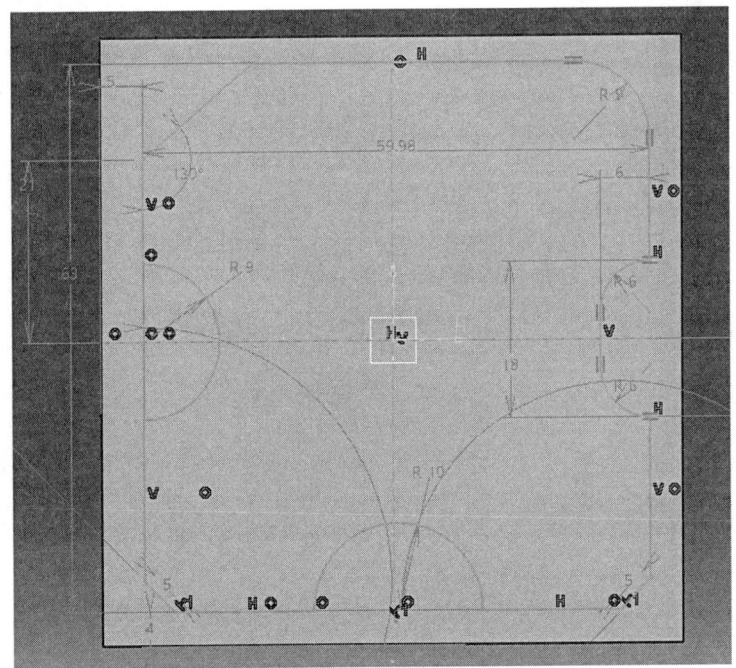

⑫ 패드를 생성하기 위해서 외각 형상의 스케치를 클릭하고 높이 값 6mm를 입력하고 확인을 클릭한다. 패드의 방향은 +Z축이 되도록 Reverse Direction을 클릭하여 돌출 방향을 지정할 수 있다.

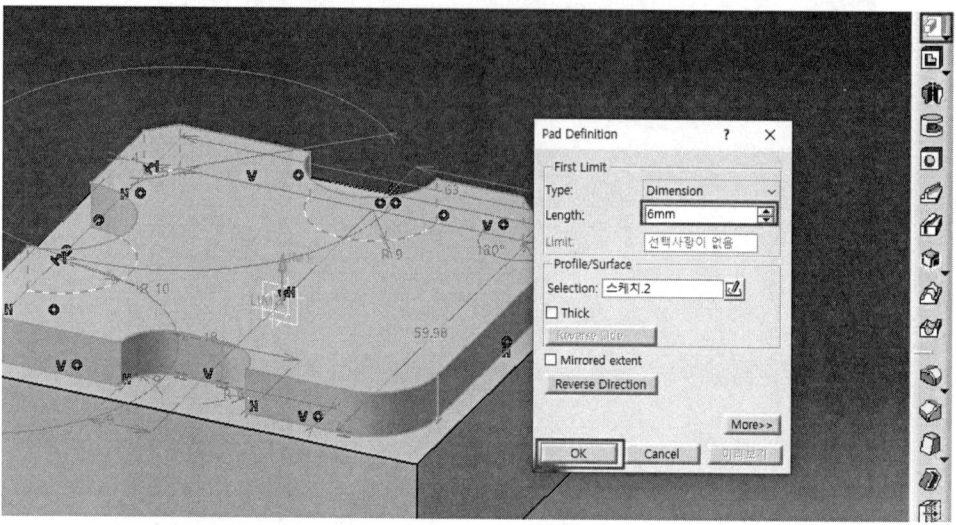

⑬ 완성된 모양이다.

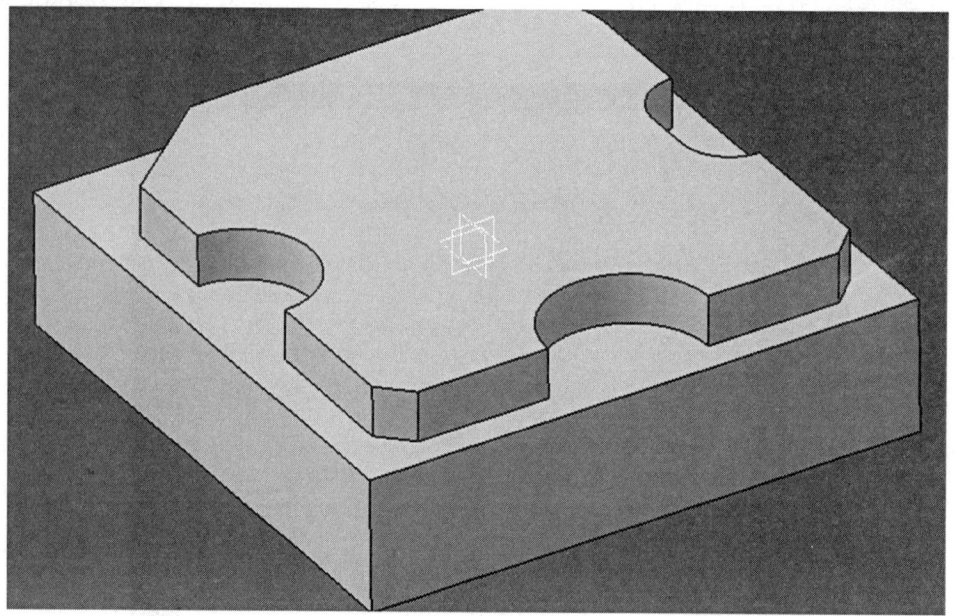

4 모델링 포켓 형상 만들기

❶ 새로운 스케치 평면을 생성하기 위해서 스케치 생성 아이콘을 클릭한 후 형상의 윗면을 클릭한다.

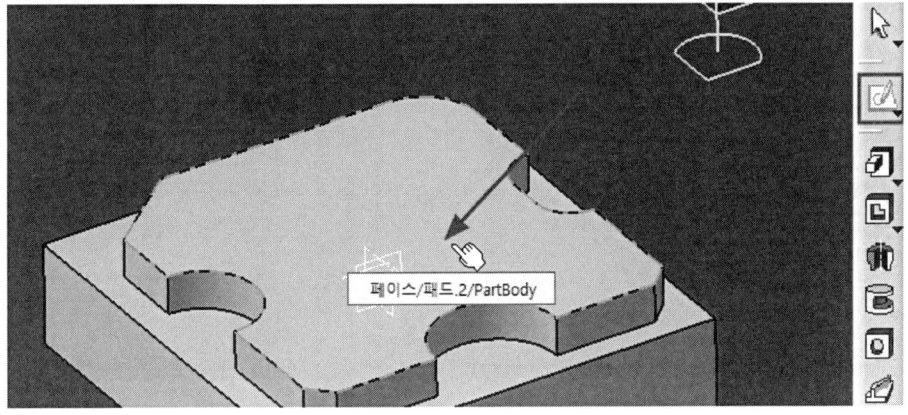

❷ 포켓 형상을 스케치하기 전에 참조 선을 생성하기 위해서 선과 원 아이콘을 클릭하여 구성선과 원을 생성하고 제약조건을 이용하여 다음과 같이 치수를 작성한다.

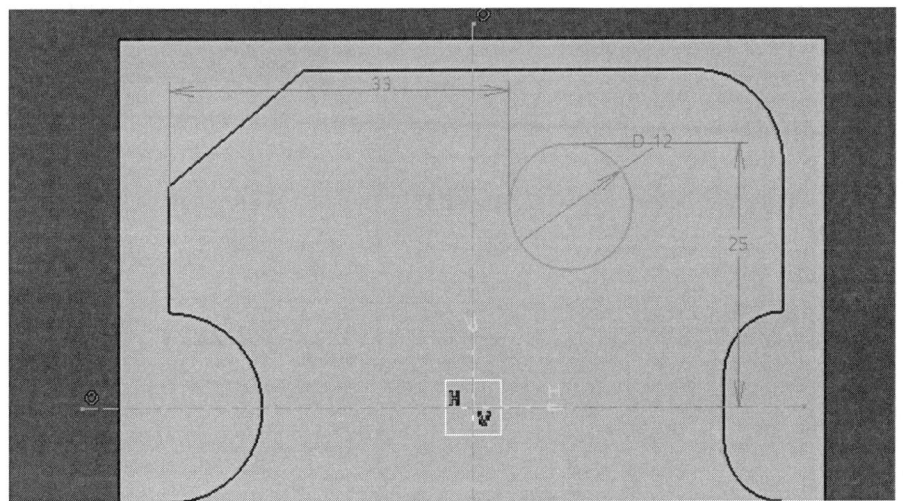

제4절 CATIA V5에 의한 모델링 및 NC Data 생성 따라 하기

❸ 프로파일 아이콘을 활용하여 아래 그림과 같이 대략적인 스케치를 완성한다.

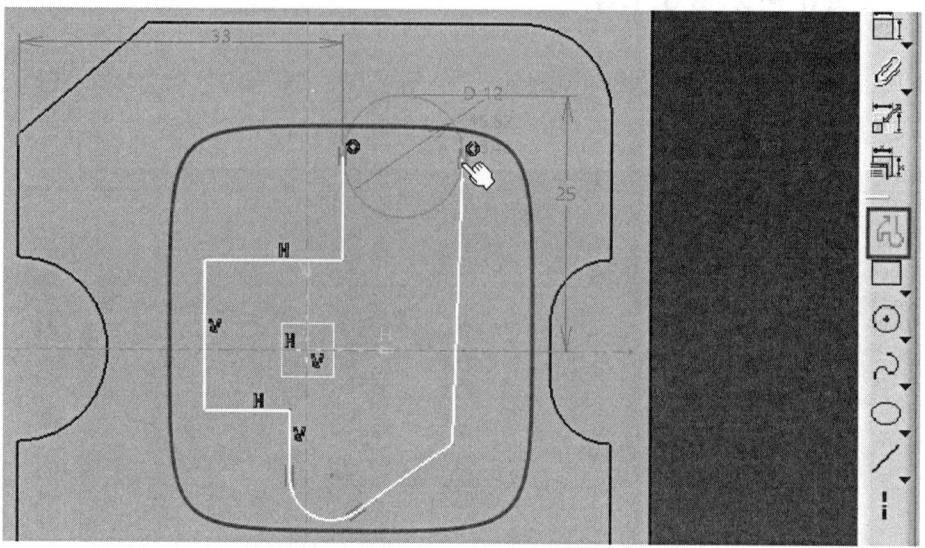

❹ 선을 클릭하고 제약조건 정의에서 수직으로 구속한다.

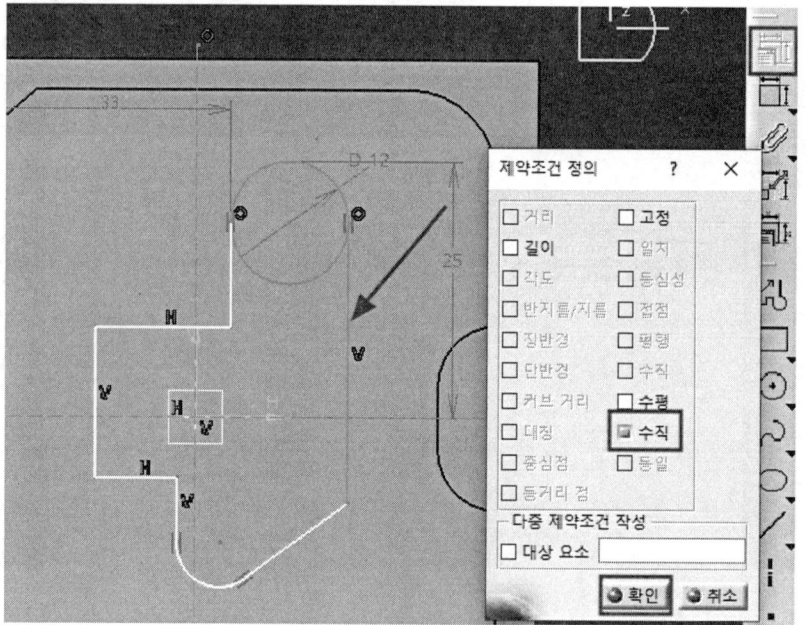

❺ 아래 그림처럼 선과 원을 선택하고 접점을 클릭한다. 반대쪽도 같은 방법으로 접점을 확인한다.

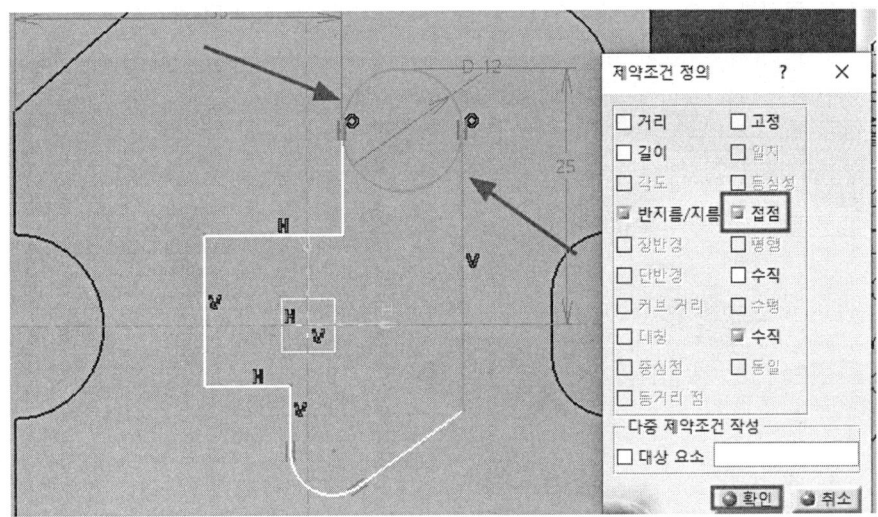

❻ 도면을 보고 아래 그림과 같이 치수 기입을 완성한 후 Exit Workbench 아이콘을 클릭한다.

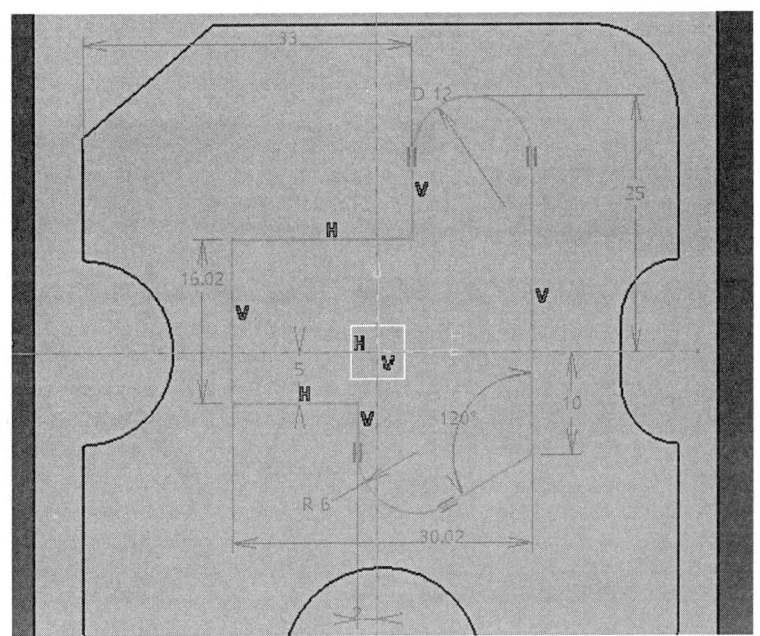

❼ 곡선을 형상 내부로 돌출하여 재료를 제거하기 위해서 Pocket 아이콘을 클릭한다. 스케치 곡선을 클릭한 후 Depth 값 = 5.02mm를 입력한 다음 OK 버튼을 클릭한다.

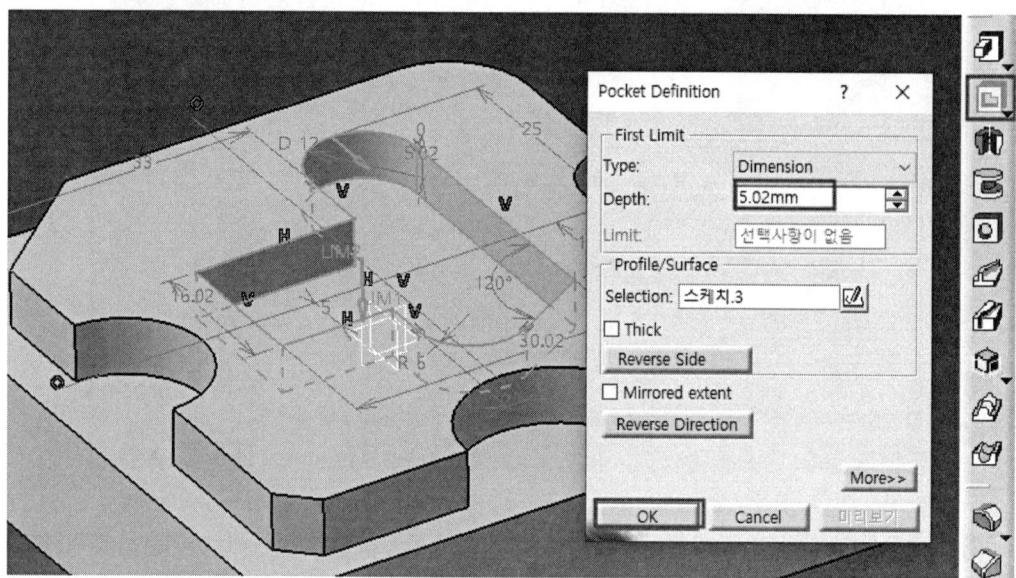

❽ Edge Fillet 아이콘을 이용하여 아래 그림처럼 반지름을 완성한다.

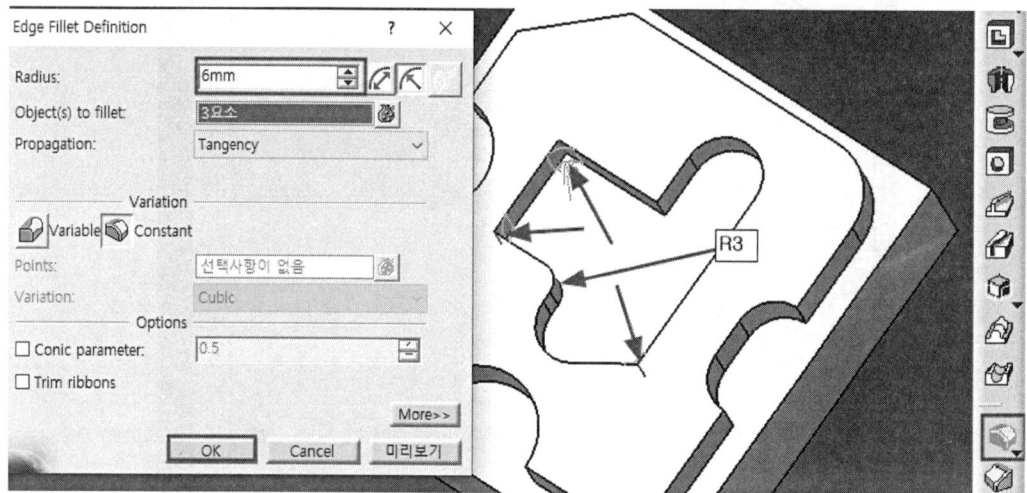

❾ 점 아이콘을 이용하여 아래 그림처럼 정의하고 확인한다.

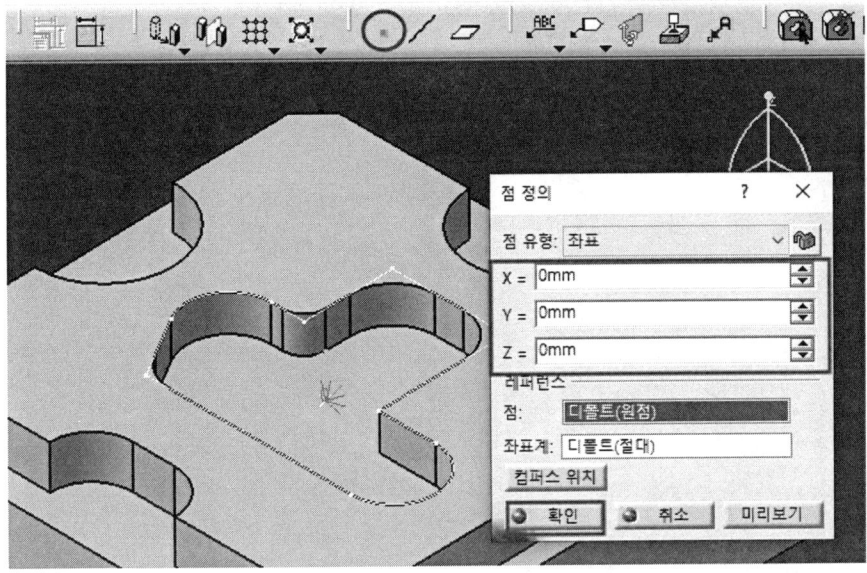

❿ 마지막으로 형상에 구멍을 추가한다. 다음과 같이 Hole 아이콘을 클릭하고 점 모서리를 먼저 선택하고 Up To Last를 선택하게 되면 기준 면에서부터 형상의 끝 부분까지 관통하며 Diameter 값 = 8mm를 입력한 후 확인을 클릭한다.

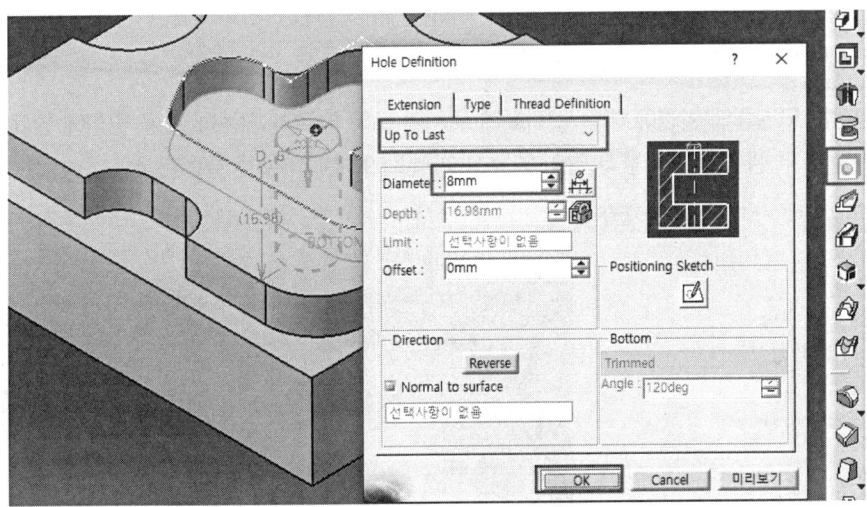

⓫ 모델링이 완성된 모습이다.

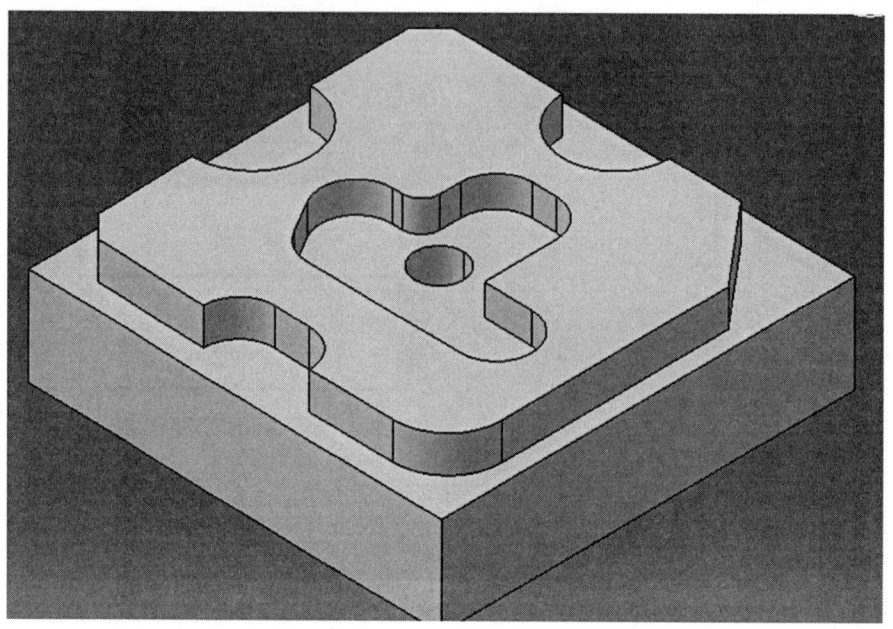

5 CAM 가공 환경 설정하기

❶ 형상은 모델링의 환경에 따라서 좌표계 위치가 모두 다르기 때문에 가공 원점에 필요한 좌표계를 먼저 생성한다. 다음과 같이 메뉴 바에서 좌표계 아이콘을 클릭한다.

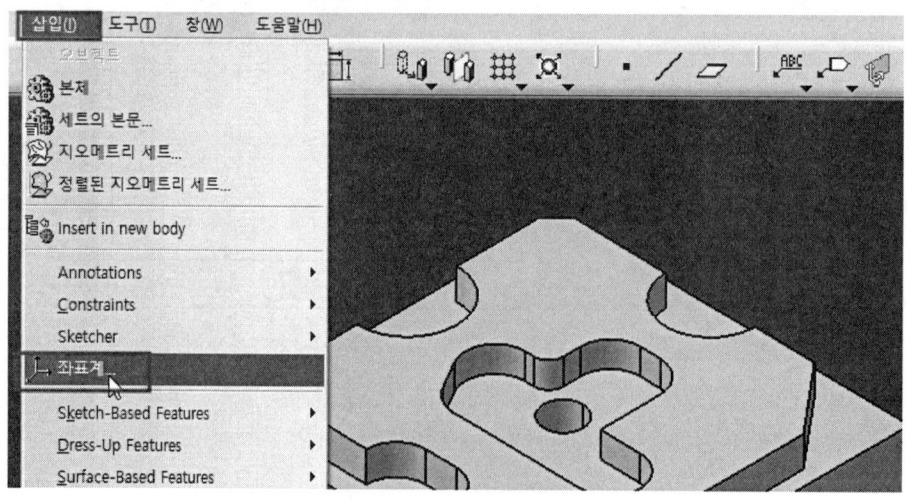

❷ 좌표계를 형상의 왼쪽 상단에 생성하기 위해서 X축 항목을 클릭하고 형상의 왼쪽의 기준 면을 선택한다. 다음 Y축 항목을 클릭한 후 형상의 앞쪽의 기준 면을 클릭한다. 마지막으로 Z축 항목은 형상의 위쪽 면을 클릭하면 좌표계가 생성되는데, 이때 Z축이 위쪽 방향이 나오도록 Z축 항목에 있는 반전 부분을 체크하여 방향을 정의하고 확인을 클릭한다.

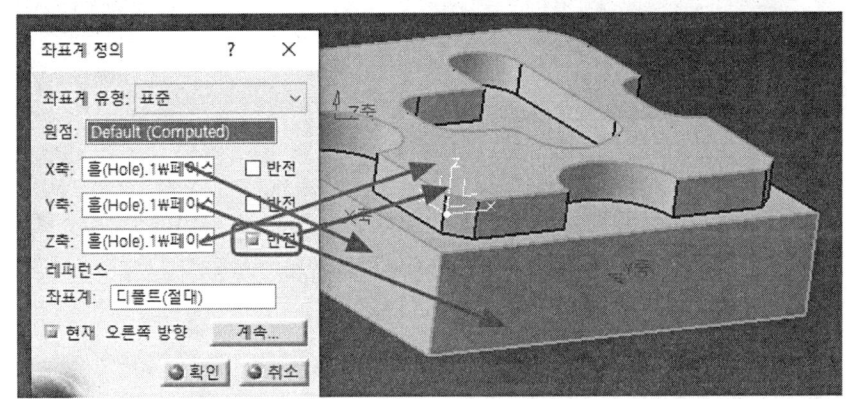

❸ 다음으로 안전 높이를 정의하기 위한 기준 평면인 후 Plane을 생성한다. 우선 필요한 아이콘을 사용하기 위해서 다음과 같이 아이콘 BAR 위치에 커서를 움직이고 마우스 오른쪽 버튼을 클릭하면 필요한 아이콘을 꺼내올 수 있다. 이때 Reference Elements(Extended)를 선택한 Plane 아이콘을 클릭한다.

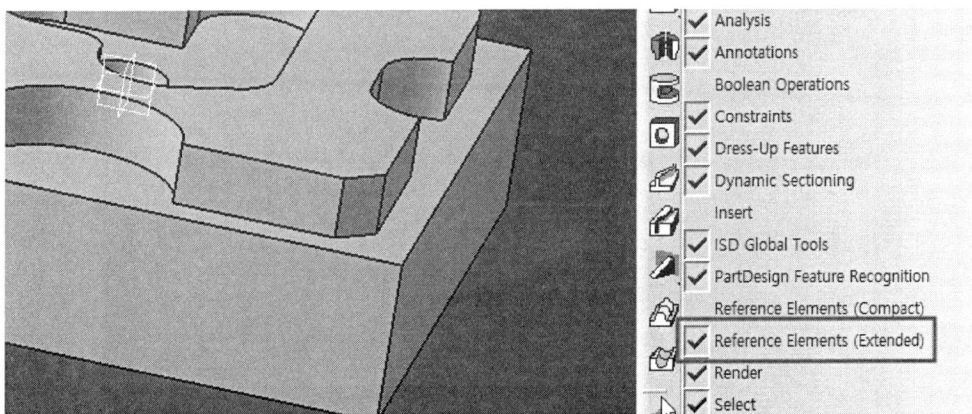

제4절 CATIA V5에 의한 모델링 및 NC Data 생성 따라 하기

❹ 다음과 같이 평면 유형은 평면에서 오프셋을 선택한 후 형상의 윗면을 클릭하고 오프셋 거리 값 = 20mm를 입력하고 확인을 클릭하면 데이텀 평면이 생성됩니다. 생성된 데이텀 평면을 사용하여 안전 높이 값을 지정할 수 있다.

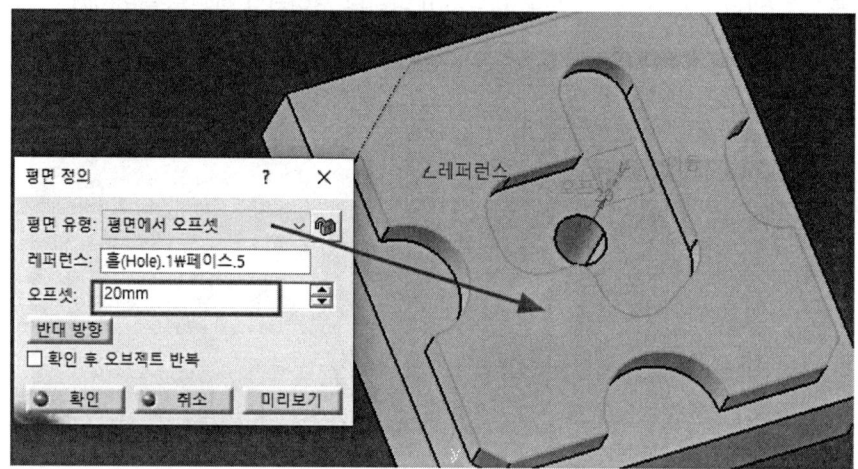

❺ 작업에 들어가기에 앞서 환경을 Setting 해야 하므로 다음과 같이 메뉴 바에 도구를 클릭하고 옵션을 클릭한다.

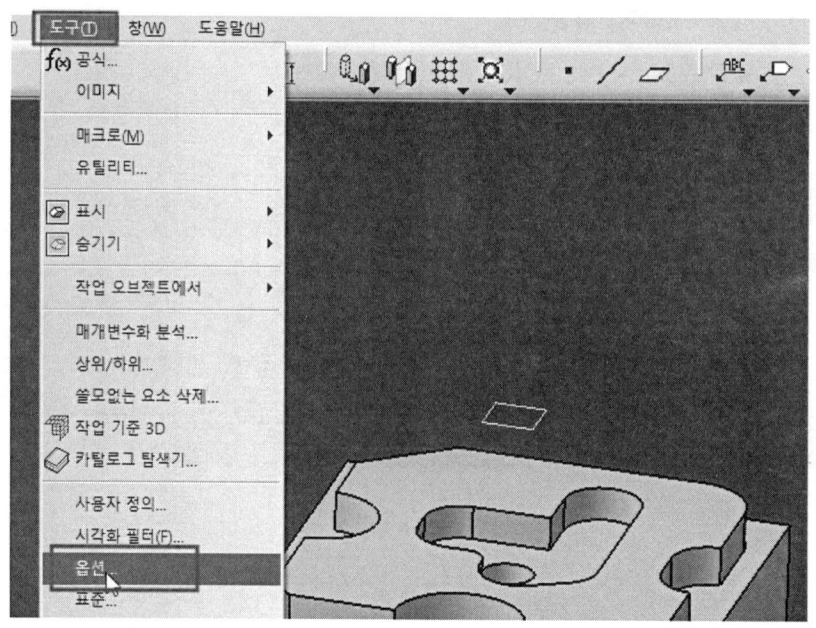

❻ 옵션의 레이아웃에서 오른쪽에 항목에서 기계를 클릭하고 Output 탭에서 Post Processer and Controller Emulator Folder 항목에서 IMS_를 선택한다. 일반적으로 사용하는 Post Processor 설정이다.

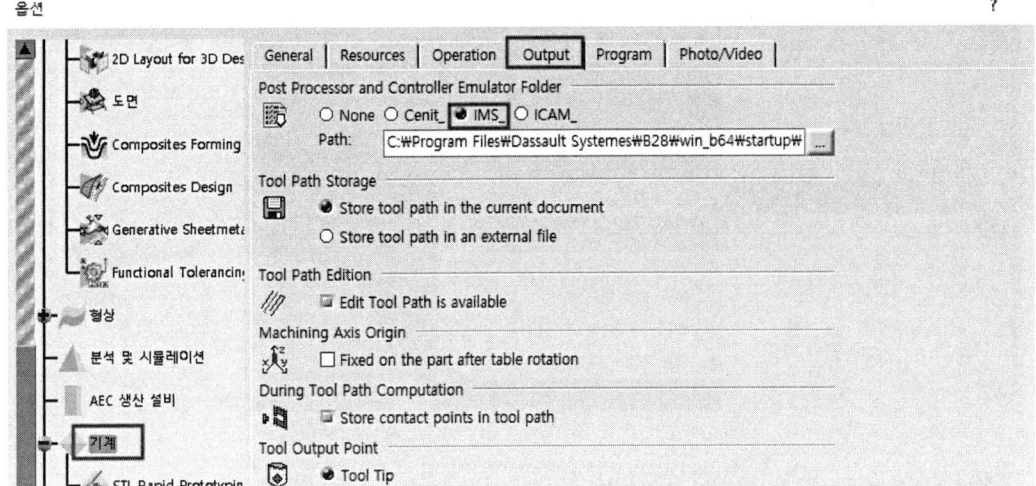

❼ 동일한 탭에서 아래쪽을 살펴보면 Tool Path Files, NC Code output and NC Documentation Location 항목이 있다. Extension 옵션에 NC를 입력하고 확인을 클릭한다. 파일의 확장자를 NC로 출력한다.

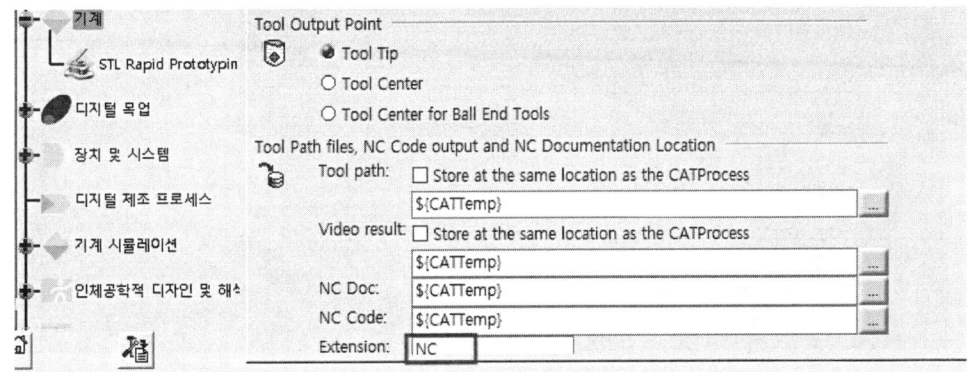

제4절 CATIA V5에 의한 모델링 및 NC Data 생성 따라 하기

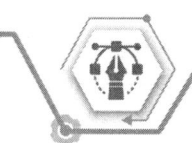

❽ 가공 환경으로 들어가기 위해서 메뉴 바의 시작 탭을 클릭하고 기계 항목에서 Prismatic Machining 아이콘을 클릭한다.

❾ Prismatic Machining 환경의 모습이다.

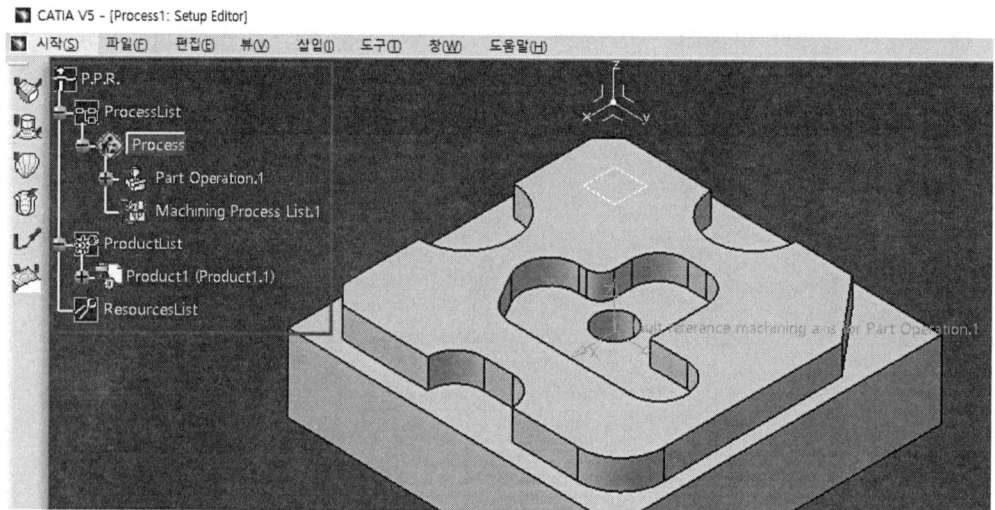

6 CAM 가공 조건 설정하기

❶ 가공 조건을 설정하기 위해서 Part Operation을 마우스 왼쪽을 더블클릭한다.

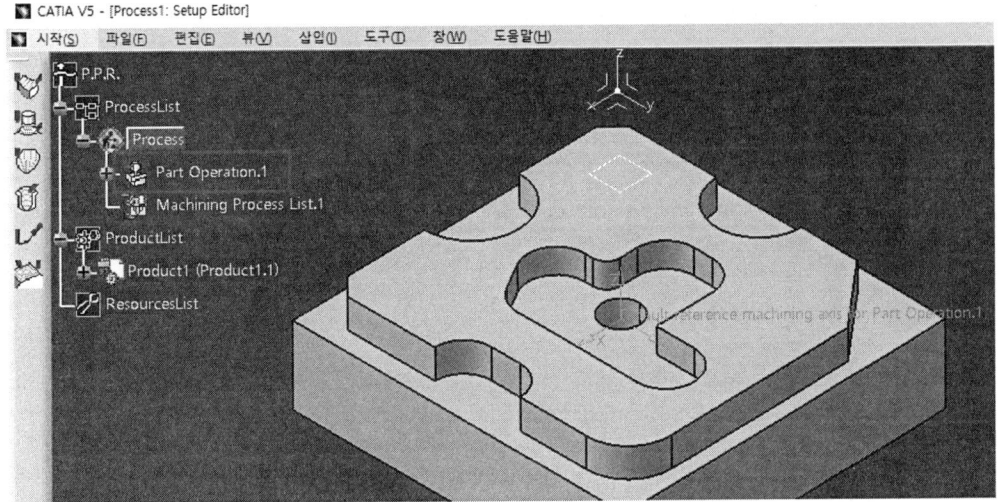

❷ Part Operation 레이아웃에서 Machine Editor 아이콘을 클릭한다.

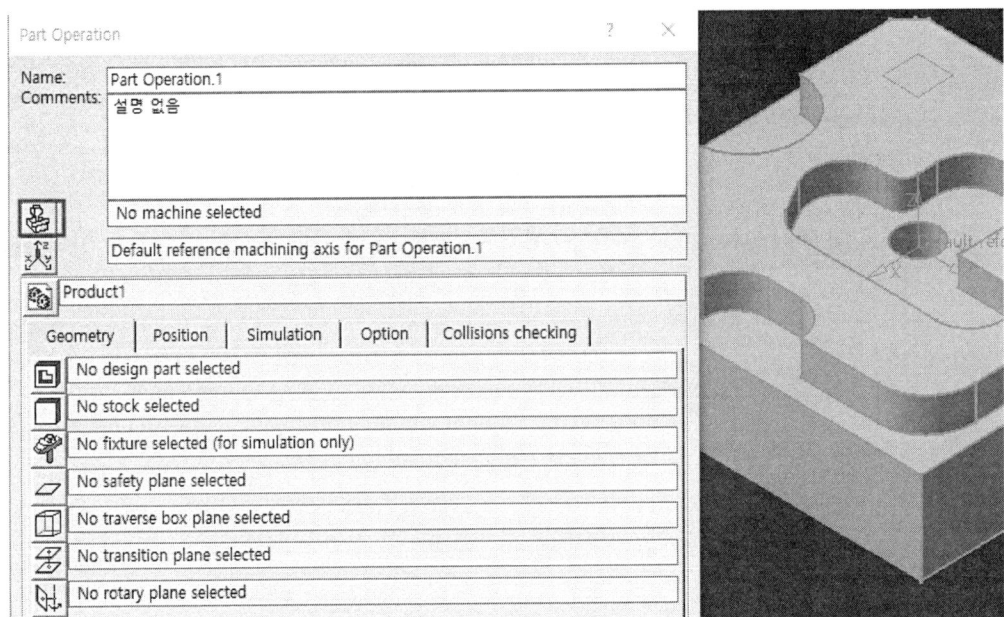

❸ Post Processor 항목에서 fanuc16.lib를 선택한 후 Post Processor word tabole 항목 또한 IMSPPCC_MILL.pptable을 선택하고 확인을 클릭한다.

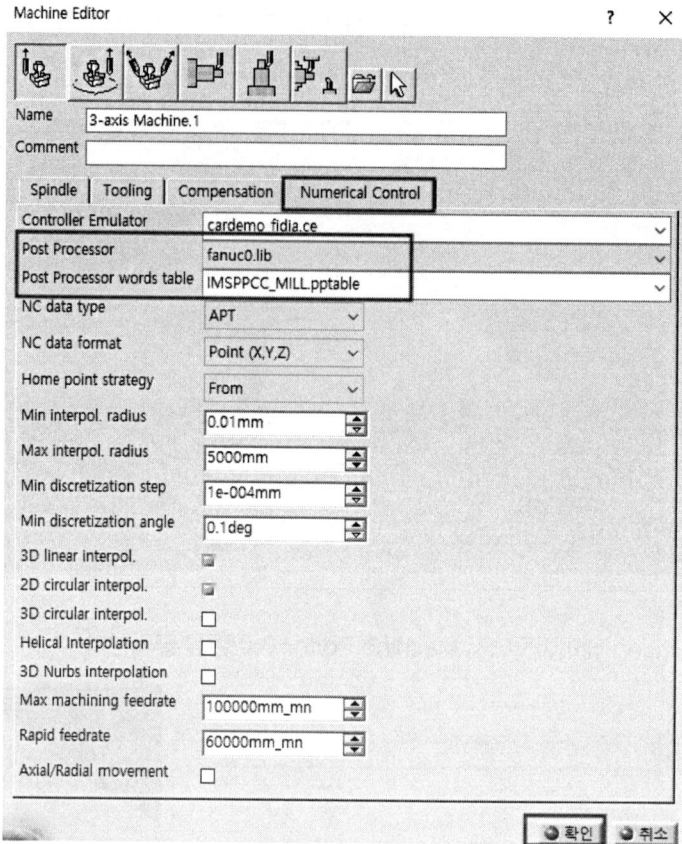

❹ 다음과 같이 Part Operation 레이아웃에서 Reference machining axis system 아이콘을 클릭한다.

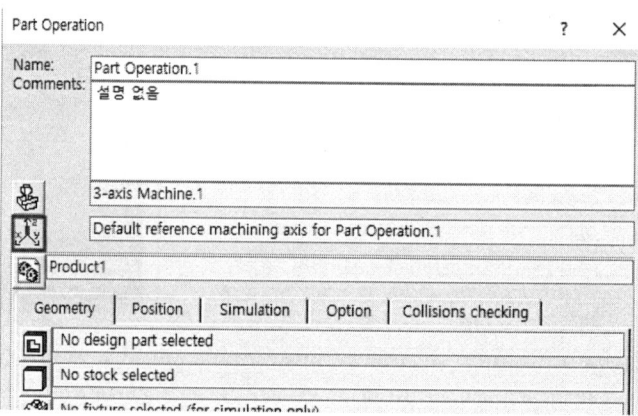

❺ Reference machining axis system 항목에서 가공 원점을 정의한다. 다음과 같이 (1)좌표계의 원점을 클릭한다.

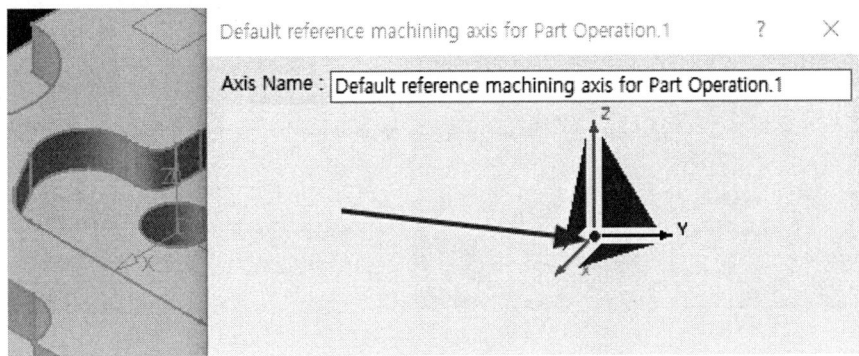

❻ 다음 윈도우 그래픽에서 모델링 형상의 좌표계의 원점을 지정한다.

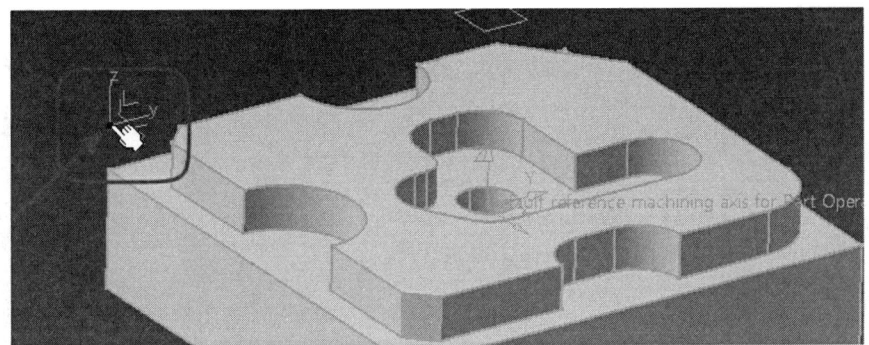

❼ 다음으로 가공 원점의 X축 방향을 지정하기 위해서 다음과 같이 Reference machining axis system 항목에서 X축 벡터를 클릭한다.

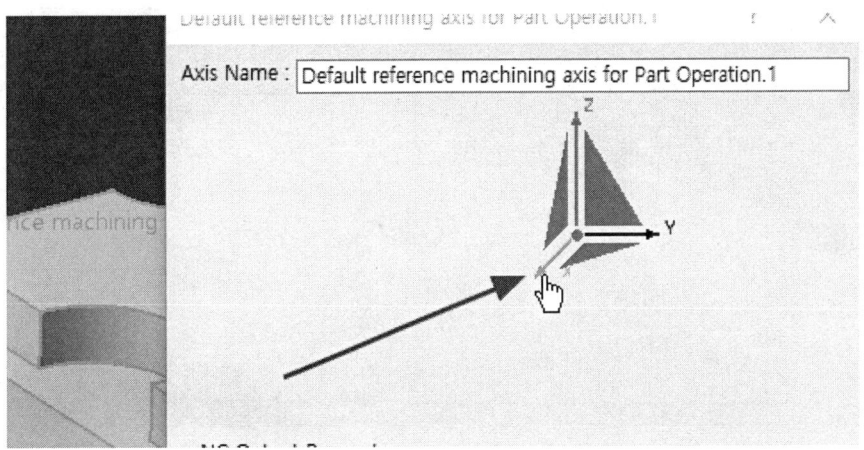

제4절 CATIA V5에 의한 모델링 및 NC Data 생성 따라 하기

❽ 그래픽 윈도우에서 형상의 X축을 참조할 모서리를 클릭하고 확인을 클릭한다.

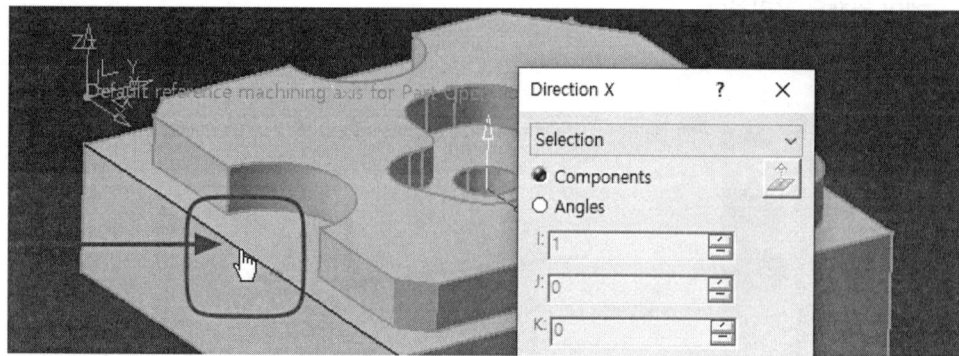

❾ Part Operation에서 안전 높이를 정의하기 위해 다음과 같이 Safety plane 아이콘을 클릭한다.

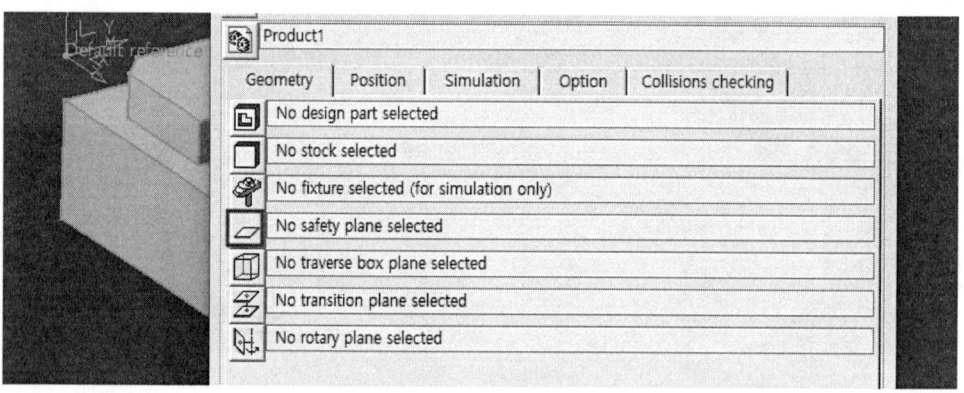

❿ 다음 Part Design 환경에서 생성했던 Safety plane을 선택하고 확인을 클릭한다.

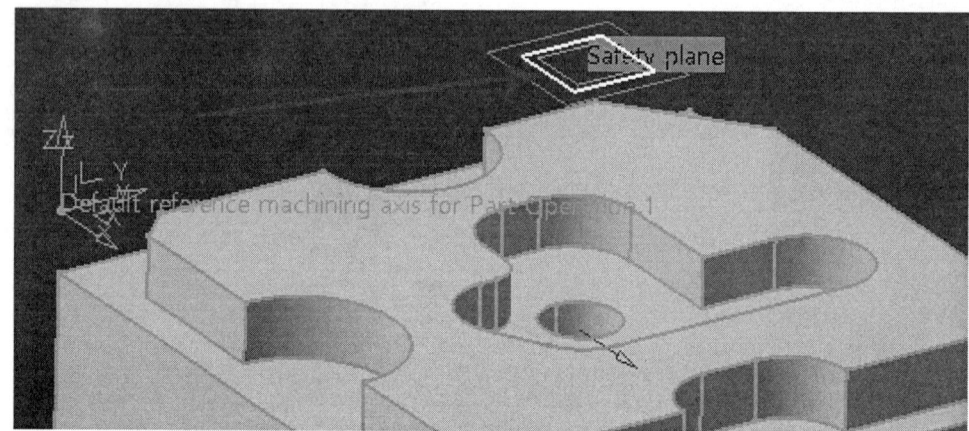

7 CAM 소재 만들기(생략이 가능하다.)

❶ 아래 그림과 같이 Advanced Machining을 클릭한다.

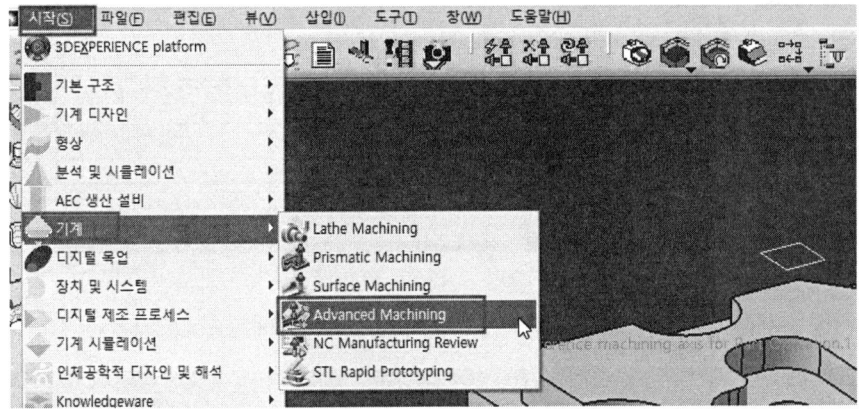

❷ Manufacturing Program.1을 클릭하고 Geometry Management 도구 막대의 Creates rough stock(소재)을 클릭한다.

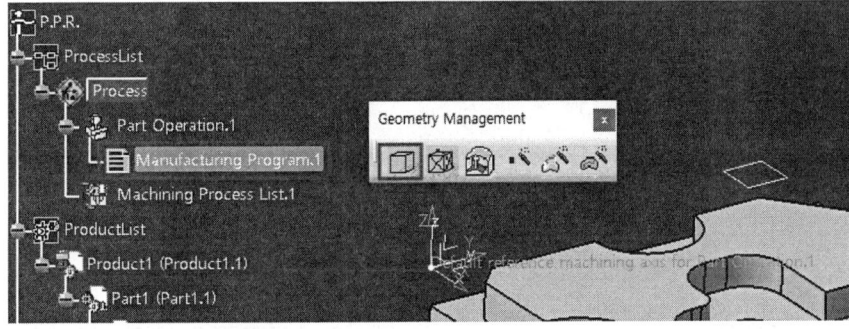

❸ Rough Stock 박스에서 공작물 윗면을 클릭하고 확인한다.

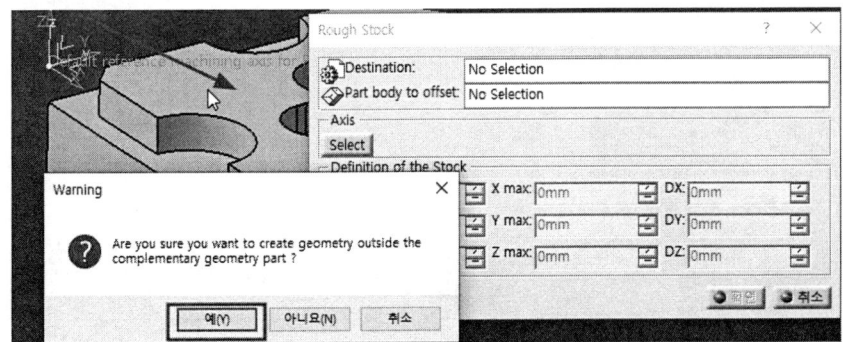

제4절 CATIA V5에 의한 모델링 및 NC Data 생성 따라 하기

❹ 공작물 윗면을 한 번 더 클릭하면 가상의 공작물 크기를 확인하고 확인한다.

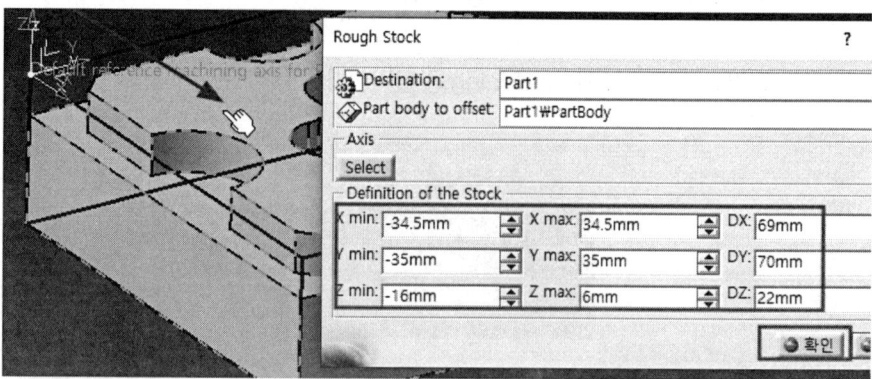

❺ 공작물 소재를 지정한 후 최종의 형태는 다음과 같으며 좌측에는 Rough Stock.1이 생성된다.

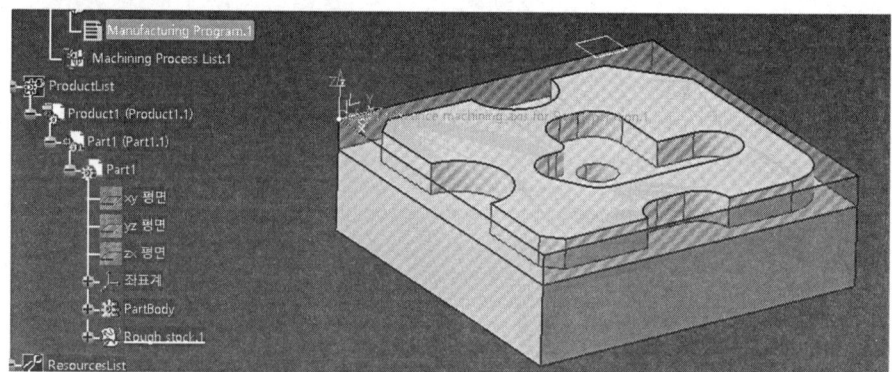

❻ Manufacturing Program.1을 더블클릭한다. 좌측의 Rough Stock.1에서 오른쪽 마우스를 클릭하여 숨기기를 한다.

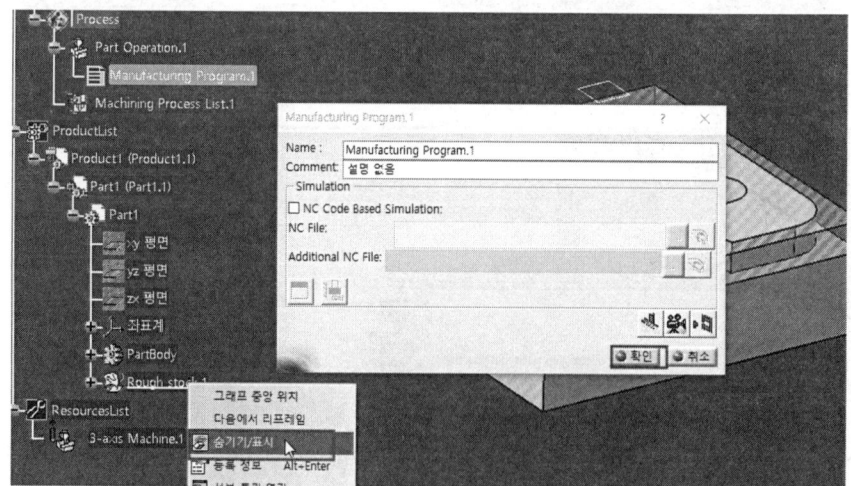

8 센터드릴 가공 Operation 생성하기

❶ 이제 가공에 필요한 Operation을 생성하기 위해 아이콘 툴바에서 Drilling 아이콘의 아래 화살표를 클릭하고 Spot Drilling 아이콘을 클릭한다.

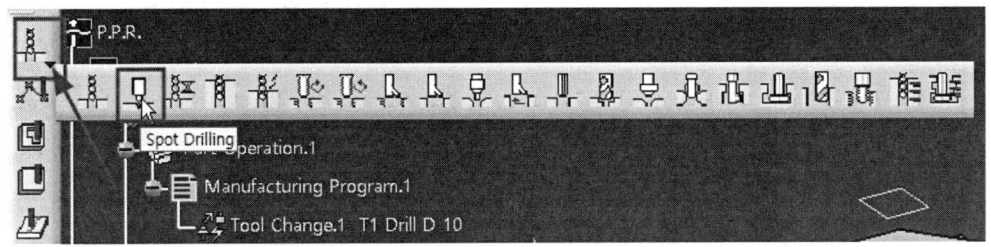

❷ Spot Drilling의 기준점을 지정하기 위해 구멍 형상과 동심인 원호 모서리를 선택하면 된다. Spot Drilling의 깊이 값을 지정하기 위해 깊이에 해당하는 치수를 더블클릭하고 Depth 값 =3mm를 입력하고 확인을 클릭한다.

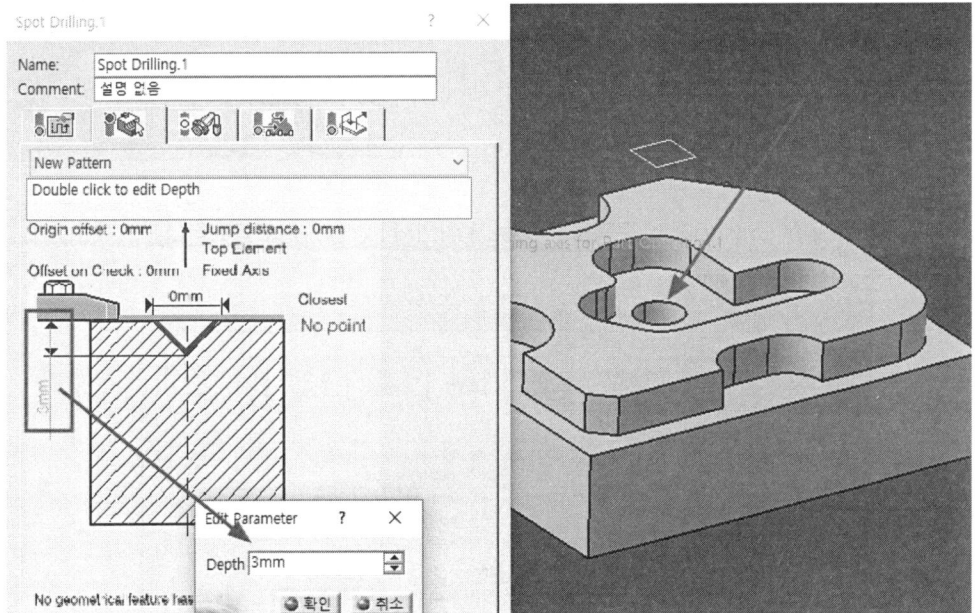

❸ Spot Drilling의 지름을 정의하기 위해서 지름에 해당하는 치수를 마우스 왼쪽 더블클릭한 다음 Diameter 값 = 3mm를 입력하고 확인을 클릭한다.

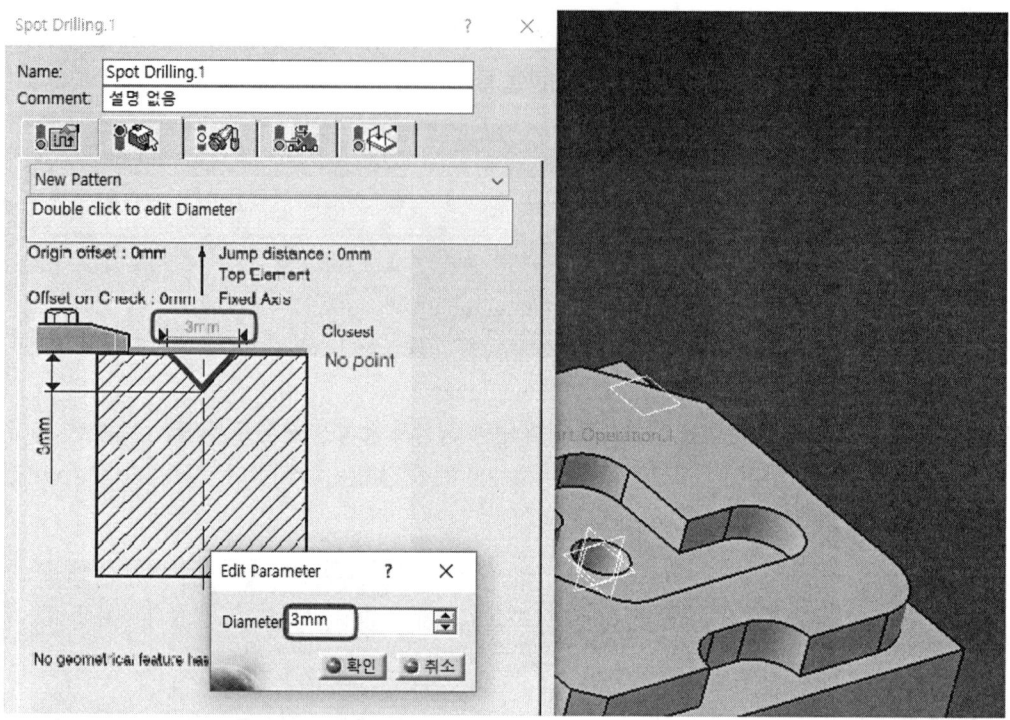

❹ 다음으로 Spot Drilling에서 구멍을 지정하기 위해서 No point를 클릭한다.

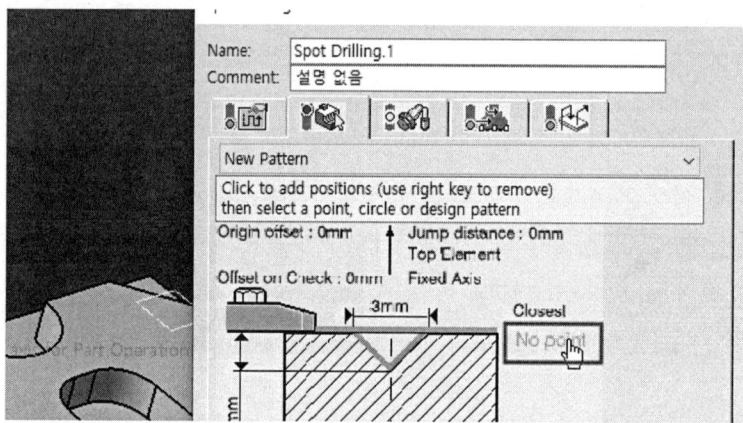

❺ 포켓 형상의 모서리를 클릭하면 자동으로 중심점이 지정된다. 다음 ESC를 눌러 빠져 나온다.

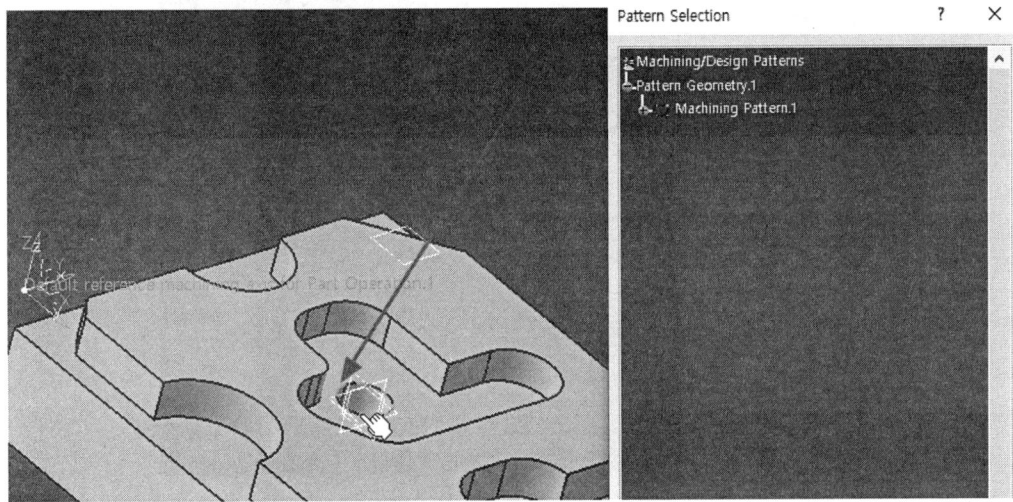

❻ 다음과 같이 Tooling Tab 항목을 클릭한다. 다음 공구를 구분하기 위해서 Name을 지정한 후 more 항목을 클릭하고 Nominal diameter 값 = 3mm를 입력한다.

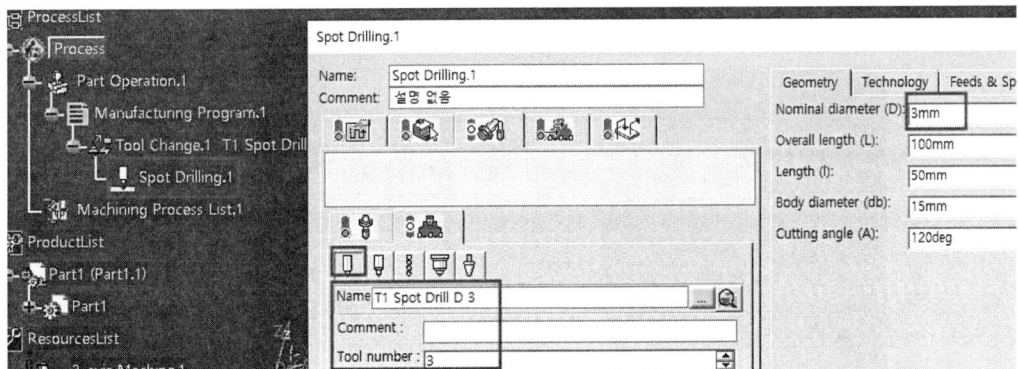

❼ Strategy tab page 탭에서 확인할 부분은 Approach clearance 값 = 5mm를 입력한다.

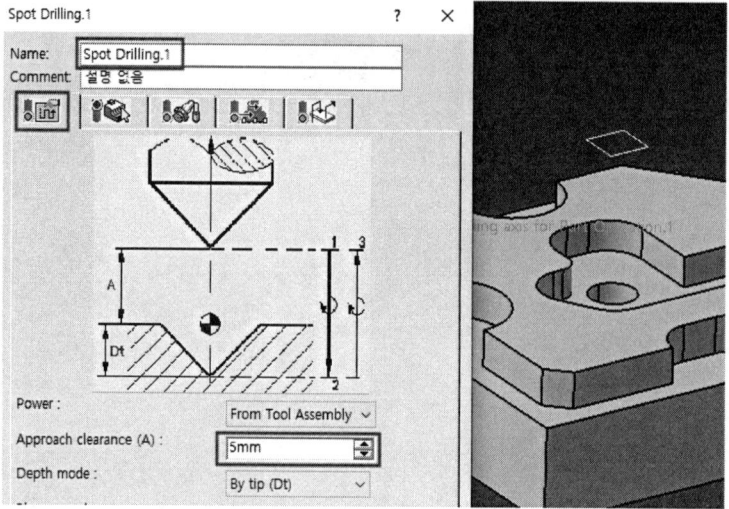

❽ Feedrate 탭에서 Automatic compute from tooling Feeds and Speed를 먼저 체크를 해제하고 Plunge 50, Machining 100을 입력한다. 다음 Spindle Speed 탭에서 Machining 값 1000turn_min을 입력한 다음 Tool Path Replay를 통해 가공경로를 검증한다.

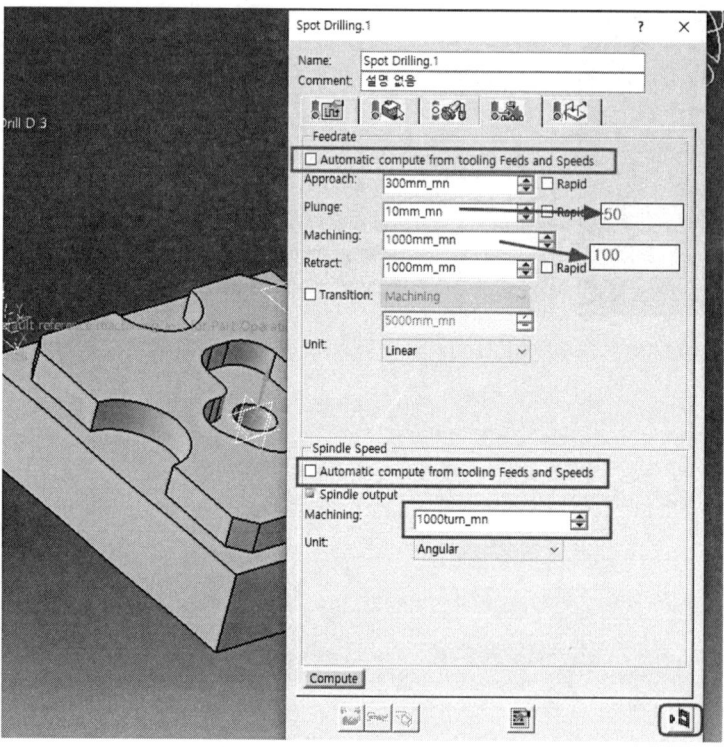

❾ 가공 검증을 통해 툴패스와 가공경로를 확인할 수 있다. Video from last saved result 아이콘을 클릭한다.

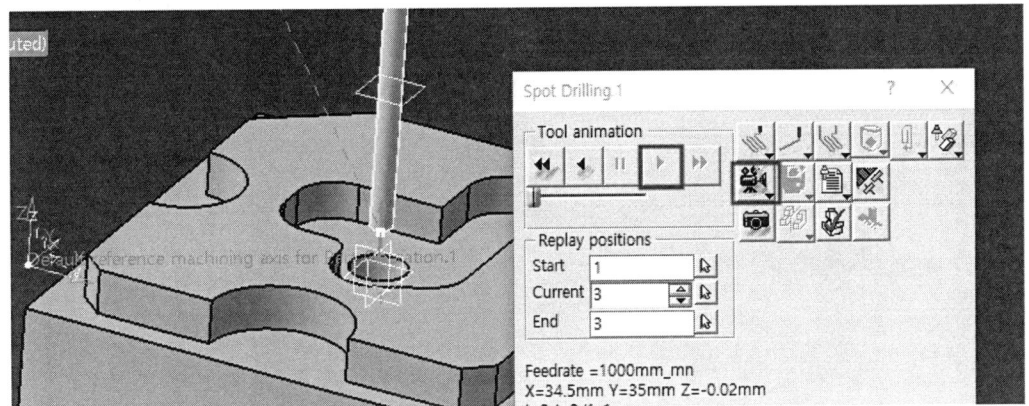

❿ 재생 아이콘을 클릭하면 가공 검증을 시각적으로 확인할 수 있다.

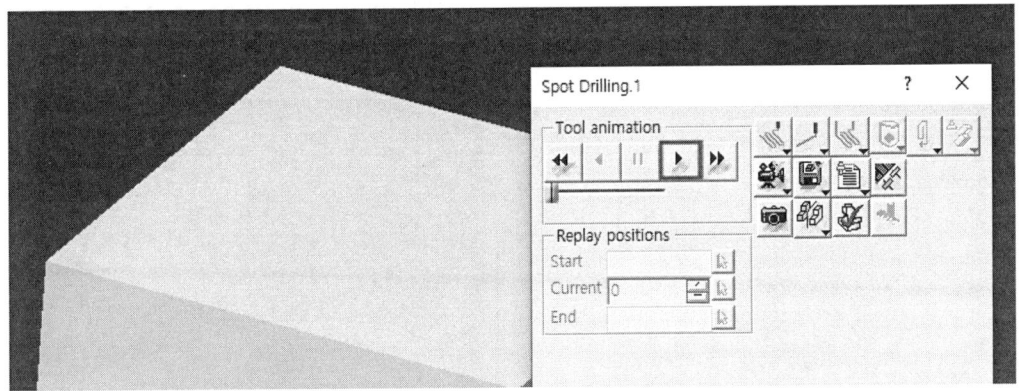

9 백드릴 가공 Operation 생성하기

❶ 브레이크 칩 드릴링 오퍼레이션을 생성하기 위해서 아이콘 툴바에서 Drilling 아이콘의 아래 화살표를 클릭하고 Drilling break chips 아이콘을 클릭한다.

❷ 원점을 선택하면 다음과 같이 레이아웃이 생성됩니다. 먼저 Break chip Drilling의 깊이 값을 지정하기 위해 깊이에 해당하는 치수를 더블클릭하고, Depth 값 23mm를 입력하고 확인을 클릭한 후 동일한 방법으로 다음 드릴의 Diameter 값 8mm를 입력한다.

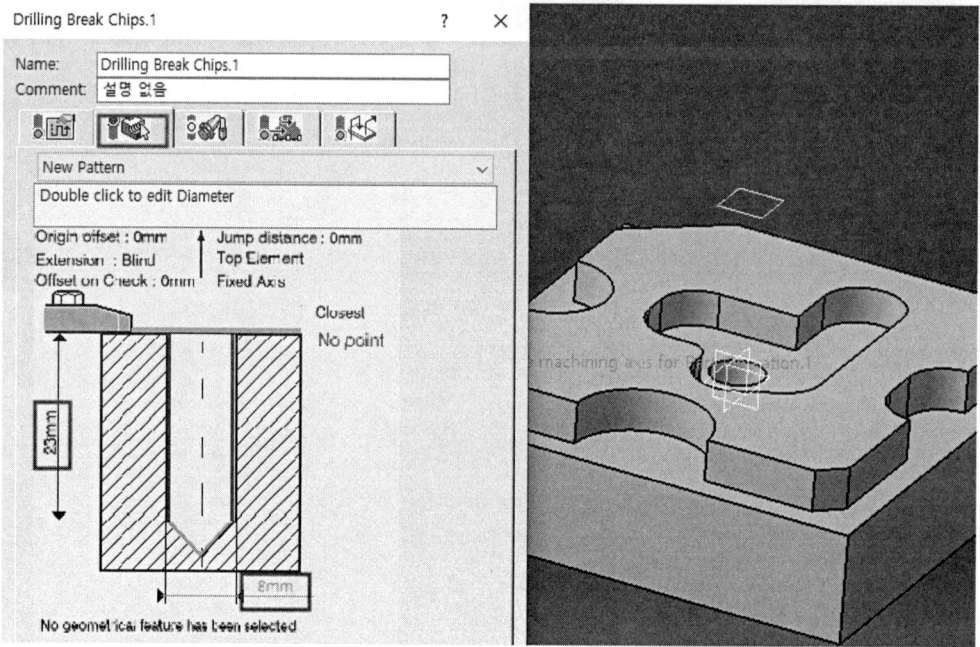

❸ 구멍을 지정하기 위해서 다음과 같이 No point 부분을 클릭한다.

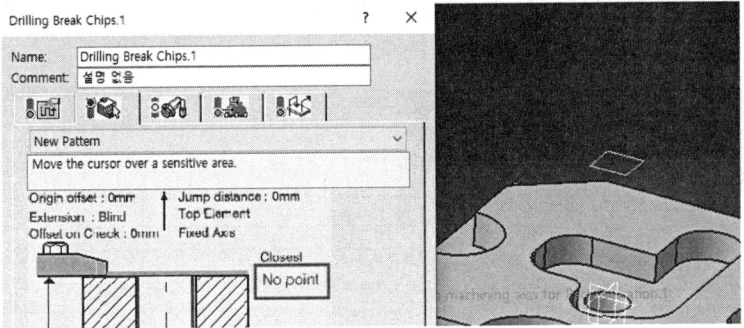

❹ 포켓 형상의 모서리 부분을 클릭한다.

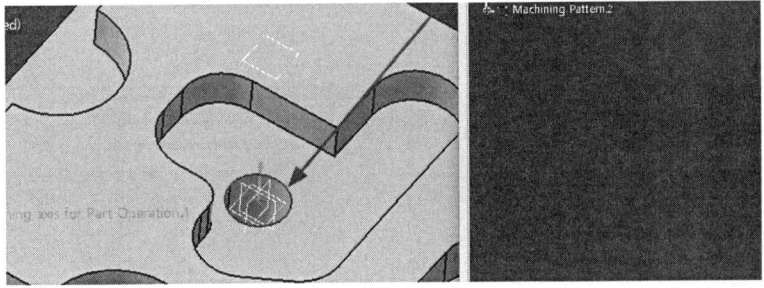

❺ 다음 Tooling Tab 항목을 클릭한 후 공구를 구분하기 위해서 Name을 지정한 후 more 항목을 클릭하고 Nominal diameter 값 8mm를 입력한다.

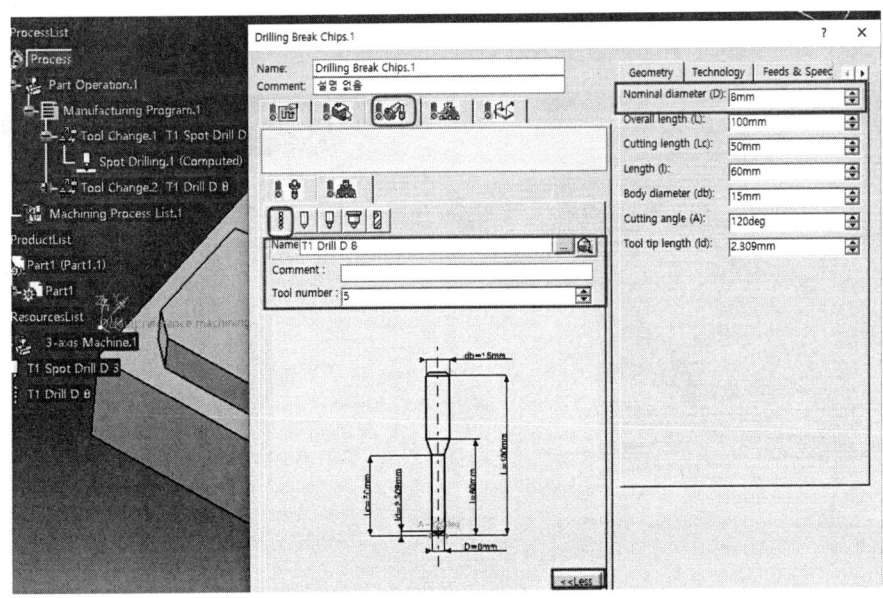

제4절 CATIA V5에 의한 모델링 및 NC Data 생성 따라 하기

❻ Feedrate 탭에서 Automatic compute from tooling Feeds and Speed를 먼저 체크를 해제하고 Plunge 50, Machining 100을 입력한다. 다음 Spindle Speed 탭에서 Machining 값 1000turn_min을 입력한다.

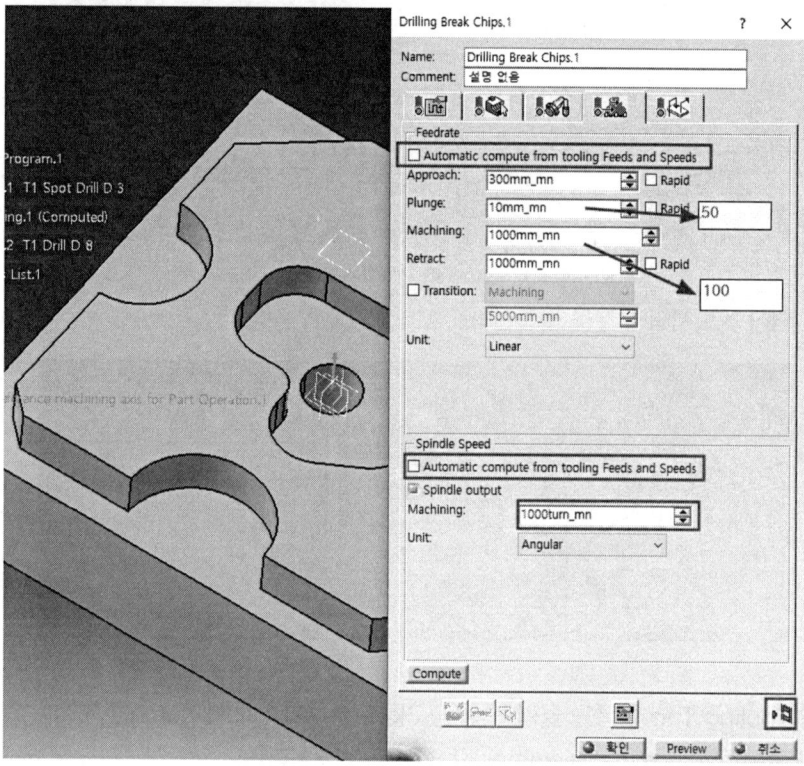

❼ Tool Path Replay 통해 가공 검증한 다음 아래 그림과 같이 촬영 아이콘을 클릭한다.

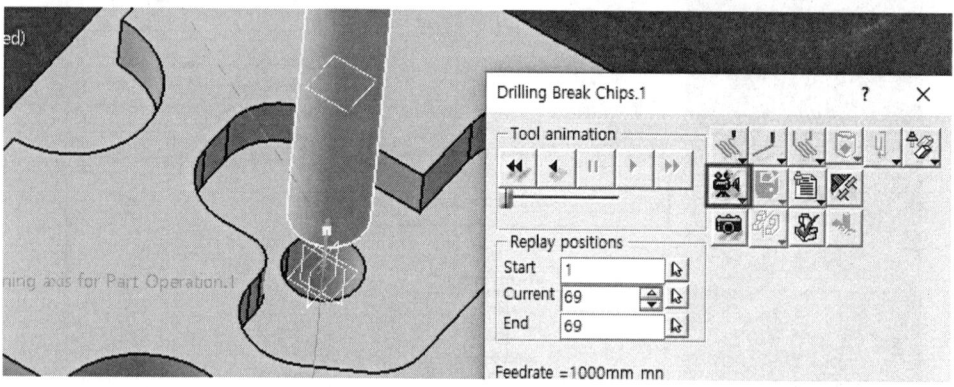

Chapter 06 | CAM NC Data 생성(컴퓨터응용밀링기능사)

❽ 재생 버튼을 클릭한다.

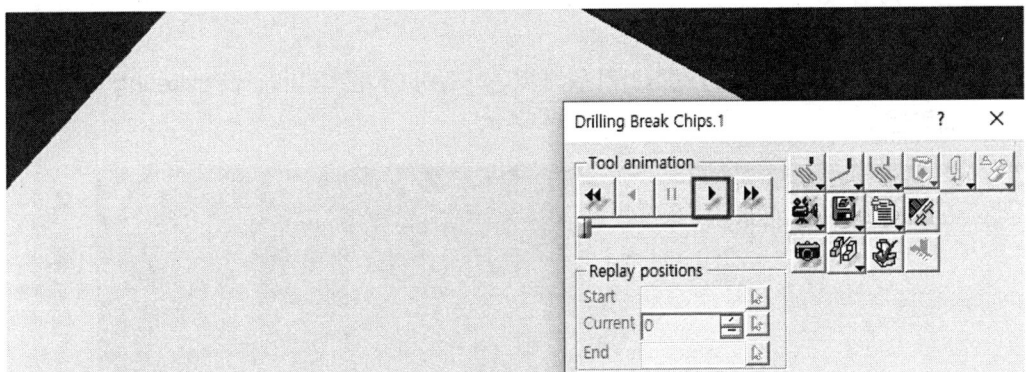

❾ 아래 그림과 같이 확인한다.

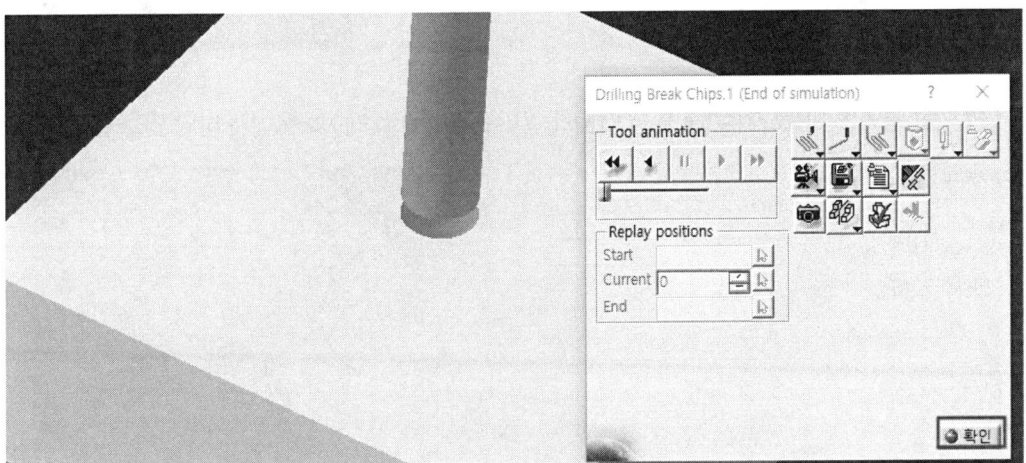

10 포켓 가공 Operation 생성하기

❶ 외각 가공 및 포켓 가공을 생성하기 위해 다음과 같이 아이콘 툴바에서 Pocketing 아이콘을 클릭한다.

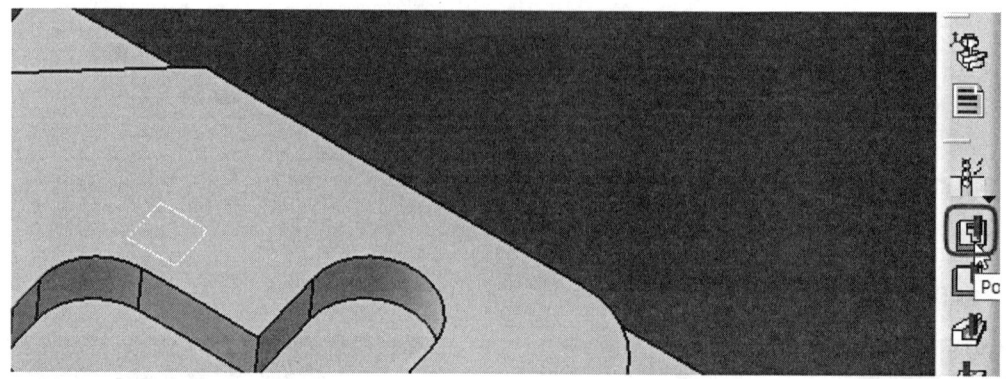

❷ 가공 영역을 지정하기 위해 먼저 다음과 같이 Pocketing 레이아웃에서 바닥 면을 클릭한다.

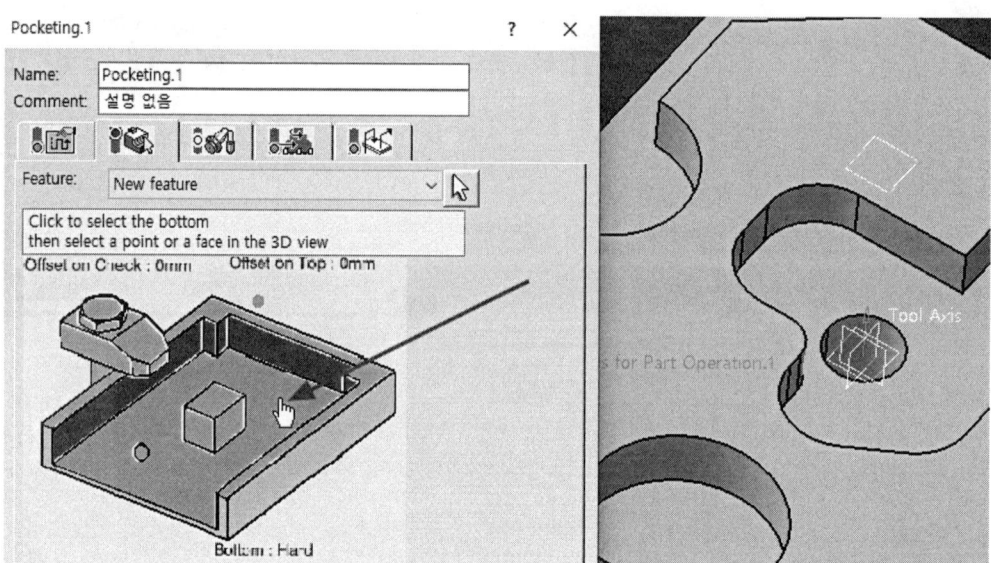

❸ 모델링 형상에서 다음과 같이 가공 영역을 지정하기 위해 (2) 외각 형상의 바닥 면을 클릭한다.

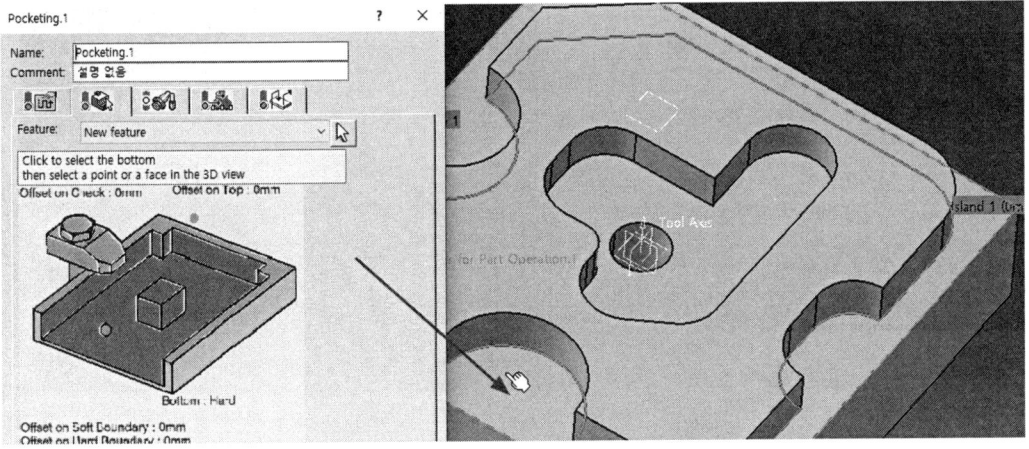

❹ 계속해서 가공 영역을 지정하기 위해 Pocketing 레이아웃에서 다음과 같이 윗면을 클릭한다.

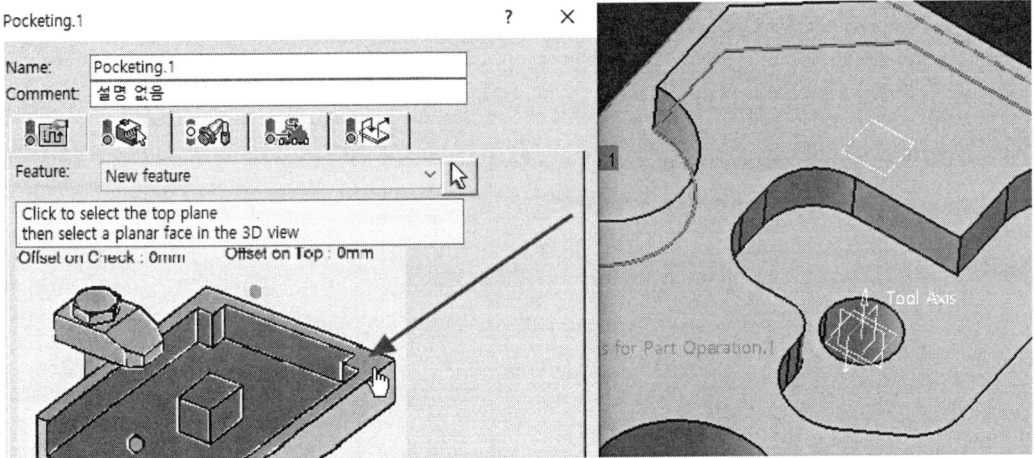

❺ 모델링 형상에서 다음과 같이 가공 영역을 지정하기 위해 이번에는 외각 형상의 윗면을 클릭한다.

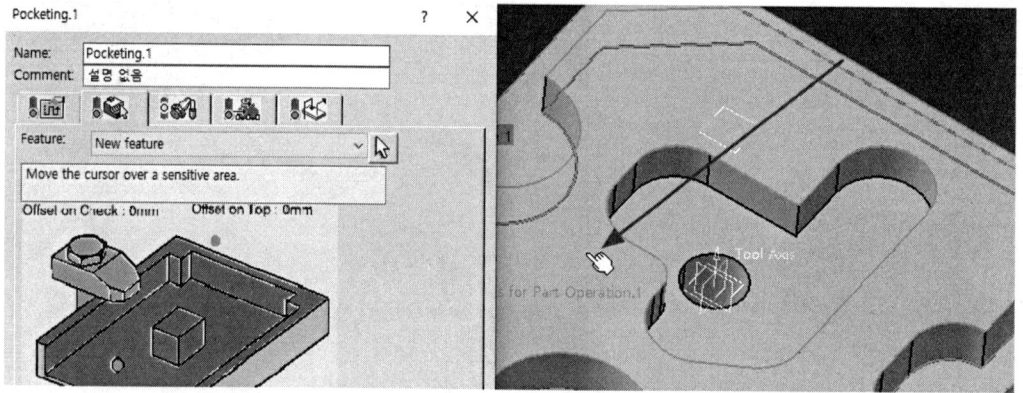

❻ Tooling Tab 항목을 클릭한다. 다음 공구를 구분하기 위해서 Name을 지정한 후 more 항목을 클릭하고 Nominal diameter(D) 값 10mm, Conner redius(Rc) 값 0mm를 입력하고 확인을 클릭한다.

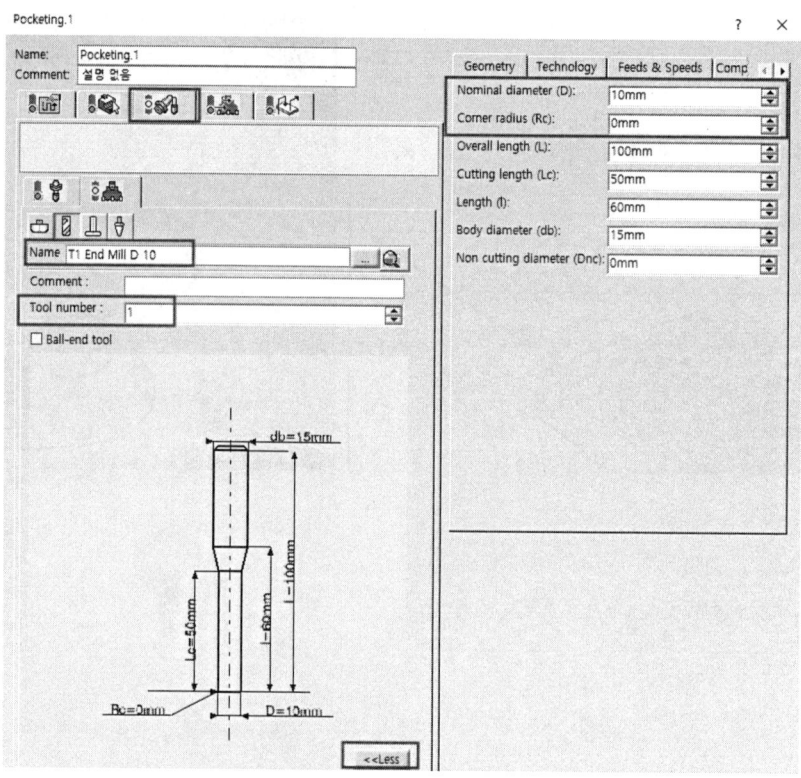

❼ Strategy tab page 탭에서 포켓 가공의 매개변수를 정의한다. 먼저 Radial 탭에서 mode 옵션에 Maximum distance를 선택하고 Distance between paths 값 5mm를 입력한 후 Overhang 값 100을 입력한다.

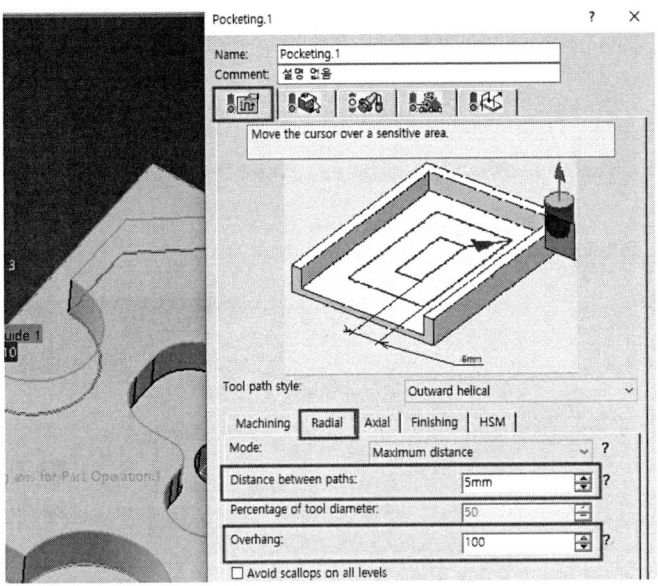

❽ 다음 (1)Axial 탭으로 이동한다. 다음 mode 항목에서 Maximum depth of cut을 선택한 후 Maximum depth of cut 값 3mm를 입력한다.

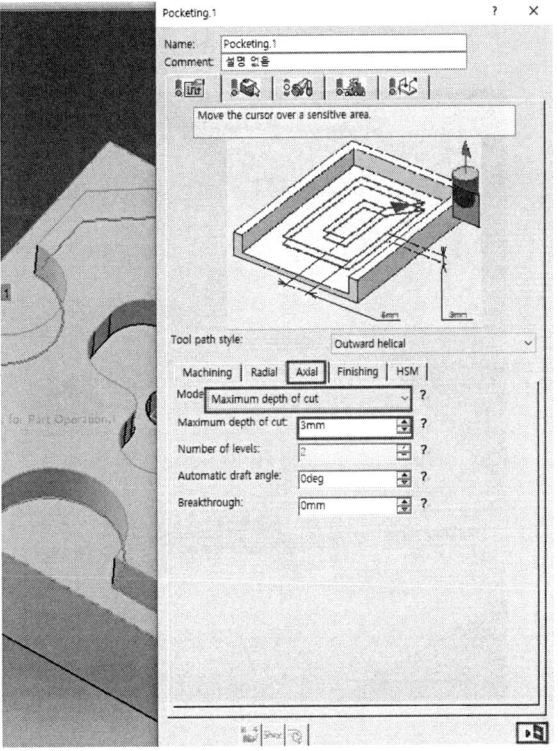

❾ Tool Path Replay 통해 가공 검증한 다음 아래 그림과 같이 촬영 아이콘을 클릭한다.

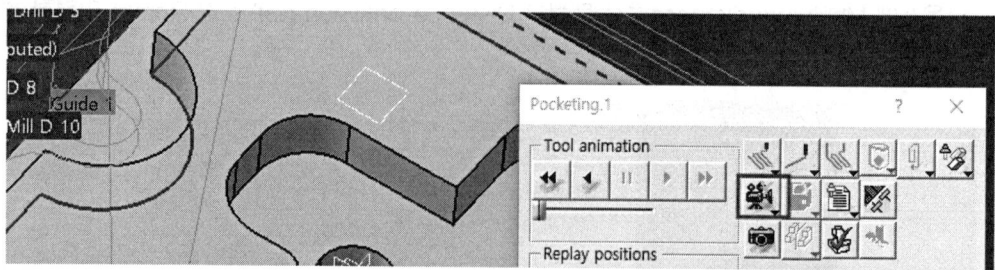

❿ 재생 버튼을 클릭한다.

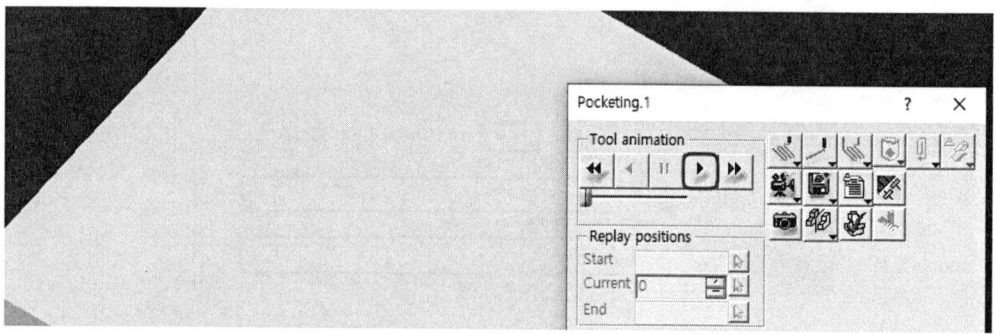

⓫ 아래 그림과 같이 확인한다.

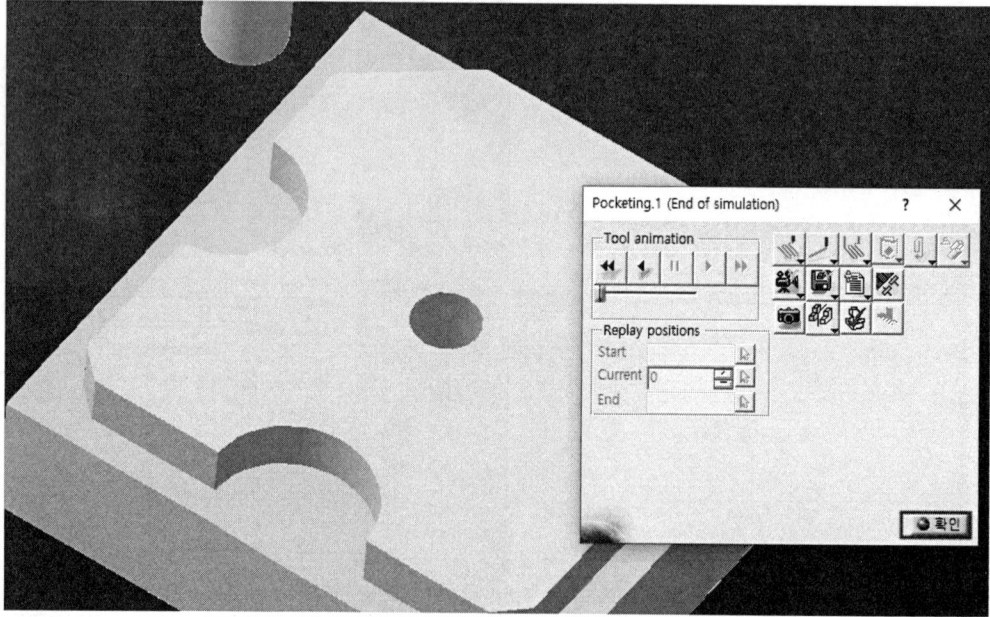

⓬ 이번에는 안쪽의 포켓 가공 오퍼레이션을 생성하기 위해 아이콘 툴바에서 Pocketing 아이콘을 클릭한다.

⓭ 가공 영역을 지정하기 위해 먼저 다음과 같이 Pocketing 레이아웃에서 바닥 면을 클릭한다.

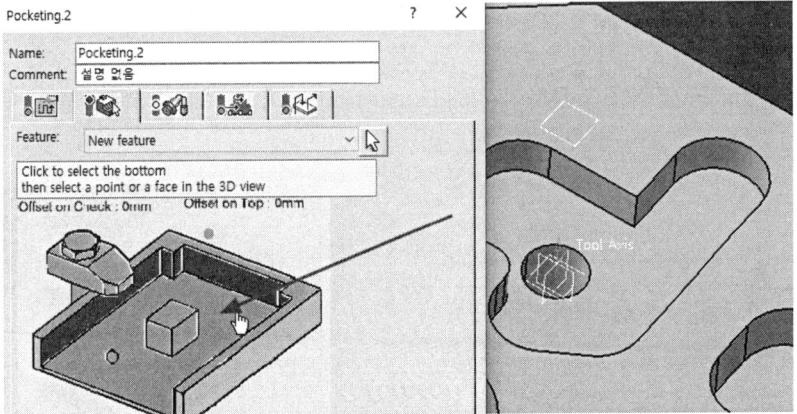

⓮ 모델링 형상에서 다음과 같이 가공 영역을 지정하기 위해 포켓 형상의 바닥 면을 클릭한다.

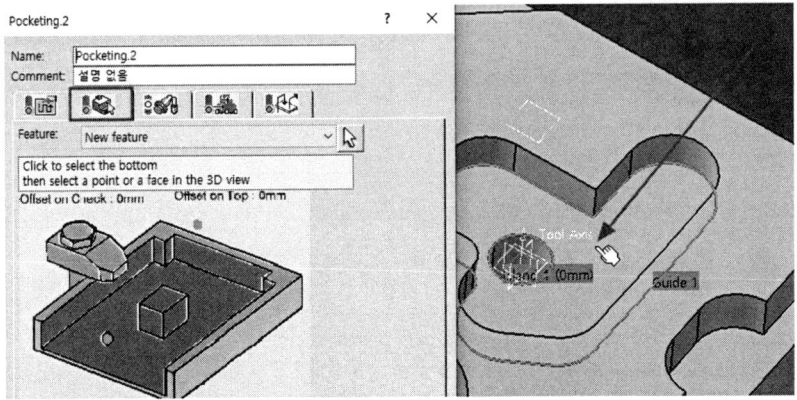

제4절 CATIA V5에 의한 모델링 및 NC Data 생성 따라 하기

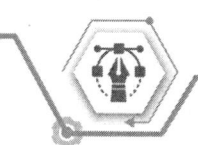

⑮ 그다음 다음과 같이 Island 1 (0mm) 부분을 마우스 오른쪽 버튼을 클릭하고 Remove Island 1을 클릭한다.

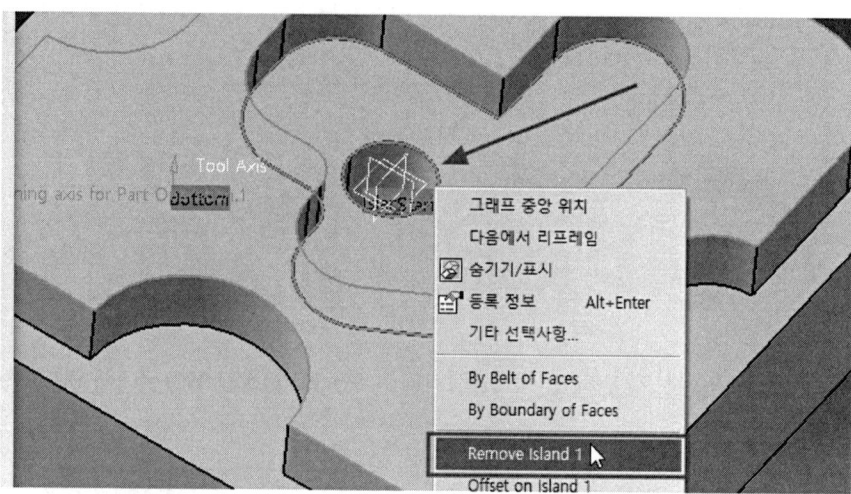

⑯ 계속해서 가공 영역을 지정하기 위해 Pocketing 레이아웃에서 다음과 같이 윗면을 클릭한다.

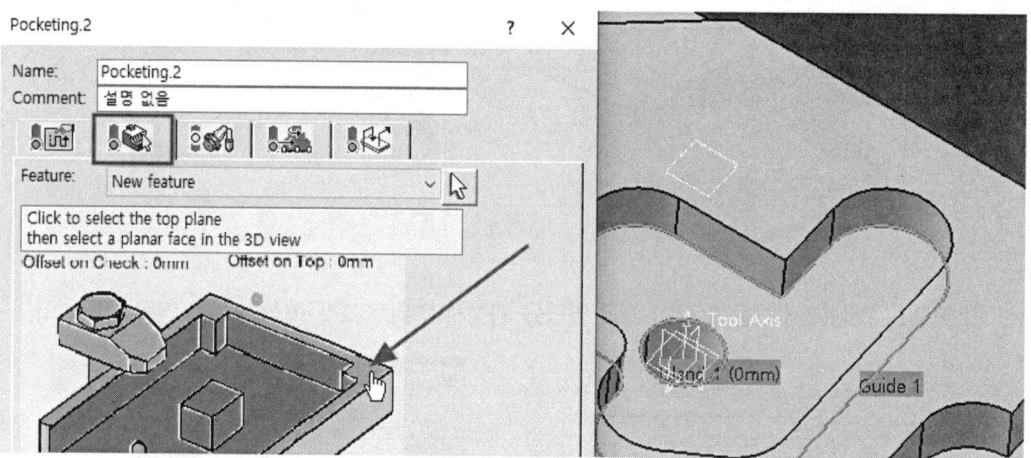

⑰ 모델링 형상에서 가공 영역을 지정하기 위해 모델링 형상의 윗면을 클릭한다.

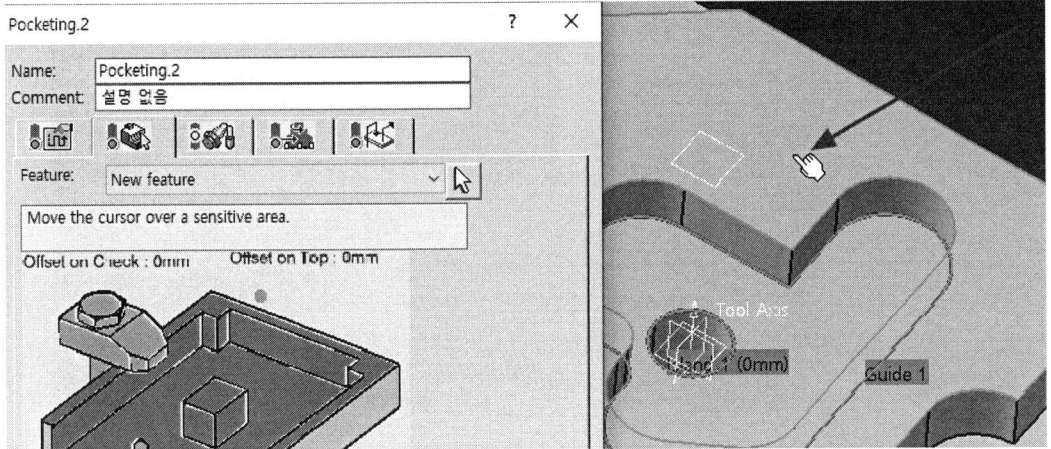

⑱ 시작 위치 점을 지정하기 위해서 시작 점 위치 심볼을 클릭한다.

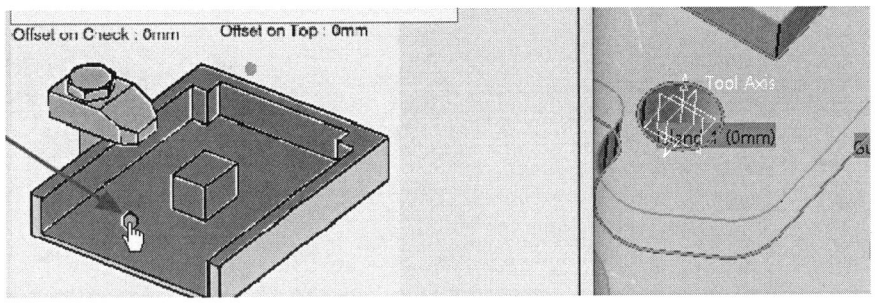

⑲ 시작 위치로 포켓 형상의 구멍의 모서리를 클릭한다.

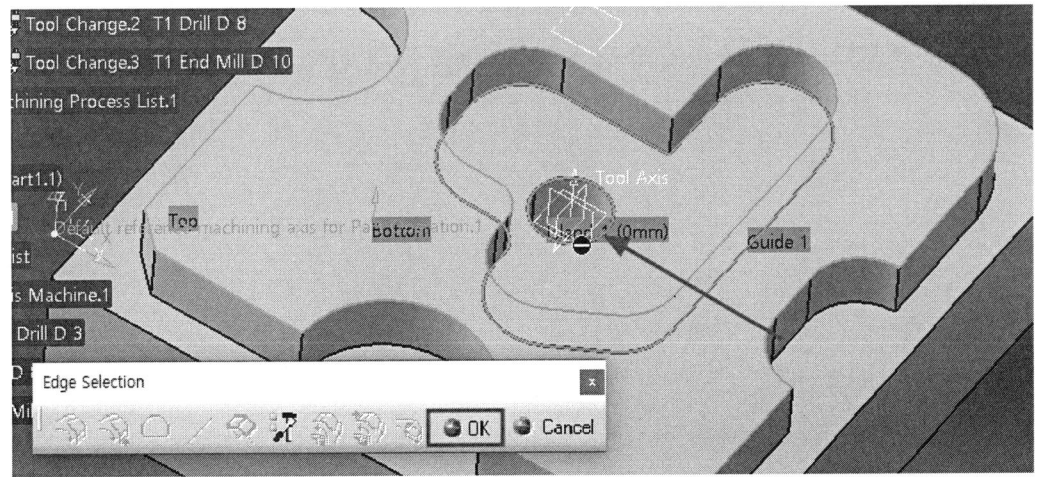

제4절 CATIA V5에 의한 모델링 및 NC Data 생성 따라 하기

㉑ Feedrate 탭에서 Automatic compute from tooling Feeds and Speed를 먼저 체크를 해제한다. 다음 Tool Path Replay를 통해 가공경로를 검증한다.

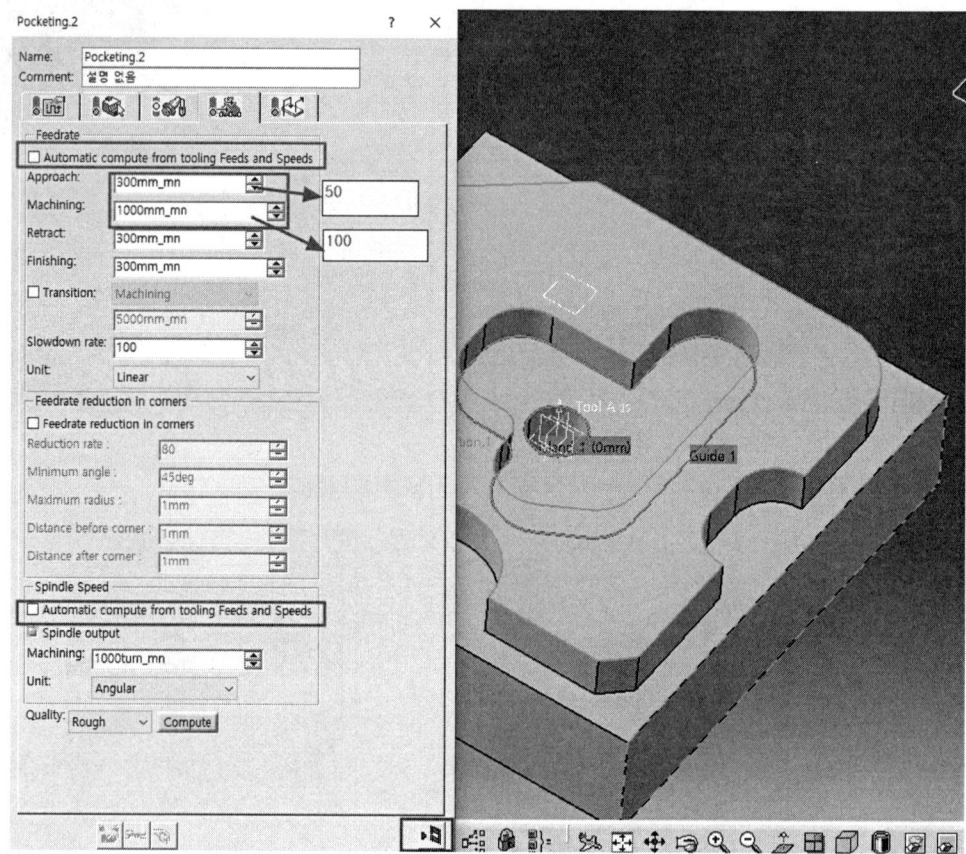

> **참고**
> 나머지 매개변수는 외각 가공의 매개변수와 동일하기 때문에 수정할 필요가 없다.

 **NC Data 생성 가공 검증하기**

❶ Tool Path Replay를 통해 모든 가공을 검증한 다음 아래 그림과 같이 촬영 아이콘을 클릭한다.

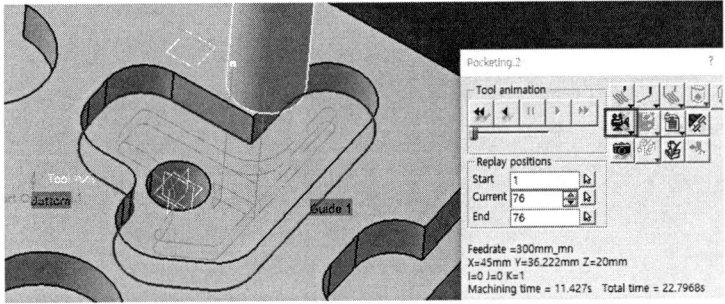

❷ 재생 버튼을 클릭한다.

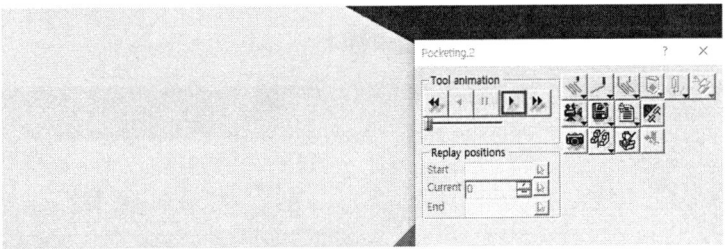

❸ 아래 그림과 같이 확인한다.

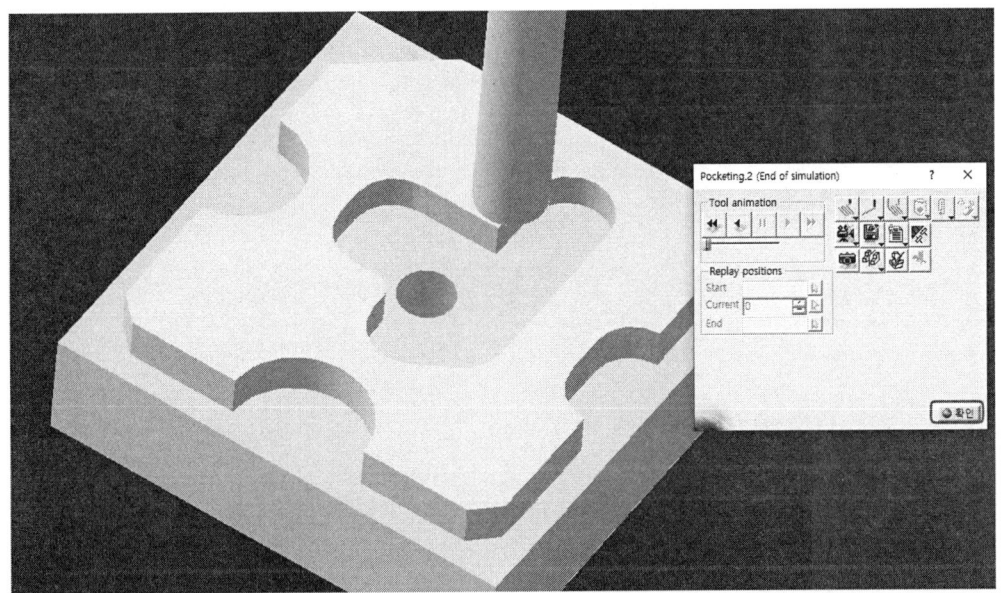

12. Post Process NC Data 생성하기

❶ NC Data를 생성하기 위해 아이콘 툴바의 NC Output Management 항목에 있는 Generate NC Code in Batch Mode 아이콘을 클릭한다.

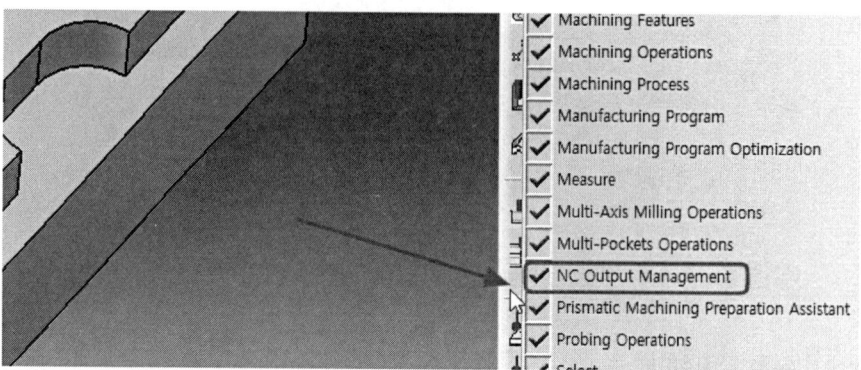

❷ NC Code in Batch Mode 아이콘을 클릭한다.

❸ NC Code를 출력하기 위해서 먼저 NC data type 부분에 NC code를 선택하고 아이콘을 클릭하면 다른 이름으로 저장 위치를 지정할 수 있다. 마지막으로 Execute를 클릭하면 NC Code가 생성된다.

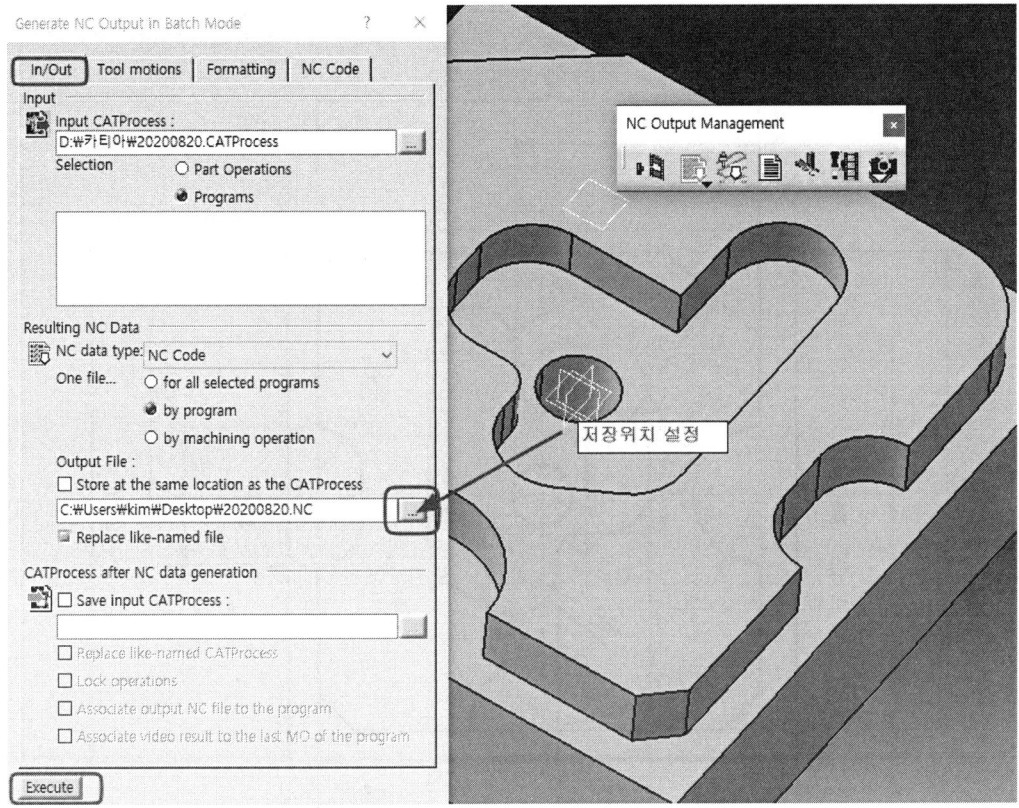

❹ NC Code를 선택하고 기계에 맞는 포스트 프로세스를 설정하면 NC 코드가 생성된다.

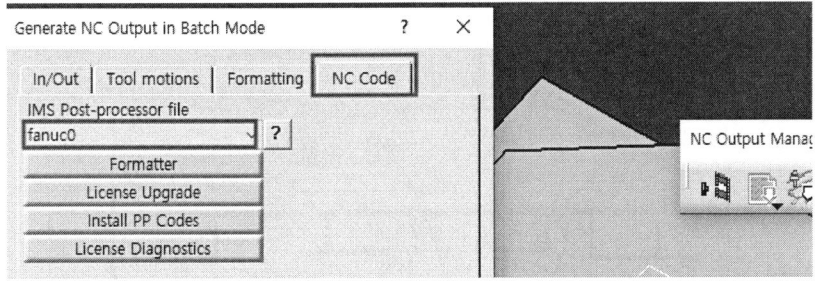

제5절 SolidWORKS CAM에 의한 NC Data 생성 따라 하기

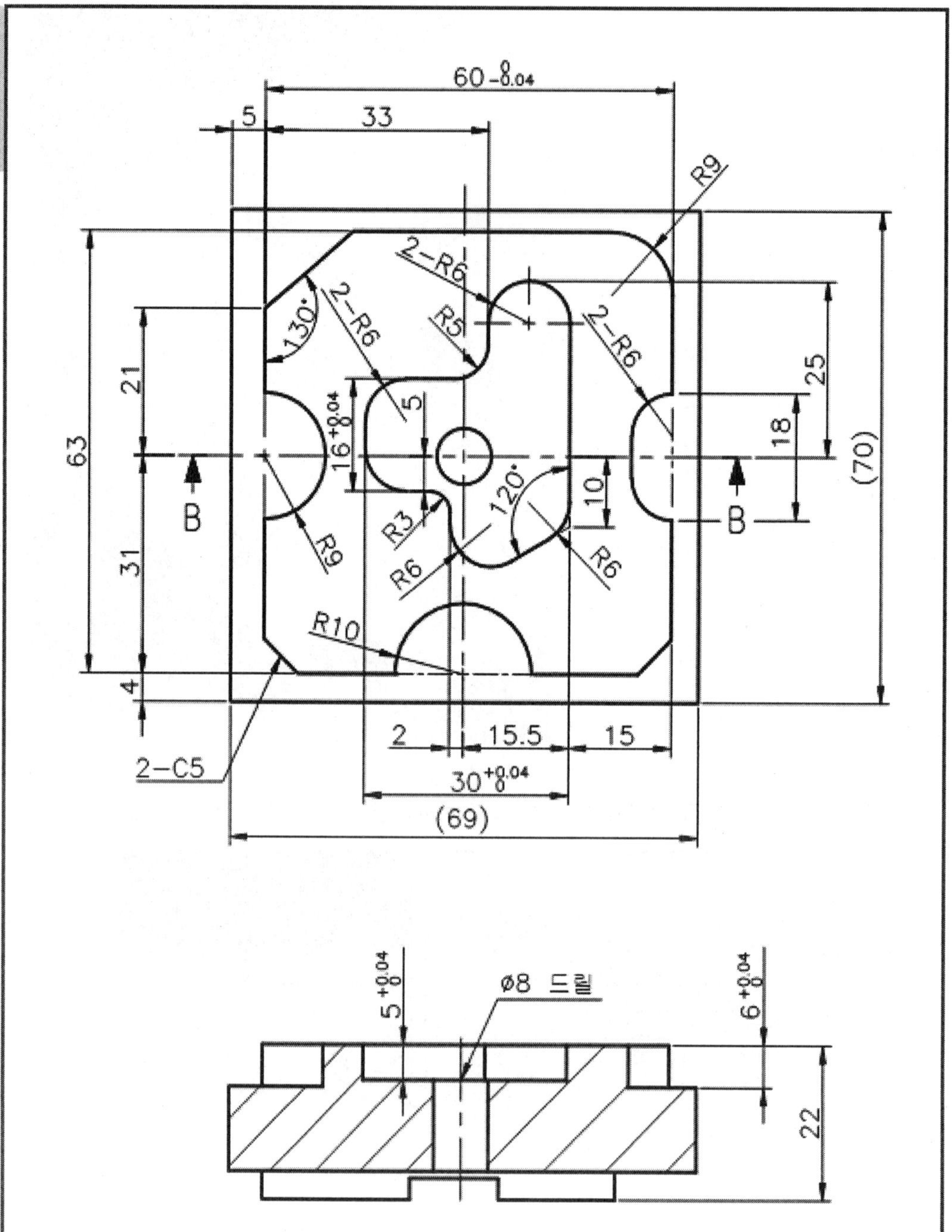

1 모델링 Sketch 시작하기

❶ 먼저 SOLIDWORKS 실행을 하고 새 문서에서 파트를 선택하고 확인한다.

❷ 스케치 탭에서 정면을 선택하고 면에 수직으로 보기를 클릭한다.

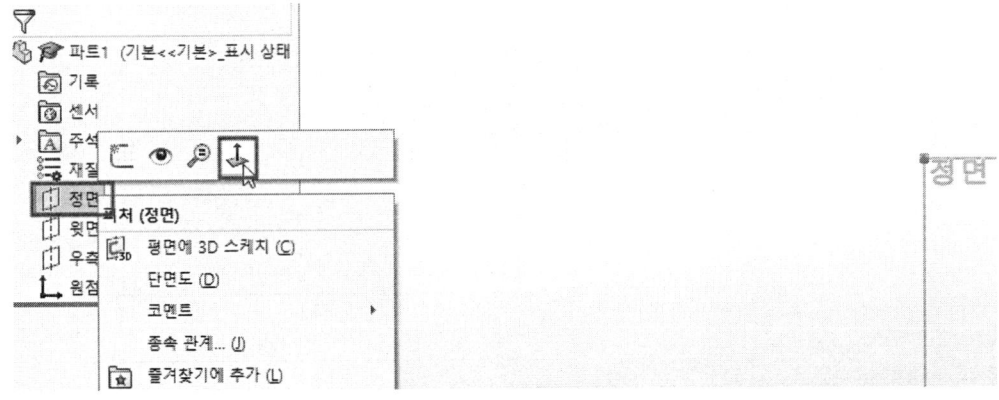

❸ 중심사각형 아이콘을 선택한 후 원점에서 마우스를 누르지 말고 드래그한다.

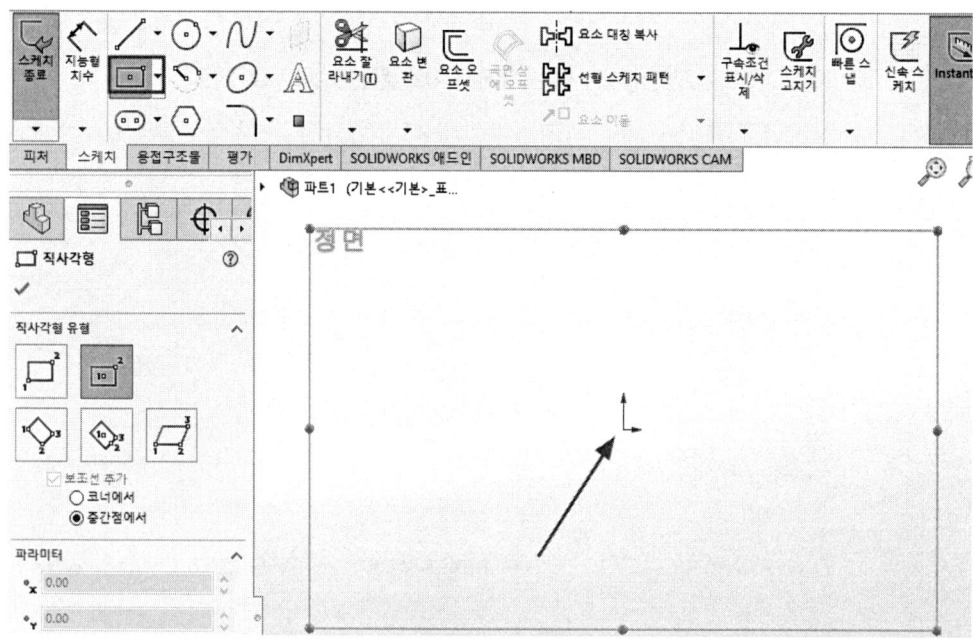

❹ 지능형 치수 아이콘을 이용하여 외각 치수를 기입한다.

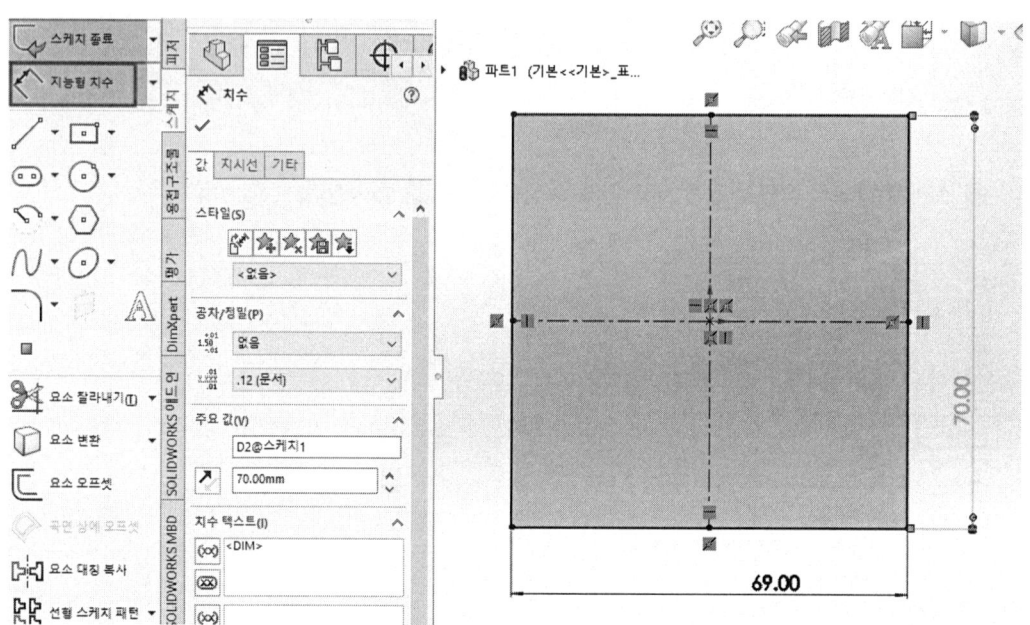

2 돌출 생성하기

❶ 돌출 보스/베이스 아이콘을 선택한 후 그림과 같이 돌출하고 확인한다.

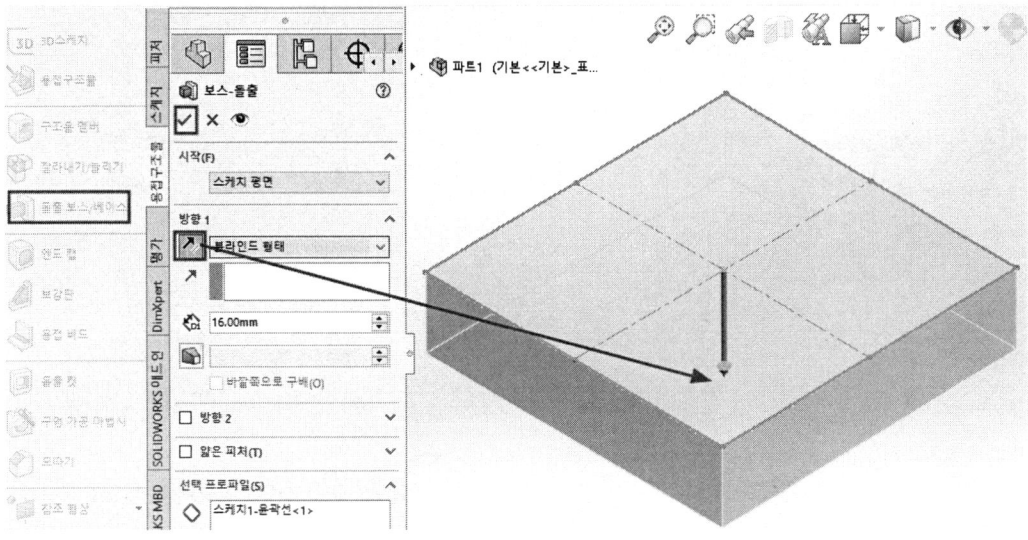

3 외각 형상 만들기

❶ 외각 형상을 Sketch하기 위해 Sketch 탭을 클릭하고 블록의 상면을 클릭하고 면에 수직으로 보기를 선택한다.

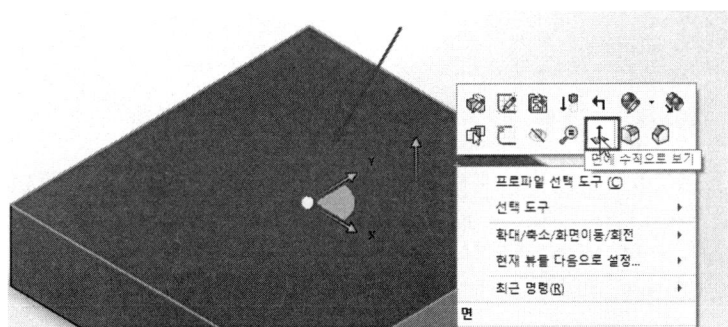

제5절 SolidWORKS CAM에 의한 NC Data 생성 따라 하기

❷ 코너 직사각형 유형 아이콘을 이용하여 그림과 같이 작도한다.

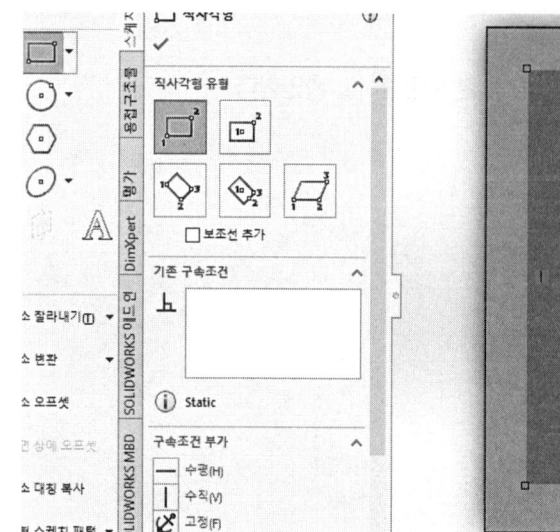
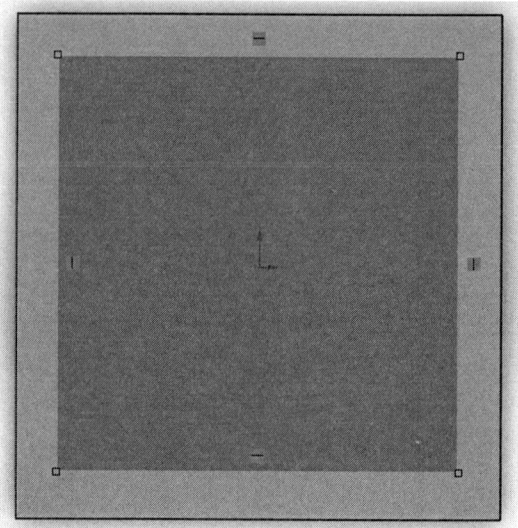

❸ 치수 아이콘을 이용하여 치수를 기입한 후 중심선 아이콘을 이용하여 그림처럼 작도한다.

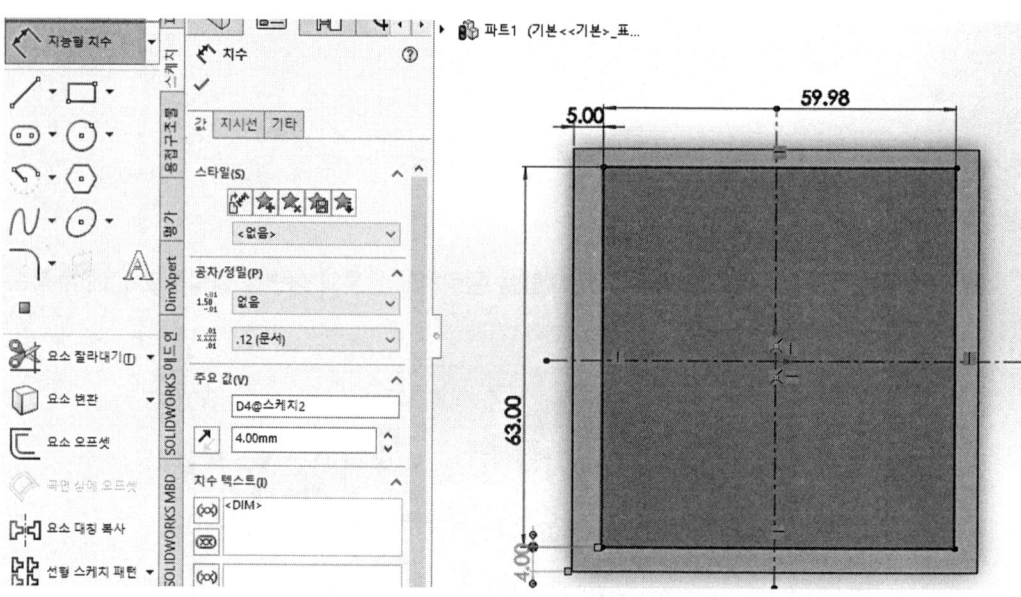

❹ 원 아이콘을 이용하여 그림처럼 작도하고 요소 잘라내기로 필요 없는 선은 그림처럼 지운다.

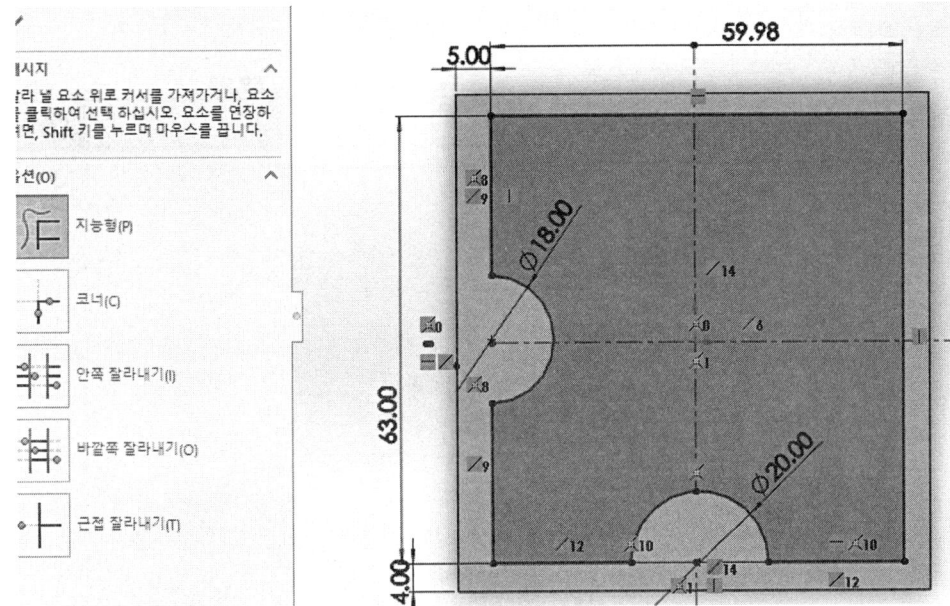

❺ 스케치 필렛 아이콘을 이용하여 반지름 R9mm를 작성한다.

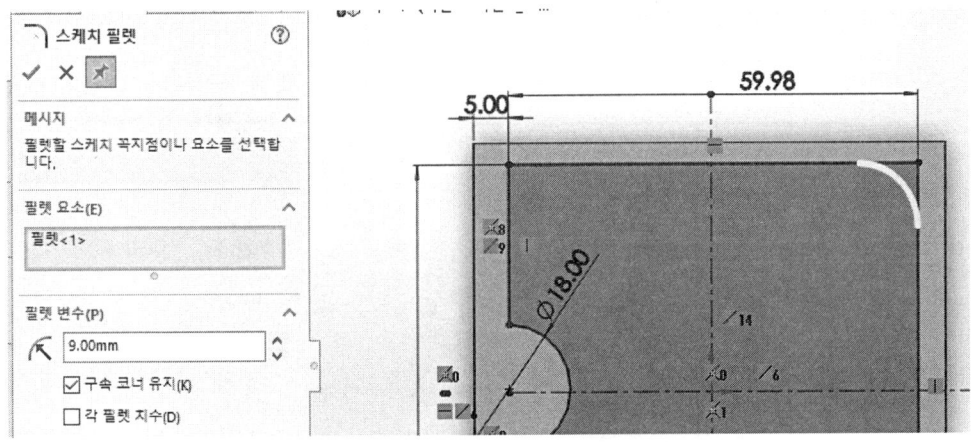

제5절 SolidWORKS CAM에 의한 NC Data 생성 따라 하기

❻ 스케치 모따기 아이콘을 이용하여 2-C5를 작성한다.

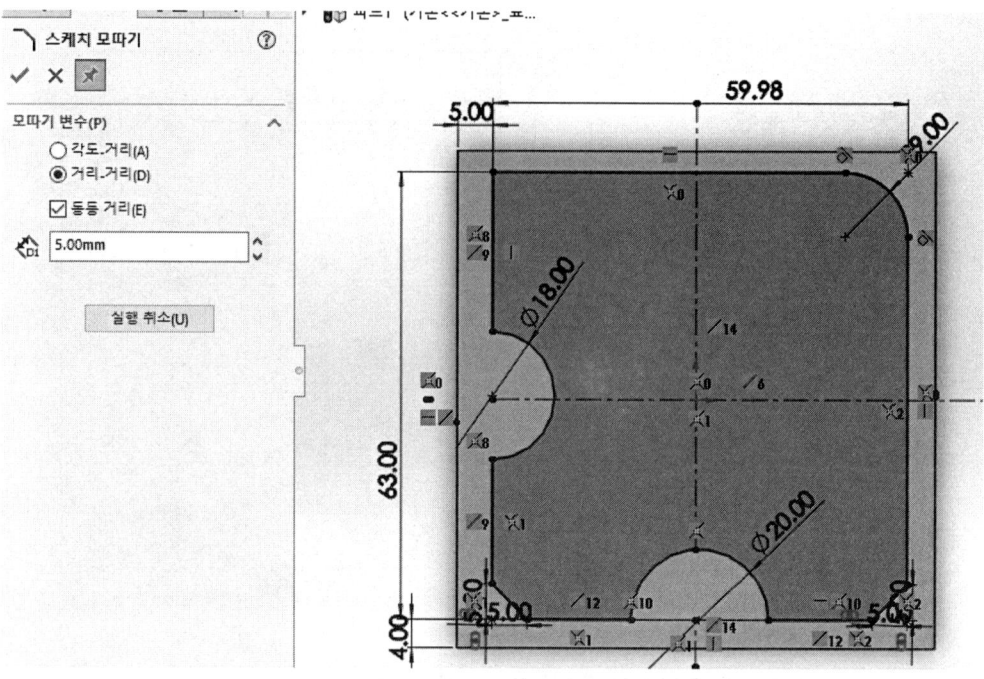

❼ 아래 도면과 같이 130° 사선을 선 아이콘과 잘라내기 하고 치수를 기입한다.

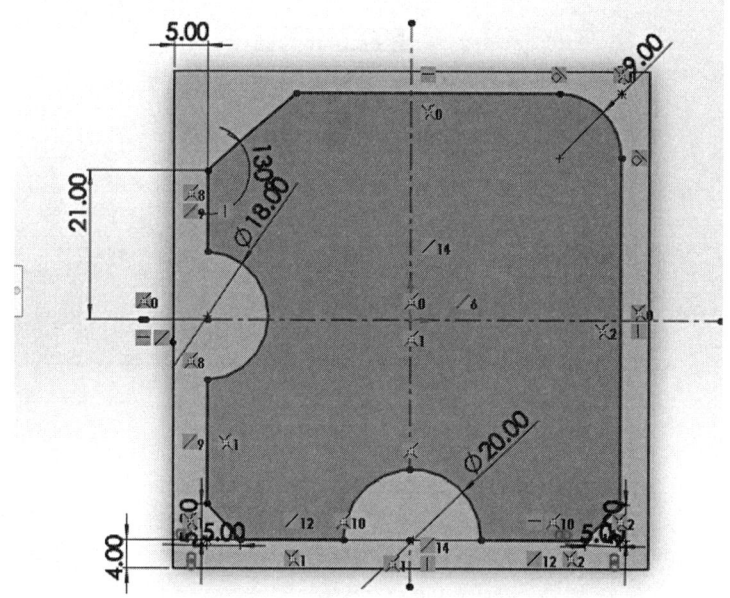

❽ 아래 그림과 같이 돌출한다.

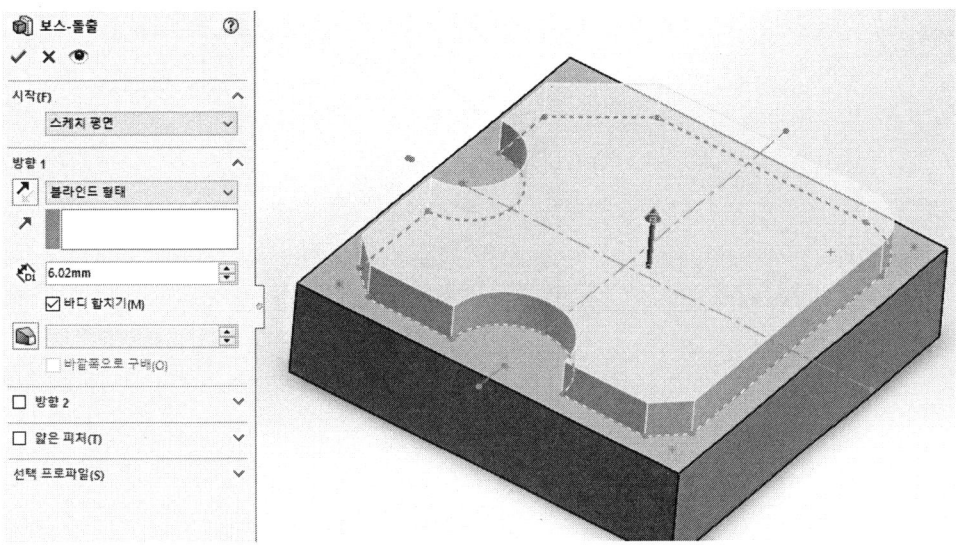

4 포켓 형상 만들기

❶ 새로운 스케치 평면을 생성하기 위해서 스케치 탭을 클릭하고 형상의 윗면을 클릭하고 면에 수직으로 보기를 선택한다. 선 아이콘을 활용하여 아래 그림과 같이 대략적인 스케치를 완성한다.

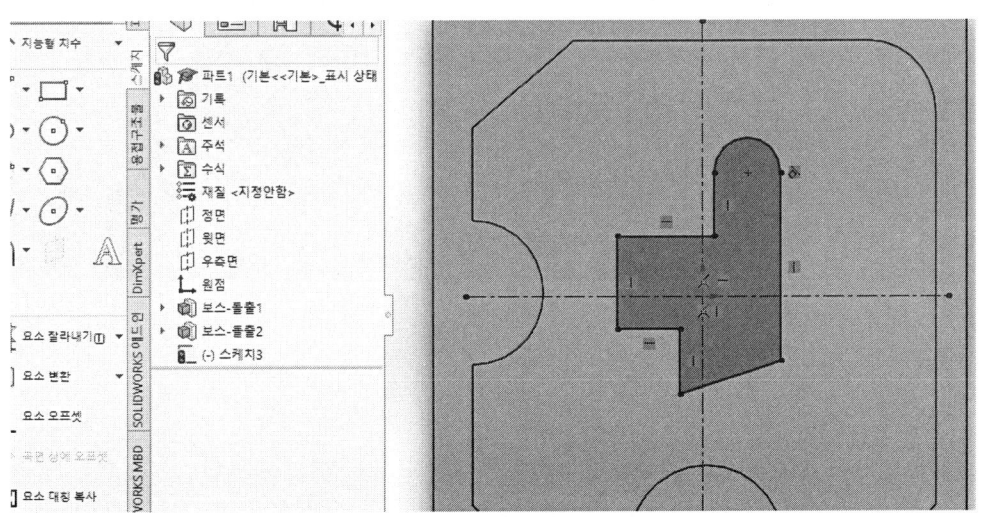

제5절 SolidWORKS CAM에 의한 NC Data 생성 따라 하기

❷ 도면을 보고 아래 그림과 같이 치수를 기입하여 완성한다.

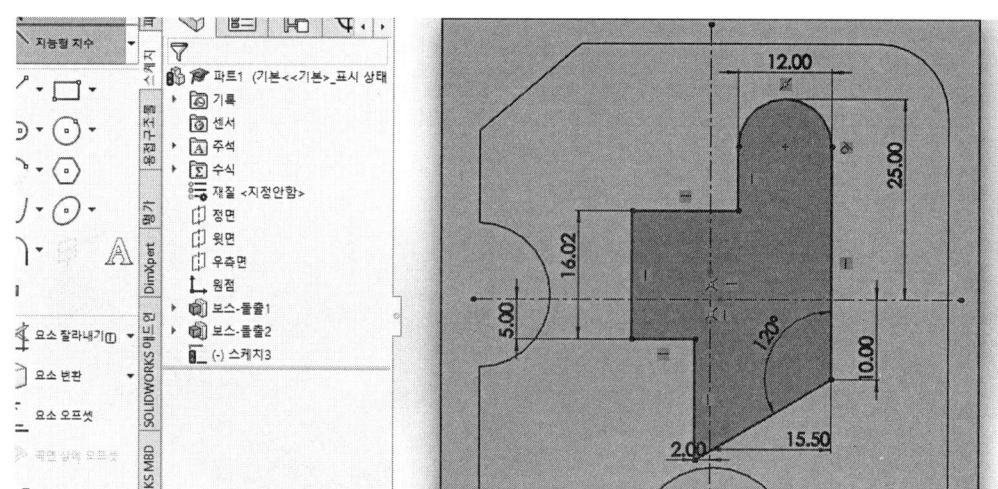

❸ 도면을 보고 아래 그림과 같이 스케치 필렛을 완성한다.

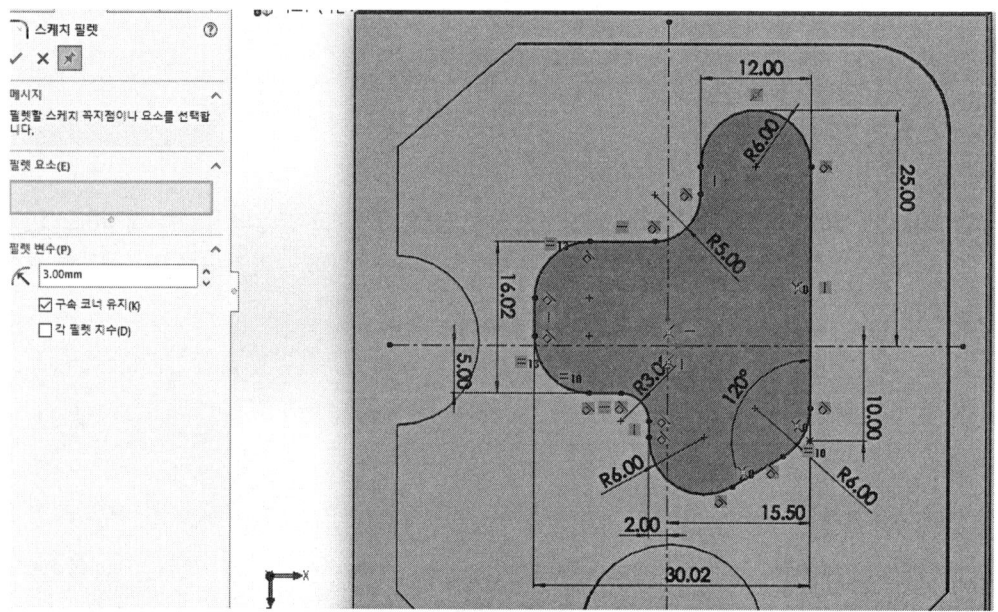

❹ 돌출 컷 아이콘을 이용하여 다음과 같이 돌출 컷 한다.

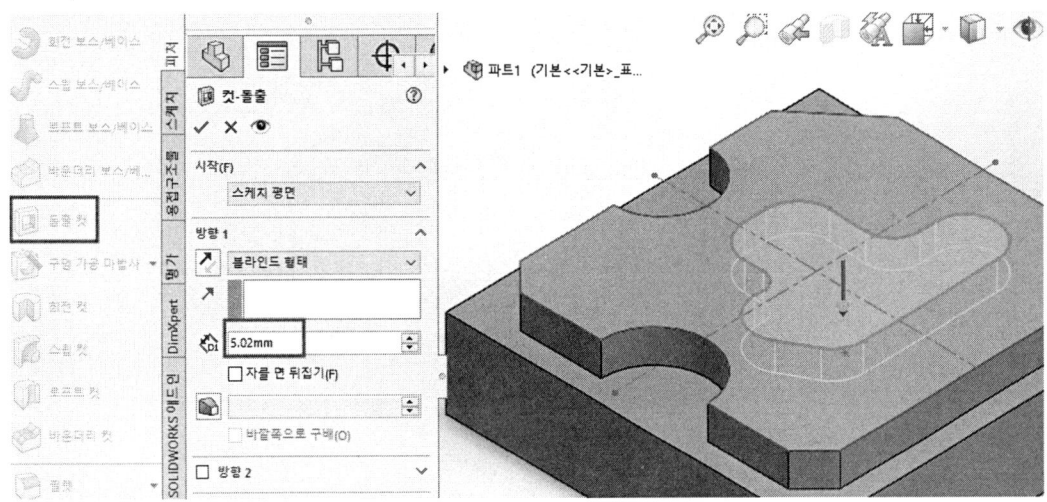

❺ 다음과 같이 구멍 관통을 돌출 컷 한다.

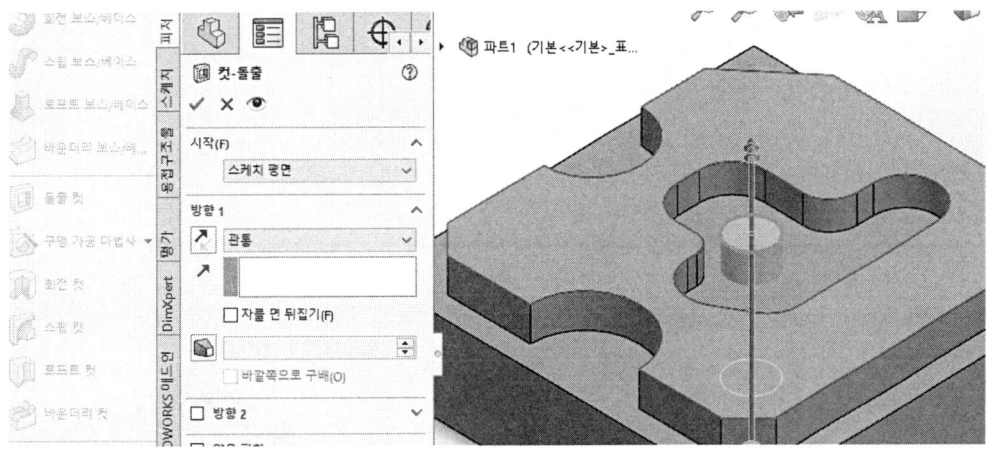

제5절 SolidWORKS CAM에 의한 NC Data 생성 따라 하기

❻ 모델링이 완성된 모습이다.

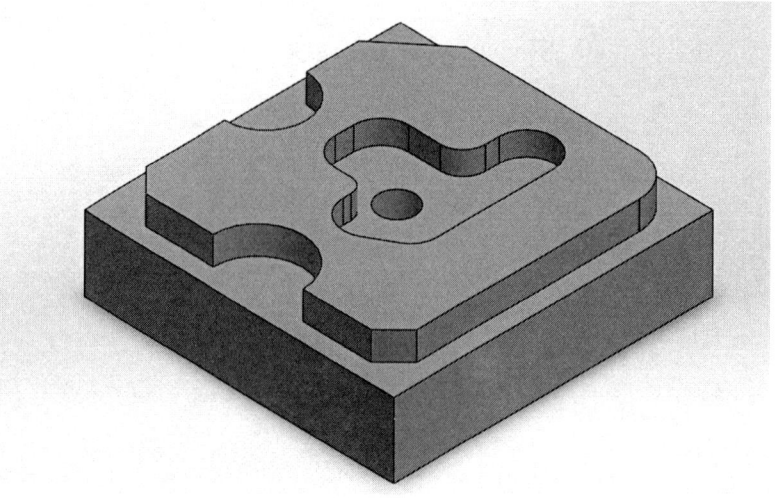

5 CAM 가공 환경 설정하기

❶ SOLIDWORKS CAM의 시작 SOLIDWORKS CAM 탭을 누른다.

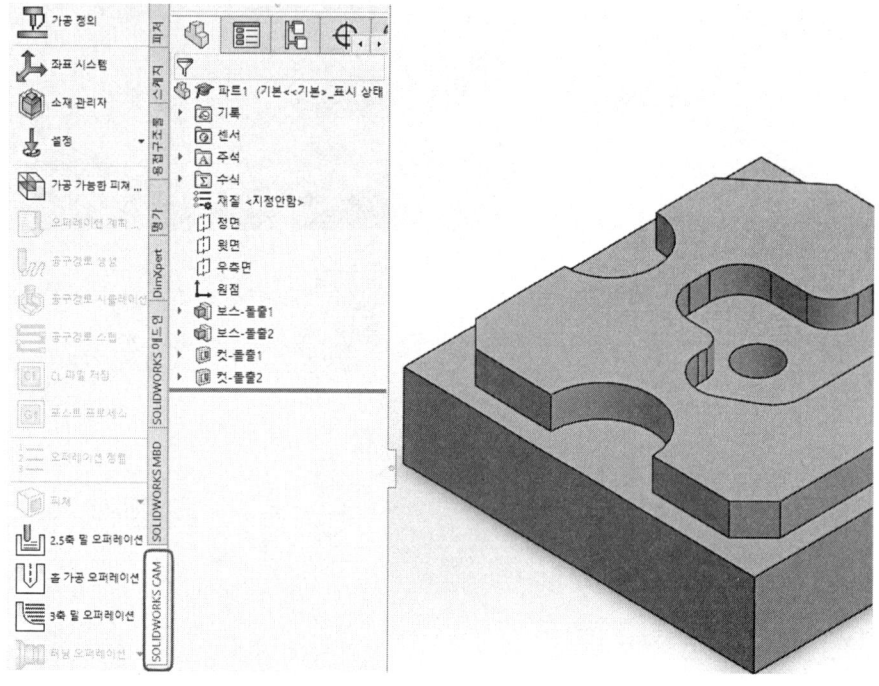

❷ 가공 정의를 클릭한 후 Mill-Metric을 선택한다.

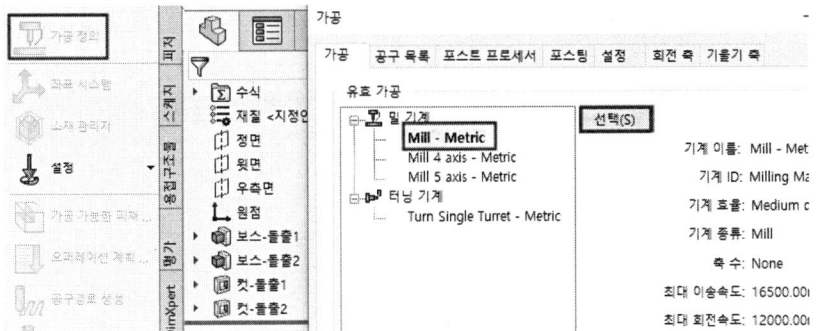

❸ 공구 목록을 전체 드래그하여 공구 제거한 후 공구 추가 버튼을 클릭한다.

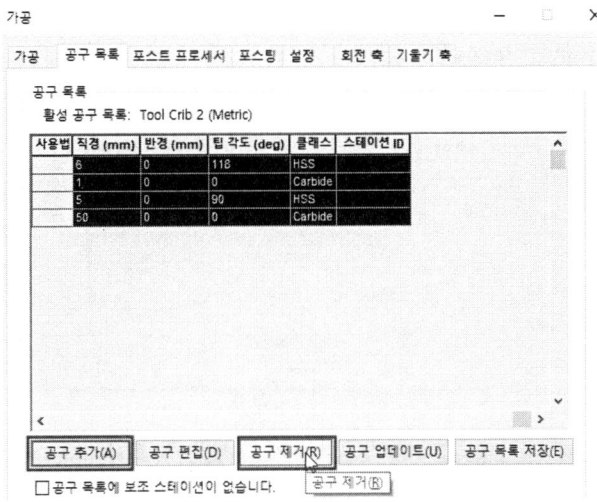

❹ 센터드릴 공구를 선택하고 3mm 공구를 선택한다.

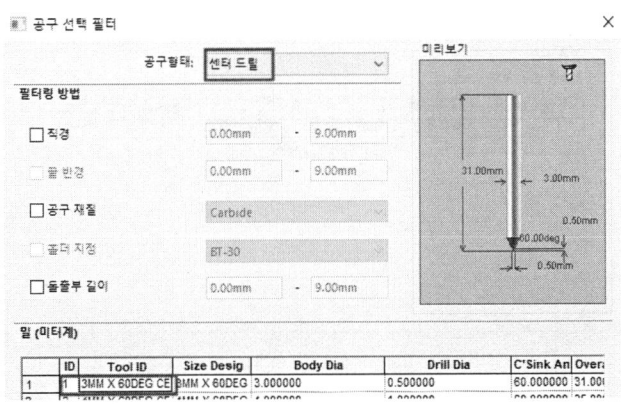

제5절 SolidWORKS CAM에 의한 NC Data 생성 따라 하기

❺ 공구 추가 버튼을 선택한다.

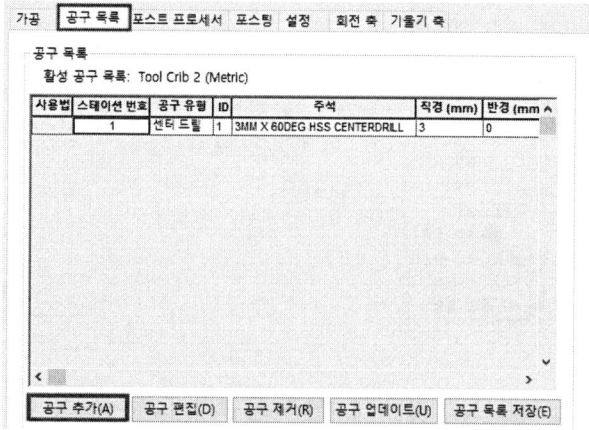

❻ 드릴 공구를 선택하고 8mm를 선택한다.

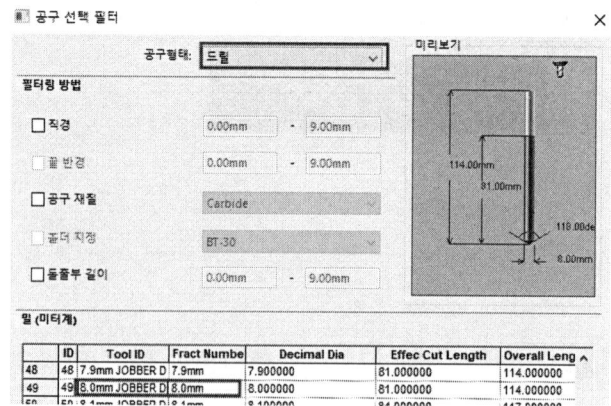

❼ 공구 추가 버튼을 선택한다.

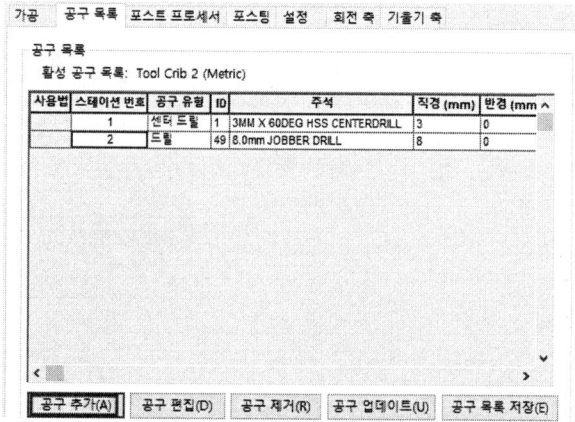

❽ 플랫 엔드 밀를 선택하고 10mm를 선택하고 확인한다.

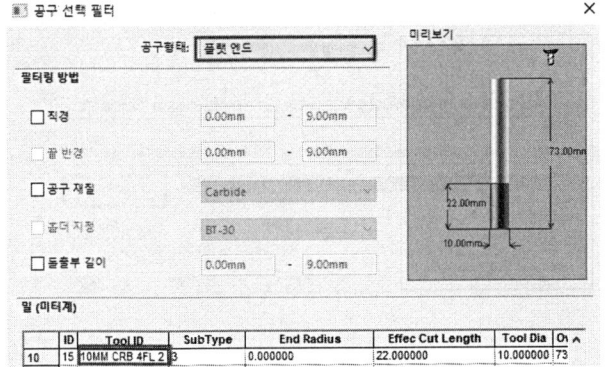

❾ 공구 목록 저장을 선택한다.

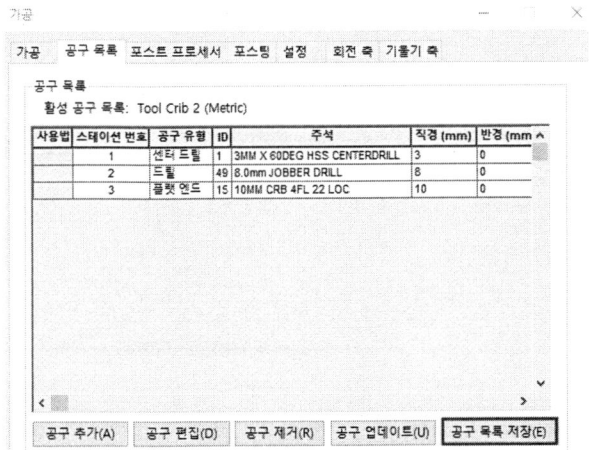

❿ 다음과 같이 저장한다.

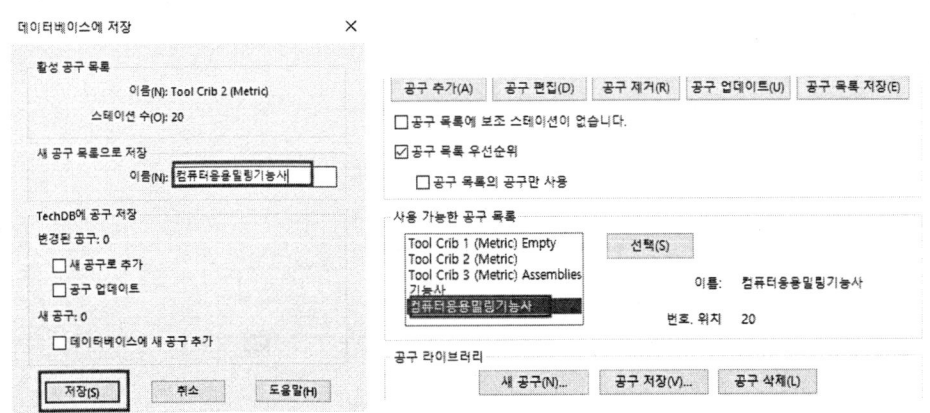

⑪ 가공 정의_포스트 프로세서를 설정한다.

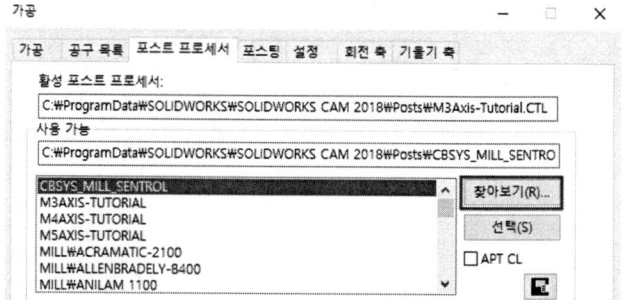

⑫ 다음과 같이 열기를 한다. PP 파일을 여기에 복사해서 붙여넣기 한다.

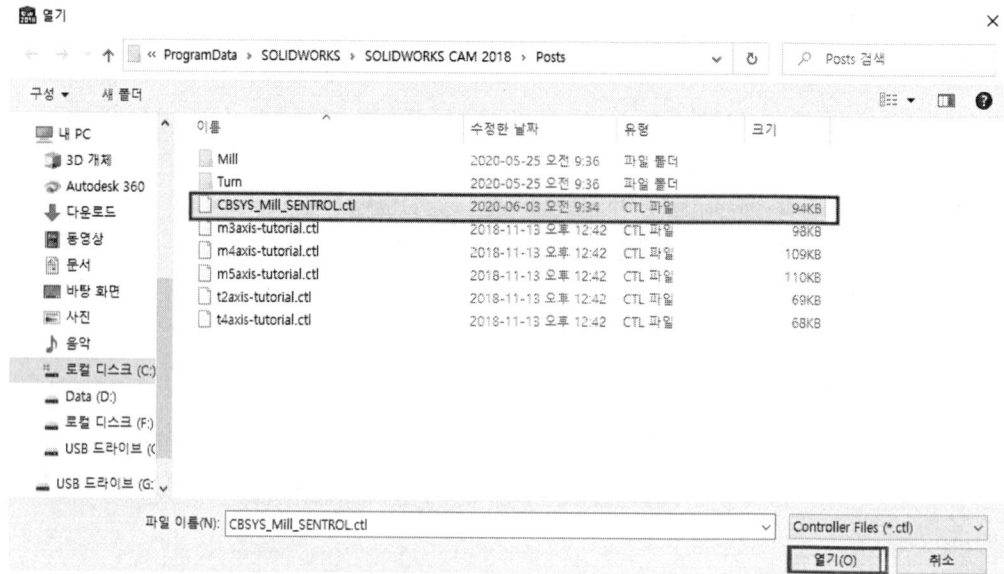

⑬ SENTROL_PP를 선택한다.

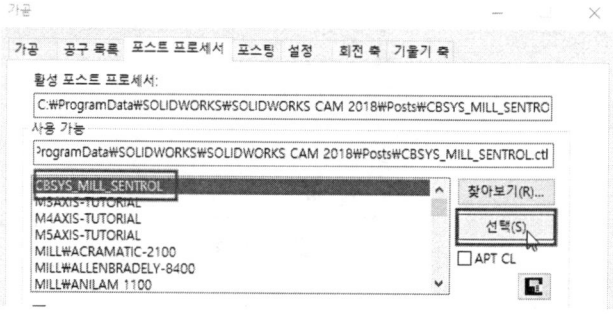

6 CAM 가공 조건 설정하기

❶ 좌표 시스템 아이콘을 선택하고 파트 바운딩 박스 정점을 체크하고 그림처럼 X, Y, Z축 방향을 확인한다.

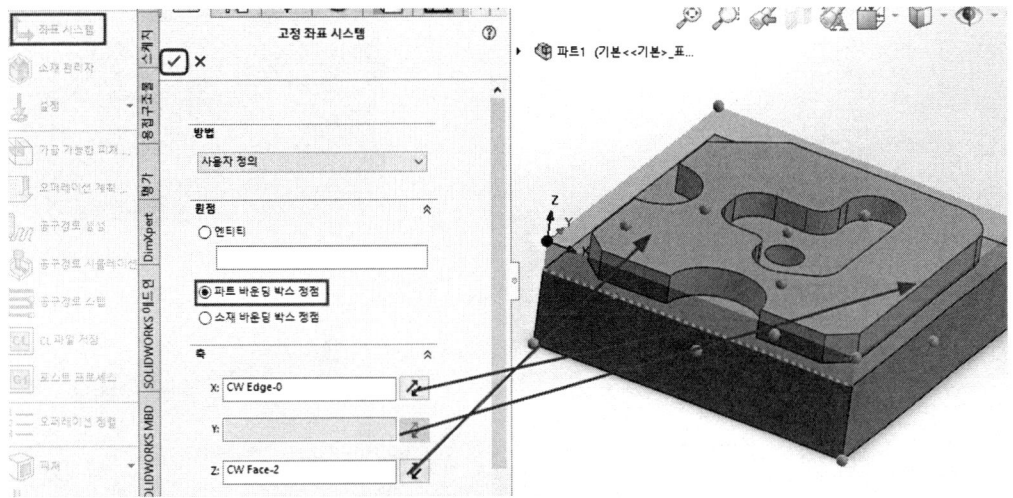

❷ 소재 관리자를 확인한다.

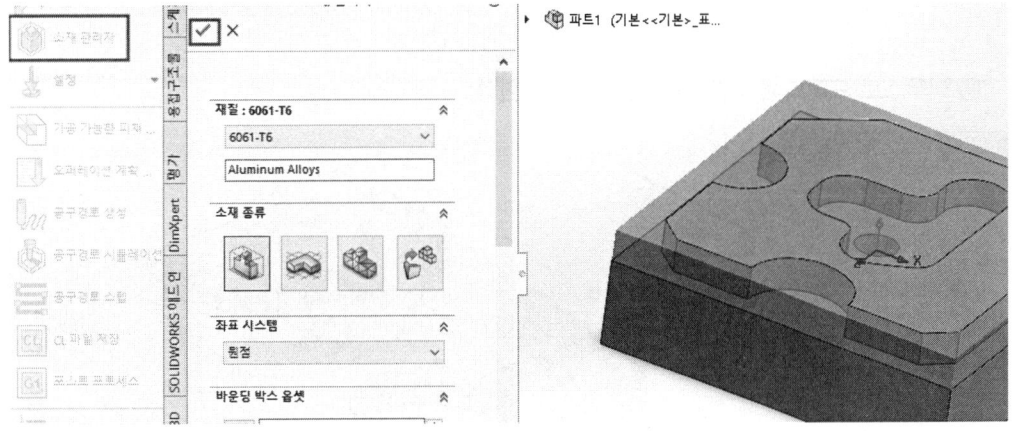

제5절 SolidWORKS CAM에 의한 NC Data 생성 따라 하기

❸ 아래 그림과 같이 설정을 확인한다.

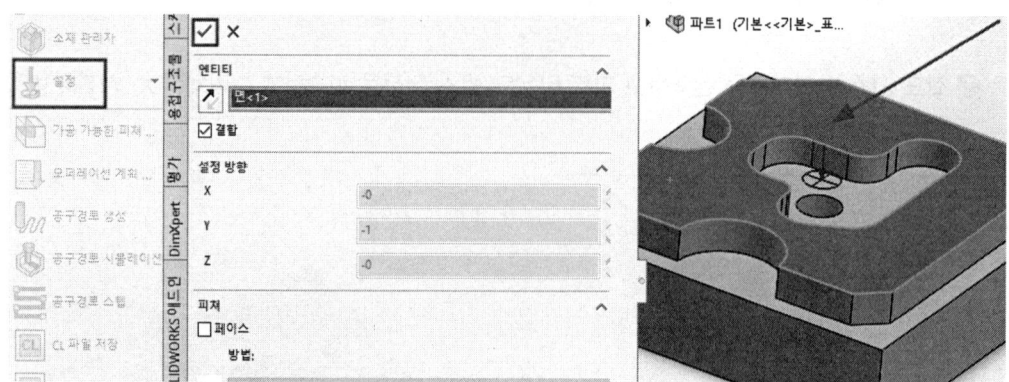

❹ 가공 가능한 피쳐를 추출한다.

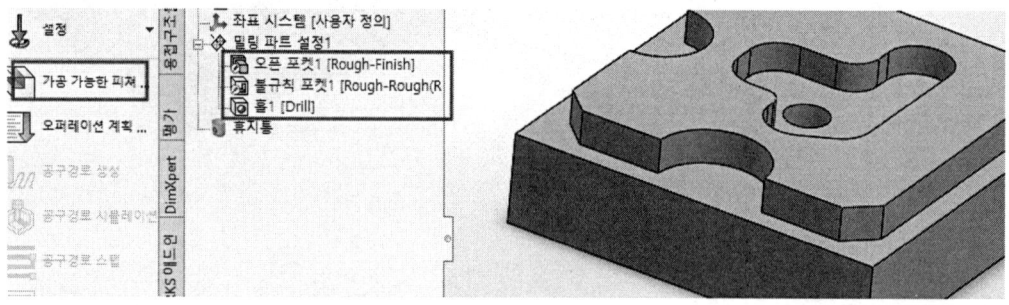

❺ 마우스로 드래그해서 맨 위로 순서를 변경한다.

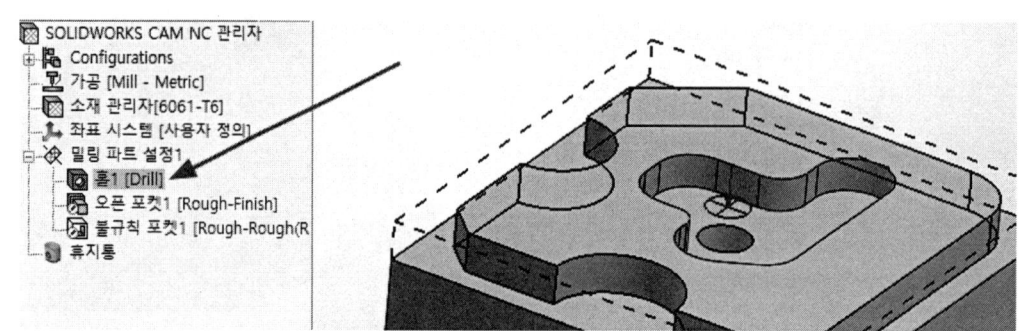

❻ 아래 그림과 같이 가공 가능한 피쳐를 확인한다.

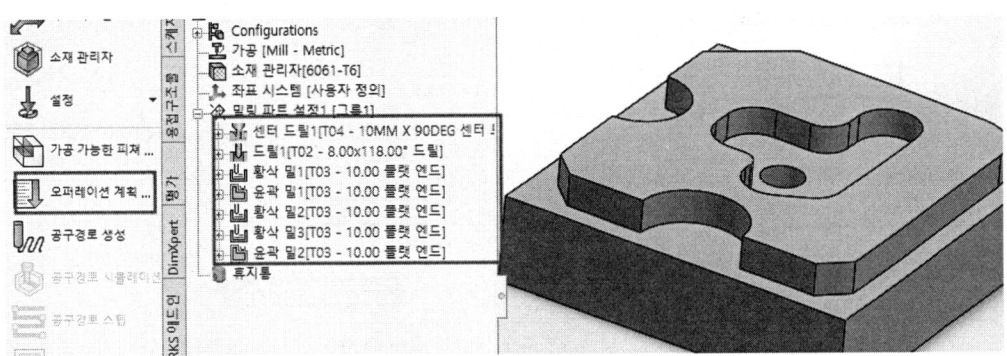

❼ 아래 그림과 같이 설정하고 삭제한다.

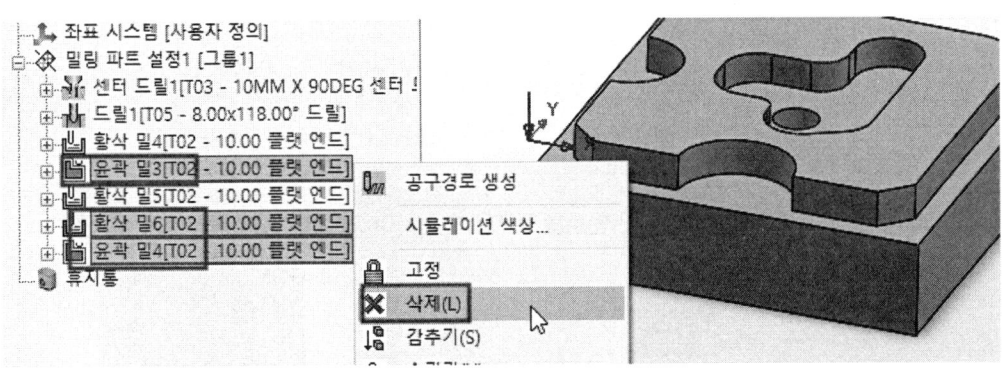

7 CAM 오퍼레이션 파라미터 설정하기

❶ 센터드릴 마우스 오른쪽 버튼을 정의 편집을 클릭한다.

❷ 아래 그림과 같이 설정한다. 드릴 직경 3mm, 스핀들 속도(회전수) 1000rpm, 이송속도 100mm/분으로 설정한다.

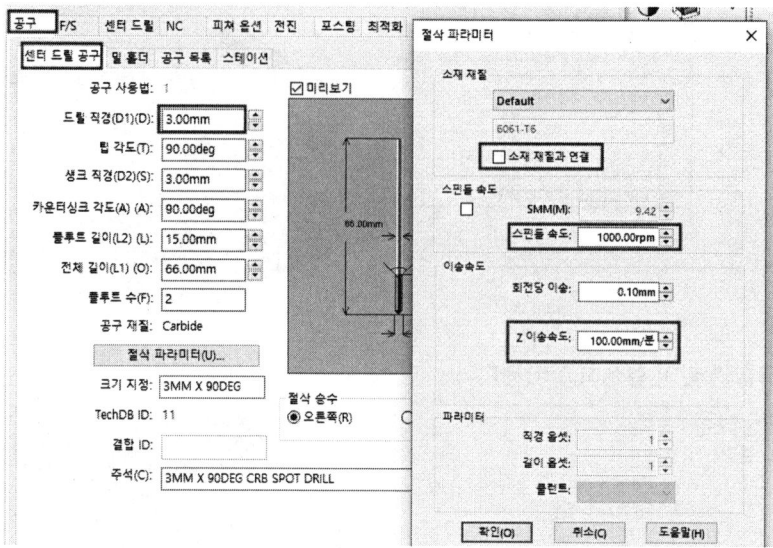

❸ 스테이션(공구 메거진)에서 공구 번호를 3으로 변경하여 기계 번호와 동일하게 설정한다.

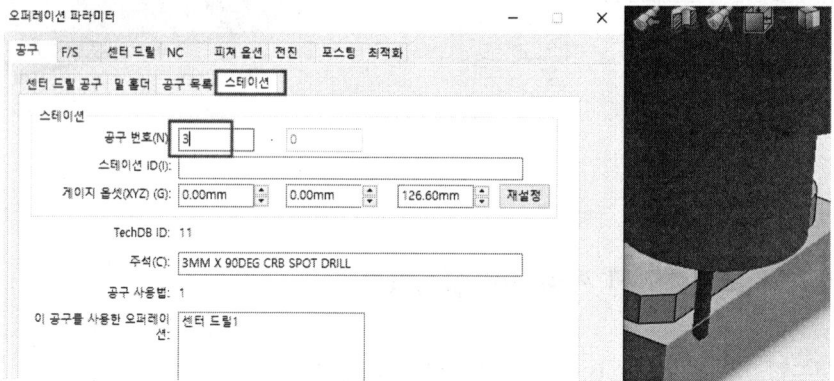

❹ F/S 공구로 변경한다.

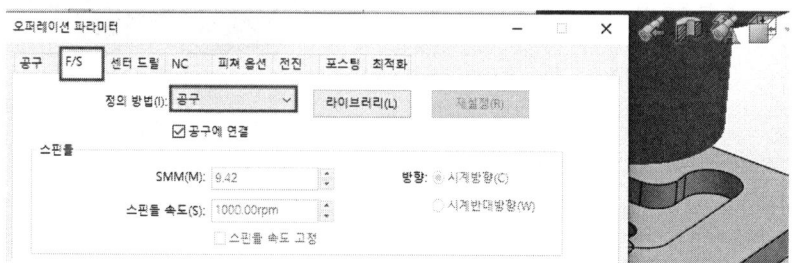

❺ 센터 드릴내에서 스폿 드릴링을 선택한다.

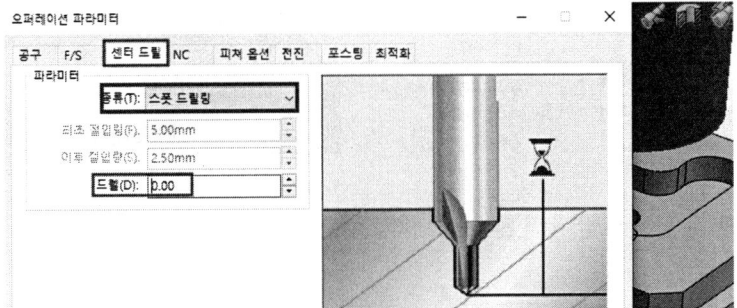

❻ NC에서 소재 맨 위로 25mm, 클리어런스 평면은 5mm로 설정한다.

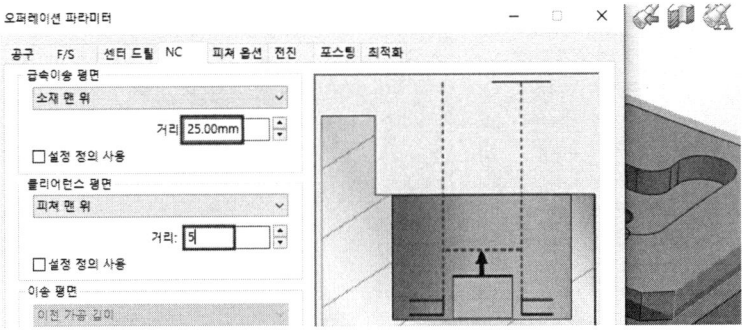

❼ 피처 옵션에서 피처는 구멍을 선택하고 가공 깊이는 3mm로 한다.

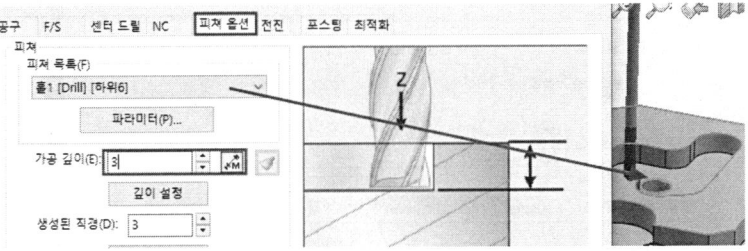

❽ 전진에서 소재 맨 위로 설정한다.

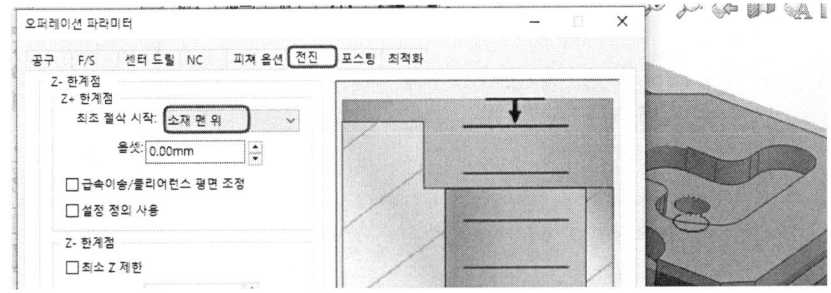

❾ 드릴에서 마우스 오른쪽 버튼을 누른 후 정의 편집을 클릭한다.

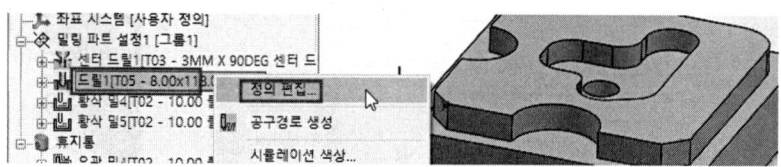

❿ 아래 그림과 같이 드릴 직경 8mm, 스핀들 속도(회전수) 1000rpm, 이송속도 100mm/분으로 설정한다.

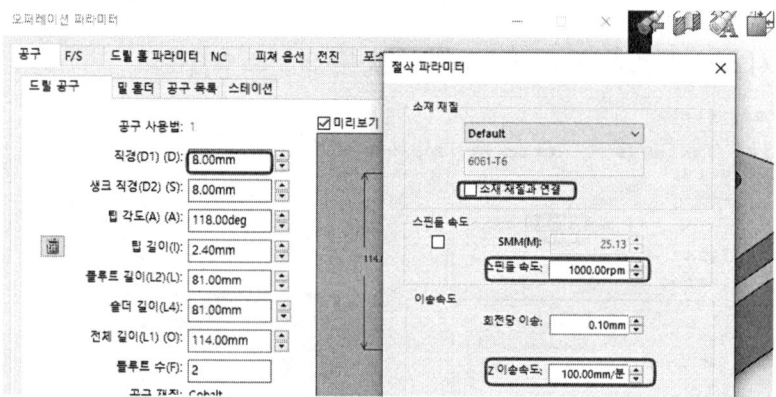

⓫ 스테이션(공구 메거진)에서 공구 번호를 5로 변경하여 기계 번호와 동일하게 설정한다.

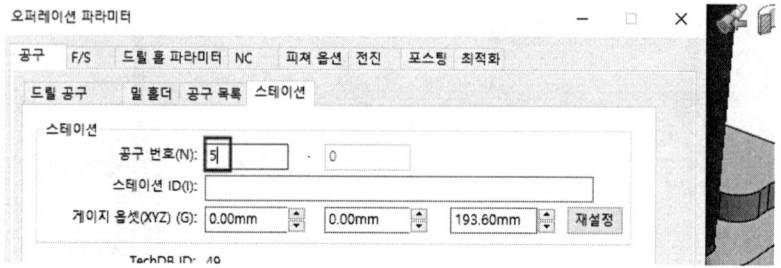

⓬ F/S에서 공구로 변경한다.

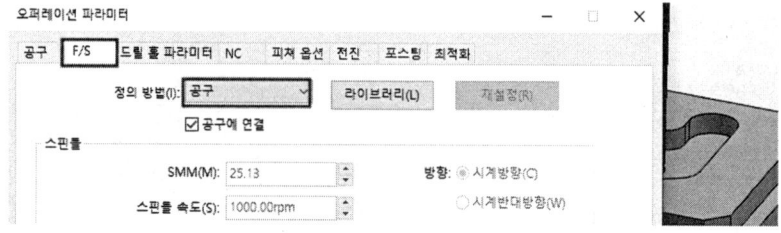

⑬ 드릴 가공은 패킹으로 설정한다.

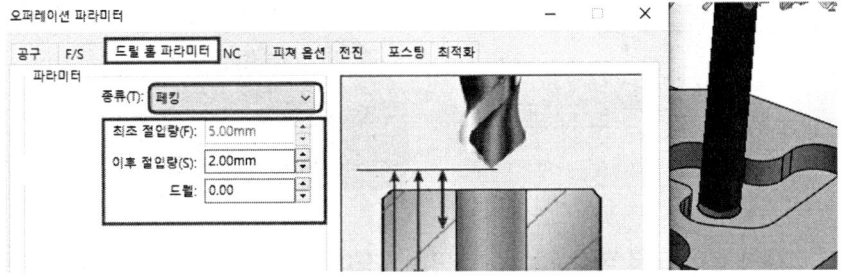

⑭ NC에서 소재 맨 위로 25mm, 클리어런스 평면은 5mm로 설정한다.

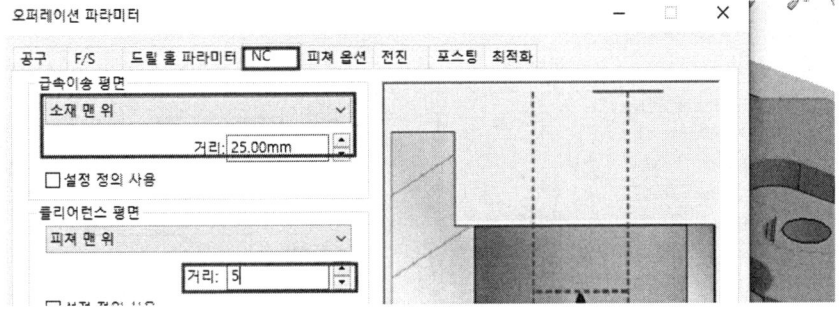

⑮ 가공 깊이는 도면을 확인하고 약간 깊게 설정한다.

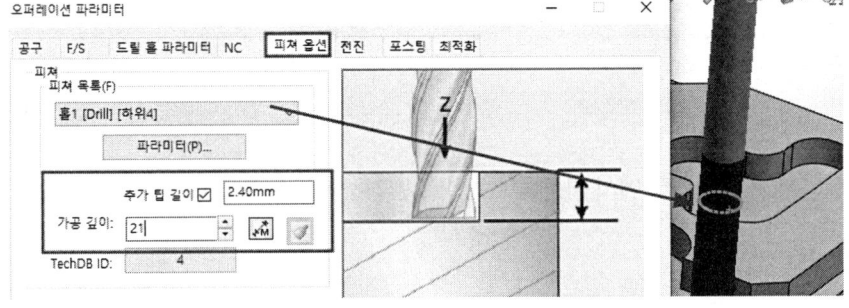

⑯ 전진에서 소재 맨 위로 설정한다.

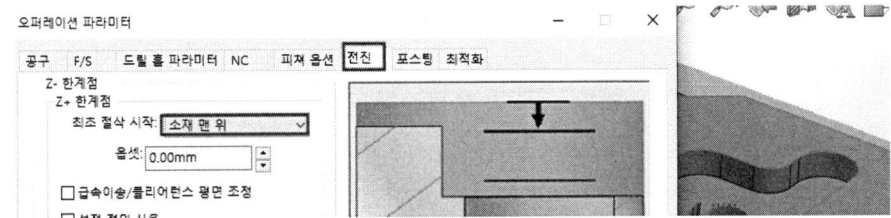

⑰ 황삭 밀1에서 마우스 오른쪽 버튼을 누른 후 정의 편집을 클릭한다.

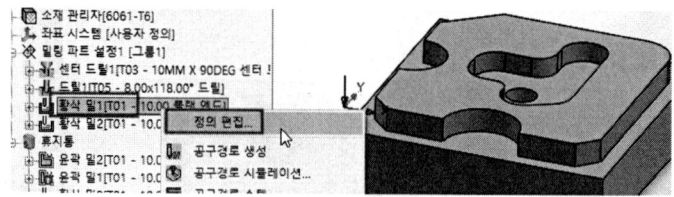

⑱ 아래 그림과 같이 드릴 직경 10mm, 스핀들 속도(회전수) 1000rpm, 이송속도 100mm/분으로 설정한다.

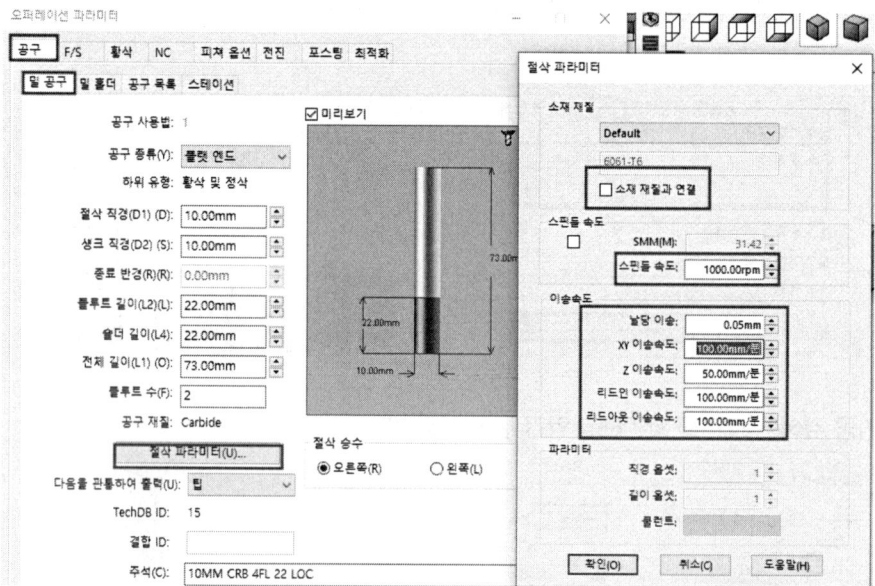

⑲ 스테이션(공구 메거진)에서 공구 번호를 1로 변경하여 기계 번호와 동일하게 설정한다.

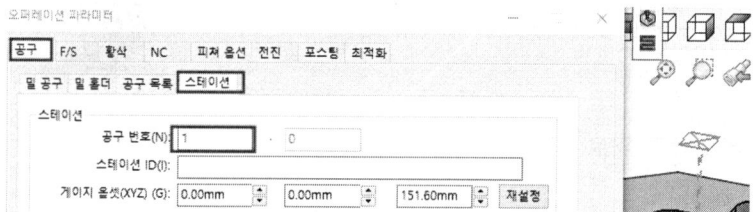

⑳ F/S에서 공구로 변경한다.

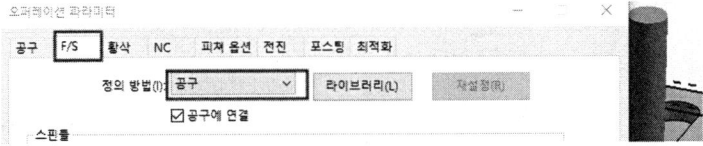

㉑ 황삭 패턴은 포켓 인을 설정하고 아일랜드 상부 가공은 체크 해제하고 여유량 0으로 설정한다.

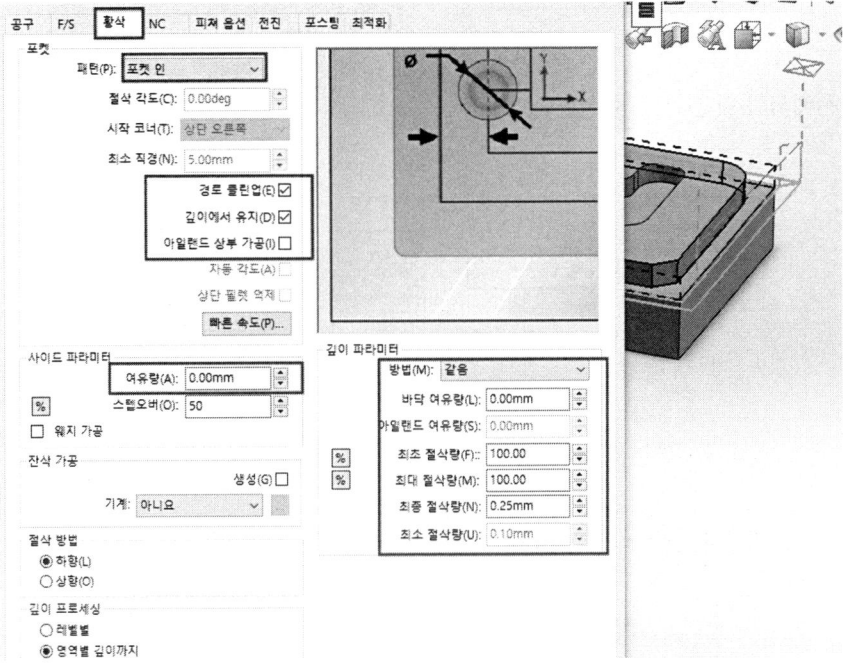

㉒ NC에서 소재 맨 위로 25mm, 클리어런스 평면은 5mm로 설정한다.

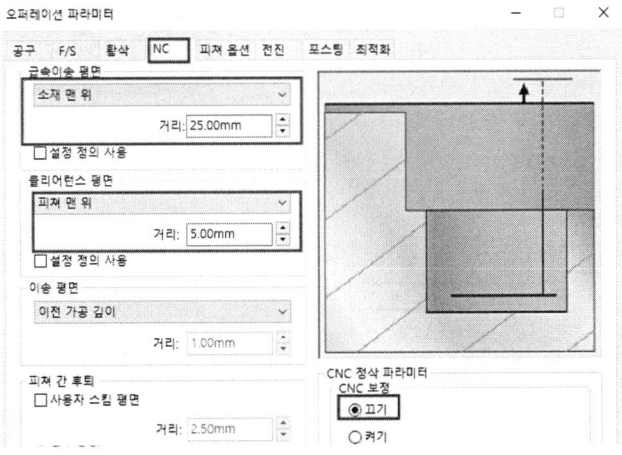

㉓ 가공 깊이 6.02mm로 설정한다.

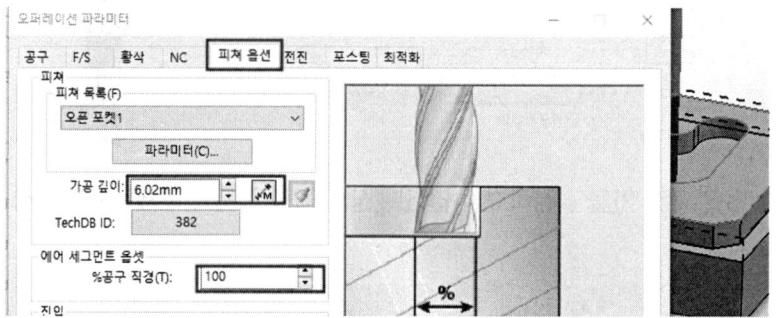

㉔ 전진에서 소재 맨 위로 설정한다.

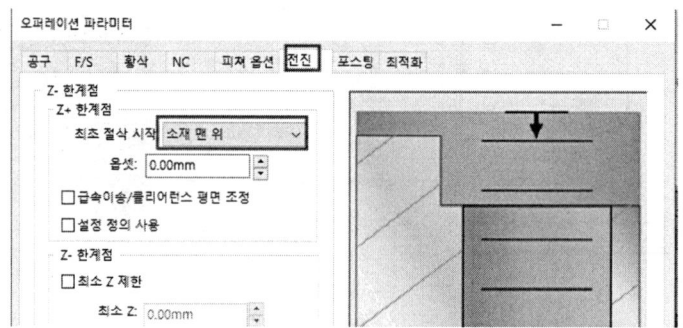

㉕ 황삭 밀2에서 마우스 오른쪽 버튼을 누른 후 정의 편집을 클릭한다.

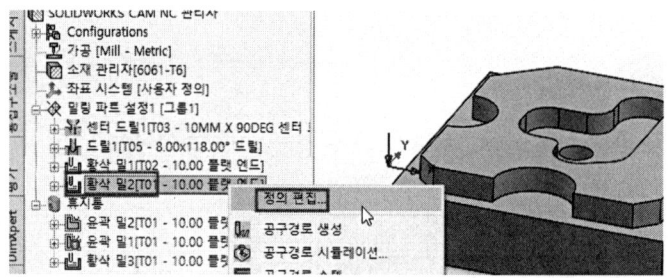

㉖ F/S에서 공구로 변경한다.

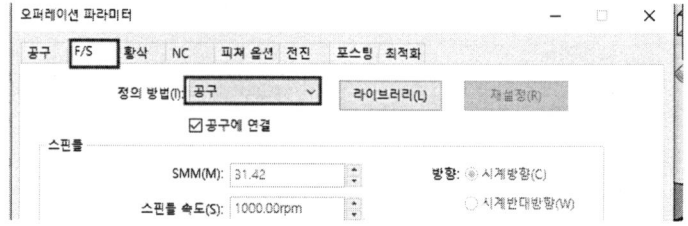

㉗ 황삭 패턴은 포켓 아웃으로 설정하고 아일랜드 상부 가공은 체크 해제하고 여유량 0으로 설정한다.

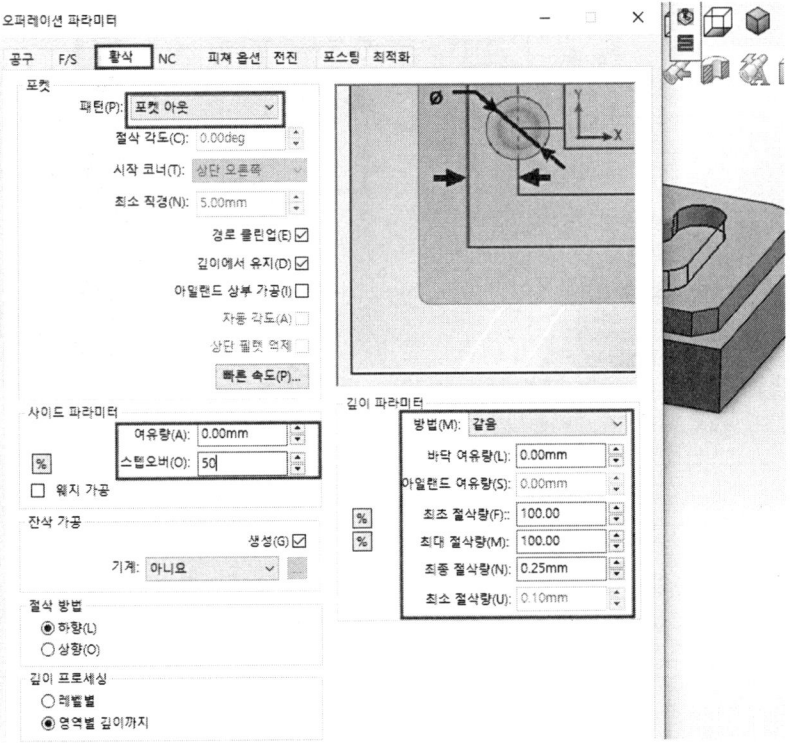

㉘ NC에서 소재 맨 위로 25mm, 클리어런스 평면은 5mm로 설정한다.

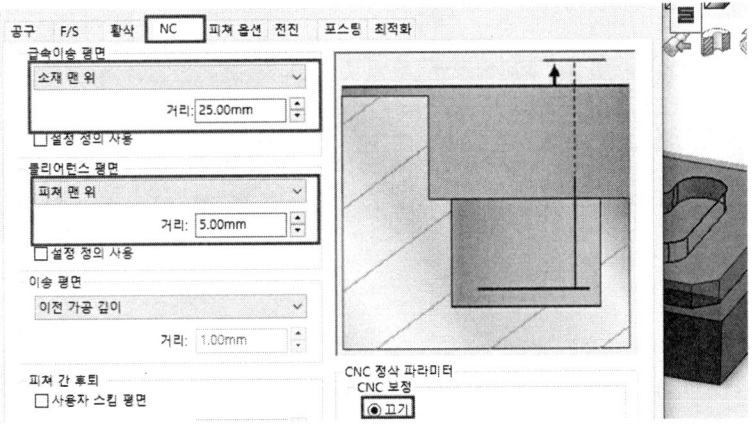

제5절 SolidWORKS CAM에 의한 NC Data 생성 따라 하기

㉙ 가공 깊이 5.02mm로 설정한다. 선택한 엔티티에서 시작점을 구멍으로 설정한다.

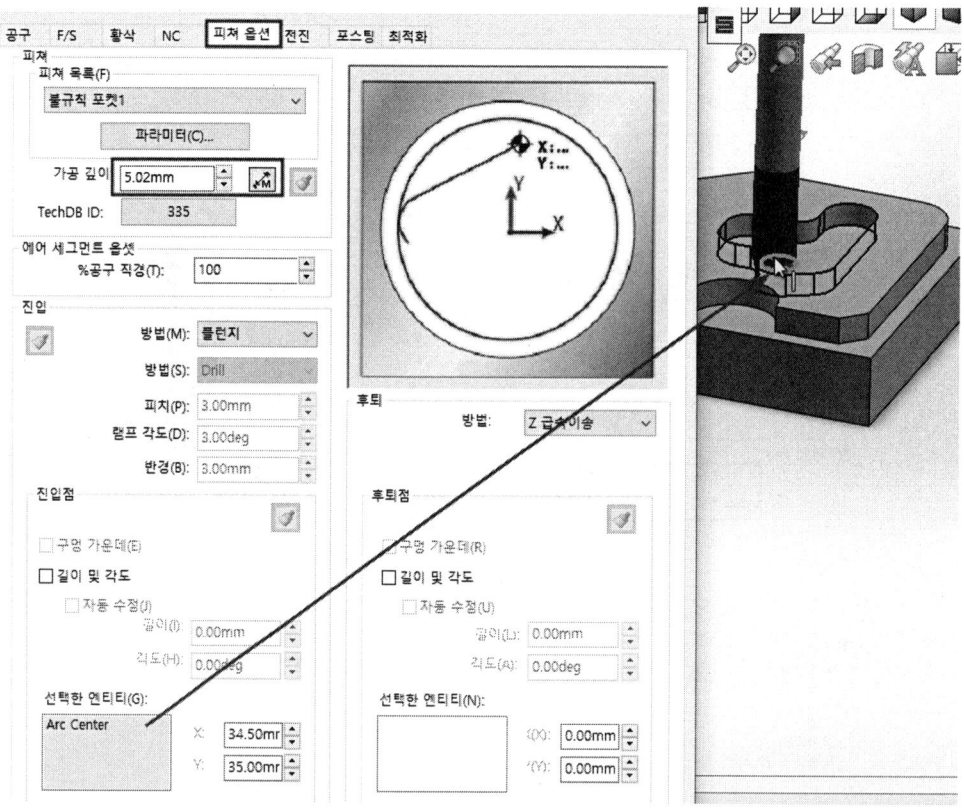

㉚ 전진에서 소재 맨 위로 설정한다.

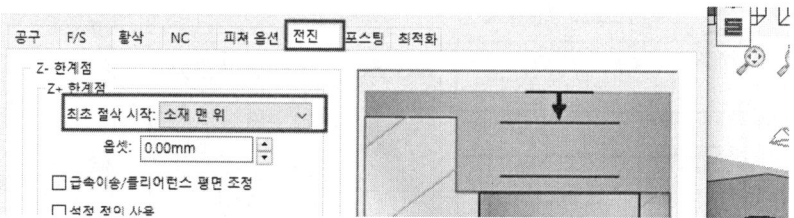

8 Post Process NC Data 생성하기

❶ 공구 경로를 생성한다.

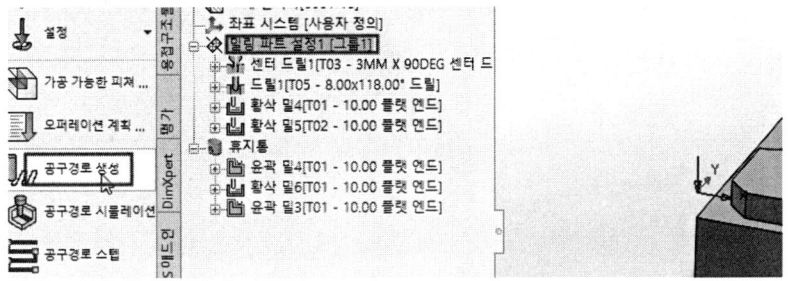

❷ 공구 경로 시뮬레이션을 클릭한다.

❸ 재생 버튼을 클릭한다.

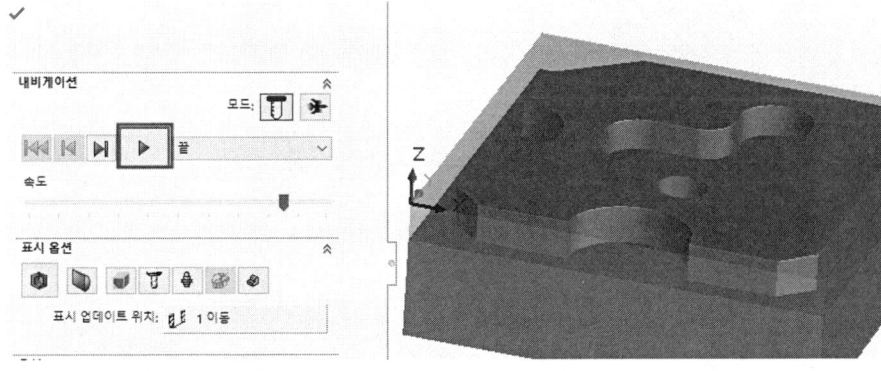

❹ 아래 그림과 같이 확인한다.

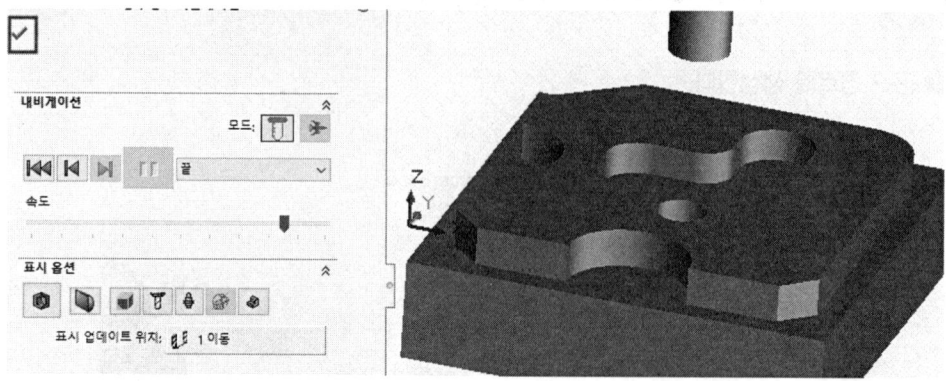

❺ 포스트 프로세스를 클릭하고 저장 위치를 설정한 후 확인한다.

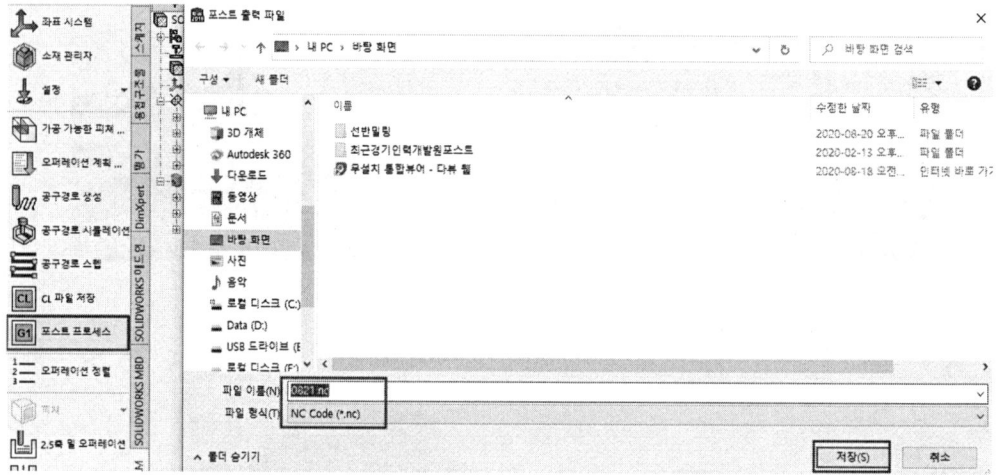

❻ 재생 버튼을 클릭하고 확인한다.

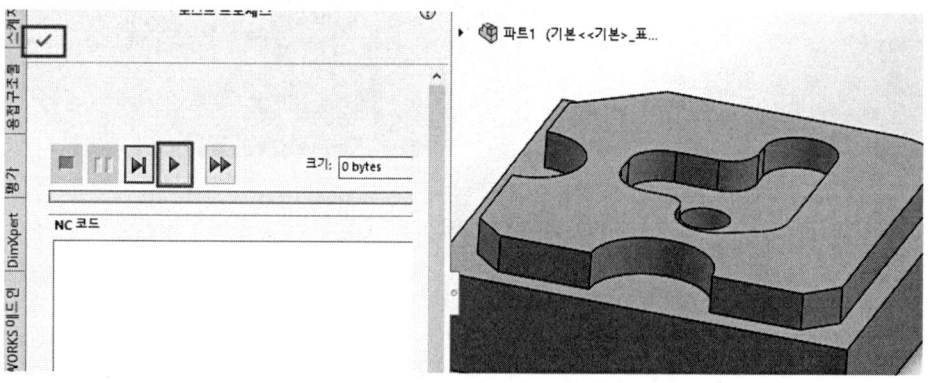

❼ NC DATA를 확인한다.

```
0821.nc - Windows 메모장
파일(F)  편집(E)  서식(O)  보기(V)  도움말(H)
%
O0001
N1 G17 G49 G40 G80
N2 G91 G28 Z0
N3 G91 G28 X0 Y0
N4 G90 G54
G91 G30 Z0
N5 T3 M6
N6 S1000 M3
N7 M8
N8 G0 G90 X34.5 Y35.
N9 G90 G43  Z25.H03
N10 Z0
N11 G82 G98 R0 Z-3. P0 F100.
N12 G80
```

제6절 SolidCAM에 NC Data 생성 따라 하기

1 SolidCAM을 2.5D에서 시작하기 위하여 Command Manager에서 NEW에서 Milling을 클릭한다.

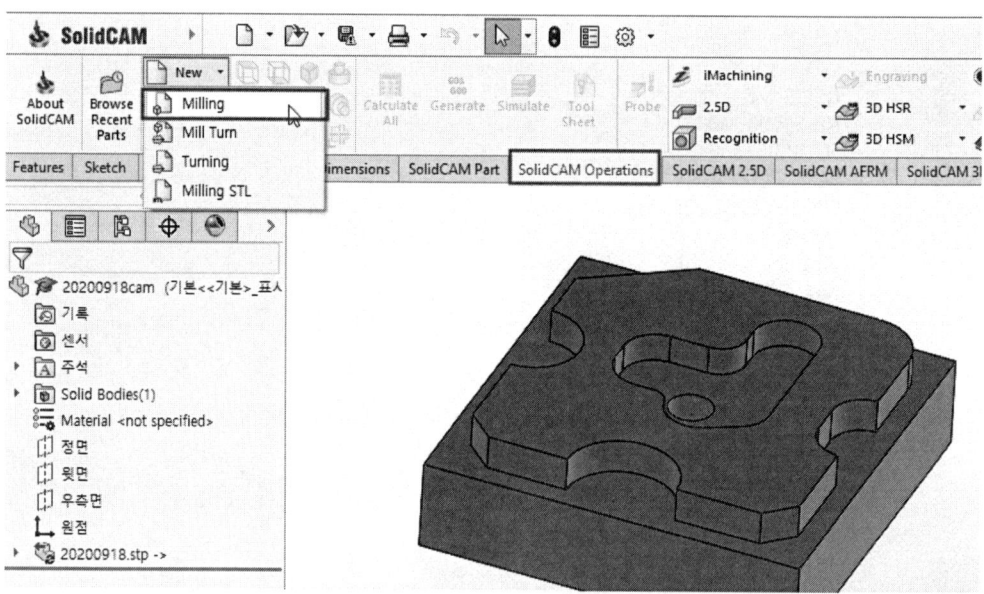

2 아래 그림과 같이 설정하고 New Milling Part에서 확인한다.

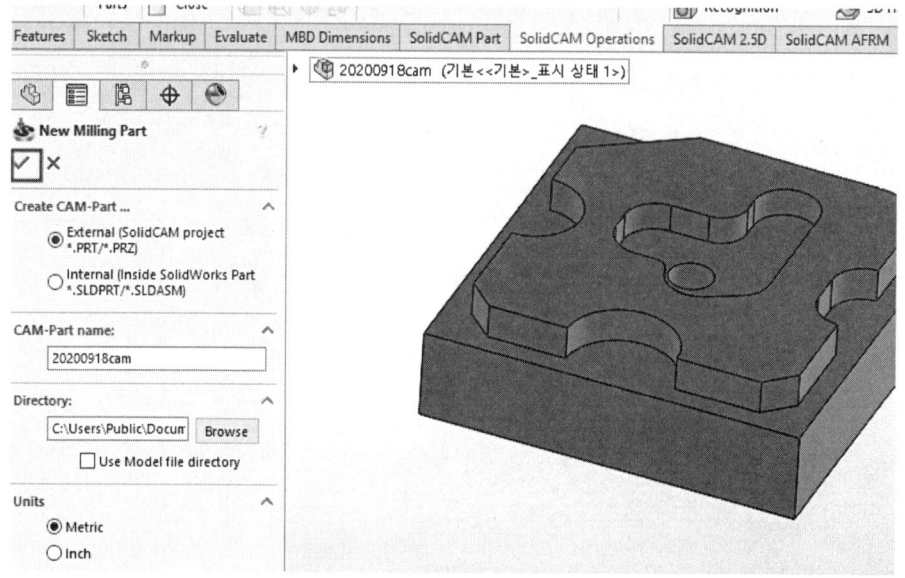

3 CNC-콘트롤러를 cb_FANUC_3x_mill(센트롤 기종은 cb_SENTROL_3x.mill을 선택)을 설정한 후 원점을 클릭하고 모델링 상면을 클릭한다. (원점이 맞지 않으면 여기서 변경한다.)

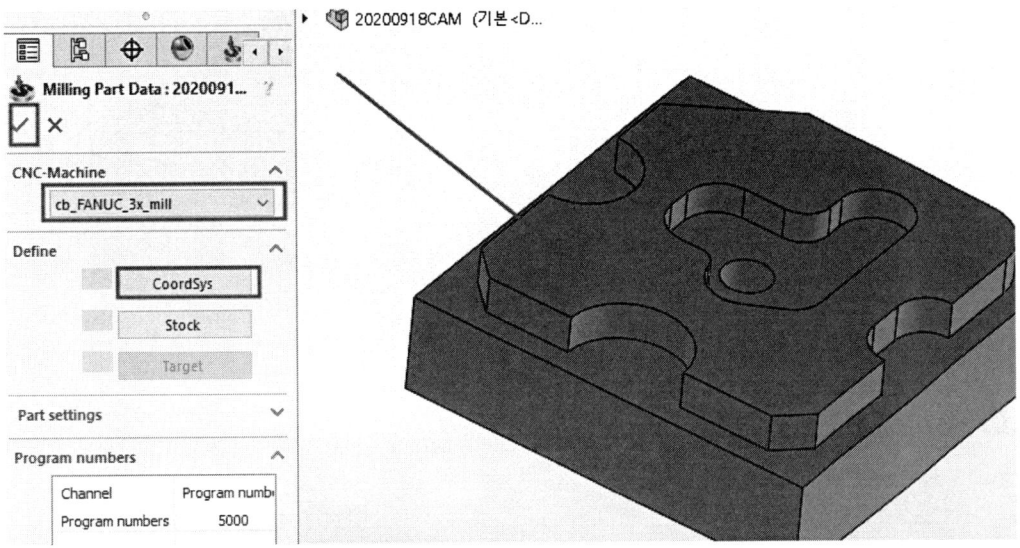

4 원점 데이터에서 확인한다.

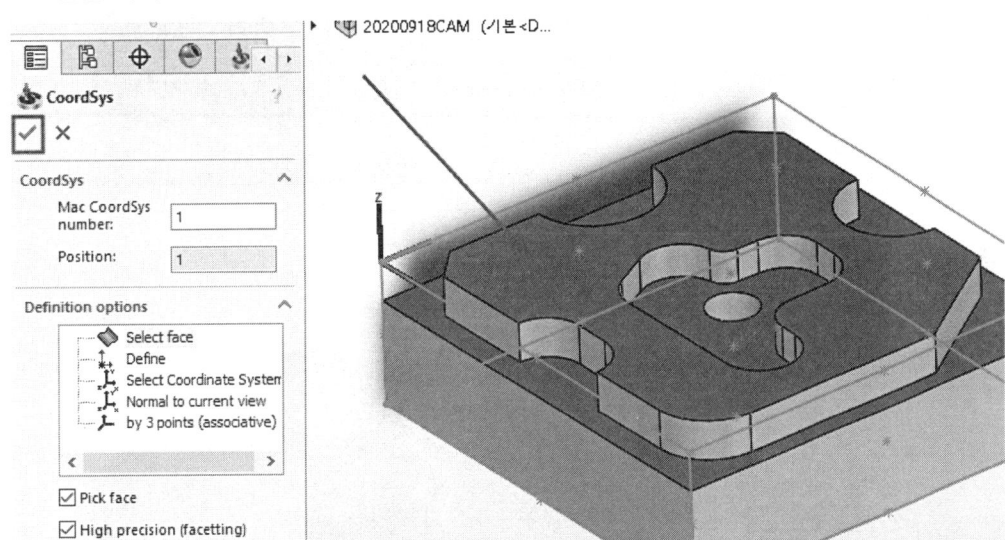

5 원점 관리자에서 데이터를 확인한다.

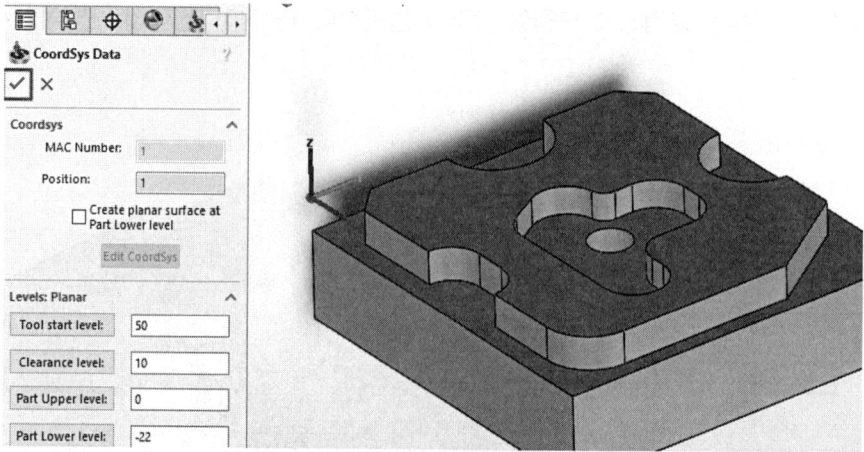

6 원점 관리자에서 확인한다.

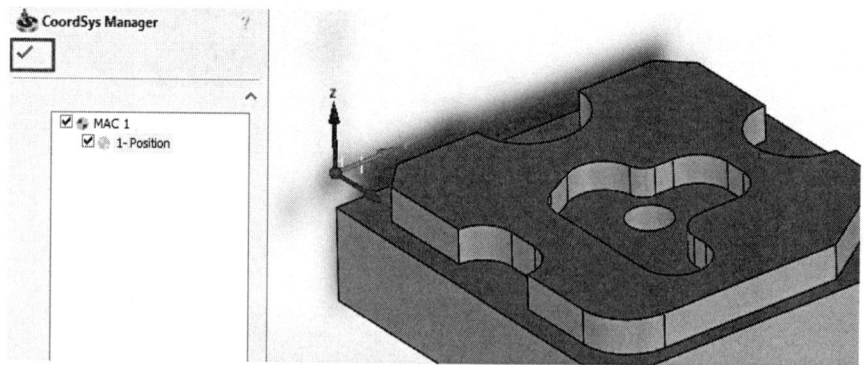

7 소재를 클릭하고 공작물 상면을 클릭한다.

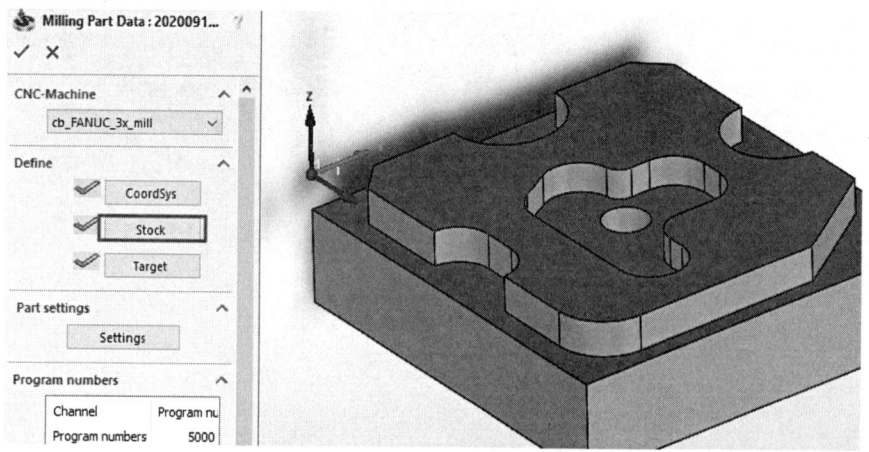

8 아래 그림과 같이 설정하고 확인하고 환경설정에서 소재 정의에 소재 크기로 설정한다.

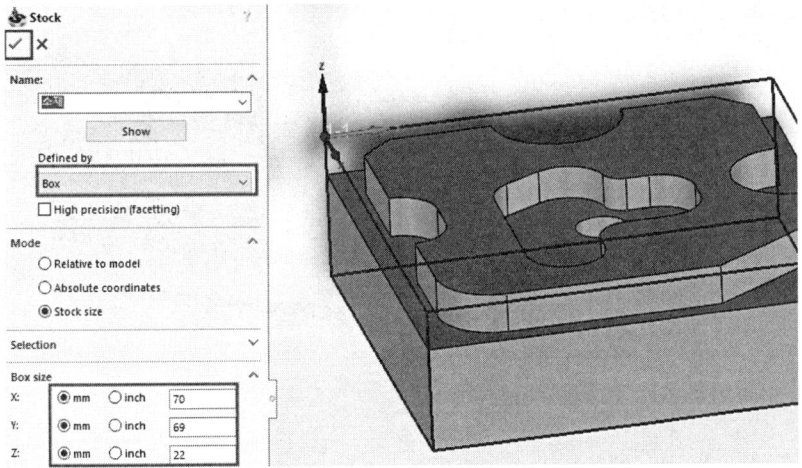

9 CAM을 인식하기 위해서 타켓을 클릭한다.

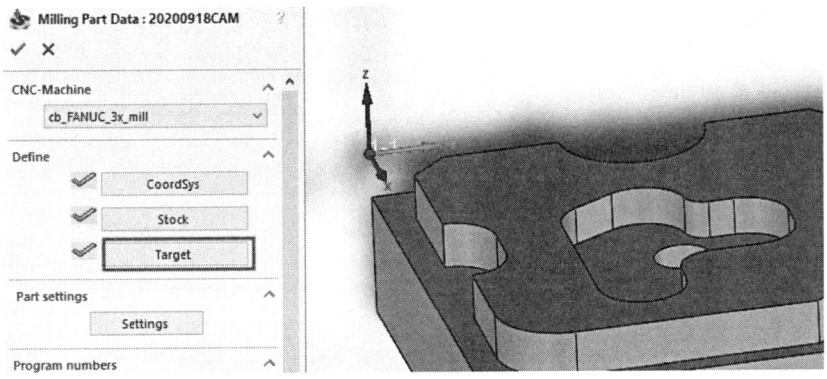

10 공작물 솔리드 바디를 클릭한 후 확인 버튼을 클릭한다.

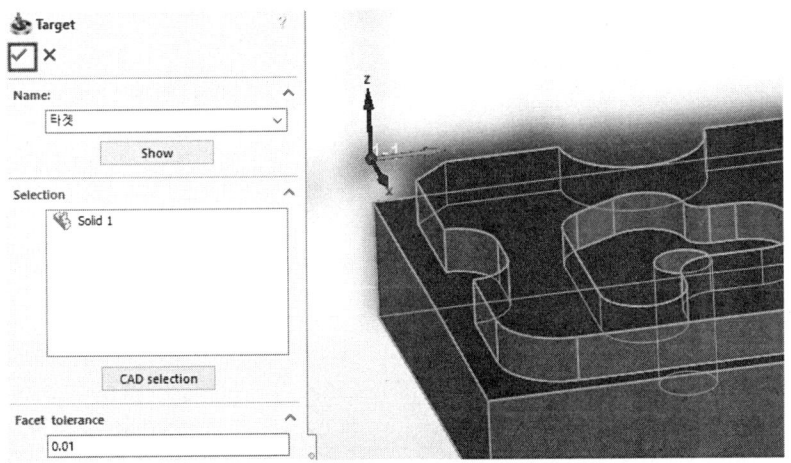

11 밀링 파트 데이터에서 확인한다.

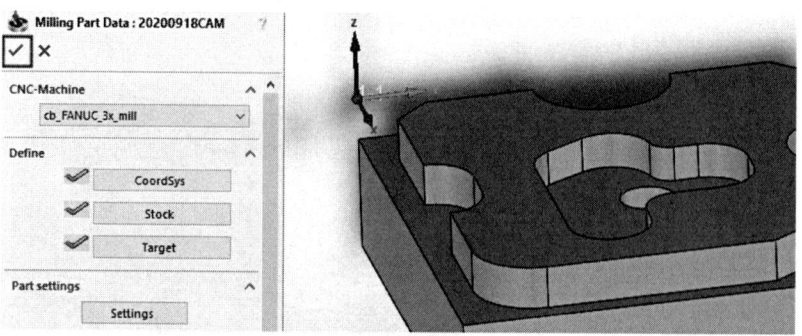

12 솔리드캠 관리자에서 공구를 더블클릭한다.

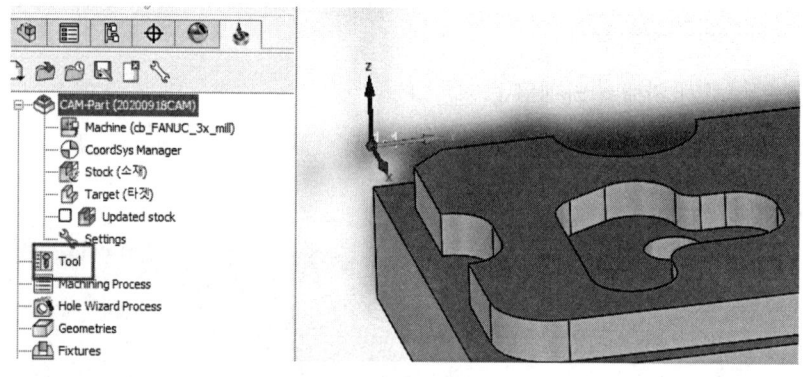

13 공구 불러오기 버튼을 클릭한다.

14 평 엔드밀을 선택하고 클릭한다.

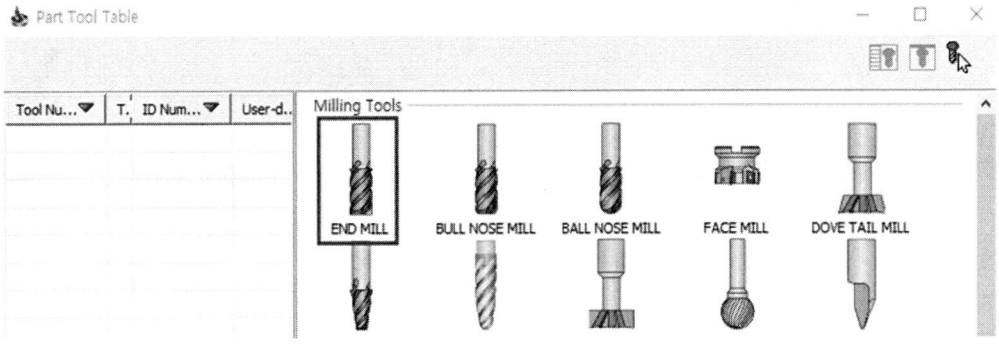

15 번호 1번(MCT 기계와 동일하게)과 직경 10을 입력한다.

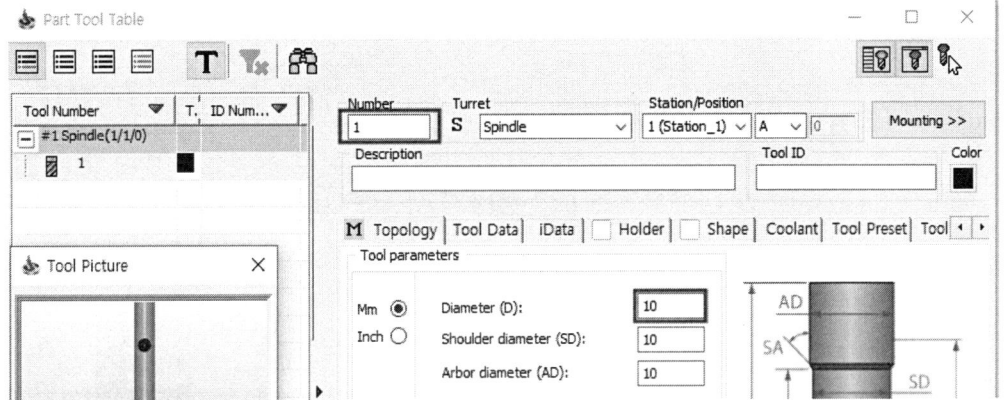

16 공구 데이터를 선택하고 이송속도 100, 회전수 1000을 입력한다. 저장 버튼을 클릭한다.

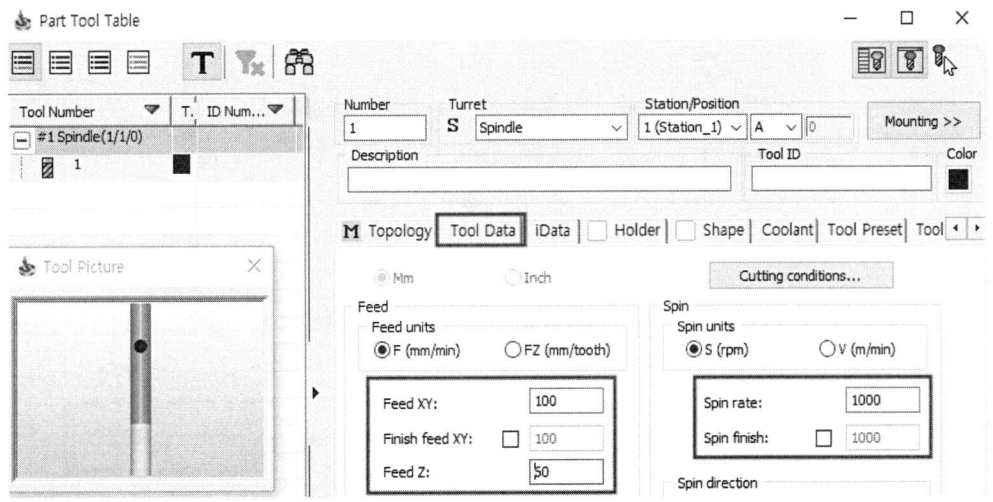

제6절 SolidCAM에 NC Data 생성 따라 하기

17 다시 공구 불러오기 버튼을 클릭하고 센터드릴을 선택한다.

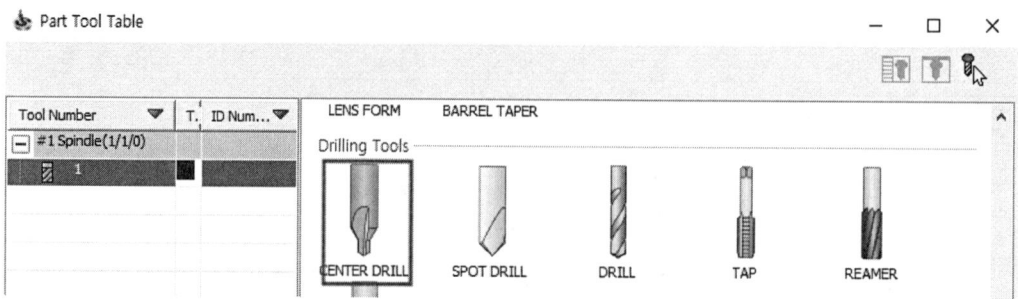

18 번호 3번(MCT 기계와 동일하게)과 공구 직경 3을 입력한다.

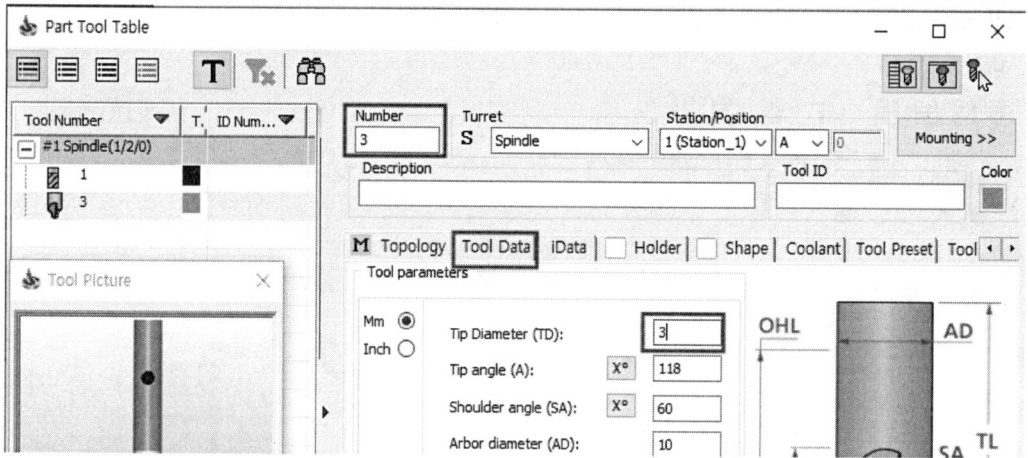

19 공구 데이터를 선택하고 이송속도 100, 회전수 1000을 입력한다. 저장 버튼을 클릭한다.

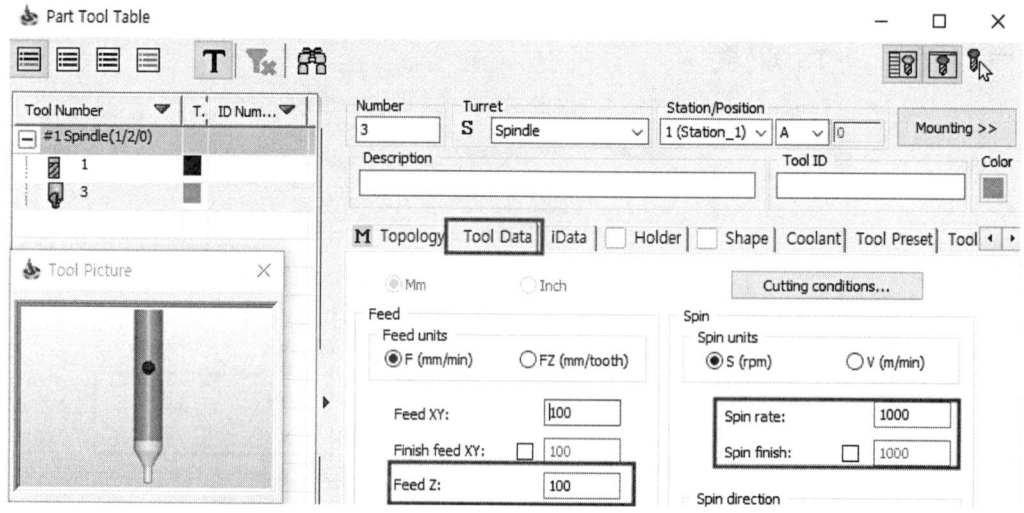

20 다시 공구 불러오기 버튼을 클릭하고 드릴을 선택한다.

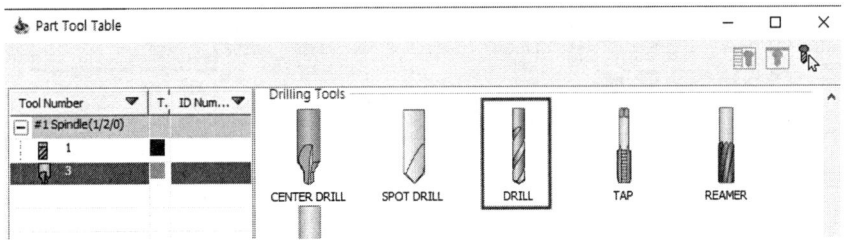

21 번호 5번(MCT 기계와 동일하게)과 공구 직경 8을 입력하고 확인한다.

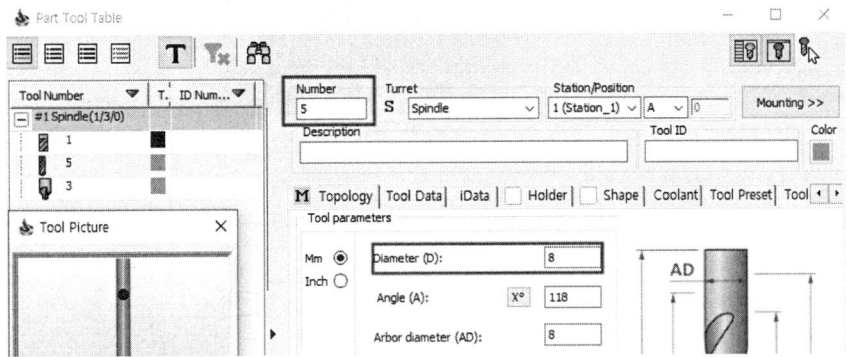

22 공구 데이터를 선택하고 이송속도 100, 회전수 1000을 입력하고 저장 및 나가기 아이콘을 클릭한다.

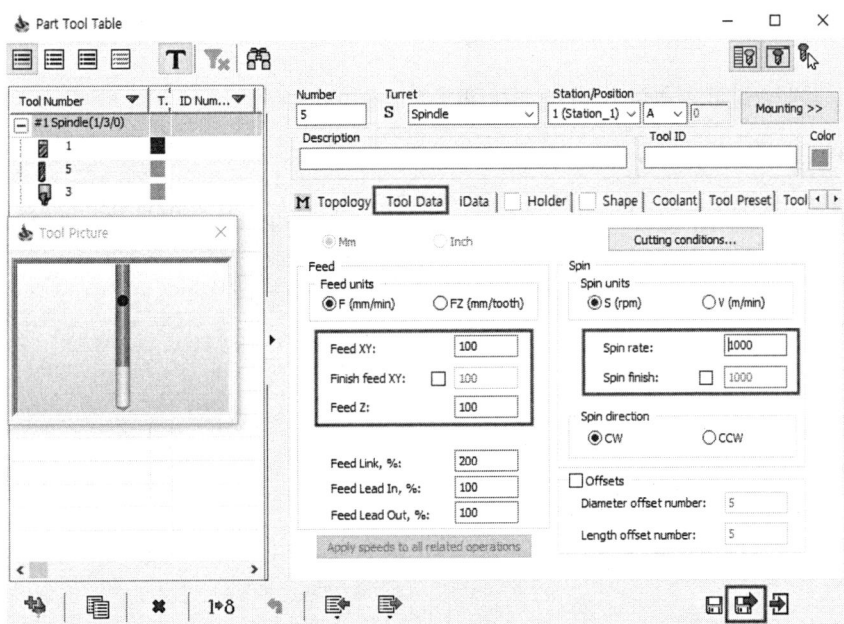

23 2.5D 가공에서 드릴을 선택한다.

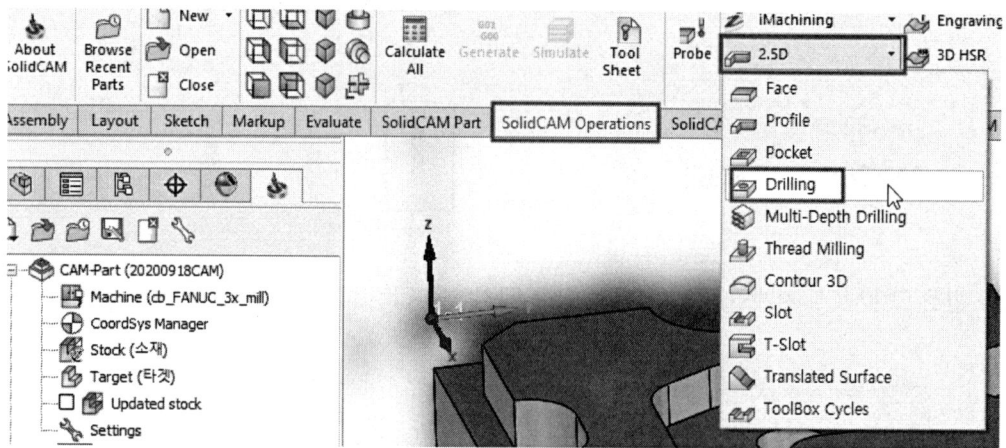

24 신규 버튼을 클릭한다.

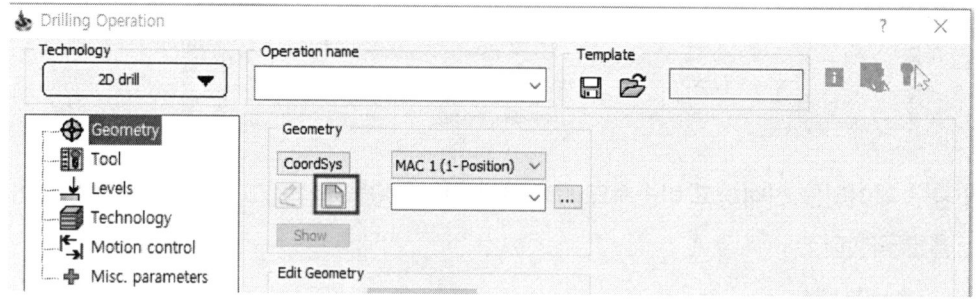

25 아래 그림과 같이 가공할 구멍을 선택한다.

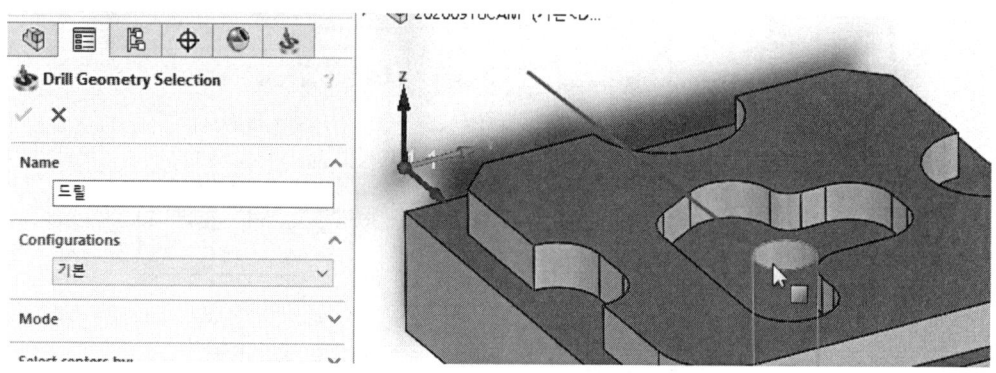

26 XY 드릴 도형 선택에서 확인한다.

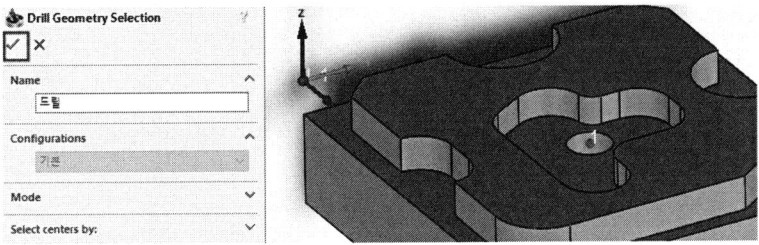

27 공구에서 선택을 클릭한다.

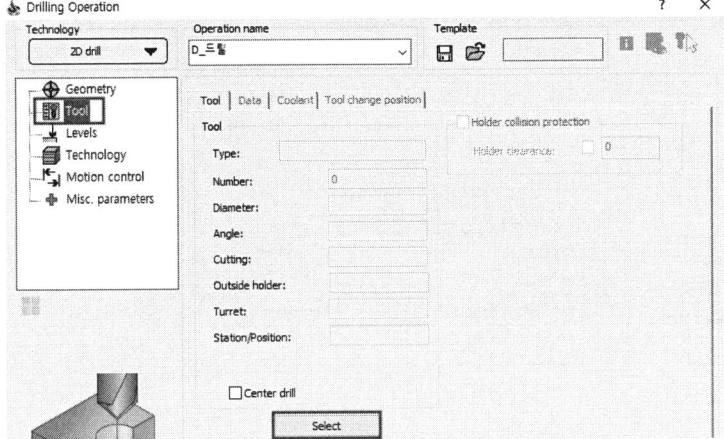

28 센터드릴 3번을 선택하고 확인한다.

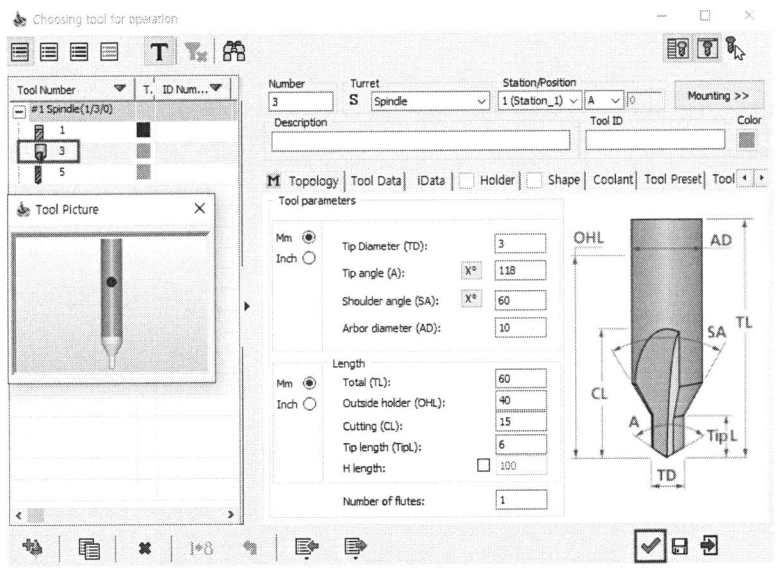

제6절 SolidCAM에 NC Data 생성 따라 하기

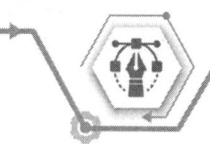

29 그림과 같이 Turret 절삭유를 ON 체크한다.

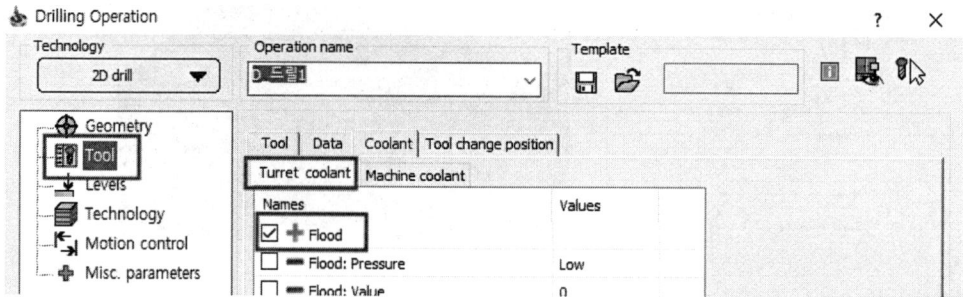

30 그림과 같이 Machine 절삭유를 ON 체크한다.

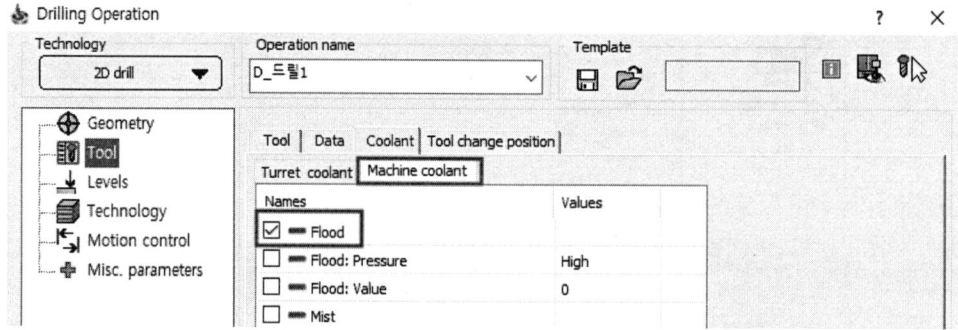

31 그림과 같이 안전 높이와 드릴 깊이 3을 입력하고 시작 높이를 클릭한다.

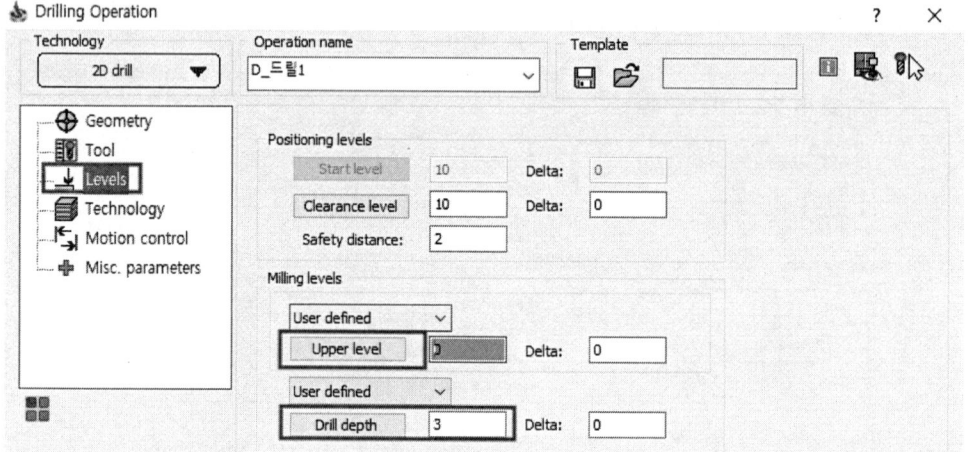

32 그림과 같이 윗면을 선택하고 확인한다.

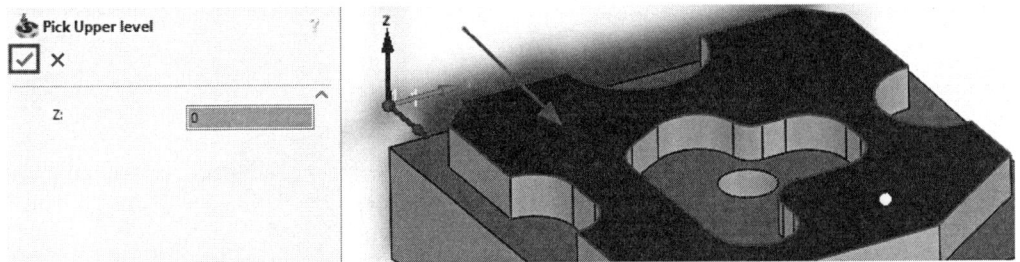

33 가공방법에서 디폴트 체크와 드릴 사이클 종류를 선택한다.

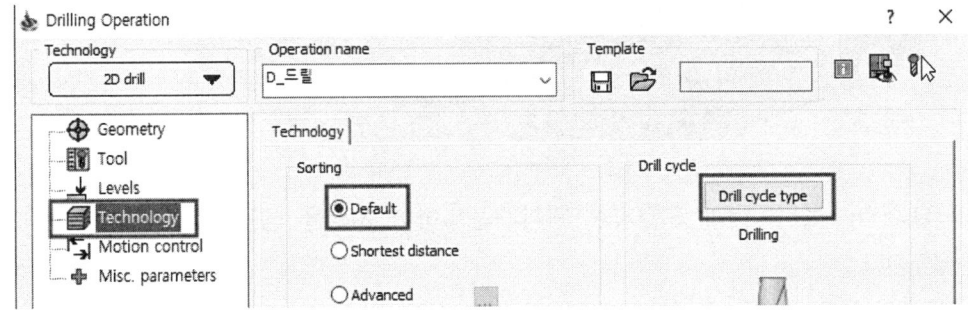

34 드릴을 선택한다.

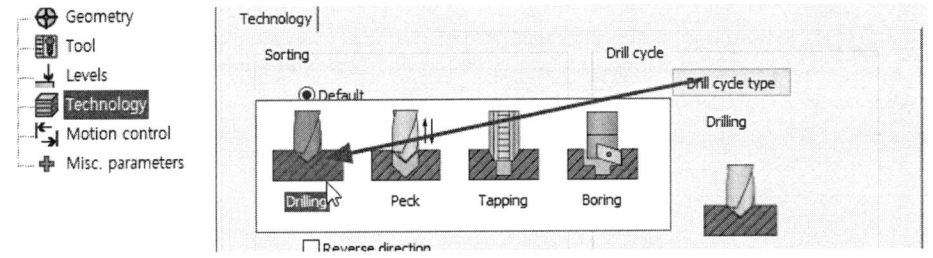

35 저장 계산&복사하기 아이콘을 클릭하여 센터드릴 공정을 복사하고 붙이기한다.

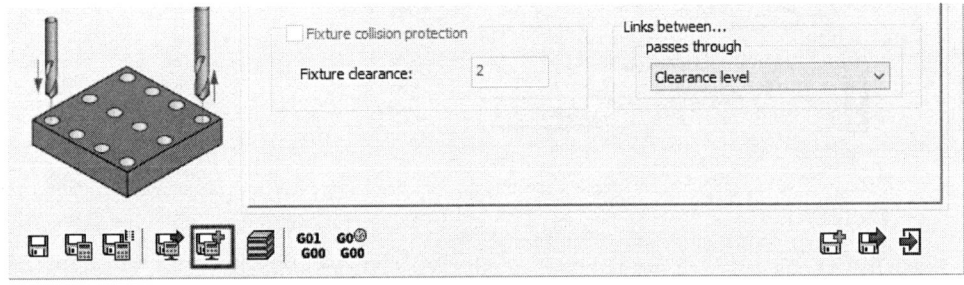

36 공구 툴패스를 확인한다.

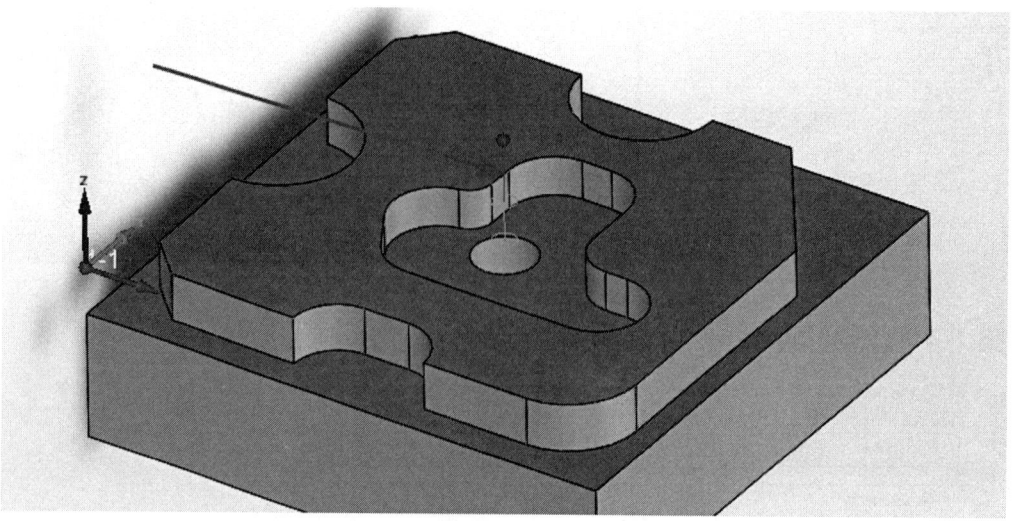

37 도형 정의는 센터드릴과 드릴가공 위치가 동일하여 지정을 생략한다. 공구에서 선택을 클릭한다.

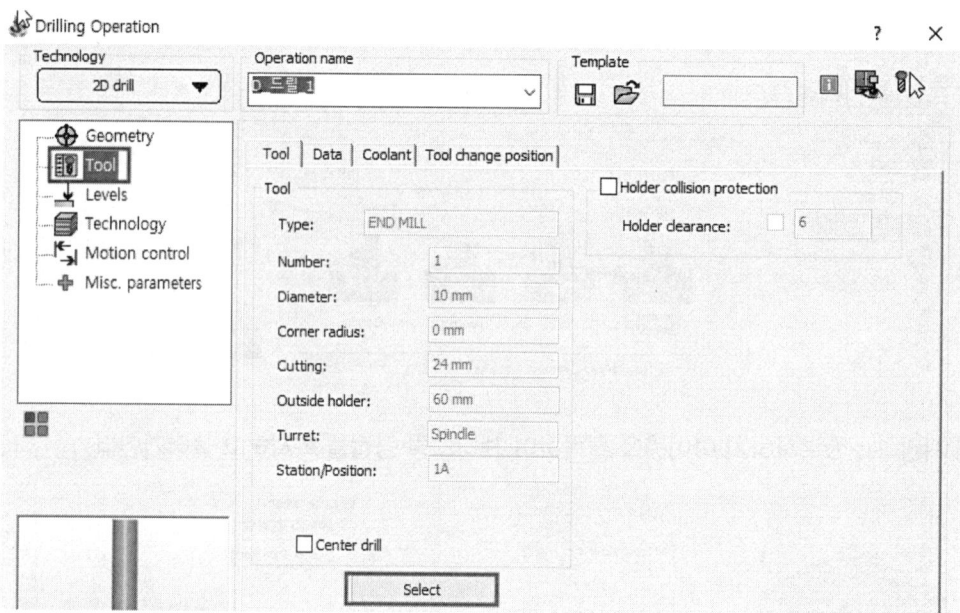

38 드릴 5번을 선택하고 확인한다.

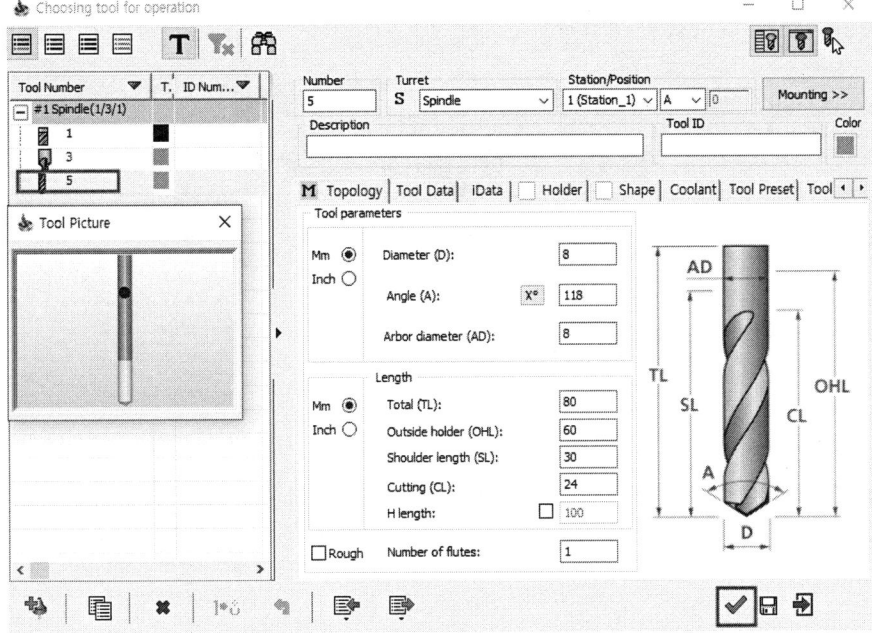

39 가공 높이에서 드릴 깊이는 실제 깊이보다 약간 여유를 주고 전체직경을 체크한다.

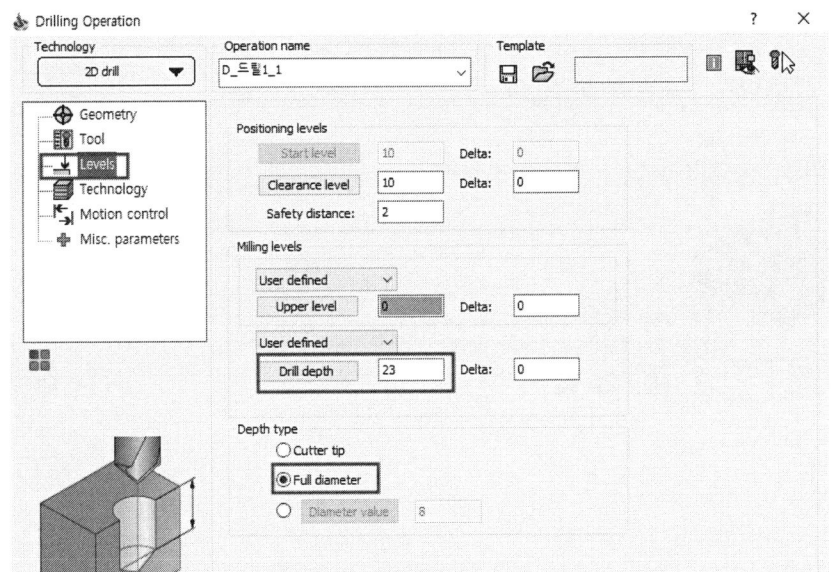

40 가공방법에서 드릴 사이클 백드릴(G83)을 선택한다.

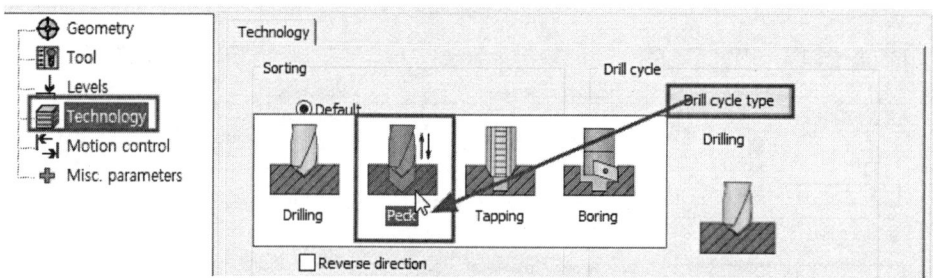

41 데이터를 클릭하고 스텝 3을 입력한다.

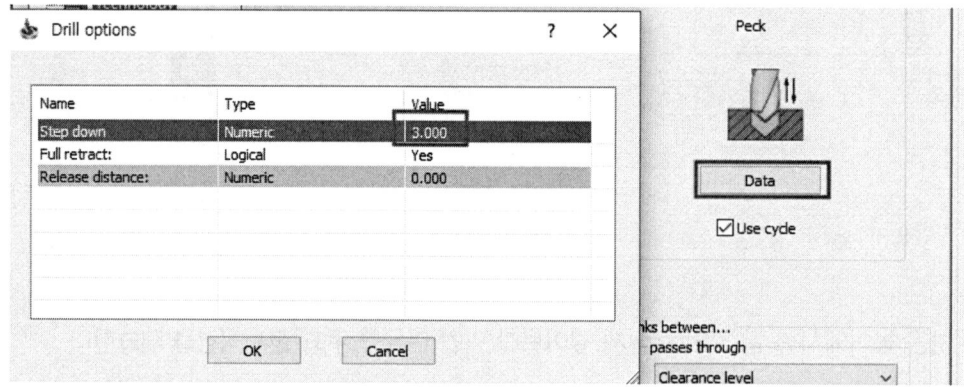

42 저장 계산&나가기 버튼을 클릭한다.

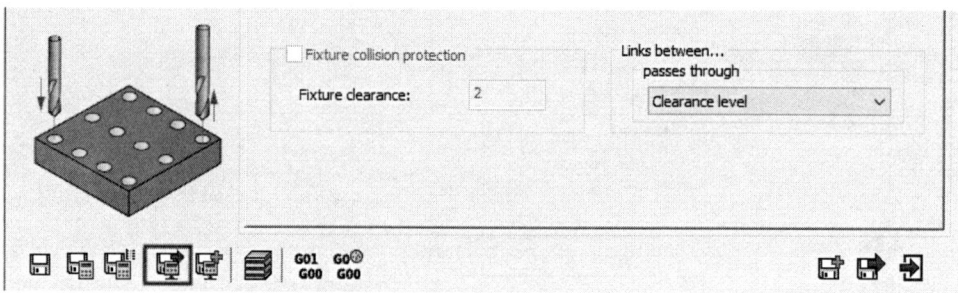

Chapter 06

43 공구 툴패스를 확인한다.

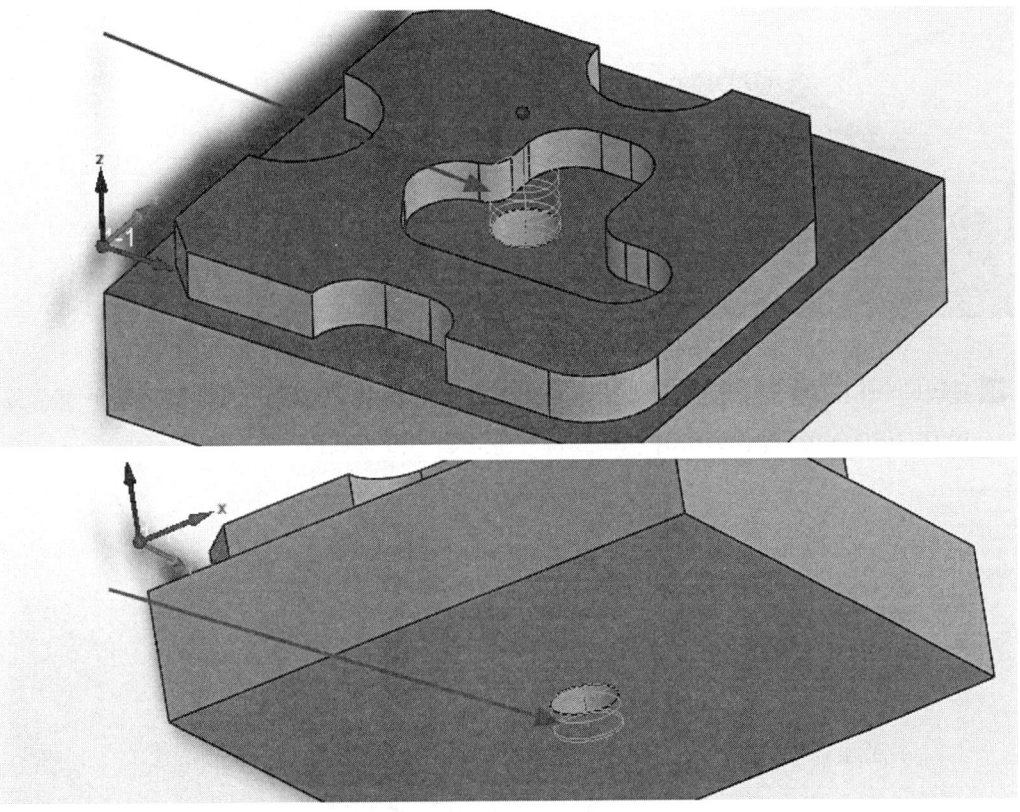

44 자동 인식 가공에서 포켓 자동 인식 아이콘을 선택한다.

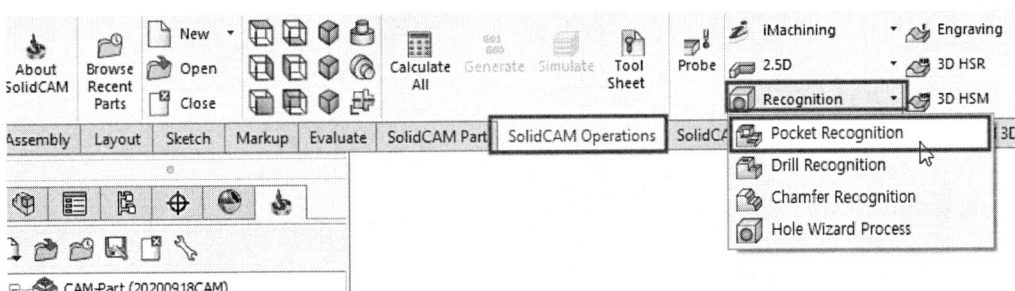

제6절 SolidCAM에 NC Data 생성 따라 하기 | 705

45 신규 버튼을 클릭한다. 선택 모드에서 공작물 솔리드 바디를 체크하고 모델을 클릭한다.

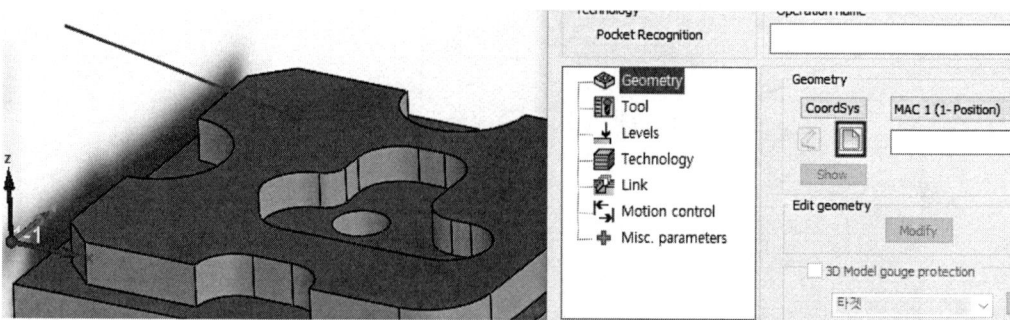

46 솔리드 바디 1에 3개의 면이 생성되나, 아래쪽의 관리자 창 솔리드 1에서 가공이 불필요한 면 1(Z0.00)을 우클릭하여 선택을 해제하고 확인을 클릭한다.

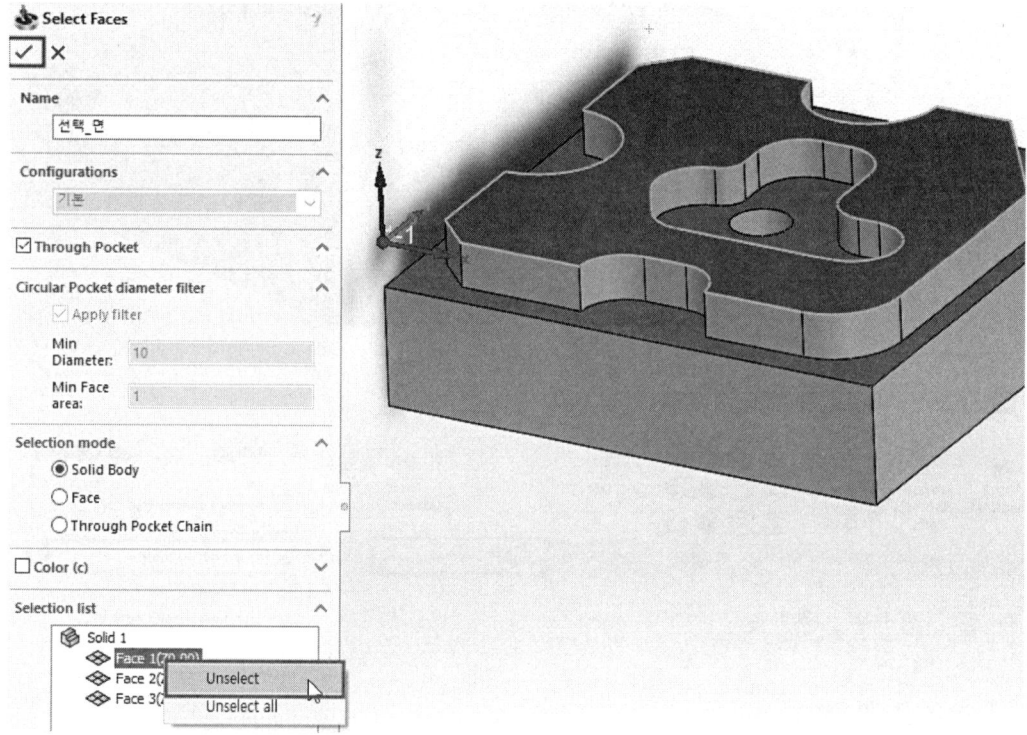

47 공구 탭에서 선택을 클릭한다.

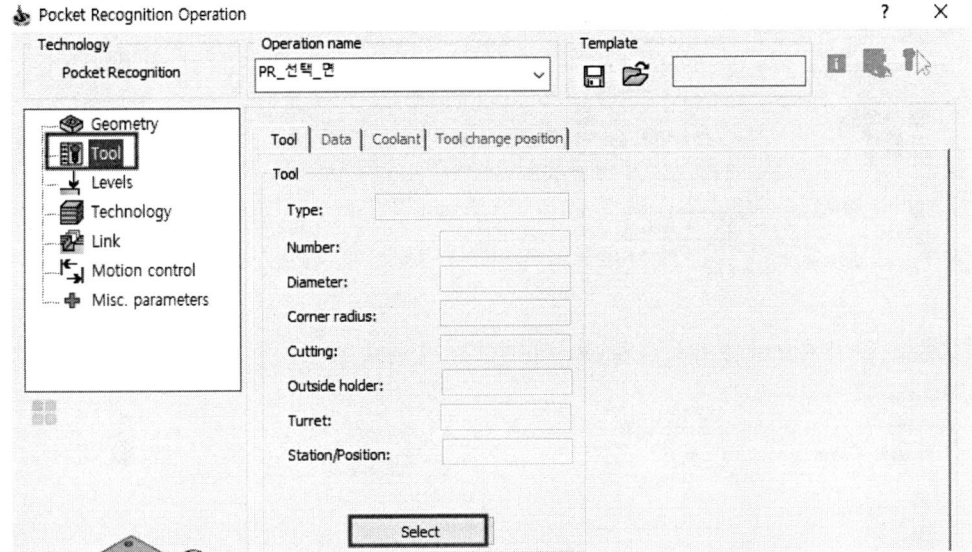

48 1번 엔드밀을 선택하고 확인한다.

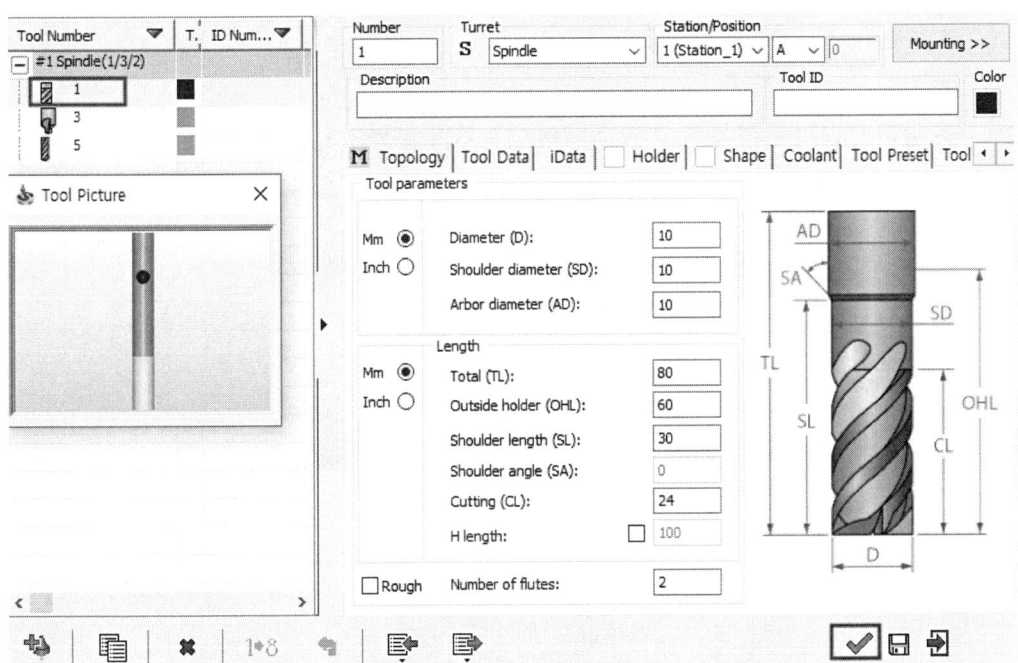

제6절 SolidCAM에 NC Data 생성 따라 하기

49 그림과 같이 Turret 절삭유를 ON 체크한다.

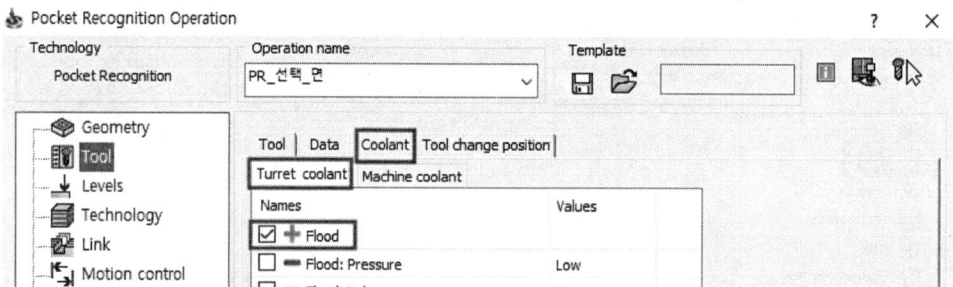

50 그림과 같이 Machine 절삭유를 ON 체크한다.

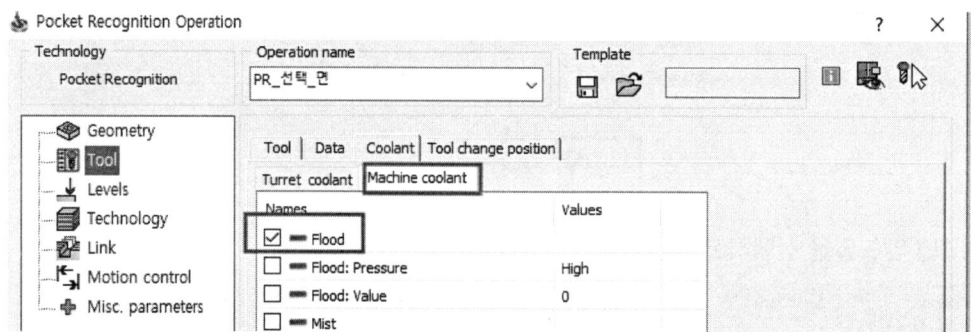

51 가공 높이 탭에서 안전 높이, 가공 높이를 그림처럼 설정한다.

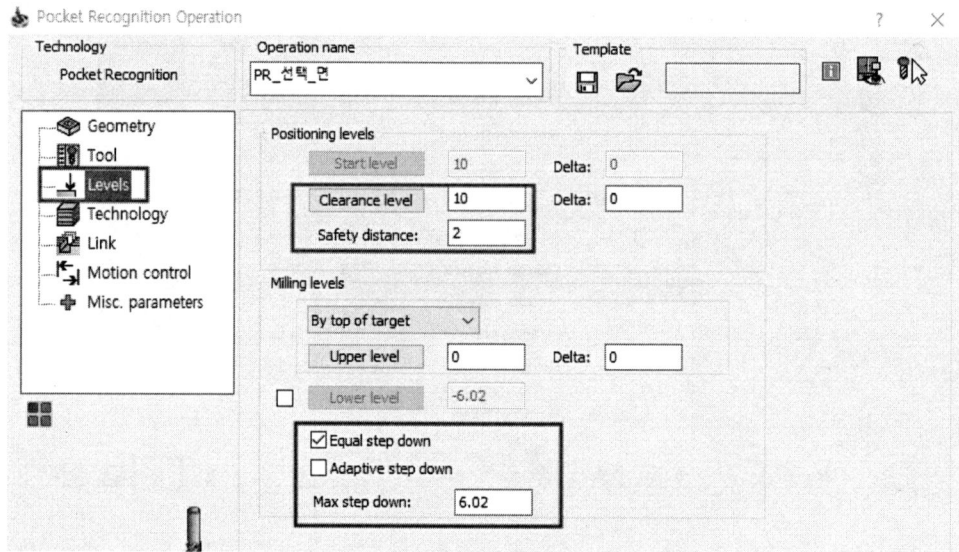

52 가공방법에서 아래 그림과 같이 설정한다.

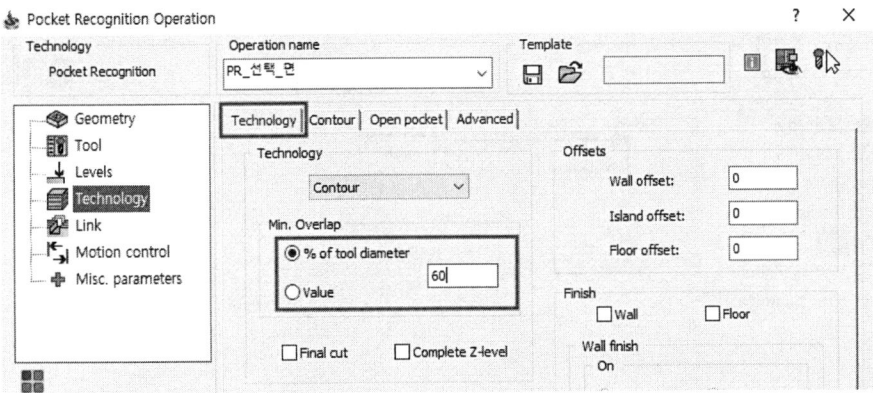

53 윤곽에서 안쪽과 하향 절삭으로 설정한다.

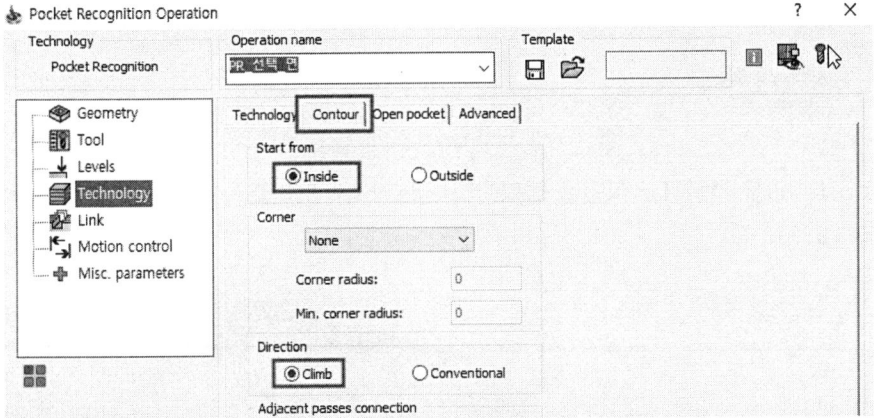

54 오픈 포켓에서 외부에서 어프로치로 체크 설정한다.

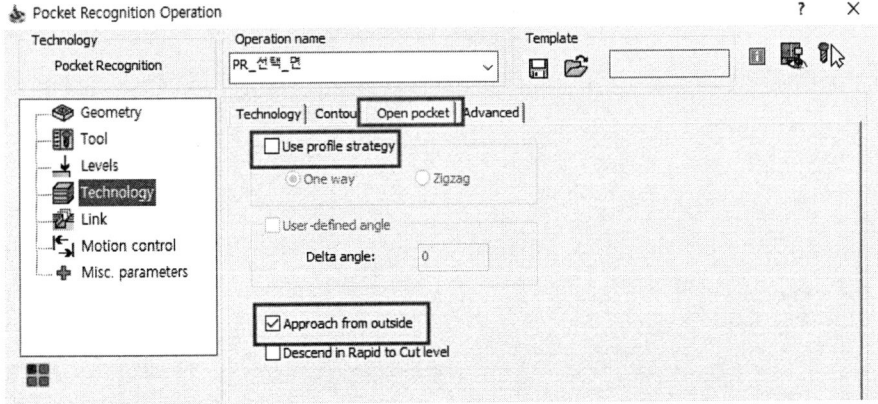

55 링크에서 수직을 설정하고 위치를 클릭한다.

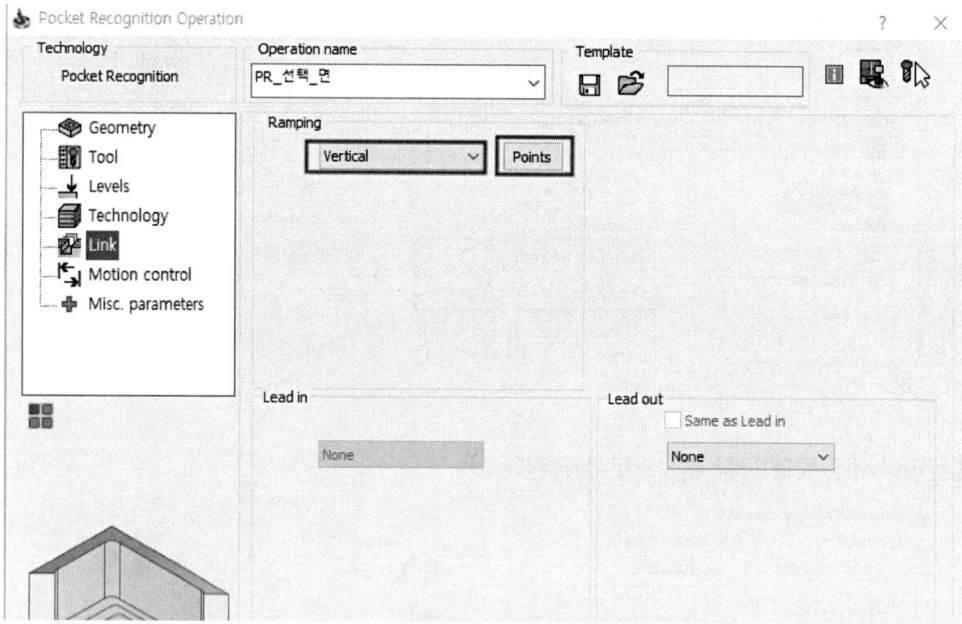

56 Apply to all을 클릭하고 확인을 클릭한다. 엔드밀이 구멍 중심으로 진입을 확인한다.

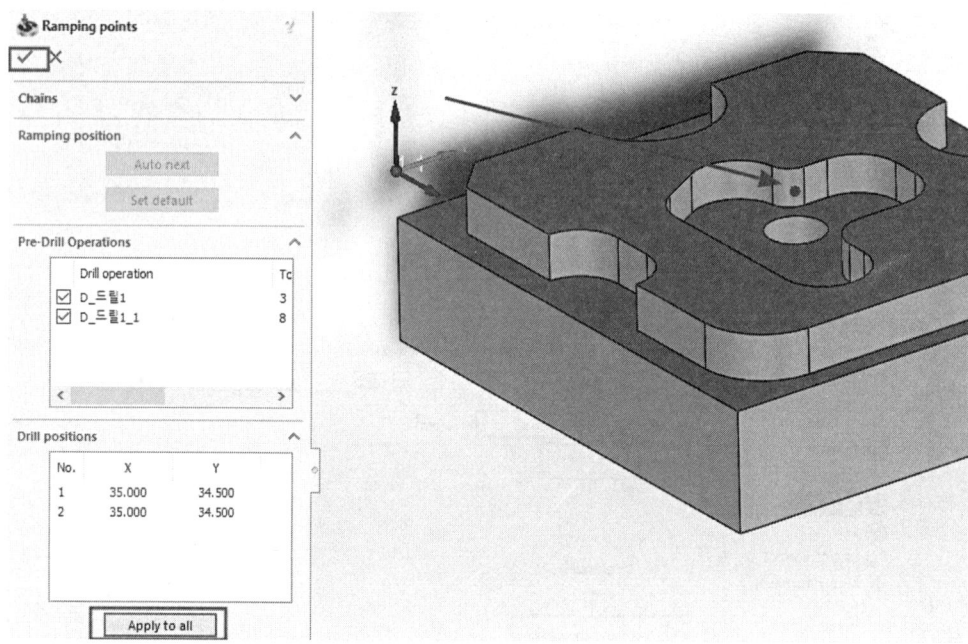

57 계산&나가기 버튼을 클릭한다.

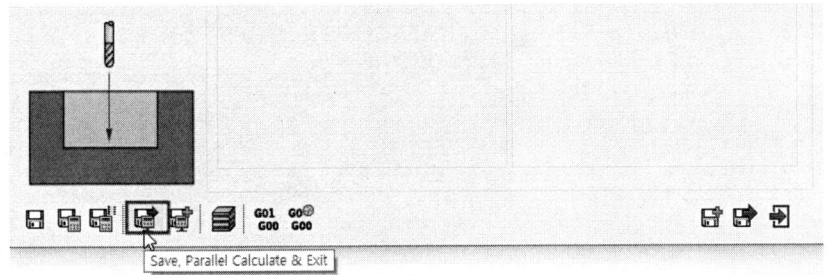

58 공구 툴패스를 확인한다.

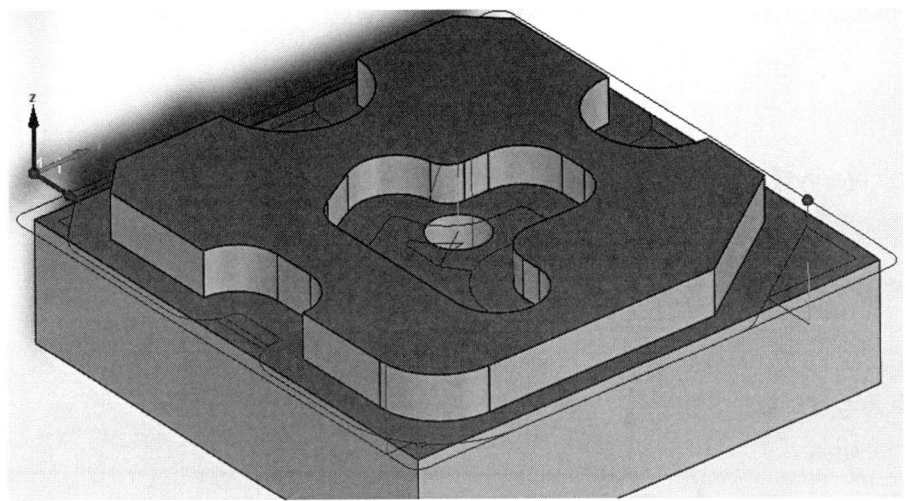

59 그림과 같이 설정하고 전체 계산을 클릭한다. 예를 클릭한다.

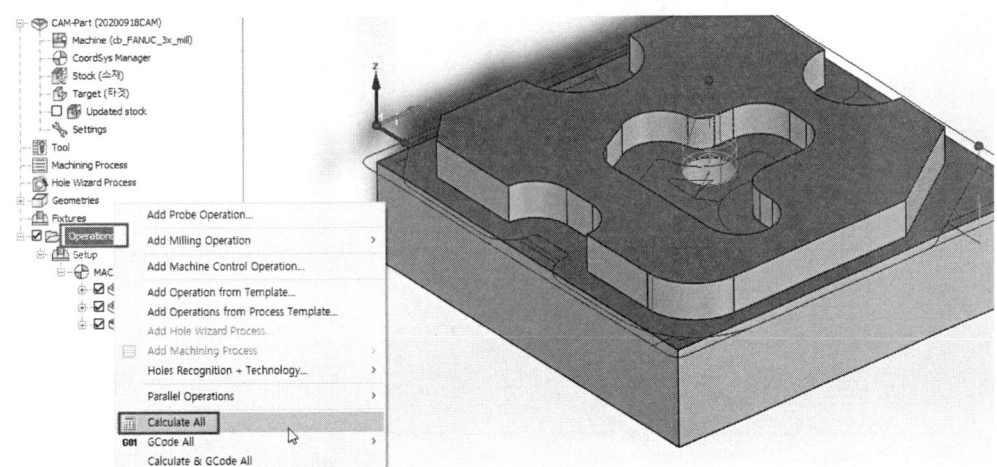

제6절 SolidCAM에 NC Data 생성 따라 하기

60 그림과 같이 설정하고 시뮬레이션을 선택한다.

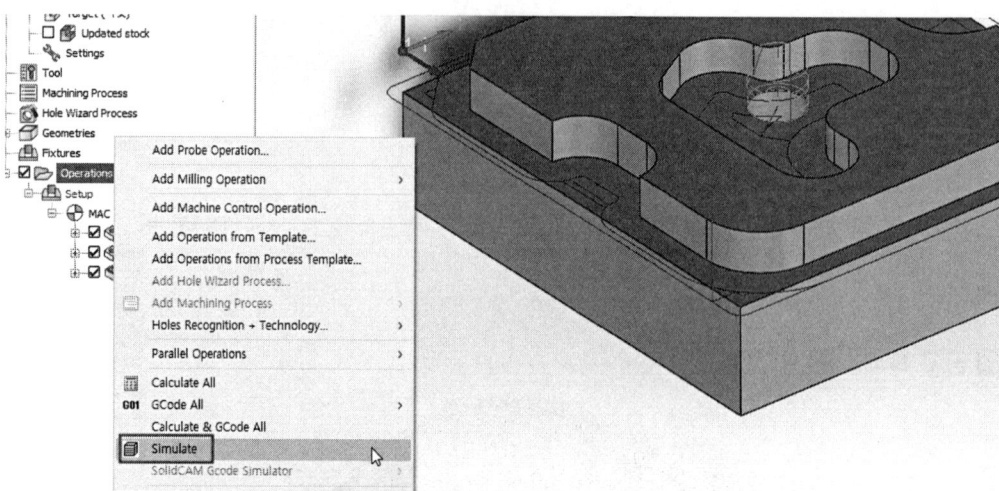

61 SolidVerify를 선택한다.

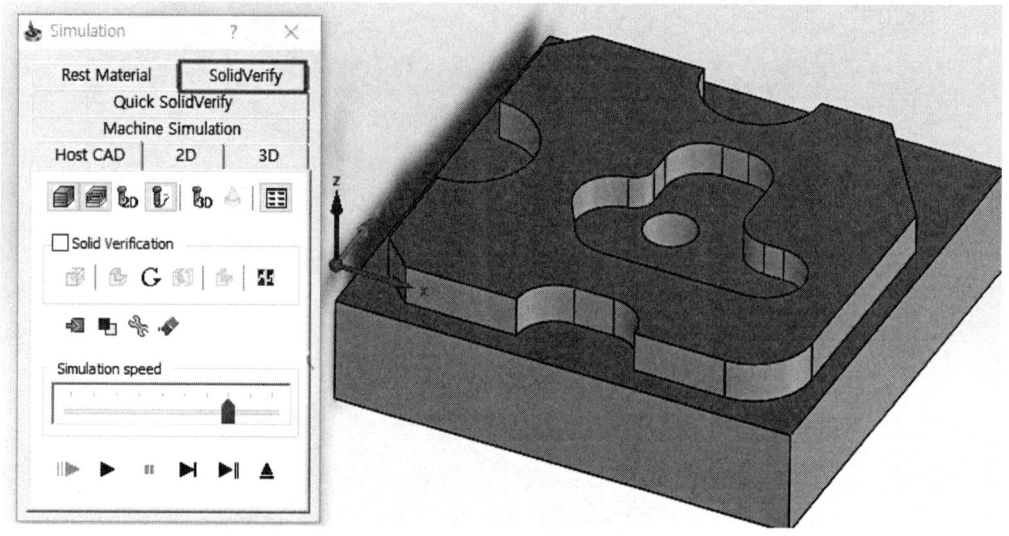

62 플레이 버튼을 클릭하여 모의가공 형상을 확인한다.

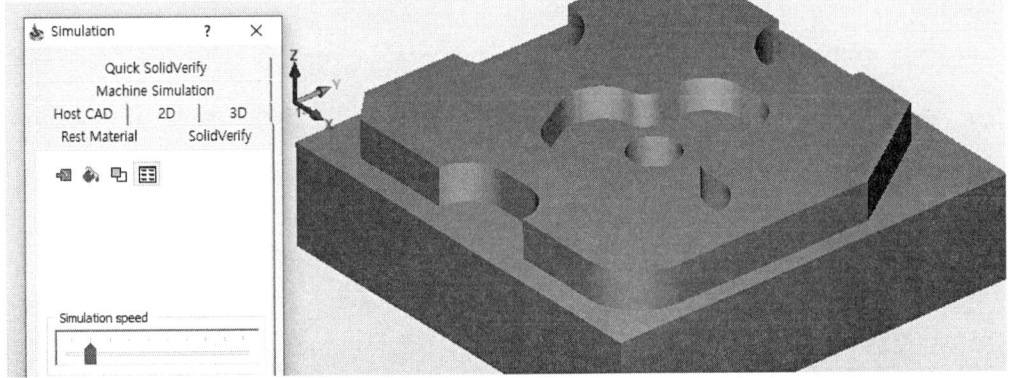

63 아래 그림과 같이 전체 G코드 생성을 클릭한다.

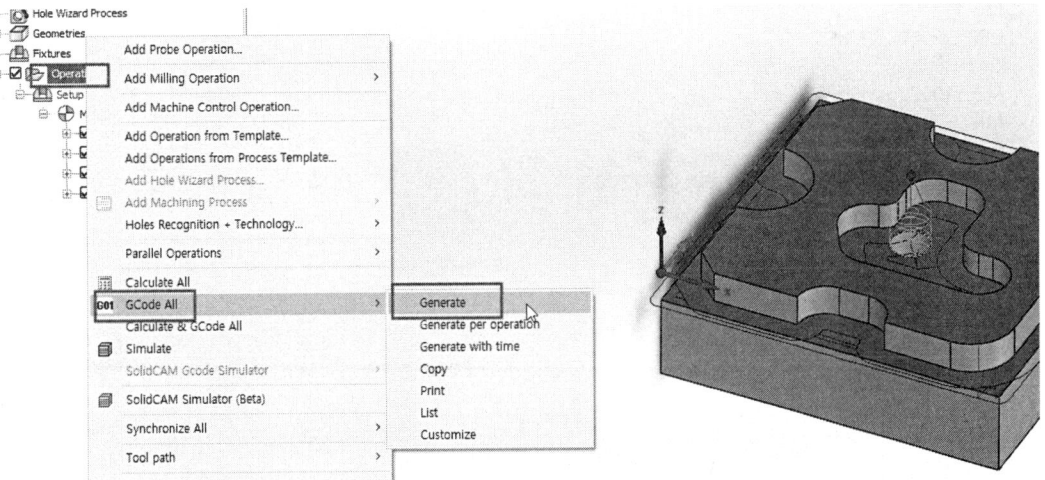

제6절 SolidCAM에 NC Data 생성 따라 하기

64 작업한 내용의 모든 G코드가 생성한다.

```
파일(F)  편집(E)  서식(O)  보기(V)  도움말
%
O5000
G17 G80 G40 G49
G91 G28 Z0
G91 G28 X0 Y0
G90 G17 G54
M6 T3
G90 G0 X35. Y34.5
G43 H3 Z10.
M3 S1000
M8
G0 X35. Y34.5 Z10.
G98 G81 X35. Y34.5 Z-3. R2. F100
G80
M9
 G00 G49 Z50.
M6 T5
G90 G0 X35. Y34.5
G43 H5 Z10.
M3 S1000
M8
G0 X35. Y34.5 Z10.
G98 G83 X35. Y34.5 Z-25.403 R2. Q3. F100
G80
M9
 G00 G49 Z50.
M6 T1
```

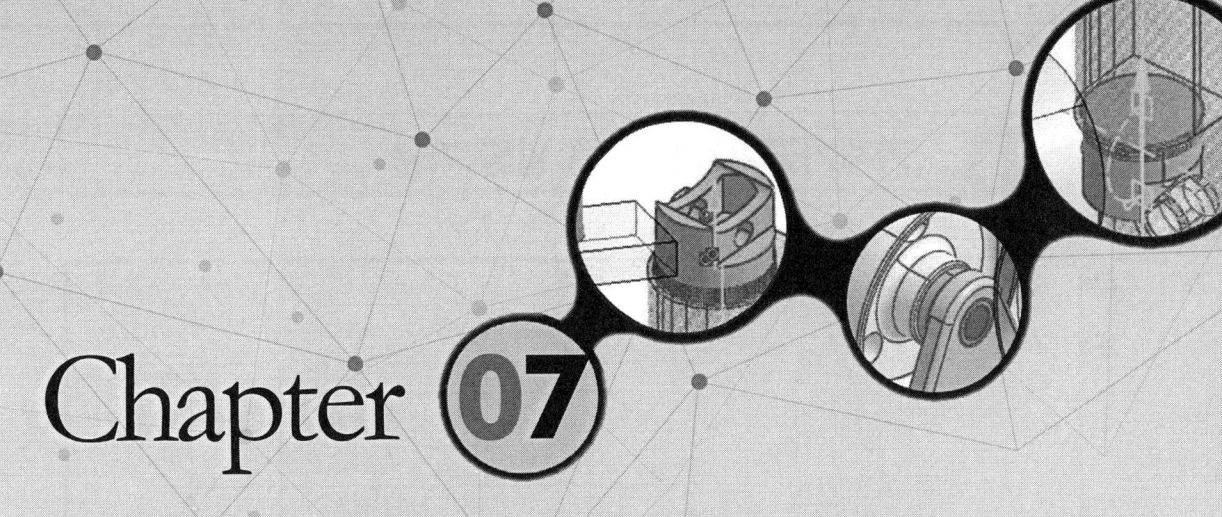

Chapter 07

범용 선반 및 밀링 가공

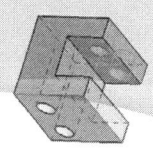

제1절 기계가공기능장 범용 밀링 가공
제2절 기계가공기능장 범용 선반 가공
제3절 컴퓨터응용밀링기능사 범용 밀링 가공
제4절 컴퓨터응용선반기능사 범용 선반 가공

제1절 기계가공기능장 범용 밀링 가공

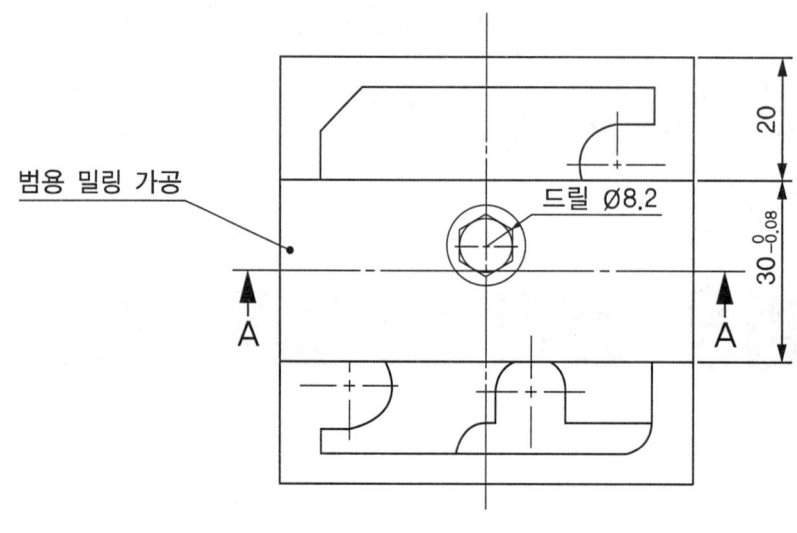

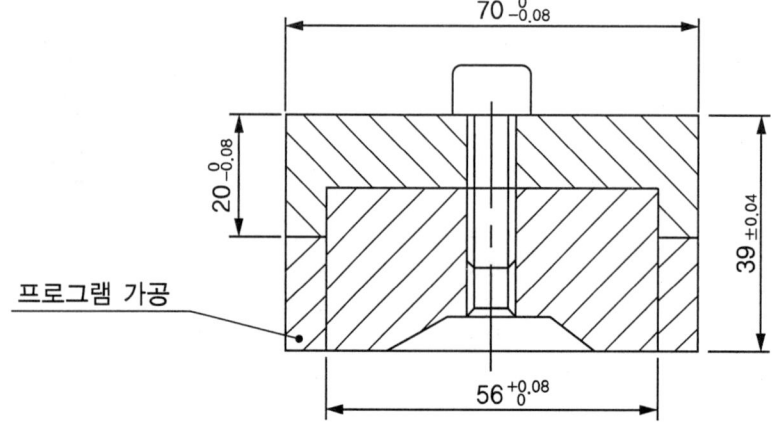

A-A

주서
1. 범용 밀링 제작품의 치수는 주어진 도면의 상대치수를 활용하여 제작 및 조립합니다.

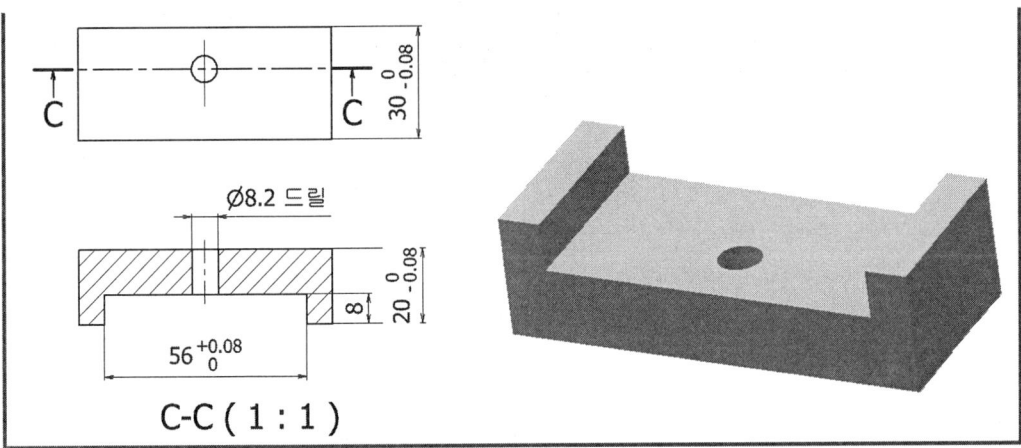

작업공정

① 지급재료를 확인한다. (t22×32×72)

② 밀링 바이스에 고정하고 페이스 커터로 20×30×70으로 −0.08로 정밀 공차로 작업한다. 회전수(RPM) 1,000으로 이송속도는 300mm/min로 작업한다.

③ 정반에서 하이트게이지로 도면을 보고 금긋기 작업을 한다.

④ 2날−∅10평 엔드밀로 깊이 8mm×56mm로 홈 가공 작업를 한다. 깊이는 8mm를 한 번에 입력하고 56mm는 +0.08 공차로 작업한다. 회전수(RPM) 1,000으로 이송속도는 150mm/min로 한다.

⑤ ∅8.2 드릴 작업을 위해서 먼저 펀치 작업을 한 후에 드릴 작업을 한다.

⑥ 조 줄로 전체 모서리 버어 제거를 한다.

⑦ 전체 측정 검사를 하고 조립이 되는지 확인한다.

제2절 기계가공기능장 범용 선반 가공

▼ 샘플도면

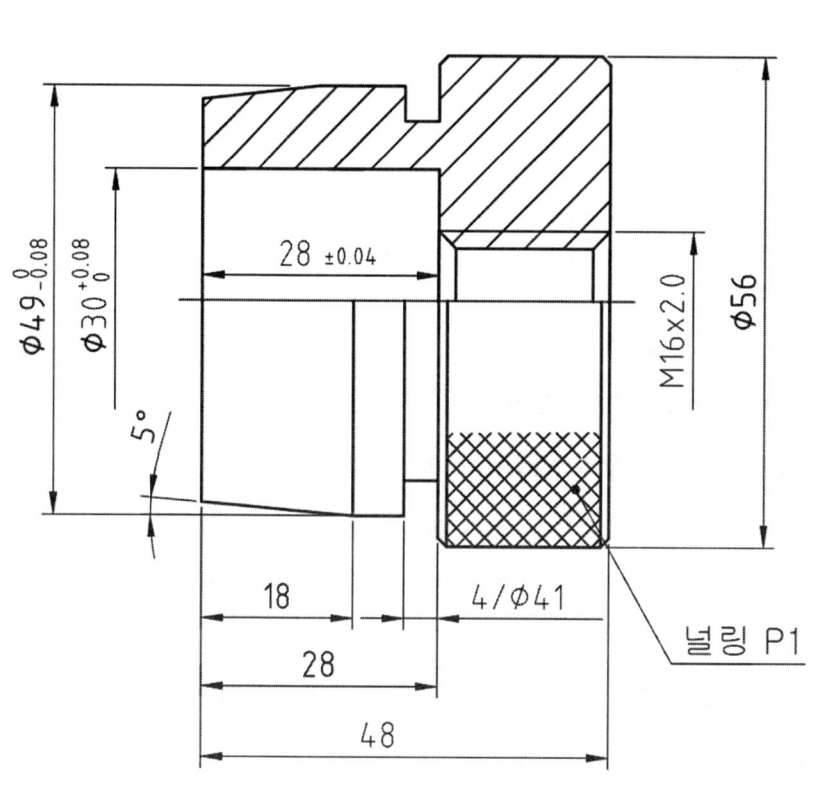

주서
1. 도시되고 지시 없는 모떼기 C1
2. 일반 모떼기 C0.2~C0.3

 **작업공정**

① 척에 공작물 척킹(길이 15mm 정도) ⌀56 부위 널링 부위를 외경 및 단면을 가공한다. 널링 작업을 위해서는 외경 ⌀55.7, 길이 27로 가공한다. 회전수(RPM)는 1100으로 설정한다.

② 센터드릴을 작업한다. 회전수(RPM)는 1100으로 설정한다.

③ 심압대에 베어링센터로 센터를 지지하고 널링 작업을 한다. 회전수(RPM)는 55~75로 설정하고 자동이송으로 작업한다. 이송속도(0.3mm/rev)는 빠르게 설정한다.

④ 홈바이트로 4/⌀41 부위를 홈 작업한다. 홈 가공의 회전수(RPM)는 500으로 설정하고 절삭유를 주입한다.

⑤ 모따기 C1과 일반 모따기 0.2~0.3을 완성한다.

⑥ 드릴 작업을 한다. 드릴 ⌀14.5, 회전수(RPM) 330으로 작업한다.

⑦ 돌려물리기를 한다. 널링 부위 척에 다시 척킹한다.

⑧ 단면절삭으로 전체 길이(48mm)를 맞춘다. 회전수(RPM)는 1100으로 설정한다.

⑨ ⌀49 부위 외경 작업(RPM: 1100) 28mm단 길이를 맞춘다.

⑩ 복식 공구대 회전(5°)하여 테이퍼 작업을 한다. 회전수(RPM)는 1100으로 설정한다.

⑪ 내경 작업하기 전에 ⌀29 드릴로 깊이 28mm로 드릴 작업한다. 회전수(RPM)는 180으로 설정한다.

⑫ 내경 ⌀30×28 가공을 완성한다. 회전수(RPM)는 750으로 설정한다.

⑬ 일반 모따기 C0.2를 완성한다.

⑭ 돌려물리기를 하여 M16×2.0 탭 작업을 완성하고 전체 측정 및 조립이 되는지 확인한다.

제3절 컴퓨터응용밀링기능사 범용 밀링 가공

💡 작업공정

① 지급재료를 확인한다. (t25×75×75)

② 밀링바이스에 고정하고 페이스 커터로 21×69×70으로 −0.08로 정밀공차로 작업한다. 회전수(RPM) 900으로 이송속도는 300mm/min로 작업한다.

③ 정반에서 하이트게이지로 도면을 보고 금긋기 작업을 한다.

④ 2날−∅10평 엔드밀로 깊이 7mm×12mm로 홈 가공 작업를 한다. 깊이는 7mm를 한 번에 입력하고 7mm는 −0.08 공차로 12mm는 +0.08 공차로 작업한다. 회전수(RPM) 1,000으로 이송속도는 150mm/min로 한다.

⑤ 2날−∅10평 엔드밀로 깊이 4mm×25mm로 홈 가공 작업를 한다. 깊이는 4mm를 한 번에 입력한다. 회전수(RPM) 1,000으로 이송속도는 150mm/min로 한다.

⑥ 2날−∅10평 엔드밀로 깊이 4mm×16mm로 홈 가공 작업을 한다. 깊이는 4mm를 한 번에 입력한다. 16mm는 +0.08 공차로 작업한다.

⑦ 조 줄로 전체 모서리 버어 제거를 한다.

⑧ 전체 측정 검사를 하고 조립이 되는지 확인한다.

제4절 컴퓨터응용선반기능사 범용 선반 가공

▶ 사용 공구

빗줄형 널링 m0.5

$18^{+0.08}_{0}$

$\varnothing 44^{0}_{-0.08}$

$\varnothing 32^{+0.08}_{0}$

$\varnothing 29^{+0.08}_{0}$

$\varnothing 58$

도시되고 지시없는 모따기 C2

$17^{+0.08}_{0}$

37

작업공정

① 지급재료를 확인한다.

② 척에 공작물 척킹(길이 15mm 정도) ∅58 부위 외경 및 단면을 가공한다. 널링 작업을 위해서는 ∅57.7로 가공한다. 회전수(RPM)는 1100으로 설정한다.

③ 센터드릴을 작업한다. 회전수(RPM)는 1100으로 설정한다.

④ 베어링센터로 센터를 지지하고 자동이송으로 널링 작업을 한다. 회전수(RPM)는 55~75로 설정한다.

⑤ 모따기 C2를 완성한다.

⑥ 드릴 작업을 한다. 작은 드릴(RPM: 330)을 작업한 후 큰 드릴(RPM: 180)로 작업한다.

⑦ 돌려물리기를 한다. 널링 부위 척에 다시 척킹한다.

⑧ 단면절삭으로 전체 길이(37mm)를 맞춘다. 회전수(RPM)는 1100으로 설정한다.

⑨ ∅44 부위 외경 작업과 19mm단 길이를 맞춘다. 회전수(RPM)는 1100으로 설정한다. 내경 ∅29 부위 가공을 먼저 가공하고, ∅32 부위와 길이 17mm 부위를 내경 작업을 완성한다. 회전수(RPM)는 750으로 설정한다.

⑩ 모따기 C2와 일반 모따기 C0.2를 완성한다.

☞ 외경 황삭 가공 RPM 1100, 정삭 가공 RPM 1400
  내경 황삭 가공 RPM 750, 정삭 가공 RPM 1100

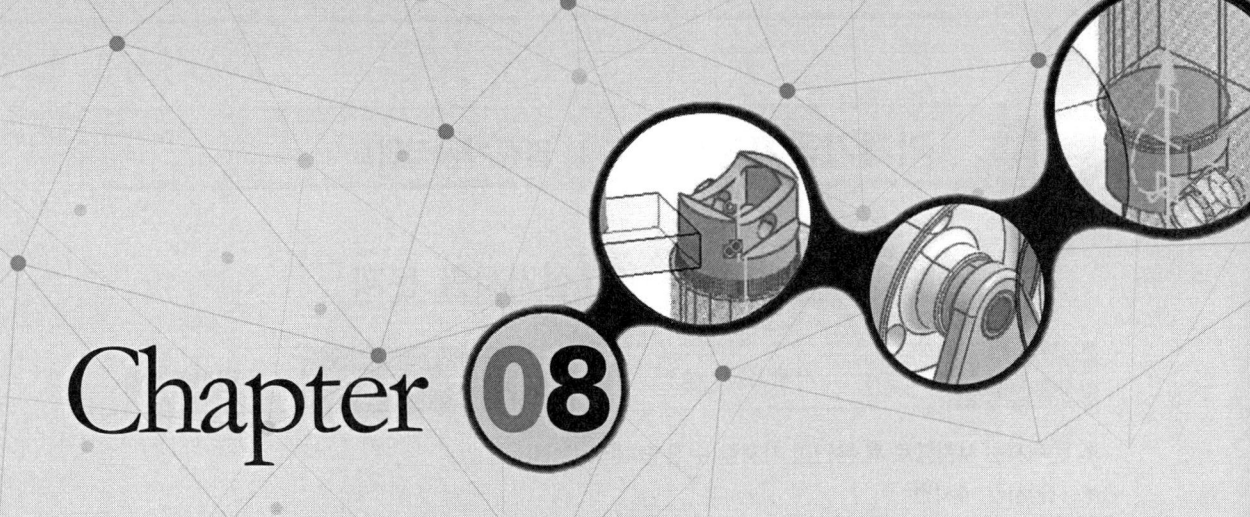

Chapter 08

부 록

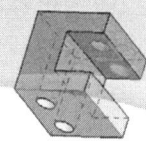

※ 공개된 시험 문제입니다.
1. 기계가공기능장(시험 1: 밀링가공작업)
2. 기계가공기능장(시험 2: 선반가공작업)
3. 컴퓨터응용가공산업기사(시험 1: 머시닝센터가공작업)
4. 컴퓨터응용가공산업기사(시험 2: CNC선반가공작업)
5. 컴퓨터응용밀링기능사(밀링가공작업)
6. 컴퓨터응용선반기능사(선반가공작업)

1 기계가공기능장(시험 1: 밀링가공작업)

공개시험

국가기술자격 실기시험 문제

자격종목	기계가공기능장	[시험 1] 과제명	밀링가공작업

※ 문제지는 시험종료 후 본인이 가져갈 수 있습니다.
※ 시험시간: 4시간
 - 머시닝센터 수동 프로그램 작업: 50분
 - 머시닝센터 CAM프로그램 작업: 40분
 - 머시닝센터 가공작업: 1시간 30분
 - 범용밀링 가공작업: 1시간

1. 요구사항

※ 지급된 재료 및 시설을 사용하여 부품 ①, ②, ③을 가공하고 ①과 ③을 육각 구멍붙이 볼트(M8)로 조립하여 제출하시오. (조립 시, 분해조립이 원활하여야 합니다.)

 1) 프로그램 작업 순서는 수동 프로그램 작업 후 CAM프로그램을 작성하시오.
    프로그램 작업 후 차례로 머시닝센터 가공작업 후 범용밀링 가공작업을 하시오.

가. 머시닝센터 프로그램 작업
   ※ 수험자는 도면에서 지정한 원점을 기준으로 CNC프로그램을 작성하시오. (단, 수험자가 임의로 원점을 변경하여 발생되는 불이익은 수험자의 책임입니다.)

 1) 수동 프로그램 작업
    가) 부품 ①과 같이 윤곽 가공할 수 있도록 수동으로 CNC프로그램을 작성한 후 저장장치에 저장하여 제출하시오.

 2) CAM프로그램 작업
    가) 부품 ②와 같이 포켓 가공할 수 있도록 CAM소프트웨어를 사용하여 CNC프로그램을 작성한 후 저장장치에 저장하여 제출하시오.
    나) 안전높이는 공작물 윗면으로부터 50mm 정도로 하시오.
    다) 황삭 가공에서 Z방향의 시작 높이는 공작물 표면으로부터 10mm 정도로 하시오.

라) 프로그램 원점은 기호(⊕)로 표시된 부분으로 하시오.
마) 공구는 평엔드밀(∅10)(황삭)과 볼엔드밀(∅6)(정삭)을 사용하고 (회전수, 이송 등) 나머지 가공조건은 수험자가 결정하여 CNC프로그램을 작성하시오.

나. 머시닝센터 가공작업

1) 부품 ①과 ②를 가공하기 위해 저장매체에 저장된 CNC프로그램(CAM 및 수동)을 기계에 입력하시오.
2) 수험자 본인이 직접 공구 및 공작물을 세팅(장착 포함)하고 좌표계 설정 및 공구보정 등을 수행하시오. (공구 및 공작물 세팅 순서는 수험자가 결정하여 진행하시오.)
   ※ 공구 및 공작물 세팅과정은 감독위원 입회하에 진행되어야 하고, 완료 후 확인을 받으시오.
3) 수동 프로그램 가공 시 높이(두께) 치수를 맞추시오. (단, 수동, 자동 모두 가능합니다.)
4) 입력된 CNC프로그램을 활용하여 부품 ①과 ②를 자동운전으로 가공하시오.
   ※ CNC프로그램을 수정할 수 없으나, 좌표계 설정 및 절삭조건(피드, 회전수 등)만 감독위원 입회하에 수정이 가능합니다.
5) 드릴 작업 전 반드시 센터드릴로 기초구멍작업을 하시오.

다. 범용밀링 가공작업

1) 부품 ③의 치수는 주어진 부품 ① 도면을 해독하여 맞춤 가공하시오.
2) 범용밀링 작업은 반드시 수험자가 지참한 공구로만 사용하시오.

2. 수험자 유의사항

※ 다음 유의사항을 고려하여 요구사항을 완성하시오.

가. 머시닝센터 프로그램 작업

1) 지정된 시설과 본인이 지참한 소프트웨어를 사용하며 안전수칙을 준수해야 합니다.
2) 수험자용 PC는 관련 내용을 사전에 삭제시킨 후 프로그램 작업을 합니다.
3) 정전 또는 기계고장을 대비하여 수시로 저장하시기 바랍니다. (단, 이러한 문제 발생 시 "작업정지시간+5분"의 추가시간을 부여합니다.)
4) 공구 경로 확인 과정을 통해 CNC프로그램의 이상 유무를 감독위원으로부터 확인을 받은 후 가공을 시작합니다. (단, 감독위원의 공구 경로 확인 과정은 시험시간에서 제외합니다.)

5) 머시닝센터 수동 프로그램 작업시간 내에 CNC시뮬레이터로 검증 및 수정 작업합니다. (단, 완료 후 프로그램의 이상유무를 감독위원으로부터 확인을 받도록 합니다.
6) 시작 전 바탕화면에 본인이 비번호로 폴더를 생성 후 이 폴더에 파일명을 다음과 같이 만들어 저장합니다.
   - CAM프로그램 파일명: 비번호_CAM.NC
   - 수동 프로그램 파일명: 비번호_MA.NC
   (단, 프로그램의 이상 상태를 감독위원으로부터 확인을 받도록 합니다.)
7) 도면에 표시한 원점을 기준으로 CNC프로그램을 생성하였는지 확인한 후 제출합니다.

나. 머시닝센터 가공작업
1) 작업완료 후 작품은 기계에서 분리하여 CNC프로그램이 저장된 저장장치와 함께 제출한 후, CNC프로그램 및 공구 보정값을 반드시 삭제하고, 다음 수험자가 사용할 수 있도록 장비(공구 탈착 및 칩 등)를 정리합니다.
(단, 감독위원에게 최종확인을 받도록 합니다.)

다. 범용밀링 가공작업
1) 본인이 지참한 공구로만 작업을 하여야 합니다.

라. 공통사항
1) 주어진 시험시간을 초과할 수 없고, 남는 시간을 다른 작업에 활용할 수 없습니다.
2) 본인이 지참한 공구와 지정된 시설을 사용하여 안전에 유의하여 작업합니다.
3) 지급된 재료는 교환할 수 없습니다. (단, 지급된 재료에 이상이 있다고 감독위원이 판단할 경우 교환이 가능합니다.)
4) 가공작업 중 안전과 관련된 복장 상태, 안전보호구(안전화, 보안경 등) 착용 여부 및 사용법, 안전수칙 준수 여부는 점검하여 채점에 반영합니다.
5) 지급된 절삭 공구(센터드릴 등)를 반드시 사용해야 합니다.
6) 기기 파손의 위험이 없도록 각별히 주의해야 하며, 파손 시 수험자가 책임을 집니다.
7) 모든 제출 자료는 시험이 끝난 후 반드시 비번호를 작성한 후 제출합니다.
8) 다음 사항에 대해서는 채점 대상에서 제외하니 특히 유의하시기 바랍니다.
   가) 기권
      ① 수험자 본인이 수험 도중 시험에 대한 포기의사를 표하는 경우
      ② 실기시험 과정 중 1개 과정이라도 불참한 경우

나) 실격
    ① 기계가공기능장 실기종목 중 하나라도 0점인 작업이 있는 경우
    ② 기계조작이 미숙하여 가공이 불가능한 경우나 기계파손 위험 등으로 위해를 일으킬 것으로 감독위원 전원이 합의하여 판단한 경우
    ③ 감독위원의 정당한 지시에 불응한 경우
    ④ 지급된 재료 이외의 재료를 사용한 경우
    ⑤ 공단에서 지급한 날인이 누락된 작품을 제출한 경우
    ⑥ 공구 및 공작물 세팅(장착 포함)을 수행하지 못한 경우
    ⑦ 범용밀링가공작업 과제를 위한 지참공구를 가져오지 않아 작업이 불가능한 경우

다) 미완성
    ① 50분 안에 머시닝센터 수동 프로그램 작업을 제출하지 못한 경우
    ② 40분 안에 머시닝센터 CAM프로그램 작업을 제출하지 못한 경우
    ③ 1시간 30분 안에 머시닝센터 가공작업을 제출하지 못한 경우
    ④ 1시간 안에 범용밀링 가공작업을 제출하지 못한 경우
    ⑤ 제출된 CNC프로그램이 미완성 프로그램으로 가공이 불가능한 경우

라) 오작
    ① 주어진 도면의 치수와 ±1mm 이상 벗어난 부분이 1개소 이상 있거나 과다한 절삭깊이로 인하여 작품의 일부분이 파손된 경우
    ② 홈 가공, 단(段)가공, 라운드 또는 모떼기 가공 등 주어진 도면과 형상이 상이하게 가공된 부분이 한 곳이라도 있는 경우
    ③ 부품 ①과 ③의 분해 조립이 불가능한 작품
    ④ 상, 하면의 방향이 반대로 되는 등 작품이 도면과 상이한 경우
    ⑤ 시험장에 설치되어 있는 장비에 사용할 수 없는 기능으로 프로그램을 한 경우

3. 지급재료 목록

일련번호	재 료 명	규 격	단위	수량	비 고
자격종목					기계가공기능장
머시닝센터작업					
1	쾌삭알루미늄판[AL6061(T6)]	t30×70×70	개	1	1인당
2	평엔드밀	2날-Ø10	개	1	2인당
3	볼엔드밀	Ø6	개	1	2인당
4	센터드릴	Ø3.0 A형	개	1	4인당
5	드릴	6.8	개	1	4인당
6	챔퍼밀	Ø6×90°	개	1	4인당
7	탭	M8×1.25	개	1	2인당
8	볼트	M8×1.25×35	개	1	1인당
범용밀링작업					
1	쾌삭알루미늄판[AL6061(T6)]	t22×32×72	개	1	1인당
공통작업					
1	절삭유	수용성 그린 절삭유 2종1호 (원액 20L)	통	1	검정장당
2	USB 메모리	16GB 이상	개	1	1인당

2. 기계가공기능장(시험 2: 선반가공작업)

공개시험

국가기술자격 실기시험 문제

자격종목	기계가공기능장	[시험 2] 과제명	선반가공작업

※ 문제지는 시험종료 후 본인이 가져갈 수 있습니다.
※ 시험시간: 3시간 10분
  – CNC선반 수동 프로그램 작업: 50분
  – CNC선반 가공작업: 1시간
  – 범용 선반 가공작업: 1시간 20분

1. 요구사항

※ 지급된 재료 및 시설을 사용하여 부품 ①과 ②를 가공하여 조립한 후 제출하시오.
CNC선반 수동 프로그램 작업 후 차례로 CNC선반 가공작업 후 범용선반 가공작업을 하시오. 부품 ①(축)과 ②(캡)를 조립하였을 때, 분해조립이 원활하여야 합니다.

가. CNC선반 프로그램 작업
  1) 부품 ①(축)을 가공할 수 있도록 수동으로 CNC프로그램을 작성한 후 저장장치에 저장하여 제출하시오.

나. CNC선반 가공작업
  1) 부품 ①(축)을 가공하기 위해 저장매체에 저장된 CNC프로그램을 기계에 입력하시오.
  2) 수험자 본인이 직접 공구 및 공작물을 세팅(장착 포함)하고 좌표계 설정 및 공구보정 등을 수행하시오. (공구 및 공작물 세팅 순서는 수험자가 결정하여 진행하시오.)
     ※ 공구 및 공작물 세팅과정은 <u>감독위원 입회하에</u> 진행되어야 하고, 완료 후 확인을 받으시오.
  3) 척에 고정되는 부분(Ø48)은 핸들 운전(MPG), 반자동, CNC 프로그램에 의한 자동 운전 중에서 수험자가 원하는 방법으로 가공하시오.
  4) 입력된 CNC프로그램을 활용하여 부품 ①(축)을 자동운전으로 가공하시오.
     ※ CNC프로그램을 수정할 수 없으나, 좌표계 설정 및 절삭조건(피드, 회전수 등)만

감독위원 입회하에 수정이 가능합니다.

5) CNC선반 나사 절삭 데이터(참고용)

절입 횟수	피치	1회	2회	3회	4회	5회	6회	7회	8회	계	비고
매회 절삭 깊이	2.0	0.35	0.25	0.19	0.12	0.10	0.08	0.05	0.05	1.19	반경

다. 범용선반 가공작업

1) 부품 ②(캡)를 도면과 같이 수험자가 지참한 공구로만 가공하시오.

2. 수험자 유의사항

※ 다음의 유의사항을 고려하여 요구사항을 완성하시오.

가. CNC선반 프로그램 작업

1) CNC선반 수동 프로그램 작업시간 내에 CNC시뮬레이터로 검증 및 수정 작업합니다. (단, 완료 후 프로그램의 이상유무를 감독위원으로부터 확인을 받도록 합니다.)

2) 공구 경로 확인 과정을 통해 CNC프로그램의 이상 유무를 감독위원으로부터 확인을 받은 후 가공을 시작합니다. (단, 감독위원의 공구 경로 확인 과정은 시험시간에서 제외합니다.)

3) 정전 또는 기계고장을 대비하여 수시로 저장하시기 바랍니다. (단, 이러한 문제 발생 시 "작업정지시간+5분"의 추가시간을 부여합니다.)

나. CNC선반 가공작업

1) 작업완료 후 작품은 기계에서 분리하여 CNC프로그램이 저장된 저장장치와 함께 제출한 후, CNC프로그램 및 공구 보정값을 반드시 삭제하고, 다음 수험자가 사용할 수 있도록 장비(공구 탈착 및 칩 등)를 정리합니다. (단, 감독위원에게 최종확인을 받도록 합니다.)

다. 범용선반 가공작업

1) 본인이 지참한 공구로만 작업을 하여야 합니다. (선반척 핸들, 공구대 핸들은 미포함)

라. 공통사항

1) 주어진 시험시간을 초과할 수 없고, 남는 시간을 다른 작업에 활용할 수 없습니다.

2) 본인이 지참한 공구와 지정된 시설을 사용하여 안전에 유의하며 작업합니다.

3) 지급된 재료는 교환할 수 없습니다. (단, 지급된 재료에 이상이 있다고 감독위원이

판단할 경우 교환이 가능합니다.)
4) 가공작업 중 안전과 관련된 복장 상태, 안전보호구(안전화, 보안경 등) 착용 여부 및 사용법, 안전수칙 준수 여부는 점검하여 채점에 반영합니다.
5) 고가의 장비이므로 파손의 위험이 없도록 각별히 주의해야 하며, 파손 시 수험자가 책임을 집니다.
6) 모든 제출 자료는 시험이 끝난 후 반드시 비번호를 작성한 후 제출합니다.
7) 다음 사항에 대해서는 채점 대상에서 제외하니 특히 유의하시기 바랍니다.

   가) 기권
       ① 수험자 본인이 수험 도중 시험에 대한 포기의사를 표하는 경우
       ② 실기시험 과정 중 1개 과정이라도 불참한 경우

   나) 실격
       ① 기계가공기능장 실기종목 중 하나라도 0점인 작업이 있는 경우
       ② 기계조작이 미숙하여 가공이 불가능한 경우나 기계파손 위험 등으로 위해를 일으킬 것으로 감독위원 전원이 합의하여 판단한 경우
       ③ 감독위원의 정당한 지시에 불응한 경우
       ④ 지급된 재료 이외의 재료를 사용한 경우
       ⑤ 공단에서 지급한 날인이 누락된 작품을 제출한 경우
       ⑥ 공구 및 공작물 세팅(장착 포함)을 수행하지 못한 경우
       ⑦ 범용선반가공작업 과제를 위한 지참공구를 가져오지 않아 작업이 불가능한 경우

   다) 미완성
       ① 50분 안에 CNC선반 프로그램 작업을 제출하지 못한 경우
       ② 1시간 안에 CNC선반 가공작업을 제출하지 못한 경우
       ③ 1시간 20분 안에 범용선반 가공작업을 제출하지 못한 경우
       ④ 제출된 가공 프로그램이 미완성 프로그램으로 가공이 불가능한 경우

   라) 오작
       ① 주어진 도면과 상이하게 가공되거나 치수가 ± 2.0mm 이상인 부분이 1개소라도 있거나 과다한 절삭 깊이로 인하여 작품의 일부분이 파손된 경우
       ② 라운드, 모떼기, 널링, 테이퍼 등 주어진 도면과 형상이 상이하게 가공되거나 누락된 경우
       ③ 부품 ①(축)과 ②(캡)의 조립이 불가능한 작품
       ④ 시험장에 설치되어 있는 장비에 사용할 수 없는 기능으로 프로그램을 한 경우

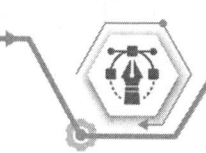

3. 지급재료 목록

자격종목			기계가공기능장		
일련번호	재료명	규격	단위	수량	비고
CNC선반작업					
1	탄소강 (SM45C)	Ø50×90	개	1	1인당
2	외경바이트 (인서트팁)	황삭	개	1	2인당
3	외경바이트 (인서트팁)	정삭	개	1	2인당
4	외경홈바이트 (인서트팁)	3mm	개	1	2인당
5	외경나사바이트 (인서트팁)	p2.0	개	1	2인당
범용선반작업					
1	탄소강 (SM45C)	Ø60×50	개	1	1인당
공통작업					
1	절삭유	수용성 그린 절삭유 2종1호 (원액 20L)	통	1	검정장당
2	USB 메모리	16GB 이상	개	1	1인당

3. 컴퓨터응용가공산업기사(시험 1: 머시닝센터가공작업)

공개시험

국가기술자격 실기시험 문제

| 자격종목 | 컴퓨터응용가공산업기사 | [시험 1] 과제명 | 머시닝센터가공작업 |

※ 문제지는 시험종료 후 본인이 가져갈 수 있습니다.
※ 시험시간: 3시간
 – 머시닝센터 수동 프로그램 작업: 50분
 – 머시닝센터 CAM프로그램 작업: 40분
 – 머시닝센터 가공작업: 1시간 30분

1. 요구사항

※ 지급된 재료 및 시설을 사용하여 부품 ①, ②를 가공하여 제출하시오.
 1) 프로그램 작업 순서는 수동 프로그램 작업 후 CAM프로그램 작업하시오.

 가. 머시닝센터 프로그램 작업
  ※ 수험자는 도면에서 지정한 원점을 참고하여 CNC프로그램을 작성하시오.

  1) 수동 프로그램 작업
   가) 부품 ①과 같이 윤곽 가공할 수 있도록 수동으로 CNC프로그램을 작성한 후 저장장치에 저장하여 제출하시오.

  2) CAM프로그램 작업
   가) 부품 ②와 같이 포켓 가공할 수 있도록 CAM소프트웨어를 사용하여 CNC프로그램을 작성한 후 저장장치에 저장하여 제출하시오.
   나) 안전높이, 황삭 가공에서 Z방향의 시작 높이, 프로그램 원점(⊕) 등 안전에 유의하여 수험자가 결정하여 CNC프로그램을 작성하시오.
   다) 공구는 평엔드밀(∅10)(황삭)과 볼엔드밀(∅6)(정삭)을 사용하고 (회전수, 이송 등) 나머지 가공조건은 <u>수험자가 결정하여</u> CNC프로그램을 작성하시오.

 나. 머시닝센터 가공작업
  1) 부품 ①과 ②를 가공하기 위해 저장매체에 저장된 CNC프로그램(CAM 및 수동)을

기계에 입력하시오.

2) 수험자 본인이 직접 공구 및 공작물을 세팅(장착 포함)하고 좌표계 설정 및 공구보정 등을 수행하시오. (공구 및 공작물 세팅 순서는 수험자가 결정하여 진행하시오.)
   ※ 공구 및 공작물 세팅과정은 <u>감독위원 입회하에</u> 진행되어야 하고, 완료 후 확인을 받으시오.
3) 수동 프로그램 가공 시 높이(두께) 치수를 맞추시오. (단, 수동, 자동 모두 가능합니다.)
4) 입력된 CNC프로그램을 활용하여 부품 ①과 ②를 자동운전으로 가공하시오.
   ※ CNC프로그램을 수정할 수 없으나, 좌표계 설정 및 절삭조건(피드, 회전수 등)만 <u>감독위원 입회하에</u> 수정이 가능합니다.
5) 드릴 작업 전 반드시 센터드릴로 기초구멍작업을 하시오.

2. 수험자 유의사항

※ 다음 유의사항을 고려하여 요구사항을 완성하시오.

가. 머시닝센터 프로그램 작업

1) 지정된 시설과 본인이 지참한 소프트웨어를 사용하며 안전수칙을 준수해야 합니다.
2) 수험자용 PC는 관련 내용을 사전에 삭제시킨 후 프로그램 작업을 합니다.
3) 정전 또는 기계고장을 대비하여 수시로 저장하시기 바랍니다. (단, 이러한 문제 발생 시 "작업정지시간+5분"의 추가시간을 부여합니다.)
4) 공구 경로 확인 과정을 통해 CNC프로그램의 이상 유무를 감독위원으로부터 확인을 받은 후 가공을 시작합니다. (단, 감독위원의 공구 경로 확인 과정은 시험시간에서 제외합니다.)
5) 머시닝센터 수동 프로그램 작업시간 내에 CNC시뮬레이터로 검증 및 수정 작업합니다. (단, 완료 후 프로그램의 이상 유무를 감독위원으로부터 확인을 받도록 합니다.)
6) 시작 전 바탕화면에 본인이 비번호로 폴더를 생성 후 이 폴더에 파일명을 다음과 같이 만들어 저장합니다.
   – CAM프로그램 파일명: 비번호_CAM.NC
   – 수동 프로그램 파일명: 비번호_MA.NC
   (단, 프로그램의 이상 상태를 감독위원으로부터 확인을 받도록 합니다.)

나. 머시닝센터 가공작업
   1) 작업완료 후 작품은 기계에서 분리하여 CNC프로그램이 저장된 저장장치와 함께 제출한 후, CNC프로그램 및 공구 보정값을 반드시 삭제하고, 다음 수험자가 사용할 수 있도록 장비(공구 탈착 및 칩 등)를 정리합니다. (단, 감독위원에게 최종확인을 받도록 합니다.)

다. 공통사항
   1) 주어진 시험시간을 초과할 수 없고, 남는 시간을 다른 작업에 활용할 수 없습니다.
   2) 본인이 지참한 공구와 지정된 시설을 사용하여 안전에 유의하여 작업합니다.
   3) 지급된 재료는 교환할 수 없습니다. (단, 지급된 재료에 이상이 있다고 감독위원이 판단할 경우 교환이 가능합니다.)
   4) 가공작업 중 안전과 관련된 복장 상태, 안전보호구(안전화, 보안경 등) 착용 여부 및 사용법, 안전수칙 준수 여부는 점검하여 채점에 반영합니다.
   5) 지급된 절삭 공구(센터드릴 등)를 반드시 사용해야 합니다.
   6) 기기 파손의 위험이 없도록 각별히 주의해야 하며, 파손 시 수험자가 책임을 집니다.
   7) 모든 제출 자료는 시험이 끝난 후 반드시 비번호를 작성한 후 제출합니다.
   8) 다음 사항에 대해서는 채점 대상에서 제외하니 특히 유의하시기 바랍니다.
      가) 기권
         ① 수험자 본인이 수험 도중 시험에 대한 포기의사를 표하는 경우
         ② 실기시험 과정 중 1개 과정이라도 불참한 경우
      나) 실격
         ① 컴퓨터응용가공산업기사 실기종목 중 하나라도 0점인 작업이 있는 경우
         ② 기계조작이 미숙하여 가공이 불가능한 경우나 기계파손 위험 등으로 위해를 일으킬 것으로 감독위원 전원이 합의하여 판단한 경우
         ③ 감독위원의 정당한 지시에 불응한 경우
         ④ 지급된 재료 이외의 재료를 사용한 경우
         ⑤ 공단에서 지급한 날인이 누락된 작품을 제출한 경우
         ⑥ 공구 및 공작물 세팅(장착 포함)을 수행하지 못한 경우
         ⑦ 지급된 절삭 공구(센터드릴 등)를 하나라도 사용하지 않은 경우
      다) 미완성
         ① 50분 안에 머시닝센터 수동 프로그램 작업을 제출하지 못한 경우
         ② 40분 안에 머시닝센터 CAM프로그램 작업을 제출하지 못한 경우

③ 1시간 30분 안에 머시닝센터 가공작업을 제출하지 못한 경우
④ 제출된 CNC프로그램이 미완성 프로그램으로 가공이 불가능한 경우

라) 오작

① 주어진 도면의 치수와 ±1mm 이상 벗어난 부분이 1개소 이상 있거나 과다한 절삭깊이로 인하여 작품의 일부분이 파손된 경우
② 홈 가공, 단(段)가공, 라운드 또는 모떼기 가공 등 주어진 도면과 형상이 상이하게 가공된 부분이 한 곳이라도 있는 경우
③ 상, 하면의 방향이 반대로 되는 등 작품이 도면과 상이한 경우
④ 시험장에 설치되어 있는 장비에 사용할 수 없는 기능으로 프로그램을 한 경우

3. 지급재료 목록

			자격종목	컴퓨터응용가공산업기사	
일련번호	재료명	규격	단위	수량	비고
	머시닝센터작업				
1	쾌삭알루미늄판[AL6061(T6)]	t30×70×70	개	1	1인당
2	평엔드밀	2날-Ø10	개	1	2인당
3	볼엔드밀	Ø6	개	1	2인당
4	센터드릴	Ø3.0 A형	개	1	4인당
5	드릴	6.8	개	1	4인당
6	탭	M8×1.25	개	1	2인당
7	절삭유	수용성 그린 절삭유 2종1호 (원액 20L)	통	1	검정장당
8	USB 메모리	16GB 이상	개	1	1인당
		- 이 하 여 백 -			

4. 컴퓨터응용가공산업기사 (시험 2: CNC선반가공작업)

공개시험

국가기술자격 실기시험 문제

| 자격종목 | 컴퓨터응용가공산업기사 | [시험 2] 과제명 | CNC선반가공작업 |

※ 문제지는 시험종료 후 본인이 가져갈 수 있습니다.
※ 시험시간: 1시간 50분
 – CNC선반 프로그램 작업: 50분
 – CNC선반 가공작업: 1시간

1. 요구사항

※ 지급된 재료 및 시설을 사용하여 부품 ①을 가공하여 제출하시오.

가. CNC선반 프로그램 작업

1) 부품 ①(축)을 가공할 수 있도록 수동으로 CNC프로그램을 작성한 후 저장장치에 저장하여 제출하시오.

나. CNC선반 가공작업

1) 부품 ①(축)을 가공하기 위해 저장매체에 저장된 CNC프로그램을 기계에 입력하시오.

2) 수험자 본인이 직접 공구 및 공작물을 세팅(장착 포함)하고 좌표계 설정 및 공구보정 등을 수행하시오. (공구 및 공작물 세팅 순서는 수험자가 결정하여 진행하시오.)
   ※ 공구 및 공작물 세팅과정은 <u>감독위원 입회하에</u> 진행되어야 하고, 완료 후 확인을 받으시오.

3) 척에 고정되는 부분은 핸들 운전(MPG), 반자동, CNC프로그램에 의한 자동운전 중에서 수험자가 원하는 방법으로 가공하시오.

4) 입력된 CNC프로그램을 활용하여 부품 ①(축)을 자동운전으로 가공하시오.
   ※ CNC프로그램을 수정할 수 없으나, 좌표계 설정 및 절삭조건(피드, 회전수 등)만 <u>감독위원 입회하에</u> 수정이 가능합니다.

2. 수험자 유의사항

※ 다음의 유의사항을 고려하여 요구사항을 완성하시오.

가. CNC선반 프로그램 작업

1) 지정된 시설과 본인이 지참한 소프트웨어를 사용하며 안전수칙을 준수해야 합니다.
2) 수험자용 PC는 관련 내용을 사전에 삭제시킨 후 프로그램 작업을 합니다.
3) 정전 또는 기계고장을 대비하여 수시로 저장하시기 바랍니다. (단, 이러한 문제 발생 시 "작업정지시간+5분"의 추가시간을 부여합니다.)
4) 공구 경로 확인 과정을 통해 CNC프로그램의 이상 유무를 감독위원으로부터 확인을 받은 후 가공을 시작합니다. (단, 감독위원의 공구 경로 확인 과정은 시험시간에서 제외합니다.)
5) CNC선반 수동프로그램 작업시간 내에 CNC시뮬레이터로 검증 및 수정 작업합니다. (단, 완료 후 프로그램의 이상 유무를 감독위원으로부터 확인을 받도록 합니다.)

나. CNC선반 가공작업

1) 작업완료 후 작품은 기계에서 분리하여 CNC프로그램이 저장된 저장장치와 함께 제출한 후, CNC프로그램 및 공구 보정값을 반드시 삭제하고, 다음 수험자가 사용할 수 있도록 장비(공구 탈착 및 칩 등)를 정리합니다. (단, 감독위원에게 최종확인을 받도록 합니다.)

다. 공통사항

1) 주어진 시험시간을 초과할 수 없고, 남는 시간을 다른 작업에 활용할 수 없습니다.
2) 본인이 지참한 공구와 지정된 시설을 사용하여 안전에 유의하며 작업합니다.
3) 지급된 재료는 교환할 수 없습니다. (단, 지급된 재료에 이상이 있다고 감독위원이 판단할 경우 교환이 가능합니다.)
4) 가공작업 중 안전과 관련된 복장 상태, 안전보호구(안전화, 보안경 등) 착용 여부 및 사용법, 안전수칙 준수 여부는 점검하여 채점에 반영합니다.
5) 고가의 장비이므로 파손의 위험이 없도록 각별히 주의해야 하며, 파손 시 수험자가 책임을 집니다.
6) 모든 제출 자료는 시험이 끝난 후 반드시 비번호를 작성한 후 제출합니다.

7) 다음 사항에 대해서는 채점 대상에서 제외하니 특히 유의하시기 바랍니다.

　가) 기권

　　① 수험자 본인이 수험 도중 시험에 대한 포기의사를 표하는 경우

　　② 실기시험 과정 중 1개 과정이라도 불참한 경우

　나) 실격

　　① 컴퓨터응용가공산업기사 실기종목 중 하나라도 0점인 작업이 있는 경우

　　② 기계조작이 미숙하여 가공이 불가능한 경우나 기계파손 위험 등으로 위해를 일으킬 것으로 감독위원 전원이 합의하여 판단한 경우

　　③ 감독위원의 정당한 지시에 불응한 경우

　　④ 지급된 재료 이외의 재료를 사용한 경우

　　⑤ 공단에서 지급한 날인이 누락된 작품을 제출한 경우

　　⑥ 공구 및 공작물 세팅(장착 포함)을 수행하지 못한 경우

　다) 미완성

　　① 50분 안에 CNC선반 프로그램 작업을 제출하지 못한 경우

　　② 1시간 안에 CNC선반 가공작업을 제출하지 못한 경우

　　③ 제출된 가공 프로그램이 미완성 프로그램으로 가공이 불가능한 경우

　라) 오작

　　① 주어진 도면과 상이하게 가공되거나 치수가 ± 2.0mm 이상인 부분이 1개소라도 있거나 과다한 절삭 깊이로 인하여 작품의 일부분이 파손된 경우

　　② 라운드, 모떼기, 널링, 나사피치 등 주어진 도면과 형상이 상이하게 가공되거나 누락된 경우

　　③ 시험장에 설치되어 있는 장비에 사용할 수 없는 기능으로 프로그램을 한 경우

3. 지급재료 목록

일련번호	재료명	규격	단위	수량	비고
	CNC선반 작업				
1	탄소강 (SM45C)	Ø50×90	개	1	1인당
2	외경바이트 (인서트팁)	황삭	개	1	2인당
3	외경바이트 (인서트팁)	정삭	개	1	2인당
4	외경홈바이트 (인서트팁)	3mm	개	1	2인당
5	외경나사바이트 (인서트팁)	p2.0	개	1	2인당
6	절삭유	수용성 그린 절삭유 2종1호 (원액 20L)	통	1	검정장당
7	USB 메모리	16GB 이상	개	1	1인당
		- 이 하 여 백 -			

자격종목: 컴퓨터응용가공산업기사

5 컴퓨터응용밀링기능사(밀링가공작업)

공개시험

국가기술자격 실기시험 문제

| 자격종목 | 컴퓨터응용밀링기능사 | 과제명 | 밀링가공작업 |

※ 문제지는 시험종료 후 본인이 가져갈 수 있습니다.
※ 시험시간: 3시간
 – 머시닝센터 프로그램 작업: 1시간
 – 범용밀링 가공작업: 1시간
 – 머시닝센터 가공작업: 1시간

1. 요구사항

※ 지급된 재료 및 시설을 사용하여 부품 ①과 ②를 가공하여 제출하시오.
  머시닝센터 프로그램 작업 후 차례로 범용밀링 가공작업 후 머시닝센터 가공작업을 하시오.

가. 머시닝센터 프로그램작업

  1) 부품 ②를 가공할 수 있도록 수동으로 CNC프로그램을 작성하거나 CAM소프트웨어를 사용하여 CNC프로그램을 작성한 다음 저장장치에 저장하여 제출하시오.

나. 범용밀링 가공작업

  1) 지급된 재료로 범용밀링을 사용하여 도면과 같이 부품 ①을 가공하시오. (단, 머시닝센터에서 가공할 한 면을 제외하고 <u>나머지 5개 면을 가공하시오.</u>)

다. 머시닝센터 가공작업

  1) 부품 ②를 가공하기 위해 저장매체에 저장된 CNC프로그램을 기계에 입력하시오.
  2) 수험자 본인이 직접 공구 및 공작물을 세팅(장착 포함)하고 좌표계 설정 및 공구보정 등을 수행하시오. (단, 공구 및 공작물 세팅 순서는 수험자가 결정하여 진행하시오.)
    ※ 공구 및 공작물 세팅과정은 <u>감독위원 입회하에</u> 진행되어야 하고, 완료 후 확인을 받으시오.

3) 소재 윗면을 페이스커터로 가공하여 높이를 맞추시오. (단, 수동, 자동 모두 가능합니다.)
4) 입력된 CNC프로그램을 활용하여 부품 ②를 자동운전으로 가공하시오.
   ※ CNC프로그램을 수정할 수 없으나, 좌표계 설정 및 절삭조건(피드, 회전수 등)만 <u>감독위원 입회하에</u> 수정이 가능합니다.
5) 드릴 작업 전 반드시 센터드릴로 기초구멍작업을 하시오.

2. 수험자 유의사항

※ 다음 유의사항을 고려하여 요구사항을 완성하시오.

가. 머시닝센터 프로그램 작업

1) 공구 경로 확인 과정을 통해 CNC프로그램의 이상 유무를 감독위원으로부터 확인 받습니다. (단, 감독위원의 공구 경로 확인 과정은 시험시간에서 제외합니다.)
2) 정전 또는 기계고장을 대비하여 수시로 저장하시기 바랍니다. (단, 이러한 문제 발생 시 "작업정지시간+5분"의 추가시간을 부여합니다.)

나. 머시닝센터 가공작업

1) 감독위원으로부터 수험자 본인의 저장장치(또는 CNC프로그램)를 받습니다.
2) 작업완료 후 작품은 기계에서 분리하여 CNC프로그램이 저장된 저장장치와 함께 제출한 후, CNC프로그램 및 공구 보정값을 반드시 삭제하고, 다음 수험자가 사용할 수 있도록 장비(공구 탈착 및 칩 등)를 정리합니다. (단, 감독위원에게 최종확인을 받도록 합니다.)

다. 공통사항

1) 주어진 시험시간을 초과할 수 없고, 남는 시간을 다른 작업에 활용할 수 없습니다.
2) 지급된 재료는 교환할 수 없습니다. (단, 지급된 재료에 이상이 있다고 감독위원이 판단할 경우 교환이 가능합니다.)
3) 본인이 지참한 공구와 지정된 시설을 사용하여 안전에 유의하며 작업합니다.
4) 지급된 절삭 공구(센터드릴 등)를 반드시 사용해야 합니다.
5) 기기 파손의 위험이 없도록 각별히 주의해야 하며, 파손 시 수험자가 책임을 집니다.
6) 문제지를 포함한 모든 제출 자료는 시험이 끝난 후 반드시 비번호를 작성한 후 제출합니다.

7) 가공작업 중 안전과 관련된 복장 상태, 안전보호구(안전화, 보안경 등) 착용 여부 및 사용법, 안전수칙 준수 여부는 점검하여 채점에 반영합니다.
8) 다음 사항에 대해서는 채점 대상에서 제외하니 특히 유의하시기 바랍니다.

　가) 기권
　　① 수험자 본인이 수험 도중 시험에 대한 포기의사를 표하는 경우
　　② 실기시험 과정 중 1개 과정이라도 불참한 경우

　나) 실격
　　① 기계조작이 미숙하여 가공이 불가능한 경우나 기계파손 위험 등으로 위해를 일으킬 것으로 감독위원 전원이 합의하여 판단한 경우
　　② 감독위원의 정당한 지시에 불응한 경우
　　③ 지급된 재료 이외의 재료를 사용한 경우
　　④ 공단에서 지급한 날인이 누락된 작품을 제출한 경우
　　⑤ 공구 및 공작물 세팅(장착 포함)을 수행하지 못한 경우

　다) 미완성
　　① 1시간 안에 머시닝센터 프로그램 작업을 제출하지 못한 경우
　　② 1시간 안에 범용밀링 가공작업을 제출하지 못한 경우
　　③ 1시간 안에 머시닝센터 가공작업을 제출하지 못한 경우
　　④ 제출된 CNC프로그램이 미완성 프로그램으로 가공이 불가능한 경우

　라) 오작
　　① 주어진 도면의 치수와 ±1.0mm 이상 벗어난 부분이 1개소 이상 있는 경우
　　② 과다한 절삭 깊이로 인하여 작품의 일부분이 파손된 경우
　　③ 홈 가공, 단(段)가공, 라운드 또는 모떼기 가공 등 주어진 도면과 형상이 상이하게 가공된 부분이 한 곳이라도 있는 경우
　　④ 상, 하면의 방향이 반대로 되는 등 작품이 도면과 상이한 경우
　　⑤ 시험장에 설치되어 있는 장비에 사용할 수 없는 기능으로 프로그램을 한 경우

3. 지급재료 목록

일련번호	재료명	규격	자격종목		컴퓨터응용밀링기능사
			단위	수량	비고
1	연강(SM20C)	75×75×t25	개	1	1인당
2	공구	정면밀링커터팁 (검정장시설에 맞는 것)	개	6	10명 초과 시 10인당(CNC가공)
3	공구	평엔드밀 ∅10 (검정장시설에 맞는 것)	개	1	2인당 4날
4	공구	센터드릴 ∅3 (검정장시설에 맞는 것)	개	1	5인당
5	공구	드릴 ∅8 (검정장시설에 맞는 것)	개	1	5인당
6	공구	정면밀링커터팁 (검정장시설에 맞는 것)	개	6	10명 초과 시 10인당(범용 가공)
7	절삭유	수용성 그린 절삭유 2종1호 (원액 20L)	통	1	
8	USB메모리	16GB 이상	개	2	4인당

6. 컴퓨터응용선반기능사(선반가공작업)

공개시험

국가기술자격 실기시험 문제

| 자격종목 | 컴퓨터응용선반기능사 | 과제명 | 선반가공작업 |

※ 문제지는 시험종료 후 본인이 가져갈 수 있습니다.
※ 시험시간: 3시간 30분
 – CNC선반 프로그램 작업: 1시간
 – CNC선반 가공작업: 1시간 15분
 – 범용선반 가공작업: 1시간 15분

1. 요구사항

※ 지급된 재료 및 시설을 사용하여 부품 ①과 ②를 가공하여 제출하시오.

가. CNC선반 프로그램 작업
 1) 부품 ①(축)을 가공할 수 있도록 수동으로 CNC프로그램을 작성하여 저장장치에 저장하여 제출하시오.

나. CNC선반 가공작업
 1) 부품 ①(축)을 가공하기 위해 저장매체에 저장된 CNC프로그램을 기계에 입력하시오.
 2) 수험자 본인이 직접 공구 및 공작물을 세팅(장착 포함)하고 좌표계 설정 및 공구보정 등을 수행하시오. (단, 공구 및 공작물 세팅 순서는 수험자가 결정하여 진행하시오.)
  ※ 공구 및 공작물 세팅과정은 <u>감독위원 입회하</u>에 진행되어야 하고, 완료 후 확인을 받으시오.
 3) 척에 고정되는 부분(Ø49)은 핸들 운전(MPG), 반자동, CNC프로그램에 의한 자동운전 중 수험자가 원하는 방법으로 가공하시오.
 4) 입력된 CNC프로그램을 활용하여 부품 ①(축)을 자동운전으로 가공하시오.
  ※ CNC프로그램을 수정할 수 없으나, 좌표계 설정 및 절삭조건(피드, 회전수 등)만 <u>감독위원 입회하</u>에 수정이 가능합니다.

5) CNC선반 나사 절삭 데이터(참고용)

절입 횟수	피치	1회	2회	3회	4회	5회	6회	7회	8회	계	비고
매회절삭 깊이	1.5	0.35	0.20	0.14	0.10	0.05	0.05			0.89	반경
	2.0	0.35	0.25	0.19	0.12	0.10	0.08	0.05	0.05	1.19	

다. 범용선반 가공작업

    1) 부품 ②(캡)를 도면과 같이 가공하시오.

2. 수험자 유의사항

※ 다음의 유의사항을 고려하여 요구사항을 완성하시오.

가. CNC선반 프로그램 작업

    1) 공구 경로 확인 과정을 통해 CNC프로그램의 이상 유무를 감독위원으로부터 확인받습니다. (단, 감독위원의 공구 경로 확인 과정은 시험시간에서 제외합니다.)

    2) 정전 또는 기계고장을 대비하여 수시로 저장하시기 바랍니다. (단, 이러한 문제 발생 시 "작업정지시간+5분"의 추가시간을 부여합니다.)

나. CNC선반 가공작업

    1) 감독위원으로부터 수험자 본인의 저장장치(또는 CNC프로그램)를 받습니다.

    2) 작업완료 후 작품은 기계에서 분리하여 CNC프로그램이 저장된 저장장치와 함께 제출한 후, CNC프로그램 및 공구 보정값을 반드시 삭제하고, 다음 수험자가 사용할 수 있도록 장비(공구 탈착 및 칩 등)를 정리합니다. (단, 감독위원에게 최종확인을 받도록 합니다.)

다. 공통사항

    1) 주어진 시험시간을 초과할 수 없고, 남는 시간을 다른 작업에 활용할 수 없습니다.

    2) 부품 ①과 ②의 작업순서는 자유이며, 가공 후 제출하여 보관 중인 부품은 조립작업 시 재 지급받아 끼워맞춤 작업에 활용할 수 있습니다. (단, <u>범용선반가공을 먼저 수행한 경우에 한하여 남은 시험시간 내에 1회의 재작업을 허용합니다.</u>)

    3) 지급된 재료는 교환할 수 없습니다. (단, 지급된 재료에 이상이 있다고 감독위원이 판단할 경우 교환이 가능합니다.)

    4) 본인이 지참한 공구와 지정된 시설을 사용하여 안전에 유의하며 작업합니다.

5) 기기 파손의 위험이 없도록 각별히 주의해야 하며, 파손 시 수험자가 책임을 집니다.
6) 모든 제출 자료는 시험이 끝난 후 반드시 비번호를 작성한 후 제출합니다.
7) 가공작업 중 안전과 관련된 복장 상태, 안전보호구(안전화, 보안경 등) 착용 여부 및 사용법, 안전수칙 준수 여부에 대하여 점검하여 채점합니다.
8) 다음 사항에 대해서는 채점 대상에서 제외하니 특히 유의하시기 바랍니다.

   가) 기권
      ① 수험자 본인이 수험 도중 시험에 대한 포기의사를 표하는 경우
      ② 실기시험 과정 중 1개 과정이라도 불참한 경우

   나) 실격
      ① 기계조작이 미숙하여 가공이 불가능한 경우나 기계파손 위험 등으로 위해를 일으킬 것으로 감독위원 전원이 합의하여 판단한 경우
      ② 감독위원의 정당한 지시에 불응한 경우
      ③ 지급된 재료 이외의 재료를 사용한 경우
      ④ 공단에서 지급한 날인이 누락된 작품을 제출한 경우
      ⑤ 공구 및 공작물 세팅(장착 포함)을 수행하지 못한 경우

   다) 미완성
      ① 1시간 안에 CNC선반 프로그램 작업을 제출하지 못한 경우
      ② 1시간 15분 안에 CNC선반 가공작업을 제출하지 못한 경우
      ③ 1시간 15분 안에 범용선반 가공작업을 제출하지 못한 경우
      ④ 제출된 CNC프로그램이 미완성 프로그램으로 가공이 불가능한 경우

   라) 오작
      ① 주어진 도면과 상이하게 가공되거나 치수가 ± 1.0mm 이상인 부분이 1개소라도 있는 경우
      ② 과다한 절삭 깊이로 인하여 작품의 일부분이 파손된 경우
      ③ 라운드, 모떼기, 널링, 나사피치 등 주어진 도면과 형상이 상이하게 가공되거나 누락된 경우
      ④ 부품 ①(축)과 ②(캡)의 조립이 불가능한 작품
      ⑤ 시험장에 설치되어 있는 장비에 사용할 수 없는 기능으로 프로그램을 한 경우

3. 지급재료 목록

일련번호	재 료 명	규 격	자격종목	컴퓨터응용선반기능사	
			단위	수량	비고
1	연강(SM20C)	∅50×100(±1)	개	1	1인당
2	연강(SM20C)	∅60(±1)×50	개	1	1인당
3	인서트 팁 (외경 홈 절삭용)	바이트 폭 3~4mm (검정장시설에 맞는 것)	개	1	2인당
4	인서트 팁 (외경정삭 절삭용)	VBMT60404(코팅) (검정장시설에 맞는 것)	개	1	4인당
5	인서트 팁 (외경황삭 절삭용)	CNMG120408(코팅) (검정장시설에 맞는 것)	개	1	1인당
6	인서트 팁 (외경나사절삭용)	피치 1.5~2.0mm (검정장시설에 맞는 것)	개	1	3인당
7	USB 메모리	16GB 이상	개	2	4인당
8	절삭유	수용성 그린절삭유 2종1호	통	1	–

CAD/CAM을 활용한 모델링 따라하기
기계가공기능장 실기

정가 ▮ 27,000원

지은이 ▮ 정연택, 고강호
펴낸이 ▮ 차 승 녀
펴낸곳 ▮ 도서출판 건기원

2021년 4월 19일 제1판 제1인쇄
2021년 4월 20일 제1판 제1발행

주소 ▮ 경기도 파주시 연다산길 244(연다산동 186-16)
전화 ▮ (02)2662-1874~5
팩스 ▮ (02)2665-8281
등록 ▮ 제11-162호, 1998. 11. 24

- 건기원은 여러분을 책의 주인공으로 만들어 드리며 출판 윤리 강령을 준수합니다.
- 본 수험서를 복제·변형하여 판매·배포·전송하는 일체의 행위를 금하며, 이를 위반할 경우 저작권법 등에 따라 처벌받을 수 있습니다.

ISBN 979-11-5767-590-6 13550